Steuerungs- und Regelungstechnik für Ingenieure

von
Prof. Dr.-Ing. Fritz Tröster

3., überarbeitete und erweiterte Auflage

Oldenbourg Verlag München

Prof. Dr.-Ing. Fritz Tröster ist Dekan an der Hochschule Heilbronn und lehrt zu den Fachgebieten Messtechnik, Steuerungs- und Regelungstechnik, Grundlagen der EDV.

Bibliografische Information der Deutschen Nationalbibliothek

Die Deutsche Nationalbibliothek verzeichnet diese Publikation in der Deutschen Nationalbibliografie; detaillierte bibliografische Daten sind im Internet über <http://dnb.d-nb.de> abrufbar.

Rosenheimer Straße 145, D-81671 München
Telefon: (089) 45051-0
oldenbourg.de

Lektorat: Anton Schmid
Herstellung: Anna Grosser
Coverentwurf: Kochan & Partner, München
Gedruckt auf säure- und chlorfreiem Papier
Gesamtherstellung: Grafik + Druck GmbH, München

ISBN 978-3-486-58984-9

Vorwort zur 3. Auflage

Es ist sehr erfreulich für den Autor eine weitere Auflage dieses Lehrbuchs bereitstellen zu dürfen. Den Schreibern von Anregungen zum besseren Verständnis von Inhalten und zur Fehlerbeseitigung danke ich herzlich.

Von manchen Lesern wird die einfache Darstellung zum Thema bemängelt. Der Autor ist jedoch bewusst den Weg gegangen, die mathematische Sichtweise zu reduzieren und Verständnis erweckende Erklärungen in den Vordergrund zu rücken, denn nicht alle Ingenieure entwerfen komplexe Automatisierungssysteme, aber alle sollten Grundkenntnisse über dieses Fachgebiet besitzen.

Dem Verlag danke ich dafür, eine weitere Auflage zur Verfügung zu stellen.

Hessigheim, August 2010 F. Tröster

Vorwort zur 2. Auflage

Jeden Autor eines Lehrbuchs, so denke ich, freut es, wenn er eine weitere Auflage bereitstellen kann. So auch mich.

Auch kennt jeder Autor den „Fehlerteufel", der gnadenlos zuschlägt, obwohl viele Augen über das Geschriebene gegangen sind. Allen, die dazu beigetragen haben, Unstimmigkeiten in Wort und Sinn zu beseitigen, möchte ich recht herzlich Dank sagen. Viele Zuschriften erreichten mich, die kleine und große Fehler aufdeckten.

Jeder Autor des geschriebenen Worts weiß auch, dass seine Aussagen sehr sorgfältig bedacht sein müssen. Die zur Verfügung stehende Zeit trägt dazu leider nicht immer bei. Auch will man an manchen Stellen etwas pointiert zum Ausdruck bringen.

Bei dieser Auflage wurden einerseits erkannte Fehler in Wort und Schrift sowie in der Darstellung beseitigt. Andererseits hat es den Autor gereizt, das Kapitel „Kommunikationssysteme für die Automation" neu hinzuzufügen.

Dem Lektorat des Verlags danke ich für die unendliche Geduld, die aufgebracht werden musste, endlich das Manuskript in der Hand zu halten.

Hessigheim, März 2005 F. Tröster

Vorwort zur 1. Auflage

Das Buch wendet sich an Leser technischer Fachdisziplinen, die sich das Grundlagenwissen der Steuerungs- und Regelungstechnik aneignen möchten. Obwohl dieses Fachgebiet für alle Ingenieursdisziplinen von Interesse ist, erscheint es in einer Reihe von Lehrbüchern für Maschinenbauer. Seine Zielsetzung ist aber, Leser aller Ingenieursdisziplinen anzusprechen.

Die Automatisierungstechnik ist seit geraumer Zeit eine sehr wichtige Ingenieursdisziplin und aus dem industriellen Umfeld nicht mehr wegzudenken. Selbst im häuslichen Bereich möchten wir ohne ihren Einfluss nicht mehr auskommen. Sie besitzt ein weites Anwendungsfeld. Die Steuerungs- und Regelungstechnik ist ein wichtiger Teil der Automatisierungstechnik.

Die Regelungstechnik basiert auf der Analyse dynamischer Systeme, weshalb im ersten Teil des Lehrbuchs ihre Analyse und Modellbildung im Mittelpunkt stehen. Dort werden die Grundlagen zur Beschreibung dynamischer Größen, repräsentiert durch Signale, und die Beschreibungsmethoden für dynamische Systeme behandelt. Es sind die klassischen Verfahren ihrer graphischen und mathematischen Darstellungsformen, weshalb sie auch völlig unabhängig von der Analyse und dem Entwurf von Regelungen und Steuerungen Anwendung finden.

In die Grundlagen der Regelungstechnik wird im zweiten Teil eingeführt. Anhand von Beispielen wird der Aufbau und die Wirkungsweise rückgekoppelter dynamischer Systemaufbauten qualitativ besprochen, bevor deren exakte mathematische Beschreibung mit Hilfe der Signal- und Systemtheorie vorgenommen wird.

Es wird damit verdeutlicht, dass die Regelungstechnik nicht nur das ingenieurmäßige Entwickeln neuer Systeme durch Intuition benötigt, sondern dass die nüchterne exakte Mathematik als Voraussetzung zur Einrichtung von Regelungen notwendig ist. Deshalb kann in diesem Lehrbuch auf die Darlegungen der mathematischen Inhalte nicht verzichtet werden, obwohl deren Aneignung bei Studierenden erfahrungsgemäß an Grenzen stößt.

Normalerweise reichen die Grundlagen der Regelungstechnik als Inhalt eines Lehrbuchs mit einer angemessenen Seitenzahl aus. In diesem wird in einem letzten Kapitel in die Grundlagen der Steuerungstechnik eingeführt. Bei modernen Maschinen und Anlagen lassen sich die Regelungs- und Steuerungstechnik nicht trennen. Das Buch will neben dem Grundlagenwissen der Steuerungs- und Regelungstechnik eben auch das Denken in Gesamtzusammenhängen vermitteln.

Die Steuerungstechnik basiert ebenfalls auf der Signal- und Systemtheorie. Ihre Ausprägung richtet sich aber nicht auf die Kontrolle gestörter Prozesse, sondern möchte umfassende Funktionsabläufe von Maschinen bzw. Anlagen gestalten. Dazu stehen Rechner vielfältiger Ausbaustufen zur Verfügung, die der modernen Steuerungstechnik dienen. Somit reiht sich die Steuerungstechnik immer mehr in die Informationstechnik ein. Trotzdem müssen in einem Lehrbuch, das in das Fachgebiet einführt, deren prinzipielle Verfahren dargelegt werden, bevor eine Aussicht auf modernere Methoden gegeben werden kann.

Der Autor hat es sich zur Aufgabe gemacht, zu Beginn jedes Abschnitts eine Lernaufgabe neben der kurzen Nennung der Lernziele zu formulieren. An ihr kann sich der Leser vor der Aneignung der Lerninhalte selbst versuchen. Der Wissensinhalt des Abschnitts müsste ihn nach der Lektüre in die Lage versetzen, die Aufgabe selbständig zu lösen. Die Bearbeitung der Lernaufgabe wird trotzdem an jedem Abschnittende vorgestellt.

Zur weiteren Selbstkontrolle sind zu jedem Abschnitt auch Fragen gestellt, die der aufmerksame Leser „aus dem Stand" beantworten können sollte. Der vorliegende Gesamtumfang des Buchs hat es leider nicht erlaubt, komplexere technische Aufgabenstellungen innerhalb des Mediums Lehrbuch zu formulieren, um die Seitenzahl nicht weiter zu erhöhen. Man findet sie auf dem Web-Server des Oldenbourg Verlags (www.oldenbourg-wissenschaftsverlag.de).

Unter der dort eingerichteten Web-Seite findet man auch ein Kompendium des Lernstoffs für das rekapitulierende Lernen der Steuerungs- und Regelungstechnik, wie er in diesem Buch dargestellt ist. Dieses kann als Nachschlagewerk oder zur intensiven Vorbereitung auf eine Klausur dienen.

Der Autor hält zu diesem Inhalt Vorlesungen an einer Fachhochschule. Er verwendet dazu Folien mit Inhalten dieses Lehrbuchs, die als PowerPoint®-Präsentation ebenfalls im Internet zu finden sind.

Heute werden Bücher nicht nur von Autoren geschrieben, sondern sie haben mit Hilfe von Publishing-Programmen für das gesamte Layout zu sorgen. Dies geschah hierbei mit der tatkräftigen Mithilfe von Dipl.-Ing. (FH) Matthias Riedle. Ihm möchte ich meinen Dank für seine Arbeit aussprechen.

Insbesondere möchte ich meiner Familie – vor allem meiner Frau Hildegard – für die unendliche Geduld während der Erstellung und für die Durchsicht des Manuskripts herzlichen Dank sagen.

Ein Dank gilt natürlich auch dem Herausgeber Prof. Dr. H. Geupel für die Animation zu diesem Lehrbuch und dem Lektorat des Verlags für die gute Zusammenarbeit und die vielen technischen Hinweise.

Hessigheim, Januar 2001 F. Tröster

Wichtige Links im Internet

Ergänzungen zum Lehrbuch

Folgende Ergänzungen werden auf dem Web-Server des Oldenbourg-Wissenschaftsverlages (www.oldenbourg-wissenschaftsverlag.de) auf der Web-Seite dieses Buches kostenlos zum Download angeboten:

- **Kompendium**

  Zusammenstellung der wichtigen Begriffe und Zusammenhänge in der Steuerungs- und Regelungstechnik.

- **Aufgabensammlung**

  Aufgaben zur Vertiefung des Wissens über die Steuerungs- und Regelungstechnik.

- **PowerPoint®-Präsentation**

  Foliensätze zur Darstellung der Steuerungs- und Regelungstechnik in der Lehre.

Regelungstechnik (Demo-Programme)

- **WinFACT 98®**

  WinFACT 98 stellt ein innovatives, modular aufgebautes Programmsystem dar, das einerseits Werkzeuge zur Analyse, Synthese und Simulation konventioneller Regelungssysteme zur Verfügung stellt, andererseits aber auch Komponenten zur Behandlung von Fuzzy-Systemen und Neuronalen Netzen beinhaltet.

  Ingenieurbüro Dr. Kahlert

  www.kahlert.com

Steuerungstechnik (Demo-Programme)

- **ACCON-Prosys 1131®**

  ACCON-ProSys 1131 ist eine komplette Entwicklungsumgebung für alle SIMATIC-SPSen der Reihe S5 und S7 und bietet Editoren für folgende Programmiersprachen: AWL, KOP, FUP, ST und AS.

  Fa. DELTALOGIC Automatisierungstechnik GmbH

  www.deltalogic.de

Sonstiges

- **Adobe® Acrobat® Reader**

  Adobe Acrobat Reader ist ein Software-Paket, mit dem Dateien im Adobe Portable Document Format (PDF) angesehen oder ausgedruckt werden können.

  Adobe Systems GmbH

  www.adobe.com

Inhalt

Abkürzungen

x(t), y(t)	Signale
C_n	Fourierkoeffizienten eines periodischen Signals
$\lvert C_n \rvert$, φ_n	Amplituden-, Phasenspektrum eines periodischen Signals
$X(j\omega)$	Fouriertransformierte des aperiodischen Signals x(t)
$\mathcal{F}\{x(t)\}$	Fouriertransformation von x(t)
$\lvert X(j\omega) \rvert$, $\varphi(\omega)$	Amplituden-, Phasenspektrum eines aperiodischen Signals
S_P, S_A	Logarithmiertes Leistungs-Amplitudenverhältnis
$s \equiv \sigma + j \cdot \omega$	Komplexe Frequenz, Laplace-Variable
σ	Dämpfung
ω	Kreisfrequenz
X(s)	Laplace-Transformierte des Signals x(t)
$\mathcal{L}\{x(t)\}$	Laplacetransformation von x(t)
$\delta(t)$	Dirac-Funktion, Nadelimpuls
$\varepsilon(t)$	Sprungsignal
$\rho(t)$	Rampensignal
$x(t-T)$	Zeitverschobenes Signal
u(t), v(t)	Eingangs-, Ausgangssignal eines Systems
$DGL\{...\} = 0$	Allgemeine Differenzialgleichung
K_P	Proportionalbeiwert
K_I	Integrierbeiwert
K_D	Differenzierbeiwert
T_1	Exponentielle Verzögerungszeit
$\Delta(t; t_0)$	Zeitverschobener Rechteckimpuls
g(t)	Gewichtsfunktion
h(t)	Übergangsfunktion
$\gamma(t)$	Bezogene Anstiegsantwort
$FG(j\omega)$	Frequenzgang

$AG(\omega)$	Amplitudengang
$\varphi G(\omega)$	Phasengang
ω_G	Grenzfrequenz
$G(s)$	Übertragungsfunktion eines Systems
$ZP(s)$, $NP(s)$	Zähler-, Nennerpolynom der Übertragungsfunktion
$s_{P\,k}$	k-te Polstelle
$s_{N\,k}$	k-te Nullstelle
X_A	Aufgabengröße
x	Regelgröße
X_S	Sollgröße
w	Führungsgröße
$e = w - x$	Regeldifferenz
y	Stellgröße
Y_A	Eingriffsgröße
Z	Störung
z	Störgröße allgemein
z_V	Versorgungsstörgröße
z_L	Laststörgröße
$e(\infty)$	Stationäre Regelgüte
T_u	Verzugszeit
T_g	Ausgleichszeit
$X_Ü$	Überschwingweite
S	Schwierigkeitsgrad
S^{-1}	Regelbarkeit
Y_h	Stellbereich
Δx	Schwankungsbreite
f_S	Schaltfrequenz
$\bar{x}$	mittlere Regelgröße
X_P	Proportionalbereich
X_h	Regelbereich
K_{PR}	Verstärkungsfaktor P-Regler
K_{IR}	Integrierbeiwert I-Regler
T_n	Nachlaufzeit
T_v	Vorlaufzeit
$G_{Lead-Lag}(s)$	Übertragungsfunktion Lead-Lag-Korrekturglied
$G_W(s)$	Führungsübertragungsfunktion

$G_Z(s)$	Störübertragungsfunktion
$G_o(s)$	Übertragungsfunktion des offenen Regelkreises
$R(s)$	Dynamischer Regelfaktor
r	Statischer Regelfaktor
$G_R(s)$	Reglerübertragungsfunktion
$G_S(s)$	Regelstreckenübertragungsfunktion
e_S	bleibende Regeldifferenz
V_0	Kreisverstärkung
T_{An}	Anregelzeit
T_{Aus}	Ausregelzeit
I_R	Regelfläche
$G_0(s)$	Übertragungsfunktion des offenen Regelkreises
$P_{RK}(s)$	Charakteristisches Polynom des Regelkreises
$\mathbf{H}$	Hurwitz-Matrix
$D_i\ (1 \leq i \leq n)$	Die Hurwitz-Determinanten
P_{krit}	Kritischer Punkt
A_R	Amplitudenrand
ϕ_R	Phasenrand
ω_π	Phasenschnittfrequenz
ω_D	Durchtrittsfrequenz
$\underline{w}$	Soll- bzw. Führungsgrößen
$\underline{y}$	Stellgrößen
$\underline{X}_A$	Aufgabengrößen
$\underline{x}$	Steuergrößen
$\underline{r}$	Rückführgrößen
B	Bandbreite
SNR, S/N	Signal-Rausch-Verhältnis
C	Kanalkapazität
v_s	Schrittgeschwindigkeit
D	Datenübertragungsrate

1 Einführung

Lernziele

Die allgemeinen Grundprinzipien der Steuerungs- und Regelungstechnik spielen in vielen technischen Wissensgebieten eine wichtige Rolle. Ihre Umsetzung in technische Produkte entlastet den Menschen und vergrößert seinen Lebensstandard. Dabei hat die elektronische Datenverarbeitung diese Fachdisziplinen weiter aufgewertet. Die ungeahnten Möglichkeiten des menschlichen Denkens lassen sich heute in Computerprogrammen abbilden und in technische Prozesse integrieren. Somit ist die Bereitstellung immer weiterer selbsttätig arbeitender technischer Prozesse die Folge. Die Automatisierungstechnik dient deshalb als Basis vieler technischer Innovationen, innerhalb derer die Steuerungs- und Regelungstechnik zentraler Bestandteil ist.

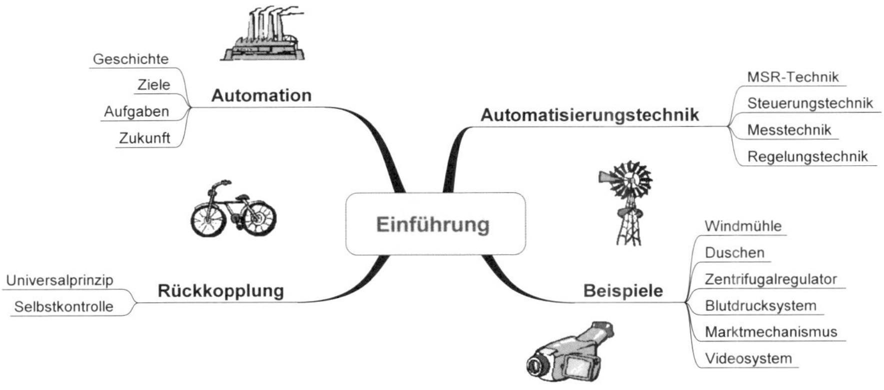

Lernaufgabe

Das eigentliche Anliegen dieses Lehrbuchs ist, den Leser zu befähigen, Lösungen zu technischen Automatisierungsaufgaben zu finden. Als Aufgabenbeispiel greifen wir deshalb auf die bekannte Hausheizung zurück. An ihr wollen wir die Fragestellungen und die Vorgehensweise der Steuerungs- und Regelungstechnik kennen lernen.

Das Heizungssystem arbeitet nach folgendem Prinzip: Ein Ölbrenner erwärmt das Heizwasser, welches eine Umwälzpumpe zu den Heizkörpern der Wohnräume transportiert. Hierbei wird zwischen zwei Wasserkreisläufen unterschieden. Das Mischventil trennt den Heizkreislauf vom Kesselkreislauf.

Es mischt beide Temperaturen so, dass auf der Abnehmerseite eine konstante Vorlauftemperatur gehalten wird, egal wie viele Verbraucher (Heizkörper) Heizenergie entziehen. Die Vorlauftemperatur stellt sich abhängig von der Außentemperatur ein.

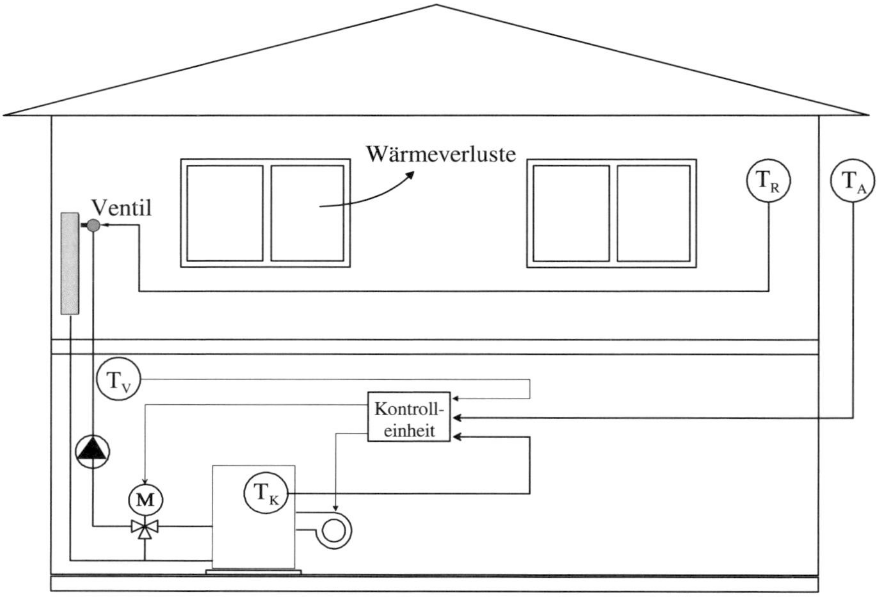

Abbildung 1-1: Heizungssystem

Das Heizungssystem besitzt alle Merkmale von Steuerungen und Regelungen. Konzentrieren wir uns nur auf die Heizung der Wohnräume, so lassen sich Fragen formulieren, die Aussagen über den Temperaturverlauf im Raum trotz unvorhersehbaren Wärmeverlusten, z. B. durch das Öffnen der Fenster, zulassen. Vorher sollte man sich jedoch die Wirkungsweise einer Raumheizung mit Thermostatventilen klar machen.

Der Lerninhalt dieses Kapitels soll dem Leser helfen, den Aufbau von Heizungssystemen aus Sicht der Automatisierungstechnik zu verstehen. Am Ende jeden Kapitels bzw. Abschnitts wird dem Lernenden immer die Bearbeitung der jeweils gestellten Lernaufgabe angeboten.

1.1 Die Automation

Die Entwicklungsgeschichte der Technik verdeutlicht auch den Einfluss der Regelungs- und Steuerungstechnik auf die sog. Industriellen Revolutionen.

Heute gehen Menschen selbstverständlich mit moderner Technik um. Wir setzen uns in ein Auto oder ein Flugzeug, ohne uns jedes Mal klar zu machen, welche technischen Einrichtungen und Vorgänge notwendig sind, um an unser Ziel zu gelangen. Die angenehmen Seiten der Technik möchten wir nicht mehr missen. Deshalb ist unser heutiger Lebensstil ohne die moderne Technik nicht mehr vorstellbar.

Die Menschheit hatte einen langen Entwicklungsweg von Beginn an zurückzulegen („Geburt der Menschheit"), um die Erleichterungen der Technik für sich in Anspruch nehmen zu können. Auf diesem Weg sind einige Entwicklungsschritte auszumachen, bei denen fundamental neue Hilfsmittel die bis dato existierende Technik revolutionierten.

Das Thema dieses Lehrbuchs spiegelt einen dieser Entwicklungsschritte neuer technischer Möglichkeiten wider.

Aber verdeutlichen wir uns zuerst die angesprochene Technikentwicklung mit *aller Vereinfachung*, um die Einordnung der Steuerungs- und Regelungstechnik bzw. der Automatisierungstechnik mit ihrer Bedeutung für viele Fachdisziplinen besser begreifen zu können. In allen Curricula technischer Disziplinen können Anklänge dieser Techniken gefunden werden.

Der Ausgangspunkt unserer Überlegungen findet sich in der Zeit, in welcher der Mensch sich seine Nahrung mit bloßer Hand beschaffte. Dabei musste er sehr viel Mühe aufwenden und setzte sogar sein Leben aufs Spiel. Der Mensch wäre aber kein kulturelles Wesen, wenn er nicht darüber nachgedacht und Auswege gesucht hätte. In ihm keimte deshalb der Wunsch, mit Hilfsmitteln seine Nahrung bequemer beschaffen bzw. jagen zu können. Die nebenstehende Abbildung karikiert diese Zeit auf ihre Art.

Der erste Entwicklungsschritt beginnt.

Neben der Anwendung seiner ureigenen List stellte er sich aus Materialien einfache Waffen her. Das Steinbeil oder der Speer dienen als Beispiel. Mit diesen Hilfsmitteln fing er an, sich sein „Leben" zu erleichtern. Das Ende dieses Entwicklungsschritts ist noch nicht abzusehen. Wir können als Motivation zu dieser technischen Entwicklung die Erleichterung seines Daseins durch die geschickte Anwendung von Materialien festhalten:

- **Bearbeitung und Umgang mit Materialien**

  Ziel dieses ersten Entwicklungsschritts ist die Bereitstellung von Werkzeugen und Geräten zum Zweck der Erleichterung körperlicher Arbeit. Dazu muss der Mensch sich über die Beschaffenheit und die Verwendbarkeit verschiedenster Materialien und Stoffe vertraut machen. Er erlernt den Umgang mit Materie.

Abbildung 1.1-1: Bohrmaschine

  Mit fortschreitender Zeit werden die Werkzeuge und Geräte immer größer und komplexer. Die Abbildung 1.1-1 zeigt eine Bohrmaschine mit Bogenantrieb. Hier stellt der Mensch selbst die Energie für die Drehbewegung des Bohrers durch seine Muskelkraft bereit. Er entlastet sich nur beim Vortrieb des Bohrers durch die Kraftwirkung der Steinmasse. Trotzdem schafft er es, genügend große Bohrungen in harten Materialien herzustellen. Am Ende werden daraus uns bekannte Maschinen.

Um große Maschinen bzw. Geräte zu bedienen, fehlt dem Mensch die Kraft. Er muss sich etwas einfallen lassen. Zu Beginn zähmt er deshalb Tiere und lässt diese die Arbeit tun. Wer kennt nicht noch die Bilder aus seiner Jugendzeit bzw. aus dem Fernsehen, welche uns diesen Vorgang verdeutlichen.

Mit fortschreitender Technik benötigte der Mensch jedoch weit größere und beständigere Energiequellen. Er lernte mit Energie umzugehen und mechanisierte seine Arbeitsumgebung:

- **Einsetzen von Energie**

  Durch das Ersetzen der körperlichen Arbeitsenergie von Mensch und Tier durch natürliche Energiequellen wie Wasser- und Windkraft sowie fossile Brennstoffe erschließt sich der Mensch neue Techniken. Er entlastet sich und seine Artgenossen von mühevoller Arbeit und richtet sein Arbeitsleben immer bequemer ein.

Abbildung 1.1-2: Wasserkraft

  Das Beispiel in Abbildung 1.1-2 zeigt den Energieträger Wasserkraft, welche nun die weiterentwickelte Bohrmaschine antreibt. Der Handwerker hat sie „nur“ richtig zu bedienen. In der Abbildung 1.1-3 wird der Wind als Energieträger zum Mahlen von Korn verwendet. Der Müller füllt das Korn nach und kann abwarten, bis der Mahlvorgang beendet ist. Die abgebildete Windmühle zeigt jedoch den Aspekt der richtigen Dosierung der Windenergie für den Mahlvorgang. Der Müller muss die Windmühle selbst in den Wind stellen, bzw. sie aus dem Wind nehmen. Er selbst hat den Arbeitsprozess ständig zu beobachten.

Die Kontrollfunktionen über die Maschinen und Prozesse hat der Mensch weiter selbst wahrzunehmen. Bei der Windmühle muss er Muskelkraft aufwenden, um sie richtig in den Wind zu stellen. Dazu dient der rückseitige Balken mit dem Wagenrad. Er muss dann hoffen, dass der Wind nicht dreht. Für ihn hält sich deshalb die Bequemlichkeit in Grenzen.

Abbildung 1.1-3: Windenergie

Anders sieht es bereits bei der nächsten Generation von Windmühlen (Abbildung 1.1-4) aus. Durch das Anbringen eines weiteren Windflügels stellt sich die Mühle eigenständig in den Wind. Der Müller kann sich in Ruhe seiner Arbeit im Innern der Windmühle widmen.

Die Geschichte der Windmühlen zeigt eine Fülle von Vorrichtungen zur Selbstkontrolle auf, auch für große Mühlen. Die Windmühlen funktionieren automatisch. Es tritt der nächste Entwicklungsschritt in Erscheinung. Die Maschinen beherrschen ihre Arbeitsvorgänge selbständig, ohne das unmittelbare Eingreifen des Menschen. Die Mühlen verschaffen sich die Information „selbst", wie sie sich in den Wind stellen müssen:

- **Automatisieren durch Information**

  Die erste industrielle Revolution ist nicht ohne die Bereitstellung selbsttätiger Abläufe von Produktionsprozessen im weitesten Sinn zu denken. Durch diesen weiteren Entwicklungsschritt wurde und wird der Mensch von Kontrollfunktionen befreit, die seine gesamte Aufmerksamkeit erfordern und welche die Automaten ebenso und oft zuverlässiger erledigen können.

  Voraussetzung dazu ist, dass der Ingenieur es versteht, mit der Informationsverarbeitung richtig umzugehen. Der Werdegang der Dampfmaschinen zeigt diese Informationsverarbeitung auf. Sie formen thermische Energie in mechanische Bewegungsenergie zum Antrieb weiterer Maschinen um, so z. B. von Traktoren, Lokomotiven und Schleifmaschinen. Für deren ordnungsgemäße Arbeitsweise gilt es, die Antriebsleistung jederzeit zu kontrollieren. Von der Dampfmaschine wird z. B. erwartet, eine immer gleiche Drehzahl aufrecht zu erhalten, egal ob die Abtriebslast sich ändert.

  Abbildung 1.1-4: Windmühle

  Der Fliehkraftregler von James Watt erfüllt diese Aufgabe. Er misst die Drehzahl üb rotierende Kugeln, welche durch Zentrifugalkräfte nach außen gezogen werden. Ü ein angekoppeltes Hebelsystem wird die Ventilöffnung der Dampfzufuhr immer s gestellt, dass die Drehzahl den vorgegebenen Wert annimmt. Der Referenzw durch eine Gegenkraft in Form einer Feder vorgegeben.

Die Abbildung 1.1-5 zeigt zwei Beispiele von Dampfmaschinen mit deutlich sichtbaren Zentrifugalregulatoren. Die Drehzahlinformation bestimmt die Maschinenprozesse. Der Mensch ist von Kontrollfunktionen entlastet. Er kann sich anderen Aufgaben zuwenden, so z. B. der Bodenbearbeitung mit der Traktor-Dampfmaschine.

Heutige Traktoren besitzen andere Antriebe und eine Fülle weiterer Einrichtung zur Arbeitserleichterung für den Landwirt. Bei ihnen sind die Kontrollfunktionen durch andere Mechanismen ersetzt. Der Fahrer hat weiterhin die Fahrfunktion wahrzunehmen. Der heutige Ingenieur denkt auch über diese Tätigkeit nach, mit dem Ziel, eine Maschine zu entwickeln, die sich dieser Aufgabe stellt. Wir befinden uns deshalb am Anfang eines weiteren technischen Entwicklungsschritts, welcher durch folgende Eigenschaft beschrieben werden kann:

- **Ausstatten mit Intelligenz**

  Eine weitere industrielle Revolution geht mit der Entwicklung selbstanpassender Prozesse bzw. Arbeitsabläufe einher. Die Maschinen übernehmen darin die Denk- und Erfahrungsprozesse des Menschen.

Sicherlich ist der Mensch nicht von der Maschine ersetzbar. Die Ingenieure und Naturwissenschaftler lernen erst ganz allmählich die Strukturen unserer Denkprozesse verstehen. Die menschliche Intelligenz ist deshalb Gegenstand intensiver Erforschung. Erste Ergebnisse gehen bereits in technische Geräte ein. Die nebenstehenden Bilder zeigen selbstfahrende Maschinen. Ein so genannter Roboterrasenmäher übernimmt die lästige Arbeit der wö-

Abbildung 1.1-5: Dampfmaschinen (Quelle: [33])

Abbildung 1.1-6: Selbstfahrende Maschinen (Quelle: Fa. Electrolux)

chentlichen Rasenpflege, Wohnräume werden von Roboterstaubsaugern sauber gehalten. Das Maschinenverhalten passt sich den zu bearbeitenden Rasenflächen bzw. Räumen bzgl. der dort vorkommenden Hindernisse an.

Die moderne Automation basiert auf dem interdisziplinären Wissensgebiet „Computational Intelligence". In ihm spielen die Begriffe Fuzzy-Logik, neuronale Netze und generische Algorithmen eine wichtige Rolle. Auf sie kann hier nicht näher eingegangen werden, sie werden jedoch mit intelligenten Fähigkeiten des Menschen in Zusammenhang gebracht, um die Arbeitsweise zukünftiger Maschinen zu beschreiben:

- Fuzzy-Logik

  Es wird die begriffliche Erfassung menschlicher Begriffe und Eigenschaften möglich, welche insbesondere durch eine gewisse Unschärfe geprägt sind. Mit ihnen können die menschlichen Verhaltensweisen leichter in maschinelle Funktionen durch Regeln übersetzt werden.

- Neuronales Netz

  Das menschliche Gedächtnis mit seinem assoziativen Kombinieren ist bis dato unübertroffen. Seine Nachbildung ermöglicht es, den Maschinen assoziative Denkfähigkeiten zu verleihen.

- Genetische Algorithmen

  Die Intuition stellt die Krönung der menschlichen Fähigkeiten dar. Ohne sie wären viele wissenschaftliche Erkenntnisse oder kulturelle Errungenschaften nicht möglich. Mit genetischen Algorithmen versucht man, diese Fähigkeiten in bescheidenem Umfang den Maschinen einzupflanzen. Auf erste Anwendungen muss noch gewartet werden. Ein genetischer Algorithmus ist ein allgemeines, einfach einzusetzendes Lösungsverfahren, das, wie z.B. Neuronale Netze, von der Natur inspiriert ist. Er ahmt die natürliche Evolution nach, um für ein Problem eine „gute" Lösung zu finden. Dabei arbeitet er auf einer Menge von möglichen Lösungen, die sukzessive durch die Evolutionsprinzipien Selektion, Kreuzung und Mutation verändert wird. Das Ziel ist dabei, mit der Zeit – von Generation zu Generation – immer bessere Lösungen zu entwickeln.

Nun aber wieder zurück zur Automatisierung durch die Informationsverarbeitung.

Die Grundkenntnisse dieses Entwicklungsschritts sind Inhalt dieses Lehrbuchs. Die modernen Disziplinen der Automatisierungstechnik können den einen oder anderen Leser ansprechen, sich mit ihnen im Detail zu befassen.

Automatisierungstechnik

Die Geburtsstunde der Automation in der Technik kann auf den Anfang de derts zurück datiert werden. Sie ist noch voll im Gang. Die Informatio Kontrolle technischer Prozesse spielt dabei die zentrale Rolle. Die er elektronischen Datenverarbeitung lässt nur eine vage Vorstellun matisierungstechnik ihren Abschluss finden wird. Die Auton.

Fachgebieten Steuerungs- und Regelungstechnik ist Thema dieser Darstellungen. Sie sind die Disziplinen, welche das Grundlagenwissen zur Automation technischer Prozesse bzw. Vorgänge zur Verfügung stellen.

Technische Prozesse können sehr allgemein dadurch gekennzeichnet werden, dass durch sie Material- und Energieströme zu Produkten verarbeitet werden. Dazu benötigen sie Wissen bzw. Informationen, die als Eingangsinformation in Form z. B. von Arbeitsanweisungen die Fertigung der Produkte ermöglichen.

Den Prozessausgang stellen die Produkte selbst dar. In vielen Fällen sind darunter materielle Gegenstände zu verstehen, andere Produkte sind von immaterieller Art. Die Lagestabilisierung eines Flugzeugs beim Durchfliegen turbulenter Zonen soll nur ein solches Beispiel sein, welches jeder Flugzeugreisende gerne vermeidet. Um die Qualität der technischen Vorgänge zu kontrollieren, sind auch Informationen während des Prozessablaufs erforderlich. Die Messgrößen stellen die Prozessinformation zur Weiterverarbeitung dar.

Man sieht, Informationen sind für technische Prozesse sehr wichtig. Mit ihrer Hilfe können die Material- und Energieflüsse optimal nutzbar gemacht werden. Betrachten wir z. B. die enormen Umweltprobleme, die sich aus industriellen Produktionsprozessen ergeben, erhoffen sich Ingenieure durch gezielte Informationsverarbeitung, die Prozesswirkungsgrade zu erhöhen und dadurch die Verschwendung jeder Art zu reduzieren oder ganz zu vermeiden.

Darüber hinaus beeinflussen viele weitere Faktoren ungewollt technische Prozesse. Diese Faktoren werden als Störungen betrachtet, die einen Prozess vom gewünschten Arbeitspunkt wegführen. Störungen erscheinen als sporadische Änderungen in den Material-, Energie- und Informationsflüssen. Die Abbildung 1.1-7 zeigt symbolisch einen technischen Prozess. Es sei der Klarheit wegen nochmals ausgeführt, dass durch dieses Prozessverständnis Vorgänge beschrieben werden können, die als Ausgangsprodukt auch immaterielle Werte besitzen. Als ein Beispiel nennen wir ein Heizungssystem für das Temperieren von Räumen, bei dem die Raumtemperatur für das Endprodukt steht.

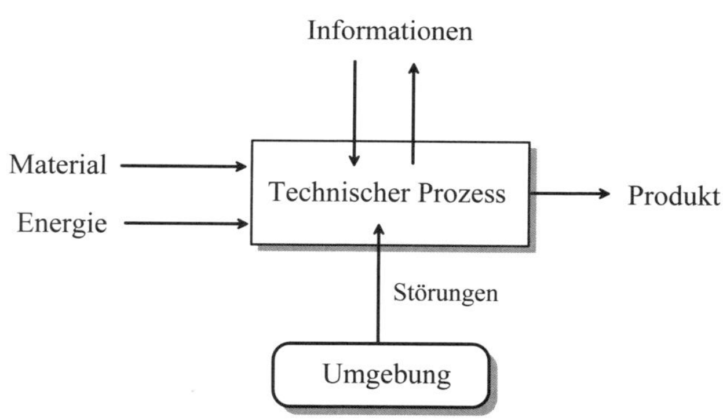

Abbildung 1.1-7: Technischer Prozess

Die Automatisierungstechnik widmet sich ganz der Aufgabe der Informationsgewinnung, -verarbeitung und -nutzung mit dem Ziel der optimalen Steuerung technischer Prozesse durch Eingriffe in Energie- und Materialströme zwecks Herstellung von Produkten.

Anhand eines einfachen Beispiels aus dem Alltag verdeutlichen wir die Bedeutung von Informationen und ihrer Verarbeitung. Wir verwenden dazu den alltäglichen Duschvorgang, den jeder kennt und an dem jeder nachvollziehen kann, wie der Informationsfluss verläuft. Es ist in der Fachliteratur ein immer wieder gebrauchtes Beispiel zur Einführung in die Automatisierungstechnik, speziell in die Regelungstechnik. Mit den nachfolgenden Darstellungen verdeutlichen wir ein weiteres Mal den Übergang zum Automatisieren, indem wir uns gedanklich einige Jahrzehnte zurückversetzen.

1. **Duschen ohne Automation**

Vielleicht besitzen ältere Duschanlagen noch heute keine automatisch arbeitenden Mischbatterien. Die Ventile für das Kalt- und Warmwasser werden vom Benutzer selbst geöffnet und richtig eingestellt. Die Abbildung 1.1-8 zeigt den manuellen Duschvorgang mit seiner Informationskette. Nach dem Öffnen beider Ventile verspürt der Duschende sofort die Temperatur des Wassers. Entsprechend reagiert und verstellt er die Hähne. Mit technischen Termini beschreibt sich der Vorgang so:

Das Sinnesorgan Haut misst die Ist-Temperatur des Duschwassers. Sie wird an das Gehirn weitergegeben und dort mit der gewünschten Solltemperatur (behagliche Wassertemperatur) verglichen. Darauf sendet das Gehirn die entsprechenden Verstellbefehle an die Arm- und Handmuskeln. Die Ventile werden verstellt. Sie verändern die Wassertemperatur. Der Informationsfluss beginnt von vorne.

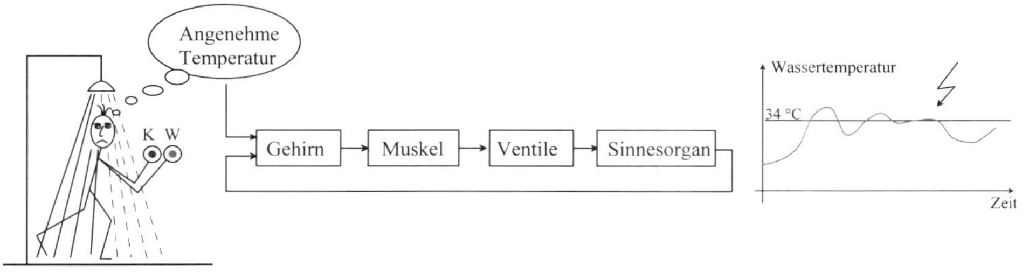

Abbildung 1.1-8: Manueller Duschvorgang als Verarbeitungskette

Da u. a. Störungen bei der Warmwasserversorgung auftreten können, muss der Benutzer fortlaufend eine aktive Kontrolle ausüben. Für ihn ist dies keine angenehme Aufgabe, da er die Informationsverarbeitung selbst neben dem Duschen ausführen muss, das eigentlich entspannend wirken soll. Der Signalverlauf in Abbildung 1.1-8 deutet auf die schwierige Aufgabe der Konstanthaltung der Wassertemperatur hin. Eine externe Störung (symbolisiert durch das Blitzzeichen) verursacht ein Absinken der Temperatur. Der Duschende muss sofort nachregeln, so dass er wieder seine gewünschte Wassertemperatur erhält. Dazu braucht er Zeit, ohne dass er seine eigentliche „Arbeit" ausführen kann. Zudem steigt der Wasserverbrauch.

Dies ist anders mit moderner Technik:

2. **Duschen mit Automation**

   Zu Beginn stellt der Benutzer seine gewünschte Wassertemperatur ein. Die tatsächliche Wassertemperatur wird direkt in der Mischbatterie gemessen. Beide Temperatur-Informationen werden von einem Regler automatisch verglichen. Eine evtl. auftretende Abweichung verstellt über eine Stelleinrichtung die Kalt- und Warmwasserflüsse selbsttätig, so dass die Wunschtemperatur erhalten bleibt, auch wenn Temperaturschwankungen auf Seiten des Zulaufs auftreten. Der Benutzer kann das Duschen genießen.

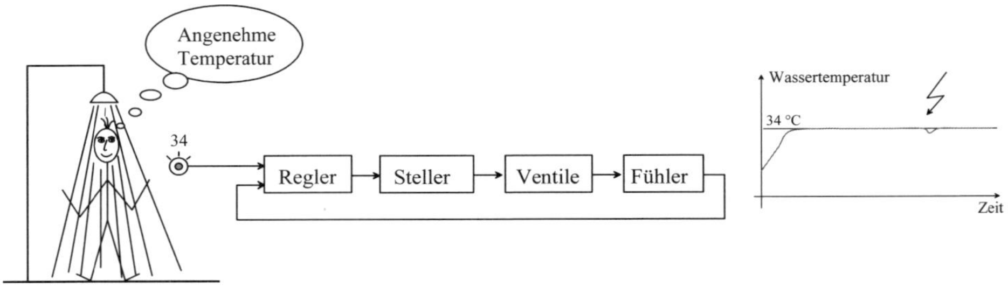

Abbildung 1.1-9: Automatischer Duschvorgang

Der Temperaturverlauf, dargestellt in Abbildung 1.1-9, verläuft mittels Automatik ruhiger. Eine auftretende Störung sollte im Idealfall von der Reglereinheit automatisch abgefangen werden, so dass der Duschende diese Störung gar nicht bemerkt. Insgesamt bezweckt die Automation des Duschvorgangs eine Erleichterung und spart zusätzlich Wasser- und Energie-Ressourcen.

Das Beispiel zeigt am eigenen Leib nachvollziehbar den Übergang zum **Automatisieren** durch den Umgang **mit Information** und ihrer Verarbeitung. Der Mensch bekommt im übertragenen Sinn den Kopf und die Hände für andere Dinge frei; er wird von unangenehmen Arbeiten befreit. Darüber hinaus beherrscht der Automat selbst sporadisch auftretende äußere Einflüsse besser, als der Mensch es tun kann.

Die allgemeinen Ziele der Automatisierungstechnik lassen sich deshalb, anlehnend an das obige Beispiel, wie folgt zusammenfassen:

1. Beherrschung von für den Menschen schwierig zu erledigenden Aufgaben.
2. Erzielung besserer Ergebnisse bei Produktionsprozessen durch Steigerung der Qualität, Einsparung von Zeit, Energie und Material und vieles mehr.
3. Erhöhung der Zuverlässigkeit durch automatisches Beseitigen von Störeinflüssen.
4. Verbesserung von Arbeits- und Lebensbedingungen durch die Ablösung geistig anspruchsloser, monotoner, anstrengender, gefährlicher oder gesundheitsschädlicher Prozesse.

In der Natur laufen viele Prozesse automatisch ab. Technische Prozesse zu automatisieren heißt, sie so zu gestalten, dass der Mensch nicht ständig bzw. in einem erzwungenen Rhythmus in den Ablauf eingreifen braucht. Eine Automatisierungseinrichtung umfasst alles, was gerätemäßig erforderlich ist, um die vom Menschen geführte Bedienung und Führung eines Prozesses durch eine technische zu ersetzen.

Somit lässt sich die Automation definieren als:

Definition: Automation

Die **Automation** ist die Technik, Überlegungen und überlegte Handlungen, die bisher oft von Menschen ausgeführt wurden, von einer Maschine, dem Automaten, durchführen zu lassen.

Die Prozesskomponenten zusammen mit den Geräten für die Automation ergeben ein Gesamtsystem. Sie bestehen aus verschiedenen Komponenten, deren Wechselbeziehungen untereinander äußerst komplex sein können. Es wird deshalb versucht, das Gesamtsystem in sinnvolle Teilsysteme zu zerlegen.

MSR-Technik

Die Strukturierung eines automatisierten Prozesses nach funktionalen Gesichtspunkten zeigt Abbildung 1.1-10.

Einerseits ist jeder Prozess durch die Erfassung von Prozessgrößen (Messgrößen) auf sein ordentliches Funktionieren zu kontrollieren. Informationen über den Produktzustand sind das Ergebnis. Sie werden mit Messwertaufnehmern bzw. Messgeräten gewonnen. Die

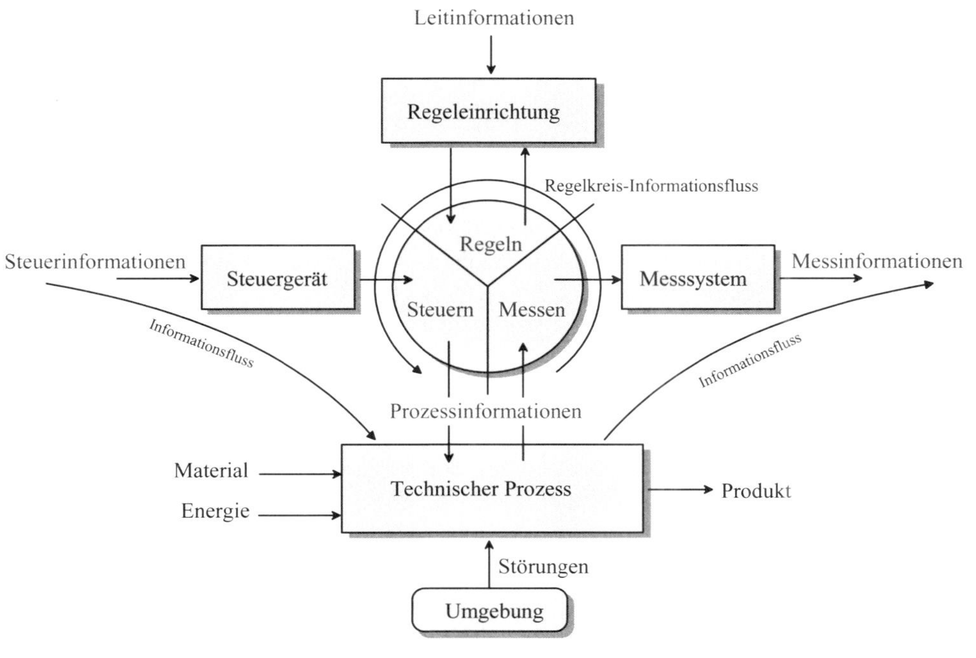

Abbildung 1.1-10: Systematik in der Automatisierungstechnik

Industrielle Messtechnik stellt sie zur Verfügung.

Andererseits dienen Steuerinformationen zur Beeinflussung der technischen Prozesse, um überhaupt den gewünschten „Output" zu erhalten. Dazu sind Stellglieder notwendig, welche die Stellinformation meistens von Prozessrechnern erhalten. Die **Steuerungstechnik** stellt die Grundlagen und Verfahren dazu bereit.

A priori ist der Messvorgang zur Überwachung von dem Stellvorgang zur Steuerung technischer Prozesse völlig unabhängig. Beide Vorgänge besitzen jeweils voneinander unabhängige Eingangs- bzw. Ausgangspfade. Es besteht jedoch die Möglichkeit, die gewonnenen Messinformationen dafür zu verwenden, wieder aktiv in den Prozess einzugreifen. Der Informationskreislauf wird durch das Automatisierungssystem geschlossen. Die **Regelungstechnik** behandelt solche geschlossenen Wirkungsabläufe.

Die Zusammenhänge in der obigen Abbildung erlauben die Betrachtung der Teilprozesse Messen und Stellen für sich alleine. Die Prinzipien der Messtechnik sollten dem Leser vertraut sein. Die Grundlagen der Steuerungs- und Regelungstechnik werden in diesem Lehrbuch behandelt. Das Zusammenwirken von Messen, Steuern und Regeln in der Automatisierungstechnik hat den Begriff MSR-Technik geprägt:

Definition: MSR-Technik

Die Automation setzt sich i. Allg. aus den drei Aufgabenfeldern **M**essen, **S**teuern und **R**egeln zusammen. Die Automatisierungstechnik bezeichnet man deshalb auch als **MSR-Technik**.

Eine kurze Charakterisierung der einzelnen Fachdisziplinen zeigt dem Leser eine erste Strukturierung der notwendigen Gerätetechnik:

Messen

Die Informationen über den Zustand eines Produktionsprozesses gewinnt man mit Hilfe der **Messtechnik**. Die erhaltenen Informationen werden Messgrößen genannt. Bei ihrer Bestimmung müssen die Fundamentalvoraussetzungen für das Messen physikalischer Größen eingehalten werden. Diese sind:

- Ihre qualitative Eindeutigkeit und quantitative Bestimmbarkeit.
- Die Eindeutigkeit des Messnormals.
- Ihre Repräsentativität.

Die Messtechnik stellt die Maßzahl mit Hilfe geeigneter Messverfahren nach dem Schema der Abbildung 1.1-11 unter Einhaltung vorgegebener Fehlergrenzen bereit. Die Messwerte können anschließend aufbereitet, gespeichert bzw. dokumentiert oder zur weiteren Benutzung innerhalb des Automatisierungsprozesses verwendet werden. Kennzeichen des eigentlichen Messvorgangs ist jedoch die Verschiedenheit von Informationsquelle und -senke.

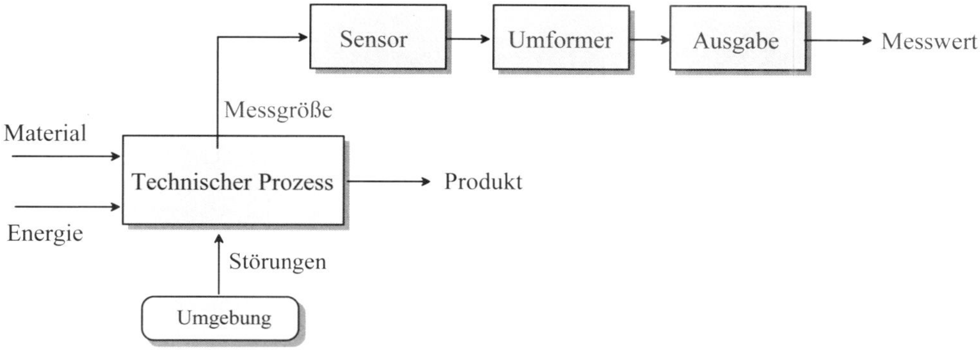

Abbildung 1.1-11: Systematik der Messtechnik

Steuern

Häufig steht man vor der Aufgabe, auf das Verhalten eines Systems bzw. Prozesses gezielt einzuwirken. Eingangsgrößen eines Systems beeinflussen seine Ausgangsgrößen aufgrund der dem System eigentümlichen Gesetzmäßigkeiten. Folglich können die Eingangsgrößen nach Plan variiert werden, um das gewünschte Prozessergebnis (Produkt) zu erhalten. Treten keine unvorhergesehenen Störungen auf, so läuft der Prozess planmäßig ab.

Die Beeinflussung von Prozessen nach Vorgabe bezeichnet man als Steuern. Stellglieder werden nach Art ihrer Hilfsenergie in elektrisch, hydraulisch und pneumatisch unterteilt. Die Informationen für das Ansteuern der Stellglieder können aus dem Prozess selbst abgeleitet sein; meistens besitzen sie eine äußere Quelle. Bei Verwendung externer Informationen (z. B. in Form einer Konstruktionszeichnung), spricht man von einem Steuerungssystem, das als Steuerkette mit den Methoden der **Steuerungstechnik** konzipiert wird.

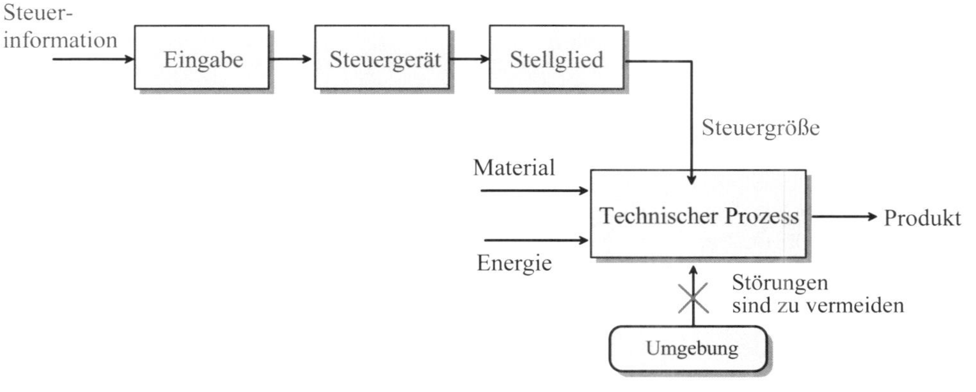

Abbildung 1.1-12: Systematik der Steuerungstechnik

Regeln

Treten unerwünschte Störeinflüsse bei Systemprozessen auf, müssen ihre Ausgangsgrößen ständig beobachtet und bei Abweichung von vorgegebenen Sollwerten durch Gegenwirkungen korrigiert werden.

Der Automat erhält also durch Messung Informationen aus dem Prozess, vergleicht diese mit den von außen vorgegebenen Leitinformationen, generiert daraus (entsprechend einer Regelvorgabe) neue Einflussgrößen auf den Prozess, die über das Stellen weitergeleitet werden. Der Informationsfluss wird geschlossen. Man spricht aus diesem Grund vom **Regelkreis**. Zweck dieses Vorgehens ist, die Sollvorgaben möglichst genau einzuhalten, auch wenn externe Störeinflüsse auf den Prozess diese Prozessgrößen in nicht vorhersagbarer Weise beeinflussen.

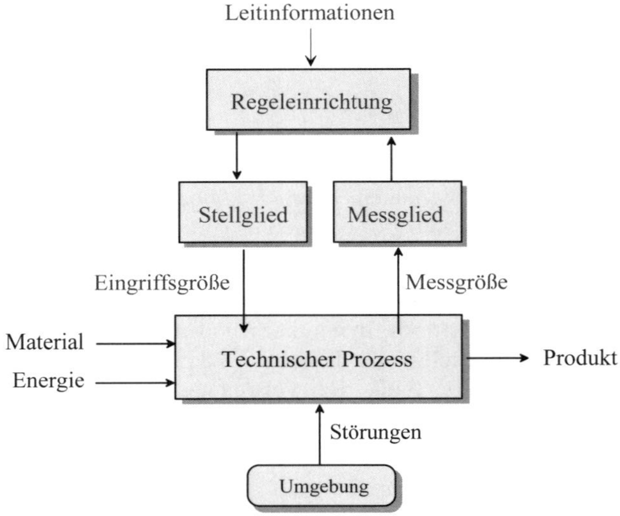

Abbildung 1.1-13: Systematik der Regelungstechnik

Moderne Automatisierungssysteme umfassen mehr als nur die durch den Regelkreis bearbeitete Aufgabe. Durch übergeordnete Rechnersysteme werden dem Regelkreis von außen Steuer- und Leitinformationen mitgegeben, die auf vielfältige Art bei der Produktherstellung eingehen. Auch die Übergabe von Prozessinformationen an übergeordnete Systeme lässt heutige Automatisierungssysteme zu, die nicht nur zur Dokumentation dienen, sondern auch für umfangreiche Auswertungen genutzt werden; deren Ergebnisse werden erneut in den Regelkreis für Qualitätsverbesserungen eingespeist.

1.2 Das Rückkopplungsprinzip

Die Rückkopplung erweist sich in vielen Wissensgebieten als universales Prinzip, so dass versucht wurde, eine eigene Wissenschaft, die Kybernetik, dafür einzuführen.

Das Rückkopplungsprinzip stellt das primäre Kennzeichen des Regelns dar. Es sagt aus, dass die Ausgangsgröße eines Prozesses, hier die Messgröße, auf eine Eingangsgröße des Systems zurückwirkt. Beim Duschen spürt der Benutzer unmittelbar die Temperatur und gleicht sie seinen Vorstellungen über die Ventile an. Das Rückkopplungsprinzip hat die Aufgabe die Ausgangsgröße nach Vorgabe einzustellen.

Das Prinzip der Rückkopplung wurde nicht vom Menschen erfunden. Er hat es der Natur abgeschaut, denn in jeder noch so niedrigen Organisationsstufe des Lebens sind sich adaptierende bzw. stabilisierende Regelungsvorgänge wirksam.

Die Rückkopplung gilt auch in anderen Fachgebieten als **universelles Prinzip**. Sie wirkt sich meistens stabilisierend auf die Systeme aus, weshalb ihre Wirkung folgendermaßen beschrieben werden kann:

Wirkung: Rückkopplung

Tritt in einem rückgekoppelten System ein Ungleichgewicht auf, so führt die Rückmeldung automatisch zu einer ausgleichenden Aktivität. Sie kann sich je nach Situation auf die Vorgänge abschwächend oder verstärkend auswirken.

Das Rückkopplungsprinzip scheint nach dieser Beschreibung nur positive Eigenschaften auf Systeme auszuüben. Um dem Leser einen ersten Eindruck zu geben, zeigen wir das Prinzip an einem einfachen, von jedermann nachvollziehbaren Experiment. Dazu benötigen wir nur eine Videokamera und ein Fernsehgerät. Beide Einheiten verbinden wir über das Abspielkabel.

Wir beginnen zuerst mit üblichen Aufnahmen und zeigen z. B. die Landschaft durch das Fenster. Hierbei gilt: die Informationsquelle, also die Landschaft, ist von der Informationssenke[1], dem Fernsehschirm, entkoppelt. Es liegt keine Rückkopplung vor.

Richten wir nun das Kameraauge selbst auf den Fernsehmonitor, vereinen wir Informationsquelle und -senke. Es liegt ein rückgekoppeltes System vor, so wie es uns Abbildung 1.2-1 zeigt. Auf dem Monitor sehen wir den Fernsehapparat abgebildet, darin einen zweiten, einen dritten und … . Man erkennt ein „stabiles“ Bild. Das Video-Fersehsystem wirkt als Bildverkleinerungsmaschine.

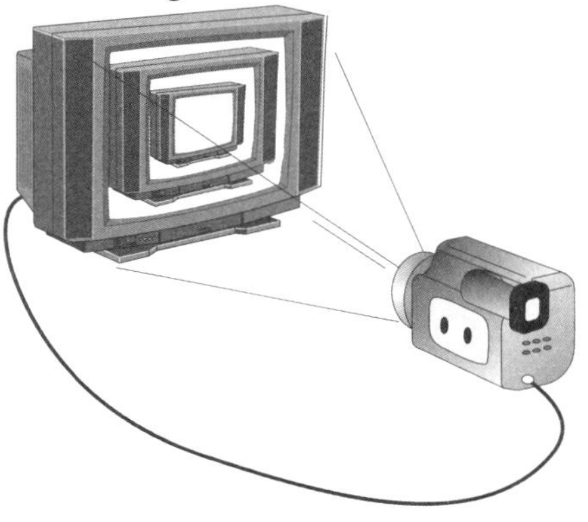

Abbildung 1.2-1: Rückkopplungsexperiment

[1] Ort, an dem die Information nach dem Transport weiter verarbeitet bzw. beobachtet wird.

Nun können wir die Parameter ändern. Die Kamera lässt sich schwenken und wir können den Abbildungsmaßstab verändern. Vergrößert man den Bildausschnitt durch das Heranzoomen, werden die abgebildeten Fernsehapparate größer. Bei einem bestimmten Abbildungsmaßstab tritt ein unerwartetes Verhalten ein. Wir sehen nur Chaos auf dem Monitor. Das Bild des Video-Fernsehsystems wird „instabil", nicht mehr kontrollierbar. Oder doch?

In der nachfolgenden Abbildung sieht man „stabile“ Bilder von Videomustern, die in diesem Chaos sporadisch auftauchen. Die Rückkopplung zeigt also ein sehr differenziertes Verhalten.

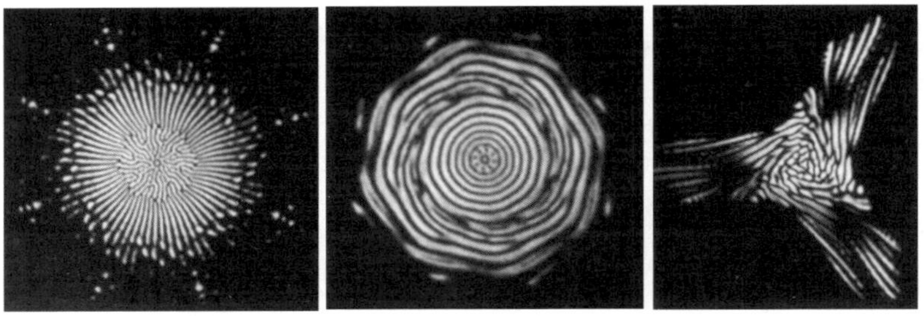

Abbildung 1.2-2: Videomuster

Bei der Erforschung des „Komplexen“ scheint dieses Prinzip ebenso eine tragende Rolle zu spielen. Nimmt man z. B. eine Figur und steckt sie in eine Verkleinerungsmaschine, erhält man eine um den Faktor k verkleinerte Figur. Unser Videoexperiment in Abbildung 1.2-1 zeigt diesen Vorgang „online“ an. Die um den Faktor k verkleinerte Figur wird wieder in dieselbe Verkleinerungsmaschine gebracht. Man erhält eine Folge von gleichmäßig kleiner werdenden selbstähnlichen Figuren. Ordnet man die Figuren systematisch nebeneinander, erhält man eine selbstähnliche Gesamtstruktur. Bei unzähligem Wiederholen baut sich eine Struktur auf, welche bei jeder Vergrößerung genau gleich aussieht. Die obige „Video-Fernsehmaschine“ demonstriert auf ihre Art wiederkehrende Abbildungsstrukturen. Sie dienen allein dazu, uns die Komplexität des Rückkopplungsprinzips vor Augen zu führen.

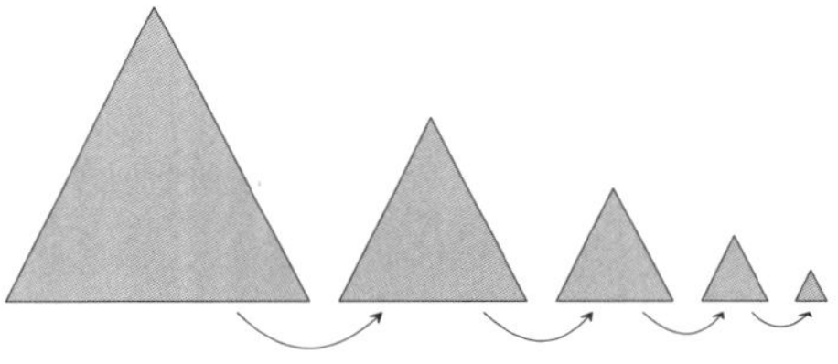

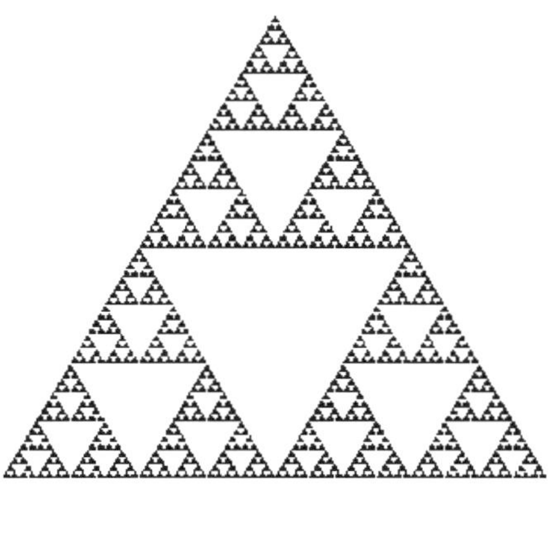

Die nebenstehend abgebildete Struktur baut sich aus dem vorher angegebenen Dreiecksymbol auf. Sie stellt das Beispiel einer geometrischen Rückkopplungsstruktur dar. Das Ergebnis einer Rückkopplung ist von der Art der jeweiligen „Rückkopplungsmaschine", die für den Rückkopplungsprozess benutzt wird, abhängig.

Die Selbstähnlichkeit findet man in der Natur an vielen Stellen wieder. Der Blumenkohl beispielsweise zeigt selbstähnliche Strukturen. Die Abbildung 1.2-3 zeigt immer detailliertere Vergrößerungen, so genannte Röschen. Die Röschen besitzen in allen Röschen-Generationen große Ähnlichkeit, ja sogar zum gesamten Blumenkohl selbst. Andere Gemüsearten wie der Broccoli zeigen dieselben Eigenschaften. Auch Farne weisen zu einem gewissen Grad selbstähnliche Strukturen auf. Die Analyse des Schneeflockenaufbaus lässt uns ebenfalls die Welt der Selbstähnlichkeit bewundern.

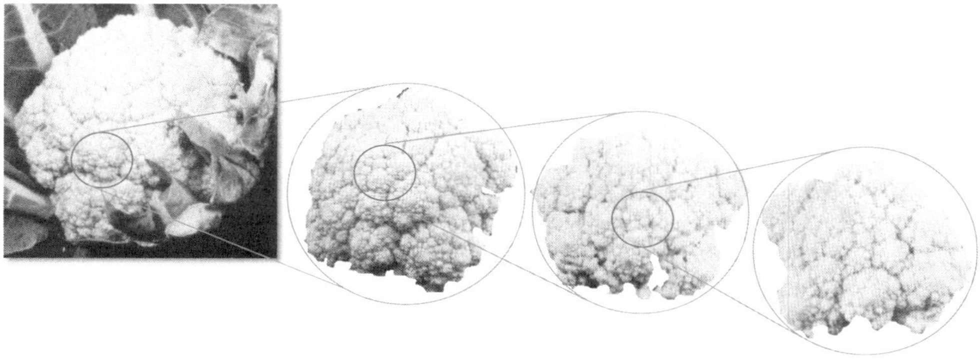

Abbildung 1.2-3: Blumenkohl

Beenden wir aber den Ausflug in akademische Fragestellungen zum Rückkopplungsprinzip und wenden uns anwendungsbezogenen Beispielen zu!

Im letzten Jahrhundert entdeckte man eine Fülle von Vorgängen in der Natur, der Chemie, der Biologie, in den Wirtschaftswissenschaften, der Soziologie, in der Populationsdynamik und sogar im menschlichen Verhalten, welche sich nach dem Rückkopplungsprinzip richten. Eine kurze Erwähnung einiger solcher Beispiele soll dem Leser dieses Grundprinzip vor Augen führen.

Regeln im allgemeinen Sprachgebrauch

In unserem Sprachgebrauch tritt das Wort *Regeln* in vielen Abwandlungen auf. Man kann irgendeine Sache regeln, etwa menschliche Beziehungen, Ausbildungsfragen oder Finanzprobleme, man kann ein geregeltes oder ungeregeltes Leben führen, regelnd in ein Streitgespräch eingreifen und vieles mehr. Man versteht unter dem Begriff *Regeln* also offenbar die Herstellung oder Bewahrung verträglicher Situationen, die durch störende Einflüsse in Unordnung geraten sind.

Regelkreise in der Natur

Die Natur ist voll von Regelvorgängen, die teils unbewusst, teils bewusst ablaufen. Denken wir an die helligkeitsabhängige Pupillenöffnung der Augen oder an die Blutdruck-, Blutzucker-, Atmungs- und Temperaturregelung im menschlichen Körper. Die Natur schützt uns so vor den Einflüssen der Umwelt und ermöglicht uns die Anpassung an schwankende Umwelteinflüsse. Eine vereinfachte Blutdruckregelung zeigt die nachfolgende Abbildung. In der zugehörigen Fachliteratur sind hierzu wesentlich komplexere Zusammenhänge zu finden.

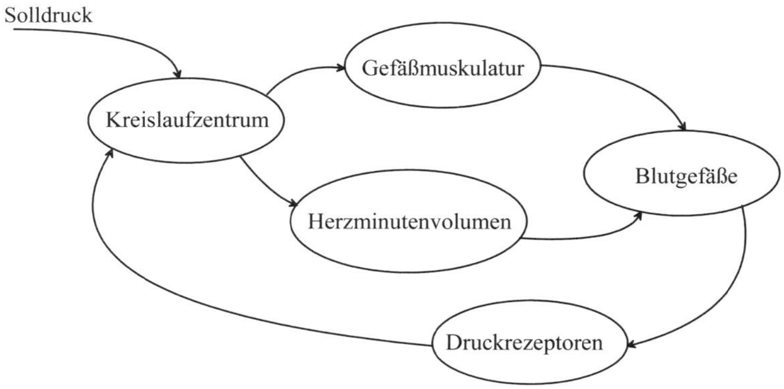

Abbildung 1.2-4: Blutdruck-Regelkreis

Der jeweilige Gemüts- und Belastungszustand gibt den Sollblutdruck vor. Der Sollblutdruck wird mit dem über Druckrezeptoren an Halsschlagader und Aorta gemessenen Istdruck im Kreislaufzentrum mit Sitz im verlängerten Rückenmark verglichen. Weichen diese Werte voneinander ab, beeinflussen die Gefäßmuskulatur oder das Herzminutenvolumen das Blutgefäßsystem. Das Herz schlägt schneller und/oder die Gefäße erweitern bzw. verengen sich. Dies wirkt sich wiederum sofort auf die Druckrezeptoren als Druckänderung aus. Der Regelkreis ist geschlossen.

In der Tierwelt zeigen Populationen ebenfalls regelndes Verhalten. Als sehr einfaches Beispiel dafür lässt sich das Zusammenleben von kleinen und großen Fischen beschreiben. Gibt es viele kleine Plankton fressende Fische, so vermehren sich die großen Fische überdurchschnittlich, da sie genügend Nahrung in den kleinen Fischen vorfinden. Deren Anzahl reduziert sich mit der Zeit drastisch. Als Konsequenz wiederum sterben die großen Fische wegen Nahrungsmangels langsam aus. Die kleinen Fische besitzen nun genügend Lebensraum und vermehren sich wieder. Der Kreislauf beginnt von neuem.

Regelkreise der Ökonomie

Ein weiteres Wissensgebiet, bei dem Regelvorgänge eine große Rolle spielen, ist die Ökonomie. Der Ausgleich von Angebot und Nachfrage über Preis, Warenangebot und Lieferzeit verkörpert eine Rückkopplung bzw. einen Regelkreis.

Der sog. Schweinezyklus ist ein Beispiel eines solchen ökonomischen Regelvorgangs. Unter den Bedingungen relativ freier Märkte erweist es sich, dass in einem Abstand von ca. zwei Jahren ein hohes Angebot an Schweinen mit niedrigen Preisen und ein geringes Angebot mit hohem Preis abwechseln.

Jedem kam sicher einmal der Ausspruch zu Ohren, die Menge bestimmt den Preis. Die Abbildung 1.2-5 stellt den Mechanismus dieses Marktgesetzes auf simple Weise dar. Die angebotene Warenmenge gelangt auf den Markt bzw. zu den Verbrauchern. Gibt es ein Überangebot, fällt der Preis. Bei zuwenig Ware eines Artikels zieht der Einzelpreis an, solange es natürlich kein Ladenhüter ist. Preis und Menge pendeln sich gegenseitig ein. Nun kann es durch Störungen vorkommen, dass der Regelkreis aus dem Tritt kommt. In der Landwirtschaft können Unwetter solche Marktstörungen auslösen. Einflüsse auf Industrieprodukte rühren u. a. von Streiks, Brandkatastrophen und vielem mehr her. Der ökonomische Regelkreis versucht solche Störungen auszugleichen.

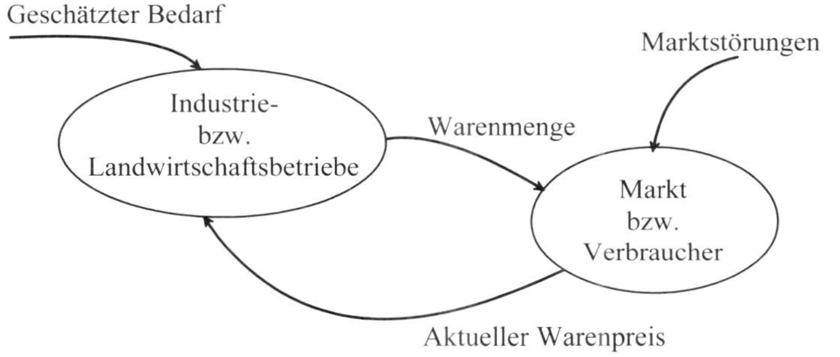

Abbildung 1.2-5: Marktmechanismus

Vielleicht denkt nun mancher Leser, der sich als angehender Ingenieur fühlt, was hat dieser Marktmechanismus mit der Automatisierungs- bzw. Regelungstechnik zu tun?

Ihm kann die Antwort gegeben werden, dass auch dieses Marktverhalten mit denselben Methoden und Verfahren untersucht werden kann, die in den nachfolgenden Kapiteln beschrieben werden.

1.3 Geschichtliche Entwicklung

Die Regelungstechnik zählt mit zu den sehr frühen Disziplinen der Ingenieurwissenschaften.

Nicht umsonst wurde zu Beginn dieses einführenden Kapitels das Beispiel von Windmühlen bei der Darstellung der markanten Entwicklungsschritte in der Technik herangezogen. Eines der frühesten Anwendungsbeispiele der Regelungstechnik finden wir dort wieder. Die Einstellung des Flügelrads wird mit einem Windleitflügel senkrecht zum Windflügelrad vorgenommen. Dreht sich der Wind, was einer Störung des Systems gleichkommt, stellt sich die Windmühle automatisch auf die neue Situation ein.

Die eigentliche Geburt der Automation leitete jedoch der Fliehkraftregler ein.

Zentrifugalregulator

Als Meilenstein in der Geschichte der Automatisierungstechnik gilt die Erfindung des Zentrifugalregulators, der von J. Watt im Jahre 1788 in Dampfmaschinen eingesetzt wurde Diese Erfindung ist Ausgangspunkt für das Maschinenzeitalter, denn auch andere Kraftmaschinen wären ohne derartige Regelungen unbrauchbar. Die Entwicklung dieser Technik basierte damals allein auf empirischen Erkenntnissen. Die Theorie dazu wurde erst viele Jahre später geliefert. Sein Aussehen und seine Funktionsweise lassen sich aus der nachfolgenden Skizze erkennen. Der Zweck des Regulators war, die Drehzahl von Dampfantrieben auf einem konstanten Wert zu halten, egal welche sekundärseitigen Beanspruchungen auf sie wirkten.

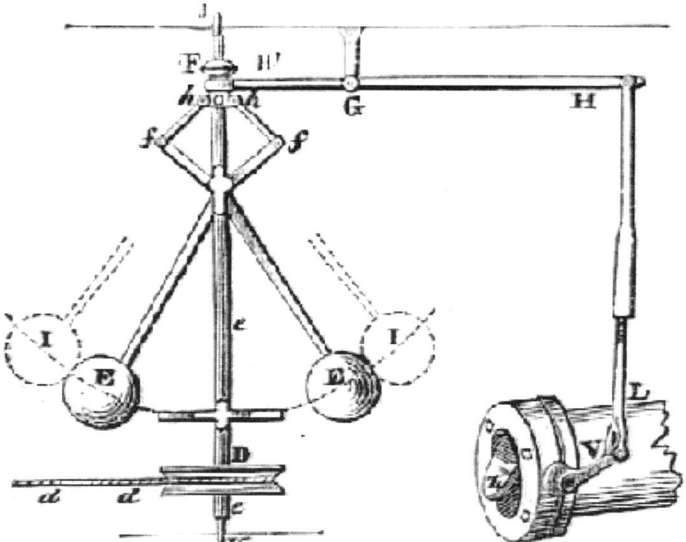

Abbildung 1.3-1: Zentrifugalregulator (Quelle: [33])

Die Maschine treibt die Welle des Fliehkraftreglers an und lässt das Pendel rotieren. Die Zentrifugalkraft beschleunigt die Massen E an den Enden der Pendel proportional zur Drehzahl der Maschine in radialer Richtung. Dadurch hebt bzw. senkt sich die Führungsmuffe F, über die ein Hebel H zur Einstellung eines Dampfventils V betätigt wird. Die Dampfzufuhr zur Maschine wird verstärkt bzw. gedrosselt und somit die Maschinendrehzahl auf einem konstanten Wert gehalten.

Die damaligen Bearbeitungsmaschinen drehten mit dieser Regelung immer gleich schnell, so dass die Arbeitsgänge gleichmäßiger ausgeführt wurden. Bei fahrenden Dampfmaschinen wie Lokomotiven erreichte man damals eine gleichmäßigere Geschwindigkeit, egal welche Steigungen auf der Strecke zu überwinden waren. Als Relikt aus dieser Zeit sieht man auch heute noch befeuerbare Dampfmaschinen mit solchen Zentrifugalregulatoren als Spielzeugversionen. Diese werden als Antrieb für die verschiedensten „Bearbeitungsmaschinen“ verwendet. Auf vielen Trödlermärkten kann man sie als Spielzeug bewundern.

Auch die zu den ersten elektrischen Generatoren entwickelten Spannungsregler oder die sog. Zweipunktregler sind ohne theoretisches Hintergrundwissen entstanden. Von diesem Zeitpunkt an erschienen immer mehr Untersuchungen zu einzelnen Problemen der Regelungstechnik. Die zu Beginn des 20. Jahrhunderts entstehende elektrische Nachrichtentechnik hat entscheidende Impulse zur weiteren Entwicklung der Regelungstechnik in ihrer allgemeinen Form beigetragen. Die beigefügte Tabelle veranschaulicht hierzu einige Daten dieser geschichtlichen Entwicklung.

Tabelle 1.3-1: Geschichtliche Daten der Regelungstechnik

Jahr	Erfinder	Untersuchungsgegenstand
		Windmühle
1624	Drebbel	Temperaturregelung in einem Brutkasten
1765	Polsunow	"Wasserstandsregelung"
1788	Watt	Drehzahlregelung
1868	Maxwell	Theorie zur Drehzahlregelung
1877	Routh	Stabilitätsproblematik bei Wasserturbinen
1886	Siemens	Spannungsregler
1890	Ljapunow	Nichtlineare Stabilität
1895	Hurwitz	Algebraisches Stabilitätskriterium
1902	Tirrill	Zweipunktregler
1905	Tolle	**Erstes Lehrbuch über Regelungstechnik**
1910	Sperry	Gyroskop, Autopilot
1932	Nyquist	Graphisches Stabilitätskriterium
1938	Bode	Frequenzganguntersuchungen
1942	Ziegler, Nichols	Einstellvorschriften für stabile Regelkreise
1944	Oldenbourg, Sartorius	Erstes umfassendes Lehrbuch über die Regelungstechnik
1948	Evans	Wurzelortskurven-Verfahren

Hier tauchen Namen von Ingenieuren bzw. Wissenschaftlern auf, die für das Verständnis der Regelungstechnik Wichtiges geleistet haben, und auf deren Erkenntnisse wir bei der Darstellung der Regelungstechnik noch stoßen werden.

Die klassischen Theorien der Steuerungs- und Regelungstechnik liegen ab ca. 1950 vor. Danach übernehmen Automatisierungsgeräte in verstärktem Maße Steuerungs- und Kontrollfunktionen von Maschinen, die vorher von Menschen ausgeführt wurden.

Nun beginnt das Zeitalter der eigentlichen Automation. Mit dem Aufkommen der elektronischen Datenverarbeitung und insbesondere der Mikroprozessortechnik in den 70er-Jahren beschleunigte sich die Anwendung dieser Technik in allen Ingenieurswissenschaften erheblich. Die Möglichkeiten weltweiter Netzwerke, wie beispielsweise das Internet, tragen das ihrige bei. Die Automatisierungstechnik macht sich auf breiter Front bemerkbar.

Die klassischen Gebiete im Maschinenbau und der Verfahrenstechnik brauchen nicht besonders betont zu werden. Jeder kennt dort eine Fülle von Anwendungen. Der Roboter wird stellvertretend für sie aufgeführt.

In der Fahrzeugtechnik und der Verkehrsleittechnik erleben wir heute eine Aufbruchstimmung auf dem Gebiet der Automatisierung.

1.4 Inhalt und methodisches Vorgehen

Wie ein Architekt ein Bauwerk auf dem Papier entwirft, so muss der Ingenieur neue bzw. verbesserte Produkte konzipieren. Automatisierungssysteme werden mit Hilfe mathematischer und logischer Werkzeuge geplant und entwickelt. Sie gilt es zu erlernen und zu verstehen.

Aufgabe der Steuerungs- und Regelungstechnik ist es, geeignete Methoden und Verfahren bereitzustellen, mit deren Hilfe das dynamische Verhalten technischer Systeme untersucht und gestaltet werden kann. Die Untersuchung bzw. Beschreibung dynamischer Vorgänge in technischen Systemen steht deshalb im Mittelpunkt dieses Lehrbuchs.

Die Darstellung der Systeme kann auf graphische Art mit Hilfe von Blockschaltbildern vorgenommen werden. Die aufgezeigten Strukturbilder der Mess-, Steuerungs- und Regelungstechnik in Abschnitt 1.1 benutzen diese Darstellungsform. Zur Analyse von Systemen benötigt man neben experimentellen Methoden auch mathematische Beschreibungsformen in Form von Bewegungsgleichungen.

Differentialgleichungen sind die Basis der Bewegungsgesetze in allen naturwissenschaftlichen und technischen Disziplinen. Bekanntlich sind bereits einfache Differentialgleichungen mathematisch umständlich zu lösen. An die Lösung der Differentialgleichungen komplexer Systeme ist kaum zu denken.

Deshalb müssen andere Methoden zur Analyse und Berechnung von Systemen gefunden werden, welche die Signal- und Systemtheorie bereitstellt. Es gilt, ihre Grundlagen kennen zu lernen. Sie bietet verschiedene Darstellungsformen für Signale und Systeme an, welche sich im Vergleich zu Differentialgleichungen als einfach und übersichtlich erweisen.

Die Signal- und Systemtheorie lässt sich direkt auf Automatisierungssysteme anwenden. Mit ihr gelangt man zu allgemein gültigen Aussagen über ihr dynamisches Verhalten. Wegen ihrer Universalität präsentiert sich die Steuerungs- und Regelungstechnik als methodenorientiertes Fachgebiet. Reale Steuerungs- und Regelungssysteme werden durch „abstrakte“ Modelle beschrieben. Dies ist gewöhnungsbedürftig und bereitet Anfängern Schwierigkeiten.

Dieses Lehrbuch versucht, nicht die Mathematik in den Vordergrund zu stellen, sondern möchte in erster Linie die Zusammenhänge zwischen der mathematischen Beschreibung und den realen Verhaltensweisen der Untersuchungsobjekte aufzeigen.

Der inhaltliche Aufbau des Buchs gliedert sich deshalb in drei Kapitel. In einem ersten Teil werden die Grundlagen der **Signal- und Systemtheorie** aufgezeigt. Ihr Verständnis stellt die Basis für das weitere Kapitel **Regelungstechnik** dar. Der abschließende Teil **Steuerungstechnik** orientiert sich an der Systemtheorie, sie verlangt jedoch zusätzliche Beschreibungsmethoden, welche aus der Informationstechnik stammen.

Die didaktische Konzeption versucht, jedem Kapitelinhalt eine **Lernaufgabe** voranzustellen. Sie soll den Leser animieren, seine Aufmerksamkeit auf den erlernten Stoff zu lenken, um sie am Ende selbst bearbeiten zu können. Diese kann mit einer Aufgabenbearbeitung am jeweiligen Kapitelschluss verglichen werden. Das Ende jedes Abschnitts bilden die Fragen zur Selbstkontrolle. Sie sollten vom Leser mündlich beantwortet werden können. Ihre Beantwortung gibt dem Leser Auskunft über sein Verständnis der Zusammenhänge des jeweils Erlernten.

Es ist der Wunsch des Autors, dass der Leser am Ende seiner Studien eine Übersicht über grundlegende Verfahren der Steuerungs- und Regelungstechnik zur Beschreibung, zur Analyse und zum Entwurf von Automatisierungssystemen besitzt. Dass über diese Einführung in das Fachgebiet hinaus weitere und modernere Methoden existieren, braucht nicht besonders betont werden. Für interessierte Leser kann diese Einführung als Anreiz zur vertieften Beschäftigung mit diesen Techniken dienen.

Bearbeitung der Lernaufgabe

Nach den besprochenen Merkmalen der MSR-Technik liegt bei dem vorliegenden Haus-Heizungssystem eine Kombination von Steuerung und Regelung vor:

- **Steuerung**

  Die Außentemperatur T_A steuert die Vorlauftemperatur T_V zum Heizkörper eindeutig nach einer vorgebbaren Kennlinie. Weitere Abhängigkeiten auf sie existieren nicht. Informationsquelle und -senke sind voneinander getrennt.

- **Regelung**

  Die Vorlauftemperatur T_V zum Heizkörper wird mit Hilfe der Mischung des Kesselkreislaufs mit dem Heizkörperkreislauf auf der Solltemperatur gehalten. Dies geschieht durch permanentes Messen und Vergleichen mit dem Vorgabewert aus der Steuerung. Bei Abweichung sendet die Kontrolleinheit ein Signal an den Stellmotor des Mischventils. Die Vorlauftemperatur ändert sich; der Wirkkreislauf ist geschlossen.

Der Hausbewohner interessiert sich vorwiegend für den Temperaturverlauf in den Räumen. Die Gesamtanlage wurde u. a. deshalb beschrieben, um die Eingangsbedingungen der Raumheizung genau zu kennen. Die Pumpe fördert Heizwasser mit konstanter Vorlauftemperatur T_V durch die Heizkörper.

Regelung der Raumtemperatur

Eine heutige Raumheizung lässt sich einfach beschreiben. Die Raumtemperatur T_R wird gemessen und mit dem Sollwert verglichen. Eine Abweichung muss durch die Verstellung des Heizkörperventils ausgeglichen werden. Dafür hat die Kontrolleinrichtung zu sorgen, egal ob die Störeinflüsse (ungewollte Wärmeverluste über Fenster oder Wände bzw. das Aufheizen durch eine größere Anzahl von Personen) ständig die Raumtemperatur verändern.

Die nachfolgende Abbildung stellt eine etwas „veraltete“ Anlage zur Temperaturkontrolle eines Raumes dar. Ein Ausdehnungsthermometer auf Flüssigkeitsbasis erfasst die Raumtemperatur und gibt die Temperaturinformation an einen Balg weiter. Der Balg greift direkt in das Heizkörperventil ein und verändert den Heizwasserfluss. Zur Voreinstellung der Raumtemperatur ist ein verstellbares Gefäß in der Zuleitung zum Ausdehnungsbalg angebracht.

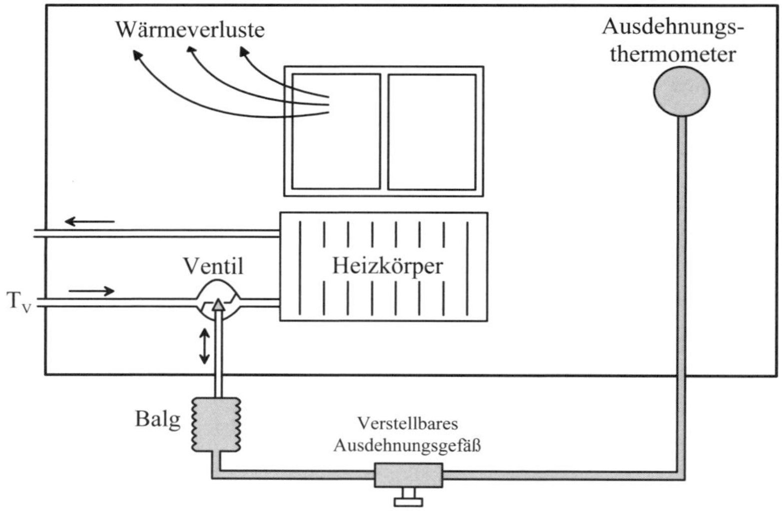

Abbildung 1-2: Raumheizung (Beispiel)

Die so aufgebaute Anlage besitzt den Vorteil, dass der Leser ihre Wirkungsweise ohne komplexe mathematische Untersuchungen begreifen kann. Sie ist zum Verstehen eines ersten technischen Automatisierungssystems gut geeignet.

Automation bedeutet, den Informationsfluss in einem System zu beschreiben und im Sinne der Aufgabenstellung zu beeinflussen. Es brauchen bei der Raumheizung weniger die Energieflüsse untersucht zu werden, sondern allein diejenigen Größen, welche den Wärmeprozess kontrollieren. Eine Analyse der Raumheizung führt auf das nachfolgende Wirkungsschema. Man erkennt, dass die für ein Heizsystem relevanten Energiegrößen nicht mehr auftauchen; der Energiefluss ist der Vollständigkeit wegen als indirekte Wirkung eingezeichnet.

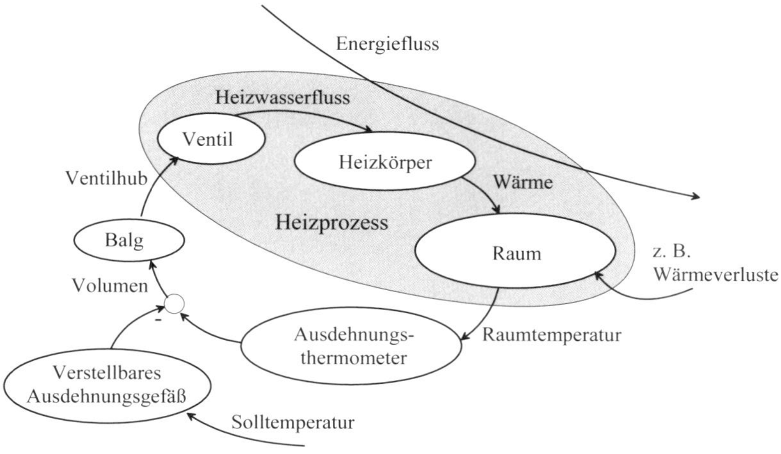

Abbildung 1-3: Wirkungsplan der Raumheizung

Als Analyseergebnis wird unmittelbar sichtbar: Es liegt ein Rückkoppelprozess und damit ein Regelkreis vor. Mit dem verstellbaren Ausdehnungsgefäß stellt man den Arbeitspunkt der Regelung ein. Für den Automatisierungsingenieur sind in aller Regel das Ventil, der Heizkörper und natürlich die Baulichkeiten des Raums vorgegeben. Diese Komponenten stellen das kontrollierte System dar. Die Auswahl der weiteren Systemkomponenten ist seine Aufgabe. Heutige Raumheizsysteme werden mit Thermostatventilen geregelt.

Der Ingenieur fragt nach der wirkungsmäßigen Strukturierung der Prozesskomponenten und dem dynamischen Verhalten des Gesamtsystems. Dazu müssen vorher die Zeitverhalten der Einzelsysteme durch ihre physikalischen Gesetzmäßigkeiten beschrieben werden. Diese Analyse schenken wir uns hier. An deren Stelle machen wir uns ihr Zeitverhalten qualitativ plausibel:

Ventil	Ventilhub ändert direkt ohne Verzögerung den Heizwasserdurchfluss.
Heizkörper	Gibt die Wärme fast unverzögert in den Raum ab.
Raumluft	Wirkt stark verzögernd bei der Wärmeaufnahme. Nach dem der Heizkörper angeschaltet ist, zeigt sich der Temperaturverlauf in einer groben Näherung als exponentiell ansteigend. Die Anstiegszeit liegt bei vielen Minuten.
Thermometer	Reagiert sehr schnell auf jede Temperaturänderung.
Balg	Ändert seine Länge sehr schnell auf eine Volumenausdehnung der Thermometerflüssigkeit bzw. des Ausdehnungsgefäßes zur Temperaturvorgabe.

Die Hauptverzögerung des Heizprozesses mit Kontrollsystem geht von der Erwärmung der Raumluft aus. Dafür nehmen wir ein verzögerndes Verhalten 1. Ordnung an, welches durch eine Differentialgleichung 1. Ordnung mathematisch beschrieben wird. Alle anderen Systemkomponenten reagieren dagegen sehr schnell und werden deshalb durch proportionale Beziehungen zwischen ihren Ein- und Ausgangsgrößen angesetzt.

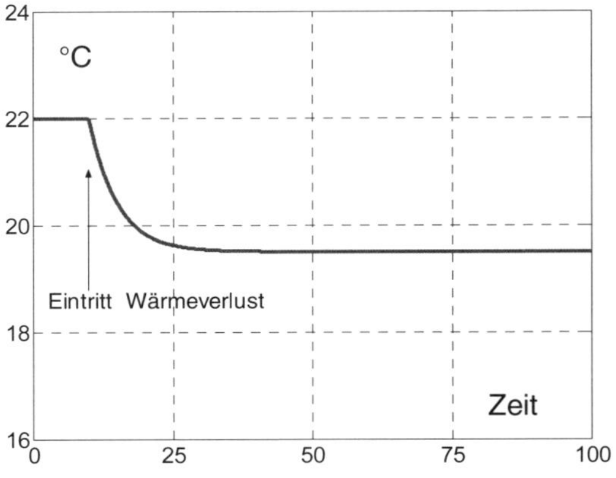

Abbildung 1-4: Temperaturverlauf bei Wärmeverlust

Mit Computerprogrammen lässt sich auf einfache Weise diese Art von Systemen simulieren. Ihnen werden das angegebene Zeitverhalten der Einzelprozesse und die Systemstruktur übergeben. Mit ihnen lassen sich dann die Reaktionen der Systeme auf Veränderungen der Eingangsgrößen berechnen. Bei der Raumheizung ist dies die Veränderung der Solltemperatur bzw. der externen Störeinflüsse. Ein Wärmeverlust tritt in der Wirklichkeit durch das Öffnen von Fenstern auf.

Im Computerprogramm simuliert man diesen Vorgang z. B. durch das Zudrehen der Ventile, was ebenfalls zu einer Temperaturabsenkung der Raumluft führt. Der Zeitverlauf der Raumtemperatur im obigen Zeitdiagramm zeigt den angenommenen Fall. Zum gegebenen Zeitpunkt tritt ein Wärmeverlust auf. Die Temperatur sinkt von 22 °C auf 19 °C ab. Die Automatik sollte die Temperatur wieder auf den alten Wert anheben. Dies ist nicht der Fall. Die Automatisierung erfüllt deshalb nicht die an sie gerichtete Erwartung.

Oder gibt es andere Möglichkeiten? Diese Frage muss die Regelungstechnik klären!

Fragen zur Selbstkontrolle

Frage 1-1: Was versteht man unter Mechanisierung, was unter Automatisierung?

Frage 1-2: Wie kann ein technischer Prozess charakterisiert werden?

Frage 1-3: Zählen Sie Merkmale eines Automaten auf!

Frage 1-4: Was beschreibt ein Regelkreis?

Frage 1-5: Der Mensch übernimmt bei vielen Vorgängen die Aufgaben eines Reglers. Zählen Sie solche Vorgänge aus dem Alltag auf!

Frage 1-6: Versuchen Sie Vor- und Nachteile von Steuerungs- und Regelungssystemen aufzuzählen!

Frage 1-7: Wozu dient das Rückkopplungsprinzip?

Frage 1-8: Welche wichtigen Systemkomponenten besitzen die Steuerkette und der Regelkreis?

Frage 1-9: Geben Sie ein Beispiel einer Rückkopplung im menschlichen Organismus an!

Frage 1-10: Im häuslichen Bereich lassen sich viele Automatisierungssysteme finden. Geben Sie Beispiele an!

Frage 1-11: Was versteht man unter MSR-Technik?

Frage 1-12: Warum spielt die Regelungstechnik bei der Industrialisierung eine wichtige Rolle?

Frage 1-13: Wie funktioniert ein Fliehkraftregler?

Frage 1-14: Welche Auswirkungen besitzt die Automation für uns Menschen?

Frage 1-15: Beschreiben Sie einen Regelkreis, der in der Natur zu beobachten ist!

2 Signale und Systeme

Mit Hilfe von Werkzeugen müssen Automatisierungssysteme konzipiert, beschrieben und auf ihre ordentliche Funktionstüchtigkeit hin beurteilt werden. Aufgabe der Signal- und Systemtheorie ist es, geeignete Methoden und Verfahren bereitzustellen, mit deren Hilfe das Verhalten technischer Systeme untersucht und beeinflusst werden kann.

Differentialgleichungen, wie sie z. B. zur Beschreibung mechanischer Bewegungsgesetze verwendet werden, sind dabei die Basis. Problematisch ist aber, dass Differentialgleichungen umständlich zu lösen sind. Es müssen andere Methoden zur Analyse von Systemen gefunden werden. Die Signal- und Systemtheorie leistet mit ihren mathematischen und graphischen Methoden zur Darstellung von Signalen und Systemen diese Hilfe.

2.1 Grundbegriffe der Signal- und Systemtheorie

Lernziele

Die Vielzahl unterschiedlicher technischer Systeme verlangt zu ihrer Beschreibung einheitliche Begriffe und verallgemeinernde Darstellungsformen. Das Lernziel ist, Systeme unabhängig von gerätetechnischen Komponenten und physikalischen Vorgängen darstellen zu können. Die Signal- und Systemtheorie operiert mit Begriffen, mit denen exakte Beschreibungen von Steuerungen und Regelungen möglich werden.

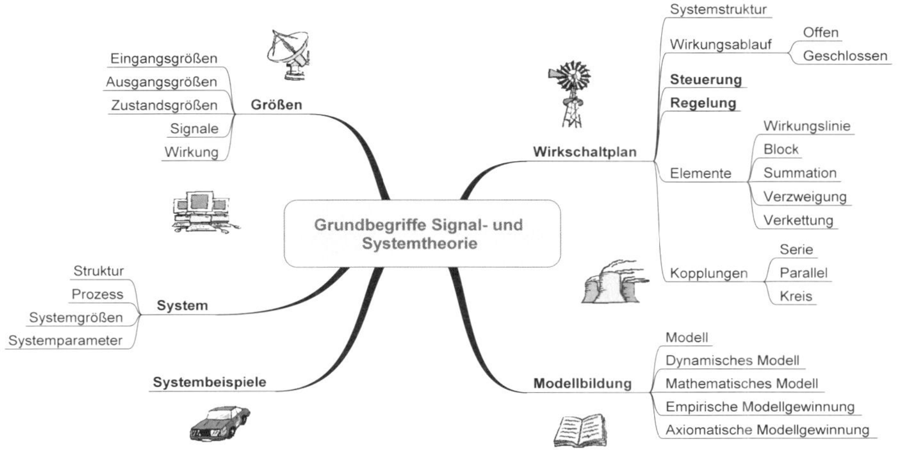

Lernaufgabe

Jedem ist die Funktionsweise eines Bügeleisens geläufig. Sein Arbeitsprinzip ist in der folgenden gerätetechnisch reduzierten Darstellung festgehalten.

Mit dem Sollwertversteller wird die richtige Temperatur für die Stoffart eingestellt. Der Strom durch die Heizspirale erwärmt die Bügeleisenplatte. Das Bimetall krümmt sich entsprechend der vorhandenen Temperatur, wodurch der Kontaktschalter betätigt wird.

Entzieht der Bügelvorgang Wärme, sinkt die Temperatur der Bügelplatte. Über das Bimetall und den Kontaktschalter wird der Stromkreislauf für den Heizvorgang wieder geschlossen.

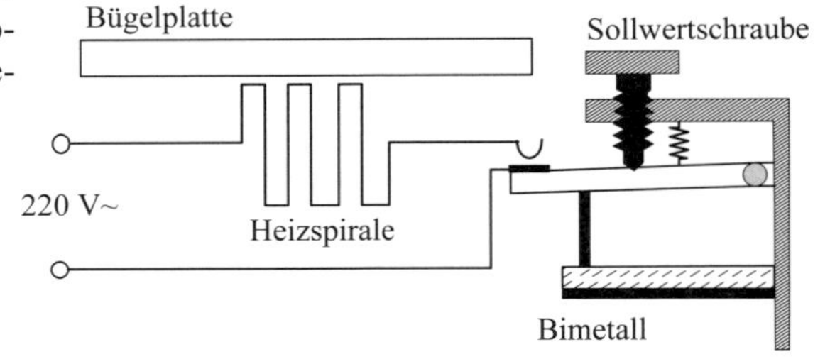

Abbildung 2.1-1: Arbeitsprinzip eines Bügeleisens

Das Bügeleisen stellt ein technisches System dar. Am Ende dieses Abschnitts sollte der Leser in der Lage sein, mit Hilfe grundlegender Begriffe dieses System systemtheoretisch zu beschreiben.

Die Signal- und Systemtheorie ist eine grundlegende Theorie zur Beschreibung von Signalen und Systemen der Informationstechnik. Sie ist ohne einen gewissen mathematischen Aufwand nicht möglich.

2.1.1 Grundbegriffe

Technische Systeme sind oft sehr komplizierte Anordnungen, deren Analyse häufig außerordentlich schwierig oder praktisch unmöglich ist. In der Systemtheorie werden technische Systeme durch wenige (idealisierte) Kenngrößen beschrieben. Die *Übertragungsfunktion*[1] eines Systems ist u. a. eine solche Kenngröße. Durch sie ist man in der Lage, Systemreaktionen auf beliebige Eingangssignale einfach zu berechnen. Gleichzeitig erreicht man durch die Anwendung der Systemtheorie einen Abstraktionsgrad realer Systeme, der eine universelle Behandlung regelungs- und steuerungstechnischer Systeme erst erlaubt.

Der bekannte Tiefpass bildet, unabhängig von der tatsächlichen Realisation entweder als elektrischer Tiefpass oder als ein mechanisches Filter ein solch abstrahiertes System.

---

[1] Die Übertragungsfunktion wird in Kapitel 2.3 behandelt.

Schlussendlich will man mit der Systemtheorie Signale und Systeme durch einfache Kenngrößen beschreiben, die eine unkomplizierte Berechnung gestatten und hinreichend gute Näherungen an die wirklichen Verhältnisse gewährleisten.

Im Folgenden sind die fundamentalen Begriffe der Theorie angegeben:

Definition: System

Ein **System** ist eine in einem betrachteten Zusammenhang gegebene Anordnung von Gebilden, die miteinander in gesetzmäßiger Beziehung stehen.

Mit dieser Definition wird ausgesagt, dass insbesondere ein System durch die Systemgrenzen von seiner Umgebung getrennt ist. Innerhalb der Systemgrenzen gibt es Wechselwirkungen zwischen den Systemkomponenten. Diese Einheiten können ihrerseits wieder Systeme sein. Damit können große Systeme durch Zusammenfügen kleiner und kleine Systeme durch Unterteilen großer aufgebaut werden. Der Systembegriff ist rekursiv verwendbar, wobei die Gebilde bzw. Teilsysteme und deren Beziehungen untereinander eine Struktur besitzen.

Definition: Struktur

Die Struktur eines Systems ist die Gesamtheit der wechselseitigen Beziehungen zwischen den Systemelementen.

Ein System kann somit von beliebiger Natur sein. Sicherlich kann sich der Leser sehr leicht die bereits beschriebenen Systeme *Raumheizung*, *Duschautomat* bzw. *Zentrifugalregulator* vorstellen. Es lassen sich aber auch sehr große Systeme wie *Kraftwerke*, *Flugzeuge* und vieles andere mehr beschreiben, so auch Systeme abstrakter Natur wie z. B. Programmiersprachen oder Betriebssysteme. Im nachfolgenden Bild ist ein vertrautes System, ein Roboter, dargestellt, das jeder, der an der Technik interessiert ist, kennt.

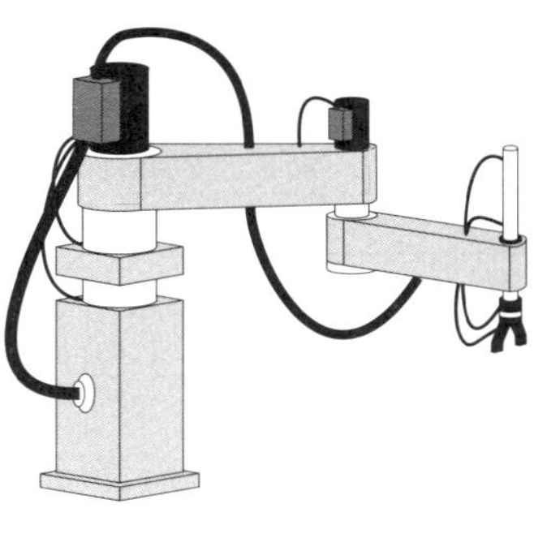

Abbildung 2.1-2:
Der Roboter als technisches System

Roboter werden u. a. in der Produktionstechnik eingesetzt. Die Darstellung weist einen SCARA-Roboter aus. Die Armbewegungen finden in der Horizontalen statt und sind von der Bewegung des Greifers entkoppelt. Die Aufgabe der Automatisierungstechnik ist, diese Achsen so anzusteuern, dass eine definierte Greiferbewegung resultiert. Dazu müssen der technische Aufbau dieses Robotersystems und seine mechanischen Gesetzmäßigkeiten bekannt sein. Es liegt ein Mehrkörpersystem vor. Die Kinematik eines Mehrkörpersystems muss gelöst werden. Weitere Beispiele ließen sich anfügen.

Für die Systeme gilt aber immer: Die Gebilde eines Systems stehen in gesetzmäßiger Beziehung zueinander. Bei technischen Systemen sind dies im weitesten Sinn die physikalischen Gesetze. Die Beziehungen wirken sich untereinander statisch und/oder dynamisch aus. Das System „lebt". In einem System läuft ein Prozess ab:

Definition: Prozess

Ein **Prozess** ist die Gesamtheit aufeinander einwirkender Vorgänge in einem System, durch die Materie, Energie und/oder Information umgeformt, transportiert oder auch gespeichert wird.

Diese Definition lässt sich in eine für Ingenieure leicht verständliche graphische Darstellung bringen:

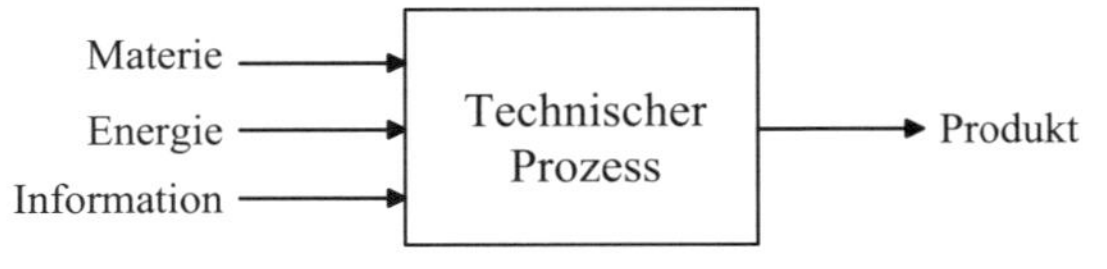

Abbildung 2.1-3: Technischer Prozess

Das Bild symbolisiert Ursache und Wirkung eines technischen Prozesses. Die Ursache ist seine Beeinflussung; die Wirkung äußert sich im Endprodukt. Im Innern des Blocks läuft der Prozess ab. In der Darstellung stellt sich der technische Prozess als schwarzer Kasten (black box) dar. Über ihn brauchen in dieser Darstellungsform keine weiteren Details bekannt sein.

Die Begriffe *System* und *Prozess* werden oft synonym gebraucht. Spricht man von einem System, versteht man darunter meistens den Gegenstand bzw. die Einrichtung. Dagegen deutet die Bezeichnung Prozess auf die im System vorhandene Aktivität hin.

Die folgenden Beispiele verdeutlichen diese System-Prozess-Zusammenhänge:

System	**Prozess**
Kraftwerk	Energieerzeugung
Förderband	Transport von Gütern
Rechner	Datenverarbeitung

Die Bezeichnungen der Systeme stellen vorwiegend deren *Hardware* in den Vordergrund, wogegen die Prozessnamen die *Software* der jeweiligen Systeme ausdrücken.

Die Aufgabe des Ingenieurs ist, Beschreibungsformen zu liefern, mit denen er die Auswirkungen externer und interner Einflussgrößen von Prozessen möglichst genau der Wirklichkeit angleichen kann. Dazu benötigt er Beschreibungsgrößen, welche Eigenschaften der Prozessvorgänge charakterisieren.

Definition: Größe

Größen repräsentieren Eigenschaften eines Vorgangs oder Körpers, die einer qualitativen Identifizierung und einer quantitativen Bestimmung zugänglich sind.

Man erkennt anhand dieser Definition unmittelbar den Zusammenhang zu Messgrößen. Für Messgrößen müssen Fundamentalvoraussetzungen erfüllt sein: Ihre qualitativ eindeutige Definition, ihre quantitative Bestimmbarkeit und das Vorhandensein von Messnormalen, die durch Konvention festgelegt sind.

Hier haben wir es nicht nur mit Messgrößen zu tun, auch Stellgrößen oder allgemeinere den Prozess beeinflussende Größen sind für die Beschreibung von Systemen notwendig. Andere Größen wiederum wirken aus dem System heraus auf die Umgebung.

Die intuitive Veranschaulichung eines auf diese Art definierten Systems zeigt Abbildung 2.1-4.

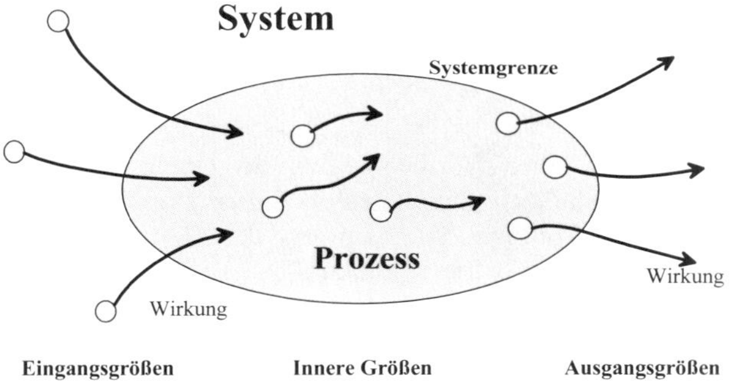

Abbildung 2.1-4: Systemzusammenhänge

Die Größen beschreiben und beeinflussen den Prozess, sie besitzen jedoch auch Auswirkungen auf die Systemumgebung. Man unterscheidet drei Arten von Größen:

Definition: Eingangsgröße

Unter **Eingangsgrößen** versteht man Größen, die auf ein System einwirken, ohne dass sie selbst vom System beeinflusst werden.

Definition: Ausgangsgröße

Unter **Ausgangsgrößen** werden Größen verstanden, die vom betrachteten System beeinflusst werden und es als Wirkung nach außen verlassen.

Definition: Innere Größe oder Zustandsgröße

Zustandsgrößen bzw. **innere Größen** sind diejenigen zeitveränderlichen Größen eines Systems, mit deren Kenntnis zu einem Zeitpunkt das weitere Systemverhalten bei gegebenen Eingangsgrößen eindeutig bestimmbar ist. Sie wirken nur im Innern eines Systems.

In der Wirklichkeit liegen fast immer Systeme mit mehreren Ein- und Ausgangsgrößen vor. Sie überschreiten die Systemgrenzen. Zur vollständigen Systembeschreibung benötigt man immer auch innere Größen. Sie beschreiben den inneren Zustand eines Systems.

Die unterschiedlichen Größen eines Systems lassen sich am Beispiel eines Quecksilber-Thermometers kenntlich machen. Das nachfolgende Bild verdeutlicht das Arbeitsprinzip eines Ausdehnungsthermometers. Als Eingangsgröße tritt die Umgebungstemperatur T auf. Über die Ausgangsgröße lesen wir die gemessene Temperatur ab. Sie wird über die Ausdehnung L des Quecksilbers in der Kapillare bestimmt.

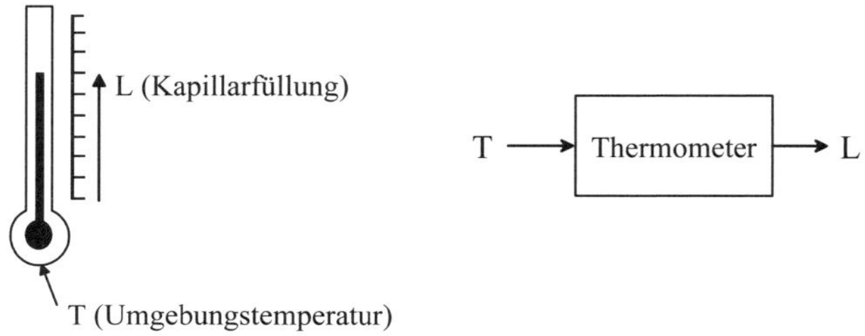

Abbildung 2.1-5:
Das Thermometer als System

Verwendet man beide Größen zur Systembeschreibung, lässt sich das Thermometer symbolisch als Block mit Eingangsgröße T und Ausgangsgröße L darstellen. Analysieren wir den Thermometer-Prozess genauer, müssen wir uns an die physikalischen Grundgesetze der Wärmelehre erinnern.

Der Thermometer-Messprozess läuft über einen Wärmeübergang der Umgebungstemperatur auf die Temperatur des Quecksilbermetalls ab. Durch dessen Temperaturänderung dehnt sich das Metall aus bzw. verkleinert sein Volumen. Die Kapillare des Thermometers dient als Umformelement für die Anzeige des Quecksilbervolumens. Die kalibrierte Skala lässt uns die Umgebungstemperatur ablesen.

Zur Beschreibung der Prozesskette benötigt man neben der Ein- und Ausgangsgröße die inneren Größen. Insgesamt treten beim Ausdehnungsthermometer folgende Wirkungsarten auf:

Eingangsgröße:	Temperatur T,
Innere Größen:	Quecksilbertemperatur T_{Hg}, Quecksilbervolumen V_{Hg},
Ausgangsgröße:	Kapillarfüllung L (Skalenanzeige).

Sie bestimmen den Temperaturmessprozess nach folgender Ursache-Wirkungskette:

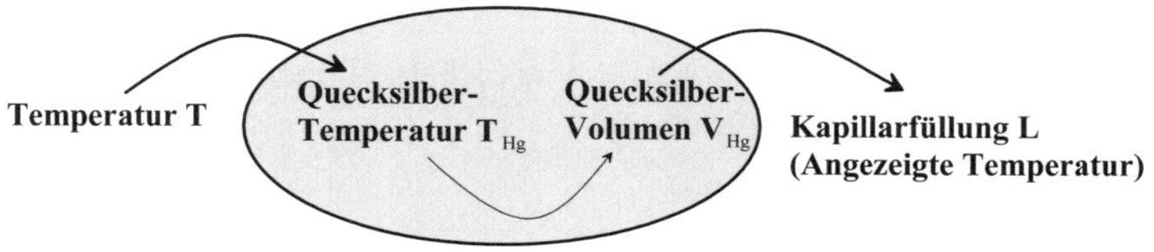

Abbildung 2.1-6:
Temperaturmessung als Prozess

Das Thermometer wird darüber hinaus von weiteren Systemparametern bestimmt. Die Materialkennwerte und der geometrische Aufbau legen das Systemverhalten ebenso fest.

Der Leser sollte sich den Unterschied zwischen Systemparametern und Systemgrößen verdeutlichen.

Systemgrößen beschreiben in der Signal- und Systemtheorie dynamische Vorgänge, die sich mit der Zeit ändern können. Bei Systemparametern geht man davon aus, dass sie zumindest während der Untersuchungszeit eines Systems zeitlich konstant bleiben.

Wir alle wissen, dass sich das Glas des Ausdehnungsthermometers mit steigender Temperatur ebenfalls ausdehnt. Das Einschlussvolumen des Quecksilbers ändert sich somit auch. Bei den weiteren Berechnungen vernachlässigen wir diesen Effekt und nehmen den inneren Volumenhohlraum (Kugelvolumen und Kapillarvolumen) als konstant an. Er wird zum Systemparameter.

Definition: Systemparameter

Die **Systemparameter** sind Kenngrößen, deren Werte das Verhalten des Systems prinzipiell beschreiben.

Bei dynamischen Systemen ändern sich die Größen mit der Zeit. Die Eingangsgrößen verursachen dynamische Auswirkungen auf den inneren Zustand der Systeme und auf ihre Ausgangsgrößen. Will man Systemgrößen beeinflussen bzw. beobachten, benötigt man eine Darstellungsart bzw. einen Träger für deren Momentanwerte. Signale dienen diesem Zweck.

Definition: Signal

Ein **Signal** stellt den zeitlichen Verlauf einer Größe dar und ist damit Träger ihrer Information (Wert einer Größe).

Ein Signal wird durch eine Zeitfunktion beschrieben, die den Informationsparameter der Größe als Veränderliche der Zeit beschreibt. Technische Größen können z. B. durch Ströme oder Spannungen abgebildet werden. In der Signal- und Systemtheorie verwendet man in der Regel dimensionslose Größen. Diese werden am einfachsten durch Normierung auf definierte Signalbereiche gewonnen.

Zur ingenieurmäßigen Beschreibung von Systemen wurde eine einheitliche Darstellungsform, der Systemblock, eingeführt.

Definition: Systemblock

Der **Systemblock** stellt ein System oder Gebilde mit einer oder mehreren verursachenden und einer oder mehreren beeinflussten Größen dar. Er hat die Form eines Rechtecks. Innerhalb des Rechtecks wird die wirkungsmäßige Abhängigkeit zwischen Ein- und Ausgangsgrößen angegeben.

Man reduziert die Wirkung eines Systemblocks aus verständlichen Gründen gerne auf eine Ausgangsgröße. Mit obiger Definition werden Mehrgrößensysteme beschrieben.

Ihre graphische Darstellung mit den üblichen Signalbezeichnungen erkennt man aus folgender Abbildung:

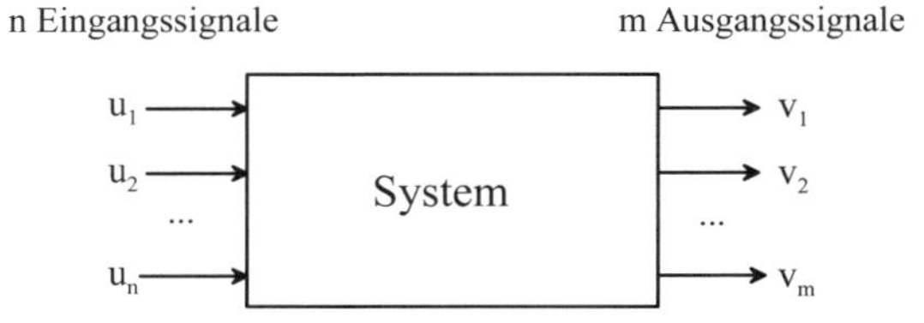

Alternativ:

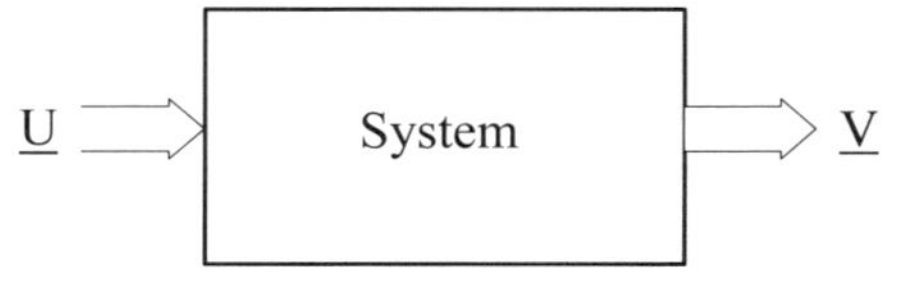

Abbildung 2.1-7: Blocksymbol für Systeme

Auf ein System können mehrere (n) Eingangssignale einwirken; gekennzeichnet werden diese mit den Buchstaben U_i oder u_i ($1 \leq i \leq n$). Andererseits wirkt der Systemprozess auf (m) Ausgangssignale, die mit V_j bzw. v_j ($1 \leq j \leq m$) bezeichnet werden.

Die Symbole der Ein- und Ausgangssignale stellen die Pfeile dar. Alternativ dazu können mehrere von ihnen zu einem Größenvektor zusammengefasst werden. Die Größenvektoren $\underline{U}$ und $\underline{V}$ sind durch Doppelpfeile gekennzeichnet.

Ein Blocksymbol repräsentiert das System selbst, das eine eindeutige Kennzeichnung (Name, Symbol, Formel, Kennlinie, u. a.) besitzen muss. In der Regelungstechnik sind die Kennzeichnungen mittels der **Übergangsfunktion**[1] und der **Übertragungsfunktion**[1] die international gebräuchlichsten.

Der Systemblock wirkt wie eine Übertragung der Eingangssignale auf seine Ausgangssignale. Man bezeichnet ihn deshalb auch als **Übertragungsglied**, ein aus der Nachrichtentechnik entlehnter Begriff.

Anhand der Anzahl der Ein- und Ausgangssignale trifft man folgende Systemcharakterisierung:

- **MIMO** **M**ultiple **I**nput **M**ultiple **O**utput
- **SISO** **S**ingle **I**nput **S**ingle **O**utput.

Zur Vereinfachung der mathematischen Behandlung von Systemen werden wir versuchen MIMO-Systeme aus SISO-Systemen aufzubauen. Für die letzteren existieren relativ einfache Beschreibungs- und Behandlungsformen.

[1] Definitionen dieser Funktionen werden im Abschnitt „2.3 Beschreibungsmethoden für Systeme“ angegeben.

Am Beispiel einer mechanischen Feder mit dem bekannten Federgesetz lassen sich verschiedene Systemkennzeichnungen demonstrieren:

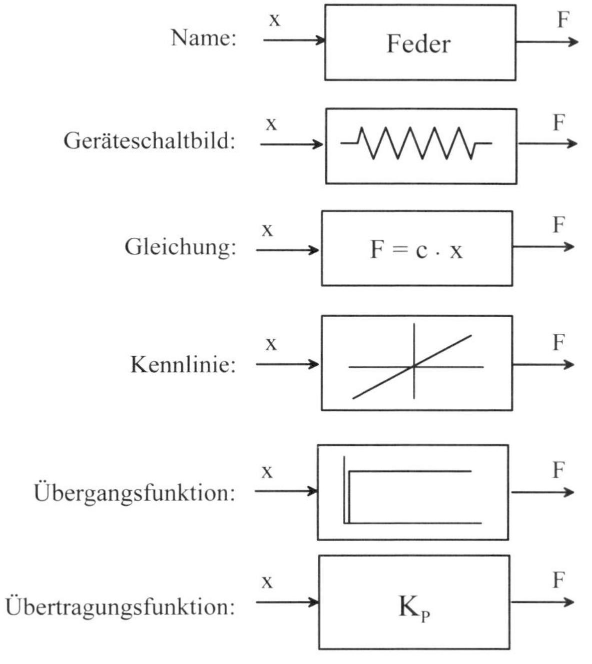

Abbildung 2.1-8: Systemkennzeichnungen: Mechanische Feder

Die beiden letzten Systemkennzeichnungen werden in der Regelungstechnik angewandt. Auf sie wird näher bei der Beschreibung von Systemen eingegangen. Die sonstigen Kennzeichnungen sind für Ingenieure eindeutig.

Der Aufbau von großen Systemen verlangt den Zusammenschluss mehrerer Systeme bzw. Systemblöcke. Dabei fungieren die Ein- und Ausgangssignale als Verbindungen zwischen den einzelnen Systemen. Sie beeinflussen das Geschehen im Gesamtsystem, da sie als Signale auf die Prozesse und ihre Ausgangsgrößen ein- und auswirken. Sie besitzen Wirkungen:

Definition: Wirkung

Eine **Wirkung** beschreibt die Einflussnahme einer oder mehrerer Eingangsgrößen auf eine Ausgangsgröße durch den Prozess eines Systems.

Die Wirkung besitzt eine Richtung und damit einen Ausgangspunkt und ein Ziel:

Definition: Wirkungsrichtung

Die **Wirkungsrichtung** gibt die Richtung der Einflussnahme einer Wirkung an, nämlich von der Ursache zu ihrer Auswirkung.

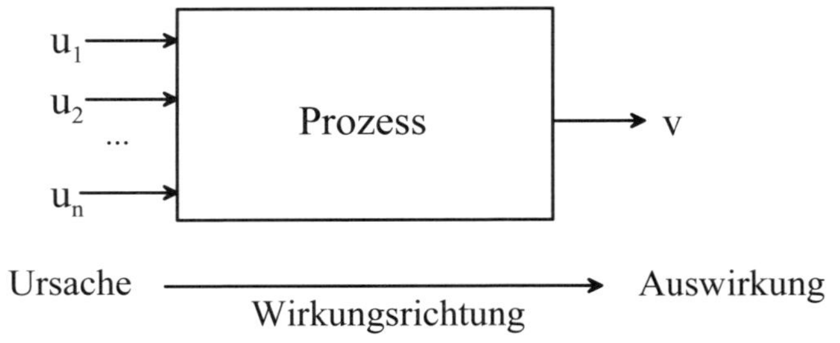

Abbildung 2.1-9: Wirkung eines Systems bzw. Übertragungsglieds

Signale wirken auf Systeme ein. Die Auswirkungen der Systeme übernehmen wiederum Signale, die auf nachfolgende Systeme wirken. Man erkennt unmittelbar, dass Signale und Wirkungen identische Eigenschaften besitzen. Man kann deshalb die Signalpfeile als Wirkungslinien betrachten.

Definition: Wirkungslinie

Wirkungslinien verdeutlichen Prozessgrößen bzw. Signale, welche dynamische Wirkungen zwischen Systemblöcken weitergeben. Die Wirkungsrichtung wird durch einen Pfeil unmittelbar am Eintritt in einen Block bzw. eine Summationsstelle gekennzeichnet.

Mit Hilfe der Systemblöcke und Wirkungslinien können Systeme aus Teilsystemen aufgebaut werden. Diese Systemzusammensetzungen besitzen eine Struktur:

Definition: Systemstruktur

Die **Systemstruktur** ist die wirkungsmäßige Zuordnung aller Teilprozesse zu einem Gesamtsystem.

Die Systemstruktur kommt in einem Plan zum Ausdruck:

Definition: Wirkschaltplan

Der **Wirkschaltplan** (Wirkungsplan) dokumentiert die Systemstruktur. Er versinnbildlicht die wirkungsmäßigen Zusammenhänge zwischen den Größen eines technischen Systems.

Im Wirkungsplan kommen die gegenseitigen Einflüsse der Teilsysteme, vermittelt durch deren Ein-/Ausgangsgrößen bzw. Wirkungslinien, zum Ausdruck. Die Wirkungslinien sind nicht mit gerätetechnischen Einrichtungen zur Übermittlung von Masse-, Energie- und Informationsflüssen zu verwechseln.

Im folgenden Wirkschaltplan wird exemplarisch die Systemstruktur eines nicht näher beschriebenen Systems angegeben:

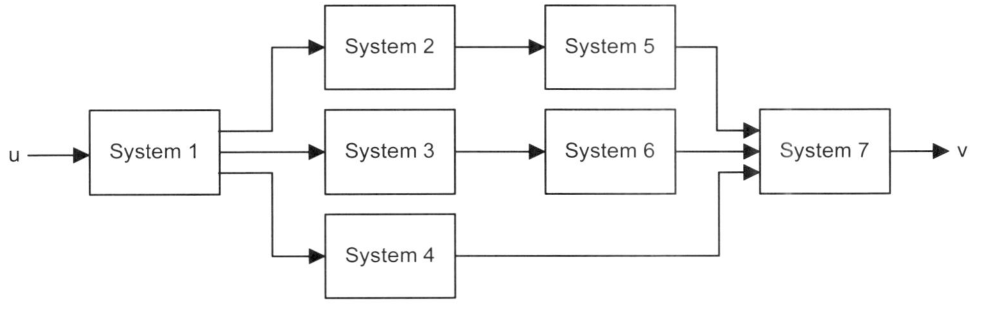

Abbildung 2.1-10: Wirkschaltplan

Wirkungen besitzen eine eindeutige Richtung. Durch die Systemstruktur können unterschiedliche Wege der Beeinflussung der Ausgangsgröße auftreten:

Definition: Wirkungsweg

Unter dem **Wirkungsweg** versteht man den Weg, längs dessen die Wirkungen von Teilprozessen eines Systems verlaufen.

Definition: Wirkungsstrecke

Die **Wirkungsstrecke** ist ein Teil eines gesamten Wirkungswegs.

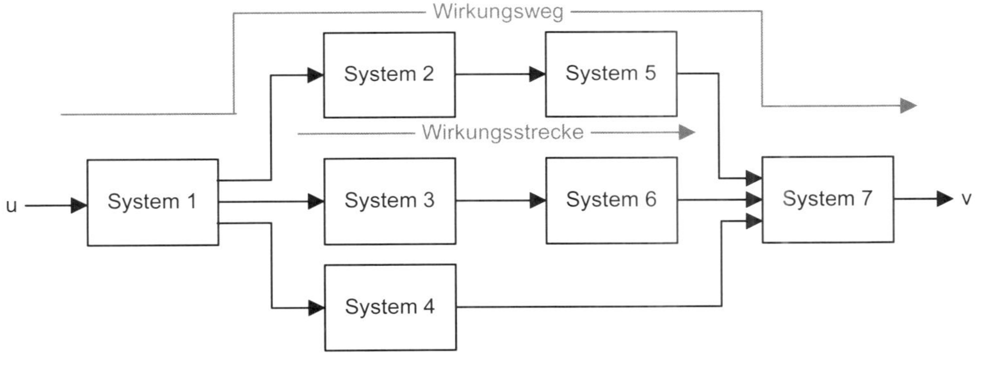

Abbildung 2.1-11: Wirkungswege und -strecken

Systemstrukturen können nur zwei prinzipiell unterschiedliche Topologien von Systemblöcken und Wirkungslinien besitzen, nämlich solche mit offenem bzw. geschlossenem Wirkungsweg:

Definition: Offener Wirkungsweg

Es liegt ein **offener Wirkungsweg** in einem System vor, wenn von einer beeinflussten Wirkungslinie kein Wirkungsweg zurück auf eine verursachende Größe führt.

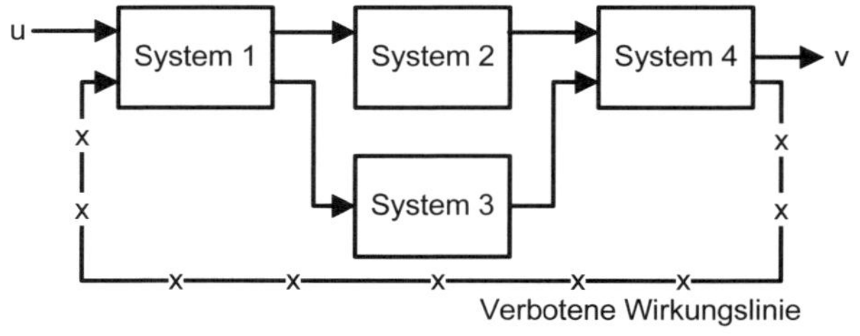

Abbildung 2.1-12: Offener Wirkungsablauf

und

Definition: Geschlossener Wirkungsweg

Ein **geschlossener Wirkungsweg** in einem System hat mindestens eine Wirkungslinie zurück von einer beeinflussten Wirkungslinie zu einer verursachenden Größe.

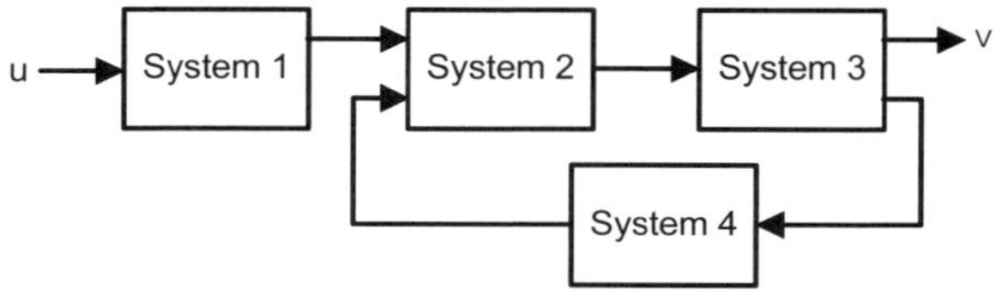

Abbildung 2.1-13: Geschlossener Wirkungsablauf

Die Wirkungen beider Strukturen drücken sich in unterschiedlichen Wirkungsabläufen aus:

Definition: Wirkungsablauf

Ein **Wirkungsablauf** kennzeichnet die Abfolge der Einflussnahme von Prozessgrößen auf einem Wirkungsweg.

Der Wirkungsablauf teilt Systeme in zwei alternative Typen ein:

Definition: Offener Wirkungsablauf

Ein System besitzt dann einen **offenen Wirkungsablauf**, wenn seine Systemstruktur offene Wirkungswege ausweist. Tritt ein geschlossener Wirkungsweg auf, so dürfen die beeinflussten Größen (Ausgangsgrößen) nicht fortlaufend auf die beeinflussenden Größen (Eingangsgrößen) zurück wirken.

Definition: Geschlossener Wirkungsablauf

Ein System besitzt dann einen **geschlossenen Wirkungsablauf**, wenn mindestens eine Wirkungslinie von einer beeinflussten zurück zu einer verursachenden Systemgröße auftritt.

Systemstrukturen mit weiteren Wirkungsabläufen können nicht ausgemacht werden. Der alternative Aufbau beider Wirkungsabläufe erlaubt es nun, die Beschreibung von Steuerungen und Regelungen vorzunehmen.

Die direkte Einflussnahme auf Maschinen bzw. Anlagen geschieht mittels Steuerungen (feedforward control):

Definition: Steuerung

Eine **Steuerung** ist ein System mit **offenem Wirkungsablauf**.

Die Steuerung greift aufgrund logischer Verknüpfungen (Kriterien) in den Prozess ein und die Prozessgrößen werden nach vorgegebenen Gesetzmäßigkeiten verändert, ohne dass sie selbst wieder beeinflusst werden.

Dementsprechend gilt für Regelungen (feedback control):

Definition: Regelung

Eine **Regelung** besteht aus einem System mit **geschlossenem Wirkungsablauf**.

Eine Regelung hat die Aufgabe, den Wert der Ausgangsgröße eines Systems an den Wert der Sollgröße (Eingangsgröße) anzugleichen, auch wenn dieser Ausgleich im Rahmen der gegebenen Möglichkeiten unvollkommen geschieht. Dies sollte insbesondere bei Vorhandensein nichtbeeinflussbarer Umgebungsbedingungen geschehen. Dazu müssen Ausgangswirkungen gemessen und mit Eingangsgrößen verglichen werden. Es liegt also ein System mit geschlossenem Wirkungsablauf vor. Steuerungen können nur bekannte Einflüsse direkt kontrollieren, weshalb sie auch andere Einsatzgebiete besitzen.

Mit dem bekannten Beispiel aus der Heizungstechnik lassen sich die Unterschiede beider Systemstrukturen verdeutlichen. Dazu beschränken wir uns auf die Heizung eines Raumes. In früheren Jahren hat man die Außentemperatur dazu benutzt, die Wärmezufuhr zu einem Radiator anzupassen. Je kälter es draußen war, umso mehr Wärmeenergie wurde in den Raum abgegeben. Man glich so die Wärmeverluste über die Fenster und Wände aus. Die Abbildung 2.1-14 verdeutlich diese Art anhand der Anordnung von Flüssigkeitsthermometer und Balg zur Steuerung der Raumtemperatur (a). Sinkt die Außentemperatur, verliert die Thermometerflüssigkeit an Volumen und das Ventil für die Heizwasserzufuhr öffnet sich. Die Raumtemperatur steigt an. Die Ausgangsgröße *Raumtemperatur* beeinflusst die Eingangsgröße *Außentemperatur* nicht. Es liegt ein offener Wirkungsablauf vor.

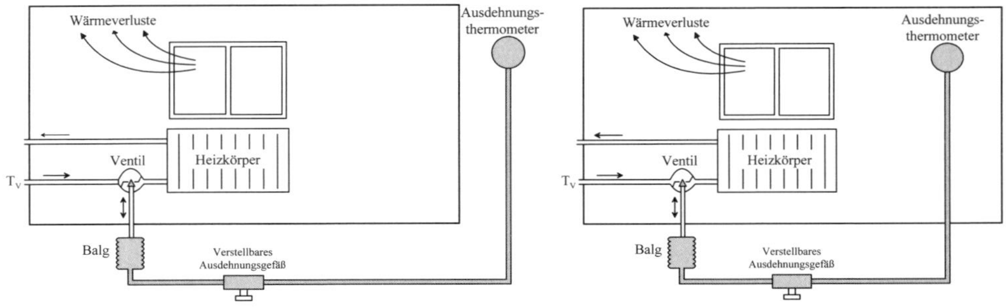

(a) Außentemperatursteuerung (b) Raumtemperaturregelung

Abbildung 2.1-14: Raumheizungsanlage[1]

Anders sieht es bei der Raumtemperaturregelung (b) aus. Hier wird die Ausgangsgröße *Raumtemperatur* des Systems zur Kontrolle der Energiezufuhr über die Eingangsgröße *Ventilstellung* verwendet. Sinkt die Raumtemperatur ab, wird ebenfalls das Ventil für die Erhöhung der Wärmezufuhr geöffnet. Dieser Vorgang ist jetzt aber nicht unmittelbar von der Außentemperatur abhängig. Auch andere Ursachen lösen diesen Vorgang aus. So üben z. B. die Anzahl der Personen oder das Öffnen von Türen und Fenstern einen Einfluss auf die Raumtemperatur aus. Die Steuerung dagegen reagiert allein auf die Außentemperatur.

Die aufgezählten Eigenschaften lassen sich auf beliebige Systeme übertragen:

Durch Steuerungen können nur bekannte Störeinflüsse auf Systeme eliminiert werden, während Regelungen auch nicht fassbare (gesetzmäßig nicht beschreibbare) Umgebungseinflüsse beseitigen können.

2.1.2 Elemente und Kopplungsarten im Wirkschaltplan

Der Wirkschaltplan (Blockschaltbild) hat sich als zentrales Darstellungsmittel für das dynamische Verhalten von technischen Systemen herausgebildet, da er dem Menschen das Verständnis des Systemverhaltens erleichtert. Der Ingenieur bildet sich durch die Systemanalyse ein **Modell**. Dazu werden Kennlinien, mathematische Zusammenhänge, naturwissenschaftliche Gesetze, experimentell gewonnene Zahlenreihen usw. verwendet. Im Wirkschaltbild wird die so gewonnene Modellvorstellung veranschaulicht.

Systeme bestehen in der Regel aus vielen Komponenten. Jede Systemkomponente wird durch einen Systemblock im Wirkschaltplan repräsentiert. Die Systemstruktur drückt sich als Vernetzung von Blöcken aus. Neben den Systemblöcken und Wirkungslinien sind weitere Elemente zum Aufbau von Gesamtsystemen erforderlich. Im Folgenden werden alle Symbole des Wirkschaltplans, auch die bereits bekannten, aufgelistet und erklärt:

[1] Die benutzte Technik der abgebildeten Heizungssteuerung bzw. -regelung dient allein der Deutlichmachung der Wirkungszusammenhänge.

Symbol: Block oder Übertragungsglied

Das **Übertragungsglied (Block)** beschreibt die wirkungsmäßige Abhängigkeit der Ausgangsgrößen v von den Eingangsgrößen u. Es wird durch einen Block symbolisiert.

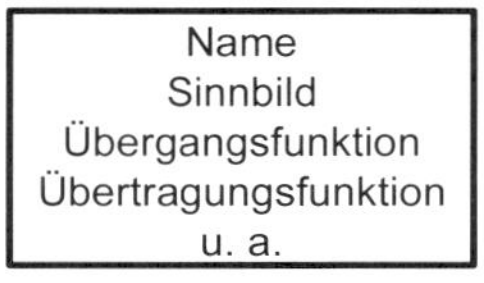

Lineares Verhalten

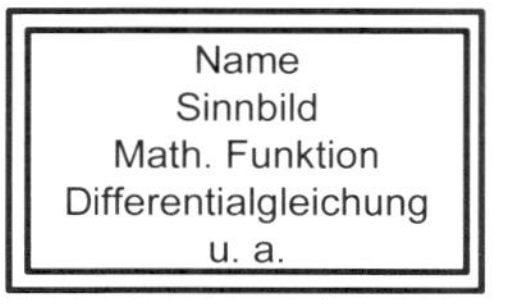

Nichtlineares Verhalten

Abbildung 2.1-15: Übertragungsglied

Als besondere Kennzeichnung von linearem und nichtlinearem Verhalten werden Systemblöcke durch eine Einfach- bzw. Doppelumrandung versehen. Dem Leser sind aus der Mathematik sicher lineare bzw. nichtlineare Operationen und Funktionen bekannt. Entsprechende Eigenschaften weisen Systeme auch auf. Eine genauere Definition folgt in einem späteren Abschnitt, es sei jedoch bereits hier angedeutet, dass für die weiteren Untersuchungen nur lineare Systemverhalten in Betracht gezogen werden.

Symbol: Wirkungslinie

Die **Wirkungslinien** repräsentieren diejenigen Größen, die dynamische Zustandsänderungen von Block zu Block weiterleiten. Sie werden durch Linien mit Benennungen und Pfeilen symbolisiert.

Abbildung 2.1-16: Wirkungslinie

Symbol: Verzweigungsstelle

Eine **Verzweigungsstelle** verdoppelt eine Wirkungslinie. Sie wird durch einen ausgefüllten Punkt symbolisiert.

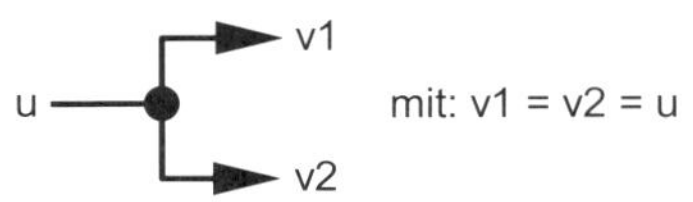

Abbildung 2.1-17: Verzweigungsstelle

Symbol: Summationspunkt

Die **Summation** verbindet mindestens zwei Wirkungslinien auf algebraische Art. Sie wird durch einen nicht ausgefüllten Kreis symbolisiert. Die ankommenden Wirkungslinien enden im Summenpunkt mit Pfeilen und verdeutlichen durch das Vorzeichen die Art der Addition. Bei Nichtinvertierung lässt man in der Regel das Pluszeichen weg.

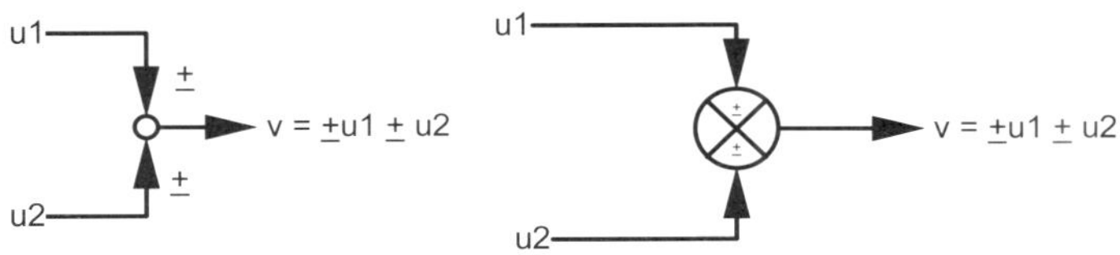

Abbildung 2.1-18: Summationsstelle

Anstelle des klassischen Summationssymbols sieht man in Wirkungsplänen manchmal auch in Segmente aufgeteilte Kreissymbole. Die Vorzeichen der ankommenden Wirkungen werden in die Kreissegmente eingetragen. Vorwiegend taucht dieses Symbol bei Programmen für die rechnerunterstützte Aufstellung von Wirkungsplänen auf.

Symbol: Wirkungsumkehr

Die **Wirkungsumkehr** negiert das ankommende Signal. Es ist vom Summationssymbol abgeleitet.

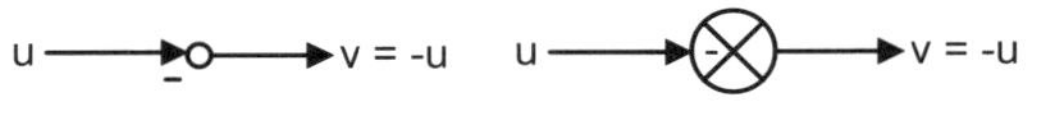

Abbildung 2.1-19: Wirkungsumkehr

Symbol: Multiplikationsstelle

Die **Multiplikationsstelle** verbindet mindestens zwei Wirkungslinien und berechnet das Produkt beider Größen. Sie wird durch ein Doppelrechteck mit Multiplikationszeichen (x) symbolisiert.

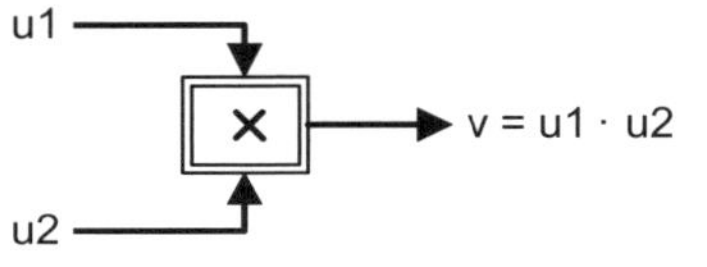

Abbildung 2.1-20: Multiplikationsstelle

Symbol: Verkettung

Die **Verkettung** verbindet die Eingangswirkungslinie u mit der Ausgangswirkungslinie v eines Blocks.

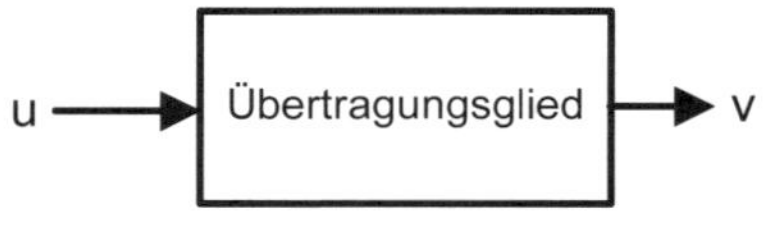

Abbildung 2.1-21: Verkettung

Mit den Elementen des Wirkungsplans können beliebige Systeme modelliert werden. Leitlinie kann folgende Vorgehensweise sein:

- Zerlegung von Systemen in Teilsysteme, die in sich rückwirkungsfrei sind und aus Basiselementen bestehen.
- Zurückführung auf lineare Systeme.

Die Forderung nach Linearität erlaubt geschlossene Lösungen der Systemgleichungen. Bei vorhandener Nichtlinearität müssen numerische Algorithmen mit Hilfe von Rechenanlagen zur Lösung herangezogen werden; es sind dann keine allgemeingültigen Aussagen mehr möglich.

Hält man sich an die obigen Leitlinien, reichen zum Aufbau komplexer Systeme drei elementare Kopplungstypen aus:

Kopplung: Serienschaltung

Wenn die Übertragungsglieder hintereinander platziert sind, spricht man von einer **Serienschaltung**. Der Ausgang des einen Teilsystems dient dann als Eingang des nachfolgenden.

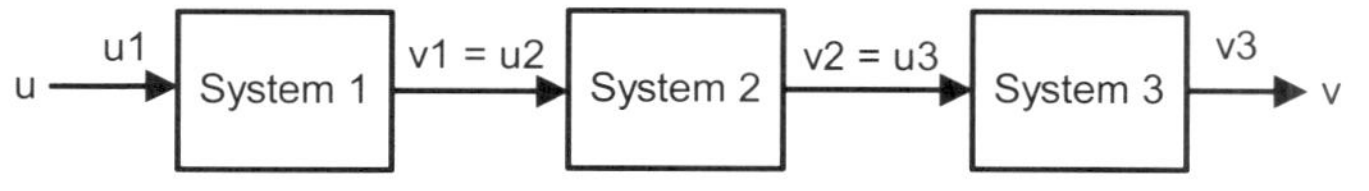

Abbildung 2.1-22: Serienstruktur

Kopplung: Parallelschaltung

Bei der **Parallelschaltung** teilt sich der Signalweg durch eine Verzweigungsstelle in verschiedene Übertragungsstrecken auf, um am Ende der Strecken in einem Summationspunkt oder über einen weiteren Systemblock wieder zusammengefasst zu werden.

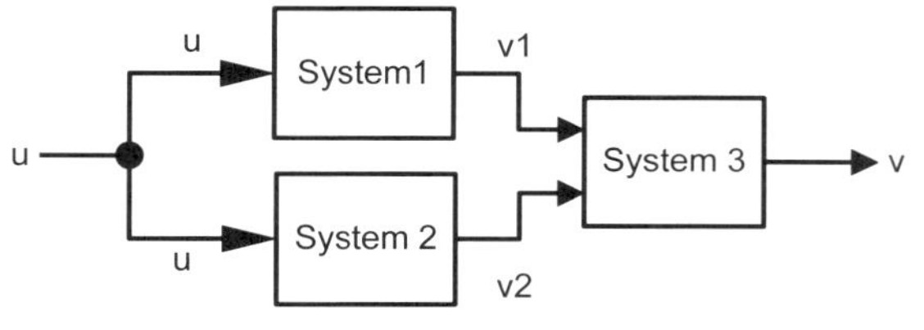

Abbildung 2.1-23: Parallelstruktur

Kopplung: Kreisschaltung

Eine **Kreisschaltung** liegt dann vor, wenn der Ausgang eines Übertragungsglieds auf den Eingang eines anderen wirkt und dessen Ausgang direkt oder über eine Additionsstelle auf den Eingang des ersten Blocks zurückwirkt.

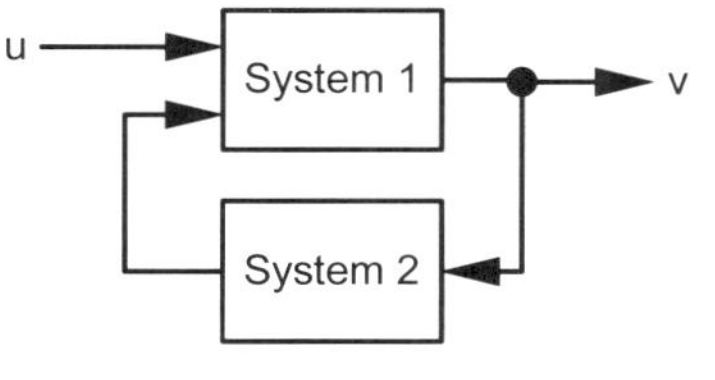

Abbildung 2.1-24: Kreisstruktur

Ist die Rückkopplung positiv, so liegt eine **Mitkopplung** vor, bei negativer Rückkopplung eine **Gegenkopplung**.

Regelungssysteme stellen sich ihres geschlossenen Wirkungsablaufs wegen immer als Kreisschaltungen dar. Natürlich können die weiteren Systemkomponenten der beiden Systeme mit Hilfe von Parallel- und Serienschaltungen aufgebaut sein. Steuerungssysteme jedoch dürfen nur in sehr beschränktem Umfang eine Kreisstruktur besitzen, da sie einen offenen Wirkungsablauf verkörpern.

2.1.3 Modellbildung von Systemen

Modelle technischer Systeme sind für die Automatisierung immer notwendig, da die Automatisierungsstrategie nur mit ihnen entwickelt werden kann. Eine Systembeschreibung bzw. ein Modell enthält in komprimierter Form Informationen über einen technischen bzw. physikalischen Prozess. Es lässt sich folgendermaßen definieren:

Definition: Modell

Ein **Modell** ist die Abbildung eines Systems in ein anderes begriffliches oder gegenständliches System, das den Prozess im betrachteten System bezüglich ausgewählter Fragestellungen hinreichend genau beschreibt.

Nach dieser Charakterisierung können z. B. von Fahrzeugen Fahrzeugmodelle hergestellt werden (gegenständliches System), welche dann unter der Fragestellung der Aerodynamik in einem Windkanal entwickelt und getestet werden. Neue Produkte versucht man zuerst durch die Aufstellung mathematischer Gesetzmäßigkeiten zu beschreiben (begriffliches System) und auf verbesserte Eigenschaften hin zu untersuchen, bevor man erste Prototypen entwickelt. In der Automatisierungstechnik hat man es in überwiegendem Maß mit begrifflichen Systemmodellen, d. h. mathematischen Gesetzmäßigkeiten zu tun.

Grundsätzlich existieren zwei Wege zur Erstellung von Modellen. Für die Modellbildung ist es zweckmäßig, das Gesamtsystem in Teilsysteme aufzuteilen. Die Teilsysteme können dann getrennt durch mathematische Gesetzmäßigkeiten bzw. durch Wirkschaltpläne beschrieben werden. Die Aufstellung der Wirkschaltpläne und Gesetzmäßigkeiten kann entweder auf theoretische Art anhand physikalischer und technischer Gesetze oder durch Messungen von Systemverhalten vorgenommen werden. Ein iterativer Prozess zur Gewinnung des Gesamtmodells schließt sich an.

Beim *empirischen* Vorgehen ermittelt man anhand von Messungen an realen Systemen oder Versuchsmodellen mit Hilfe von Identifikationsverfahren eine mathematische Modellvorstellung. Dabei wird das System mit Testsignalen erregt und dessen Systemantwort gemessen. Aus dem Ein-/Ausgangsverhalten und dem Vorabwissen über das untersuchte System kann oft auf die mathematische Wirkungsweise geschlossen werden.

Der *theoretische* oder *axiomatische* Zugang der Modellbildung geschieht über die mathematisch formulierten Naturgesetze. Um physikalische Grundgesetze auf komplexe Systeme anwenden zu können, ist es notwendig, die Systeme zu vereinfachen und in Teilsysteme zu zerlegen. Für diese werden dann oftmals Ersatzsysteme bzw. vereinfachende physikalische Annahmen verwendet. Man erhält damit Modelle mit unbekannten Systemparametern, welche durch Experimente am realen System gewonnen werden. Das theoretische (mathematische) Modell muss abschließend an der Wirklichkeit überprüft werden.

In Lehrbüchern ist man gezwungen, den axiomatischen Weg der Modellbildung zu beschreiten. Der Studierende sollte sich deshalb nicht wundern, im späteren Berufsleben häufiger den empirischen Weg gehen zu müssen.

Für die Steuerungs- und Regelungstechnik benötigt man *dynamische Modelle* der zu automatisierenden Anlagen.

Definition: Dynamisches Modell

Dynamische Modelle von Systemen beschreiben die zeitliche Entwicklung von Prozessgrößen.

Automatisierungssysteme besitzen die Aufgabe, die zeitliche Entwicklung von Maschinen und Anlagenprozesse zu kontrollieren. Technische Prozesse laufen nach physikalischen Gesetzmäßigkeiten ab, weshalb sie durch mathematische Gleichungen beschreibbar sind. Der Modellbegriff kann in diesem Fall eingeschränkt werden.

Abbildung 2.1-25: Modellierungsverfahren

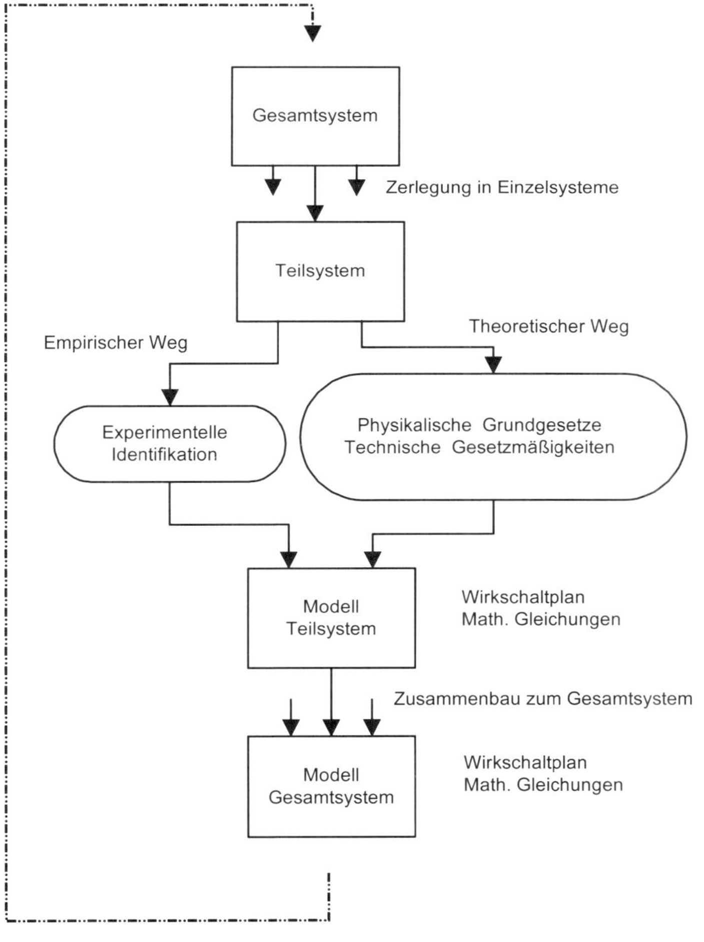

Die Modellierung geschieht in mathematischen Begriffen, weshalb man mathematische Modelle kreiert:

Definition: Mathematisches Modell

Ein **mathematisches Modell** beschreibt das zeitliche Verhalten eines technischen Systems durch mathematische Beziehungen.

Mathematische Modelle sind in aller Regel Modelle in Gleichungsform. Es existieren aber

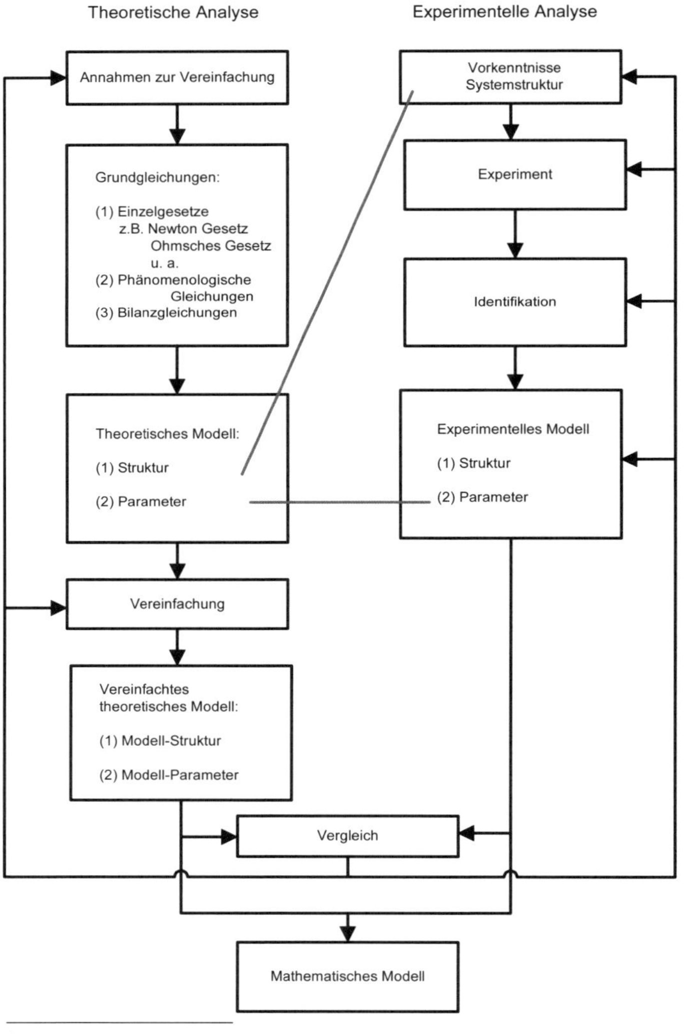

Abbildung 2.1-26: Methoden der Systemanalyse[1]

[1] Nach Isermann, R.: Identifikation dynamischer Systeme, Band 1. Springer Verlag, 1988

auch graphische und andere Darstellungsarten. Auf Modelle in Gleichungsform wird in einem späteren Abschnitt dieses Kapitels näher eingegangen. Der in Abschnitt 2.1.2 besprochene Wirkschaltplan ist eine graphische Modellierungsform. Weitere graphische Darstellungsarten werden wir im Kapitel *Steuerungstechnik* kennen lernen.

Die Erstellung mathematischer Modelle geschieht auf empirische und theoretische Art. Es ist ratsam, bei der Modellbildung mit theoretischen Überlegungen zu beginnen und sich Klarheit über die beteiligten physikalischen Gesetzmäßigkeiten zu verschaffen. Bei komplexen Systemen findet dieser Weg sehr schnell ein Ende, da die Mathematik sehr unübersichtlich wird. Aussicht auf Erfolg bietet meistens das Anwenden beider Verfahren. Ein erster theoretischer Modellentwurf ergibt meistens die Systemstruktur. Die Teilsysteme können dann mit gezielten Experimenten untersucht werden. Die Querbeziehungen zwischen beiden Verfahren sind in Abbildung 2.1-26 dargestellt.

Am Beispiel des Flüssigkeitsthermometers führen wir die in Abschnitt 2.1.1 begonnene Modellbildung weiter.

Zur Erinnerung zeigt die folgende Abbildung die Prozesskette aus den drei physikalischen Prozessen Wärmeübergang, Volumenausdehnung und Kapillarwirkung:

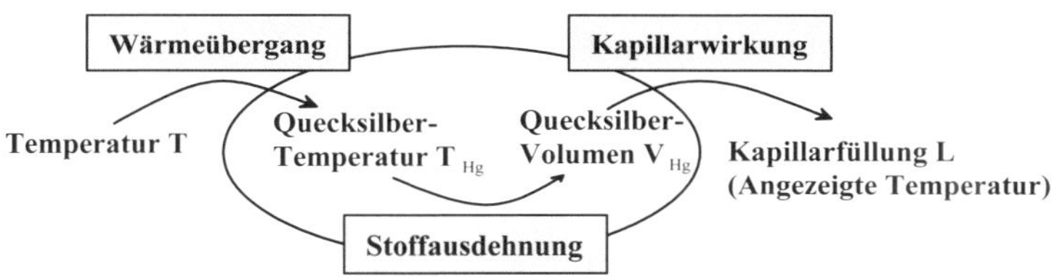

Abbildung 2.1-27: Thermometerprozesse

Diese bilden die Teilprozesse im Wirkungsplan, der damit aus drei in Serie geschalteten Blöcken mit den angegebenen Vorgängen besteht:

Abbildung 2.1-28: Wirkschaltplan Thermometer

Die mathematische Beschreibung kann anhand dieser Dreiteilung mit den bekannten Gesetzen der Energieerhaltung und der Stoffausdehnung erzielt werden. Das Thermometer lässt sich offensichtlich theoretisch modellieren:

Wärmeübergang	Energiebilanz: $\dot{E}_{Außen} = \dot{E}_{Hg}$ Wärmeabfluss von außen: $\dot{E}_{Außen} = k \cdot A \cdot \left[T - T_{Hg}\right]$ Wärmzufluss nach innen: $\dot{E}_{Hg} = M_{Hg} \cdot c_{Hg} \cdot \dot{T}_{Hg}$ Ein- / Ausgangsbeziehung: $\frac{M_{Hg} \cdot c_{Hg}}{k \cdot A} \cdot \dot{T}_{Hg} + T_{Hg} = T$ mit: k Wärmeübergangskoeffizient A Quecksilberoberfläche M_{Hg} Quecksilbermasse c_{Hg} Spezifische Wärme von Quecksilber
Stoffausdehnung	Ein- / Ausgangsbeziehung: $V = \gamma_{Hg} \cdot V_0 \cdot T_{Hg}$ mit: γ_{Hg} Ausdehnungskoeffizient V_0 Normierungsvolumen
Kapillarwirkung	Ein- / Ausgangsbeziehung: $L = \frac{4}{\pi \cdot d^2} \cdot \left[V - V_{Kugel}\right]$ mit: d Kapillardurchmesser V_{Kugel} Kugelvolumen

Das Gesamtmodell gewinnen wir durch die Kombination der Einzelbeziehungen:

Thermometer	$\frac{M_{Hg} \cdot c_{Hg}}{k \cdot A} \cdot \dot{L}(t) + L(t) = \frac{4\gamma_{Hg} V_0}{\pi d^2} T(t) - \frac{4V_K}{\pi d^2}$ oder: $T_1 \cdot \dot{L}(t) + L(t) = K_P \cdot T(t) - L_0$

Die Konstanten T_1, L_0 und K_P sind durch Koeffizientenvergleich festgelegt.

Für das Thermometer liegt jetzt das dynamische Modell vor. Es ist eine Differentialgleichung 1. Ordnung. Mit mathematischen Verfahren ist eine Lösung zu berechnen und in der Form

$$L(t) = f[T(t)]$$ [1]

anzugeben. Zu jeder Umgebungstemperatur [T(t)] zum Zeitpunkt t lässt sich mit ihr die Kapillarfüllung L(t) berechnen. Dazu müssen natürlich die Systemparameter bekannt sein. Welche Werte besitzen diese?

Die Querverbindung zwischen theoretischer und experimenteller Analyse aus Abbildung 2.1-26 gibt uns die Antwort: Die Systemparameter können empirisch ermittelt werden. Dazu brauchen wir die physikalischen Größen nicht einzeln bestimmen. Aus Messungen der Kapillarfüllung L bei einigen Temperaturen T können die integralen Systemparameter T_1 und K_P abgeschätzt werden.

---

[1] Die Skalierung in °C kann in das Modell jederzeit durch einen Skalierfaktor eingearbeitet werden.

Das endgültige Modell muss das Thermometer dynamisch exakt beschreiben. Es stellt sich als ein einfach zu beschreibendes System heraus. Im allgemeinen führen theoretische Systemmodellierungen sehr rasch zu komplizierten mathematischen Ansätzen. Um trotzdem zum Ziel zu kommen, führen Modellvereinfachungen weiter.

Schwer zugängliche Systeme sind auch solche mit *verteilten* Systemparametern:

Definition: Verteilte/konzentrierte Systemparameter

Systeme mit räumlicher Verteilung weisen **verteilte Parameter** auf. Sie werden von partiellen Differentialgleichungen modelliert. Systeme ohne räumliche Ausdehnung besitzen dagegen **konzentrierte Parameter**. Gewöhnliche Differentialgleichungen reichen zu deren Beschreibung aus.

Wenn möglich, sollten Systeme mit verteilten Parametern durch Vereinfachung in Systeme mit konzentrierten Parametern überführt werden.

Die mehrfach erwähnte Raumheizung stellt ein System mit verteilten Parametern dar. Die Wärmeleitungsgleichung, eine partielle Differentialgleichung, bestimmt die Temperaturverteilung im Raum. Zur Vereinfachung versucht man diese Art von Systemen durch gewöhnliche Differentialgleichungen zu beschreiben, indem man z. B. über die räumliche Verteilung mittelt und die Mittelwerte verwendet. Die Wärmeleitung benötigt im Raum eine gewisse Zeit. Folglich tritt eine Verzögerung des gemittelten Temperaturverlaufs auf. Die Wärmebilanzgleichung mit Addition einer Totzeit beschreibt das Temperaturverhalten annähernd richtig, ohne dass die Wärmeleitungsgleichung Verwendung findet.

Die weitere Vereinfachung wird durch eine Reduzierung der Freiheitsgrade bzw. der Ordnung der Differentialgleichungen und durch deren Linearisierung erreicht. Leider existieren zur Herleitung einfacher, effizienter und die Realität richtig beschreibender Modelle keine allgemeingültigen Regeln und Vorgehensweisen. Die folgenden Angaben stellen Anregungen für solche dar:

1. Widerspruchsfreie Zerlegung eines Systems in Teilsysteme.
2. Aufstellung von vereinfachenden Annahmen für die Teilsysteme im Rahmen der betrachteten Systemfragestellung.
3. Aufstellung der Grundgleichungen, der phänomenologischen Gleichungen und der Bilanzgleichungen (lineare/nichtlineare Differentialgleichungen und algebraische Gleichungen).
4. Linearisierung nichtlinearer Gleichungen in einem Arbeitspunkt.
5. Wenn möglich, Übergang von partiellen Differentialgleichungen zu gewöhnlichen Differentialgleichungen.
6. Reduzierung von Gleichungssystemen auf eine Gleichung mit **einer** Ein-/Ausgangsbeziehung (SISO-System).

2.1.4 Beispiele von Wirkschaltplänen

Die Einübung der Aufstellung von Modellen als Wirkschaltpläne und/oder mathematische Gleichungen gestaltet die bisherige Theorie etwas transparenter. Anhand der folgenden Beispiele werden deshalb auch praktische Tipps zur Gestaltung von Wirkungsplänen beschrieben.

2.1.4.1 Raumheizung

Die Arbeitsweise der in nachfolgendem Technologieschema dargestellten Raumheizung wird als bekannt vorausgesetzt. Zur Analyse ihrer Systemeigenschaften muss ein Wirkungsplan abstrahiert werden. Er dient zur Beurteilung der Regelungseigenschaften.

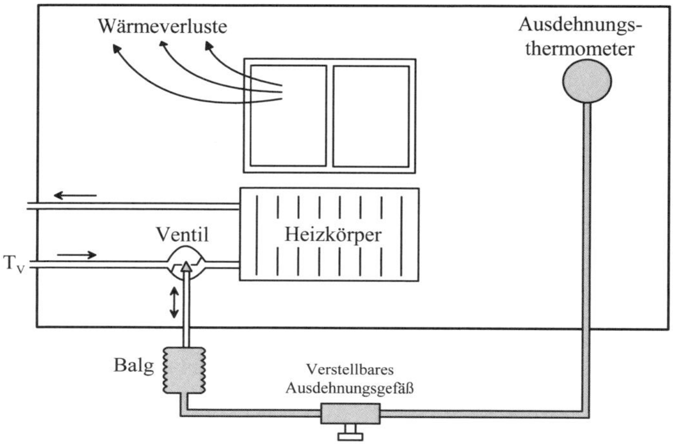

Abbildung 2.1-29: Raumheizung

Im Wirkschaltplan werden Signale dargestellt, die das System wirkungsmäßig beeinflussen. Im Beispiel verkörpert der Energiezufluss zum Heizkörper aus Anwendersicht sicherlich eine wichtige Größe; für den Wirkschaltplan ist er nicht von Bedeutung.

Wichtig dagegen sind bei der Aufstellung von Wirkschaltplänen die Systemgrößen, welche die wesentlichen Eigenschaften der Prozesse beschreiben. Es sind i. Allg. die Ausgangsgrößen. Von ihnen aus versucht man, den Plan zu entwickeln.

In unserem Fall ist der Verlauf der Raumtemperatur von Bedeutung. Sie wird durch den Raum (Menge und Eigenschaft der Raumluft) bestimmt. Der Heizkörper gibt Wärmeenergie in den Raum ab, die wiederum von der Ventilöffnung abhängig ist. Die erste Wirkstrecke ist somit ausgemacht. Deren Beeinflussung wiederum leitet sich aus der Raumtemperatur selbst über das Flüssigkeitsthermometer und den Balg ab, der seinerseits auf das Ventil wirkt. Der Kreislauf ist damit geschlossen.

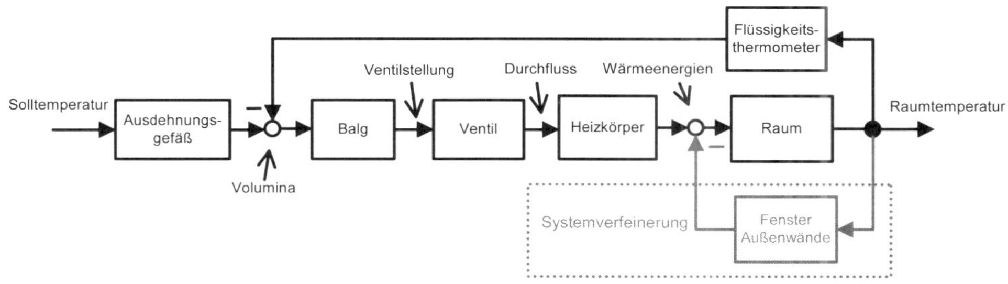

Abbildung 2.1-30: Wirkungsplan Heizungsregelung

Die Vorgabe der Sollraumtemperatur leistet ein verstellbares Ausdehnungsgefäß. Die Solltemperatur ist letztlich die Eingangsgröße unseres Systems, weshalb sie auf der linken Seite des Wirkungsplans auftaucht.

Die im Technologieschema angedeuteten Wärmeverluste über die Fenster und Außenwände stellen schwer fassbare Vorgänge dar. Ihre Einbeziehung in den Wirkungsplan ließe sich nur durch eine Modellverfeinerung vorstellen, bei der bekannte Gesetzmäßigkeiten für fest vorgegebene Außentemperaturen Anwendung finden. Die Außentemperatur wird dann als Systemparameter angesehen, und nicht als zusätzliche Eingangsgröße des Systems. Der Wirkungsplan weist diese Modellverfeinerung zusätzlich aus.

2.1.4.2 Mechanisches Dämpfer-Massesystem

So einfach ein Dämpfer-Massesystem auch aussieht, so wenig lässt sich das Wirkungsbild direkt ableiten. Hier behilft man sich mit der mathematischen Struktur der Bewegungsgesetze.

Die Kraft F(t) stellt die Eingangsgröße in das Masse-Dämpfersystem dar. Als Systemausgang wirkt die Geschwindigkeit v(t) des Massekörpers. Der Dämpfer bleibt in Ruhe.

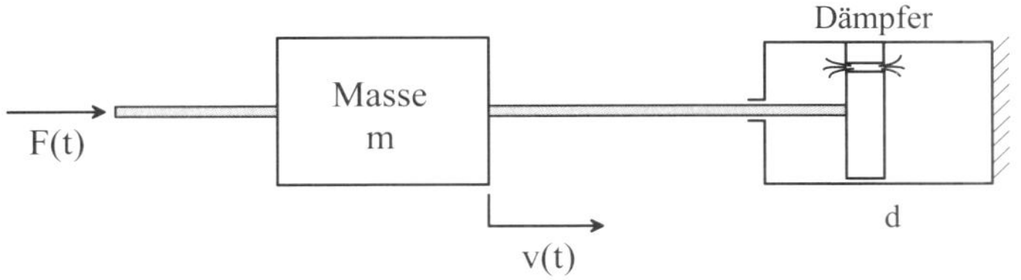

Abbildung 2.1-31: Masse-Dämpfersystem

Die physikalischen Eigenschaften von Massen und Dämpfern sind allgemein bekannt:

$$\text{Trägheitskraft der Masse:} \quad F_T(t) = m \cdot \dot{v}(t)$$

$$\text{Dämpfung:} \quad F_D(t) = d \cdot v(t).$$

Die Bilanzgleichung äußert sich als Kräftegleichgewicht:

$$\text{Kräftegleichgewicht:} \quad F(t) = F_T(t) + F_D(t).$$

Auch hier stellt die Ausgangsgröße v(t) den Anfang bei der Aufstellung des Wirkungsplans dar. Die mathematische Struktur der Bilanzgleichung drückt sich in einer Summationsstelle aus, welche durch die Abhängigkeit der Dämpfung von der Ausgangsgröße v(t) ihre Form bestimmt:

$$F_T(t) = F(t) - F_D(t).$$

Die Masse mit ihrer Trägheit schließt den Wirkungsweg über ihre aufsummierende Wirkung für die Geschwindigkeit:

$$v(t) = \frac{1}{m} \int_0^t F_T(t') \cdot dt'.$$

Der Wirkungsplan beinhaltet das vollständige Systemverhalten wegen der vorliegenden mathematischen Modelle aller Systemkomponenten:

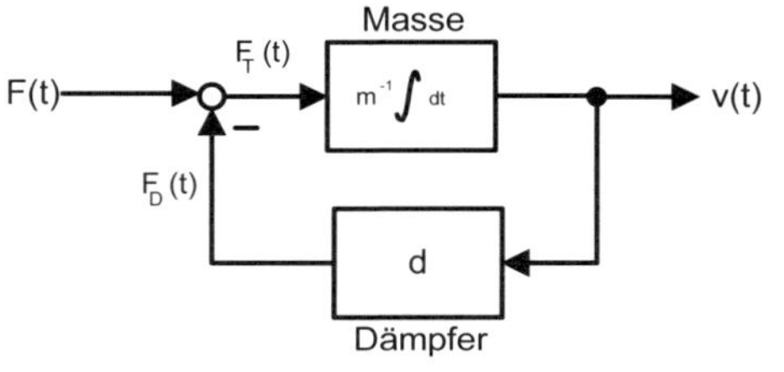

Abbildung 2.1-32: Wirkungsplan Masse-Dämpfersystem

Hier liefert die theoretische Analyse die Systemstruktur und den Wirkungsplan. Man erkennt zwischen Technologieschema und Wirkungsplan keine unmittelbare Ähnlichkeit. Der Wirkungsplan weist eine Kreisstruktur aus. Der Dämpfer bewirkt demnach eine Stabilisierung (endliche Geschwindigkeit) durch die Rückkopplung.

2.1.4.3 Fahrzeug-Systeme

Die Fahrzeugentwicklung verlangt die Konstruktion und Untersuchung einer Vielzahl von Fahrzeug-Komponenten. Aus Kostengründen versucht man diese Fahrzeugteile virtuell zu konstruieren und zu erproben. Dazu benötigt man Modelle von Fahrzeugen und deren Komponenten.

Die Beschäftigung mit dem Fahrwerk ist ein solches Arbeitsgebiet der Kraftfahrzeugtechnik. Passive Feder-Dämpfersysteme haben weitgehend ihren Entwicklungsstand erreicht. Eine zusätzliche Verbesserung der Fahrsicherheit und des Fahrkomforts verlangt nach einer aktiven Beeinflussung der Feder-Dämpfercharakteristik in Abhängigkeit des aktuellen Fahrzustands eines Fahrzeugs. Dabei spielen u. a. der Fahrwegzustand, die Geschwindigkeit und die Fahrzeugbeladung eine Rolle. Für alle Fahrzustände des Kfz strebt man an, den Kraftschluss zwischen Rad und Fahrweg auf allen Rädern durch harte Abstimmung gleich groß zu halten. Auf der anderen Seite besteht der Wunsch, den Federungskomfort dem Marktsegment der jeweiligen Modellreihe anzupassen.

Als erster Einstieg in diese Technik wird das Kraftfahrzeug als einfaches Viertelfahrzeug modelliert. Dazu nimmt man eine konventionelle Radaufhängung mit passivem Feder-Dämpfersystem an. Das Fahrzeug besitzt nur ein Rad, so dass es nur so genannte Tauchbewegungen (Auf- und Abbewegungen) ausrichten kann. Weitere Freiheitsgrade wie das

Nicken, Wanken, Gieren u. a. mehr werden vorerst außer Acht gelassen. Die aktive Federung folgt in einem weiteren Entwicklungsschritt.

Die Abbildung 2.1-33 stellt das Technologieschema der konventionellen Radaufhängung mit einem McPershon-Federbein dar. Zusätzlich ist das Ersatzschema unseres Viertelfahrzeugs abgebildet.

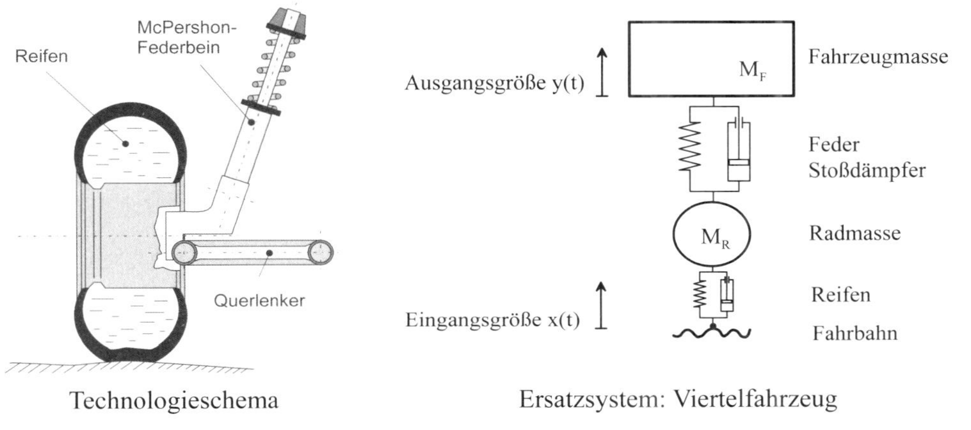

Abbildung 2.1-33: Kfz-Technik – Fahrzeugfederung

Das Federbein setzt sich aus einer Feder und einem Dämpfer zusammen. Der Reifen wird durch die Parallelschaltung einer Feder und eines Dämpfungselements modelliert. Neben der Fahrzeugmasse wird die Radmasse gesondert ausgewiesen.

Die Unebenheit der Wegstrecke stellt die Eingangsgröße x(t) in das System dar. Als Ausgangsgröße y(t) wirkt die Bewegung des Fahrgestells (Chassisbewegung). Diese bekommen die Insassen zu spüren.

Für den Wirkschaltplan vereinfachen wir das System durch die Vernachlässigung der Reifenfunktionalität. Die Radmasse wird der Fahrzeugmasse zugeschlagen und die Elastizität der Reifen vernachlässigt. Das vereinfachte Viertelfahrzeug besitzt damit folgendes Ersatzschema:

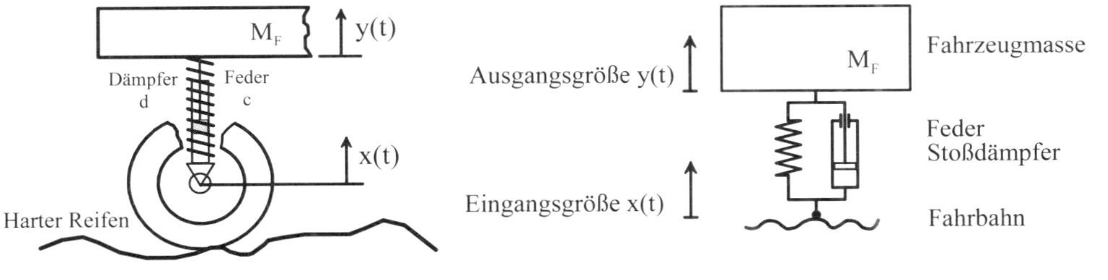

Abbildung 2.1-34: Viertelfahrzeug – vereinfacht

Die unebene Fahrbahn leitet beim Überfahren Stöße in das Fahrzeug ein. Die träge Masse des Fahrzeugs wirkt gegen diese Kräfte an. Das Feder-Dämpfersystem mildert die harten Stöße etwas ab. Insgesamt herrscht ein Kräftegleichgewicht:

$$\text{Kräftegleichgewicht:} \qquad F_T = F_c + F_d \,.$$

Die Kraftgesetze der Fahrzeugkomponenten lauten in Abhängigkeit der Wegkoordinaten x(t) und y(t):

$$\text{Trägheitskraft:} \qquad F_T = M_F \cdot \ddot{y}(t),$$

$$\text{Federkraft:} \qquad F_c = c\left(x(t) - y(t)\right)$$

$$\text{und} \quad \text{Dämpfungskraft:} \qquad F_d = d\left(\dot{x}(t) - \dot{y}(t)\right).$$

In die obige Bilanzgleichung eingesetzt, gewinnt man das mathematische Modell des Viertelfahrzeugs:

$$\frac{M_F}{c} \cdot \ddot{y}(t) + \frac{d}{c} \cdot \dot{y}(t) + y(t) = x(t) + \frac{d}{c} \cdot \dot{x}(t) \,.$$

Das Modell lässt nun auf leichte Art zu, die Wirkstruktur des Fahrzeugs aufzustellen:

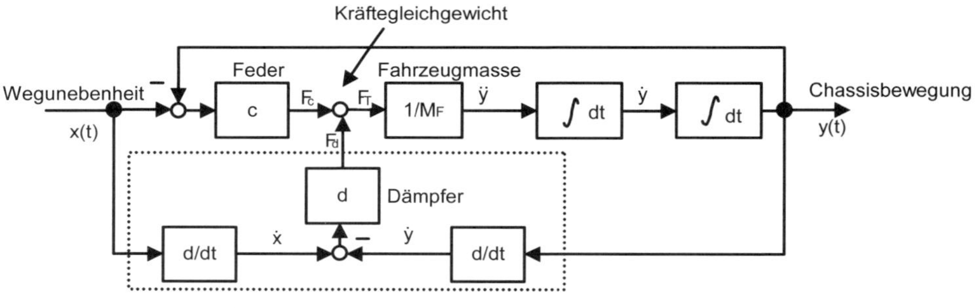

Abbildung 2.1-35: Wirkungsplan Viertelfahrzeug – vereinfacht

Die Kräftebilanz drückt sich als zentrale Summationsstelle aus. Die mechanischen Bewegungsgesetze verlangen Zeitableitungen, welche als Integrationskette von der Ausgangsgröße her rückwärts im Plan eingetragen werden. Die Eingangswirkung des Dämpfers verlangt die zeitliche Differenzierung von Ein- und Ausgangssignal. Die weitere Struktur entspricht dem obigen Bewegungsgesetz.

Die vorgetragene Modellvorstellung stellt den Einstieg in weitere Fahrzeugmodelle dar. Es wird für Abstimmungsuntersuchungen der Feder-Dämpfercharakteristik bzgl. Eigenfrequenzen verwendet. Für Fahrkomfortuntersuchungen müssen weitere Freiheitsgrade einbezogen werden. Die Abbildung 2.1-36 zeigt einige Modellvarianten mit höheren Freiheitsgraden.

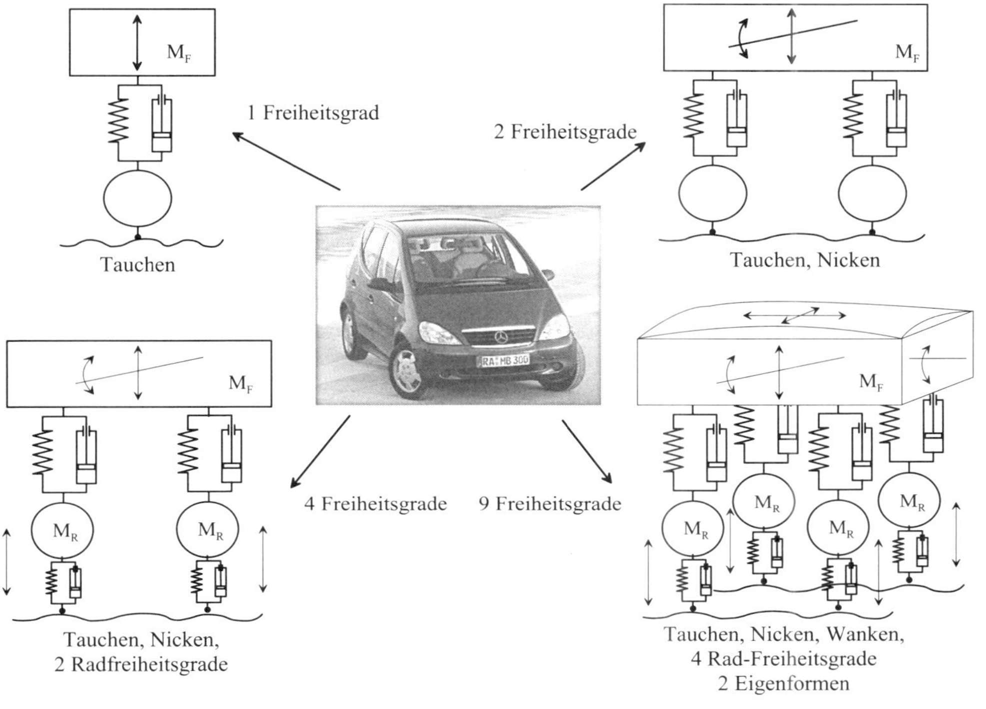

Abbildung 2.1-36: Modellvarianten für Fahrzeuge

Anhand dieser Varianten erkennt man die Kompliziertheit von Modellentwicklungen. Die Kunst der Modellentwicklung besteht darin, das Modell so einfach wie möglich zu gestalten, ohne dass es zu Verfälschungen im Systemverhalten zwischen realem System und Modell kommt.

Arbeitsprinzipien zur Modellerstellung

Die verwendeten Arbeitsprinzipien bei der Entwicklung der letzten Modellbeispiele werden nachfolgend festgehalten. Sie können Anfängern in dieser Fachdisziplin dienen, mit der Erstellung eigener Wirkungspläne besser zurechtzukommen:

1. Aufspüren der Ein- und Ausgangsgrößen eines Systems und im Wirkungsplan eintragen.
2. Bilanzgleichungen (Erhaltungsgesetze) als Summationsstelle festlegen.
3. Den Wirkschaltplan beginnend von der Ausgangsgröße her entwickeln.
4. Bei vorhandenen Zeitableitungen in den Bewegungsgesetzen entsprechende Integrationskette einzeichnen, von der aus die Einzelgesetze abgezweigt werden können.
5. Einzelgesetze durch Systemblöcke formulieren.

Bearbeitung der Lernaufgabe

Bei jeder Systemanalyse muss man sich zuerst die wichtigen Systemgrößen verdeutlichen. Man fragt deshalb zu Beginn nach der Ein- und Ausgangsgröße. Im Fall des Bügeleisens sind dies:

Eingangsgröße:	Einstellbare Solltemperatur
Ausgangsgröße:	Bügeltemperatur.

Als nächstes wird die Gerätetechnik des Bügeleisens in einzelne Komponenten zerlegt. Für jede Systemkomponente fügt man im Wirkungsplan einen Block ein, um so sukzessive die endgültige Systemstruktur zu erhalten. Dabei tut man sich i. Allg. leichter, wenn man bei der Ausgangsgröße beginnt und rückwärts bis zur Eingangsgröße den Wirkschaltplan aufbaut. Das Ergebnis ist:

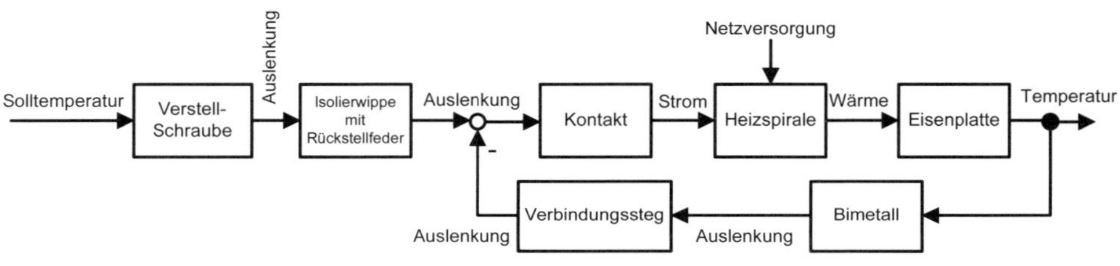

Abbildung 2.1-37: Wirkungsplan Bügeleisen

Zum besseren Verständnis sind im Wirkschaltplan auch die Bezeichnungen der Wirkungslinien eingetragen. Der Wirkschaltplan weist einen geschlossenen Wirkungsweg auf. Die Ausgangsgröße Temperatur wirkt über das Bimetall und den Verbindungssteg auf den Kontakt zurück, der die Heizspirale mit Strom versorgt. Die beeinflusste Größe (Temperatur) wirkt ständig auf die zu beeinflussende Größe (Auslenkung), auch wenn der Strom nur über den Schalter freigegeben wird. Damit liegt ein geschlossener Wirkungsablauf und somit eine Regelung vor.

Fragen zur Selbstkontrolle

Frage 2.1-1: Was versteht man unter einer Wirkungslinie?

Frage 2.1-2: Wie bezeichnet man ein Übertragungsglied mit einem Eingangssignal und einem Ausgangssignal?

Frage 2.1-3: Besitzt das Übertragungssystem Regelung per Definition einen offenen oder geschlossenen Wirkungsablauf?

Frage 2.1-4: Was ist ein Modell?

Frage 2.1-5: Welcher Hauptunterschied besteht zwischen einer Eingangs- und Ausgangsgröße?

Frage 2.1-6: Woran erkennt man in einem Wirkungsplan, ob das dargestellte System eine Regelung oder eine Steuerung beschreibt?

Frage 2.1-7: Wie können unbekannte Störungen bei der Darstellung durch Blöcke integriert werden?

Frage 2.1-8: Was ist der Unterschied zwischen einer Größe und einem Signal?

Frage 2.1-9: Welche Grundstrukturen (Kopplungstypen) treten in Wirkschaltplänen auf?

Frage 2.1-10: Im Hausbereich gibt es sicher Systeme mit geschlossenem und offenem Wirkungsablauf. Zählen Sie einige dieser Systeme auf und ordnen Sie diese ein!

Frage 2.1-11: Geben Sie mindestens ein System mit verteilten Systemparametern an!

Frage 2.1-12: Warum werden Systeme geregelt?

Frage 2.1-13: Was versteht man unter Übertragungsverhalten?

Frage 2.1-14: Wie stellt sich ein mathematisches Modell eines technischen Systems dar?

Frage 2.1-15: Was beschreibt das Blocksymbol?

Frage 2.1-16: Welche Methoden zur Erstellung von Modellen technischer Systeme stehen allgemein zur Verfügung?
Gibt es Vorzüge einer Art der Modellbildung vor anderen?

2.2 Beschreibung von Signalen

Lernziele

Signale stellen die Verbindung zwischen Systemkomponenten und der Umgebung des Systems her. Jedes System besitzt mindestens ein Eingangs- und ein Ausgangssignal. Die Eingangssignale verursachen Wirkungen auf die Ausgangssignale. Die Dynamik beider Signale spiegelt deshalb die Aktivität von Systemen wider. Sie sind die Basis zur Beschreibung von Systemverhalten. Die Signale als Träger von Information müssen deshalb mathematisch und auch physikalisch interpretierbare Beschreibungsformen finden, mit denen die Systemdynamik berechenbar wird.

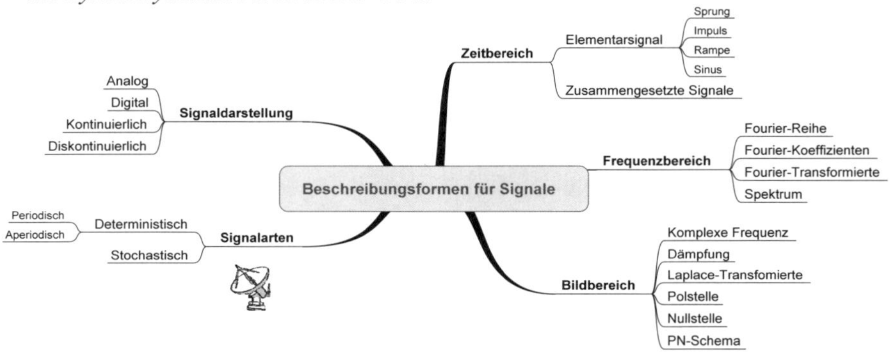

Lernaufgabe

In der Fahrzeugtechnik besteht unter anderem die Aufgabe, die Dämpfungscharakteristik von Federbeinen so einzustellen, dass der Fahrkomfort dem Marktsegment des Fahrzeugtyps entspricht. Dem Leser sind sicher die Eigenschaften des Feder-Masse-Dämpfersystems eines Fahrzeugs bekannt. Es besitzt eine Eigenfrequenz f_{Eigen}. Diese Eigenfrequenz sollte nicht im Bereich der Erregerfrequenzen liegen. Ist dies der Fall, tritt Resonanz ein, welche sich im Fahrkomfort nachteilig bemerkbar macht.

Bei der Fahrt wirkt die Unebenheit der Fahrstrecke als Eingangssignal auf das Fahrzeug. Schlechtwegstrecken üben natürlich den größten Einfluss aus. In der nachfolgenden Abbildung ist eine idealisiert dargestellte waschbrettähnliche Fahrstrecke aufgetragen. Sie besitzt eine Wellenlänge von $\lambda = \pi \cdot s_0$. Die Wellenhöhe beträgt $h_0 = \lambda/2$.

Bewegt sich das stilisiert dargestellte Fahrzeug über diese Schlechtwegstrecke, entspricht die Erregung einem Dreiecksignal. Es soll überprüft werden, ob im „üblichen" Geschwindigkeitsbereich des Fahrzeugs Resonanzen auftreten. Dazu nehmen wir an, dass die Eigenfrequenz des Fahrzeug-Federbein-

Systems bei $f_{Eigen} = 10$ Hz liegen. Die Unebenheit soll eine Wellenlänge von $\lambda = 2\pi\,[m]$ besitzen[1].

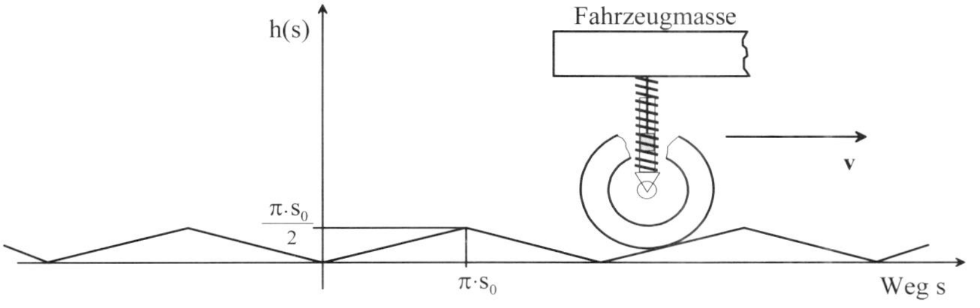

Abbildung 2.2-1: Fahrzeug-Fahrweg-System

Es stellt sich nun die Frage, bei welcher Geschwindigkeit das Fahrzeugsystem in Resonanz gerät?

Systeme werden mit Eingangssignalen stimuliert, welche ihrerseits als Systemantwort Ausgangssignale erzeugen:

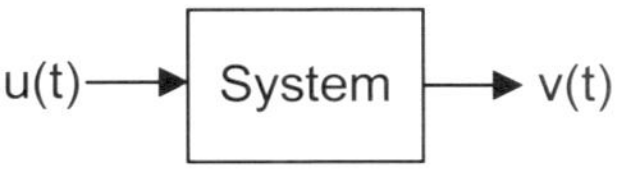

Insofern sind Signale Träger von Systeminformationen. Die Hauptaufgabe der Automatisierungstechnik besteht darin, mit Systeminformationen im Sinne der Optimierung von Prozessen umzugehen. Wegen der Vielfalt vorkommender Signale benötigt man angepasste und einfache Beschreibungsmittel.

Nach DIN 44300 wird ein Signal als Darstellung einer Nachricht durch eine physikalische Größe erklärt. Etwas anders ausgedrückt, mit einem Signal wird eine Information einer Größe durch eine andere Größe beschrieben. Ein Signal besitzt einen seiner Nachricht entsprechenden Wert. Zugleich enthält es die zeitliche Änderung der Information, den zeitlichen Werteverlauf. Von einem Signal werden folgende Eigenschaften verlangt:

- Das Signal ist eine physikalische Größe, die sich mit der Zeit ändern kann.
- Der Signalträger besitzt einen Informationsparameter, der die Werte der Signalgröße eindeutig und reproduzierbar wiedergibt.

Signale können auf vielfältige Weise Informationen über Systemgrößen transportieren. So kann z. B. die Größe *Temperatur* als Signalfrequenz auftreten. Entsprechende temperaturabhängige Quarzschaltungen stehen für diese Größendarstellung zur Verfügung. Viele andere Signalkodierungen existieren und sind dem jeweiligen Übertragungsmedium angepasst.

---

[1] Die angegebenen Werte für die Kenngrößen des Straßenprofils und des Fahrzeugs entsprechen nicht der Wirklichkeit. Sie sind der einfacheren Berechnung wegen so gewählt.

Wir schränken die Signalträger für unsere Belange auf amplitudenproportionale Signale ein:

Festlegung: Amplitudenproportionales Signal

Für unsere Zwecke gehen wir von **amplitudenproportionalen Signalen** aus, bei welchen die Signalamplitude (Signalwert) proportional der repräsentierten Systemgröße ist.

Die beiden Signaldimensionen Wertebereich und -verlauf geben dazu Anlass, Signale nach ihrem Wertevorrat und Zeitverlauf zu klassifizieren. Es können bei beiden Quantisierungen auftreten, welche in Abbildung 2.2-2 dargestellt sind.

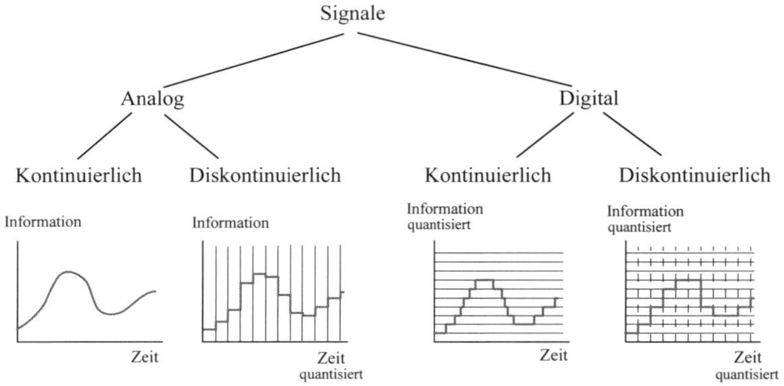

Abbildung 2.2-2: Signaldarstellungen

Signale müssen von Geräten verarbeitet werden. Neben der klassischen Ausprägung vieler Größen durch **analoge** Signale findet man auch die **digitale** Darstellungsform, welche wegen der digitalen Rechnertechnik nicht mehr wegzudenken ist. Der Signalwert besitzt einen beschränkten Wertevorrat. Daraus ergeben sich unterschiedliche Signaldarstellungen:

Definition: Analogsignal

Ein **analoges Signal** kann jeden beliebigen Wert seines Wertebereichs annehmen, d. h. das Signal kann in einem beliebigen Informationsintervall jeden Zwischenwert einnehmen.

Im Bereich der klassischen Physik und der Technik präsentiert sich die Welt durch analoge Größen. Wegen der Kapazitätsbeschränkung der Rechnerhardware auf beispielsweise 16 oder 32 Bit pro Informationswert, wird die analoge Welt auf endlich viele darstellbare Werte eingeschränkt.

Definition: Digitalsignal

Ein **Digitalsignal** hat einen diskretisierten Informationsbereich, d. h. das Signal kann nur endlich viele Werte in einem Informationsintervall annehmen. Beschränkt sich diese Anzahl auf zwei Werte, liegt ein Binärsignal vor.

Viele Geräte generieren und verarbeiten Signale zu jedem Zeitpunkt kontinuierlich:

Definition: Kontinuierliches Signal

Kann ein Signal seinen Informationswert zu jeder Zeit ändern, liegt ein **kontinuierliches Signal** vor.

Dagegen impliziert die Endlichkeit der Speichermedien und Verarbeitungsgeschwindigkeit von Rechnern dass nur eine endliche Anzahl von Informationswerten eines Signals verarbeitet werden kann. Somit zeigt sich ein Signal während einer kurzen Zeitdauer als unverändert:

Definition: Diskontinuierliches Signal

Ein **diskontinuierliches Signal** ändert seinen Wert nur zu bestimmten Zeitpunkten.

Die eingeschränkte Datenbreite der Rechnerhardware und die Endlichkeit vorhandener Speicher bewirken die Diskretisierung bzw. Quantisierung der Signale im Zeit- und Amplitudenbereich. Diese vier Signaleigenschaften gehen paarweise Kombinationen ein, so dass insgesamt vier Signaltypen auftreten:

a) analog-kontinuierliches Signal,
b) analog-diskontinuierliches Signal,
c) digital-kontinuierliches Signal und
d) digital-diskontinuierliches Signal.

In Abbildung 2.2-2 sind jeweils Beispiele aufgeführt. Die waagrechten und senkrechten Linien in den Zeitdiagrammen verdeutlichen die Diskretisierung der jeweiligen Achsen.

Bei einem **analog-kontinuierlichen** Signal kann der Informationswert beliebige Werte annehmen und sich zu jedem Zeitpunkt ändern. In der klassischen Regelungstechnik liegen meist diese Art von Signalen vor.

Die **digital-diskontinuierlichen** Signale stellen das andere Extrem dar. Von ihnen liegen nur zu bestimmten Zeitpunkten diskrete Werte vor. Die rechnergestützte Automatisierung hat zwangsläufig mit diesem Signaltyp zu tun.

Neben der Art der Signalrepräsentation ist auch deren Informationsgehalt interessant, welcher auf die physikalisch-technischen Vorgänge schließen lässt. Dazu werden folgende Signaltypen definiert:

Definition: Deterministisches Signal

Ein **deterministisches Signal** lässt sich in seinem zeitlichen Verlauf mathematisch beschreiben und ist daher exakt bestimmbar.

Ein deterministisches Signal repräsentiert deshalb einen durch Naturgesetze oder Phänomenologie festgelegten Vorgang oder Ablauf. Dieser kann einmalig sein oder sich immer wiederholen, weshalb man weiter unterscheidet zwischen:

Definition: Periodisches Signal

Ein **periodisches Signal** wiederholt sich in gleich bleibenden Zeitintervallen t_0:

$$x(t) = x(t + k \cdot t_0) \quad \text{mit } k = 1, 2, 3, \ldots . \qquad (2.2\text{-}1)$$

und

Definition: Aperiodisches Signal

Kann über das gesamte Zeitintervall (von Beginn eines Vorgangs an bis zu seinem Ende)[1] keine Signalwiederholung festgestellt werden, liegt ein **aperiodisches Signal** vor.

Zusätzlich findet man in technischen Systemen auch Signale vor, die einer Vorhersagbarkeit ausweichen:

Definition: Stochastisches Signal

Ein **stochastisches Signal** hängt in seinem zeitlichen Verlauf vom Zufall ab.

Bei technischen Systemen spielen stochastische Signale als Störsignale eine Rolle. Diese können über Signalleitungen in die Systeme eingekoppelt werden. Auf das System selbst können Störungen aus der Umgebung einwirken, welche auf die internen Größen durchschlagen und die Ausgangswirkung verfälschen.

Die Beschreibung stochastischer Signale wird mit Hilfe statistischer Kenngrößen vorgenommen. Die wichtigsten sind der Erwartungswert und die Standardabweichung, wie sie auch aus der Messtechnik bekannt sind. Weitere Kennfunktionen wie z. B. die Autokorrelationsfunktion sind für unsere Betrachtungen nicht von Bedeutung. Die Abbildung 2.2-3 zeigt Beispiele der unterscheidbaren Signaltypen. In der Automatisierungstechnik sind die deterministischen Signale beider Arten von Bedeutung. Sie sind die Grundlage zur Versorgung von Maschinen und Anlagen mit definierter Sollinformation zur Herstellung materieller bzw. immaterieller Güter.

Wie bereits angedeutet, spielen bei technischen Anlagen auch die zufälligen Signale immer eine Rolle. Sie weisen ein Rauschen auf. Wie aus obiger Darstellung hervorgeht, betragen die Amplituden der Zufallssignale oft nur einen Bruchteil der deterministischen Signale. Es liegt ein großes Signal-Rauschverhältnis vor. Im weiteren Verlauf werden die stochastischen Signalanteile zur Untersuchung von Steuerungen und Regelungen vernachlässigt[2].

---

[1] Das Zeitintervall kann ohne Einschränkung von $-\infty$ bis $+\infty$ ausgedehnt werden.

[2] Stochastische Signale werden bei der Auslegung moderner Regler ebenfalls berücksichtigt.

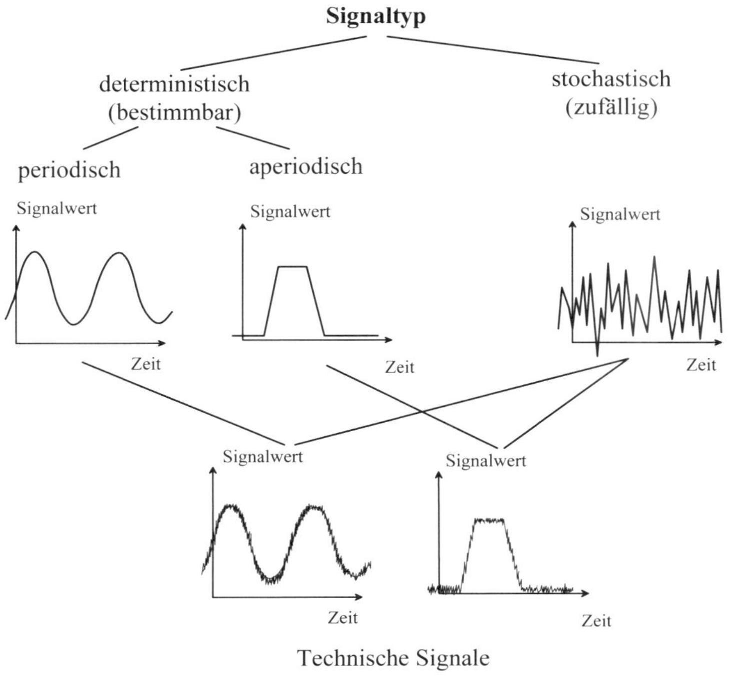

Abbildung 2.2-3: Signalverläufe

2.2.1 Beschreibung im Zeitbereich

Der Zeitbereich übernimmt die natürliche Form der Signalbeschreibung. Alle wichtigen physikalischen Theorien sind auf dieser Beschreibungsform aufgebaut.

Die Signale werden mathematisch als Funktion des Parameters *Zeit* angegeben:

$$\text{Signal:} \qquad x = f(t). \qquad (2.2\text{-}2)$$

Die Signale x(t) entsprechen messbaren Systemgrößen. Die elektrische Spannung U(t) mit der Einheit Volt verkörpert ein solches Signal, welche z. B. als Zeitfunktion

$$\text{Spannungssignal:} \qquad U(t) = U_0 \cdot \sin(\omega \cdot t + \varphi) \ [V] \qquad (2.2\text{-}3)$$

dargestellt wird. Die verwendete Beispielfunktion stellt eine Sinusschwingung der Kreisfrequenz ω und Phasenverschiebung φ dar.

Es ist ohne weitere Begründung einsichtig, dass bei technischen Systemen die Vielfalt vorkommender Signale unbegrenzt ist. Aus diesem Grund benötigt man ein System aus Basisfunktionen, mit denen man diese Vielfalt beschreiben kann. Solche werden für die Automatisierungstechnik und insbesondere für die Regelungstechnik durch die Beschreibung von Elementarsignalen vorgegeben.

2.2.1.1 Elementarsignale

In der Signal- und Systemtheorie spielen einige wenige Signale eine fundamentale Rolle, da sie als Grundbausteine zur Darstellung allgemeiner Signale verwendet werden können. Sie stellen sich bei der Beschreibung von Systemen als sehr geeignet heraus:

Definition: Elementarsignal

Signale, die eine besonders einfache mathematische Beschreibung gestatten und technisch leicht erzeugt werden können, nennen wir **Elementarsignale**.

Für die experimentelle Untersuchung der Dynamik technischer Systeme finden die in folgender Tabelle aufgeführten Elementar- bzw. Testsignale Verwendung:

Tabelle 2.2-1: Elementarsignale

<table>
<tr><th>Bezeichnung</th><th>Math. Beschreibung</th><th>Zeitdiagramm</th><th>Beispiele</th></tr>
<tr><td rowspan="2">Sprungsignal</td><td>$\varepsilon(t) = \begin{cases} 0 & \text{für } t < 0 \\ 1 & \text{für } t \geq 0 \end{cases}$
Zusammenhang:
$\varepsilon(t) = \int_{-\infty}^{t} \delta(t') \cdot dt'$
$= \frac{d}{dt} \rho(t)$</td><td>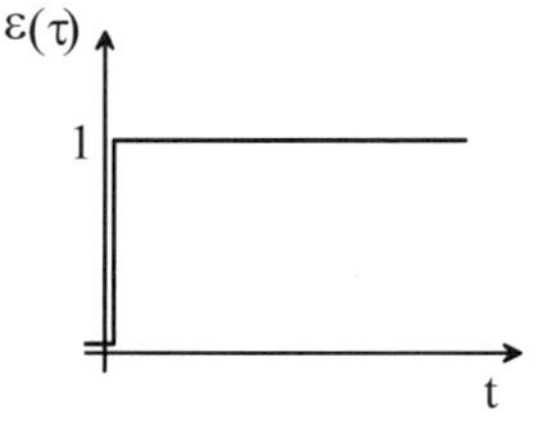
</td><td>Schaltvorgang: Aus→Ein</td></tr>
<tr><td colspan="3">Das Sprungsignal lässt sich für jede technische Anlage in der Regel leicht erzeugen, da bereits das bloße Einschalten der Anlage diesen Signalverlauf verursacht. Jeder kann sich auch leicht vorstellen, dass der sprunghafte Signalverlauf für technische Systeme eine harte und ruppige Angelegenheit darstellt. Dazu braucht man sich z. B. nur die Reaktion eines Fahrzeugs auf das abrupte Loslassen der Kupplung seitens des Fahrers vorzustellen.
Andere Bezeichnungen für das Sprungsignal: s(t) und σ(t).</td></tr>
</table>

<table>
<tr><th>Bezeichnung</th><th>Math. Beschreibung</th><th>Zeitdiagramm</th><th>Beispiele</th></tr>
<tr><td rowspan="2">Ideales Impulssignal oder: Nadelimpuls bzw. Dirac-Impuls</td><td>$\delta(t) = \lim\limits_{\tau \to 0} f(t;\tau)$
$= \lim\limits_{\tau \to 0} \begin{cases} 0 & \text{für } t < 0 \\ \frac{1}{\tau} & \text{für } 0 \leq t \leq \tau \\ 0 & \text{für } t > \tau \end{cases}$
Zusammenhang:
$\delta(t) = \frac{d}{dt}\varepsilon(t)$
$= \frac{d^2}{dt^2}\rho(t)$</td><td>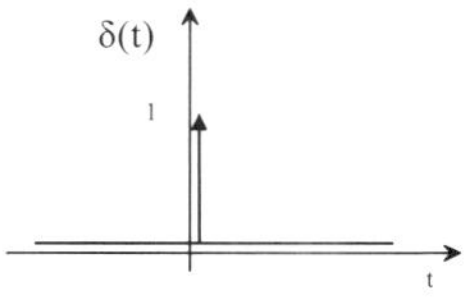
</td><td>Hammerschlag auf ein mechanisches Gebilde</td></tr>
<tr><td colspan="3">Eine nur kurzfristige Beeinflussung eines Systems wird mit dem Impulssignal erzielt. Den idealen Impuls kann man sich aus einem rechteckigen Impuls der Dauer τ und der Höhe $1/\tau$ aufbauen, bei welchem die Zeitdauer immer kürzer wird. Beim Grenzübergang $\tau \to 0$ entsteht der theoretische Nadel- bzw. Dirac-Impuls. Man stellt den Nadelimpuls als Pfeil der Länge 1 dar. Die Längenangabe 1 weist auf die wirksame Signalfläche hin.</td></tr>
<tr><td rowspan="2">Rampensignal</td><td>$\rho(t) = \begin{cases} 0 & \text{für } t < 0 \\ t & \text{für } t \geq 0 \end{cases}$
Zusammenhang:
$\rho(t) = \int\limits_{-\infty}^{t} \varepsilon(t') \cdot dt'$
$= \int\limits_{-\infty}^{t} \int\limits_{-\infty}^{t'} \delta(t'') \cdot dt'' \cdot dt'$</td><td>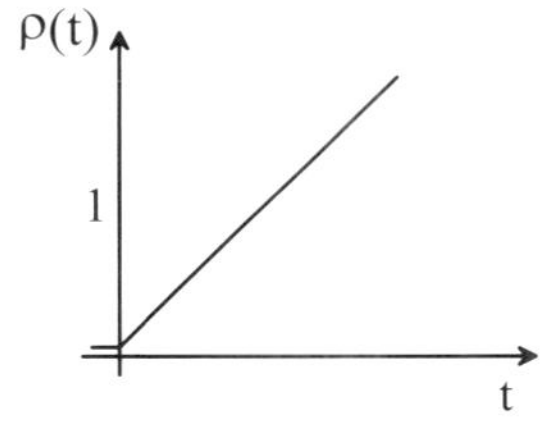
</td><td>Bewegung:
$s = v \cdot t$
Spindelantrieb:
$s = h_{Sp} \cdot t$</td></tr>
<tr><td colspan="3">Die Rampenfunktion steigt mit der Zeit proportional an und wächst über alle Grenzen. Das dargestellte normierte Rampensignal besitzt die Änderungsgeschwindigkeit eins (1). Bei Multiplikation der Signalfunktion mit einem konstanten Wert kann jede beliebige Steigung der Rampe erreicht werden. Der Maschinenbauingenieur kann sich leicht vorstellen, dass die Rampenfunktion zur Beschreibung von Positioniersystemen Verwendung findet. Motoren bewegen vorhandene Antriebseinheiten mit konstanter Geschwindigkeit zur Positionierung in eine andere Lage. Bei Werkzeugmaschinen werden gleichzeitig auch Bearbeitungsvorgänge ausgeführt.</td></tr>
<tr><td rowspan="2">Harmonische Schwingung</td><td>$x(t) = \sin(\omega_0 \cdot t)$
mit $\omega_0 = \frac{2\pi}{T_0}$</td><td>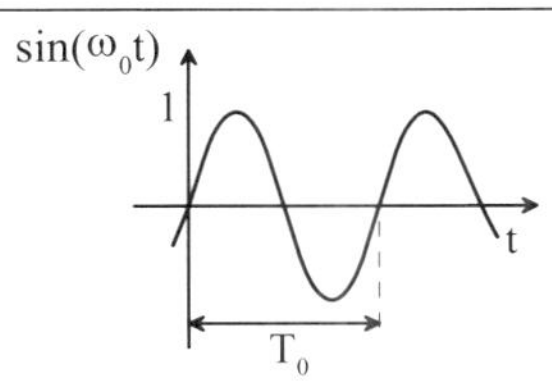
</td><td>Ungedämpfte Pendelbewegung</td></tr>
<tr><td colspan="3">Sinusförmige Signale unterschiedlicher Frequenz werden gerne zur Anregung von Systemen verwendet. Aus deren Reaktion lässt sich u. a. auf vorhandene Eigenfrequenzen schließen. Das harmonische Signal stellt unter den Elementarsignalen als einziges ein periodisches Signal dar, alle anderen sind aperiodisch.</td></tr>
</table>

Die Auswahl dieser Signale als Elementarsignale lässt sich nach Einführung weiterer Beschreibungsformen für Signale noch deutlicher begründen.

2.2.1.2 Zusammengesetzte Signale

Aus Elementarsignalen lassen sich Signale komplizierter Art zusammensetzen. So kann beispielsweise jedes beliebige periodische Signal durch eine Summe von Sinusschwingungen angenähert werden.

Zunächst werden in wenigen Beispielen weitere relativ einfache aperiodische Signale aus Elementarsignalen aufgebaut, wobei die wichtige Operation der Zeitverschiebung von Signalen benutzt wird:

Zeitverschobene Elementarsignale

Eine **Zeitverschiebung** von Signalen um die Zeit t_0 kann mathematisch einfach durch die Vorschrift

$$T_{t_0}: \quad x(t) \rightarrow T_{t_0}\{x(t)\} = x(t-t_0) \tag{2.2-4}$$

erreicht werden. Dies bedeutet, dass man den unabhängigen Zeitparameter t um die Zeitverschiebung t_0 verändern muss. Das Minus-Vorzeichen bedeutet eine Verschiebung in die Zukunft. Umgekehrt können Signale durch die Addition von t_0 zur aktuellen Zeit t in die Vergangenheit verschoben werden.

Für die drei aperiodischen Elementarsignale wirkt sich die Zeitverschiebung folgendermaßen aus:

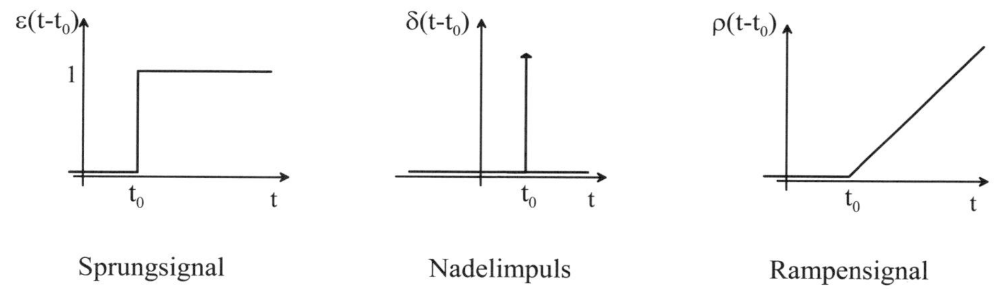

Abbildung 2.2-4: Zeitverschobene Elementarsignale

Realer Impuls mit Impulsdauer t_0

Ein realer Impuls kann leicht aus zwei Sprungsignalen generiert werden. Das Ergebnis lautet:

$$x(t) = a \cdot \left[\varepsilon(t) - \varepsilon(t - t_0)\right].$$

In der Abbildung 2.2-5 sind die Einzelsignale und der Gesamtimpuls aufgezeichnet. Eine Multiplikation mit der Konstante a erhöht die Amplitude des Signals. Die Signale sind der Deutlichkeit wegen zeitlich versetzt gezeichnet.

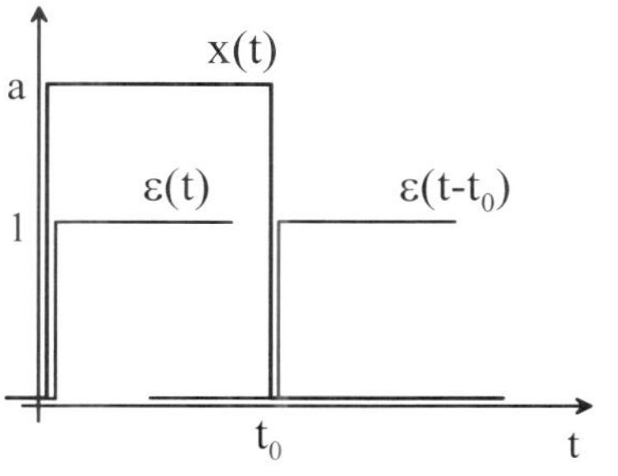

Abbildung 2.2-5: Impuls

Beliebiges Signal

Ein beliebiges Signal lässt sich durch Aneinanderreihen von realen zeitverschobenen Impulsen der Breite Δt aufbauen. Die nebenstehende Abbildung zeigt einen Ausschnitt aus einem solchen Signal. Die Einzelimpulse $\Delta(t - t_i)$ werden nach vorherigem Schema aus zeitverschobenen Sprungsignalen generiert. In einer ersten Näherung schreibt sich das Signal x(t) als Summe aus diesen einzelnen Rechteckimpulsen:

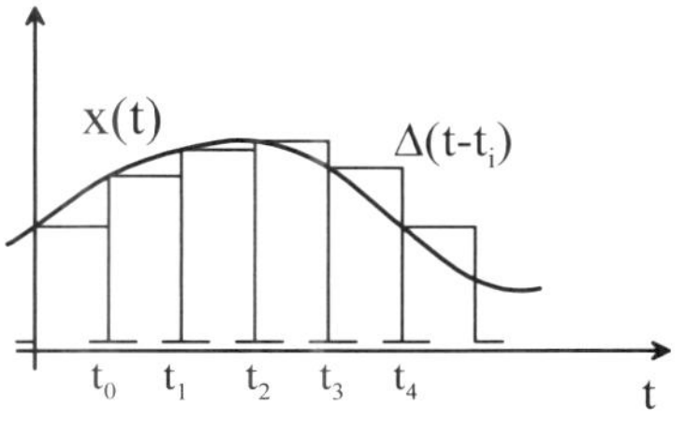

Abbildung 2.2-6: Beliebiges Signal

$$x(t) \approx \sum_i a_i \cdot \Delta_{\Delta t}(t - t_i) = \sum_i x(t_i) \cdot \Delta_{\Delta t}(t - t_i)$$
$$\text{mit:} \quad \Delta_{\Delta t}(t - t_i) := \varepsilon(t - t_i) - \varepsilon(t - t_i - \Delta t).$$

Durch Verkürzung der Impulse ($\Delta t \to 0$) wird das Originalsignal x(t) immer besser approximiert. Der Grenzübergang liefert:

$$x(t) = \lim_{\Delta t \to 0} \sum_i x(t_i) \cdot \Delta_{\Delta t}(t - t_i) = \int_{-\infty}^{\infty} x(t') \cdot \delta(t - t')\, dt'. \qquad (2.2\text{-}5)$$

Die Rechteckimpulse gehen in die Dirac-Impulse über und die Summe wird durch das Integral ersetzt. Die mathematische Deutung dieses Ergebnisses besagt:

Jedes beliebige Signal kann durch die Ausblendung einzelner Signalwerte mit Hilfe zeitverschobener Dirac-Impulse aufgebaut werden.

Bei der Betrachtung von Systemen spielt diese Ausblendungseigenschaft eine wichtige Rolle.

Geschalteter Sinus

Als ein letztes aus Elementarfunktionen aufgebautes Signal wird noch der zum Zeitpunkt $t = 0$ eingeschaltete Sinus angegeben:

$$S(t) = S_0 \cdot \varepsilon(t) \cdot \sin(\omega_0 \cdot t) .$$

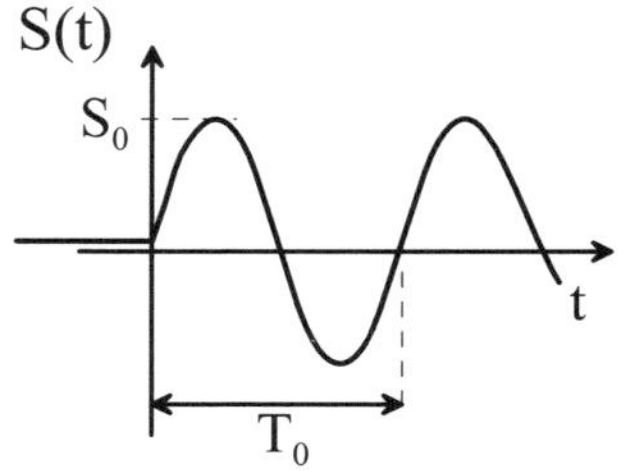

Abbildung 2.2-7: Geschalteter Sinus

Die Multiplikation von Sprung- und Sinussignal ergibt das zusammengesetzte Signal. Aus vielen Gründen spielen sinusförmige Signale bei der Untersuchung von Systemen eine bedeutende Rolle. Das geschaltete Sinussignal verkörpert den realen Vorgang bei Untersuchungsbeginn. Es liegt in diesem Fall ein aperiodisches Signal vor, da nur für einen eingeschränkten Zeitbereich ($t > 0$) eine Periodendauer im Signal auszumachen ist.

2.2.1.3 Periodische Signale

Die Gauß'sche Zahlenebene[1] bietet sich zur Veranschaulichung periodischer Signale an. Solche Signale sind aus der Elektrotechnik als Wechselstrom- bzw. Wechselspannungssignale bekannt. Für sie wird zur Vereinfachung von Berechnungen die so genannte *Zeigerdarstellung* im Komplexen verwendet, welche nachfolgend kurz beschrieben wird.

Als Demonstrationsbeispiel verwenden wir das harmonische Cosinus-Signal:

$$x(t) = x_0 \cdot \cos(\omega_0 \cdot t) .$$

Das Signal x(t) besitzt zwei variierbare Signalparameter, die Signalamplitude x_0 und die Signalphase $\varphi = \omega_0 \cdot t$. Die komplexe Zahlenebene fordert geradezu auf, das zweiparametrige Signal $x(t) = x(x_0, \varphi)$ in einer Ebene durch folgende Festlegungen abzubilden:

Amplitude x_0	$\rightarrow$	Länge eines Zeigers
Phase $\varphi = \omega_0 \cdot t$	$\rightarrow$	Zeigerwinkel zur reellen Achse.

Die Abbildung 2.2-8 verdeutlicht diese Vorgehensweise.

[1] Zum besseren Verständnis der komplexen Zahlenebene wird der Leser auf den Band *Mathematik für Ingenieure, J. Erven / D. Schwägerl, Verlag Oldenbourg* dieser Lehrbuchreihe hingewiesen. In Kapitel 2 befindet sich eine Einführung in die komplexen Zahlen und Funktionen.

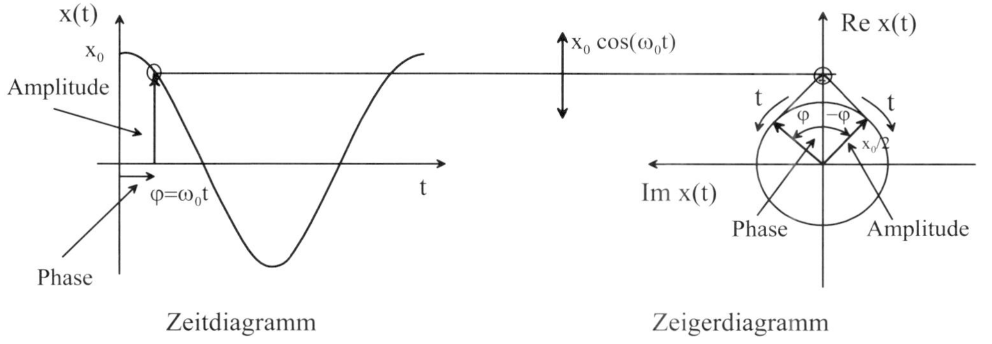

Abbildung 2.2-8: Zeigerdarstellung einer harmonischen Funktion

Der Signalwert (Punkt) bewegt sich im Zeitdiagramm mit fortschreitender Zeit auf der Signalkurve. Dabei verändert die „Signalamplitude" mit der Zeit ihren Wert, die „Phase" wandert mit konstanter Geschwindigkeit in positiver Richtung auf der Zeitachse.

In der komplexen Ebene wird ein Signalwert (Punkt) durch einen Zeiger mit reeller und imaginärer Komponente markiert. Eine harmonische Bewegung lässt sich durch Rotation des Zeigers um den Ursprung mit der Winkelgeschwindigkeit ω_0 erreichen. Da Signale i. Allg. reeller Natur sind, dürfen bei ihrer Zeigerdarstellung keine imaginären Signalkomponenten auftauchen. Ein zweiter entgegengesetzt rotierender Zeiger mit gleicher Länge und Phase eliminiert den Imaginäranteil des ersten dann, wenn beide auf vektorielle Art addiert werden. Beschreibt man die Zeiger in kartesischen Koordinaten, erhält man folgende Darstellung für das Cosinus-Signal:

$$x(t) = x_0 \cdot \cos(\omega_0 \cdot t) \xrightarrow[\text{Ebene}]{\text{Komplexe}} x(t) = \frac{1}{2} x_0 \cdot \left[\underbrace{\{\cos(\omega_0 \cdot t) + j \cdot \sin(\omega_0 \cdot t)\}}_{\text{Zeiger links drehend}} + \underbrace{\{\cos(\omega_0 \cdot t) - j \cdot \sin(\omega_0 \cdot t)\}}_{\text{Zeiger rechts drehend}} \right]$$

Aus der Mathematik kennen wir die *Euler'sche Identität*, mit welcher sich die Sinus- und Cosinus-Funktionen mit der Exponentialfunktion darstellen lassen:

$$e^{j \cdot x} = \cos(x) + j \cdot \sin(x)\,. \tag{2.2-6}$$

Ihre Anwendung ergibt die komplexe Darstellung für das Cosinus-Signal:

$$\begin{aligned} x(t) = x_0 \cdot \cos(\omega_0 \cdot t) \xrightarrow[\text{Ebene}]{\text{Komplexe}} x(t) &= \tfrac{1}{2} x_0 \left(e^{j\omega_0 t} + e^{-j\omega_0 t} \right) \\ &= \sum_{n=-1}^{1} C_n\, e^{j \cdot n \cdot \omega_0 \cdot t} \quad \text{mit: } C_0 = 0 \text{ und } C_{\pm 1} = \tfrac{1}{2} x_0 . \end{aligned}$$

Das Ergebnis zeigt zwei gegenphasig mit gleicher Winkelgeschwindigkeit drehende Zeiger in der komplexen Ebene. Konsequenterweise setzen sich andere periodische Signale bei ihrer Darstellung ebenfalls aus einer Summe rotierender Zeigerpaare zusammen, denn allgemein gilt:

Die Signaldarstellung harmonischer Signale in der komplexen Ebene benötigt immer die Summe zweier sich gegenphasig mit gleicher Winkelgeschwindigkeit drehender Zeiger. Die Imaginärkomponenten beider Zeiger kompensieren sich; übrig bleibt nur die reelle Komponente, welche das ursprüngliche Signal als Signalpunkt repräsentiert, der auf der reellen Achse wandert.

Dieser Signalaufbau führt uns zu einer weiteren Darstellungsart, dem Frequenzbereich.

2.2.2 Beschreibung im Frequenzbereich

Bereits vor mehr als 100 Jahren hat *Baron Jean Baptiste Fourier* gezeigt, dass durch die Addition von evtl. unendlich vielen Sinussignalen unterschiedlicher Frequenz und Phasenwinkel jedes in der realen Welt vorkommende Signal erzeugt werden kann.

In Abbildung 2.2-9 wird der Aufbau eines komplexeren Signals aus zwei definierten sinusförmigen Signalen gezeigt.

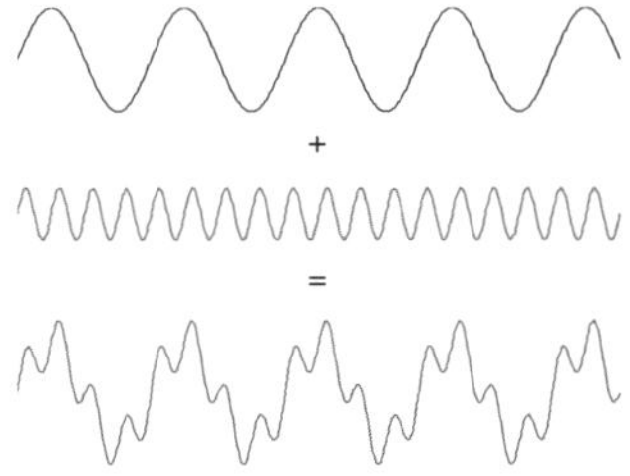

Abbildung 2.2-9: Aufbau von Signalen

Umgekehrt kann jedes in der realen Welt vorkommende Signal durch eine „Fourier-Transformation" in eine Summe von Sinussignalen zerlegt werden.

Weiter lässt sich zeigen, dass die Fourier-Reihendarstellung eindeutig ist, d. h. dass jedes Signal nur durch eine einzige Kombination von Sinussignalen dargestellt werden kann. Daraus lässt sich eine neue Darstellungsform ableiten, bei welcher die ein Signal aufbauenden Sinusfrequenzen als unabhängige Parameter Verwendung finden. Diesen Darstellungsraum bezeichnet man als den Frequenzbereich.

Der Frequenzbereich spielt in der Mess- und Regelungstechnik eine bedeutende Rolle. Mit der Frequenzdarstellung lassen sich Signale sehr kompakt veranschaulichen.

Aus der Mathematik ist bekannt, dass sich mathematische Räume durch Orthogonalsysteme nach dem Beispiel eines Raumkoordinatensystems aufspannen lassen. Auch Funktionen bzw. Signale x(t) besitzen ein solches Koordinatensystem. Wir betrachten diese für periodische und aperiodische Signale getrennt.

2.2.2.1 Periodische Signale

Eine periodische Funktion x(t) lässt sich durch eine **Fourier-Reihe**[1] darstellen:

$$x(t) = \frac{a_0}{2} + \sum_{i=1}^{\infty} \left[a_i \cdot \cos(i \cdot \omega_0 \cdot t) + b_i \cdot \sin(i \cdot \omega_0 \cdot t) + b_i \right] \qquad (2.2\text{-}7)$$

[1] Die mathematischen Hintergründe zu Fourier-Reihen können im Band *Mathematik für Ingenieure, J. Erven /D. Schwägerl, Verlag Oldenbourg* [1] dieser Lehrbuchreihe nachgelesen werden.

mit:

$$a_i = \frac{2}{T_0} \int_0^{T_0} x(t) \cdot \cos(i \cdot \omega_0 \cdot t)\, dt$$
$$b_i = \frac{2}{T_0} \int_0^{T_0} x(t) \cdot \sin(i \cdot \omega_0 \cdot t)\, dt\,. \qquad (2.2\text{-}8)$$

Drückt man die Sinus- und Cosinus-Funktionen durch die Euler-Identität (Gleichung (2.2-6)) aus, erhält man die komplexe Fourier-Reihe:

$$x(t) = \sum_{n=-\infty}^{\infty} C_n \cdot e^{j \cdot n \cdot \omega_0 \cdot t}\,. \qquad (2.2\text{-}9)$$

Die komplexen Fourier-Koeffizienten C_n werden durch die Vorschrift

$$C_n = \frac{1}{T_0} \int_{-\frac{T_0}{2}}^{\frac{T_0}{2}} x(t) \cdot e^{-j \cdot n \cdot \omega_0 \cdot t} dt\,. \qquad (2.2\text{-}10)$$

berechnet. Durch sie sind die Amplituden und Phasen der rotierenden Zeiger festgelegt.

Die Struktur der komplexen Fourier-Reihe erinnert an die Darstellung der Cosinus-Funktion des letzten Abschnitts. Auch hier erkennt man das paarweise Auftreten zweier gegenphasig mit gleicher Winkelgeschwindigkeit rotierender Zeiger, gegeben durch $e^{j \cdot n \cdot \omega_0 \cdot t}$, da der Summationsindex n immer mit positivem und negativem Vorzeichen in Gleichung (2.2-9) vorkommt. Mit der Gleichung (2.2-10) liegt eine Berechnungsvorschrift für die Länge und Phase dieser Zeiger vor. Die polare Darstellung der komplexen Werte C_n ergibt deren Amplitude und Phase:

Amplitude: $$|C_n| = \sqrt{(\mathrm{Re}\, C_n)^2 + (\mathrm{Im}\, C_n)^2} \qquad (2.2\text{-}11)$$

Phase: $$\varphi_n = \arctan\left(\frac{\mathrm{Im}\, C_n}{\mathrm{Re}\, C_n}\right). \qquad (2.2\text{-}12)$$

Die Fourier-Koeffizienten C_n der komplexen Fourier-Reihe beinhalten die Eigenschaften der untersuchten Signale. Deshalb werden sie zur Darstellung der Signale x(t) herangezogen, da jeder Koeffizient einer festgelegten Frequenz zuzuordnen ist:

$$C_n = C(n \cdot \omega_0)\,. \qquad (2.2\text{-}13)$$

Sie erlauben die Einführung einer weiteren graphischen Darstellungsform für Signale:

Beschreibungsform: Frequenzdarstellung bzw. Spektrum

Die komplexen Fourier-Koeffizienten C_n geben Auskunft darüber, aus welchen Frequenzkomponenten ein periodisches Signal zusammengesetzt ist.

In graphischer Form trägt man die Koeffizienten über der Frequenz auf:

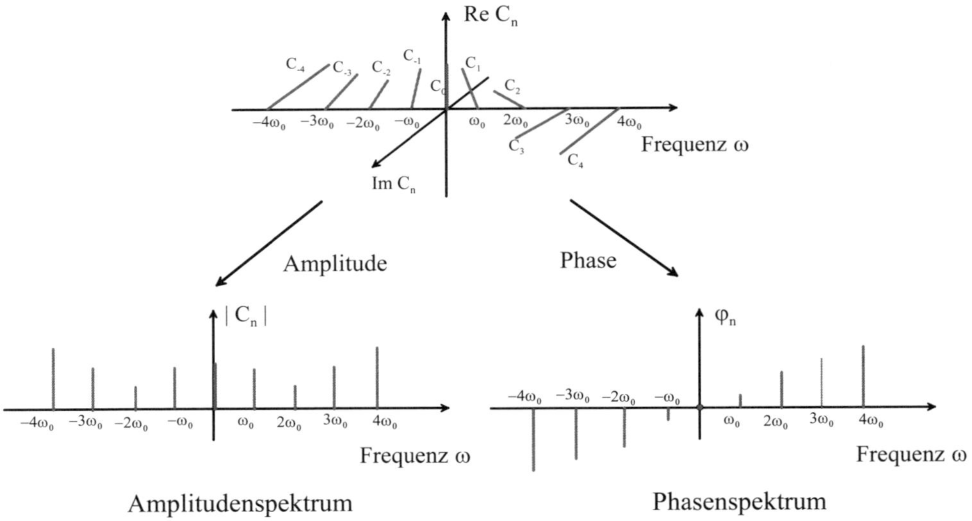

Abbildung 2.2-10: Spektren periodischer Signale

Die einzelnen Linien im Spektrum nennt man **Spektralkomponenten** des Signals. Wie man sieht, besitzen periodische Signale diskrete Spektren. Die Linien symbolisieren die komplexen Koeffizienten C_n, welche in der komplexen Ebene liegen. Die Aufspaltung in Amplitude und Phase erlaubt eine zweidimensionale Darstellung im Amplituden- und Phasenspektrum.

2.2.2.2 Aperiodische Signale

Aperiodische Signale werden als Grenzfall periodischer Signale mit unendlich großer Periodendauer angesehen. Ein periodisches Signal mit der Periodendauer T_0 besteht aus einer Summe von Teilschwingungen mit Frequenzen im Abstand ω_0. Das aperiodische Signal wird als Grenzübergang $\omega_0 \to 0$ aus unendlich vielen Schwingungen zusammengesetzt. Welche mathematischen Voraussetzungen erfüllt sein müssen, um den Grenzübergang vornehmen zu können, wird hier nicht behandelt:

Ersetzt man $\omega_0 = 2\pi/T_0$ durch $\Delta\omega$, geht die komplexe Fourier-Reihe über in:

$$x(t) = \sum_{n=-\infty}^{\infty} C_n \cdot e^{j\cdot n\cdot\Delta\omega\cdot t} = \sum_{n=-\infty}^{\infty} \frac{C_n}{\Delta\omega} \cdot e^{j\cdot n\cdot\Delta\omega\cdot t} \cdot \Delta\omega \;=\; \frac{1}{2\pi} \sum_{n=-\infty}^{\infty} \underbrace{\frac{C_n}{\Delta f}}_{\substack{\text{Signaleigenschaften}\\ \text{als}\\ \text{Spektralinformation}}} \cdot e^{j\cdot n\cdot\Delta\omega\cdot t} \cdot \Delta\omega\,.$$

Der Grenzübergang $\Delta\omega \to 0$ verursacht den Austausch der Summe durch das Integral $\sum \to \int$ und den Übergang $\Delta\omega \to d\omega$. Die komplexe Fourier-Reihe geht für aperiodische Signale in die so genannte inverse Fourier-Transformierte über:

$$x(t) = \frac{1}{2\pi} \int_{-\infty}^{\infty} X(j\omega) \cdot e^{j\cdot\omega\cdot t} d\omega . \tag{2.2-14}$$

Die Spektralinformation des Signals wird in der Fourier-Transformierten[1] zusammengefasst:

$$X(j\omega) = \lim_{\Delta\omega \to 0} \frac{C_n}{\Delta f} . \tag{2.2-15}$$

Die Berechnung von $X(j\omega)$ als Grenzübergang der Koeffizienten C_n aus Gleichung (2.2-10) führt auf ihre endgültige Form:

Definition: Fourier-Transformierte

Die **Fourier-Transformierte** eines Signals x(t) wird durch

$$\mathcal{F}\{x(t)\} = X(j\omega) = \int_{-\infty}^{\infty} x(t) \cdot e^{-j\cdot\omega\cdot t} dt . \tag{2.2-16}$$

gegeben[2].

Zwischen den Signaldarstellungen im Zeit- und Frequenzbereich besteht durch Gleichung (2.2-16) eine eindeutige Korrespondenz. Diese wird, falls möglich, durch die Schreibweise mit Klein- und Großbuchstaben ausgedrückt:

$$x(t) \circ\!\!-\!\!\bullet X(j\omega) . \tag{2.2-17}$$

Die unabhängigen Argumente t und $j\omega$ der Funktionen x() und X() weisen auf den jeweiligen Darstellungsbereich hin[3].

Den Übergang zurück zum Zeitbereich liefert die inverse Transformation. Sie lautet:

---

[1] Die Fourier-Transformierte $X(j\omega)$ des Signals x(t) stellt ihrer Herleitung aus $\frac{C_n}{\Delta f}$ wegen eine Amplitudendichte dar.

[2] Die mathematischen Eigenschaften der Fourier-Transformation sind in Anhang B zusammengestellt.

[3] Wegen der Euler-Identität tritt die Kreisfrequenz ω immer zusammen mit der Imaginäreinheit j auf. Aus später noch einsichtigen Gründen wird die Frequenz deshalb als imaginäre Größe $j\omega$ geführt.

Definition: Inverse Fourier-Transformation

Die **Fourier-Rücktransformation**

$$x(t) = \frac{1}{2\pi} \int_{-\infty}^{\infty} X(j\omega) \cdot e^{j\omega \cdot t} d\omega \,. \qquad (2.2\text{-}18)$$

stellt die umkehrbar eindeutige Beziehung zum Zeitbereich eines Signals her.

Die Fourier-Transformierte X(jω) aperiodischer Signale besitzt dieselbe physikalische Interpretation wie die Fourier-Koeffizienten C_n periodischer Signale; im Spektrum zeigen sie die im Signal vorhandenen Frequenzen an. Da sie im Gegensatz zu den Fourier-Koeffizienten C_n periodischer Signale komplexwertige Funktionen darstellen, besitzen die Spektren ein anderes Aussehen:

Aperiodische Signale besitzen kontinuierliche Spektren.

Die Fourier-Transformierte X(jω) lässt sich auf unterschiedliche Weise mathematisch darstellen. Ihre Polarform führt letztlich zum gebräuchlichen Amplituden- und Phasenspektrum. Als komplexe Funktion kann sie in Real- und Imaginärteil zerlegt werden:

$$\begin{aligned} X(j\omega) &= \mathrm{Re}\, X(\omega) + j \cdot \mathrm{Im}\, X(\omega) \\ &= R(\omega) + j \cdot I(\omega) \end{aligned} \qquad \text{(Kartesische Darstellung).}$$

Die wichtige Polar- bzw. Zeigerdarstellung ergibt das Amplituden- und Phasenspektrum:

$$X(j\omega) = |X(j\omega)| \cdot e^{j \cdot \varphi(\omega)} \qquad \text{(Polardarstellung)}$$

mit den Spektren:

$$\begin{aligned} \text{Amplitudenspektrum:} \quad & |X(j\omega)| = \sqrt{R(\omega)^2 + I(\omega)^2} \\ \text{Phasenspektrum:} \quad & \varphi(\omega) = \arctan\left(\frac{I(\omega)}{R(\omega)}\right). \end{aligned} \qquad (2.2\text{-}19)$$

Der Betrag der Fourier-Transformation stellt das Amplitudenspektrum dar. Es bewertet das Gewicht der Frequenzkomponenten im Signal und zeigt in erster Linie die Präsenz auftretender Frequenzen im untersuchten Signal an. Das Phasenspektrum als Winkelfunktion sagt etwas über die gegenseitigen Phasenverschiebungen der beteiligten Frequenzen aus.

Die Abbildung 2.2-11 beschreibt den prinzipiellen Aufbau der dazugehörigen Spektraldiagramme. Beide Spektren besitzen als Abszisse eine lineare Frequenzskala. Das Amplitudenspektrum wird bzgl. der Ordinate entweder logarithmisch oder in Dezibel angegeben. Die Phase ist linear in Grad aufgetragen.

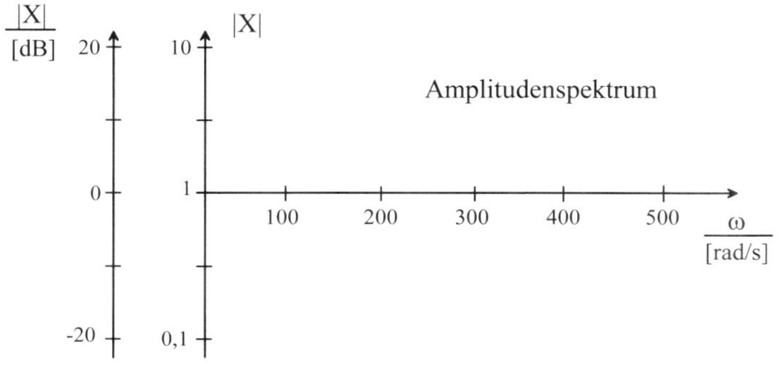

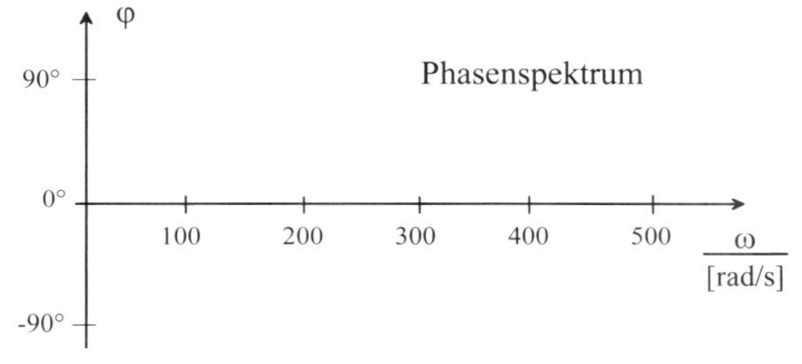

Abbildung 2.2-11: Spektraldiagramme

Das Dezibel bzw. der logarithmische Maßstab als Amplitudenskala wird für sehr kleine Signalkomponenten im Spektrum verwendet, um diese auch sichtbar zu machen. Es ist definiert durch:

Definition: Dezibel

Das **Dezibel** wird durch das logarithmierte Leistungs- oder Amplitudenverhältnis zweier Signale durch die Vorschriften

$$\begin{aligned} S_P &= 10 \cdot \text{Log}(\text{Leistungsverhältnis}) \; [\text{dB}] \\ \text{bzw.:} \quad S_A &= 20 \cdot \text{Log}(\text{Amplitudenverhältnis}) \; [\text{dB}] \end{aligned} \tag{2.2-20}$$

berechnet.

Im Fall des Amplitudenspektrums $|X(j\omega)|$ wird als Amplitudenbezug der Wert eins eingesetzt, so dass für das Dezibel gilt:

$$|X(j\omega)| = 20 \cdot \text{Log}\left(|X(j\omega)|\right) \; [\text{dB}] \, . \tag{2.2-21}$$

In folgender Tabelle sind Beispiele von Dezibelwerten berechnet:

dB	Leistungsverhältnis	dB	Amplitudenverhältnis
+20	100	+40	100
+10	10	+20	10
+3	2	+6	2
0	1	0	1
-3	1/2	-6	1/2
-10	1/10	-20	1/10
-20	1/100	-40	1/100

Tabelle 2.2-2: Dezibelwerte

2.2.2.3 Fourier-Transformierte wichtiger Signale

Nach den Darlegungen der letzten beiden Abschnitte beschreiben Fourier-Transformierte die frequenzmäßige Zusammensetzung von Signalen. Es ist deshalb interessant, wie die Spektren wichtiger Elementarsignale aussehen.

Nadelimpuls

Das idealisierte Impulssignal $\delta(t)$ verkörpert kein reales Signal. Trotzdem wird es zur theoretischen Untersuchung von Systemen verwendet. Die Ursache liegt in seinem Spektrum, welches sich nach Gleichung (2.2-16) folgendermaßen berechnet[1]:

$$\mathcal{F}\{\delta(t)\} = \Delta(j\omega) = \int_{-\infty}^{\infty} \delta(t) \cdot e^{-j\cdot\omega\cdot t}\,dt \overset{(A-3)}{=} \int_{-\infty}^{\infty} \delta(t) \cdot e^{-j\cdot\omega\cdot 0}\,dt = \int_{-\infty}^{\infty} \delta(t)\,dt \overset{(A-4)}{=} 1\,. \qquad (2.2\text{-}22)$$

Das Ergebnis beschreibt eine konstante Fourier-Transformierte des Signals. Die Amplituden- und Phasenspektren gestalten sich deshalb nach Gleichung (2.2-19) von der Kreisfrequenz unabhängig und besitzen folgendes mathematisches und graphisches Aussehen:

Amplitudenspektrum: $|\Delta(j\omega)| = 1$ Phasenspektrum: $\varphi_\Delta(\omega) = 0$

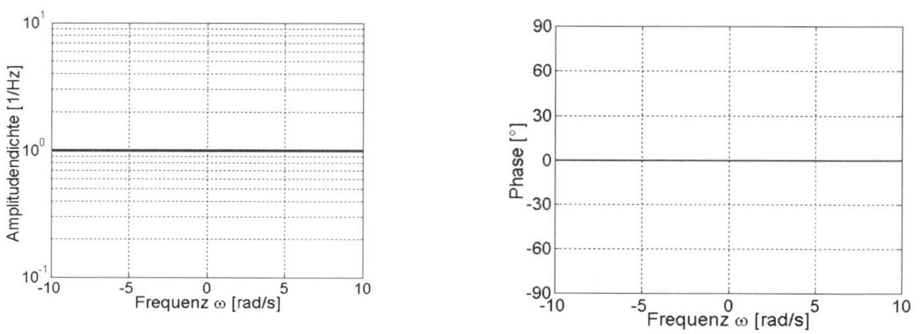

Abbildung 2.2-12: Spektrum des Nadelimpulses

[1] Die mathematischen Gesetzmäßigkeiten der Dirac-Funktion befinden sich in Anhang A. Die Nummerierungen über dem Gleichheitszeichen weisen auf die verwendeten Eigenschaften hin.

Der Nadelimpuls setzt sich aus allen Frequenzen von 0 bis ∞ mit überall gleichem Gewicht zusammen und die Frequenzkomponenten sind gegeneinander nicht phasenverschoben. Dies ist der Grund, weshalb das idealisierte Impulssignal zur Untersuchung von Systemen verwendet wird. Verwendet man es zu einer Systemuntersuchung als Eingangssignal, wirken gleichzeitig alle Frequenzen auf das untersuchte System. Es muss auf alle Frequenzen unmittelbar reagieren.

Leider lässt sich der Nadelimpuls nicht ohne weiteres für jedes technische System bereitstellen.

Sprungsignal

Das Sprungsignal springt für das Nadelsignal mit „fast idealen" Eigenschaften ein. Es simuliert den Einschaltvorgang eines Signals. Deshalb ist es für die meisten technischen Systeme leicht realisierbar. Seine Fourier-Transformierte ist nur mit viel mathematischem Verständnis zu berechnen, weshalb wir das Ergebnis angeben[1]:

$$\mathcal{F}\{\varepsilon(t)\} = E(j\omega) = \int_{-\infty}^{\infty} \varepsilon(t) \cdot e^{-j\cdot\omega\cdot t} \cdot dt = \pi \cdot \delta(\omega) - j \cdot \frac{1}{\omega}. \qquad (2.2\text{-}23)$$

Daraus berechnen sich die beiden Spektren mit Hilfe der angegebenen Gleichungen, welche in nachfolgender Abbildung angegeben und dargestellt sind:

Amplitudenspektrum: $|E(j\omega)| = \left|\frac{1}{\omega}\right|$ Phasenspektrum: $\varphi_E(\omega) = \begin{cases} \frac{\pi}{2} \text{ für } \omega < 0 \\ 0 \text{ für } \omega = 0 \\ -\frac{\pi}{2} \text{ für } \omega > 0 \end{cases}$

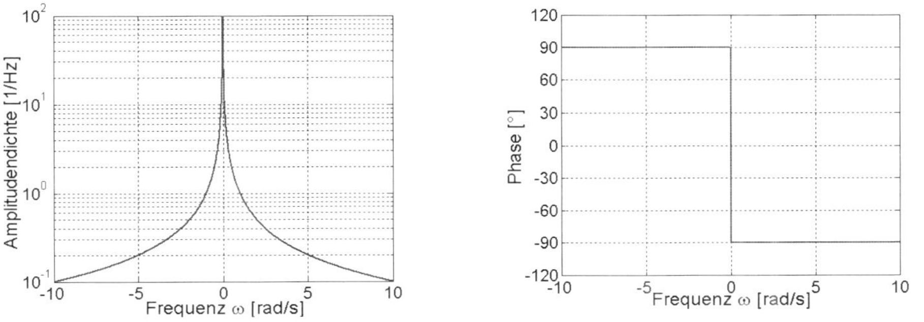

Abbildung 2.2-13: Spektrum des Sprungsignals

Das Amplitudenspektrum weist eine hyperbolische Abhängigkeit auf. Bei der Frequenz $\omega = 0$ liegt eine *unendlich hohe* Amplitudendichte vor. Zu höheren Frequenzen hin fällt das Spektrum mit $1/\omega$ ab. Das Phasenspektrum schlägt bei der Frequenz null von +90° nach –90° um. Das Sprungsignal weist somit auch Signalkomponenten mit sehr hohen Frequen-

[1] Berechnung siehe u. a. in *System- und Signaltheorie, O. Mildenberger, Verlag Vieweg*

zen auf. Die höheren Frequenzkomponenten besitzen jedoch nicht die dominante Wirkung, wie es beim Nadelimpuls der Fall ist; sie sind aber vorhanden.

Harmonisches Signal

Das Cosinus-Signal verkörpert ein klassisches periodisches Signal. Daher kann es frequenzmäßig durch die komplexe Fourier-Reihe beschrieben werden. Die Berechnung seines Spektrums über die Fourier-Transformierte muss dasselbe Ergebnis zeigen. Die nachfolgende Überprüfung zeigt indirekt diese Gleichheit, wobei auf die unterschiedliche physikalische Deutung der Fourier-Koeffizienten und -Transformierten hinzuweisen ist[1]:

$$\mathcal{F}\{\cos(\omega_0 \cdot t)\} = \int_{-\infty}^{\infty} \cos(\omega_0 \cdot t) \cdot e^{-j\cdot\omega\cdot t}\, dt = \pi\left[\delta(\omega-\omega_0)+\delta(\omega+\omega_0)\right]. \qquad (2.2\text{-}24)$$

Wir wissen, dass periodische Signale diskrete Spektren besitzen. Diese Tatsache wird durch die Berechnung bestätigt. Nur bei den Frequenzen $+\omega_0$ und $-\omega_0$ besitzt das Amplitudenspektrum eine von null verschiedene Amplitudendichte, denn die Dirac-Funktion ist nur dann ungleich null, falls ihr Argument verschwindet. Das Amplitudenspektrum besitzt bei diesen Frequenzen eine *Unendlichkeitsstelle*:

Amplitudenspektrum:
$|\cos(j\omega)| = \pi(\delta(\omega-\omega_0)+\delta(\omega+\omega_0))$

Phasenspektrum: $\varphi_{\cos}(\omega) = 0$

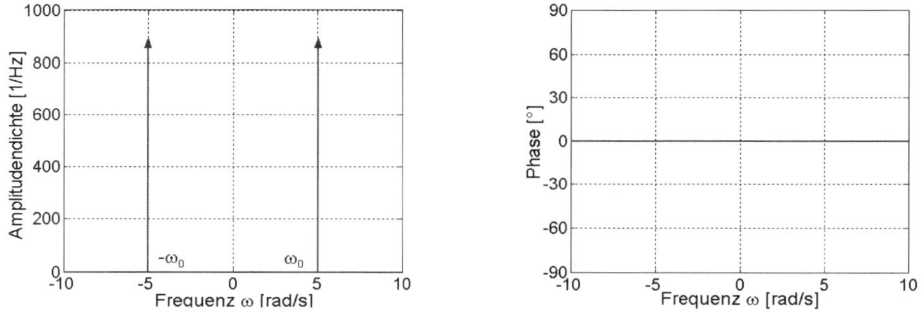

Abbildung 2.2-14: Spektrum des Cosinus-Signals

Harmonisches Einschaltsignal

In realen Systemen tritt ein dauernd anliegendes Sinussignal eigentlich nie auf, denn es wird erst zu einem bestimmten Zeitpunkt eingeschaltet. Mathematisch generiert man diesen Schaltvorgang durch eine Multiplikation mit dem Sprungsignal. Es gleicht dem Signal in Abbildung 2.2-7. Dessen Fourier-Transformierte berechnet sich zu[2]:

---

[1] Berechnung siehe u. a. in *System- und Signaltheorie, O. Mildenberger, Verlag Vieweg*

[2] Berechnung siehe u. a. in *Systemtheorie, R. Unbehauen, Verlag Oldenbourg*

$$\mathcal{F}\{\varepsilon(t)\cdot\sin(\omega_0 t)\} = \int_{-\infty}^{\infty}\varepsilon(t)\cdot\sin(\omega_0\cdot t)\cdot e^{-j\omega_0 t}\,dt$$
$$= \frac{1}{2}\left(\frac{1}{(\omega-\omega_0)} - \frac{1}{(\omega+\omega_0)}\right) - j\cdot\frac{\pi}{2}\left(\delta(\omega-\omega_0)-\delta(\omega+\omega_0)\right). \tag{2.2-25}$$

Die weitere Aufspaltung in das Amplituden- und Phasenspektrum ergibt:

Amplitudenspektrum: $A(\omega) \cong \dfrac{\omega_0}{\omega_0^2 - \omega^2}$ Phasenspektrum: $\varphi_\Delta(\omega) = \begin{cases} \frac{\pi}{2} \text{ für } |\omega| > \omega_0 \\ 0 \text{ für } |\omega| = \omega_0 \\ -\frac{\pi}{2} \text{ für } |\omega| < \omega_0 \end{cases}$

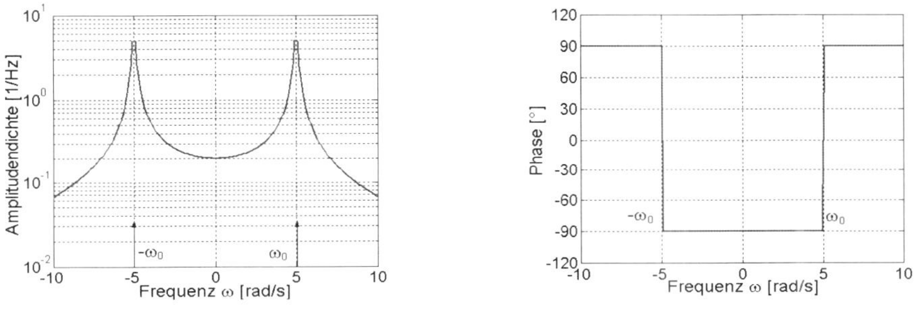

Abbildung 2.2-15: Spektrum des geschalteten Sinussignals

Die dominanten Frequenzanteile konzentrieren sich um die Grundfrequenz des Sinussignals ω_0. Bei der Frequenz $\pm\omega_0$ befindet sich wieder eine *Unendlichkeitsstelle* der Amplitudendichte. Das Phasenspektrum braucht uns weiter nicht zu kümmern.

Abklingendes Impulssignal

Im technischen Umfeld treten häufig Signale mit exponentiell ansteigendem oder abklingendem Verhalten auf. Dazu brauchen wir uns nur daran erinnern, dass ein Thermometer bei abruptem Eintauchen in Eiswasser nicht sofort 0 °C anzeigt, sondern sich exponentiell diesem Wert nähert. Die nebenstehende Abbildung verdeutlicht ein zeitlich exponentiell abklingendes Signal. Es kommt einem technisch realisierbaren Impulssignal sehr ähnlich. Die mathematische Funktion setzt sich aus dem Sprungsignal und der e-Funktion zusammen:

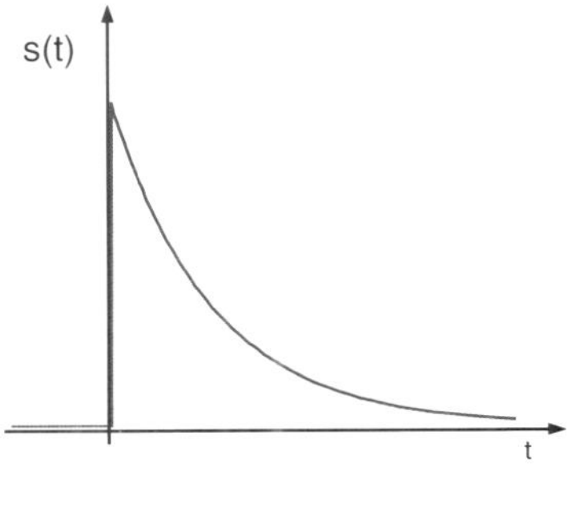

Abbildung 2.2-16: Abklingender Impuls

$$s(t) = \varepsilon(t)\cdot e^{-|\alpha|\cdot t}.$$

Der Parameter α gibt die Schnelligkeit des Abfalls vor. Je größer dieser ausfällt, desto schneller klingt das Signal ab. Sein Vorzeichen legt das Abfallen bzw. Ansteigen fest. Ein Plus-Vorzeichen entspricht einem Anwachsen. Durch das Weglassen der Betragsbildung kann das Vorzeichen auch entfallen. Der Wert von α bestimmt dann das zeitliche Verhalten des Signals.

Gegenüber den vorherigen Signalen scheint der abklingende Impuls ein mathematisch komplizierteres Signal zu sein. Trotzdem lässt sich dessen Fourier-Transformierte leicht berechnen:

$$\mathcal{F}\{s(t)\} = S(j\omega) = \int_{-\infty}^{\infty} \varepsilon(t)\cdot e^{-|\alpha|\cdot t}\cdot e^{-j\cdot\omega\cdot t}\,dt = \int_{-\infty}^{\infty} \varepsilon(t)\cdot e^{-(|\alpha|+j\cdot\omega)\cdot t}\,dt$$
$$= \int_{0}^{\infty} e^{-(|\alpha|+j\cdot\omega)\cdot t}\,dt = -\left.\frac{e^{-(|\alpha|+j\cdot\omega)\cdot t}}{\alpha+j\cdot\omega}\right|_0^{\infty} = \frac{1}{|\alpha|+j\cdot\omega}. \quad (2.2\text{-}26)$$

Für die Aufstellung der beiden Spektraldarstellungen gilt ähnliches:

Amplitudenspektrum: $|S(j\omega)| = \dfrac{1}{\sqrt{\alpha^2+\omega^2}}$ Phasenspektrum: $\varphi_S(\omega) = -\arctan\left(\dfrac{\omega}{|\alpha|}\right)$

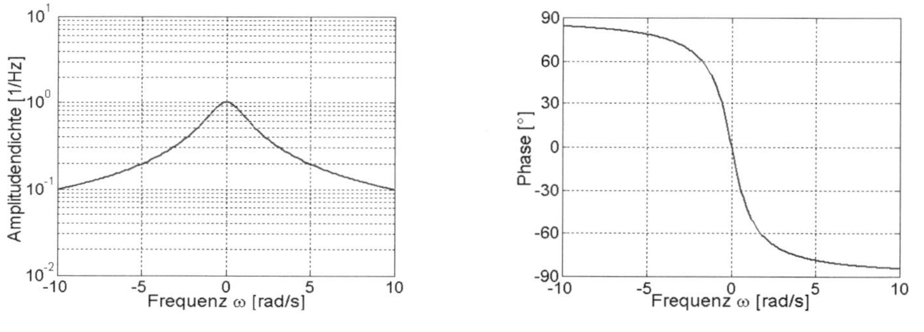

Abbildung 2.2-17: Spektrum des abklingenden Impulssignals

Das abklingende Impulssignal weist *keine Unendlichkeitsstelle* im Amplitudenspektrum auf. Seine Frequenzen sind um den Frequenznullpunkt konzentriert. Das Phasenspektrum bemüht sich um einen sachten Übergang von +90° nach –90° mit ansteigenden Frequenzen.

Von dieser einfachen Berechnungsart angetan, betrachten wir noch ein weiteres wichtiges Signal.

Abklingende Schwingung

In der Mechanik, insbesondere bei drehenden Maschinen, treten meistens Schwingungen auf. Man denke nur an einen einfachen Stab, der auf einer Seite fest eingespannt ist, und der auf seiner anderen Seite auslenkt und losgelassen wird. Er schwingt mit einer abklingenden Auslenkung aus, deren mathematische Funktion lautet:

$$x(t) = \varepsilon(t) \cdot \cos(\omega_0 \cdot t) \cdot e^{-|\alpha| \cdot t}$$

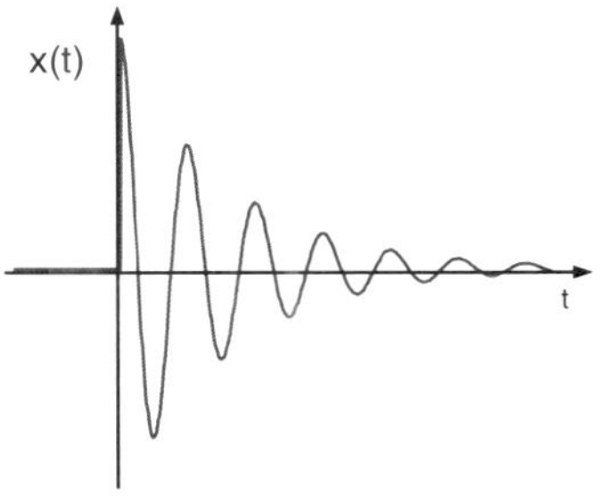

Abbildung 2.2-18: Abklingender Cosinus

Die Struktur der Signalfunktion lässt auf eine nicht ganz einfache Berechnung der Fourier-Transformierten schließen. Das Ergebnis lautet[1]:

$$\mathcal{F}\{x(t)\} = X(j\omega) = \frac{1}{2}\left(\frac{1}{|\alpha| + j\cdot(\omega-\omega_0)} + \frac{1}{|\alpha| + j\cdot(\omega+\omega_0)}\right). \qquad (2.2\text{-}27)$$

Der Leser kann das Ergebnis ohne großen Aufwand überprüfen. Dazu formt er nur die Cosinus-Funktion mittels der Euler-Identität um. Die Integration der Fourier-Bildung berechnet sich ohne Zuhilfenahme mathematischer Formelsammlungen. Die Spektren erhält man daraus durch Anwendung der Gleichung (2.2-19), deren Berechnung längere Funktionsausdrücke ergeben, weshalb sie aus Platzgründen hier nicht aufgeführt sind. Sie besitzen folgendes Aussehen:

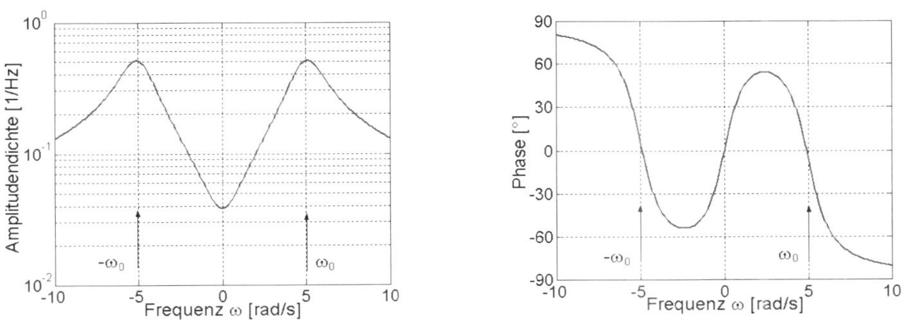

Abbildung 2.2-19: Spektrum des abklingenden Cosinussignals

Die gedämpfte Schwingung weist als Signal ebenfalls *keine Unendlichkeitsstelle* im Amplitudenspektrum auf. Seine Signalkomponenten sind um die Frequenz $\pm\omega_0$ konzentriert. Das Phasenspektrum spielt bei unseren Betrachtungen keine Rolle.

[1] Die Berechnung entspricht dem abklingenden Impulssignal, wenn man vorher die Cosinus-Funktion mittels der Euler-Identität umwandelt.

Abschließend stellen wir die betrachteten Signale im Zeit- und Frequenzbereich in nachfolgender Tabelle 2.2-3 zusammen. Sie soll helfen, die Zusammenhänge zwischen Zeit- und Frequenzbereich besser zu verstehen.

Tabelle 2.2-3: Vergleich unterschiedlicher Signalverhalten im Zeit- und Frequenzbereich

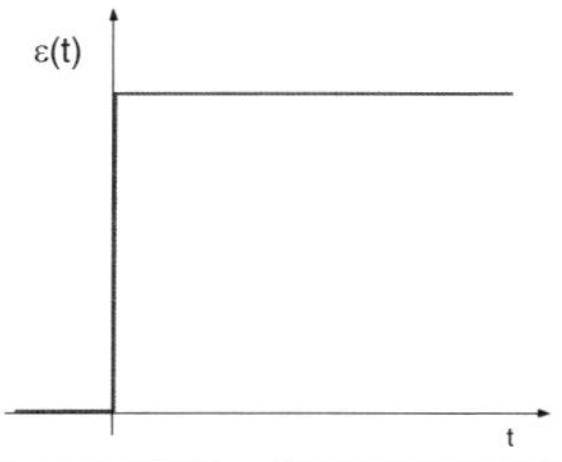	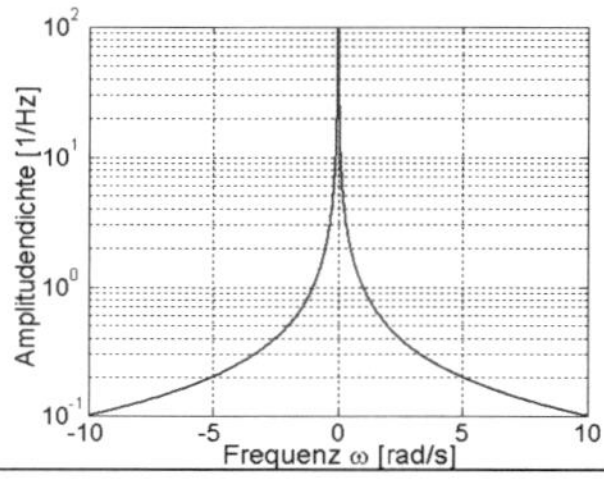	Im Zeitbereich: *Signal mit konstanter Amplitude* Im Frequenzbereich: *Unendlichkeitsstelle bei* $\omega = 0$
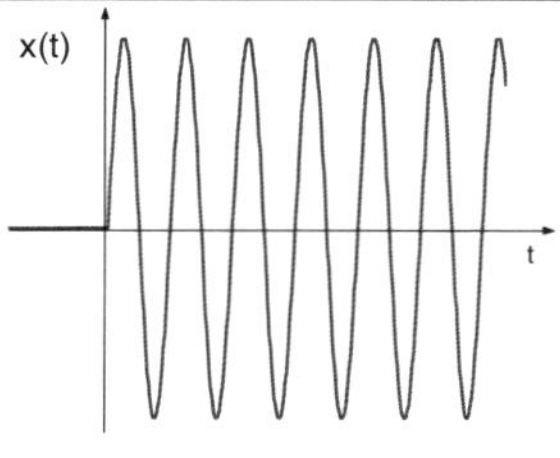	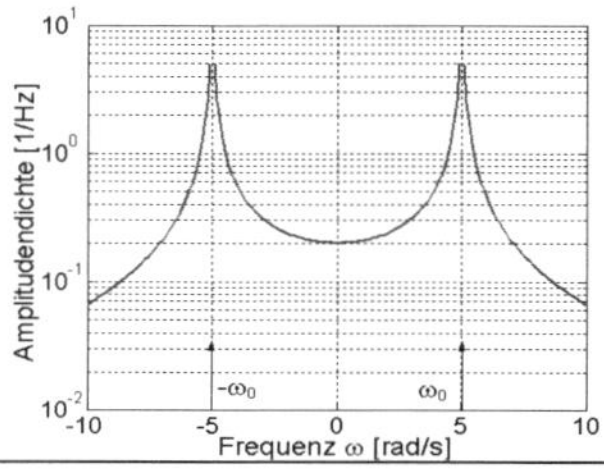	Im Zeitbereich: *Signal mit konstanter Amplitude* Im Frequenzbereich: *Unendlichkeitsstellen bei* $\omega = \pm\omega_0$
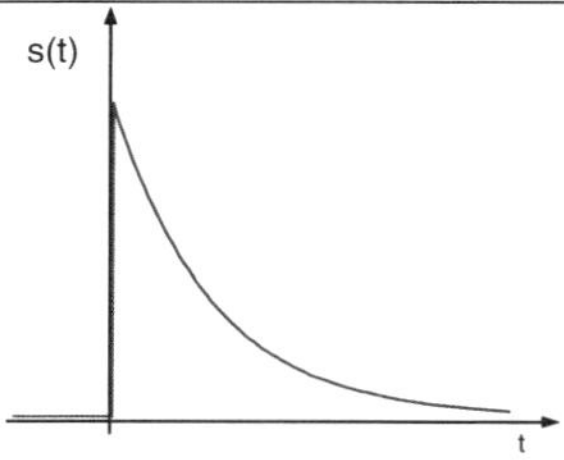	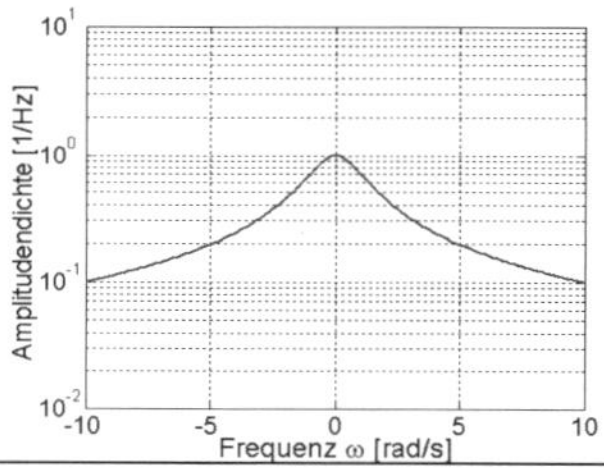	Im Zeitbereich: *Signal mit gedämpfter Amplitude* Im Frequenzbereich: *Keine Unendlichkeitsstellen*
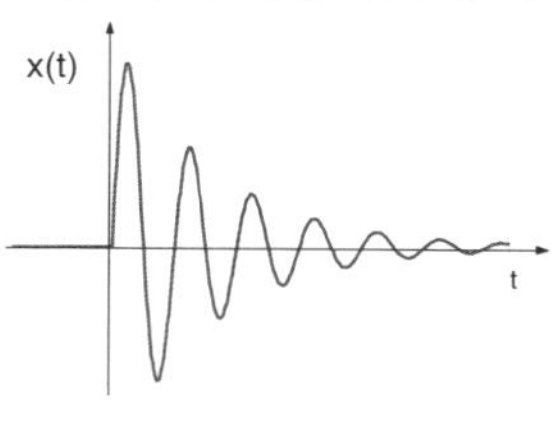	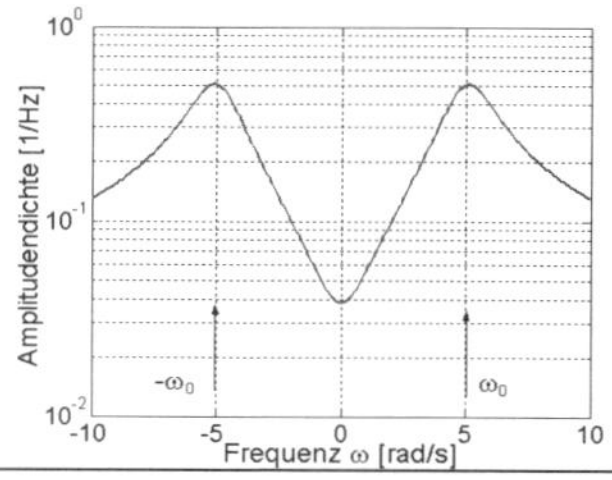	Im Zeitbereich: *Signal mit gedämpfter Amplitude* Im Frequenzbereich: *Keine Unendlichkeitsstellen*
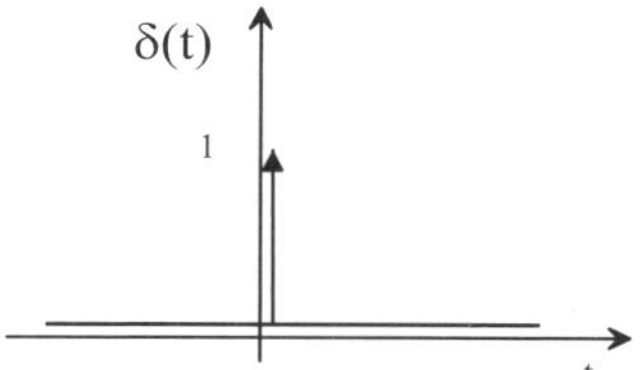	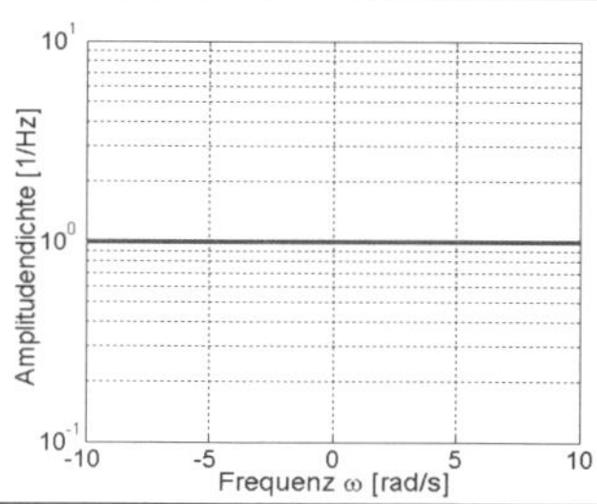	Im Zeitbereich: *Kurzzeitig wirkendes auf null zurückgehendes Signal* Im Frequenzbereich: *Keine Unendlichkeitsstellen*

Für die Fourier-Transformierten der betrachteten Signale ergeben sich folgende Feststellungen:

1. Die Spektren vermitteln durch ihre kompakte Form eine globale Übersicht über den frequenzmäßigen Aufbau eines Signals.
2. Die imaginäre Größe $j\omega$ lässt sich als physikalische Kreisfrequenz interpretieren. Der Ingenieur kann mit Hilfe der Spektren Rückschlüsse auf das Verhalten seines Untersuchungsobjekts ziehen.
3. Die Berechnung der Spektren stellt sich i. Allg. mathematisch als sehr aufwendig heraus. Der Frequenzbereich verkörpert deshalb ein nicht ganz einfaches Werkzeug zur Signaldarstellung.
4. Es gibt Signale *mit und ohne Unendlichkeitsstellen* in ihren Amplitudenspektren. Diese lassen auf keine besondere physikalische Eigenschaft schließen. Aus Tabelle 2.2-3 kann nur vage gefolgert werden, dass abklingende Signale evtl. keine Unendlichkeitsstellen aufweisen.

Ob diese letzte Aussage so wirklich richtig ist, soll der nächste Abschnitt klären. Auch wünschen wir uns für Signale eine gegenüber dem Zeit- und Frequenzbereich einfachere Beschreibungsform.

2.2.3 Beschreibung im Bildbereich

Die Frequenzspektren von harmonischen Signalen zeigen die Eigenschaft, *Unendlichkeitsstellen* an den Stellen $+\omega_0$ und $-\omega_0$ im Frequenzbereich zu besitzen. Das Sprungsignal als nichtharmonisches Signal weist eine solche Stelle bei $\omega_0 = 0$ auf. Die exponentiell abklingenden Signale besitzen auf der Frequenzachse keine solchen Unendlichkeitsstellen. Trotzdem, so scheint es, kennzeichnen die Unendlichkeitsstellen der Fourier-Transformierten wichtige Eigenschaften von Signalen!

Dazu geben wir vorerst an, was eine *Unendlichkeitsstelle* ausmacht. Richtigerweise wird sie als Polstelle bezeichnet und durch folgende Vorschrift bestimmt:

Definition: Polstelle

Polstellen von Signalen liegen dann vor, wenn ihre Amplitudendichte im Frequenzbereich unendlich hohe Werte annimmt. Sie werden durch die Nullstellen ihrer Nennerfunktionen festgelegt.

Die ausgewerteten Amplitudenspektren des vorherigen Abschnitts 2.2.2.3 zeigen immer die Struktur einer gebrochenen rationalen Funktion. Wenn in solchen die Nennerfunktion verschwindet, wächst der Amplitudenwert über alle Grenzen; es liegt eine Polstelle vor. Der Zähler der Frequenzfunktionen kann ebenfalls gleich null werden. Man spricht dann von Nullstellen:

Definition: Nullstelle

Nullstellen von Signalen bzw. ihren Funktionen werden im Frequenzbereich durch die Nullstellen der Zählerfunktion ihrer Signalfunktionen definiert.

Das abklingende Impulssignal weist keinen Pol auf, weil die Dämpfung $|\alpha|$ eine reelle Zahl in der Fourier-Transformierten $\mathcal{F}\{s(t)\}=1/(|\alpha|+j\omega)$ darstellt, die Frequenz $j\omega$ dagegen eine imaginäre Größe ausdrückt. Sie sind Elemente unterschiedlicher Zahlenräume und können deshalb nicht zu null addiert werden. Beide Zahlenräume spannen zusammen die Gauß'sche Zahlenebene auf. Die Größen $|\alpha|$ und $j\omega$ gehören beide dieser komplexen Ebene an, wie ihre vollständige Darstellung deutlich zeigt:

$$|\alpha| + j \cdot 0 \qquad \text{und} \qquad 0 + j \cdot \omega .$$

Diese Überlegungen führen nun dazu, eine neue Größe einzuführen, die es erlaubt, beide in einem gemeinsamen Zahlenraum zu beschreiben. Dazu erweitern wir einfach die imaginäre Frequenz $j\omega$ mit einer reellen Komponente:

Definition: Komplexe Frequenz

Komplexe Frequenzen werden durch die Variable

$$s \equiv \sigma + j\omega \tag{2.2-28}$$

definiert.

Es stellt sich sofort die Frage nach ihrer physikalischen Interpretation. Einen vorläufigen Hinweis erhielten wir bei der Betrachtung der Frequenzspektren: Der Parameter $|\alpha|$ gibt dort physikalisch die Dämpfung von Signalen an. Der Parameter σ könnte deshalb die Dämpfungseigenschaft von Signalen beschreiben:

Interpretation: Komplexe Frequenz

Der reelle Parameter σ beschreibt das zeitliche Abklingen bzw. Anwachsen von Signalen, während der Imaginärteil $j\omega$ die Kreisfrequenz der Signalschwingung abbildet.

Damit sind wir in der Lage, die Fourier-Darstellung des Abklingimpulses mit der komplexen Frequenz s zu formulieren. Mit Hilfe der Substitutionen

$$|\alpha| + j \cdot 0 \quad \rightarrow \quad s_0 = |\alpha| + j\omega_0 \quad \text{mit } \omega_0 = 0$$

$$\text{und} \quad 0 + j\omega \quad \rightarrow \quad s = \sigma + j\omega \quad \text{mit } \sigma = 0$$

geht die Fourier-Transformierte des abklingenden Impulssignals in die neue Funktion[1]

$$S(j\omega) := \mathcal{F}\{s(t)\} = \frac{1}{\alpha + j\omega} \qquad \rightarrow \qquad S(s) := \mathcal{L}\{s(t)\} = \frac{1}{s_0 + s}$$

über. Fragen wir nun nach einer Polstelle im Amplitudenspektrum des Abklingimpulses, brauchen wir nur, entsprechend der Definition, die Polstelle durch Nullsetzen der Nennerfunktion zu bestimmen:

$$s_0 + s = 0 \quad \Rightarrow \quad s_P = -s_0 = -|\alpha| + j\omega_0 = -|\alpha| .$$

---

[1] Diese bezeichnet man als Laplace-Transformierte (LT{...}).

Die neu gewonnene Frequenz-Transformierte $\mathcal{L}\{s(t)\}$ besitzt bei $s_p = -s_0 = -|\alpha|$ ebenfalls eine ausgewiesene *Unendlichkeitsstelle*. Somit können wir feststellen:

Alle Signale besitzen Pol- bzw. Unendlichkeitsstellen.

Anwachsende bzw. gedämpfte Zeitsignale besitzen ihre Polstellen auf der **Dämpfungsachse σ**, und nicht auf der **Frequenzachse jω**, so wie es bei Signalen mit konstantem Amplitudenverlauf der Fall ist.

Die Benutzung der komplexen Frequenz s ermöglicht somit eine konsistente Beschreibung von Signalen (und Systemen, wie wir noch sehen werden) in der komplexen Frequenzebene, für welche man die Bezeichnung Bildbereich einführt:

Definition: Bildbereich

Die Ebene der komplexen Frequenzen s spannt den **Bildbereich** auf.

Über dem Bildbereich spannen die komplexen Funktionen $\mathcal{L}\{s(t)\}$ eine 3-dimensionale Mannigfaltigkeit auf. Diese ist aus verständlichen Gründen schwer zu illustrieren. Die Bildfunktion des gedämpften Impulssignals zeigt nach vorheriger Betragsbildung die nachfolgende Abbildung:

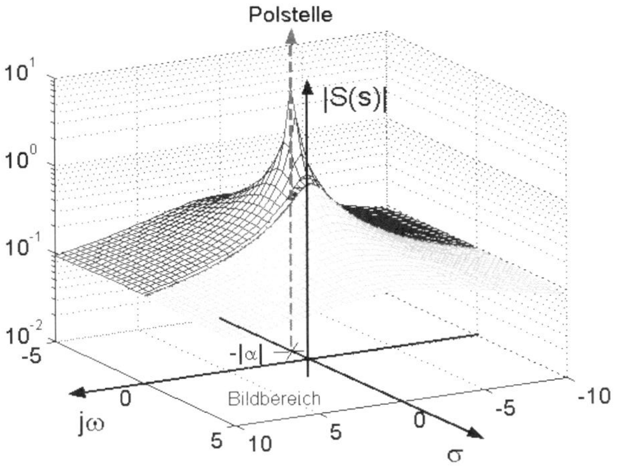

Abbildung 2.2-20:
Betrag der Bildfunktion
Abklingendes Impulssignal

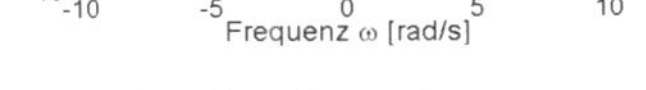

Amplitudenspektrum

Man erkennt aus der perspektivischen Darstellung eine rotationssymmetrisch nach allen Seiten hin abfallende Funktion um die Polstelle $s_0 = -|\alpha|$. Ihre Oberfläche schneidet die jω - |S(s)| -Ebene, welche durch die Bedingung $\sigma = 0$ festgelegt ist. Der Parameter σ wurde zur Erweiterung der Kreisfrequenz jω als komplexe Frequenz **s** eingeführt. Setzen wir ihn gleich null ($s = 0 + j\omega = j\omega$), erhalten wir die bekannte Fourier-Transformierte $\mathcal{F}\{s(t)\}$ des Abklingimpulses zurück. Abbildung 2.2-20 weist diesen Vorgang durch die unterschiedlichen Graustufen der Bildfunktion im negativen und positiven σ-Bereich aus. Die Schnittkurve gleicht dem bekannten Amplitudenspektrum, welches zum Vergleich rechts in Abbildung 2.2-20 dargestellt ist.

Zu unserem Vorteil benötigen wir die perspektivische Darstellung der Bildfunktionen nicht weiter, da sie umständlich zu berechnen und darzustellen ist. Ihre Unübersichtlichkeit bei mehreren Polstellen empfiehlt sie nicht als graphisches Werkzeug zur Beschreibung von Signalen.

Beschränkt man sich aber auf die Lage der Polstellen im Bildbereich, ihr wichtigster Informationsgehalt, lässt sich ein geeignetes Hilfsmittel denken.

Man begnügt sich damit, die Signale durch ihre Pol- und Nullstellen im Bildbereich zu kennzeichnen. Dazu führt man das Pol-Nullstellen-Schema ein:

Definition: Pol-Nullstellen-Schema (PN-Schema)

Das **Pol-Nullstellen-Schema** beschreibt im Bildbereich die Lagen der Pol- und Nullstellen von Signalen. Pole werden im Pol-Nullstellen-Schema mit Kreuzzeichen, Nullstellen mit Kreisen gekennzeichnet.

Für den abklingenden Impuls erhalten wir ein recht einfaches PN-Schema:

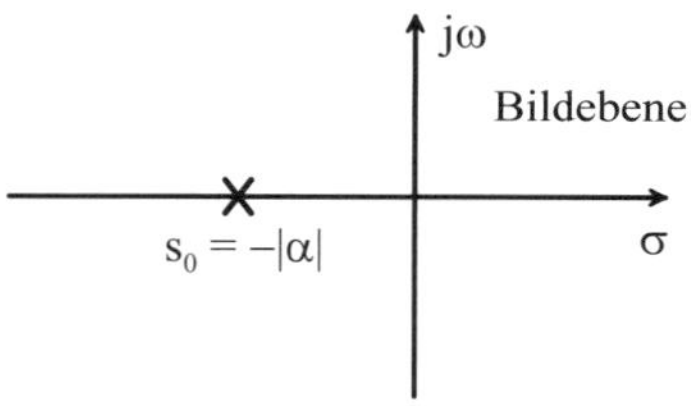

Abbildung 2.2-21:
Pol-Nullstellen-Schema
Abklingendes Impulssignal

Die einzige Polstelle kennzeichnet man mit einem Kreuz bei der berechneten Stelle s_0. Ihre Kennzeichnung mit Angabe der Pollage dient hier nur der Klarheit und braucht in PN-Schemata nicht eingetragen werden.

Es liegt nun ein einfaches Werkzeug zur Darstellung von Signalen vor. Welchen Nutzen es zur Analyse von Regelungen und Steuerungen beisteuert, muss sich noch erweisen.

Vorab nur soviel, wir werden die Nützlichkeit von Pol-Nullstellen-Schemata für die Beschreibung von Systemen und insbesondere von Regelkreisen schätzen lernen.

Der Bildbereich zeigt seine Vorteile bereits bei der Analyse von Signalen!

Nehmen wir dazu an, dass uns allein das PN-Schema eines Signals bekannt ist. Wir fragen dann, ob wir aus ihm auf den Signalverlauf im Zeitbereich schließen können?

Die Antwort lautet: Ja, denn wir können die Zeitfunktion einfach über die Summe von Exponentialfunktionen mit den Polstellen s_{Pi} $(i = 1 - n)$ entsprechend der Vorschrift

$$x(t) = \varepsilon(t) \cdot \sum_{i=1}^{n} A_i \cdot e^{s_{Pi} \cdot t} \tag{2.2-29}$$

bestimmen. Für das abklingende Impulssignal reduziert sich die Summe auf einen Summanden mit dem Resultat:

$$s(t) = \varepsilon(t) \cdot \sum_{i=1}^{n} A_i \cdot e^{s_{Pi} \cdot t} = \varepsilon(t) \cdot A \cdot e^{s_P \cdot t} = A \cdot \varepsilon(t) \cdot e^{-|\alpha| \cdot t}. \qquad (2.2\text{-}30)$$

Bis auf den Amplitudenfaktor A stimmt diese Zeitfunktion mit dem abklingenden Impulssignal überein (siehe Seite 81). Für komplexere Signale trifft dieser Zusammenhang ebenfalls zu, so dass wir formulieren können:

Aus den PN-Schemata kann auf die Zeitverläufe von Signalen geschlossen werden.

Damit spiegeln die Pollagen mit ihren Frequenzparametern σ und ω die Signaleigenschaften bzgl. ihrem Dämpfungscharakter und ihrer Schwingfrequenz wider. Für sie lassen sich folgende Feststellungen treffen:

1. Polstellen treten bei vorhandenem $j\omega$-Anteil immer paarweise auf.
2. Polstellen mit negativem σ-Anteil beschreiben abklingende (gedämpfte) Signale.
3. Polstellen mit positivem σ-Anteil zeigen anwachsende Signale an.
4. Pole auf der Frequenzachse ($\sigma = 0$) repräsentieren zeitlich amplitudenkonstante Signale.

Die Beschreibung von Zeitfunktionen in der komplexen Ebene lehrte uns, dass immer zwei entgegengesetzt rotierende Vektoren zur Darstellung eines technischen (reellen) Signals notwendig sind. Im Frequenzbereich kommt diese Tatsache durch die Erweiterung der Frequenzachse zu negativen Frequenzen zum Ausdruck. Im Bildbereich treten diese gepaarten Frequenzen durch doppelte Polstellen im PN-Schema zutage. Die σ-Achse stellt deshalb eine Symmetrieachse dar.

Gemäß der Einführung komplexer Frequenzen **s** mit Dämpfungs- und Schwingungsvariablen lässt sich der Signalverlauf aus den Pollagen der PN-Schemata nach der oben ausgeführten Berechnung ablesen. Besitzen Signale Unendlichkeitsstellen mit einem negativ reellen Anteil ($\sigma < 0$), liegen gedämpfte Signalverläufe vor. Bei positiven σ-Werten wächst das Signal über alle Grenzen. Die Tabelle 2.2-4 verdeutlicht diesen Zusammenhang. Die beiden letzten Signalverläufe der Tabelle deuten auf ein ungebremstes Signalwachstum hin. Treten solche Verläufe bei Ausgangssignalen von Systemen auf, arbeiten sie nicht zur Zufriedenheit des Anwenders. Man spricht dann von „instabilen“ Systemen. Die Pollagen können deshalb Hinweise auf deren Stabilität geben, was zu folgender Feststellung verleitet:

Aus den Lagen der Polstellen in PN-Diagrammen kann auf die Stabilität (Beschränktheit) von Signalen (und Systemen) geschlossen werden.

Signaldynamik	Polstellen-Schema
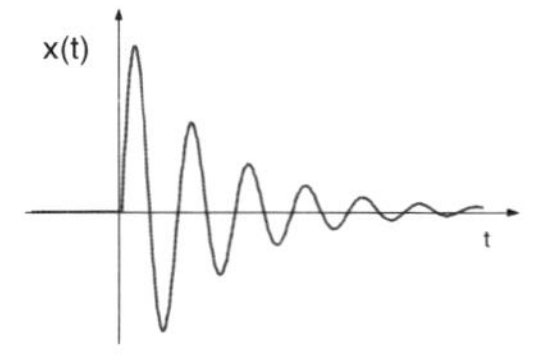	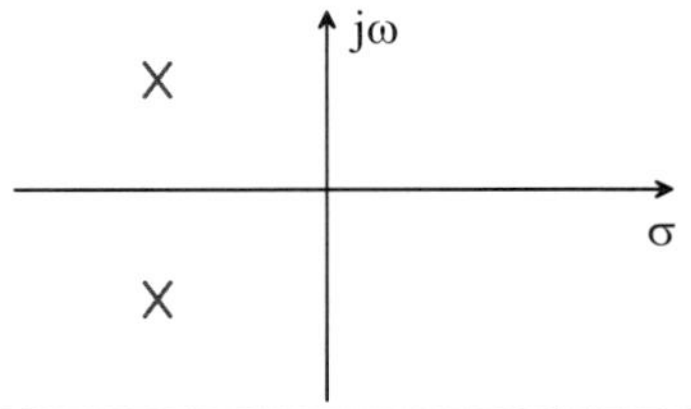
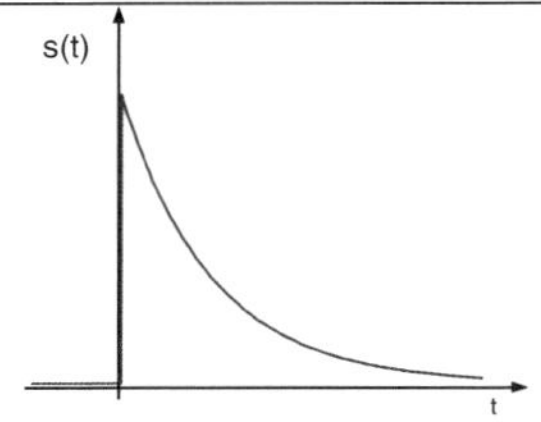	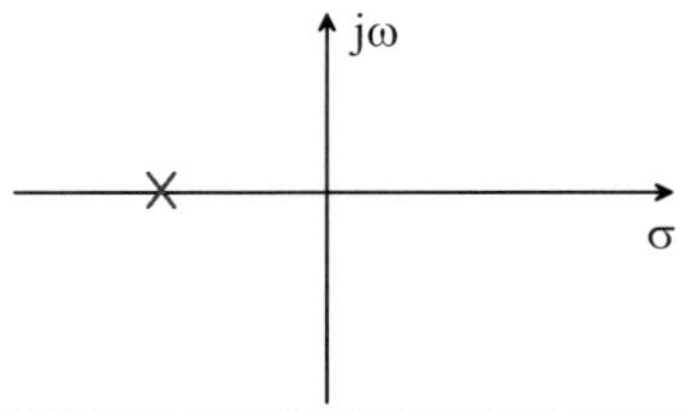
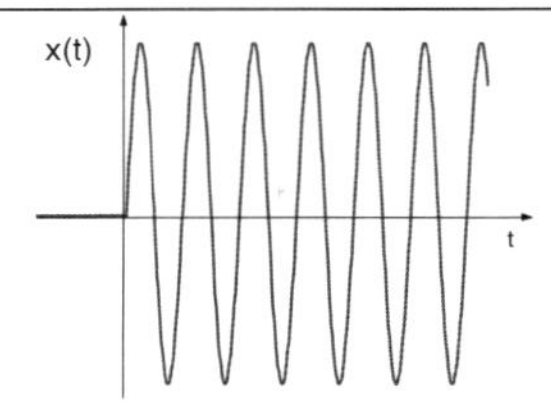	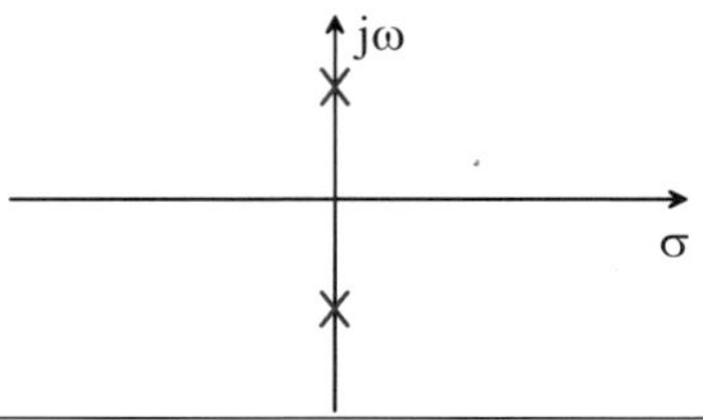
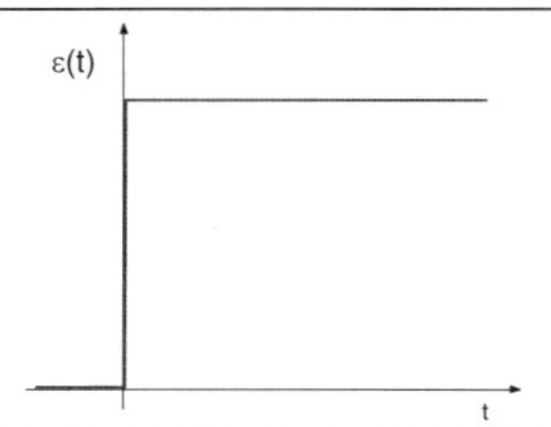	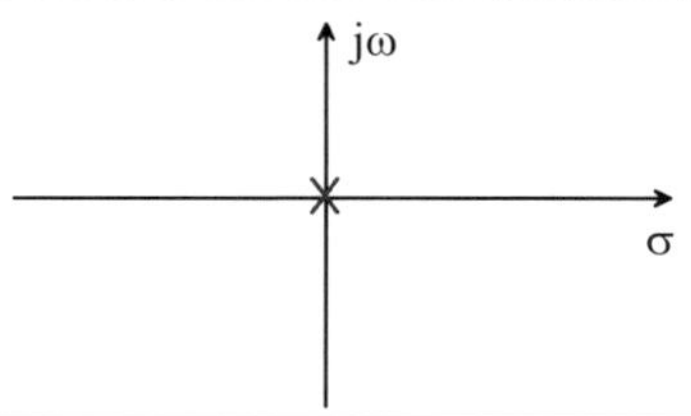
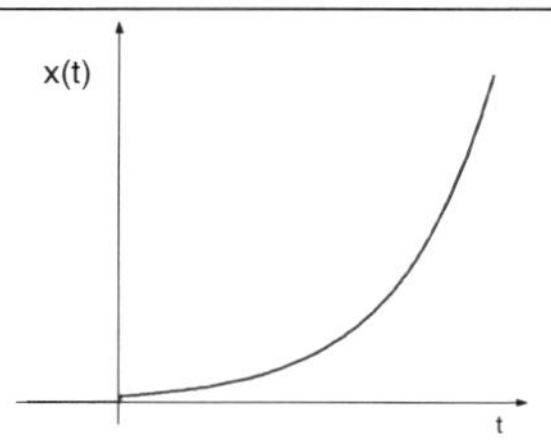	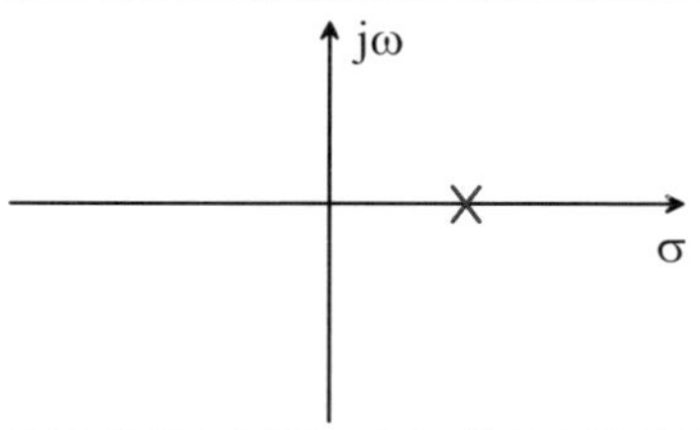
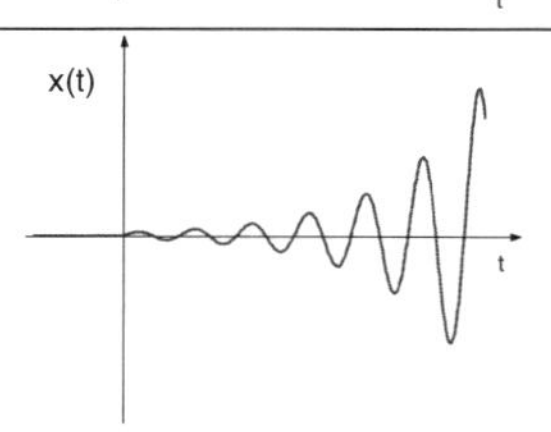	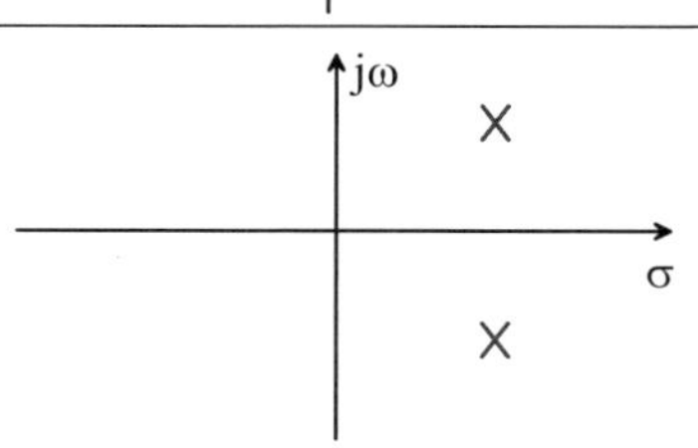

Tabelle 2.2-4: Signaldynamik und PN-Schema

Nach diesen heuristischen Überlegungen zur Einführung der erweiterten Fourier-ähnlichen Transformation ist es an der Zeit, deren mathematische Definition anzugeben, welche die Signale des Zeitbereichs in den Bildbereich und umgekehrt überführt, so wie es in nachfolgendem Bild illustriert ist:

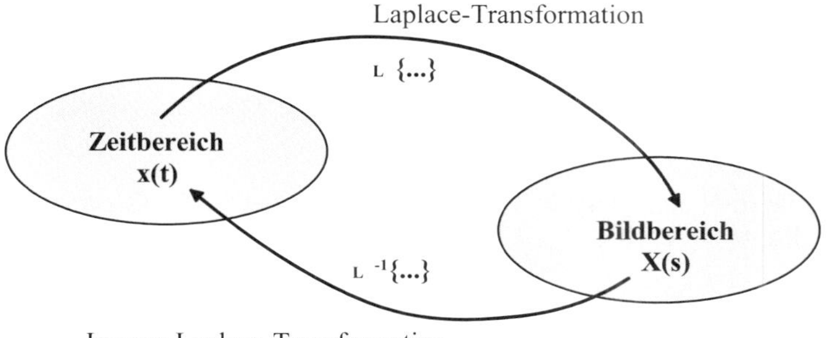

Die immer wieder benutzten Signale besitzen die Eigenschaft, für Zeiten kleiner null zu verschwinden. Deshalb wird für alle technischen Zeitfunktionen diese Eigenschaft übernommen, da sie immer einen Beginn haben. Dieser wird als Nullpunkt definiert. Die Transformation lässt sich somit auf den positiven Zeitbereich beschränken, so dass deren Definition lautet:

Definition: Laplace-Transformation

Ist x(t) ein Signal mit der Eigenschaft $x(t) = 0$ für $t < 0$, so lautet die einseitige **Laplace-Transformierte**[1]:

$$X(s) = \mathcal{L}\{x(t)\} = \int_{0-}^{\infty} x(t) \cdot e^{-s \cdot t}\, dt\,^{2}. \qquad (2.2\text{-}31)$$

Die Variable s stellt den **Laplace-Operator** $s \equiv \sigma + j\omega$ (Komplexe Frequenz) dar. Man spricht von der **Laplace-Transformation** der Funktion x(t)[3].

Mathematisch muss das angegebene Integral existieren. Dies bedeutet, dass die Signale x(t) nicht stärker als eine Exponentialfunktion anwachsen dürfen. Unter dieser Voraussetzung konvergiert das Laplace-Integral in einem geeigneten Bereich der Bildebene, im so genannten Konvergenzbereich:

1 Der Integrationsbereich kann auf die gesamte Zeitachse ($-\infty$ bis ∞) ausgedehnt werden. In diesem Fall spricht man von der zweiseitigen Laplace-Transformation. Mit ihr können alle Signalarten eingeschlossen werden.

2 Die untere Integrationsgrenze schließt den Nullpunkt mit ein.

3 Die mathematischen Eigenschaften der Laplace-Transformation sind in Anhang B zusammengestellt.

Definition: Konvergenzbereich

Den Wertebereich von s, für den die Laplace-Transformierte ausgewertet werden kann, bezeichnet man als den **Konvergenzbereich** der Laplace-Transformation.

Die Existenz des Laplace-Integrals setzt einen definierbaren Konvergenzbereich voraus, den wir bei *unseren Anwendungen* stets annehmen[1]. Zur Unterscheidung zwischen Fourier- und Laplace-Transformierter übernehmen wir der Eindeutigkeit wegen die Bezeichnungen der jeweiligen Variablen in der Namensgebung der Fourier- $\{X(j\omega)\}$ und Laplace-Transformierten $\{X(s)\}$.

Liegt die Bildfunktion eines Signals vor, kann mit der inversen Transformation in den Zeitbereich gewechselt werden:

Definition: Inverse Laplace-Transformation

Die **inverse Laplace-Transformation** wird durch das komplexe Integral

$$x(t) = \mathcal{L}^{-1}\{X(s)\} = \frac{1}{2\pi \cdot j} \int_{c-j\cdot\infty}^{c+j\cdot\infty} X(s) \cdot e^{+s\cdot t}\, ds \tag{2.2-32}$$

gegeben. Bei der Integration ist darauf zu achten, dass der Integrationsweg im Konvergenzbereich liegt. Man erreicht dies dadurch, dass alle singulären Punkte (Unendlichkeitsstellen) von X(s) im linken Halbraum bzgl. der Konstanten c zu liegen kommen.

Die Korrespondenz zwischen beiden Darstellungsbereichen wird, wie im Fall der Fourier-Transformation, durch die Symbolik

$$x(t) \multimap X(s) \tag{2.2-33}$$

ausgedrückt. Der Bezug zum „konventionellen" Frequenzbereich ist zusätzlich gegeben. In der Abbildung 2.2-22 finden sich alle Korrespondenzen und Übergangsmöglichkeiten zwischen den drei Darstellungsbereichen wieder. Die Fourier-Transformierte geht aus der Laplace-Transformierten durch Nullsetzen des Realteils des Laplace-Operators σ hervor:

$$\begin{aligned} X(s) &\overset{\sigma=0}{=} X(s=j\omega) = \int_{0-}^{\infty} x(t)\cdot e^{-j\cdot\omega\cdot t}\, dt \overset{x(t)=0 \text{ für } x<0}{=} \int_{-\infty}^{\infty} x(t)\cdot e^{-j\cdot\omega\cdot t}\, dt \\ &= X(j\omega). \end{aligned} \tag{2.2-34}$$

[1] Anmerkung: Die Existenz der Laplace-Transformierten von x(t) mit x(t) = 0 für t < 0 wird dadurch gesichert, dass eine Konstante α so gewählt werden kann, dass das Integral $\int_0^{\infty} |x(t)|\, e^{-\alpha\cdot t}\, dt < \infty$ ist. Dies bedeutet, dass auch Funktionen mit exponentiellem Anstiegsverhalten Laplace-Transformierte besitzen.

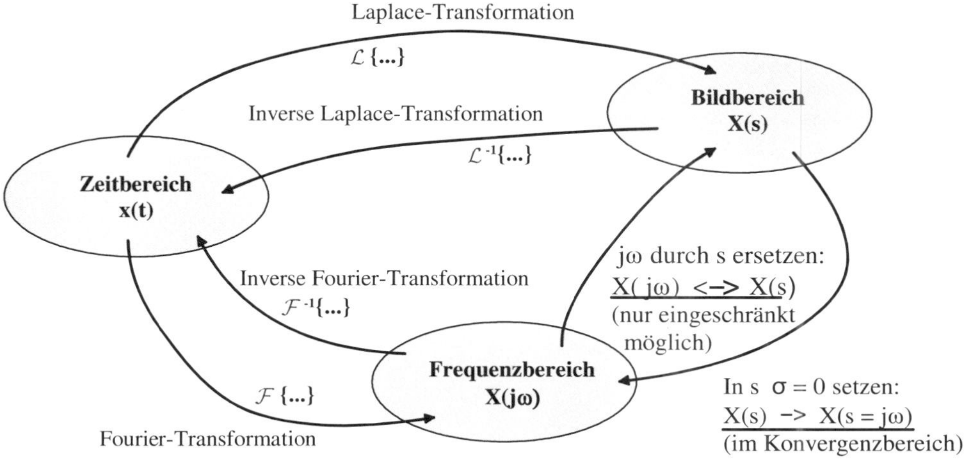

Abbildung 2.2-22: Korrespondenzen zwischen Signalbereichen

Die Laplace-Transformierten können einfach dazu benutzt werden, die Frequenz-Transformierten bzw. Spektren der Signale zu bestimmen. Der umgekehrte Weg ist nur mit Einschränkungen möglich. Dazu muss u. a. die Gültigkeit $x(t) = 0$ für $t < 0$ vorausgesetzt werden[1].

Obwohl die Einführung der komplexen Frequenzvariablen **s** bzw. der Laplace-Transformierten zunächst wie eine Erschwerung aussieht, werden wir beim Umgang mit ihr feststellen, dass sie uns an vielen Stellen eine Erleichterung beschert.

Den ersten Hinweis dieser Erleichterung lieferten die Pol-Nullstellen-Schemata. Durch ihre Verwandtschaft mit der Fourier-Transformierten sind von dort viele mathematische Eigenschaften übertragbar. Bei der Beschreibung von Systemen werden wir ihre Zweckmäßigkeit weiter kennen lernen.

Zu unserem Vorteil brauchen wir die Berechnung der Bildfunktionen technischer Signale nicht selbst ausführen. In Tabellenwerken findet man alle für uns wichtigen Korrespondenzen. Für unsere Zwecke sind in Tabelle 2.2-5 die für uns wichtigen Funktionen zusammen gestellt. Trotzdem transformieren wir die seither benutzten technischen Signale einmal selbst in den Bildbereich, um wenigstens ein einziges Mal ein „Gefühl" für das Umgehen mit der Laplace-Transformation zu bekommen.

---

[1] Es dürfen auch keine Dirac-Funktionen in der Fourier-Transformierten vorkommen.

2.2.3.1 Laplace-Transformierte wichtiger Signale

Abschließend bestimmen wir die Bildfunktionen einiger seither verwendeter Signale, um dem Leser primär zu demonstrieren, wie einfach Laplace-Transformierte zu berechnen sind. Ihm wird die Bestimmung weiterer Laplace-Integrale erspart, denn durch Tabelle 2.2-5 liegt ein Auszug von Bildfunktionen wichtiger Signale vor.

Signal	Berechnung
Nadelsignal: $\delta(t)$ [1]	$\Delta(s)=\mathcal{L}\{\delta(t)\}=\int_{0-}^{\infty}\delta(t)\cdot e^{-s\cdot t}\,dt=\int_{-\infty}^{\infty}\delta(t)\cdot e^{-s\cdot t}\,dt\overset{(A-4)}{=}\int_{-\infty}^{\infty}\delta(t)\cdot e^{-s\cdot 0}\,dt$ $=\int_{-\infty}^{\infty}\delta(t)\,dt\overset{(A-5)}{=}1$
Sprungsignal: $\varepsilon(t)$	$E(s)=\mathcal{L}\{\varepsilon(t)\}=\int_{0}^{\infty}\varepsilon(t)\cdot e^{-s\cdot t}\,dt=\int_{0}^{\infty}e^{-s\cdot t}\,dt=-\frac{1}{s}e^{-s\cdot t}\Big\|_{0}^{\infty}$ $=\frac{1}{s}$
Rampensignal: $\rho(t)$	$P(s)=\mathcal{L}\{\rho(t)\}=\int_{0}^{\infty}t\cdot e^{-s\cdot t}\,dt=-\frac{1}{s^2}e^{-s\cdot t}\cdot(s\cdot t+1)\Big\|_{0}^{\infty}$ $=\frac{1}{s^2}$
Anstiegs- bzw. Abklingsignal: $\varepsilon(t)\cdot e^{\alpha\cdot t}$	$\mathcal{L}\{\varepsilon(t)\cdot e^{\alpha\cdot t}\}=\int_{0}^{\infty}e^{\alpha\cdot t}e^{-s\cdot t}\,dt=\int_{0}^{\infty}e^{-(s-\alpha)\cdot t}\,dt=-\frac{1}{s-\alpha}e^{-(s-\alpha)\cdot t}\Big\|_{0}^{\infty}$ $=\frac{1}{s-\alpha}$
Geschalteter Cosinus: $\varepsilon(t)\cdot\cos(\omega_0 t)$	$\mathcal{L}\{\varepsilon(t)\cdot\cos(\omega_0 t)\}=\int_{0}^{\infty}\varepsilon(t)\cdot\cos(\omega_0 t)\cdot e^{-s\cdot t}\,dt$ $=\int_{0}^{\infty}\tfrac{1}{2}\left(e^{j\omega_0\cdot t}+e^{-j\omega_0\cdot t}\right)\cdot e^{-s\cdot t}\,dt$ $=\int_{0}^{\infty}\tfrac{1}{2}\left(e^{-(s-j\omega_0)\cdot t}+e^{-(s+j\omega_0)\cdot t}\right)dt$ $=\tfrac{1}{2}\frac{1}{-(s-j\omega_0)}e^{-(s-j\omega_0)\cdot t}\Big\|_{0}^{\infty}+\tfrac{1}{2}\frac{1}{-(s+j\omega_0)}e^{-(s+j\omega_0)\cdot t}\Big\|_{0}^{\infty}$ $=\tfrac{1}{2}\frac{1}{s-j\omega_0}+\tfrac{1}{2}\frac{1}{s+j\omega_0}=\frac{s}{s^2+\omega_0^2}$

[1] Die mathematischen Eigenschaften der Dirac-Funktion finden sich in Anhang A. Auf sie wird durch Angabe der Nummern über den Gleichheitszeichen verwiesen.

Signal	Berechnung
Aufschaukelnde bzw. abklingende Schwingung: $\varepsilon(t)\cdot\cos(\omega_0 t)\cdot e^{\alpha\cdot t}$	$\mathcal{L}\{\varepsilon(t)\cdot\cos(\omega_0 t)\cdot e^{\alpha t}\} = \int_0^\infty \varepsilon(t)\cdot\cos(\omega_0 t)\cdot e^{\alpha t}\cdot e^{-s\cdot t}\,dt$ $= \int_0^\infty \tfrac{1}{2}\left(e^{j\omega_0\cdot t}+e^{-j\omega_0\cdot t}\right)\cdot e^{-(s-\alpha)\cdot t}\,dt$ $= \int_0^\infty \tfrac{1}{2}\left(e^{-(s-\alpha-j\omega_0)\cdot t}+e^{-(s-\alpha+j\omega_0)\cdot t}\right)dt$ $= \tfrac{1}{2}\frac{-1}{s-\alpha-j\omega_0}e^{-(s-\alpha-j\omega_0)\cdot t}\Big\|_0^\infty + \tfrac{1}{2}\frac{-1}{s-\alpha+j\omega_0}e^{-(s-\alpha+j\omega_0)\cdot t}\Big\|_0^\infty$ $= \tfrac{1}{2}\frac{1}{s-\alpha-j\omega_0}+\tfrac{1}{2}\frac{1}{s-\alpha+j\omega_0}$ $= \frac{s-\alpha}{(s-\alpha)^2+\omega_0^2}$

Die Laplace-Transformierten der angegebenen Signale sind rationale Funktionen der Variablen s. Sie schreiben sich in allgemeiner Form:

$$X(s) = \left(\sum_{i=0}^{n} a_i\cdot s^i\right)\Big/\left(\sum_{i=0}^{m} b_i\cdot s^i\right) \qquad (2.2\text{-}35)$$

Die Zähler- und Nennerpolynome besitzen entsprechend ihrer Ordnung n bzw. m Lösungen. Sie legen die Pol- bzw. die Nullstellen der Signale für das PN-Schema fest.

Die Pol- und Nullstellen der auf- bzw. abklingenden Schwingung berechnen sich mit obiger Bildfunktion zu:

Nullstellen: $s-\alpha=0 \quad\Rightarrow\quad s_{\text{Nullstelle}}=\alpha$,

Polstellen: $(s-\alpha)^2+\omega_0^2=0 \quad\Rightarrow\quad s_{\text{Polstelle 1, 2}}=\alpha\pm j\cdot\omega_0$.

Für eine gedämpfte Schwingung mit $\alpha=-|\alpha|$, liegen zwei Polstellen im negativ reellen Bildbereich vor, so wie es auch in Tabelle 2.2-4 zum Ausdruck kommt. Die Nullstelle befindet sich auf der negativ reellen Achse. Alle Singularitäten befinden sich im negativ reellen Bildbereich, was mit dem sich beruhigenden (stabilisierenden) Signalverlauf einer gedämpften Schwingung in Einklang steht.

Weitere Korrespondenzen zwischen den Signalen des Zeit- und Bildbereichs sind in nachfolgender Tabelle 2.2-5 aufgeführt. Die Tabelle kann jederzeit zur Bestimmung der korrespondierenden Signalfunktion herangezogen werden, was einem einfachen Verfahren zur Berechnung der Integrale für die Laplace-Transformation gleichkommt.

Tabelle 2.2-5: Korrespondenzen von Laplace-Transformierten[1]

Nr.	Zeitfunktion x(t) (Originalfunktion)	Laplace-Transformierte X(s) (Bildfunktion)
1	Nadel-Impuls: $\delta(t)$	1
2	Verschobener Nadelimpuls: $\delta(t-T)$	$e^{-T\cdot s}$
3	Sprungsignal: $\varepsilon(t)$	$\frac{1}{s}$
4	Rampensignal: $\rho(t)=\varepsilon(t)\cdot t$	$\frac{1}{s^2}$
5	$\varepsilon(t)\cdot\frac{t^n}{n!}\quad n=0,1,2,\ldots$	$\frac{1}{s^{n+1}}$
6	Rechteckimpuls: $\varepsilon(t)-\varepsilon(t-T)$	$\frac{1-e^{-T\cdot s}}{s}$
7	$\varepsilon(t)\cdot e^{-\alpha\cdot t}$	$\frac{1}{s+\alpha}$
8	$\varepsilon(t)\cdot\frac{t^n}{n!}\cdot e^{-\alpha\cdot t}\quad n=0,1,2,\ldots$	$\frac{1}{(s+\alpha)^{n+1}}$
9	$\varepsilon(t)\cdot\left(1-e^{-\alpha\cdot t}\right)$	$\frac{\alpha}{s(s+\alpha)}$
10	$\varepsilon(t)\cdot\sin(\omega_0 t)$	$\frac{\omega_0}{s^2+\omega_0^2}$
11	$\varepsilon(t)\cdot\cos(\omega_0 t)$	$\frac{s}{s^2+\omega_0^2}$
12	$\varepsilon(t)\cdot\left(1-(1+\alpha\cdot t)e^{-\alpha\cdot t}\right)$	$\frac{\alpha^2}{s(s+\alpha)^2}$
13	$\varepsilon(t)\cdot\left(1+\frac{\beta\cdot e^{-\alpha\cdot t}-\alpha\cdot e^{-\beta\cdot t}}{\alpha-\beta}\right)$	$\frac{\alpha\cdot\beta}{s(s+\alpha)(s+\beta)}$
14	$\varepsilon(t)\cdot\left(e^{-\alpha\cdot t}\sin(\omega_0 t)\right)$	$\frac{\omega_0}{(s+\alpha)^2+\omega_0^2}$
15	$\varepsilon(t)\cdot\left(e^{-\alpha\cdot t}\cos(\omega_0 t)\right)$	$\frac{s+\alpha}{(s+\alpha)^2+\omega_0^2}$
16	$\varepsilon(t)\cdot t\cdot\sin(\omega_0 t)$	$\frac{2s\cdot\omega_0}{\left(s^2+\omega_0^2\right)^2}$
17	$\varepsilon(t)\cdot t\cdot\cos(\omega_0 t)$	$\frac{s^2-\omega_0^2}{\left(s^2+\omega_0^2\right)^2}$

[1] Weitere Korrespondenzen befinden sich in allen mathematischen Nachschlagewerken. Speziell wird auf das *Taschenbuch der Regelungstechnik, L. Wendt, Verlag Harri Deutsch* verwiesen.

Bearbeitung der Lernaufgabe

Das Straßenprofil zeigt ein über die Wegstrecke periodisches Verhalten. Das korrespondierende Zeitsignal besitzt deshalb ein diskretes Spektrum. Die Umwandlung der Profilkurve h(s) in eine Zeitfunktion h(t) wird mit dem bekannten Geschwindigkeitsgesetz $s = v \cdot t$ vorgenommen. Die Wellenlänge λ geht in die Periodendauer T_0 über.

Aus der Wellenlänge der Wegunebenheit $\lambda = 2\pi \cdot s_0$ berechnet sich die Periodendauer zu: $T_0 = 2\pi \frac{s_0}{v}$. Je schneller das Fahrzeug fährt, desto kleiner wird die Periodendauer.

Die Grundfrequenz berechnet sich somit zu: $\omega_0 = \frac{2\pi}{T_0} = \frac{v}{s_0}$ bzw. $f_0 = \frac{\omega_0}{2\pi} = \frac{v}{2\pi \cdot s_0}$.

Das Wegprofil innerhalb der Wellenlänge beschreibt die sog. Dreieckfunktion:

$$h(s) = \begin{cases} \tfrac{1}{2} s & \text{für: } 0 \le s \le \pi \cdot s_0 \\ -\tfrac{1}{2} s & \text{für: } -\pi \cdot s_0 \le s < 0. \end{cases}$$

Mit $s = v \cdot t$ bestimmt sich das Erregersignal innerhalb der Periodendauer zu:

$$h(t) = \begin{cases} \tfrac{1}{2} \cdot v \cdot t & \text{für: } 0 \le t \le \dfrac{\pi \cdot s_0}{v} \\ -\tfrac{1}{2} \cdot v \cdot t & \text{für: } -\dfrac{\pi \cdot s_0}{v} \le t < 0. \end{cases}$$

Das Spektrum eines periodischen Signals berechnet sich mittels der Fourier-Koeffizienten der Fourier-Reihe. Sie bestimmen die im Erregersignal vorhandenen Frequenzen. Bei der Berechnung benutzt man die Eigenschaften bestimmter Integrale. Es wird auch an die Euler-Identität erinnert, mit der die harmonischen Funktionen *Sinus* und *Cosinus* dargestellt werden. Ohne alle Einzelschritte im Folgenden darzustellen, erhält man für die komplexen Fourier-Koeffizienten:

$$C_n = \int_{-\frac{T_0}{2}}^{\frac{T_0}{2}} h(t) \cdot e^{-j\omega_0 \cdot t}\, dt = \int_{-\frac{T_0}{2}}^{0} h(t) \cdot e^{-j\omega_0 \cdot t}\, dt + \int_{0}^{\frac{T_0}{2}} h(t) \cdot e^{-j\omega_0 \cdot t}\, dt$$

$$= -\tfrac{1}{2} v \int_{-\frac{\pi \cdot s_0}{v}}^{0} t \cdot e^{-j\omega_0 \cdot t}\, dt + \tfrac{1}{2} v \int_{0}^{\frac{\pi \cdot s_0}{v}} t \cdot e^{-j\omega_0 \cdot t}\, dt$$

$$C_n = -\tfrac{1}{2}v\cdot\left[\frac{1}{n^2\cdot\omega_0^2}\left(j\cdot n\cdot\omega_0\cdot t-1\right)e^{-j\cdot n\cdot\omega_0\cdot t}\right]_{-\frac{\pi\cdot s_0}{v}}^{0} + \tfrac{\pi}{2}v\cdot\left[\frac{1}{n^2\cdot\omega_0^2}\left(j\cdot n\cdot\omega_0\cdot t-1\right)e^{-j\cdot n\cdot\omega_0\cdot t}\right]_{0}^{\frac{\pi\cdot s_0}{v}}$$

$$= \frac{v}{n^2\cdot\omega_0^2}\left(1-j^2\cdot n\cdot\omega\cdot\frac{\pi\cdot s_0}{v}\left(\frac{e^{j\cdot n\cdot\omega_0\frac{\pi\cdot s_0}{v}}-e^{-j\cdot n\cdot\omega_0\frac{\pi\cdot s_0}{v}}}{2j}\right)-\left(\frac{e^{j\cdot n\cdot\omega_0\frac{\pi\cdot s_0}{v}}+e^{-j\cdot n\cdot\omega_0\frac{\pi\cdot s_0}{v}}}{2}\right)\right)$$

$$C_n = \frac{v}{n^2\cdot\omega_0^2}\left(1+n\cdot\omega_0\cdot\frac{\pi\cdot s_0}{v}\left(\sin(n\cdot\omega_0\frac{\pi\cdot s_0}{v})\right)-\cos(n\cdot\omega_0\frac{\pi\cdot s_0}{v})\right).$$

Die Argumente der harmonischen Funktionen nehmen nach dem Einsetzen der Kreisfrequenz ω_0 den Wert $n\cdot\frac{v}{s_0}\frac{\pi\cdot s_0}{v}=n\cdot\pi$ an. Sie zeigen sich von der Fahrgeschwindigkeit unabhängig. Damit reduzieren sich die Koeffizienten C_n auf:

$$C_n = \frac{v}{n^2\cdot\omega_0^2}\left(1+\pi\cdot n\cdot\underbrace{\sin(\pi\cdot n)}_{=0}-\underbrace{\cos(\pi\cdot n)}_{=(-1)^n}\right).$$

Die Periodizität der harmonischen Funktionen an den übrig bleibenden Argumentwerten legen die Fourier-Koeffizienten endgültig fest:

$$C_n = \frac{s_0^2}{n^2\cdot v}\left(1-(-1)^n\right).$$

n	**Fourier-Koeffizienten**
0	$C_0 = 0$
1	$C_1 = \frac{2\cdot s_0^2}{v}$
2	$C_2 = 0$
3	$C_3 = \frac{1}{3^2}\frac{2\cdot s_0^2}{v} = \frac{1}{9}C_1$
4	$C_4 = 0$
5	$C_5 = \frac{1}{5^2}\frac{2\cdot s_0^2}{v} = \frac{1}{25}C_1$
6	$C_6 = 0$

Die Spektrallinien besitzen die in nebenstehender Tabelle angegebenen Werte.

Die Spektrallinie bei $\omega = 0\cdot\omega_0 = 0$ gibt den Gleichanteil des Signals wieder. Er ist für unsere Betrachtungen unerheblich. Im Weiteren erkennt man, dass bei der Frequenz $\omega = 1\cdot\omega_0 = \omega_0$ die maximale Amplitude auftritt. Alle weiteren sind um Größenordnungen kleiner, so dass sie zur Erregung des Fahrzeugs weniger beitragen. Auch tritt die nächste Spektrallinie erst bei der 3-fachen Grundfrequenz auf.

Die Frequenzverhältnisse des Fahrzeug-Fahrweg-Systems lassen sich sehr anschaulich in einem Wasserfalldiagramm veranschaulichen. Das Amplitudenspektrum wird zu einem 3-dimensionalen Diagramm, wobei als neue Dimension die Fahrgeschwindigkeit ausgewiesen wird. Die Spektrallinien $|C_n|$ steigen mit größer werdender Fahrgeschwindigkeit zu höheren Frequenzen hin an, was sich als „wanderndes" Spektrum bemerkbar macht. In der Abbildung 2.2-23 sind die Spektrallinien 1. und 3. Ordnung eingetragen; die geraden Ordnungen verschwinden von sich aus.

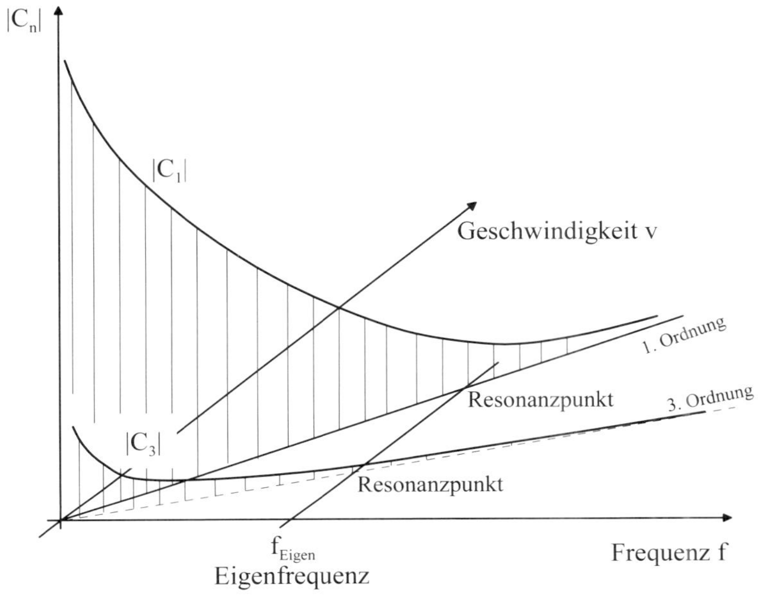

Abbildung 2.2-23: Frequenzspektrum als Wasserfalldiagramm

Die Eigenfrequenz f_{Eigen} des Federbein-Fahrzeugsystems besitzt einen konstanten Wert. Die mit der Geschwindigkeit „wandernden" Linien schneiden diese Eigenfrequenz in den Resonanzpunkten. Wie aus dem obigen Diagramm zu entnehmen ist, tritt bei der Spektrallinie 3. Ordnung dieser Fall zuerst ein. Wegen der kleinen Amplitude vernachlässigen wir diesen Resonanzfall. Das Fahrzeug wird mit einem leichten Schütteln reagieren.

Bei höherer Geschwindigkeit liegt eine weitere Resonanzbedingung mit der gewichtigeren Spektrallinie 1. Ordnung vor. Sie wird bestimmt durch:

$$f_{Eigen} \overset{\text{Resonanz}}{=} f_0 = \frac{v_{Kritisch}}{2\pi \cdot s_0} .$$

Die kritische Geschwindigkeit bestimmt sich daraus zu:

$$v_{Kritisch} = 2\pi \cdot s_0 \cdot f_{Eigen} = 62{,}8 \tfrac{m}{s} = 226{,}2 \tfrac{km}{h} .$$

Dem Autor ist bewusst, dass die angenommenen Verhältnisse nicht der Realität entsprechen. Mit dieser Aufgabenstellung sollte nur die Nützlichkeit der Frequenzebene zur Beurteilung von Signalen demonstriert werden.

Fragen zur Selbstkontrolle

Frage 2.2-1: Was ist ein amplitudenproportionales Signal? Gibt es weitere Signalkodierungen?

Frage 2.2-2: Können Sie technische Anlagen nennen, bei denen diskontinuierlich digitale Signale auftreten?

Frage 2.2-3: Welche Art von Signal generiert ein Thermoelement zur Messung der Temperatur an seinem Signalausgang?

Frage 2.2-4: Welcher Unterschied besteht zwischen periodischen und aperiodischen Signalen?

Frage 2.2-5: Welche Signalart stellt eine Transiente dar?

Frage 2.2-6: Welche Eigenschaften besitzt ein technisches Signal?

Frage 2.2-7: Wozu dienen Elementarsignale?

Frage 2.2-8: Können mit Hilfe von Elementarsignalen alle real vorkommenden Signale zusammengesetzt werden?

Frage 2.2-9: Gibt es mathematische Zusammenhänge zwischen dem idealen Impulssignal, dem Sprungsignal und dem Rampensignal?

Frage 2.2-10: Wie lässt sich mathematisch ein Signal auf der Zeitachse verschieben?

Frage 2.2-11: Stellen die Ordinaten bei Amplitudenspektren der komplexen Fourier-Koeffizienten (periodische Signale) und der Fourier-Transformierten (aperiodische Signale) dieselbe physikalische Information dar?

Frage 2.2-12: Was ist ein Spektrum?

Frage 2.2-13: Wie stellt man die Korrespondenz zwischen dem Zeitbereich und dem Frequenz- bzw. dem Bildbereich symbolisch dar?

Frage 2.2-14: Welche Art von Spektren besitzen periodische bzw. aperiodische Signale?

Frage 2.2-15: Was ist ein Dezibel?

Frage 2.2-16: Welche Eigenschaften besitzen Spektren gedämpfter Signale gegenüber Signalen mit konstanter Amplitude?

Frage 2.2-17: Welche Gründe gibt es, neben dem Frequenzbereich noch zusätzlich den Bildbereich zur Beschreibung von Signalen einzurichten?

Frage 2.2-18: Welche Informationen kann man aus einem PN-Schema eines Signals entnehmen?

Frage 2.2-19: Welche Bedingung muss ein Signal erfüllen, damit seine Bildfunktion existiert?

Frage 2.2-20: Wie berechnet man am einfachsten die Fourier-Transformierte eines Signals?

Frage 2.2-21: Wozu dient die Korrespondenz-Tabelle von Laplace-Transformierten?

2.3 Beschreibungsmethoden für Systeme

Lernziele

Bei der Entwicklung von Automatisierungssystemen müssen die Ingenieure in der Lage sein, die Dynamik von Systemen zu modellieren und ihr zeitliches Verhalten zu analysieren. Die Systemdynamik wird vorwiegend durch mathematische Modelle beschrieben, wozu Differentialgleichungen notwendig sind. Die Schwierigkeit des Umgangs mit Differentialgleichungen hat dazu geführt, andere Werkzeuge zur Beschreibung von Systemen einzuführen.

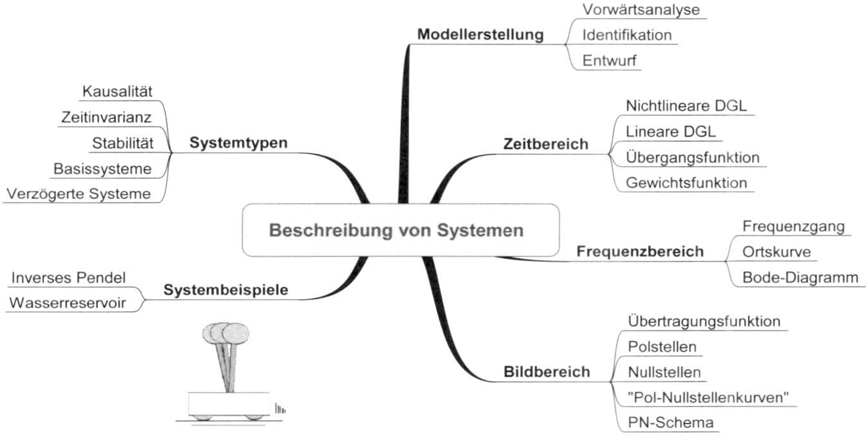

Lernaufgabe

Ein Pendel ist für viele Kinder ein beliebtes Spielzeug. Handelt es sich um ein umgedrehtes Pendel, erinnert sich sicher jedermann daran, wie er in seiner Kindheit versuchte, einen Stab auf dem Finger zu balancieren. In der Mechanik bezeichnet man diesen Vorgang als Inverses Pendel. Die nebenstehende Abbildung zeigt ein solches Pendelsystem.

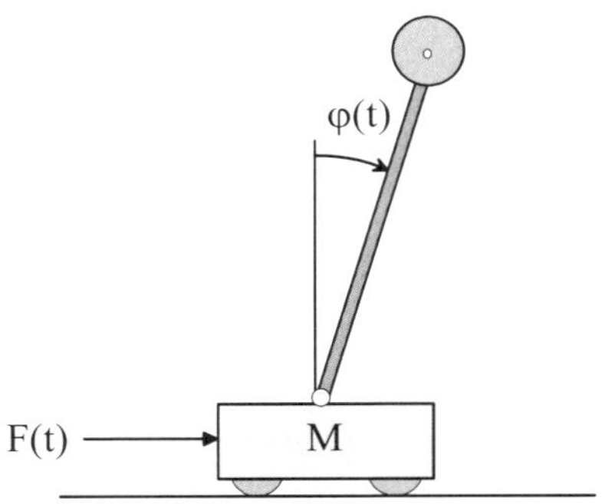

Abbildung 2.3-1: Inverses Pendel

Auf einer horizontalen Ebene bewegt sich reibungsfrei ein durch eine äußere Kraft angetriebener Wagen der Masse M. Auf dem Wagen soll ein mathematisches Pendel der Länge L und der Masse m so balanciert werden, dass es in der oberen labilen Gleichgewichtslage verharrt. Das Drehgelenk ist weitgehend reibungsfrei und lässt nur eine Pendelrichtung zu.

Es scheint, dass diese Aufgabe eine rein akademische Problemstellung beschreibt. Dem kann entgegnet werden, dass die Stabilisierung einer Rakete beim Startvorgang in senkrechter Richtung genau dieser Aufgabenstellung entspricht.

Nach den bisherigen Erörterungen stellt das Inverse Pendel ein System mit einer Eingangsgröße (Antriebskraft F(t)) und einer Ausgangsgröße (Pendelwinkel φ(t)) dar. Aus der Mechanik sind seine Gesetzmäßigkeiten bekannt, mit denen sich seine Bewegungsgleichung bestimmen lässt. Auch weiß man, dass das Pendelsystem strukturbedingt instabil ist; es kann sich nicht alleine in der Gleichgewichtslage halten. Die Werkzeuge zur Beschreibung von Systemen müssen sein instabiles dynamisches Verhalten richtig wiedergeben, um daraus die richtigen Schlüsse für dessen Stabilisierung ziehen zu können.

Das Systemmodell enthält in komprimierter Form Informationen über technische Prozesse. Es wird in der Automatisierungstechnik zur Entwicklung der richtigen Automatisierungsstrategie benötigt. Systeme können auf unterschiedliche Arten modelliert werden. Die Systemtheorie fragt bei Systemen vornehmlich nach dem zeitlichen Verhalten der Ausgangsgrößen bei vorgegebenen Wirkungen ihrer Eingangsgrößen. Sie muss mit einfachen Mitteln die Übertragungswirkung der Systeme beschreiben. So wie es bei Signalen unterschiedliche Typen gibt, lässt sich auch bei Systemen eine gewisse Vielfalt ausmachen. Ein Hauptunterschied besteht in der Klassifizierung als deterministische bzw. stochastische Systeme:

Deterministische Systeme	Stochastische Systeme
Ein **deterministisches System** erlaubt eine exakte Beschreibung der Ausgangsgrößen in Abhängigkeit seiner Eingangsgrößen.	**Stochastische Systeme** besitzen statistische Eigenschaften, so dass deren Ausgangsgrößen nur mit einer bestimmten Wahrscheinlichkeit berechenbar sind.

Eine weitere Unterscheidung spiegelt sich durch die Veränderungsmöglichkeit der Systemgrößen wider:

Analoge Systeme	Digitale Systeme
Die Größen **analoger Systeme** können innerhalb gewisser Grenzen jeden beliebigen Wert annehmen. Man bezeichnet sie auch als **kontinuierliche Systeme**.	**Digitale Systeme** besitzen quantisierte Systemgrößen. Können Systemgrößen nur zwei Werte annehmen, spricht man von einem **Binärsystem**.

Die Automatisierung digitaler Systeme ist vornehmlich eine Aufgabe der Steuerungstechnik, während Analogsysteme Untersuchungsgegenstand der Regelungstechnik sind.

Die Zeitdiskretisierung bei der Verarbeitung von Systemgrößen gibt Anlass zu der weiteren Unterscheidung zwischen kontinuierlichen bzw. diskontinuierlichen Systemen. Die Abtastung von Prozessgrößen mit Rechnerhardware zur Verarbeitung mit Steuerungs- bzw. Regelungsalgorithmen führt auf diskontinuierliche Systemeigenschaften. Die Regelungstechnik muss diesem Umstand besonderes Augenmerk schenken, da durch den zwangsläufig auftretenden Informationsverlust die Regelstrategie geändert werden muss. Als weniger gravierend stellt sich die Zeitdiskretisierung für Steuerungssysteme heraus.

Im Rahmen dieser Einführung in die Automatisierungstechnik beschränken wir uns ganz allgemein auf deterministische Systeme. Im Kapitel Regelungstechnik werden vornehmlich kontinuierlich analoge Regelkreis-Systeme behandelt. Die zeitdiskrete Regelungstechnik bleibt außen vor.

Eine der **schwierigsten Aufgaben der Automatisierungstechnik** ist die Aufstellung der Systemmodelle (mathematische Modelle) für technische Systeme. Alle nachfolgenden Schritte zur Festlegung der richtigen Steuerungs- und Regelungsstrategien sind handwerklicher Natur, deren Anwendung schnell und leicht erlernbar ist. Für die Systemanalyse bedarf es viel Erfahrung, um die notwendige Detaillierung der Modelle zur Lösung der Automatisierungsaufgaben zu erreichen. Dabei sollte man sich von dem wichtigen Grundsatz leiten lassen:

So einfach wie möglich, so detailgetreu wie erforderlich!

Systemanalyse

In der Praxis stellt die Systemanalyse die dominante Aufgabe in der Regelungs- und Steuerungstechnik dar. Der zu automatisierende Prozess ist vorgegeben. Durch theoretische und/oder experimentelle Untersuchungen muss ein Modell erarbeitet werden.

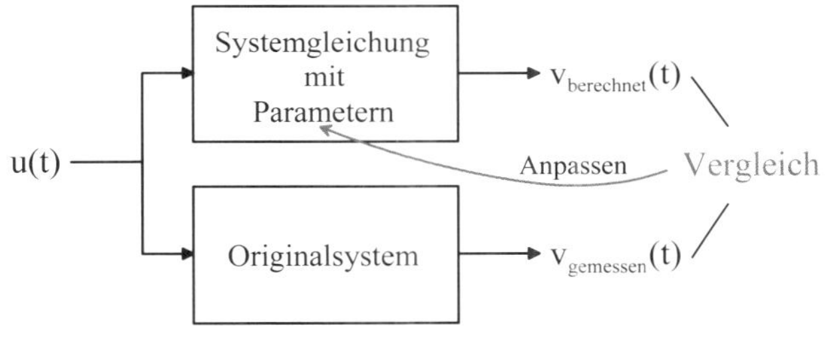

Abbildung 2.3-2: Vorwärtsanalyse

Die theoretische Systemanalyse setzt die Kenntnis der naturwissenschaftlichen und technischen Gesetzmäßigkeiten voraus. Aus diesen wird die Systemgleichung (Bewegungsgleichung) aufgestellt, welche die strukturelle Systemdynamik bestimmt. Die Festlegung der Systemparameter kann aus Tabellenwerken oder auch über Messungen erreicht werden. Bei komplexen Systemen, insbesondere bei Systemen mit verteilten Parametern, behilft man sich durch die **Vorwärtsanalyse** am realen System. Wie in der Abbildung 2.3-2 angedeutet, beaufschlagt man das zu analysierende System und das Modellsystem mit einem definierten Eingangssignal (Sprungsignal, Impulssignal, Anstiegssignal oder harmonisches Signal). Die Kennwertermittlung wird durch Vergleich der Ausgangssignale vorgenommen.

Die physikalisch-theoretische Modellbildung dynamischer Systeme beruht auf den Grundprinzipien der Erhaltung von Energie, Masse, Impuls, Kraft und weiteren physikalischen Größen. Die nachfolgende Tabelle stellt die wichtigen Bilanzgleichungen und die konstitutiven Gesetze zusammen, die verschiedene Vorgänge beschreiben:

Tabelle 2.3-1: Physikalische Gesetze für die theoretische Modellbildung (Auswahl)

Mechanik	Erhaltungsgesetze	Energie: $\sum_i E_{i,\,Potentiell} + \sum_i E_{i,\,Translation} + \sum_i E_{i,\,Rotation} = E_0$ Impuls: $\sum_i \vec{P}_i = \sum_i (m_i \cdot \vec{v}_i) = 0$ Kraft: $\sum_i \vec{F}_i = 0$ Drehmoment: $\sum_i \vec{M}_{di} = 0$ Masse: $\frac{d}{dt} M = \sum_i \dot{m}_i = \sum_i Q_i$ u. a.
	Konstitutive Gesetze	Newton-Gesetz: $\vec{F} = m \cdot \vec{a} = m \cdot \frac{d}{dt} \vec{v} = m \cdot \frac{d^2}{dt^2} \vec{x}$ Drehmoment: $\vec{M}_d = J \cdot \vec{\alpha} = J \cdot \frac{d}{dt} \vec{\omega} = J \cdot \frac{d^2}{dt^2} \vec{\varphi}$ Dämpfungsgesetz: $\vec{F} = d \cdot \vec{v} = d_V \cdot \frac{d}{dt} \vec{x}$ Federgesetz: $\vec{F} = k \cdot \vec{x}$ Reibungsgesetz: $\|\vec{F}\| = \mu \cdot \|\vec{F}_N\|$ Zentrifugalkraft: $\vec{F} = m \cdot \omega^2 \cdot \vec{r}$ u. a.
Elektrotechnik	Bilanzgesetze	1. Kirchhoffsche Regel: $\sum_i I_i = 0$ im Knoten 2. Kirchhoffsche Regel: $\sum_i U_i = 0$ in der Masche
	Konstitutive Gesetze	Widerstand: $U = R \cdot I$ Kondensator: $Q = \int I\, dt = C \cdot U$ oder $I = C \cdot \frac{d}{dt} U$ Spule: $U = -L \cdot \frac{d}{dt} I$ Induktion: $U = -\frac{d}{dt} \Phi$ u. a.
Thermodynamik	Bilanzgesetz	Energie: $\Delta E_W = \Delta U - \Delta W$
	Konstitutive Gesetze	Wärmeleitfähigkeit: $Q = k \cdot A \cdot (T_1 - T_2)$ Wärmeinhalt: $E_W = \int Q \cdot dt = C \cdot T = m \cdot c \cdot T$ Arbeit: $\Delta W = p \cdot \Delta V$ u. a.

Die theoretische Systemanalyse wird in der Planungs- und Entwicklungsphase von Maschinen und Anlagen durchgeführt. An den Modellen können dann reale Prozessgrößen simuliert und untersucht werden. Auch dem Entwurf der Automatisierungskomponenten steht dann nichts mehr im Weg. Sie können an den Modellen ausprobiert werden.

Andererseits stellt sich das mathematische Modell für viele Anlagen als sehr komplex und undurchsichtig heraus. Deshalb zieht man sich bei zu vielen offenen Fragen auf die experimentelle Analyse zurück.

Dabei werden die Eingangs- und Ausgangsgrößen des Systems messtechnisch festgehalten. Aus deren zeitlichem Signalverlauf versucht man, seine Struktur und Kennwerte durch die Aufstellung von Modellgleichungen mit offenen Parametern zu beschreiben. Das Übertragungsverhalten wird **identifiziert**. Die Verifizierung der aufgestellten Modellgleichungen geschieht durch Vergleich der gemessenen und berechneten Ausgangsgrößen. Man benutzt dabei einfache mathematische Gleichungen, welche den physikalischen Prozess nur phänomenologisch beschreiben. Die Notwendigkeit der exakten Kenntnis der physikalisch-technischen Zusammenhänge entfällt.

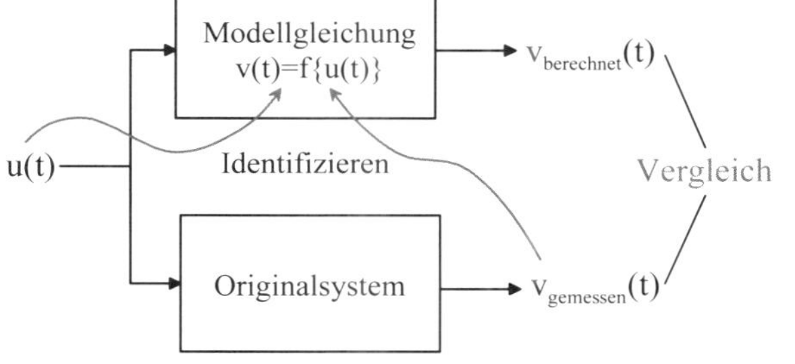

Abbildung 2.3-3: System-Identifikation

Dazu muss aber das System technisch realisiert sein.

Im nachfolgenden werden die Grundlagen für die Systemidentifikation anhand von Testsignalen noch genauer erläutert. Trotzdem gilt zu erwähnen, dass sich üblicherweise beide Verfahren ergänzen und gleichzeitig Anwendung finden. Die Erkenntnisse der Systemanalyse lassen sich für den Entwurf neuer Systeme nutzen.

Systementwurf

Die Aufgabe des Systementwurfs basiert auf der Systemanalyse und dient zur Auswahl und Anordnung von Systemkomponenten, damit ein gewünschtes Systemverhalten erzielt wird. Man unterscheidet dabei zwischen der Optimierung von Übertragungsverhalten und der Synthese neuer Zeitverhalten. Für den Automatisierungsingenieur ist der Entwurf die handwerkliche Herausforderung bei der Entwicklung von Regelungen und Steuerungen.

Hier interessieren wir uns für die Aufstellung mathematischer Modelle von Systemen, deren Eigenschaften und Anforderungen im Folgenden dargestellt werden.

2.3.1 Systemeigenschaften und Modellanforderungen

Das Zeitverhalten von Prozessen ist durch Modelle zu beschreiben. Dazu unterscheidet man zwischen dem **statischen** und dem **dynamischen** Verhalten:

Definition: Statisches Verhalten

Das **statische Verhalten** eines Systems beschreibt den zeitunabhängigen Zusammenhang zwischen seinen Ein- und Ausgangsgrößen. Es wird graphisch als Kennlinie dargestellt.

In der Regelungstechnik interessiert uns besonders die Reaktion eines Systems während der Veränderung der Eingangsgrößen:

Definition: Dynamisches Verhalten

Das **dynamische Verhalten** eines Systems gibt den zeitlichen Verlauf der Ausgangsgrößen als Reaktion auf Veränderungen der Eingangsgrößen an. Es dauert so lange, bis die Ausgangsgrößen einen neuen stationären Zustand einnehmen (keine zeitliche Änderung der Signalkennwerte mehr auftritt), vorausgesetzt, die Eingangsgrößen ändern sich nicht mehr.

Die Systemreaktion auf eine Eingangswirkung kann deshalb in zwei Zeitbereiche unterteilt werden. Der erste gibt die kurzfristige Systemreaktion wieder, in welchem das Übergangsverhalten des Systems zum Ausdruck kommt:

Definition: Ausgleichs- bzw. Einschwingverhalten

Das dynamische Übergangsverhalten eines Systems wird auch als **Ausgleichsverhalten** bzw. **Einschwingverhalten** bezeichnet.

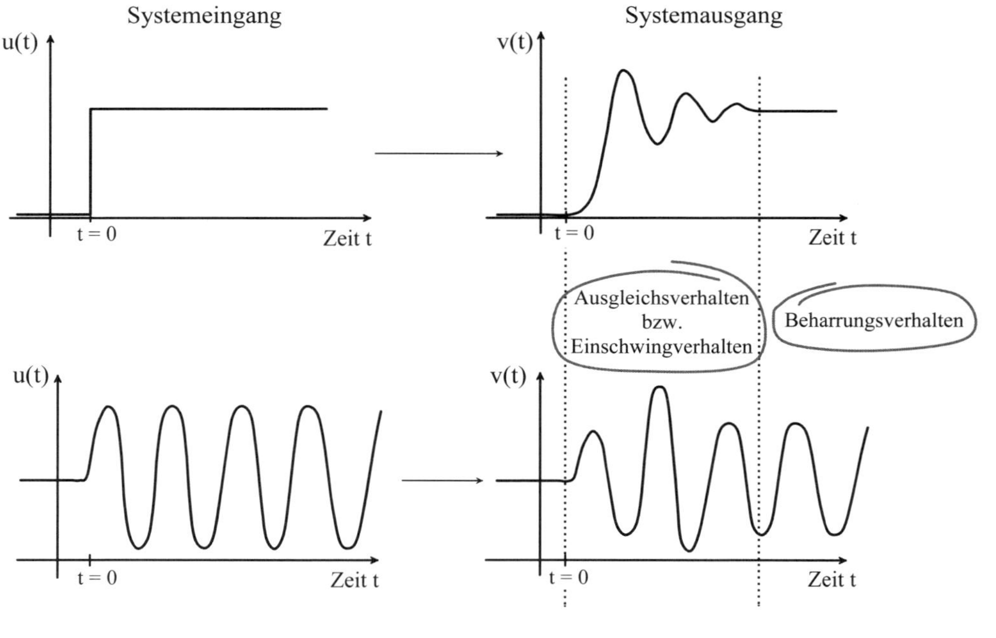

Abbildung 2.3-4: Zeitverhalten

Darauf folgt der Zeitabschnitt mit in gleichem Zustand beharrenden Prozessgrößen:

Definition: Beharrungsverhalten

Das statische Verhalten tritt nach dem Ausgleichsverhalten (für $t \to \infty$) ein und wird auch **Beharrungsverhalten** genannt.

Zur Untersuchung von Systemen, insbesondere von Regelungssystemen, nutzen wir diese Einteilung aus. Es lassen sich für beide Verhaltensweisen entsprechende Kennwerte bzw. Systemgüten definieren. Die Kenngrößen von Systemen im Beharrungsverhalten spiegeln im Wesentlichen deren Genauigkeit wider, während das Ausgleichsverhalten die Systemschnelligkeit dokumentiert.

Die Systemtheorie interessiert sich für den mathematischen Zusammenhang zwischen Ein- und Ausgangssignalen. Für die Beschreibung wichtiger Systemeigenschaften beschränken wir uns ohne Einschränkung bzgl. allgemeinerer Systemtypen auf SISO-Systeme:

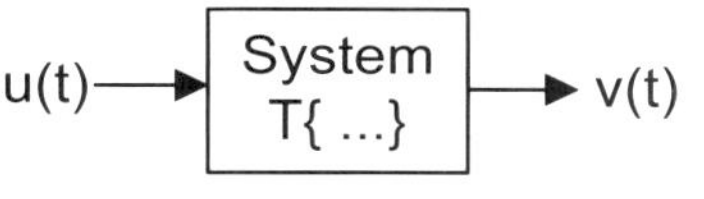

Der Zusammenhang zwischen der Ein- und Ausgangsgröße wird zur Beschreibung von Systemeigenschaften durch die *allgemeine Übertragungsoperation*

$$v(t) = T\{u(t)\} \tag{2.3-1}$$

dargestellt. Mit ihr wird zum Ausdruck gebracht, dass das Eingangssignal u(t) durch die Systemtransformation T in das Ausgangssignal v(t) übergeht.

2.3.1.1 Linearität

Gilt für die Ein- und Ausgangssignale eines Systems das Superpositionsprinzip, liegt ein lineares Systemverhalten vor. Diese Eigenschaft kann in folgender Definition mathematisch erfasst werden.

Definition: Lineares System

Ein System besitzt ein **lineares Übertragungsverhalten**, wenn es additiv und homogen auf Eingangssignale reagiert. Mathematisch kommen beide Eigenschaften durch die Beziehung

$$T\left\{\sum_{i=1}^{n} k_i \cdot u_i(t)\right\} = \sum_{i=1}^{n} k_i \cdot T\{u_i(t)\} = \sum_{i=1}^{n} k_i \cdot v_i(t) \tag{2.3-2}$$

zum Ausdruck, bei der die Beziehung (2.3-1) zwischen Ein-/Ausgangssignalen verwendet wird.

Bei linearen Systemen werden sozusagen zusammengesetzte Signale einzeln übertragen und anschließend zum Ausgangssignal aufaddiert[1]. Die Erhöhung des Eingangssignals um den Faktor k wirkt sich als Erhöhung des Ausgangssignals um denselben Faktor aus.

Ein lineares System kennzeichnet im Beharrungsverhalten, dass Ausgangsgröße und Eingangsgröße im eingeschwungenen Zustand stets proportional zueinander sind. Es besitzt eine lineare Kennlinie.

Nichtlineare Systeme sind Systeme, bei welchen das Superpositionsprinzip nicht anwendbar ist. Die Kennlinien solcher Systeme sind somit keine Geraden. Die abgebildeten Kennlinien zeigen Beispiele nichtlinearer Systeme.

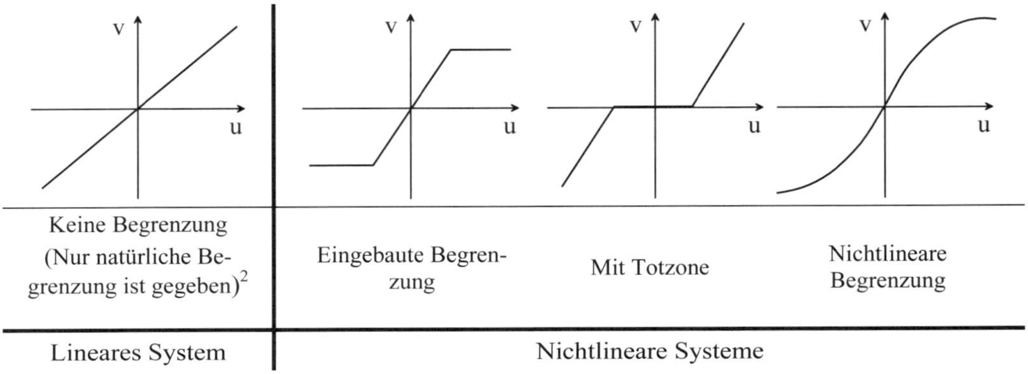

Abbildung 2.3-5: Systemkennlinien

Die Nichtlinearität von Systemen kommt bei mathematischen Modellen durch nichtlineare Operationen zum Ausdruck. Dazu zählen die Multiplikation von Signalen oder die Anwendung nichtlinearer Funktionen auf Signale, wie z. B. die Sinus- bzw. Cosinus-Funktion.

Die Untersuchung nichtlinearer Systeme gestaltet sich mathematisch nicht trivial. Es muss leider festgestellt werden, dass die Mehrzahl technischer Systeme nichtlinear funktioniert. Hier fordern wir deshalb die Linearität als Systemeigenschaft, um den Schwierigkeitsgrad der Untersuchungswerkzeuge für Systeme in Grenzen zu halten.

Um trotzdem (nichtlineare) technische Systeme zu untersuchen, werden wir uns der Technik der Linearisierung in einem Arbeitspunkt bedienen. An geeigneter Stelle wird sie erläutert werden.

Bezüglich der Abfolge zeitlicher Systemreaktionen müssen weitere Systemeigenschaften eingeführt werden.

---

[1] Da nach Kapitel 2.2 „Beschreibung von Signalen" jedes Signal additiv aus Dirac-Impulsen zusammengestellt werden kann, findet die Linearität Anwendung bei der Berechnung von Systemreaktionen.

[2] Der Prozess überschreitet beim Betrieb die natürliche Begrenzung nicht.

2.3.1.2 Kausalität

Alle physikalischen Systeme sind uns als kausale Systeme bekannt. Anders ausgedrückt, unsere Umwelt reagiert in allen Bereichen nach dem Ursache-Wirkungsprinzip: Eine Ursache löst erst eine Wirkung aus; oder umgekehrt, die Wirkung tritt nicht vor ihrer Ursache auf.

Die mathematischen Modelle zur Beschreibung technischer Systeme müssen diese Eigenschaften ebenfalls besitzen, was in der Definition zusammengefasst werden kann:

Definition: Kausales System

Die **Kausalität** eines Systems besagt, dass die Reaktion v(t) des Systems erst eintreffen kann, wenn die Ursache u(t) vorhanden war. Mathematisch bedeutet dies:

$$\text{Aus } u(t) = 0 \text{ für } t < t_0 \text{ folgt: } v(t) = T\{u(t)\} = 0 \text{ für } t < t_0 . \qquad (2.3\text{-}3)$$

Das Ausgangssignal darf vor dem Anliegen eines Eingangssignals keine Reaktion ungleich null zeigen. Graphisch lässt sich die Kausalität bzw. Nichtkausalität in nachfolgender Abbildung zeigen:

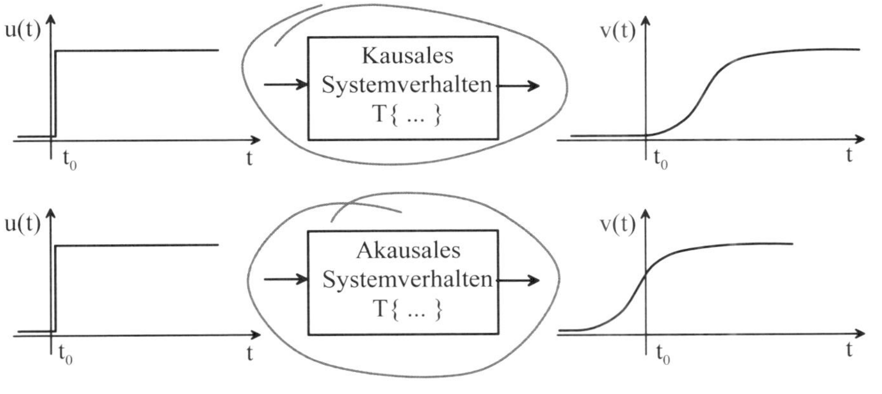

Abbildung 2.3-6: Kausalität

Die Frage ist nun, warum die Kausalität zur Systembeschreibung eingeführt werden muss, obwohl die physikalisch-technischen Systeme die Kausalität à priori beinhalten?

Die Ursache liegt in der mathematischen Modellbildung. Nichtkausale Systeme besitzen oft besonders einfache Gleichungen. Bei Benutzung solcher Modellgleichungen muss man deshalb deren Kausalität im Auge behalten. Der ideale Tiefpass verkörpert ein Beispiel eines nichtkausalen Systems, bei dem unterhalb der Grenzfrequenz f_0 keine Dämpfung auftritt, oberhalb jedoch sämtliche Wirkungen herausgefiltert werden.

Die Kausalität bei der Beschreibung von Systemen im Zeitbereich äußert sich dadurch, dass die Eingangssignale in den Systemgleichungen keine höheren Ableitungen besitzen dürfen als die Ausgangssignale. Bei den weiteren Darstellungsebenen setzt sich diese Eigenschaft in anderer Form fort. Heutige Rechnersysteme erlauben die Programmierung beliebiger Algorithmen. Auf die Einhaltung der Kausalitätsforderung ist deshalb besonders zu achten, da sonst jederzeit nichtkausale Automatisierungssysteme generiert werden können.

2.3.1.3 Zeitinvarianz

Systemeigenschaften können sich mit der Zeit ändern. Stellt man sich den Start einer Rakete vor, nimmt die Menge des Treibstoffs drastisch ab, bis sie ihre Umlaufbahn erreicht. Ihr Systemverhalten ändert sich mit der Zeit. Die Ursache liegt in den sich verändernden Systemparametern.

Systeme dieser Art bezeichnet man als zeitvariable Systeme. Umgekehrt lassen sich zeitinvariante Systeme definieren:

Definition: Zeitinvariantes System

Ein System verhält sich **zeitinvariant**, wenn ein zeitverschobenes Eingangssignal $u(t - t_0)$ das zeitverschobene Ausgangssignal $v(t - t_0)$ erzeugt. Der Zeitpunkt t_0 stellt eine beliebige Zeitverschiebung, $u(t)$ ein beliebiges Eingangssignal und $v(t)$ das dazugehörige Ausgangssignal dar:

$$T\{u(t-t_0)\} = v(t-t_0) \qquad \text{für beliebige Zeitpunkte } t_0. \qquad (2.3\text{-}4)$$

Die Zeitinvarianz drückt etwas vereinfacht aus, dass der Verlauf der Systemreaktionen davon unabhängig ist, zu welchem Zeitpunkt Signale auf Systeme wirken. Ihre Reaktion ist also unabhängig von der Vorgeschichte der Systeme, wie es beispielhaft die nachfolgende Abbildung zeigt:

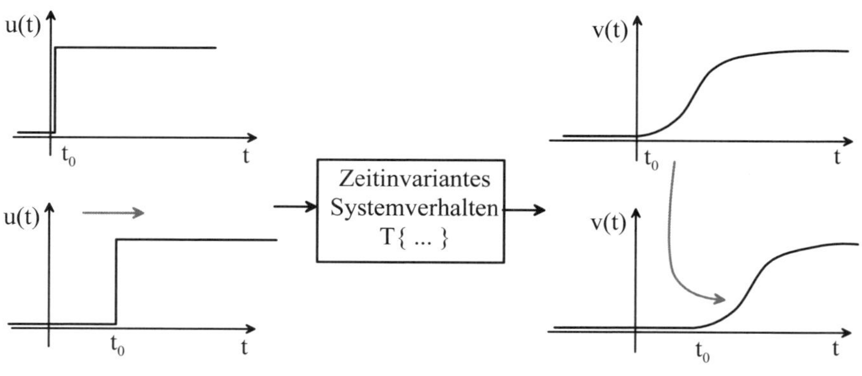

Abbildung 2.3-7: Zeitinvarianz

Das zeitinvariante System erzeugt auf dasselbe Eingangssignal jederzeit die gleiche Systemantwort.

2.3.1.4 Stabilität

Unter der Stabilität eines Systems versteht man dessen Eigenschaft, dass eine kleine Beeinflussung keine unkontrollierbaren Reaktionen hervorruft. Wäre dies nicht der Fall, hätte man keinen Einfluss auf das System und es läge ein Chaos vor.

Diese Stabilitätsbeschreibung lässt sich in eine Definition überführen:

Definition: E/A-Stabilität eines Systems

Ein System gilt als **stabil**, wenn jede beschränkte Eingangsgröße u(t) zu einer beschränkten Ausgangsgröße v(t) führt, also gilt:

$$\text{Für alle Zeiten t gilt: } |u(t)| < S_1 < \infty \Rightarrow |v(t)| < S_2 < \infty . \qquad (2.3\text{-}5)$$

Diese Stabilitätsdefinition bezeichnet man auch als **E/A-Stabilität** (Ein-/Ausgangsstabilität) oder **BIBO-Stabilität** (**BIBO** = **B**ounded **I**nput **B**ounded **O**utput).

Bei dieser Stabilitätsbeschreibung wird bewusst eine äußere Beeinflussung des Systems herbeigeführt, worauf es mit beschränkten Ausgangswirkungen antworten muss. Es kann aber auch vorkommen, dass ein System ohne externe Wirkung zu unkontrollierbaren Reaktionen neigt. Um solches zu verhindern, fordert man die innere Stabilität nach folgender Definition:

Definition: Zustandsstabilität eines Systems

Ein System ist **asymptotisch stabil**, wenn es in seiner Ruhelage bleibt, solange es nicht von außen angeregt wird und in seine Ruhelage zurückkehrt, wenn alle äußeren Wirkungen von ihm weggenommen werden.

Diese letzte Stabilitätsdefinition wird auch als **Ljapunow-Stabilität** bezeichnet, zu Ehren von M. A. Ljapunow, einem russischen Systemanalytiker, der eine allgemeine Theorie über die Stabilität linearer und nichtlinearer Systeme entwickelte.

Beide Definitionen sind zueinander äquivalent, denn es kann gezeigt werden[1]:

Ist ein System Ljapunow-stabil, so ist es auch E/A-stabil.

Die Stabilitätsdefinition deutet umgekehrt auf die Systemeigenschaften instabil und grenzstabil hin. Der Unterschied zwischen E/A-stabilen und E/A-instabilen Systemen kann anhand der Abbildung 2.3-8 verdeutlicht werden. Zwischen beiden Stabilitätsbereichen existiert ein Grenzbereich, welcher grenzstabile Systeme kennzeichnet.

Die Stabilität eines Systems ist Folge seiner Systemstruktur und somit auch das Ergebnis eines Systementwurfs. Sie kann als Bedingung gefordert, aber nicht als Voraussetzung angenommen werden.

[1] Beweise für diese Aussage befinden sich in Lehrbüchern über die Systemtheorie.

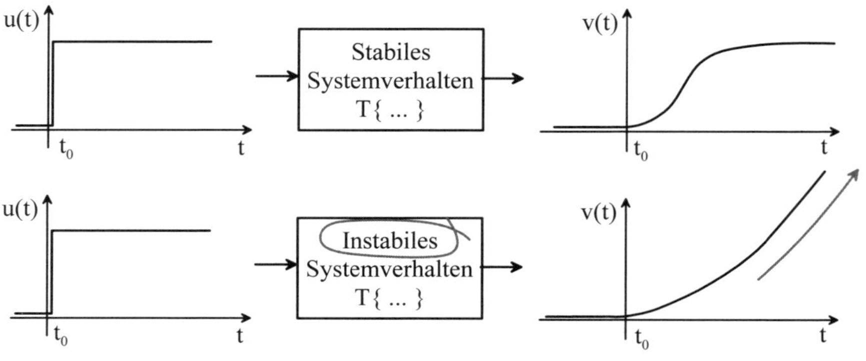

Abbildung 2.3-8: Stabilität

2.3.1.5 Modellanforderungen

Für unsere weiteren Systemuntersuchungen setzen wir Systeme voraus, welche durch Modelle mit den Eigenschaften

- Linearität
- Kausalität
- Zeitinvarianz

beschrieben werden können. Zusätzlich beschränken wir uns bei der Untersuchung von Regelkreisen auf deterministische und analoge Systeme. Für die Steuerungstechnik setzen wir digitale Systeme voraus.

Da viele Prozesse nichtlineare Eigenschaften besitzen, benötigen wir eine Technik, diese Systeme auf Linearität zurückzuführen. Diese Systemklasse kann mit Hilfe einer allgemeinen (linearen) Theorie beschrieben und analysiert werden. Nichtlineare Systeme benötigen andere Untersuchungsverfahren.

2.3.2 Beschreibungsformen im Zeitbereich

Um das Verhalten von Systemen im Zeitbereich zu analysieren, benötigt man Gleichungen, welche die Ausgangsgrößen in Abhängigkeit der Eingangsgrößen beschreiben. Man gewinnt diese mit Hilfe physikalischer und technischer Gesetzmäßigkeiten.

2.3.2.1 Beschreibung durch Systemgleichungen

Die physikalischen und technischen Gesetze der Natur werden in aller Regel durch Differentialgleichungen beschrieben. Infinitesimal kleine Änderungen der Eingangsgrößen haben ihre Auswirkungen auf die Ausgangsgrößen. Kleine Änderungen in der Zeit werden i. Allg. durch Differentiale beschrieben.

Nichtlineare Mehrgrößensysteme

Die Beschreibung von Systemen basiert auf Zeitdifferentialen, welche in der allgemeinen Systemgleichung zusammengefasst werden:

$$\mathrm{DGL}\left\{u_i^{(j)}\ i=1,\ldots,n\ \ j=0,\ldots,q\ ;\ v_i^{(j)}\ i=1,\ldots,m\ \ j=0,\ldots,p\ ;\ t\right\}=0\,. \qquad (2.3\text{-}6)$$

Diese Form eines Differentialgleichungssystems beschreibt lineare und nichtlineare Mehrgrößensysteme gleichermaßen, welche durch folgende Blocksymbole beschrieben werden:

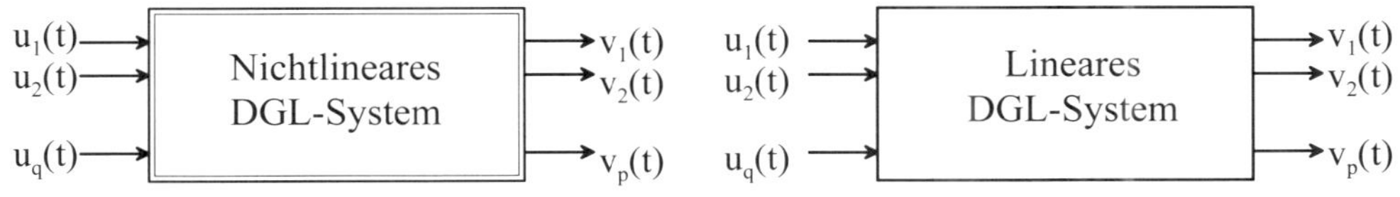

Abbildung 2.3-9: Systembeschreibung durch allgemeine DGL-Systeme

Lineare Mehrgrößensysteme

Unsere Modellanforderungen verlangen lineare Mehrgrößensysteme. Ihre Differentialgleichungssysteme reduzieren sich zu linearen Differentialgleichungssystemen der Form:

$$\begin{aligned} &a_{j,p}\cdot v_j^{(p)}+a_{j,p-1}\cdot v_j^{(p-1)}+\ldots+a_{j,1}\cdot \dot{v}_j+a_{j,0}\cdot v_j \\ &\quad=b_{i,0}\cdot u_i+b_{i,1}\cdot \dot{u}_i+\ldots+b_{i,q-1}\cdot u_i^{(q-1)}+b_{i,q}\cdot u_i^{(q)} \qquad (2.3\text{-}7)\\ &\quad\text{für:}\ \ i=1,\ldots,n\ \ \text{und}\ \ j=1,\ldots,m. \end{aligned}$$

Das lineare Mehrgrößensystem weist von der Zeit unabhängige konstante Koeffizienten auf.[1] Die Zeitableitungen werden in der Systemdynamik durch die entsprechende Anzahl von Punkten über dem Signalnamen gekennzeichnet:

$$\dot{x}(t)=\frac{d}{dt}x(t) \qquad \text{die 1. Zeitableitung des Signals } x(t)$$

$$\ddot{x}(t)=\frac{d^2}{dt^2}x(t) \qquad \text{die 2. Zeitableitung des Signals } x(t)$$

$$\vdots$$

$$x^{(k)}(t)=\frac{d^k}{dt^k}x(t) \qquad \text{die k. Zeitableitung des Signals } x(t)$$

Mehr als drei Zeitableitungen beschreibt man in einem hochgestellten Index, welcher in Klammer die Differentialordnung angibt. Die Einschränkung auf SISO-Systeme führt letztlich zu der linearen Systemgleichung für Eingrößensysteme:

[1] Sind die Konstanten von der Zeit abhängig, liegt ein zeitvariantes System vor.

Lineare Eingrößensysteme

Ein System mit einem Eingangssignal u(t) und einem Ausgangssignal v(t) (d. h. n = 1 und m = 1) beschreibt die **lineare Systemgleichung**:

$$\begin{aligned} a_p \cdot v^{(p)}(t) + a_{p-1} \cdot v^{(p-1)}(t) + \ldots + a_1 \cdot \dot{v}(t) + a_0 \cdot v(t) \\ = b_0 \cdot u(t) + b_1 \cdot \dot{u}(t) + \ldots + b_{q-1} \cdot u^{(q-1)}(t) + b_q \cdot u^{(q)}(t). \end{aligned} \qquad (2.3\text{-}8)$$

Wir kürzen sie im Weiteren durch die Bezeichnung

$$\mathrm{LSG}\{u(t), v(t)\} = 0 \qquad (2.3\text{-}9)$$

ab, was für **l**ineare **S**ystem**g**leichung steht. Mit ihr liegt eine Differentialgleichung p-ter Ordnung bzgl. des Ausgangssignals und q-ter Ordnung bzgl. ihrer Eingangsgröße vor. Zur Angabe der Systemordnung verwendet man die maximale Ordnung beider.

2.3.2.2 Linearisierung nichtlinearer Systeme

Da für die Analyse linearer Systeme eine geschlossene Theorie zur Verfügung steht, versucht man die Menge der nichtlinearen Systeme auf lineare zurückzuführen. Ob dies gelingt, hängt vom nichtlinearen Charakter des jeweiligen Systems ab. Man betrachtet dabei zwei Fälle.

Linearisierung des statischen Verhaltens

Bei der Linearisierung nichtlinearer Systeme betrachtet man zum einen sein stationäres Verhalten. Nichtlineare Systeme werden durch nichtlineare Kennlinien entsprechend den Beispielen in Abbildung 2.3-5 beschrieben. Es ist nicht immer möglich, eine Linearisierung durchzuführen. In vielen Fällen lassen sich die Kennlinien jedoch in vorgegebenen Arbeitspunkten (AP) linearisieren.

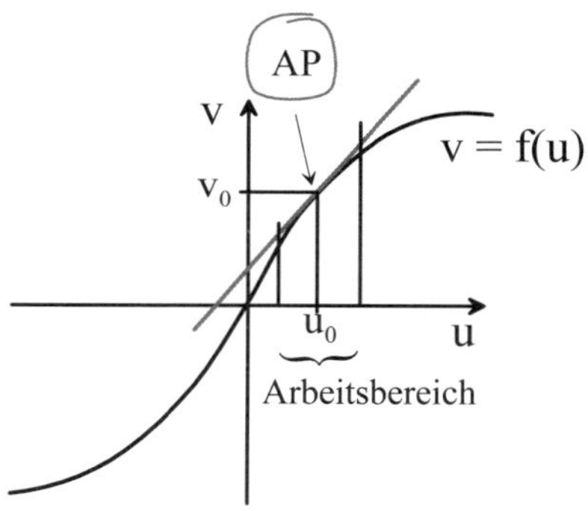

Abbildung 2.3-10: Linearisierung einer Kennlinie

Die nichtlineare Kennlinie sei durch den Zusammenhang

$$v = f(u) \qquad (2.3\text{-}10)$$

beschrieben. Mit der Taylor-Entwicklung um den Arbeitspunkt $AP = (u_0, v_0)$ berechnet sich die Kennlinie zu:

$$v = f(u_0) + \left.\frac{df}{du}\right|_{u=u_0} (u - u_0) + \frac{1}{2!} \left.\frac{d^2 f}{du^2}\right|_{u=u_0} (u - u_0)^2 + \ldots . \qquad (2.3\text{-}11)$$

Schränkt man den Arbeitsbereich soweit ein, dass die Abweichungen zwischen linearer und nichtlinearer Kennlinie noch tolerierbar sind, kann man Terme höherer Ordnung in der Gleichung (2.3-11) vernachlässigen. Die lineare Kennlinie schreibt sich im Arbeitspunkt:

$$v = K \cdot (u - u_0) + v_0 = K \cdot u + \left(v_0 - K \cdot u_0\right) \qquad \text{mit: } K = \left.\frac{df(u)}{du}\right|_{u=u_0}. \tag{2.3-12}$$

Sie stellt die Tangente im Arbeitspunkt der Kurve f(u) dar. Diese Technik lässt sich für Mehrgrößensysteme gleichermaßen anwenden. Bei zwei unabhängigen Größen bekommt man eine Tangentialebene im Arbeitspunkt.

Linearisierung des dynamischen Verhaltens

Das dynamische Verhalten eines Systems wird durch das nichtlineare Differentialgleichungssystem (2.3-6) beschrieben. Beschränken wir uns auf ein nichtlineares **Eingrößensystem**, sieht die Systemgleichung folgendermaßen aus:

$$\text{DGL}\left\{u^{(i)}\ i = 1,\ldots,q;\ v^{(j)}\ j = 0,..,p\ ;\ t\right\} = 0\,. \tag{2.3-13}$$

Wir setzen nun einen Arbeitspunkt AP für das System voraus, in dem ein stabiles Gleichgewicht herrscht und um den die Bewegung des Systems stattfindet. Die Systemgleichung kann in diesem Punkt mit den neuen Koordinaten

$$\begin{aligned} &u = u_0 + \Delta u,\ \ \dot{u} = \Delta\dot{u},\ \ \ddot{u} = \Delta\ddot{u},\ \ldots \\ &v = v_0 + \Delta v,\ \ \dot{v} = \Delta\dot{v},\ \ \ddot{v} = \Delta\ddot{v},\ \ldots \end{aligned} \tag{2.3-14}$$

um den Gleichgewichtszustand entwickelt werden:

$$\begin{aligned} &\text{DGL}(\ldots)\big|_{AP} \\ &+\left.\frac{\partial \text{DGL}(\ldots)}{\partial \Delta u}\right|_{AP}\Delta u + \left.\frac{\partial \text{DGL}(\ldots)}{\partial \Delta \dot{u}}\right|_{AP}\Delta \dot{u} + \left.\frac{\partial \text{DGL}(\ldots)}{\partial \Delta \ddot{u}}\right|_{AP}\Delta \ddot{u} + \ldots \\ &+\left.\frac{\partial \text{DGL}(\ldots)}{\partial \Delta v}\right|_{AP}\Delta v + \left.\frac{\partial \text{DGL}(\ldots)}{\partial \Delta \dot{v}}\right|_{AP}\Delta \dot{v} + \left.\frac{\partial \text{DGL}(\ldots)}{\partial \Delta \ddot{v}}\right|_{AP}\Delta \ddot{v} + \ldots \\ &+ \text{Terme höherer Ordnung und Produkten zwischen } \Delta u \text{ und } \Delta v \\ &= 0. \end{aligned} \tag{2.3-15}$$

Nach dem Weglassen der Terme höherer Ordnung und Produkten zwischen den Ein- und/oder Ausgangsgrößen liegt eine lineare Differentialgleichung mit konstanten Koeffizienten vor, welche für den gewählten Betriebspunkt gelten. Die Gleichung beschreibt das dynamische Verhalten des Systems um den Gleichgewichtspunkt. Die Linearisierung ist nicht in jedem Fall möglich und sinnvoll. Bei ausgeprägten Nichtlinearitäten wie Schaltvorgängen oder Begrenzungen müssen andere Verfahren verwendet werden.

Am Beispiel eines schwingenden Pendels soll die Linearisierung einer nichtlinearen Systemgleichung veranschaulicht werden. Die nebenstehende Abbildung zeigt das Pendel mit der Pendellänge L und der Masse m, das von der äußeren Kraft F(t) ausgelenkt wird. Der Winkel $\varphi(t)$ beschreibt den Pendelausschlag, bei dem keine Dämpfungskräfte angenommen werden. Somit stehen die Ein- und Ausgangsgröße fest:

$$u = F(t) \quad \text{und} \quad v = \varphi(t). \tag{2.3-16}$$

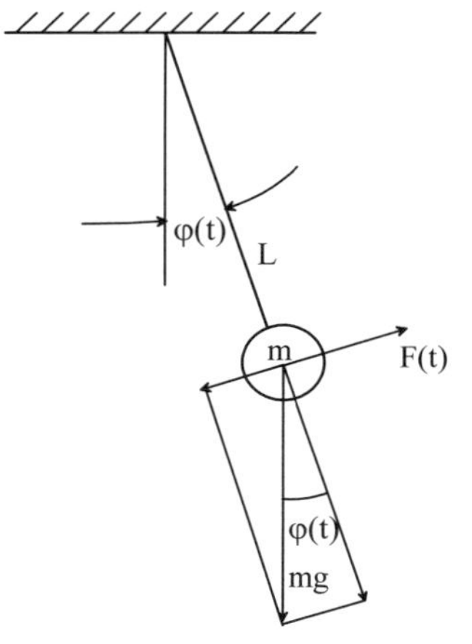

Abbildung 2.3-11: Pendel

Die Systemgleichung berechnet sich über das Kräftegleichgewicht:

$$F_{\text{Trägheit}} + F_{\text{Masse}} = F\,. \tag{2.3-17}$$

Berücksichtigt man die einzelnen Kraftkomponenten, erhält man für die Pendelschwingung die nichtlineare Bewegungsgleichung:

$$m \cdot L \cdot \ddot{\varphi}(t) + m \cdot g \cdot \sin\left(\varphi(t)\right) = F(t). \tag{2.3-18}$$

Die Linearisierung wird um die stabile Gleichgewichtslage $\varphi_0 = 0$ und $F_0 = 0$ vorgenommen. Deshalb können die Abweichungen um die Gleichgewichtslage $\Delta v = \varphi$ und $\Delta u = F$ gesetzt werden[1]:

$$\left.\frac{\partial(m \cdot L \cdot \ddot{\varphi})}{\partial \ddot{\varphi}}\right|_{\varphi_0 = 0} \cdot \ddot{\varphi} + \left.\frac{\partial\left(m \cdot g \cdot \sin(\varphi)\right)}{\partial \varphi}\right|_{\varphi_0 = `0} \cdot \varphi = F$$

$$m \cdot L \cdot \ddot{\varphi} + m \cdot g \cdot \cos\left(\varphi_0 = 0\right) \cdot \varphi = F$$

$$m \cdot L \cdot \ddot{\varphi}(t) + m \cdot g \cdot \varphi(t) = F(t)\,. \tag{2.3-19}$$

Im Gegensatz zur nichtlinearen Gleichung (2.3-18) liegt nun eine lineare Systemgleichung 2. Ordnung vor. Man muss sich dabei immer im Klaren sein, dass sie das Pendel nur in einem kleinen Winkelbereich um die stabile Gleichgewichtslage richtig beschreibt.

[1] Das Eingangssignal F(t) der Systemgleichung wird als linear wirkende Größe angenommen.

2.3.2.3 Elementare Systeme

Komplexe Systeme werden zur Beschreibung in elementare Einheiten zerlegt. Zur Definition elementarer Systeme verwendet man die Terme niedrigster Ordnung in der linearen Systemgleichung. Ihr elementares Verhalten ist eindeutig anhand ihrer Systemgleichung festgelegt. Umgekehrt dienen sie als Grundbausteine für den Aufbau komplexer Systeme; sie können als Äquivalenz zu den Elementarsignalen angesehen werden.

Man unterscheidet insgesamt vier Zeitverhalten, welche zur Definition der Elementarsysteme dienen.

P-Systeme

Definition: P-Verhalten

Bei Systemen mit **proportionalem Verhalten** ist der Wert des Ausgangssignals im Beharrungszustand proportional zum Eingangssignal. Den Zeitgrenzwert des Quotienten aus Ausgangs- und Eingangsgröße bezeichnet man als **Proportionalbeiwert K_P.** Er ist gegeben durch:

$$K_P = \lim_{t \to \infty} \frac{y(t)}{x(t)}. \qquad (2.3\text{-}20)$$

Definition: P-System

Das elementarste System mit P-Verhalten wird durch die Systemgleichung

$$\begin{array}{c} v(t) = K_P \cdot u(t) \\ \text{Ausgangsignal} \sim \text{Eingangssignal} \end{array} \qquad (2.3\text{-}21)$$

gegeben. Es wird als **P-System** bezeichnet. Bei ihm wird das Eingangssignal *zeitlich* unverfälscht an den Systemausgang weitergegeben.

Seine Antwort auf das Sprungsignal am Systemeingang (Übergangsverhalten) ist wieder eine sprungförmige Änderung am Systemausgang:

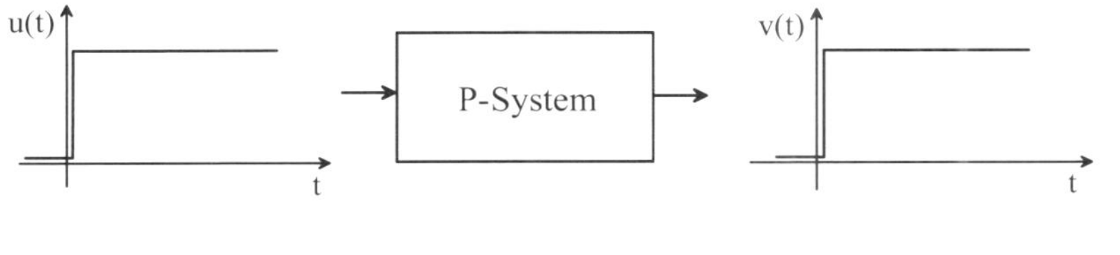

Abbildung 2.3-12: P-Verhalten

P-Systeme besitzen ein besonders einfaches mathematisches Verhalten. Man findet sie zumindest näherungsweise in allen technischen Disziplinen, wie es die nachfolgende Abbildung für die Mechanik, Pneumatik und Elektrik zeigt:

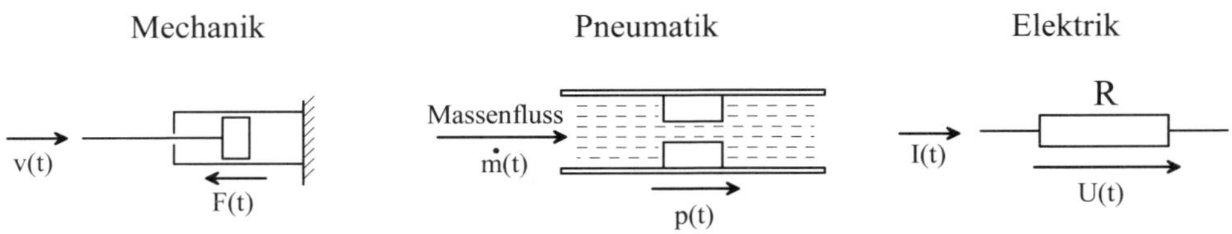

$F(t) = d \cdot v(t)$ $\quad p(t) = r \cdot \dot{m}(t)$ $\quad U(t) = R \cdot I(t)$

Abbildung 2.3-13: P-Systeme

Die Reaktion von P-Systemen folgt unmittelbar der Eingangswirkung. Die angegebenen Systemkomponenten mit ihren Ursache-Wirkungsgrößen besitzen ideales P-Verhalten. Ein weiteres mechanisches Beispiel ist der Hebel. Wird ein Hebelarm eingangsseitig bewegt, so verstellt sich der andere Hebelarm unmittelbar im Verhältnis der Hebelarmlängen.

Den aufgezählten Systemen ist die Tatsache gemeinsam, dass sie keine Energiespeicherung irgendwelcher Art vornehmen. Zur Energiespeicherung wird immer eine endliche Zeit benötigt, weshalb die Systemwirkung verzögert am Ausgang anliegt. Solche Systeme besitzen ein summierendes bzw. integrierendes Verhalten.

I-Systeme

Definition: I-Verhalten

Bei Systemen mit **integrierendem Verhalten** verhält sich das Ausgangssignal proportional zum Zeitintegral des Eingangssignals:

$$v(t) = K_I \int_0^t u(\tau)\, d\tau \tag{2.3-22}$$

Ausgangssignal ~ Integral des Eingangssignals.

Diese Definitionsgleichung ist die **Integralform** der Systemgleichung, was einer anderen Form einer Differentialgleichung entspricht. Ihre Umformung in die bekannte **Differentialform** gewinnt man durch eine Zeitableitung:

$$\dot{v}(t) = K_I \cdot u(t) \tag{2.3-23}$$

Die Proportionalitätskonstante wird als **Integrierbeiwert K_I** bezeichnet.

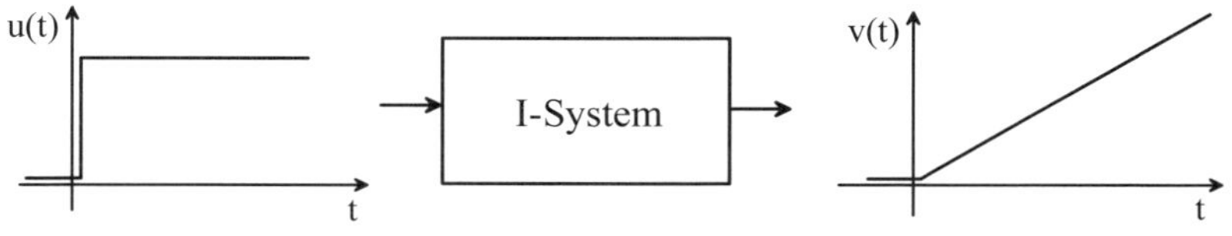

Abbildung 2.3-14: I-Verhalten

Speichernde Systemkomponenten werden durch I-Glieder beschrieben. Ein Flüssigkeitsbehälter dient als erstes Beispiel. Er summiert (integriert) die einlaufende Flüssigkeitsmenge q(t) auf, das Niveau steigt stetig an. Die Abbildung 2.3-14 zeigt dieses grundsätzliche Verhalten. Weitere I-Systeme sind:

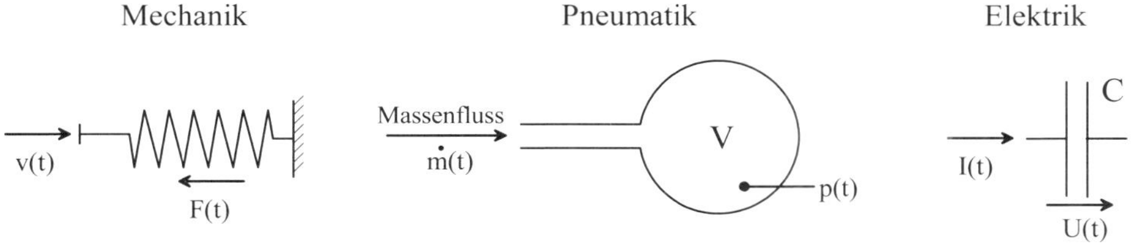

$$F(t) = c \cdot \int_0^t v(t') \cdot dt' \qquad p(t) = \frac{1}{V} \cdot \int_0^t \dot{m}(t') \cdot dt' \qquad U(t) = \frac{1}{C} \cdot \int_0^t I(t') \cdot dt'$$

Abbildung 2.3-15: I-Systeme

Die Feder speichert die Bewegungsenergie, im Behälter wird der Druck durch das einströmende Medium erhöht und der Kondensator speichert die elektrische Ladung.

D-Systeme

Definition: D-Verhalten

Bei Systemen mit **differenzierendem Verhalten** ist das Ausgangssignal proportional der zeitlichen Ableitung seines Eingangssignals:

$$v(t) = K_D \cdot \frac{d}{dt} u(t) \qquad (2.3\text{-}24)$$

Ausgangssignal ~ Differential des Eingangssignals.

Den Proportionalitätsfaktor bezeichnet man als **Differenzierbeiwert K_D**.

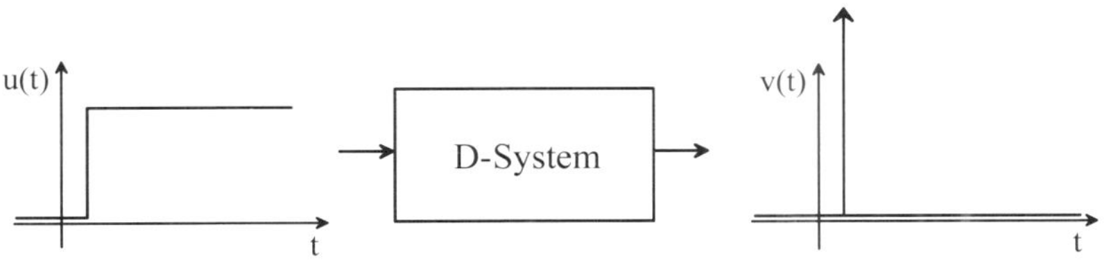

Abbildung 2.3-16: D-Verhalten

Reale Systeme verhalten sich immer kausal, weshalb die Ordnung der Zeitableitung des Eingangssignals nicht größer als die ihres Ausgangssignals sein kann. Das D-System lässt diese Bedingung vermissen. Die in nachfolgender Abbildung 2.3-17 angegebenen Systeme stellen idealisierte D-Systeme dar. Sie kommen bei realen Systemen nicht singulär vor.

Das D-Verhalten eines Systems erzeugt nach Abbildung 2.3-16 bei einer abrupten Signaländerung am Systemeingang eine unendlich hohe kurzfristige Signalamplitude, woraus man die angedeutete Idealisierung ebenfalls erkennt.

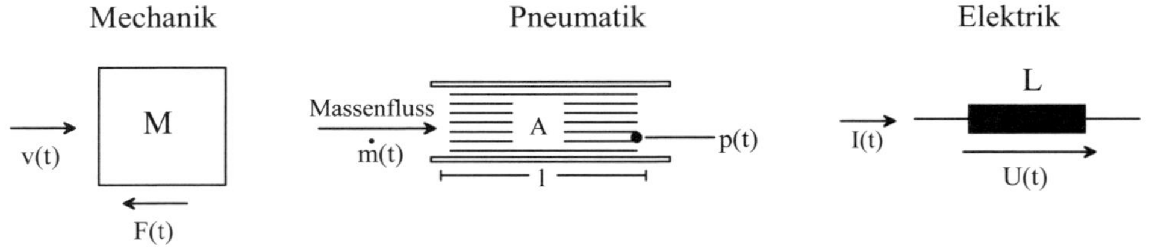

$$F(t) = M \cdot \frac{d}{dt} v(t) \qquad p(t) = M \cdot \frac{d}{dt}\dot{m}(t) = \frac{\rho \cdot l}{A} \cdot \frac{d}{dt}\dot{m}(t) \qquad U(t) = L \cdot \frac{d}{dt} I(t)$$

Abbildung 2.3-17: D-Systeme

Als weiteres Beispiel kann aus der Maschinentechnik der Linearantrieb über eine Spindel angegeben werden. Der zurückgelegte Weg verhält sich proportional zur Zeitableitung des Drehwinkels, der Winkelgeschwindigkeit: $s(t) \sim \dot{\varphi}(t)$.

Totzeit-Systeme

Eine besondere Stellung nimmt das Totzeit-System ein. Es kann nicht anhand der linearen Systemgleichung definiert werden. Somit ist es auch kein lineares System.

Definition: Totzeit-Verhalten

Bei **Totzeit-Verhalten** eines Systems tritt der zeitliche Verlauf der Eingangsgröße um die Totzeit T_t verspätet am Ausgang auf:

$$v(t) = K_P \cdot u(t - T_t) \tag{2.3-25}$$

Ausgangssignal ~ verzögertes Eingangssignal.

Sein zeitliches Verhalten kann nach Abbildung 2.3-18 anhand eines einfachen Testsignals graphisch verdeutlicht werden. Neben der proportionalen Amplitudenänderung verzögert sich das Ausgangssignal um die Totzeit T_t:

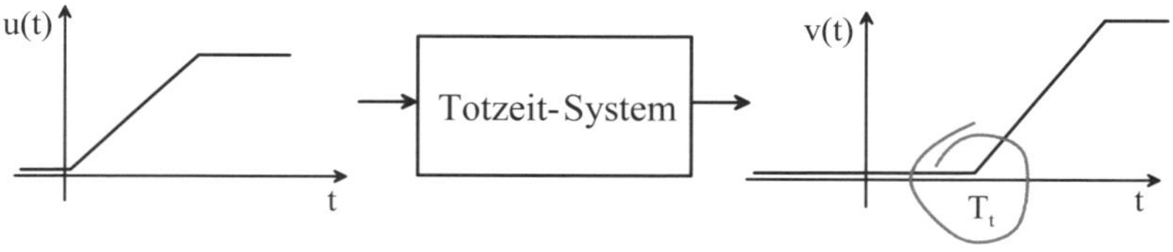

Abbildung 2.3-18: Totzeit-Verhalten

In der Technik tritt dieses Verhalten geplant und ungeplant auf. Wo Transportvorgänge auftreten, findet man es häufig vor. Transportvorgänge von flüssigen Medien in Rohrleitungen zur Mischung von Stoffen verhalten sich entsprechend. Als Beispiel dazu ist in Abbildung 2.3-19 ein Mischungssystem angegeben, bei dem drei Stoffe zu einem Mischprodukt zusammengeführt werden. Zwei der Stoffe werden über ein Mischventil vorab miteinander vermengt und anschließend dem Grundstoff dazugegeben. Die Konzentrationsänderung des Endprodukts tritt erst nach der Totzeit T_t auf, nachdem es die Rohrstrecke zwischen Ventil und Mischungsstelle durchlaufen hat.

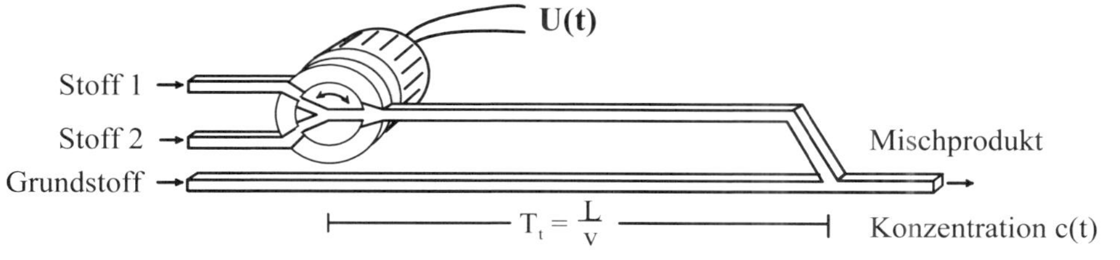

Abbildung 2.3-19: Mischungssystem als Totzeit-System

Ein Transportband zur Beförderung von Gütern ist ein weiteres anschauliches Beispiel für diese Systemart.

2.3.2.4 Verzögertes Zeitverhalten

Die elementaren Übertragungsglieder reichen zur Beschreibung realer Systeme i. Allg. nicht aus. Eine Erweiterung des Zeitverhaltens erreicht man durch das Hinzufügen der nächst höheren Terme $a_1 \cdot \dot{v}(t)$, $a_2 \cdot \ddot{v}(t)$, ... in der linearen Systemgleichung. Diese entsprechen Verzögerungen der Ausgangssignale, da diese erst aufgrund zeitlicher Änderung von v(t) wirksam werden und der Ursache entgegenwirken.

Die Ausgangsverzögerung wird durch den Zusatz T_1 im Systemnamen gekennzeichnet. Systeme mit verzögertem Zeitverhalten erster Ordnung besitzen die Differentialgleichungen:

$$T_1 \cdot \dot{v}(t) + v(t) = \begin{cases} K_P \cdot u(t) & \text{P-}T_1\text{-System} \\ K_I \int_0^t u(t')\,dt' & \text{I-}T_1\text{-System} \\ K_D \cdot \dot{u}(t) & \text{D-}T_1\text{-System.} \end{cases} \tag{2.3-26}$$

Die Konstante T_1 symbolisiert als Ersatz der Konstante a_1 in der ursprünglichen Systemgleichung eine Zeitkenngröße. Dies lässt sich dadurch rechtfertigen, dass die Zeitableitung von v(t) die Dimension sec^{-1} und somit das Produkt $T_1 \cdot \dot{v}(t)$ wieder die Einheit des Ausgangssignals v(t) besitzt. Mechanische Systeme mit einer ersten Verzögerungsordnung sind:

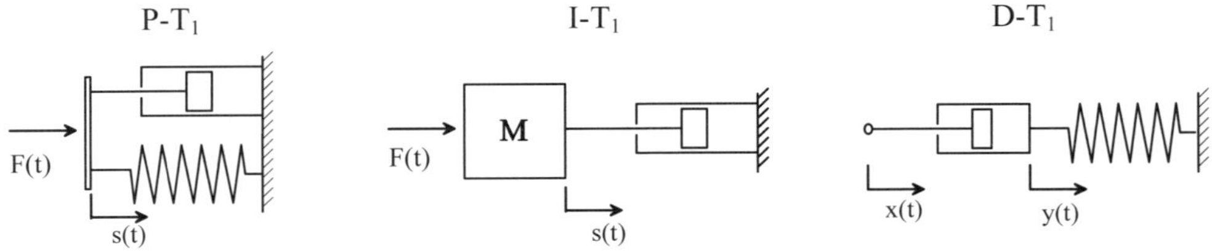

$$\frac{d}{c}\dot{s}(t)+s(t)=\frac{1}{c}F(t) \qquad \frac{M}{d}\dot{s}(t)+s(t)=\frac{1}{d}\int_0^t F(t')\,dt' \qquad \frac{d}{c}\dot{y}(t)+y(t)=\frac{d}{c}\dot{x}(t)$$

Abbildung 2.3-20: Mechanische T_1-Systeme

Auf gleiche Weise lassen sich Systeme mit Verzögerungen zweiter, dritter, ... und n-ter Ordnung angeben. Ihre Bezeichnung richtet sich nach dem vorgegebenen Schema bei T_1-Systemen. Sie besitzen T_2-, T_3-, ... und T_n-Verhalten. Der Leser kann ihre Systemgleichungen selbst anhand der allgemeinen linearen Systemgleichung (2.3-8) aufstellen. Hier geben wir das T_2-Verhalten nur deshalb an, da für diesen häufig vorkommenden Systemtyp eine eigene Darstellungsform verwendet wird:

$$T_0^2\cdot\ddot{v}(t)+2\cdot D\cdot T_0\cdot\dot{v}(t)+v(t)=\begin{cases}K_P\cdot u(t) & \text{P-T}_2\text{-System}\\ K_I\int_0^t u(t')\,dt' & \text{I-T}_2\text{-System}\\ K_D\cdot\dot{u}(t) & \text{D-T}_2\text{-System.}\end{cases} \qquad (2.3\text{-}27)$$

In ihm tritt neben der Zeitkonstanten T_0 der Dämpfungsfaktor D auf, der je nach Größe das Ausgangssignal zu gedämpften, ungedämpften oder aperiodischen Schwingungen veranlasst.

Höhere Verzögerungen werden durch Ableitungsterme höherer (n-ter) Ordnung bzgl. des Systemausgangs v(t) festgelegt.

2.3.2.5 Zusammengesetztes Zeitverhalten

Selbstverständlich können Systeme eingangsseitig auch kombinierte Zeitverhalten besitzen. Dazu werden die elementaren P- , I- und D-Systemverhalten parallel wirksam. Sie werden als PI-, PD-, PID-Systeme bezeichnet. Die allgemeine Namensgebung für beliebige Systeme richtet sich nach folgender Vorschrift:

Systemname ≡ Eingangsverhalten – Ausgangsverzögerung – Sonderverhalten.

Der Systemname beginnt mit der Beschreibung des Systemverhaltens bzgl. der Eingangssignalwirkung, also P, I, D, PI, PD, PID. Treten in der Systemgleichung eingangsseitig Verzögerungen höherer Ordnungen auf, werden diese durch Indexierung der Namen mit der maximalen Ordnungszahl gekennzeichnet.

Nach dem Eingangsverhalten wird, durch einen Bindestrich eventuell getrennt, das Verzögerungsverhalten mit Angabe der Ordnung als T_n notiert.

Ein vorliegendes Sonderverhalten schließt den Systemnamen ab. Hier kann z. B. ein zusätzlich auftretendes Totzeit-Verhalten angegeben werden.

Wichtig bei der Ermittlung der Systemnamen ist die Aufstellung der so genannten MSR-Form der Systemgleichung:

Definition: MSR-Form der Systemgleichung

Die **MSR-Form** der Systemgleichung liegt dann vor, wenn die Ausgangsgröße v(t) in der Differentialgleichung vorkommt und den Vorfaktor 1 aufweist:

$$\cdots \quad + a_1 \cdot \dot{v}(t) + \underline{1 \cdot v(t)} = b_0 \cdot u(t) + \quad \cdots \quad . \tag{2.3-28}$$

Erst mit dieser Darstellung lassen sich die Systemnamen zweifelsfrei ermitteln. Die nachfolgenden Systemgleichungen demonstrieren diese Namensgebung zusammengesetzter Zeitverhalten:

Bezeichnung	**Systemgleichung**
PD-T_2	$a_2 \cdot \ddot{v}(t) + a_1 \cdot \dot{v}(t) + v(t) = K_p \cdot u(t) + K_D \cdot \dot{u}(t)$
PI-T_1	$a_2 \cdot \ddot{v}(t) + a_1 \cdot \dot{v}(t) = b_0 \cdot u(t) + b_1 \cdot \dot{u}(t) \quad \Big\| \int dt$ $a_2 \cdot \dot{v}(t) + a_1 \cdot v(t) = b_0 \cdot \int_0^t u(\tau)\, d\tau + b_1 \cdot u(t) \quad \| \rightarrow \text{MSR-Form}$ $\frac{a_2}{a_1} \dot{v}(t) + v(t) = \frac{b_0}{a_1} \int_0^t u(\tau)\, d\tau + \frac{b_1}{a_1} u(t)$
PI-T_1-T_t	$T_1 \cdot \dot{v}(t) + v(t) = K_p \cdot u(t - T_t) + K_I \int_0^t u(\tau - T_t)\, d\tau$
PD_2-T_2	$a_2 \cdot \ddot{v}(t) + a_1 \cdot \dot{v}(t) + v(t) = b_0 \cdot u(t) + b_2 \cdot \ddot{u}(t)$
P-T_t	$v(t) = K_P \cdot u(t - T_t)$

In der weiteren Tabelle 2.3-2 sind die wichtigsten Systemtypen zur Beschreibung von Maschinen, Geräten und Anlagen zusammengefasst. Sie reichen i. Allg. aus, um komplexe Systeme im Wirkungsplan zu modellieren. Auf sie wird nachfolgend immer wieder Bezug genommen.

Tabelle 2.3-2: Systemgleichungen wichtiger Systeme

Bezeichnung	**Systemgleichung**
P	$v(t) = K_P \cdot u(t)$
P-T_1	$T_1 \cdot \dot{v}(t) + v(t) = K_P \cdot u(t)$
P-T_2 $0 < D < 1$	$T_0^2 \cdot \ddot{v}(t) + 2 \cdot D \cdot T_0 \cdot \dot{v}(t) + v(t) = K_P \cdot u(t)$
T_t	$v(t) = K_P \cdot u(t - T_t)$
P-T_1-T_t	$T \cdot \dot{v}(t) + v(t) = K_P \cdot u(t - T_t)$
I	$v(t) = K_I \cdot \int_0^t u(\tau)\, d\tau$
I-T_1	$T_1 \cdot \dot{v}(t) + v(t) = K_I \cdot \int_0^t x(\tau)\, d\tau$
D	$v(t) = K_D \cdot \dot{u}(t)$
D-T_1	$T_1 \cdot \dot{v}(t) + v(t) = K_D \cdot \dot{u}(t)$
PI	$v(t) = K_P \cdot u(t) + K_I \cdot \int_0^t u(\tau)\, d\tau = K_P \left(u(t) + \frac{1}{T_N} \cdot \int_0^t u(\tau)\, d\tau \right)$ mit: $T_N = \frac{K_P}{K_I}$ als Nachlaufzeit
PI-T_1	$T_1 \cdot \dot{v}(t) + v(t) = K_P \left(u(t) + \frac{1}{T_N} \int_0^t u(\tau)\, d\tau \right)$
PD	$v(t) = K_P \cdot u(t) + K_P \cdot \dot{u}(t) = K_P \left(u(t) + T_V \cdot \dot{u}(t) \right)$ mit: $T_V = \frac{K_D}{K_P}$ als Vorlaufzeit
PD-T_1	$T_1 \cdot \dot{v}(t) + v(t) = K_P \left(x(t) + T_V \cdot \dot{u}(t) \right)$
PID	$v(t) = K_P \left(u(t) + \frac{1}{T_N} \int_0^t u(\tau)\, d\tau + T_V \cdot \dot{u}(t) \right)$
PID-T_1	$T_1 \cdot \dot{v}(t) + v(t) = K_P \left(u(t) + \frac{1}{T_N} \int_0^t u(\tau)\, d\tau + T_V \cdot \dot{u}(t) \right)$

2.3.2.6 Beschreibung durch Antwortsignale

Den alternativen Weg der Systembeschreibung stellt das Experiment dar.

Zur experimentellen Untersuchung des dynamischen Verhaltens von Übertragungsgliedern benutzt man aus Zweckmäßigkeitsgründen Zeitfunktionen als Eingangssignale, die sich leicht erzeugen lassen. Dafür stehen die Elementarsignale zur Verfügung. Der Verlauf der Ausgangssignale charakterisiert das System und gestattet Rückschlüsse auf die Systemgleichung (Struktur und Ordnung) und die Systemkennwerte (Übertragungsfaktoren, Zeitkonstanten), weshalb sie eine besondere Kennzeichnung erhalten:

Definition: Antwortsignal

Die Ausgangssignale auf eingangsseitig mit Testsignalen erregte Systeme bezeichnet man als **Antwortsignale.**

Das experimentelle Vorgehen richtet sich nach der in Abbildung 2.3-21 dargestellten Anordnung. Ein Testsignal wirkt auf das zu untersuchende System. Zusammen mit dem Antwortsignal wird es mit geeigneten Registrierungsgeräten aufgezeichnet. Dazu verwendet man heute die zur Verfügung stehenden Komponenten der rechnergestützten Messtechnik. Wie nachfolgend noch näher erläutert wird, lässt das Antwortsignal Schlüsse auf das zu beschreibende System zu.

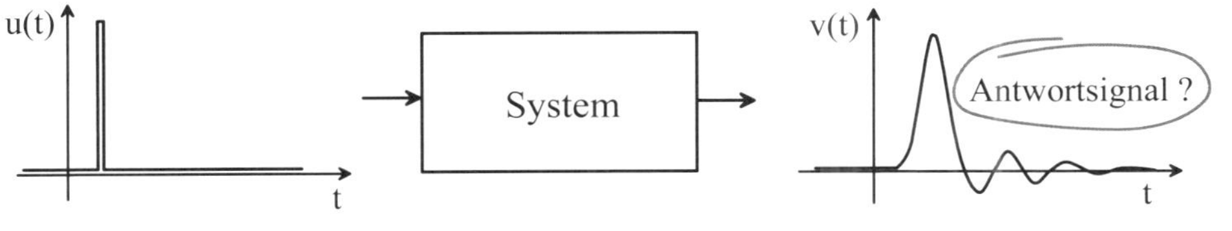

Abbildung 2.3-21: Experimentelle Systembeschreibung

Das Sprungsignal ist die am häufigsten verwendete Testfunktion. Es lässt sich praktisch für die meisten Gerätetypen relativ leicht erzeugen. Aus seiner Spektraldarstellung wissen wir zusätzlich, dass im Sprungsignal die volle Bandbreite von Frequenzkomponenten enthalten ist, so dass das Untersuchungsobjekt auf alle Frequenzen unmittelbar reagieren muss, was einer harten Systembelastung entspricht.

Die Antwortsignale der aufgelisteten Elementarsignale besitzen definierte Bezeichnungen. Sie sind im Folgenden angegeben:

Definition: Sprungantwort

Die **Sprungantwort** eines Systems ist der zeitliche Verlauf seines Ausgangssignals als Reaktion auf eine Sprungfunktion $u(t) = u_0 \cdot \varepsilon(t)$ am Eingang.

Die Normierung von Antwortsignalen erlaubt vergleichende Gegenüberstellungen von Systemverhalten. Für die normierte Sprungantwort verwendet man die Bezeichnung:

Definition: Übergangsfunktion

Wird der Signalverlauf des Ausgangssignals durch Normierung auf die Sprunghöhe u_0 des Eingangssignals bezogen, dann spricht man von der **Übergangsfunktion h(t)**.

Manche Systeme vertragen keine Sprungsignale, da auf sie ein Eingangssignal nur kurzzeitig wirken darf. Zur Analyse solcher Systeme verwendet man Impulssignale:

Definition: Impulsantwort

Die **Impulsantwort** ist der zeitliche Verlauf des Ausgangssignals als Reaktion auf ein angelegtes Impulssignal $u(t) = u_0 \cdot \Delta(t)$ [1].

Für sie lautet die normierte Impulsantwort:

Definition: Gewichtsfunktion

Die **Gewichtsfunktion g(t)** entsteht durch Normierung der Impulsantwort mit Hilfe der Zeitfläche des Eingangssignals $A = \int_{-\infty}^{\infty} u(t)\, dt$.

Bei technischen Anlagen, deren Trägheitswirkung die Änderungsgeschwindigkeit begrenzt, verwendet man für die empirische Systemanalyse das Rampensignal $u(t) = v_0 \cdot \rho(t)$:

Definition: Rampenantwort bzw. Bezogene Rampenantwort

Die **Rampenantwort** ist der zeitliche Verlauf des Ausgangssignals auf ein Rampensignal der Anstiegsgeschwindigkeit u_0 am Systemeingang.

Die **bezogene Rampenantwort** $\boldsymbol{\gamma(t)}$ entsteht durch Normierung auf die Anstiegsgeschwindigkeit u_0 des Eingangssignals.

Die Verwendung harmonischer Testsignale ist ebenfalls denkbar. Ihre Systemantworten werden im nächsten Abschnitt angegeben, zu deren Beschreibung der Frequenzbereich notwendig ist.

Die bisher betrachteten Antwortfunktionen sind in der Tabelle 2.3-3 übersichtlich aufgelistet. Zusätzlich lassen sich dort ihre wechselseitigen Beziehungen entnehmen, die zeigen, dass aus jedem Antwortsignal mit Hilfe mathematischer Beziehungen auf alle anderen geschlossen werden kann. Welche Systemantwort experimentell auch immer vorliegt, mit ihr lassen sich die Systemantworten auf alle weiteren Testsignale berechnen.

Lassen sich mit ihnen auch die Antwortsignale auf beliebige Eingangssignale bestimmen?

Kann diese Frage mit ja beantwortet werden, steht uns mittels der Antwortfunktionen eine vollständige Systembeschreibung zur Verfügung!

---

[1] Der Impuls $\Delta(t)$ stellt einen Rechteckimpuls der Höhe 1 und Breite t_0 dar. Mathematisch wird er durch $\Delta(t) = \left(\varepsilon(t) - \varepsilon(t - t_0)\right)$ erzeugt.

Tabelle 2.3-3: Zusammenhänge zwischen Antwortsignalen

	Testsignal	**Antwortsignal**
Sprung	**Sprungsignal:** 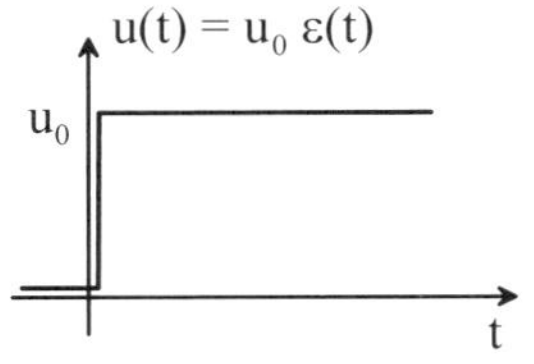 $\varepsilon(t) = \int_0^t \delta(\tau)\, d\tau$ $\varepsilon(t) = \frac{d}{dt}\rho(t)$	**Übergangsfunktion:** 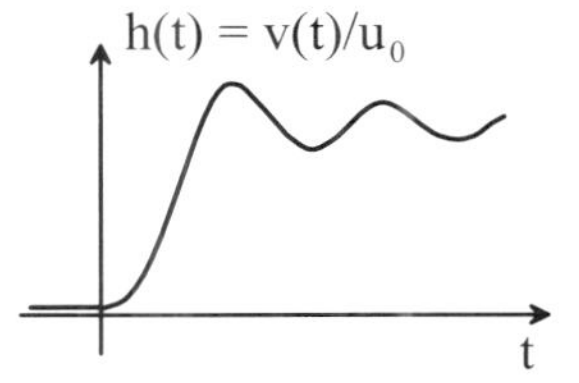 $h(t) = \int_0^t g(\tau)\, d\tau$ $h(t) = \frac{d}{dt}\gamma(t)$
Impuls	**Impuls-Signal:** 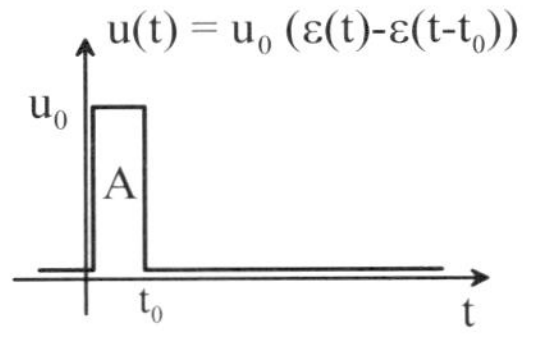 $\delta(t) = \frac{d}{dt}\varepsilon(t)$ $\delta(t) = \frac{d^2}{dt^2}\rho(t)$	**Gewichtsfunktion:** 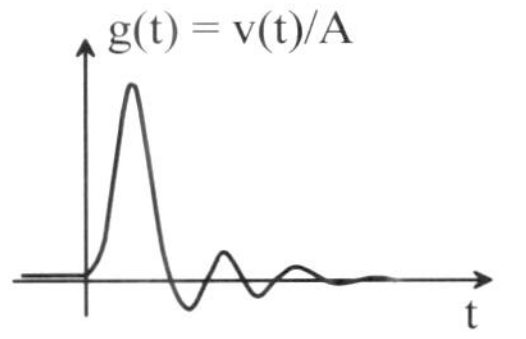 $g(t) = \frac{d}{dt}h(t)$ $g(t) = \frac{d^2}{dt^2}\gamma(t)$
Rampe	**Rampensignal:** 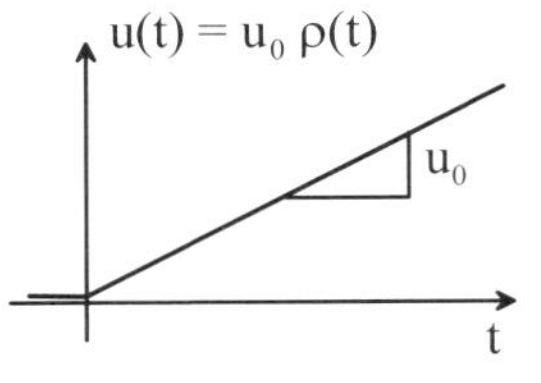 $\rho(t) = \int_0^t \varepsilon(\tau)\, d\tau$ $\rho(t) = \int_0^t \int_0^{t'} \delta(\tau)\, d\tau\, dt'$	**Bezogene Rampenantwort:** 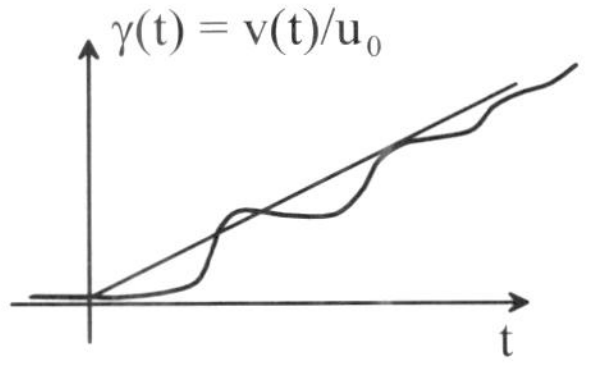 $\gamma(t) = \int_0^t h(\tau)\, d\tau$ $\gamma(t) = \int_0^t \int_0^{t'} g(\tau)\, d\tau\, dt'$

Dazu ist es notwendig, einen Zusammenhang zwischen den Testfunktionen $\delta(t)$, $\varepsilon(t)$ und $\rho(t)$ und beliebigen Eingangssignalen u(t) herzustellen, so dass die zu u(t) korrespondierende Antwortfunktion v(t) aufgrund der Kenntnis der Gewichtsfunktion g(t), der Übergangsfunktion h(t) oder der Rampenantwort $\gamma(t)$ bestimmt werden kann. Anhand der Gewichtsfunktion g(t) entwickeln wir diesen Zusammenhang:

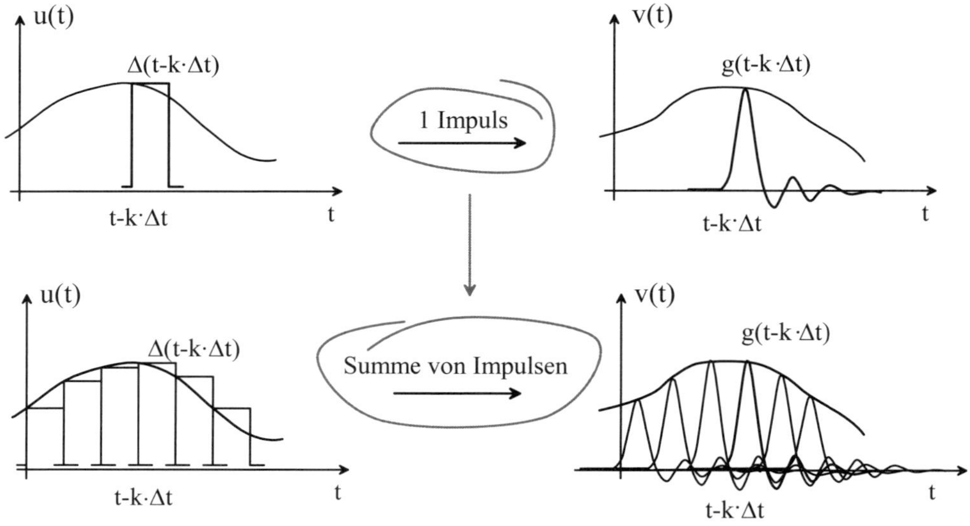

Abbildung 2.3-22: Systemreaktion auf beliebige Signale

Das Eingangssignal u(t) lässt sich, wie in Abschnitt 2.2 angegeben, als Summe von Einzelimpulsen mit unterschiedlichen Amplituden aufbauen. Das System reagiert auf jeden Einzelimpuls mit der Gewichtsfunktion. Die zeitliche Versetzung der Einzelimpulse impliziert zeitlich verzögerte Gewichtsfunktionen. Aus Gründen der Systemlinearität setzt sich das Ausgangssignal v(t) als Summe der Gewichtsfunktionen zusammen. Für das approximierte Eingangssignal gilt:

$$\tilde{u}(t) = \sum_{k=-\infty}^{\infty} u(k \cdot \Delta t) \cdot \Delta(t - k \cdot \Delta t)\ ^{1}.$$

Verwendet man zur Approximation des Ausgangssignals die Gewichtsfunktion, ergibt sich mit $v(t) = A \cdot g(t)$ nach Tabelle 2.3-3:

$$\tilde{v}(t) = \sum_{k=-\infty}^{\infty} A_k \cdot g(t - k \cdot \Delta t) = \sum_{k=-\infty}^{\infty} u(k \cdot \Delta t) \cdot \Delta t \cdot g(t - k \cdot \Delta t)\,.$$

[1] Mit den zeitversetzten Rechteckimpulsen $\Delta(t - k \cdot \Delta t) = \varepsilon(t) - \varepsilon(t - k \cdot \Delta t)$

Der Grenzübergang $\Delta t \to 0$ vollzieht den Übergang der gestuften Ein- und Ausgangssignale an die wirklichen Prozesssignale:

$$\text{Eingangssignal:} \quad u(t) = \lim_{\Delta t \to 0} \tilde{u}(t) = \lim_{\Delta t \to 0} \sum_{k=-\infty}^{\infty} u(k \cdot \Delta t) \cdot \Delta(t - k \cdot \Delta t) = \int_{-\infty}^{\infty} u(\tau) \cdot \delta(t-\tau)\, d\tau$$

$$\text{Ausgangssignal:} \quad v(t) = \lim_{\Delta t \to 0} \tilde{v}(t) = \lim_{\Delta t \to 0} \sum_{k=-\infty}^{\infty} u(k \cdot \Delta t) \cdot \Delta t \cdot g(t - k \cdot \Delta t) = \int_{-\infty}^{\infty} u(\tau) \cdot g(t-\tau)\, d\tau.$$

Das Ausgangssignal berechnet sich als Integral des Produkts zeitverschobener (gefalteter) Gewichtsfunktionen $g(t - \tau)$ mit dem Eingangssignal $u(t)$. Man bezeichnet diese Integralmultiplikation als **Faltungsoperation** und symbolisiert sie mit einem * (Stern):

$$v(t) = g(t) * u(t) = \int_{-\infty}^{\infty} g(t-t') \cdot u(t')\, dt' = \int_{-\infty}^{\infty} g(t') \cdot u(t-t')\, dt'. \qquad (2.3\text{-}29)$$

Anstelle der Gewichtsfunktion $g(t)$ kann auch die Übergangsfunktion oder die bezogene Rampenantwort verwendet werden. Ihr Zusammenhang zur Gewichtsfunktion ist der Tabelle 2.3-3 zu entnehmen. Es ist mathematisch auch erlaubt, bei der Faltungsoperation die Zeitverschiebung bei den Signalen zu vertauschen. Wichtig allein ist die Feststellung:

> Die Reaktion von Systemen auf beliebige Eingangssignale lässt sich mit Hilfe von Antwortfunktionen berechnen. Deshalb beschreiben sie Systeme vollständig. **Der Gewichtsfunktion kommt dabei eine Sonderrolle zu.**

Die Übergangsfunktionen werden zur graphischen Kennzeichnung von Systemen herangezogen. Sie lassen die zeitliche Reaktion der dargestellten Systeme erkennen.

Für die Systeme der Tabelle 2.3-2 müssen die Sprungantworten entweder berechnet oder experimentell bestimmt werden. Die Lösung der Differentialgleichung für ein P-T_1-System lässt sich noch einfach durchführen. Lehrbücher der Ingenieursmathematik behandeln diese Aufgabe i. Allg. sehr ausführlich, weshalb auf sie verwiesen wird. An dieser Stelle geben wir allein das Ergebnis an.

Das Ausgangssignal $v(t)$ eines P-T_1-Systems auf ein Sprungsignal $u_0 \cdot \varepsilon(t)$ berechnet sich mit der Anfangsbedingung $v(0) = v_0$ zu:

$$\text{P-T}_1\text{-Sprungantwort:} \quad v(t) = v_0 + K_P \cdot u_0 \left(1 - e^{-\frac{t}{T_1}}\right). \qquad (2.3\text{-}30)$$

Die Lösung der P-T_1-Systemgleichung beschreibt eine exponentielle Ausgleichsfunktion mit der Zeitkonstanten T_1. Sie ist in Abbildung 2.3-23 illustriert, in der gleichzeitig die Beziehung zwischen Anstiegschnelligkeit und Zeitkonstante T_1 dargestellt ist. Nach der Verzögerungszeit T_1 sind ca. 63 % des Übergangs vollzogen. Die Tangente im Ausgangspunkt, angelegt an die Übergangsfunktion, schneidet den Endwert nach der Verzögerungszeit T_1. Bei der experimentellen Bestimmung der Übergangsfunktion lässt sich dieses Wissen nutzen und auf die Verzögerungszeit schließen.

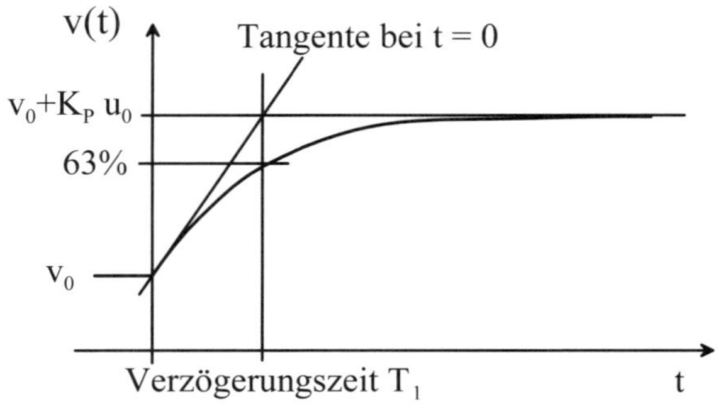

Abbildung 2.3-23: Sprungantwort eines P-T_1-Systems

Aus dem Sprungantwortsignal leitet man eine leicht einprägsame Symbolik für die unterschiedlichen Systemtypen zur Darstellung in Wirkschaltplänen ab. In den Blocksymbolen trägt man die graphische Übergangsfunktion mit der Anfangsbedingung $v(0) = v_0 = 0$ ein. Falls notwendig, vermerkt man seine Kennwerte zusätzlich oberhalb des Symbols:

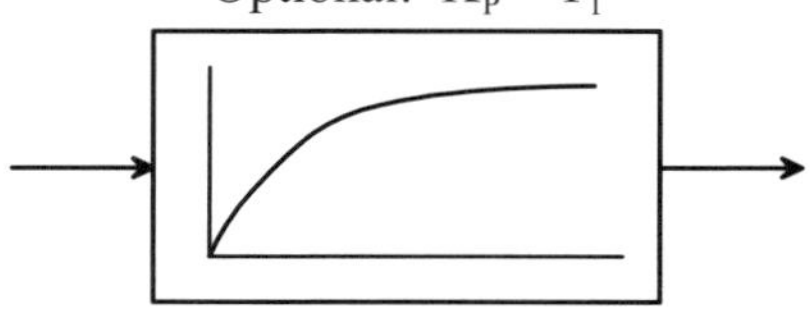

Abbildung 2.3-24: Symbol für das P-T_1-System

In Tabelle 2.3-4 sind die Übergangsfunktionen und Symbole wichtiger Übertragungsglieder aufgelistet.

Tabelle 2.3-4: Symbole und Übergangsfunktionen wichtiger Systeme

	Symbol	**Übergangsfunktion**
P	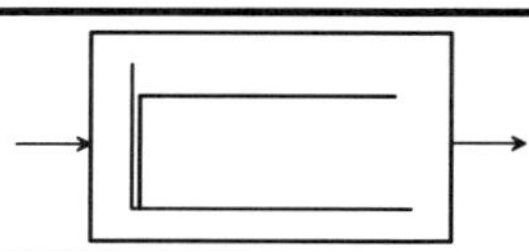	$K_P \cdot \varepsilon(t)$
P-T_1	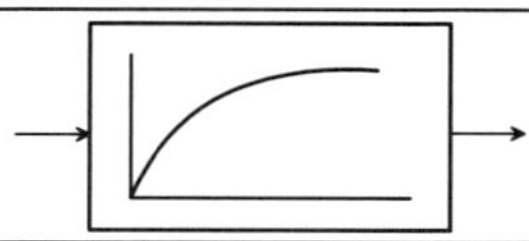	$K_P \cdot \left(1 - e^{-\frac{t}{T_1}}\right) \cdot \varepsilon(t)$
P-T_2 0 < D < 1	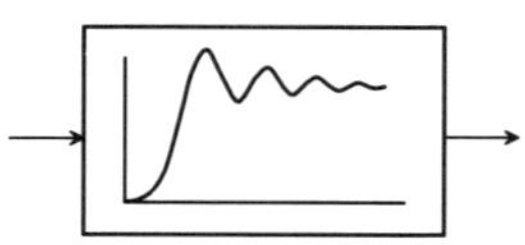	$K_p \left(1 - e^{-D\omega_0 t} \left\{ \begin{array}{l} \cos\left(\sqrt{1-D^2}\,\omega_0 t\right) \\ + \frac{D}{\sqrt{1-D^2}} \sin\left(\sqrt{1-D^2}\,\omega_0 t\right) \end{array} \right\} \right) \cdot \varepsilon(t)$ mit: $\omega_0 = 1/T_0$

	Symbol	Übergangsfunktion
T_t	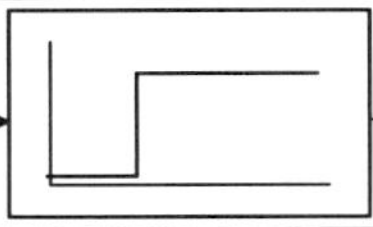	$K_P \cdot \varepsilon(t-T_t)$
P-T_1-T_t	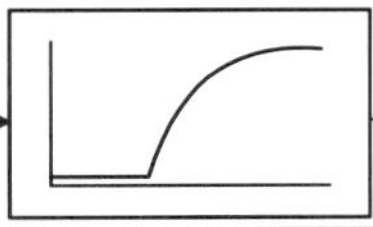	$K_P \cdot \left(1-e^{-\frac{(t-T_t)}{T_1}}\right) \cdot \varepsilon(t-T_t)$
I	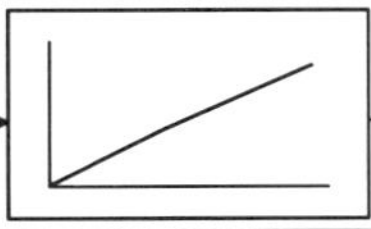	$K_I \cdot t \cdot \varepsilon(t) = \frac{t}{T_I} \cdot \varepsilon(t)$ mit: $T_I = \frac{1}{K_I}$ als Integrierzeit
I-T_1	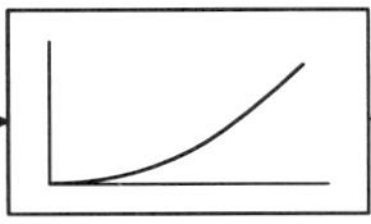	$\left(\frac{t}{T_1} + \frac{T_1}{T_1}\left(e^{-\frac{t}{T_1}} - 1\right)\right) \cdot \varepsilon(t)$
D	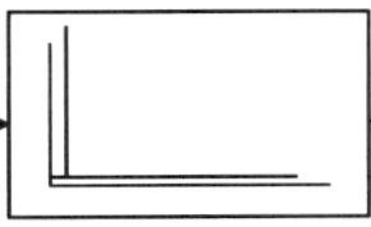	$K_D \cdot \delta(t)$
D-T_1	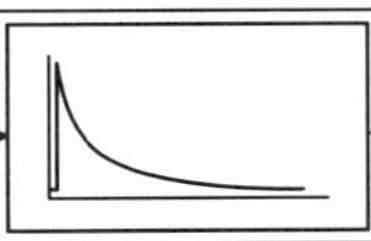	$\frac{K_D}{T_1} \cdot e^{-\frac{t}{T_1}} \cdot \varepsilon(t)$
PI	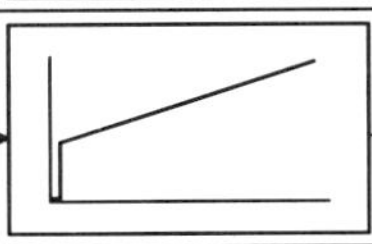	$K_P\left(1 + \frac{t}{T_N}\right) \cdot \varepsilon(t)$
PD	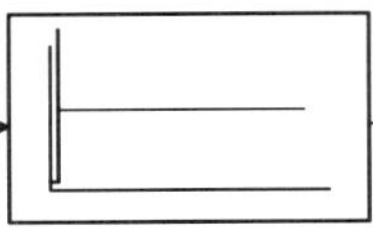	$K_P \cdot (\varepsilon(t) + T_V \cdot \delta(t))$
PID	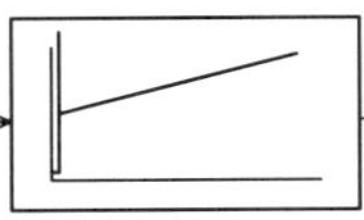	$K_P \cdot \left(1 + \frac{t}{T_N} + T_V \cdot \delta(t)\right) \cdot \varepsilon(t)$
PID-T_1	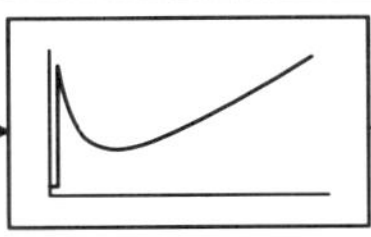	$\frac{K_p}{T_V}\left(t + T_N - T_1 - \left(T_N - T_1 - \frac{T_N \cdot T_V}{T_1}\right) e^{-\frac{t}{T_1}}\right) \cdot \varepsilon(t)$

2.3.3 Beschreibung im Frequenzbereich

Viele Systeme führen unter bestimmten Bedingungen Schwingungen aus. Bei ihnen interessieren besonders ihre Reaktionen auf von außen erzwungene Schwingungen. Als Testfunktionen verwendet man dazu harmonische Signale mit veränderlicher Periodendauer T_0 bzw. Frequenz ω_0. Die Messinformationen, die bei jeder Frequenz ausgewertet werden müssen, beschränken sich auf die Amplitudenveränderung und Phasenverschiebung zwischen Ein- und Ausgangssignal, deren schematische Messanordnung aus Abbildung 2.3-25 zu entnehmen ist. Die Frequenz ω_0 selbst bleibt für lineare Systeme unverändert.

Zur Gewinnung aussagekräftiger Ergebnisse muss die Untersuchung für eine große Anzahl von Eingangssignalfrequenzen durchgeführt werden. Für jede Einzelmessung ist der Beharrungszustand (stationäres Verhalten) abzuwarten, um das Amplitudenverhältnis und die Phasenverschiebung zwischen Ein- und Ausgang zu bestimmen. Nach der Auswertung erhält man Frequenzkennlinien.

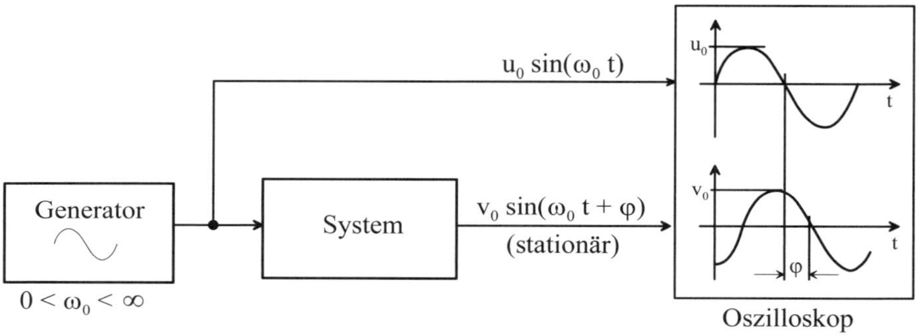

Abbildung 2.3-25: Messung von Frequenzkennlinien

2.3.3.1 Frequenzgang

Physikalisch beschreiben die Frequenzkennlinien, wie dynamische Systeme sinusförmige Eingangsgrößen übertragen, wobei nur das stationäre Verhalten berücksichtigt wird. Untersucht man die Systemreaktion auf ein einfaches Sinussignal nach dem Messaufbau in Abbildung 2.3-25, erhält man für das stationäre (eingeschwungene) Ausgangssignal $v_{\text{stationär}}(t)$ mit Hilfe der Signalfaltung (2.3-29) zwischen Gewichtsfunktion g(t) und Eingangssignal $u_0 \cdot \sin(\omega t)$:

$$v_{\text{stationär}}(t) = \lim_{t\to\infty}\big(g(t) * u_0 \sin(\omega t)\big) = \lim_{t\to\infty} \int_{-\infty}^{\infty} u_0 \sin(\omega\tau)\cdot g(t-\tau)\, d\tau = \lim_{t\to\infty} \int_{-\infty}^{\infty} u_0 \sin\big(\omega(t-\tau)\big)\cdot g(\tau)\, d\tau$$

$$= \int_{-\infty}^{\infty} \tfrac{1}{2j} u_0 \left(e^{j\omega(t-\tau)} - e^{-j\omega(t-\tau)}\right)\cdot g(\tau)\, d\tau \overset{g(t)=0 \text{ für } t<0}{=} \int_{-\infty}^{\infty} \tfrac{1}{2j} u_0 \left(e^{j\omega(t-\tau)} - e^{-j\omega(t-\tau)}\right)\cdot g(\tau)\, d\tau$$

$$= \tfrac{1}{2j} u_0 e^{j\omega t} \underbrace{\int_{-\infty}^{\infty} e^{-j\omega\tau}\cdot g(\tau)\, d\tau}_{\text{Fourier-Transformierte } G(j\omega)} - \tfrac{1}{2j} u_0 e^{-j\omega t} \underbrace{\int_{-\infty}^{\infty} e^{-(-j\omega)\tau}\cdot g(\tau)\, d\tau}_{\text{Fourier-Transformierte } G(-j\omega)}$$

$$
\begin{aligned}
v_{\text{stationär}}(t) &= \tfrac{1}{2j} u_0 e^{j\omega t} \cdot G(j\omega) - \tfrac{1}{2j} u_0 e^{-j\omega t} \cdot G(-j\omega) \\
&= \tfrac{1}{2j} u_0 e^{j\omega t} \cdot |G(j\omega)| \cdot e^{j\varphi} - \tfrac{1}{2j} u_0 e^{-j\omega t} \cdot |G(-j\omega)| \cdot e^{-j\varphi} \quad \text{da } G(j\omega) = |G(j\omega)| \cdot e^{j\varphi(\omega)} \\
& \qquad \text{und } G(-j\omega) = |G(-j\omega)| \cdot e^{-j\varphi(\omega)} \\
&= |G(j\omega)| \cdot \left(\tfrac{1}{2j} u_0 (e^{j\cdot(\omega t + \varphi(\omega))} - e^{-j\cdot(\omega t + \varphi(\omega))}) \right) \quad \text{da } |G(j\omega)| = |G(-j\omega)| \\
&= |G(j\omega)| \cdot u_0 \sin(\omega t + \varphi(\omega)) \\
&= v_0 \cdot \sin(\omega t + \varphi(\omega)).
\end{aligned}
$$

Das Eingangssignal wird um den Phasenwinkel $\varphi(\omega)$ verschoben und seine Amplitude u_0 um den Faktor $|G(j\omega)|$ auf v_0 verändert. Transformiert man die Ein- und Ausgangssignale in den Frequenzbereich, erkennt man zwischen beiden Signalen den einfachen Zusammenhang:

$$
\begin{aligned}
\mathcal{F}\{v_{\text{stationär}}(t)\} &= |G(j\omega)| \cdot \mathcal{F}\{u_0 \sin(\omega t + \varphi)\} \overset{\text{Anhang B-1}}{=} |G(j\omega)| \cdot e^{j\varphi} \cdot \mathcal{F}\{u_0 \sin(\omega t)\} \\
&= |G(j\omega)| \cdot e^{j\varphi} \cdot \mathcal{F}\{u_{\text{stationär}}(t)\} \\
&= G(j\omega) \cdot \mathcal{F}\{u_{\text{stationär}}(t)\}.
\end{aligned}
$$

In der Frequenzebene berechnet sich das Ausgangssignal durch die Multiplikation des Eingangssignals mit einer systemspezifischen Frequenzfunktion, welche durch

$$
G(j\omega) = \frac{\mathcal{F}\{v_{\text{stationär}}(t)\}}{\mathcal{F}\{u_{\text{stationär}}(t)\}} = |G(j\omega)| \cdot e^{j\varphi} = \mathcal{F}\{g(t)\}
$$

beschrieben ist. Ihre systemtheoretische Definition lautet:

Definition: Frequenzgang

Der **Frequenzgang FG(jω)** eines Systems bestimmt sich aus dem Quotienten der Fourier-Transformierten seiner Ein- und Ausgangssignale:

$$
FG(j\omega) \equiv \frac{\mathcal{F}\{v(t)\}}{\mathcal{F}\{u(t)\}} = \frac{V(j\omega)}{U(j\omega)}. \qquad (2.3\text{-}31)
$$

Die Fourier-Transformierten der Ein- und Ausgangssignale sind mit $U(j\omega)$ und $V(j\omega)$ bezeichnet.

Die Wirkung des Frequenzgangs auf ein sinusförmiges Eingangssignal verursacht eine Amplitudenveränderung und Phasenverschiebung. Beide Größen sind frequenzabhängig und berechnen sich aus der Gewichtsfunktion:

Der Frequenzgang $FG(j\omega)$ korrespondiert mit der Gewichtsfunktion $g(t)$ über die Fourier-Transformation:

$$
g(t) \circ\!\!-\!\!\bullet\, FG(j\omega). \qquad (2.3\text{-}32)
$$

Er besitzt als komplexe Funktion zwei mathematische Darstellungsformen:

$$\begin{aligned} \text{Kartesische Form:}\quad & FG(j\omega) = FG_R(\omega) + j \cdot FG_I(\omega) \\ \text{Polare Form:}\quad & FG(j\omega) = |FG(j\omega)| e^{j\cdot\varphi G(\omega)} \equiv AG(\omega) \cdot e^{j\cdot\varphi G(\omega)}. \end{aligned} \qquad (2.3\text{-}33)$$

2.3.3.2 Nyquist- und Bode-Diagramm

Die kartesische Form von FG(jω) weist den Real- und Imaginärteil als gesonderte Funktionen $FG_R(\omega)$ und $FG_I(\omega)$ aus. Die Polardarstellung ist die gebräuchlichere Art, welche den Frequenzgang als Zeiger beschreibt. Der Frequenzgang FG(jω) wird in der Gauß'schen Zahlenebene als Kurve in Abhängigkeit der Frequenzvariablen ω veranschaulicht:

Definition: Ortskurve oder Nyquist-Diagramm

Wird der Frequenzgang FG(jω) als Kurve in der komplexen Ebene in Abhängigkeit des Frequenzparameters ω dargestellt, spricht man von der **Ortskurve** oder dem **Nyquist-Diagramm** eines Systems:

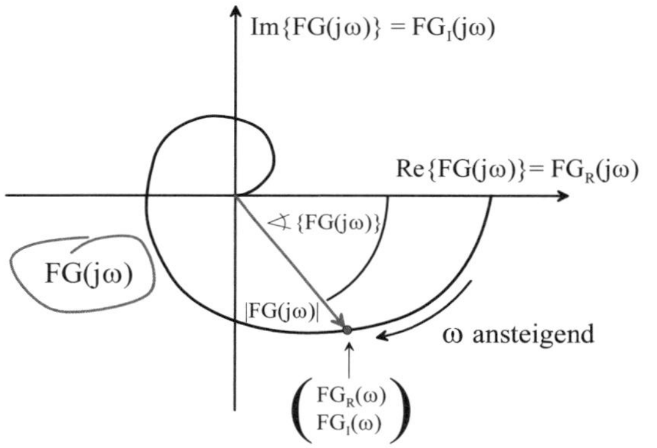

Abbildung 2.3-26: Ortskurve bzw. Nyquist-Diagramm

Zusätzlich zur Ortskurve illustriert das obige Diagramm einen Zeiger zu einem beliebigen Punkt des Frequenzgangs aus. Dessen Länge und Winkel können aus den Real- und Imaginärteilfunktionen der kartesischen Darstellungsform bestimmt werden:

$$\begin{aligned} |FG(j\omega)| &= \sqrt{FG_R(\omega)^2 + FG_I(\omega)^2} \\ \sphericalangle\{FG(j\omega)\} &= \arctan \frac{FG_I(\omega)}{FG_R(\omega)}. \end{aligned} \qquad (2.3\text{-}34)$$

Die Polarform des Frequenzgangs beschreibt die Systemdynamik durch die Zeigerlänge |FG(jω)| als Amplitudenverstärkung und den Winkel $\sphericalangle FG(j\omega)$ als Phasenverschiebung zwischen Eingangs- und Ausgangssignal:

Definition: Amplitudengang

Der **Amplitudengang AG(ω)** eines Systems beschreibt das Verhältnis der Signalamplituden von Eingangs- und Ausgangsgrößen:

$$AG(\omega) = |FG(j\omega)|\,. \tag{2.3-35}$$

Er veranschaulicht, welche Frequenzen die Ausgangssignale maßgebend beeinflussen bzw. welche Frequenzanteile beim Durchgang eines Signals durch das System unterdrückt werden.

Definition: Phasengang

Der **Phasengang φG(ω)** eines Systems zeigt die Phasenverschiebungen der Frequenzkomponenten im Ausgangssignal an, die sie auf dem Weg durch das Übertragungsglied in Bezug zu den Frequenzkomponenten des Eingangssignals erfahren:

$$\varphi G(\omega) = \sphericalangle\{FG(j\omega)\}\,. \tag{2.3-36}$$

Beide Systemgänge sind eine Funktion der Frequenzvariablen. Sie können auch in zwei getrennten Schaubildern angezeigt werden:

Definition: Bode-Diagramm

Das **Bode-Diagramm** stellt den Frequenzgang als Amplituden- und Phasengang in zwei getrennten Diagrammen als Funktion der Frequenz dar. Die Frequenzachse ist dabei logarithmisch skaliert, ebenso die Amplituden-Ordinate. Die Phase wird linear in Winkelgrad [°] eingeteilt.

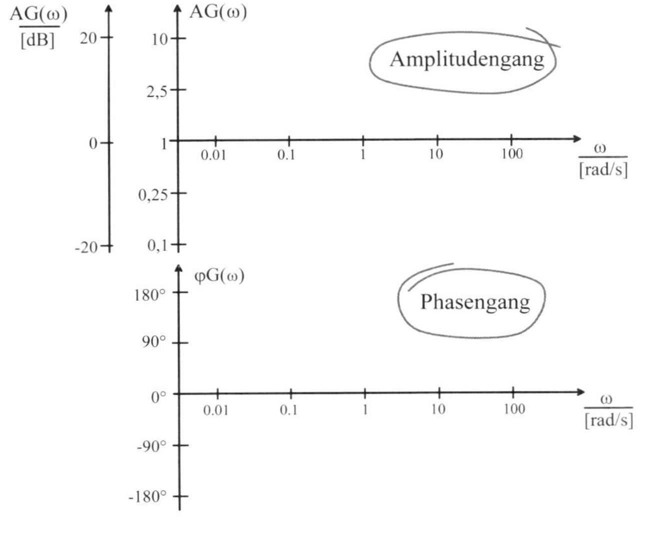

Abbildung 2.3-27: Bode-Diagramm

Die Amplitudengangskalierung kann optional auch durch das Dezibelmaß vorgenommen werden. Dazu wird an die Darstellung des Frequenzspektrums erinnert[1]. Beide Diagramme besitzen dieselbe Darstellungsform.

Die Ortskurve und das Bodediagramm sind äquivalente Beschreibungsformen. Die erstere stellt die Frequenzganginformation auf komprimierte Weise dar. Sie wird bei der Stabilitätsbeurteilung von Regelungssystemen eine wichtige Rolle spielen. Das Bodediagramm gibt den Durchgang von Frequenzen durch ein System aussagekräftiger wieder. Aus ihm lassen sich evtl. vorhandene Eigenfrequenzen des Systems besser erkennen.

Die Übertragungssysteme, die uns interessieren, besitzen charakteristische Nyquist- und Bode-Diagramme. Mit Hilfe der in Abbildung 2.3-25 angedeuteten Frequenzgangmessung können solche Diagramme leicht erstellt werden. Der Fachmann erkennt aus ihnen unmittelbar die Dynamik der analysierten Systeme. Aus dem Verlauf des Frequenzgangs kann auf ihre Struktur und Kennwerte geschlossen werden. Die Frequenzanalyse hat den weiteren Vorteil, dass auch der Bereich sehr hoher Frequenzen erfasst wird. Insbesondere im Bereich der Maschinendynamik (Schwingungsmesstechnik), der Akustik sowie der Antriebstechnik spielt die Frequenzganganalyse eine bedeutende Rolle.

Die Frequenzgänge aller linearen Systeme lassen sich, wie sollte es auch anders sein, aus ihren Systemgleichungen strukturell bestimmen. Den Ausgangspunkt dazu stellt die *allgemeine lineare Systemgleichung* $\mathrm{LSG}(u, v) = 0$ (2.3-8) dar, auf welche die Fourier-Transformation angewandt werden muss, um in den Frequenzbereich zu wechseln[2]:

$$\mathcal{F}\left\{a_p \cdot v^{(p)}(t) + a_{p-1} \cdot v^{(p-1)}(t) + \ldots + a_1 \cdot \dot{v}(t) + a_0 \cdot v(t)\right\} =$$

$$= \mathcal{F}\left\{b_0 \cdot u(t) + b_1 \cdot \dot{u}(t) + \ldots + b_{q-1} \cdot u^{(q-1)}(t) + b_q \cdot u^{(q)}(t)\right\}$$

Die Ausnutzung der Linearitäts- und der Ableitungseigenschaft[3] gestattet die Separierung in die einzelnen Fourier-Transformierten und die Rückführung auf die beteiligten Originalsignale:

$$a_p \cdot \mathcal{F}\left\{v^{(p)}(t)\right\} + a_{p-1} \cdot \mathcal{F}\left\{v^{(p-1)}(t)\right\} + \ldots + a_1 \cdot \mathcal{F}\left\{\dot{v}(t)\right\} + a_0 \cdot \mathcal{F}\left\{v(t)\right\} =$$

$$= b_0 \cdot \mathcal{F}\left\{u(t)\right\} + b_1 \cdot \mathcal{F}\left\{\dot{u}(t)\right\} + \ldots + b_{q-1} \cdot \mathcal{F}\left\{u^{(q-1)}(t)\right\} + b_q \cdot \mathcal{F}\left\{u^{(q)}(t)\right\}$$

$$a_p \cdot (j\omega)^p \cdot \mathrm{FT}\left\{v(t)\right\} + a_{p-1} \cdot (j\omega)^{p-1} \cdot \mathcal{F}\left\{v(t)\right\} + \ldots + a_1 \cdot (j\omega)^1 \cdot \mathcal{F}\left\{v(t)\right\} + a_0 \cdot (j\omega)^0 \cdot \mathcal{F}\left\{v(t)\right\} =$$

$$= b_0 \cdot (j\omega)^0 \cdot \mathcal{F}\left\{u(t)\right\} + b_1 \cdot (j\omega)^1 \cdot \mathcal{F}\left\{u(t)\right\} + \ldots + b_{q-1} \cdot (j\omega)^{q-1} \cdot \mathcal{F}\left\{u(t)\right\} + b_q \cdot (j\omega)^q \cdot \mathcal{F}\left\{u(t)\right\}$$

$$\left(a_p \cdot (j\omega)^p + a_{p-1} \cdot (j\omega)^{p-1} + \ldots + a_1 \cdot (j\omega)^1 + a_0 \cdot (j\omega)^0\right) \cdot \mathrm{FT}\left\{v(t)\right\} =$$

$$= \left(b_0 \cdot (j\omega)^0 + b_1 \cdot (j\omega)^1 + \ldots + b_{q-1} \cdot (j\omega)^{q-1} + b_q \cdot (j\omega)^q\right) \cdot \mathrm{FT}\left\{u(t)\right\}$$

---

[1] Siehe Abschnitt 2.2

[2] Die Anfangsbedingungen werden o. B. d. A. auf null gesetzt.

[3] Siehe Anhang B

Die Anwendung der Frequenzgangdefinition (2.3-31) ergibt die Berechnungsvorschrift der Frequenzgänge linearer Systeme:

$$\begin{aligned}\mathrm{FG}(j\omega) &= \frac{\mathcal{F}\{v(t)\}}{\mathcal{F}\{u(t)\}}\\ &= \frac{b_0\cdot(j\omega)^0 + b_1\cdot(j\omega)^1 + \ldots + b_{q-1}\cdot(j\omega)^{q-1} + b_q\cdot(j\omega)^q}{a_0\cdot(j\omega)^0 + a_1\cdot(j\omega)^1 + \ldots + a_{p-1}\cdot(j\omega)^{p-1} + a_p\cdot(j\omega)^p}\\ &\triangleq \frac{(\text{Frequenzdynamik Eingangssignal})}{(\text{Frequenzdynamik Ausgangssignal})}.\end{aligned} \qquad (2.3\text{-}37)$$

Der Frequenzgang linearer Systeme ergibt eine gebrochen rationale Funktion. Die Kausalität technischer Systeme verlangt, dass der Polynomgrad der Zählerfunktion den des Nennerpolynoms nicht übersteigt. Die Frequenzvariable ω muss den gesamten reellen Zahlenbereich[1] überstreichen. Aus Symmetriegründen beschränkt man sich bei der Darstellung im Nyquist- oder Bode-Diagramm auf positive Frequenzen (0 bis ∞)[2].

Wenden wir diese Ergebnisse beispielhaft auf das P-T_1-System an!

Seine Systemgleichung schreibt sich nach Tabelle 2.3-2:

$$\text{P-T}_1\text{:} \quad T_1\cdot\dot{v}(t) + v(t) = K_P\cdot u(t)\,.$$

Der Koeffizientenvergleich bzgl. der allgemeinen linearen Systemgleichung (2.3-8) legt seinen Frequenzgang fest:

$$\mathrm{FG}(j\omega) = \frac{K_P}{1 + j\omega\cdot T_1}\,. \qquad (2.3\text{-}38)$$

Die Separierung in Real- und Imaginärteil ergibt dessen kartesische Darstellung:

$$\mathrm{FG}(j\omega) = \frac{K_p}{1+(\omega T)^2} + j\cdot\frac{-K_p\cdot\omega\cdot T_1}{1+(\omega T)^2}\,, \qquad (2.3\text{-}39)$$

woraus sich der Amplituden- und Phasengang für das P-T_1-System bestimmen:

$$\begin{aligned}\mathrm{AG}(\omega) &= \frac{K_p}{\sqrt{1+(\omega T_1)^2}}\\ \varphi\mathrm{G}(\omega) &= -\arctan(\omega T_1).\end{aligned} \qquad (2.3\text{-}40)$$

Die Abbildung 2.3-28 zeigt das Bode-Diagramm eines P-T_1-Systems. Die Frequenzachse

---

[1] Siehe Abschnitt 2.2.2 Signalbeschreibung im Frequenzbereich.

[2] Manche Software-Werkzeuge zur Berechnung von Frequenzgängen zeigen den gesamten Frequenzbereich an.

ist auf die Grenzfrequenz ω_G skaliert:

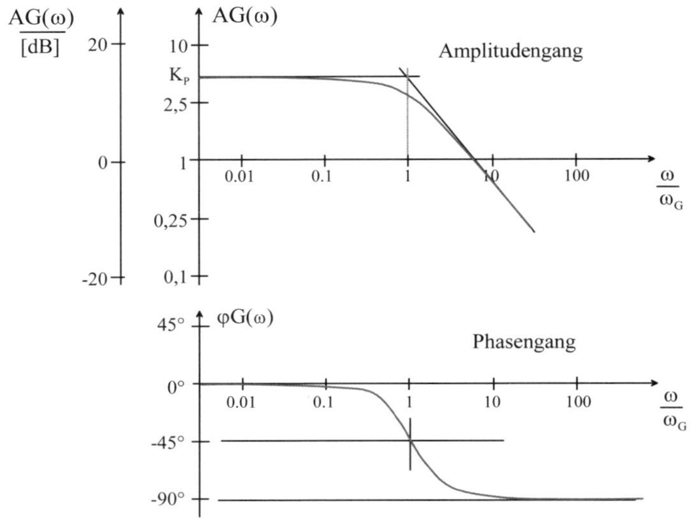

Abbildung 2.3-28: Bode-Diagramm P-T₁-System

Der Amplitudengang AG(jω) verdeutlicht die Begrenzung der Signalfrequenzen auf den Bereich unterhalb der Grenzfrequenz ω_G. Dort wird ein Signal annähernd mit voller Amplitude durch das P-T_1-System geleitet. Oberhalb von ω_G tritt eine Dämpfung der Ausgangssignalamplitude auf, die pro Dekade um 20 dB ansteigt.

Generell legt man die Grenzfrequenz ω_G über den Amplitudenabfall fest:

Definition: Grenzfrequenz

Die **Grenzfrequenz** $\boldsymbol{\omega_G}$ eines Systems wird dadurch ausgezeichnet, dass bei dieser Frequenz der Amplitudengang auf $\frac{1}{\sqrt{2}}$ seines Werts bei der Frequenz $\omega = 0$ abgefallen ist. Dies entspricht einem Rückgang um 3 dB, weshalb man auch vom **3 dB-Punkt** spricht.

Für das P-T_1-System errechnet sich die Grenzfrequenz zu:

$$\text{3 dB-Punkt:} \quad \frac{AG(\omega = \omega_G)}{AG(\omega = 0)} = \frac{1}{\sqrt{1 + (\omega_G T)^2}} = \frac{1}{\sqrt{2}}$$

$$\text{oder:} \quad 1 + (\omega_G T_1)^2 = 2$$

$$\text{Grenzfrequenz P-T}_1\text{:} \quad \omega_G = \frac{1}{T_1}.$$

Typischerweise verläuft die Ortskurve des P-T_1-Systems im 4. Quadranten der Gauß´schen Zahlenebene. Ihr Ausgangspunkt bei $\omega = 0$ besitzt den Wert K_P auf der positiv-reellen Achse. Sie verläuft auf einem Halbkreis mit dem Endpunkt bei der Frequenz $\omega = \infty$ im Nullpunkt. Dort besitzt die Zeigerlänge den Wert null, was die Absorption aller Signalamplituden bei hohen Frequenzen bedeutet.

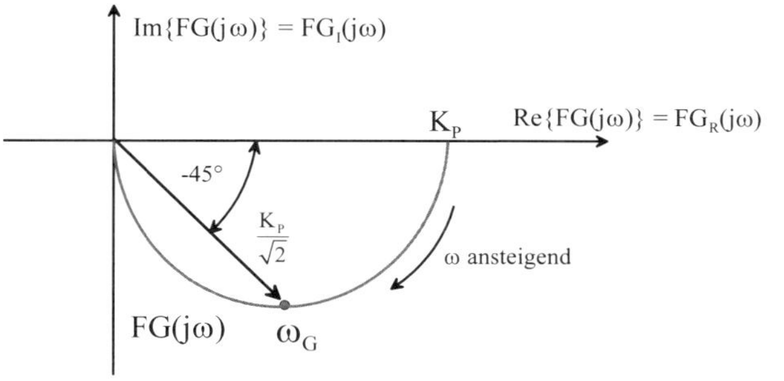

Abbildung 2.3-29: Nyquist-Diagramm P-T_1-System

Die Grenzfrequenz ω_G markiert den unteren Scheitelpunkt der Kurve. Der Zeiger besitzt dort die Länge $\frac{K_P}{\sqrt{2}}$ und eine Phasendrehung von $\varphi = -45°$.

Für alle anderen Systeme der Tabelle 2.3-2 lassen sich die Frequenzgänge mathematisch berechnen und ihre Ortskurven und Bode-Diagramme angeben. Diese sind in Tabelle 2.3-5 zusammengestellt.

Als Ausnahme taucht in dieser Tabelle das Totzeit-System auf, dessen Frequenzgang mit der Übersetzungsvorschrift (2.3-37) nicht bestimmt werden kann. Bei seiner Berechnung muss man sich nur an sein Verhalten erinnern. Ein Sinus-Signal wird um die Totzeit T_t verzögert, was einer Phasenschiebung bzgl. seiner Periodendauer T von

$$T_t : T = \varphi : 2\pi \qquad \Rightarrow \qquad \varphi = \frac{2\pi}{T} T_t = \omega \cdot T_t$$

gleichkommt. Die Amplitudenverstärkung K_P ist von der Frequenz unabhängig. Der Frequenzgang des Totzeit-Systems schreibt sich deshalb in der Polarform (2.3-33) als:

$$FG(j\omega) = K_P \cdot e^{j\omega \cdot T_t} \,. \qquad (2.3\text{-}41)$$

Als Ortskurve resultiert ein Kreis mit Radius K_P, welcher mit ansteigender Frequenz mehrfach umrundet wird.

Tabelle 2.3-5: Nyquist- und Bode-Diagramme wichtiger Systeme

	Frequenzgang FG(jω)	**Nyquist-Diagramm Ortskurve**	**Bode-Diagramm**
P	K_P	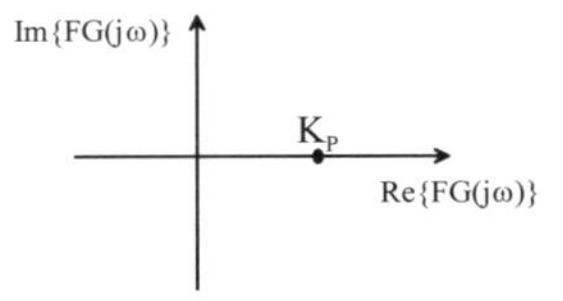	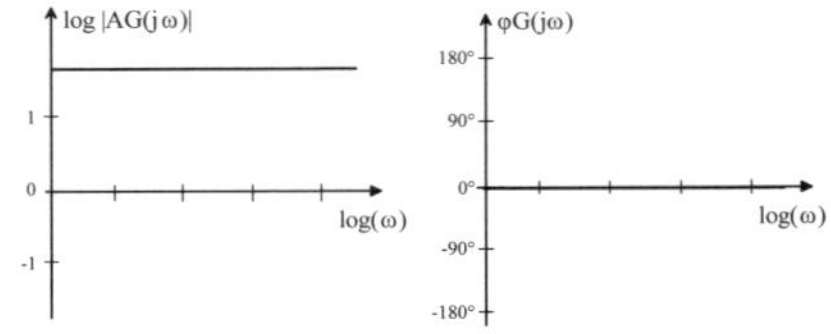
P-T₁	$\frac{K_P}{1+j\omega\cdot T_1}$	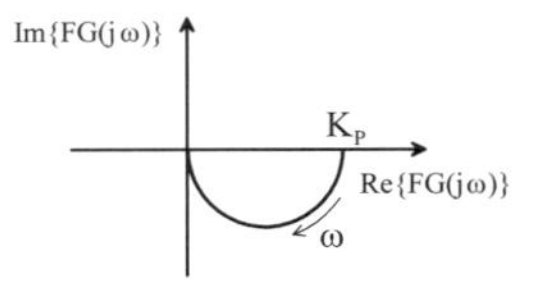	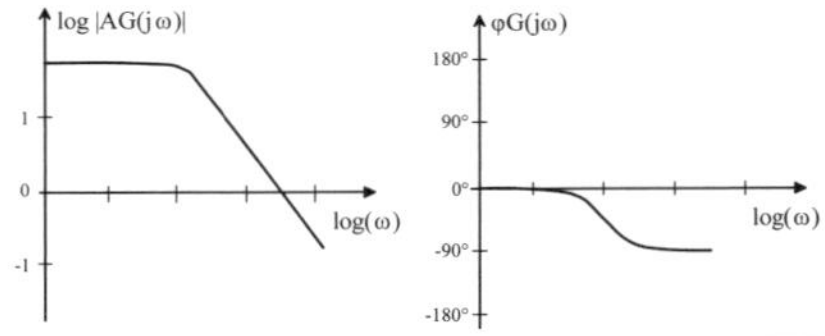
P-T₂ 0 < D < 1	$\frac{K_P}{1-(\omega\cdot T_0)^2+2D\cdot j\omega\cdot T_0}$	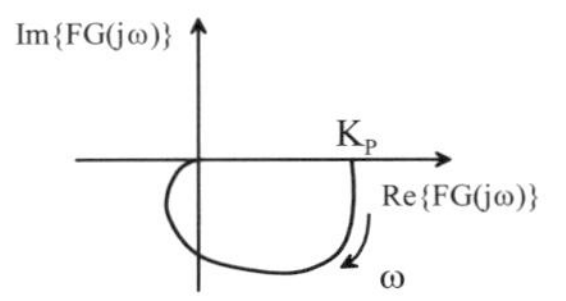	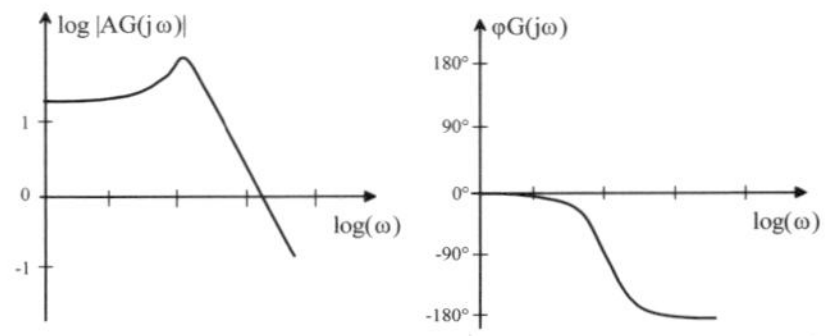
T_t	$K_P\cdot e^{-j\cdot\omega\cdot T_t}$	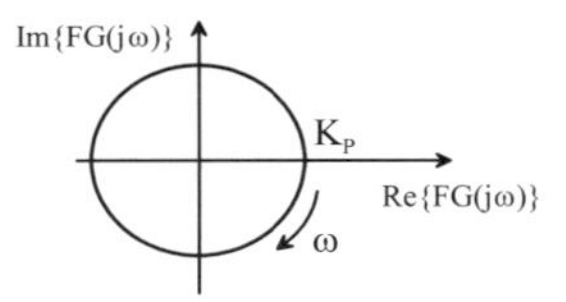	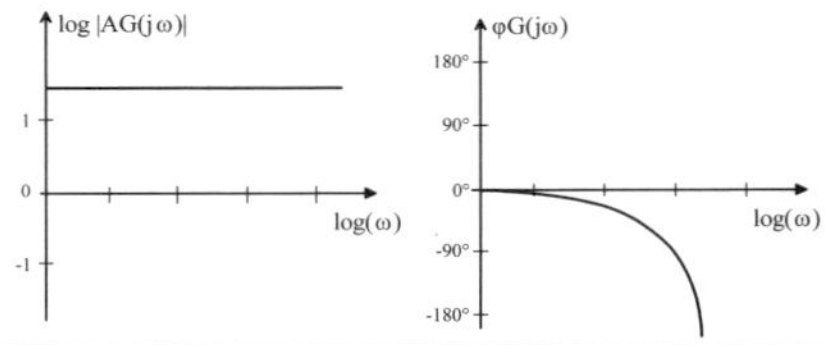
P-T₁-T_t	$\frac{K_P}{1+j\omega\cdot T_1}\cdot e^{-j\cdot\omega\cdot T_t}$	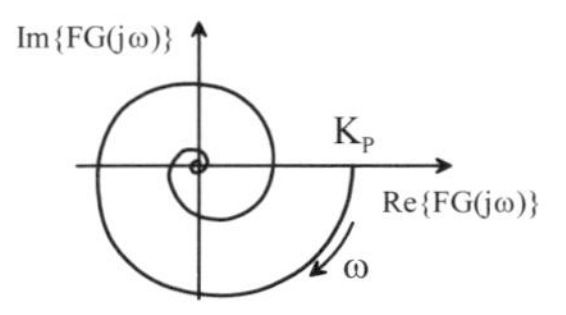	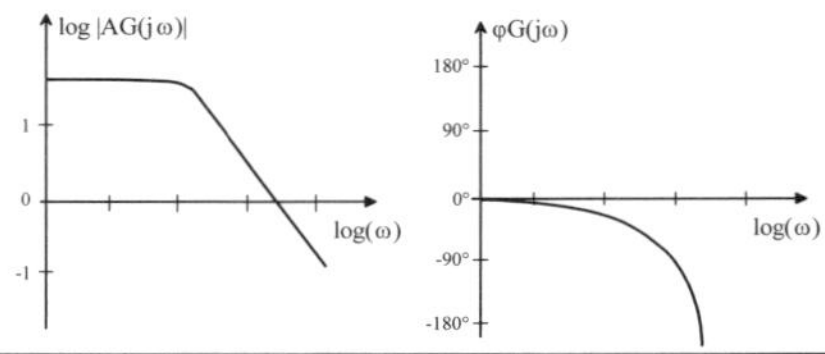
I	$\frac{1}{j\omega\cdot T_N}$	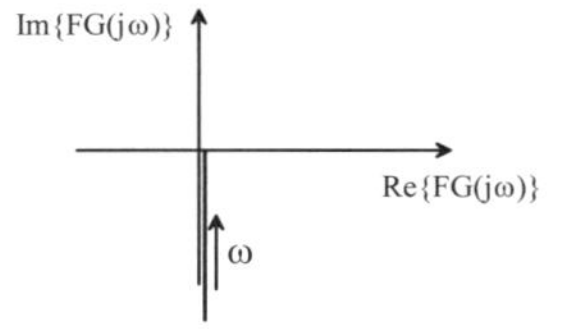	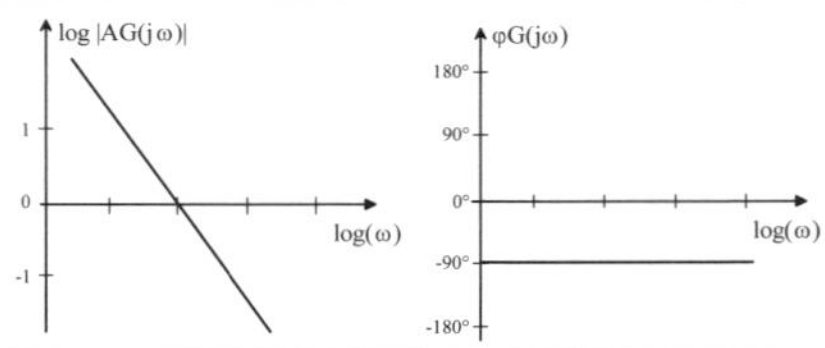

	Frequenzgang FG(jω)	Nyquist-Diagramm Ortskurve	Bode-Diagramm
I-T₁	$\frac{1}{j\omega \cdot T_N \cdot (1+j\omega \cdot T_1)}$	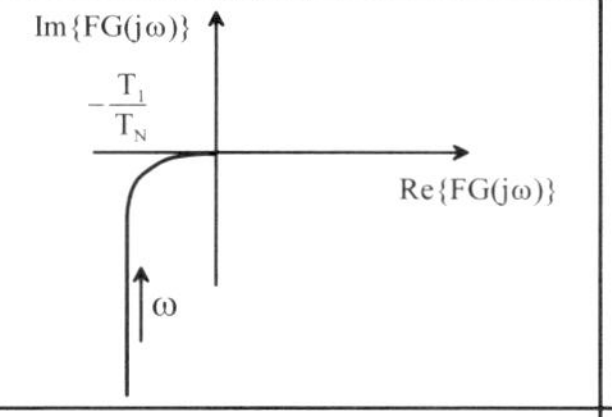	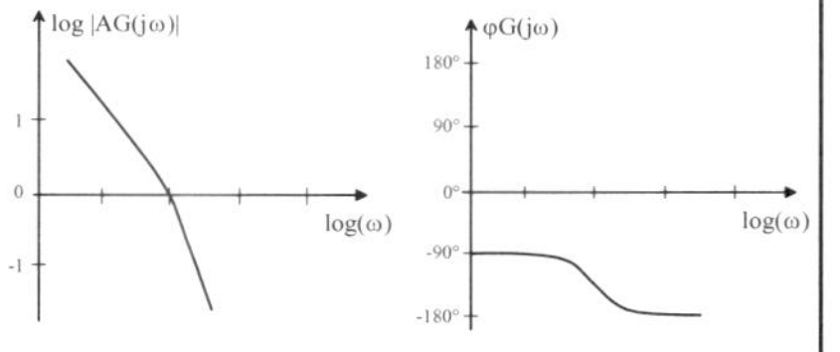
D	$j\omega \cdot T_V$	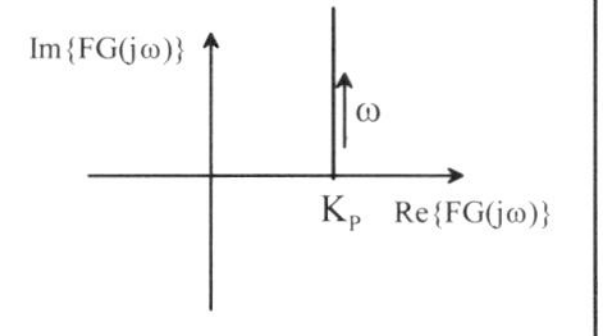	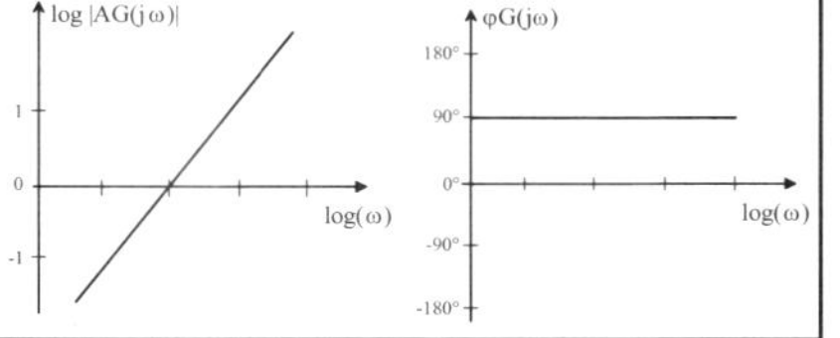
D-T₁	$\frac{j\omega \cdot T_V}{1+j\omega \cdot T_1}$	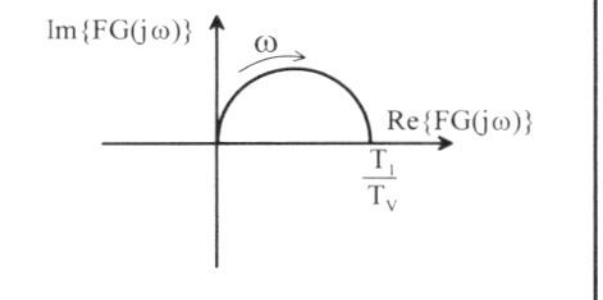	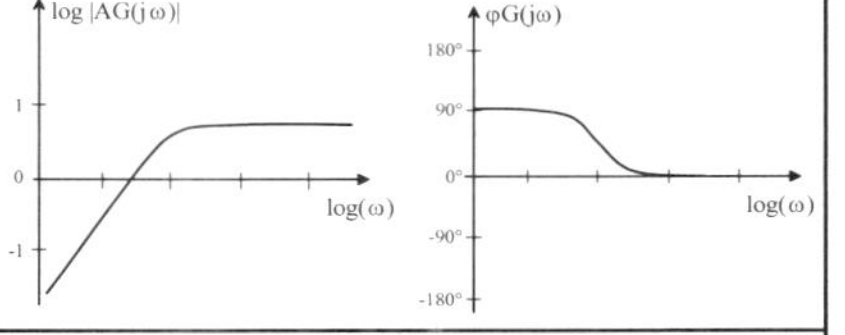
PI	$K_P\left(1+\frac{1}{j\omega \cdot T_N}\right)$	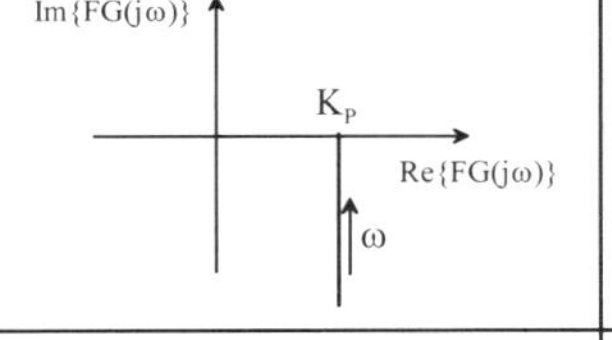	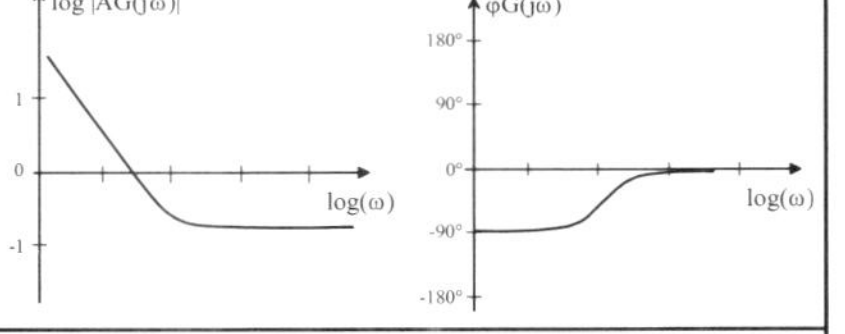
PD	$K_p\left(1+j\omega \cdot T_V\right)$	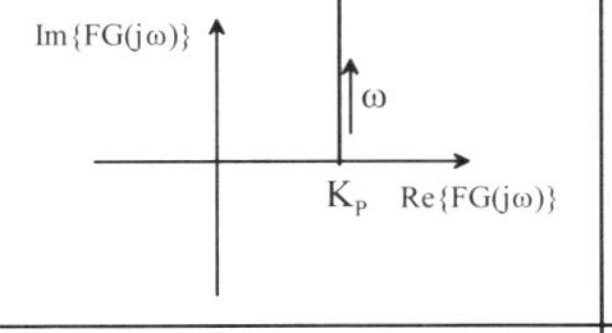	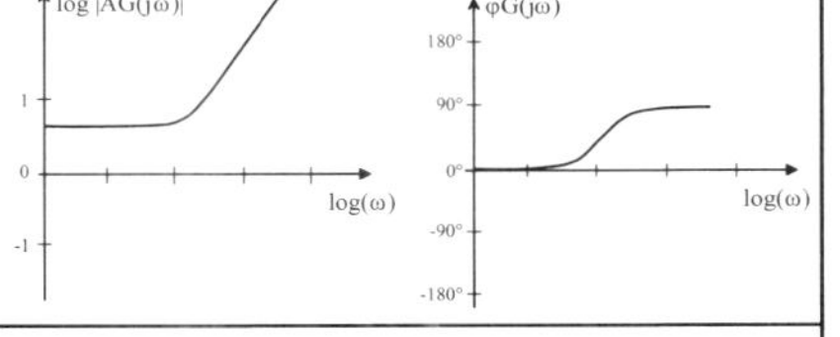
PID	$K_P\left(1+\frac{1}{j\omega \cdot T_N}+j\omega \cdot T_V\right)$	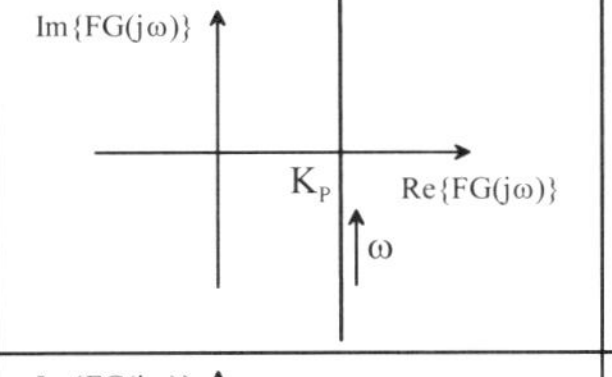	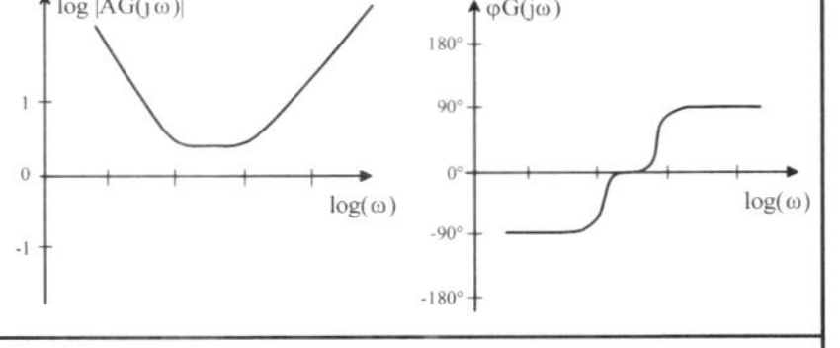
PID-T₁	$\frac{K_P\left(1+\frac{1}{j\omega \cdot T_N}+j\omega \cdot T_V\right)}{1+j\omega \cdot T_1}$	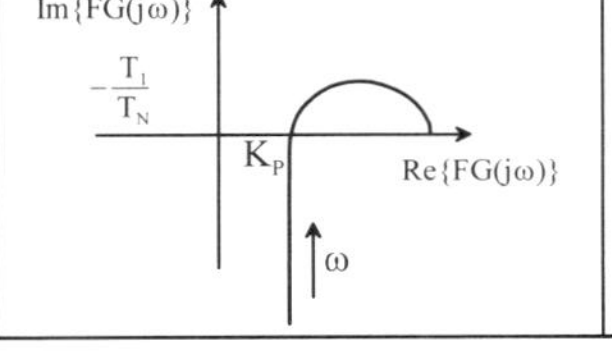	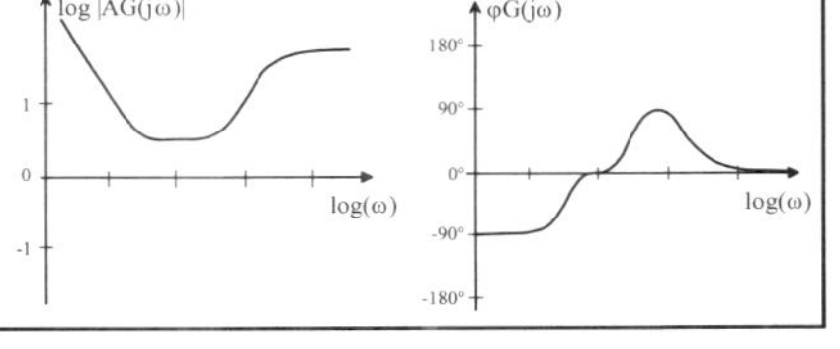

2.3.4 Beschreibung im Bildbereich

Die Beschreibung von Signalen im Frequenzbereich lehrte uns, dass ihre Unendlichkeitsstellen eine dominante Rolle spielen. Für stationäre (zeitlich amplitudenkonstante) Signale waren diese aus dem Spektrum abzulesen. Für instationäre Signale musste zwecks ihrer Sichtbarmachung zuerst eine Erweiterung in den Bildbereich vorgenommen werden. Der Bildbereich, repräsentiert durch die komplexe Frequenz $s = \sigma + j\omega$ (Laplace-Operator), erlaubte eine konsistente Beschreibung beliebiger Zeitsignale mittels Polstellen. Die Laplace-Transformation ersetzte die Fourier-Transformation.

Die Vorteile des Bildbereichs zur Signalbeschreibung durch den Pol-Nullstellen-Plan sollen nun für Systeme genutzt werden. Dazu wenden wir die bisher aufgetretenen Beziehungen zwischen Signalen und Systemen an. Die Tabelle 2.3-6 zeigt die Zusammenhänge zwischen den Darstellungsebenen:

Tabelle 2.3-6: Darstellungsarten für Signale und Systeme

	Signale	**Systeme**
Zeitbereich	Zeitfunktionen **Elementarsignale:** Sprungsignal Impulssignal Rampensignal Sinus-Signal	Systemgleichungen (Differentialgleichungen) **Elementare Antwortsignale:** Übergangsfunktion Gewichtsfunktion Anstiegsantwort Sinus-Antwort
Frequenzbereich	Fourier-Transformierte: $X(j\omega) = \mathcal{F}\{x(t)\}$ Frequenzspektrum	Frequenzgang: $FG(j\omega) = \dfrac{\mathcal{F}\{v(t)\}}{\mathcal{F}\{u(t)\}}$ Bode-Diagramm Ortskurve
Bildbereich	Laplace-Transformierte: $X(s) = \mathcal{L}\{x(t)\}$ Pol-Nullstellen-Plan	**Übertragungsfunktion:** $G(s) = \dfrac{\mathcal{L}\{v(t)\}}{\mathcal{L}\{u(t)\}}$ **"Pol-Nullstellenkurve"**

Die Tabelle 2.3-6 weist darauf hin, dass sich die Beschreibung von Systemen im Bildbereich äquivalent zu dem Vorgehen im Frequenzbereich gestaltet. Der Unterschied liegt allein darin, dass anstelle der Fourier- die Laplace-Transformation verwendet wird. Die daraus resultierenden Funktionen und Kennlinien besitzen andere Namen. Ihre physikalische Interpretation soll helfen, die Systemeigenschaften gezielter zu beschreiben.

2.3.4.1 Übertragungsfunktion

Mit den Mitteln des Bildbereichs kann die Dynamik stationärer und instationärer Signale vollständig beschrieben werden. Der Frequenzgang von Systemen gibt nur ihr stationäres Verhalten (Beharrungsverhalten) richtig wieder. Was liegt also näher, als den Frequenzgang auf die Bildebene zu übertragen. Mit ihm wird das Ziel angestrebt, das dynamische Verhalten von Systemen ebenfalls vollständig zu beschreiben.

Im Bildbereich bezeichnet man das Äquivalent zum Frequenzgang als Übertragungsfunktion:

Definition: Übertragungsfunktion

Die **Übertragungsfunktion G(s)** eines Systems bestimmt sich über das Verhältnis der Laplace-Transformierten seiner Ein- und Ausgangssignale:

$$G(s) \equiv \frac{\mathcal{L}\{v(t)\}}{\mathcal{L}\{u(t)\}} = \frac{V(s)}{U(s)} . \qquad (2.3\text{-}42)$$

V(s) und U(s) symbolisieren die Bildbereich-Signale der Ein- und Ausgangsgrößen des Systems.

Wir wissen, dass die Systemgleichungen die Systeme vollständig beschreiben. Mit ihnen lassen sich die Übertragungsfunktionen über die Laplace-Transformierten ihrer Signale berechnen. Dazu benutzen wir dasselbe Verfahren, welches uns die Herleitung der Frequenzgänge erlaubte.

Die Transformation der allgemeinen linearen Systemgleichung (2.3-8) in den Bildbereich ergibt die Bestimmungsgleichung der Übertragungsfunktion G(s):

$$LSG\{\cdots\} \multimap LT\left[LSG\{\cdots\}\right].$$

Die Gesetzmäßigkeiten der Laplace-Transformation aus Anhang B erlauben die Reduzierung auf eine dem Frequenzgang ähnliche Form (2.3-37). Das Ergebnis ist die allgemeine Übertragungsfunktion linearer Systeme[1]:

$$\begin{aligned} G(s) &= \frac{\mathcal{L}\{v(t)\}}{\mathcal{L}\{u(t)\}} = \frac{b_0 + b_1 \cdot s^1 + \cdots + b_{q-1} \cdot s^{q-1} + b_q \cdot s^q}{a_0 + a_1 \cdot s^1 + \cdots + a_{p-1} \cdot s^{p-1} + a_p \cdot s^p} \\ &= \frac{(\text{Laplace-Dynamik Eingangssignal})}{(\text{Laplace-Dynamik Ausgangssignal})} . \end{aligned} \qquad (2.3\text{-}43)$$

Die Gleichung (2.3-43) zeigt den Zusammenhang zwischen der Systemgleichung und der Übertragungsfunktion. Es liegt eine einfache Übersetzungsvorschrift vor, wie man zur Übertragungsfunktion eines Systems gelangt: Jedes Zeitdifferential $\frac{d}{dt}$ der Systemgleichung

[1] Die Anfangsbedingungen werden o. B. d. A. auf null gesetzt.

wird durch den Laplace-Operator s ersetzt. Umgekehrt lässt sich aus einer gegebenen Übertragungsfunktion die dazugehörige Systemgleichung ableiten.

Für alle Systeme, die durch eine gewöhnliche lineare Differentialgleichung mit konstanten Koeffizienten beschrieben werden können, entstehen gebrochen rationale Übertragungsfunktionen in der Variablen s. Für den Zähler- und Nennergrad gelten die Bedingungen wie für den Frequenzgang.

Allein das **Totzeit-System** weicht von dieser Darstellung ab. Die Korrespondenz zur Frequenzebene legt es nahe, die Frequenzvariable durch den Laplace-Operator zu ersetzen:

$$FG(j\omega) = e^{-j\omega\cdot T_t} \overset{j\omega\to s}{\to} G(s) = e^{-s\cdot T_t}\,. \tag{2.3-44}$$

Die Übertragungsfunktion des Totzeit-Systems ist von transzendenter Natur.

Die Bedeutung der Übertragungsfunktion für die Systemdynamik lässt sich aus der uns vertrauten Feststellung des Abschnitts 2.3.2.6 ableiten, dass die Gewichtsfunktion ausreicht, die Systemantwort auf jedes Eingangssignal zu bestimmen:

$$v(t) = \int_0^t g(t-\tau)\cdot u(\tau)\,d\tau \qquad \text{für jedes beliebige Eingangssignal } u(t).$$

Die Überführung dieser Berechnungsvorschrift in den Bildbereich ergibt:

$$\mathcal{L}\{v(t)\} = LT\left\{\int_0^t g(t-\tau)\cdot u(\tau)\,d\tau\right\} = \mathcal{L}\left\{\int_0^\infty g(t-\tau)\cdot u(\tau)\,d\tau\right\}$$

$$V(s) = \int_0^\infty\left\{\int_0^\infty g(t-\tau)\cdot u(\tau)\,d\tau\right\}\cdot e^{-s\cdot t}\,dt$$

$$= \int_0^\infty u(\tau)\cdot\underbrace{\left\{\int_0^\infty g(t-\tau)\cdot e^{-s\cdot t}\,dt\right\}}_{\text{Laplace-Transformierte von } g(t-\tau)}d\tau.$$

Die Laplace-Transformierte der verschobenen Gewichtsfunktion $g(t-\tau)$ kann mit Hilfe der Regeln der Laplace-Transformation aus Anhang B ausgewertet werden:

$$\mathcal{L}\{g(t-\tau)\} = \int_0^\infty g(t-\tau)\cdot e^{-s\cdot t}\,dt = G(s-\tau) \overset{\text{(Anhang B-3)}}{=} G(s)\cdot e^{-s\cdot\tau}\,.$$

Das Bildsignal von v(t) berechnet sich damit zu:

$$V(s) = \int_0^\infty u(\tau)\cdot G(s)\cdot e^{-s\cdot\tau}\,d\tau = G(s)\cdot\int_0^\infty u(\tau)\cdot e^{-s\cdot\tau}\,d\tau = G(s)\cdot U(s)\,.$$

Als Schlussfolgerung aus der Berechnung kann festgehalten werden:

1. Die Übertragungsfunktion G(s) lässt sich über die Gewichtsfunktion g(t) durch die Laplace-Transformation bestimmen:

$$G(s) = \mathcal{L}\{g(t)\} = \int_0^\infty g(t) \cdot e^{-s \cdot t}\, dt$$

2. Die Systemreaktion kann durch algebraische Multiplikation der Übertragungsfunktion G(s) und der Bildfunktion der Eingangsgröße U(s) berechnet werden:

$$V(s) = G(s) \cdot U(s)$$

Nach diesen Feststellungen besteht der überwiegende Vorteil des Bildbereichs darin, die Lösung der Systemgleichungen durch einfache algebraische Operationen zu erhalten. Dieser Rechenweg ist weniger aufwendig als die Berechnung im Zeitbereich über die Faltung von Eingangsgröße und Gewichtsfunktion.

Zuerst werden die Eingangssignale u(t) und die Systemgleichung LSG{u, v} = 0 in den Bildbereich als Laplace-Transformierte U(s) und Übertragungsfunktionen G(s) transformiert, danach miteinander multipliziert (bzw. weitere algebraische Operationen bei komplexen Systemen durchgeführt) und anschließend wieder in den Zeitbereich umgewandelt. Die Abbildung 2.3-30 zeigt diese Vorgehensweise:

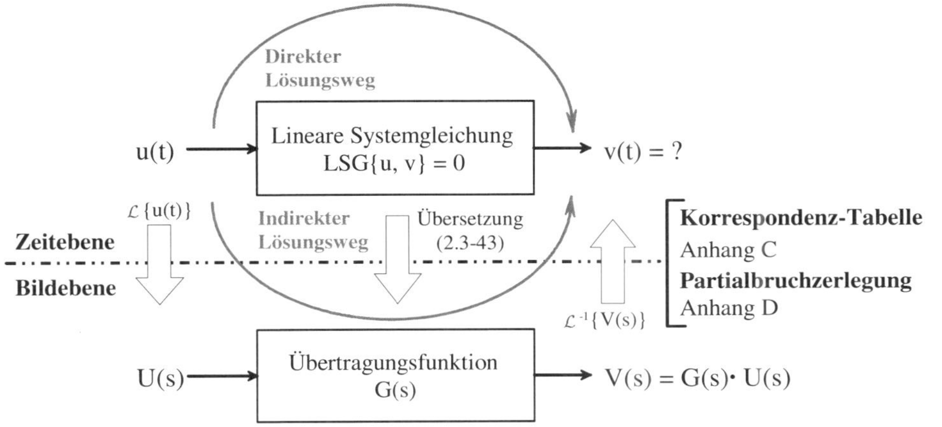

Abbildung 2.3-30: Systemlösung über den Bildbereich

Der direkte Lösungsweg ist "nur" für mathematisch versierte Leser durchführbar. Über den Umweg *Bildbereich* lassen sich auf einfache Weise Lösungen von Differentialgleichungen für beinahe beliebige Eingangssignale gewinnen. Die Übertragungsfunktionen G(s) der Standardsysteme bestimmt man mittels der Übersetzungsvorschrift (2.3-43). Sie sind in Tabelle 2.3-7 aufgelistet. Die Eingangssignale können über die Korrespondenztabelle aus Anhang C zur Bildfunktion umgewandelt werden; die eigenständige Berechnung des Laplace-Integrals ist jederzeit möglich. Die anschließende Multiplikation ergibt das Ausgangssignal der Bildebene. Die Rücktransformation in die Zeitebene wird in der Regel wieder mit der Korrespondenztabelle für Laplace-Transformierte vorgenommen. Mit Hilfe der Partialbruchzerlegung[1] lassen sich auch Polynome höheren Grades auf in der Tabelle aufgelistete Polynomformen zurückführen.

Anwendungsbeispiel: Feder-Wagen-System

Die Lösung von Bewegungsgleichungen mechanischer Systeme ist immer schwierig. Die Technik der Laplace-Transformation soll uns helfen, die Bewegung des in Abbildung 2.3-31 dargestellten Fahrzeugs auf eine äußere Kraft F(t) zu berechnen. Ein eingebauter Fahrzeugmotor stellt die Antriebskraft zur Verfügung. Reibungskräfte werden nicht berücksichtigt.

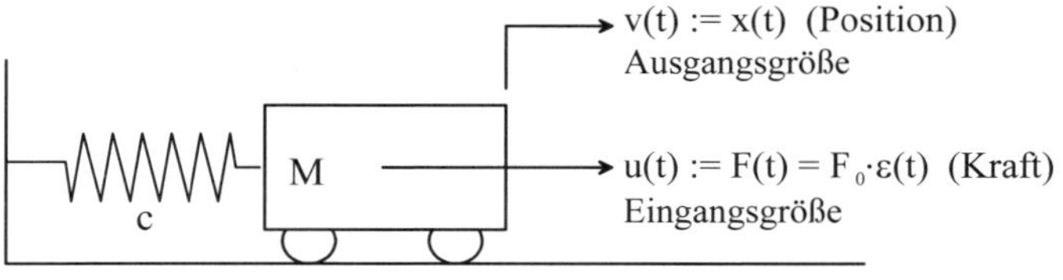

Abbildung 2.3-31: Feder-Wagen-System

Das Bearbeitungsschema der Abbildung 2.3-30 legt nahe, zuerst die Systemgleichung aufzustellen und sie dann mit der Übersetzungsvorschrift (2.3-43) in den Bildbereich zu übertragen.

Die Systemgleichung berechnet sich aus dem Kräftegleichgewicht zwischen der Antriebskraft und den retardierenden Kräften der Feder und der Massenträgheit:

$$F_{\text{Feder}} + F_{\text{Trägheit}} = F_{\text{Antrieb}}$$
$$c \cdot x(t) + M \cdot \ddot{x}(t) = F(t).$$

Die MSR-Form der Systemgleichung lässt unmittelbar auf den vorliegenden Systemtyp schließen:

$$\frac{M}{c}\ddot{x}(t) + x(t) = \frac{1}{c}F(t) \qquad \Rightarrow \qquad \text{Systemtyp: P-T}_2\,.$$

Seine Übertragungsfunktion bestimmt sich gemäß Gleichung (2.3-43) zu:

$$G(s) = \frac{\frac{1}{c}}{1 + \frac{M}{c}s^2}\,. \tag{2.3-45}$$

Das Eingangssignal kann mit Hilfe der Korrespondenztabelle in den Bildbereich übersetzt und anschließend das Ausgangssignal bestimmt werden:

[1] Die Technik der Partialbruchzerlegung findet man in dieser Buchreihe im Band *Mathematik für Ingenieure, J. Erven u. D. Schwägerl, Oldenbourg*. In Anhang D sind ihre wichtigsten Formeln für unseren Gebrauch zusammengefasst.

$$X(s) = G(s)\cdot F(s) = \frac{\frac{1}{c}}{1+\frac{M}{c}s^2}\cdot F_0\frac{1}{s} = F_0\frac{\frac{1}{c}}{\left(1+\frac{M}{c}s^2\right)s}.$$

Die Rückübertragung der Bildfunktion X(s) in die Zeitebene lässt sich wiederum über die Korrespondenztabelle (Anhang C) bewerkstelligen, ohne dass umständliche Rechnungen durchzuführen sind. Die Regel Nr. 13 weist eine unserer Bildfunktion entsprechende Struktur eines Polynoms dritten Grades im Nenner auf. Um die vollständige Ähnlichkeit zwischen beiden Gleichungen herzustellen, berechnen wir die Faktordarstellung durch die Bestimmung der Nullstellen:

$$X(s) = F_0\frac{\frac{1}{c}}{\left(1+\frac{M}{c}s^2\right)s} = F_0\frac{\frac{1}{c}\left(j\sqrt{\frac{c}{M}}\right)\left(-j\sqrt{\frac{c}{M}}\right)}{\left(s+j\sqrt{\frac{c}{M}}\right)\left(s-j\sqrt{\frac{c}{M}}\right)s} = \frac{F_0}{c}\frac{\alpha\cdot\beta}{(s+\alpha)(s+\beta)s}.$$

Das Zeitsignal für den Weg x(t) besitzt nach der Korrespondenztabelle und Regel Nr. 13 die Funktion:

$$x(t) = \frac{F_0}{c}\left(1+\frac{\beta\cdot e^{-\alpha t}-\alpha\cdot e^{-\beta t}}{\alpha-\beta}\right)\cdot\varepsilon(t) = \frac{F_0}{c}\left(1+\frac{-j\sqrt{\frac{c}{M}}\cdot e^{-j\sqrt{\frac{c}{M}}t}-j\sqrt{\frac{c}{M}}\cdot e^{j\sqrt{\frac{c}{M}}t}}{2\cdot j\sqrt{\frac{c}{M}}}\right)\cdot\varepsilon(t)$$

$$= \frac{F_0}{c}\left(1-\frac{e^{-j\sqrt{\frac{c}{M}}t}+e^{j\sqrt{\frac{c}{M}}t}}{2}\right)\cdot\varepsilon(t) = \frac{F_0}{c}\left(1-\cos\left(\sqrt{\frac{c}{M}}\cdot t\right)\right)\cdot\varepsilon(t)$$

Die unberücksichtigte Systemreibung verursacht ein periodisches Pendeln des Fahrzeugs mit konstanter Amplitude, wie es das nachfolgende Weg-Zeitdiagramm zeigt:

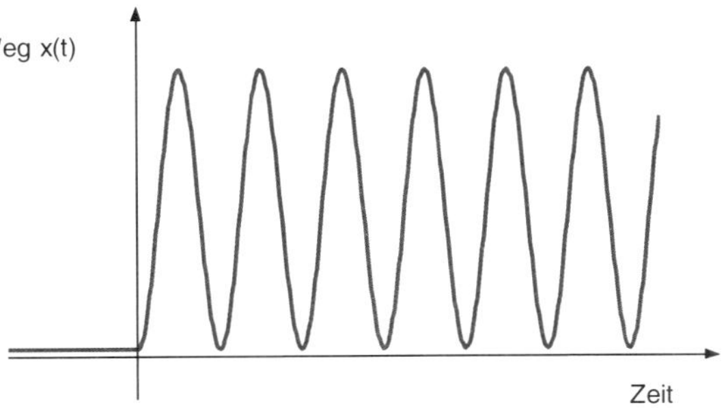

Abbildung 2.3-32: Wegsignal Feder-Wagen-System

Die Ursache der Pendelbewegung liegt bei diesem mechanischen System in den zwei vorhandenen Energiespeichern, der Masse und der Feder. Für P-T_n-Systeme gilt ganz allgemein, dass sie genau n Energie-Reservoirs aufweisen, zwischen denen Energie hin- und herpendeln kann. Die Verzögerungen der Ausgangsgrößen sind die Folge.

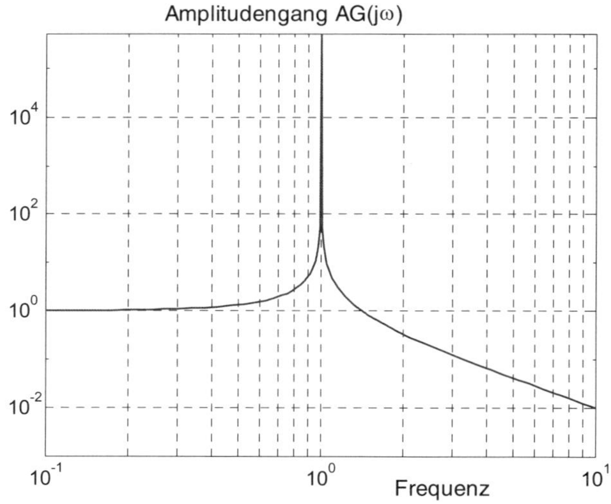

Abbildung 2.3-33: Bode-Diagramm Feder-Wagen-System

Die obige Übertragungsfunktion lässt sich durch die Reduzierung $s = j\omega$ als Frequenzgang des Feder-Wagen-Systems interpretieren. Das Bode-Diagramm in Abbildung 2.3-33 zeigt die periodische Schwingung als „fast" diskrete Spektrallinie an.

Die Übertragungsfunktionen sind für die immer wieder erwähnten Standard-Systeme in Tabelle 2.3-7 mit den allgemein gebräuchlichen Kennwerten berechnet. Die ebenfalls aufgelisteten Wirkungsplan-Symbole verweisen nochmals auf ihre Übergangsfunktionen im Zeitbereich.

Tabelle 2.3-7: Übertragungsfunktionen und Symbole wichtiger Systeme

System	Symbol	Übertragungsfunktion G(s)
P	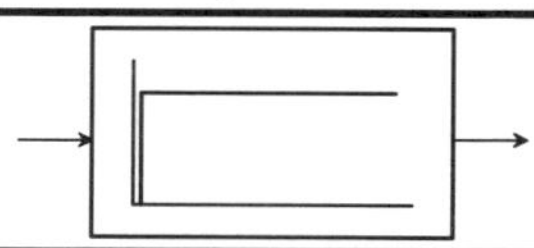	K_P
P-T_1	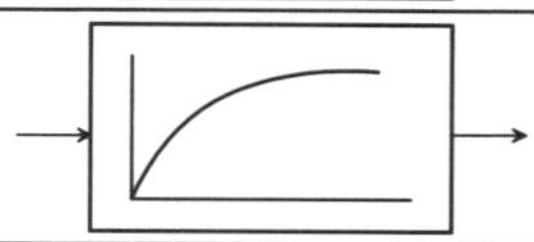	$\frac{K_P}{1+sT_1}$
P-T_2 $0 < D < 1$	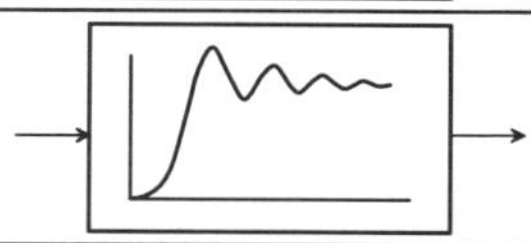	$\frac{K_P}{1+2\cdot D\cdot sT_0+(sT_0)^2}$
T_t	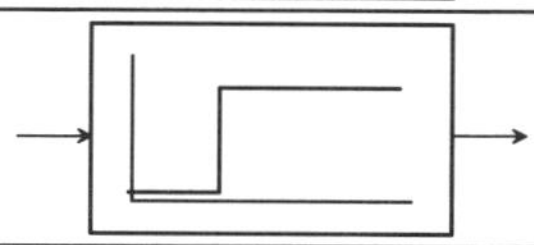	$K_P \cdot e^{-sT_t}$

System	**Symbol**	**Übertragungsfunktion G(s)**
P-T_1-T_t	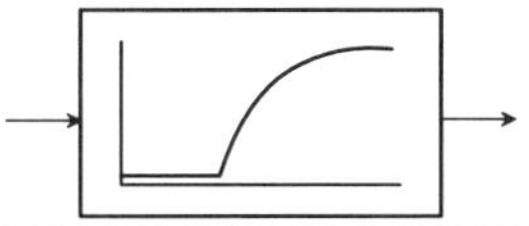	$\frac{K_P}{1+sT_1} \cdot e^{-sT_t}$
I	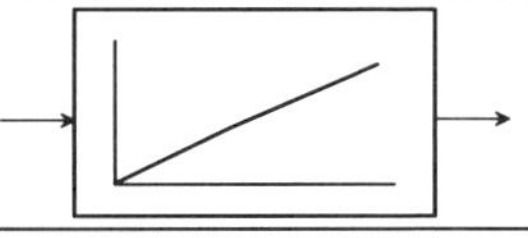	$\frac{1}{sT_I}$ mit $T_I = \frac{1}{K_I}$ als Integrierzeit
I-T_1	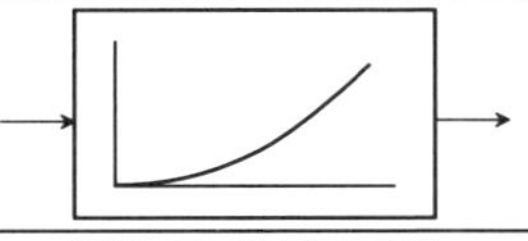	$\frac{K_P}{sT_I \cdot (1+sT_1)}$
D	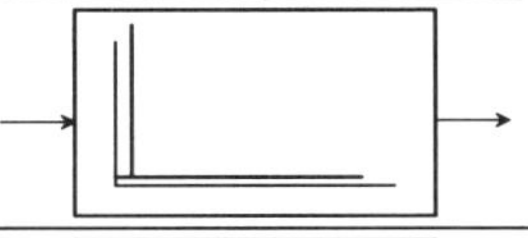	sT_V mit $T_V = K_D$
D-T_1	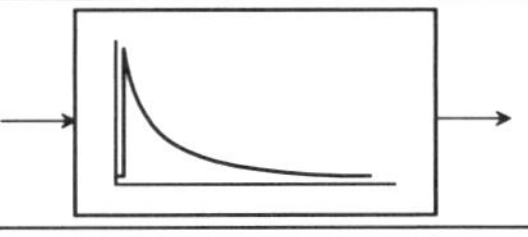	$\frac{sT_V}{1+sT_1}$
PI	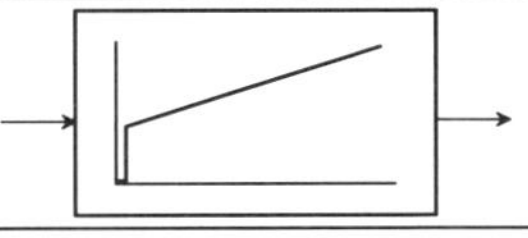	$\frac{K_P \cdot (1+sT_N)}{sT_N}$
PD	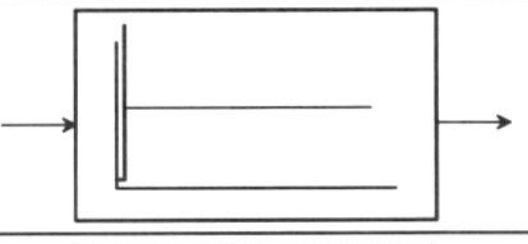	$K_P \cdot (1+sT_V)$
PID	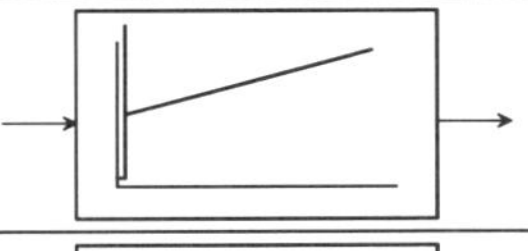	$K_P \cdot \left(1+\frac{1}{sT_N}+sT_V\right)$
PID-T_1	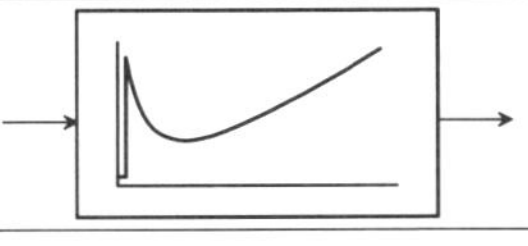	$K_P \cdot \frac{1+\frac{1}{sT_N}+sT_V}{1+sT_1}$

2.3.4.2 Pol-Nullstellenplan und „Pol-Nullstellenkurve"

Ein Vorteil von Übertragungsfunktionen ist die Technik zur einfachen Lösung von Differentialgleichungen. Weitere werden wir im Folgenden kennen lernen. Zur Analyse von Systemen wünscht man sich Werkzeuge an die Hand zu bekommen, die sich unabhängig von der Vielzahl möglicher Systemanregungen anwenden lassen.

Das Untersuchungsziel der Automatisierungstechnik richtet sich deshalb auf die **Eigendynamik** von Systemen. Im Vordergrund steht dabei die Beantwortung der Frage, wie sich ein System ohne äußere Beeinflussung zeitlich entwickelt. Kommt es von selbst wieder zur Ruhe oder wirkt es chaotisch, wenn es bei einer beliebigen Ausgangslage freien Lauf bekommt?

Wie lässt sich diese Frage theoretisch und experimentell beantworten?

Der Experimentator muss das System in einen nicht näher definierbaren Zustand versetzen und warten wie es sich verhält. Dazu beeinflusst er das System im übertragenen Sinn mit einem „kurzen Hammerschlag", so dass es kurzfristig aus seinem Gleichgewicht gebracht wird. Stabilisiert es sich wieder, ist der Experimentator beruhigt, im anderen Fall müssen Systemveränderungen an ihm vorgenommen werden. Die folgende Darstellung zeigt dieses Gedankenexperiment:

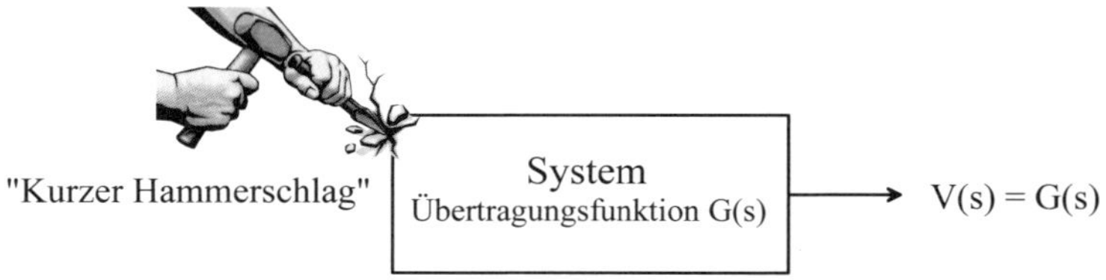

Abbildung 2.3-34: Systemreaktion auf einen Hammerschlag

Genau so untersucht man auch die Systemeigenschaften auf theoretischem Weg. Der „kurze Hammerschlag" wird durch die ideale Impulsfunktion (Nadel-Impuls) ausgeführt. Seine Reaktion berechnet sich mit den Gesetzmäßigkeiten des Bildbereichs zu:

$$V(s) = G(s) \cdot \mathcal{L}\{\delta(t)\} \underset{\text{Anhang C}}{\overset{\text{Korrespondenztabelle}}{=}} G(s) \cdot 1 = G(s)\,. \qquad (2.3\text{-}46)$$

Das wichtige Ergebnis ist:

Die Übertragungsfunktion G(s) beschreibt die Eigendynamik eines Systems.

Die Übertragungsfunktion ist eine komplexwertige Funktion der komplexen Variablen s. Zu ihrer graphischen Darstellung benötigt man deshalb ein vierdimensionales Koordinatensystem bzw. zwei dreidimensionale Systeme, je nachdem, ob man die komplexe Funktion in Real- und Imaginärteil aufspaltet. Etwas einfacher gestaltet es sich, wenn man nur den Betrag (Amplitude) der Übertragungsfunktion G(s) darstellt. So zeigt sich der Betrag von G(s) (berechnet nach Gleichung (2.3-45)) für das Feder-Wagen-System über der Bildebene als ein „Gebirge" mit zwei Spitzen. Die Spitzen repräsentieren die Polstellen der Übertragungsfunktion. Der Betrag der Übertragungsfunktion bei beliebigen Frequenzwerten s gibt den Verstärkungsfaktor an, mit dem ein Signal durch das System beeinflusst wird.

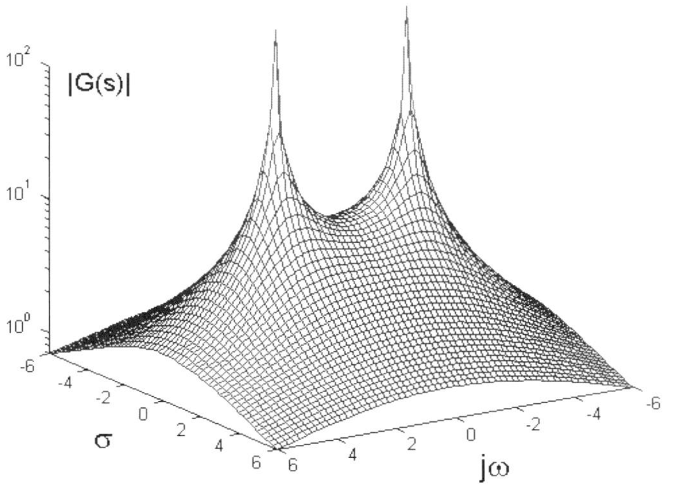

Abbildung 2.3-35: Übertragungsfunktion Feder-Wagen-System

Wir wissen, dass die Polstellen von Signalen ihre zeitliche Entwicklung beschreiben.

Es stellt sich die Frage, ob die Polstellen der Übertragungsfunktionen dieselbe Bedeutung für Systeme besitzen?

Wenn ja, in welchem Bereich der Bildebene treten sie auf und welche Bedeutung besitzen sie für das Zeitverhalten?

Was drücken Nullstellen von Übertragungsfunktionen für die Eigendynamik eines Systems aus?

Bei der Systembeschreibung im Bildbereich erkannten wir, dass die Polstellen durch das Nullsetzen des Nenners und die Nullstellen durch das Nullsetzen des Zählers der Signalfunktion berechnet werden. Deshalb wenden wir diese Tatsache einfach zur Berechnung der Eigendynamik auf das Ausgangssignal an, das mit der Übertragungsfunktion G(s) identisch ist (siehe Gleichung (2.3-45)). Für das Feder-Wagen-System berechnen sich die Pol- und Nullstellen zu:

Nullstellen: Keine

Polstellen:
$$S_{P1} = +\sqrt{-\tfrac{c}{M}} = +j\cdot\sqrt{\tfrac{c}{M}} \qquad (2.3\text{-}47)$$
$$S_{P2} = -\sqrt{-\tfrac{c}{M}} = -j\cdot\sqrt{\tfrac{c}{M}} = S_{P1}^{*}.$$

Das Pol-Nullstellen-Schema in Abbildung 2.3-36 zeigt die Spitzen der Übertragungsfunktion als Kreuze. Ihre physikalische Bedeutung ist der bei Signalen äquivalent:

Das Feder-Wagen-System schwingt bei einer kurzzeitigen Auslenkung mit der Eigenfrequenz $\omega_0 = \sqrt{\frac{c}{M}}$ um seine Ruhelage. Die Zeitfunktion dieser Bewegung lautet:

$$x(t) = k \cdot \cos(\omega_0 \cdot t) = k \cdot \tfrac{1}{2}\left(e^{+j\omega_0 \cdot t} + e^{-j\omega_0 \cdot t}\right) = \tfrac{1}{2} k\left(e^{s_{P1} \cdot t} + e^{s_{P2} \cdot t}\right).$$

Wie man sieht, kann sie direkt mit den Polstellen verknüpft werden, was uns zu folgender Feststellung veranlasst:

Die Lagen der Polstellen legen die Eigendynamik von Systemen fest!

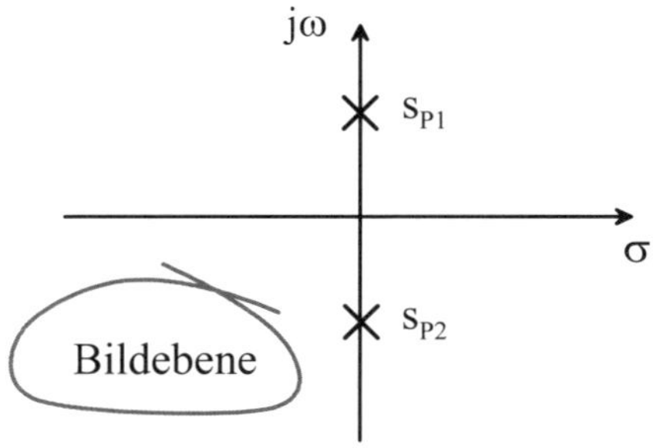

Abbildung 2.3-36: Pol-Nullstellen-Schema Feder-Wagen-System

Die 3-dimensionale Darstellung der Übertragungsfunktion in Abbildung 2.3-35 zeigt die Verstärkung bzw. Unterdrückung eines Signals bei der komplexen Frequenz $s = \sigma + j\omega$ an. Sie darzustellen, ist zum Glück nicht notwendig. Zur Analyse und Synthese von Regelkreisen ist es von Nutzen, ihre Übertragungsfunktionen in Form spezieller Pol-Nullstellen-Diagramme graphisch aufzubereiten. Zu einer ersten Systembeurteilung reicht das Pol-Nullstellen-Schema aus.

Die rationalen Übertragungsfunktionen G(s) schreiben sich ohne spezielle Einschränkungen als Quotienten von Zähler- und Nennerpolynomen:

$$G(s) = \frac{b_0 + b_1 \cdot s^1 + \cdots + b_q \cdot s^q}{a_0 + a_1 \cdot s^1 + \cdots + a_p \cdot s^p} = \frac{ZP(s)}{NP(s)} \quad \text{(Polynomform)}. \qquad (2.3\text{-}48)$$

Der Fundamentalsatz der Algebra attestiert, dass die beiden Polynome q- und p-ten Grades durch q bzw. p Produkte von Linearfaktoren der folgenden Form angegeben werden können:

$$G(s) = \frac{ZP(s)}{NP(s)} = \frac{b_q}{a_p} \cdot \frac{\prod_{k=1}^{q}\left(s - s_{N_k}\right)}{\prod_{k=1}^{p}\left(s - s_{P_k}\right)} \quad \text{(Pol-Nullstellen-Form)}. \qquad (2.3\text{-}49)$$

Dieser Form liegt die Erkenntnis zugrunde, dass Polynome n-ten Grades n Nullstellen besitzen. Somit geben die Lösungen s_{Nk} $(k = 1, \cdots, q)$ die Nullstellen des Zählerpolynoms wieder, während die Bildwerte s_{Pk} $(k = 1,\cdots,p)$ die Nullstellen des Nennerpolynoms kennzeichnen. Die Pol- und Nullstellen der Übertragungsfunktion G(s) sind somit festgelegt, denn für sie gilt:

$$\begin{aligned} &\text{Nullstellen:} \quad && G(s_{Nk}) = 0 \quad && \text{für } 0 \le k \le q \\ &\text{Polstellen:} \quad && G(s_{Pk}) = \infty \quad && \text{für } 0 \le k \le p. \end{aligned} \tag{2.3-50}$$

Die Gleichung zur Polstellenberechnung bekommt wegen ihrer Bedeutung zur Bestimmung der singulären Stellen einen Namen:

Definition: Charakteristisches Polynom und Charakteristische Gleichung

Das Nennerpolynom der Übertragungsfunktion G(s) bezeichnet man als **charakteristisches Polynom**. Es ist in unserer Schreibweise durch

$$NP(s) = a_0 + a_1 \cdot s^1 + \cdots + a_p \cdot s^p = a_p \prod_{k=1}^{p} \left(s - s_{Pk} \right). \tag{2.3-51}$$

gegeben. Die Gleichung zur Bestimmung der Polstellen nennt man die **charakteristische Gleichung**:

$$a_0 + a_1 \cdot s^1 + \cdots + a_p \cdot s^p = 0. \tag{2.3-52}$$

Ihre Lösungen werden auch als **Wurzeln** bezeichnet.

Für die Pol- und Nullstellen lassen sich vorerst folgende Feststellungen zusammenfassen:

Tabelle 2.3-8: Bedeutung von Pol- und Nullstellen

	Polstellen	**Nullstellen**
Lage	$s_{Pk} = \sigma_{Pk} + j\omega_{Pk} \quad k = 1,\cdots,p$	$s_{Nk} = \sigma_{Nk} + j\omega_{Nk} \quad k = 1,\cdots,q$
Bedeutung	a) Ein extern angelegtes Signal der komplexen Frequenz $s = s_{Pi}$ wird unendlich „hoch“ verstärkt. b) Die Polstellen legen die Zeitfunktion der Eigendynamik durch $e^{s_{Pk}}$ fest. **Und:** c) Die Polstellen legen die Stabilität von Systemen fest.	a) Ein extern angelegtes Signal der komplexen Frequenz $s = s_{Nk}$ wird vollständig unterdrückt. b) Die Nullstellen beeinflussen die prinzipielle Eigendynamik nicht. **Aber:** c) Nullstellen besitzen einen entscheidenden Einfluss auf den Amplitudenverlauf der Eigenbewegung.

Stabilität

Die Pollagen der Bildfunktionen legen den gedämpften bzw. ansteigenden Signalverlauf fest. Die Systemstabilität wird nach Abschnitt 2.3.1.4 über die Endlichkeit der Ausgangssignale bei beschränkten Eingangssignalen definiert (BIBO-Stabilität). Beide Eigenschaften zusammengefasst, ergibt die Feststellung:

Die Polstellen von Übertragungsfunktionen G(s) legen die Stabilitätseigenschaften der Systeme fest.

Mit Hilfe der Übertragungsfunktionen können deshalb folgende Stabilitätseigenschaften für Systeme formuliert werden:

Behauptung: Stabiles System

Ein System ist genau dann **stabil**, wenn alle seine Pole, bestimmt durch die charakteristische Gleichung, vollständig im negativ reellen Bildbereich liegen:

$$\mathrm{Re}\{ s_{P_k} \} < 0 \quad \text{für alle k .} \tag{2.3-53}$$

Behauptung: Instabiles System

Ein System ist genau dann **instabil**, wenn mindestens ein Pol seiner Übertragungsfunktion G(s) im positiv reellen Bildbereich liegt, **oder ein mehrfacher Pol auf der Imaginärachse jω vorkommt**:

$$\begin{aligned} &\mathrm{Re}\{ s_{P\,k} \} > 0 \ \text{ für mindestens ein } k \in \{1,\cdots,p\} \\ &\text{oder:} \\ &s_{P\,k} = s_{P\,j} \ \text{ mit } \mathrm{Re}\{ s_{P\,k} \} = \mathrm{Re}\{ s_{P\,j} \} = 0 \ \text{ und } \ j \neq k \in \{1,\cdots,p\}. \end{aligned} \tag{2.3-54}$$

Behauptung: Grenzstabiles System

Ein System ist genau dann **grenzstabil**, wenn kein Pol seiner Übertragungsfunktion G(s) im positiv reellen Bildbereich liegt, keine mehrfachen Pole auf der Imaginärachse auftreten, aber auf dieser mindestens eine einfache Polstelle vorhanden ist.

Die so formulierten Stabilitätseigenschaften leiten sich aus den bisherigen Feststellungen ab. Sie bedürfen natürlich eines Beweises, welcher hier aber nicht angetreten werden soll[1].

Stabilitätskriterien

Anhand der Pollagen der charakteristischen Gleichung in der Bildebene lässt sich die Stabi-

[1] Für interessierte Leser sei auf das Buch *Systemtheorie, R. Unbehauen, Verlag Oldenbourg* verwiesen.

lität eines Systems beurteilen. Die Berechnung der Polstellen ist manchmal schwierig. Dem Automatisierungstechniker genügt oft schon die Erkenntnis, dass seine Wurzeln in der linken s-Halbebene liegen bzw. nicht liegen. Hierfür gibt es sog. Stabilitätskriterien, mit welchen eine leichte Überprüfung möglich ist. Die bekanntesten von ihnen sind:

- Hurwitz-Kriterium
- Routh-Kriterium.

Die Anwendung dieser Kriterien ist erst für Systeme höherer Ordnung sinnvoll, da für sie die Lösung der charakteristischen Gleichung kompliziert wird. Im Rahmen dieser Einführung verzichten wir auf solche Systeme. Die Nennung der Stabilitätskriterien dient als Hinweis auf die Existenz weiterführender Analysemöglichkeiten komplexer Systeme und von Regelkreisen.

Der Zusammenhang zwischen dynamischem Systemverhalten und der Lage der Wurzeln im Pol-Nullstellen-Schema soll anhand des P-T_2-Systems demonstriert werden.

Das mechanische Feder-Masse-System mit Dämpfungselement verkörpert eines von solchen schwingfähigen Systemen. Die Energie pendelt zwischen Feder und Masse hin und her, bis sie durch die Reibungsverluste aufgebraucht ist.

Die Übertragungsfunktion lautet gemäß ihrer Systemgleichung aus Tabelle 2.3-2:

$$G(s) = \frac{K_P}{1 + 2 \cdot D \cdot T_0 \cdot s + (T_0 \cdot s)^2} = \frac{K_P}{1 + 2 \cdot D \cdot \frac{s}{\omega_0} + \left(\frac{s}{\omega_0}\right)^2} . \qquad (2.3\text{-}55)$$

Der Parameter D repräsentiert die Dämpfungseigenschaft des Systems; mit der Eigenkreisfrequenz $\omega_e = \omega_0 \sqrt{1 - D^2}$ führt es Schwingungen aus. Seine Pol- und Nullstellen sind:

$$\begin{aligned} &\text{Nullstellen:} && \text{Keine} \\ &\text{Polstellen:} && s_{P\,1,2} = -\omega_0 \cdot D \pm \omega_0 \sqrt{D^2 - 1}. \end{aligned} \qquad (2.3\text{-}56)$$

Der Wert des Dämpfungsparameters D bestimmt sein dynamisches Verhalten, weshalb zwischen sieben Fällen unterschieden werden muss:

Tabelle 2.3-9: PN-Schema und Zeitverhalten eines P-T_2-Systems

Fall	**Dämpfung**	**Polstellen**	**Pol-Nullstellen-Schema**	**Rückkehrverhalten bei Auslenkung**
1	D>1	$s_{P1} = -\omega_0 D + \omega_0 \sqrt{D^2 - 1}$ $s_{P2} = -\omega_0 D - \omega_0 \sqrt{D^2 - 1}$	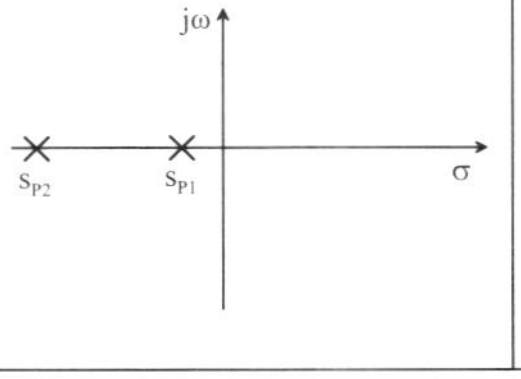	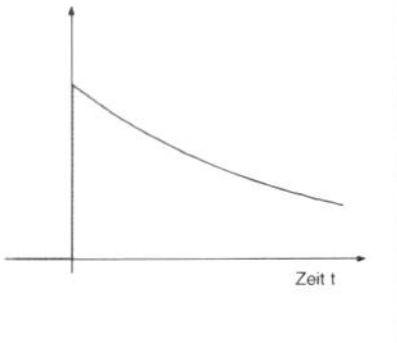 Stark schleichende

Fall	Dämpfung	Polstellen	Pol-Nullstellen-Schema	Rückkehrverhalten bei Auslenkung
				Rückkehr
2	D = 1	$s_{P1} = s_{P2} = -\omega_0$	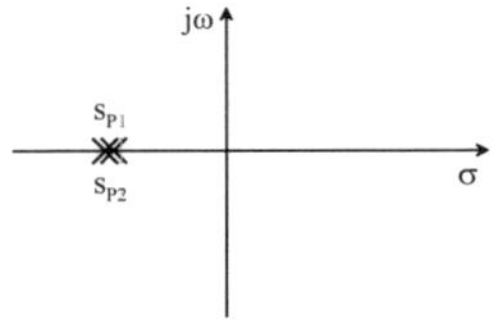	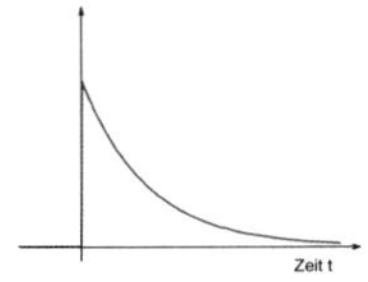 Schleichende Rückkehr
3	0 < D < 1	$s_{P1} = -\omega_0 D + j \cdot \omega_0 \sqrt{1-D^2}$ $s_{P2} = -\omega_0 D - j \cdot \omega_0 \sqrt{1-D^2}$	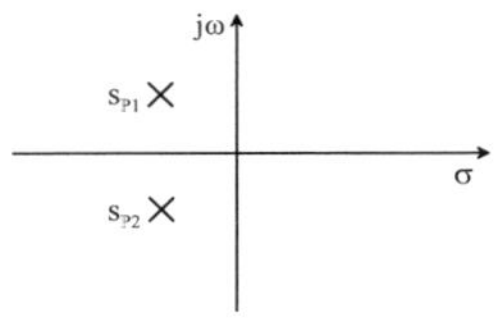	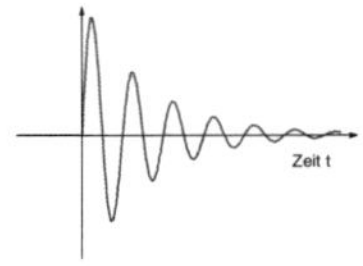 Gedämpfte Schwingung
4	D = 0	$s_{P1} = +j \cdot \omega_0$ $s_{P2} = -j \cdot \omega_0$	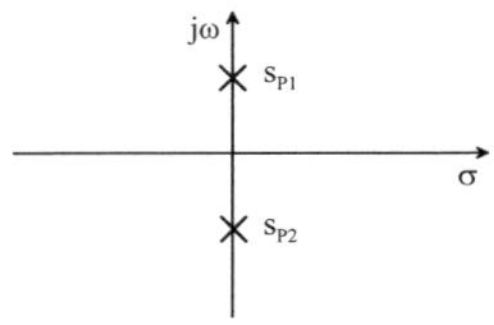	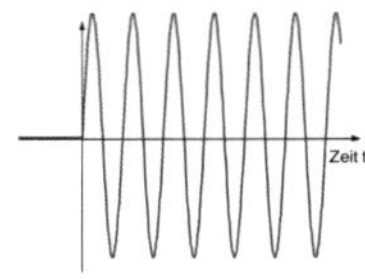 Ungedämpfte Schwingung
5	0 > D > -1	$s_{P1} = \omega_0 \lvert D \rvert + j \cdot \omega_0 \sqrt{1-D^2}$ $s_{P2} = \omega_0 \lvert D \rvert - j \cdot \omega_0 \sqrt{1-D^2}$	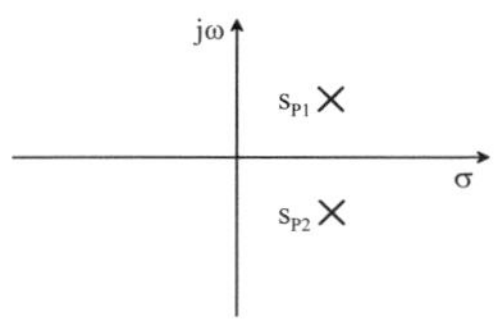	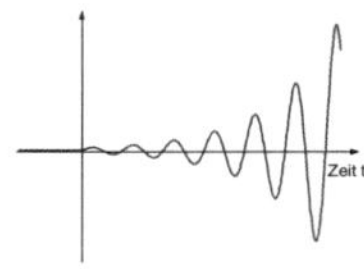 Anwachsende Schwingung
6	D = -1	$s_{P1} = s_{P2} = +\omega_0$	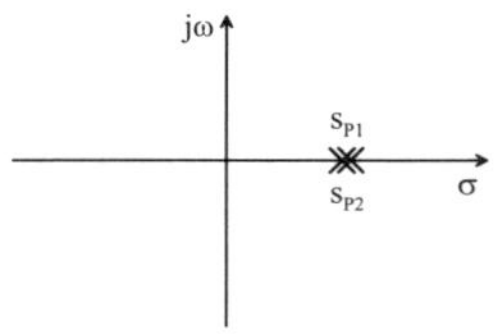	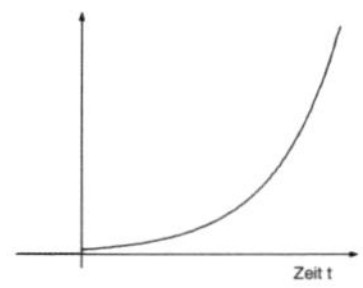 Ansteigende Auslenkung
7	D < -1	$s_{P1} = \omega_0 \lvert D \rvert + \omega_0 \sqrt{D^2 - 1}$ $s_{P2} = \omega_0 \lvert D \rvert - \omega_0 \sqrt{D^2 - 1}$	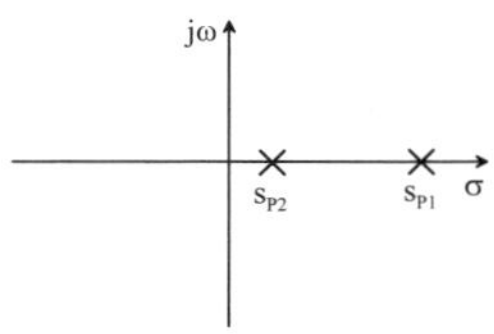	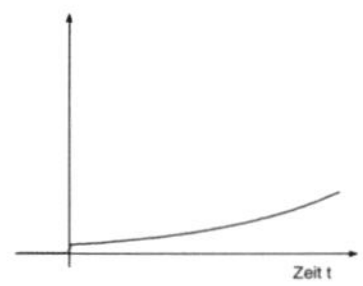 Schwach ansteigende Auslenkung

Vielleicht fragt sich nun jemand, warum überhaupt der negative Wertebereich für den Dämpfungsfaktor D bei einem gedämpften Feder-Masse-System in Betracht gezogen wird. Dämpfungen besitzen ja immer ein positives Vorzeichen. Eine negative Dämpfung kann nur als **Anregung** verstanden werden.

Wir stellen uns ein solches System vor, bei dem der Dämpfungs- und auch der Anregungsgrad eingestellt werden können. Dann entsprechen die obigen sieben Fallunterscheidungen der Realität. Das Feder-Masse-System besitzt Polstellen im negativ- und positiv-reellen Bereich. **Es kann damit instabil werden**.

Die Dämpfung D verkörpert einen verstellbaren Systemparameter. Wenn D von positiven zu negativen Werten übergeht, wandern die beiden Polstellen auf einer **Polstellen-Kurve**[1] vom negativen in den positiven Bildbereich. Die Abbildung 2.3-37 verdeutlicht diese Abhängigkeit durch zwei Kurvenzüge, welche (aus den bekannten Gründen) immer symmetrisch zur reellen Bildachse liegen. Die Polstellen-Kurve des Feder-Masse-Systems (mit P-T_2-Verhalten) zeigt die latent gegebene Instabilität, weshalb vorsichtig mit einem solchen System umzugehen ist.

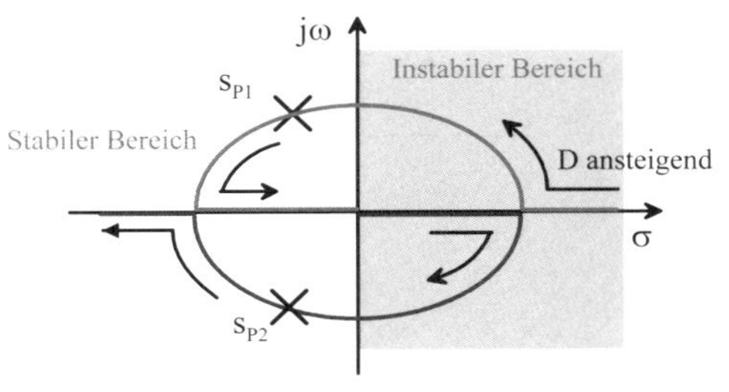

Abbildung 2.3-37: Pol-Nullstellen-Schema für gedämpftes und angeregtes Feder-Masse-System "Pol-Nullstellen-Kurve"

Regelkreise zeigen von Hause aus instabiles Verhalten. Deshalb findet diese Art der Stabilitätsbetrachtung bei der Regelkreisanalyse Anwendung. Die Polstellen-Kurve ist hier eine künstlich eingeführte Bezeichnung. Sie wird bei der Stabilitätsuntersuchung von Regelungen als **Wurzelortskurve (WOK)** bezeichnet und besitzt einen speziellen Variationsparameter, worauf später noch näher eingegangen wird.

Einfluss von Pol- und Nullstellen auf die Systemdynamik

Die Abbildung 2.3-38 zeigt das Pol-Nullstellen-Schema eines P-T_1-Systems für zwei unterschiedliche Verzögerungszeiten T_1. Seine Berechnung legt die charakteristische Gleichung der Übertragungsfunktion

$$G(s) = \frac{K_p}{1 + sT_1} \quad (\text{P-}T_1)\,. \qquad (2.3\text{-}57)$$

zugrunde, welche folgende Pol- und Nullstellen besitzt:

[1] Die Polstellen-Kurve meint den Kurvenzweig im Pol-Nullstellen-Schema, auf dem die Pole liegen.

Nullstellen: Keine

Polstelle: $s_P = -\frac{1}{T_1}$. (2.3-58)

Dieselbe Abbildung zeigt gleichzeitig das Ausgleichsverhalten auf ein Sprungsignal am Systemeingang. Man erkennt, dass der Übergang umso schneller verläuft, je weiter entfernt die Polstelle von der imaginären Achse entfernt ist. Die Lage von Polen und Nullstellen beeinflusst demnach die Dynamik der Systeme:

Ein System reagiert umso schneller, je weiter von der Imaginärachse entfernt sich eine Polstelle befindet.

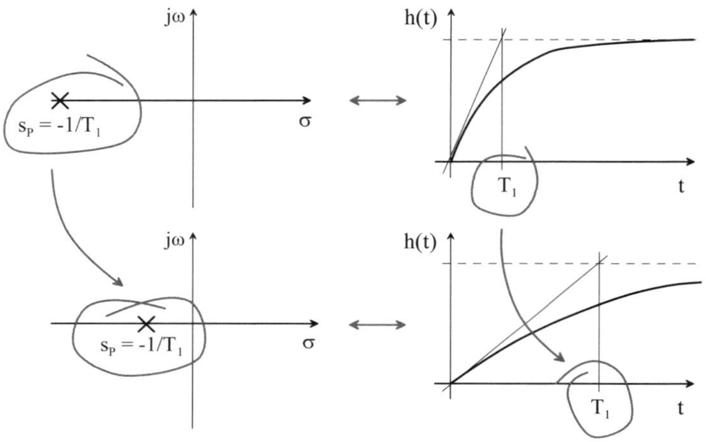

Abbildung 2.3-38: Dynamik und Pol-Nullstellen-Plan P-T_1-System

Die allermeisten Systeme besitzen mehre Pol- bzw. Nullstellen. Bei ihnen muss die Frage nach ihren gegenseitigen Pol- und Nullstelleneinflüssen gestellt werden. Welche Pol- und Nullstellen bestimmen das Zeitverhalten maßgebend mit?

Zur Beantwortung dieser Frage sehen wir uns ein Beispiel an!

Das PD-T_1-System mit der Systemgleichung bzw. Übertragungsfunktion

Systemgleichung: $T_1 \cdot \dot{v}(t) + v(t) = K_P \left(u(t) + T_V \cdot \dot{u}(t) \right)$

Übertragungsfunktion: $G(s) = K_p \cdot \frac{1 + sT_V}{1 + sT_1}$ (2.3-59)

besitzt die folgenden Pol- und Nullstellen:

$$\text{Nullstelle:} \quad s_N = -\frac{1}{T_V}$$
$$\text{Polstelle:} \quad s_P = -\frac{1}{T_1}. \tag{2.3-60}$$

Die Abbildung 2.3-39 zeigt das Pol-Nullstellen-Diagramm mit unterschiedlicher Platzierung der Nullstelle bezogen auf die Polstelle. Die ebenfalls dargestellten Übergangsfunktionen verdeutlichen den Einfluss der Pol- und Nullstellenplatzierungen zueinander:

Diejenige Pol- bzw. Nullstelle, die näher bei der imaginären Achse des Pol-Nullstellen-Plans liegt, bestimmt maßgebend das Systemverhalten[1].

Die Nullstelle rührt in diesem Systembeispiel vom Differenzieranteil D her. Er bewirkt die starke Reaktion auf ein angelegtes Sprungsignal zu Beginn des Übergangs. Die Polstelle resultiert von der Verzögerungswirkung T_1.

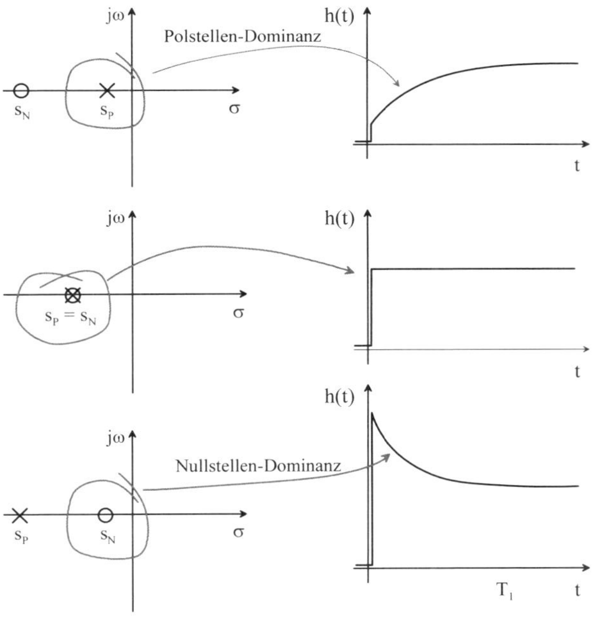

Abbildung 2.3-39: Einfluss mehrerer Pol-Nullstellen auf das Systemverhalten PD-T_1-System

[1] Die Dominanz singulärer Stellen von Übertragungsfunktionen lässt sich exakt aus ihren Lagen und mittels Residuen berechnen. Wir begnügen uns hier nur mit qualitativen Hinweisen bzgl. ihrer Lagen.

Die Polynom- bzw. Pol-Nullstellen-Form der Übertragungsfunktion G(s) (Gleichungen (2.3-48) und (2.3-49)) lässt sich zur Veranschaulichung der Systemschnelligkeit in die so genannte **Zeitkonstanten-Form** umwandeln. Anstelle der Pol- bzw. Nullstellen-Frequenzen $s_{P,N}$ verwendet man die reziproken Werte, welche als Zeitkonstanten interpretiert werden können:

$$\text{Für Nullstellen: } T_{N\,i} = -\frac{1}{s_{N\,i}} \qquad \text{Für Polstellen: } T_{P\,i} = -\frac{1}{s_{P\,i}}. \tag{2.3-61}$$

Mit ihnen lautet die Zeitkonstanten-Form:

$$G(s) = \frac{b_q}{a_p} \cdot \frac{\prod_{k=1}^{q} \frac{1}{T_{N\,k}} \left(1 + s \cdot T_{N\,k}\right)}{\prod_{k=1}^{p} \frac{1}{T_{P\,k}} \left(1 + s \cdot T_{P\,k}\right)} \qquad \text{(Zeitkonstanten-Form)}. \tag{2.3-62}$$

Diese Form wird hauptsächlich für a priori stabile Systeme verwendet. Der Betragswert der Zeitkonstanten stellt diejenige Zeit dar, nach der die Eigenbewegung auf den e-ten Teil ihrer Ausgangslage zurückgegangen bzw. angewachsen ist, je nachdem, ob negative oder positive Werte vorliegen.

Zur Demonstration der wechselseitigen Pol-Nullstellen-Einflüsse werden in Abbildung 2.3-39 verschiedene Pol- und Nullstellen-Lagen mit ihren resultierenden Zeitverhalten gezeigt. Je größer die Zeitkonstante eines Übergangs ausfällt, d. h. je langsamer ein Vorgang abläuft, desto näher liegt die singuläre Stelle bei der $j\omega$-Achse und umso dominanter bestimmt sie das Übergangsverhalten.

Vorher ergab sich für schnell reagierende Systeme die Feststellung, dass ihre Pole sehr weit vom Ursprung entfernt sein sollen. Nun stellen wir fast das Gegenteil fest! Projizieren wir diese Gegensätze auf die zu bearbeitenden Aufgaben der Regelungstechnik, erahnen wir bereits jetzt, wie kompromissbereit der Ingenieur bei Entwürfen von Regelungssystemen zu sein hat.

Wie das mittlere Übergangsverhalten der Abbildung 2.3-39 auch zeigt, eliminieren sich Pol- und Nullstellen gegenseitig, falls sie zusammenfallen: Das System wirkt wie ein reines P-System. Bei unterschiedlichen Lagen dominiert entweder die verzögernde (P-T_1) oder die differenzierende (D-T_1) Wirkung. Die dominante Nullstelle entfaltet kurzfristig ihre Wirkung auf das Systemverhalten.

In Tabelle 2.3-8 wurde bereits erwähnt, dass Nullstellen Einfluss auf die Amplitude der Ausgangsgröße nehmen. Wie aus Abbildung 2.3-39 zu erkennen ist, besitzt die dominante Nullstelle unseres PD-T_1-Systems einen immens kurzzeitigen Einfluss auf das Ausgangssignal. Eine Langzeitwirkung geht verloren, denn alle Pol-Nullstellen-Kombinationen enden bei demselben stationären Wert.

Die Tabelle 2.3-10 bietet abschließend eine Zusammenstellung der wichtigen Eigenschaften aller singulären Bildbereichsstellen:

Tabelle 2.3-10: Eigenschaften von Pol- und Nullstellen

	Eigenschaften
Polstellen	Ein System ist genau dann stabil, wenn seine Polstellen in der negativ reellen Halbebene des Bildbereichs lokalisiert sind.
Nullstellen	Nullstellen üben bei entsprechender Lage einen großen Einfluss auf die transiente Eigendynamik von Systemen aus.
Pol- und Nullstellen	a) Je weiter eine Pol- bzw. Nullstelle eines Systems von der Imaginärachse jω des Bildbereichs entfernt liegt, desto schneller fällt sein zeitliches Übergangsverhalten bei einem Zustandswechsel aus. b) Diejenigen Pol- bzw. Nullstellen, die näher bei der imaginären Achse jω im Pol-Nullstellen-Plan liegen, bestimmen maßgebend das Systemverhalten.

Viele weitere Interpretationen und Zusammenhänge ließen sich aus dem Frequenz- und Bildbereich zur Systembeschreibung angeben, deren Darstellung jedoch den Rahmen dieses Lehrbuchs sprengt.

Dagegen muss jedoch auf die Beschreibung und Berechnung zusammengesetzter Systeme noch eingegangen werden.

2.3.4.3 Beschreibung zusammengesetzter Systeme

Reale Systeme setzen sich aus vielen Teilsystemen zusammen, die im Wirkungsplan durch Systemblöcke repräsentiert und durch Wirkungslinien miteinander verbunden sind. Zur Analyse realer Systeme muss das mathematische Modell des Gesamtsystems aufgestellt werden.

Im Zeitbereich bedeutet eine Kopplung von Systemblöcken die Zusammenführung einfacherer Systemgleichungen zu komplexen Differentialgleichungen höherer Ordnung. Der Schwierigkeitsgrad ihrer Auswertung legt es nahe, ihre Berechnung im Zeitbereich zu vermeiden.

Die Übertragungsfunktionen des Bildbereichs eignen sich für das Zusammenschalten von Systemen besonders, da man mit den einfachen Rechenregeln der Schulmathematik auskommt. Dazu sind in den folgenden Unterabschnitten die Herleitungen der Übertragungsfunktion der drei Elementarkopplungen zwischen Systemen angegeben.

Serienschaltung

Die einfache Multiplikation von Übertragungsfunktion und Eingangssignal zur Bestimmung der Ausgangswirkung von Systemen erlaubt bei in Serie geschalteten Systemen eine unkomplizierte Bestimmung der Gesamtübertragungsfunktion:

$$G(s) = \frac{\text{Ausgangsfunktion } V(s)}{\text{Eingangsfunktion } U(s)} \tag{2.3-63}$$

Die Schreibweise der Ein- und Ausgangssignale in Abbildung 2.3-40 impliziert die sukzessive Berechnung der einzelnen Ausgangssignale aus ihren jeweiligen Eingangswirkungen:

$$V_1(s) = G_1(s) \cdot U_1(s) \qquad \text{und} \qquad V_2(s) = G_2(s) \cdot U_2(s)\,.$$

Nutzt man die Signalidentität innerhalb von Wirkungslinien zur Berechnung der Kette aus, erhält man:

$$V_2(s) = G_2(s) \cdot G_1(s) \cdot U_1(s)\,.$$

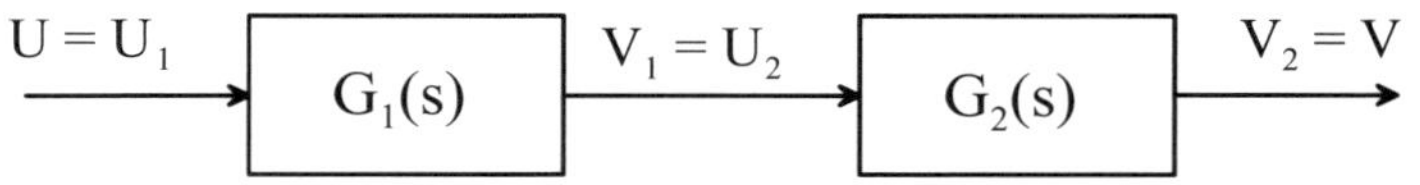

Abbildung 2.3-40: Serienschaltung

Nach der Vorschrift (2.3-63) ergibt sich für die Gesamtübertragungsfunktion einer Reihenschaltung mit zwei Teilsystemen:

$$G(s) = \frac{V(s)}{U(s)} = \frac{V_2(s)}{U_1(s)} = G_2(s) \cdot G_1(s)\,.$$

Auf mehrere hintereinander geschaltete Systeme angewandt, lässt sich als Ergebnis festhalten:

Die **Gesamtübertragungsfunktion von in Serie geschalteten Systemen** berechnet sich durch Multiplikation der Einzelübertragungsfunktionen:

Serienschaltung:	$G(s) = G_1(s) \cdot G_2(s) \cdot \dots \cdot G_n(s)\,.$	(2.3-64)

Parallelschaltung

Die Ausgangssignale parallel geschalteter Systeme berechnen sich jeweils durch die Multiplikation von Übertragungsfunktion und Eingangssignal. Deshalb lauten die Bestimmungsgleichungen der Ausgangssignale zweier Systeme:

$$\text{System 1:} \qquad V_1(s) = G_1(s) \cdot U_1(s)$$
$$\text{System 2:} \qquad V_2(s) = G_2(s) \cdot U_2(s).$$

Bei der Parallelschaltung nach Abbildung 2.3-41 werden die Eingangssignale der Einzelsysteme als identisch angenommen und mit U(s) bezeichnet.

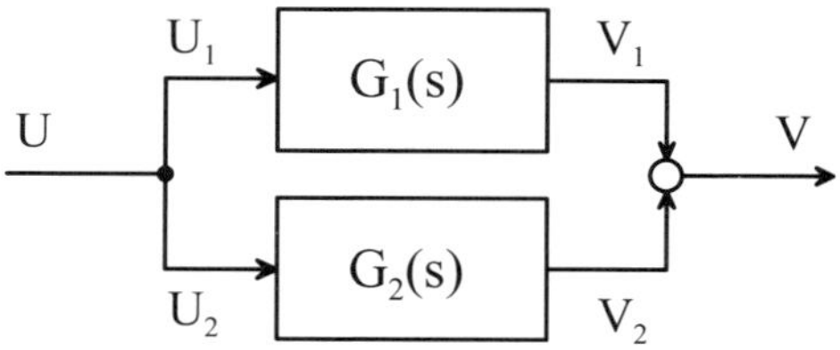

Abbildung 2.3-41: Parallelschaltung

Die Summationsstelle addiert (bzw. subtrahiert) die beiden Systemausgänge zum Ausgangssignal V(s):

$$\begin{aligned} V(s) &= V_1(s) + V_2(s) = G_1(s) \cdot U_1(s) + G_2(s) \cdot U_2(s) \\ &= G_1(s) \cdot U(s) + G_2(s) \cdot U(s) \\ &= \left(G_1(s) + G_2(s)\right) \cdot U(s). \end{aligned}$$

Damit lässt sich die Gesamtübertragungsfunktion durch Division von Aus- und Eingangsfunktion angegeben:

$$G(s) = \frac{V(s)}{U(s)} = G_1(s) + G_2(s).$$

Liegen weitere parallel geschaltete Systeme vor, gilt:

Die **Gesamtübertragungsfunktion parallel geschalteter Systeme** berechnet sich durch die Addition der Einzelübertragungsfunktionen:

Parallelschaltung: $$G(s) = G_1(s) + G_2(s) + \cdots + G_n(s). \quad (2.3\text{-}65)$$

Die Subtraktion der Ausgänge eines oder mehrerer Teilsysteme im Summationspunkt wirkt sich durch Vorzeichenumkehr bei der zugehörigen Übertragungsfunktion aus.

Kreisschaltung

Bei der Kreisschaltung nach Abbildung 2.3-42 berechnet man vorab die Ausgangsfunktionen der beiden Teilsysteme und bestimmt anschließend das Eingangssignal von System 1 durch Addition bzw. Subtraktion von Gesamteingang U(s) und rückgekoppeltem Systemausgang 2:

System 1: $V(s) = V_1(s) = G_1(s) \cdot U_1(s)$

System 2: $V_2(s) = G_2(s) \cdot U_2(s) = G_2(s) \cdot V_1(s) = G_2(s) \cdot G_1(s) \cdot U_1(s).$

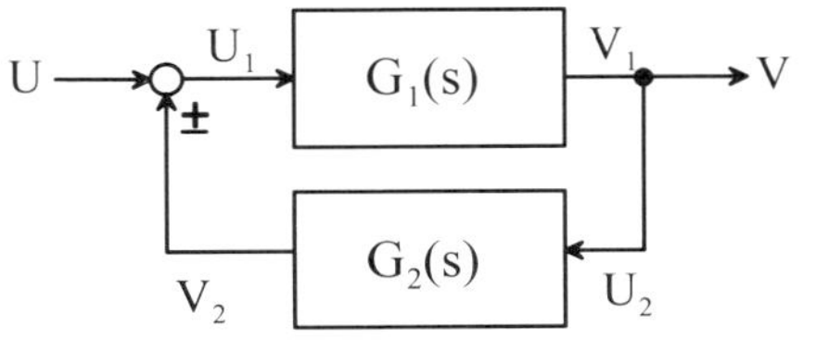

Abbildung 2.3-42: Kreisschaltung

Das Eingangssignal des Systems 1 lautet:

$$\begin{aligned} U_1(s) &= U(s) \pm V_2(s) = U(s) \pm G_2(s) \cdot U_2(s) = U(s) \pm G_2(s) \cdot V(s) \\ &= U(s) \pm G_2(s) \cdot G_1(s) \cdot U_1(s). \end{aligned}$$

Die Trennung von Ein- und Ausgangswirkungen ergibt für das Eingangssignal in System 1:

$$U_1(s) = \frac{U(s)}{1 \mp G_2(s) \cdot G_1(s)}.$$

Die Ausgangsfunktion der Kreisschaltung berechnet sich mit diesem Ergebnis zu:

$$V(s) = V_1(s) = G_1(s) \cdot U_1(s) = G_1(s) \cdot \frac{U(s)}{1 \mp G_2(s) \cdot G_1(s)} = \frac{G_1(s)}{1 \mp G_2(s) \cdot G_1(s)} \cdot U(s) .$$

Die Übertragungsfunktion verlangt per Definition die Division von Aus- und Eingangssignal. Somit lautet das Endergebnis für die Kreisschaltung:

Kreisschaltung: $$G(s) = \frac{G_1(s)}{1 \mp G_1(s) \cdot G_2(s)} . \qquad (2.3\text{-}66)$$

Kreisschaltungen mit mehreren Rückkopplungszweigen müssen separat berechnet werden; eine geschlossene Berechnungsformel kann für sie nicht ohne weiteres angegeben werden.

Von Wichtigkeit ist allein hier die Feststellung, dass im Zähler der Übertragungsfunktion auch komplexer Kreisschaltungen nur die „Vorwärtssysteme" auftauchen und der Nenner die Addition der Konstante eins mit dem Produkt aller Kreissysteme aufweist. Diese Konstruktionsregel der Kreisübertragungsfunktion auf das in Abbildung 2.3-43 illustrierte System angewandt, ergibt ohne umständliche Rechnung die Übertragungsfunktion:

$$G(s) = \frac{G_1(s)}{1 + G_1(s) \cdot G_2(s) \cdot G_3(s)} .$$

Die genaue Berechnung befindet sich in Abschnitt 2.3.4.4.

Man unterscheidet bei Kreisschaltungen zwischen Mit- und Gegenkopplung. Bei der Mitkopplung addiert sich das rückgekoppelte Ausgangssignal der Kreisschaltung zum Eingangssignal. Die Subtraktion beider Wirkungen legt die Gegenkopplungsschaltung fest:

Kopplungsart	**Vorzeichen**
Mitkopplung	+
Gegenkopplung	-

In der Gesamtübertragungsfunktion werden die beiden Kopplungsarten durch **entgegengesetzte Vorzeichen** in der Nennerfunktion $1 \mp G_1(s) \cdot G_2(s)$ gekennzeichnet.

Regelungen weisen grundsätzlich Kreisstrukturen auf. Sie werden deshalb als Gegenkopplungen ausgelegt, da nur die Differenzbildung zwischen Eingangs- und Rückkopplungssignal die Kontrolle der Gesamtausgangsgröße erlaubt.

Die Berechnung komplexerer Systemstrukturen wird nach den Vorschriften dieses Abschnitts ausgeführt. Man beginnt am besten immer mit dem Systemausgang, welcher als Funktion der vorgelagerten Teilsysteme sukzessive berechnet wird. Dazu bestimmt man die vorkommenden internen Systemgrößen und setzt sie in die vorherigen Gleichungen ein, bis letztlich nur noch die Beziehung zwischen der Ein- und Ausgangsgröße des Gesamtsystems übrig bleibt. Die abschließende Quotientenbildung zwischen Aus- und Eingangssignal legt die gesuchte Gesamtübertragungsfunktion fest.

In der Fachliteratur werden graphische Umformungsregeln als Ersatz zur direkten Berechnung beschrieben. Mit ihnen lassen sich Wirkungspläne auf die hier vorgestellten Elementarkopplungen zurückführen. Ohne genauere Informationen darüber anzugeben, beinhalten sie folgende Aspekte zur Aufstellung von Übertragungsfunktionen:

- Zusammenfassung von in Serie oder parallel geschalteten Systemen
- Vereinfachung rückgekoppelter Systeme durch:

  a) Verlagerung von Systemblöcken und Summations- bzw. Verzweigungsstellen

  b) Verlagerung und Zusammenfassung von Summations- bzw. Verzweigungsstellen.

2.3.4.4 Systembeispiel

Anhand eines Systembeispiels wird in diesem Lernabschnitt demonstriert, wie das Antwortsignal eines zusammengesetzten Systems auf ein definiertes Eingangssignal gefunden werden kann. Dazu wird das in Abbildung 2.3-43 angegebene System zugrunde gelegt.

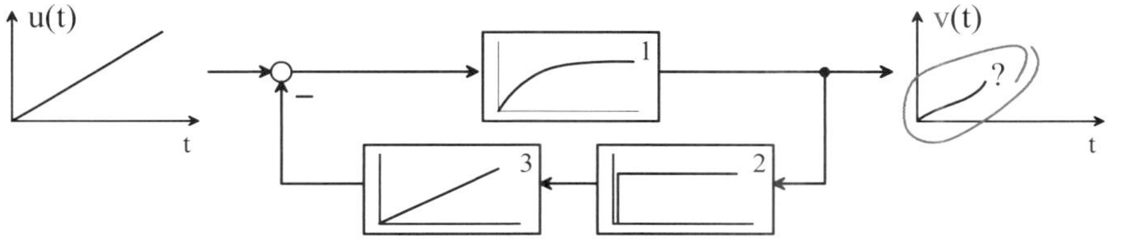

Abbildung 2.3-43: Systembeispiel

Als Eingangsfunktion wird ein Rampensignal vorgegeben. Die Berechnung der Antwortfunktion geschieht in Schritten, ohne dabei zu detailliert auf die Einzelheiten einzugehen.

Schritt	**Bezeichnung**	**Berechnung**	
1	Systemgleichungen der Teilsysteme	1: $T_1 \cdot \dot{v}(t) + v(t) = K_{P1} \cdot u(t)$	P-T_1
		2: $v(t) = K_{P2} \cdot u(t)$	P
		3: $v(t) = K_I \int_0^t u(t')\,dt'$	I
2	Übertragungsfunktionen	1: $G_1(s) = \frac{K_{P1}}{1 + s \cdot T_1}$	P-T_1
		2: $G_2(s) = K_{P2}$	P
		3: $G_3(s) = \frac{K_{I3}}{s}$	I

Schritt	Bezeichnung	Berechnung
3	Gesamtübertragungs-funktion	Rückkopplungszweig: $G_{23}(s) = G_2(s) \cdot G_3(s)$ Kreisschaltung: $G(s) = \frac{G_1(s)}{1 + G_1(s) \cdot G_{23}(s)}$ Gesamtfunktion: $G(s) = \frac{G_1(s)}{1 + G_1(s) \cdot G_2(s) \cdot G_3(s)}$ Einsetzung der Teilfunktion aus Schritt 2 ergibt: $G(s) = \frac{\frac{K_{P1}}{1+s \cdot T_1}}{1 + \frac{K_{P1}}{1+s \cdot T_1} \cdot K_{P2} \cdot \frac{K_{I3}}{s}} = \frac{K_{P1} \cdot s}{s(1+s \cdot T_1) + K_{P1} \cdot K_{P2} \cdot K_{I3}}$
4	Eingangssignal	Rampensignal: Zeitbereich: $u(t) = u_0 \cdot t = u_0 \cdot \rho(t)$ Bildbereich: $U(s) = \frac{u_0}{s^2}$ (Regel 4)
5	Ausgangssignal	$V(s) = G(s) \cdot U(s) = \frac{K_{P1} \cdot s}{s(1+s \cdot T_1) + K_{P1} \cdot K_{P2} \cdot K_{I3}} \cdot \frac{u_0}{s^2}$ $V(s) = \frac{u_0}{K_{P2} \cdot K_{I3}} \cdot \frac{1}{s\left(1 + 2 \cdot D \cdot T_0 \cdot s + T_0^2 \cdot s^2\right)}$ $\overset{!}{=} \frac{u_0}{K_{P2} \cdot K_{I3}} \cdot \frac{1}{s - s_{P_1}} \cdot \frac{1}{s - s_{P_2}} \cdot \frac{1}{s - s_{P_3}}$ mit: $T_0 = \sqrt{\frac{T_1}{K_{P1} \cdot K_{P2} \cdot K_{I3}}}$ und $D = \frac{1}{2\sqrt{T_1 \cdot K_{P1} \cdot K_{P2} \cdot K_{I3}}}$. Die Produktdarstellung des Nennerpolynoms (nach dem Fundamentalsatz der Algebra) erlaubt eine einfache Rücktransformation in den Zeitbereich. Die Nullstellen s_{P1}, s_{P2} und s_{P3} des Nennerpolynoms werden mit Hilfe bekannter Formel berechnet: $s_{P1,2} = -\omega_0 \cdot D \pm \omega_0 \sqrt{D^2 - 1}$ $s_{P3} = 0$ Partialbruchzerlegung[1]: $\frac{1}{(s - s_{P1})(s - s_{P2})s} = \frac{A}{s - s_{P1}} + \frac{B}{s - s_{P2}} + \frac{C}{s}$ $= \frac{A(s - s_{P2})s + B(s - s_{P1})s + C(s - s_{P1})(s - s_{P2})}{(s - s_{P1})(s - s_{P2})s}$

[1] Siehe auch Anhang D.

Schritt	Bezeichnung	Berechnung
		Berechnung und Vergleich beider Seiten mit Bestimmung der Konstanten ergibt: $A = -\frac{D+\sqrt{D^2-1}}{2\omega_0^2\sqrt{D^2-1}}$, $B = \frac{D-\sqrt{D^2-1}}{2\omega_0^2\sqrt{D^2-1}}$ und $C = \frac{1}{\omega_0^2}$. Die Ausgangsfunktion schreibt sich mit diesen Konstanten: $V(s) = \frac{u_0}{K_{P2}K_{13}}\left(\frac{A}{s-s_{P_1}} + \frac{B}{s-s_{P_2}} + \frac{C}{s}\right)$
6	Rücktransformation	$v(t) = \frac{u_0}{K_{P2}K_{13}}\left(A \cdot e^{s_{P1} \cdot t} + B \cdot e^{s_{P2} \cdot t} + C\right) \cdot \varepsilon(t)$ (Regel Nr. 1+7)

Auch hier bestimmt der Wert des Dämpfungsfaktors D das Zeitverhalten des Ausgangssignals. Liegt der Wert zwischen null und eins, liegt eine gedämpfte Schwingung vor. Für andere Werte von D gelten die Ausführungen des Abschnitts 2.3.4.2 über das P-T_2-System. Wie es Abbildung 2.3-44 zum Ausdruck bringt, antwortet das System für den Fall $0 < D < 1$ mit einem Einschwingvorgang auf einen konstanten Endwert.

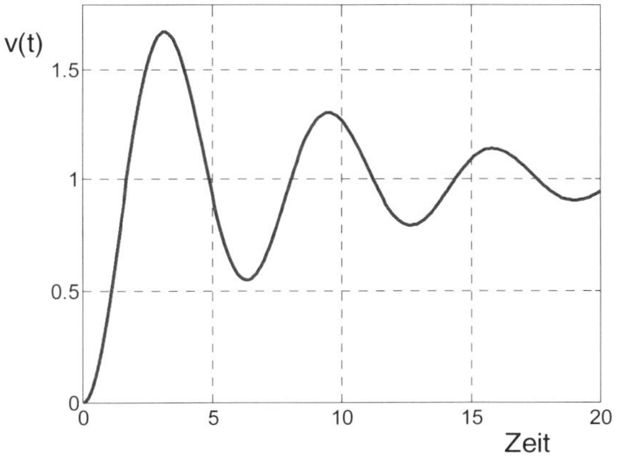

Abbildung 2.3-44: Systemantwort

Als Ergebnis diese Systemuntersuchung kann festgestellt werden, dass die Schulmathematik und die Korrespondenztabelle für Laplace-Transformierte ausreichen, um die Reaktionen von Systemen auf Testsignale zu bestimmen. Der Bildbereich stellt demnach ein ausgezeichnetes Hilfsmittel zur Beschreibung von Systemen dar und ist somit ein wichtiges Hilfsmittel zur Untersuchung und zum Entwurf von Regelkreisen.

Bearbeitung der Lernaufgabe

Die nun bekannten Hilfsmittel zur Systembeschreibung müssen zeigen, dass das Inverse Pendel ein instabiles System verkörpert. Um dies nachzuweisen, benötigen wir sein mathematisches Modell, weshalb wir zur Ermittlung seiner Bewegungsgleichung die im Drehpunkt des Pendels wirkenden Kräfte freischneiden:

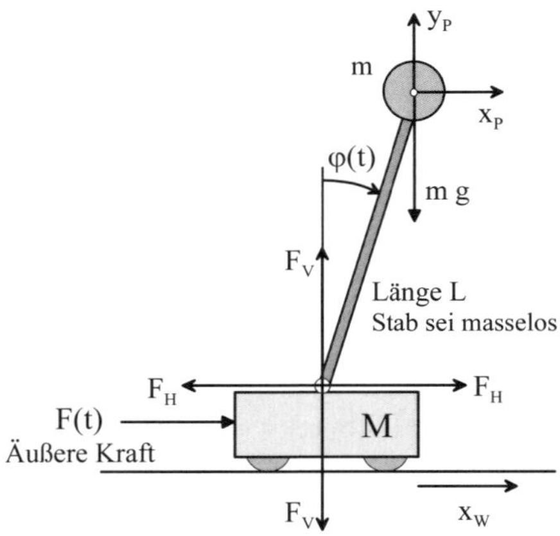

Abbildung 2.3-45: Wirksame Kräfte am Inversen Pendel

Der Wagen wird durch die horizontale äußere Kraft F(t) bewegt. Als Folge dieser und der Trägheit der Pendelmasse verändert es seinen Stellwinkel φ(t). Der Schwerpunkt befindet sich, ohne Einschränkung der Allgemeinheit, inmitten der Pendelmasse; sein Abstand zum Drehpunkt besitzt die Länge L. Somit wird der Pendelstab als masselos angenommen. Seine Bewegung besitzt eine translatorische und rotatorische Komponente. Im Drehpunkt treten horizontale und vertikale Reaktionskräfte F_H und F_V auf.

Mit diesen Annahmen lauten die Grundgleichungen beider Bewegungsarten:

$$\text{Wagen:}\quad M\cdot\ddot{x}_W(t)=F(t)-F_H$$

$$\text{Pendel:}\quad m\cdot\ddot{x}_P(t)=F_H$$

$$m\cdot\ddot{y}_P(t)=F_V-m\cdot g$$

$$J\cdot\ddot{\varphi}(t)=M_d=F_V\cdot L\cdot\sin(\varphi)-F_H\cdot L\cdot\cos(\varphi)-D_\varphi\cdot\dot{\varphi}(t)$$

$$x_P(t)=x_W(t)+L\cdot\sin(\varphi)$$

$$y_P(t)=L\cdot\cos(\varphi)$$

Das Pendel wird bei seiner rotatorischen Bewegung durch Reibkräfte gebremst. Dazu setzen wir viskose Reibung mit linearem Verhalten voraus: $M_R=D_\varphi\cdot\dot{\varphi}(t)$. Der Rollreibwiderstand des Wagens während seiner translatorischen Bewegung bleibt außer Acht.

Die Bewegungsgleichungen der Translation und Rotation äußern sich in nichtlinearer Form. Nach ihrer Berechnung führt das in Abschnitt 2.3.2.1 vorgestellte Linearisierungsverfahren auf die gewünschte lineare Systemgleichung. Durch die Verschleppung der Nichtlinearitäten bei der Aufstellung der Bewegungsgleichung, wird ihre Berechnung sehr unübersichtlich. Deshalb linearisieren wir die obigen Gleichungen des Wagens und des Pendels vor ihrer Weiterverarbeitung. Wir verwenden dazu die Reihenentwicklungen der harmonischen Funktionen und brechen sie nach dem ersten Glied ab:

$$\text{Linearisierung:} \quad \sin(\varphi) = \varphi - \ldots \quad \text{und} \quad \cos(\varphi) = 1 - \ldots \; .$$

Die linearisierten Gleichungen lauten nach dieser Vereinfachung:

$$\begin{aligned}
\text{Wagen:} \quad & M \cdot \ddot{x}_W(t) = F(t) - F_H \\
\text{Pendel:} \quad & m \cdot \ddot{x}_P(t) = F_H \\
& m \cdot \ddot{y}_P(t) = F_V - m \cdot g \\
& J \cdot \ddot{\varphi}(t) = M_d = F_V \cdot L \cdot \varphi(t) - F_H \cdot L - D_\varphi \cdot \dot{\varphi}(t) \\
& x_P(t) = x_W(t) + L \cdot \varphi(t) \\
& y_P(t) = L
\end{aligned}$$

Das Trägheitsmoment $J = m{\cdot}L^2$ der Pendelmasse um den Drehpunkt entnimmt man Lehrbüchern der technischen Mechanik. Die Elimination der Schnittkräfte F_H und F_V ergibt nach etwas Rechnung[1] die linearisierten Bewegungsgleichungen des Pendels:

$$\begin{aligned}
\text{Translation:} \quad & M \cdot \left(1 + \tfrac{m}{M}\right) \cdot \ddot{x}_W(t) = F(t) - m \cdot L \cdot \ddot{\varphi}(t) \\
\text{Rotation:} \quad & \frac{L}{g} \frac{2 \cdot M + m}{M + m} \ddot{\varphi}(t) + \frac{D_\varphi}{m \cdot g \cdot L} \dot{\varphi}(t) - \varphi(t) = -\frac{1}{(M+m)g} F(t)
\end{aligned}$$

Für die Pendelbewegung lautet die Übertragungsfunktion:

$$G(s) = \frac{\dfrac{1}{(M+m)g}}{1 - \dfrac{D_\varphi}{m \cdot g \cdot L} s - \dfrac{L}{g} \dfrac{2M+m}{M+m} s^2} \tag{2.3-67}$$

Sie bestimmt sich mit Hilfe der Übersetzungsvorschrift (2.3-43) zwischen Systemgleichungen und Übertragungsfunktionen. Zur Aufstellung des Polstellen-Diagramms für das Pendelsystem geben wir folgende Parameter vor:

$M = 10$ kg $\quad m = 1$ kg $\quad L = 0{,}5$ m $\quad$ und $\quad D_\varphi = 0{,}1$ kg m²/s

Mit ihnen berechnen sich die Polstellen zu:

$$s_{P1} = 0{,}232 \; \tfrac{1}{s} \qquad s_{P2} = -0{,}231 \; \tfrac{1}{s}$$

und das PN-Schema besitzt das Aussehen:

[1] Um in Übung zu bleiben, wäre diese Berechnung eine praktische Aufgabe für den Leser.

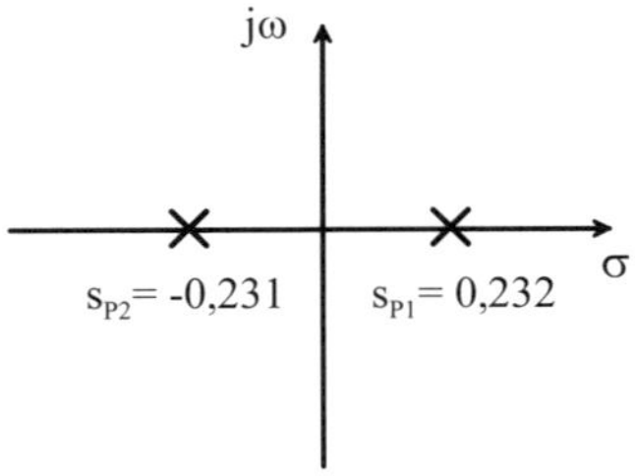

Abbildung 2.3-46: Pol-Nullstellen-Schema Inverses Pendel

Es liegt, wie eingangs bemerkt, ein instabiles System vor. Das Pendel bewegt sich durch die kleinste Störung von der oberen labilen Gleichgewichtslage ($\varphi = 0°$) weg zu seiner stabilen Lage ($\varphi = 180°$), ohne dass es je wieder zurückkehrt.

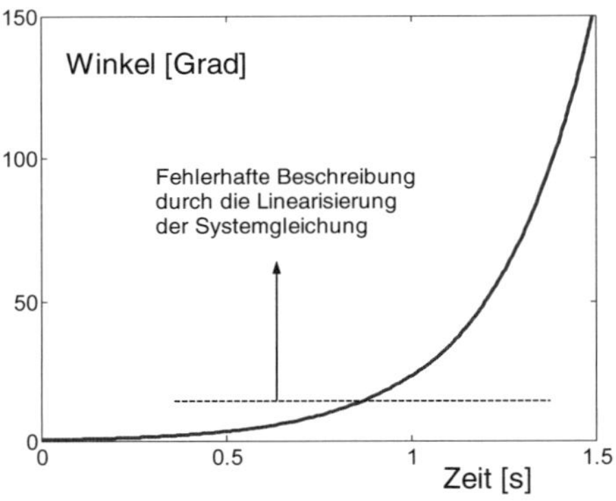

Abbildung 2.3-47: Pendelwinkel nach kurzem Stoß

Niemand soll sich aber täuschen lassen: Die abgeleiteten Bewegungsgleichungen beschreiben das Pendel nur in der Umgebung des oberen Ausgangspunkts richtig. Die „positive“ Polstelle zeigt, dass der zeitliche Verlauf des Pendelwinkels $\varphi(t)$ über alle Grenzen ansteigt, was, wie wir ja wissen, unrealistisch ist.

Wir sind natürlich geneigt, das Pendel mit einer technischen Einrichtung in der oberen Gleichgewichtslage zu halten, insbesondere wenn wir uns an das Balancieren eines Stabes auf einem Finger erinnern. Das Inverse Pendel verwandelt sich dann zu einem stabilen System. Die Regelungstechnik bietet die Hilfsmittel, es mit einem Regler zu balancieren bzw. zu stabilisieren.

Fragen zur Selbstkontrolle

Frage 2.3-1: Was zeichnet ein digital deterministisches System aus?

Frage 2.3-2: Was ist ein Binärsystem?

Frage 2.3-3: Welche Vorgehensweisen gibt es, Systeme zu modellieren?

Frage 2.3-4: Was bezweckt der Systementwurf?

Frage 2.3-5: Welcher Unterschied besteht zwischen dem statischen Verhalten eines Systems und seinem Beharrungsverhalten?

Frage 2.3-6: Mit welcher Art von Gleichungen wird das dynamische Systemverhalten beschrieben?

Frage 2.3-7: Welche mathematischen und physikalischen Eigenschaften sollte ein Systemmodell aufweisen, damit es konsistent (mit Hilfe einer abgeschlossenen Systemtheorie) beschrieben werden kann?

Frage 2.3-8: Beschreiben Sie eine typische Kennlinie eines nichtlinearen Systems?

Frage 2.3-9: Muss bei einem System die Stabilität gewährleistet sein, damit es theoretisch beschrieben werden kann?

Frage 2.3-10: Was versteht man unter Zustandsstabilität, was unter BIBO-Stabilität?

Frage 2.3-11: Wie behilft man sich, wenn ein System nichtlineares Verhalten zeigt?

Frage 2.3-12: Zählen Sie elementare Systemtypen auf!

Frage 2.3-13: Nennen Sie ein Beispiel eines P-, I-, D- und Totzeitsystems!

Frage 2.3-14: Welche Bedeutung besitzt die MSR-Form einer Systemgleichung?

Frage 2.3-15: Wie lauten Systemgleichungen, welche Systeme mit Verzögerungen 3. Ordnung beschreiben?

Frage 2.3-16: Geben Sie die Systemgleichung eines PD_2-T_1-Systems an!

Frage 2.3-17: Wie beschreibt man Systeme im Zeitbereich auf experimentelle Art?

Frage 2.3-18: Mit welcher experimentell gewonnenen Funktion des Zeitbereichs kann man die Systemantworten auf beliebige Eingangssignale bestimmen?

Frage 2.3-19: Welche Funktionen werden dazu benutzt, Systeme im Wirkungsplan zu symbolisieren?

Frage 2.3-20: Was beschreibt der Frequenzgang eines Systems?

Frage 2.3-21: Gibt der Frequenzgang eine vollständige Beschreibung von Systemen wieder?

Frage 2.3-22: Welche graphischen Darstellungen sind für den Frequenzgang üblich?

Frage 2.3-23: Geben Sie die mathematische Form des Frequenzgangs eines PD-T_3-Systems an!

Frage 2.3-24: Wie sieht die Ortskurve eines P-T_1-Systems aus?

Frage 2.3-25: Was versteht man unter der Grenzfrequenz eines Systems?

Frage 2.3-26: Was beschreibt die Übertragungsfunktion eines Systems?

Frage 2.3-27: Welche graphischen Darstellungsformen für Systeme existieren im Bildbereich?

Frage 2.3-28: Welcher Zusammenhang existiert zwischen dem Bild- und Frequenzbereich?

Frage 2.3-29: Wozu kann die Laplace-Transformation verwendet werden?

Frage 2.3-30: Was ist eine Polstelle eines Systems?

Frage 2.3-31: Welche Eigenschaften eines Systems beschreiben Polstellen?

Frage 2.3-32: Beschreiben Sie die Nullstellen eines Systems bzgl. seiner Dynamik?

Frage 2.3-33: Kann aus der Lage der Pol- bzw. Nullstellen im Pol-Nullstellen-Diagramm auf die Dynamik des Systems geschlossen werden?

Frage 2.3-34: Welche singulären Stellen eines Systems bestimmen maßgebend das Zeitverhalten eines Systems?

Frage 2.3-35: Wie lautet die Übertragungsfunktion von parallel bzw. seriell geschalteten Systemen?

Frage 2.3-36: Was zeichnet die Mitkopplung einer Kreisschaltung aus?

Frage 2.3-37: Von welcher Kopplungsart sind Regelungssysteme?

3 Regelungstechnik

Die Regelungstechnik besitzt als Ingenieuraufgabe die Zielsetzung, Anlagen, Maschinen und Prozesse derart zu gestalten, dass der Mensch von lästigen Kontrollaufgaben entledigt wird. Dazu werden Regelkreise eingesetzt. Die Regelungstechnik beschäftigt sich mit dem Aufbau von Regelkreisen. Sie muss sich deshalb mit einer Vielzahl von Systemen und ihren dynamischen Verhalten auseinander setzen.

Für die verschiedenen Anlagen, Maschinen und Prozesse sind die richtigen Regelungsstrategien zu entwerfen, welche die Kriterien der gestellten Aufgaben am ehesten erfüllen. In dieser Einführung beschränken wir uns auf den einfachen einschleifigen Regelkreis. Regelkreisaufbauten mit erweiterten Regelungsstrategien werden angedeutet. Als rückgekoppeltes System besitzen Regelkreise per se die Fähigkeit, instabiles Verhalten zu zeigen. Geeignete Untersuchungsmethoden und Entwurfsmethoden helfen, stabile Regelungssysteme aufzubauen.

3.1 Grundbegriffe und Aufgaben von Regelungen

Lernziele

Die Wirkungsweise von Regelungen, gleich wie komplex diese auch sein mögen, wird durch geschlossene Wirkungsabläufe beschrieben. Zur Verdeutlichung regelungstechnischer Verfahren dient der einschleifige Regelkreis. An ihm werden die wesentlichen Grundbegriffe und Systemkomponenten der Regelungstechnik erläutert.

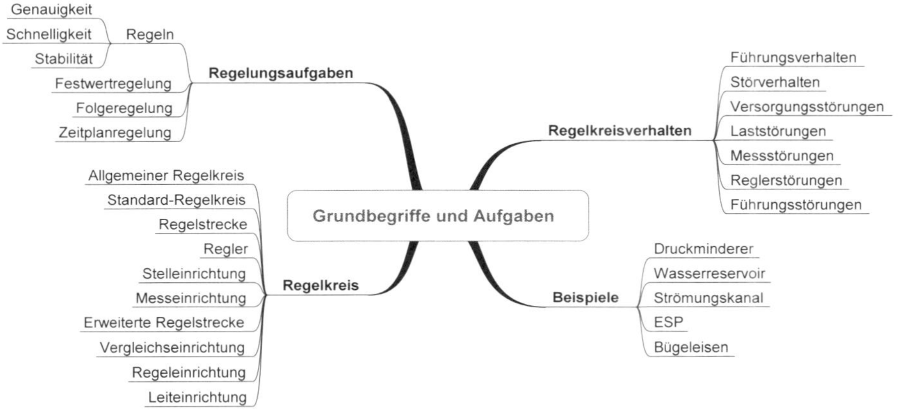

Lernaufgabe

Frage: „Was sehen Elche, wenn sie wie wahnsinnig von der Straße stürmen?“
Antwort: „Eine A-Klasse im Anflug."

Die Analyse von Verkehrsunfällen zeigt, dass bei jedem vierten Unfall, bei dem Tote zu beklagen sind, ein Schleudervorgang ohne Beteiligung weiterer Fahrzeuge zugrunde liegt. Das bedeutet, dass der Fahrer die Kontrolle über das Fahrzeug verloren hat, weil er zu schnell in eine Kurve gefahren, mit den Rädern auf den Randstreifen geraten ist oder die Lenkung aus irgendeinem Grund zu heftig eingeschlagen hat. Die Insassen erlitten ihre tödlichen Verletzungen bei einem Seitenaufprall, was im Schleuderfall bedeutet, dass das nichtstabilisierte Fahrzeug von einem entgegenkommenden Wagen getroffen wurde oder gegen ein Hindernis geprallt ist. Wie allgemein bekannt ist, besitzen Appelle an die Autofahrer wenig Wirkung. Die Technik soll deshalb helfen, diese Unfälle zu reduzieren. Speziell die Automatisierungstechnik in ihrer Ausprägung als Regelungstechnik soll dazu ihren Beitrag leisten.

Abbildung 3.1-1: Fahrdynamikuntersuchung (Quelle DaimlerChrysler AG)

Durch den „Elchtest“ ist heute jedem bekannt, dass mit dem elektronischen Stabilitätsprogramm, ESP[1] genannt, eine technische Hilfe zur Verfügung steht, die zur Verringerung der Schleudergefahr von Fahrzeugen beiträgt. Das ESP stellt eine Erweiterung des Antiblockiersystems (ABS) und der Antischlupfregelung (ASR) dar, welche das Anfahren und Fahren bei Glätte erleichtern. Das elektronische Stabilitätsprogramm hält den Wagen auf der vom Fahrer vorgegebenen Spur.

Das ESP-System bildet mit dem Fahrzeug zusammen einen Regelkreis. Diesen gilt es als Wirkungsplan aufzustellen und seine Komponenten und Größen zu benennen. Vorher sollte man sich natürlich über die Technik des elektronischen Stabilitätsprogramms mit seinen Eingriffen auf den Fahrzustand eines Fahrzeugs im Klaren sein.

Der Regelungsprozess vergleicht eine wichtige Systemgröße einer Anlage, Maschine oder eines Vorgangs mit einer Referenzgröße, bestimmt deren Abweichung voneinander und generiert eine abgestimmte Einwirkung auf die Systemgröße mit dem Ziel, die Differenz

[1] Die Abkürzung ESP stellt ein eingetragenes Warenzeichen dar.

verschwinden zu lassen. Der Regelkreis wird in der Technik dazu eingesetzt, einerseits nichtvorhersagbare Einflüsse auf Systemgrößen automatisch zu eliminieren und gleichzeitig diese den sich ändernden Sollwerten exakt nachzuführen. Dazu muss der Teil des Regelkreises beeinflusst werden, der die Aufgabe der Herstellung des materiellen bzw. immateriellen Produkts erfüllen muss. Dieser Teil wird als Regelstrecke bezeichnet. Der andere Teil, die Regeleinrichtung, muss die Beeinflussung der Anlage bzw. des Vorgangs nach vorgegebenen Zielvorstellungen herbeiführen. Kriterien dazu können u. a. Genauigkeit und Schnelligkeit sein.

Nach DIN 19226 wird die Aufgabe der Regelung so angegeben:

Definition: Regeln

Das Regeln – die Regelung – ist ein Vorgang, bei dem eine Größe, die zu regelnde Größe (Regelgröße), fortlaufend erfasst, mit einer anderen Größe, der Führungsgröße, verglichen und im Sinne einer Angleichung an die Führungsgröße beeinflusst wird.

Kennzeichnend für eine Regelung ist also der Soll-Istwertvergleich, der mit einem geschlossenen Wirkungsablauf durchgeführt wird. Die Regelgröße beeinflusst sich über den geschlossenen Wirkungsweg des Regelkreises fortlaufend selbst. Der Vergleich setzt natürlich dieselben physikalischen Größen voraus. Können diese nicht direkt verglichen werden, benötigt man Messumformer für sie.

Das in Abbildung 3.1-2 dargestellte mechanische Druckregelsystem zeigt einen Regelvorgang auf. Die Aufgabe des Ventils ist, den ausgangsseitigen Druck p_{aus} auf einem konstanten Wert p_{soll} zu halten, egal welche ein- bzw. ausgangsseitigen Druckschwankungen vorhanden sind. In der Haustechnik findet man diese Ventile häufig als Druckminderer vor.

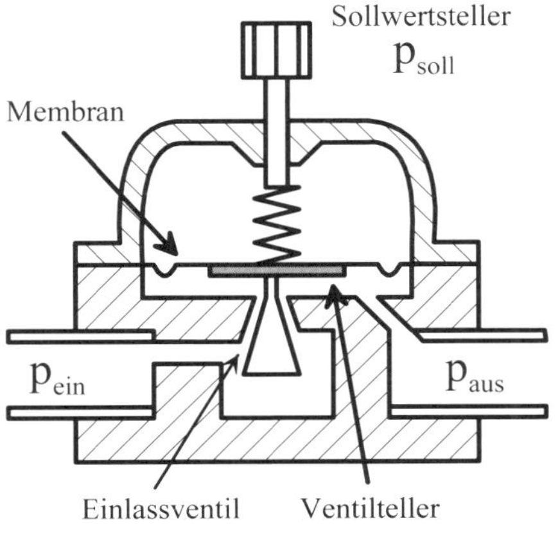

Abbildung 3.1-2: Druckregelventil

Das Druckmedium strömt über die Ventilöffnung von der Ein- zur Ausgangsseite. Das Einlassventil steuert den Mediendurchfluss. Der Ausgangsdruck p_{aus} wirkt auf den Ventilteller und übt somit eine Kraft auf die Feder aus. Die Membranfeder baut eine Gegenkraft auf, welche durch die Einstellschraube voreingestellt werden kann. Beide Kräfte halten sich das Gleichgewicht.

Nehmen wir nun einen Druckabfall auf der Ausgangsseite des Ventils an, so bekommt die Federkraft das Übergewicht und öffnet das Ventil. Das Primärmedium kann verstärkt nachfließen und stellt damit den ausgangsseitigen Druck p_{aus} wieder bis zum eingestellten Solldruck p_{soll} ein. Die Druckstörungen werden ausgeregelt. Im umgekehrten Fall schließt sich das Ventil, so dass über eine gewisse Zeit kein Medium nachfließen kann, bis der Ausgangsdruck p_{aus} wieder abgebaut ist.

Die Wirkungsweise des Regelventils wird am besten durch einen Wirkungsplan dargestellt. Aus ihm lässt sich die Funktionsweise entnehmen:

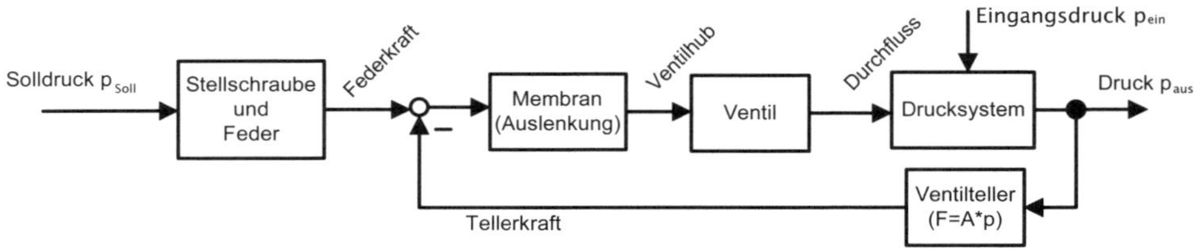

Abbildung 3.1-3: Wirkungsplan Druckregler

Der Ausgangsdruck übt eine Kraft über den Ventilteller und die Membran aus, welche mit der einstellbaren Federkraft verglichen wird. Die Membran wird entsprechend dem Kräfteverhältnis ausgelenkt. Der Ventilschaft erfährt eine Verschiebung und verstellt den Ventilteller. Das Öffnen bzw. Schließen der Ventilöffnung bewirkt über das strömende Medium den notwendigen Druckausgleich.

Es liegt eine kompakte und selbstgesteuerte Mechanik vor, bei der ein Bauteil gleichzeitig mehrere Funktionen erfüllt. Die Membran erfüllt einerseits die Aufgabe der Druckmessung des zu kontrollierenden Mediums und nimmt anderseits durch ihre Auslenkung Einfluss auf die Ventilstellung. Die Membran ist Messeinrichtung und Regeleinrichtung gleichzeitig. Ihre technische Gestaltung legt das dynamische Verhalten fest. Es kann in erster Näherung als P-System eingeordnet werden.

Die Temperaturregelung bei einem Bügeleisen lässt sich thermomechanisch bewerkstelligen. Die nachfolgende Abbildung zeigt ihr Technologieschema:

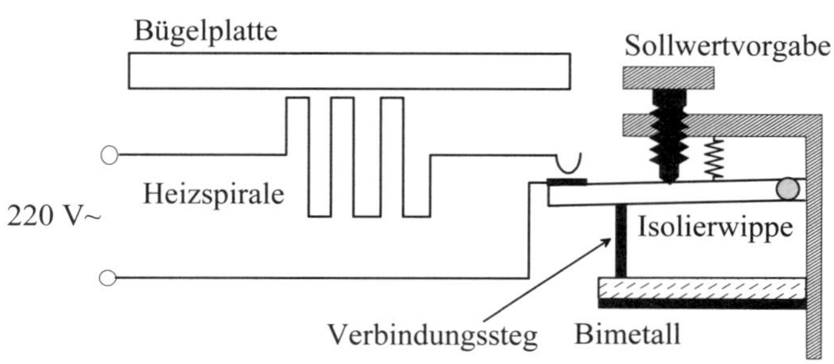

Abbildung 3.1-4: Temperaturregelung Bügeleisen

Mit dem Sollwertversteller wird für das jeweilige Leinen die richtige Temperatur eingestellt. Der Strom durch die Heizspirale erwärmt die Bügeleisenplatte. Das Bimetall krümmt sich der momentanen Temperatur entsprechend. Dadurch wird der Kontaktschalter betätigt.

Entzieht der Bügelvorgang genügend Wärmeenergie, sinkt die Temperatur der Bügelplatte. Über das Bimetall und den Kontaktschalter wird der Stromkreis für den Heizvorgang wieder geschlossen. Der Wirkungsplan entspricht den Darlegungen in Kapitel 2.1 (Lernaufgabe):

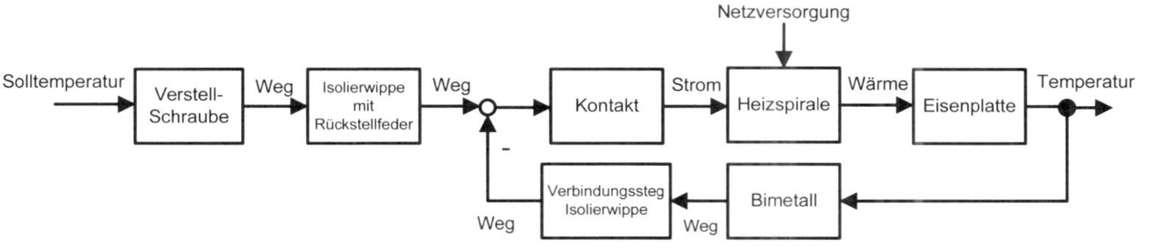

Abbildung 3.1-5: Wirkungsplan Bügeleisen

Der wirkungstechnische Aufbau der Temperaturregelung zeigt, dass eine unstetige Regelung durch den Schaltkontakt, genauer eine Zweipunkt-Regelung vorliegt. Im Unterschied zu anderen Regelungen wird der Temperaturwert nicht exakt auf dem Sollwert gehalten; er pendelt durch das Ein- und Ausschalten der Heizung zwischen zwei Grenzen, so wie es Abbildung 3.1-6 zeigt. Durch die Hysterese des Schaltvorgangs führt die Regelung eine erlaubte Dauerschwingung aus. Anzumerken bleibt noch, dass der Schaltvorgang ein nichtlineares Systemverhalten aufweist.

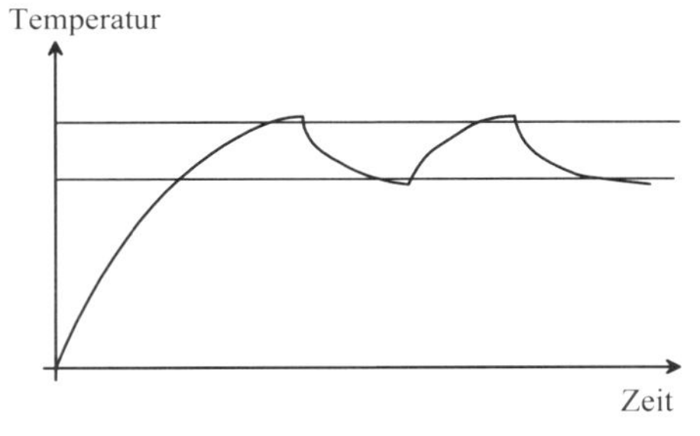

Abbildung 3.1-6: Temperaturverlauf beim Bügelvorgang

Auch bei der Zweipunkt-Regelung liegt ein geschlossener Wirkungsablauf vor. Der Vergleich zwischen Ist- und Solltemperatur wird indirekt über Wegauslenkungen vorgenommen. Er wird im Wirkungsplan immer als Differenzbildung zweier gleicher Signale dargestellt.

Beide Systeme, das Ventil und das Bügeleisen, besitzen ähnliche Systemstrukturen. Beide sind nach der angegebenen Definition DIN 19226 Regelungssysteme. Sie setzen sich typisch aus zwei Systemteilen zusammen. Zum einen ist ein steuerbarer Systemteil vorgegeben, mit welchem eine bestimmte Aufgabe erfüllt werden muss. Die schaltbare Heizspirale mit Bügeleisenplatte (Bügeleisengehäuse) ist ein solches System. Zum automatisierten Ausführen dieser Aufgabe wird andererseits eine Messeinrichtung für die zu kontrollierende Systemgröße benötigt und eine Regelungseinrichtung. Sie sollte das vorgegebene Regelungsziel optimal erfüllen, welches oftmals die Einhaltung eines konstanten Wertes verlangt, bzw. die Systemgröße einem vorgegebenen Zeitverlauf nachführt.

Der Regelungstechnik kommt dabei die Aufgabe zu, für die jeweilige Anlage die richtige Regeleinrichtung zu finden. Die Grundlage aller Überlegungen eines Regelungstechnikers stellt deshalb immer der Wirkungsplan des Regelkreises dar, der in seiner allgemeinen Form folgendermaßen aussieht:

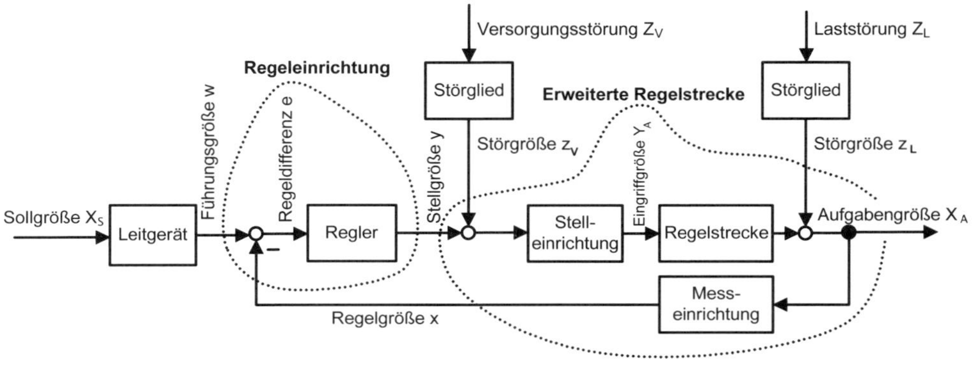

Abbildung 3.1-7: Der allgemeine Regelkreis

Die Regelstrecke setzt sich aus den Systemkomponenten zusammen, welche die eigentliche Aufgabe der Anlage bzw. des Prozesses zur Herstellung eines materiellen bzw. immateriellen Produkts erfüllen:

Definition: Regelstrecke

Die **Regelstrecke** ist derjenige Teil des Wirkungswegs, welcher den aufgabengemäß zu beeinflussenden Bereich der Anlage bzw. des Prozesses darstellt.

Sie wird mit Hilfe der Stelleinrichtung so beeinflusst, dass die gestellte Regelungsaufgabe erfüllt wird:

Definition: Stelleinrichtung

Die **Stelleinrichtung** besteht aus Stellantrieb und Stellglied. Sie verbindet den Reglerausgang mit dem Eingang der Regelstrecke.

Eine Messeinrichtung erfasst fortlaufend die Aufgabengröße:

Definition: Messeinrichtung

Die **Messeinrichtung** wandelt die Aufgabengröße der Regelstrecke in ein weiter verwertbares Signal innerhalb des Regelkreises, in die Regelgröße um.

In vielen Fällen ergänzen bzw. bedingen sich die vorgegebene Regelstrecke und die Stell- bzw. Messeinrichtung gegenseitig. Sie können oft nur sehr bedingt gerätetechnisch beeinflusst werden. Zusammen bilden sie die erweiterte Regelstrecke:

Definition: Erweiterte Regelstrecke

Die Regelstrecke bildet zusammen mit der Stell- und Messeinrichtung die **erweiterte Regelstrecke**.

Abbildung 3.1-8: Die erweitere Regelstrecke

Zur Berechnung eines Regelkreises beschränkt man sich gerne auf die erweitere Regelstrecke als Systemkomponente, deren Ausgangsgröße die Regelgröße x ist. Sie wird über die Messeinrichtung direkt aus der Aufgabengröße X_A gewonnen. Setzen wir ideale Messeinrichtungen voraus, liegt eine proportionale Beziehung zwischen beiden Größen vor. Im Sprachgebrauch des Regelungstechnikers wird deshalb zwischen beiden Größen kaum unterschieden. Spricht man von der Regelgröße, so ist damit auch die Aufgabengröße gemeint.

Die entscheidende Automatisierungsarbeit einer Regelung übernimmt die Regeleinrichtung:

Definition: Regeleinrichtung

Die **Regeleinrichtung** besteht aus demjenigen Teil des Wirkungswegs eines Regelkreises, der die Beeinflussung der Regelstrecke zur Erfüllung der Regelungsaufgabe über die Stelleinrichtung bewirkt.

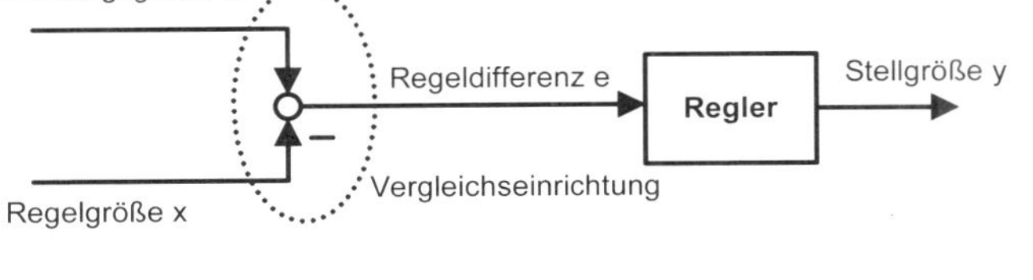

Abbildung 3.1-9: Regeleinrichtung

Die Regeleinrichtung vergleicht die Führungsgröße w mit der Regelgröße x durch eine einfache Differenzbildung:

Definition: Vergleichseinrichtung

Die **Vergleichseinrichtung** bestimmt die Abweichung der Führungsgröße von der Regelgröße, welche als Regeldifferenz e dem Regler zur Weiterverarbeitung dient.

Das Ergebnis steht als Regeldifferenz immer in der Form $e = w - x$ dem Regler zur Verfügung:

Definition: Regler

Die prinzipielle Aufgabe eines **Reglers** besteht darin, eine ausgesuchte physikalische Größe (Aufgabengröße X_A) auf einen vorgegebenen Sollwert (Sollgröße X_S) zu bringen und dort zu halten.

Der Regler generiert eine für die zu regelnde Strecke angepasste Stellgröße y; es ist das Eingangssignal der erweiterten Regelstrecke. Der Regler hat das hochgesteckte (ideale) Ziel, sein eigenes Eingangssignal, die Regeldifferenz e, dauernd auf null zu halten.

Die Führungsgröße w und die Regelgröße x müssen im Regelkreis verarbeitbare technische Signale sein. Die Sollgröße X_S gibt den Verlauf der Aufgabengröße X_A vor. Sie verkörpert eine physikalische Größe, welche mittels der Leiteinrichtung auf die Führungsgröße abgebildet wird:

Definition: Leiteinrichtung bzw. Leitgerät

Das **Leitgerät** gibt der Regelung ein technisch verarbeitbares Signal als Führungsgröße vor. Es wandelt dazu entweder eine eingangsseitige Sollgröße in die Führungsgröße um oder stellt selbst direkt die Führungsgröße zur Verfügung.

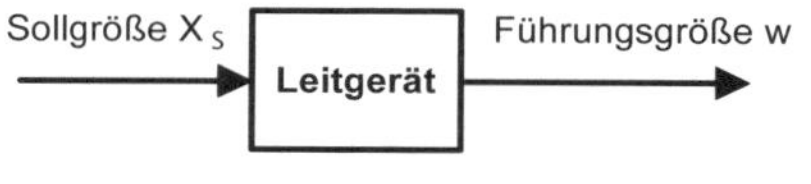

Abbildung 3.1-10: Leiteinrichtung

Für das Leitgerät wird i. Allg. ein ideales Übertragungsverhalten, das P-Systemverhalten, angenommen, so dass auch hier der Sprachgebrauch zwischen beiden Größen nicht immer unterscheidet.

Störungen sind per Definition nicht beschreibbare Einwirkungen auf ein System. Sie wirken sich als Abweichung der Ausgangsgröße von seinem gesetzmäßigen Verhalten aus. Regelungen besitzen die Aufgabe, störende Wirkungen auf die Regelstrecke zu beseitigen. Bei der Entwicklung von Regelungen steht man deshalb vor dem Dilemma, den Regelkreis auf Störungen hin zu untersuchen, obwohl sie sich eigentlich der mathematischen Beschreibung entziehen.

Um trotzdem Regelkreise auf ihr Verhalten bzgl. externer Störungen zu untersuchen, bedient man sich Störmodellen. In der Fachliteratur sind die unterschiedlichsten Modelle in Gebrauch. Bei unseren Regelkreisuntersuchungen benutzen wir zwei Störmodelle, von welchen das eine, entsprechend Abbildung 3.1-7, auf den Eingang der erweiterten Regelstrecke wirkt, das andere dagegen direkt das Ausgangssignal der Regelstrecke verändert.

Die Störglieder bilden etwaig vorliegende Versorgungs- und Laststörungen so gut es geht als in den Regelkreis einkoppelbare Signale ab:

Definition: Störeinrichtung bzw. Störglied

Ein **Störglied** beschreibt die Dynamik spezifischer externer Störeinflüsse auf den Regelkreis. Es wird vorwiegend zur theoretischen Untersuchung von Regelungen benutzt.

Abbildung 3.1-11: Störeinrichtung

Auf jedes Teilsystem und jedes Signal des Regelkreises können prinzipiell externe Störungen einkoppeln. Wie aus Abbildung 3.1-7 zu entnehmen ist, wirken dort Störungen auf den Regelkreis nur vor der Stelleinrichtung und nach der Regelstrecke. Welchen Grund gibt es dafür?

Die Systemtheorie beschreibt den Informationsfluss in Regelkreisen. Der stetige Material- bzw. Energiestrom durch die Regelstrecke wird wirkungsmäßig nicht angedeutet. Dieser unterliegt ebenfalls Störungen. So kann jedermann leicht nachvollziehen, dass gerade die Versorgung von Prozessen mit Material bzw. Energie Probleme bereitet.

Diese Störungen werden als **Versorgungsstörungen** bezeichnet. Sie werden durch Addition zu der Stellgröße auf die Regelstrecke simuliert. Es kommt z. B. auf dasselbe heraus, ob die Vorlauftemperatur einer Heizung absinkt, oder das Ventil des Heizkörpers etwas zugedreht wird.

Die Aufgabengröße eines Regelkreises kann von außen natürlich auch extrem beeinflusst werden. Eine Bohrmaschine besitzt i. Allg. eine Drehzahlregelung. Egal welches Material mit welcher Anpresskraft gerade gebohrt wird, der Anwender wünscht sich eine konstante Drehzahl. Beim Bohrvorgang kann die Anpresskraft nicht immer als konstant vorausgesetzt werden, so dass die Bohrmaschine mehr oder weniger durchdreht. Auch muss bei Mauerwerken jederzeit mit unterschiedlichen Materialzusammensetzungen gerechnet werden, weshalb sich auch das Drehmoment und die Drehzahl der Bohrmaschine ständig ändern.

Bei dieser Art von Störeinflüssen spricht man von **Laststörungen**. Sie beeinflussen auf direktem Weg die Aufgabengröße, welche sich über ein Störglied zwischen Regelstrecke und Messeinrichtung einkoppeln lassen.

Aus der Messtechnik wissen wir ebenfalls, dass stets auch Messfehler bei der Erfassung von physikalischen Größen (Aufgabengrößen) auftreten. Deshalb wäre es angebracht, ein weiteres Störglied zusätzlich auf die Regelgröße wirken zu lassen, welches als **Messstörungen** bezeichnet werden kann. Auch für diese stellt sich dann die Frage, welche Auswirkungen sie auf die Funktionsweise des Regelkreises besitzen?

Nach etwas Überlegung ist sehr leicht einzusehen, dass Messstörungen vermieden werden müssen. Aus dem Wirkschaltplan erkennt man, dass direkte Störeinflüsse auf die Eingangssignale der Regeleinrichtung (Regelgröße, Führungsgröße, Regeldifferenz) so wirken, als verändere man gewollt den Wert der Führungsgröße. Der Regelkreis verstellt damit die Aufgabengröße nach diesen Störungen; sie können somit nicht eliminiert werden.

Ein Regelkreis kann nur Störungen beseitigen, welche zwischen Ein- und Ausgang der Regelstrecke eingreifen. Er ist deshalb technisch so aufzubauen, dass Messstörungen, Störungen der Führungsgröße und des Reglers selbst auszuschließen sind. Von außen wirken auf den Regelkreis in Summe zwei unterschiedliche Einflussarten. Zum einen die gewollte Veränderung der Aufgabengröße durch die Vorgabe der Führungsgröße und zum anderen dessen Störbeeinflussung, die es zu beseitigen gilt. Die Abbildung 3.1-12 veranschaulicht die beiden Wirkungen auf einen Regelkreis und benennt die daraus resultierenden Verhaltensweisen. In ihr wird nochmals verdeutlicht, dass Messstörungen grundsätzlich zu vermeiden sind:

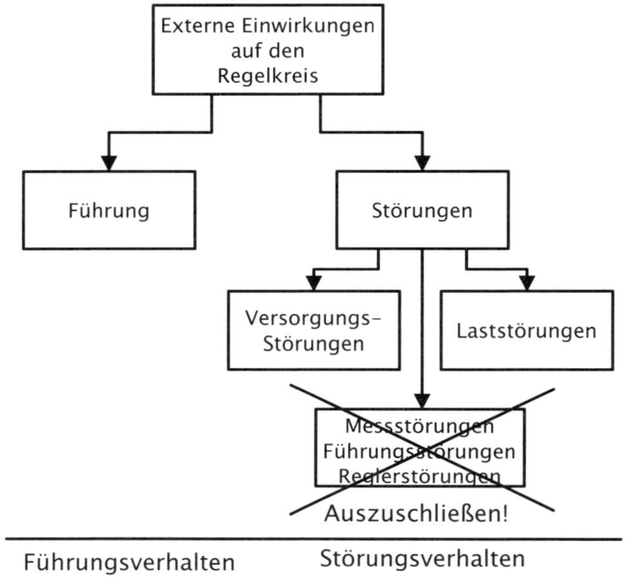

Abbildung 3.1-12: Regelkreisverhalten

Für die beiden Eingangswirkungen auf den Regelkreis werden entsprechende Regelkreisverhalten angegeben:

Definition: Führungsverhalten

Das **Führungsverhalten** eines Regelkreises beschreibt die dynamische Auswirkung einer Veränderung der Führungsgröße auf die Aufgabengröße.

Durch Vergleich von Soll- und Regelgröße mit Hilfe der Vergleichseinrichtung kann jederzeit eine Abweichung festgestellt werden. Diese Regeldifferenz wird dem Regler zur Verfügung gestellt, der daraus ein Signal für die Stelleinrichtung generiert. Die darüber beeinflusste Regelstrecke verändert ihre Ausgangsgröße, welche über die Messeinrichtung zur Regelgröße führt. Über die Rückkopplung wirkt diese auf die Regelstrecke wieder zurück.

Ziel dieses Wirkungsablaufs ist, die Regelgröße durch dauernde Kontrolle auf dem Wert der Führungsgröße zu halten, auch wenn dieser sich zeitlich ändert.

Zudem ist sein Verhalten gegenüber Störungen von Interesse:

Definition: Störverhalten

Das **Störverhalten** eines Regelkreises gibt die dynamischen Auswirkungen von Versorgungs- und Laststörungen auf die Regelgröße an.

Auf die Regelstrecke können jederzeit nichtvorhersehbare externe Störeinflüsse einwirken. Diese Einflüsse verändern die Regelgröße auf beliebige Art und Weise und führen somit zu Differenzen zwischen Soll- und Istgröße. Der Regler hat die Aufgabe, wiederum so auf die Strecke einzuwirken, dass die Störungen schnell beseitigt werden und somit keine weiteren Einflüsse auf die Aufgabengröße ausüben.

3.1.1 Der standardisierte einschleifige Regelkreis

Die Beschreibungen zu den einzelnen Regelkreiskomponenten legen es nahe, den allgemeinen Regelkreis der Abbildung 3.1-7 zu vereinfachen. Die Zusammenfassung der Stell- und Messeinrichtung mit der Regelstrecke zur *erweiterten Regelstrecke* stellt eine erste zweckmäßige Vereinfachung dar. Zusätzlich werden alle Übertragungsglieder zur Umformung externer physikalischer Größen auf interne Signale weggelassen, da sie i. Allg. reines P-Verhalten zeigen. Die neu gewonnene Regelkreisstruktur dient dann als Grundlage weiterer Untersuchungen. Die nachfolgende Abbildung illustriert den vereinfachten einschleifigen Regelkreis, der weiterhin als Standard-Regelkreis bezeichnet wird:

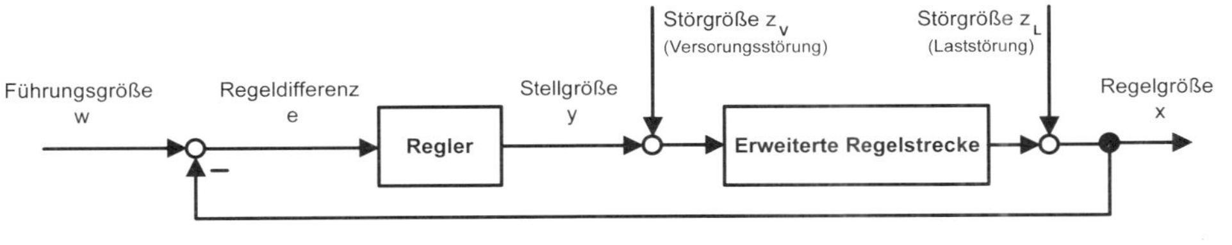

Abbildung 3.1-13: Der standardisierte einschleifige Regelkreis

Das Ergebnis zeigt einen Regelkreis mit den Signalen x, w, y bzw. e als **normierte Signale** bzw. **Einheitssignale** (Signalnamen mit Kleinbuchstaben leiten sich aus den Signalbezeichnungen mit Großbuchstaben ab). Sie liegen bei der theoretischen und experimentellen Analyse als Größen vor, die von Geräten mit normierten Signaleingängen und -ausgängen in Anlagen direkt verarbeitet werden können. Bei der experimentellen Praxis werden dazu die Signalarten Gleichstrom, Gleichspannung und Druck definiert.

Zur mathematischen Beschreibung der Einheitssignale dienen die Bereiche (0 bis 1), (-1 bis +1) oder (0 % bis 100 %) bzw. (-100 % bis +100 %).

Die Kleinsignale dienen insbesondere dazu, die Dynamik der Regelung in einem Arbeitspunkt AP zu beschreiben:

Definition: Arbeitspunkt

Der **Arbeitspunkt AP** repräsentiert den Wert einer Prozessgröße, in dessen unmittelbarer Umgebung der Prozess betrieben wird.

Tabelle 3.1-1: Normierte Signale

Signalart	Bereich
Mathematisch	-1 bis +1, -100 bis 100 %
Druck	0,2 bis 1 bar
Gleichspannung	-10 bis +10 V
Gleichstrom	4 bis 20 mA

Tabelle 3.1-2: Größen des Regelkreises

Bezeichnung	Benennung	Beschreibung
X_A	Aufgabengröße	Die zu regelnde Größe eines Prozesses.
x	Regelgröße	Normiertes Signal der Aufgabengröße zur Weiterleitung bzw. Rückkopplung über die Regeleinrichtung (Abweichung vom Arbeitspunkt).
X_S	Sollgröße	Vorgabewert, welchen die Aufgabengröße annehmen soll.
w	Führungsgröße	Die Regelgröße x soll der Führungsgröße w unmittelbar folgen. Sie ist normiert und entspricht als Signalart der Regelgröße x (Abweichung vom Arbeitspunkt).
$e = w - x$	Regeldifferenz	Ausgangsgröße des Vergleichs von Führungs- und Regelgröße. Sie wirkt auf den Regler als normiertes Signal.
y	Stellgröße	Normierte Ausgangswirkung des Reglers auf die Regelstrecke über das Stellglied der Anlage (Abweichung vom Arbeitspunkt).
Y_A	Eingriffsgröße	Unmittelbar einwirkende Größe auf den zu regelnden Vorgang, mit welcher die Stelleinrichtung den Prozess der Regelstrecke beeinflusst.
$Z_{V,L}$	Störungen	Störungen sind alle von außen wirkenden Größen, soweit sie die beabsichtigte Beeinflussung einer Regelung beeinträchtigen.
z z_V z_L	Störgröße allgemein Versorgungsstörgröße Laststörgröße	Normierte Störsignale zur Beurteilung von Regelungen beim Entwurf (Abweichung vom Arbeitspunkt).

Durch die additive Zusammensetzung der absoluten Größen (großgeschriebene Größen X_A, Y_A, X_S, Z_1, Z_2) gemäß der Vorschrift

$$X = X_{AP} + x\,, \qquad (3.1\text{-}1)$$

stellen die normierten (kleingeschriebenen) Größen Abweichungen vom vorgegebenen Arbeitspunkt dar. In der Regelungstechnik ist es üblich, die Veränderung der Wirkgrößen von Regelungen jeweils bzgl. ihrer Arbeitspunkte zu berechnen. In Tabelle 3.1-2 sind alle im Regelkreis vorkommenden Größen zusammenfassend beschrieben.

Die Regeleinrichtung und die erweiterte Regelstrecke des standardisierten einschleifigen Regelkreises (Abbildung 3.1-13) dienen dem modellhaften Aufbau und der einfacheren Untersuchung von Regelungen. Dazu ist die erweitere Regelstrecke meistens fest vorgegeben. Die Aufgabe des Regelungstechnikers ist es, gemäß der Regelungsaufgabe einen passenden Regler auszuwählen und seine Parameter für ein optimales Regelverhalten einzustellen.

Das dynamische Verhalten der Regelstrecke wird i. Allg. empirisch ermittelt, indem z. B. ihre Sprungantwort mit einem Oszilloskop, Linienschreiber oder einem Messcomputer aufgenommen wird. Durch Frequenzuntersuchungen gewinnt man die Ortskurve bzw. das Bode-Diagramm. Aus ihnen können die zugrunde liegenden Regelstrecken identifiziert werden.

Für Regelungen lassen sich zwei grundsätzliche Betriebsarten vorstellen. Sie unterscheiden sich nach Art der zeitlichen Entwicklung der Sollgrößen, welche über das Leitgerät dem Regelkreis zur Verfügung gestellt werden, und auf die er zu reagieren hat. Man unterscheidet zwischen folgenden Regelungstypen:

Definition: Festwertregelung oder Störgrößenregelung

Bei der **Festwertregelung** oder **Störgrößenregelung** wird eine konstante Führungsgröße eingestellt. Der Regler hat die Aufgabe, die Regelgröße konstant auf dem Wert der Sollgröße zu halten.

Der Regelkreis hat bei der Festwertregelung vorwiegend ein optimiertes Störverhalten aufzuweisen, woraus ihre zusätzliche Bezeichnung herrührt. Das Druckregelventil bzw. der Druckminderer in Abbildung 3.1-2 stellt ein typisches System mit Festwertregelung dar. Überall dort, wo es auf stationäre Verhältnisse ankommt, können Festwertregelungen aushelfen. Die allermeisten Temperaturregelungen gehören dieser Kategorie an. Die gewünschte Raumtemperatur bei Heizungsanlagen wird i. Allg. einmalig eingestellt; die Regeleinrichtung hat diese zu kontrollieren und Maßnahmen für deren Einhaltung einzuleiten. Die Drehzahlregelung von Arbeitsmaschinen ist ebenfalls dieser Betriebsart zuzurechnen. Eine Bohrmaschine soll die Drehzahl beibehalten, auch wenn in einem Mauerwerk mit heterogenen Materialien ein Loch gebohrt wird.

Dagegen wird bei vielen Arbeitsprozessen kein zeitlich konstanter Werteverlauf der Führungsgröße gewünscht, sondern sie soll sich nach einem vorgegebenen Zeitplan verändern.

Definition: Zeitplanregelung (Programmregelung)

Wird die Führungsgröße nach einem Zeitplan verändert, spricht man von einer **Zeitplan-** oder **Programmregelung**.

Bei der Zeitplanregelung liegt eine modifizierte Festwertregelung vor. Der Regler führt die Regelgröße dem Sollwertverlauf nach, der i. Allg. von Arbeitspunkt zu Arbeitspunkt führt und dort eine Zeitlang verharrt. Die Auslegung der Zeitplanregelung richtet sich deshalb nach einem optimierten Störverhalten.

In der Verfahrenstechnik tritt diese Art von Regelungen als Temperaturregelung in Brennöfen zur Herstellung von keramischen Werkstoffen oder bei der Herstellung von Spulen beim Aushärten der Kunstharze auf. Der Temperaturverlauf muss bei diesen Arbeitsprozessen zu gewissen Zeiten eingefroren werden, damit das Endprodukt den Qualitätsanspruch erfüllt. Das nachfolgende Diagramm illustriert einen beispielhaften Führungsgrößenverlauf für Zeitplanregelungen.

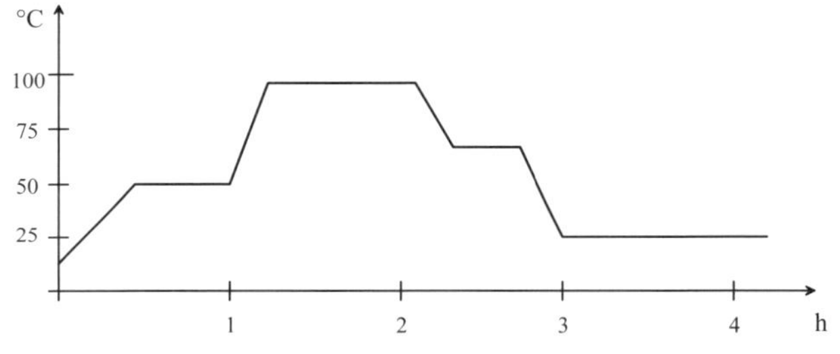

Abbildung 3.1-14: Zeitplan der Führungsgröße bei Zeitplanregelungen (Beispiel)

Es handelt sich meistens um eine sehr langsame Veränderung der Führungsgröße des Regelkreises, so dass keine großen Ansprüche an das Führungsverhalten der Regelung gestellt werden. Somit liegen Verhältnisse wie bei der Festwertregelung vor, bei der das Störverhalten im Vordergrund steht.

Zur kontrollierten Steuerung vieler Prozesse möchte man aber bewusst die Aufgabengröße eines Regelkreises laufend verändern. Dazu dient die Folgeregelung:

Definition: Folgeregelung oder Nachlaufregelung

Ändert sich die Sollgröße (Führungsgröße) fortlaufend, liegt eine **Folgeregelung** bzw. **Nachlaufregelung** vor. Die Regelgröße hat dieser Führungsänderung optimal zu folgen.

Bei Folgeregelungen muss das Führungsverhalten eines Regelkreises besonders ausgeprägt sein. Als Beispiel einer Nachlaufregelung erwähnen wir das Kopierdrehen bzw. -fräsen zur Fertigung von Werkstücken nach einer Vorlage, so wie es in Abbildung 3.1-15 schematisch dargestellt wird. Ein Messtaster erfasst die Sollwerte der zu kopierenden Vorlagekontur. Die Maschine bearbeitet das Werkstück nach diesem Verlauf.

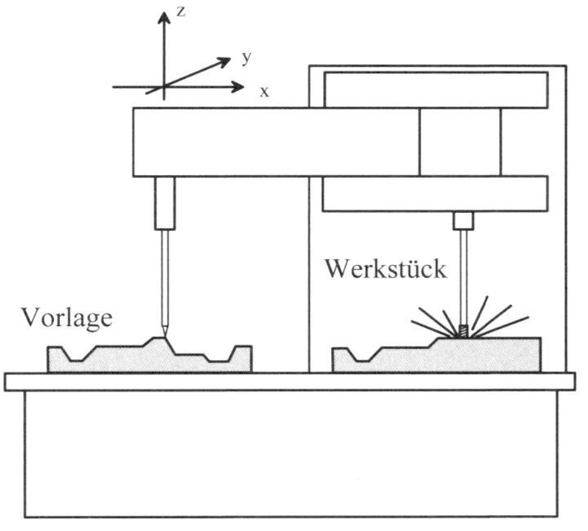

Abbildung 3.1-15:
Kopierfräsen als Nachlaufregelvorgang (Schematischer Aufbau)

In der Automobiltechnik versucht man durch aktive Einflussnahme mittels Systemen dem Autofahrer das Fahren zu erleichtern. Die Fahrsicherheit lässt sich z. B. durch die automatisierte Einhaltung der Fahrzeugabstände zu vorausfahrenden Fahrzeugen bei gegebener Geschwindigkeit erhöhen. Der erweiterte Tempomat erfasst neben der eigenen Geschwindigkeit die Relativgeschwindigkeit und den Abstand zu den vorausfahrenden Fahrzeugen. Die Technik ist heute bereits soweit, dass bis zu sechzehn Objekte auf drei Spuren gleichzeitig beobachtet werden können, so wie es andeutungsweise durch das nachfolgende Bild zum Ausdruck kommt:

Abbildung 3.1-16:
Tempomat als Abstandsregelung (Quelle DaimlerChrysler AG)

Die Geschwindigkeits- und Abstandsregelung greift bei kritischen Verkehrssituationen bremsend bzw. beschleunigend in den Fahrzustand ein. Bei dichtem Verkehr kennt jeder Autofahrer das pulsierende Vorwärtskommen bzw. die sich dauern ändernde Verkehrsgeschwindigkeit. Der Fahrer hat sich ständig dieser Situation anzupassen, um seinen Sicherheitsabstand auf den Vordermann zu wahren. Die Abstandsregelung übernimmt diese Aufgabe. Sie folgt den Gegebenheiten des Verkehrs und stellt in diesem Sinn eine Folgeregelung dar. Bei leeren Straßen agiert das System als Tempomat. Dieser hat die Aufgabe, das Fahrzeug auf der eingestellten Wunschgeschwindigkeit zu halten. Insofern liegt bei diesem Betriebszustand eine Festwertregelung vor. Der Tempomat mit Abstandsregelung verkörpert somit beide Regelungsarten.

3.1.2 Anforderungen an Regelungen

Der Aufbau von Regelkreisen und die Arbeitsweise von Regelungen sind uns nun bekannt. Die Aufgabe des Automatisierungsingenieurs ist es, für eine vorgegebene Regelstrecke den geeigneten Regler zu finden, welcher die Anforderungen an den zu regelnden Prozess erfüllt. Als Aufgabe der Regelungstechnik kann deshalb formuliert werden:

Gegeben: a) Hinreichend genaues Modell der erweiterten Regelstrecke.
b) Forderungen an das statische und dynamische Regelkreisverhalten (Regelgüten).

Gesucht: Regler, welcher die Güteforderungen erfüllt.

Die Anforderungen an die verschiedenen Regelkreise und Regelungen sind einerseits vielfältig. Trotzdem können sie in wenigen Kriterien zusammengefasst werden:

1. **Genauigkeit (Stationäre Regelgüte)**

   Der Regler soll i. Allg. gewährleisten, dass die Regelgröße x(t) der Führungsgröße w(t) asymptotisch folgt. Die sog. *bleibende Regeldifferenz* hat zu verschwinden:

$$e(\infty) = \lim_{t\to\infty}\big(e(t)\big) = \lim_{t\to\infty}\big(w(t) - x(t)\big) = 0\,. \qquad (3.1\text{-}2)$$

   Bei der Regelkreis-Untersuchung werden dazu Testsignale zur Führungsgrößenänderung und für Last- und Versorgungsstörungen vorgegeben. Die Signale werden den jeweiligen Gegebenheiten des zugrunde liegenden technischen Systems angepasst, um ein optimales Verhalten bzgl. Genauigkeit zu erhalten. Häufig dient das Sprungsignal ε(t) wegen seines breiten Frequenzspektrums als Testsignal. Wird die Forderung der Gleichung (3.1-2) erfüllt, spricht man von einem (stationär) genauen Regelkreis. Dieser besitzt **keine** bleibende Regeldifferenz.

2. **Schnelligkeit (Dynamische Regelgüte)**

   Bei zeitlicher Änderung der Führungsgröße w(t) wird erwartet, dass die Regelgröße x(t) unmittelbar folgt und nicht nur asymptotisch (nach langer Zeit). Der Regler soll schnell und fortlaufend jeglicher dynamischen Änderung der Führungsgröße folgen. Mit Hilfe von Sprungsignalen lässt sich die Schnelligkeit bzw. die dynamische Regelgüte von Regelungen gut illustrieren:

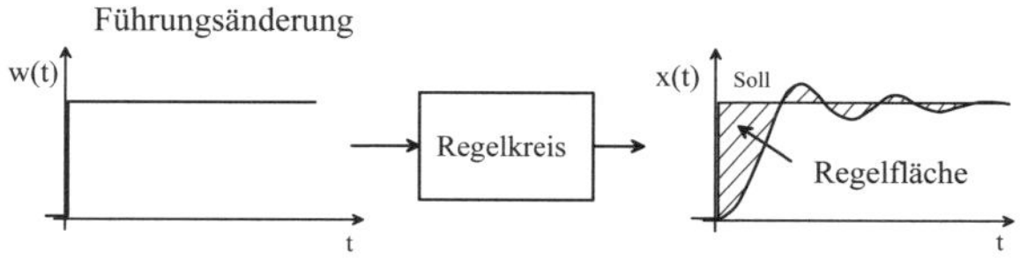

Abbildung 3.1-17: Übergangsfunktion bei Führungsänderung

Die idealisierte Zielvorstellung der Regelungstechnik ist, bei einer Führungsänderung (Führungssprung) die Regelgröße exakt der Sollgröße nachzuführen. Regelstrecken mit Verzögerung lassen dies aber nicht zu. Die Reaktion tritt erst nach einer endlichen Zeit auf, so dass während der Übergangszeit eine Diskrepanz zwischen Soll- und Istwert auftritt. Als Maß für die Schnelligkeit kann u. a. die in Abbildung 3.1-17 markierte Regelfläche dienen, welche als Differenzfläche zwischen der Sollkurve und der Regelgröße definiert werden kann. Je kleiner diese Fläche ausfällt, umso schneller gleicht der Regler die Regelgröße wieder an die Führungsgröße an.

Entsprechende Güteforderungen können an das Störverhalten gestellt werden. Der ideale Regler hält die Regelgröße exakt auf der Führungsgröße, auch wenn eine Störbeeinflussung auf die Regelstrecke vorliegt. Der reale Regler erkennt die Störung aber erst über eine auftretende Regeldifferenz und versucht so schnell wie möglich, diese zum Verschwinden zu bringen. Auch hier lässt sich die Regelfläche als Maß für die dynamische Regelgüte verwenden, so wie sie in nachfolgendem Diagramm skizziert ist:

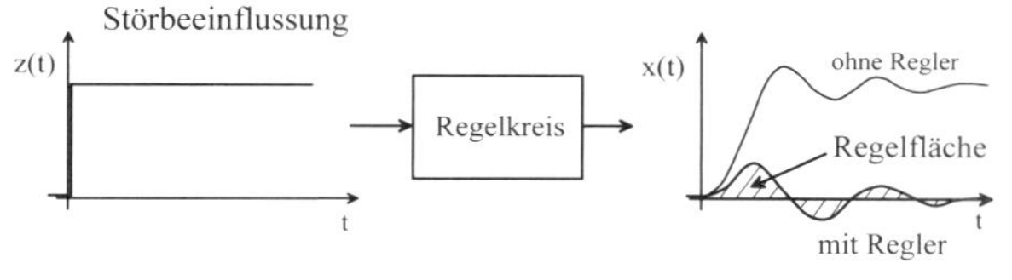

Abbildung 3.1-18: Übergangsfunktion bei Störungseinwirkung

3. **Stabilität**

Ein Regelkreis hat immer stabil zu sein.

Ein Regelkreis kann ohne vorherige exakte Kenntnis seines dynamischen Verhaltens nicht geschlossen werden. Ohne über die Stabilität Bescheid zu wissen, gibt es eine hohe Wahrscheinlichkeit, dass beim Anfahren der Regelung (Schließen des Regelkreises) die Anlage unkontrollierte Zustände annimmt. Bei Regelkreisen mit Antrieben hoher Leistung muss man mit gefährlichen Situationen rechnen und Zerstörungen an verfahrenstechnischen Anlagen können nicht ausgeschlossen werden.

Woher rührt diese Instabilität, wenn Regler und Regelstrecke für sich stabiles Verhalten zeigen?

Der Hauptgrund ist in der Systemstruktur jedes Regelkreises mit seinem geschlossenen Wirkungsablauf zu suchen. Die Rückkopplung der Regelgröße auf den Vergleicher der Regeleinrichtung bewirkt eine fortlaufende Beeinflussung der Regelstrecke. Diese kann wegen Verzögerungen der Signale durch die Einzelsysteme zur Unzeit eintreffen, so dass der Regler keine Chance bekommt, zum richtigen Zeitpunkt das angemessene Stellsignal zu erzeugen. Die Regelgröße läuft dann aus dem Ruder. Diesen Vorgang können bereits kleine Störungen im Regelkreis verursachen. Dazu genügen elektromagnetische Störsignale auf den elektrischen Signalleitungen, welche die Systemkomponenten verbinden.

4. **Robustheit**

Ein Regelkreis hat robust zu sein.

Oft sind die dynamischen Eigenschaften der Regelstrecke nicht exakt bekannt. Es kann auch sein, dass diese sich während des Betriebs der Regelung ändern. Der Regler sollte so ausgelegt sein, dass er trotz Parameteränderungen der Regelstrecke immer zur Zufriedenheit des Anwenders arbeitet und die ersten drei Forderungen erfüllt sind. Wird zumindest die Stabilitätsforderung erfüllt, spricht man von robuster Stabilität. Die Robustheit hat zur Folge, dass man beim Entwurf von Regelungen auch mit Näherungsmodellen von der Regelstrecke auskommt.

3.1.3 Beispiele von Regelkreisen

Im nachfolgenden werden einige Regelungen zur Veranschaulichung der Grundstruktur einschleifiger Regelkreise und seiner Signale und Komponenten untersucht. In diesen Darstellungen wird auf die Identifikation der einzelnen Regelkreiskomponenten Wert gelegt. Deren dynamisches Verhalten wird dann mathematisch angegeben, wenn keine komplexen Ableitungen notwendig sind.

Die Beispiele sind so gehalten, dass an ihnen die Wirkungsweise der Regelung für jedermann ersichtlich ist. Sie werden heute auf modernere Art realisiert. Ihr Vorteil liegt in der besseren Anschaulichkeit jeder Regelkreiskomponente.

3.1.3.1 Die Füllstandsregelung eines Wasserbehälters

Füllstands- bzw. Niveauregelungen treten bei vielen Anwendungen auf. So ist dem Leser sicher die Funktionsweise der Frischwasserversorgung in seiner Stadt bzw. Gemeinde bekannt. Der Wasserhochbehälter spielt bei der Wasserversorgung eine zentrale Funktion. Er dient zum einen, einen gewissen Vorrat an Frischwasser zu speichern und zum anderen, einen konstanten Wasserdruck im Versorgungsgebiet zu gewährleisten. Die Wassertürme zeugen von dieser Tatsache. Der Wasserdruck hängt allein von der Höhendifferenz zwischen Verbraucher und Wasserspiegel im Hochbehälter ab. Zu dessen Gewährleistung muss der Frischwasserspiegel auf konstantem Niveau gehalten werden, ca. 20 bis 30 m oberhalb der nächst tieferen Verbraucherstelle, um mindestens 2 bis 3 bar Leitungsdruck aufzubauen. Eine Füll-

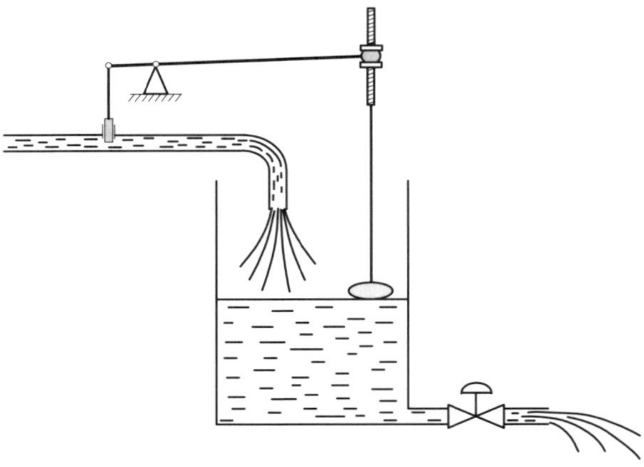

Abbildung 3.1-19: Füllstandsregelung

stands- bzw. Niveauregelung erfüllt diese Aufgabe, deren Prinzip in Abbildung 3.1-19 skizziert ist.

Die Regelungsaufgabe lautet: Der Frischwasserzufluss in den Hochbehälter muss so eingestellt werden, dass der Wasserspiegel auf gleicher Höhe verharrt, gleich welche Frischwassermenge von Verbrauchern entnommen wird. Die Abbildung 3.1-19 zeigt das Prinzip der Füllstandsregelung. Das Wasserbecken wird über einen Zulauf mit verstellbarem Schieberventil versorgt. Das Reservoir entleert sich über den Auslauf mit Ventil, welches in Summe die vielen Wasserentnahmestellen der Einzelverbraucher symbolisiert. Die Wasserentnahme unterliegt dem Zufall und kann somit nicht beschrieben werden. Bei der Systembeschreibung ist die Wasserentnahme als Laststörung anzunehmen und das Ablaufventil als Laststörglied in den Wirkschaltplan aufzunehmen.

Der Frischwasserzulauf zum Wasserbecken unterliegt andererseits oft auch Druckschwankungen, welche als Versorgungsstörungen berücksichtigt werden müssen. Im Wirkungsplan lässt sich die Druckschwankung als Modifikation der Zuflussventilstellung mittels eines Störglieds mit der Bezeichnung Ventilöffnung simulieren.

Folgender Wirkungsplan zeigt die Systemstruktur der Niveauregelung:

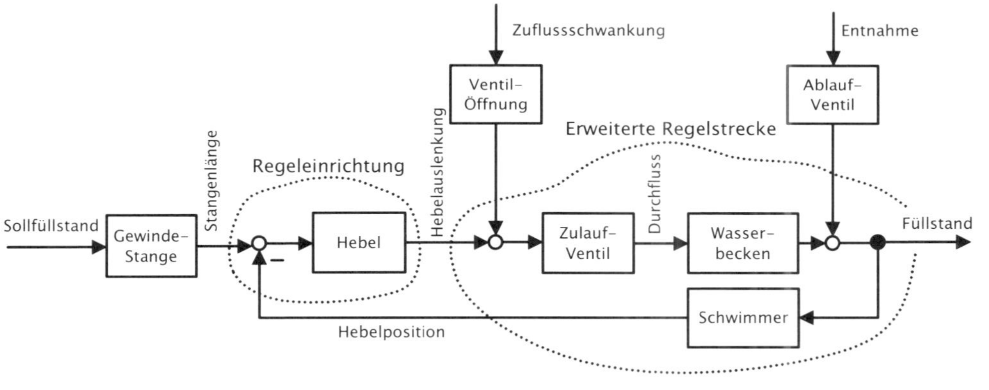

Abbildung 3.1-20: Wirkschaltbild der Füllstandsregelung

Die obige Füllstandsregelung hat die Aufgabe, den Füllstand der Flüssigkeit im Behälter unabhängig von Störungen im Zu- und Abfluss konstant zu halten. Der Behälter bildet die Regelstrecke. Als Messeinrichtung dient ein Schwimmer, dessen Stellung auf einen Hebelmechanismus wirkt, der wiederum als Regler arbeitet. Der andere Hebelarm verstellt das Zulaufventil. Bei zu hohem Stand des Schwimmers wird der Zufluss reduziert, bei zu niedrigem erhöht. Die Sollwertvorgabe erzielt man über die Längenverstellung des Schwimmergestänges, die Verstärkung des Reglers durch die Veränderung des Hebelverhältnisses a/b. Das Wirkschaltbild in Abbildung 3.1-20 weist die einzelnen Komponenten des Regelkreises aus.

Die Signale bzw. Wirkungsgrößen der Füllstandsregelungen sind in nachfolgender Tabelle zusammengestellt:

Bezeichnung	**Benennung**	**Beschreibung**
X_A	Aufgabengröße	Füllstand im Behälter
x	Regelgröße	Hebelstellung
X_S	Sollgröße	Gewünschter Füllstand
w	Führungsgröße	Stangenlänge des Schwimmers
e = w – x	Regeldifferenz	Effektive Hebelstellung
y	Stellgröße	Hebelauslenkung
Y_A	Eingriffsgröße	Durchfluss
Z_V	Versorgungsstörung	Druckschwankung in der Versorgungsleitung
Z_L	Laststörung	Wasserentnahme

Im nachfolgenden Wirkungsplan ist den einzelnen Regelkreiskomponenten ihr dynamisches Verhalten, basierend auf den Übergangsfunktionen, zugeordnet:

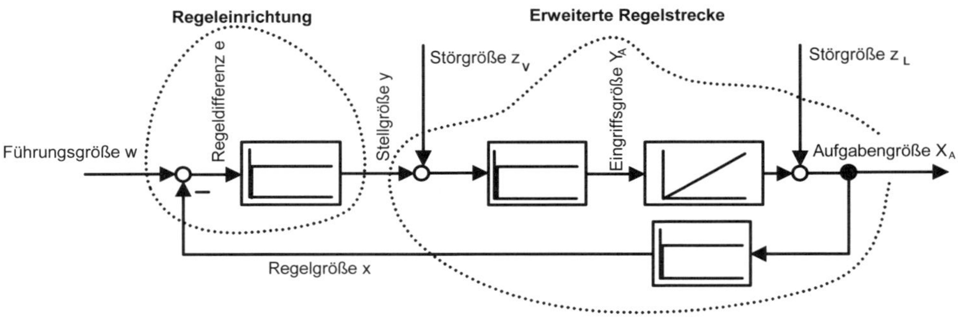

Abbildung 3.1-21: Übertragungsverhalten bei der Füllstandsregelung

Zur weiteren Vereinfachung werden die Leiteinrichtung und die Störglieder einfach ignoriert, weshalb die Sollgröße (Sollniveau) als Führungsgröße und die Störgrößen unmittelbar in den Regelkreis einkoppeln.

Die nachfolgende Tabelle stellt die Zeitverhalten der Regelkreiskomponenten und die Ein- und Ausgangsgrößen mit ihren Systemgleichungen zusammen. Der Leser kann selbst versuchen, sie anhand des Systemaufbaus zu verifizieren.

Komponente	Eingangsgröße	Ausgangsgröße	Systemgleichung	Typ
Regelstrecke	$\Delta Q = Q_{Zufluss}(t)$	Niveauhöhe h(t)	$h(t) = \frac{1}{A}\int_0^t \Delta Q(t')\,dt'$	I
Mess-Einrichtung	Niveauhöhe $h(t) + z_L$	Hebelstellung x(t)	$x(t) = k_M \cdot (h(t) + z_L)$	P
Stell-Einrichtung	Ventilhub $(y(t) + z_V)$	Zufluss $\Delta Q(t)$	$\Delta Q(t) = k_S \cdot (y(t) + z_V)$	P
Regler	Hebelstellung $w - x(t)$	Hebelauslenkung y(t)	$y(t) = \frac{a}{b}(w - x(t))$	P

Die erweiterte Regelstrecke zweier in Serie geschalteter P-Systeme und eines zusätzlichen I-Systems verhält sich insgesamt als I-System. Die Stell- und Messeinrichtung wirkt sich allein durch die Veränderung der konstanten Faktoren aus, während die Regelstrecke vollständig die Dynamik bestimmt. Das Wirkschema der Füllstandsregelung vereinfacht sich deshalb zum standardisierten Regelkreis:

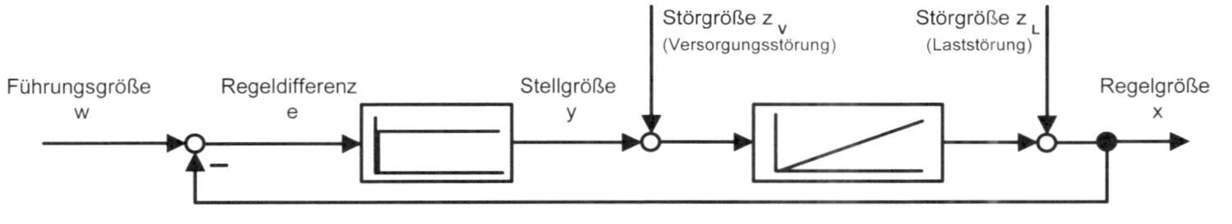

Abbildung 3.1-22: Der standardisierte Füllstandsregelkreis

Entsprechend der Aufgabenstellung hat die Füllstandsregelung ein optimiertes Störverhalten zu gewährleisten. Die Führungsgröße w wird auf einen konstanten Wert eingestellt, wogegen die nicht beeinflussbare Laststörung letztlich die Füllstandshöhe bestimmt. Es stellt sich die Frage, ob der vorgegebene P-Regler zur Erfüllung der Aufgabe geeignet ist?

3.1.3.2 Druckregelung eines Strömungskanals mit gasförmigem Medium

Druckregelungen treten in verschiedenster Art auf. Hier betrachten wir die Druckregelung eines gasförmigen Mediums in einem Strömungskanal. Sie dient zur Einhaltung eines konstanten Mediendrucks auf der ausströmenden Seite des Kanals. Die Stellung des Schiebers im Kanal muss dazu so eingestellt werden, dass der Ventildurchfluss gerade der Menge des abfließenden Mediums entspricht. Der ausgangsseitige Druck p_{Kanal} wird mit einem Membranmanometer bestimmt.

Die Regelung übernimmt eine Hydraulik mit Steuer- und Stellzylinder nach folgendem Schema:

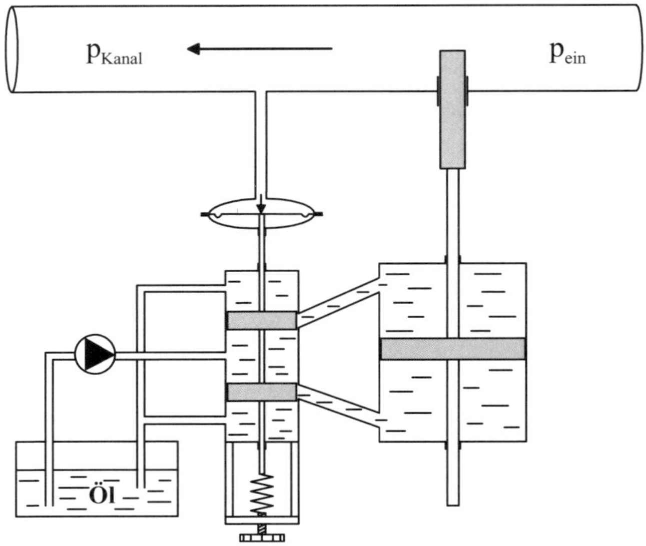

Abbildung 3.1-23: Druckregelung

Die Auslenkung der Membran durch eine Druckschwankung auf der Ausgangsseite verändert die Stellung des Kolbens innerhalb des Steuerzylinders. Als Folge davon werden die Öffnungen der Ölkanäle zum Stellzylinder freigegeben. Das unter Druck stehende Öl der mittleren Steuerzylinderkammer fließt je nach Kolbenstellung einseitig in den Stellzylinder und verstellt den Stellkolben des Arbeitszylinders, welcher direkt mit dem Schieberventil gekoppelt ist. Über den alternativen Kanal fließt das überschüssige Öl ab.

Die Regelstrecke setzt sich aus dem Druckkanal für das gasförmige Medium und dem in Abbildung 3.1-23 nicht dargestellten Druckerzeuger bzw. -verbraucher zusammen. Alle Regelkreisgrößen sind en bloc in nachfolgender Tabelle zusammengestellt:

Bezeichnung	**Benennung**	**Beschreibung**
X_A	Aufgabengröße	Druck im Strömungskanal
x	Regelgröße	Membrankraft
X_S	Sollgröße	Gewünschter Kanaldruck
w	Führungsgröße	Federkraft
$e = w - x$	Regeldifferenz	Effektive Membranauslenkung
y	Stellgröße	Auslenkung des Stellkolbens
Y_A	Eingriffsgröße	Mediendurchfluss
Z_V	Versorgungsstörung	Druckschwankungen der Versorgungsseite
Z_L	Laststörung	Gasabnahme des Verbrauchers

Die Wirkungszusammenhänge lassen sich am geeignetsten im Wirkungsplan der Regelung verdeutlichen:

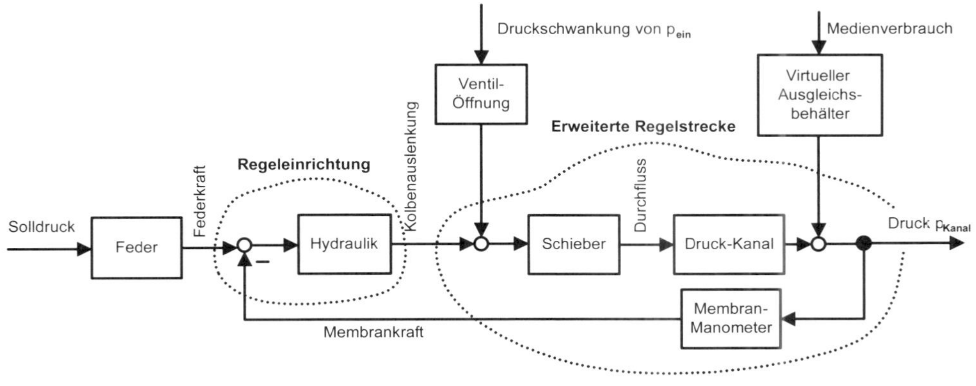

Abbildung 3.1-24: Wirkschaltbild der Druckregelung

Der Solldruck der Anlage wird über die Feder als Gegenkraft zur Membrankraft ($F_{Membran} = A \cdot p_{Kanal}$) eingestellt. Beide Kräfte legen die effektive Membranauslenkung und somit die Stellung des Steuerkolbens fest.

Interessant ist bei dieser Regelung die Frage nach den dynamischen Eigenschaften der Regelkreiskomponenten. Für die Systemkomponenten der Anlage lassen sich die Systemgleichungen nicht ohne vollständige Systemanalyse angeben. An dieser Stelle übersteigt ein solches Vorhaben das Bestreben, auf schnelle Weise einen Überblick über die Druckregelung zu bekommen. Wir beschränken uns deshalb auf einfache Betrachtungen zur Bestimmung dieser Dynamiken. Dazu gehen wir qualitativ vor:

Näherungsbetrachtung

In erster Näherung lässt sich die Dynamik eines Systems durch seinen qualitativen Reaktionsverlauf auf eine Sprungfunktion am Systemeingang ablesen, welcher die Übergangsfunktion des Systems charakterisiert. Das Einbeziehen von Systemgrenzen wird dabei vermieden.

Diese Vorgehensweise lässt sich am Regler der Druckregelung beispielhaft verdeutlichen:

Eine sprunghafte Änderung des Steuerkolbens im Steuerzylinder gibt beide Kanalöffnungen zum Arbeitszylinder frei. Über eine Öffnung wird Drucköl in den Arbeitszylinder gepresst bzw. es kann auf der anderen Seite abfließen, wodurch der Zylinder sich verschiebt. Solange die Position des Steuerkolbens nicht wieder zurückgestellt wird, bleibt der Öldruck erhalten und der Arbeitskolben bewegt sich weiter. Erst das Anschlagen an die Zylindergrenzen bringt ihn zum Stillstand. Für den Hydraulikregler liegt folgende zeitliche Ein-/ Ausgangsbeziehung vor:

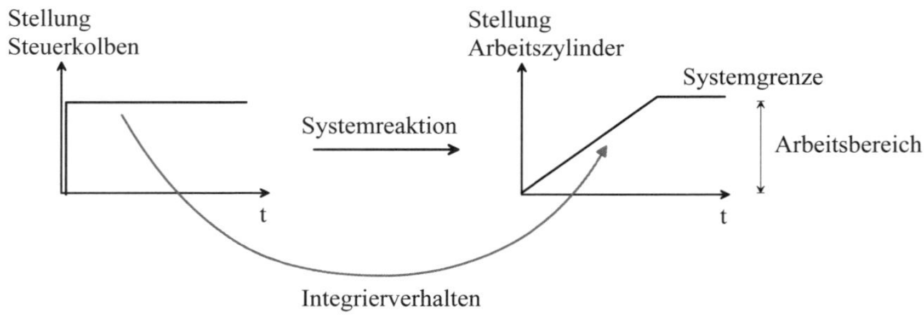

Abbildung 3.1-25: Übergangsfunktion Hydraulikregler

Aus ihr lässt sich das prinzipielle Zeitverhalten der Regeleinrichtung direkt ablesen. Die Systemreaktion kann durch Integration des Eingangssignals bestimmt werden. Der Hydraulikregler besitzt deshalb Integrierverhalten. Wichtig bei dieser Betrachtung ist allein, dass die Ein-/Ausgangsbeziehung nur innerhalb des natürlichen Arbeitsbereichs abgelesen wird. Die Regelung soll ja nur innerhalb des Arbeitsbereichs eingesetzt werden bzw. ordentlich funktionieren.

Etwas unübersichtlicher stellt sich die Dynamik der Regelstrecke dar. Bei ihr ergibt sich die Frage, wie sich der Druck des gasförmigen Mediums verhält, falls eine sprungförmige Verstellung des Schieberventils vorgenommen wird? Physikalisch kann sicher angenommen werden, dass der Kanaldruck ein neues Gleichgewicht zwischen Druckversorgung und Druckabnahme anstrebt. Der Druckanstieg richtet sich nach den vorherrschenden Druckverhältnissen und dem ausgangsseitigen Gasvolumen. Die Gasgleichung $p \cdot V = m \cdot R \cdot T$ und die Ventilgleichung $\dot{V} = k_V \cdot \sqrt{\Delta p}$ spiegeln die wesentlichen Aspekte des physikalischen Prozesses wieder. Da über die Regelstrecke keine weiteren Angaben vorliegen, kann die Systemgleichung nicht abgeleitet werden. Aus dem grundsätzlichen Verhalten kann jedoch gefolgert werden, dass sich die Regelstrecke als Proportionalsystem mit verzögerndem Zeitverhalten darstellt. Nach dem Öffnen des Schiebeventils steigt der Druck ähnlich einem exponentiellen Verlauf bis zum neuen Gleichgewichtswert an. Unbekannt bleibt, welches Verzögerungsverhalten wirklich vorliegt. Aus diesem Grund nehmen wir ein P-T_n-Verhalten mit $n \geq 1$ an.

Die nachfolgende Tabelle fasst das Übertragungsverhalten aller Regelkreiskomponenten zwischen ihren Ein- und Ausgangsgrößen zusammen:

Komponente	**Eingangsgröße**	**Ausgangsgröße**	**Dynamik**
Regelstrecke	Durchfluss $\dot{V}(t)$	Gasdruck im Kanal p_{Kanal}	P-T_n $n \geq 1$
Mess-Einrichtung	Kanaldruck (p_{Gas} + z_L)	Membranauslenkung x(t)	P
Stell-Einrichtung	Schieberstellung (y(t) + z_V)	Durchfluss $\dot{V}(t)$	P
Regler	Effektive Membranauslenkung w – x(t)	Auslenkung Arbeitskolben y(t)	I

Die Mess- und Stelleinrichtung werden als proportional wirkende Systeme angenommen. Die Dynamik der erweiterten Regelstrecke entspricht dann dem Verhalten des Strömungskanals. Die dynamische Wirkungsweise der Druckregelung drückt sich im standardisierten Wirkungsplan am übersichtlichsten aus:

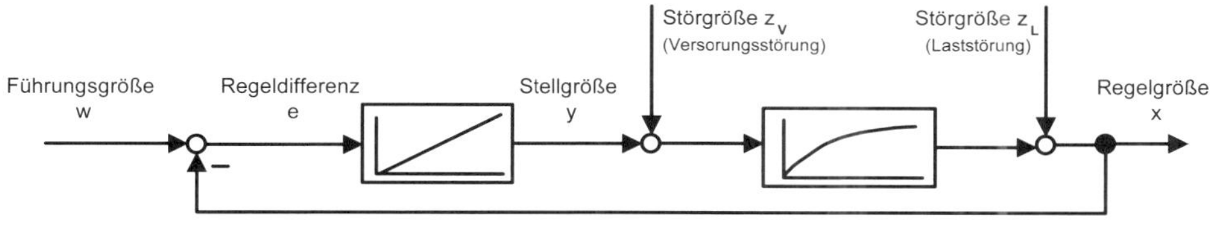

Abbildung 3.1-26: Der standardisierte Druckregelkreis

Auch die Druckregelung ist entsprechend ihrer Aufgabenstellung auf ein optimiertes Störverhalten auszulegen. Die Führungsgröße w wird auf einen konstanten Wert eingestellt. Die Laststörung bestimmt maßgebend den Mediendruck. Die Regelkreisanalyse muss die Frage beantworten, ob das I-Verhalten der Regeleinrichtung die Regelungsaufgabe ausreichend gut löst.

Zur Verdeutlichung dieser Regelungsaufgabe sei auf die Beatmung von Tauchern (bzw. von Bergsteigern in großen Höhen) hingewiesen, die Sauerstoff, der unter hohem Druck (200 bar) in Flaschen mitgeführt wird, über Druckregelventile (sog. „Automaten“) einatmen. Der Sauerstoffverbrauch ist je nach Anstrengung relativ großen Schwankungen unterworfen. Die Konstanz des Sauerstoffdrucks in der Atemmaske muss für den Benutzer jederzeit gewährleistet sein.

Bearbeitung der Lernaufgabe

Die Mechatronik verbindet den Maschinenbau und die Elektronik zu einer ganzheitlichen Fachdisziplin. Das ESP (Elektronisches Stabilitätsprogramm) stellt ein Beispiel der Mechatronik dar, welches serienmäßig bei dem A-Klasse-Mercedes zur Verbesserung der Fahrsicherheit nach dem „Elchtest“ eingesetzt wird. Die zusätzliche Sensorik und Elektronik des ESP erkennt Querbeschleunigungen und Giergeschwindigkeiten des Fahrzeugs (z. B. in einer Kurve) und bremst in gefährlichen Situationen (Schleudern) gezielt einzelne Räder ab. Die Giergeschwindigkeit entspricht der Drehgeschwindigkeit des Fahrzeugs um die Hochachse.

Der Lenkwinkel- und Raddrehzahl-Sensor erfasst den eingeschlagenen Fahrzustand des Kfz. Das tatsächliche Fahrverhalten wird mittels hochempfindlicher Gier- und Querbeschleunigungssensoren gemessen. Das Steuergerät mit „Elektronischem Stabilitätsprogramm“ koordiniert diese vier Fahrzeuggrößen und berechnet aus ihnen die notwendige Eingriffswirkung auf das Bremssystem, um das Fahrzeug in der gewünschten Spur zu halten. Die Abbildung 3.1-27 zeigt den gerätetechnischen Aufbau von ESP.

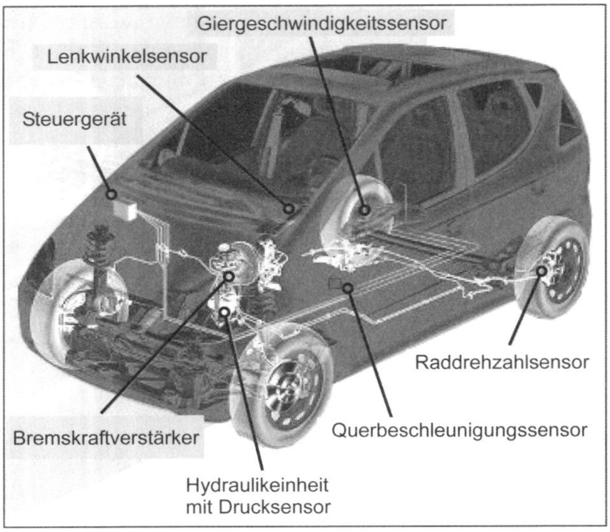

Abbildung 3.1-27: Regelkreis-Komponenten für ESP (Quelle: DaimlerChrysler AG)

Beim Untersteuern (Fahrzeug schiebt Vorderräder nach außen) wird das Fahrzeug durch einen Bremsimpuls auf das Hinterrad stabilisiert. Droht dagegen das Fahrzeug mit den Hinterrädern nach außen auszubrechen (Übersteuern), so erfolgt ein Bremsimpuls auf eines der Vorderräder. Die Reaktionszeit des Systems beträgt lediglich 20 ms. Dadurch werden Schleuderbewegungen bereits im Ansatz, bevor der Fahrer sie erkennt, durch eine blitzschnelle Reaktion korrigiert. Die nachfolgende Abbildung beschreibt diesen Stabilisierungsprozess graphisch:

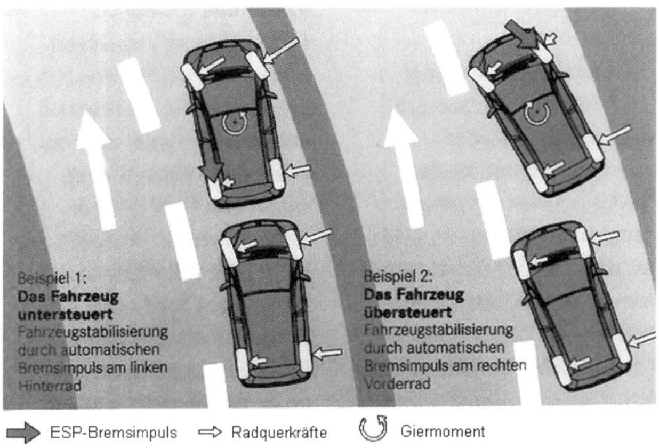

Abbildung 3.1-28: Fahrzeugzustände (Quelle: DaimlerChrysler AG)

Angenommen, eine Linkskurve wird zu schnell angefahren, der Wagen übersteuert und das Fahrzeug droht ins Schleudern zu kommen. Sofort greift das ESP ein, bremst gezielt das rechte Vorderrad ab, und schon ist der Wagen wieder in der Spur. Was passiert, wenn der Wagen in der Linkskurve untersteuert und geradeaus zu schlittern droht? Das ESP setzt dann an der Hinterachse an, bremst das linke Hinterrad ab und bringt den Wagen wieder auf den richtigen Kurs.

Das ESP stellt somit ein Fahrzeugregelsystem dar. Diese helfen dem Fahrer, Fahrfehler auszubügeln. Die Fahrdynamik-Regelung ist eine Weiterentwicklung der Systeme ABS und ASR. ABS hat die Aufgabe, ein optimales Verzögern des Fahrzeugs zu erreichen, ASR (Anti-Schlupf-Regelung) dagegen den maximalen Vortrieb bei vorgegebener Gasstellung auf die Räder zu bringen. Die Fahrdynamik-Regelung verbessert die seitliche Führung eines Fahrzeugs. Der Wirkungsablauf von ESP lässt sich in folgendem Wirkschaltplan verdeutlichen:

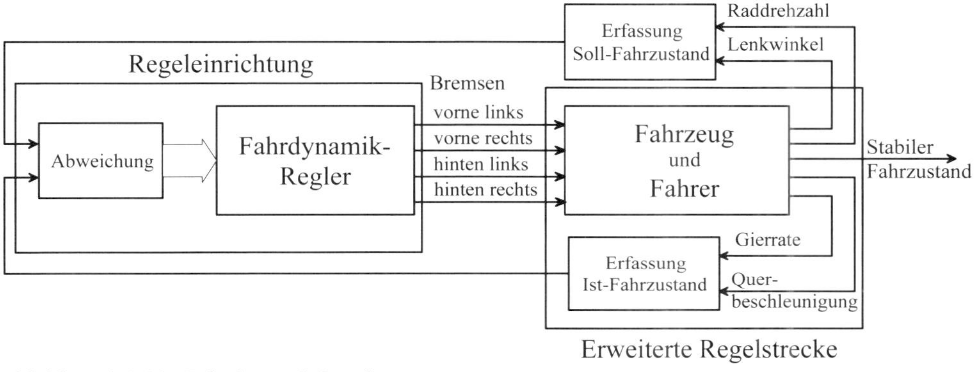

Abbildung 3.1-29: Fahrdynamik-Regelung

Die Regelstrecke ist durch das Fahrzeug und den Streckenzustand gegeben. Durch das Lenken und die Geschwindigkeitsvorgabe bestimmt der Fahrer den Fahrzustand. Den tatsächlichen Fahrzustand des Fahrzeugs ermittelt die Messeinrichtung über die Giergeschwindigkeit und die Querbeschleunigung. Mit Hilfe eines mathematischen Modells des Fahrzeugs kann auf die Verträglichkeit von Soll- und Ist-Zustand geschlossen werden. Der Fahrdynamikregler wirkt bei sich einstellender Unverträglichkeit stabilisierend auf das Fahrzeug ein, indem er gezielte Bremsmanöver ausführt. Bei untersteuerndem Verhalten wird ein Ausgleich über die Hinterbremsen erreicht. Für das Übersteuern gilt das umgekehrte. Droht die Reifenhaftung wegen zu hoher Seitenkräfte verloren zu gehen, reduziert das ESP automatisch die Motordrehzahl.

Die Regelstrecke weist ein äußerst komplexes dynamisches Verhalten auf. Dazu existieren für Fahrzeuge unterschiedliche Modelle. In Kapitel 2 wurde auf solche hingewiesen. Den Regelvorgang übernimmt das Steuergerät. Das elektronische Stabilitätsprogramm stellt eine digitale Regelung dar, wobei Mikroprozessoren die eigentliche Arbeit erledigen.

Unfallforscher vermuten, dass mit ESP ca. ein Viertel der schweren Unfälle abgemindert oder ganz vermieden wird.

Fragen zur Selbstkontrolle

Frage 3.1-1: Was zeichnet einen Regelungsprozess aus?

Frage 3.1-2: Wozu werden Regelungen in der Technik eingesetzt?

Frage 3.1-3: Was ist das besondere Kennzeichen einer Regelung?

Frage 3.1-4: Erklären Sie anhand eines Wirkungsplans die Funktionsweise eines Bügeleisens!

Frage 3.1-5: Nennen Sie wichtige Systemkomponenten eines Regelkreises!

Frage 3.1-6: Was bezeichnet man als erweiterte Regelstrecke?

Frage 3.1-7: Woraus setzt sich die Regeleinrichtung zusammen?

Frage 3.1-8: Welche Aufgabe besitzt der Regler?

Frage 3.1-9: Welche Größen wirken von außen auf den Regelkreis?

Frage 3.1-10: Welche Ursachen führen zur Entstehung von Regelabweichungen?

Frage 3.1-11: Wozu werden Störglieder zur Beschreibung von Regelkreisen durch den Wirkungsplan eingeführt?

Frage 3.1-12: Was ist eine Laststörung und was eine Versorgungsstörung?

Frage 3.1-13: Können alle Störeinflüsse auf Signale und Systeme des Regelkreises selbsttätig von ihm beseitigt werden?

Frage 3.1-14: Was versteht man unter dem Führungsverhalten?

Frage 3.1-15: Wozu dienen die normierten Größen zur Beschreibung eines Regelkreises?

Frage 3.1-16: Welche Eigenschaften muss eine Festwertregelung besitzen?

Frage 3.1-17: Was ist eine Störgrößenregelung?

Frage 3.1-18: Was gibt die Regeldifferenz an?

Frage 3.1-19: Welche Aufgabe hat die Messeinrichtung im Regelkreis, und welche Übertragungsverhalten kommen bei ihr vor?

Frage 3.1-20: Wo werden Nachlaufregelungen eingesetzt?

Frage 3.1-21: Welche Aufgabe muss die Regelungstechnik als Fachgebiet leisten?

Frage 3.1-22: Was bezeichnet man als bleibende Regeldifferenz?

Frage 3.1-23: Mit welchem Kennwert kann man die Schnelligkeit einer Regelung beurteilen?

Frage 3.1-24: Warum kann ein Regelkreis instabil werden?

Frage 3.1-25: Mit welcher Betrachtung lässt sich näherungsweise die Dynamik einer Regelkreiskomponente (eines Systems) bestimmen?

Frage 3.1-26: Warum wird bei einer Regelung eine gegengekoppelte Kreisschaltung verwendet?

Frage 3.1-27: Welche Anforderungen muss ein Regelkreis erfüllen?

3.2 Regelstrecken und Regeleinrichtungen

Lernziele

Die spezifischen Eigenschaften von Regelstrecken bestimmen maßgebend die Auswahl der Regeleinrichtungen. Es gibt Regelstrecken, mit denen auch der einfachste Regler spielend fertig wird. Demgegenüber stehen Strecken, bei denen die Regelungsaufgaben nur unter beträchtlichem Aufwand und mit mäßigem Erfolg erfüllt werden können. Die Regelstrecken werden von Ingenieuren geplant, entwickelt und in Betrieb genommen. Sie sollten deshalb ihre Aufmerksamkeit auf die optimale Auslegung dieser wichtigen Regelkreiskomponente legen. Dazu ist es von Vorteil, die wichtigen Unterscheidungsmerkmale und Kennwerte von Regelstrecken zu kennen und die prinzipiellen Eigenschaften in Frage kommender Regeleinrichtungen einschätzen zu können.

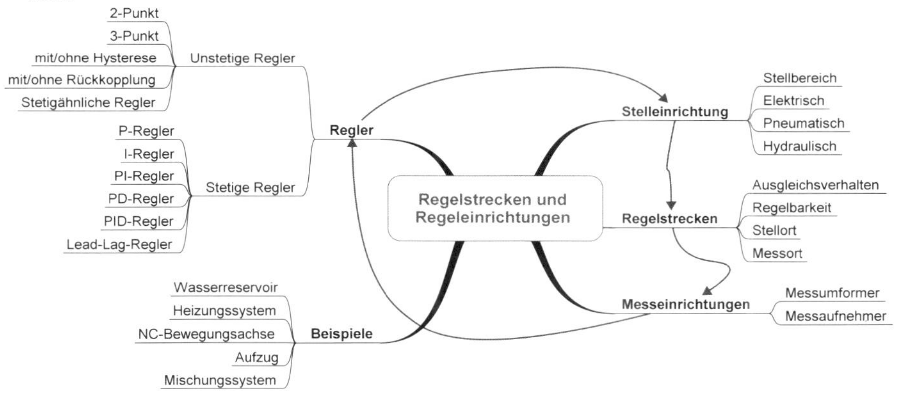

Lernaufgabe

Werkzeugmaschinen benötigen Antriebssysteme für ihre Achsen. Die Drehmaschine mit Schrägbett der Abbildung 3.2-1 besitzt zwei eingezeichnete Bewegungsachsen. Bewegungsachsen bestehen in der Regel aus einem Motor, den mechanischen Übertragungselementen Kupplung, Getriebe und Lineartrieb, dem Messsystem sowie der notwenigen Regeleinrichtung. Die Abbildung 3.2-2 zeigt eine verwendbare Vorschubachse mit Antriebssystem. Das Antriebsmoment des Elektromotors wird über ein Zahnradgetriebe einer Gewindespindel zur Erzeugung der Linearbewegung zugeführt.

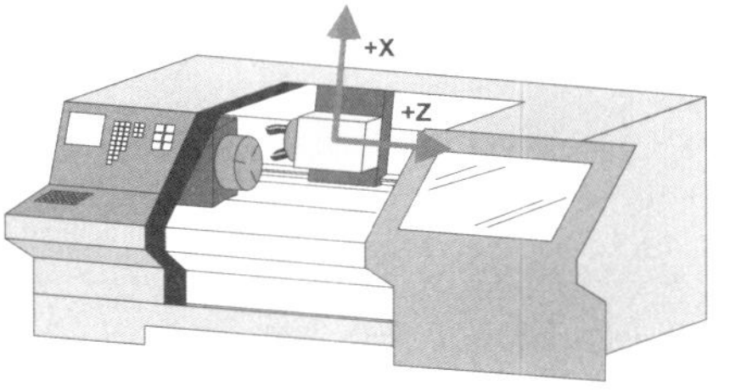

Abbildung 3.2-1: Drehmaschine mit Schrägbett

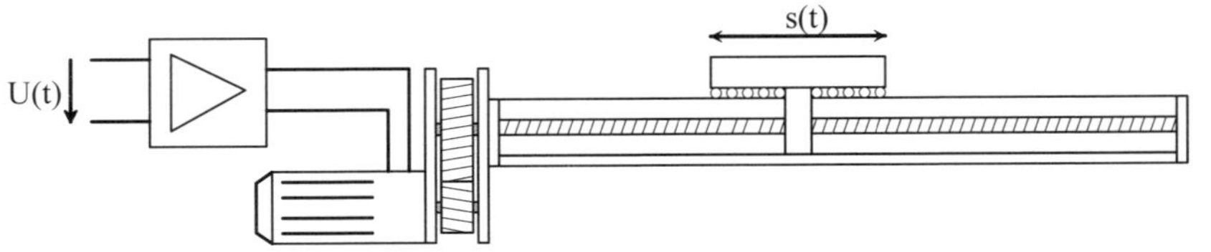

Abbildung 3.2-2: NC-Bewegungsachse mit Antriebssystem

Zur Lageeinstellung (Position) des Maschinenwerkzeugs ist es nötig, den Schlitten der Maschine möglichst unverfälscht und unverzögert der Führungsgröße folgen zu lassen, welche aus der Fertigungsinformation erzeugt wird. Der Servomotor und die mechanischen Übertragungsglieder (Getriebe, Spindel und Schlitten) besitzen entscheidenden Einfluss auf die erreichbare Genauigkeit. Sie bilden zusammen die Regelstrecke des so genannten Lageregelkreises einer Werkzeugmaschine. Ein befriedigendes Ergebnis kann nur erzielt werden, wenn das Gesamtsystem Regelstrecke und Regeleinrichtung optimal aufeinander abgestimmt ist.

Dazu ist die Kenntnis der mathematischen Modelle des Servomotors, des Getriebes und des Kugelgewindetriebs (also der Regelstrecke) Voraussetzung. Mit ihnen lässt sich eine Regelstrategie entwickeln, mit deren Hilfe die Regelgüte des Lageregelkreises optimiert werden kann. Die Abbildung 3.2-3 zeigt eine technische Realisierung einer Vorschubachse als Kugelgewindevorschub.

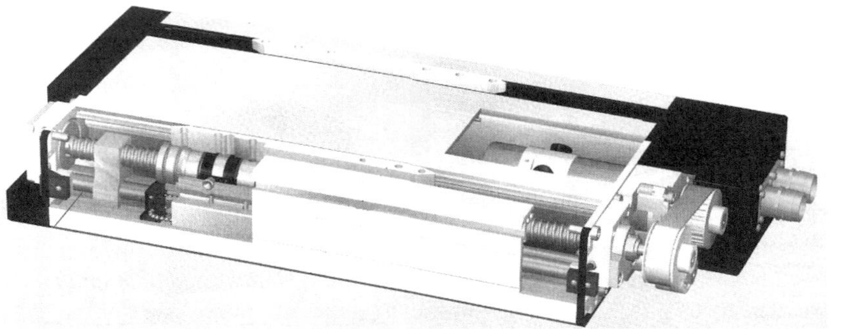

Abbildung 3.2-3: Kugelgewindevorschub (Quelle Fa. Isel automation)

Die prinzipielle Aufgabe einer Regelung ist,

- ⇨ die zu regelnde Größe zu erfassen und so umzuformen, dass ein
- ⇨ Vergleich mit einer Sollgröße durchgeführt werden kann,
- ⇨ um aus der Abweichung ein Signal mit optimalem Zeitverhalten zu erzeugen,

⇨ das über eine Stelleinrichtung den Prozess so beeinflusst, dass die Regelgröße den gewünschten Verlauf nimmt.

Dieser Wirkungsablauf wird mit einem geschlossenen Wirkungsweg erreicht. Die Komponenten dafür sind:

⇨ die erweiterte Regelstrecke mit Stelleinrichtung, eigentlicher Regelstrecke und Messeinrichtung und

⇨ die Regeleinrichtung mit Soll-Ist-Vergleicher und Regler.

Regelstrecke und Regeleinrichtung sind Partner, welche sich harmonisch ergänzen sollten. Sie müssen deshalb wohlüberlegt aufeinander abgestimmt werden.

3.2.1 Regelstrecken

Die Regelstrecke ist derjenige Teil der Anlage, in dem die zu regelnde physikalische Größe durch die Regeleinrichtung beeinflusst wird. In den meisten Fällen ist sie fest vorgegeben und in ihren Kennwerten nur geringfügig änderbar. Diese sind vor der Projektierung der Regelung fast immer unbekannt und deshalb zuerst axiomatisch und/oder experimentell zu ermitteln. Die Kennwerte (Kennlinien) liefern eine Zuordnung zu den Standardsystemen bzw. zu einer Kombination aus Basissystemen. Der Regelkreis kann anschließend weiter mathematisch untersucht und so dessen Entwurf durchgeführt werden.

Nach DIN 19226 definiert sich die Regelstrecke durch:

Die Regelstrecke ist derjenige Teil des Wirkungsweges, welcher den aufgabengemäß zu beeinflussenden Teil der Anlage darstellt.

Aufgabengemäß bedeutet, dass die Einflussnahme der Regelung im Dienst der Gesamtaufgabe der Anlage steht. Sie ist klar zu definieren. Als Anlagen kommen Maschinen, chemische Anlagen, Energieanlagen usw. in Betracht.

Eine Papiermaschine hat die Gesamtaufgabe, ein Papierband bestimmter Abmessung und Festigkeit herzustellen. In einem bestimmten Anlagenabschnitt ist die Bandspannung in festgelegten Grenzen konstant zu halten. Dieser Anlagenteil verkörpert die Regelstrecke zur

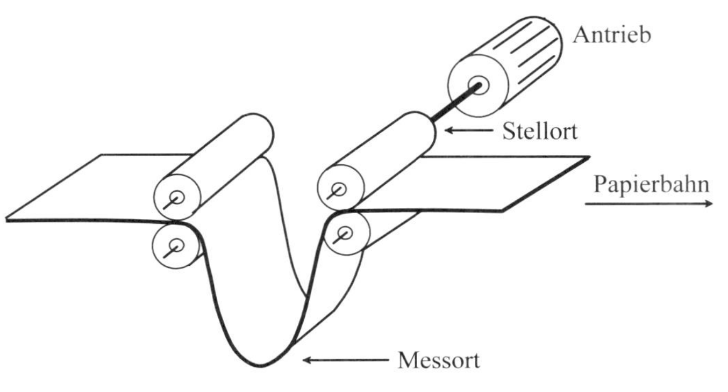

Abbildung 3.2-4: Papiertransport

Regelung des Papierdurchhangs, wie er exemplarisch in Abbildung 3.1-12 verdeutlicht wird.

Die Regelstrecke wird vom Stell- und Messort eingegrenzt:

Definition: Stellort

Der **Stellort** ist die Stelle eines Regelkreises, bei der die Stelleinrichtung auf die Regelstrecke einwirkt.

und

Definition: Messort

Die Aufgabengröße einer Regelung wird am **Messort** der Regelstrecke erfasst.

Zwischen Stellort und Messort liegt die Regelstrecke, so wie es die Abbildung 3.2-5 demonstriert. Sie sind i. Allg. fest vorgegeben und deshalb wenig veränderbar.

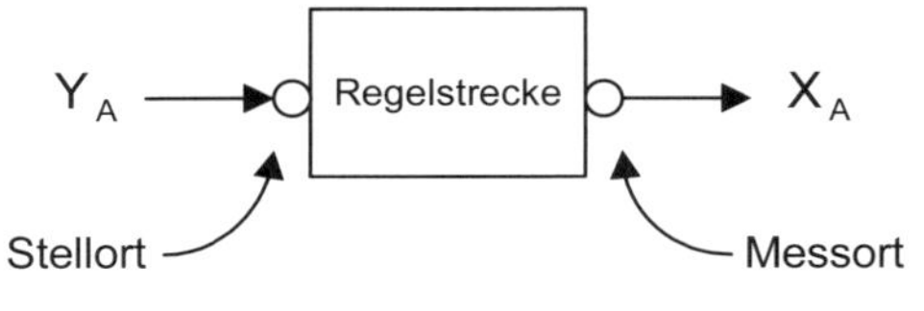

Abbildung 3.2-5: Begrenzung der Regelstrecke

Wie bereits angemerkt, gibt es Strecken, mit denen ein einfacher Regler bereits problemlos fertig wird. Demgegenüber kann man es im Industriebereich mit Regelstrecken zu tun haben, an denen trotz beträchtlichem Aufwand nur mäßige Regelergebnisse zu erzielen sind.

Für die Beurteilung einer gegebenen Regelstrecke bzgl. ihrer Regelbarkeit ist die Kenntnis des zeitlichen Verhaltens der Ein-/Ausgangssignale notwendig. Es gibt Beurteilungskriterien, die eine systematische Einteilung von Regelstrecken erlauben. Dazu verwendet man primär ein Unterscheidungsmerkmal, das als Ausgleichsverhalten bezeichnet wird.

Definition: Ausgleichsverhalten

Eine Regelstrecke (System) **verhält sich ohne Ausgleich**, wenn nach einem begrenzten Eingangssignal das System auf keinen neuen Beharrungszustand zustrebt. Stellt sich ein neuer Beharrungszustand ein, liegt eine Strecke **mit Ausgleich** vor.

Bei **Regelstrecken ohne Ausgleich** ändert sich die Regelgröße stetig nach Verstellung der Eingangsgröße, also nach einer Stellgrößen- bzw. Störgrößenänderung. Der Regler muss gezielt zur Erzielung eines neuen Beharrungszustands eingreifen und gegensteuern. Niveauregelstrecken wie z. B. ein Flüssigkeitsbehälter mit Zu- und Ablauf sind typische Regelstrecken ohne Ausgleich.

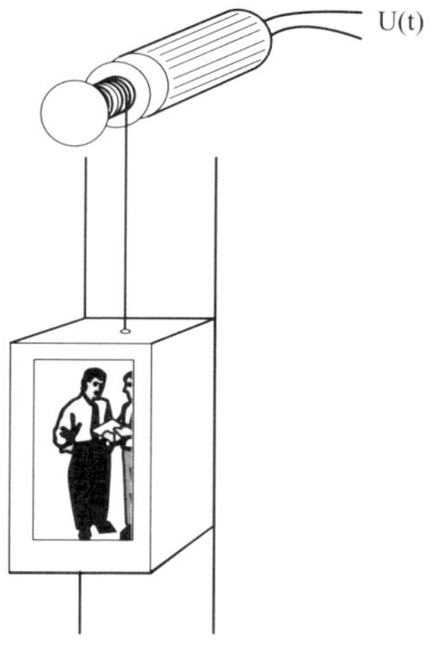

Abbildung 3.2-6: Aufzugsystem Regelstrecke ohne Ausgleich

Die nebenstehende vereinfachte Darstellung eines Fahrstuhlsystems illustriert eine weitere Regelstrecke ohne Ausgleich.

Bei diesem System wird die Problematik solcher Strecken deutlich:

Falls das angelegte Spannungssignal am Antrieb (Eingang der Regelstrecke) nicht wieder zurückgenommen wird, kommt der Fahrstuhl nicht wieder zum Halten; er wird sozusagen um die Winde gewickelt. Der Regler muss aktiv werden, um den Fahrstuhl dort zu stoppen, wo es der Benutzer will.

Als Beispiel einer **Regelstrecke mit Ausgleich** dient ein Mischungssystem. Bei einem Führungssprung am Eingang der Anlage, also wenn die Zuflussmenge über eine Leitung verändert wird, stellt sich das Mischungsverhältnis des Endprodukts neu ein; die Konzentration einer der beteiligten Stoffe nimmt nicht stetig zu und steigt über alle Grenzen. Die Abbildung 3.2-7 verdeutlicht das Prinzip eines Mischungssystems am Beispiel eines Mischventils für zwei Stoffströme. Der Ventilantrieb verstellt die Mischbatterie, so dass an ihren Systemgrenzen jeweils nur Stoff 1 bzw. Stoff 2 zum Ventilausgang strömen kann. Die Spannung U(t) am Ventilantrieb legt den Drehwinkel $\alpha(t)$ der Mischbatterie fest.

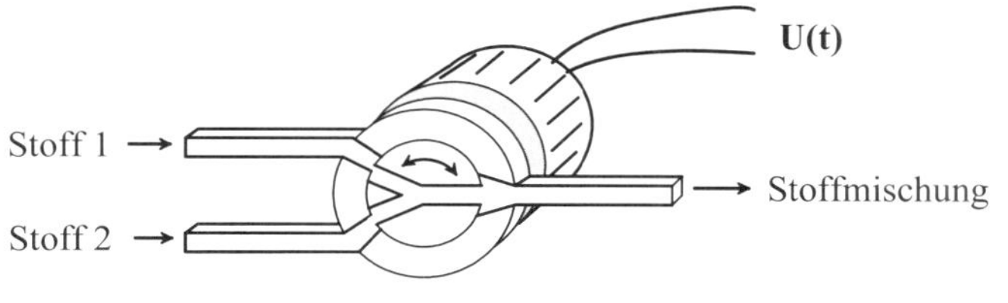

Abbildung 3.2-7: Mischungssystem Regelstrecke mit Ausgleich

Anstelle der beiden Stoffe kann man sich auch ein Medium mit unterschiedlichen Temperaturen bzw. Konzentrationen denken. Man bezeichnet solche Anordnungen als Mischungssysteme, welche grundsätzlich *Regelstrecken mit Ausgleich* darstellen.

Bei der Einrichtung von Regelungen findet man alle möglichen Systemtypen vor. Ihnen können prinzipiell die Attribute ohne/mit Totzeit, schwingend/nichtschwingend bzw. ohne/mit Ausgleich zugeordnet werden. Das folgende Klassifizierungsschema stellt diese Verhaltensweisen zusammen und ordnet sie den bekannten Übertragungsverhalten von Systemen zu:

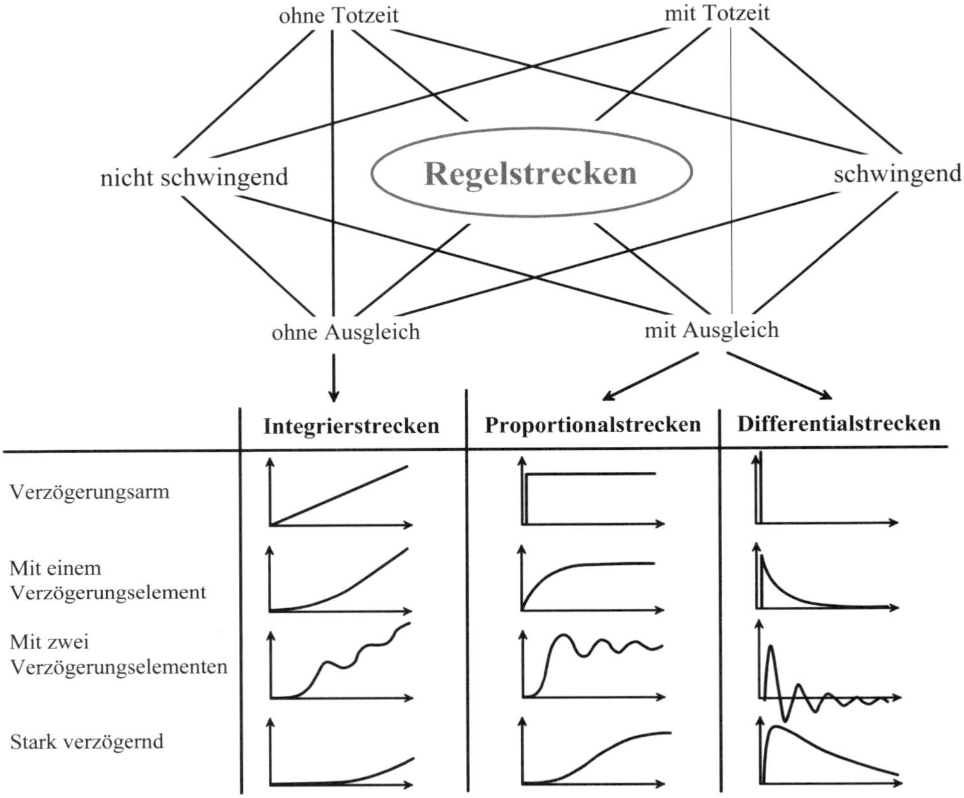

Abbildung 3.2-8: Arten von Regelstrecken

Verzögerungen treten bei Regelstrecken dann auf, wenn Energiespeicher integraler Bestandteil der Anlage sind. Jedes Energiereservoir benötigt Zeit, sich zu füllen bzw. zu entleeren. Die Anzahl der Energiespeicher eines Systems drückt sich deshalb in der Ordnung seiner Verzögerung aus. Der Energieinhalt pendelt zwischen den verschiedenen Speichern hin und her, was sich als Schwingung bemerkbar macht. Durch eine ausreichende Dämpfung lassen sich die Schwingungen reduzieren.

Weisen Systeme viele unterschiedliche energiespeichernde Bauelemente mit ausreichenden Dämpfungseigenschaften auf, liegen Regelstrecken mit starker Verzögerung vor. Sie werden durch Systeme mit hoher Ordnungszahl n (angezeigt durch T_n) beschrieben. Dies trifft für Systeme mit und ohne Ausgleich gleichermaßen zu. Aus Gründen ihrer komplexen Beschreibung durch die Systemgleichung bzw. Übertragungsfunktion versucht man, sie auf Systeme mit maximal zwei Graden zurückzuführen.

Bei der experimentellen Analyse von Systemen ist man auf diese Vorgehensweise angewiesen. Komplexe Systeme können nur durch Vereinfachungen mathematisch beschrieben werden. Mit Hilfe von Antwortsignalen auf angelegte Testsignale lassen sich die Systemkennwerte der unterschiedlichen Systemtypen herausfiltern, welche anschließend für mathematische Modelle der Regelstrecken zur Verfügung stehen.

3.2.1.1 Regelstrecken mit Ausgleich

Für Regelstrecken **mit Ausgleich** werden zur Charakterisierung ihrer Übergangssignale bestimmte Kennwerte eingeführt:

Definition: Verzugszeit T_u

Die **Verzugszeit T_u** ist der Zeitabschnitt, der von Beginn des Übergangs bis zu der Wendetangente einer Sprungantwort dauert.

Definition: Ausgleichszeit T_g

Die **Ausgleichszeit T_g** ist die Zeit, die für den Übergang vom Ausgangszustand zum neuen Beharrungswert benötigt wird, als verliefe dieser entlang der Wendetangente an die Sprungantwort.

und

Definition: Überschwingweite

Die **Überschwingweite** kennzeichnet die maximale Amplitude, mit der das Ausgangssignal bei einem Zustandswechsel über den neuen Beharrungswert hinaus schwingt.

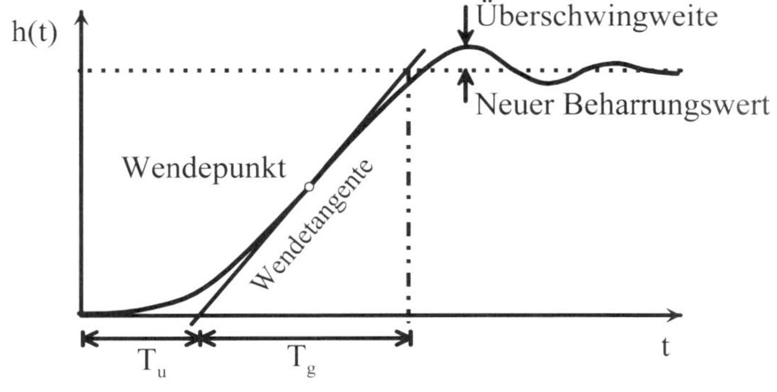

Abbildung 3.2-9: Verzugszeit T_u, Ausgleichszeit T_g und Überschwingweite

Die allermeisten Regelstrecken besitzen Verzugs- und Ausgleichszeiten. Sie werden im mathematischen Entwurfsstadium des Regelkreises gern durch Systeme 1. Ordnung mit zusätzlicher Totzeit approximiert. Abbildung 3.2-10 zeigt Verfahren möglicher Annäherungen von nichtschwingenden P-T_n-Systemen durch P-T_1-T_t-Systeme.

Beim ersten Verfahren verwende man für das P-T_1-T_t-Modell die Kennwerte Verzugszeit T_u als Totzeit T_t und die Ausgleichszeit T_g als Verzögerungszeit T_1. Mit ihm liegt ein einfaches Verfahren vor, was leider häufig zu starken Abweichungen im Endbereich des Übergangs führt, wie es aus der Abbildung ersichtlich ist.

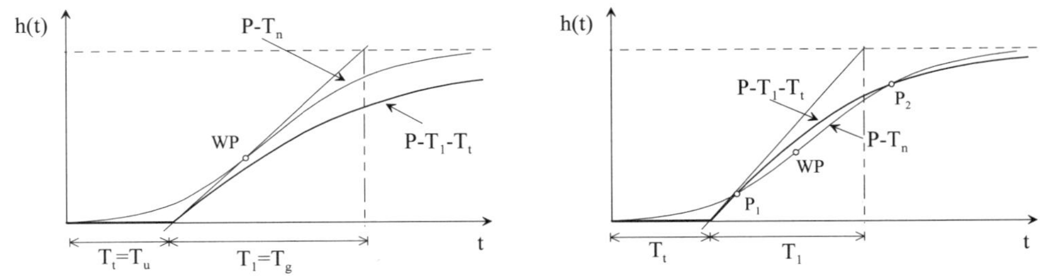

Abbildung 3.2-10: Annäherung eines P-T_n-Systems durch P-T_1-T_t-Systeme

Eine günstigere Annäherung stellt das zweite Verfahren zur Verfügung. Auf der Original-Übergangsfunktion h(t) werden zwei Punkte P_1 und P_2 vor bzw. nach dem Wendpunkt WP festgelegt, durch welche der exponentielle Anstieg des P-T_1-Systems führen soll. Aus den Koordinaten dieser Punkte berechnet man die Verzögerungszeit T_1 und die Totzeit T_t. Die Auswertung ergibt:

$$T_1 = \frac{t_2 - t_1}{\ln\left(\dfrac{h(\infty) - h(t_1)}{h(\infty) - h(t_2)}\right)}$$
$$T_t = t_1 - T_1 \cdot \ln\left(\frac{h(\infty)}{h(\infty) - h(t_1)}\right). \qquad (3.2\text{-}1)$$

Die Funktionswerte $h(t_i)$ bezeichnen Punkte auf der Übergangsfunktion; der neue Beharrungswert nimmt den Wert $h(\infty)$ an.

Welches Verfahren für die Modellbildung am geeignetsten erscheint, muss jeweils überprüft werden. Einen wichtigen Hinweis dabei liefert das Verhältnis Verzugszeit/Ausgleichszeit. Je größer dieses ausfällt, desto eher kann man das vereinfachte Verfahren zur Kennwertmittlung für das P-T_1-T_t-System verwenden.

Interessant für uns ist weiter die Frage nach der Regelbarkeit von Regelstrecken mit großen Verzögerungszeiten. Lassen sich z. B. Hinweise auf ihre Regelbarkeit aus den experimentell bestimmten Kennwerten ableiten?

Es lässt sich leicht vorstellen, dass es für Regler schwierig ist, wenn ein System lange Zeit keine Reaktion auf eine Aktion zur Beseitigung einer etwaigen Regeldifferenz zeigt, so wie es Regelstrecken mit starken Verzögerungen tun.

Tatsächlich lassen sich mit Hilfe der angegebenen Zeitkennwerte Aussagen über die Eigenschaften der zu konzipierenden Regelkreise ablesen. Für sie kann festgestellt werden:

Die Länge der Verzugszeit beeinflusst die Regelbarkeit eines Systems entscheidend. Der Regler tut sich mit dem unmerklichen Verhalten der Regelstrecke während der Verzugszeit schwer, während der rasche Verlauf beim Ausgleich sich günstig für ihn erweist. Dieses Verhalten lässt sich in folgende Definition fassen:

Definition: Schwierigkeitsgrad

Ein Kriterium für die Regelbarkeit von stark verzögernden Regelstrecken ist der **Schwierigkeitsgrad S**, welcher durch das Verhältnis

$$S = \frac{\text{Verzugszeit}}{\text{Ausgleichszeit}} = \frac{T_u}{T_g} \qquad (3.2\text{-}2)$$

berechnet wird.

Für ihn gilt die Feststellung:

Je kleiner der Schwierigkeitsgrad S ist, desto besser ist die Strecke regelbar.

Anhand der Regelstrecken in Abbildung 3.2-11 lässt sich diese Aussage verdeutlichen:

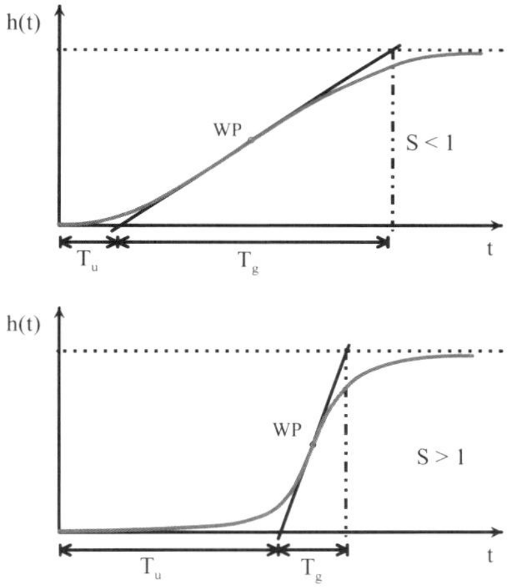

Abbildung 3.2-11: Regelstrecken mit unterschiedlichem Schwierigkeitsgrad

Für die Arbeitsweise eines Reglers gilt:

Erkennt er eine Regeldifferenz, generiert der Regler ein geeignetes Stellsignal, das auf das Verhalten der Regelstrecke angepasst ist und seine Wirkung tut. Der Regler bemerkt diese Wirkung über die Rückkopplung und registriert so seinen Einfluss auf die Regelstrecke. Er kann sofort nachkorrigieren, so dass die Regeldifferenz in möglichst kurzer Zeit verschwindet. Dieses Reglervorgehen auf die beiden Regelstreckenverhalten in Abbildung 3.2-11 angewandt, lässt unmittelbar verstehen, dass er zur Regelung letzterer (Schwierigkeitsgrad $S > 1$) Probleme bekommt, obwohl beide Strecken für den Übergang dieselbe Gesamtzeit benötigen. Diese reagiert erst nach längerer Zeit auf ein Stellsignal, so dass der Regler versucht, einen stärkeren Einfluss auszuüben. Er „legt“ nach und nach und ... . Plötzlich tritt der Übergang ein; nun jedoch mit zu großen Auswirkungen. Die Regelgröße schießt über das Ziel (Führungsgröße) hinaus. Das Spiel muss von vorne beginnen.

Bei der Regelstrecke mit kleinerem Schwierigkeitsgrad ($S < 1$) detektiert der Regler eine sofortige, wenn auch kleine Wirkung auf seine Aktivität. Er kommt mit der Regelung der Strecke besser zurecht, weshalb sie als besser regelbar bezeichnet wird.

Diese Erkenntnis führt auf den Begriff der Regelbarkeit:

Wie wir bereits wissen, rühren die Verzögerungszeiten von Energiespeichern her. Nimmt man an, dass die Zeitkonstanten T_1 jedes Energiespeichers gleich groß sind, so lassen sich P-T_n-Systeme aus in Serie geschalteten P-T_1-Systemen gleicher Verzögerungszeit T_1 zusammensetzen. Für sie gilt eine Näherungsformel bzgl. Systemordnung n und Regelbarkeit, welche sich als Kehrwert des Schwierigkeitsgrads S schreiben lässt:

$$\text{Regelbarkeit } S^{-1} = \frac{T_g}{T_u} \approx \frac{10}{n-1}. \tag{3.2-3}$$

Die Regelbarkeit S^{-1} verhält sich umgekehrt proportional zur Ordnungszahl n der Regelstrecke. Erfahrungen mit Regelkreisen zeigen, dass folgende qualitativen Zuordnungen bzgl. ihrer Regelbarkeit formuliert werden können:

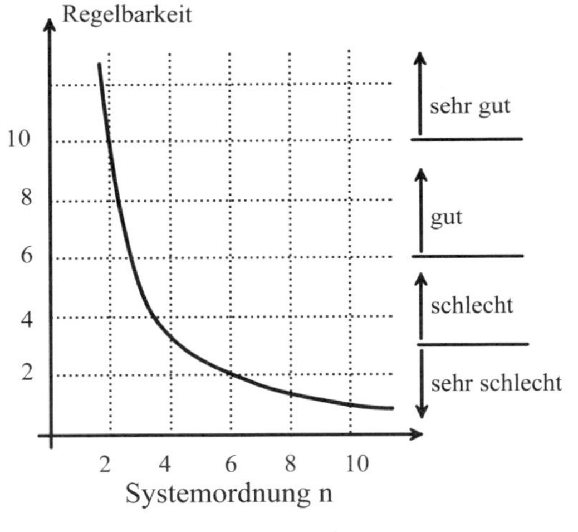

Abbildung 3.2-12: Regelbarkeit von P-T_n-Systemen

Strecken mit Regelbarkeiten S^{-1} größer als 10 erweisen sich als sehr gut kontrollierbar mit Hilfe einfacher Regelkreise. Dieser Kennwert nimmt für P-T_1-Strecken sogar den Wert Unendlich an, da bei ihnen keine Verzugszeiten vorhanden sind. Die Stabilitätsuntersuchung solcher Strecken bestätigt diese Eigenschaft.

Die weiteren Abstufungen der Regelbarkeit stark verzögerter Strecken mit Ausgleich sind der Abbildung 3.2-12 zu entnehmen. Man erkennt, dass bereits Strecken mit drei Verzögerungsordnungen mit einfachen Mitteln schwierig zu beherrschen sind. Für sie müssen erweiterte Regelkreisstrukturen gefunden werden, um befriedigende Regelergebnisse bzgl. Schnelligkeit und Stabilität zu bekommen. Die Regelbarkeit von Strecken mit zusätzlichen Totzeiten T_t wird letztlich noch schwieriger, da sie im Prinzip die Verzugszeit T_u und somit den Schwierigkeitsgrad vergrößern.

Für schwingungsfähige Regelstrecken mit starken Verzögerungen existieren ähnliche Methoden zur Kennwertermittlung. Auf diese wird hier nicht weiter eingegangen und deshalb auf einschlägige Fachliteratur verwiesen.

3.2.1.2 Regelstrecken ohne Ausgleich

Regelstrecken ohne Ausgleich besitzen integrierendes Verhalten. Beim Anliegen konstanter Störungen erreichen diese Strecken ohne Zutun des Reglers keinen neuen Beharrungszustand. Der Regler hat bei ihnen mehr zu tun als bei Regelstrecken mit Ausgleich.

Deshalb lässt sich sehr allgemein feststellen:

Strecken **ohne Ausgleich** sind i. Allg. schlecht regelbar.

Strecken ohne Ausgleich sind im technischen Umfeld zum Glück weniger anzutreffen. Integrierstrecken bis maximal zweiter Ordnung lassen sich ohne Mehraufwand mit bekannten mathematischen Methoden beherrschen.

Stark verzögerte Strecken ohne Ausgleich können mit Hilfe von I-, P- und Totzeit-Systemen approximiert werden. Die Abbildung 3.2-13 zeigt das Vorgehen bei ihrer Modellierung:

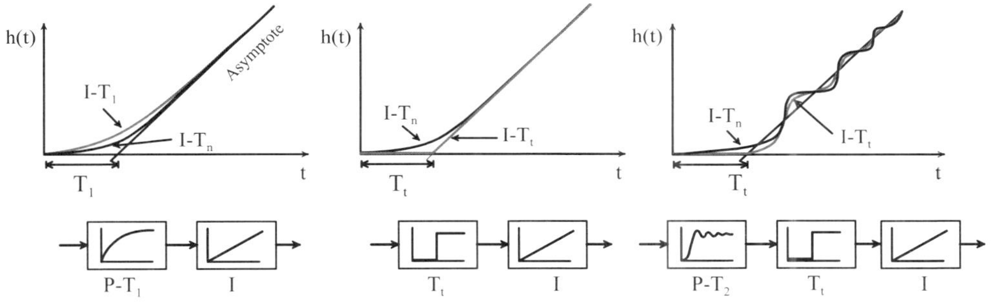

Abbildung 3.2-13: Modellierung von I-T_n-Systemen

Die Serienschaltung von P-T_1-, P-T_2- bzw. Totzeit-Systemen mit einem I-System ersetzt näherungsweise das I-T_n-System. Die Zeitkonstante T_1 erhält man aus dem Schnittpunkt von Übergangsasymptote mit der Zeitachse und den Integrierbeiwert T_I aus ihrer Steigung, bezogen auf die eingeleitete Stellweite. Noch einfacher ist es, stark verzögerte Regelstrecken durch reine I-Systeme mit Totzeit zu ersetzen.

Die Modellierung komplexer Regelstrecken mit und ohne Ausgleichverhalten ist für den Regelungstechniker meistens eine schwierige Aufgabe. Es ist zu hoffen, dass der Entwurf robuster Regelungen die Unkenntnis exakter Modelle verzeiht und deshalb die angegebenen Näherungsverfahren für die Streckenbeschreibung zum Ziel führen.

3.2.2 Regeleinrichtungen

Die Regeleinrichtung ist der Teil eines Regelkreises, der die zu regelnde Größe mit einem vorgegebenen, konstanten Sollwert bzw. mit einer zeitlich veränderlichen Führungsgröße vergleicht. Daraus leitet sie ein Stellsignal zur Beeinflussung der Regelstrecke ab, mit dem Ziel, dass keine Abweichung zwischen Regelgröße und Sollgröße auftritt. Die Norm schreibt vor:

> Die Regeleinrichtung ist derjenige Teil des Wirkungswegs, welcher die aufgabengemäße Beeinflussung der Regelstrecke über die Stelleinrichtung bewirkt.

Dazu benötigt die Regeleinrichtung die Komponenten:

- ⇨ Vergleichseinrichtung von Regelgröße mit Führungsgröße und
- ⇨ Regler zum Bilden der Stellgröße.

Sie besitzt insgesamt das folgende Wirkungsschema und verkörpert ein MISO-System mit folgenden Signalen und Systemkomponenten:

- Eingangsgrößen: Regelgröße x
Führungsgröße w
- Ausgangsgröße: Stellgröße y
- Teilsysteme: Vergleichseinrichtung
Regler
- Innere Größe: Regeldifferenz e = w – x.

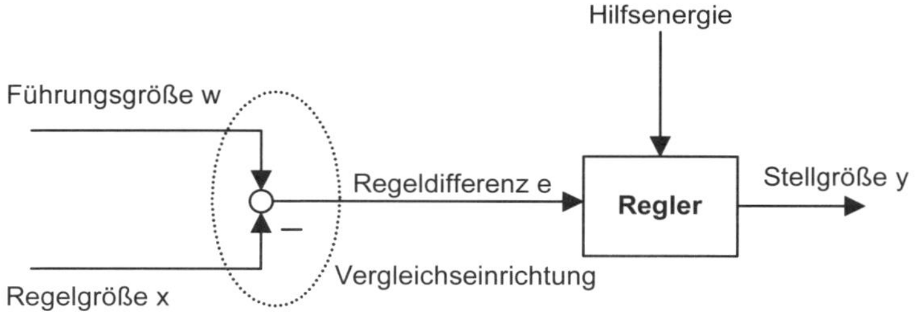

Abbildung 3.2-14: Regeleinrichtung

3.2.2.1 Die Vergleichseinrichtung

Die Vergleichseinrichtung überprüft als Eingangsglied der Regeleinrichtung die Regelgröße x mit der Führungsgröße w auf Abweichung. Sie ist dadurch prinzipiell als Additionsglied mit zwei Eingängen realisierbar. Ihr Ausgangssignal ist die Regeldifferenz e(t).

Die Regeldifferenz e dient dem Regler als Regelmaß. Bei positiver Regeldifferenz hat der Regler ein positives Stellsignal zu generieren und umgekehrt. Auf diese Weise erspart die Vergleichseinrichtung eine Wirkungsumkehr.

Elektronische Vergleicher sind mit Hilfe von Operationsverstärkerschaltungen aufgebaut. Die nebenstehende Beispielschaltung der Abbildung 3.2-15 vergleicht auf einfache Weise zwei Spannungen und bildet deren Differenz. Dazu liegt die Regelgröße x(t) als Spannungssignal $U_x(t)$ vor. Die Schaltung zeigt den klassischen Differenzverstärker, der von der Vergleichsspannung U_W die Regelspannung $U_x(t)$ subtrahiert. Die Verstärkung der Differenzspannung wird über die Widerstandswerte eingestellt. Der Verstärkerausgang $U_e(t)$ ergibt die Regeldifferenz e(t).

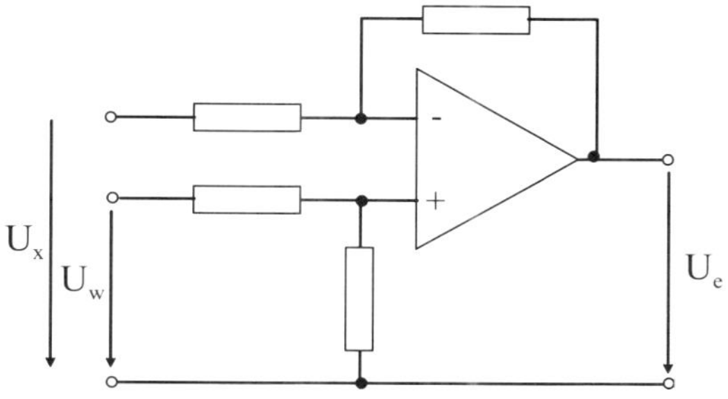

Abbildung 3.2-15: Elektrische Vergleichseinrichtung

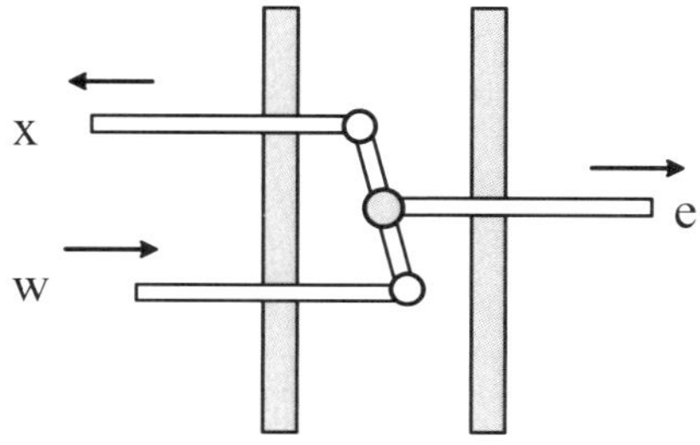

Abbildung 3.2-16: Weg-Vergleichseinrichtung

Die Abbildung 3.2-16 zeigt eine mechanische Vergleichseinrichtung zur Bestimmung von Wegdifferenzen. Über einen Waagebalken mit Gelenken wird die Differenz zwischen der Führungsgröße w(t) und der Regelgröße x(t) auf den Ausgang e(t) abgebildet. Vergleichseinrichtungen für pneumatische, hydraulische und andere Signale sind nach ähnlichen Mustern realisierbar.

3.2.2.2 Der Regler

Das zentrale Gerät einer Regeleinrichtung stellt der Regler dar. Für ihn sind folgend Aufgaben vorgesehen:

> Ein **Regler** generiert aus der Regeldifferenz eine für die Regelstrecke geeignete dynamische Stellgröße, welche den Anforderungen an Regelungen nachkommt. Bei Bedarf stellt er sie als leistungsstarkes Ausgangssignal zur Verfügung.

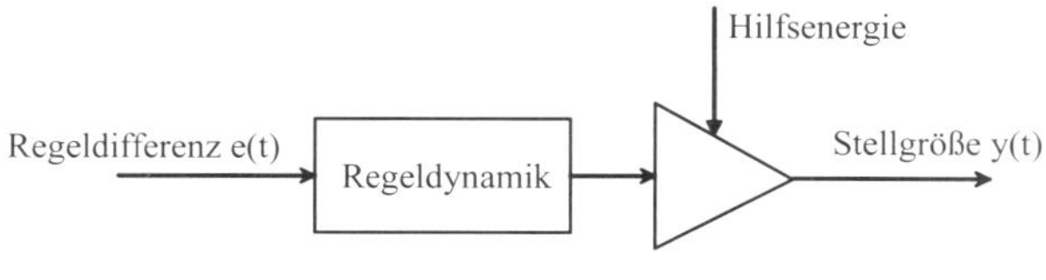

Abbildung 3.2-17: Aufbau eines Reglers

In der Regel besteht der Regler aus einem Zeitglied zur Generierung der Regeldynamik und einer optional vorhandenen Verstärkereinheit. Sie wird dann benötigt, wenn die Stellgröße eine ausreichende Wirkleistung zur Beeinflussung der Stelleinrichtung braucht. Man unterscheidet deshalb zwischen Reglern mit und ohne Hilfsenergie.

Definition: Regler ohne und mit Hilfsenergie

Muss dem Stellsignal eines Reglers Energie über einen Verstärker zugeführt werden, um für die Beeinflussung der erweiterten Regelstrecke genug Leistung zu besitzen, spricht man von einem **Regler mit Hilfsenergie**.

Liefert die Vergleichseinrichtung einer Regeleinrichtung zur Betätigung der Stelleinrichtung ausreichend viel Energie, liegt ein **Regler ohne Hilfsenergie** vor.

Diese Einteilung verdeutlicht man am besten anhand der beiden nachfolgenden Technologieschemata. Die Niveauregelung aus Abschnitt 3.1 wird mit unterschiedlichen Reglern betrieben:

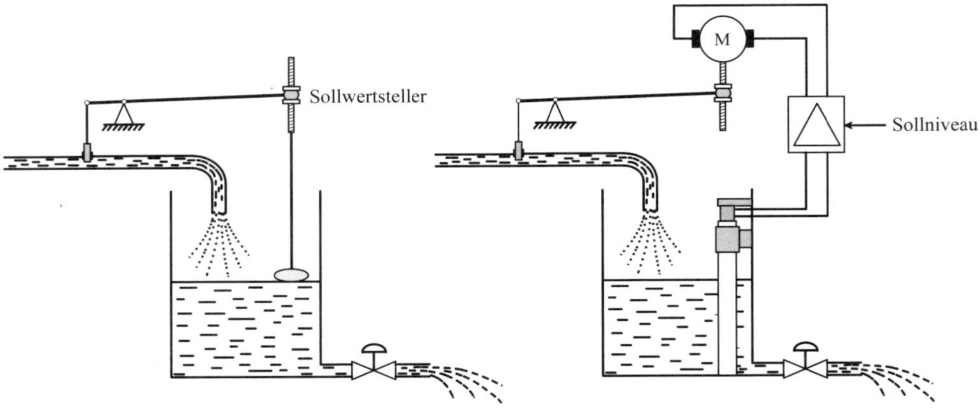

*Abbildung 3.2-18: Regeleinrichtung **ohne** und **mit Hilfsenergie***[1]

Bei der Regeleinrichtung ohne Hilfsenergie wirkt die Regelgröße (Wasserstand) durch den Schwimmer und das Hebelgestänge direkt auf die Stelleinrichtung. Auftriebskraft und Schwerkraft des Schwimmers und Gestänges besitzen eine ausreichende Stärke zur Verstellung des Ventils in beide Richtungen.

Bei der Anordnung mit Hilfsenergie wird die Regelgröße durch die Kraftwirkung eines Auftriebkörpers auf eine Kraftmessdose erfasst. Die Messspannung gibt die Drehzahl des Motors vor. Der Spindelantrieb stellt über das Hebelgestänge das Ventil und nimmt so Einfluss auf den Wasserzufluss. Eine externe Energiequelle stellt die notwendige Energie zum Betrieb der Verstärkereinrichtung und des Stellmotors bereit. Es liegt eine Regeleinrichtung mit Hilfsenergie vor. Wegen der verschiedenen Regeleinrichtungen besitzen die beiden Regelkreise andere Zeitverhalten.

Bei der Wasserversorgung von Städten und Gemeinden werden Regeleinrichtungen mit Hilfsenergie eingesetzt. Die in Abbildung 3.2-18 dargestellte einfache Regeleinrichtung

[1] Der Regelkreis mit Hilfsenergie erweist sich, wie später festgestellt wird, als ein instabiler Regelkreis.

ohne Hilfsenergie dient allein Lehrzwecken; sie kann höchstens zur Regelung von Wasserbecken mit keinem direkten Anschluss an das öffentliche Frischwasser eingesetzt werden.

Die Stelleinrichtung einer Regelstrecke legt die Art der Hilfsenergie fest, für die ein Regler konzipiert ist. Es existieren Regler für elektrische, pneumatische und hydraulische Energieversorgungen. Weitere Unterscheidungsmerkmale bei Regeleinrichtungen sind im anschließenden Diagramm aufgeführt:

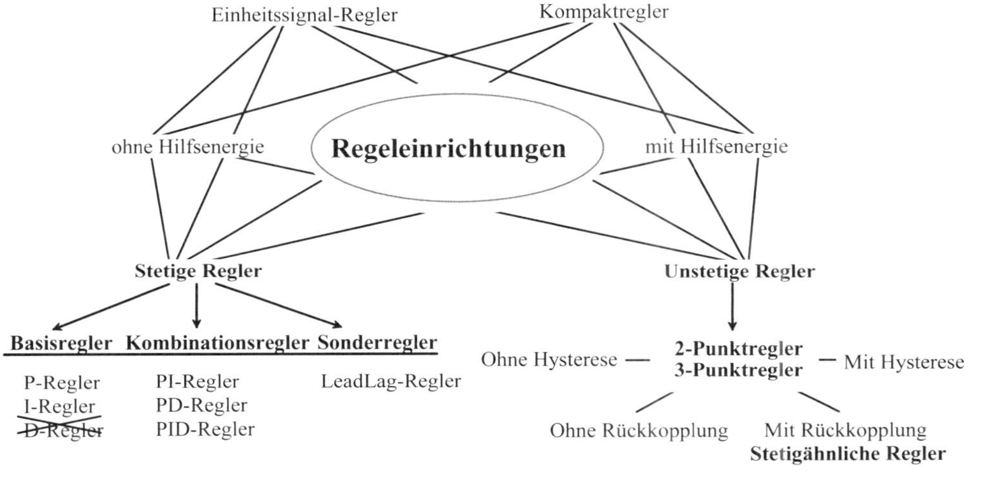

Abbildung 3.2-19: Arten von Regeleinrichtungen

Wie bereits früher dargelegt, verwendet man bei technischen Anlagen standardisierte Signale. Aus diesem Grund stehen Einheitssignal-Regler zur Verfügung, welche direkt mit den weiteren Regelkreiskomponenten kombiniert werden können. So steht zur Gewinnung der Regelgröße eine Vielzahl von Messwertaufnehmern für die unterschiedlichen physikalischen Größen zur Verfügung. Auch Stelleinrichtungen mit standardisierten Eingangssignalen können direkt bedient werden.

Definition: Einheitssignal-Regler

Einheitssignal-Regler arbeiten mit genormten Ein- und Ausgangssignalbereichen und lassen sich deshalb zum Aufbau unterschiedlicher Regelkreise verwenden.

Dagegen bestehen Kompaktregler, auch Messwerkregler genannt, aus mehreren Komponenten. Sie sind für spezielle Aufgabengrößen ausgelegt und können unmittelbar verwendet werden. Kostengründe sprechen für diese Art von Regeleinrichtungen.

Definition: Kompaktregler/Messwerkregler

Ein **Kompaktregler** oder **Messwerkregler** besteht aus Messeinrichtung, Sollwertsteller, Vergleichseinrichtung und Regler. Er ist für spezielle Aufgabengrößen ausgelegt.

Die Abbildung 3.2-20 zeigt einen Kompaktregler. Er besitzt neben den aufgeführten Komponenten auch den Bedienkomfort, den Wert der Führungsgröße und die Reglerparameter über Tastatur eingeben und über ein einfaches LCD-Display darstellen zu können. Selbst einfache Zeitkurven der Regelgröße lassen sich zu Kontrollzwecken darstellen.

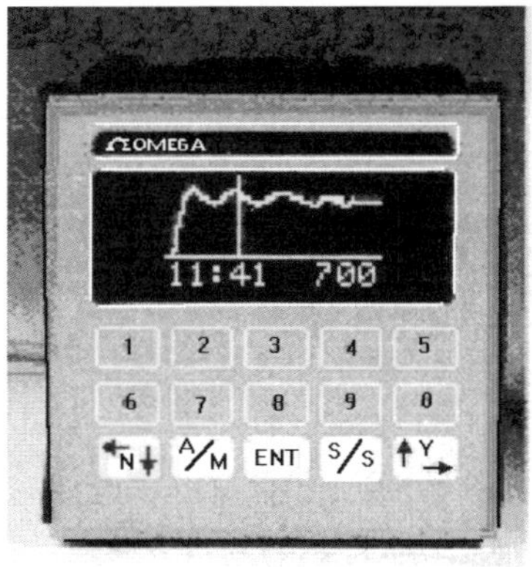

Abbildung 3.2-20: Kompaktregler (Quelle Fa. OMEGA)

Es lassen sich jederzeit weitere technische Merkmale zur Klassifizierung von Reglern finden. Hier beschränken wir uns auf die aufgezählten Reglerarten und wenden uns im Weiteren der Beschreibung der Regelstrategien wichtiger Regler zu.

Ein wichtiges Einteilungskriterium für Regler stellt das Verhalten des Stellausgangs dar. Die Stellgröße kann einerseits jeden beliebigen Wert des Stellbereichs annehmen, oder aber nur wenige diskrete Schaltstufen. Deshalb unterscheidet man zwischen stetigen und unstetigen Reglern:

Definition: Stetiger Regler

Ein **stetiger Regler** generiert aus dem kontinuierlich-analogen Eingangssignal (der Regeldifferenz) ein kontinuierlich-analoges Stellsignal, das jeden Wert des Stellbereichs annehmen kann. Er greift über das Stellsignal stetig in die Streckenprozesse ein.

Dem stehen Regler mit eingeschränktem Ausgangsverhalten gegenüber:

Definition: Unstetiger Regler

Ein **unstetiger Regler** erzeugt als Reaktion auf ein kontinuierlich-analoges Eingangssignal nur eine beschränkte Anzahl von Stellwerten für die Regelstrecke.

Die Stellgröße spielt bei der Klassifizierung aller Regler die zentrale Rolle. Sie beeinflusst die Regelstrecke gemäß den an die Regelung gestellten Anforderungen, wobei ihre Einflussnahme auf die Regelstrecke aber nicht beliebig wirksam ausfällt, da sie nur in den Grenzen der Stelleinrichtung wirken kann. Diese Grenzen legen den Stellbereich fest:

Definition: Stellbereich

Der **Stellbereich Y_h** eines Reglers ist der gesamte Signalbereich, in dem die Stellgröße Einfluss auf die Regelstrecke nehmen kann, um eine evtl. vorhandene Regeldifferenz zum Verschwinden zu bringen.

Die Stelleinrichtung legt den Stellbereich absolut fest. Der Stellbereich der Niveauregelung in Abbildung 3.2-18 ist exakt definiert. Es ist die Wegstrecke, über welche der Schieber des Zulaufventils verfahren werden kann. Bei einem üblichen ½-Zoll-Rohr sind es nach Abzug der mechanischen Führungsteile vielleicht 10 mm. Die Regelungsstrategie muss dieser Einschränkung Rechnung tragen.

Als Regler können alle Zeitverhalten vorkommender Systemtypen eingesetzt werden. Ihre Übertragungsverhalten legen die endgültigen Reglerbezeichnungen fest. Dazu sind stetige und unstetige Regler getrennt zu betrachten.

3.2.2.3 Unstetige Regler

Unstetige Regler üben ihren Einfluss mittels einer endlichen Anzahl von Stellstufen auf die Regelstrecke aus. Sie werden deshalb auch **schaltende Regler** genannt.

In der Praxis sind so genannte Zwei- und Dreipunktregler im Einsatz:

Definition: Zweipunktregler

Der **Zweipunktregler** weist als unstetiger Regler nur zwei Zustände der Stellgröße y(t) auf. Die Stellgröße y(t) mit den Werten y_0 und y_1 muss innerhalb des Stellbereichs Y_H liegen.

Die Zweipunktregler wirken wie Schalter mit den Zuständen „Ein“ und „Aus“. Mit ihnen können z. B. die Energieversorgungen von Regelstrecken ein- und ausgeschalten werden. Benötigt man zwei entgegengesetzt wirkende aktive Einflüsse auf die Regelstrecke, wie z. B. „Erwärmen“ und „Kühlen“ eines temperaturgeregelten Ofens, braucht man Regler mit einem zusätzlichen Schaltzustand:

Definition: Dreipunktregler

Bei einem **Dreipunktregler** kann die Stellgröße y(t) drei Werte innerhalb des Stellbereichs Y_h annehmen.

Beide unstetige Regler können nicht durch die übliche Blockkennzeichnung „Übergangsfunktion“ wie bei stetigen Reglern dargestellt werden. Man verwendet deshalb Kennlinien und kennzeichnet damit ihre Ein-/Ausgangsbeziehungen:

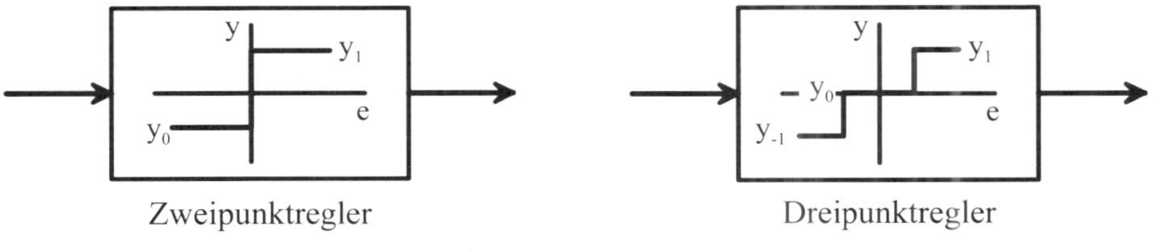

Abbildung 3.2-21: Blocksymbole unstetiger Regler ohne Hysterese

Die Kennlinien verdeutlichen die Wirkungsweise der unstetigen Regler. Bei exakt festgelegten Werten der Regeldifferenz schalten sie in jeweils andere Zustände um. Wendet man dieses Ausgangsverhalten auf eine beliebige Regelstrecke an, erhält man die folgende Regeldynamik:

Die Genauigkeitsforderung einer Regelung verlangt eine verschwindende Regeldifferenz e(t) = 0. Der Zweipunktregler schaltet genau bei diesem Wert. Da alle technischen Signale, somit auch die Regelgröße, minimale Signalschwankungen aufweisen, schaltet der Regler mit hoher Frequenz hin und her. Die Lebensdauer des Reglers verkürzt sich dadurch drastisch.

Man verwendet deshalb schaltende Regler mit Hysterese. Sie vermeiden das ständige Umschalten des Ausgangssignals, wenn sich das Eingangssignal in der Umgebung eines Schaltpunkts aufhält.

Die Blocksymbole der Schaltregler ohne Hysterese sind in Abbildung 3.2-21 abgebildet. Die Zwei- und Dreipunktregler mit Hysterese veranschaulicht die folgende Abbildung 3.2-22:

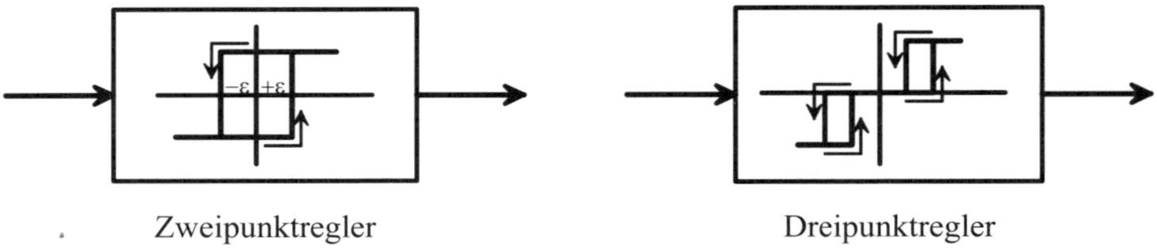

Abbildung 3.2-22: Blocksymbole unstetiger Regler mit Hysterese

Die Schaltpunkte unstetiger Regler für zwei Schaltzustände differieren um einen einstellbaren Wert 2ε. Entsprechend des eingestellten ε-Wertes ändern sich die Schaltfrequenz und die Regelgenauigkeit. Die Regelgröße pendelt durch die Hysterese zumindest zwischen den Werten $w - \Delta x_\varepsilon$ und $w + \Delta x_\varepsilon$ hin und her. Die Trägheit stark verzögernder Regelstrecken erhöht diese Ungenauigkeit weiter.

Das Zeitverhalten eines Regelkreises mit schaltenden Reglern kann anhand des zeitlichen Verlaufs der Regelgröße verdeutlicht werden. Als Anschauungsobjekt verwenden wir eine konventionelle Temperaturregelung mit einem Thermostatregler, der eine einstellbare Hysterese besitzt. Die Signalverläufe in Abbildung 3.2-23 zeigen das Verhalten der Regelgröße x(t) auf einen Führungssprung w(t), falls wir eine verzögerungsarme Strecke voraussetzen:

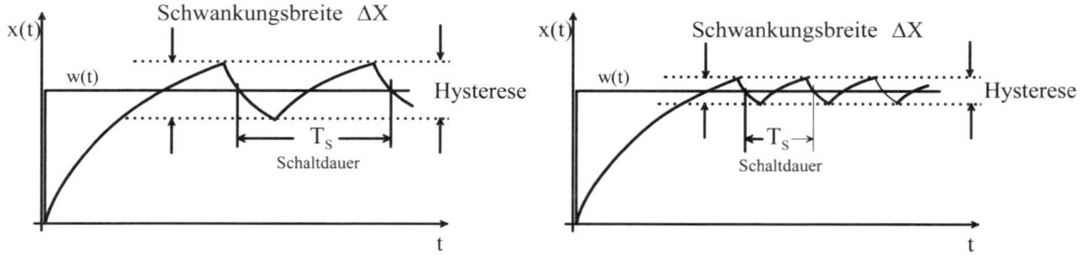

Abbildung 3.2-23: Schwingungseffekt bei unstetigen Reglern (Verzögerungsarme Strecke)

Eine große Hysterese bewirkt eine große Schwankung der Regelgröße und somit eine große Ungenauigkeit, für welche folgender Begriff verwendet wird:

Definition: Schwankungsbreite ΔX

Die **Schwankungsbreite ΔX** einer unstetigen Regelung stellt den Bereich der Regelgröße x(t) dar, innerhalb dessen sie periodische Schwankungen bei konstant anliegender Führungsgröße ausführt.

Die regelmäßigen Schwankungen der Regelgröße x(t) besitzen eine Frequenz:

Definition: Schaltfrequenz und Schaltdauer

Die **Schaltfrequenz f_S** einer unstetigen Reglung wird durch die **Schaltdauer T_S** der Regelschwingung bestimmt, die unter stationären Bedingungen auftreten.

Die Schaltfrequenz $f_S = 1/T_S$ des Reglers erhöht sich mit abnehmender Hysterese. Bei Reglern ohne Hysterese kommt es bei unverzögerten Strecken deshalb zum ständigen Schalten, was die Lebensdauer der Bauteile drastisch reduziert.

Die Vorteile von Reglern mit Hysterese liegen somit auf der Hand, obwohl ihre Funktionsweise im Regelkreis andere Einschränkungen nach sich zieht.

Leider sind die Schwankungsbreite ΔX der Regelgröße und deren Schaltfrequenz f_S nicht nur von den Eigenschaften unstetiger Regler abhängig. Die Regelstrecken mit starken Verzögerungen (P-T_n und I-T_n) nehmen selbst auch Einfluss auf das Gesamtverhalten. Dazu untersuchen wir den Regelkreis der Abbildung 3.2-24, der aus einer stark verzögernden Regelstrecke vom Typ P-T_n und einem Zweipunktregler besteht:

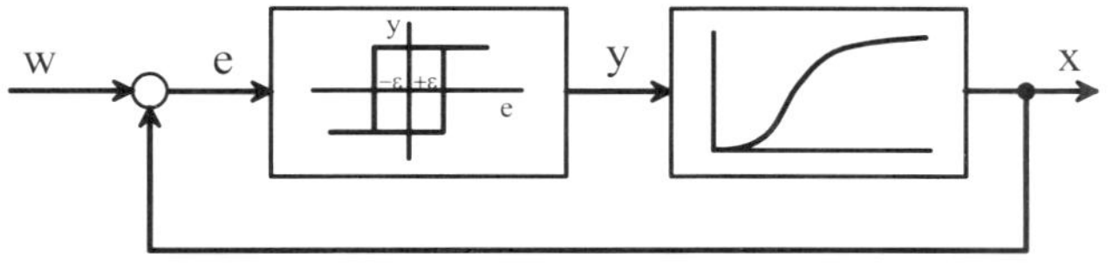

Abbildung 3.2-24: Regelkreis mit 2-Punktregler

Zur Bestimmung seines Zeitverlaufs auf einen Führungssprung denken wir uns die Regelstrecke durch ein P-T_1-T_t-System angenähert. Die Verzugszeit T_u und die Ausgleichszeit T_g dienen als Ersatzkennwerte; der Regler besitzt eine Schalterkennlinie mit der Hysterese 2ε.

Für uns ist in erster Linie das zeitliche Verhalten der Regelgröße x(t) bzgl. sprunghafter Führungsänderungen w(t) von Interesse. Wir nehmen dazu zwei unterschiedliche Sprunghöhen an, die bei ca. 30 % und ca. 60 % des maximalen Regelbereichs zur Wirkung kommen.

Bei verzögerungsarmen Regelstrecken verursacht die Hysterese ein symmetrisches Schwankungsintervall mit definierter Schaltfrequenz um den Sollwert. Bei verzögerungsreichen Strecken stellt sich eine zusätzliche Abweichung der mittleren Regelgröße $\bar{x}$ von der Führungsgröße ein. Es tritt sozusagen eine bleibende Regeldifferenz (Fehler) auf:

Definition: Mittlere Regelgröße

Die **mittlere Regelgröße** $\bar{x}$ bei unstetigen Reglern beschreibt die Lage der „gedachten“ Regelgröße innerhalb der Schwankungsbreite ΔX, bei welcher die eingeschlossenen Flächen zur Regelgröße unterhalb und oberhalb gleich groß sind.

Der Zeitverlauf der Regelgröße unstetiger Regelungen kann leider nicht geschlossen mit Hilfe der Systemtheorie berechnet werden, da ein nichtlineares Systemverhalten vorliegt. Seine Berechnung kann nur stückweise zwischen den Schaltpunkten der nichtlinearen Regler erfolgen. Die Abbildung 3.2-25 zeigt dieses Verfahren anhand zweier Führungsverläufe $w_1(t)$ und $w_2(t)$:

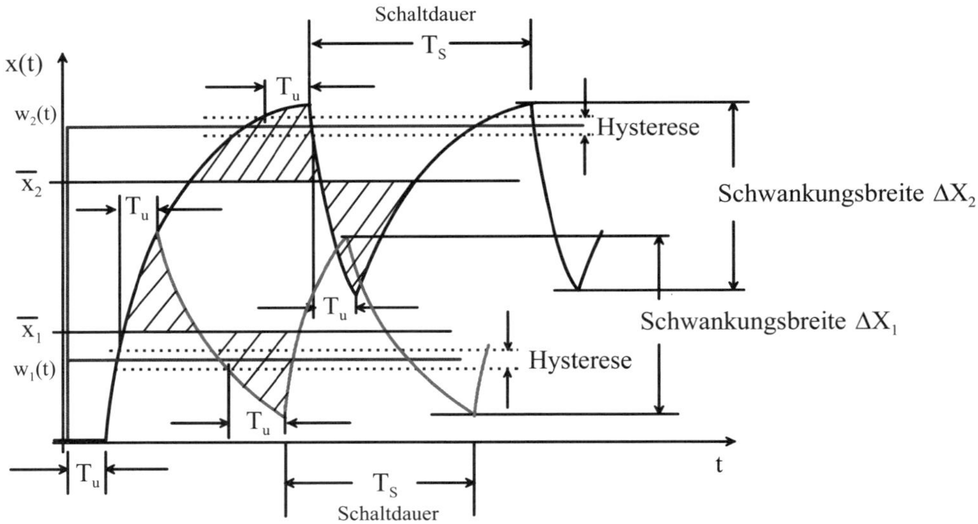

Abbildung 3.2-25: Regelgüte bei unstetigen Reglern (Verzögerungsreiche Strecke)

Man erkennt aus dem Zeitverhalten unmittelbar, dass die Regelgröße weit über die Hysterese-Bänder um die Führungsgröße $w_1(t)$ und $w_2(t)$ hinausgeht. Die Ursache liegt in der Verzugszeit T_u der Regelstrecke. Erst nach dieser Zeit reagiert die Regelstrecke durch eine Änderung der Stellgröße, nachdem die Regelgröße die Hysterese-Grenze überschritten hat.

Berücksichtigt man das asymmetrische Zeitverhalten der Regelgröße beim Umschalten in Nähe der Arbeitsbereichsgrenzen, erklären sich ihre ungleichen Überschwingweiten um die jeweilige Führungsgröße. Deshalb weicht die mittlere Regelgröße $\bar{x}$ auch von der stationären Führungsgröße ab. Für sie kann festgestellt werden:

1. Im „unteren“ Arbeitsbereich liegt die mittlere Regelgröße $\bar{x}$ oberhalb der Führungsgröße, weshalb die mittlere bleibende Regeldifferenz $\bar{e}$ einen negativen Wert besitzt:

$$\bar{e}_1 = w_1 - \bar{x}_1 < 0\,.$$

2. Im „oberen" Arbeitsbereich bleibt die mittlere Regelgröße $\overline{x}$ hinter der Führungsgröße zurück. Dadurch zeigt die mittlere bleibende Regeldifferenz $\overline{e}$ ein positives Vorzeichen:
$$\overline{e}_2 = w_2 - \overline{x}_2 > 0\,.$$
3. Konsequenterweise muss die mittlere bleibende Regeldifferenz $\overline{e}$ im „mittleren" Arbeitsbereich X_h der Regelgröße verschwinden:
$$\overline{e} = w - \overline{x} \approx 0\,.$$

Wir halten fest:

Der Arbeitspunkt ist in der Mitte des Arbeitsbereichs eines Regelkreises mit unstetigen Reglern einzurichten. Dort liegt eine minimierte mittlere Regelabweichung bzw. die beste Regelungsgenauigkeit vor.

Wie sieht es nun mit der Schwankungsbreite und der Schaltfrequenz im Arbeitsbereich aus?

Aus Abbildung 3.2-25 lassen sich keine signifikanten Unterschiede zwischen den Werten der Schwankungsbreite ΔX und der Schaltdauer T_S in den Betriebspunkten w_1 und w_2 feststellen. Mit Hilfe einer Näherungsberechnung kann die Schwankungsbreite und Schaltfrequenz als Funktion des Arbeitspunkts bestimmt werden. Dazu verwenden wir den Zeitverlauf der pendelnden Regelgröße x(t) in Abbildung 3.2-26.

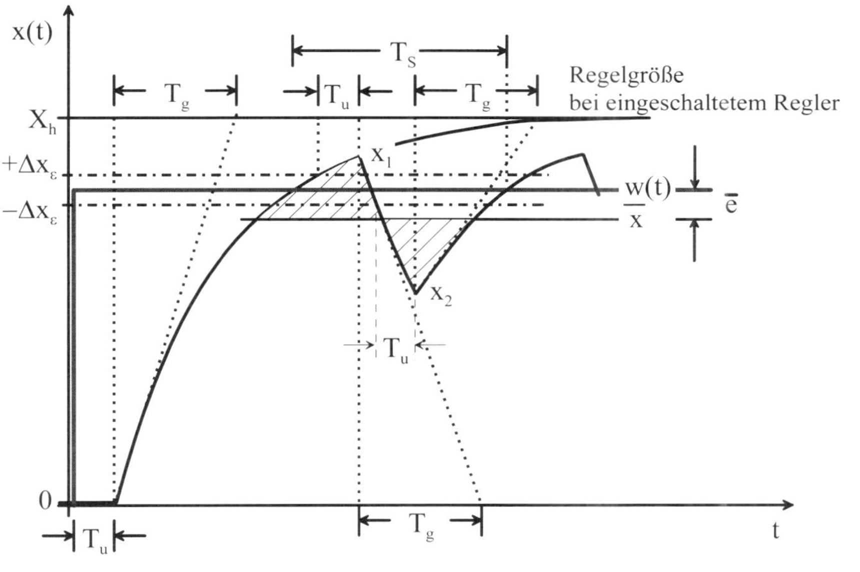

Abbildung 3.2-26: Graphische Konstruktion des Regelgrößenverlaufs (P-T_1-T_t-Strecke)

Wir setzen den realen Regelgrößenverlauf einer stark verzögerten Regelstrecke stückweise aus Übergangsfunktionen des P-T_1-T_t-Systems zusammen. Dazu wird der Arbeitsbereich X_h der Regelstrecke anhand des Zeitverlaufs der Regelgröße bei eingeschaltetem Regler festgestellt. Zur Konstruktion der abfallenden und ansteigenden Zeitverläufe behelfen wir uns mit der Ausgleichszeit T_g. Das Regelsignal x(t) schmiegt sich an die jeweiligen „Verzögerungstangenten", die aus den Umkehrpunkten x_1 und x_2, hervorgehen.

Diese Tangenten können zur näherungsweisen Bestimmung der Umkehrpunkte verwendet werden. Die Berechnung

a) der Schwankungsbreite,

b) der mittleren bleibenden Regeldifferenz und

c) der Schaltfrequenz

reduziert sich damit auf ein linear zu berechnendes Problem. Ihre Ergebnisse sind in Tabelle 3.2-1 angegeben.

Tabelle 3.2-1: Kenngrößen unstetiger Regeleinrichtungen

Schwankungsbreite:	$\Delta X = 2 \cdot \Delta x_\varepsilon + \frac{T_u}{T_g}(X_h - 2 \cdot \Delta x_\varepsilon)$	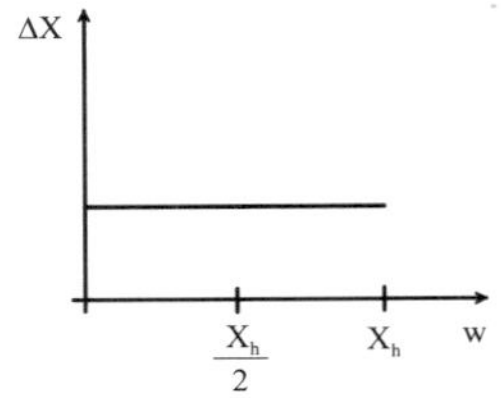
Mittlere bleibende Regeldifferenz:	$\bar{e} = \frac{T_u}{T_g}(w - \frac{1}{2} X_h)$	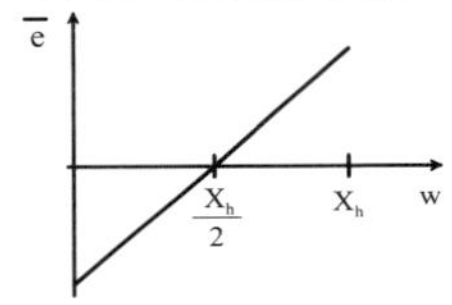
Schaltfrequenz:	$f_S = \frac{1}{T_u} \frac{w}{X_h}\left(1 - \frac{w}{X_h}\right)$ [1]	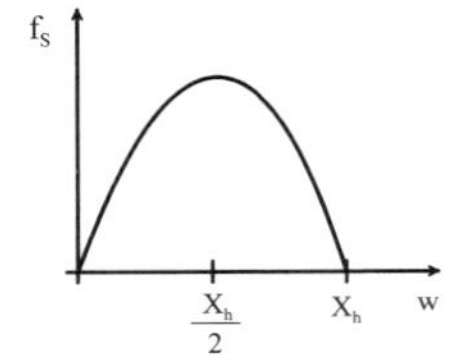

Es liegt ein verblüffendes Ergebnis vor:

- Die Schwankungsbreite ΔX zeigt sich unabhängig vom gewählten Arbeitspunkt. Sie nimmt zu, wenn der Arbeitsbereich der Regelgröße vergrößert wird. Dies bedeutet, dass bei Erhöhung der zugeführten Energieleistung in die Regelstrecke die Regelgenauigkeit leidet.
- Die mittlere bleibende Regeldifferenz verschwindet, wenn der Arbeitspunkt in die Mitte des Arbeitsbereichs gelegt wird.

[1] Der Einfluss der Schalthysterese ist nicht berücksichtigt.

- Es muss in Kauf genommen werden, dass die Schaltfrequenz f_S im mittleren Arbeitsbereich maximale Werte annimmt.

Die wirklichen Regelgrößenverläufe stark verzögerter Regelstrecken vom Typ P-T_n besitzen nicht den in Abbildung 3.2-25 und Abbildung 3.2-26 gezeigten „eckigen" Zeitverlauf. Die Verzögerungswirkung lässt die Regelgröße stationäre sinusförmige Bewegungen ausführen. Die berechneten Regelkennwerte weisen jedoch dieselbe funktionale Abhängigkeit vom Arbeitspunkt auf.

Als Fazit kann deshalb formuliert werden:

Ein Regelkreis mit unstetigen Reglern ist aus Genauigkeitsgründen in der Mitte des Arbeitsbereichs zu betreiben. Anders ausgedrückt, der Regelkreis sollte mit einem Leistungsüberschuss von 100 % betrieben werden.

Die Verringerung der Schwankungsbreite ΔX der Regelgröße lässt sich durch eine

(1) Verkleinerung der Verzugszeit der Regelstrecke bzw.

(2) Vergrößerung ihrer Ausgleichszeit

erreichen (siehe Tabelle 3.2-1), was i. Allg. schwierige Eingriffe in die Regelstrecke nach sich zieht und nur in speziellen Fällen möglich ist. Auch die Verkleinerung des Arbeitsbereichs (Reduzierung des Leistungsüberschusses) verbessert die Schwankungsbreite, was andererseits aber eine Erhöhung der mittleren bleibenden Regeldifferenz bewirkt. Als Kompromiss lässt sich deshalb die weitere Maßnahme formulieren:

(3) Der Regelkreis wird mit dauernd eingeschalteter Grundlast betrieben und die Regelung in Arbeitspunkten innerhalb eines verkleinerten Arbeitsbereichs X_h vorgenommen.

Dies hat zur Konsequenz, dass die Regelstrecke mit einer fortlaufend anliegenden und konstanten Stellgröße betrieben wird, wofür man den folgenden Begriff verwendet:

Definition: Grundlast

Die **Grundlast** bezeichnet einen fest eingestellten Wert der Stellgröße eines unstetigen Reglers, welcher nicht geschaltet werden kann.

Bei der Temperaturregelung eines Bügeleisens (mit Zweipunktregler) bedeutet diese Maßnahme, dass die Heizspirale dauernd mit Strom versorgt wird, so dass z. B. 50 °C erreicht werden. Die Einstellung der Temperatur auf 65 °C übernimmt dann vollends der Zweipunktregler. Der Arbeitsbereich der Regelung überstreicht so nur die Temperaturen von 50 °C bis 80 °C, was einer Halbierung der Schwankungsbreite entspricht.

Die wirksamste Maßnahme zur Verbesserung der Regelgenauigkeit stellt aber eine in Grenzen erhöhte Schaltfrequenz dar, denn aus den schwingenden Signalverläufen der Abbildung 3.2-23, Abbildung 3.2-25 und Abbildung 3.2-26 erkennt man: Je öfter der Regler schaltet, um so weniger kann sich die Regelgröße x(t) von der Führungsgröße entfernen.

Man erweitert dazu die unstetigen Regler, indem man eine reglerinterne Rückkopplung einführt:

Definition: Unstetige Regler mit Rückkopplung

Bei **unstetigen Reglern mit Rückkopplung** wird die Stellgröße des Reglers über ein Zeitglied subtraktiv auf seinen Eingang zurückgeführt.

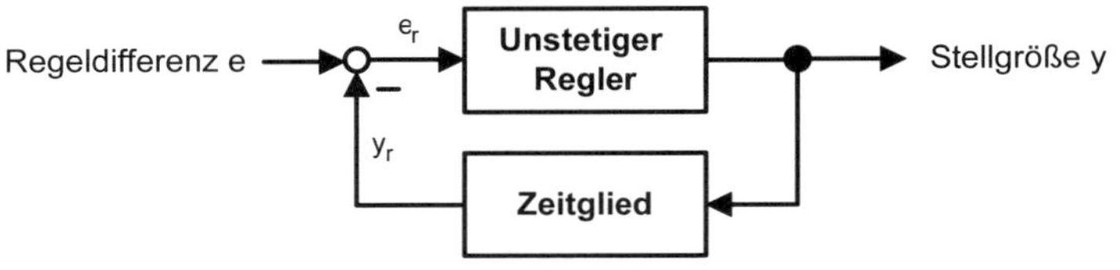

Abbildung 3.2-27: Unstetiger Regler mit Rückkopplung

Als Ergebnis der Rückkopplung erzielt man eine vorgetäuschte Erhöhung der Regelgröße x(t). Auf den Schaltregler wirkt nun die modifizierte Regeldifferenz:

$$e_r = e - y_r = (w - x) - y_r = w - (x + y_r).$$

Zu der Regelgröße x(t) wird die rückgekoppelte Stellgröße $y_r(t)$ addiert, so dass beide Werte zusammen schneller die Führungsgröße w(t) erreichen. Dem unstetigen Regler wird dadurch vorgegaukelt, die Regelgröße erreicht zu haben, er also bereits umschalten kann. Dies tut er umso schneller, je größer der Beitrag der Rückkopplung y_r ausfällt, bzw. je schneller die jeweiligen Schaltzustände des Reglers über das Zeitglied wirksam werden.

Der Regler „zittert" die Regelgröße x(t) an die Führungsgröße w(t) durch kurzzeitige Einwirkung auf die Regelstrecke heran. Sieht man von den kleinen Zitterbewegungen der Regelgröße ab, liegt ein Regelvorgang vor, der sonst bei stetigen Reglern vorzufinden ist. Man spricht deshalb von stetigähnlichen Regelungen:

Definition: Stetigähnlicher Regler

Unstetige Regler mit Rückkopplung bezeichnet man auch als **stetigähnliche Regler** oder **quasistetige Regler**, da sie ähnliches Regelverhalten wie die stetig wirkenden Regler aufweisen.

Dabei legt das Zeitglied der Rückkopplung die Dynamik des stetigähnlichen Reglers fest.

Als Beispiel betrachten wir den stetigähnlichen Regler der Abbildung 3.2-28, einen Zweipunktregler mit Hysterese und P-T_1-Rückkopplung. Die Stellgröße y wird mit dem Faktor K_r verstärkt und um die Zeit T_r verzögert auf den Eingang des Schalters zurückgespielt, um die Regeldifferenz e(t) schneller zum Verschwinden zu bringen.

Bevor wir solche quasistetigen Regler im Regelkreis betrachten, versuchen wir die dynamische Wirkung des Beispielreglers der Abbildung 3.2-28 auf eine sprunghafte Änderung der Regeldifferenz graphisch anzugeben. In Abbildung 3.2-29 sind die Zeitverläufe aller Signale des Zweipunktreglers mit P-T_1-Rückkopplung eingezeichnet. Der Schaltregler reagiert primär auf die sprungförmige Regeldifferenz e(t).

Die Stellgröße y(t) verhält sich als pulsmoduliertes Signal zur Ansteuerung der Stelleinrichtung. Aus ihm berechnet sich die **mittlere wirksame Stellgröße pro Schaltdauer** $\overline{y}(t)$ zu:

$$\overline{y}(t) = \frac{T_{Ein}}{T_S} Y_h \,. \tag{3.2-4}$$

Zu ihrer Berechnung wird die momentane Einschaltdauer T_{Ein} des Stellsignals in Bezug zu der sich einstellenden Schaltdauer T_S des stationären Zustands gesetzt. Sie besitzt den in Abbildung 3.2-29 dargestellten Verlauf einer Treppenkurve, der nach seinem anfänglichen Maximum mit fortschreitender Zeit abfällt. Vergleicht man die Übergangsfunktion eines

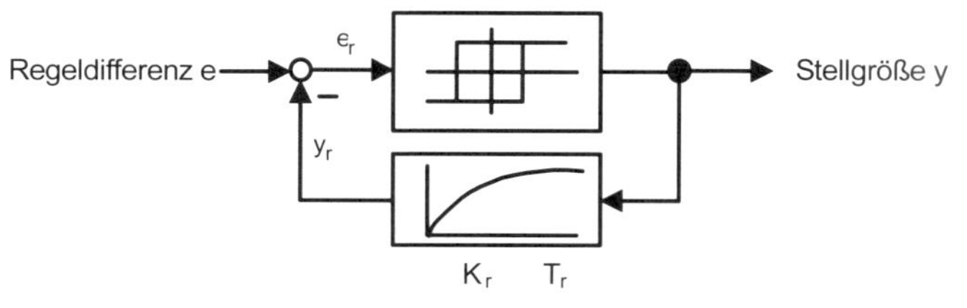

Abbildung 3.2-28: Stetigähnlicher Regler mit PD-Verhalten

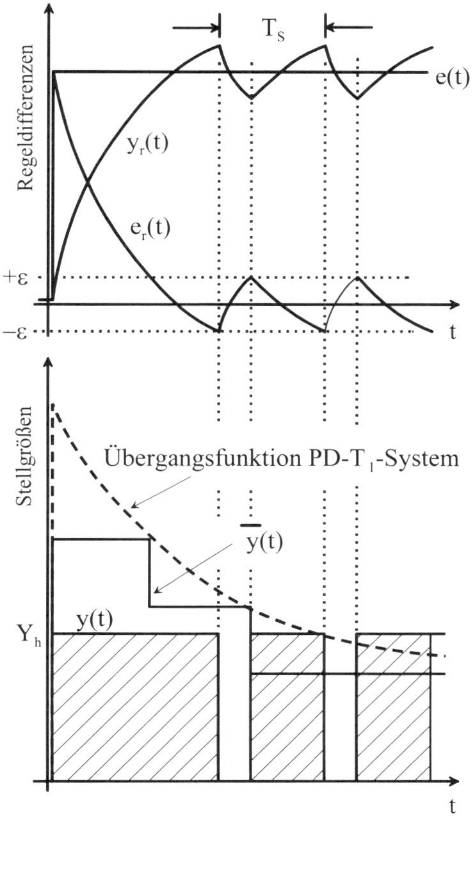

Abbildung 3.2-29: Dynamik Zweipunktregler mit P-T_1-Rückkopplung

PD-T_1-Systems mit der Treppenfunktion der mittleren Stellgröße $\overline{y}(t)$, erkennt man eine grobe Ähnlichkeit zwischen beiden Kurvenverläufen. Die Amplitudenwerte beider Funktionen gehen mit der Zeit auf einen konstanten Wert zurück. Erhöht man die Schaltfrequenz f_S, nähern sich beide Kurven an. Dies ist nach Tabelle 3.2-1 möglich, denn sie ist durch

$$f_S = \frac{1}{T_r}\frac{e}{2\varepsilon}\left(1 - \frac{e}{K_r \cdot Y_h}\right) \tag{3.2-5}$$

gegeben, woraus sich ihr maximaler Wert zu

$$f_{S\,Max} = \frac{1}{T_r}\frac{K_r \cdot Y_h}{8\varepsilon} \tag{3.2-6}$$

bestimmt. Die Erhöhung der Schaltfrequenzen bei stetigähnlichen Zweipunktreglern verbessert die Schwankungsbreiten der Regelgrößen erheblich. Der Regelkreis besitzt eine „kaskadierte" Rückkopplungsstruktur:

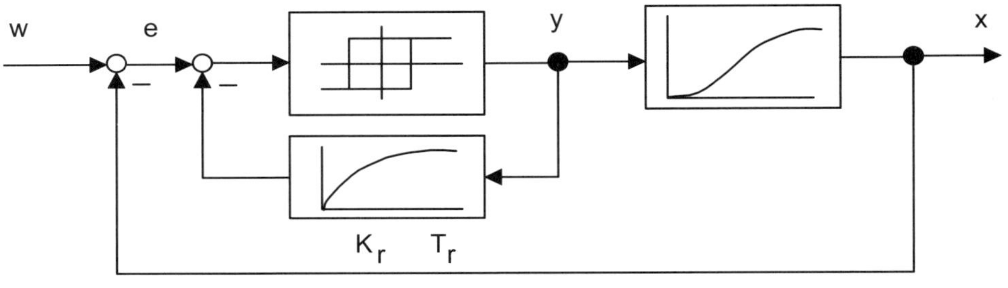

Abbildung 3.2-30: Regelkreis mit stetigähnlichem Regler und verzögerungsreicher Strecke

Die Regelkreise der Abbildung 3.2-24 bzw. Abbildung 3.2-30 sind miteinander vergleichbar. Bei beiden kontrollieren Zweipunktregler die Regelgröße, mit dem Unterschied, dass einer von ihnen eine lokale Rückkopplung über ein P-T_1-Verzögerungsglied besitzt. Beide regeln dieselbe verzögerungsreiche Strecke. Wie sie diese Aufgabe lösen, zeigt die Abbildung 3.2-31. Ihre Führungsverhalten auf einen Sollgrößensprung w(t) zeigen sich sehr unterschiedlich.

Der Regler ohne Rückkopplung verursacht wegen der hohen Verzugszeiten der Strecke sinusähnliche Schwankungen der Regelgröße. Der stetigähnliche Regler (mit Rückkopplung) zeigt dagegen keinerlei ausgeprägte Schwingungsvorgänge. Man erkennt im stationären Zustand nur ein leichtes Zittern seiner Regelgröße. Ihre Schwankungsbreite reduziert sich auf die einstellbare Hysterese der Größe 2ε. Im unserem Beispiel nimmt sie 5% des Arbeitspunktwerts an.

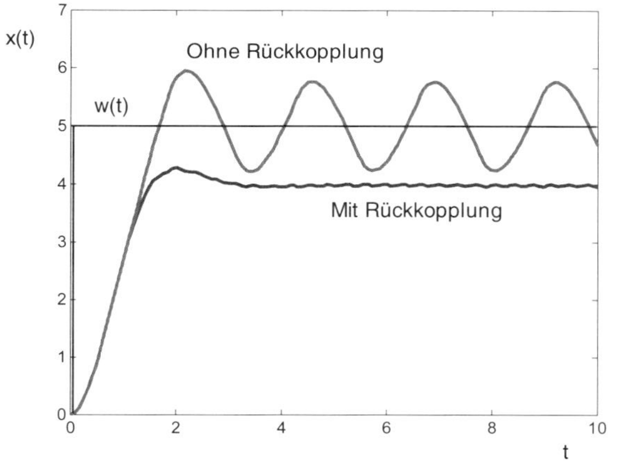

Abbildung 3.2-31: Führungsverhalten eines Zweipunktreglers ohne/mit Rückkopplung

Die Gegenüberstellung beider Reglerverhalten zeigt eine erhebliche Regeldifferenz im Beharrungsverhalten, die der stetigähnliche Regler zurücklässt. Diese Differenz lässt sich mit dem Verhalten stetiger Regler erklären, zu denen das vorher angesprochene PD-T_1-Systemverhalten zählt[1]. Verwendet man z. B. ein verzögertes und nachgebendes Rückkoppelglied (D-T_1-Verhalten), verschwindet die stationäre Regeldifferenz vollständig.

Als Fazit zu den erweiterten Schaltreglern können wir aber die vierte und letzte Maßnahme zur Verbesserung der Schwankungsbreite formulieren:

(4) Die Verwendung stetigähnlicher Regler anstelle einfacher Schaltregler verbessert bei richtiger Parameterwahl die Schwankungsbreite der Regelgröße erheblich. Durch die geeignete Auswahl der Rückkopplungsdynamik erzielt man sogar gute Führungs- bzw. Störverhalten der Regelung.

Einfache Beispiele für Zweipunktregler stellen Bimetall-Thermostate dar. Das Bimetall-Element dient bei ihnen als Messeinrichtung, Regler und Stelleinrichtung zugleich. Die Bimetallkrümmung liefert eine ausreichende Schaltleistung. Es handelt sich deshalb um Regler ohne Hilfsenergie. Der mit einer Feder modifizierte Bimetallregler in Abbildung 3.2-32 zur Temperaturregelung bei einem Bügeleisen besitzt eine Hysterese, denn das Bi-

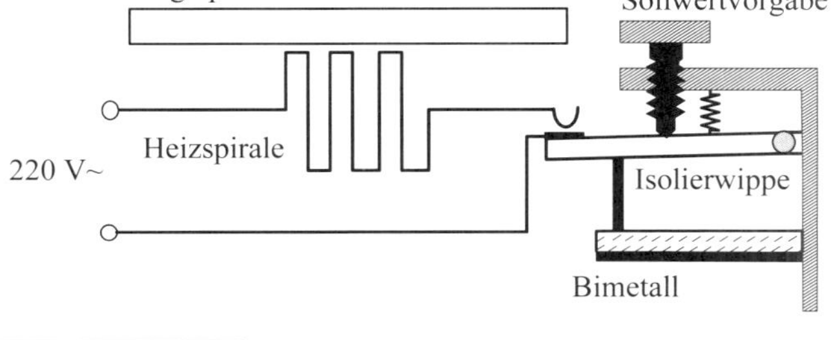

Abbildung 3.2-32: Zweipunkt-Temperaturregelung mit Hysterese

[1] Auf die Eigenschaften stetiger Regler wird im nachfolgenden Abschnitt eingegangen.

metall muss erst die Federkraft überwinden, bevor der Schalter öffnet.

Durch das zusätzliche Anbringen einer kleinen Heizspirale um das Bimetall, die parallel über einen Vorwiderstand zur Heizspirale angeschlossen ist, erzielt man eine Rückkopplung zum Zweipunktregler. Der Bimetallstreifen wird dadurch in einer wesentlich kürzeren Zeit erwärmt, so dass der Stromkontakt in kürzeren Zeitintervallen ein- und ausschaltet, als wenn nur die Wärmeentwicklung der großen Heizwendel vorhanden ist. Seinen Aufbau zeigt das nachfolgende Technologieschema:

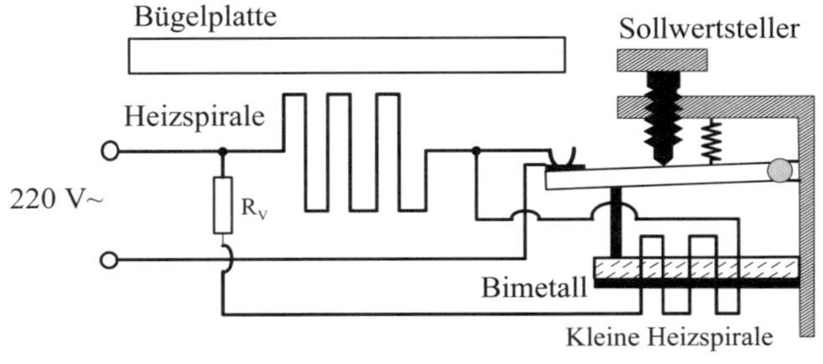

Abbildung 3.2-33: Zweipunkt-Temperaturregelung mit Hysterese und Rückkopplung

Die Temperaturschwankung wird durch diese einfache technische Maßnahme erheblich verringert, gleichzeitig wird aber auch der Temperaturmittelwert verringert, da durch die zusätzliche Heizspirale um den Bimetallstreifen dem Regler eine zu hohe Temperatur vorgespielt wird. Die Temperaturverläufe der beiden Regelungsvarianten entsprechen nach dem Einschalten des Heizstroms den Signalverläufen der Abbildung 3.2-31.

Neben Bimetallreglern stehen für Zweipunkt-Temperaturregler auch Stabausdehnungsregler (mit Invarstäben) und Kapillarrohr-Regler zur Auswahl. Zur Druck- und Feuchtigkeitsregelung werden Pressostate und Hygrostate eingesetzt. Sie werden hauptsächlich in verfahrenstechnischen Prozessen eingesetzt.

Für die Regelung von Regelstrecken **ohne Ausgleich** mit Zweipunktreglern lassen sich dieselben Verhaltensweisen beschreiben. Die Rückkopplung kann auch bei Dreipunktreglern mit Erfolg eingesetzt werden. Sie zeigen dasselbe quasistetige Zeitverhalten der Regelgröße, so dass wir uns mit den bisher besprochenen Zweipunktreglern begnügen können.

3.2.2.4 Stetige Regler

Unstetige Regler beeinflussen Regelstrecken durch ihre Schaltvorgänge in vollem Umfang oder überhaupt nicht. Stetige Regler entfalten dagegen beliebig feine Wirkungen auf die Regelstrecke. Die Regelung greift ohne zeitliche Unterbrechung in den Prozess ein; der Stellvorgang läuft kontinuierlich ab.

Stetige Regler lassen zur Beseitigung von Regeldifferenzen beliebige kontinuierliche Eingreifstrategien zu. Sie unterscheiden sich nach der Art ihres Eingreifens grundlegend. Eine Gruppe von Reglern reagiert sehr schnell auf jede Änderung der Regelgröße. Bei ihr mangelt es aber an Präzision. Die andere Gruppe versucht den Sollwert exakt einzustellen, sie benötigt dazu aber eine lange Zeit. Die Kombination beider Typen lässt eine Optimierung der Regelergebnisse zu. Sie müssen jedoch mit einem höheren technischen Aufwand und aufwendigeren Einstellmöglichkeiten erkauft werden. Zur Erfüllung der vielfältigen Regelaufgaben sind alle Zeitverhalten notwendig.

Stetige Regler mit Basisverhalten

Das proportionale (P), integrale (I) und differenzierende (D) Zeitverhalten ist zur Regelung von Prozessen von prinzipieller Bedeutung, weshalb sie die Gruppe der Basisregler bilden. Ihr Eingreifen in die Regelstrecke verdeutlicht die unterschiedlichen Regelstrategien. Sie lehnen sich an „altbekannte menschliche" Verhaltensweisen an.

P-Regler

Eine erste Strategie beschreibt die Regel:

"Je größer die Missachtung bzw. Abweichung zu einem Gebot ist, desto größer fällt die Strafe bzw. Gegenreaktion aus."

Dieses Ursache-Wirkungsprinzip wird in der Regelungstechnik von P-Reglern praktiziert:

Definition: P-Regler

Der **P-Regler** stellt ein System dar, welches eine zur Regeldifferenz e(t) proportionale Stellgröße y(t) generiert:

$$y(t) = K_{PR} \cdot e(t) . \qquad (3.2\text{-}7)$$

Sein Proportionalbeiwert bzw. Verstärkungsfaktor K_{PR}[1] wird durch den Stell- bzw. Proportionalbereich festgelegt:

$$K_{PR} = \frac{\text{Stellbereich } Y_h}{\text{Proportionalbereich } X_P} . \qquad (3.2\text{-}8)$$

Die mathematische Gesetzmäßigkeit eines P-Reglers lässt die freie Wahl seiner Proportionalitätskonstante K_{PR}. Die technische Realisierung für eine Regelkreisumgebung schränkt diese Freiheit unter Umständen wieder ein. Das Stellsignal lässt sich nur im Stellbereich Y_h einstellen. Bei Reglern liegt der maximale Bereich des Eingangssignals ebenfalls fest. Die vollständige Ausnutzung beider Bereiche ergibt deshalb einen definierten Proportionalbeiwert K_{PR}. Verändert man den Verstärkungsfaktor K_{PR}, so schränkt man letztlich den Arbeitsbereich der Regelgröße ein. Auf diese beiden Signalbereiche wird immer wieder Bezug genommen, so dass für sie spezielle Bezeichnungen eingeführt werden:

Definition: Regelbereich

Der **Regelbereich X_h** eines Reglers beschreibt den maximalen Aussteuerbereich eines Reglers.

---

[1] Der Index R in der Bezeichnung K_{PR} weist auf die Zugehörigkeit zu einem Regler hin.

Definition: Proportionalbereich

Der **Proportionalbereich X_P** gibt denjenigen Wertebereich der Regeldifferenz e an, innerhalb dessen ein P-Regler den Stellbereich Y_h einer Stelleinrichtung proportional ansteuern kann.

Die Kennlinie eines P-Reglers verläuft innerhalb des Proportionalbereichs als Gerade. In Abbildung 3.2-34 ist die Ausgangsgröße Y_A bzw. y über der Größe X_A bzw. x eines P-Reglers aufgetragen. Bei Regelkreisuntersuchungen interessiert allein das Verhalten der Regelgröße in der Umgebung eines definierten Arbeitspunkts (X_{AP}, Y_{AP}). Er stellt den Ausgangspunkt jeder Führungs- bzw. Störungsveränderung dar, so dass die folgenden **Anfangsbedingungen** für die Signale gelten:

Im Arbeitspunkt AP gilt für $t < 0$: $x = w$ bzw. $e = 0$. (3.2-9)

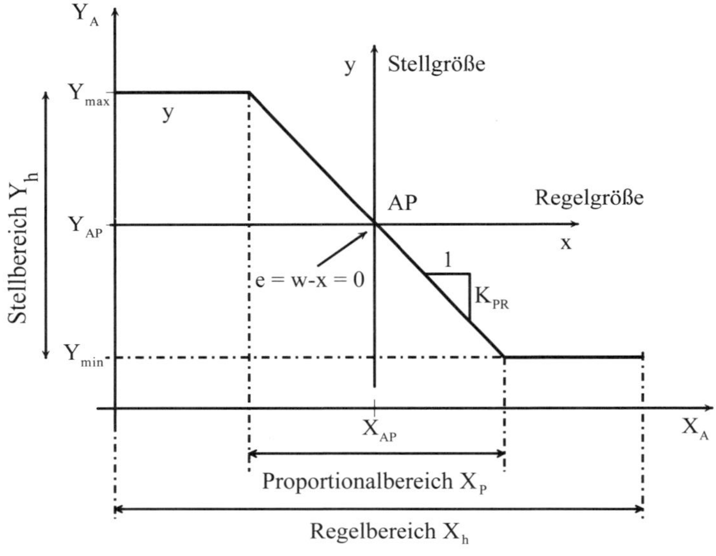

Abbildung 3.2-34: Kennlinie des P-Reglers

Die Stellgröße y besitzt einen beschränkten Stellbereich Y_h, da sie an die technischen Grenzen der Stelleinrichtungen gebunden ist. Daraus resultiert ein maximaler Bereich für die Regelgröße x, den Proportionalbereich X_P.

Anstelle des Proportionalbeiwerts K_{PR} gibt man als Kennwert eines P-Reglers oft auch den Proportionalbereich X_P an. Dies macht deshalb Sinn, da der Stellbereich Y_h in aller Regel vorliegt und aus der Angabe des Proportionalbereichs der verfügbare Regelbereich abgelesen werden kann.

Die Füllstandsregelung in Abbildung 3.2-35 verdeutlicht diesen Zusammenhang. Das Ventil legt den Stellbereich des P-Reglers fest. Der Proportionalitätsfaktor K_{PR} wird über die Verstellung der Hebellängen (Drehpunkt) variiert. Die Einstellung eines kleinen Werts von K_{PR} ergibt einen großen Proportionalbereich. Der Füllstand kann in einem großen Bereich kontrolliert werden. Im Gegensatz dazu verkleinert sich der Regelbereich, wenn K_{PR} vergrößert wird. Der Füllstand kann sich nur noch in einem kleinen Füllstandsbereich aufhalten, wenn die Regelung fein dosierend auf jede Wasserentnahme reagieren soll.

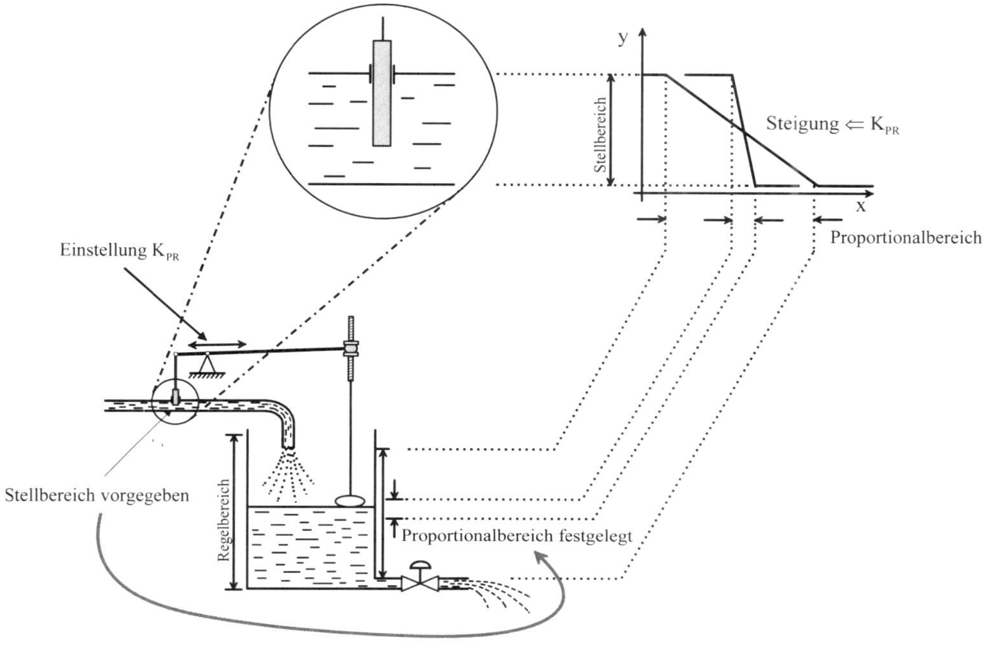

Abbildung 3.2-35: Festlegung des Proportionalbereichs bei der Füllstandsregelung

Zur Arbeitsweise des P-Reglers lassen sich deshalb zwei Feststellungen treffen:

1. Ein kleiner Verstärkungsfaktor K_{PR} ergibt einen großen Proportionalbereich, so dass in obigem Fall die gesamte Füllhöhe des Behälters zur Regelung nutzbar ist.
2. Ein großer Proportionalbeiwert K_{PR} verursacht große Ventilhübe, so dass jeder Wasserabfluss sofort ausgeglichen wird.

Beide Feststellungen widersprechen sich, weshalb wir an dieser Stelle eine erste wichtige Erkenntnis formulieren, die sich durch die gesamte Regelungstechnik zieht:

Bei der Einrichtung von Regelungen müssen immer Kompromisse gesucht werden.

Dazu sollten die statischen und dynamischen Eigenschaften der einzelnen Regler genau bekannt sein. Für P-Regler können sie sehr anschaulich anhand der vorliegenden Füllstandsregelung aufgezeigt werden:

Beobachten wir nämlich die Reaktion des P-Reglers auf eine Wasserentnahme, so stellen wir fest: Der P-Regler reagiert unmittelbar auf die auftretende Regeldifferenz, die er aber nicht vollständig ausregelt.

Diese weniger schöne Feststellung lässt sich für die Füllstandsregelung leicht aufzeigen:

Dazu setzen wir voraus, dass der Füllstand vor dem Wasserabfluss auf dem Sollniveau steht. In diesem Zustand entspricht die Wasserentnahme genau dem Zufluss an Frischwasser. Nun tritt die sprunghafte und starke Erhöhung des Wasserabflusses ein, was einer Störung des Systems entspricht. Wie reagiert der Regelkreis darauf?

Folgende Reaktionsschritte laufen ab:

(1) Die Wasserhöhe sinkt.

(2) Es tritt eine Differenz zwischen Führungs- und Regelgröße auf, die über den Schwimmer festgestellt wird.

(3) Der P-Regler (Hebel) öffnet das Ventil, so dass frisches Wasser nachfließen kann.

(4) Wird mehr Flüssigkeit entnommen als nachfließen kann, entleert sich der Behälter. Dieses muss verhindert werden.

(5) Je weiter das Niveau sinkt umso mehr Frischwasser fließt nach, um wieder den alten Stand zu bekommen.

(6) Das vorherige Sollniveau wird aber nicht wieder erreicht, da sonst das Ventil wieder soweit geschlossen wäre und deshalb zu wenig Frischwasser nachfließen könnte, um die immer noch vorhandene starke Entnahme auszugleichen.

(7) Das Wasserniveau pendelt sich deshalb auf einem neuen Gleichgewichtszustand ein, bei dem die Regelgröße nicht der Sollgröße entspricht.

(8) Es tritt eine konstante Differenz zwischen Soll- und Istgröße ein, die als bleibende Regeldifferenz bezeichnet wird. Der P-Regler benötigt sie zum Ausgleich der Störung.

(9) Nur die Aufhebung der Wasserentnahme lässt den Füllstand erneut auf das alte Niveau anwachsen.

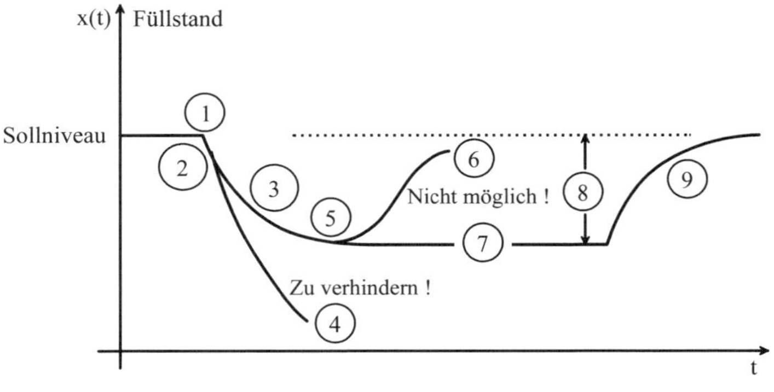

Abbildung 3.2-36: Störverhalten des P-Reglers

Der P-Regler besitzt offenbar die folgenden Eigenschaften:

1. Der P-Regler kann Störungen der Regelstrecke nicht ausregeln. Er ist deshalb ungenau und hinterlässt eine bleibende Regeldifferenz.
2. Der P-Regler reagiert aber unmittelbar und schnell auf jede Veränderung der Regelgröße.

Ergebnis: **Der P-Regler arbeitet ungenau!**

Diese Feststellungen müssen durch Berechnung bestätigt werden. Im nächsten Abschnitt wird der Nachweis dieses Verhaltens erbracht, was auch für alle weiteren stetigen Regler gilt.

I-Regler

Als weitere Regelungsstrategie kann formuliert werden:

„Je länger eine Abweichung von einem Sollzustand andauert, umso größer fällt die Gegenreaktion aus."

Nun entfällt die starre Kopplung des Reglers zwischen Stellgröße und Regeldifferenz:

Definition: I-Regler

Der **I-Regler** stellt ein dynamisches System dar, das eine zum Zeitintegral der Regeldifferenz e(t) proportionale Stellgröße y(t) erzeugt:

$$y(t) = K_{IR} \int_0^t e(t')\,dt' \qquad \text{oder:} \qquad \dot{y}(t) = K_{IR} \cdot e(t)\,. \tag{3.2-10}$$

Der Integrierbeiwert K_{IR}[1] gibt die Änderungsgeschwindigkeit der Stellgröße y(t) vor. Er wird bestimmt durch:

$$K_{IR} = \frac{\text{Maximale Stellgeschwindigkeit } \dot{y}_{max}}{\text{Proportionalbereich } X_P}\,. \tag{3.2-11}$$

Die Reglerkennlinie lässt sich nur für die Differentialform graphisch angeben. Sie ist im Regelbereich X_h eine begrenzte Gerade und deshalb mit der eines P-Reglers vergleichbar. Die Ausgangswirkung bezieht sich hier auf die Stellgeschwindigkeit $\dot{y}(t)$.

Beim I-Regler wird die Regeldifferenz über die Zeit aufsummiert. Eine Regeldifferenz wirkt sich erst allmählich auf die Stellgröße aus. Er wirkt deshalb verzögernd. Die Verzögerungszeit wird maßgebend vom Integrierbeiwert K_{IR} bestimmt. Je größer der Integrierbei-

[1] Der Index R im Integrierbeiwert zeigt die Zugehörigkeit zum Regler.

wert ausfällt, umso schneller verändert er das Stellsignal. Die sich ergebende Zeitkonstante bezeichnet man als Integrierzeit T_{IR}. Sie berechnet sich zu:

$$T_{IR} = \frac{Y_h}{K_{IR} \cdot X_h} . \tag{3.2-12}$$

Das Gesamtverhalten des I-Reglers lässt sich anhand seiner Systemgleichung abschätzen:

Angenommen, es liegt eine konstante Regeldifferenz $e(t) = e_0$ vor, die auch sehr klein sein kann, so wächst die Stellgröße y(t) mit der Zeit über alle Grenzen. Die Regelstrecke entfernt sich deshalb aus ihrem Arbeitspunkt und stößt an ihre technische Begrenzung. Die Regeldifferenz e_0 darf somit nicht konstant bleiben, denn die Stellgröße y(t) muss sich so lange ändern, bis die Regeldifferenz e(t) verschwindet.

Der I-Regler regelt also präzise, er benötigt dazu nur genügend viel Zeit, um sich auf die Sollgröße einzupendeln. Bei stark verzögerten Strecken neigt er ausgesprochen zum Schwingen, wie es in nachfolgender Abbildung zum Ausdruck kommt. Auf einen Führungssprung pendelt sich die Regelgröße x(t) erst nach längerer Zeit ein:

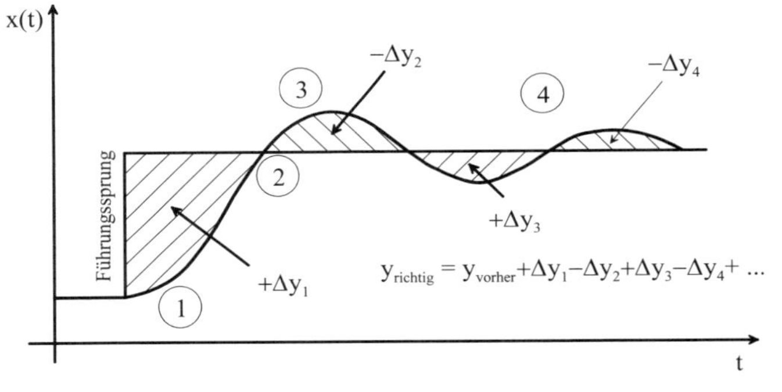

Abbildung 3.2-37: Führungsverhalten des I-Reglers

Im Einzelnen laufen folgende Regeleinflüsse ab:

(1) Die durch den Führungssprung auftretende Regeldifferenz summiert der I-Regler über die Zeit zu einer positiven Stellgrößenänderung $+\Delta y_1$ auf. Dieses Integral fällt vorerst willkürlich aus, da dem I-Regler die Streckeneigenschaften unbekannt sind.

(2) Das Stellsignal schießt über den exakten Stellwert zur Einstellung der Regelgröße hinaus, weshalb diese ebenfalls ihr Ziel verfehlt.

(3) Der Regler hat die Stellgröße um $-\Delta y_2$ zu korrigieren.

(4) Da der Regelalgorithmus zwingend eine verschwindende Regeldifferenz verlangt, schwingt die Regelgröße eine längere Zeit bis zur endgültigen Übereinstimmung um den Sollwert.

Die Stellgröße y(t) wird sukzessive um die Beiträge $+\Delta y_3$, $-\Delta y_4$, usw. verändert, bis der richtige Stellwert gefunden ist. Der Regelvorgang kann nur durch die Erhöhung des Integrierbeiwerts K_{IR} zeitlich verkürzt werden. Die Schwingneigung steigt dann aber weiter an, denn im Übereifer schießt der Regler weit über das Ziel hinaus und muss sich immer wieder korrigieren.

Die Kennzeichen für I-Regler sind somit:

1. Der I-Regler stellt die Regelgröße exakt auf die Führungsgröße ein.
2. Im Gegensatz zu einem P-Regler benötigt der I-Regler um die Integrierzeit T_{IR} länger für den Regelvorgang.
3. Zur exakten Erreichung der Führungsgröße neigt ein I-Regler zu Schwingungen.

Kurz notiert: **Der I-Regler regelt präzise aber langsam und neigt zum Schwingen!**

Auch hier muss die exakte Analyse der Dynamik von Regelkreisen mit I-Reglern diese Kennzeichen belegen.

D-Regler als unbrauchbarer Basisregler

Das Verhalten

„Je schneller eine Abweichung entsteht, umso größer fällt die Gegenreaktion aus."

führt auf den weiteren Basisregler:

Definition: D-Regler

Der **D-Regler** reagiert nur auf zeitliche Änderungen der Regeldifferenz e(t) durch ein der Änderungsgeschwindigkeit proportionales Stellsignal:

$$y(t) = K_{DR} \cdot \dot{e}(t)\ ^{1}. \qquad (3.2\text{-}13)$$

Leider muss für ihn die Einschränkung festgestellt werden:

Der D-Regler regelt zeitlich konstante Regeldifferenzen nicht aus, gleich wie groß diese auch ausfallen.
Für ihn gilt deshalb: **Der D-Regler ist für sich alleine nicht zu gebrauchen!**

Der D-Regler allein ist zur Regelung von Prozessen prinzipiell ungeeignet, denn eine zeitlich konstante Regeldifferenz e_0 an seinem Eingang ruft überhaupt keine Reaktion hervor, da das Differential der Regeldifferenz verschwindet. Erst im Zusammenwirken mit P- und I-Regelverhalten kann der D-Regler seine Wirkung voll entfalten.

---

[1] Der Index R im Differenzierbeiwert K_{DR} kennzeichnet seine Zugehörigkeit zu einem Regler.

Stetige Regler mit kombiniertem Verhalten

Die Basisregler besitzen ihre jeweiligen Vor- und Nachteile.

In Tabelle 3.2-2 sind sie als Übersicht zusammengestellt. So zeigen z. B. die P- und I-Regler konträre Eigenschaften in ihrem Verhalten. Der eine ist schnell und ungenau, der andere dagegen langsam und genau. Es stellt sich deshalb die Frage, ob sich durch eine Kombination ihre jeweiligen Vorteile durchsetzen und die negativen Eigenschaften zu vernachlässigen sind?

Die Antwort lautet:
Die Kombination der Basisregler erlaubt eine Reduzierung ihrer jeweiligen Nachteile.

Tabelle 3.2-2: Eigenschaften der Basisregler

	Vorteil	**Nachteil**
P-Regler	Reagiert unmittelbar auf eine Regeldifferenz	Regelt ungenau
I-Regler[1]	Regelt genau	Regelt sehr langsam und neigt zu Schwingungen
D-Regler	Antwortet nur auf zeitliche Änderungen der Regeldifferenz	Nicht zu gebrauchen, da konstante Regeldifferenzen nicht ausgeregelt werden

PI-Regler

Die Kombination von P- und I-Regler lässt einen schnell eingreifenden und präzise ausregelnden Regler erwarten. Er wird durch die Parallelschaltung von P- und I-Regler realisiert:

Definition: PI-Regler

Im **PI-Regler** überlagern sich die Wirkungen von P- und I-Reglern durch Parallelschaltung:

$$y(t) = K_{PR}\left(e(t) + \frac{1}{T_n}\int_0^t e(t')\,dt'\right). \qquad (3.2\text{-}14)$$

Seine beiden Kenngrößen Proportionalbeiwert K_{PR} und Nachlaufzeit T_n nehmen als verstellbare Regelparameter Einfluss auf die Regelgüte des Regelkreises. Sie sind über die Systemgleichung (3.2-14) miteinander gekoppelt. Für die Nachlaufzeit gilt:

$$T_n = \frac{K_{PR}}{K_{IR}} = K_{PR} \cdot T_{IR}. \qquad (3.2\text{-}15)$$

Durch die Verstellung von K_{PR} (bzw. des Proportionalbereichs X_P) ändert sich durch die Nachlaufzeit T_n auch die Wirkung des I-Reglers. Eine kürzere Nachlaufzeit verstärkt die

[1] Gilt nur für Regelstrecken mit Ausgleich.

integrierende Wirkung des PI-Reglers.

Die Abbildung 3.2-38 zeigt das Blocksymbol des Reglers mit seiner Übergangsfunktion.

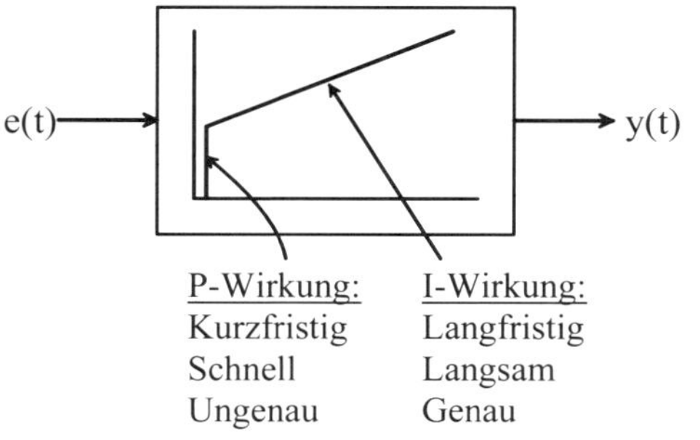

Abbildung 3.2-38: PI-Reglersymbol

Es zeigt die unmittelbare Reaktion des P-Reglers durch die Vorgabe eines definierten Stellwerts. Anschließend entfaltet der I-Regler seine Wirkung, die erst nach der Nachlaufzeit T_n denselben Einfluss auf die Regelstrecke ausübt. Seine aufsummierende Eigenschaft bringt die noch verbleibende Regeldifferenz zum Verschwinden. In nachfolgender Abbildung erkennt man sein Führungsverhalten bei einer verzögernden P-Strecke:

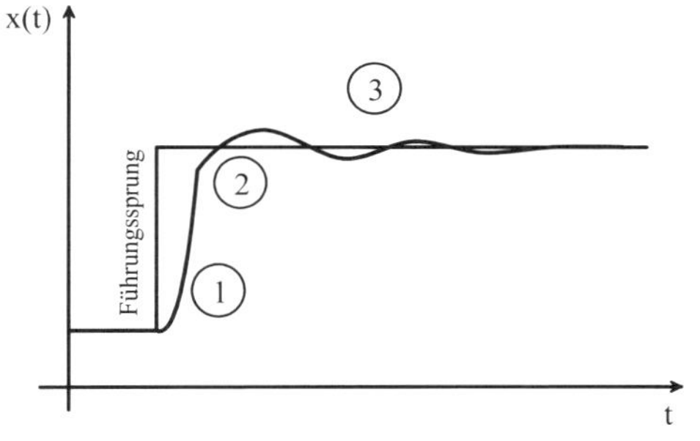

Abbildung 3.2-39: Führungsverhalten des PI-Reglers

Während den markierten Zeitabschnitten dominieren folgende Wirkmechanismen:

(1) Zu Beginn des Führungssprungs wirkt der P-Regler und versucht die Regelgröße in die Nähe des neuen Sollwerts zu drängen.

(2) Dort beginnt dann der I-Regler seinen Einfluss auszuüben. Er integriert fortlaufend die bis dato anfallende Regelfläche auf und fügt sie dem Stellsignal hinzu.

(3) Durch die Nähe zum neuen Sollwert benötigt der Regler weniger Zeit, sich exakt auf die Führungsgröße einzuschwingen.

Die Vorzüge vom PI-Regler liegen somit auf der Hand:

1. Der P-Reglerteil versucht eine auftretende Regeldifferenz schnell abzufangen, ohne dass er sie vollständig eliminiert.
2. Anschließend beseitigt die I-Reglerkomponente die restliche Regeldifferenz.

Kurz notiert: **Der PI-Regler arbeitet schnell und präzise!**

PI-Regler dienen vielen Regelstrecken zur optimalen Kontrolle, weshalb sie in der Regelungstechnik eine bedeutende Rolle spielen. Aus diesem Grund sind nachfolgend zwei technische Realisierungen dargestellt.

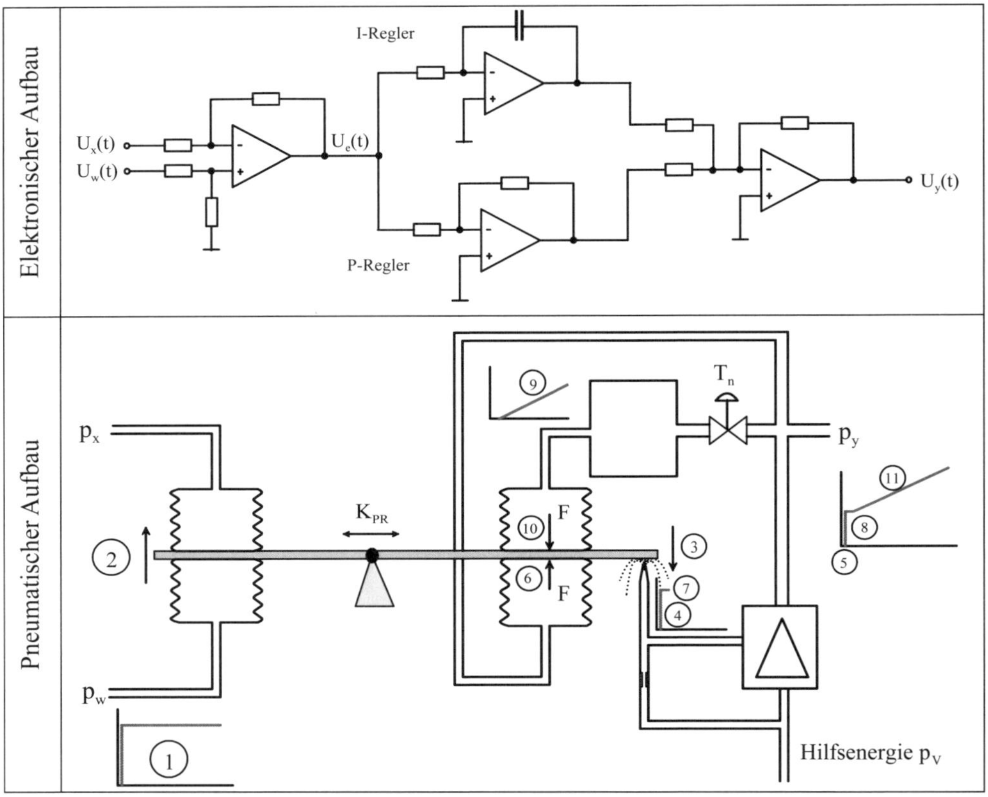

Abbildung 3.2-40: Technische Realisierungen von PI-Reglern

Der elektronische Regler setzt sich aus einer Integrationsschaltung als I-Regler, einer Verstärkerschaltung als P-Regler und der Additionsschaltung zusammen. Den Eingang in die Reglerschaltung bildet eine Vergleichseinrichtung als Differenzverstärkerschaltung. Die Reglerkennwerte werden mit einstellbaren Widerstands- und Kondensatorwerten vorgegeben.

Die pneumatische PI-Regeleinrichtung arbeitet mit dem Düse-Prallplatte-Prinzip. Der Verstärkungsfaktor K_{PR} bzw. der Proportionalbereich X_P wird mittels des Drehpunkts eingestellt. Eine Druckwaage vergleicht die Regel- und die Führungsgröße $p_x(t)$ bzw. $p_w(t)$ miteinander. Bei Ungleichheit verändert sich die Spaltbreite zwischen Düse und Prallplatte. Sie gibt den Druck im Düsenrohr vor, den ein Druckverstärker auf ein höheres Niveau transformiert. Je weiter die Prallplatte die Düse verschließt, desto höher steigt der Druck, der unmittelbar als Stelldruck weitergegeben wird. Der Rückkopplungsweg über Drosselventil, Druckbehälter bzw. Balg und das weitere Verschließen des Düsenspalts veranlassen das weitere Anwachsen des Ausgangsdrucks. Die Integriereigenschaft wird über diesen Gegenzweig erzielt. Die Nachstellzeit T_n gibt man durch die Verstellung des Drosselventils vor. In Abbildung 3.2-40 sind die nacheinander auftretenden Wirkungsschritte mit ihren Zeitverhalten eingezeichnet.

Idealer PD-Regler

Die Genauigkeit von P-Reglern lässt sich durch Hinzufügung integrierender Verhalten steigern. Differenzierende Verhalten steigern i. Allg. die Schnelligkeit von Systemen, weshalb zu vermuten ist, dass P- und D-Regler zusammen kürzere Reaktionszeiten erwarten lassen:

Definition: Idealer PD-Regler

Der ideale **PD-Regler** addiert die Wirkungen von P- und D-Reglern. Seine Systemgleichung lautet:

$$y(t) = K_{PR}\left(e(t) + T_v \cdot \dot{e}(t)\right). \qquad (3.2\text{-}16)$$

Der Proportionalbeiwert K_{PR} bzw. Proportionalbereich X_P und die Vorlaufzeit T_v beschreiben seine Kennwerte und bestimmen als verstellbare Regelparameter die Regelgüte des Regelkreises.

Sie bedingen sich gegenseitig wegen der Abhängigkeit:

$$T_v = \frac{K_{DR}}{K_{PR}}. \qquad (3.2\text{-}17)$$

Die Verstellung von K_{PR} (bzw. des Proportionalbereichs X_P) ändert auch die Wirkung des D-Verhaltens. Eine längere Vorlaufzeit verstärkt die differenzierende Wirkung des PD-Reglers. Er reagiert auf Änderungen der Regeldifferenz schneller. Tritt eine sprunghafte Regelabweichung auf, so erzeugt der D-Anteil eine unmittelbare und kräftige Gegenreaktion auf die Regelstrecke, die anschließend wieder zurückgenommen wird. Der Proportionalregler kontrolliert die weitere Zeitentwicklung. Der P-Regler entfaltet erst nach der Vorhaltezeit T_V dieselbe Wirkung.

Die schnelle Reaktion des D-Reglers sowie die Ungenauigkeit des P-Reglers lassen keine Präzision erwarten. Der PD-Regler wird eine bleibende Regeldifferenz zurücklassen, so dass seine Eigenschaften zusammengefasst werden können:

1. Der D-Anteil wendet durch Vorhalt die „größte Gefahr“ von der Regelstrecke ab.
2. Der P-Regleranteil bestimmt sein langfristiges Verhalten, weshalb er ungenau arbeitet.

Kurz notiert: **Der PD-Regler reagiert sehr schnell, aber ungenau!**

Die Übergangsfunktion des PD-Blocksymbols bringt diese Dynamik zum Ausdruck:

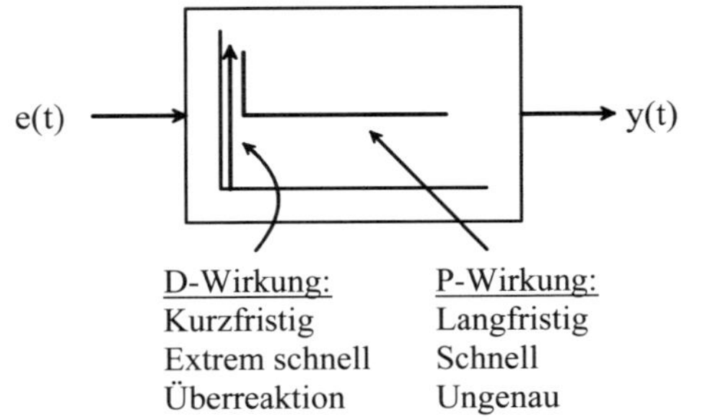

Abbildung 3.2-41: PD-Reglersymbol

Die Reaktion auf das Sprungsignal beantwortet der PD-Regler mit einer extrem schnellen Überreaktion. Der P-Regler versucht dann das Zuviel zu korrigieren. Wie man sieht, liegt ein idealisiertes Verhalten vor. Technisch lässt sich die differenzierende Wirkung nicht erzielen. Der idealisierte Nadelimpuls $\delta(t)$ am Beginn des Übergangs reduziert sich zu einem „verschmierten" Impuls, der eine endliche Amplitude aufweist. Der ideale PD-Regler ist trotzdem von theoretischem Interesse.

PID-Regler als Universalregler

Die Gesamtkombination aller drei Basisverhalten ergibt für viele Regelaufgaben einen optimal einsetzbaren Regler. Durch den PD-Anteil wird ein sehr schnelles Einstellen auf sich ändernde Führungswerte erzielt, während der I-Anteil die Präzision liefert.

Definition: PID-Regler

Der **PID-Regler** kombiniert alle drei Basisregler zu einem universellen Regler durch Parallelschaltung von P-, I- und D-Reglern. Seine Systemgleichung lautet:

$$y(t) = K_{PR}\left(e(t) + \frac{1}{T_n}\int_0^t e(t')\,dt' + T_v \cdot \dot{e}(t) \right). \tag{3.2-18}$$

Die drei Kennwerte K_{PR}, T_n und T_v bestimmen sein Verhalten. Dementsprechend schwierig ist seine Parametrierung für einen zu entwerfenden Regelkreis. Durch richtige Wahl der Kennwerte können auch alle anderen Reglertypen realisiert werden:

$T_n \to \infty$	$\Rightarrow$ PD-Regler
$T_v = 0$	$\Rightarrow$ PI-Regler
$T_n \to \infty$ und $T_v = 0$	$\Rightarrow$ P-Regler

Durch die Parametervielfalt ist der Regler an alle Regelstrecken am besten anpassbar. Zu seinen Ungunsten zählt einzig der zu treibende Aufwand bei seiner Einrichtung und Parametrierung.

Beim PID-Regler summieren sich die Vorteile aller drei Grundregler. Die Abbildung 3.2-43 zeigt sein Blocksymbol als Übergangsfunktion, die gleichzeitig dessen Eigenschaften versinnbildlicht:

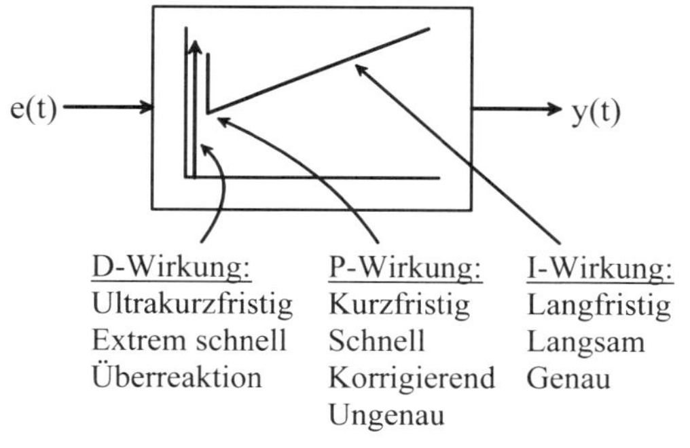

Abbildung 3.2-42: Übergangsverhalten des PID-Reglers

Diese drei Wirkungseigenschaften lassen sich auf einen Führungssprung bei einem Regelkreis mit verzögernder Regelstrecke deutlich machen:

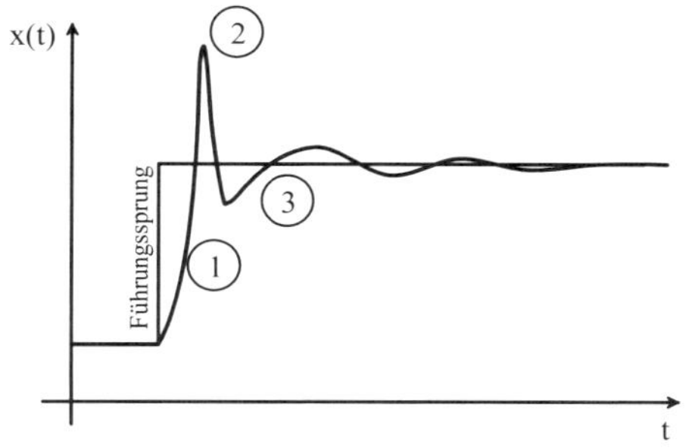

Abbildung 3.2-43: Führungsverhalten des PID-Reglers

(1) Der D-Regler steuert die Regelgröße so schnell es geht in Richtung veränderter Führungsgröße, wobei er über das Ziel hinaus schießt.

(2) Der P-Regler korrigiert die Regelgröße in Richtung Sollgröße. Er hinterlässt eine Regeldifferenz, da er bekanntlich ungenau arbeitet.

(3) Nun beginnt der I-Regler zu wirken. Da keine große Abweichung mehr vorliegt, hat er leichtes Spiel, die Regeldifferenz schnell zu beseitigen.

Der differenzierende Wirkanteil des PID-Reglers bietet den Vorteil, die Regelgröße sehr schnell der Führungsgröße nachzuführen. Man verwendet ihn deshalb, um Gefahrensituationen für Mensch und Maschine abzuwehren.

Für den Regler lässt sich summa summarum feststellen:

1. Der PID-Regler kann optimal an verschiedene Regelstrecken angepasst werden.
2. Er reagiert auf Regeldifferenzen durch schnelles Vorhalten, gezieltes Anfahren in die Nähe des Sollwerts und abschließendem präzisen Ausregeln der Regeldifferenz.

Insgesamt: **Der PID-Regler kann als Universalregler bezeichnet werden!**

Der PID-Regler nimmt in der Regelungstechnik die Spitzenposition ein. Wie sieht es aber mit seiner Realisierbarkeit aus?

Aus der Systemtheorie (Kapitel 2) wissen wir, dass Systeme die Kausalitätsbedingung erfüllen müssen. Sie ist dadurch gegeben, dass für die Zähler- und Nennerpolynome der Übertragungsfunktion G(s) die Eigenschaft gelten muss:

Der Grad des Zählerpolynoms darf höchstens vom Grad des Nennerpolynoms sein.

Die Übertragungsfunktion eines PID-Reglers berechnet sich zu[1]:

$$G_{PID}(s) = K_{PR}\left(\frac{1+s\cdot T_n+s^2\cdot T_n\cdot T_v}{s\cdot T_n}\right). \tag{3.2-19}$$

Wie leicht zu erkennen ist, liegt ein Dilemma vor, denn die geforderte Kausalitätsbedingung ist verletzt. Der ideale PID-Regler ist kein technisch realisierbares System, denn sein ideales Impulsverhalten lässt sich mit realen Bauteilen nicht realisieren. Technisch realisierbare PID-Regler besitzen immer auch Zeitverzögerungen. Der einfachste von ihnen ist der PID-T_1-Regler. Ihn bezeichnet man deshalb als realen PID-Regler. Seine Übertragungsfunktion erfüllt die angegebene Voraussetzung und lautet:

$$G_{PID-T_1}(s) = K_{PR}\left(\frac{1+s\cdot T_n+s^2\cdot T_n T_v}{s\cdot T_n\cdot(1+s\cdot T_1)}\right). \tag{3.2-20}$$

Die PID-T_1-Übergangsfunktion beschreibt das reale Verhalten eines PID-Reglers auf ein Sprungsignal, weshalb für ihn das folgende Symbol verwendet wird:

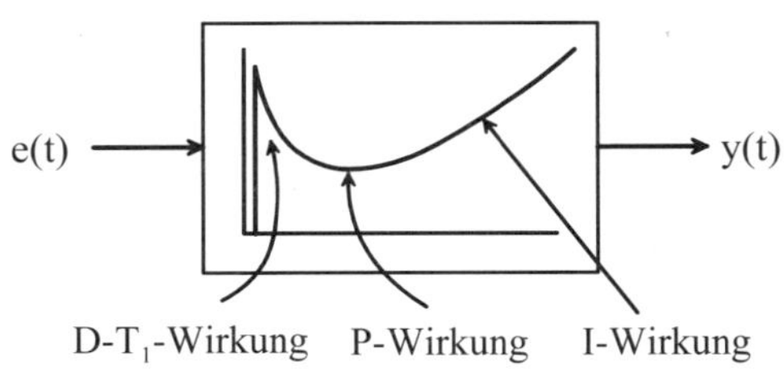

Abbildung 3.2-44: Übergangsverhalten des PID-T_1-Reglers (Realer PID-Regler)

[1] Berechnung siehe Kapitel 2.3.4

Der Regler generiert als Folge des D-T_1-Verhaltens ein endliches Sprungsignal, das sich verzögernd auf die P-Wirkung reduziert und erst dann sein integratives Verhalten entfaltet. Die Abbildung 3.2-44 zeigt die bekannte „Badewannenfunktion“ des realen PID-Reglers.

Der pneumatische Waagebalken-Regler der Abbildung 3.2-45 weist ein solches PID-T_1-Verhalten auf. Er zeigt exemplarisch den gerätetechnischen Aufwand, der zur Herstellung eines Universalreglers notwendig ist. Den Proportionalbereich X_P gibt man durch Verschieben des Hebeldrehpunkts vor. Das Düse-Prallplatte-System misst die Hebelauslenkung über die Spaltbreite, welche die Regeldifferenz zwischen Führungs- und Regeldruck anzeigt. Der Luftbehälter dient als Integriersystem. Die Vorhalte- und Nachlaufzeiten werden durch die Drosselventile eingestellt. Die Regeleinrichtung arbeitet im Normdruckbereich zwischen 0,2 bar und 1 bar.

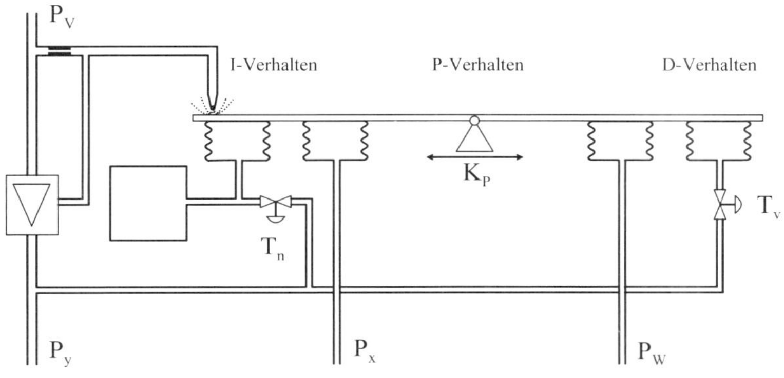

Abbildung 3.2-45: Waagebalkenregler mit PID-Verhalten

Lead-Lag-Regler als Sonderregler

Neben den Basisreglern lassen sich weitere beliebig komplexe Regelstrategien zur Kontrolle von „schwierig“ zu regelnden Strecken entwickeln. Ihre Systemgleichungen müssen nur die Forderung der technischen Machbarkeit erfüllen.

Als Beispiel erwähnen wir einen weiteren Reglertyp. Diese Sonderregler werden bei Strecken eingesetzt, die schwierig zu stabilisieren sind. Ihre Wirkungen korrigieren in erster Linie das schwer zu regelnde Zeitverhalten der Regelstrecken, weshalb man sie auch gern als **Korrekturglieder** bezeichnet.

Ein solches Korrekturglied stellt der PD-T_1-Regler dar, dessen Systemgleichung seine Übertragungsfunktion festlegt:

$$G_{PD-T_1}(s) = K_{PR}\left(\frac{1+s\cdot T_v}{1+s\cdot T_1}\right). \qquad (3.2\text{-}21)$$

Wie man sieht, liegt ein technisch realisierbares System vor. Es besitzt im Bildbereich jeweils eine Null- und Polstelle. Die Zeitkennwerte T_v und T_1 bestimmen die Regeldynamik. Bei Gleichheit ($T_v = T_1$) reduziert sich das Zeitverhalten auf eine P-Dynamik. Die weiteren Unterscheidungsfälle geben Anlass, ihnen eigene Bezeichnungen zu geben:

Definition: Lead-Korrekturglied[1]

Das **Lead-Korrekturglied** (Lead-Regler) stellt einen realen PD-Regler mit Verzögerung dar, bei dem die dominante Wirkung das D-Verhalten übernimmt. Seine Übertragsfunktion schreibt sich in abgeänderter Form:

$$G_{Lead}(s) = \frac{1+s\cdot T}{1+s\cdot\alpha T} \qquad \text{mit: } 0<\alpha<1. \tag{3.2-22}$$

Die Einführung der Zeitkonstante T anstelle von T_v und T_1 zeigt die Verhältnismäßigkeit zwischen D- und P-Anteilen. Der Parameter α legt das notwendige Größenverhältnis zwischen Vorhaltezeit T_v und Verzögerungszeit T_1 fest:

Lead-Verhalten: $T_v > T_1$.

Im Falle umgekehrter Größenordnung erhält man:

Definition: Lag-Korrekturglied[2]

Beim **Lag-Korrekturglied** (Lag-Regler) als realem PD-System dominiert das P-Verhalten die Systemdynamik, was durch das Größenverhältnis der Zeitkonstanten in der Übertragungsfunktion

$$G_{Lag}(s) = \frac{1+s\cdot T}{1+s\cdot\beta T} \qquad \text{mit: } \beta>1 \tag{3.2-23}$$

mittels des Parameters β zum Ausdruck gebracht wird.

Für die ursächlichen Zeitkennwerte gilt in diesem Fall:

Lag-Verhalten: $T_v < T_1$.

Die Übergangsverhalten beider Korrekturglieder lassen sich an ihren Übergangsfunktionen verdeutlichen:

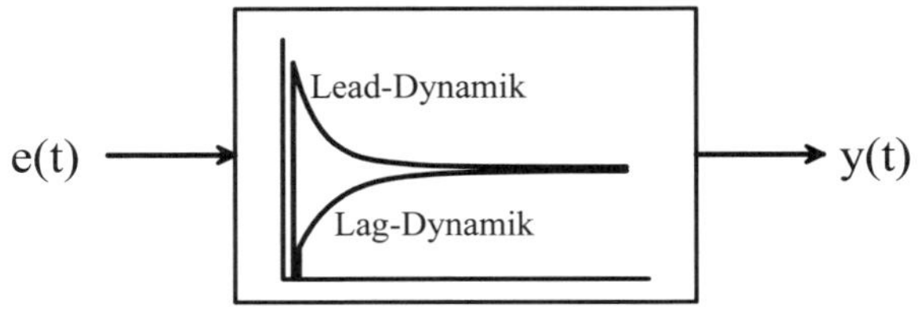

Abbildung 3.2-46: Übergangsverhalten der Lead/Lag-Systeme

Die Korrekturglieder werden i. Allg. mit einfachen P-Reglern in Serie geschaltet. Wie man aus Abbildung 3.2-46 ablesen kann, besitzen sie beim Auftreten von Regeldifferenzen un-

---

[1] Lead (engl.) kennzeichnet ein voreilendes Verhalten.

[2] Lag (engl.) steht für nacheilendes bzw. verzögerndes Verhalten.

terschiedliche Anfangswirkungen. Sie werden in der Regelungstechnik dazu verwendet, die Stabilisierung von Regelkreisen besser in den Griff zu bekommen, denn sie lassen gezielte Korrekturen der Frequenzkennlinien (Amplituden- bzw. Phasengänge) von Regelkreisen zu. Die freie Festlegung ihrer Pol- und Nullstellenlagen im PN-Diagramm hilft dem Regelungsexperten, instabile Prozesse (Strecken ohne Ausgleich) in den Griff zu bekommen.

Benötigt man für „schwierige" Regelstrecken gleichzeitig beide Eigenschaften, so können sie als erweitertes Korrekturglied in Reihe geschaltet werden:

Definition: Lead-Lag-Korrekturglied

Das **Lead-Lag-Korrekturglied** (Lead-Lag-Regler) besteht aus einem in Serie geschalteten Lead- und Lag-Korrekturglied mit der Übertragungsfunktion:

$$G_{\text{Lead-Lag}}(s) = \frac{(1+s\cdot T_1)(1+s\cdot T_2)}{\left(1+s\cdot \frac{T_1}{\beta}\right)(1+s\cdot \beta T_2)} \quad \text{mit: } T_2 > T_1 \quad \text{und} \quad \beta < 1 . \qquad (3.2\text{-}24)$$

Die Vielzahl der vorhandenen Einstellparameter steigert die Verwendungsmöglichkeit des Lead-Lag-Reglers weiter, sie verursachen jedoch auch einen erheblichen Realisierungsaufwand beim Reglerentwurf.

Auswahlrichtlinien für stetige Regler

Als primäres Auswahlkriterium für stetige Regler dient ihr dynamisches Verhalten im Zusammenspiel mit den zu regelnden Strecken. Am Beispiel des Regelkreises „Lenkung eines Fahrzeugs", der jedem Leser aus Erfahrung ein Begriff sein dürfte, zeigen wir ihre Vor- und Nachteile bzw. ihre Verwendungszwecke. Anhand dieser Anwendung lassen sich Hinweise zur Regelung der verschiedenen Strecken ableiten.

Nun zur Regelstrecke „Fahrzeuglenkung" auf einer Landstraße!

Das Steuern eines Fahrzeugs lässt auf den ersten Blick vermuten, eine Steuerung und keine Regelung vor sich zu haben. Dem ist nicht so. Das Autofahren ist ein Regelvorgang, bei dem der Fahrer die Aufgabe des Reglers übernimmt. Wie in Abbildung 3.2-47 zum Ausdruck gebracht wird, stellt das Autofahren eine Mehrgrößenregelung dar. Bei ihr müssen gleichzeitig die Fahrspur und die Fahrgeschwindigkeit geregelt werden. Die beiden Führungsgrößen Straßenführung bzw. -zustand werden per Auge (und Gefühl) wahrgenommen.

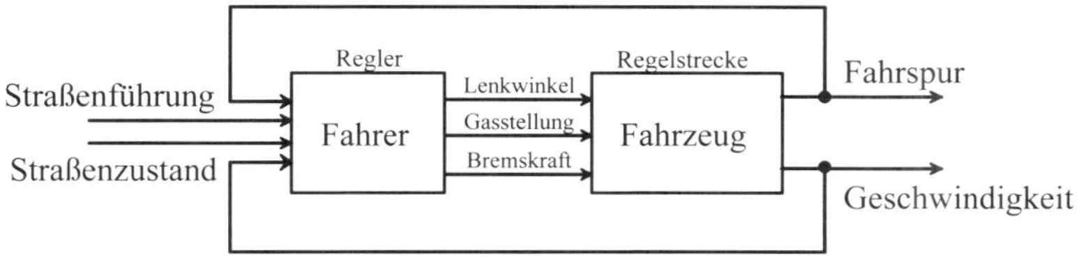

Abbildung 3.2-47: Regelkreis Fahrzeuglenkung

Die Stelleinrichtungen sind das Lenkrad, das Gaspedal und die Bremse. Bei der Mehrgrößenregelung beeinflussen sich die Größen gegenseitig.

Wir beschränken uns im Folgenden allein auf eine Größe, die Fahrspur. Sie wird über das Lenkrad beeinflusst.

Nun überlegen wir, welche Regelstrategien für die Fahrzeuglenkung benötigt werden?

Dazu stellen wir uns das Autofahren über Land mit einer Straßenführung nach Abbildung 3.2-48 vor. Während einer längeren Zeit fahren wir auf einer nicht kurvenreichen und gut einsehbaren Landstraße. Auf diesem Streckenabschnitt überholen wir ohne größere Schwierigkeit (als Regler) langsam fahrende Fahrzeuge.

Danach verläuft die Straße in einem Waldstück. Dort ist es dunkler. Zusätzlich knickt die Straße abrupt mit einem rechten Winkel ab. Unser zügiges Fahren bringt uns in Schwierigkeit. In letzter Sekunde reißen wir das Lenkrad herum und können verhindern, von der Straße abzukommen. Wir benutzen dazu ungewollt die Gegenfahrbahn und lenken in Richtung der eigenen Fahrbahn zurück. Anschließend fangen wir das Fahrzeug durch auspendelnde Lenkvorgänge ab und fahren, zum Glück, wieder auf der zugewiesenen Fahrspur unserem Ziel entgegen.

Die Frage nach unseren unbewusst angewandten Regelstrategien beantwortet sich wie folgt:

Während des „unkritischen" Fahrens versucht der Fahrer, sich an der markierten Mittellinie

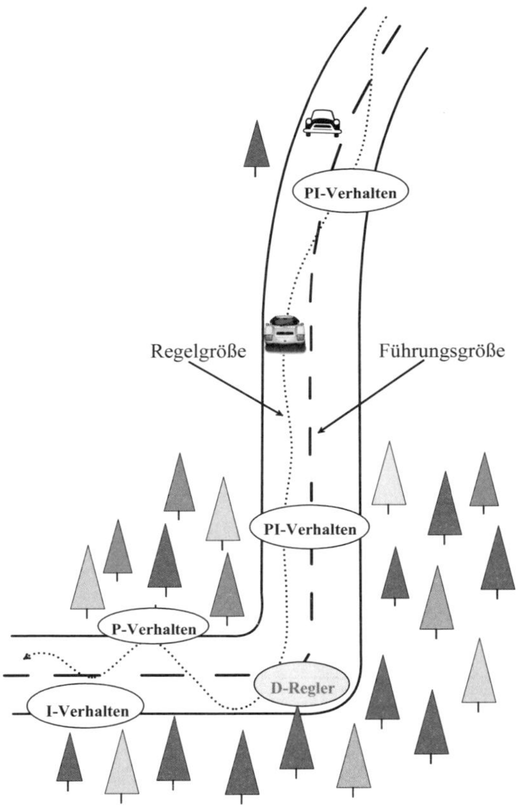

Abbildung 3.2-48: Regelkreis Fahrzeuglenkung

bzw. Straßenbegrenzung zu orientieren. Er lenkt das Fahrzeug ungefähr und mit fein pendelnden Bewegungen entlang dieser Führungsgrößen. Seine Regelstrategie richtet sich nach der Arbeitsweise eines PI-Reglers. Der Fahrer versucht das Fahrzeug exakt auf die Führungslinie einzuregeln.

Nun taucht die Gefahrenstelle auf. Der Fahrzeuglenker hat nur eine Chance, die Gefahr zu meistern, indem er die D-Regelstrategie anwendet. Er muss das Lenkrad herumreißen, ohne sich vorher den genauen Lenkwinkel für die Kurvenfahrt überlegen zu können, d. h. er handelt instinktiv. Anschließend korrigiert er das Lenkrad, um auf seine Fahrspur zurück zu kommen. Er peilt die Führungsgröße an (P-Regler), von wo aus er abschließend die I-Regelstrategie zur Beseitigen der restlichen Regeldifferenz anwendet.

Der Fahrer reagiert bei der Fahrzeuglenkung demnach als PID-Regler.

Das Beispiel zeigt einfühlsam die Verwendungsmöglichkeiten der verschiedenen Reglertypen. Ihre wesentlichen Eigenschaften sind in folgender Tabelle zusammengestellt:

Tabelle 3.2-3: Reglereigenschaften im Vergleich

	D-Verhalten Schnell Vorhalten	**P-Regler** Ungefähres Anpassen	**I-Regler** Präzises Ausregeln
Dynamik:	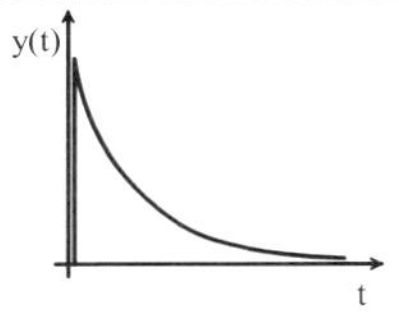 Vorhalten Nachgeben	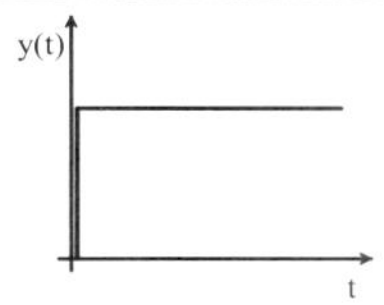 "Stur" bleiben	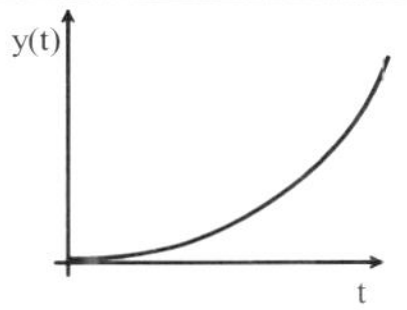 Verzögern Ausgleichen
PD-Regler:	Schnell Vorhalten, annäherndes Anpassen an die Sollgröße		
PI-Regler:		Ungefähres Anpassen, genaues Einregeln auf die Sollgröße	
PID-Regler:	Schnell Vorhalten, ungefähres Anpassen an den Sollwert, exaktes Einstellen der Sollgröße		

Mit dem PID-Regler als Universalregler kann ein großer Teil an Regelstrecken befriedigend geregelt werden. Aus Gründen ihres Aufwands bei Regelkreisentwürfen hat der Regelungsexperte zu prüfen, ob nicht einfachere Reglertypen die Anforderungen der Regelaufgabe befriedigend lösen können. Dazu können ihm die folgenden allgemein gültigen Richtlinien dienen:

- Will man die Führungsgröße exakt einstellen, benötigt man ein I-Regelverhalten. Dazu ist Zeit notwendig, weshalb kein schnelles Beseitigen der Regelfehler erwarten werden kann.

- Das Hinzufügen von P- und D-Regelverhalten beschleunigt die Regeldynamik.
- Mit der D-Dynamik sollte man vorsichtig umgehen, da sie Regelkreise sehr leicht instabil werden lässt. Sie verursacht auch eine Verstärkung „verrauschter" Signale, weshalb bei ihrer Verwendung eine hohe Signalqualität Voraussetzung ist.
- D-Regleranteile sind dann günstig anzuwenden, wenn von Maschinen, Anlagen und nicht zuletzt von Menschen Gefahren abgewandt werden müssen, die von unvorhersehbaren Eingriffen ausgehen.
- Die Lead-Lag-Korrekturglieder dienen der Verbesserung der Regeldynamik. Für schwierig zu regelnde Strecken setzt man sie kombiniert mit den Standardreglern ein.

Abschließend ist noch eine Anmerkung zur Fahrzeuglenkung anzubringen. Der Lenkprozess verhält sich bei genauerer Betrachtung wie eine Regelstrecke ohne Ausgleich, sie besitzt I-Verhalten. Der Fahrer bräuchte deshalb als Regler kein zusätzliches I-Verhalten zeigen. Zur Erfüllung der Lenkaufgabe muss er zumindest ein P-Verhalten beherrschen.

Bearbeitung der Lernaufgabe

Eine Bewegungsachse mit Antriebssystem für eine Werkzeugmaschine stellt ein klassisches Maschinenteil aus dem Maschinenbau dar. Sie dient dazu, die Werkzeugplattform zur Bearbeitung von Werkstücken nach vorgegebenen Konturen zu verfahren. Im Folgenden analysieren wir das Antriebssystem auf theoretischem Weg, d. h. wir stellen die Systemgleichungen der beteiligten Systemkomponenten auf.

Gleichstrommotor

In Abbildung 3.2-49 wird ein Gleichstrommotor mit konstanter Fremderregung gezeigt, dessen Abtriebswelle mit Trägheitsmoment J_M eine Linearführung über das Getriebe antreibt und somit mit dem Abtriebsmoment $M_L(t)$ belastet wird. Die Eingangsgröße stellt die am Motor angelegte Ankerspannung $U(t)$ dar, dessen Ausgangsgröße ist die Drehfrequenz $f(t)$. Durch die Wechselwirkung zwischen Magnetfeld, das durch den Ankerstrom I_A erzeugt wird, und einem konstanten fremd erregten Magnetfeld wird das Antriebsmoment M_M erzeugt.

Der Primärstromkreislauf wird im Ersatzschaltbild durch den Ankerwiderstand R_A und die Ankerinduktivität L_A beschrieben. Die Ankerspannung muss durch die auftretende Induktionsspannung U_{ind} korrigiert werden, die sich proportional der Drehfrequenz $f(t)$ verhält.

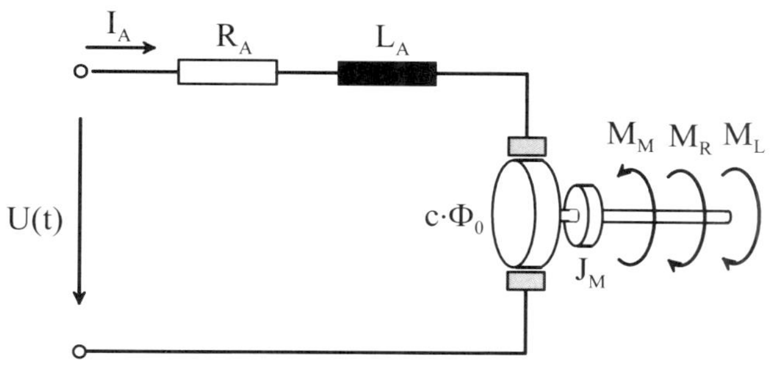

Abbildung 3.2-49: Gleichstrommotor mit Fremderregung

Die Aufstellung der Systemgleichung für den Motor muss die elektrischen und mechanischen Grundgesetze der beteiligten Systemkomponenten berücksichtigen. In der obigen Abbildung sind sie durch Ersatzgrößen aufgeführt. Die magnetische Fremderregung besitzt den Wert $c \cdot \Phi_0$. Zusammengestellt lauten die konstitutiven Gesetzmäßigkeiten der Prozesselemente:

Ohmscher Spannungsabfall:	$U_{R_A}(t) = R_A \cdot I_A(t)$
Ankerinduktion:	$U_{L_A}(t) = L_A \cdot \dot{I}_A(t)$
Induzierte Spannung:	$U_{ind}(t) = c \cdot \Phi_0 \cdot \omega(t)$
Antriebsmoment:	$M_M(t) = c \cdot \Phi_0 \cdot I_A(t)$
Beschleunigendes Moment:	$M_J(t) = J_M \cdot \dot{\omega}(t)$
Reibmoment:	$M_R(t) = M_{Coul} \cdot \text{sign}\left(\omega(t)\right) + M_{Viskos} \cdot \omega(t)$

Das Zusammenspiel der Mechanik und Elektrik regeln die beiden Bilanzgleichungen:

Drehmomentgleichgewicht:	$M_M(t) = M_J(t) + M_R(t) + M_L(t)$
Maschenregel im Ankerkreis:	$U(t) = U_{L_A}(t) + U_{R_A}(t) + U_{ind}(t)$

Die Modellstruktur des Gleichstrommotors leitet sich direkt aus den obigen Gesetzmäßigkeiten ab:

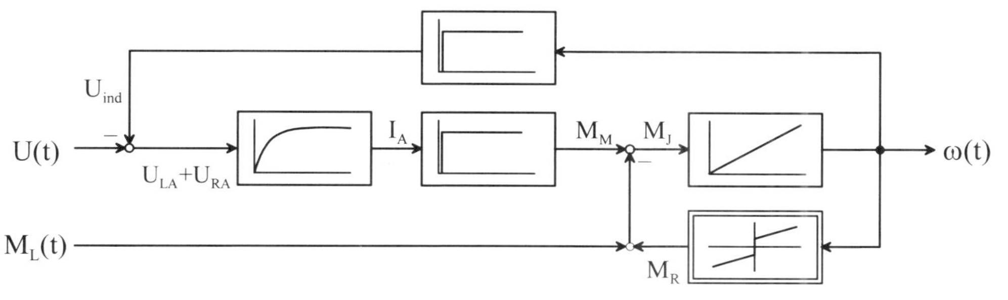

Abbildung 3.2-50: Wirkungsstruktur eines Gleichstrommotors

Das Reibmoment, verursacht durch die Coulomb'sche und viskose Reibung, besitzt ein nichtlineares Verhalten, weshalb es in Abbildung 3.2-50 durch seine Kennlinie symbolisiert ist.

Das Systemverhalten bestimmen die beiden Eingangsgrößen.

Ohne explizite Berücksichtigung der Reibmomente $M_R(t)$, ergibt sich die Systemgleichung aus der obigen Wirkstruktur:

$$\frac{L_A \cdot J_M}{(c\Phi_0)^2} \cdot \ddot{\omega}(t) + \frac{R_A \cdot J_M}{(c\Phi_0)^2} \cdot \dot{\omega}(t) + \omega(t) = \frac{1}{c\Phi_0} U(t) - \frac{R_A}{(c\Phi_0)^2} M_L(t) - \frac{L_A}{(c\Phi_0)^2} \dot{M}_L(t)\,,$$

In standardisierter Form lautet die lineare Systemgleichung:

$$T_e \cdot T_m \cdot \ddot{\omega}(t) + T_m \cdot \dot{\omega}(t) + \omega(t) = K_{P_1} \cdot U(t) - K_{P_2} \left(M_L(t) + T_e \cdot \dot{M}_L(t) \right) \quad (3.2\text{-}25)$$

mit den Systemparametern:

Proportionalbeiwert für U(t): $K_{P_1} = \frac{1}{c \cdot \Phi_0}$

Proportionalbeiwert für $M_L(t)$: $K_{P_2} = \frac{R_A}{(c \cdot \Phi_0)^2}$

Mechanische Zeitverzögerung: $T_m = \frac{J_M \cdot R_A}{(c \cdot \Phi_0)^2}$

Elektrische Verzögerung: $T_e = \frac{L_A}{R_A}$

Der Gleichstrommotor weist bzgl. beider Eingangsgrößen unterschiedliches Zeitverhalten auf:

Spannungseingang U(t): $P\text{-}T_2$

Lasteingang $M_L(t)$: $PD\text{-}T_2$.

Für den Motor stellen wir Proportionalverhalten fest, welches uns zur Positionsregelung entgegenkommt. Die Einbeziehung von Reibmomenten verändert die Dynamik zwar, sie besitzt jedoch weiterhin P-Verhalten, so dass wir uns momentan auf die lineare Systemgleichung beschränken können.

Zahnrad-Getriebe

Setzen wir ein einfaches einstufiges Getriebe mit der Übersetzung i voraus, gilt für die Drehzahlen:

$$n_{Abtrieb}(t) = \frac{1}{i} n_{Antrieb}(t)\,.$$

Das Drehmomentverhältnis verhält sich umgekehrt proportional zu den Drehzahlen:

$$M_{Abtrieb}(t) = i \cdot M_{Antrieb}(t) .$$

Im Betrieb müssen die Trägheitsmomente, Torsionssteifigkeiten und Torsionsdämpfungen, bezogen auf die beiden Achsen, berücksichtigt werden. Für unsere Zwecke vernachlässigen wir ihre dynamischen Effekte und konstatieren:

Das Zahnrad-Getriebe weist ohne Drehmomenteinflüsse ein reines P-Verhalten auf.

Kugelgewinde-Antrieb

Der Kugelgewinde-Antrieb stellt in erster Annäherung ein unkompliziertes Gebilde dar, wenn man dynamische Effekte außer Acht lässt und den Antrieb als extrem steif ansieht. Insofern gestaltet sich die Ein-/Ausgangsbeziehung zwischen der Drehzahl[1] n(t) und der Position der Schlittenplattform s(t) sehr einfach:

$$s(t) = \frac{h_{Spindel}}{2\pi} \int_0^t n(t')\,dt' + s_0 . \qquad (3.2\text{-}26)$$

Die rotierende Spindel mit Steigung $h_{Spindel}$ macht aus der Drehbewegung durch Integration der Drehzahl über der Zeit eine Translation. Es liegt ein integrales Systemverhalten vor.

Gesamtsystem

Das Gesamtsystem aus Gleichstrommotor, Zahnradgetriebe und Kugelgewinde-Antrieb besitzt Serienstruktur, wie sie in Abbildung 3.2-51 gezeigt ist. Da alle mechanischen Komponenten Trägheits- und Reibmomente besitzen, müssen sie im Wirkungsplan ausgewiesen sein. Die von außen eingreifenden Momente zur Bearbeitung des Werkstücks zusammen mit den internen Reib-, Trägheits- und Antriebsmomenten der Vorschubachse bestimmen letztlich das dynamische Gesamtverhalten des Antriebssystems. Sie werden summarisch dem Motor als Lastmoment zur Verfügung gestellt.

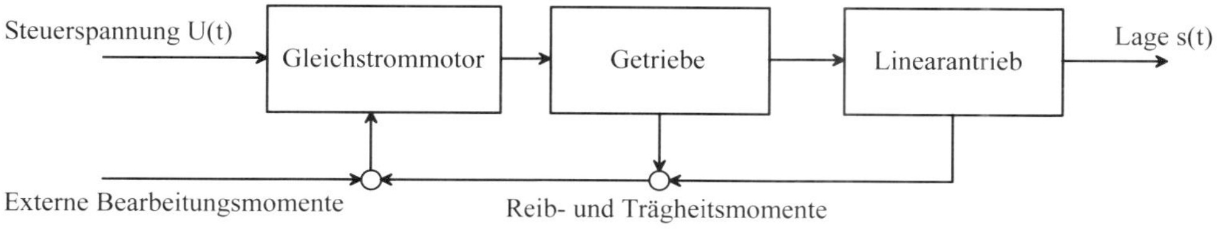

Abbildung 3.2-51: Systemaufbau Linearantrieb (vereinfacht)

Unter Weglassen aller internen und externen Lastmomente und unter Berücksichtigung der in Serie angeordneten Komponenten Motor, Getriebe und Spindel, ergibt sich für die Antriebsachse ein integrales Gesamtverhalten bzgl. der Ansteuerspannung des Motors:

[1] Die Kreisfrequenz $\omega(t)$ des Motors muss noch in die Drehzahl n(t) umgerechnet werden.

$$T_0^2 \cdot \ddot{s}(t) + 2 \cdot D \cdot T_0 \cdot \dot{s}(t) + s(t) = K_I \int_0^t U(t')\, dt' . \qquad (3.2\text{-}27)$$

Alle Systemabhängigkeiten finden sich in den Kennwerten wieder. In Bezug auf die eingangsseitige Ankerspannung verhält sich der Linearantrieb als ein Integriersystem:

Systemdynamik Vorschubachse: $I\text{-}T_2$.

Es liegt ein verzögerndes System ohne Ausgleich vor. Diese gelten als schwer zu regeln, weshalb der Entwurf der Lageregelung viel Umsicht verlangt. Nach den aufgestellten Auswahlrichtlinien von Reglern, kommt ein PD- bzw. PID-Regler in Frage. Da die Strecke selbst integrales Verhalten besitzt, beschränken wir uns bei einem ersten Regelkreisentwurf auf die Verwendung eines PD-Reglers. Der Differentialanteil trägt zur schnellen Reaktion auf abrupte Richtungsänderungen bei der Werkstückbearbeitung bei. Die Wahl eines PID-Reglers ergäbe die zusätzliche Möglichkeit, durch das I-Verhalten auf die Bearbeitungsgenauigkeit besser Einfluss nehmen zu können.

Die Abbildung 3.2-52 zeigt das prinzipielle Bahnverhalten eines Lageregelkreises mit einem PD-Regler. Eine weitere Optimierung der Reglerparameter und -strategie hat zum Ziel, den vorliegenden Schleppfehler weitgehend zu beseitigen.

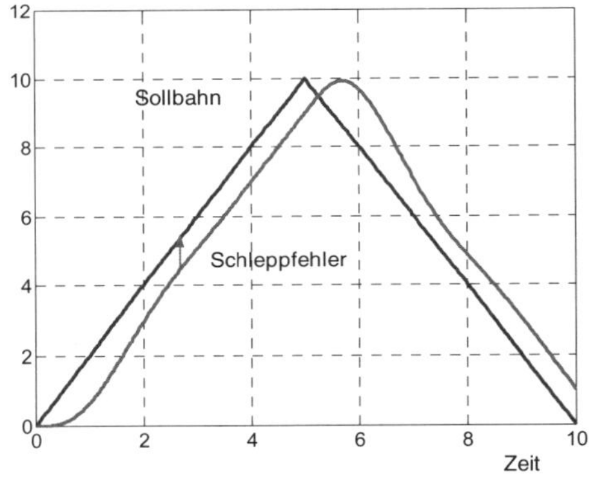

Abbildung 3.2-52: Führungsverhalten eines Lageregelkreises mit PD-Regler

Fragen zur Selbstkontrolle

Frage 3.2-1: Welche Aufgabe besitzt eine Regelstrecke?

Frage 3.2-2: Aus regelungstechnischer Sicht interessiert bei einer Regelstrecke das Zeitverhalten. Welche Stellen begrenzen eine Regelstrecke aus dieser Sichtweise?

Frage 3.2-3: Was versteht man unter Ausgleichsverhalten?

Frage 3.2-4: Nennen Sie drei Beispiele von Regelstrecken mit und ohne Ausgleich?

Frage 3.2-5: Was versteht man unter dem Schwierigkeitsgrad einer Regelstrecke mit Ausgleich?

Frage 3.2-6: Wie hängt die Regelbarkeit mit dem Schwierigkeitsgrad einer Strecke zusammen?

Frage 3.2-7: Wie stellt sich die Regelbarkeit von Strecken ohne Ausgleich dar?

Frage 3.2-8: Welche Systemkomponenten gehören zu einer Regeleinrichtung?

Frage 3.2-9: Welche Aufgabe hat ein Regler zu erfüllen?

Frage 3.2-10: Welche Vielfalt von Regeleinrichtungen ist Ihnen bekannt?

Frage 3.2-11: Was versteht man unter einem Einheitssignal-Regler?

Frage 3.2-12: Was ist ein Kompaktregler?

Frage 3.2-13: Welche Rolle spielt die Hilfsenergie bei Reglern für die Regelungsaufgabe?

Frage 3.2-14: Welche Unterschiede sind Ihnen zwischen stetigen und unstetigen Reglern bekannt?

Frage 3.2-15: Welche Zwangsgrenzen muss der Regler bei allen Regelstrecken einhalten?

Frage 3.2-16: Erläutern Sie den Begriff Hysterese!

Frage 3.2-17: Warum setzt man vorwiegend unstetige Regler mit Hysterese ein?

Frage 3.2-18: Warum tritt bei unstetigen Reglern eine Schwingung der Regelgröße um die Führungsgröße ein?

Frage 3.2-19: Welche Kennwerte beschreiben die Schwingungen der Regelgröße, die mit unstetigen Regler geregelt werden?

Frage 3.2-20: Welche Maßnahmen können bei unstetigen Reglern zur Reduzierung der Schwankungsbreite ergriffen werden?

Frage 3.2-21: Welche Nachteile müssen prinzipiell in Kauf genommen werden, wenn man die Schwankungsbreite verringern möchte?

Frage 3.2-22: Was erreicht man beim Betrieb eines Regelkreises mit unstetigem Regler unter der Grundlast?

Frage 3.2-23: Was ist ein stetigähnlicher Regler?

Frage 3.2-24: Welche Unterschiede in der Arbeitsweise existieren zwischen stetigähnlichen und stetigen Reglern?

Frage 3.2-25: Geben Sie ein Beispiel einer Regelung mit einem stetigähnlichen Regler an!

Frage 3.2-26: Unter welchen Voraussetzungen können P-Regler eingesetzt werden?

Frage 3.2-27: Welcher Nachteil wird durch den großen Proportionalbereich eines P-Reglers erkauft?

Frage 3.2-28: Gibt es Unterschiede zwischen dem Regel- und Proportionalbereich eines P-Reglers?

Frage 3.2-29: Wird ein reiner D-Regler häufig zur Regelung von Strecken eingesetzt?

Frage 3.2-30: Erklären Sie die Wirkungsweise eines I-Reglers!

Frage 3.2-31: Welchen Vorteil besitzt der PI-Regler gegenüber dem I-Regler?

Frage 3.2-32: Warum setzt man zur Regelung nicht immer den universellen PID-Regler ein?

Frage 3.2-33: Welche Wirkung erzeugt das D-Regelverhalten bei kombinierten Regeleinrichtungen?

Frage 3.2-34: Warum regelt ein PD-Regler ungenau?

Frage 3.2-35: Ist ein PID-Regler technisch realisierbar?

Frage 3.2-36: Was versteht man unter einem Korrekturglied in der Regelungstechnik?

Frage 3.2-37: Nennen Sie Beispiele von Korrekturgliedern!

Frage 3.2-38: Welcher Unterschied besteht zwischen einem Lead- und einem Lag-Regler?

Frage 3.2-39: Welche Regelungsstrategien verfolgt ein Autofahrer bei der Lenkung eines Fahrzeugs?

Frage 3.2-40: Welche technischen Schwierigkeiten treten bei der Verwendung von D-Regleranteilen auf?

3.3 Der Standard-Regelkreis

Lernziele

Die Untersuchung von Regelkreisen mit Hilfe der Systemtheorie lässt exakte Aussagen über ihr Verhalten zu. Daraus ableitbare Gütekriterien beschreiben die Qualität des Zeitverhaltens von Reglern für die verschiedenen Regelstrecken. Der Standard-Regelkreis dient zur prinzipiellen Definition solcher Kriterien. Am einschleifigen Regelkreis lassen sie sich mit wenig Aufwand berechnen und die Qualitäten der stetigen Regler exakt beschreiben. Als Ergebnis müssen dieselben Reglereigenschaften zum Tragen kommen, wie sie im vorherigen Abschnitt durch qualitative Betrachtungen aufgestellt wurden.

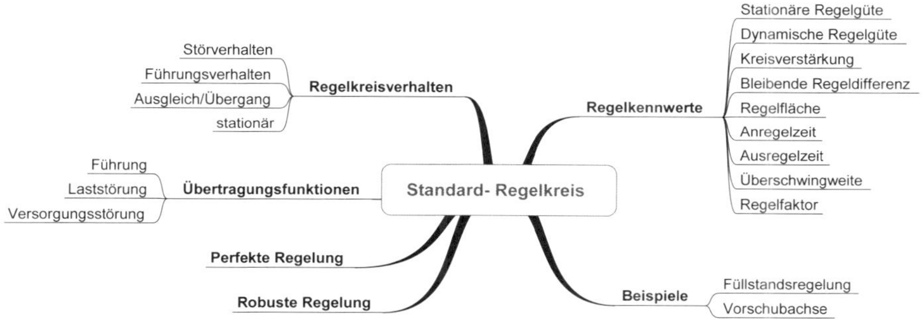

Lernaufgabe

Füllstandsregelungen sind aus der Verfahrenstechnik nicht wegzudenken. Wasserhochbehälter für die Frischwasserversorgung benötigen ähnliche Regelstrategien. Sie dienen nicht nur zur Kontrolle, immer genügend Frischwasser vorzufinden, da hierzu bereits eine Steuerung ausreicht. Man möchte das Wasserniveau auf einem konstanten Niveau halten, um damit den Betriebsdruck im Wassernetz zu gewährleisten.

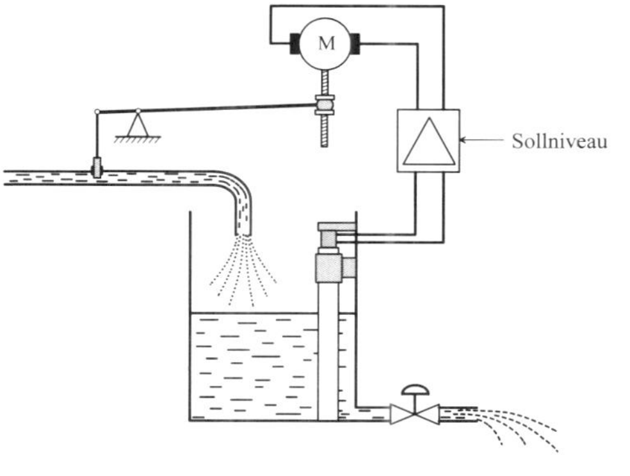

Abbildung 3.3-1: Füllstandsregelung

Die Abbildung 3.3-1 zeigt das vereinfachte Technologieschema einer solchen Anlage. Die Regeleinrichtung wurde im vorherigen Abschnitt als Regler mit Hilfsenergie vorgestellt. Nun stellt sich uns die Aufgabe, die Regelung auf ihre Funktionalität zu beurteilen.

Der Wasserstand wird über einen Füllstandssensor erfasst und der Regeleinrichtung zugeleitet. Die Vergleichseinrichtung zur Berechnung der Regeldifferenz aus Mess- und Führungsspannung bildet ein einfacher Differenzverstärker, der den Gleichstrommotor ansteuert und so über Spindelantrieb und Übersetzungshebel das Zulaufventil bedient.

Die eingesetzten Regelkreiskomponenten sind inzwischen bekannte Systeme für uns. Es spricht alles dafür, dass sie die Regelungsaufgabe erfüllen und deshalb der Regelkreis stabil arbeitet. Bevor man die Komponenten eines Regelkreises technisch zusammenschließt, sollten seine Eigenschaften auf Regelgenauigkeit und -schnelligkeit bekannt sein. Auf jeden Fall muss vorher die Stabilität der Regelung nachgewiesen werden, auch wenn man glaubt, diese sei gegeben.

Bisher betrachteten wir Regelstrecken und Regeleinrichtungen getrennt. Unabhängig voneinander besitzen sie ihre eigenen Zeitverhalten. Die Regelstreckendynamik ist i. Allg. fest vorgegeben; die Wahl der richtigen Reglerdynamik ist die spezifische Ingenieursaufgabe. Im Regelkreis wirken beide Einrichtungen zusammen; sie erlangen gemeinsam ein anderes Zeitverhalten. Im Folgenden wird ihr Zusammenspiel im Hinblick auf

(1) Genauigkeit

(2) Schnelligkeit

bzgl. unterschiedlicher Kombinationen von Regler und Regelstrecke im Standard-Regelkreis untersucht. Die entscheidende Forderung nach immerwährender

(3) Stabilität

eines Regelkreises wird im nachfolgenden Abschnitt ausführlich behandelt.

Die dynamische Beschreibung des einschleifigen Regelkreises geht vom normierten Regelkreis-Wirkschaltplan aus und wird im Bildbereich vorgenommen:

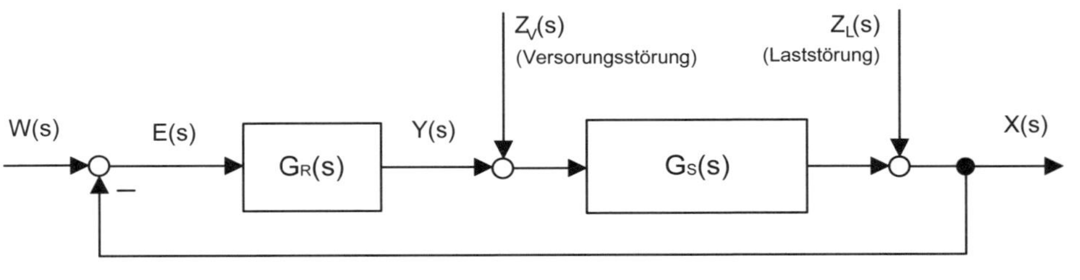

Abbildung 3.3-2: Einschleifiger Basisregelkreis im Bildbereich

In ihm bezeichnen wir die Regelkreisgrößen mit ihren Standardnamen, für die, wie es für den Bildbereich nach Kapitel 2 „Signale und Systeme" eingeführt wurde, Großbuchstaben verwendet werden. Im Einzelnen sind für weitere Untersuchungen die Führungsgröße W(s), die Regeldifferenz E(s), die Stellgröße Y(s), die Störgrößen $Z_V(s)$ bzw. $Z_L(s)$ und natürlich die Regelgröße X(s) wichtig. Der Regler besitzt die Übertragungsfunktion $G_R(s)$ und die erweiterte Regelstrecke o. B. d. A. die Regelstrecken-Übertragungsfunktion $G_S(s)$.

Die ausregelbaren Störungen auf einen Regelkreis greifen, wie bereits ausgeführt, zwischen den Aus- und Eingängen der Regeleinrichtung ein. Aus Gründen der einfacheren Berechnung werden die Störwirkungen direkt vor und nach der Regelstrecke auf die jeweiligen Nutzsignale aufsummiert. Sie werden vor der Regelstrecke als Versorgungsstörungen und danach als Laststörungen interpretiert.

Weitere Störeingriffe auf den Regelkreis, wie Mess- und Stellgrößenstörungen, vernachlässigen wir bei den weiteren Betrachtungen.

3.3.1 Grundgleichungen

Das Übertragungsverhalten des Standard-Regelkreises wird auf die jeweils interessierende Eingangsgröße bezogen und durch das Führungs- und das Störverhalten beschrieben.

Die Regelgröße X(s) bestimmt sich aus der Regelkreisstruktur der Abbildung 3.3-2 und den dort verwendeten Größen im Bildbereich zu:

$$X(s) = G_S(s) \cdot \left[G_R(s) \cdot \left(W(s) - X(s) \right) + Z_V(s) \right] + Z_L(s)\,. \tag{3.3-1}$$

Der Bildbereich erlaubt ihre algebraische Umstellung:

$$\begin{aligned} X(s) = {} & \frac{G_S(s) \cdot G_R(s)}{1 + G_S(s) \cdot G_R(s)} W(s) + \frac{G_S(s)}{1 + G_S(s) \cdot G_R(s)} Z_V(s) \\ & + \frac{1}{1 + G_S(s) \cdot G_R(s)} Z_L(s). \end{aligned} \tag{3.3-2}$$

Das Ergebnis beschreibt ein MISO-System, bei dem die drei Eingangsgrößen W(s), $Z_V(s)$ und $Z_L(s)$ eine Ausgangsgröße X(s) bestimmen. Unser Wunsch ist aber, auch den Standard-Regelkreis als SISO-System zu beschreiben. Uns ist es dann erlaubt, die Aussagen und Gesetzmäßigkeiten der Systemtheorie des Kapitels 2 direkt anzuwenden.

Dazu reduzieren wir zuerst die beiden Störgrößen $Z_V(s)$ bzw. $Z_L(s)$ zu einer einzigen Größe Z(s), die wir auf den Eingang der Regelstrecke wirken lassen. Wie im Wirkungsplan der Abbildung 3.3-3 leicht zu erkennen ist, bieten die Vertauschungsgesetze für Systemblöcke diese Möglichkeit.

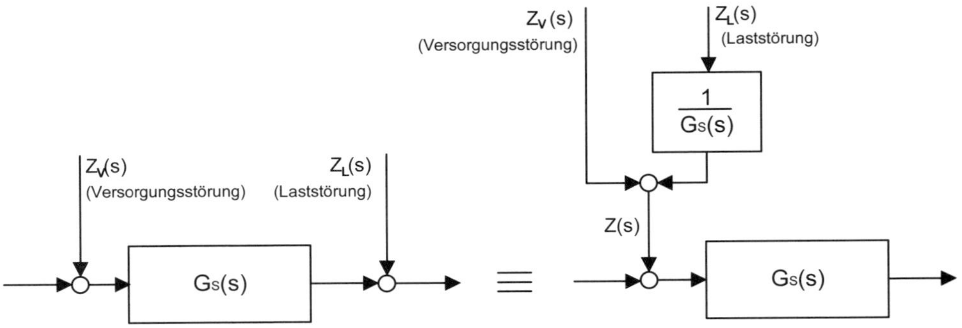

Abbildung 3.3-3: Zusammenfassung der Störgrößen

Die Laststörung $Z_L(s)$ lässt sich auch als Versorgungsstörung $Z_V(s)$ der Regelstrecke begreifen. Somit braucht man keine zwei Störübertragungsfunktionen zur Beurteilung des Störverhaltens zu definieren. Im Weiteren behandeln wir Störungen nur noch als Eingangsstörungen Z(s), so dass der Basisregelkreis der Abbildung 3.3-2 sich weiter zum Standard-Regelkreis vereinfacht:

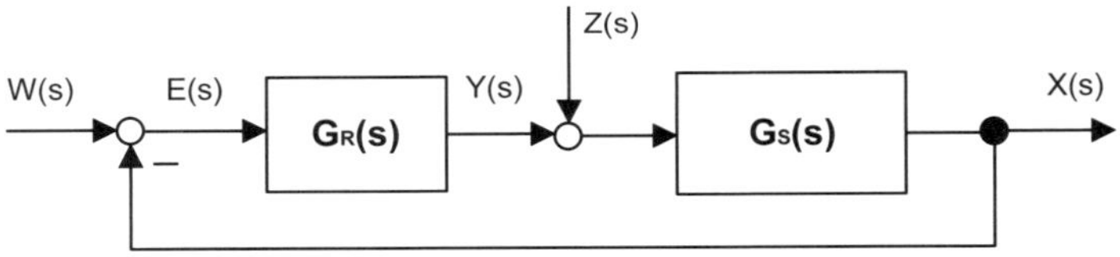

Abbildung 3.3-4: Standard-Regelkreis

Auf die Regelgröße X(s) nehmen nur noch zwei Eingangsgrößen Einfluss:

$$X(s) = \frac{G_S(s) \cdot G_R(s)}{1 + G_S(s) \cdot G_R(s)} W(s) + \frac{G_S(s)}{1 + G_S(s) \cdot G_R(s)} Z(s)\,. \qquad (3.3\text{-}3)$$

Die in der Gleichung (3.3-3) aufgeführten Übertragungsfunktionen drücken das Führungs- und Störverhalten des Standard-Regelkreises aus. Ihrem Einfluss gemäß gibt man ihnen Bezeichnungen, die ihren Einfluss kennzeichnen:

Definition: Führungsübertragungsfunktion $G_W(s)$

Die **Führungsübertragungsfunktion $G_W(s)$** gibt die Wirkung der Führungsgröße W(s) auf die Regelgröße X(s) an. Für den einschleifigen Standard-Regelkreis berechnet sie sich durch:

$$G_W(s) := \frac{X(s)}{W(s)} = \frac{G_S(s) \cdot G_R(s)}{1 + G_S(s) \cdot G_R(s)}\,. \qquad (3.3\text{-}4)$$

und

Definition: Störübertragungsfunktion $G_Z(s)$

Mit der **Störübertragungsfunktion $G_Z(s)$** lassen sich Wirkungen externer Störungen auf einen Regelkreis berechnen. Für Versorgungsstörungen auf den Standard-Regelkreis lautet sie:

$$G_Z(s) := \frac{X(s)}{Z(s)} = \frac{G_S(s)}{1 + G_R(s) \cdot G_S(s)} . \qquad (3.3\text{-}5)$$

Im Nenner beider Übertragungsfunktionen tritt das Produkt aus Regler- und Streckenübertragungsfunktion auf. Es stellt die Übertragungsfunktion der geöffneten Regelkette dar, weshalb für sie die weitere Bezeichnung verwendet wird:

Definition: Übertragungsfunktion des offenen Regelkreises $G_0(s)$

Die Eigendynamik eines nicht geschlossenen Regelkreises, der also keine Rückkopplung aufweist, wird durch die **Übertragungsfunktion des offenen Regelkreises** beschrieben. Für den einfachen Standard-Regelkreis lautet sie:

$$G_0(s) := \frac{X(s)}{E(s)} = G_R(s) \cdot G_S(s) . \qquad (3.3\text{-}6)$$

Die Übertragungsfunktionen des geschlossenen Regelkreises, also $G_W(s)$ und $G_Z(s)$, besitzen ähnliche Strukturen aus Zähler- und Nennerfunktionen. Die Zählerfunktionen beschreiben Wirkungsstrecken zwischen den jeweiligen Ein- und Ausgangssignalen. Im Fall der Führungsübertragungsfunktion verlaufen die Wirkungen vom Führungseingang über den Regler und die Regelstrecke direkt zur Regelgröße. Beide Systeme sind in Serie geschaltet, was nach den Regeln zusammengesetzter Systeme die Produktbildung der Übertragungsfunktionen $G_R \cdot G_S$ nach sich zieht. Bei der Störübertragungsfunktion wirkt nur die Regelstrecke G_S auf den Ausgang. Beide Übertragungsfunktionen besitzen denselben Rückwirkungsweg. In der nachfolgenden Darstellung sind alle relevanten Wirkungswege mit ihren Übertragungsfunktionen eingetragen:

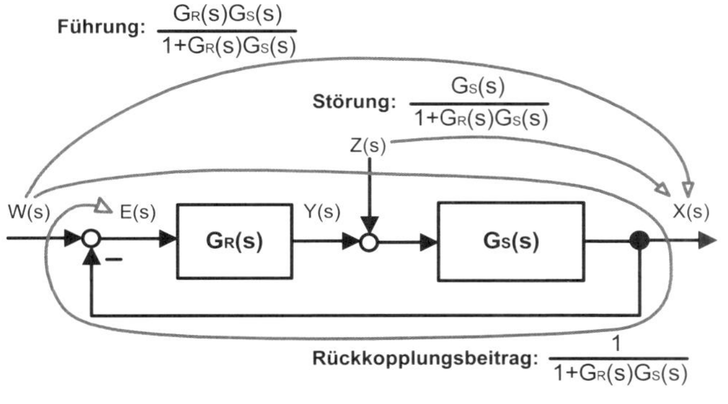

Abbildung 3.3-5: Wirkungsstrecken im Regelkreis

Der gemeinsame Wirkungsanteil aller Verhalten drückt den geschlossenen Wirkungsweg der Regelung aus. Dem Rückkopplungsbeitrag gibt man die Bezeichnung:

Definition: Dynamischer Regelfaktor R(s)

Der **dynamische Regelfaktor R(s)** beschreibt die Rückwirkungsdynamik eines Regelkreises. Er stellt ein Maß für die Empfindlichkeit der Regelgröße auf direkte äußere Einflüsse dar und ist gegeben durch:

$$R(s) := \frac{1}{1+G_0(s)} = \frac{1}{1+G_R(s)\cdot G_S(s)}. \quad (3.3\text{-}7)$$

Ihn bezeichnet man auch als Empfindlichkeitsfunktion eines Regelkreises.

Die Einflussnahme jeder Regelung zur Beseitigung von Störungen drückt sich unmittelbar im Regelfaktor R(s) aus. Das Verhältnis der Regeldifferenzen E(s), verursacht durch die Wirkungen der Regelkreiskomponenten mit und ohne Rückkopplung, verdeutlicht dies:

$$\frac{E(s)_{\text{mit Rückkopplung}}}{E(s)_{\text{ohne Rückkopplung}}} = \frac{-G_Z(s)\cdot Z(s)}{-G_S(s)\cdot Z(s)} = \frac{\dfrac{G_S(s)}{1+G_R(s)\cdot G_S(s)}}{G_S(s)} = \frac{1}{1+G_R(s)\cdot G_S(s)} \equiv R(s). \quad (3.3\text{-}8)$$

Dasselbe Verhältnis resultiert beim Vergleich der Führungsverhalten als Steuerung bzw. Regelung, d. h. ohne und mit Rückkopplung. Der dynamische Regelfaktor R(s) dokumentiert somit die Güte der Regelung gegenüber einer Steuerung. Für ihn lässt sich feststellen:

> Eine Regelung arbeitet umso besser, je kleiner der Wert des dynamischen Regelfaktors R(s) ausfällt.

Der dynamische Regelfaktor R(s) muss dazu im gesamten Frequenzbereich untersucht werden. Beschränkt man sich nur auf stationäre Zustände, reduziert sich die Funktion R(s) auf einen Zahlenwert, den statischen Regelfaktor:

Definition: Statischer Regelfaktor r

Der **statische Regelfaktor r** beschreibt die statische Rückwirkung innerhalb eines Regelkreises. Er ist gegeben durch:

$$r := R(0) = \frac{1}{1+G_0(0)} = \frac{1}{1+G_R(0)\cdot G_S(0)}. \quad (3.3\text{-}9)$$

Die Untersuchung von Regelkreisen mit Proportionalkomponenten zeigt uns später, dass der statische Regelfaktor r Aussagen über die Genauigkeit beim Führungs- bzw. Störverhalten zulässt.

Der Regelkreis hat dafür zu sorgen, dass eine auftretende Regeldifferenz so schnell und so vollständig wie möglich zum Verschwinden gebracht wird, für deren Ursache Führungsänderungen bzw Störungsbeanspruchungen verantwortlich sind. Sie gilt es gesondert zu untersuchen.

Führungsverhalten

Bei der Herleitung des Führungsverhaltens von Regelkreisen reduziert man die Wirkungsstruktur des Standard-Regelkreises durch das Weglassen der Störeinkopplung. Die mathematischen Bedingungen dazu lauten:

$$\text{Führungsverhalten: } Z(s) = 0 \quad \text{und} \quad W(s) \neq 0. \tag{3.3-10}$$

Die weitere Untersuchung beginnt im Arbeitspunkt AP, den man zum Nullpunkt für die beteiligten Größen w, x, e und y erklärt. Die Aufgabe des Reglers ist dann, die Regelgröße x(t) der sich ändernden Führungsgröße w(t) nachzuführen. Der Regelkreis arbeitet als Folgeregelung, deren Dynamik von nachfolgender Führungsgleichung bestimmt wird:

$$X(s) = G_W(s) \cdot W(s) = \frac{G_R(s) \cdot G_S(s)}{1 + G_R(s) \cdot G_S(s)} \cdot W(s)\,. \tag{3.3-11}$$

Die Übertragungsfunktion $G_R(s)$ für den Regler, der die Regelstrecke optimal bedient, berechnet sich daraus formal durch die Auflösung nach der Regler-Übertragungsfunktion:

$$G_{R,\,\text{Führung}}(s) = \frac{1}{G_S(s)} \frac{G_W(s)}{1 - G_W(s)} \tag{3.3-12}$$

Als Ergebnis lässt sich festhalten:

Die Regler-Übertragungsfunktion $G_R(s)$ kann durch die Festlegung des Führungsverhaltens $G_W(s)$ und die Kenntnis der Regelstrecke $G_S(s)$ eindeutig berechnet werden. Sie löst die gegebene Regelungsaufgabe und verlangt keine aufwendige Mathematik. Mit ihr liegt dann ein perfekter Regler für die jeweilige Regelstrecke vor!

Diese Rechenaufgabe erscheint sehr einfach und jederzeit lösbar!

Wir konstruieren uns deshalb formal einen perfekten bzw. idealen Regler für jede beliebige Regelstrecke, den wir uns mit Hilfe der Regelkreisgleichung (3.3-3) definieren:

Definition: Perfekter bzw. idealer Regler

Der **perfekte bzw. ideale Regler** folgt der Führungsgröße exakt und eliminiert jede Störung unmittelbar. Seine Übertragungsfunktionen lauten:

$$\begin{aligned} &\text{Führungsübertragungsfunktion:} && G_W(s) = 1 \quad \text{und} \\ &\text{Störübertragungsfunktion:} && G_Z(s) = 0\,. \end{aligned} \tag{3.3-13}$$

Damit bestimmt sich die perfekte Reglerübertragungsfunktion zu:

$$G_{R,\,Perfekt}(s)=\frac{1}{G_S(s)}\frac{1}{1-1}=\frac{1}{G_S(s)}\frac{1}{0}=\infty\,^{1}. \qquad (3.3\text{-}14)$$

Ein unrealistisches Ergebnis, oder?

Ja und nein!

Ja, denn ein „Unendlich-Regler“ ist technisch nicht realisierbar.

Nein, denn wir wissen nun, dass es keinen perfekten Regler geben kann.

Trotzdem halten wir die Bedingungen für einen weitgehend perfekten Regler fest:

$$x \to w \quad \Leftrightarrow \quad G_R(s) \to \infty\,. \qquad (3.3\text{-}15)$$

In Worten formuliert, sagen sie:

> Je größer die Regelverstärkung ausfällt, desto größer ist die Regelgenauigkeit, d. h. desto exakter erfüllt der Regler seine Aufgabe.

Da es kein perfektes Regelverhalten gibt, versuchen wir die Reglerfunktion für ein fast perfektes Verhalten zu berechnen. Dazu setzen wir ein verzögertes Führungsverhalten 1. Ordnung voraus, wie es ein P-T_1-System zeigt. Der Übergang auf einen Führungssprung w(t) erfolgt um die Zeit T_1 verzögert, er stellt sich aber exakt auf die neue Führungsgröße ein. Die Reglerfunktion berechnet sich nach Gleichung (3.3-14) zu:

$$G_W(s)=\frac{1}{1+s\cdot T_1} \;\Rightarrow\; G_R(s)=\frac{1}{G_S(s)}\left(\frac{\frac{1}{1+s\cdot T_1}}{1-\frac{1}{1+s\cdot T_1}}\right)=\frac{1}{G_S(s)}\cdot\underbrace{\frac{1}{s\cdot T_1}}_{\text{I-Verhalten}}\,. \qquad (3.3\text{-}16)$$

Es liegt ein wichtiges Ergebnis vor:

Der zweitbeste Regler sollte ein I-Systemverhalten aufweisen, denn die berechnete Reglerfunktion fordert ein Integrierverhalten, gegeben durch den Zusatzfaktor $1/(s\cdot T_1)$ in obiger Berechnung. Unsere Untersuchungen im Abschnitt 3.2 zeigten dieselbe Forderung, weshalb wir an dieser Stelle festhalten können:

> Will man ein genaues Führungsverhalten, welches zwar verzögert eintritt, so muss der Regler ein I-Verhalten aufweisen.

Um diese Forderung weiter zu unterstreichen, stellen wir zur Erinnerung nochmals die

---

[1] Achtung, hier liegt keine mathematisch exakte Formulierung vor.

Eigenschaften der wichtigen Basisregler zusammen:

1. Der P-Regler arbeitet ungenau. Er regelt dann genauer, je größer sein Proportionalbeiwert eingestellt wird. Leider verkleinert sich dadurch der Proportional- bzw. Regelbereich.
2. Ein I-Regler regelt präzise, aber langsam.

Das in Abschnitt 3.2 durch qualitative Überlegungen hergeleitete Führungsverhalten von P- und I-Reglern stimmt also mit den hier formulierten und rechnerisch untermauerten Feststellungen überein.

Als Fazit können wir deshalb festhalten:

> Mit der Hilfe von Gleichung (3.3-14) können Reglerübertragungsfunktionen $G_R(s)$ für beliebige Regelstrecken $G_S(s)$ durch die Vorgabe des Führungsverhaltens $G_W(s)$ berechnet werden. Sie müssen anschließend nur auf ihre technische Realisierbarkeit überprüft werden.

Störverhalten

Der alleinige Einfluss externer Störungen auf Regelkreise legt die Bedingungen für sein Störverhalten fest. Es wird theoretisch durch die Festlegungen

$$\text{Störverhalten:} \quad W(s) = 0 \quad \text{und} \quad Z(s) \neq 0 \qquad (3.3\text{-}17)$$

beschrieben. Dadurch wird zwangsläufig eine Festwertregelung impliziert, da die Regelgröße $X(s)$ nur von der Störgröße $Z(s)$ allein beeinflusst wird:

$$X(s) = G_Z(s) \cdot Z(s) = \frac{G_S(s)}{1 + G_R(s) \cdot G_S(s)} \cdot Z(s) \,. \qquad (3.3\text{-}18)$$

Gibt man hier das Störverhalten $G_Z(s)$ vor, berechnet sich die Reglerübertragungsfunktion $G_R(s)$ zur vollständigen Beseitigung beliebiger Störungen zu:

$$G_{R,\,\text{Störung}}(s) = \frac{1}{G_Z(s)} - \frac{1}{G_S(s)} \,. \qquad (3.3\text{-}19)$$

Der ideale Regler berechnet sich für die perfekte Störungsbeseitigung zu:

$$G_{R,\,\text{Perfekt}}(s) = \frac{1}{G_Z(s) \to 0} - \frac{1}{G_S(s)} \to \infty \,. \qquad (3.3\text{-}20)$$

Auch das Störverhalten fordert einen „Unendlich-Regler" zur optimalen Regelung!

Deshalb gelten dieselben Schlussfolgerungen wie im Führungsfall:

Der perfekte Regler existiert auch zur Unterdrückung von Störungen nicht.
Man weiß aber, dass sich durch eine hohe Regelkreisverstärkung eine gute Regelgenauigkeit erzielen lässt.

Mit den Gleichungen (3.3-14) und (3.3-19) können für dieselbe Regelstrecke zwei unterschiedliche Regler berechnet werden. Folglich hat man sich für eine Reglerauslegung zu entscheiden. Bei der Auslegung des Reglers auf ein optimiertes Führungsverhalten $G_W(s)$, liegt die Störungsunterdrückung gemäß

$$\frac{G_Z(\text{mit Regelung})}{G_Z(\text{ohne Regelung})} = \frac{1}{1+G_0(s)} = 1 - G_W(s)\,. \qquad (3.3\text{-}21)$$

fest. Nur der perfekte Regler mit $G_W(s) = 1$ ergäbe eine vollständige Störungsunterdrückung. Benötigt man zur Erfüllung der Regelungsaufgabe zumindest im stationären Zustand ($s \to 0$) eine vollständige Störungsunterdrückung, muss die Übertragungsfunktion des offenen Regelkreises $G_0(s \to 0)$ gegen unendlich streben:

$$G_S(s) \cdot G_R(s) \xrightarrow{s \to 0} \infty \quad \Rightarrow \quad \text{Störunterdrückung} = \frac{1}{1+G_S(s)\cdot G_R(s)} \xrightarrow{s \to 0} 0\,. \qquad (3.3\text{-}22)$$

Wie wir wissen, erfüllen nur Übertragungsfunktionen mit I-Zeitverhalten diese Forderung, so dass als Merkregel zur Auslegung von Regelkreisen festgehalten werden kann:

Eine exakte Regelgenauigkeit im Beharrungsverhalten erzielt man dann, wenn entweder die Regelstrecke oder der Regler integrales Verhalten besitzt.

3.3.2 Regelgüte

Das Zeitverhalten von Regelungen wird quantitativ durch Regelgüten beurteilt:

Definition: Regelgüte

Die **Regelgüte** eines Regelkreises stellt ein Maß der Abweichung zwischen Regelgröße x(t) und Führungsgröße w(t) dar.

Dazu ist es notwendig, sich die Abweichungen anhand des Führungs- und Störverhaltens klar zu machen, wozu wir eine sprunghafte Änderung der Führungs- und Störgröße annehmen. Wie die Abbildung 3.3-6 zeigt, reagiert der stabile Regelkreis auf einen endlichen Sprung durch ein Einschwingen.

Bei jeder Systemuntersuchung ist das Anlegen des Sprungsignals $\varepsilon(t)$ als Eingangssignal immer eine harte Belastung. Es wirkt gleichzeitig ein breites Frequenzgemisch auf das System, auf das es zu reagieren hat. Für den Regelkreis gilt diese Tatsache ebenfalls.

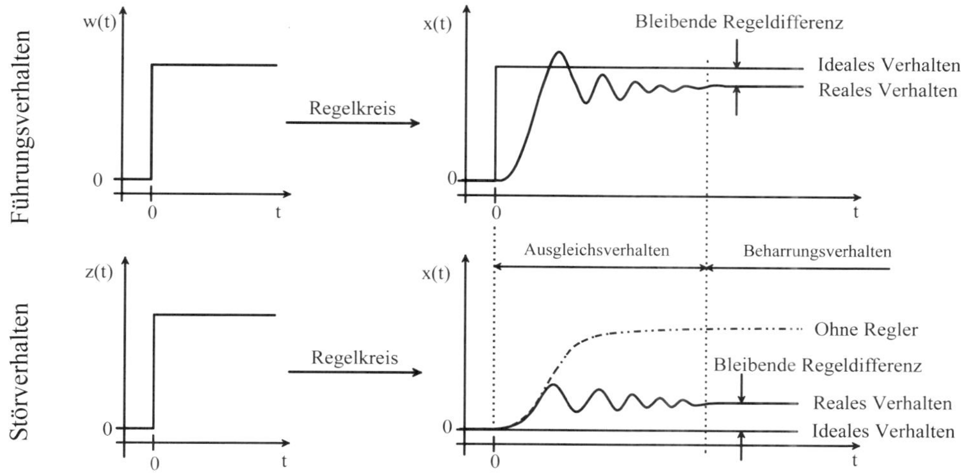

Abbildung 3.3-6: Ausgleichs- und Beharrungsverhalten eines Regelkreises auf Sprungsignale

In der experimentellen Praxis werden auch andere Signalformen zur Untersuchung von Regelkreisen verwendet. Ein solches gibt das Rampensignal $\rho(t)$ vor, welches u. a. als Führungssignal für Bearbeitungsachsen von Werkzeugmaschinen dient. Die Führungsgröße verändert sich bei ihm mit konstanter Geschwindigkeit.

Will man beschleunigende Vorgänge erproben, benötigt man über der Zeit quadratische Signalformen. Insgesamt lässt sich eine Ordnungsstruktur der Signalformen angeben, die zur Untersuchung von Regelkreisen verwendet werden und zu unterschiedlichen Fehlerarten nach folgendem Schema führen:

Tabelle 3.3-1: Fehlerarten

Ordnung	Zeitsignal	Bildfunktion	Signalform	Fehlerart - Regelgüte
1	$\sim t^0$	$\sim \frac{1}{s}$	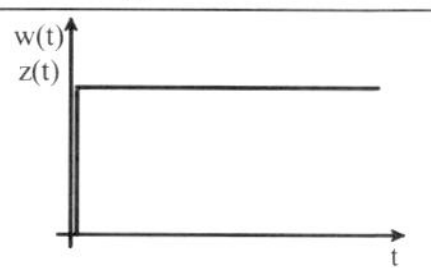	Regelfehler 1. Ordnung Lagefehler
2	$\sim t^1$	$\sim \frac{1}{s^2}$	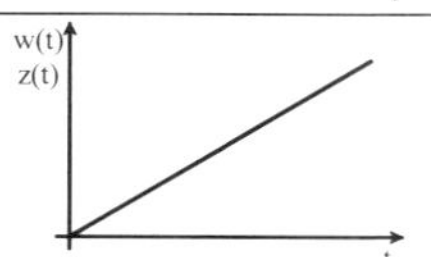	Regelfehler 2. Ordnung Geschwindigkeitsfehler
3	$\sim t^2$	$\sim \frac{1}{s^3}$	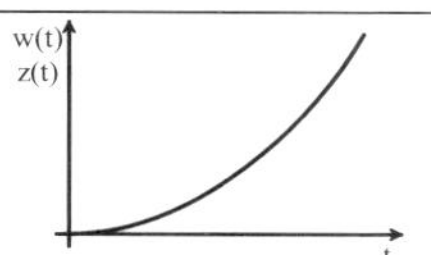	Regelfehler 3. Ordnung Beschleunigungsfehler

Die resultierenden Regelgüten sind streng genommen für alle Signalformen anzugeben. Dazu wird das Systemverhalten während des Einschwing- bzw. Ausgleichs- und des Beharrungsverhaltens getrennt untersucht. Deshalb werden für beide Zeitverhalten konsequenterweise auch getrennte Regelgüten angegeben. Es treten dabei stationäre und dynamische Regelgüten auf.

3.3.2.1 Stationäre Regelgüte

Der einfacheren Berechnung wegen wird zuerst die stationäre Regelgüte des Standard-Regelkreises bzgl. Führungs- und Störverhalten bestimmt. Sie leitet sich von der Regeldifferenz e(t) dadurch ab, dass lange genug gewartet wird, bis sich der neue Beharrungszustand nach einer Einwirkung auf den Regelkreis eingestellt hat:

Definition: Bleibende Regeldifferenz

Die **bleibende Regeldifferenz e_S** stellt die Abweichung zwischen Führungs- und Regelgröße im Beharrungsverhalten nach einem angelegten Eingangssignal dar.

Je nachdem welches Eingangssignal an den Regelkreis angelegt wird, gibt die bleibende Regeldifferenz den Regelfehler entsprechender Ordnung an. Bei Lageregelkreisen wird dieser als Lagefehler bezeichnet.

Zur seiner Berechnung nutzt man die Tatsache aus, dass sie sich spätestens nach „unendlich“ langer Zeit einstellt. Mathematisch spiegelt sich diese Wartezeit in einem Grenzübergang wider:

$$e_S = \lim_{t\to\infty}\left(e(t)\right) = \lim_{t\to\infty}\left(w(t) - x(t)\right). \tag{3.3-23}$$

Sie kann formal mit Hilfe der Regelkreisgleichung (3.3-3) angegeben werden:

$$\begin{aligned} e_S &= \lim_{t\to\infty}\{w(t) - x(t)\} = \lim_{s\to 0}\{s\cdot(W(s) - X(s))\} \\ &= \lim_{s\to 0}\left\{s\cdot\left(W(s) - \frac{G_0}{1+G_0(s)}W(s) - \frac{G_S(s)}{1+G_0(s)}Z(s)\right)\right\} \\ &= \lim_{s\to 0}\{s\cdot R(s)\cdot W(s)\} - \lim_{s\to 0}\{s\cdot R(s)\cdot G_S(s)\cdot Z(s)\}. \end{aligned} \tag{3.3-24}$$

Die Umsetzung des Grenzübergangs von dem Zeit- in den Bildbereich vermittelt der Endwertsatz der Laplace-Transformation[1].

Die weitere Berechnung verlangt das Festlegen der Reglertypen und Regelstrecken:

Dazu dienen uns vorerst die Basisregler als Regeleinrichtungen, da sie letztlich auch das Verhalten der kombinierten Regler bestimmen. Da Differentialstrecken kaum vorkommen, beschränken wir uns auf Proportional- und Integrierstrecken mit Verzögerungen n-ter Ordnung:

---

[1] Siehe Anhang B.

P-Regler: $G_R(s) = K_{PR}$ (3.3-25)

I-Regler: $G_R(s) = \frac{K_{IR}}{s}$ (3.3-26)

P-T_n-Strecken: $G_S(s) = \frac{K_{PS}}{1 + a_1 \cdot s + a_2 \cdot s^2 + \cdots + a_n \cdot s^n}$ (3.3-27)

I-T_n-Strecken: $G_S(s) = \frac{K_{IS}}{s \cdot \left(1 + a_1 \cdot s + a_2 \cdot s^2 + \cdots + a_n \cdot s^n\right)}$. (3.3-28)

Die Berechnung der stationären Regelgüte als Fehler 1. Ordnung führen wir exemplarisch für die Kombination P-T_n-Strecke/P-Regler aus. Das Sprungsignal $\varepsilon(t)$ besitzt die Bildfunktion $E(s) = 1/s$. Der Regelfehler berechnet sich bei gleichzeitiger Führungs- und Störeinwirkung nach Gleichung (3.3-24) zu:

$$\begin{aligned} e_S &= \lim_{s \to 0}\left(w_0 \cdot R(s) - z_0 \cdot R(s) \cdot G_S(s)\right) = w_0 \cdot R(0) - z_0 \cdot R(0) \cdot G_S(0) \\ &= w_0 \cdot r - z_0 \cdot r \cdot K_{PS} = \frac{w_0}{1 + K_{PR} \cdot K_{PS}} + \frac{z_0 \cdot K_{PS}}{1 + K_{PR} \cdot K_{PS}}. \end{aligned} \qquad (3.3\text{-}29)$$

Was bringt dieses Ergebnis zum Ausdruck?

Wir erwarten eigentlich, dass ein Regelkreis genau auf die Führungsgröße regelt. Tut er dies, verschwindet die bleibende Regeldifferenz e_S. Unser Berechnungsergebnis sieht völlig anders aus!

Gleich ob eine Führungsveränderung oder ein Störeinfluss bei unserer Regelkreiskombination auftritt, der Regler bringt die Regeldifferenz nicht zum Verschwinden. Es liegt ein Regelkreisverhalten vor, das wir bereits kennen. Nun kennen wir auch den exakten Wert der Ungenauigkeit. Der statische Regelfaktor r bestimmt ihre Größenordnung. Will man die Ungenauigkeit reduzieren, kann dies allein durch die Erhöhung der Regelkreisverstärkung $K_{PR} \cdot K_{PS}$ erreicht werden. Sie kann nur durch eine unendlich hohe Verstärkung auf null gebracht werden. Steigert man die Reglerverstärkung K_{PR}, kann ebenfalls die bleibende Regeldifferenz e_S verkleinert werden. Der in Gleichung (3.3-29) auftretende statische Regelfaktor r spiegelt deshalb ein relatives Maß für die statische Ungenauigkeit wider.

Das gemeinsame Auftreten von Regler- und Streckenverstärkung zur Berechnung der stationären Regelgüte als Produkt $K_{PR} \cdot K_{PS}$ rührt von der Serienschaltung beider Systeme her. Beide legen die Verstärkung des offenen Regelkreises fest, weshalb man für sie schreibt:

Definition: Kreisverstärkung V_0

Die **Kreisverstärkung V_0** gibt die gemeinsame Verstärkung von Regler und Regelstrecke an. Sie berechnet sich zu: $V_0 = K_{PR} \cdot K_{PS}$.

Die Analyse der anderen Regler/Regelstrecken-Kombinationen zeigt ein anderes Bild. Nachfolgend sind die Fehler 1. Ordnung (Lagefehler) aller vier Zusammensetzungen aufgelistet:

Strecke	Regler	Bleibende Regeldifferenzen e_S (Fehler 1. Ordnung)
P-T_n	P	$w_0 \cdot r - z_0 \cdot r \cdot K_{PS} = \frac{w_0}{1+V_0} + \frac{z_0 \cdot K_{PS}}{1+V_0}$
	I	0
I-T_n	P	$w_0 \cdot 0 - \frac{z_0}{K_{PR}}$
	I	Undefiniert[1]

Aus dieser Tabelle lassen sich wichtige Erkenntnisse ableiten:

1. Der I-Regler regelt die Regelgröße x(t) von Proportionalstrecken exakt auf die Sollgröße w(t) ein. Störungen werden vollständig von ihm eliminiert.
2. **I-Regler und I-Regelstrecken funktionieren zusammen nicht. Es stellt sich kein stationärer Zustand ein. Man spricht in diesem Fall von instabilem Verhalten.**
3. Der P-Regler regelt Führungsänderungen bei I-Strecken exakt nach; Störungen kann er aber nicht beseitigen.

Diese letzte Feststellung kann nochmals am Beispiel der Füllstandsregelung verdeutlicht werden, denn hierbei liegt eine Kombination P-Regler/I-Strecke vor. Bei einem 2"-Rohr

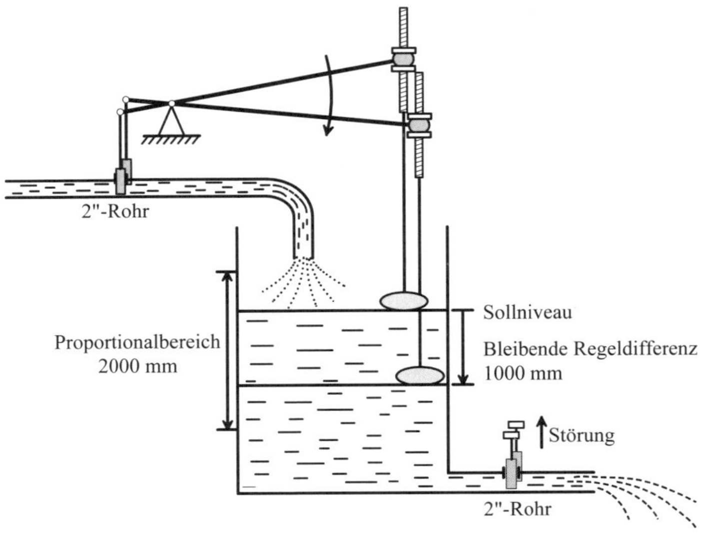

Abbildung 3.3-7: Störverhalten der Füllstandsregelung mit P-Regler (Beide Zustände sind versetzt zueinander gezeichnet)

[1] Der Mittelwert von e_S verschwindet. Siehe Lösung zur Lernaufgabe.

muss der Proportionalbeiwert des Reglers auf $K_{PR} = 50$ mm/2000 mm = 0,025 mm eingestellt sein, wenn man einen Proportionalbereich von 2 m realisieren will. Beim unvorhergesehenen Abfluss einer größeren Wassermenge (Ventil öffnet sich um $z_0 = 25$ mm), muss sich das Zuflussventil öffnen. Der Wasserspiegel fällt. Es tritt nach obiger Berechnung eine bleibende Regeldifferenz von

$$e_S = -\frac{z_0}{K_{PR}} = -\frac{25\,\text{mm}}{0{,}025} = -1000\,\text{mm} = -1\,\text{m}$$

auf. Die Regeldifferenz macht somit die Hälfte des zur Verfügung stehenden Regelbereichs aus. Die Darstellung in Abbildung 3.3-7 verdeutlicht diese Unzulänglichkeit eines P-Reglers.

In Tabelle 3.3-2 sind die Lageabweichungen für alle wichtigen Regelkreiskombinationen ohne explizite Berechnung und separiert in Führungs- bzw. Störungsverhalten zusammengestellt. Sie zeigt eindrücklich die bereits bekannten Feststellungen, dass sich jeweils die positiven Eigenschaften der Basisregler bei Reglerkombination durchsetzen. Immer dann, wenn ein I-Regler im Gesamtregler enthalten ist, tritt eine verschwindende stationäre Regelgüte auf. Der D-Regler kommt seiner Unempfindlichkeit stationären Zuständen gegenüber für sich alleine nicht vor. Deshalb kann auch ein PD-Regler diese stationären Regelabweichungen nicht eliminieren.

Tabelle 3.3-2: Bleibende Regeldifferenzen 1. Ordnung für wichtige Regler

Strecke	Regler	Bei Führungsvorgabe	Bei Störeinfluss
$P\text{-}T_n$	P	$\frac{w_0}{1+V_0} = r \cdot w_0$	$-\frac{K_{PS} \cdot z_0}{1+V_0} = -r \cdot K_{PS} \cdot z_0$
	I	0	0
	PI	0	0
	PD	$\frac{w_0}{1+V_0} = r \cdot w_0$	$-\frac{K_{PS} \cdot z_0}{1+V_0} = -r \cdot K_{PS} \cdot z_0$
	PID	0	0
$I\text{-}T_n$	P	0	$-\frac{z_0}{K_{PR}}$
	I	Nicht definiert[1]	
	PI	0	0
	PD	0	$-\frac{z_0}{K_{PR}}$
	PID	0	0

[1] Siehe Bearbeitung der Lernaufgabe.

Sich gleichmäßig ändernde Einwirkungen auf Regelkreise kommen bei Folgeregelungen vor, denn die Maschinentechnik verlangt solches Verhalten. Bei Werkzeugmaschinen müssen die Vorschubachsen den vorgegebenen Sollkonturen zur Werkstückbearbeitung folgen. Die Führungsgrößen von Lageregelkreisen ändern sich nach Plan.

Die Beurteilung der Regelungsqualität für „geschwindigkeitsstationäre" Vorgänge lassen sich mit Rampensignalen durchführen. Die Berechnung der Regelabweichungen folgt dem vorherigen Vorgehen zur Bestimmung der Fehler 1. Ordnung.

Die Berechnung der stationären Regelgüte 2. Ordnung, die dem Geschwindigkeitsfehler entspricht, ergibt für die Kombination P-Regler/I-Regelstrecke, wie sie bei Antriebsregelkreisen von Werkzeugmaschinen anzutreffen sind:

$$e_S = \lim_{s\to 0}\{s\cdot R(s)\cdot W(s)\} = \lim_{s\to 0}\frac{s}{1+\dfrac{K_{PR}\cdot K_{IS}}{s(1+a_1\cdot s+\cdots)}}\frac{w_0}{s^2} = \frac{w_0}{K_{PR}\cdot K_{IS}}. \qquad (3.3\text{-}30)$$

Es tritt ein Geschwindigkeitsfehler auf. Der Werkzeugmaschinenexperte wünscht sich als Regelabweichung den Wert null. Es müssen deshalb Kompromisse eingegangen werden, um die Regelgüte zu verbessern. Dazu gehört, die Bearbeitungsgeschwindigkeit w_0 zu drosseln oder die Kreisverstärkung zu erhöhen. Die Restabweichung stellt sich dann als Schleppabstand dar:

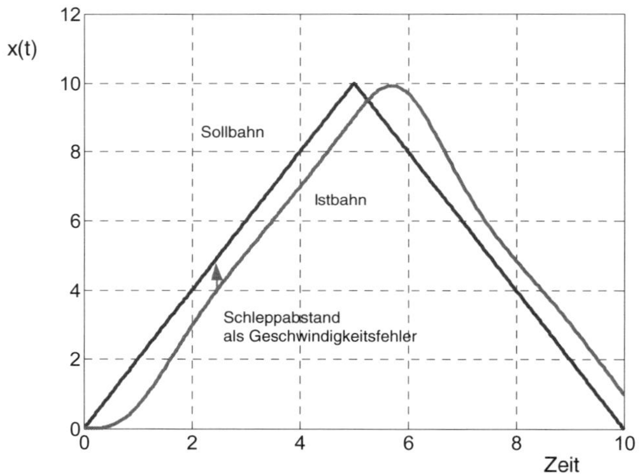

Abbildung 3.3-8: Schleppabstand als Gütefehler 2. Ordnung

Für die weiteren Regelkreiszusammensetzungen berechnen sich die Fehler 2. Ordnung nach demselben Schema. In Tabelle 3.3-3 sind diese für die Regelkreis-Kombinationen zusammengestellt. Die Untersuchung von Regelabweichungen bei beschleunigten Einwirkungen sparen wir uns.

Die Analyse des stationären Regelkreisverhaltens wird nun mit der Hoffnung abgeschlossen, dem Leser so viel Wissen mitgegeben zu haben, dass dieser die richtige Reglerwahl für seine Regelungsaufgaben treffen kann. Das Wissen über die Dynamik der Regelvorgänge verfeinert letztlich nur noch die Auslegung dieser Regelkreise.

Tabelle 3.3-3: Bleibende Regeldifferenzen 2. Ordnung für Basisregler

Strecke	Regler	Bei Führungseinfluss	Als Störeinfluss
$P\text{-}T_n$	P	∞	∞
	I	$\frac{w_0}{V_0}$	$-\frac{z_0}{K_{IR}}$
$I\text{-}T_n$	P	$\frac{w_0}{V_0}$	∞
	I	Nicht definiert[1]	

3.3.2.2 Dynamische Regelgüte

So umfangreich die Lerninhalte zur statischen Regelgüte bereits sind, so umfangreich lassen sich auch die vielen Möglichkeiten und Feinheiten des Ausgleichvorgangs durch dynamische Regelgüten formulieren.

Keine Sorge!

In diesem Lehrbuch beschränken wir uns dazu auf die wesentlichen Begriffe und entwickeln einfache Richtlinien, wie Regelkreise funktionstüchtig eingerichtet werden können.

Dazu definieren wir die grundlegende Beschreibung der Regelgüte für den Einschwingvorgang von Regelungen:

Definition: Dynamische Regelgüte

Die **dynamische Regelgüte** definiert sich als vorübergehende Regeldifferenz während des Einschwingvorgangs auf einen neuen Beharrungswert. Sie beschränkt sich auf den Zeitraum des Ausgleichvorgangs.

Die dynamische Regelgüte wird in dieser Allgemeinheit zu Aussagen über die Genauigkeit und Schnelligkeit verwendet, mit der ein Regler auf eine äußere Einwirkung reagiert. Wie seither verwendet, bezieht sich der Begriff „Regelkreisgenauigkeit“ auf das Langzeitverhalten einer Regelung:

[1] Siehe Kapitel 3.4 „Stabilität von Regelkreisen"

Definition: Regelkreisgenauigkeit

Ein **Regelkreis ist genau**, wenn er im Beharrungszustand den Sollwert ausreichend genau einhält, sich also innerhalb eines vorgegebenen Toleranzbereichs um die Führungsgröße aufhält.

Technische Signale verändern durch vielerlei Einflüsse ständig ihren Wert in geringem Maß, auch dann, wenn ein System sich in einem stationären Zustand aufhält. Damit liegt niemals eine verschwindende Regeldifferenz vor. Die so definierte Regelkreisgenauigkeit trägt diesem Umstand dadurch Rechnung, dass nun Toleranzbänder um die Führungsgrößen bzw. um die Beharrungszustände gelegt sind, in denen sich die Regelgrößen aufhalten müssen. Die Abbildung 3.3-9 zeigt solche Bereiche um die sich sprungförmig ändernde Regelgröße. Für das Störverhalten gilt entsprechendes, nur mit dem Unterschied, dass der Sollzustand auf dem „alten“ Wert verharrt.

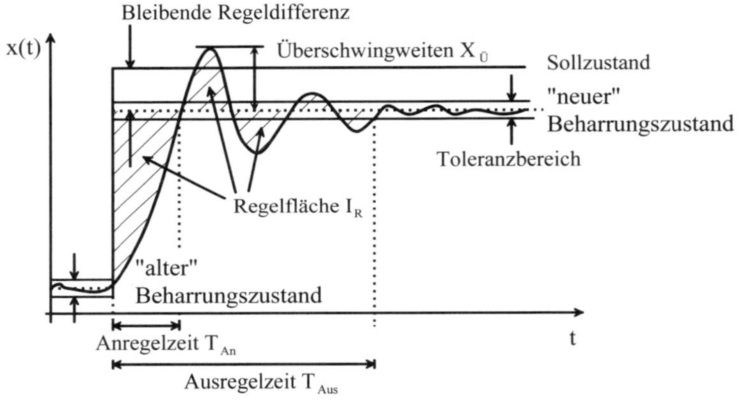

Abbildung 3.3-9: Kenngrößen zur Beschreibung der dynamischen Regelgüte

Die Einführung der Toleranzen ist aus praktischen Gründen dem Regelexperten überlassen. Sie richten sich nach den technischen Gegebenheiten:

Definition: Toleranzbereich

Der **Toleranzbereich** ist eine vom Anwender vorgegebene kleine tolerierbare Abweichung um den Sollwert, in dem die Regelgröße während der Beharrung liegen soll.

Mit diesen Vorgaben kann die dynamische Regelgüte exakter gefasst werden. Insbesondere können nun messbare Kenngrößen wie in Abbildung 3.3-9 eingeführt werden, die für den Führungsfall gelten. Mit ihnen besteht Aussicht, die Frage nach der Schnelligkeit eines Regelkreises zu beantworten. Eine erste allgemeine Definition lautet:

Definition: Regelkreisschnelligkeit

Die Zeitdauer des Übergangs von einem Beharrungszustand in einen anderen gibt Auskunft über die **Schnelligkeit eines Regelkreises**.

Die praktische Umsetzung dieser Definition bzgl. auswertbarer Angaben lässt zu Wünschen übrig. Zur genaueren Festlegung der Regelkreisschnelligkeit werden weitere Begriffe benötigt:

Definition: Anregelzeit

Die **Anregelzeit T_{An}** ist die minimale Zeitspanne, welche die Regelgröße x(t) für einen Übergang benötigt, vom Toleranzbereich des einen Zustands in den anderen zu gelangen, ohne endgültig in diesen einzutauchen.

und

Definition: Ausregelzeit

Die **Ausregelzeit T_{Aus}** ist die Zeitspanne, welche die Regelgröße x(t) für den Übergang benötigt, von einem Toleranzbereich eines Beharrungszustands endgültig in dem anderen zu verweilen.

Nicht nur Zeitdauern sind für die Kennzeichnung von Ausgleichsvorgängen bei Regelkreisen von Bedeutung, auch deren Zeitverläufe spielen eine wichtige Rolle. Die unendliche Vielfalt von Zeitsignalen verlangt eine praktische Einschränkung. So beschränkt man sich zur weiteren Beschreibung dynamischer Regelgüten auf die maximale Überschwingamplitude bei Übergängen:

Definition: Überschwingweite

Die **Überschwingweiten $x_{Ü}$** stellen die Ausschläge der Regelgröße x(t) über dem neu einzunehmenden Beharrungszustand dar.

Der Gesamtverlauf der Überschwingweiten lässt Rückschlüsse auf die Dämpfungseigenschaft eines Regelkreises zu. Als Kennwert interessiert trotzdem oft nur die maximale Überschwingweite $\hat{x}_{Ü}$.

Die perfekte Regelung besitzt eine verschwindende An- und Ausregelzeit und die Überschwingweite ist ebenfalls nicht vorhanden. Für Regelungen besitzen diese Kennwerte natürlich nichtideale Werte. Sie werden von Parametern der Regler bestimmt und sie beeinflussen sich auch gegenseitig. Es ist die Aufgabe des Regelungstechnikers, ihre Werte so einzustellen, dass die Regelungsanforderung optimal erfüllt wird. Eine schwierige Aufgabe!

Zu diesem Zweck benutzt man eine weitere Kenngröße:

Definition: Regelfläche

Die **Regelfläche I_R** besteht aus der Summe aller Teilflächen zwischen der Regelgröße x(t) und dem Beharrungswert $x(\infty)$ eines Übergangs, die infolge eines Stör- oder Führungssprungs auftreten.

Die Regelfläche I_R bestimmt man durch Integration der Regeldifferenz e(t) während des Ausgleichszeitraums. In Abbildung 3.3-9 ist sie am Beispiel eines Führungssprungs schraffiert gekennzeichnet. Sie besitzt für die perfekte Regelung den Wert $I_R = 0$. Für reale Regelungen lassen sich **Integralkriterien** aufstellen, welche zumindest theoretisch zu einem optimalen Regler führen. Ein solches Gütekriterium kann durch Minimierung der Regelfläche bzgl. ausgewählter Reglerparameter aufgestellt werden, was zur Aufgabenstellung des Regelkreisentwurfs zählt.

Eindeutige Abhängigkeiten der angegebenen Regelgüte-Kennwerte sind nur mit viel mathematischem Aufwand herzuleiten. Für jede Regelstrecke muss anhand der gestellten Regelungsaufgabe der richtige Regler ausgewählt und seine Parameter optimiert werden.

Das Übergangsverhalten der wichtigen Regler auf Führungs- und Störeinwirkungen demonstrieren exemplarisch die nachfolgenden zwei Abbildungen. Dazu dient uns eine P-T_2-Strecke, die einen Gleichstrommotor mit konstantem Lastmoment modelliert (siehe Abschnitt 3.2).

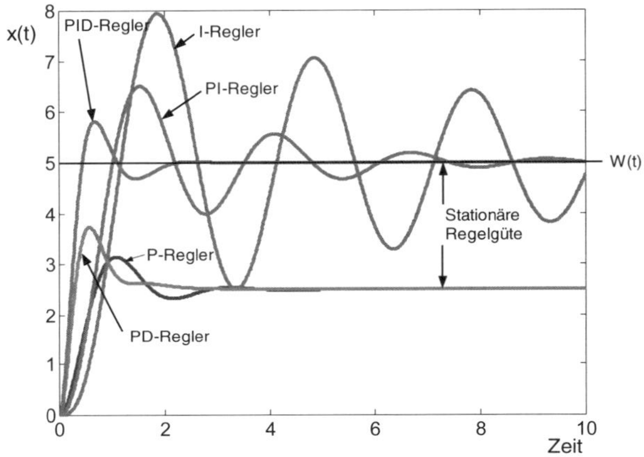

Abbildung 3.3-10: Dynamisches Führungsverhalten wichtiger Regler

Die Abbildung 3.3-10 zeigt die Arbeitsweise der unterschiedlichen Regler auf eine sprungförmige Führungsänderung. Aus ihr wird das mehrfach abgeleitete Verhalten der Regler deutlich.

Tabelle 3.3-4: Eigenschaften der Standardregler

P-Regler	Er schwingt die Regelgröße auf einen neuen Beharrungswert ein, hinterlässt jedoch eine bleibende Regeldifferenz.
I-Regler	Er generiert einen stark überschwingenden Übergang. Dafür regelt er exakt, braucht jedoch eine sehr lange Zeit dazu.
PI-Regler	Der P-Anteil verbessert die I-Reglereigenschaften durch kürzere An- und Ausregelzeiten bzw. kleinere Überschwingweiten.
PD-Regler	Der D-Anteil führt den Übergang in kürzerer Zeit aus, verbessert aber die Ungenauigkeit nicht. Die An- und Ausregelzeiten sind gegenüber dem P-Regler verbessert.
PID-Regler	Die Universalität eines PID-Reglers wird anhand seiner Schnelligkeit und Genauigkeit deutlich. Die Regelfläche ist sehr klein, die daraus ableitbaren anderen dynamischen Regelgüten sind folglich optimiert.

Störungen auf P-T_2-Regelstrecken werden von den verschiedenen Reglern ebenfalls unterschiedlich verarbeitet. Lässt man einen Störsprung nur auf die Regelstrecke ohne Regler wirken, reagiert die Strecke mit einer Regelgrößenverstellung. Dies kommt einem Regelkreis ohne Regler gleich. Der Regler hat die Aufgabe, jede sich auf die Regelgröße x(t) auswirkende Störung zu beseitigen. Die unterschiedlichen Reglertypen tun dies auf ihre eigne Art, so wie es in Abbildung 3.3-11 gezeigt ist. Man sieht, dass sich das resultierende Störverhalten auf einen angelegten Störsprung ähnlich zum Führungsverhalten der jeweiligen Regler verhält.

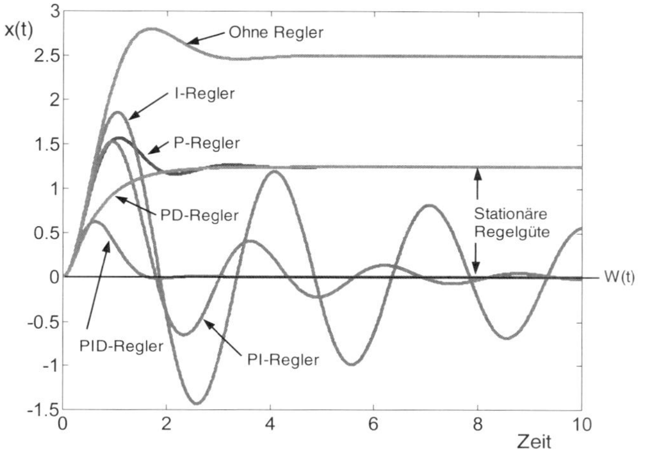

Abbildung 3.3-11: Dynamisches Störungsverhalten wichtiger Regler

Die Eigenschaften der statischen bzw. dynamischen Regelgüten sind bzgl. den angesprochenen Regeleinrichtungen in Tabelle 3.3-5 aufgelistet. Ihre Ausweitung auf Regelstrecken ohne Ausgleichsverhalten kann ebenfalls ohne Bedenken ins Auge gefasst werden. Dabei bleibt nur zu berücksichtigen, dass solche Strecken selber ein I-Verhalten besitzen.

Tabelle 3.3-5: Regelgüten für P-T_n-Strecken

Regler	**Anregelzeit**	**Ausregelzeit**	**Überschwingweite**	**Bleibende Regeldifferenz**
P	mittel	mittel	klein	ja
I	groß	groß	groß	nein
PI	mittel	mittel	mittel	nein
PD	klein	klein	klein	ja
PID	klein	klein	klein	nein

Zur bisherigen Herleitung der generellen Eigenschaften des Standard-Regelkreises nahmen wir den Zeitbereich zu Hilfe. Eventuell können die anderen Darstellungsräume auf ihre Art dazu beitragen, die Regelkreis-Eigenschaften besser zu beschreiben.

Die Beschreibung der Systemdynamik im Bildbereich lässt ein solches erwarten.

Wir wissen, dass die Pol- und Nullstellen des Bildbereichs die prinzipielle Dynamik von Systemen beschreiben. Ein solches ist auch der Regelkreis. Ihre Lagen lassen Rückschlüsse auf die Systemgeschwindigkeit, den Dämpfungsgrad und die Schwingfähigkeit zu, so dass für die Regelkreisdynamik formuliert werden kann:

- Je negativer der Realteil einer Polstelle des Regelkreises ausfällt, desto schneller reagiert er auf äußere Einflüsse. Bei einem Führungssprung erreicht er den neuen Sollzustand in kürzerer Zeit.
- Je kleiner der Imaginärteil einer Polstelle ist, desto weniger Einschwingvorgänge treten bei Ausgleichsvorgängen auf.

Legt man diese Erkenntnisse zugrunde, lässt sich die Bildebene in Bereiche mit günstigem bzw. ungünstigem Regelkreisverhalten einteilen: Die Polstellen müssen sehr weit links von der Frequenzachse liegen und sollen keine zu großen Frequenzwerte annehmen.

Der nicht unterlegte Sektor in Abbildung 3.3-12 repräsentiert den Bereich der Bildebene, der für Pollagen mit guter Regelqualität reserviert ist.

Die Polstellen werden durch die charakteristischen Gleichungen der Regelkreise bestimmt, welche wiederum über die Nennerfunktionen der Übertragungsfunktionen gebildet werden. Diese schreiben sich für alle Regelkreisfunktionen:

Charakteristische Gleichung des Regelkreises: $1 + G_0(s) = 0\,.$ (3.3-31)

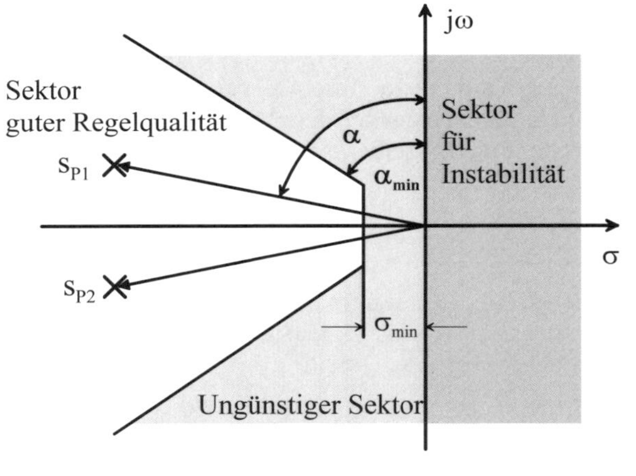

Abbildung 3.3-12: Regelgüte und Bildbereich

Polstellenberechnungen zu Regelkreisbeispielen werden in späteren Abschnitten durchgeführt. Die Abbildung 3.3-12 zeigt ein fiktives Polstellen-Paar. Zu diesen sind Vektoren mit definierter Länge und Winkelstellung α bzgl. Frequenzachse eingezeichnet. Mit diesen lassen sich sehr praktische Gütekriterien formulieren:

- **Je größer die Länge des Polvektors ist, umso kürzer fällt die Anregelzeit aus.**
- **Je größer der eingeschlossene Winkel α zwischen Polvektor und Frequenzachse jω ausfällt, desto kürzer ist die Ausregelzeit.**

Wir ziehen ein Fazit: Auch der Bildbereich kann gut dazu genutzt werden, stabile und gut eingestellte Regelkreise zu entwerfen.

3.3.2.3 I/I-Regelkreise

Die angekündigte Untersuchung einer Regelung mit I-Regler und I-T_n-Strecken steht noch aus. Bei dieser Kombination vermerkten wir an mehreren Stellen dieses Abschnitts „Nicht definiert!", ohne den Grund dafür zu nennen.

Wir wissen, dass sich ein System stabil verhält, wenn die Pole der Übertragungsfunktion im negativ reellen Bildbereich angesiedelt sind. Liegen sie im positiv reellen Bildbereich, weist das System vollständig instabiles Verhalten auf, d. h. das Ausgangssignal wächst trotz beschränktem Eingangssignal über alle Grenzen. Befinden sich die Pole genau auf der Schnittlinie beider Bereiche, liegt ein Grenzverhalten vor. Man spricht in diesem Fall von Grenzstabilität. In Abbildung 3.3-12 erkennt man die Orte der Grenzstabilität als imaginäre Achse der komplexen Bildebene.

Mit Hilfe der Polstellen untersuchen wir nun den I/I-Regelkreis. Wir beschränken uns bei der Berechnung auf einfache I-Strecken, die mit I-Reglern kontrolliert werden sollen. Ihre charakteristische Gleichung (3.3-31) lautet:

$$1+G_0(s)=1+\frac{K_{IS}}{s}\cdot\frac{K_{IR}}{s}=0\,. \qquad (3.3\text{-}32)$$

Sie legt die beiden Polstellen fest:

$$s_{P1,P2}=\pm j\cdot\sqrt{K_{IR}\cdot K_{IS}}\,. \qquad (3.3\text{-}33)$$

Die Pole des I/I-Regelkreises liegen auf der Imaginärachse des Bildbereichs. Der Regelkreis ist deshalb nur grenzstabil und deshalb nicht zu verwenden. Man nennt diese Kombination auch strukturell instabil. Wie wir bei der Bearbeitung der Lernaufgabe noch sehen werden, führt der Regelkreis nach einer Führungs- bzw. Störanregung Dauerschwingungen aus. Er kommt nicht wieder zur Ruhe, weshalb auch kein konstanter Endwert $x(\infty)$ existiert. Deshalb merken wir uns:

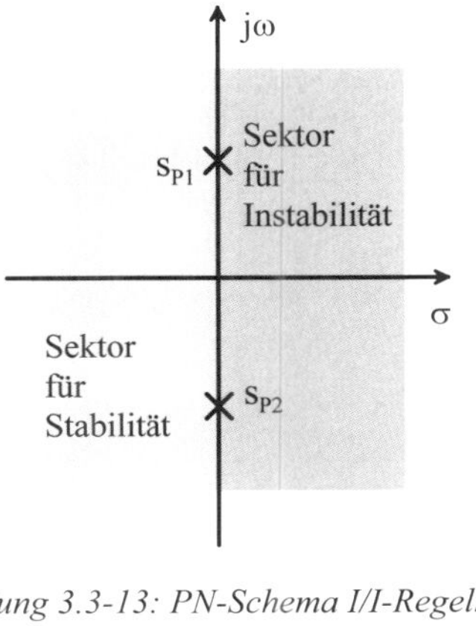

Abbildung 3.3-13: PN-Schema I/I-Regelkreis

I-T_n-Strecken und I-Regler vertragen sich nicht.

Bearbeitung der Lernaufgabe

Die Füllstandsregelung besitzt als Regelungsaufgabe, den Flüssigkeitsstand im Behälter auf Sollniveau zu halten. Bei einer Flüssigkeitsentnahme sollte das Sollniveau nach kurzer Zeit wieder hergestellt sein. Die Analyse des Technologieschemas der Abbildung 3.3-1 legt die folgende Wirkungsstruktur fest:

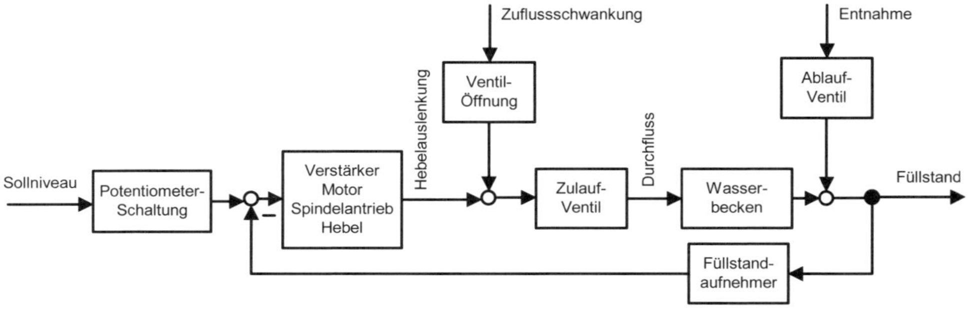

Abbildung 3.3-14: Wirkschaltbild der Füllstandsregelung

Die Regeleinrichtung besteht aus der Regeldifferenzbildung mittels einer Differenzverstärkerschaltung, der Motoransteuerung, dem Motor und dem Spindelantrieb. Aus der Analyse linearer Vorschubachsen für Werkzeugmaschinen kennen wir deren dynamisches Verhalten. Im Fall konstanter Lastmomente besitzen sie I-T_2-Verhalten. Die Reglerdynamik entspricht deshalb genau diesem Zeitverhalten. Wir reduzieren sie aus Vereinfachungsgründen auf ein I-Verhalten ohne Verzögerung, denn wir gehen davon aus, dass der Motor über ein ausreichendes Antriebsmoment verfügt und deshalb auf jede Anforderung unverzögert reagiert.

Die Regelstrecke kennen wir bereits aus früheren Analysen. Sie besitzt ein klassisches I-Verhalten. Die Ventil- und Messaufnehmerdynamik setzen wir als P-Verhalten voraus. Alle in Betracht kommenden Regelkreiskomponenten mit ihren Systemgleichungen sind in nachfolgender Tabelle aufgelistet.

Komponente	**Eingangsgröße**	**Ausgangsgröße**	**Systemgleichung**	**Typ**
Regelstrecke	$\Delta Q = Q_{Zufluss}(t)$	Niveauhöhe h(t)	$h(t) = \frac{1}{A}\int_0^t \Delta Q(t')\,dt'$	I
Mess-Einrichtung	Niveauhöhe h(t)	Spannung x(t)	$x(t) = K_M \cdot h(t)$	P
Stell-Einrichtung	Ventilhub (y(t) + z)	Zufluss ΔQ(t)	$\Delta Q(t) = K_S \cdot (y(t) + z)$	P
Regler	Differenzspannung w − x(t)	Hebelauslenkung y(t)	$y(t) = K_{IR}\int_0^t (w - x(t))\,dt$	I

Der regelungstechnische Wirkungsplan, reduziert auf den Standardkreis, besitzt folgendes Aussehen:

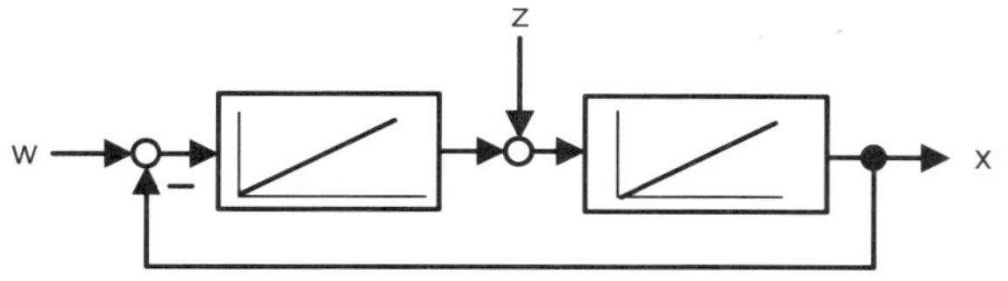

Abbildung 3.3-15: Der Standard-Füllstandsregelkreis

Nun muss die Frage gestellt werden:

Erfüllt der skizzierte Regelkreis seine an ihn gestellte Aufgabe?

Zufolge den Bemerkungen am Ende des letzten Abschnitts lautet die Antwort: Nein!

Wir versuchen dieser Antwort auf den Grund zu gehen.

Die Polstellen einen I/I-Regelkreises liegen nach Abbildung 3.3-13 nicht in dem ausgezeichneten Bereich für ein optimales Regelkreisverhalten, sondern auf der Grenze zwischen stabilem und instabilem Systemverhalten. Die Frage ist deshalb, wie sich diese Grenzsituation bei einer abrupten Änderung der Wasserentnahme äußert?

Die Antwort ergibt die Berechnung der Regelgröße auf eine abrupte Störaufschaltung, die im Bildbereich mit Hilfe der Laplace-Transformierten ausgeführt wird:

$$X(s) = G_Z(s) \cdot Z(s) = \frac{G_S(s)}{1+G_0(s)} \cdot Z(s) = \frac{\frac{K_{IS}}{s}}{1+\frac{K_{IR} \cdot K_{IS}}{s^2}} \frac{z_0}{s} = \frac{K_{IS} \cdot z_0}{s^2 + K_{IR} \cdot K_{IS}} \tag{3.3-34}$$

$$= z_0 \sqrt{\frac{K_{IS}}{K_{IR}}} \frac{\omega_0}{s^2 + \omega_0^2} \qquad \text{mit: } \omega_0^2 = K_{IR} \cdot K_{IS}.$$

Die Rückübersetzung in den Zeitbereich ergibt das Verhalten der Füllstandsregelung auf die Störanregung:

$$x(t) = z_0 \sqrt{\frac{K_{IS}}{K_{IR}}} \cdot \varepsilon(t) \cdot \sin\left(\sqrt{K_{IS} \cdot K_{IR}} \cdot t\right). \tag{3.3-35}$$

Die stationär eingeleitete Störung veranlasst den Regelkreis zu Dauerschwingungen. Deshalb erfüllt der Regelkreis keineswegs seine an ihn gestellte Aufgabe, er ist also unbrauchbar. Das nachfolgende Zeitdiagramm zeigt die Sinus-Schwingungen nach Einleitung der Störung. Weit interessanter ist die Tatsache, dass trotz Rücknahme der Störung, die Regelgröße mit größerer Amplitude weiter schwingt.

Um niemand zu verunsichern: Die obige Berechnung des Störverhaltens schließt das Abschalten der Störung nicht mit ein; sie ist das Ergebnis einer Computer-Simulation.

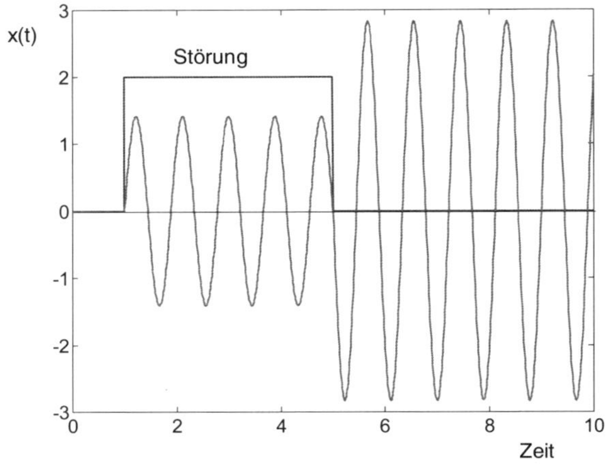

Abbildung 3.3-16: Störungsverhalten des I/I-Regelkreises

Wir stellen fest: Die Füllstandsstrecke ist mit einem I-Regler nicht zu regeln. Auch wissen wir, dass der P-Regler die Regelungsaufgabe nur ungenau erfüllt.

Was ist zu tun?

Unsere bisherigen Erfahrungen zeigen uns, dass in aller Regel eine Kombination von Basisreglern zu kombinierten Reglern die Regelungseigenschaften verbessern. Deshalb probieren wir es mit einem PI-Regler!

Die Abbildung 3.3-17 zeigt die numerische Lösung der Systemgleichung auf das sprungförmige Störsignal. Unsere Vermutung hat sich bewahrheitet: Der PI-Regler eliminiert die Störung und regelt genau auf die Führungsgröße zurück.

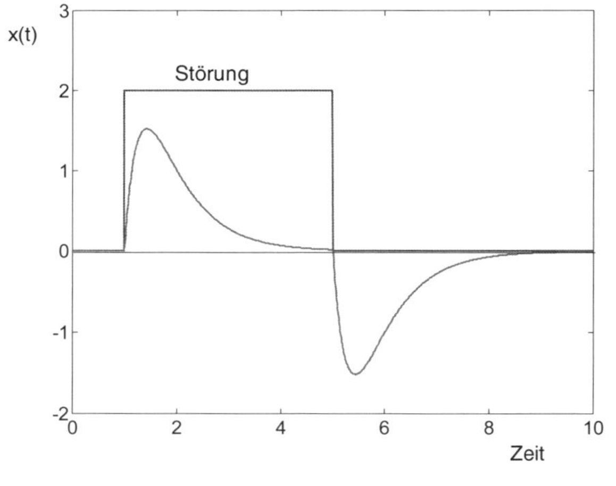

Abbildung 3.3-17: Erweitertes Störungsverhalten des PI/I-Regelkreises

Die Berechnung der Polstellen für das PN-Schema sollte dieses Ergebnis bestätigen. Sie müssen sich im Sektor für eine gute Regelqualität wieder finden. Ohne hier die detaillierte Berechnung auszuführen, sind nachfolgend ihre Werte angegeben:

$$s_{P1,P2} = -\frac{1}{2} K_{IS} \left(K_{PR} \mp \sqrt{K_{PR}^2 - 4\frac{K_{IR}}{K_{IS}}} \right). \tag{3.3-36}$$

Mit der richtigen Vorgabe der Reglerparameter K_{PR} und K_{IR} kommen die Polstellen genau in den „stabilen" Bildbereich zu liegen. Im nachfolgenden PN-Diagramm sind die Polstellen für zwei Werte von K_{PR} eingezeichnet:

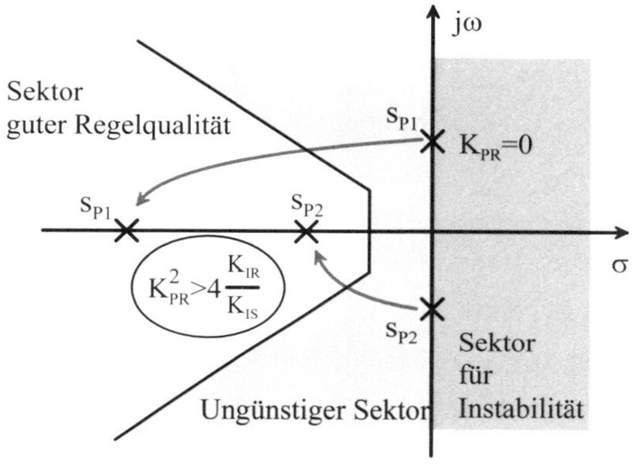

Abbildung 3.3-18: PN-Schema des PI/I-Regelkreises

Mit größer werdendem Verstärkungsfaktor K_{PR} wandern die grenzstabilen Pole in den „grünen" Polstellenbereich.

Das Fazit lautet deshalb:

Die Erweiterung eines I-Reglers zum PI-Regler trägt dazu bei, Regelstrecken ohne Ausgleich auch zufriedenstellend regeln zu können.

Fragen zur Selbstkontrolle

Frage 3.3-1: Welche Störeinflüsse werden vom Standard-Regelkreis ausgeregelt?

Frage 3.3-2: Lassen sich Laststörungen wie Versorgungsstörungen im Regelkreis behandeln?

Frage 3.3-3: Was beschreibt die Führungsübertragungsfunktion eines Regelkreises?

Frage 3.3-4: Wie sieht ein offener Regelkreis aus?

Frage 3.3-5: Was beschreibt der dynamische Regelfaktor?

Frage 3.3-6: Welche Forderungen werden an den Regelfaktor gestellt, um eine qualitativ gute Regelung zu bekommen?

Frage 3.3-7: Welche Aussagen macht der statische Regelfaktor bzgl. der Genauigkeit einer Regelung?

Frage 3.3-8: Mit welchen mathematischen Bedingungen beschreibt man das Störverhalten eines Regelkreises?

Frage 3.3-9: Beschreiben Sie die Eigenschaften eines perfekten Reglers!

Frage 3.3-10: Kann man Übertragungsfunktionen von Reglern berechnen? Wenn ja, wie?

Frage 3.3-11: Wozu benötigen Regler das I-Verhalten?

Frage 3.3-12: Lassen sich Störungen vollständig eliminieren? Wenn ja, unter welchen Randbedingungen?

Frage 3.3-13: Welche stationären Fehlerarten treten bei Regelungen auf? Wie lassen sie sich berechnen?

Frage 3.3-14: Was beschreiben Regelgüten?

Frage 3.3-15: Welche Kennwerte gibt es zur Beschreibung der stationären Regelgüte?

Frage 3.3-16: Was bezeichnet man als Kreisverstärkung?

Frage 3.3-17: Es liegt eine Regelstrecke mit Ausgleich vor. Kann diese Strecke mit einem I-Regler geregelt werden?

Frage 3.3-18: Was versteht man unter Regelkreisgeschwindigkeit?

Frage 3.3-19: Welche Kennwerte einer Regelung beschreiben die Qualität des Ausgleichsvorgangs?

Frage 3.3-20: Welchen Wert nimmt die Regelfläche eines idealen Reglers an?

Frage 3.3-21: Regelt der P-Regler eine ausgleichende Regelstrecke genau auf die Führungsgröße ein?

Frage 3.3-22: Besitzt der D-Regler eine dynamische Langzeitwirkung?

Frage 3.3-23: Wie bestimmt man die Polstellen eines Regelkreises?

Frage 3.3-24: Gibt es geeignete Pollagen im Bildbereich, um ein optimales Regelverhalten zu gewährleisten?

Frage 3.3-25: Warum vertragen sich I-Regler und I-Regelstrecken im Regelkreis nicht?

3.4 Stabilität von Regelkreisen

Lernziele

Der Begriff Stabilität spielt seit Beginn der Entwicklung technischer Systeme aller Art eine tragende Rolle. So hat jede Behausung für die Unterkunft des Menschen stabil zu sein. Auf diesem Gebiet findet man in sehr frühen Quellen den Begriff der Stabilität. Die Gebäude sollen durch Erschütterungen nicht einsturzgefährdet und deshalb stabil sein. Hierbei drücken sich statische Eigenschaften der Stabilität aus. Allerdings müssen auch Bewegungen stabil ablaufen. Das Fahrradfahren ist ein solch dynamischer Vorgang. Der Radfahrer kontrolliert das Gleichgewicht durch ein kaum merkbares Kurvenfahren. Er übernimmt Regleraufgaben. Die Vorgänge im Regelkreis sind dynamischer Natur. Eine Störung tritt spontan auf und verschwindet wieder. Die Regelung muss sie unmittelbar verarbeiten.

Die wichtige Aufgabe der Regelungstechnik ist die Stabilitätsuntersuchung von Regelkreisen. Die Bedeutung dieser Aufgabe hat dazu geführt, eine Fülle von Verfahren zur Berechnung bzw. experimentellen Untersuchung der Regelkreisstabilität bereitzustellen. Mit einigen dieser Stabilitätskriterien beschäftigen wir uns in diesem Abschnitt.

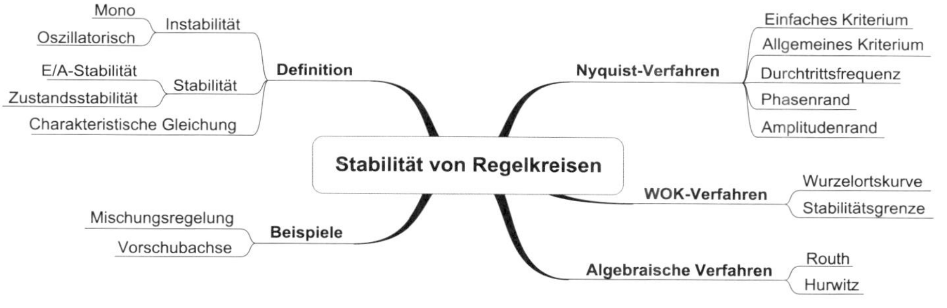

Lernaufgabe

Wer kennt das Problem langer Leitungen nicht?

Im Volksmund gibt es genügend Witze und viele Erzählungen darüber. In der Technik spielen lange Leitungen bzw. Rohre ebenfalls eine Rolle. In ihnen werden Stoffströme geleitet. Sie sind Teil verfahrentechnischer Prozesse. Einen solchen Teilprozess, der ein Mischungsprozess ist, sehen wir uns an. Er beschreibt, wie bei der Herstellung eines Produkts zwei Stoffe zusammengemischt werden. Die Temperaturen beider Stoffe besitzen dabei unterschiedliche Werte. Das Stoffgemisch vermischt sich in einem größeren Behälter. Diese Temperatur muss zur optimalen Durchmischung beider Stoffe einer bestimmten Temperatur entsprechen. Der Behälter dient dem kontinuierlichen Durchfluss, bei dem ausreichend viel Zeit zur Mischung beider Produkte zur Verfügung steht. Die Zu- und Abflussvolumina entsprechen einander.

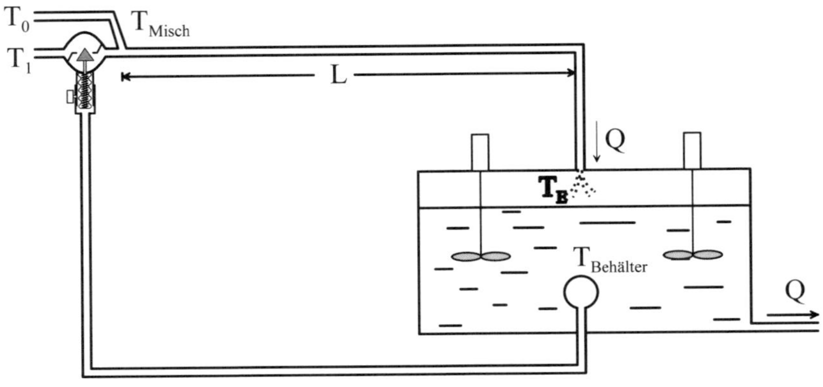

Abbildung 3.4-1: Mischungsregelung

Die Abbildung 3.4-1 zeigt den Mischungsregelkreis zur Kontrolle der Behältertemperatur. Die Dosierung der Zuflussmenge der Temperatur T_1 wird aus technischen Gründen an einem etwas entfernteren Ort vorgenommen. Die Behältertemperatur wird über ein Flüssigkeitsthermometer erfasst, ein P-Regler übernimmt die Regelung. In Abbildung 3.4-1 ist dieser durch ein einfaches Ausdehnungssystem gegeben. Andere technische Realisierungen sind jederzeit vorstellbar. Üblicherweise werden dazu elektronische Regler eingesetzt. Trotzdem stellt sich für den P-Regler die Frage:

Erfüllt er unter allen Bedingungen seine Regelungsaufgabe bzw. arbeitet er jederzeit stabil?

Man soll eine Frage nicht mit einer Gegenfrage beantworten! Aber, warum nicht?

Die Funktionsweise des Regelkreises scheint so einfach und klar zu sein, dass nicht ohne weiteres vermutet wird, diese Regelung erfülle ihre Aufgabe nicht. Wir wollen sehen!

Wir erwarten von allen Systemen, dass sie ein stabiles Verhalten besitzen. So geht ein Autofahrer davon aus, jederzeit und bei jeder Wetterlage eine Brücke passieren zu können. Die Brücke muss ein stabiles Verhalten aufweisen. Der Brückenbauer sorgt für diese Stabilität, genau genommen für deren statische Beanspruchbarkeit. Um jeder Last Stand zu halten, besitzen die Pfeiler und Brückenteile hohe Festigkeiten. Zusätzlich hat der Ingenieur die Brückenstabilität auch unter dynamischen Gesichtpunkten zu sehen, denn jede Brücke schwingt. Die Ursachen dafür sind u. a. Fahrzeugbewegungen und Windeinwirkungen. Aus Erfahrung gehen wir davon aus, dass Brücken jeder Windlast statisch und dynamisch gewachsen sind. Trotzdem muss von Brückeneinstürzen berichtet werden. Die Tacoma Narrows Bridge (USA) „ereilte dieses Schicksal“. Wirbel auf der windabgewandten Seite versetzten die Brücke in Resonanzschwingungen, denen die Steifigkeit der Brückenkonstruktion nicht gewachsen war.

Abbildung 3.4-2: Tacoma Narrows Bridge

Wir wissen natürlich, dass Brücken keine Regelkreise sind. Mit diesem Beispiel soll nur gezeigt werden, welche Priorität der Stabilitätsuntersuchung aller technischen Einrichtungen zukommt. Für einen Regelkreis gilt diese Prämisse erst recht, denn sein „eingebauter“ geschlossener Wirkungsablauf birgt latent die Gefahr der Instabilität. Nur die gewissenhafte Stabilitätsuntersuchung vor der ersten Erprobung einer Regelung vermeidet gefährliche Situationen. Insbesondere gilt dort, wo große Energieressourcen Teil der Anlage sind, eine besondere Vorsicht walten zu lassen.

Warum aber treten Instabilitäten bei Regelkreisen auf?

Alle Regelkreiseinheiten verzögern den Wirkungsfluss zwischen ihren Ein- und Ausgangsgrößen. Die Ursache dafür ist der immer notwendige Zeitaufwand für jeden Energietransfer zwischen Systemgebilden. Der Federweg einer Spiralfeder lässt sich nicht unendlich schnell verstellen, um ihren Energieinhalt zu erhöhen. Man würde dazu eine unendlich große Energiequelle benötigen. Diese Verzögerungen führen zu Signallaufzeiten durch die Regelkreisglieder, die im geschlossenen Wirkungsweg aufaddiert zu unangenehmen Erscheinungen führen können.

Die zum Zeitpunkt t_0 gemessene Regelgröße kann bei ungünstigen Laufzeiten Δt durch Vergleichseinrichtung, Regler und Stelleinrichtung so verzögert werden, dass zur Zeit $t_0 + \Delta t$ in falscher Weise auf die Regelstrecke eingewirkt wird. Es erfolgt keine Einregelung auf die Sollgröße, sondern die momentane Regeldifferenz wird weiter verstärkt. Der Regelkreis wird dann instabil. Die Regelgröße wächst auf maximale Werte an und bleibt dort „hängen“. Dieses Anwachsen der Amplitude kann zu gefährlichen Zuständen oder auch zur Zerstörung eines Systems führen.

Deshalb stellt die Gewährleistung der **Stabilität** eine unabdingbare Forderung an jede Regelung dar.

Stabilitätsbedingungen

Es existieren zwei Arten von Instabilitäten, die Monoinstabilität und die oszillierende Instabilität:

Definition: Monoinstabilität

Die **Monoinstabilität** eines Regelkreises lässt die Regelgröße einseitig bis an ihre technischen Systemgrenzen anwachsen und dort verharren.

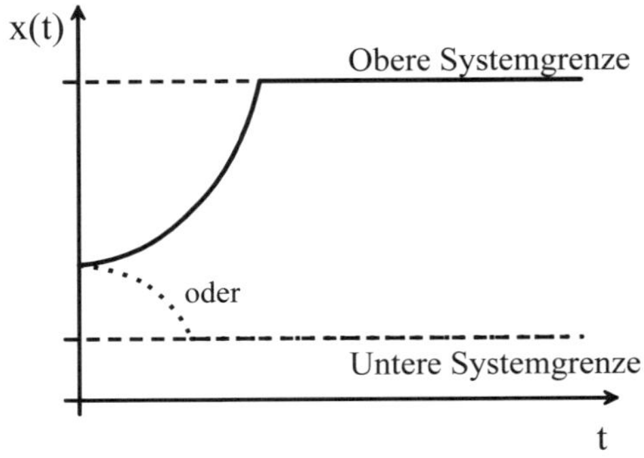

Abbildung 3.4-3: Monoinstabilität

Sie entsteht u. a. dann, wenn im Regelkreis eine Mitkopplung und keine Gegenkopplung vorliegt. Die Regeldifferenz verschwindet in diesem Fall niemals, so dass die Regelstrecke an ihre Begrenzungen „gefahren" wird. Durch Vertauschen der Reglereingänge (Führungsgröße und Regelgröße) wird dieses Problem meist schnell behoben.

Definition: Oszillierende Instabilität

Bei der **oszillierenden Instabilität** wächst die Schwingungsamplitude der Regelgröße bis zu ihren technischen Begrenzungen an und oszilliert, ohne sich je wieder zu beruhigen.

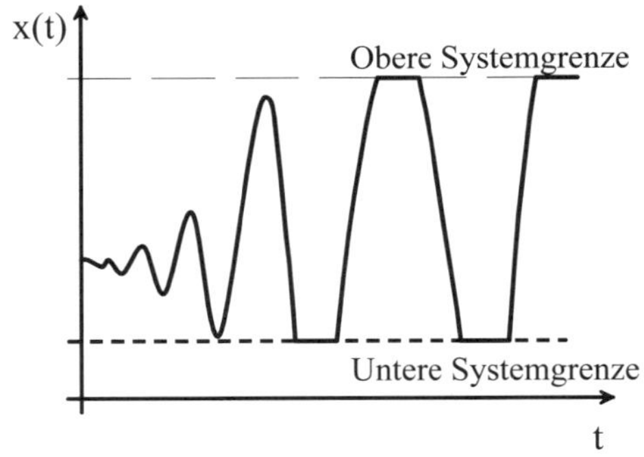

Abbildung 3.4-4: Oszillierende Instabilität

Die Ursache der oszillierenden Instabilität liegt meist in einem unverträglichen oder ungünstigen Übergangsverhalten der Regelkreiskomponenten. Sie zu beheben, ist keine einfache Aufgabe. Jeder Regelkreis muss dazu gesondert untersucht werden.

In Kapitel 2.3 wurden zwei unterschiedliche Definitionen der Systemstabilität angegeben. Auf den Regelkreis wenden wir die Definition der E/A- oder BIBO-Stabilität an:

Definition: Stabilität eines Regelkreises

Ein Regelkreis gilt dann als **stabil**, wenn jede beschränkte Eingangsgröße w(t) bzw. z(t) zu einer beschränkten Regelgröße x(t) führt, also gilt:

$$\text{Für alle Zeiten t gilt: } |w(t)| < \infty \text{ bzw. } |z(t)| < \infty \quad \Rightarrow \quad |x(t)| < \infty . \tag{3.4-1}$$

Die E/A-Stabilität garantiert wiederum die Zustandsstabilität.

Mit Hilfe der Regelkreis-Übertragungsfunktionen können folgende Stabilitätsbedingungen formuliert werden:

Hauptkriterium: Stabiler Regelkreis

Der Regelkreis ist genau dann **stabil**, wenn alle seine Pole, die durch die charakteristische Gleichung bestimmt sind, vollständig im negativ reellen Bildbereich liegen:

$$\mathrm{Re}\{ s_{P_k} \} < 0 \quad \text{für alle k} . \tag{3.4-2}$$

Kriterium: Instabiler Regelkreis

Ein Regelkreis ist genau dann **instabil**, wenn mindestens ein Pol seiner Übertragungsfunktionen im positiv reellen Bildbereich liegt, oder ein *mehrfacher Pol* auf der Frequenzachse jω vorkommt:

$$\begin{aligned} &\mathrm{Re}\{ s_{P_k} \} > 0 \quad \text{für mindestens ein } k \in \{1,\cdots,p\} \\ \text{oder: } &s_{P_K} = s_{P_l} \quad \text{mit } \mathrm{Re}\{ s_{P_k} \} = \mathrm{Re}\{ s_{P_j} \} = 0 \;\text{ für }\; j \neq k \in \{1,\cdots,p\} . \end{aligned} \tag{3.4-3}$$

Kriterium: Grenzstabiler Regelkreis

Der Regelkreis ist genau dann **grenzstabil**, wenn kein Pol seiner Übertragungsfunktion im positiv reellen Bildbereich liegt und keine mehrfachen Pole auf der Imaginärachse auftreten, aber auf dieser mindestens eine einfache Polstelle vorhanden ist.

Die Übertragungsfunktionen des Regelkreises bzgl.

$$\begin{aligned} &\text{Führungseinfluss:} \quad G_W(s) = \frac{G_0(s)}{1+G_0(s)} \quad \text{und} \\ &\text{Störungseinfluss:} \quad G_Z(s) = \frac{G_S(s)}{1+G_0(s)} \end{aligned} \tag{3.4-4}$$

besitzen dieselben Nennerfunktionen. Die Wurzeln der charakteristischen Gleichungen der beiden Regelkreis-Übertragungsfunktionen bestimmen die Regelkreisstabilität:

Definition: Charakteristische Gleichung des Regelkreises

Die **charakteristische Gleichung** legt die Eigendynamik des Regelkreises fest; sie lautet:

$$1 + G_0(s) = 1 + G_R(s) \cdot G_S(s) = 1 + \frac{Z_0(s)}{N_0(s)} = 0 . \qquad (3.4\text{-}5)$$

Ihre Struktur lässt sich, wie in Gleichung (3.4-5) angedeutet, durch Zähler- und Nennerfunktionen darstellen. Mit ihnen erreicht man eine vereinfachte Darstellungsform der charakteristischen Gleichung:

$$N_0(s) + Z_0(s) = 0 . \qquad (3.4\text{-}6)$$

Innere Stabilität

Die Stabilitätsüberprüfung anhand der Übertragungsfunktionen des Regelkreises wird zu einer mathematischen Aufgabe. Sind die Übertragungsfunktionen von Regler und Strecke bekannt, lassen sich durch algebraische Berechnung die Polstellen des geschlossenen Regelkreises herleiten.

Eine erste Anwendung zeigt die Einfachheit dieses Verfahrens. Für die Regelkreis-Übertragungsfunktionen

$$\begin{aligned} &\text{Regler:} && G_R(s) = K_{PR} \frac{s-1}{s+2} \\ &\text{Regelstrecke:} && G_S(s) = \frac{2}{s-1} \end{aligned} \qquad (3.4\text{-}7)$$

lautet die charakteristische Gleichung:

$$1 + G_0(s) = 1 + K_{PR} \frac{\cancel{s-1}}{s+2} \cdot \frac{2}{\cancel{s-1}} = 1 + K_{PR} \frac{2}{s+2} = 0 . \qquad (3.4\text{-}8)$$

Die einzige Polstelle berechnet sich zu:

$$s_P = -2\left(1 + K_{PR}\right) . \qquad (3.4\text{-}9)$$

Nach dem Hauptkriterium der Stabilität (3.4-2) besitzt der Regelkreis (3.4-7) für positive Reglerbeiwerte K_{PR} ein stabiles Verhalten.

Gilt diese Feststellung bzgl. sämtlicher Einwirkungen auf diesen Regelkreis?

Dazu machen wir einfach die Probe für eine definierte Störbeeinflussung.

Die explizite Berechnung der Störübertragungsfunktion nach (3.4-4) ergibt:

$$G_Z(s) = \frac{\dfrac{2}{s-1}}{1+K_{PR}\dfrac{s-1}{s+2}\cdot\dfrac{2}{s-1}} = \frac{2(s+2)}{(s-1)(s+2(1+K_{PR}))}. \tag{3.4-10}$$

Sie besitzt ein Nennerpolynom 2. Grades und somit zwei Polstellen:

$$s_{P1} = -2(1+K_{PR}) \quad \text{und} \quad s_{P2} = +1. \tag{3.4-11}$$

Beim Störverhalten liegt eine Polstelle im „instabilen" Bildbereich. **Somit ist der Regelkreis nicht stabil!**

Worin liegt die Diskrepanz beider Berechnungsergebnisse?

Die Antwort lautet:

Die gegenseitige Kürzung von Null- und Polstellen bei der Auswertung der charakteristischen Gleichung (3.4-5) ist **unzulässig**, zumal wenn diese noch im „instabilen" Bildbereich liegen.

Deshalb ist die Erweiterung des Stabilitätskriteriums 1 dringend geboten. Man führt dazu die Übertragungsmatrix des Regelkreises

$$\mathbf{G}_{\text{Regelkreis}} := \begin{pmatrix} G_W(s) & G_Z(s) \\ G_{WY}(s) & G_{ZY}(s) \end{pmatrix} = \begin{pmatrix} \dfrac{G_0(s)}{1+G_0(s)} & \dfrac{G_S(s)}{1+G_0(s)} \\ \dfrac{G_R(s)}{1+G_0(s)} & \dfrac{-G_0(s)}{1+G_0(s)} \end{pmatrix} \tag{3.4-12}$$

ein. Mit ihr lassen sich die Ein-/Ausgangsbeziehungen aller externer und interner Signale berechnen:

$$\begin{pmatrix} X(s) \\ Y(s) \end{pmatrix} = \mathbf{G}_{\text{Regelkreis}} \begin{pmatrix} W(s) \\ Z(s) \end{pmatrix}. \tag{3.4-13}$$

Die Regeldifferenz E(s) berechnet sich als Differenz von W(s) und X(s). Die Stellgröße Y(s) lässt sich genauso wie die Regelgröße X(s) in Abhängigkeit von Führungsänderungen und Störeinflüssen berechnen. Mit der Übertragungsmatrix $\mathbf{G}_{\text{Regelkreis}}$ ist das komplette innere Regelkreisverhalten bekannt. Mit ihr formuliert sich das erweiterte Stabilitätskriterium:

Kriterium: Innere Stabilität des Regelkreises (I-Stabilität)

Der Regelkreis ist genau dann **I-stabil**, wenn alle Übertragungsfunktionen der Regelkreis-Übertragungsmatrix $\mathbf{G}_{\text{Regelkreis}}$ nur Pole im negativ reellen Bildbereich besitzen.

$$\text{Re}\{s_{Pk}\} < 0 \quad \text{für alle k von } \mathbf{G}_{\text{Regelkreis}}. \tag{3.4-14}$$

Die Anwendung auf den Beispielregelkreis (3.4-7) ergibt die Regelkreis-Übertragungsmatrix:

$$G_{\text{Regelkreis}} := \begin{pmatrix} \dfrac{2 \cdot K_{PR}}{s + 2(1 + K_{PR})} & \dfrac{2(s+2)}{(s-1)(s+2(1+K_{PR}))} \\ \dfrac{K_{PR}(s-1)}{s+2(1+K_{PR})} & \dfrac{-2 \cdot K_{PR}}{s+2(1+K_{PR})} \end{pmatrix}. \tag{3.4-15}$$

Wie man sieht, besitzt die Matrix $\mathbf{G}_{\text{Regelkreis}}$ zwei Polstellen. Sie stimmen mit den berechneten Polstellen (3.4-11) überein. Eine von ihnen weist eine instabile Pollage aus. Der Regelkreis (3.4-7) ist deshalb instabil.

Die I-Stabilität stellt ein universelles Stabilitätskriterium dar, dessen Rechenaufwand gegenüber der Bestimmung der Wurzeln der charakteristischen Gleichung wesentlich aufwendiger ist. Deshalb formulieren wir zur Vereinfachung die Richtlinie:

> Bei Beachtung des Kürzungsverbots identischer Pol- und Nullstellen zur Berechnung der charakteristischen Regelkreisgleichung kann jederzeit das Hauptkriterium der Stabilität angewendet werden.

3.4.1 Mathematische Stabilitätskriterien

Die Berechnung der Polstellen anhand der charakteristischen Gleichung ist häufig sehr schwierig. Bei technischen Regelkreisen liegen in den meisten Fällen charakteristische Gleichungen hoher Ordnung vor. Die Mathematik stellt allgemeine Lösungen für Gleichungen 2. und 3. Ordnung zur Verfügung. Der Grad der Polynomgleichungen für reale Regelkreise liegt meistens höher.

Um trotzdem die Regelkreisstabilität beurteilen zu können, kommen Verfahren zu Anwendung, bei denen man ohne die explizite Berechnung der Polstellen auskommt. Sie lassen **absolute** Aussagen über die **Stabilität** zu, was bedeutet, dass ein Regelkreis entweder stabiles oder instabiles Verhalten zeigt. Seine **relative Stabilität**, wie ausreichend stabil er sich tatsächlich verhält, kann nicht beurteilt werden.

Falls Aussagen zur absoluten Stabilität ausreichen, kommen **algebraische Stabilitätskriterien** in Frage. Die bekanntesten von ihnen sind das Hurwitz- und das Routh-Kriterium. Bei ihnen setzt man die charakteristische Funktion $1 + G_0(s)$ als **charakteristisches Polynom** n-ten Grades voraus. Es dient uns in der Form

$$P_{RK}(s) = N_0(s) + Z_0(s) = a_0 + a_1 \cdot s^1 + a_2 \cdot s^2 + \cdots + a_n \cdot s^n \tag{3.4-16}$$

als Berechnungsgrundlage für beide Verfahren.

Hurwitz-Kriterium

Mit dem Hurwitz-Kriterium lässt sich die asymptotische Stabilität des Regelkreises feststellen, was auch hinreichend für seine BIBO-Stabilität ist.

Das Hurwitz-Verfahren geht von der **Hurwitz-Matrix** des Regelkreises aus:

$$\mathbf{H} = \begin{pmatrix} a_1 & a_3 & a_5 & a_7 & .. \\ a_0 & a_2 & a_4 & a_6 & .. \\ 0 & a_1 & a_3 & a_5 & .. \\ 0 & a_0 & a_2 & a_4 & .. \\ .. & .. & .. & .. & .. \end{pmatrix}. \qquad (3.4\text{-}17)$$

Die Koeffizienten der Matrix entstammen dem charakteristischen Polynom (3.4-16). Die Hurwitz-Matrix ist eine $n \times n$-Matrix. Aus ihr bildet man die Hurwitz-Determinanten D_i ($i = 1 - n$), welche auch als Hauptabschnittdeterminanten bezeichnet werden und in der Matrix (3.4-17) durch Ecken skizziert sind.

Mit diesen Definitionen und Bezeichnungen lautet die Stabilitätsforderung:

Hurwitz-Kriterium

Der Regelkreis ist genau dann **asymptotisch stabil**, wenn sein charakteristisches Polynom n-ter Ordnung folgende *Hurwitz-Bedingungen* erfüllt:

1. Alle Koeffizienten a_i ($0 \leq i \leq n$) müssen ungleich null sein und gleiches Vorzeichen besitzen.
2. Die Hurwitz-Determinanten D_i ($0 \leq i \leq n$) müssen alle größer null sein.

Erfüllt der Regelkreis diese Bedingungen, ist er auch E/A-stabil. Liegt das Polynom mit verstellbaren Reglerparametern vor, so lassen sich aus den Hurwitz-Bedingungen Stabilitätsgrenzen ableiten, welche die Grenzen zwischen stabilem und instabilem Regelkreisverhalten markieren.

Ist die allgemeine Hurwitz-Matrix gegeben, so berechnen sich ihre Hurwitzdeterminanten D_i nach dem Schema:

$$D_1 = a_1$$

$$D_2 = \begin{vmatrix} a_1 & a_3 \\ a_0 & a_2 \end{vmatrix} = a_1 \cdot a_2 - a_0 \cdot a_3$$

$$D_3 = \begin{vmatrix} a_1 & a_3 & a_5 \\ a_0 & a_2 & a_4 \\ 0 & a_1 & a_3 \end{vmatrix} = + \begin{vmatrix} a_3 & a_5 \\ a_2 & a_4 \end{vmatrix} \cdot 0 - \begin{vmatrix} a_1 & a_5 \\ a_0 & a_4 \end{vmatrix} \cdot a_1 + \begin{vmatrix} a_1 & a_3 \\ a_0 & a_2 \end{vmatrix} \cdot a_3$$

Die allgemeine Berechnungsvorschrift für Determinanten ist:

$$D = \begin{vmatrix} e_{11} & e_{12} & e_{13} & \cdots & e_{1n} \\ e_{21} & e_{22} & e_{23} & \cdots & e_{2n} \\ e_{31} & e_{32} & e_{33} & \cdots & e_{3n} \\ \vdots & \vdots & \vdots & \ddots & \vdots \\ e_{n1} & e_{n2} & e_{n3} & \cdots & e_{nn} \end{vmatrix} = \sum_k (-1)^{i+k} \cdot e_{ik} \cdot D_{ik} \tag{3.4-18}$$

mit den zu dem Element e_{ik} adjungierten Unterdeterminaten D_{ik} , die durch das Streichen der i-ten Zeile und k-ten Spalte entstehen.

Probieren wir dieses Untersuchungsverfahren am Regelkreis (3.4-7) aus, müssen wir das charakteristische Polynom berechnen, ohne dabei die Pol-Nullstellenkürzungen vorzunehmen. Aus der charakteristischen Gleichung (3.4-8) entnehmen wir sein charakteristisches Polynom:

$$\begin{aligned} P_{RK}(s) &= (s+2)(s-1) + 2 \cdot K_{PR}(s-1) \\ &= -2(1+K_{PR}) + (1+2 \cdot K_{PR}) \cdot s + s^2. \end{aligned} \tag{3.4-19}$$

Man braucht nicht weiter zu rechnen, denn die erste Hurwitz-Bedingung ist nicht vollständig erfüllt. Zwar sind alle Koeffizienten des Polynoms 2. Ordnung vorhanden, sie besitzen jedoch nicht dasselbe Vorzeichen. Auch die Variation der Reglerverstärkung K_{PR} führt zu keinem einheitlichen Vorzeichen, wenn wir für ihn positive Werte voraussetzen.

Als weiteres Beispiel versuchen wir die Stabilitätsbedingungen eines I/P-T_2-Regelkreises nach Abbildung 3.4-5 mit dem Hurwitz-Kriterium zu bestimmen.

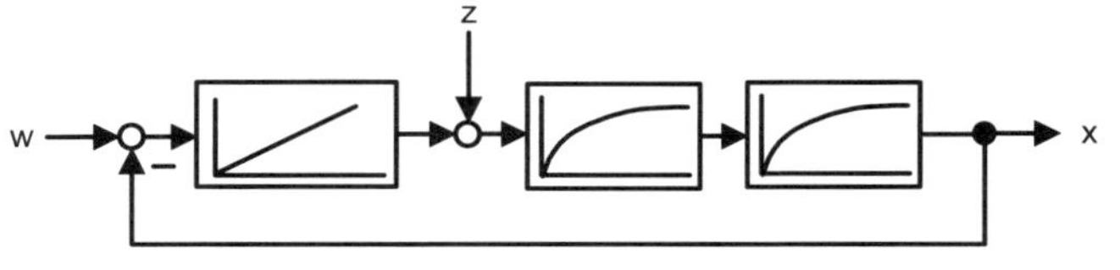

Abbildung 3.4-5: I/P-T_2-Regelkreis

Die Strecke besitzt zwei verzögernde Proportionalstrecken und der Regler reines I-Verhalten:

$$\begin{aligned} &\text{Regler:} && G_R(s) = \frac{K_{IR}}{s} \\ &\text{Regelstrecke:} && G_S(s) = \frac{K_{PS}}{(1+s \cdot T_1)(1+s \cdot T_2)} \end{aligned} \tag{3.4-20}$$

Der Ausgangspunkt weiterer Berechnungen ist das charakteristische Regelkreispolynom:

$$P_{RK}(s) = K_{PS} \cdot K_{IR} + s + (T_1 + T_2) \cdot s^2 + (T_1 \cdot T_2) \cdot s^3 . \tag{3.4-21}$$

Die Hurwitz-Matrix ergibt sich daraus zu:

$$\mathbf{H} = \begin{pmatrix} 1 & T_1 \cdot T_2 & 0 \\ K_{PS} \cdot K_{IR} & T_1 + T_2 & 0 \\ 0 & 1 & T_1 \cdot T_2 \end{pmatrix}. \qquad (3.4\text{-}22)$$

Die Hurwitz-Determinanten berechnen sich nach den Berechnungsvorschriften für Determinanten zu:

$$\begin{aligned} D_1 &= 1 \\ D_2 &= 1 \cdot (T_1 + T_2) - (K_{PS} \cdot K_{IR}) \cdot (T_1 \cdot T_2) \\ D_3 &= (T_1 \cdot T_2) \cdot D_2 = (T_1 \cdot T_2) \cdot \left[(T_1 + T_2) - (K_{PS} \cdot K_{IR}) \cdot (T_1 \cdot T_2) \right]. \end{aligned} \qquad (3.4\text{-}23)$$

Die Stabilitätsbedingungen für den I/P-T_2-Regelkreis können nun aus den Gleichungen (3.4-23) abgeleitet werden. Insgesamt lassen sich zwei Bedingungen angeben:

1. K_{PS} und K_{IR} müssen größer als null sein.
2. Für die Kreisverstärkung ($K_{PS} \cdot K_{IR}$) muss gelten: $K_{IR} \cdot K_{PS} < \dfrac{T_1 + T_2}{T_1 \cdot T_2}$.

Beide Bedingungen sind erfüllbar, so dass wir von einem stabilen Regelkreis ausgehen können.

Routh-Kriterium

Die Berechnung der Hurwitz-Determinanten ist für höhere Polynomordnungen schwierig bzw. umfangreich. Deshalb bietet das Routh-Kriterium als weiteres Stabilitätskriterium ein direktes Berechnungsschema an. Es basiert auf dem Hurwitz-Kriterium.

Die Koeffizienten a_i des charakteristischen Polynoms und weiterer zu berechnender Kenngrößen werden im **Routh-Schema** nach folgender Vorschrift aufgeführt:

Tabelle 3.4-1: Routh-Schema

Zeile	1. Spalte				
0	a_n ↓ ↗	a_{n-2} ↓ ↗	a_{n-4} ↓ ↗	$\cdots\ a_1/a_0$	0
1	a_{n-1}	a_{n-3}	a_{n-5}	$\cdots\ a_0/0$	0
2	$b_{n-1} = a_{n-2} - \frac{a_n}{a_{n-1}} a_{n-3}$	$b_{n-2} = a_{n-4} - \frac{a_n}{a_{n-1}} a_{n-5}$	$b_{n-3} = a_{n-6} - \frac{a_n}{a_{n-1}} a_{n-7}$	$\cdots$ 0	
3	$c_{n-1} = a_{n-3} - \frac{a_{n-1}}{b_{n-1}} b_{n-2}$	$c_{n-2} = a_{n-5} - \frac{a_{n-1}}{b_{n-1}} b_{n-3}$	$c_{n-3} = a_{n-7} - \frac{a_{n-1}}{b_{n-1}} b_{n-4}$	$\cdots$ 0	
$\vdots$	$\vdots$	$\vdots$	$\vdots$		
$n-3$	$w_{n-1} = \ldots$	$w_{n-2} = \ldots$	0		
$n-2$	$x_{n-1} = \ldots$	$x_{n-2} = \ldots$			
$n-1$	$y_{n-1} = w_{n-2} - \frac{w_{n-1}}{x_{n-1}} x_{n-2}$	0			
n	$z_{n-1} = x_{n-1}$	0			

Die beiden ersten Zeilen zeigen die Polynom-Koeffizienten a_n bis a_0 in gekreuzter Reihenfolge. Die Reihen werden immer mit null abgeschlossen. Die weiteren Reihen berechnen sich als Differenz des Koeffizienten (–2 Zeilen, +1 Spalte) und des Quotienten, gebildet durch die Parameter (–2 Zeile / –1 Zeile), multipliziert mit der Größe in der Position (–1 Zeile, +1 Spalte). Im obigen Schema erkennt man die Vorschriften zur Bildung aller Schema-Koeffizienten durch explizite Berechnung.

Mit dem Routh-Schema kann nun die Stabilitätsbedingung formuliert werden:

Routh-Kriterium

Der Regelkreis ist genau dann **asymptotisch stabil**, wenn sein charakteristisches Polynom n-ter Ordnung folgende *Routh-Bedingungen* erfüllt:

1. Alle Koeffizienten a_i ($0 \le i \le n$) müssen ungleich null sein und ein positives Vorzeichen besitzen.

   (Falls alle Koeffizienten ungleich null sind und negatives Vorzeichen besitzen, erfüllen sie die Bedingung trotzdem. Durch Multiplikation mit –1 erhält man die gewünschte Vorzeichenumkehr.)

2. Alle Koeffizienten der 1. Spalte im Routh-Schema müssen größer als null sein.

Das Routh-Kriterium wenden wir ebenfalls an dem bereits mit dem Hurwitz-Kriterium untersuchten I/P-T_2-Regelkreis der Abbildung 3.4-5 und mit den Übertragungsfunktionen (3.4-20) an. Aus den Koeffizienten seines charakteristischen Polynoms (3.4-21) bauen wir das Routh-Schema in Tabelle 3.4-2 auf.

Die 1. Spalte der Tabelle und die 1. Routh-Bedingung spiegeln die Stabilitätsbedingungen wider:

1. K_{PS} und K_{IR} müssen größer als null sein.
2. Da die Zeitkonstanten T_1 und T_2 per se größer null sind, gilt es nur noch, die Bedingung

$$K_{IR} \cdot K_{PS} < \frac{T_1 + T_2}{T_1 \cdot T_2}$$

einzuhalten.

Tabelle 3.4-2: Routh-Schema I/P-T_2-Regelkreis

Zeile	1. Spalte		
0	$T_1 \cdot T_2$	1	0
1	$T_1 + T_2$	$K_{PS} \cdot K_{IR}$	0
2	$1 - \frac{T_1 \cdot T_2}{T_1 + T_2} \cdot K_{PS} \cdot K_{IR}$	0	
3	$K_{PS} \cdot K_{IR} - \frac{T_1 \cdot T_2}{T_1 + T_2} \cdot 0$	0	

Als Ergebnis kann Übereinstimmung zwischen den beiden Stabilitätsforderungen nach dem Hurwitz- und Routh-Verfahren festgestellt werden.

3.4.2 Graphische und experimentelle Stabilitätsverfahren

Die mathematischen Verfahren verlangen die volle systemtheoretische Kenntnis der Regelkreissysteme. Aber nicht immer sind die mathematischen Modelle bekannt. Neben der absoluten Stabilität möchte man auch Aussagen über die relative Stabilität, die Stabilitätsgüte oder Stabilitätsreserve eines Regelkreises erhalten. Dazu dienen die nachfolgenden Methoden.

3.4.2.1 WOK-Verfahren

Der Ausgangspunkt unserer Stabilitätsuntersuchung von Regelkreisen sind die Platzierungen seiner Polstellen in der s-Ebene. Wir wissen aus dem vorhergehenden Abschnitt, dass die Polstellen einen großen Winkel α zwischen Frequenzachse und Polvektor aufweisen sollen, um eine kurze Ausregelzeit zu gewährleisten. Die Länge des Polvektors bestimmt die Anregelzeit. Da beide nicht unabhängig voneinander sind, bieten eine mittlere Vektorlänge und ein mittlerer Vektorwinkel das bestmögliche Übergangsverhalten bei Regelkreisen. In Abbildung 3.4-6 wird dieser Bereich durch den schraffierten Winkel- und Abstandsbereich eingegrenzt.

Das Übergangsverhalten eines in diesem Sektor liegenden Polpaars entspricht dem eines P-T_2-Systems. Es wird durch den Dämpfungsfaktor D und die Kennkreisfrequenz ω_0 parametrisiert. Diese legen die Überschwingweite und die An- bzw. Ausregelzeit fest. Da bei realen Regelkreisen nicht nur ein Polstellenpaar auftritt, ist darauf zu achten, dass das dominante Paar[1] in diesen Stabilitätsbereich fällt.

Diese Vorüberlegungen führen zu einem neuen Verfahren der Stabilitätsüberprüfung, das

[1] Siehe Kapitel 2.3 „Pol-Nullstellen-Plan" und „Pol-Nullstellenstellen-Kurve"

gleichzeitig die Optimierung der Reglerparameter bietet.

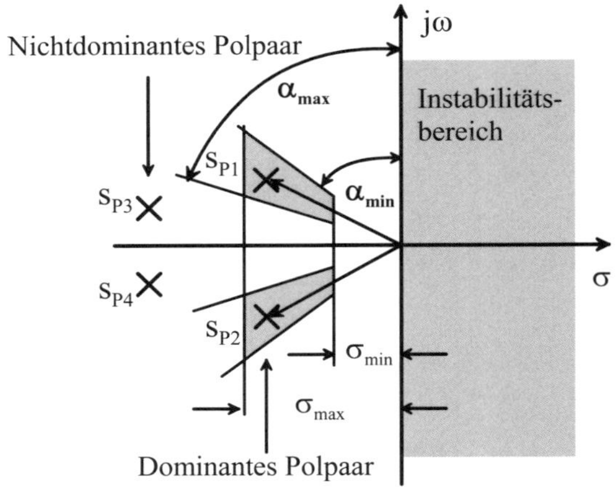

Abbildung 3.4-6: Optimaler Sektor für Polstellen

Um dominante Polstellen eines Regelkreises in dem angestrebten Stabilitätsbereich zu platzieren, müssen sie als Funktion der spezifischen Reglerparameter berechnet werden. Ihre Berechnung läuft über die charakteristische Gleichung, in der die Regler-Übertragungsfunktion $G_R(s; K_{PR}, \ldots)$ die Abhängigkeit von den Parametern innehat. Die Wurzeln der charakteristischen Gleichung sind somit auch Funktionen dieser Reglerparameter:

$$s_{Pi} = s_{Pi}\left(K_{PR} \text{ und evtl. anderer}\right). \qquad (3.4\text{-}24)$$

Die Polstellen definieren Kurven in einem mehrdimensionalen Parameterraum.

Da alle Reglerfunktionen letztlich einen Verstärkungsfaktor K_R besitzen, können die Übertragungsfunktionen in der Form

$$G_R(s) = K_R \cdot \hat{G}_R(s) \qquad (3.4\text{-}25)$$

geschrieben werden, wobei die gesamte Zeitabhängigkeit des Reglers in der Funktion $\hat{G}_R(s)$ zu finden ist. Der Verstärkungsfaktor K_R legt allein die Amplitude des Reglerausgangssignals fest. Mit dieser Aufteilung lassen sich einparametrige Kurven im Bildbereich definieren:

Definition: Wurzelortskurve (WOK)

Die **Wurzelortskurve** ist der geometrische Ort aller Lösungen der charakteristischen Gleichung des Regelkreises $P_{RK}(s) = 1 + G_0(s) = 0$ in der Bildebene, wobei die Reglerverstärkung K_R im Bereich $0 \leq K_R \leq \infty$ variiert.

Die Wurzelortskurve wird graphisch in der Bildebene dargestellt. Die Anzahl der Polstellen eines Systems bestimmt die Anzahl der Wurzelortskurven-Äste im WOK-Diagramm.

Ihre Ausgangspunkte werden mit dem Polstellen-Zeichen (×) gekennzeichnet; sie sind die Polstellen des offenen Regelkreises $G_0(s)$, da für ihn $K_R = 0$ gilt. Die Polstellenkurven entwickeln sich aus diesen Punkten für $K_R > 0$.

Die Nullstellen des offenen Regelkreises kennzeichnet man im WOK-Diagramm mit Kreisen (O). Die Polstellen des offenen Regelkreises wirken wie Quellen, seine Nullstellen wie Senken. Einzelne Äste der Wurzelortskurve streben deshalb zu den nächstliegenden Nullstellen.

Die Abbildung 3.4-7 zeigt die WOK unseres Beispielregelkreises in Abbildung 3.4-5, der durch die Übertragungsfunktionen (3.4-20) beschrieben ist. Die Streckenparameter (ohne Angabe der Einheiten) seien: $K_{PS} = 10$, $T_1 = 1$ und $T_2 = 2$.

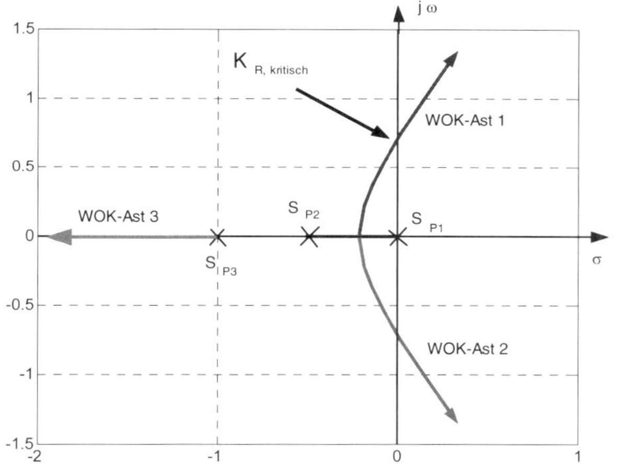

Abbildung 3.4-7:
WOK I/P-T_2-Regelkreis

Seine offene Übertragungsfunktion $G_0(s)$ besitzt keine Nullstellen, weshalb alle WOK-Äste ins Unendliche streben. Drei Polstellen bestimmen ihre Anfangspunkte.

Das WOK-Verfahren besitzt den unschätzbaren Vorteil, das Gesamtverhalten des untersuchten Regelkreises sehr übersichtlich zu zeigen. Aus Abbildung 3.4-7 erkennen wir:

- Der Regelkreis wird für größere Verstärkungsfaktoren K_R instabil. Der kritische Verstärkungsfaktor $K_{R,\ kritisch}$ ist aus dem Diagramm zu entnehmen.
- Die Regelungsanforderungen bestimmen die richtige Wahl des Reglerverstärkungsfaktors. Will man keinen schwingenden Übergang beim Führungswechsel, so wählt man eine Einstellung, bei der die Polstellen keine Frequenzkomponenten besitzen. Im Beispiel kann dies die Einstellung sein, in der sich die beiden WOK-Äste 1 und 2 berühren. Leider wird die Schnelligkeit dieser Regelung nicht von Polstellen des WOK-Astes 3 bestimmt, da er keine dominante Polstelle repräsentiert.

Zur optimalen Wahl der Reglerparameter sollte man die Vorüberlegungen dieses Kapitels berücksichtigen.

Das Wissen über WOK-Verläufe zwischen den Pol- und Nullstellen von $G_0(s)$ führt auch unmittelbar zu Überlegungen, Regler zu verwenden, die Nullstellen besitzen, um z. B. die „instabilen" Äste in den stabilen Bildbereich umzuleiten. Bleiben wir bei der seither untersuchten Regelstrecke, so lassen sich durch einen PID-Reglers zwei Nullstellen im Bildbereich platzieren. Das WOK-Diagramm erhält ein völlig anderes Aussehen. Um dies zu sehen, schreiben wir die PID-Übertragungsfunktion in der Form:

$$\text{PID-Regler: } G_R(s) = K_{PR}\left(1+\frac{1}{T_N \cdot s}+T_V \cdot s\right) = K_R \frac{\left(s-s_{N_1}\right)\left(s-s_{N_2}\right)}{s}. \qquad (3.4\text{-}26)$$

Die Reglerübertragungsfunktion besitzt zwei Nullstellen, welche durch Vorgabe so im Bildbereich festgelegt werden, dass alle WOK-Äste im negativ reellen Gebiet verharren. Das nachfolgende WOK-Diagramm zeigt die Nullstellen als Senken der Polstellen s_{P1} und s_{P3}. Die Ausgangspolstelle s_{P2} verschwindet im negativ Unendlichen.

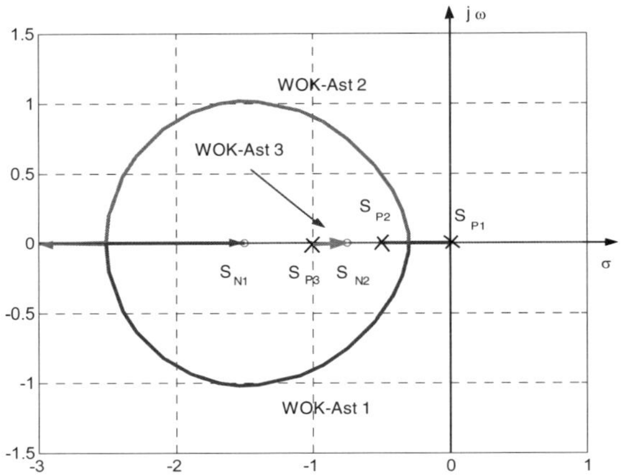

Abbildung 3.4-8: WOK PID/P-T_2-Regelkreis

Der PID-Regler führt zu folgendem Ergebnis:

Die Regelung ist immer stabil, egal welcher Verstärkungswert am Regler eingestellt wird. Es ist auch möglich, das Regelkreis-Übergangsverhalten durch gezielte Einstellung von An- bzw. Ausregelzeit und Überschwingweite den Regelungsanforderungen anzupassen. Das dominante Polstellenpaar kann mittels des Verstärkungsfaktors K_R in den ausgezeichneten Sektor optimalen Übergangsverhaltens gelegt werden.

Leider ist die Berechnung von Wurzelortskurven kein einfaches Unterfangen. Die meisten Regelkreise besitzen charakteristische Gleichungen höherer Ordnung. Diese sind oft nur numerisch lösbar. Die heutige Rechnertechnik mit entsprechenden Programmen erleichtert diese Aufgabe. Die abgebildeten Wurzelortskurven sind auf diese Art berechnet und gezeichnet. Ohne diese Möglichkeiten haben sich Regelungsexperten mit Konstruktionsregeln zur Gewinnung der WOK beholfen. In vielen Fachbüchern der Regelungstechnik sind diese nachzulesen. Wir verzichten hier auf ihre Angabe und animieren damit den Leser, sich mit den einschlägigen Programmen der Regelungstechnik zu befassen. Man findet dort meist auch die anderen Verfahren zur Regelkreisuntersuchung.

Hier formulieren wir die wichtigsten Eigenschaften der WOK in folgender Übersicht:

- Hält sich die WOK im negativ reellen Bildbereich auf, liegt ein stabiler Regelkreis vor.
- Der Übergang der WOK vom negativ reellen in den positiv reellen Bildbereich markiert den kritischen Verstärkungsfaktor $K_{R,\,kritisch}$ des Reglers.
- Die Pole des Regelkreises wandern in Abhängigkeit des Verstärkungsfaktors K_R auf Kurven, die für $K_R = 0$ in den Polstellen (×-Zeichen) des offenen Regelkreises beginnen und für $K_R \to \infty$ in dessen Nullstellen (○-Zeichen) bzw. im Unendlichen enden. Bei der Anzahl von N Nullstellen und P Polstellen enden (P – N) Kurven im Unendlichen. Die Polstellen des offenen Regelkreises wirken als Quellen, dessen Nullstellen als Senken.
- Die WOK zeigt sich immer symmetrisch zur reellen σ-Achse.

Um dem Leser einen Eindruck von Wurzelortskurven zu verschaffen, sind in der Tabelle 3.4-3 einige wenige typische WOK-Diagramme angegeben. Sie besitzen systematische, von der Pol- und Nullstellenanzahl abhängige Kurvenverläufe, deren Eigenschaften beim Reglerentwurf genutzt werden können.

Tabelle 3.4-3: Typische Wurzelortskurven

Pole	Keine Nullstelle	Eine Nullstelle
1	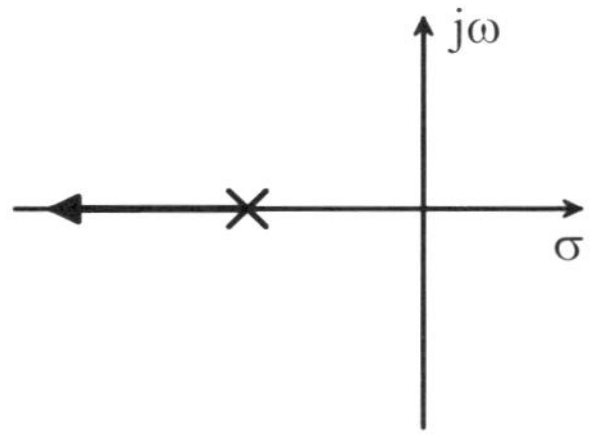	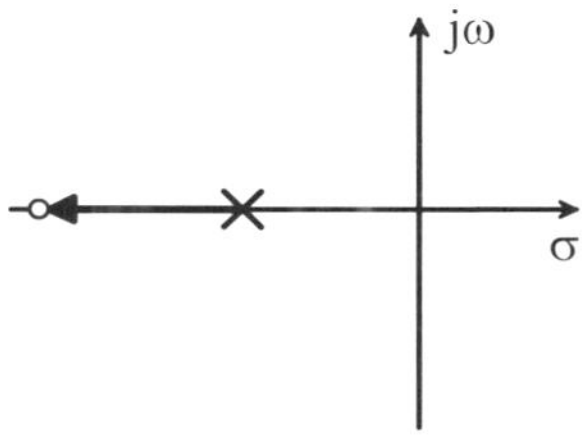
2	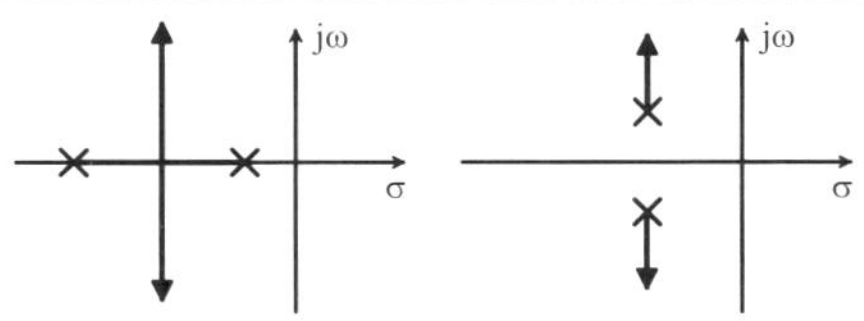	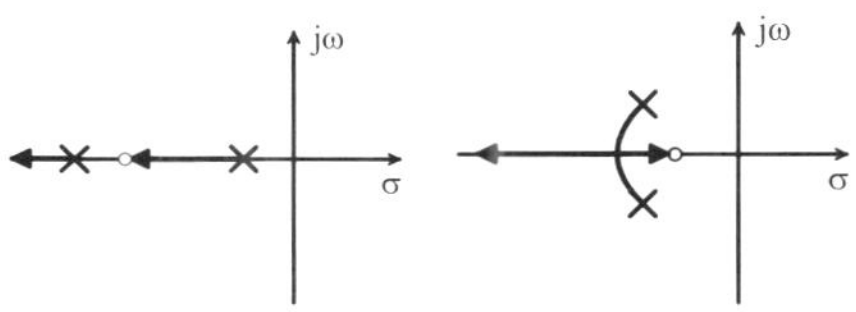
3	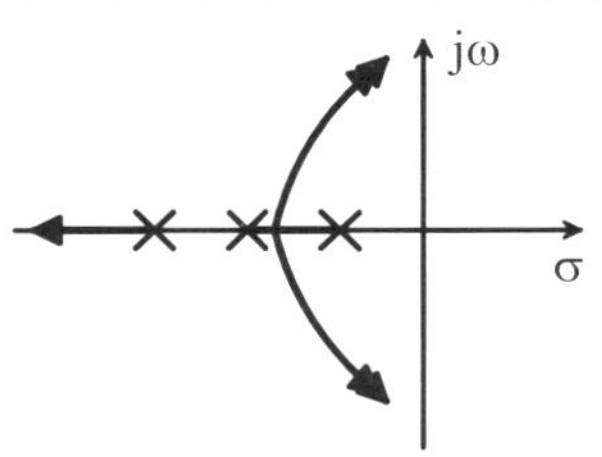	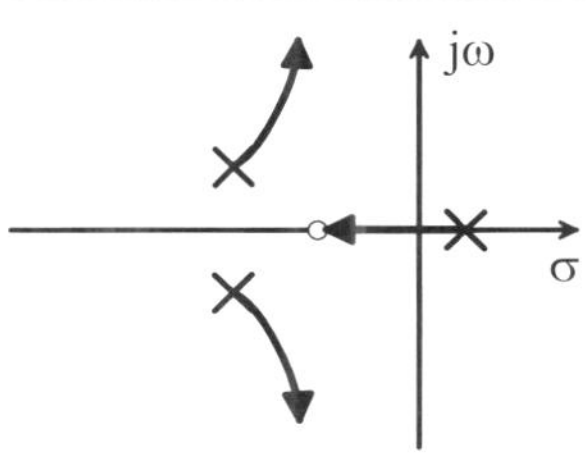

Am Beispiel von drei Polstellen sieht man aus Tabelle 3.4-3, dass die „instabile“ Polstelle mit Hilfe einer im „stabilen“ Bereich liegenden Nullstelle gezwungen werden kann, ebenfalls in den „stabilen“ Polstellenbereich zu wechseln. Die Wahl eines Reglers, der neben Polstellen eine solche Nullstelle besitzt, führt dann zu einem stabilen Regelkreis.

3.4.2.2 Nyquist-Verfahren

Die bisher besprochenen Stabilitätsuntersuchungen verlangen stets mathematische Modelle der Regelstrecke. Wie wir wissen, sind solche für komplexe Strecken nur sehr aufwendig zu beschaffen. Es wäre eine erhebliche Erleichterung, wenn experimentelle Methoden zur Stabilitätsuntersuchung genutzt werden könnten.

Auch wenn keine Polynomgleichungen als charakteristische Regelkreisgleichungen vorliegen, lassen sich die bisher erörterten Verfahren nur sehr schwer anwenden.

Für diese Regelstreckentypen, insbesondere für solche mit Totzeiten, werden andere Untersuchungsmethoden verwendet, die experimentell im Frequenzbereich durchgeführt werden. Als Grundlage dienen dazu die Ortskurven bzw. die Bode-Diagramme.

Das Nyquist-Verfahren beschreibt eine solche Untersuchungsmethode. Das vereinfachte Nyquist-Kriterium dient als Einstieg in das Verfahren. Seine Herleitung stützen wir auf Plausibilitätsbetrachtungen des allgemeinen Regelkreisverhaltens und verzichten auf eine mathematische Beweisführung. Anschließend formulieren wir das universell geltende allgemeine Kriterium.

Vereinfachtes Nyquist-Stabilitätskriterium

Wir denken uns den Regelkreis, als sei er aufgeschnitten. Die Führungs- und Störsignale werden im Arbeitspunkt beharrend angenommen. Sie nehmen somit den Wert null an. Nun animieren wir den offenen Regelkreis bei der „Schnittstelle“ mit einem sinusförmigen Signal x’(t). Das Ausgangssignal x(t) bei der „Schnittstelle“ schauen wir uns mit einem Messgerät an. Die Abbildung 3.4-9 zeigt das gedachte Regelkreis-Experiment.

Der offene Regelkreis kann so, ohne in Gefahr durch die Rückkopplung zu geraten, experimentell untersucht werden.

Als Eingangsgröße x’(t) legen wir ein Sinussignal der Frequenz ω und Amplitude $\hat{x}'$ an. Die registrierte Ausgangsgröße x(t) (Regelgröße) zeigt ebenfalls ein Sinussignal mit derselben Frequenz, sie ist jedoch um die Phase $\varphi = -180°$ verschoben und besitzt auch einen anderen Amplitudenwert $\hat{x}$:

$$x'(t) = \hat{x}' \cdot \sin(\omega \cdot t) \quad \rightarrow \quad x(t) = \hat{x} \cdot \sin(\omega \cdot t + \varphi - \pi) \,. \tag{3.4-27}$$

Die Phasenlagen beider Signale sind unterschiedlich, denn zum einen invertiert die Vergleichseinrichtung das Eingangssignal x’(t), was einer Phasenverschiebung um $-180°$ bzw. $-\pi$ gleichkommt und zum anderen bewirken der Regler und die Strecke weitere Phasenverschiebungen um φ.

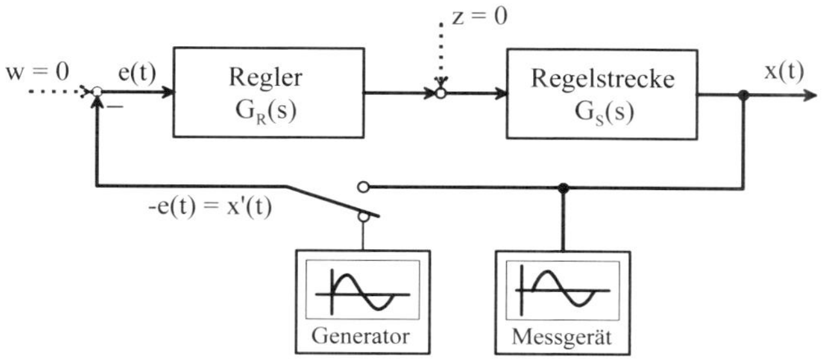

Abbildung 3.4-9: Regelkreis-Experiment

Die schrittweise Veränderung der Generatorfrequenz ω erlaubt den Vergleich beider Signale $x'(t) = -e(t)$ und $x(t)$ bzgl. ihren Amplituden- und Phasenwerten. Man beobachtet i. Allg. folgende Verhältnisse:

1. Für die meisten Frequenzwerte ω unterscheiden sich die Amplituden beider Signale. Denkbar ist, dass bei wenigen Frequenzwerten beide Amplituden gleichgroße Werte besitzen. Es liegt dann eine Kreisverstärkung $V_0 = 1$ vor.
2. Die Phasenverschiebung φ nimmt negative Werte in Abhängigkeit der eingestellten Frequenz ω an, da das Ausgangssignal dem Eingangssignal nacheilt.
3. Es kann aber auch der Fall eintreten, dass bei einer speziellen Frequenz ω_0 **gleichzeitig** eine Kreisverstärkung $V_0 = 1$ auftritt und die Phasenverschiebung $\varphi = -180°$ bzw. $-540°$, ... ausfällt. Ein- und Ausgangssignal stimmen dann überein. Der Sinusgenerator kann entfallen und der Regelkreis geschlossen werden. Es liegt eine selbsterhaltende Schwingung vor. Der Regelkreis wirkt ohne äußeres Zutun als Oszillator der Frequenz ω_0.
4. Steigert sich unter Beibehaltung der 180°-Phasenverschiebung die Kreisverstärkung auf Werte, die geringfügig größer als eins ($V_0 > 1$) sind, schaukelt sich die Schwingungsamplitude unbegrenzt auf. Der Regelkreis arbeitet instabil.

Die Instabilitätsbedingungen lassen sich zusammenfassen:

Voraussetzung für das instabile Verhalten eines Regelkreises ist das gleichzeitige Auftreten der beiden Signalbedingungen:

- Phasenbedingung: $\varphi = -180^\circ, -540^\circ, \cdots$ und
- Amplitudenbedingung: $V_0 = \left|\frac{\hat{x}}{\hat{e}}\right| \geq 1$

zwischen der Regelgröße und der Regeldifferenz. Jede sprungförmige Stimulierung des Regelkreises durch eine Führungs- oder Störeinwirkung wirkt wie ein Signalgenerator mit gleichzeitig vielen Frequenzen (unendliche Bandbreite). Es kann deshalb nicht ausgeschlossen werden, dass sich unter diesen genau die Anregungsfrequenz ω_0 befindet, bei der die obige Phasen- und Amplitudenbedingung auftritt. Noch unangenehmer ist, dass real vorkommende Signale Rauschkomponenten aller Frequenzen besitzen, die ausreichen, um die Instabilitätsbedingungen zu erfüllen. Der Regelkreis wird instabil, auch wenn der Betreiber noch so viel Vorsicht walten lässt.

Welche Konsequenzen ergeben sich nun aus diesen Feststellungen?

Dazu sehen wir uns die Signalverhältnisse im geschlossenen Regelkreis an, wie sie in der Abbildung 3.4-10 zu sehen sind.

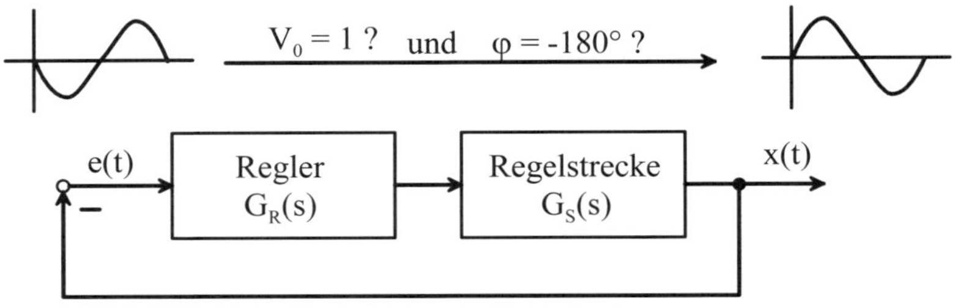

Abbildung 3.4-10: Grenzstabile Signalverhältnisse im geschlossenen Regelkreis

Gehen wir von der Regelgröße x(t) am Regelkreisausgang aus. Dort liegt die Sinusschwingung mit Phase null vor. Sie wirkt über die Vergleichseinrichtung auf den Regler, was einer Signalinvertierung entspricht. Zwischen Reglereingang und Streckenausgang (offener Regelkreis $G_0(s)$) besteht mit diesen angenommenen Signalverhältnissen die Phasenverschiebung von $\varphi = -180°$. Besitzt der offene Regelkreis $G_0(s)$ die eingetragene Phasen- und Amplitudenbedingung, liegt ein grenzstabiles Verhalten vor.

Deshalb muss zur Wahrung der Stabilität gefordert werden:

> Der offene Regelkreis darf zwischen Eingangssignal des Reglers und Ausgangssignal der Strecke gleichzeitig keine Phasenverschiebung $\varphi = -180°$ und Kreisverstärkung $V_0 \geq 1$ aufweisen!

Wie kann diese Forderung überprüft werden?

Für die Systembeschreibung im Frequenzbereich steht der Frequenzgang in Form der Ortskurve zur Verfügung. Sie zeigt die Phasen- und Amplitudenbedingungen zwischen Ein- und Ausgangssignalen von Systemen. Es scheint das richtige Werkzeug zu dieser Stabilitätskontrolle zu sein, denn für sie können die Instabilitätsbedingungen umformuliert werden:

Instabilität ist dann gegeben, wenn die Ortskurve des offenen Regelkreises $FG_0(j\omega)$ bei einer beliebigen Frequenz ω die Forderungen

- Amplitudenbedingung: $|FG_0(j\omega)| \geq 1$
- Phasenbedingung: $\sphericalangle\, FG_0(j\omega) = -180°$

erfüllt. Die Phasenverschiebung von $\varphi = -180°$ wird durch einen Ortskurvenvektor mit Endpunkt auf der negativ reellen Achse angezeigt. Eine Vektorlänge von eins legt den grenzstabilen Punkt –1 auf der reellen Achse fest, für den man folgende Bezeichnung einführt:

Definition: Kritischer Punkt P_{krit}

Der Punkt $\mathbf{P_{krit} = (-1, j \cdot 0)}$ im Nyquist-Diagramm wird als **kritischer Punkt** bezeichnet.

Diese Vorüberlegungen legen nun die Formulierung eines Stabilitätskriteriums nahe:

Einfaches Nyquist-Kriterium

Der geschlossene Regelkreis ist genau dann stabil, wenn die Ortskurve $FG_0(j\omega)$ des offenen Regelkreises **mit anwachsender Frequenz den kritischen Punkt P_{krit} links** liegen lässt, d. h. ihn weder umschließt noch schneidet.

Zur Vervollständigung des Kriteriums werden zwei Voraussetzungen nachgetragen:

1. Der offene Regelkreis $G_0(s)$ muss E/A-stabil einstellbar sein, d. h. dann keine Polstellen im instabilen Bildbereich haben.
2. Die Übertragungsfunktion $G_0(s)$ darf maximal eine Doppelpolstelle im Ursprung besitzen. Dadurch ist die Anzahl der Integrierglieder im offenen Regelkreis auf zwei beschränkt.

Für die meisten Regelstrecken und Regler können diese Voraussetzungen angenommen werden. Darunter fallen alle Strecken mit Ausgleich. Das Kriterium kann selbst dann noch angewandt werden, wenn die Regelstrecke nicht ausgleichend wirkt und der Regler einen I-Anteil enthält.

Anhand von Beispielen offener Regelkreis-Ortskurven lässt sich das einfache Nyquist-Kriterium eindrücklich illustrieren. Die Abbildung 3.4-11 zeigt Ortskurven, die zu stabilen und instabilen Regelkreisverhalten führen. Wichtig bei der graphischen Stabilitätsbeurteilung ist, dass die Ortkurven zu höheren Frequenzen hin „durchlaufen" werden, wenn man nach der Lage des kritischen Punkts Ausschau hält. Schneidet die Ortskurve den kritischen Punkt P_{krit}, liegt grenzstabiles Verhalten vor.

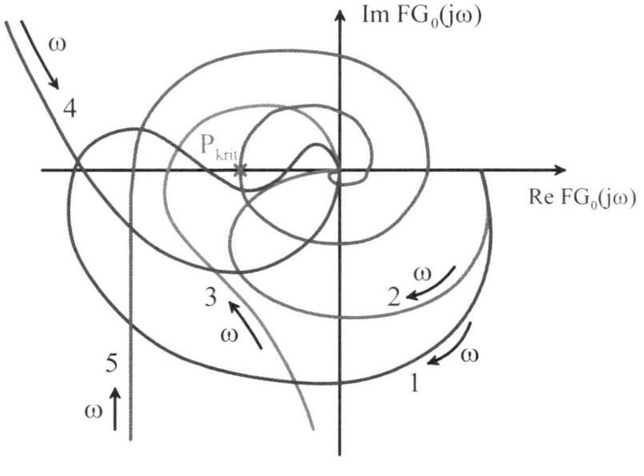

Abbildung 3.4-11: Stabilitätsuntersuchung mit Ortskurven

Legende:
1: Stabil
2: Stabil
3: Instabil
4: Stabil
5: Grenzstabil

Mit dem einfachen Nyquist-Kriterium steht ein experimentelles Untersuchungsverfahren zur Verfügung. Die Ortskurven des offenen Regelkreises können messtechnisch aufgenommen werden. Aus ihnen erkennt man unmittelbar die Stabilität des geschlossenen Regelkreises. Eine Verstellung der Kreisverstärkung (über den Verstärkungsfaktor K_R) bewirkt das „Aufblähen“ bzw. „Schrumpfen“ der Kurven: Die Ortskurven können deshalb auch dazu verwendet werden, die Stabilitätsgrenzen des geschlossenen Regelkreises auszuloten.

Allgemeines Nyquist-Kriterium

Sind Regelstrecken mit a priori instabilem Verhalten zu regeln, taugt das einfache Nyquist-Kriterium nicht, die Stabilität des geschlossenen Regelkreises vorauszusagen. Seine Eingangsbedingungen sind unerfüllt. Für Regelstrecken mit mindestens einer Polstelle im instabilen bzw. grenzstabilen Bildbereich wurde von Henry Nyquist ein allgemein gültiges Stabilitätskriterium formuliert. Es umfasst das einfache Nyquist-Kriterium als Spezialfall. Seine systemtheoretische Begründung basiert auf dem bereits formulierten Hauptstabilitätskriterium und der Struktur der charakteristischen Gleichung des geschlossenen Regelkreises. Ohne eine mathematische Beweisführung vorzutragen, ist nachfolgend allein die Nyquist-Stabilitätsaussage formuliert:

Allgemeines Nyquist-Kriterium

Besitzt der offene Regelkreis $G_0(s)$ N_+ Polstellen im positiv reellen Bildbereich und N_I Pole auf der Imaginärachse der s-Ebene, dann gilt:

Der geschlossene Regelkreis ist genau dann stabil, wenn die graphisch ermittelte Winkeländerung $\Delta\varphi$ des Fahrstrahls vom kritischen Punkt P_{krit} zur Ortskurve des offenen Regelkreises $FG_0(j\omega)$ im Frequenzbereich ($0 \le \omega < \infty$) die Bedingung

$$\Delta\varphi(\omega = 0 \to \infty) = N_+ \cdot \pi + N_I \cdot \frac{\pi}{2} \qquad (3.4\text{-}28)$$

erfüllt.

Das allgemeine Kriterium verlangt neben der experimentellen Erfassung der Ortskurve auch das analytische Modell des offenen Regelkreises. Es stellt deshalb ein halbexperimentelles Verfahren dar. Als Erleichterung dient die Tatsache, dass nur das mathematische Modell des offenen Regelkreises ohne genaue Kenntnis der Systemparameter vorliegen muss, um die Anzahl der Polstellen im nichtstabilen Bereich zu erhalten. Oft erkennt man die Systemstruktur bereits aus der gemessenen Ortskurve.

In Tabelle 3.4-4 ist das Nyquist-Kriterium an drei Regelkreisen ausprobiert, deren Ortskurven und Übertragungsfunktionen $G_0(s)$ bekannt seien. Für ein stabiles Regelkreisverhalten muss die graphische Abschätzung der Winkeländerung des Fahrstrahls vom kritischen Punkt an die Ortskurve mit der berechneten Winkeländerung übereinstimmen.

Relative Stabilitätskriterien – Stabilitätsgüte

Die relative Stabilität bzw. die Stabilitätsgüte drückt aus, wie weit von der Stabilitätsgrenze entfernt der Regelkreis arbeitet. Je entfernter er eingestellt ist, desto höher ist seine Stabilität. Auch ungünstige Änderungen des Streckenverhaltens können ihn dann nicht „destabilisieren“.

Ein mögliches Maß für die Stabilitätsgüte stellt der Abstand der Ortskurve des offenen Regelkreises vom kritischen Punkt P_{krit} dar. Als geometrischer Abstand ist dieser nur mit viel Aufwand zu bestimmen. Einfacher ist es, den Abstand durch zwei Kennwerte zu charakterisieren. Zum einen kann der Abstand von P_{krit} zum Schnittpunkt der Ortskurve mit der negativ reellen Achse angegeben werden. In Abbildung 3.4-12 ist er mit d gekennzeichnet. Zum anderen lässt sich der Winkelabstand $\Delta\varphi$ zwischen P_{krit} und dem Schnittpunkt der Ortskurve mit dem Einheitskreis als Abstandsmaß verwenden. Beide Größen lassen sich auf einfache Art im Nyquist-Diagramm bestimmen.

Tabelle 3.4-4: Anwendung des allgemeinen Nyquist-Kriteriums

<table>
<tr><th>Ortskurven $FG_0(j\omega)$</th><th>Übertragungsfunktion $G_0(s)$</th><th>Winkeländerung $\Delta\varphi$</th></tr>
<tr><td>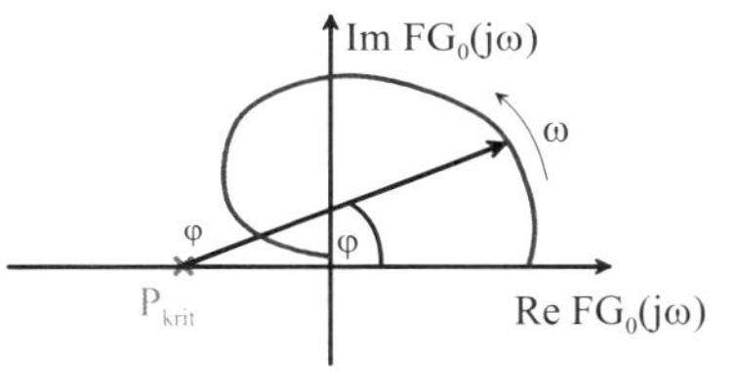</td><td>$G_0(s) = \frac{V_0}{(1-sT_1)(1-sT_2)}$
$N_+ = 2$
$N_I = 0$</td><td>$\Delta\varphi = N_+ \cdot \pi + N_I \frac{\pi}{2} = 2\pi$
Fahrstrahl:
$\Delta\varphi = \varphi(\infty) - \varphi(0)$
$= 0 - 0 = 0$
$\Rightarrow$ Instabiler Regelkreis</td></tr>
<tr><td>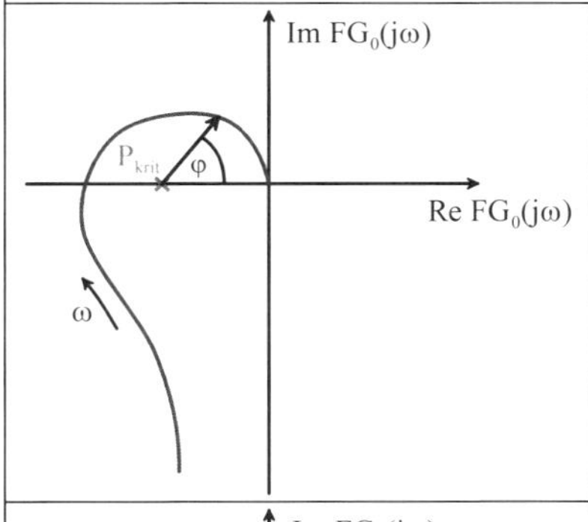</td><td>$G_0(s) = \frac{V_0}{s(1+sT_1)(1+sT_2)}$
$N_+ = 0$
$N_I = 1$</td><td>$\Delta\varphi = N_+ \cdot \pi + N_I \frac{\pi}{2} = \frac{\pi}{2}$
Fahrstrahl:
$\Delta\varphi = \varphi(\infty) - \varphi(0)$
$= 0 - \frac{3}{2}\pi = -\frac{3}{2}\pi$
$\Rightarrow$ Instabiler Regelkreis</td></tr>
<tr><td>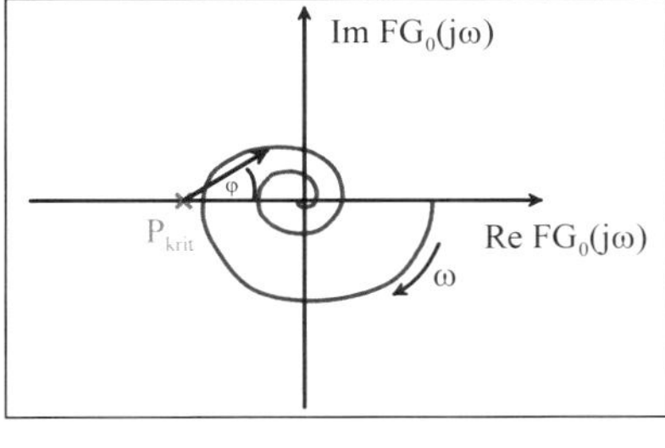</td><td>$G_0(s) = \frac{V_0 \cdot e^{-s \cdot T_t}}{1+sT_1}$
$N_+ = 0$
$N_I = 0$</td><td>$\Delta\varphi = N_+ \cdot \pi + N_I \frac{\pi}{2} = 0$
Fahrstrahl:
$\Delta\varphi = \varphi(\infty) - \varphi(0)$
$= 0 - 0 = 0$
$\Rightarrow$ Stabiler Regelkreis</td></tr>
</table>

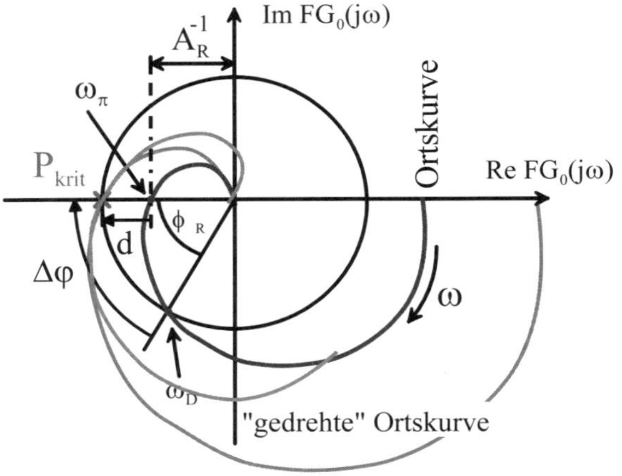

Abbildung 3.4-12: Phasen- und Amplitudenrand im Nyquist-Diagramm

Aus den Überlegungen zum einfachen Nyquist-Kriterium wissen wir, dass Instabilität genau dann auftritt, wenn die Ortskurve durch den kritischen Punkt verläuft. Je entfernter die Ortskurve von dieser Stelle ist, umso stabiler verhält sich der Regelkreis. Der in Abbildung 3.4-12 angegebene Betragsabstand d und Winkelabstand $\Delta\varphi$ können deshalb zur Definition relativer Stabilität verwendet werden:

Definition: Amplitudenrand (Amplitudenreserve)

Der **Amplitudenrand A_R** gibt den Faktor an, mit dem die Ortskurve $FG_0(j\omega)$ des aufgeschnittenen Regelkreises multipliziert werden muss, um durch den kritischen Punkt P_{krit} zu verlaufen. Er berechnet sich aus dem Frequenzgang $FG_0(j\omega)$ an der Stelle $\varphi(\omega_\pi) = -180°$ zu:

$$A_R = \frac{1}{|FG_0(j\omega_\pi)|}\Bigg|_{\varphi(\omega)=-180°} = \frac{1}{1-d}. \qquad (3.4\text{-}29)$$

Die mit dem Amplitudenrand multiplizierte Ortskurve, in Abbildung 3.4-12 als „aufgeblähte“ Ortskurve bezeichnet, markiert die Stabilitätsgrenze bzgl. der Amplitudenbedingung. Die in diesem Diagramm ebenfalls eingetragene „gedrehte“ Ortskurve spiegelt die Grenzlage der Phasenbedingung wieder. Die Phasendrehung gibt den zweiten Kennwert der Stabilitätsgüte an:

Definition: Phasenrand (Phasenreserve)

Der **Phasenrand ϕ_R** spiegelt den Winkel wider, um den die Ortskurve des aufgeschnittenen Regelkreises gedreht werden muss, dass sie durch den kritischen Punkt P_{krit} verläuft. Er berechnet sich zu:

$$\phi_R = \varphi(\omega_D)\big|_{FG_0(\omega)=1} - 180°. \qquad (3.4\text{-}30)$$

Die markierten Frequenzen der Ortskurve zur Definition der Stabilitätskennwerte nennt man:

Definition: Phasenschnittfrequenz ω_π

Der Frequenzgang $FG_0(j\omega)$ nimmt bei der **Phasenschnittfrequenz ω_π** die Phasendrehung $\varphi(\omega_\pi) = -180°$ an:

$$\sphericalangle FG_0(\omega_D) = 180° . \tag{3.4-31}$$

und

Definition: Durchtrittsfrequenz ω_D

Die Ortskurve schneidet den Einheitskreis im Koordinatenursprung bei der **Durchtrittsfrequenz ω_D**:

$$|FG_0(\omega_D)| = 1 . \tag{3.4-32}$$

Die Amplituden-Durchtrittsfrequenz bringt die Schnelligkeit des Regelkreises zum Ausdruck. Je höher sie ausfällt, desto kürzer sind die An- und Ausregelzeiten.

Für eine ausreichende Regelkreis-Stabilität wird gefordert, dass ein genügend großer Amplituden- und Phasenrand vorhanden ist. Es lassen sich deshalb folgende relative Stabilitätskriterien formulieren:

Kriterium 1

Fällt der Frequenzgang $FG_0(j\omega)$ des offenen Regelkreises für alle Frequenzen kleiner als eins aus, so ist der geschlossene Regelkreis strukturstabil.

Kriterium 2

Bleibt die Phase des aufgeschnittenen Regelkreises betragsmäßig kleiner als –180°, so ist der geschlossene Regelkreis à priori stabil.

Kriterium 3

Ein Regelkreis weist i. Allg. einen gedämpften und schnellen Regelverlauf auf, also eine ausreichende Regelkreisstabilität, wenn für seine Stabilitätsgüte gilt:

Führungsverhalten	Störverhalten
$A_R > 4$	$A_R > 2\text{-}3$
$\phi_R > 50°\text{-}60°$	$\phi_R > 50°$

Das letzte Kriterium drückt Erfahrungswerte aus, die als Richtlinien angesehen werden können. An jeden Regelkreisentwurf sind eigene Stabilitätsanforderungen gestellt, die allein maßgebend sind.

Stabilität von Regelkreisen im Bode-Diagramm

Die Ortskurve (Nyquist-Diagramm) und das Bode-Diagramm repräsentieren das Frequenzverhalten von Systemen und damit auch das von Regelkreisen. Sie sind wie zwei Seiten einer Medaille, und unterscheiden sich allein in der Darstellungsart. Die relative Stabilität eines Regelkreises lässt sich deshalb auch im Bode-Diagramm verdeutlichen.

Durch die Auflösung des Frequenzgangs $FG_0(j\omega)$ in seine Betrags- und Phasenbestandteile als Funktion der Frequenz lassen sich der Amplituden- und Phasenrand leichter aus dem Bode-Diagramm entnehmen. Die Nyquist-Kriterien zur Beurteilung der absoluten Stabilität (einfach und allgemein) erweisen sich dagegen in der Ortskurven-Darstellung als anschaulicher.

Die Abbildung 3.4-13 verdeutlicht den Zusammenhang zwischen Stabilität und Amplituden- bzw. Phasenrand. Das Bode-Diagramm weist die Durchtrittsfrequenz ω_D als Maß der Regelkreis-Schnelligkeit direkt aus.

Stabilität wird im Bode-Diagramm dadurch verifiziert, dass man den Phasenrand φ_R im Phasengang- und den Amplitudenrand im Amplituden-Diagramm abliest.

Der Amplitudengangwert 1 bestimmt die Durchtrittsfrequenz ω_D. Der Schnittpunkt der Verlängerungslinie bei dieser Frequenz mit dem Phasengang ergibt den Phasenrand Φ_R als Differenz zur $-180°$-Marke.

Besitzt der Phasengang bei der Durchtrittsfrequenz ω_D eine Phasenverschiebung von -180°, liegt ein grenzstabiles Verhalten vor. Kleinere negative Phasengangwerte repräsentieren stabile geschlossene Regelkreise, größere dagegen instabile.

Die bei $\varphi = -180°$ des Phasengangs abgelesene Phasenschnittfrequenz ω_π bestimmt den Amplitudenrand A_R des Regelkreises. Über den Betragsabstand d zwischen dem Amplitudenwert 1 und dem Amplitudengangwert der Kurve bei ω_π berechnet sich A_R per Definition zu $A_R = 1/(1-d)$. Ein positives Vorzeichen von d zeigt in Richtung kleinerer Werte des Amplitudengangs. Für diese nimmt der Amplitudenrand A_R positive Werte an. Es liegt ein stabiler Regelkreis vor.

Die Frequenzkurven in Abbildung 3.4-13 zeigen Beispiele von stabilen, grenzstabilen und instabilen Regelkreisen. Im Fall der als stabil markierten Frequenzgänge errechnen sich die Stabilitätskennwerte zu:

$$A_R = \frac{1}{1-0,8} = 5 \qquad \text{und} \qquad \phi_R = -100° - (-180°) = 80°.$$

Die Bedingungen des Kriteriums 3 sind erfüllt. Der geschlossene Regelkreis zeigt damit ein gutes Führungs- und Störverhalten.

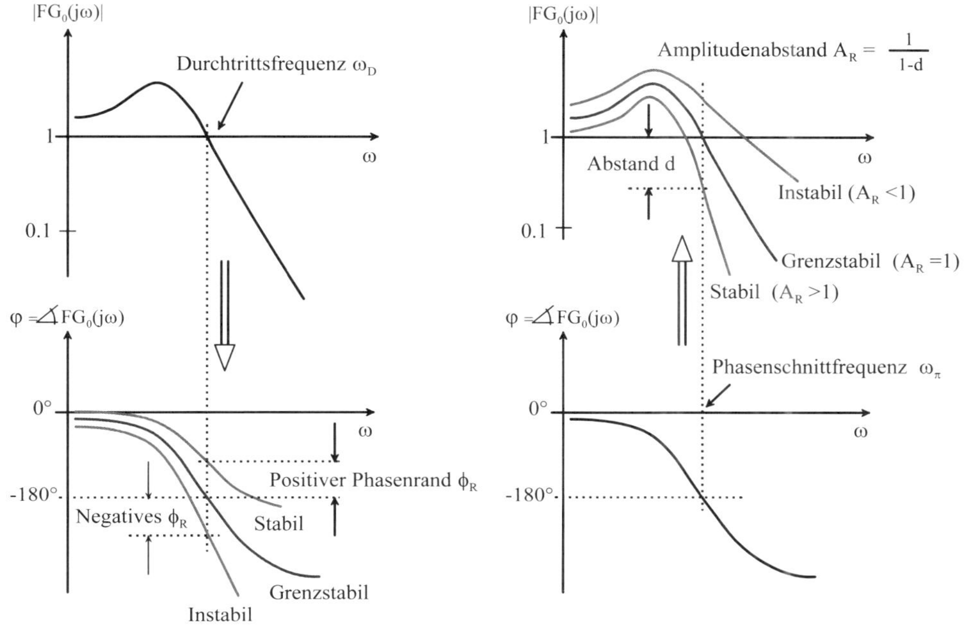

Abbildung 3.4-13: Stabilitätsuntersuchung im Bode-Diagramm

Bearbeitung der Lernaufgabe

Zur Beurteilung der Stabilität der Mischungsregelung benötigen wir die mathematischen Modelle der Regelstrecke und des Reglers. Bei ihrer Herleitung nehmen wir, wo es erlaubt ist, vereinfachende Verhältnisse an.

Erweiterte Regelstrecke

Die Regelstrecke besteht aus einem Behälter mit konstanter Flüssigkeitsmenge, da nach der Aufgabenbeschreibung gleiche Flüssigkeitsmengen pro Zeiteinheit zu- und abfließen. Die Durchmischung geschieht mit Rührwerken, so dass für die Beschreibung des Temperaturverhaltens ein einfaches mathematisches Modell ausreicht. Die Rohrverbindung der Länge L zwischen Mischungsstelle und Behältereinlauf muss zur Regelstrecke hinzugezählt werden.

Als Systemgrößen der Regelstrecke treten auf:

- Eingangsgröße: Mischtemperatur nach Ventilstelle $T_{Misch}(t)$
- Ausgangsgröße: Behältertemperatur $T_B(t)$
- Innere Größen: Behältereintrittstemperatur $T_E(t)$.

Die Regelstrecke beschreiben die (zeitunabhängigen) Systemparameter:

- Länge der Rohrverbindung L [m]
- Fließgeschwindigkeit v [m/s]
- Gesamtmasse der Behälterflüssigkeit M_B [kg]
- Zu- und abfließende Flüssigkeitsmenge pro Zeiteinheit $Q_{zu} = Q_{ab} = Q\left[kg/s\right]$
- Spezifische Wärmemenge des Mediums c $\left[kcal/(kg \cdot °C)\right]$

Das dynamische Verhalten der Behältertemperatur regelt die Energiebilanzgleichung:

$$\frac{d}{dt} W_B(t) = Q_{zu}(t) - Q_{ab}(t) .$$

Die zeitliche Änderung der Behälter-Wärmemenge $W_B(t)$ bestimmen die zu- und abfließenden Energieinhalte der Wärmeströme. Sie werden mit ihren konstitutiven Gesetzmäßigkeiten bestimmt:

- Wärmeinhalt des Behälters: $W_B(t) = c \cdot M_B \cdot T_B(t)$
- Zufließender Wärmestrom: $Q_{zu}(t) = c \cdot Q \cdot T_E(t)$
- Abfließender Wärmestrom: $Q_{ab}(t) = c \cdot Q \cdot T_B(t)$.

In die Energiebilanz eingesetzt und die Gleichung in MSR-Form gebracht, ergibt:

$$\frac{M_B}{Q} \cdot \dot{T}_B(t) + T_B(t) = T_E(t) .$$

Bei dieser Systembetrachtung fehlt noch die Rohrleitung. Setzen wir voraus, dass die Rohrverbindung sehr gut wärmeisoliert ist, so dass die Eintritts- mit der Austrittstemperatur identisch ist, müssen wir nur die Verweildauer der Flüssigkeit im Rohr beachten. Die Rohrleitung wirkt als Totzeit-System mit der Gleichung:

$$T_E(t) = T_{Misch}(t - T_t) \qquad \text{mit: } T_t = \frac{L}{v} .$$

Die Regelstrecke beschreibt summa summarum die folgende Systemgleichung:

$$\frac{M_B}{Q} \cdot \dot{T}_B(t) + T_B(t) = T_{Misch}(t - T_t) \qquad \text{(P-}T_1\text{-}T_t\text{-Regelstrecke).} \qquad (3.4\text{-}33)$$

Als Messeinrichtung dient ein Ausdehnungsthermometer. Sein Verhalten setzen wir als unverzögertes P-System an, obwohl es für sich betrachtet, zumindest ein verzögertes P-T_1-System darstellt; auf eine Temperaturänderung der Regelstrecke reagiert es wegen seiner geringen Masse schnell, weshalb wir diese Verzögerung vernachlässigen.

Als Stelleinrichtung liegt ein Ventil vor, das über die Druckleitung mit der Messeinrichtung verbunden ist. Eine Temperaturerhöhung im Behälter erhöht den Druck in der Verbindungsleitung und veranlasst das Ventil zu schließen. Die Ventilfeder dient als Referenz. Für die Stelleinrichtung wird aus denselben Gründen wie bei der Messeinrichtung ein unverzögertes Zeitverhalten angenommen.

Das Gesamtverhalten der erweiterten Regelstrecken beschreibt folgende Übertragungsfunktion, die aus der Systemgleichung (3.4-33) abgeleitet ist:

$$G_S(s) = \frac{e^{-s \cdot T_t}}{1 + s \cdot T_l} \qquad \text{mit: } T_l = \frac{M_B}{Q} \text{ und } T_t = \frac{L}{v}. \tag{3.4-34}$$

Regler

Die Reglerfunktion übernimmt die Druckleitung. Der Druck breitet sich in jedem Medium mit hoher Geschwindigkeit aus. Als Reglerdynamik setzen wir deshalb P-Verhalten an:

$$G_R(s) = K_{PR} \qquad \text{(P-Regler)}. \tag{3.4-35}$$

Die Vorgabe der Solltemperatur geschieht durch die mechanische Arbeitspunkteinstellung des Ventils. Die Steifigkeit der Ventilfeder legt den Proportionalbeiwert K_{PR} fest.

Regelkreis

Die Eigenschaften der Mischungsregelung können aus dem Systemverhalten von Regler und Regelstrecke abgeschätzt werden. Insgesamt liegt ein P/P-T_l-T_t-Regelkreis vor, für dessen stationäre Regelgüte gilt:

- Der Mischungsregelkreis hinterlässt bei Führungsänderungen und Störeinwirkungen bleibende Regeldifferenzen. Es liegt eine ungenaue Regelung vor. Die Genauigkeit kann nur durch eine Erhöhung des Reglerverstärkungsfaktors K_{PR} verbessert werden.

Die dynamische Regelgüte kann anhand der Pollagen des geschlossenen Regelkreises abgeschätzt werden. Vorher stellt sich jedoch die grundsätzliche Frage nach seiner Stabilität.

Stabilität

Die charakteristische Gleichung bestimmt die Regelkreisstabilität. Sie schreibt sich:

$$1 + G_0(s) = 1 + K_{PR} \frac{e^{-s \cdot T_t}}{1 + s \cdot T_l} = 0\,. \tag{3.4-36}$$

Das Vorhandensein des Totzeitverhaltens bei der Regelstrecke verursacht, dass kein charakteristisches Polynom endlichen Grades vorliegt, sondern eine transzendente Funktion. Das Hurwitz- und Routh-Kriterium kann deshalb keine Stabilitätsaussage liefern.

Damit erweist sich auch die Anwendung des WOK-Verfahrens als sehr schwierig. Die Polstellen können aus Gleichung (3.4-36) evtl. mit Hilfe analytischer Verfahren ermittelt werden; meistens helfen aber nur numerische Methoden weiter.

Das Nyquist-Verfahren erlaubt, auch Regelkreise zu beurteilen, deren Regelstrecken Totzeit-Verhalten besitzen.

Nyquist-Verfahren

Der Frequenzgang des offenen Regelkreises lautet:

$$FG_0(j\omega) = K_{PR} \frac{e^{-j\omega \cdot T_t}}{1 + j\omega \cdot T_l} = K_{PR} \cdot FG_{P-T_l}(j\omega) \cdot FG_{Totzeit}(j\omega)\,. \tag{3.4-37}$$

Die Kreisverstärkung V_0 stimmt hier mit dem Proportionalbeiwert K_{PR} des P-Reglers überein.

Setzt man die Frequenzgänge der Teilsysteme in die Gleichung (3.4-37) ein, berechnet sich der Frequenzgang unseres offenen Regelkreises zu:

$$\begin{aligned} FG_0(j\omega) &= K_{PR} \cdot \left|FG_{P-T_l}(j\omega)\right| \cdot e^{-j\left(\varphi_{P-T_l}(\omega) + \varphi_{T_t}(\omega)\right)} \\ &= \frac{K_{PR} \cdot e^{-j\left(\arctan(\omega \cdot T_l) + \omega \cdot T_t\right)}}{\sqrt{1 + \left(\omega \cdot T_l\right)^2}}. \end{aligned} \tag{3.4-38}$$

Es bleibt das Problem übrig, die Ortskurve im Nyquist-Diagramm darzustellen.

Eine Lösungsmöglichkeit besteht darin, die Kurve bei genügend vielen Frequenzwerten zu berechnen und diese graphisch miteinander zu verbinden. Ohne Hilfsmittel bleibt kein anderer Weg übrig.

Mit Hilfe von Mathematik-Programmen, noch besser, mit spezieller Regelungstechnik-Software, lassen sich Ortskurven numerisch und grafisch sehr leicht darstellen.

Diesen Weg schlagen wir ein. Mit der Vorgabe der Systemparameter

$$K_{PR} = 1 \quad \text{bzw.} \quad K_{PR} = 1{,}25; \qquad T_t = 23\,\text{s} \quad \text{und} \quad T_l = 10\,\text{s} \tag{3.4-39}$$

besitzt der Verlauf zweier Ortskurven unterschiedlicher Verstärkungswerte den Verlauf in Abbildung 4.3-14.

Die relativen Stabilitätskennwerte Amplituden- und Phasenrand sind in diesem Diagramm für den Verstärkungsfaktor $K_{PR} = 1{,}25$ skizziert. Schätzt man ihre Werte graphisch aus beiden Ortskurven ab, erhält man für:

$$K_{PR} = 1: \qquad A_R \approx 1{,}4 \qquad \varphi_R = 180°$$

$$K_{PR} = 1{,}25: \qquad A_R \approx 1{,}2 \qquad \varphi_R = 45°.$$

Man erkennt, dass beide Werte mit anwachsender Verstärkung kleiner werden. Die Ortskurve erreicht sehr schnell die Stabilitätsgrenze. Eine Abschätzung ergibt für den kritischen Verstärkungsfaktor:

$$K_{PR,\,Kritisch} \approx 1{,}4\,.$$

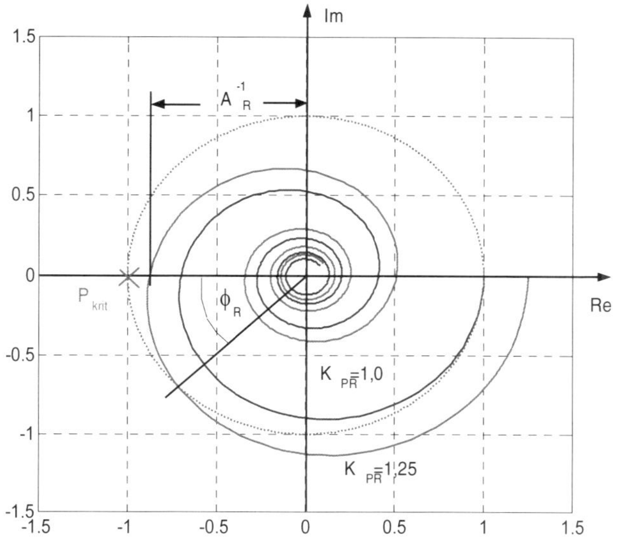

Abbildung 3.4-14: Ortskurven der „offenen" Mischungsregelung

Oberhalb dieses kritischen Wertes verhält sich der Mischungsregelkreis instabil. Die Werte für den Amplituden- und Phasenrand besitzen für ein optimales Stör- und Führungsverhalten auch bei Regelkreisverstärkungen unterhalb der kritischen Verstärkung keine berauschenden Größenordnungen. Die Ursache liegt in der Rohrverbindung zwischen Stellvorgang und Auswirkung auf die Aufgabengröße, bzw. zwischen Stell- und Messort. Der Automatisierungsingenieur weiß somit, was er zu tun hat.

Auch auf anderen Gebieten verursachen lange Leitungen oftmals so manche Probleme.

Fragen zur Selbstkontrolle

Frage 3.4-1: Was versteht man unter Stabilität?

Frage 3.4-2: Warum kann ein Regelkreis instabil werden?

Frage 3.4-3: Geben Sie eine Definition für Stabilität an!

Frage 3.4-4: Wann tritt bei Regelkreisen meistens Monostabilität ein?

Frage 3.4-5: Warum darf ein Regelkreis ohne vorherige Stabilitätsuntersuchung nicht angefahren werden?

Frage 3.4-6: Wie erkennt man einen grenzstabilen Regelkreis?

Frage 3.4-7: Welche Eigenschaften muss ein Regelkreis grundsätzlich erfüllen, damit ein stationärer Zustand eintritt?

Frage 3.4-8: Was sagt das grundlegende Stabilitätskriterium aus?

Frage 3.4-9: Was bezeichnet man als charakteristische Gleichung des Regelkreises?

Frage 3.4-10: Was kennzeichnet die innere Stabilität eines Regelkreises?

Frage 3.4-11: Welche Regel muss bei der Berechnung der Polstellen von Regelkreisen befolgt werden?

Frage 3.4-12: Was versteht man unter algebraischen Stabilitätskriterien?

Frage 3.4-13: Welche algebraischen Stabilitätskriterien kennen Sie?

Frage 3.4-14: Welche andere Art von Stabilitätsuntersuchungen gibt es neben algebraischen Kriterien?

Frage 3.4-15: Gibt es im Bildbereich Gebiete für Polstellen, die ein optimales Regelverhalten ergeben?

Frage 3.4-16: Was versteht man unter einem dominanten Pol- bzw. Nullstellenpaar?

Frage 3.4-17: Was zeigt die Wurzelortskurve an?

Frage 3.4-18: Welche wichtigen Eigenschaften besitzen Wurzelortskurven?

Frage 3.4-19: Geben Sie ein Beispiel eines qualitativen WOK-Verlaufs für einen Regelkreis an, dessen offene Übertragungsfunktion eine Pol- und eine Nullstelle besitzt!

Frage 3.4-20: Warum ist es schwierig, für Regelstrecken mit Totzeiten das WOK-Verfahren zu benutzen?

Frage 3.4-21: Wodurch wird die Anzahl der WOK-Zweige festgelegt?

Frage 3.4-22: Formulieren Sie die notwendigen Bedingungen zwischen den Ein- und Ausgangssignal des offenen Regelkreises für ein grenzstabiles Verhalten!

Frage 3.4-23: Wie lautet das einfache Nyquist-Kriterium?

Frage 3.4-24: Welche Eigenschaften beschreibt der kritische Punkt im Nyquist-Diagramm?

Frage 3.4-25: Unter welchen Voraussetzungen lässt sich das vereinfachte Nyquist-Kriterium anwenden?

Frage 3.4-26: Welche Eigenschaften eines Regelkreises beschreiben der Phasen- und Amplitudenrand?

Frage 3.4-27: Welche Aussage macht die Durchtrittsfrequenz über das Verhalten eines Regelkreises?

Frage 3.4-28: Welchen Wert nimmt die Amplitudenreserve eines offenen Regelkreises mit $P\text{-}T_1$-Verhalten an?

Frage 3.4-29: Welchen Vorteil besitzt das Nyquist-Verfahren gegenüber dem WOK-Verfahren?

Frage 3.4-30: Formulieren Sie das einfache Nyquist-Kriterium für seine Anwendung im Bode-Diagramm um!

3.5 Entwurf von Regelkreisen

Lernziele

Das Wissen um die Arbeitsweise eines Regelkreises ist die Basis zur Entwicklung eigener Regelkreise. Die bisherigen Betrachtungen zur Berechnung von Regelkreisen kann man unter dem Stichwort „Analyse von Regelkreisen" einordnen. Dazu sind die Regelstrecke und Regeleinrichtung gegeben. Wird an den Ingenieur aber die Aufgabe herangetragen, zu einem gegebenen Prozess bzw. zu einer Anlage oder Maschine einen Regler zu finden, der die geforderte Regelungsaufgabe erfüllt, spricht man von der „Synthese bzw. dem Entwurf von Regelkreisen".

Dieser letzte Abschnitt zum Thema Regelungstechnik behandelt Entwurfsverfahren und experimentelle Einstellverfahren für einschleifige Regelkreise. Abschließend werden Hinweise auf erweiterte Regelkreisstrukturen angegeben, um den Lesern zu zeigen, dass die bisherigen Erörterungen nur eine erste Einführung in das Fachgebiet darstellen.

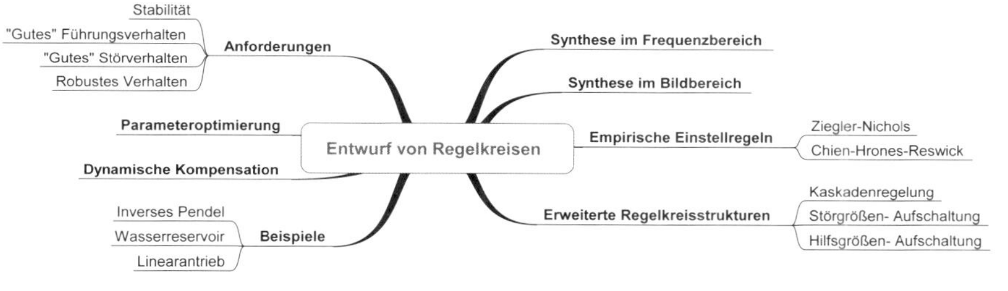

Lernaufgabe

Sicher erinnern Sie sich an das Inverse Pendel. Die nebenstehende Abbildung zeigt einen Wagen, auf dem ein Pendel auf dem „Kopf" steht. Die kleinste äußere Krafteinwirkung entfernt das Pendel aus der oberen Ruhelage und lässt es umkippen.

Nur durch eine definierte äußere Krafteinwirkung kann das inverse Pendel im oberen Gleichgewichtspunkt stabilisiert werden. Dies kann ein Elektromotor zum Antrieb des Wagens bewirken. Er muss ein entsprechendes Antriebsmoment in die „Fallrichtung" des Pendels erzeugen. Dazu ist ein Regler notwendig.

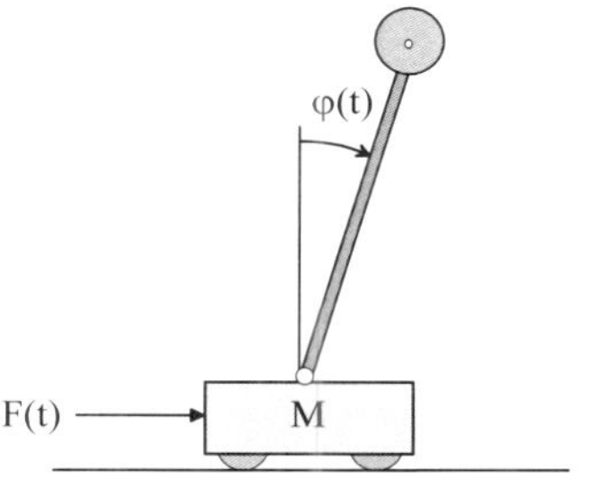

Abbildung 3.5-1: Inverses Pendel

Der Regler hat die „von Haus aus“ instabile Regelstrecke zu stabilisieren. Sie ist uns aus der Lernaufgabe zum Abschnitt 2.3 „Beschreibungsmethoden für Systeme“ bekannt. Die Aufgabe besteht nun darin, einen geeigneten Regler zu entwerfen, der das Pendel im oberen Gleichgewichtspunkt trotz massiver äußerer Einwirkungen hält.

Zum Entwurf von Regelungen ist die Kenntnis der dynamischen Eigenschaften der zu regelnden Strecken eine unabdingbare Voraussetzung. Sie gewinnt man mit Hilfe der Systemanalyse bzw. der Systemidentifikation, deren Grundzüge am Beginn des Kapitels 2.3 angedeutet wurden.

Ist der Typ der Regelstrecke bekannt, steht die Aufgabe des Regelkreisentwurfs zur Erledigung an. Dazu zählen folgende Arbeiten:

- **Die Festlegung der Regelkreisstruktur**

  Nach genauer Kenntnis des zu regelnden Prozesses besteht als erstes die Aufgabe, die Struktur der Regelung mit allen ihren Wirkungsgrößen festzulegen. Aus Abschnitt 3.2 wissen wir, dass die Regelbarkeit von Regelstrecken mit und ohne Ausgleich mit einfachen Regelstrategien nur eingeschränkt gegeben ist. Man benötigt deshalb neben einfachen Regelkreisen weitere Regelkreisstrukturen. Es existieren wesentlich allgemeinere Regelkreisstrukturen, die weitere Freiheitsgrade besitzen, um bei „schwierigen“ Regelstrecken zu besseren Ergebnissen zu kommen. Wir beschränken uns vorerst auf den Standardregelkreis, geben aber am Ende dieses Abschnitts einen Ausblick auf diese erweiterten Regelkreisaufbauten.

- **Reglerauswahl**

  Liegt die Regelkreisstruktur fest, muss der richtige Regler gewählt werden. Aus der Analyse der Regler-Regelstrecken-Kombinationen der vorangehenden Abschnitte kennen wir die jeweiligen stationären und dynamischen Regelgüten, so dass eine erste Auswahl getroffen werden kann. Da ein Basisregler allein nicht alle Regelungsanforderungen erfüllt, verwendet man erweiterte Reglertypen, die Standardregler, für die unterschiedlichen Aufgaben. Aufgrund umfangreicher Erfahrungen beim Entwurf von Regelkreisen lässt sich schematisch die Eignung dieser Standardregler für die verschiedenen Regelstrecken angeben.

  Die nachfolgende Tabelle stellt geeignete und weniger geeignete Kombinationen von Reglern und Regelstrecken zusammen, die als Vorauswahl für den Regelkreisentwurf verwendet werden können. Die Zusammenstellung besitzt keinen endgültigen Charakter.

Tabelle 3.5-1: Reglerauswahl für Streckentypen

Regler	$P\text{-}T_n$ (aperiodisch)	$P\text{-}T_n$ (schwingend)	$I\text{-}T_n$	T_t
P	-	-	Ausreichendes Führungsverhalten	-
I	-	-	**Instabil**	Eingeschränktes Führungs- und Störverhalten
PI	Eingeschränktes Führungs- und Störverhalten	Eingeschränktes Führungs- und Störverhalten	Ausreichendes Störverhalten	Gutes Führungs- und Störverhalten
PD	-	-	Gutes Führungsverhalten	-
PID	Gutes Führungs- und Störverhalten	Gutes Führungs- und Störverhalten	Gutes Störverhalten	-

- **Einstellung der Reglerparameter**

  Nun muss die Feinabstimmung der Regler durchgeführt werden. Dazu müssen die Güteforderungen an die Regelung eingehalten werden, wozu neben der Stabilität und Robustheit insbesondere die Genauigkeit (stationäre Regelgüte) und Schnelligkeit (dynamische Regelgüte) des Regelkreises zählen.

Im Folgenden setzen wir den einschleifigen Regelkreis voraus, so dass sich die Aufgaben des Regelkreisentwurfs auf die richtige Auswahl von Reglern und deren Parametereinstellungen beschränken. Dabei trifft man auf zwei unterschiedliche Vorgehensweisen:

1. Wenn die mathematischen Modelle von Regelstrecken weitgehend bekannt sind, lässt sich die Synthese der Regelkreise durch Anwendung mathematischer Verfahren vornehmen.
2. Bei vielen praktischen Regelungsaufgaben stehen aber keine Modelle der Regelstrecken zur Verfügung. In diesen Fällen bietet sich ein pragmatisches Vorgehen an. Bei Kenntnis der Übergangskennwerte der Regelstrecken geht man den Weg über empirische Einstellregeln für die Regler, der sehr schnell zu brauchbaren Ergebnissen führt; Voraussetzung ist aber, dass die Regelstrecken selbst stabiles Verhalten besitzen.

3.5.1 Empirische Einstellregeln für Regelstrecken mit Ausgleich

Viele Regelstrecken reagieren als Proportionalstrecken auf äußere Einwirkungen mit starken Verzögerungen. Für sie können i. Allg. keine exakten Modellgleichungen formuliert werden. Deshalb approximiert man sie mit Hilfe von P-T_l-T_t-Systemen:

$$G_S(s) \approx \frac{K_{PS}}{1 + s \cdot T_l} \cdot e^{-s \cdot T_t} \tag{3.5-1}$$

Die beiden Ersatzzeitkonstanten T_l und T_t werden mit Hilfe der experimentell gewonnenen Übergangsfunktion und der in Kapitel 3.2 „Regelstrecken und Regeleinrichtungen" beschriebenen Berechnungsmethoden bestimmt. Die nachfolgende Abbildung weist auf diese Verfahren hin:

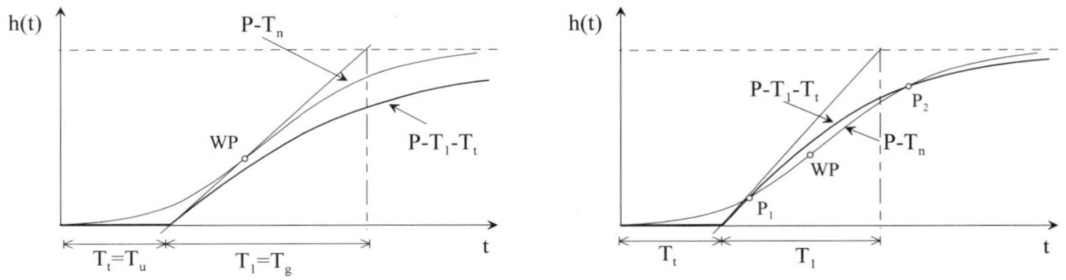

Abbildung 3.5-2: Annäherung von P-T_n-Systemen durch P-T_l-T_t-Systeme

Für diese Art von Regelstrecken wurden empirische Einstellregeln aufgestellt, mit denen sich die Reglerparameter einstellen lassen, wenn man keine zu hohen Güteforderungen stellt.

3.5.1.1 Verfahren nach Ziegler-Nichols

Ziegler und Nichols schlagen Einstellwerte für die Kennwerte K_{PR}, T_n und T_v der Standardregler vor, die aus den Übergangsfunktionen der Regelstrecken resultieren. Die Ingenieure können deshalb den Reglerentwurf vor Ort und vollständig experimentell auf zwei Arten vornehmen:

Bekannte Regelstreckenparameter

Liegen die Ersatz-Zeitkennwerte T_l und T_t und die Streckenverstärkung K_{PS} der Regelstrecke vor, können für die klassischen Regler P, PI und PID folgende Einstellparameter angegeben werden:

Tabelle 3.5-2: Reglereinstellungen nach Ziegler-Nichols (bekannte Regelstreckenparameter)

Regler	K_{PR}	T_n	T_v
P	$\frac{T_1}{K_{PS} \cdot T_t}$	-	-
PI	$0{,}9 \cdot \frac{T_1}{K_{PS} \cdot T_t}$	$3{,}3 \cdot T_t$	-
PID	$1{,}2 \cdot \frac{T_1}{K_{PS} \cdot T_t}$	$2{,}0 \cdot T_t$	$0{,}5 \cdot T_t$

Dieses Einstellverfahren geht davon aus, dass an der Regelstrecke selbst experimentiert und damit die Übergangsfunktion bestimmt werden kann.

Unbekannte Regelstreckenparameter

Ist dies nicht der Fall, so kann die Regelstrecke eventuell mit einem einfachen P-Regler notdürftig betrieben werden. Dabei achtet man darauf, dass zu Beginn die Reglerverstärkung K_{PR} minimale Werte annimmt, um den Regelkreis nicht instabil werden zu lassen. Dies ist zulässig, da von den Stabilitätsbetrachtungen in Abschnitt 3.4 bekannt ist, dass die Regelkreiskombination P/P-T_n nicht grundsätzlich instabil ist.

Erhöht man nun langsam die Reglerverstärkung K_{PR} bis zu dem Wert, bei dem der Regelkreis eine Dauerschwingung nach einer eingeleiteten Sollwertänderung ausführt. Der eingestellte Verstärkungsfaktor $K_{PR\text{-kritisch}}$ und die Periodendauer der Schwingung $T_{kritisch}$ dienen dann dazu, die optimalen Reglerparameter nach folgender Tabelle zu gewinnen:

Tabelle 3.5-3: Reglereinstellungen nach Ziegler-Nichols (unbekannte Regelstreckenparameter)

Regler	K_{PR}	T_n	T_v
P	$0{,}50 \cdot K_{PR-kritisch}$	-	-
PI	$0{,}45 \cdot K_{PR-kritisch}$	$0{,}83 \cdot T_{kritisch}$	-
PID	$0{,}60 \cdot K_{PR-kritisch}$	$0{,}50 \cdot T_{kritisch}$	$0{,}125 \cdot T_{kritisch}$

3.5.1.2 Verfahren nach Chien-Hrones-Reswick

Die vorherigen Einstellregeln setzen stark verzögernde Regelstrecken mit einem aperiodischen Übergangsverhalten voraus. Daneben gibt es natürlich auch noch Proportionalstrecken mit schwingendem Übergangsverhalten, wie folgendes Zeitsignal veranschaulicht:

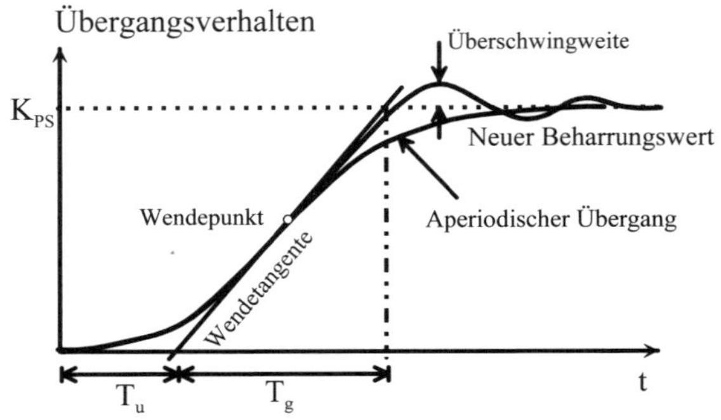

Abbildung 3.5-3: Verzugszeit T_u, Ausgleichszeit T_g und Überschwingweite

Für die Kennwerte der Regelstrecke dienen die Ersatzkennwerte Verzugszeit T_u und Ausgleichszeit T_g. Für diese Strecken empfiehlt das Verfahren von Chien, Hrones und Reswick eine Vielzahl von Parametereinstellungen für die Standardregler, die den jeweiligen Regelungsanforderungen angepasst sind.

Tabelle 3.5-4: Einstellregeln nach Chien-Hrones-Reswick

		Aperiodisches Übergangsverhalten			Schwingendes Übergangsverhalten (bei 20% Überschwingweite)		
	Regler	**K_{PR}**	**T_n**	**T_v**	**K_{PR}**	**T_n**	**T_v**
Führung	**P**	$0,3 \cdot \frac{T_g}{K_{PS} \cdot T_u}$	-	-	$0,7 \cdot \frac{T_g}{K_{PS} \cdot T_u}$	-	-
	PI	$0,35 \cdot \frac{T_g}{K_{PS} \cdot T_u}$	$1,2 \cdot T_g$	-	$0,6 \cdot \frac{T_g}{K_{PS} \cdot T_u}$	T_g	-
	PID	$0,6 \cdot \frac{T_g}{K_{PS} \cdot T_u}$	T_g	$0,5 \cdot T_u$	$0,95 \cdot \frac{T_g}{K_{PS} \cdot T_u}$	$1,35 \cdot T_g$	$0,47 \cdot T_u$
Störung	**P**	$0,3 \cdot \frac{T_g}{K_{PS} \cdot T_u}$	-	-	$0,7 \cdot \frac{T_g}{K_{PS} \cdot T_u}$	-	-
	PI	$0,6 \cdot \frac{T_g}{K_{PS} \cdot T_u}$	$4 \cdot T_u$	-	$0,7 \cdot \frac{T_g}{K_{PS} \cdot T_u}$	$2,3 \cdot T_u$	-
	PID	$0,95 \cdot \frac{T_g}{K_{PS} \cdot T_u}$	$2,4 \cdot T_u$	$0,42 \cdot T_u$	$1,2 \cdot \frac{T_g}{K_{PS} \cdot T_u}$	$2 \cdot T_u$	$0,42 \cdot T_u$

Die Vielfalt der Parametereinstellungen nach Chien-Hrones-Reswick legt es nahe, bessere Regelgüten zu erhalten. Tatsächlich beobachtet man, dass Reglereinstellung nach Ziegler-Nichols meist stärkere Überschwingweiten verursachen.

Geht man von der Tatsache aus, dass im industriellen Bereich über die Hälfte aller eingesetzten Regler als PID-Regler ausgelegt sind und dass auch meistens Regelstrecken mit Ausgleich vorkommen, versteht man die Notwendigkeit empirischer Entwurfsverfahren besser. Die beiden Einstellregeln sind einfache Verfahren, um zu guten Regelergebnissen zu kommen. Ihr Aufwand ist sehr gering, weshalb sie in der Praxis häufig eingesetzt werden. Sie dienen oft als erste Anhaltspunkte zur Reglereinstellung in einem festen Arbeitspunkt. Eine weitere Optimierung kann von diesen Werten aus angestrebt werden.

3.5.2 Parameteroptimierung

Bei der Erfüllung von Regelungsaufgaben müssen immer Kompromisse geschlossen werden. Die Regelungsanforderungen lassen sich auch nur einer bzw. wenigen Vorgaben gegenüber optimal erfüllen. An diese Lösungen muss man sich herantasten. Dieses schrittweise Auffinden der besten Reglereinstellung zu den bestehenden Regelungsanforderungen bezeichnet man als Regleroptimierung.

Dazu werden Optimierungsstrategien benötigt. Dies sind numerische Suchverfahren in einem Parameterraum, dessen Parameter schrittweise verändert werden. Nach jedem Schritt wird anhand eines Optimierungskriteriums geprüft, ob eine Verbesserung im Sinn der Aufgabenerfüllung erreicht wurde.

Parameter für Optimierungsstrategien können die Kennwerte der dynamischen Regelgüte sein, welche in nachfolgender Abbildung verdeutlicht sind. Es werden **Optimierungen im Zeitbereich** durchgeführt. Dazu zählen die An- bzw. Ausregelzeit, die maximale Überschwingweite $\hat{x}_Ü$ und die Regelfläche I_R. Die Abbildung 3.3-9 zeigt die Übergangsfunktion des Führungsverhaltens eines Regelkreises. Dieselbe Darstellung lässt sich auch für das Störverhalten aufstellen.

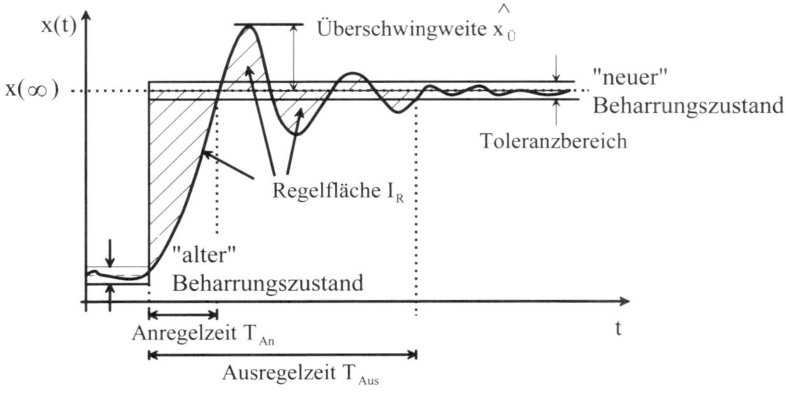

Abbildung 3.5-4: Kenngrößen zur Beschreibung der dynamischen Regelgüte

Einfache Optimierungen der Reglerparameter versuchen jeweils einen der Parameter Anregelzeit T_{An}, Ausregelzeit T_{Aus} bzw. Überschwingweite $\hat{x}_Ü$ auf einen möglichst kleinen Wert einzustellen.

Daneben werden für komplexere Optimierungen so genannte **Integralkriterien** verwendet. Hierbei wird nicht der Wert der Übergangsfunktion zu einem Zeitpunkt sondern die Summe der Abweichungen

$$x_d(t) = x(\infty) - x(t) \tag{3.5-2}$$

im gesamten Ausgleichszeitbereich herangezogen. Die Fläche zwischen Regelgröße und „Sollgröße", in der Abbildung als Regelfläche I_R gekennzeichnet[1], lässt sich dazu in Optimierungskriterien gut verwenden.

3.5.2.1 Integralkriterium der linearen Regelfläche

Die Regelfläche lässt sich auf die einfache Art durch

$$I_R = \int_0^\infty x_d(t)\, dt \tag{3.5-3}$$

berechnen. Zu ihrer Optimierung fordert man:

$$I_R \overset{!}{=} \text{Minimum}\,. \tag{3.5-4}$$

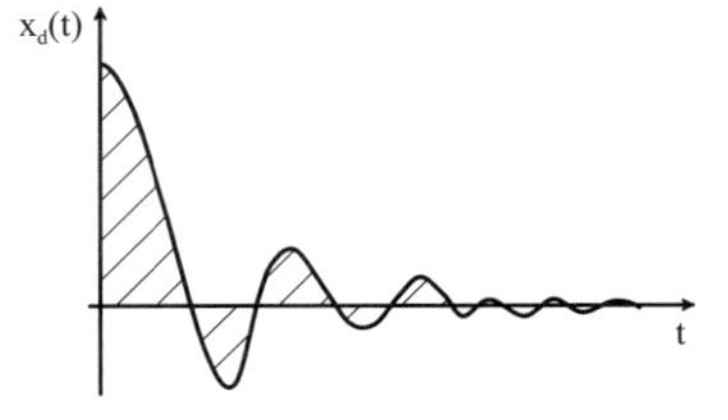

Abbildung 3.5-5: Lineare Regelfläche

Die nebenstehende Abbildung zeigt die lineare Regelfläche eines monoton einschwingenden Regelvorgangs. Es treten positive und negative Flächenanteile auf, so dass der Wert des Integrals nicht der tatsächlichen Differenzfläche entspricht. Dieses Kriterium kann nur dann verwendet werden, wenn das Differenzsignal sich abklingend verhält. Das Minimum liefert die Reglerparameter K_{PR}, T_n, T_v.

3.5.2.2 Integralkriterium der Betragsregelfläche (IAE-Kriterium)

Ein besseres Ergebnis bietet die Betragsfläche:

$$I_{R,\,Betrag} = \int_0^\infty \left|x_d(t)\right| dt\,. \tag{3.5-5}$$

Hierbei wird durch das Optimierungskriterium

$$I_{R,\,Betrag} \overset{!}{=} \text{Minimum} \tag{3.5-6}$$

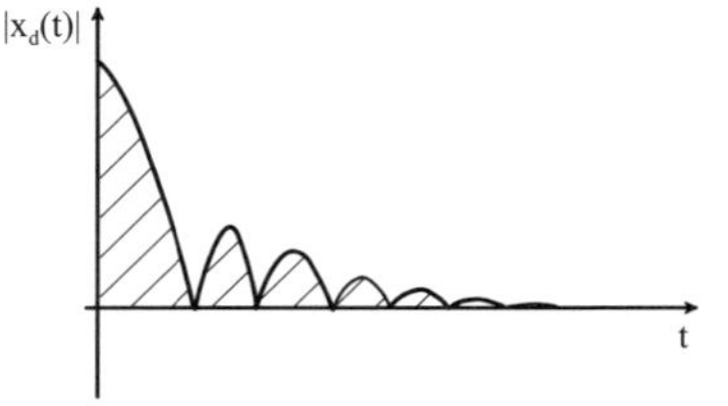

Abbildung 3.5-6: Betragsregelfläche

die tatsächliche Differenzfläche minimiert. Die Betragsregelfläche kann wegen der Unstetigkeitsstellen nicht geschlossen berechnet werden.

---

[1] Bleibende Regeldifferenzen dürfen bei der Berechnung der Regelfläche nicht betrachtet werden.

3.5.2.3 Integralkriterium der quadratischen Regelfläche

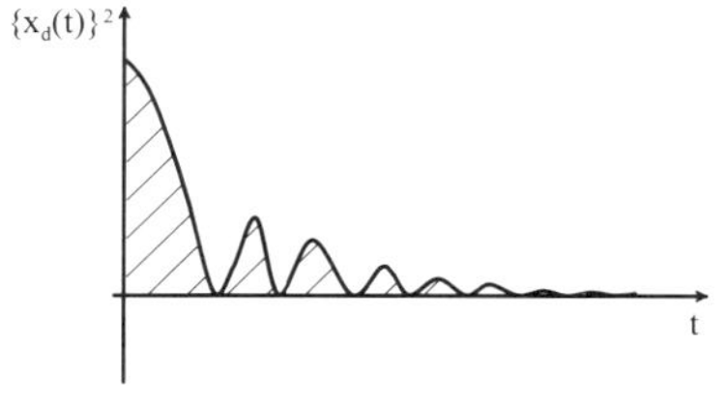

Abbildung 3.5-7: Quadratische Regelfläche

Beim Integralkriterium der quadratischen Regelfläche wird die Fläche durch Quadrierung der Regeldifferenz berechnet:

$$I_{R,\,Quad} = \int_0^{\infty} \left\{x_d(t)\right\}^2 \, dt \,. \qquad (3.5\text{-}7)$$

Durch die Optimierung

$$I_{R,\,Quad} \overset{!}{=} \text{Minimum} \qquad (3.5\text{-}8)$$

gehen große Regeldifferenzen stärker in die Bewertung mit ein als kleinere. Deshalb führen so optimierte Regelkreise zu relativ kurzen Einschwingvorgängen. Dieses Kriterium wird am häufigsten zur Regleroptimierung angewandt.

Zusätzlich lassen sich die Regelabweichungen noch mit der Zeit bewerten. Man spricht dann von **zeitgewichteten Integralkriterien**. Im Fall der Betragsfläche (IAE-Kriterium[1]) lautet die Berechnungsvorschrift:

$$I_{R,\,t-Abs} = \int_0^{\infty} \left|x_d(t)\right| \cdot t \, dt \,. \qquad (3.5\text{-}9)$$

Man spricht von der zeitgewichteten Betragsregelfläche, das Kriterium nennt man ITAE-Kriterium[2]. Bei dieser Bewertung wird zusätzlich die Dauer der Regeldifferenz mitberücksichtigt. Für die quadratische Regelfläche ist ebenfalls eine Zeitbewertung denkbar.

Die bei allen Integralkriterien auftretende Regelabweichung $x_d(t)$ beschreibt eine Funktion der verschiedenen Reglerparameter. Diese bilden den Parameterraum für die Optimierungsstrategien. In der Praxis ist die Auswertung der Integrale nicht einfach vorzunehmen. Sie können heute durch entsprechende Programme für die Regelungstechnik berechnet werden.

3.5.3 Dynamische Kompensation

Die Entwurfsmethode der dynamischen Kompensation versucht, Verzögerungen der Regelstrecke durch schnelle Reglerterme zu kompensieren. Jeder Verzögerungsordnung der Regelstrecke entspricht eine Polstelle in der Streckenübertragungsfunktion:

$$G_S(s) = K_{PS} \cdot \frac{ZP(s)}{(1 + s \cdot T_1) \cdots (1 + s \cdot T_n)} \,. \qquad (3.5\text{-}10)$$

---

[1] IAE ist die Abkürzung für **I**ntegral of **A**bsolute **E**rror.

[2] ITAE steht für **I**ntegral of **T**ime multiplied **A**bsolute **E**rror.

Verwendet man einen Regler mit entsprechenden Nullstellen, so lassen sich die Verzögerungsterme der Strecke kompensieren. Dazu eignet sich natürlich diejenige Polstelle am besten, die für die größte Verzögerung verantwortlich zeichnet (T_i sei maximal). Für einen PI-Regler schreibt sich die Übertragungsfunktion des offenen Regelkreises:

$$G_0(s) = \frac{K_{PS} \cdot ZP(s)}{(1+s \cdot T_1)\cdots(1+s \cdot T_i)\cdots(1+s \cdot T_n)} \cdot \frac{K_{PR} \cdot (1+s \cdot T_{nR})}{s \cdot T_{nR}}. \qquad (3.5\text{-}11)$$

Setzt man die Nachlaufzeit T_{nR} des I-Regleranteils gleich der maximalen Verzögerungszeit (hier T_i), wird die problematische Polstelle der Regelstrecke kompensiert:

$$G_0(s) = \frac{K_{PS} \cdot K_{PR} \cdot ZP(s) \cdot \cancel{(1+s \cdot T_{nR})}}{s \cdot T_{nR} \cdot (1+s \cdot T_1)\cdots \cancel{(1+s \cdot T_i)} \cdots (1+s \cdot T_n)} \quad \text{für } T_{nR} = T_i. \qquad (3.5\text{-}12)$$

Das beschriebene Verfahren wird auch als Pol-Nullstellen-Kompensation bezeichnet.

Die Kompensation mehrerer Polstellen der Regelstrecke kann durch die entsprechende Anzahl von PD-Termen im Zähler des Reglers erreicht werden. Die auftretenden D-Anteile erhöhen die Reaktionsgeschwindigkeit des Reglers, so dass ein zu großes Anwachsen des Stellsignals verursacht werden kann. Die zusätzliche Einführung von Verzögerungen verhindert diesen Nebeneffekt. Zu diesem Zweck stehen die Lead-Lag-Regler zur Verfügung.

Voraussetzung dazu ist aber, dass die Pol-Nullstellen-Kompensation nur für „stabile“ Pole der Streckenübertragungsfunktion anwendbar ist, d. h. nur für (1 + $s \cdot T_i$)-Terme mit Verzögerungszeiten $T_i > 0$.

"Instabile“ Polstellen kompensieren sich bei kleinsten Differenzen zwischen Regler- und Streckenterm nicht gegenseitig; der Regelkreis bleibt instabil.

Das Verfahren der dynamischen Kompensation lässt sich auf Regelstrecken mit und ohne Ausgleich anwenden. Es zählt mit zu den leistungsfähigen Methoden unter den Entwurfsverfahren.

3.5.4 Synthese im Bildbereich

Das Übertragungsverhalten von Regelkreisen korrespondiert sehr eng mit den Pollagen ihrer Übertragungsfunktionen. Das WOK-Verfahren zur Stabilitätsbeurteilung nutzt diese Tatsache direkt aus. Der Bildbereich lehrt uns, dass die Polstellen stabiler Regelkreise im negativ reellen Bildbereich liegen müssen. Es lassen sich dort sogar Sektoren angeben, in denen sich die dominanten Polstellen aufhalten sollten, um definierte Regelgüten zu gewährleisten. Die nachfolgende Abbildung erinnert an solche Bereiche im Bildbereich, will man z. B. ein definiertes P-T_2-Übergangsverhalten bei Führungsänderungen erzielen.

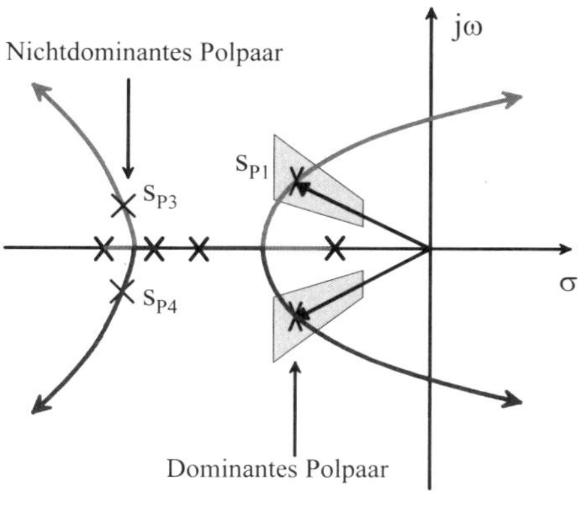

Abbildung 3.5-8: Optimaler Sektor für Polstellen mit P-T_2-Verhalten

Durch geeignete Vorgabe von Pol- und Nullstellen für den Regler kann erreicht werden, dass der Regelkreis ein solches PN-Schema erhält, wodurch seine dynamischen Eigenschaften festgelegt sind.

Klar ist dabei, dass die Pol- und Nullstellen der Regelstrecke nicht frei im Bildbereich platzierbar sind, da sie à priori festliegen. Die Pol- und Nullstellen des Reglers müssen deshalb so festgelegt werden, dass die Wurzelortskurve des dominierenden Polpaars durch den gewünschten Bildsektor verläuft und alle anderen WOK-Äste im negativ reellen Bildbereich verschwinden.

Dazu muss man sich an das Aussehen typischer WOK-Schemata erinnern, wie sie in Tabelle 3.4-3 festgehalten sind.

Man erkennt aus den wenigen WOK-Bildern, dass Nullstellen die Polstellen anziehen, während Polstellen sich abstoßen. Die neu eingeführten Singularitäten des Reglers müssen die Äste der Wurzelortskurven so verbiegen, dass das dominierende Polpaar an die gewünschte Stelle verschoben wird und alle anderen weit links von diesem platziert werden.

Das WOK-Entwurfsverfahren lässt sich in folgende Regeln zusammenfassen:

1. Ausgangspunkt der Regelkreissynthese ist das PN-Schema der Regelstrecke.
2. Die qualitativen Lagen der Wurzelortskurven des Regelkreises werden durch Vorgabe von Pol- und Nullstellen des Reglers festgelegt:

$$G_R(s) = K_R \cdot \hat{G}_R(s) = K_R \cdot \frac{(s - s_{N_1}) \cdot \ldots \cdot (s - s_{N_m})}{(s - s_{P_1}) \cdot \ldots \cdot (s - s_{P_n})}, \qquad (3.5\text{-}13)$$

   wobei man die Strukturbilder typischer Wurzelortskurven (Tabelle 3.4-3) berücksichtigt. Die Pol- und Nullstellen des Reglers bestimmen die Dynamik und Stabilität des Regelkreises. Dabei lassen sich zwei Feststellungen treffen:

   a) Das Hinzufügen einer Polstelle s_{Pi} verursacht eine Verbiegung der WOK nach rechts, was zu einer Verlangsamung und Destabilisierung des Regelkreises führt.

b) Fügt man eine Nullstelle s_{Ni} in die Regler-Übertragungsfunktion ein, erreicht man ein Verbiegen der WOK nach links. Der Regelkreis wird stabiler und reagiert auch schneller.

Die technische Realisierung der Regler ist natürlich im Auge zu behalten. Dies drückt sich in der Übertragungsfunktion dadurch aus, **dass die Zahl der Nullstellen i. Allg. die Zahl der Polstellen nicht übersteigen darf**.

Tabelle 3.5-5: Typische Wurzelortskurven

Pole	Keine Nullstelle	Eine Nullstelle
1	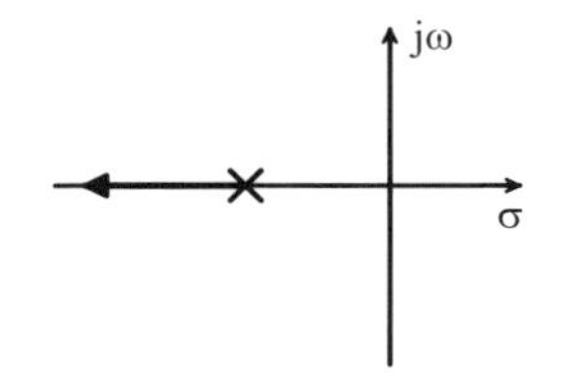	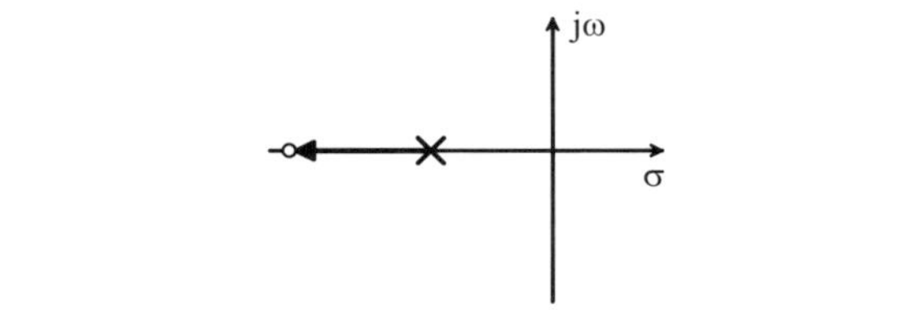
2	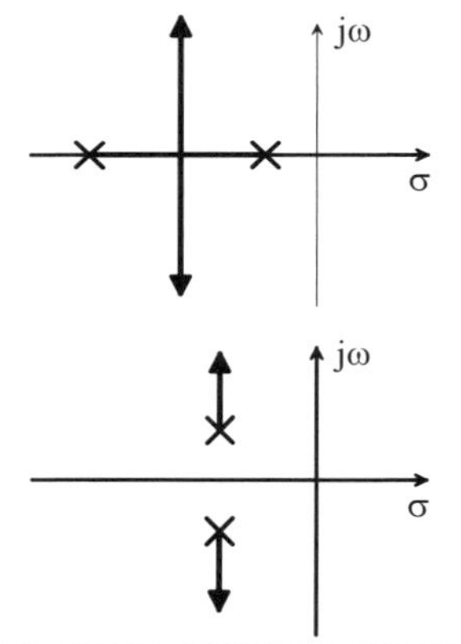	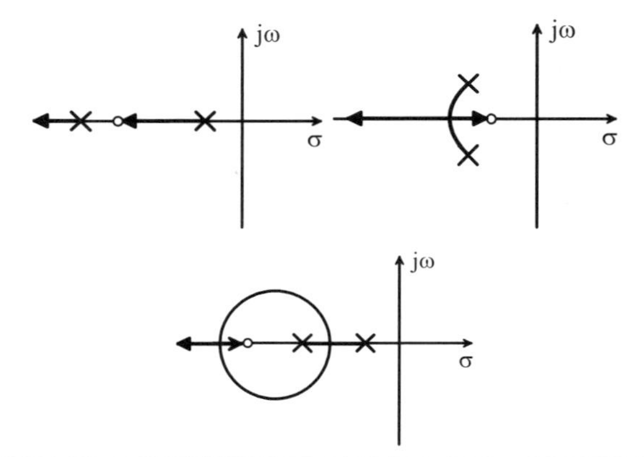
3	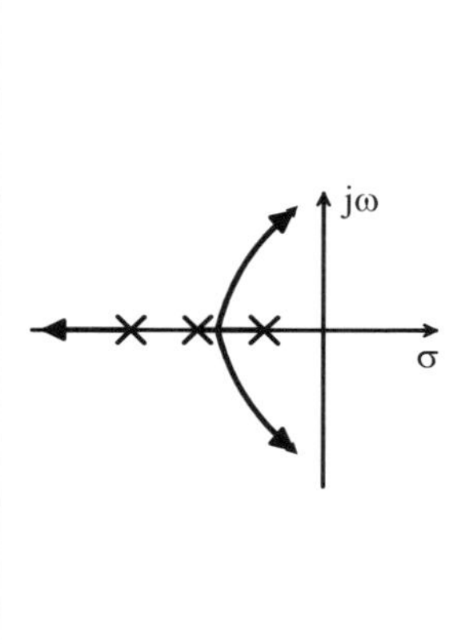	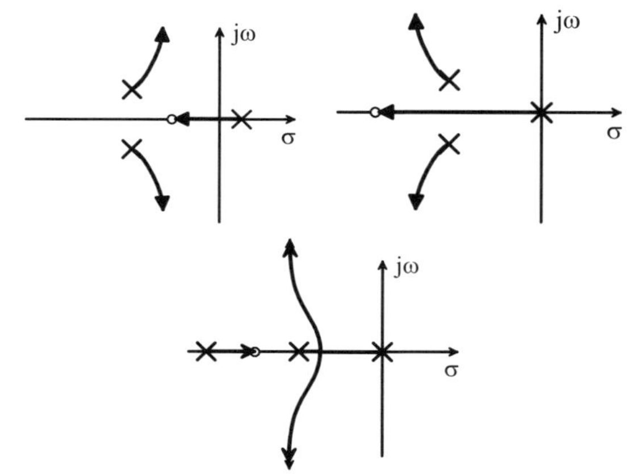

3. Nachdem die qualitative Reglerstruktur gefunden ist, werden seine Pol- und Nullstellen so platziert, dass der dominante WOK-Ast durch den gewünschten Bildsektor verläuft. Für dieses Gebiet bestimmt man den notwendigen Reglerverstärkungsfaktor K_R.
4. Nun überprüft man die Lagen der übrigen Polstellen für diesen Verstärkungsfaktor K_R. Sie sollten einen vernachlässigbaren Einfluss besitzen. Durch die rechnergestützte Simulation des Regelkreises überprüft man abschließend die Regelkreisdynamik.

Stellt sich kein befriedigendes Ergebnis ein, durchläuft man die Entwurfsschritte ein weiteres Mal.

3.5.5 Synthese im Frequenzbereich

Die Frequenzkennlinien des Reglers und der Strecke bestimmen letztlich das Systemverhalten des Regelkreises. Wie wir aus Kapitel 3.4 wissen, reicht zur Beurteilung der absoluten und relativen Stabilität der Frequenzgang des offenen Regelkreises $FG_0(j\omega)$ aus. Das Nyquist-Kriterium gibt uns über die Stabilität Auskunft. Er lässt sich auch dazu benutzen, den Amplituden- und Phasenrand zu bestimmen, der die relative Stabilität bewertet.

Konsequenterweise kann der Frequenzgang $FG_0(j\omega)$ auch für den Regelkreisentwurf verwendet werden, der sich aus dem Produkt der Frequenzgänge von Regler und Strecke berechnet:

$$FG_0(j\omega) = FG_R(j\omega) \cdot FG_S(j\omega)\,. \qquad (3.5\text{-}14)$$

Durch geeignete Wahl von $FG_R(j\omega)$ kann der offene Frequenzgang $FG_0(j\omega)$ so gestaltet werden, dass der geschlossene Regelkreis die Güteforderungen erfüllt. Dazu gibt man sich z. B. das Führungsverhalten $G_W(s)$ vor, aus dem sich dann $G_0(s)$ berechnet.

Wie seither angenommen, setzen wir für dieses Verhalten eine P-T_2-Dynamik an:

$$G_W(s) \overset{!}{=} \frac{1}{1 + 2 \cdot D \cdot \left(\frac{s}{\omega_0}\right) + \left(\frac{s}{\omega_0}\right)^2}\,. \qquad (3.5\text{-}15)$$

Dann berechnet sich die offene Übertragungsfunktion zu:

$$G_0(s) = \frac{1}{s \cdot T_I \cdot (1 + s \cdot T_1)} \quad \text{mit: } T_I = \frac{2D}{\omega_0} \text{ und } T_1 = \frac{1}{2D \cdot \omega_0}\,. \qquad (3.5\text{-}16)$$

Wie man sieht, zeigt der offene Regelkreis ein I-T_1-Verhalten, welches den Amplitudengang in Abbildung 3.5-9 besitzt.

Für den Regelkreisentwurf im Frequenzbereich geht man nun so vor:

- Nachdem das gewünschte Übertragungsverhalten des geschlossenen Regelkreises vorgegeben ist, bestimmt man den Frequenzgang $FG_0(j\omega)$ des offenen Kreises und zeichnet dazu die Frequenzkennlinien im Bode-Diagramm.
- Anschließend trägt man die Frequenzkennlinie $FG_S(j\omega)$ der Regelstrecke in dasselbe Diagramm ein.
- Wegen der multiplikativen Zusammensetzung des offenen Frequenzgangs $FG_0(j\omega)$ aus den Regler- und Streckenfrequenzkennlinien nach Gleichung (3.5-14) bestimmt sich der Amplitudengang des Reglers als Differenz zwischen $AG_0(j\omega)$ und $AG_S(j\omega)$:

$$\lg\{AG_R(j\omega)\} = \lg\{AG_0(j\omega)\} - \lg\{AG_S(j\omega)\}\,. \qquad (3.5\text{-}17)$$

Der angestrebte Amplitudengang $AG_R(j\omega)$ des Reglers kann also graphisch gewonnen und mit Frequenzkennlinien wichtiger Regler und Korrekturglieder verglichen werden (siehe Tabelle 3.5-6). Eine Feinabstimmung der Reglerkennwerte erlaubt eine weitgehende Annäherung an den geforderten Frequenzgang $FG_0(j\omega)$.

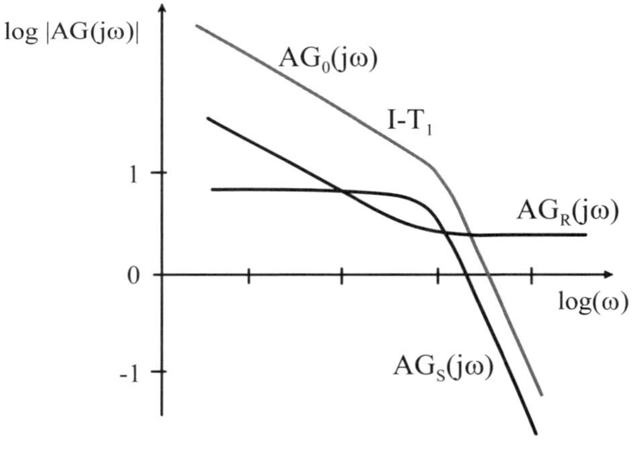

Abbildung 3.5-9: Amplitudengänge

Als Beispiel ist in Abbildung 3.5-9 der Amplitudengang $AG_S(j\omega)$ eines $P\text{-}T_1$-Systems gewählt. Die Differenz zur $AG_0(j\omega)$-Kennlinie ergibt die Reglerfrequenzkennlinie. Vergleicht man diese mit den Amplitudengängen in Tabelle 3.5-6, kommt ein PI-Regler zur Anwendung. Die Phasengänge dürfen bei diesen Betrachtungen natürlich nicht vernachlässigt werden.

Will man auf ein gutes Störverhalten optimieren, können ähnliche Verfahren zum Entwurf des Reglers angewandt werden. Die Ausführungen in diesem Abschnitt zeigen dem Leser auf vereinfachte Weise, welche Methoden im Frequenzbereich zur Synthese von Regelkreisen benutzt werden.

Tabelle 3.5-6: Frequenzgänge wichtiger Regler

Regler	Bode-Diagramm
PI	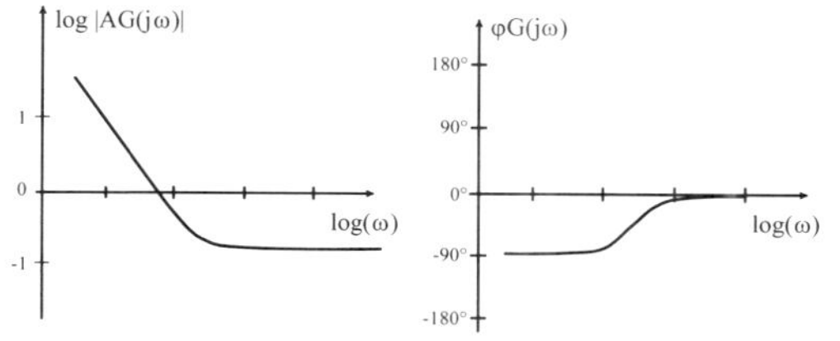
PD	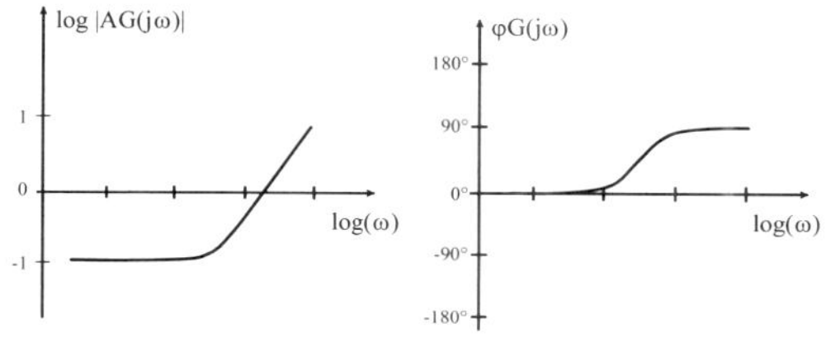
PID	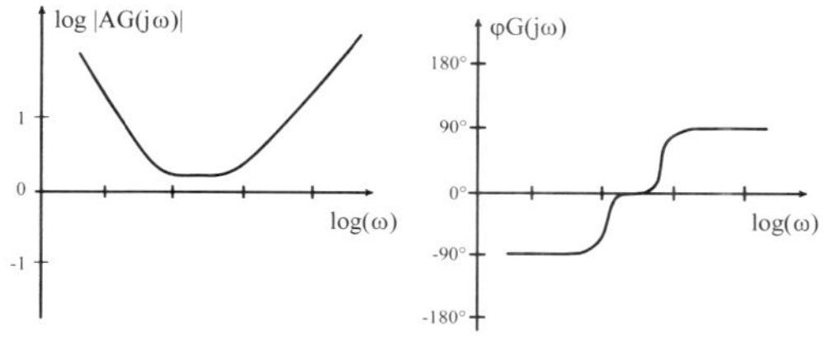
PID-T_1	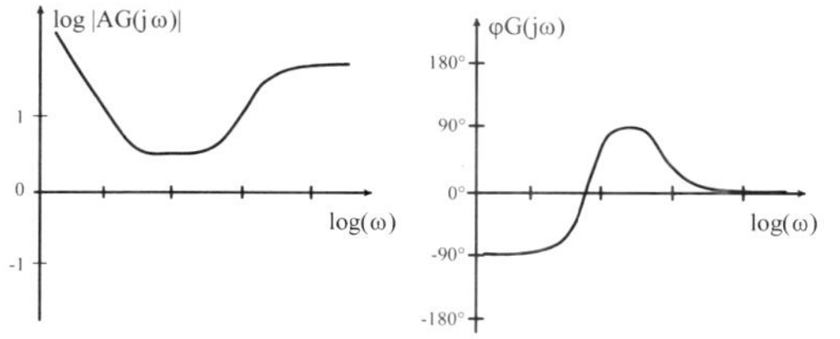
Lead	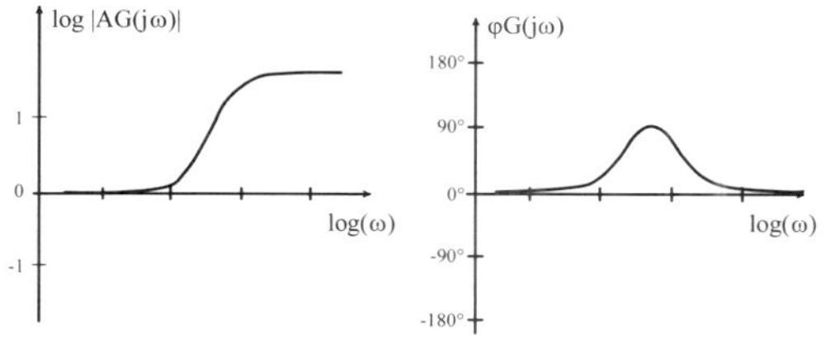
Lag	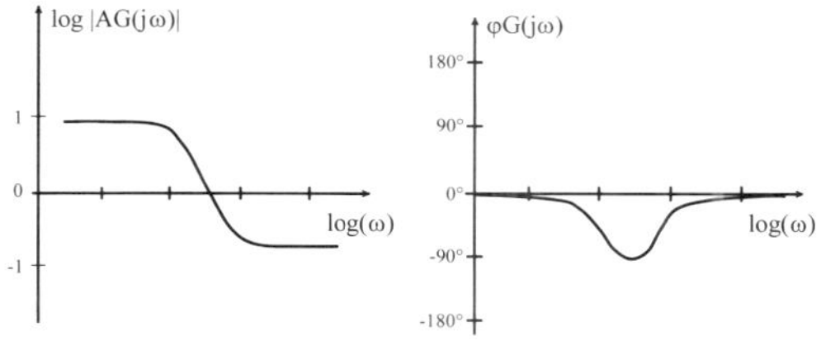

3.5.6 Erweiterungen der einschleifigen Regelkreisstruktur

Bei den bisherigen Erörterungen wurden Regelungen untersucht, bei denen genau eine Ausgangsgröße der Regelstrecke beobachtet und über eine Stellgröße beeinflusst wird. Neben der Vorgabe der Führungsgröße nehmen auch äußere Störungen Einfluss auf den Regelkreis. Wegen der einfachen Regelungsstruktur mit einem Freiheitsgrad muss man sich für die Optimierung des Führungs- oder Störverhaltens entscheiden. Es können deshalb Regelungen entweder nur auf ein „gutes“ Führungs- oder ein „gutes“ Störverhalten ausgelegt werden. Da viele Regelungen Festwert- oder Programmregelungen sind und an diese keine zu hohen Güteanforderungen gestellt werden, reicht für sie der einschleifige Regelkreis zur Erfüllung der Güteforderungen aus.

Erweitert man die Struktur von Regelkreisen, lassen sich die Möglichkeiten, das Regelkreisverhalten den Regelungsanforderungen besser anzupassen, wesentlich steigern.

Im Folgenden werden solche Erweiterungen des einschleifigen Regelkreises vorgestellt, die insbesondere schneller auf Störungen reagieren sollen. Es entstehen Regelkreisstrukturen mit weiteren Rückkopplungsschleifen.

Vor diesen Erweiterungen führen wir uns nochmals die Wirkeinflüsse auf die Regelstrecke vor Augen, die in nachfolgendem Wirkschaltplan verdeutlicht sind.

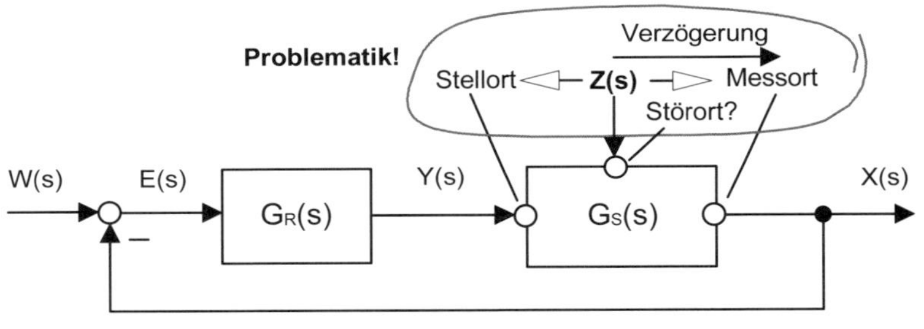

Abbildung 3.5-10: Einschleifiger Regelkreis

Die realen Störungen auf Regelungen greifen zwischen dem Stell- und Messort der Regelstrecke entweder als Versorgungs- oder/und als Laststörungen ein. Andere Eingriffsorte von Störeinflüssen sind, wie in Abschnitt 3.1 besprochen, prinzipiell zu vermeiden. Wo die genauen Eingriffsorte der Störungen innerhalb der Regelstrecke lokalisiert sind, hängt von den technischen Gegebenheiten der Anlage und ihrer Umgebung ab. Mit hoher Wahrscheinlichkeit wirkt sich die Störung nicht unmittelbar auf die Regelgröße X(s) aus. Sie besitzt eine gewisse Verzögerungszeit, bis sie sich als Änderung der Regelgröße X(s) bemerkbar macht. Erst dann hat der Regler die Chance, mit dem richtigen Stellsignal Y(s) zu reagieren. Dies kann für manche Regelaufgaben zu spät sein.

Um dennoch eine Verbesserung zu erreichen, müssen zusätzliche Informationen über den Regelungsprozess und seine Umgebung vorliegen, um mehr Eingriffsmöglichkeiten auf das Regelstreckenverhalten zu bekommen.

3.5.6.1 Regelkreis mit Störgrößenaufschaltung

Bei manchen Regelungen lässt sich die Störung direkt messen. Dazu muss eine ausgeprägte Störgröße (oder mehrere) identifizierbar sein, mit der sich der Einfluss auf die Regelgröße teilweise kompensieren bzw. ganz reduzieren lässt.

Der Regler wird nicht erst nach der Verzögerungszeit über die aktuelle Störung informiert, wenn ihre Wirkung am Ausgang der Regelstrecke messbar ist, sondern auf die Regelstrecke wird unmittelbar störungsausgleichend eingewirkt. Die Abbildung 3.5-11 stellt die Wirkungsstruktur von Regelungen mit Störgrößenaufschaltungen dar.

Die Wirkung der Störung kann *entweder* direkt *oder* über den Regler durch ein Steuerungsglied mit der Übertragungsfunktion $G_{RZ}(s)$ auf die Regelstrecke einwirken. Das Steuerungsglied berechnet aus der Störinformation die entsprechende Ausgleichswirkung auf die Strecke, um die Störung „im Keim zu ersticken".

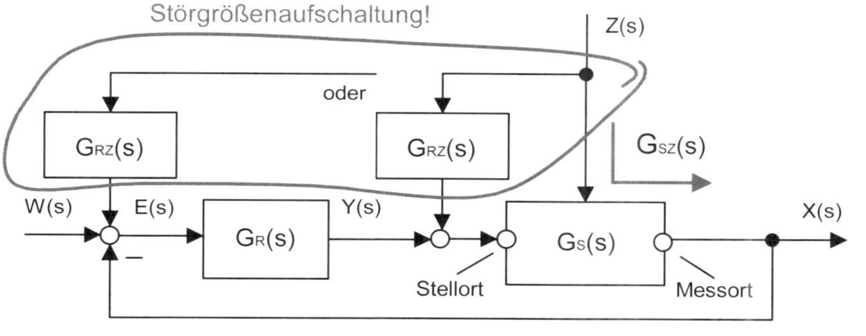

Abbildung 3.5-11: Regelkreis mit Störgrößenaufschaltung

Der Vorteil dieser Störgrößenaufschaltung besteht darin, dass sich die Stabilitätseigenschaften des Regelkreises nicht verändern. Die Führungsübertragungsfunktion $G_W(s)$ ist identisch mit der des einschleifigen Regelkreises. Die Störübertragungsfunktion $G_Z(s)$ wird durch das Störkompensationssystem $G_{RZ}(s)$ modifiziert:

$$G_Z(s) = \frac{G_S(s) \cdot G_{RZ}(s) + G_{SZ}(s)}{1 + G_R(s) \cdot G_S(s)} \qquad \text{(Direkte Kopplung)}$$

$$G_Z(s) = \frac{G_R(s) \cdot G_S(s) \cdot G_{RZ}(s) + G_{SZ}(s)}{1 + G_R(s) \cdot G_S(s)} \qquad \text{(Über den Regler).} \qquad (3.5\text{-}18)$$

Für die reale Auswirkung der Störbeeinflussung der Regelgröße X(s) wurde bei der obigen Berechnung die Streckenfunktion $G_{SZ}(s)$ angenommen. Man erkennt unmittelbar, dass die charakteristische Gleichung des „neuen" Regelkreises mit der des einfachen Regelkreises identisch ist, welche deren Stabilitätseigenschaften festlegt. Die zusätzliche Vermaschung der Störgröße Z(s) bedeutet keine neue Rückkopplung im Regelkreis; es wird lediglich eine Eingangsgröße auf eine weitere Art mitberücksichtigt.

Bei bekannter Störübertragungsfunktion $G_{SZ}(s)$ lässt sich sogar eine Berechnungsvorschrift ableiten, um die vollständige Störunterdrückung zu erreichen. Dazu muss die jeweilige Zählerfunktion verschwinden. Man erhält für die beiden Fälle:

$$G_{RZ,\,Vollständig}(s) = -\frac{G_{SZ}(s)}{G_S(s)} \quad \text{(Direkte Kopplung)}$$

$$G_{RZ,\,Vollständig}(s) = -\frac{G_{SZ}(s)}{G_R(s)\cdot G_S(s)} \quad \text{(Kopplung über den Regler).} \tag{3.5-19}$$

Als Beispiel einer erweiterten Regelung zeigt die nachfolgende Abbildung eine Niveauregelung mit Störgrößenaufschaltung, eine Erweiterung der bekannten Füllstandsregelung. Das Niveau h(t) wird gemessen und mit einem Sollniveau h_{soll} verglichen. Bei Ungleichheit bedient der Regler die Zulaufpumpe derart, dass jegliche unerwarteten Abflüsse ausgeglichen werden.

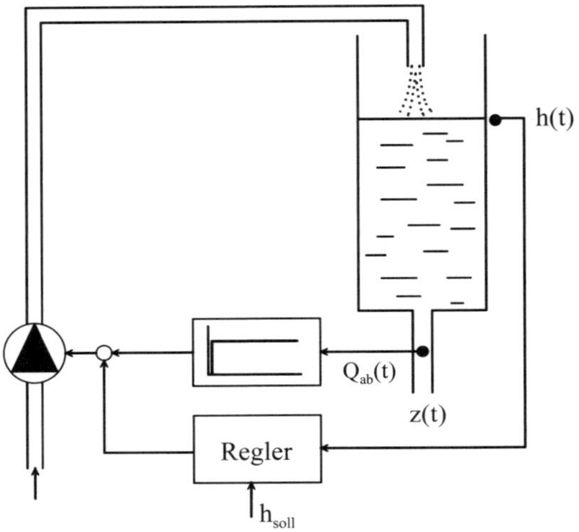

Abbildung 3.5-12: Niveauregelung mit Störgrößenaufschaltung

Bei größeren Abflusslängen, wenn also das Wasserreservoir auf einem Hügel platziert ist und die Frischwasserzufuhr zum Versorgungsgebiet (Verbraucher) einige 100 Meter beträgt, vergeht einige Zeit, bis sich eine Entnahme in der Wasserhöhe h(t) ausdrückt. Der Regler bemerkt die Wasserentnahme zu spät. Beobachtet man aber den Wasserabfluss $Q_{ab}(t)$ direkt im Versorgungsgebiet, kann die Pumpe sofort aktiviert werden. Es fließt unmittelbar soviel Frischwasser in das Becken nach, wie in etwa entnommen wird; der Regler hat nur noch für den exakten Ausgleich auf das Sollniveau zu sorgen.

3.5.6.2 Regelkreis mit Hilfsgrößenaufschaltung

Nicht alle Störgrößen auf Regelstrecken können direkt gemessen werden. Man muss sich dann auf deren Auswirkungen innerhalb der Regelstrecke beschränken. Um deren verzögernde Wirkungen auf die Regelgröße nicht abwarten zu müssen, sucht man nach einer geeigneten Hilfsgröße der Strecke, die sehr schnell auf die Störungen reagiert.

Die gemessene Hilfsgröße $X_H(s)$ lässt sich nun anstelle der Störgröße Z(s) zur direkten oder indirekten Beeinflussung der Regelstrecke verwenden. Prinzipiell liegt dieselbe Wirkungsstruktur wie bei der Regelung mit Störgrößenaufschaltung vor. Der nachfolgende Wirkungsplan verdeutlicht diese Vorgehensweise. Die Regelstrecke wird in zwei Teile geteilt, um die direkte Wirkung der Störgröße auf die innere Hilfsgröße zu symbolisieren.

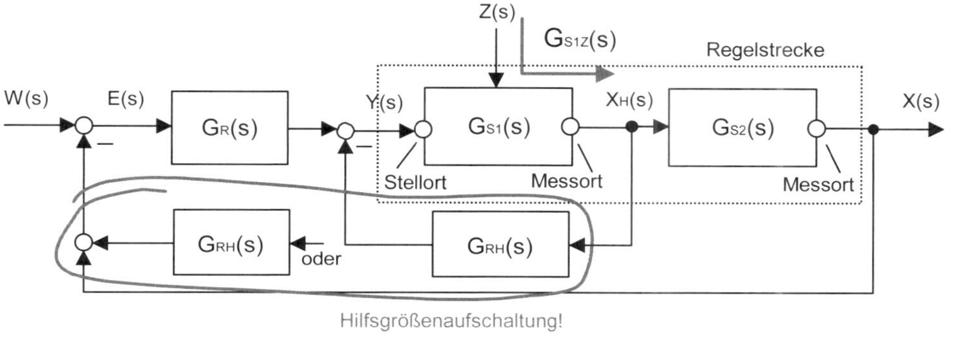

Abbildung 3.5-13: Regelkreis mit Hilfsgrößenaufschaltung

Der Vorteil dieser Wirkungsstruktur ist, dass auch hier die Verzögerung der Störung durch die gesamte Regelstrecke umgangen und direkt bzw. indirekt die Störauswirkung über die Hilfsgröße durch Einwirken auf die Regelstrecke kompensiert wird. Ob dies vollständig gelingt, hängt von der Störübertragungsfunktion $G_Z(s)$ mit der zusätzlichen Rückkopplung ab[1]. Sie lautet:

$$G_Z(s) = \frac{G_{S1Z}(s) \cdot G_{S2}(s)}{1 + G_R(s) \cdot G_S(s) + G_{S1}(s) \cdot G_{RH}(s)} \qquad \text{(Direkt)}$$

$$G_Z(s) = \frac{G_{S1Z}(s) \cdot G_{S2}(s)}{1 + G_R(s) \cdot G_S(s) + G_{S1}(s) \cdot G_R(s) \cdot G_{RH}(s)} \qquad \text{(Indirekt).} \qquad (3.5\text{-}20)$$

Die Berechnung zeigt, dass die zusätzliche Rückkopplung die charakteristischen Funktionen beider Störübertragungsfunktionen verändert. Damit ist es notwendig, die Stabilitätseigenschaften neu zu überprüfen.

[1] $G_{S1Z}(s)$ beschreibt das Störmodell des ersten Regelstreckenteils.

Im Weiteren erkennt man, dass für den Regelkreis mit Hilfsgrößenaufschaltung keine vollständige Kompensation von Störungen möglich ist. Dazu müssten die Zählerfunktionen in den Störübertragungsfunktionen zum Verschwinden gebracht werden. Wie man aber sieht, hat man auf diese selbst keinen Einfluss. Die einzige Möglichkeit besteht darin, die Nennerfunktionen der Gleichung (3.5-20) durch eine geeignete Störkompensation $G_{RH}(s)$ über einen weiten Frequenzbereich betragsmäßig sehr groß zu gestalten, um für die Störübertragungsfunktion $G_Z(s) \approx 0$ zu erhalten:

$$G_{RH}(s) \text{ groß im Frequenzbereich} \quad \Rightarrow \quad G_Z(s) \approx 0\,. \tag{3.5-21}$$

Wird dies erreicht, können mittels der Hilfsgrößenaufschaltung Störungen sehr schnell zum Verschwinden gebracht werden. Von Vorteil ist, wenn die Hilfsgröße auf die Störungen sehr sensitiv reagiert und der weitere Streckenteil $G_{S2}(s)$ keine starken Verzögerungen aufweist.

3.5.6.3 Kaskadenregelung

Eine verallgemeinerte Erweiterung des Regelkreises mit Hilfsgrößenaufschaltung führt auf den Kaskadenregelkreis. Er verkörpert eine Verschachtelung von jeweils einschleifigen Regelkreisen. Der in Abbildung 3.5-14 dargestellte Kaskadenregelkreis zeigt exemplarisch nur zwei Regelkreise. Allgemein können natürlich n Regelkreise hierarchisch ineinander verschachtelt werden. Dazu ist allein Bedingung, dass n innere Regelstreckengrößen zur Verfügung stehen und auch messtechnisch erfassbar sind.

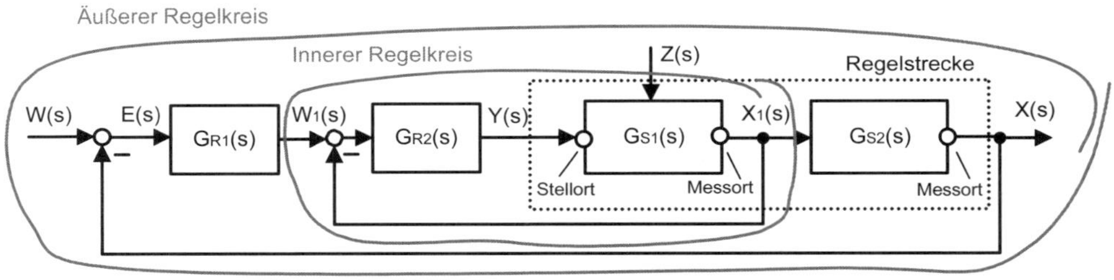

Abbildung 3.5-14: Kaskadenregelkreis

Die Regelstrecke muss dazu technisch in n Teilstrecken $G_{Si}(s)$ aufteilbar sein. Jede Teilstrecke wird von einem eigenen Regler kontrolliert.

Beim Regelkreisentwurf geht man am geeignetsten nach folgenden Prinzipien vor:

- Jeder Regelkreis wird für sich *nach den jeweiligen Anforderungen* von innen nach außen konzipiert.
- Jeder innere Regelkreis soll ohne das Zutun der äußeren Regler für sich stabil sein.
- Es ist sehr zweckmäßig, dass jeder innere Regelkreis schneller als der nächste äußere reagiert.

Die schrittweise Vorgehensweise macht sich beim Einrichten realer Regelkreise bezahlt. Es ist wesentlich übersichtlicher und effektiver, die Regler schrittweise von innen nach außen einzustellen bzw. anzupassen. Das letztgenannte Prinzip lässt es sogar zu, dass beim Regelkreisentwurf jeder innere Regelkreis näherungsweise als statisches Übertragungsglied (P-Glied) betrachtet werden kann.

Der Einsatz von Kaskadenregelungen gehört heute bei komplexeren Regelsystemen mit einer hierarchischen Struktur zum Alltag. Der hierarchische Aufbau der Regelstrecken führt geradezu auf diese Art von Regelungen.

So findet diese Regelstruktur seit Jahren ihren Einsatz bei Lageregelungen mit Gleichstrommotoren. In Kapitel 3.2 ist in der Lernaufgabe der Systemaufbau eines Linearantriebs modelliert. Diese Stellantriebe werden bei Werkzeugmaschinen in Lageregelkreisen verwendet. Heute regelt man nicht nur die Drehzahl des Antriebs, die letztlich zum Anfahren der gewünschten Position dient, sondern benutzt interne Hilfsgrößen des Motors, um den Stellantrieb der Werkstückkontur genauer nachfahren zu können. Eine dieser Größen ist das Antriebsmoment des Elektromotors. Dieses lässt sich direkt über den Ankerstrom regeln. Der Zweck dieser inneren Kontrolle ist die effektive Kompensierung unerwartet auftretender äußerer Lastmomente. Der vollständige Lageregelkreis stellt deshalb ein Paradebeispiel für eine Kaskadenregelung dar. Seinen Aufbau zeigt die nachfolgende Abbildung, ohne dabei näher auf Details einzugehen.

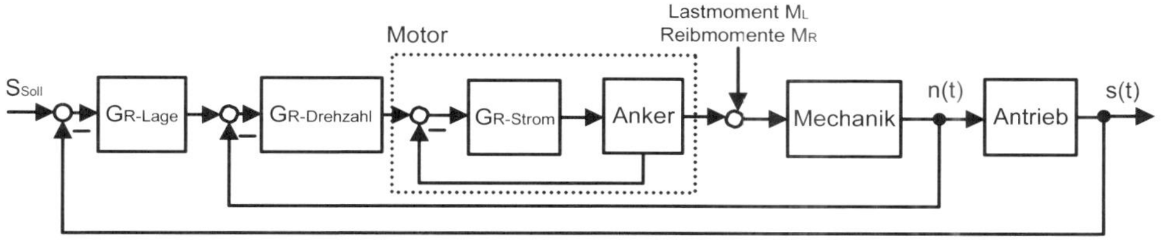

Abbildung 3.5-15: Kaskadenregelkreis

3.5.6.4 Regelkreis mit Vorsteuerung

Eine andere Möglichkeit, das Regelkreisverhalten zu verbessern, besteht durch die Verwendung einer Vorsteuerung. Wie bekannt ist, lässt sich bei einem einschleifigen Regelkreis nicht gleichzeitig ein optimales Führungs- und Störverhalten realisieren. Mit der Vorsteuerung kann man aber erreichen, dass der Regelkreis ein „gutes" Stör- <u>und</u> Führungsverhalten erhält.

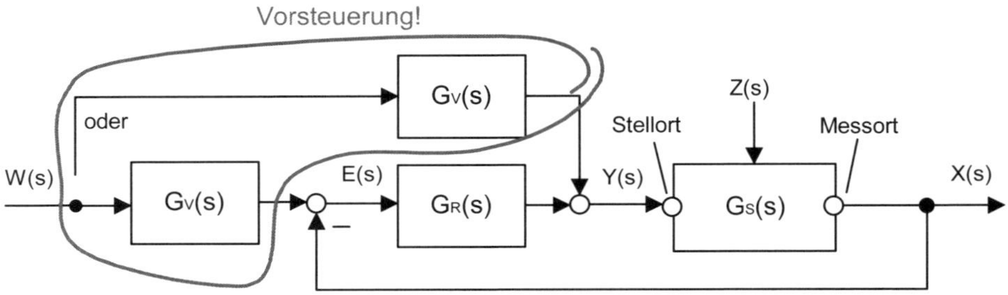

Abbildung 3.5-16: Regelkreis mit Vorsteuerung

Man legt dazu den Standardregelkreis auf ein optimiertes Störverhalten aus. Anschließend verbessert man sein Führungsverhalten durch Addition eines Vorfilters für die Führungsgröße W(s). Die so vorverarbeitete Führungsgröße koppelt man entweder in den Regelkreis als neue Führungsgröße oder direkt in die Regelstrecke ein. Dadurch bleibt das Störverhalten unverändert, allein das Führungsverhalten ändert sich. Die Führungsübertragungsfunktionen beider Möglichkeiten berechnen sich zu:

$$G_W(s) = \frac{G_S(s) \cdot G_R(s) \cdot G_V(s)}{1 + G_R(s) \cdot G_S(s)} \qquad \text{(Direkt über den Regler)}$$

$$G_W(s) = \frac{G_S(s) \cdot \left(G_R(s) + G_V(s)\right)}{1 + G_R(s) \cdot G_S(s)} \qquad \text{(Indirekt in die Regelstrecke).} \qquad (3.5\text{-}22)$$

Die Stabilitätseigenschaften des erweiterten Regelkreises ändern sich nicht. Es besteht nun die Möglichkeit, die Vorsteuerung auf ein ideales Führungsverhalten hin auszulegen. Mittels der idealen Führungsübertragungsfunktion $G_W(s) = 1$ lassen sich die Vorsteuerfunktionen berechnen:

$$G_{V,\,\text{Ideal}}(s) = 1 + \frac{1}{G_R(s) \cdot G_S(s)} \qquad \text{(Direkt über den Regler)}$$

$$G_{V,\,\text{Ideal}}(s) = \frac{1}{G_S(s)} \qquad \text{(Indirekt in die Regelstrecke).} \qquad (3.5\text{-}23)$$

Selbstverständlich müssen die so berechneten Vorfilter technisch realisierbar sein. Falls dies nicht der Fall ist, rückt man vom idealen Führungsverhalten ab und gibt ein verändertes Zeitverhalten vor. Verbesserungen sind damit aber jederzeit zu erzielen.

Bearbeitung der Lernaufgabe

Mit Hilfe der technischen Mechanik kann das mathematische Modell des Inversen Pendels bestimmt werden. In Kapitel 2.3 wurde es bei der Bearbeitung der dortigen Lernaufgabe praktiziert. Das Ergebnis ist in der Übertragungsfunktion $G_{IP}(s)$ zusammengefasst:

$$G_{IP}(s) = \frac{\frac{1}{(M+m)g}}{1 - \frac{D_\varphi}{m \cdot g \cdot L} s - \frac{L}{g} \frac{2M+m}{M+m} s^2}$$

In das Modell sind die Reibmomente der Pendellager integriert. Insgesamt liegt ein System 2. Ordnung vor.

Zur Aufstellung des Polstellendiagramms des Pendelsystems geben wir folgende Parameter vor:

$M = 10$ kg $m = 1$ kg $L = 0{,}5$ m und $D_\varphi = 0{,}1$ kg m²/s.

Mit ihnen berechnen sich die Polstellen zu:

Polstellen: $s_{P1} = 0{,}232 \ \frac{1}{s}$ und $s_{P2} = -0{,}231 \ \frac{1}{s}$.

Das Inverse Pendel verkörpert ein instabiles System. Es bewegt sich durch die kleinste Störung von der labilen Gleichgewichtslage ($\varphi = 0°$) weg hin zu seiner stabilen Lage ($\varphi = 180°$), ohne dass es je wieder zurückkehrt.

Ein geregelter Antrieb soll das Inverse Pendel zu einem stabilen System machen. Dem Regler wird als Führungsgröße der Winkel $\varphi_{Soll} = 0$ ° vorgegeben. Bei Abweichungen muss er ein Stellsignal für den Antrieb generieren, der das Pendel wieder stabilisiert.

Der Regelkreisentwurf hat eine Störgrößenregelung zur Aufgabe. Sie wird als einschleifiger Regelkreis gemäß nachfolgendem Wirkungsplan konzipiert:

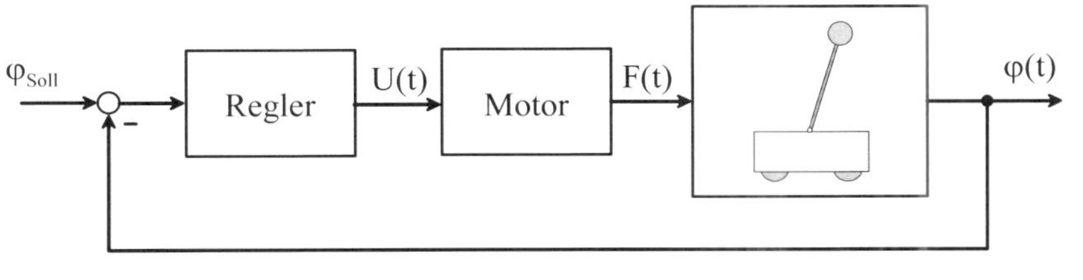

Abbildung 3.5-17: Regelkreis Inverses Pendel

Der Regler übernimmt die Winkelregelung. Zusätzlich wird noch das Modell der Stelleinrichtung benötigt. Zur Vereinfachung wiesen wir diesem ein P-Verhalten zu.

Die Aufgabe ist nun, den Regler zur Winkelregelung zu entwerfen.

Bei der Lösung dieser Aufgabe scheiden die experimentellen Entwurfsverfahren aus. Deshalb versuchen wir mit Hilfe der Regelkreissynthese im Bildbereich und der dynamischen Kompensation die richtige Reglerstruktur zu finden.

Dynamische Kompensation

Die Übertragungsfunktion des Inversen Pendels besitzt, wie oben angegeben, zwei Polstellen, weshalb sie durch

$$G_{IP}(s)=\frac{K_{IP}}{(s-s_{P1})(s-s_{P2})}=\frac{1}{s_{P1}\cdot s_{P2}}\frac{K_{IP}}{(1+s\cdot T_1)(1+s\cdot T_2)} \qquad \text{mit: } T_1=-\frac{1}{s_{P1}},\ T_2=-\frac{1}{s_{P2}}$$

dargestellt werden kann. Die Berechnung der Zeitkennwerte T_1 und T_2 ergibt:

$$T_1=-\frac{1}{0.232\frac{1}{s}}=-4{,}310\,\text{s und } T_2=-\frac{1}{-0{,}231\frac{1}{s}}=+4{,}329\,\text{s}\,.$$

Nach den Anwendungsvoraussetzungen der dynamischen Kompensation müssen alle Zeitkennwerte positiv sein, also stabilen Polstellen entsprechen. Dies ist nicht der Fall, weshalb dieses Entwurfsverfahren nicht zum Ziel führt.

WOK-Entwurfsverfahren

Der zu entwerfende Regler muss die instabile Polstelle S_{P1} des Pendelsystems beseitigen. Wie das dynamische Kompensationsverfahren zeigt, kann diese Polstelle nicht durch eine Regler-Nullstelle kompensiert werden. Die beiden Singularitäten hätten nie denselben Wert, bzw. ihre technischen Realisierungen sind nicht ausreichend stabil, diese Bedingung jederzeit zu realisieren. Deshalb muss die Reglerdynamik diese Polstelle in den stabilen Polstellenbereich „ziehen“.

Dazu wendet man Eigenschaften über das Verhalten typischer Wurzelortskurven an. Von dort weiß man, dass WOK-Äste von Pol- zu Nullstellen hin verlaufen und Polstellen sich gegenseitig „abstoßen", nachdem sie zuerst aufeinander „zulaufen“.

Diese Verhaltensweisen auf die Pendelstrecke angewandt, verlangt von einem geeigneten Regler eine weitere Pol- und eine Nullstelle mit der Übertragungsfunktion:

$$G_R(s)=-K_R\frac{(s-s_{NR})}{(s-s_{PR})}\,.$$

Mit der Nullstelle S_{NR} kann die instabile Polstelle S_{P1} kompensiert werden. Dazu muss sie in den negativ reellen Bildbereich rechts von der Polstelle S_{P2} gelegt werden. Mit der Reglerpolstelle S_{PR} versucht man die Regelkreisdynamik schnell zu gestalten, indem man ihr einen großen negativen Wert zuweist. Als Werte wählen wir:

Regler-Nullstelle: $S_{NR}=-0{,}15\,\frac{1}{s}$ Regler-Polstelle: $S_{PR}=-1{,}5\,\frac{1}{s}$

Die nachfolgende Abbildung zeigt die berechneten Wurzelortskurven dieses Regelkreises:

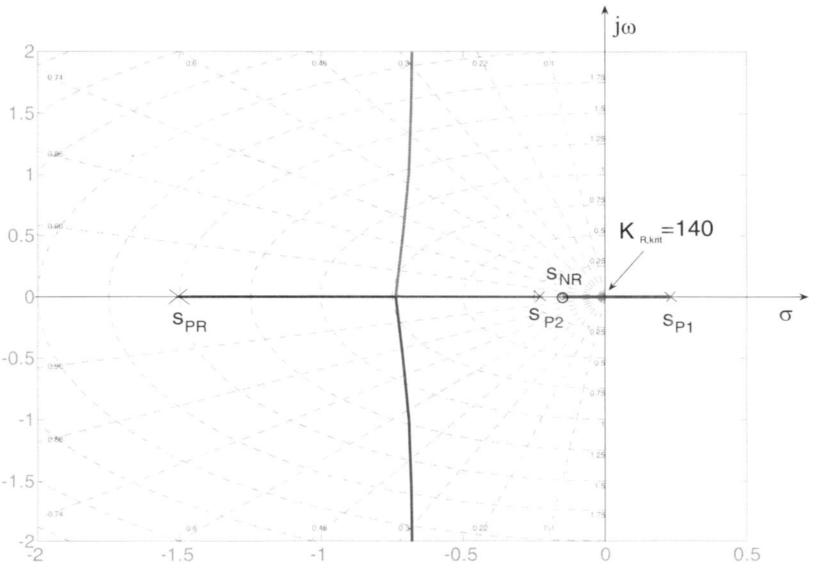

Abbildung 3.5-18: WOK Inverses Pendel

Aus ihr wird deutlich, dass ein stabiler Regelkreis entsteht. Dazu muss die Reglerverstärkung K_R größere Werte als $K_{R,krit}$ annehmen. Die Simulation des Pendels mit $K_R = 5000$ zeigt, dass sich das Inverse Pendel nach einem kurzen Stoß wieder im oberen Punkt stabilisiert.

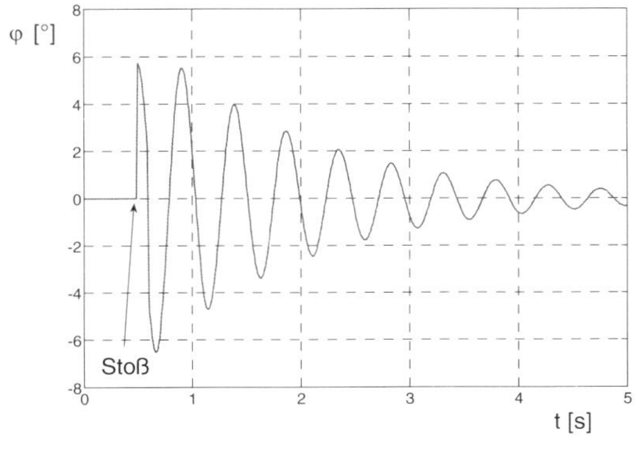

Abbildung 3.5-19: Simulation Inverses Pendel

Fragen zur Selbstkontrolle

Frage 3.5-1: Welche drei konkreten Aufgabenstellungen müssen beim Regelkreisentwurf bearbeitet werden?

Frage 3.5-2: Angenommen, es liegt eine Regelstrecke ohne Ausgleich vor. Mit welchen Reglern kann diese Strecke nicht geregelt werden und warum?

Frage 3.5-3: Welche Voraussetzungen müssen beim Regelkreisentwurf gegeben sein, um mathematische bzw. graphische Methoden verwenden zu können?

Frage 3.5-4: Beschreiben Sie die zwei Vorgehensweisen des Reglerentwurfs nach Ziegler-Nichols!

Frage 3.5-5: Welche Voraussetzungen müssen erfüllt sein, um die empirischen Einstellregeln von Ziegler-Nichols bzw. Chien-Hrones-Reswick zur Parametrierung von Reglern anwenden zu können?

Frage 3.5-6: Welche Vorteile bieten die empirischen Einstellregeln für den Regelkreisentwurf?

Frage 3.5-7: Was ist ein Integralkriterium?

Frage 3.5-8: Welche Optimierungskriterien werden bei der Parameteroptimierung von Reglern verwendet?

Frage 3.5-9: Beschreiben Sie das ITAE-Kriterium!

Frage 3.5-10: Welches Ziel verfolgt die dynamische Kompensation als Entwurfsverfahren?

Frage 3.5-11: Für welche Regelstrecken lässt sich die dynamische Kompensation als Entwurfsverfahren für Regelkreise nicht verwenden?

Frage 3.5-12: Beschreiben Sie mit wenigen Worten den Regelkreisentwurf mit Wurzelortskurven!

Frage 3.5-13: Wie lässt sich eine „instabile" Polstelle einer Regelstrecke mit Hilfe eines Reglers deaktivieren?

Frage 3.5-14: Welche wichtige Frequenzkennlinie wird für den Regelkreisentwurf im Frequenzbereich verwendet und warum?

Frage 3.5-15: Welches Hauptziel beim Regelkreisentwurf verfolgt man, wenn man den einschleifigen Regelkreis erweitert?

Frage 3.5-16: Mit welcher Regelkreisstruktur können Störungen vollständig eliminiert werden?

Frage 3.5-17: Welche Regelkreisstruktur bietet die beste Möglichkeit, Störungen weitgehend zu reduzieren, auch wenn diese nicht direkt messbar sind?

Frage 3.5-18: Warum bieten Kaskadenregelkreise bessere Bedingungen für den Regelkreisentwurf?

Frage 3.5-19: Wie geht man beim Entwurf von Kaskadenregelungen vor?

Frage 3.5-20: Wann setzt man Regelkreise mit Vorsteuerung ein? Was kann mit ihnen erreicht werden?

4 Steuerungstechnik

In der Industrie stieg die Wichtigkeit der Steuerungstechnik mit der Automatisierung von Prozessen sprunghaft an. Komplexe und umfangreiche Maschinenanlagen zur Fertigung verschiedenster Produkte verlangten und verlangen nach immer anspruchsvolleren Steuerungen. Dazu sind umfangreiche Mess-, Steuerungs- und Stelleinrichtungen erforderlich. Um diese Einrichtungen entwickeln, bedienen und warten zu können, sind grundlegende Kenntnisse der Steuerungstechnik notwendig.

Die Rechnertechnik nimmt bei allen Techniken einen immer breiteren Raum ein. Deshalb gewinnt die digitale Steuerungstechnik als besonderer Schwerpunkt dieses umfangreichen und technisch anspruchsvollen Fachgebiets ein immer stärkeres Gewicht. Sie soll deshalb im Mittelpunkt dieses Kapitels stehen.

4.1 Grundbegriffe der Steuerungstechnik

Lernziele

Die Steuerungstechnik ist ein wichtiger Bestandteil der Automatisierungstechnik. Sie wird, wie jedes Fachgebiet, von speziellen technischen Fachbegriffen bestimmt. Zu Beginn der Lerneinheit steht deshalb das Verstehen der Grundbegriffe im Vordergrund. Die Anwendung dieser Fachbegriffe wird an konkreten Beispielen gespiegelt. Sie werden in den Rahmen der Signal- und Systemtheorie eingebettet, welche zu der allgemeinen Definition von Steuerungen führt.

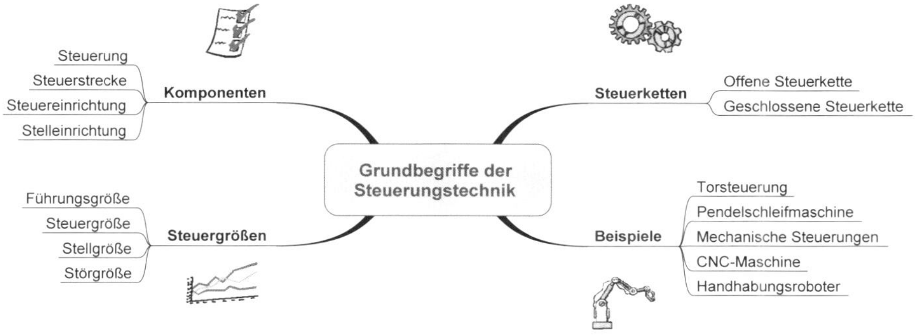

Lernaufgabe

Beim Betrieb von Maschinen übernehmen Steuerungen die Aufgabe der Informationsverarbeitung. Sie sind im übertragenen Sinn das Gehirn der Maschine und müssen deshalb jederzeit über den technischen Maschinenzustand Bescheid wissen. Dazu muss die Informationstechnik zusammen mit dem mechanischen Maschinenkonzept eine Einheit bilden. Die nachfolgende Stempelvorrichtung soll dieses Zusammenspiel von Mechanik und Informationsverarbeitung verdeutlichen.

Die drei Zylinder müssen so nacheinander betätigt werden, dass die Werkstücke mit hoher Taktrate geprägt werden und dabei keine Kollisionen zwischen den Teilvorgängen entstehen. Aus einem Magazin werden der Prägevorrichtung Werkstücke mit Hilfe des Zylinders A zugeführt und gespannt; der Zylinder B stempelt das Werkstück, bevor es der Zylinder C aus der Vorrichtung wieder entfernt.

Die Steuerungstechnik muss die Lösung bieten, wie dieser Ablauf zu organisieren ist und welche Komponenten und Signale dazu notwendig sind. Diese Antworten sollten so ausfallen, dass sie zur Beschreibung auch anderer Maschinen- und Anlagenprozesse verwendet werden können.

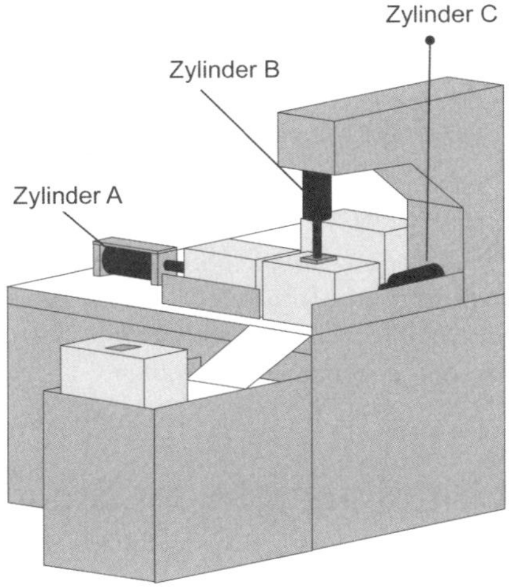

Abbildung 4.1-1: Prägevorrichtung

Aufbau von Steuerungen

Der Begriff **Steuern** bzw. **Steuerung** wird in der Automatisierungstechnik in einem engen und weiten Sinn verwendet. Nach den Überlegungen des Kapitels 1.1 "Die Automation" bedeutet das Steuern, einen Massen- und/oder Energiefluss durch Informationen so zu beeinflussen, dass ein materielles oder immaterielles Produkt entsteht. Die notwendigen Informationen für den Produktionsprozess werden von außen in den Verarbeitungsprozess eingespeist.

Konstruktionszeichnungen zur Fertigung von Werkstücken sind in diesem Sinne solche Informationsquellen. Sie werden von Konstrukteuren angefertigt und von Maschinenprogrammierern in NC-Programme umgesetzt. Die Programme legen die Maschinenabläufe fest, die zur Fertigung der Werkstücke führen. Am Prozessende sollte das Werkstück das genaue Abbild der Konstruktionszeichnung sein. Da es keine rückwärtige Informationsverbindung zwischen Fertigungsplan und Fertigungsprozess gibt, nimmt die Maschine beim Auftreten unerwarteter Störungen keine Selbstkorrektur anhand der Konstruktionsdaten vor.

Im engeren Sinn definiert deshalb die Norm DIN 19226 die offene Steuerung folgendermaßen:

> Das **Steuern** – die **Steuerung** – ist der Vorgang in einem System, bei dem eine oder mehrere Größen *als Eingangsgrößen* andere Größen *als Ausgangsgrößen* auf Grund der dem System eigentümlichen Gesetzmäßigkeit beeinflussen. Kennzeichen für das Steuern ist der offene Wirkungsablauf über das einzelne Teilsystem bzw. Übertragungsglied oder die Steuerkette.

Im Wirkungsplan stellt sich die Steuerkette entsprechend dieser Definition folgendermaßen dar:

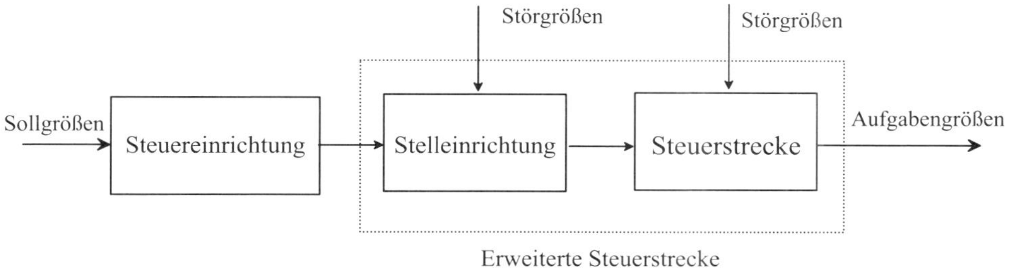

Abbildung 4.1-2: Die offene Steuerkette

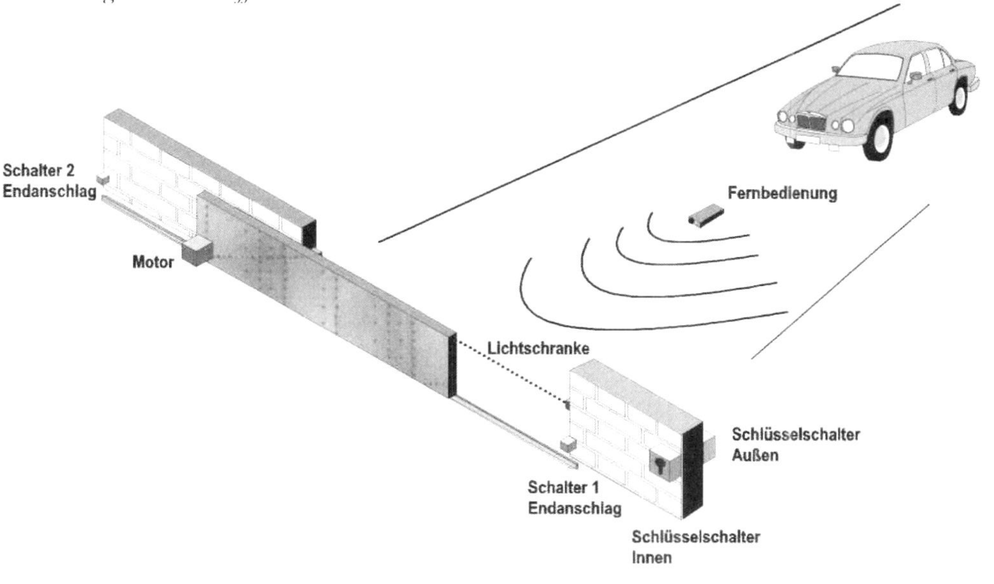

Abbildung 4.1-3: Werktor-Anlage

Als Beispiel einer solchen offenen Steuerung kann die Bedienung eines Werktores angesehen werden, wie es in Abbildung 4.1-3 zu sehen ist.

Das Werktor wird über Schlüssel an der Innen- und Außenseite der Werksgrenze und über die Fernbedienung aus Fahrzeugen heraus bedient. Dazu sind weitere Steuerelemente für die sichere Funktionsweise des Tores notwendig. Zum einen ist es unerlässlich, dass das Tor zum Stillstand kommt, wenn sich eine Person, ein Fahrzeug oder irgendein Gegenstand in der Toröffnung befindet. Eine Lichtschranke stellt ein solches Hindernis fest. Zusätzlich muss das Tor selbständig an seinen Endpunkten zum Halten kommen. Nach dem Passieren von Personen bzw. Fahrzeugen sollte das Werktor wieder automatisch schließen.

Die Funktionsaufgaben der Werktoranlage lassen sich im Wirkungsplan übersichtlich darstellen. Es empfiehlt sich, in Ihm nur die wichtigen Einheiten mit ihren gegenseitigen Wirkungen darzustellen:

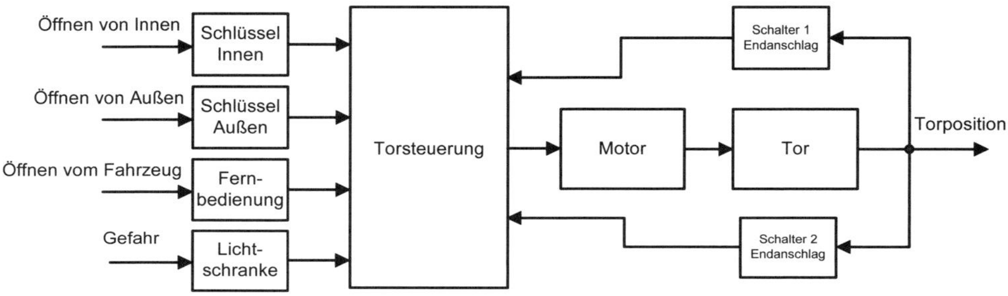

Abbildung 4.1-4: Torsteuerung

Der Wirkschaltplan der Torsteuerung der Abbildung 4.1-4 zeigt deutlich die Wirkungsrichtungen der vier Eingangsgrößen (Öffnen von innen, außen bzw. vom Fahrzeug aus und Gefahrensituation) auf die Ausgangsgröße (Torposition). Es liegt ein **offener Wirkungsablauf** vor, weshalb man aufgrund der Definition von einer Tor-**Steuerung** spricht.

Wie man in Abbildung 4.1-4 aber auch sieht, existieren auch Wirkungen von Seiten der Ausgangsgröße auf die Steuerung selbst. Damit wird offensichtlich der Charakter des offenen Wirkungsablaufs außer Kraft gesetzt und man müsste nach den primären Definitionen in Kapitel 2.1 die Tor-**Steuerung** als Tor-**Regelung** bezeichnen.

Welche Bezeichnung ist nun die Richtige?

Zur Beantwortung dieser Frage versuchen wir, die Wirkung der einzelnen Teilsysteme genauer zu beschreiben. Die Rückwirkung der Torposition (Ausgangsgröße) auf das Steuerungssystem wird durch die Endschalter verursacht. Diese tritt nur in dem Augenblick in Aktion, wenn das Tor vollständig geschlossen bzw. offen ist. Die übrige Zeit hat sie keine Funktion, ohne deren Wichtigkeit für die Funktionsfähigkeit der Toranlage herunterzuspielen. Aus diesem Grund spricht man trotzdem von einer Torsteuerung, obwohl im strengen Sinn kurzzeitig ein geschlossener Wirkungsablauf und damit eine Regelung vorliegt.

Für die eindeutige Einordnung von Systemen als Steuerungen oder Regelungen ist es deshalb angebracht, den Begriff Steuern bzw. Steuerung etwas **weiter** zu fassen (DIN 19226 T1 und T4):

Definition: Steuerung

Das **Steuern** – die **Steuerung** – ist der Vorgang in einem System, bei dem eine oder mehrere Größen als Eingangsgrößen, andere Größen als Ausgangsgrößen auf Grund der dem System eigentümlichen Gesetzmäßigkeit beeinflussen.

Kennzeichen für das Steuern ist der offene Wirkungsweg **oder ein geschlossener Wirkungsweg, bei dem durch die Eingangsgrößen beeinflusste Ausgangsgrößen nicht fortlaufend und nicht wieder über dieselben Eingangsgrößen auf sich selbst wirken**.

Die Ausgangsgröße einer Steuerung wird demnach nicht fortlaufend überwacht und im Sinne einer Angleichung an eine Sollgröße bzw. Eingangsgröße beeinflusst. Somit können die Teilsysteme einer Steuerung wie Kettenglieder hintereinander angeordnet werden, bei der die Ausgangswirkung der Steuerkette nicht kontinuierlich auf den Kettenanfang zurückwirkt.

Der Wirkungsplan der allgemeinen Steuerkette besitzt gegenüber der in Abbildung 4.1-2 dargestellten offenen Steuerung eine erweiterte Systemstruktur:

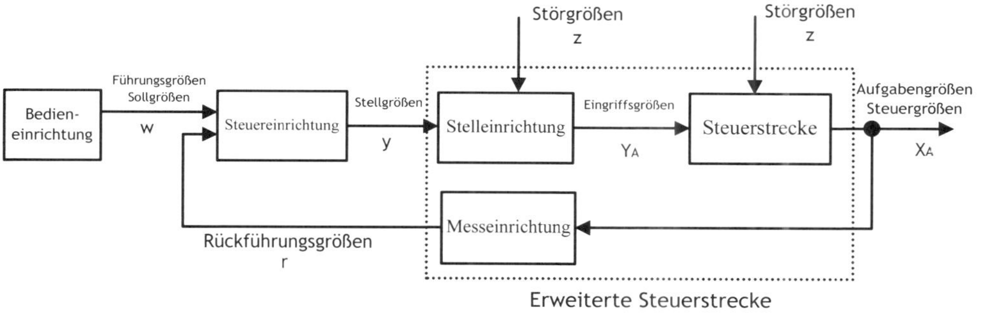

Abbildung 4.1-5: Die geschlossene Steuerkette

Die Rückführungsgrößen werden in einem geschlossenen Wirkungsablauf der Steuereinheit zur Verfügung gestellt; sie werden aber mit den Führungsgrößen nicht fortlaufend verglichen.

Das Auffüllen eines Wasserbeckens, wie es in Abbildung 4.1-6 dargestellt ist, verdeutlicht die Definition einer geschlossenen Steuerung Das Becken wird durch das Einschalten der Pumpe dann wieder gefüllt, wenn der Wasserstand ein minimales Niveau erreicht hat. Beim Erreichen des maximalen Niveaus wird sie abgeschaltet.

Abbildung 4.1-6: Steuerung eines Wasserbeckens

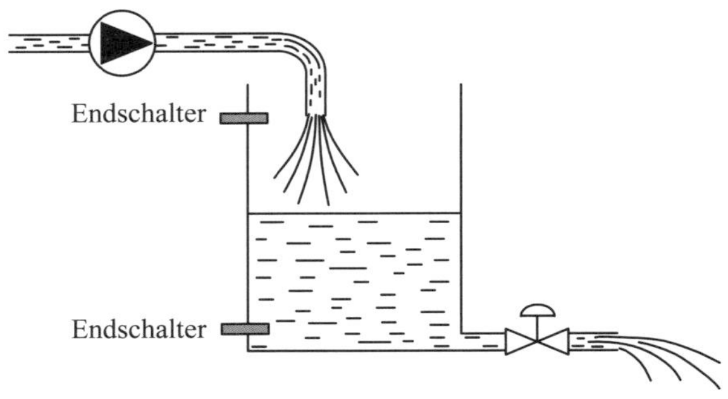

Der folgende Wirkschaltplan verdeutlicht die Funktionsweise dieser Füllstandssteuerung:

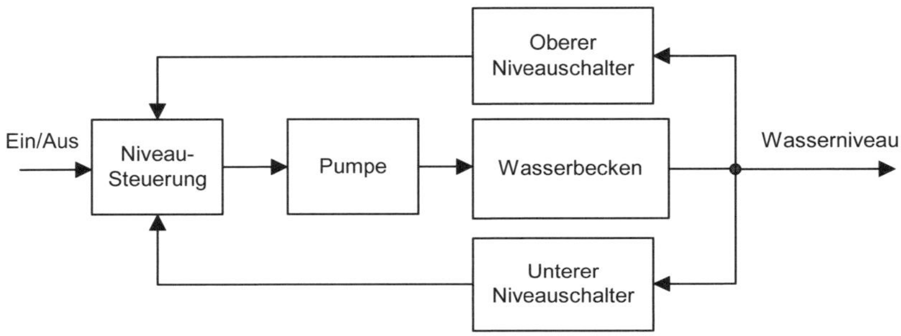

Abbildung 4.1-7: Wirkschaltplan Wasserbecken

Auch hier liegen Rückwirkungen und somit ein geschlossener Wirkungsablauf vor. Trotzdem ordnen wir diese Systemstruktur einem Steuerungssystem zu.

Die in nachfolgender Abbildung 4.1-8 dargestellte Pendelschleifmaschine wird als Lernbeispiel in diesem Kapitel über Steuerungstechnik verwendet, um an ihm ihre verschiedenen Methoden und Verfahren zu zeigen.

Diese Maschine veranschaulicht die Aufgaben einer Steuerungseinrichtung, welche die Pendelbewegung einer Schleifmaschine steuern soll. Sie kann in den Modi *Manuell* und *Automatik* betrieben werden.

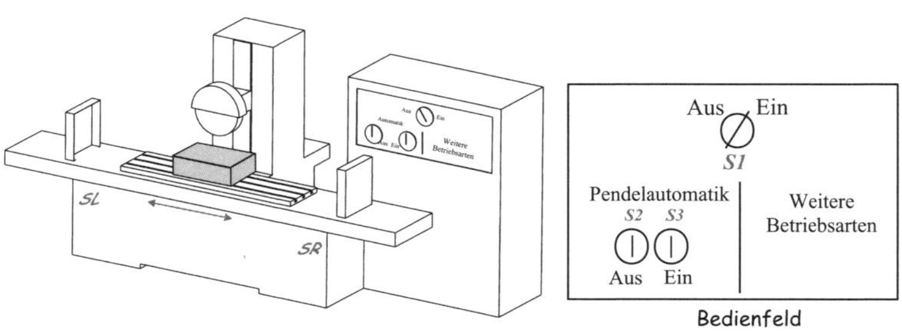

Abbildung 4.1-8: Pendel-Schleifmaschine

Im Automatik-Betrieb pendelt der Schleifschlitten bei kurz angetippter Taste „Ein“ (Schalter S3) zwischen den beiden Endschaltern SL und SR hin und her. Die Taste „Aus“ (Schalter S2) schaltet die Pendelbewegung unverzögert aus.

Die Steuereinrichtung besteht bei dieser Maschine einerseits aus dem Signal- oder Eingabegerät, symbolisiert durch das Bedienfeld mit Tasten und Schaltern, und andererseits aus der elektrischen Steuerungsschaltung.

Die Stell- und Antriebselemente, wie Motoren für den Schleiftisch und den Schleifschlitten, bilden die Steuerstrecke der Gesamtanlage.

Eine Steuerung liegt bekanntlich dann vor, wenn eingangsseitige Sollgrößen die ausgangsseitigen Aufgabengrößen gemäß festgelegter Gesetzmäßigkeiten beeinflussen. Der Steueralgorithmus bestimmt die funktionelle Abhängigkeit der Ausgangs- von den Eingangsgrößen. Die Wirkungen nicht vorhersehbarer Störgrößen werden dabei nicht ausgeglichen.

Für das weitere Vorgehen benötigen die Grundbegriffe der Steuerkette einer präzisen Definition. An der Pendelschleifmaschine werden sie beispielhaft konkretisiert.

Mit Hilfe der Begriffe aus der Signal- und Systemtheorie lassen sich die Komponenten und Signale der allgemeinen Steuerkette folgendermaßen beschreiben.

Die drei wesentlichen Systemkomponenten einer Steuerkette sind:

Definition: Steuerstrecke (DIN 19226)

Die **Steuerstrecke** ist derjenige Teil des Wirkungsweges, welcher den aufgabengemäß zu beeinflussenden Bereich der Anlage darstellt.

Der Pendelschlitten mit Schleiftisch und die Schleifscheibe verkörpern den eigentlichen Teil der Pendelmaschine und bilden damit die Steuerstrecke. Diese Maschinenteile müssen auf die richtige Art angesteuert werden.

Dazu dient die Steuereinrichtung:

Definition: Steuereinrichtung (DIN 19226)

Die **Steuereinrichtung** ist derjenige Teil des Wirkungsweges, welcher die aufgabengemäße Beeinflussung der Strecke über die Stelleinrichtung bewirkt.

Bei der Pendelschleifmaschine kann man sich die Steuereinrichtung als elektrische bzw. elektronische Schaltung vorstellen. Diese Schaltung erhält ihre Eingangssignale über Kontaktschalter, verknüpft diese z. B. mit Hilfe elektronischer Halbleiterschaltkreise und generiert entsprechende Ausgangssignale zur Ansteuerung der Stelleinrichtung der Anlage.

Definition: Stelleinrichtung

Die **Stelleinrichtung** wirkt unmittelbar auf die Steuerstrecke ein. In aller Regel setzt sie sich aus Stellgliedern und Stellantrieb zusammen.

Stelleinrichtungen besitzen bei Steuerungen dieselben Aufgaben wie bei Regelungen.

Im Fall der Pendelschleifmaschine sind dies natürlich die Ansteuerungselektrik und die Motoren.

Wirkungen bzw. Signale verbinden diese Systemkomponenten zur Steuerkette und machen sie erst funktionsfähig.

Definition: Sollgröße, Führungsgröße

Die **Soll- bzw. Führungsgrößen w** sind die Vorgabegrößen für die gesamte Steuerung. Sie werden von außen der Steuereinrichtung als Eingangsgrößen zugeführt. Die Steuerung generiert aus ihnen die Eingriffsinformationen auf die Steuerstrecke.

Bei der Pendelmaschine liegen die Eingangsinformationen „Betrieb Ein/Aus" und „Pendelautomatik Ein/Aus" als Sollgrößen für die Steuereinrichtung vor.

Definition: Stellgröße, Eingriffsgröße

Die **Stellgrößen y** sind die Ausgangsgrößen der Steuereinrichtung. Sie dienen der Stelleinrichtung als Eingangssignal. Die Stelleinrichtung generiert aus ihnen die notwendigen Eingriffsgrößen Y_A auf die Steuerstrecke.

Stellen ist stets mit einem Eingriff in den Masse- und Energiestrom verbunden. Im Fall der Pendelschleifmaschine zeigt sich die Stellgröße als elektrisches Spannungssignal zur Ansteuerung eines elektrischen Antriebs. Die Eingriffsgröße Y_A selbst ist die Wirkung des Antriebs zur Bewegung des Schleifschlittens.

Definition: Steuergröße, Aufgabengröße

Die **Aufgabengrößen X_A** bzw. die **Steuergrößen x** sind die Ausgangsgrößen der Steuerstrecke. Die Steuerung hat die Aufgabe, diese Größen nach der vorgegebenen Steuerinformation einzustellen.

Bei unserem Beispiel repräsentiert die Bewegung des Pendelschlittens die Aufgabengröße. Dieser pendelt auf dem Schleiftisch hin und her, wobei das Werkstück durch die Schleifscheibe bearbeitet wird.

Definition: Rückführungsgröße

Rückführgrößen r werden der Steuereinrichtung zur Überwachung der Steuerstrecke bereitgestellt, ohne dass ein ständiger Vergleich mit den Führungsgrößen der Strecke vorgenommen wird. Sie werden aus der Menge der Ausgangsgrößen der Steuerstrecke entnommen.

Die End-Positionen des Pendelschlittens werden über Näherungsschalter überwacht und der Steuereinrichtung als Binärsignale zur Richtungsumkehr des Schlittens zur Verfügung gestellt.

Störgrößen wirken ebenfalls auf Steuerstrecken ein. Sie beschreiben nicht fassbare Einwirkungen auf die Strecke und können deshalb auch durch die Steuerung nicht selbst eliminiert werden.

Definition: Störgröße

Störgrößen sind von außen auf die Steuerung wirkende Größen, welche die beabsichtigte Wirkung der Steuerung beeinträchtigen. Sie beeinflussen die Funktionen einer Anlage auf unerwünschte Weise.

Zur Lokalisierung und Beschreibung von Störgrößen auf Steuerstrecken ist meistens viel Erfahrung erforderlich. Bei der Pendelmaschine können es z. B. elektrische Versorgungsstörungen des Schlittenantriebs sein, weshalb eine ungleichmäßige Bewegung und damit ungleichmäßige Werkstückbearbeitung auftritt. Andere können hinzukommen.

Die identifizierten Einzelkomponenten der Pendelschleifmaschine mit ihren Wirkungen können nun im Wirkungsplan zusammengestellt werden:

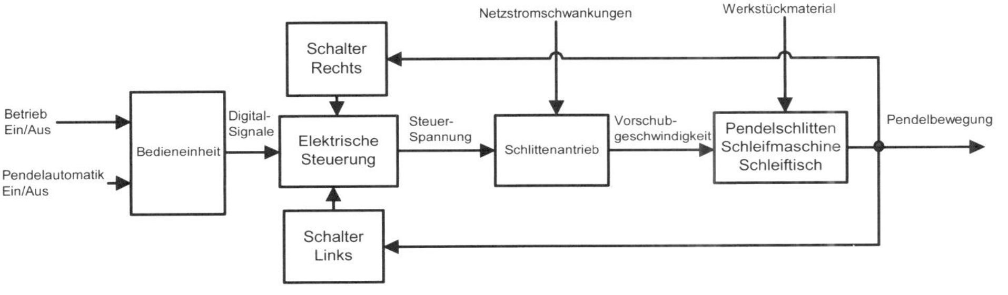

Abbildung 4.1-9: Wirkschaltplan Pendelschleifmaschine

Die Befehle des Bedienpersonals werden über eine Bedieneinheit erfasst und als Digitalsignal der Maschinensteuerung übergeben. Der in nachfolgender Abbildung gezeigte Motor-Spindelantrieb mit den Näherungsschaltern „Position links und rechts" beschreibt eine verwendbare Stelleinrichtung für die Pendelmaschine. Die rückgekoppelten Schaltersignale nehmen über die Steuerung Einfluss auf die Schlittenbewegung.

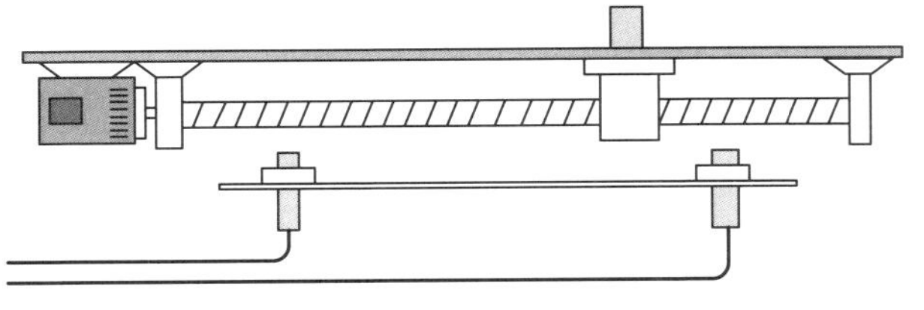

Abbildung 4.1-10: Spindelantrieb

In der Automatisierungstechnik existieren viele Aufgaben, die mit Steuerungen gelöst werden können. Wegen ihres geringeren Geräteaufwands und ihrer erhöhten Funktionssicherheit gegenüber Regelungen ist eine große Anzahl von Automatisierungsgeräten mit Steuerungen ausgerüstet. Die Entwicklung von Digitalrechnern hat diesen Trend verstärkt. Steuerungssysteme sind außer in der Elektrotechnik auch in anderen Fachdisziplinen verwirklicht. Aus der Fülle solcher Systeme werden in Abbildung 4.1-11 einige Steuerungen aus dem Maschinenbau exemplarisch vorgestellt. Viele der Maschinenelemente werden zur Steuerung von Maschinen benutzt.

So werden mechanische Steuerungen z. B. aus Getrieben, Kurvenscheiben, Hebeln, Kupplungen und anderen Bauteilen aufgebaut.

Abbildung 4.1-11: Mechanische Steuerungen

Ventiltrieb (DaimlerChrysler AG)	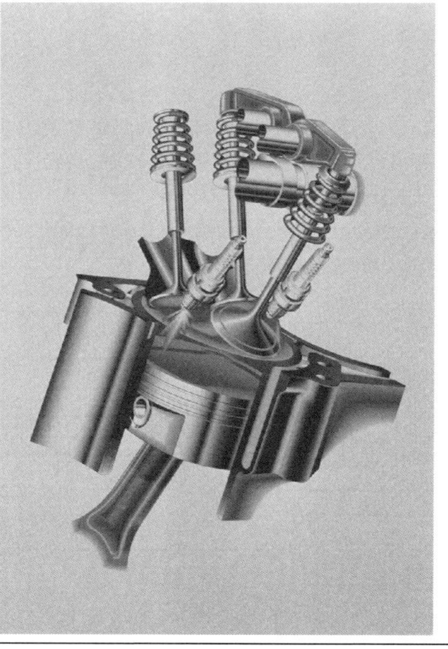
Kurvenscheibe	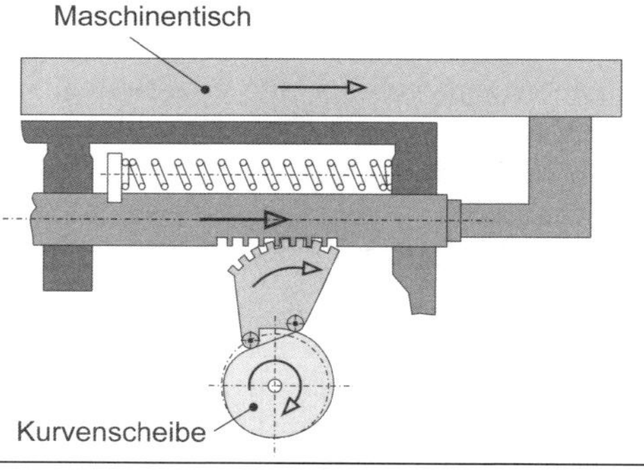
Getriebe (DaimlerChrysler AG)	

Der heute noch eingesetzte Ventiltrieb zur Kontrolle des Ladungswechsels bei einer Kolbenmaschine verkörpert alle Merkmale der klassischen Definition für die Steuerung.

Die klassische Fahrzeuglenkung kann als Steuerungssystem bezeichnet werden. Bei ihr gibt der Lenkradwinkel den Radeinstellwinkel über diverse Maschinenelemente vor. Man muss sie aber von Servolenkungen unterscheiden. Diese besitzen geschlossene Wirkungsabläufe und sind somit Regelungssysteme.

Ganz einfach realisierbare mechanische Steuerungen können mit Kurvenscheiben aufgebaut werden. Sie sind ein adäquates Mittel, ungleichförmige Bewegungen von Maschinenbauteilen zu erzeugen.

Sucht man nach komplexeren mechanischen Steuerungen, so stößt man im Maschinenbau auf Getriebe. Sie dienen zur definierten Wandlung von Rotationsbewegungen für die unterschiedlichsten Zwecke. Im Fahrzeug bewirkt die Getriebesteuerung eine Drehmomentumsetzung, die den jeweiligen Fahrzuständen angepasst ist.

An diesen Beispielen erkennt man, dass die Steuerungstechnik nicht nur der Elektrotechnik vorbehalten ist.

Steuerungen vielfältigster Art sind auch bei Produktionsanlagen zu finden. Ihre Aufgaben sind, Produktions- bzw. Bearbeitungsprozesse qualitätsgerecht und in der erforderlichen zeitlichen Abfolge zu steuern. Sie müssen schwer zu beherrschende Prozesse bzw. Vorgänge besser und zuverlässiger als das menschliche Individuum kontrollieren. Die Steuerkette mit ihrer direkten Wirkung erfüllt diese Anforderungen in vielen Fällen.

Als weiteres Beispiel mit angewandter Steuerungstechnik kann der Bearbeitungsprozess von Werkstücken durch CNC-Maschinen genannt werden. „CNC“ steht in diesem Zusammenhang für „Computer Numerical Control“.

Die Bearbeitung der Werkstückkontur wird in der Regel von Lageregelungen übernommen. Dieser werden numerische Daten (Werkstückgeometrie) als Führungsinformationen zur Verfügung gestellt. Zusätzliche Steuereinrichtungen übernehmen die Kontrolle des Maschinenprozesses, worunter der Werkzeugwechsel, das Zuführen der Werkstücke, das Ein- und Ausschalten von Kühlflüssigkeit und der verschiedenen Antriebe für den Bearbeitungspro-

Abbildung 4.1-12: Drehzentrum mit Ladevorrichtung

zess zählen. Die Abbildung 4.1-12 stellt ein modernes Bearbeitungszentrum dieser Art dar. Die Zuführung der zu bearbeitenden Werkstücke übernimmt eine Portal-Ladestation.

Roboter werden in Fertigungsprozessen auf die unterschiedlichste Art eingesetzt. Die Abbildung 4.1-13 zeigt einen Roboterarm, der sich zu Montagezwecken entlang einer vorgegebenen Fahrkurve bewegt. Diese Fahrkurve wird als Führungsgröße der Robotersteuerung vorgegeben. Die Steuerung generiert daraus kontinuierlich Signale für die Antriebe der Armglieder.

Abbildung 4.1-13: Montage-Roboter (Quelle: Fa. Reis GmbH & Co.)

Die vorgestellten Beispiele von Anlagen lassen die enorme Vielfalt technischer Steuerungseinrichtungen erahnen. Im Fall des Roboterarms muss die Geometrie der Bewegungsbahn kontinuierlich realisiert werden. Dazu benötigt man kontinuierlich sich ändernde analoge (bzw. quasi-analoge) Signale zur Ansteuerung der Antriebselemente. Zur Steuerung der Pendelschleifmaschine dominieren dagegen diskrete Signalzustände. Die gerätetechnische Realisierung der Steuerungseinrichtungen gestaltet sich deshalb unterschiedlich. Dementsprechend existieren auch unterschiedliche Steuerungsarten.

Bearbeitung der Lernaufgabe

Neben den Aktoren (Stellzylindern) zur Prozessabwicklung des Prägevorgangs werden natürlich Sensoren (Endschalter) für die Feststellung der Zylinderpositionen benötigt. Die zeitliche Abfolge des Prägevorgangs wird durch aufeinander folgende Aktionen sichergestellt.

Die Steuerung übernimmt die Gesamtkontrolle des Prägeprozesses. In der obigen Abbildung ist der Bearbeitungsprozess als Schrittkette angedeutet. Es liegt deshalb eine Steuerung vor, da die Zylinderpositionen nicht auf ihre momentanen Zwischenpositionen hin kontrolliert werden, sondern nur auf ihre Endlagen. Von diesen kurzzeitigen Rückwirkungen abgesehen, liegt ein offener Wirkungsablauf vor. Die einzelnen Aktionen werden nacheinander ohne Selbstkontrolle ausgeführt.

Man erkennt aus dieser einfachen Aufgabenstellung, dass zur Entwicklung von Steuerungen Werkzeuge zur Verfügung stehen müssen, mit denen solche Abläufe einfach und sicher einzurichten sind.

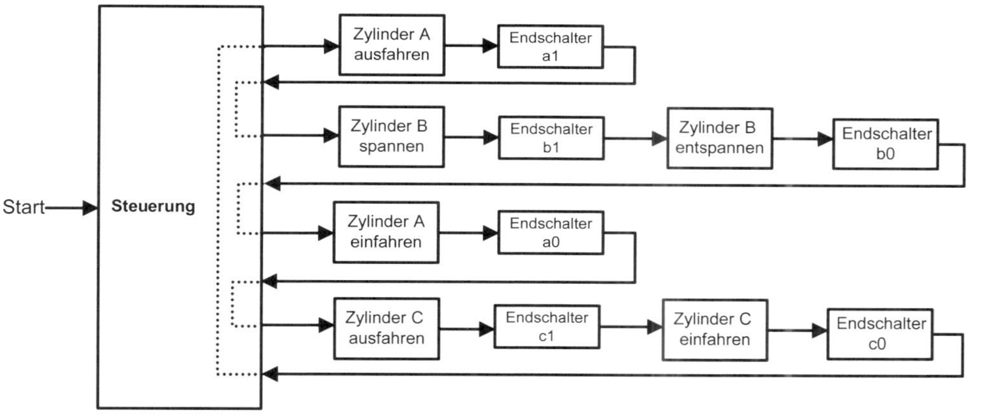

Abbildung 4.1-14: Wirkungsplan Prägevorrichtung

Fragen zur Selbstkontrolle

Frage 4.1-1: Ist das Autofahren ein Steuerungsvorgang?

Frage 4.1-2: Wann sind Steuerungen in der Automatisierung sinnvoll?

Frage 4.1-3: Welcher Unterschied besteht zwischen einer offenen und geschlossenen Steuerkette?

Frage 4.1-4: Warum sind geschlossene Steuerketten keine Regelungen?

Frage 4.1-5: Wozu dienen die Rückführgrößen bei Steuerungen?

Frage 4.1-6: Können Störungen auf Prozesse mit Hilfe der Steuerungstechnik ausgemerzt werden?
Wenn ja, wie und warum?

Frage 4.1-7: Geben Sie Beispiele von Stelleinrichtungen an!

Frage 4.1-8: Können Sie Beispiele von mechanischen Steuereinrichtungen nennen?

Frage 4.1-9: Eine moderne Werkzeugmaschine arbeitet ein NC-Programm ab, um ein Werkstück zu bearbeiten. Stellt die Werkzeugmaschine ein Steuerungssystem dar?
Begründen Sie Ihre Ausführungen!

Frage 4.1-10: Geben Sie einige Beispiele von Steuerungen aus ihrem Alltag an!

4.2 Steuerungsarten

Lernziele

Steuerungen werden durch offene Wirkungsabläufe definiert. Die Steuergrößen wirken nicht fortlaufend über dieselben Führungsgrößen (Sollgrößen) auf sich selbst zurück. Die Generierung der Stellgrößen aus den Sollgrößen lässt sich auf vielfältige Art vornehmen. Ihre Darstellungsformen sind nicht festgelegt.

Dieser Abschnitt versucht Ordnung in die Vielfalt dieser Möglichkeiten durch die Betrachtung der Signalgrößen und der Steuerungsvorgänge zu bringen.

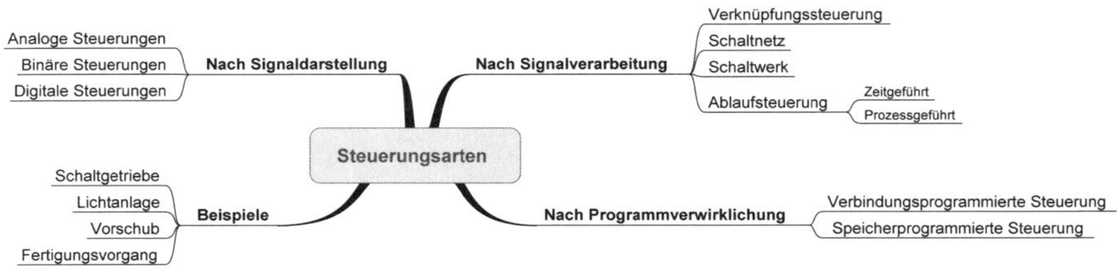

Lernaufgabe

Die Bearbeitungsschritte beim Fräsen von Werkstücken mit der abgebildeten Fräsvorrichtung müssen nacheinander und ordnungsgemäß ausgeführt werden. Die Werkstücke werden dem Schlitten über ein Fallmagazin zugeführt, dort eingespannt und dann durch Ausfahren des Schlittens gefräst. Am Ende des Arbeitsvorgangs werden sie dem nächsten Bearbeitungsschritt zugeführt.

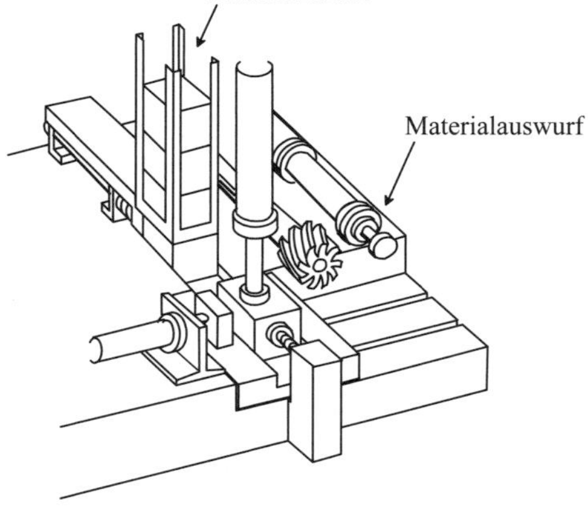

Abbildung 4.2-1: Fräsvorrichtung [27]

Die Fräsbearbeitung benötigt mehrere Vorgänge, wozu unterschiedliche Arten von Informationen aus dem Bearbeitungsprozess zu dessen Steuerung entnommen werden müssen. Umgekehrt besteht die

Notwendigkeit, den Prozessablauf gezielt mit Steuerungsinformation zu versorgen, um eine zeiteffektive und hohe Bearbeitungsqualität der Werkstücke zu erhalten. Dazu stehen verschiedene Steuerungen zur Auswahl.

Die Frage ist damit, mit welcher Art von Steuerung dieser Maschinenprozess am besten erledigt werden kann.

Einteilung von Steuerungen

Technische Realisierungen von Anlagensteuerungen sind vielfältig. Welche Arten von Steuerungen möglich sind, soll in diesem Abschnitt behandelt werden.

Einfachste Steuerungen können z. B. aus mechanischen Anordnungen von Gestängen, Kupplungen und Getrieben bestehen. Beispiele sind Geschwindigkeitssteuerungen über mechanische Schaltgetriebe oder die Erzeugung komplizierter Bewegungsverläufe über Nocken. Wenn größere Schaltleistungen benötigt werden, kann man Steuerungsvorgänge mit pneumatisch oder hydraulisch betriebenen Zylindern bzw. Motoren durchführen.

Elektrische Steuerungen werden durch das Zusammenschalten von Relais oder Schützen verwirklicht. Die Stern-Dreieckumschaltung für das Anfahren von Elektromotoren stellt ein solches Beispiel dar.

Elektronische Schaltungen bestehen aus Halbleiterschaltkreisen, welche Transistoren, Dioden, Thyristoren, integrierte Schaltkreise, Operationsverstärker und ähnliche Komponenten enthalten. Steuerungen können auch mikroelektronische Schaltelemente und Mikroprozessoren besitzen. Dann spricht man i. Allg. von SPS-Steuerungen (Speicher programmierte Steuerungen).

Steuerungen bestehen ganz allgemein aus Komponenten für die Signalgewinnung, Signalverarbeitung und Signalausgabe. Deshalb verwendet man die Eigenschaften der Steuerungssignale als primäres Merkmal zur Einteilung von Steuerungen:

Nach *Art der Signaldarstellung* unterscheidet man zwischen

- **Analogen Steuerungen**,
- **Binären Steuerungen**,
- **Kombinatorischen Steuerungen** und
- **Digitalen Steuerungen**.

Kontinuierlich-analoge Signale dienen bei analogen Steuerungen als Informationsträger für die Steuerungskomponenten. Sie werden von den Steuereinrichtungen in der Zeit kontinuierlich und in ihren Signalamplituden analog verarbeitet.

Definition: Analoge Steuerung

Die **analoge Steuerung** verknüpft analoge Ein- und Ausgangssignale durch eine sich kontinuierlich ändernde Steuerungsvorschrift.

Das stufenlos verstellbare Riemengetriebe ist ein Beispiel einer analogen mechanischen Steuerung. Die axiale Verschiebung einer Hälfte der kegelförmigen Riemenscheibe auf der

Antriebsseite bewegt den Keilriemen radial nach außen bzw. innen. Die federbelastete Kegelscheibe auf der Abtriebsseite gibt dazu nach. Je nach wirkendem Radienverhältnis der beiden Kegelscheiben stellt sich kontinuierlich analog die Drehzahl des Abtriebs ein.

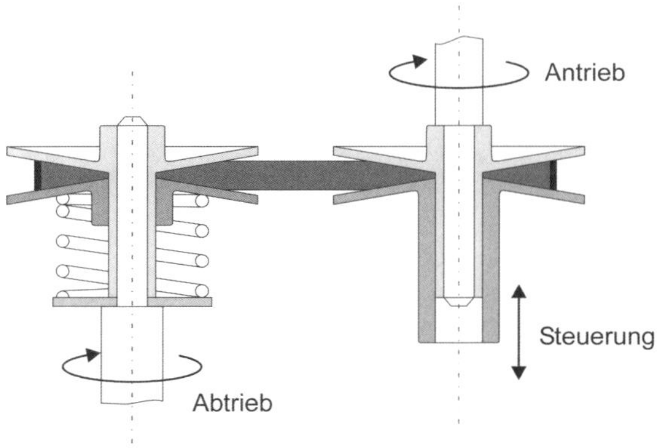

Abbildung 4.2-2: Analoge mechanische Steuerung

Die binären Steuerungen verarbeiten Binärinformationen. Bei solchen Signalen existieren i. Allg. nur zwei Informationszustände (Ein/Aus oder 0/1). Die Binärsignale werden von Schaltern verschiedenster Art zur Verfügung gestellt. Bei der Pendelschleifmaschine dienen u. a. Näherungsschalter als Informationsquelle zur Richtungsumkehr des Schleifschlittens. Das Bedienen der Maschine im manuellen oder automatischen Betrieb wird meistens über binäre Signale realisiert.

Definition: Binäre Steuerung

Binäre Steuerungen verarbeiten vorwiegend 2-wertige logische Informationen durch BOOLEsche Gesetzmäßigkeiten.

Das in nachfolgender Abbildung skizzierte Schaltgetriebe wird zu den binären Steuerungen gezählt, auch wenn hier die drei Signalzustände „Leerlauf, Gangstellung 1 und 2" am Eingang des Getriebes wirken: Die Stellung des Schalthebels kann vom momentanen Getriebezustand aus in **nur einen** anderen Zustand wechseln, weshalb die obige Zuordnung zu binären Steuerungen gerechtfertigt ist.

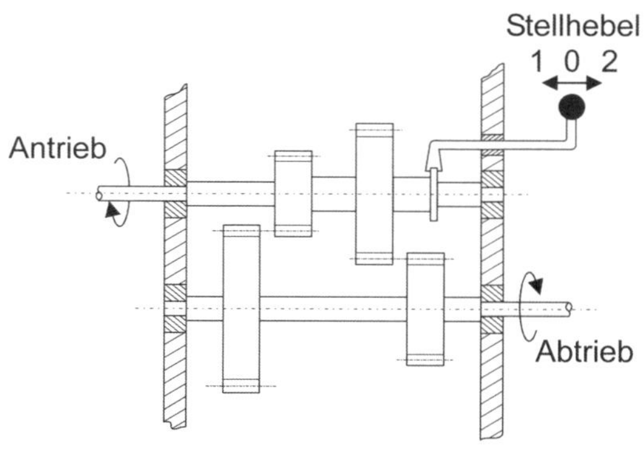

Abbildung 4.2-3: Schaltgetriebe als Binärsteuerung

Über die Bewegung des Stellhebels werden die korrespondierenden Zahnräder zueinander verschoben, so dass sich die Paarung ändert. Auf diese Weise verändert sich bei konstanter Antriebsdrehzahl die Drehzahl am Abtrieb stufenweise.

Werden mehrere binäre Eingangssignale zur Funktionsfähigkeit einer Anlage benötigt, spricht man von kombinatorischen Steuerungen. Die Eingangszustände legen deren Ausgangssignale direkt fest.

Definition: Kombinatorische Steuerung

Werden mehrere binäre Eingangssignale zur Funktionsfähigkeit einer Anlage benötigt, spricht man von einer **kombinatorischen Steuerung**.

Sie wird häufig bei Produktionsmaschinen eingesetzt, bei denen Sicherheitsmaßnahmen notwendig sind. Bevor ein Fräsvorgang beginnen kann, muss u. a. geprüft werden, ob die Zellentür geschlossen und die Kühlflüssigkeitspumpe eingeschaltet ist. Erst die Kombination beider Eingangssignale gibt den Fräsvorgang frei.

Digitale Steuerungen sind erforderlich, wenn digitale Funktionen wie das Zählen, das Vergleichen, das Speichern oder die arithmetische Verknüpfung von Signalinformationen zur Erledigung von Steuerungsaufgaben notwendig sind.

Die Signalverarbeitung erfolgt bei dieser Steuerungsart durch die Verarbeitung von Zahlen bzw. numerischen Größen.

Definition: Digitale Steuerung

Digitale Steuerungen verarbeiten numerische Werte.

Als Beispiel nennen wir die Zufahrtssteuerung zu einem Parkhaus. Die ankommenden und abfahrenden Fahrzeuge werden über Lichtschranken gezählt. Durch Vergleich beider Informationsgrößen wird gewährleistet, dass im Parkhaus kein „Stau" entsteht.

Moderne Werkzeugmaschinen werden ebenfalls von digitalen Steuerungen kontrolliert. CNC-Maschinen besitzen Mikroprozessor-Systeme mit digitalen Funktionen, die über Programme bedient werden. Die Vorschubsteuerung steuert mittels Impulssignalen die Motoren der Linearantriebe an.

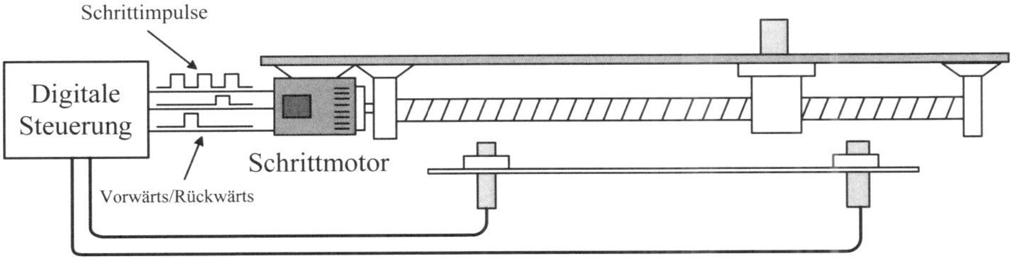

Abbildung 4.2-4: Digitale Vorschubsteuerung

Die Art der Signaldarstellung reicht zur vollständigen Katalogisierung der Steuerungen nicht aus. Ein weiteres Merkmal von Steuerungen stellt die Art der **Signalverarbeitung** durch die Steuereinrichtung selbst dar.

Man unterscheidet deshalb auch zwischen

- **Verknüpfungssteuerungen** und
- **Ablaufsteuerungen**.

Bei Verknüpfungssteuerungen ist den Eingangssignalen zu jedem beliebigen Zeitpunkt unmittelbar ein eindeutiger Zustand der Ausgangssignale zugeordnet. Die Zuordnung geschieht in aller Regel durch logische Operationen bzgl. der Eingangssignale. Das Beispiel der nachfolgenden Abbildung skizziert das Prinzip einer Verknüpfungssteuerung:

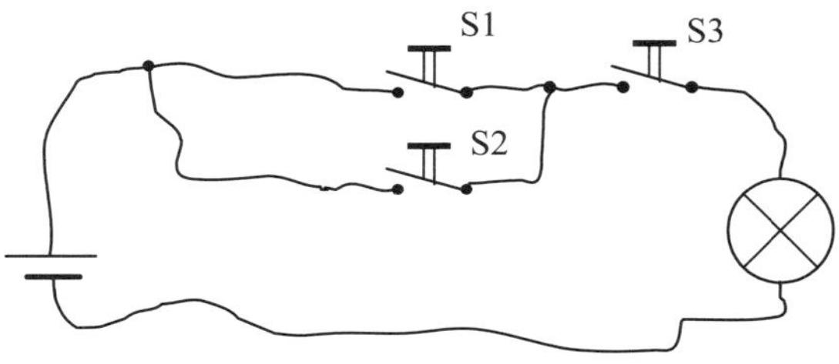

Abbildung 4.2-5: Verknüpfungssteuerung

Die Schalter S1 bis S3 werden mit der Spannungsquelle und der Lampe über Kabel „verknüpft". Die Schalterstellungen bestimmen durch die Verknüpfungsstruktur eindeutig das Ausgangssignal „Licht an" bzw. „Licht aus". Man erkennt aus der Verknüpfungsstruktur der Schalter, dass die beiden Schalter S1 und S2 parallel verbunden sind, zu denen der Schalter S3 in Serie geschaltet ist.

In etwas allgemeinerer Form versteht man als Verknüpfung die Auswertung von Ausdrücken der Form:

WENN	Schalter 1 gedrückt	**ODER**	Schalter 2 gedrückt
UND	Schalter 3 gedrückt		
DANN	Licht an.		

Wie man sieht, lässt sich mit solchen Ausdrücken die obige Lichtsteuerung beschreiben. Als weiteres Beispiel nennen wir die folgenden Verknüpfungsanweisungen:

WENN	Temperatur > 90°C
UND	Motor läuft
DANN	Gebläse einschalten.

Bei dieser Steuerung werden die Temperaturüberschreitung und das Motorsignal so miteinander verknüpft, dass das Gebläse eine Überhitzung des Motors verhindert.

Der Zusammenhang zwischen den Eingangs- und Ausgangsvariablen ($\underline{E}$ und $\underline{A}$) bei Verknüpfungssteuerungen kann i. Allg. durch logische Gleichungen der Form

$$\underline{A} = f(\underline{E}) \qquad (4.2\text{-}1)$$

beschrieben werden. Diese Gleichungen werden Schaltfunktionen genannt. Sie beschreiben Schaltnetze bzw. kombinatorische Steuerungen, die, wie in Abbildung 4.2-6 illustriert, als Blocksymbole mit mehreren Eingangs- und Ausgangszuständen in Wirkungsplänen zum Aufbau von Gesamtsystemen verwendet werden.

Definition: Schaltnetz

Ein **Schaltnetz** verknüpft die Ein- und Ausgänge einer Steuerung durch logische Funktionen $\underline{A} = f(\underline{E})$, die so genannten Schaltfunktionen.

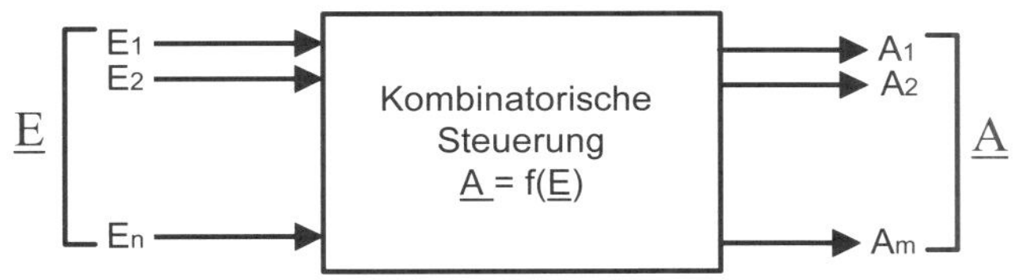

Abbildung 4.2-6: Kombinatorische Steuerung

Eine Erweiterung der Schaltnetze sind die Schaltwerke, welche durch die logischen Gleichungen

$$\underline{A} = f(\underline{E}, \underline{Z}) \quad \text{(Ausgangsfunktion)} \qquad (4.2\text{-}2)$$

$$\underline{Z}' = g(\underline{E}, \underline{Z}) \quad \text{(Zustandsübergangsfunktion)} \qquad (4.2\text{-}3)$$

beschrieben werden können.

Definition: Schaltwerk

Schaltwerke sind Realisierungen von Steuerungen mit logischen Funktionen und zusätzlichen Speicherfunktionen, derart, dass die Ausgänge der Steuerung auch vom aktuellen Schaltwerkzustand abhängen.

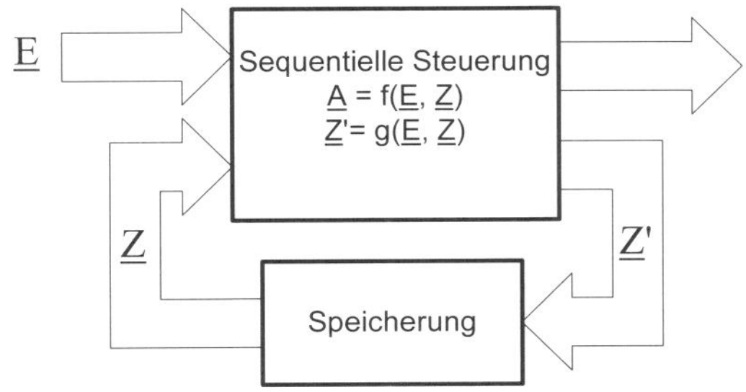

Abbildung 4.2-7: Sequentielle Steuerung

Die **Ausgangsfunktion f(E, Z)** beschreibt, wie sich die Ausgänge $\underline{A}$, aus den momentan gespeicherten Zuständen $\underline{Z}$ und den Eingangswerten $\underline{E}$ berechnen.

Die **Zustandsübergangsfunktion g(E, Z)** legt die neuen Zustände $\underline{Z}'$ aus den gespeicherten Zuständen $\underline{Z}$ und den Eingangswerten $\underline{E}$ fest.

Eine andere Bezeichnung von Schaltwerken ist der Begriff Automat:

Definition: Automat

Schaltwerke werden als **Automaten** bezeichnet.

Die Gleichungen (4.2-2) beschreiben speziell **Mealy-Automaten** (nach G. H. Mealy), die wegen der Zwischenspeicherung der Zustände Z ein „Gedächtnis" besitzen[1]. Sie werden auch als sequentielle Steuerungen bezeichnet.

Definition: Sequentielle Steuerung

Sequentielle Steuerungen besitzen die Eigenschaften von Schaltwerken. Bei ihrem Verhalten ist zur Bestimmung der Ausgangsgrößen (Stellgrößen) der vorherige Zustand des Schaltnetzes zu berücksichtigen.

Die Gesetzmäßigkeiten der logischen Verknüpfungen werden durch die **BOOLEsche Algebra** bereitgestellt, mit der wir uns im nächsten Abschnitt beschäftigen werden. Zur eindeutigen Kennzeichnung dieser Steuerungsart formulieren wir deren Definition, welche sich an die Norm in DIN 19237 anlehnt:

Definition: Verknüpfungssteuerung

Eine **Verknüpfungssteuerung** ist eine Steuerung, die den Signalzuständen der Eingangssignale bestimmte Signalzustände der Ausgangssignale im Sinne BOOLEscher (logischer) Verknüpfungen unmittelbar zuordnet.

Wie nun die zeitliche Ein-/Ausgangssignalzuordnung geschieht, legt die Unterscheidung synchron/asynchron fest.

Definition: Synchrone Steuerung

Bei einer **synchronen Steuerung** erfolgt die Signalverarbeitung synchron zu einem Taktsignal.

Definition: Asynchrone Steuerung

Bei der **asynchronen Steuerung** werden die Signaländerungen am Ausgang nur durch die Eingangssignale festgelegt.

Die elektrische Steuerung in Abbildung 4.2-5 zeigt eine asynchrone Verknüpfungssteuerung; auf die Betätigung eines oder mehrerer Schalter reagiert die Ausgangsgröße „Verbraucher An/Aus" unmittelbar.

Benötigt der Steuerungsalgorithmus eine zeitliche Bindung bzw. eine Zeitabhängigkeit, ist

[1] Bei einem Mealy-Automaten hängen die Ausgangswerte von den momentanen Zuständen und den aktuellen Eingangswerten ab. Daneben existieren auch **Moore-Automaten**, bei denen die Ausgangsvariablen unabhängig von den momentanen Eingängen sind und allein von den inneren Zuständen bestimmt werden.

in der Regel ein Taktsignal notwendig. Es liegen dann synchrone Steuerungen vor, da deren Verarbeitung synchron zu diesem Takt geschieht.

Viele Probleme der Verfahrens- und Fertigungstechnik bzw. des Maschinenbaus verlangen die Steuerung zeitlicher Abläufe, die nur als Folge von Schritten beschrieben werden können. Dazu werden Ablaufsteuerungen verwendet.

Kennzeichnend für alle Ablaufsteuerungen ist der eindeutig schrittweise Ablauf. Auf den n-ten Schritt eines Ablaufs kann nur geschaltet werden, wenn der (n – 1)-te Schritt gesetzt ist und alle zu ihm gehörenden Weiterschaltbedingungen erfüllt sind. Damit kann die Ablaufsteuerung folgendermaßen definiert werden:

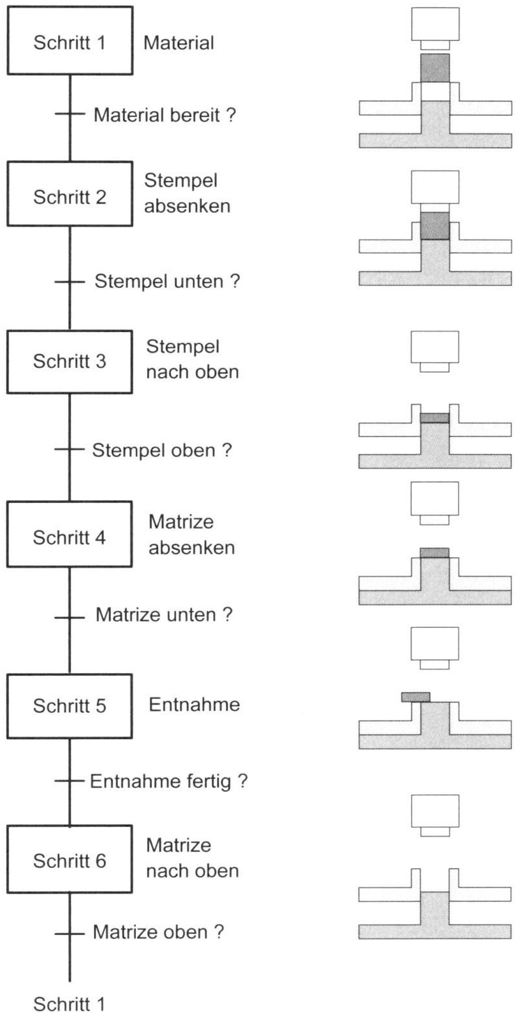

Abbildung 4.2-8: Prozessgeführte Ablaufsteuerung (Beispiel aus [16, 17])

Definition: Ablaufsteuerung

Eine **Ablaufsteuerung** ist eine Steuerung mit einem zwangsläufig schrittweisen Ablauf, bei der das Weiterschalten von einem Schritt auf den programmgemäß folgenden abhängig von Weiterschaltbedingungen erfolgt.

Die Schritte entsprechen meist den aufeinander folgenden Zuständen der zu steuernden Maschine oder Anlage. Diese dokumentieren oft Zwischenstufen beim Fertigungsprozess. Die nebenstehende Abbildung 4.2-8 repräsentiert ein Beispiel einer Ablaufsteuerung in einem Fertigungsprozess. Hier gestalten die aufeinander folgenden Schritte die Zuführung, den Pressvorgang und die Materialentnahme.

Die Übergangsbedingungen (im Beispiel: Material bereit?, Stempel unten/oben?, Matrize unten?, Entnahme fertig? und Matrize oben?) werden vom gesteuerten Prozess (Fertigungsprozess) selbst vorgegeben. Diese sind Prozesszustandssignale. Man spricht in diesem Fall von einer **prozessgeführten Ablaufsteuerung**.

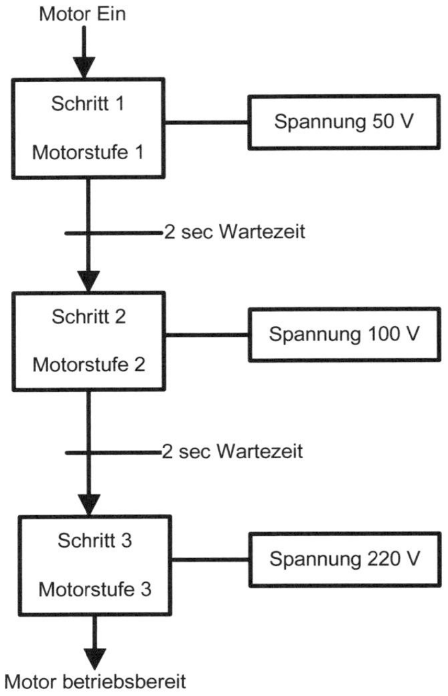

Abbildung 4.2-9: Zeitgeführte Ablaufsteuerung

Dem steht die **zeitgeführte Ablaufsteuerung** gegenüber. Bei ihr sind die Weiterschaltbedingungen allein von der Zeit abhängig.

Das verzögerte Hochfahren großer Motoren stellt ein Beispiel einer zeitgeführten Ablaufsteuerung dar, wenn entsprechend der Abbildung 4.2-9 in Abhängigkeit einer Zeitschaltuhr die angelegte Motorspannung schrittweise erhöht wird.

Auch Ampelsteuerungen der Rot-Gelb-Grün-Phasen sind zeitgeführt, wenngleich die Regelung des Verkehrs an besonders kritischen Kreuzungen eine Mixtur von prozess- und zeitgeführten Weiterschaltbedingungen aufweist. Über in die Fahrbahn eingebrachte Sensoren wird die Verkehrsdichte bestimmt, diese mit entsprechenden Vorgaben verglichen und danach die Zeitsteuerung neu eingerichtet.

Steuerungen werden technisch auf unterschiedliche Art realisiert. In der Anfangszeit der Automatisierung baute man Steuerungen aus elektrischen, pneumatischen und hydraulischen Bauelementen zusammen. Diese waren Relais, Schalter, Ventile oder Hydraulikzylinder. Man verband die Steuerglieder fest miteinander, wodurch das Steuerprogramm festgelegt war. Heute übernehmen Mikroprozessoren mit ihrer notwendigen Infrastruktur die Steuerungsaufgaben moderner Maschinen und Anlagen. Für die Anbindung an den zu steuernden Prozess stehen entsprechende Mess- und Stellglieder zur Verfügung. Die Steuerung wird durch ein Steuerprogramm realisiert, welches im Speicher des Steuerrechners abgearbeitet wird.

Diese Unterscheidung nach

- **Verbindungsprogrammierten Steuerungen** und
- **Speicherprogrammierbaren Steuerungen**

legt die Art der Verwirklichung von Steuerprogrammen fest.

Definition: Steuerprogramm

Das **Steuerprogramm** beschreibt die Gesamtheit aller Anweisungen, Vereinbarungen und Signalführungen für die Verarbeitung der Prozesssignale.

Charakteristisch für eine **verbindungsprogrammierte** (oder **verdrahtungsprogrammier-**

te) **Steuerung** ist die Verbindung aller Funktionselemente durch festgelegte Drähte, wozu kontaktbehaftete Schaltelemente wie Relais- und Schützsteuerungen bzw. auch kontaktlose Elemente der Elektronik (Halbleitersteuerungen und Logikbausteine der elektronischen Digitaltechnik) zählen.

Definition: Verbindungsprogrammierte Steuerung

Bei **verbindungsprogrammierten Steuerungen** bestimmen die Funktionseinheiten und deren Verbindungen das Steuerprogramm.

Die in Abbildung 4.2-5 dargestellte Verknüpfungssteuerung lässt sich durch folgenden Schaltplan verwirklichen:

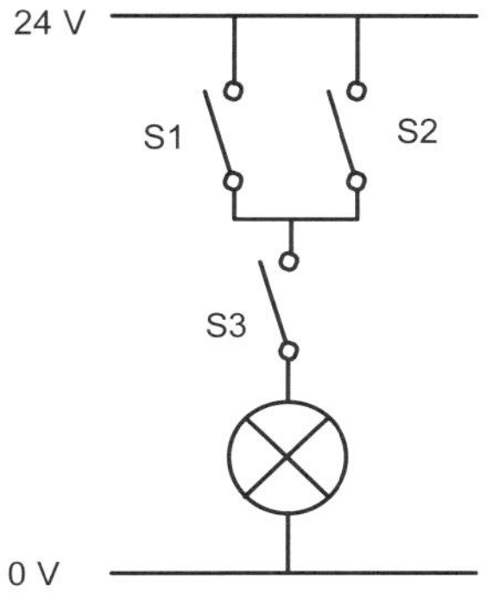

Abbildung 4.2-10:
Elektrischer Schaltplan
als verbindungsprogrammierte Steuerung

Zwischen der Lichtquelle (Motor oder Stromverbraucher) und den elektrischen Schaltern besteht eine feste Verdrahtung. Das Steuerprogramm wird bei diesem Beispiel im übertragenen Sinn mit dem Lötkolben programmiert, was zu den Nachteilen dieser Steuerungsart zählt. Insgesamt können folgende Nachteile verbindungsprogrammierter Steuerungen aufgezählt werden:

- Die Änderungsmöglichkeit von „Programmen" ist sehr begrenzt.
- Es besteht ein hoher Aufwand an Dokumentation. Bei Änderungen müssen die Schaltpläne der „Programme" neu aufgelegt werden.

Andererseits dürfen aber die Vorteile der verbindungsprogrammierten Steuerungen nicht verkannt werden:

- Die unmittelbare und parallele Signalverarbeitung der Funktionselemente lässt sehr schnelle Reaktionszeiten der „Steuerungs-Programme" zu.
- Es sind keine Programmiersprachen für Mikroprozessoren notwendig.
- Klassische Methoden der Elektrotechnik, der Pneumatik und der Hydraulik reichen zur „Programmierung" aus.

Speicherprogrammierbare Steuerungen (SPS) sind dagegen speziell für steuerungstechnische Anwendungen entwickelte Mikrocomputersteuerungen und deren Programme. Die Programme werden in Fachsprachen erstellt. Als Programmspeicher werden in **freiprogrammierbaren** Steuerungen Schreib-Lese-Speicher (RAM oder EEPROM) eingesetzt, deren Inhalt durch spezielle elektrische Signale in beliebigem Umfang ohne Geräteumbau geändert werden kann. Nur Lese-Speicher (ROM, PROM oder EPROM) werden bei **austauschbaren** Steuerungen verwendet. Dafür müssen Umbauten an den Steuergeräten durchgeführt werden.

Definition: Speicherprogrammierbare Steuerung (SPS)

Bei den **speicherprogrammierbaren Steuerungen** sind die Steueranweisungen in einem Programmspeicher hinterlegt und werden durch einen Programmschrittzähler in Reihenfolge aufgerufen.

Bei speicherprogrammierbaren Steuerungen werden die Steuerungseigenschaften durch Programme festgelegt. Für unterschiedliche Steueraufgaben müssen deshalb nur Programme angepasst werden; die Steuerhardware bleibt dieselbe. Im Vergleich zu heute gängigen Mikrocomputern besitzt die SPS-Hardware zusätzliche Sicherungsmechanismen für den Ausfall der Stromversorgung.

Das Beispiel der Verknüpfungssteuerung aus Abbildung 4.2-5 kann genauso mit einer speicherprogrammierbaren Steuerung realisiert werden; man erhält dann den nachfolgenden Geräteaufbau:

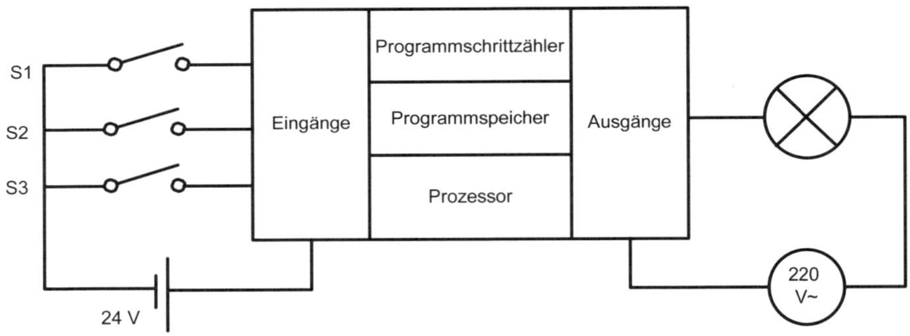

Abbildung 4.2-11: Speicherprogrammierbare Steuerung

Die Schalter S1 bis S3 werden direkt mit den Eingängen der SPS verbunden. Die logischen Funktionen der Parallel- und Serienschaltung werden programmtechnisch realisiert; die Lichtquelle wird entsprechend dieser Logik geschaltet.

Mit wenig Aufwand kann nun die Verknüpfungslogik der drei Schalter verändert werden, ohne dass eine Hardwareänderung notwendig ist, was eine der Stärken dieser Steuerungsrealisierung ausmacht. Insgesamt lassen sich folgende Vorteile nennen:

- Für viele Steuerungsaufgaben können anschlussfertige universelle Geräte verwendet werden.
- Programmänderungen können mit Programmiergeräten sehr einfach durchgeführt werden.
- SPSen sind für mittlere bis komplexe Steuerungsaufgaben die kostengünstigere Lösung.
- Die Dokumentation der Programme wird automatisch erstellt.

Da Prozessoren für jeden Befehl eine gewisse Zeit benötigen, muss man bei diesen Steuerungen folgende Nachteile in Kauf nehmen:

- Die Verarbeitungsgeschwindigkeit ist endlich und von der Größe des Steuerungsprogramms abhängig.
- Steuersignale können nur bis zu einer maximalen Frequenz erfasst und ausgegeben werden.

Bearbeitung der Lernaufgabe

Die Fräsvorrichtung lässt sich am besten mit einer **Ablaufsteuerung** kontrollieren. Die Ablaufschritte führen von einem zum anderen Maschinenzustand und werden folgendermaßen beschrieben:

Maschinenzustand:	**Beschreibung:**
Grundzustand	Materialzufuhr inaktiv Spanneinrichtung inaktiv Maschinenschlitten in linker Position Auswerfer inaktiv Fräswerkzeug aus
Material bereit	Materialzubringer ausfahren Spannvorrichtung aktivieren Materialzubringer zurücknehmen
Bearbeitung	Fräser einschalten Schlitten nach rechts bewegen Endposition des Schlittens erreicht Fräser ausschalten Spannvorrichtung deaktivieren
Auswurf Werkstück	Auswurfzylinder aus- und einfahren Werkstückschlitten und Spannvorrichtung in Ausgangsposition

Für Bearbeitungsmaschinen werden vorwiegend **speicherprogrammierbare Steuerungen** (SPS) verwendet, da sie ausreichende Flexibilität bei der Programmerstellung der Ablaufsteuerung sowie später mögliche Programmänderungen aufgrund verbesserter Bearbeitungsverfahren bzw. geänderter Werkstückgeometrien bieten.

Fragen zur Selbstkontrolle

Frage 4.2-1: Von welcher Art Steuerung ist das Kopierdrehen?

Frage 4.2-2: Beobachten Sie den Ablauf einer Waschmaschine. Welcher Programmabschnitt arbeitet zeitgesteuert bzw. prozessgesteuert?

Frage 4.2-3: Wo werden Binärsteuerungen vorwiegend eingesetzt?

Frage 4.2-4: Wodurch unterscheiden sich Regelungen von geschlossenen Steuerketten?

Frage 4.2-5: Beschreiben Sie ein Beispiel einer Verknüpfungssteuerung und einer Ablaufsteuerung!

Frage 4.2-6: Welche Bedeutung besitzen analoge Steuerungen?
Geben Sie Beispiele analoger Steuerungen an!

Frage 4.2-7: Was ist ein Mealy-Automat?

Frage 4.2-8: Wodurch unterscheiden sich speicherprogrammierte von verbindungsprogrammierten Steuerungen?

Frage 4.2-9: Wie werden speicherprogrammierte Steuerungen realisiert?

Frage 4.2-10: Welche drei Steuerungsarten unterscheidet man auf Grund der Signalverarbeitung?

4.3 Methoden und Verfahren

Lernziele

Unter der Vielzahl der Steuerungsarten eignen sich die binären Steuerungen besonders zur Lösung von Automatisierungsaufgaben. Die Signalverarbeitung der Binärgrößen kann entweder verknüpfungs- oder ablauforientiert vor sich gehen, ihre Programmverwirklichung ist als Verknüpfungssteuerung in Form elektrischer bzw. elektronischer Schaltungen möglich. Der Trend ihrer technischen Realisierung geht immer mehr in Richtung speicherprogrammierbarer Steuerungen.

Dieser Abschnitt vermittelt die wichtigsten Methoden und Verfahren sowie deren Darstellungsformen zur Entwicklung von Binärsteuerungen für Maschinen und Anlagen.

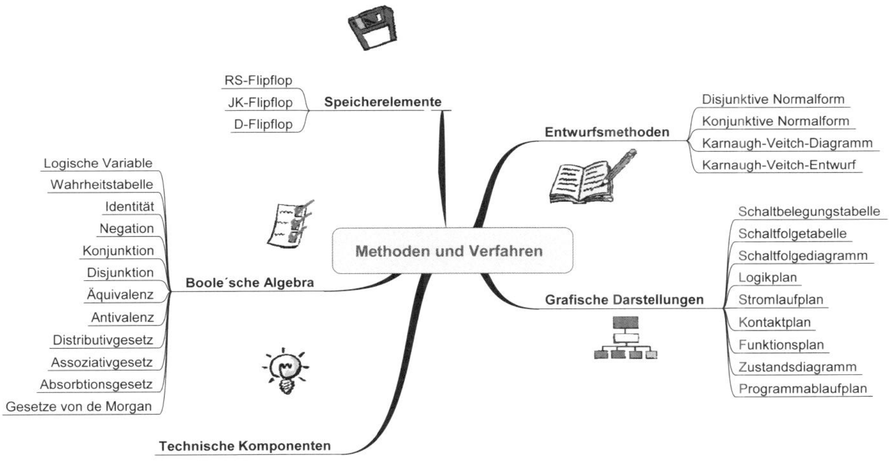

Lernaufgabe

Umformende Werkzeugmaschinen sind in der Produktionstechnik wichtig. Stanzmaschinen oder Pressen werden zur Herstellung von Produkten mit großen Stückzahlen verwendet. Diese Anlagen werden häufig noch von Menschen bedient, weshalb man auf eine sichere Bedienung der Maschinen ein besonderes Augenmerk legen muss. Die Steuerung des Stanz- bzw. Pressvorgangs muss diese Sicherheit gewährleisten. Im nachfolgenden Anlagenschema werden die wichtigsten Bedien- und Funktionselemente einer solchen Maschine dargestellt. Die Funktionsweise der Presse versteht sich für Maschinenbauinteressierte von selbst.

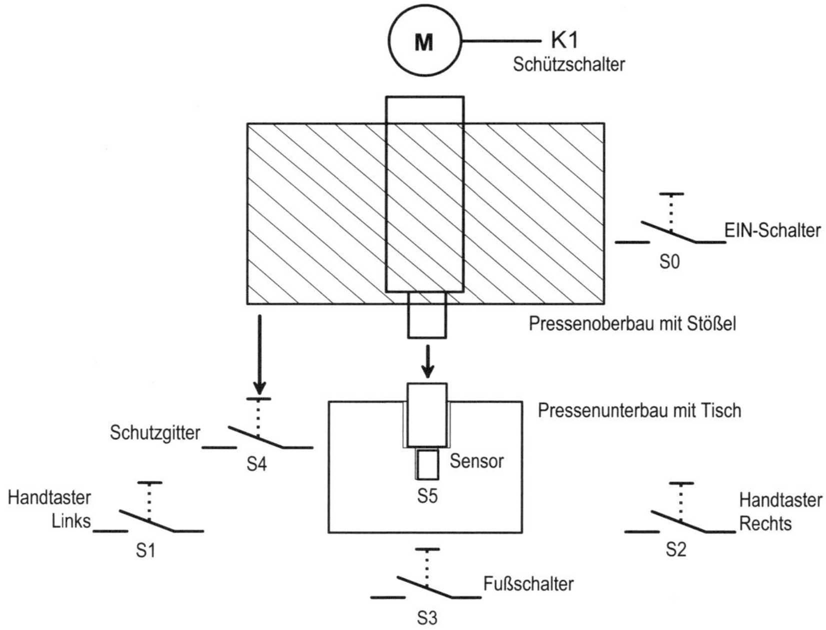

Abbildung 4.3-1: Anlagenschema einer Presse

Der Stößel der Presse darf zur Vermeidung von Schäden nur unter den folgenden Bedingungen aktiviert werden:

1. Die Stromversorgung der steuerungs- und sicherheitsrelevanten Komponenten muss eingeschaltet sein (S0 = 1).
2. Das Stanzgut muss in der Presse vorhanden sein (S5 = 1). Ein Sensor meldet diesen Zustand.
3. Um gesundheitliche Schäden beim Maschinenbediener zu vermeiden, muss eine der nachfolgenden Unterbedingungen eingehalten werden:
   a) Die Handtaster links und rechts müssen gleichzeitig betätigt werden (S1 = S2 = 1).
   b) Das Schutzgitter muss geschlossen sein (S4 = 1) und der Fußschalter wird betätigt (S3 = 1).
   c) Das Schutzgitter ist geschlossen (S4 = 1) und eine der beiden Handtasten wird betätigt (S1 = 1 oder S2 = 1).

Die Steuerungstechnik soll zur Lösung dieser Anforderungen adäquate Beschreibungsformen, Methoden und Verfahren zur Verfügung stellen.

4.3.1 Grundfunktionen für kombinatorische Steuerungen (Schaltalgebra)

Die Ein- und Ausgangssignale ($\underline{x}$ und $\underline{y}$) eines kombinatorischen Schaltnetzes sind binäre Größen. Sie nehmen nur zwei Zustände an. Man kann natürlich auch höherwertige Größen (z. B. triadische) zur Steuerung verwenden, die sich jedoch auf binäre Zustände reduzieren lassen. Deshalb beschränkt man sich vorwiegend auf die Beschreibung der zweiwertigen Logik und entwickelt entsprechende mathematische Verfahren für sie.

Die Anwendung der zweiwertigen Logik ist im Sprachgebrauch ebenfalls üblich. Dort beantwortet man Fragen sehr häufig mit ja oder nein bzw. stuft eine Aussage entweder als wahr oder falsch ein. Verknüpft man **mehrere** logische Aussagen miteinander, bezeichnet man die Verknüpfungen als Aussagelogik:

Definition: Schaltalgebra bzw. Aussagelogik

Die **Schaltalgebra** bzw. **Aussagelogik** beschreibt die Verknüpfung wahrer und unwahrer Aussagen.

Die Aussagelogik lässt sich für Steuerungen in Form von logischen Schaltungen nützlich machen. Logische Schaltungen wurden lange Zeit mit elektromechanischen Relais und pneumatischen Bauteilen realisiert. Mit dem Aufkommen der Rechnertechnik fanden die speicherprogrammierbaren Steuerungen eine immer weitere Verbreitung. Heute werden fast alle kombinatorischen und sequentiellen Steuerungen in Software realisiert.

Der britische Mathematiker George Boole (1815-1869) hat die Gesetze der logischen Zusammenhänge als Algebra der Logik formuliert. Aus diesem Grund trägt dieser Formalismus den Namen **Boolesche Algebra**, welche in der Mengenlehre, der Wahrscheinlichkeitsrechnung, der Aussagelogik und der Schaltalgebra verwendet wird.

Die mathematische Basis der Binärsteuerungen zur Verknüpfung von Binärsignalen beschreibt die Schaltalgebra. Sie verknüpft ihre wichtigsten Größen, die logischen Variablen miteinander:

Definition: Logische Variable

Eine **logische Variable** der Booleschen Algebra stellt eine zweiwertige Größe mit den beiden Zuständen **0** und **1** (Ziffernsymbole) dar.

Die Werte der logischen Variablen werden in technischen Systemen auf reale Zustände von Bauteilen abgebildet. So entspricht „Schalter geschlossen“ oder „Spannung angelegt“ beispielsweise dem Zustand **1**, während dem Wert **0** die gegenteiligen Zustände „Schalter offen“ bzw. „Spannung nicht vorhanden“ zugeordnet sind.

Die Zweiwertigkeit der Booleschen Algebra wird durch zwei Axiome festgeschrieben:

(1) Zustand $x = 0$ gilt genau dann, wenn $x \neq 1$
und Zustand $x = 1$ gilt genau dann, wenn $x \neq 0$.

(2) Zustände 0 und 1 gehen durch Negation auseinander hervor:
$\overline{0} = 1$ bzw. $\overline{1} = 0$. (4.3-1)

Durch den Querstrich auf den Binärwerten wird die Komplementbildung bzw. Negation beschrieben.

Wie allgemein üblich, versucht man in allen fachlichen Disziplinen die Vielzahl von Komponenten und Operationen durch Basiselemente bzw. Grundoperationen zu beschreiben. Diese werden so gewählt, dass mit ihrer Hilfe beliebig komplexe Gebilde bzw. Verknüpfungen erstellt werden können. Diese Vorgehensweise findet man auch in der Schaltalgebra, welche zu den Basisfunktionen bzw. logischen Grundfunktionen führt.

4.3.1.1 Die Identität

Das Ausgangssignal A der **Identität** besitzt genau dann den Wert **1**, wenn das Eingangssignal E den Wert **1** hat.

Als Schaltfunktion wird die Identität durch

$$A = E \qquad \text{mit } E = \mathbf{0} \text{ oder } \mathbf{1} \tag{4.3-2}$$

ausgedrückt.

Eine besonders übersichtliche Darstellung jeder Verknüpfung ist in Tabellenform gegeben. Sie werden als Wahrheitstabellen bezeichnet. In diesen Tabellen sind alle möglichen Eingangsvariablen zusammen mit den Werten der Ausgangsvariablen aufgeführt.

Neben den Wahrheitstabellen existieren zur graphischen Darstellung der logischen Basisfunktionen ausgewählte Symbole. Sie werden zur funktionellen Darstellung von Schaltplänen verwendet.

Die Identität wird durch ein Rechteck mit dem Identitätssymbol als neutraler Operation illustriert. Die Wahrheitstabelle beschreibt die logischen Ein-/Ausgangsbeziehungen:

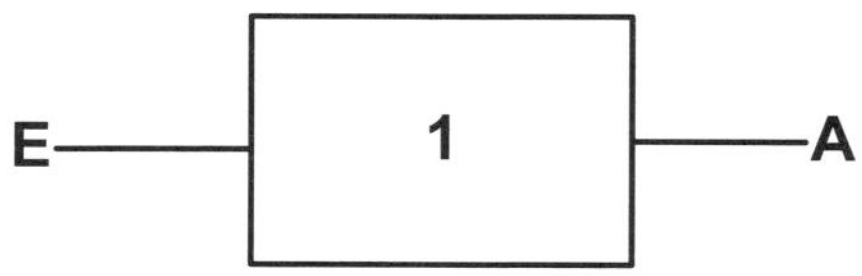

Symbol

E	A
0	0
1	1

Wahrheitstabelle

Die Identität bewirkt keine logische Änderung des Eingangssignals. In realen Schaltungen wird diese Basisfunktion dann verwendet, wenn Signalwandlungen von einem Signaltyp zu anderen Signalarten notwendig werden.

4.3.1.2 Die Negation

Das Ausgangssignal A der **Negation** besitzt dann den Wert **1**, wenn das Eingangssignal E den Wert **0** aufweist und umgekehrt.

Die Schaltfunktion schreibt sich:

$$A = \overline{E} \,. \qquad (4.3\text{-}3)$$

Es existieren zwei gleichwertige Symbole für die Negation. Sie gehen aus dem Identitätssymbol durch Hinzufügen eines kleinen Kreises am Ein- oder Ausgang hervor.

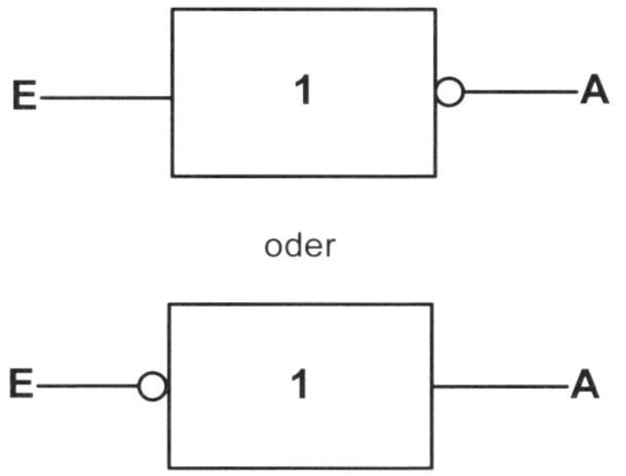

Symbol

E	A
0	1
1	0

Wahrheitstabelle

Im Maschinenbau lässt sich die Negation zur Kontrolle von Maschinenkomponenten einsetzten. Eine Lichtschranke wird in nachfolgender Abbildung zur Überprüfung eines Bohrerbruchs verwendet. Die Schaltfunktion lautet:

Eingang:	**Ausgang:**
Werkstück *nicht* positioniert	Lichtstrahl an, Kontrollsignal im **1**-Zustand
Werkstück positioniert	Lichtstrahl unterbrochen, Kontrollsignal im **0**-Zustand

Aus der Tabelle erkennt man sofort die Negation zwischen Ein- und Ausgangszustand.

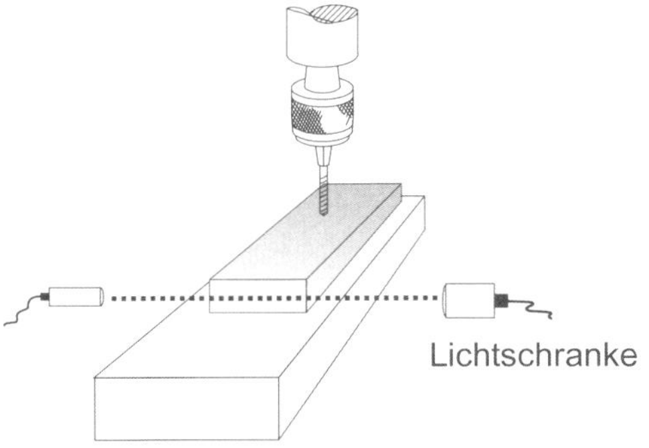

Abbildung 4.3-2
Werkstückpositionierung

4.3.1.3 Die Konjunktion – AND

Das Ausgangssignal einer Konjunktion – UND-Verknüpfung – besitzt nur dann den Wert **1**, wenn alle Eingangssignale den Wert **1** besitzen.

Die Schaltfunktion schreibt sich:

$$A = E1 \wedge E2 \quad \text{bzw.} \quad A = E1 \cdot E2\,. \qquad (4.3\text{-}4)$$

Die Konjunktion wird in der Mathematik durch die Operatorzeichen $\wedge$ oder $\cdot$ (Multiplikationszeichen) dargestellt.

Das UND-Symbol besitzt die beiden Eingangssignale E1 und E2. Die Konjunktion wird durch das sog. Kaufmann-Und versinnbildlicht. Die Wahrheitstabelle besitzt nun zwei Eingangsspalten. Der Ausgangszustand A ist nur dann **1**, wenn beide Signaleingänge den Wert **1** annehmen:

Symbol

E1	E2	A
0	0	0
1	0	0
0	1	0
1	1	1

Wahrheitstabelle

Maschinen müssen Schutzeinrichtungen besitzen, um Gefahren für das Bedienpersonal abzuwenden. Bevor ein Pressvorgang ausgeführt werden kann, sollte sichergestellt werden, dass sich der Bediener nicht mit den Händen im Arbeitsbereich aufhält. Durch die Zweihandsicherheitsschaltung mit zwei Druckschaltern wird eine unachtsame Bedienung verhindert, da die Schalter mit beiden Händen gleichzeitig bedient werden müssen. Die UND-Verknüpfung der Schaltersignale leitet nur dann den Pressenvorgang ein, wenn beide Schalter gedrückt sind. Die nachfolgenden Abbildungen verdeutlichen Sicherheitstechniken bei Werkzeugmaschinen.

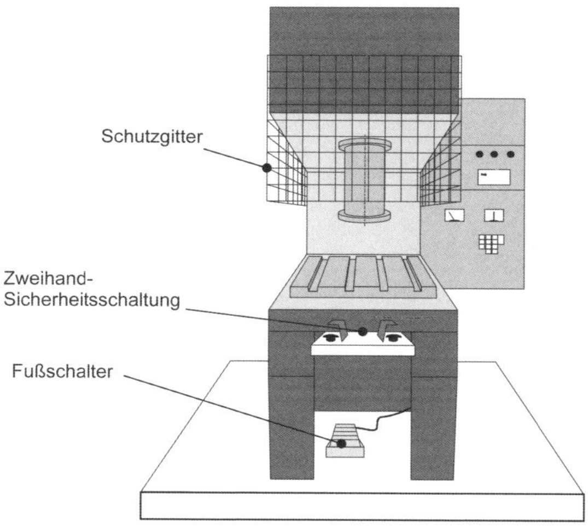

Abbildung 4.3-3: Sicherheitstechnik bei Werkzeugmaschinen

Durch eine zusätzliche Konjunktion mit dem Fußschaltersignal bzw. über Lichtschranken kann die Sicherheit weiter gesteigert werden.

4.3.1.4 Die Disjunktion – OR

Das Ausgangssignal der **Disjunktion** – ODER-Verknüpfung – besitzt den Wert **1**, wenn mindestens ein Eingangssignal den Wert **1** hat.

Die Schaltfunktion lautet:

$$A = E1 \vee E2 \quad \text{bzw.} \quad A = E1 + E2 \,. \tag{4.3-5}$$

Der ODER-Verknüpfung wird das mathematische Zeichen $\vee$ bzw. + (Addition) zugeordnet. Das Symbol der Disjunktion mit ihrer Wahrheitstabelle ist:

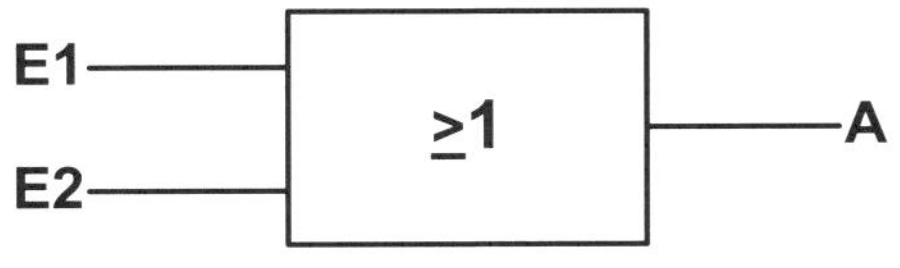

Symbol

E1	E2	A
0	0	0
1	0	1
0	1	1
1	1	1

Wahrheitstabelle

Elektrotechnisch wird eine Disjunktion dann verwendet, wenn man einen Verbraucher (z. B. einen Motor) von verschiedenen Örtlichkeiten aus einschalten will. Diese Verknüpfung darf nicht mit einer Wechselschaltung verwechselt werden, die sehr häufig zur Lichtsteuerung in Räumen verwendet wird, um von unterschiedlichen Orten das Licht ein- bzw. ausschalten zu können.

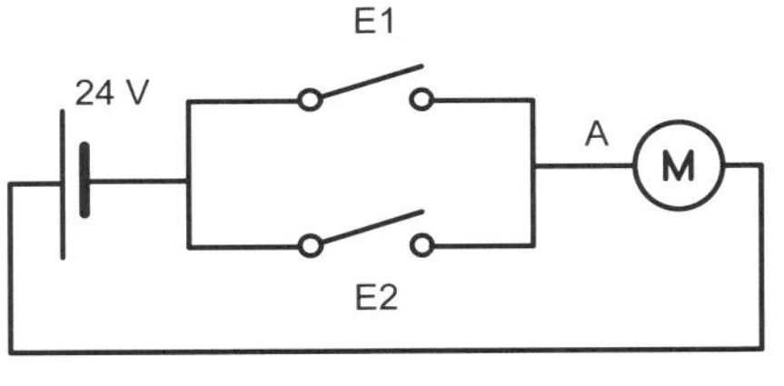

Abbildung 4.3-4: Elektrische Oder-Schaltung

4.3.1.5 Erweiterte logische Grundfunktionen

Alle logischen Verknüpfungen lassen sich auf die drei Basisfunktionen Negation, Disjunktion und Konjunktion zurückführen. Allgemein ist die Vielfalt von zwei Eingangsvariablen E1 und E2 mit den Werten **0** und **1** durch $2^2 = 4$ gegeben. Für diese vier Eingangskombinationen gibt es insgesamt $4^2 = 16$ Ausgangskombinationen, von denen wir vier bereits erwähnt und in nachfolgender Tabelle vermerkt haben. Die Ausgangskombinationen schreiben sich:

Tabelle 4.3-1: Logische Funktionen für 2 Eingangsvariable

UND (A2) (Identität) (A6) ODER (A8) (Negation) (A11)

E1	E2	A1	A2	A3	A4	A5	A6	A7	A8	A9	A10	A11	A12	A13	A14	A15	A16
0	0	0	0	0	0	0	0	0	0	1	1	1	1	1	1	1	1
1	0	0	0	0	0	1	1	1	1	0	0	0	0	1	1	1	1
0	1	0	0	1	1	0	0	1	1	0	0	1	1	0	0	1	1
1	1	0	1	0	1	0	1	0	1	0	1	0	1	0	1	0	1

Weitere wichtige Steuerfunktionen: XOR (A7) NOR (A9) EQU (A10) NAND (A15)

Einige dieser logischen Funktionen treten gehäuft auf. Sie sind unterhalb der Tabelle als weitere wichtige Steuerfunktionen aufgeführt und besitzen besondere Bezeichnungen.

Äquivalenz – EQU

> Das Ausgangssignal der **Äquivalenz** – GLEICH-Verknüpfung – besitzt dann den Wert 1, wenn beide Eingangssignale denselben Wert **0** oder **1** haben.

Die Schaltfunktion kann auf folgende Weise mit den Grundfunktionen dargestellt werden:

$$A = (E1 \wedge E2) \vee (\overline{E1} \wedge \overline{E2}) \equiv E1 \leftrightarrow E2 . \qquad (4.3\text{-}6)$$

Ihr Symbol und die Wahrheitstabelle lauten:

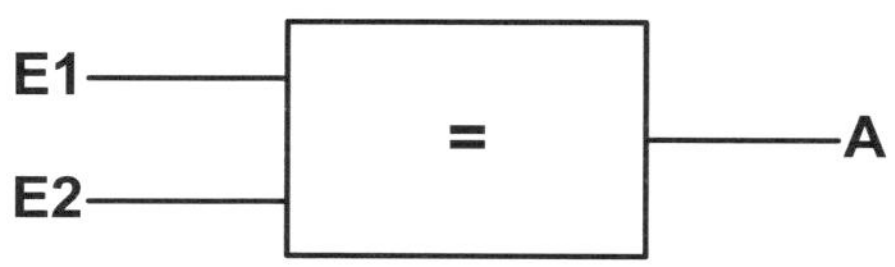

Symbol

E1	E2	A
0	0	1
1	0	0
0	1	0
1	1	1

Wahrheitstabelle

Bei der Elektroinstallation ist diese Schaltfunktion als Wechselschaltung bekannt; sie erlaubt, eine Lampe von zwei verschiedenen Stellen aus mittels Schaltern ein- bzw. auszuschalten. Ihr elektrischer Schaltplan hat folgende Struktur:

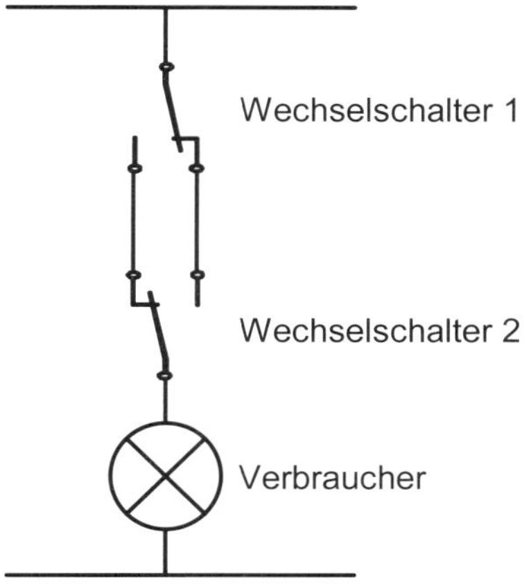

Abbildung 4.3-5:
Elektrische Wechselschaltung als Äquivalenz-Funktion

Antivalenz oder EXKLUSIV-ODER – XOR

Das Ausgangssignal der **Antivalenz** – EXKLUSIV-ODER-Verknüpfung – besitzt dann den Wert **1**, wenn beide Eingangssignale einen ungleichen Wert haben.

Die Schaltfunktion wird ebenfalls mit den Grundfunktionen dargestellt:

$$A = (E1 \wedge \overline{E2}) \vee (\overline{E1} \wedge E2) \equiv E1 \not\leftrightarrow E2\,. \qquad (4.3\text{-}7)$$

Ihr Symbol und die Wahrheitstabelle lauten:

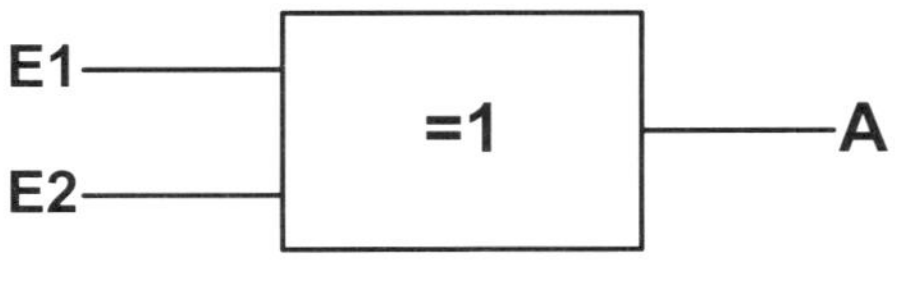

Symbol

E1	E2	A
0	0	0
1	0	1
0	1	1
1	1	0

Wahrheitstabelle

Die Antivalenz-Verknüpfung kann für elektrische Schaltkreise mit Hilfe von Wechseltastern aufgebaut werden. Im nachfolgenden Schaltplan darf nur ein Taster gedrückt sein, um den Verbraucher mit Strom zu versorgen:

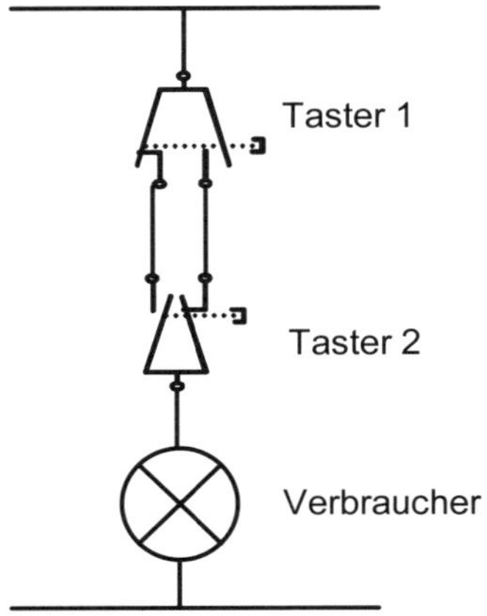

Abbildung 4.3-6:
Elektrische Schaltung als Antivalenz-Funktion

Nicht-UND – NAND

> Das Ausgangssignal der **Nicht-UND** besitzt dann den Wert **1**, wenn beide Eingangssignale nicht gleichzeitig den Wert **1** haben.

Die Schaltfunktion kann mit den Grundfunktionen folgendermaßen dargestellt werden:

$$A = \overline{E1 \wedge E2} \equiv E1 \barwedge E2\,. \qquad (4.3\text{-}8)$$

Das Symbol und die Wahrheitstabelle lauten:

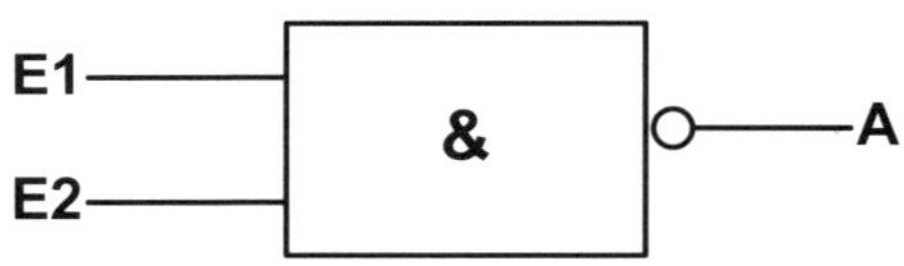

Symbol

E1	E2	A
0	0	1
1	0	1
0	1	1
1	1	0

Wahrheitstabelle

Nicht-ODER – NOR

> Das Ausgangssignal der **Nicht-ODER** besitzt dann den Wert **1**, wenn beide Eingangssignale gleichzeitig den Wert **0** haben.

Die Schaltfunktion wird mit Hilfe der Grundfunktionen wie folgt berechnet:

$$A = \overline{E1 \vee E2} \equiv E1 \,\overline{\vee}\, E2\,. \qquad (4.3\text{-}9)$$

Ihr Symbol und die Wahrheitstabelle lauten:

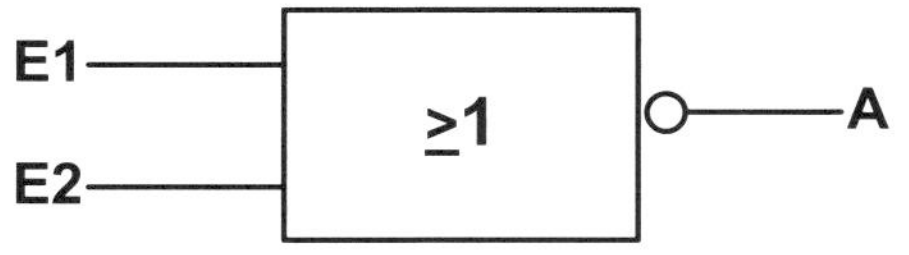

Symbol

E1	E2	A
0	0	1
1	0	0
0	1	0
1	1	0

Wahrheitstabelle

4.3.1.6 Gesetzmäßigkeiten der Schaltalgebra

Kombinatorische Schaltungen werden aus den aufgelisteten Grundfunktionen der Schaltalgebra aufgebaut. Bei der Realisierung von Steuerschaltungen müssen die Ein-/Ausgangsbeziehungen $\underline{y} = f(\underline{x})$ auf diese Grundfunktionen zurückgeführt werden. Dazu ist die Mathematik der Schaltalgebra anzuwenden.

Bei dieser Reduktion sind, solange keine veränderte Evaluationsreihenfolge durch eine andersartige Klammerung erzwungen wird, folgende Verarbeitungsprioritäten der Basisverknüpfungen untereinander wichtig:

- Die Negation besitzt die höchste Priorität.
- Die Konjunktion, Disjunktion, NAND, NOR, Äquivalenz und Antivalenz haben jeweils unter sich dieselbe Priorität.
- Die Konjunktion, Disjunktion, NAND und NOR müssen vor der Äquivalenz und Antivalenz ausgeführt werden.
- Die Konjunktionen (AND, NAND) besitzen gegenüber den Disjunktionen (OR, NOR) eine höhere Priorität.

Die Rechengesetze der Booleschen Algebra lassen sich in folgender Tabelle zusammenfassen:

Tabelle 4.3-2: Gesetzmäßigkeiten der Schaltalgebra

Neutralität	$x1 \wedge 1 = x1$	$x1 \vee 1 = 1$
0-Regel	$x1 \wedge 0 = 0$	$x1 \vee 0 = x1$
Idempotenzgesetz	$x1 \wedge x1 = x1$	$x1 \vee x1 = x1$
Komplementgesetz	$x1 \wedge \overline{x1} = 0$	$x1 \vee \overline{x1} = 1$
Doppeltes Komplement	$\overline{\overline{x}} = x$	

Kommutativgesetz	$x1 \wedge x2 = x2 \wedge x1$	$x1 \vee x2 = x2 \vee x1$
Assoziativ-Gesetz	$x1 \wedge (x2 \wedge x3) = (x1 \wedge x2) \wedge x3$ $= (x1 \wedge x3) \wedge x2$	$x1 \vee (x2 \vee x3) = (x1 \vee x2) \vee x3$ $= (x1 \vee x3) \vee x2$
Distributives Gesetz	$x1 \wedge (x2 \vee x3)$ $= (x1 \wedge x2) \vee (x1 \wedge x3)$	$x1 \vee (x2 \wedge x3)$ $= (x1 \vee x2) \wedge (x1 \vee x3)$
Absorptionsgesetz	$x1 \wedge (x1 \vee x2) = x1$	$x1 \vee (x1 \wedge x2) = x1$
Gesetze von De Morgan	$\overline{x1 \wedge x2} = \overline{x1} \vee \overline{x2}$	$\overline{x1 \vee x2} = \overline{x1} \wedge \overline{x2}$

Die Negation der logischen Ausgangsvariablen impliziert immer die Inversion der gesamten logischen Eingangsfunktionen:

$$\overline{A} = \overline{f(\underline{E})} \,. \qquad (4.3\text{-}10)$$

Die Gesetze von De Morgan besagen, dass eine Schaltfunktion insgesamt negiert werden kann, indem man die logischen Variablen einzeln negiert und gleichzeitig die Verknüpfungen der Konjunktion durch die Disjunktion austauscht. Sie werden auch als Inversionsgesetze der Schaltalgebra bezeichnet und spielen bei der Schaltungsentwicklung eine wichtige Rolle.

4.3.2 Grundfunktionen für sequentielle Steuerungen

Für sequentielle Steuerungen werden Speicherfunktionen benötigt, um den Steuerungsablauf in Abhängigkeit der bereits vorliegenden Steuerungsschritte gestalten zu können.

Auch bei Ablaufsteuerungen wird der Steuerungsprozess in definierten Schritten durchlaufen. Während der einzelnen Prozessschritte müssen die gerade vorliegenden Prozesszustände festgeschrieben werden. Dazu müssen Gedächtniselemente zur Verfügung stehen.

Ein erstes Beispiel demonstriert das Schaltwerk in Abbildung 4.3-7 zur Ansteuerung eines Antriebs. Die Bedienung des Motors über Tastschalter übernimmt eine Selbsthalteschaltung.

Die Gesamtstromversorgung der Steuerung und des Verbrauchers wird über den Leistungsschalter EIN-AUS gesteuert. Das Motorschütz K1 schaltet den Motor je nach Betätigung der Drucktaster EIN bzw. AUS:

Der Einschaltvorgang läuft so ab, dass nach kurzer Betätigung des EIN-Tasters das Motorschütz K1 anzieht und den Schließschalter parallel zum EIN-Taster schließt. Damit wird der Stromfluss im Schütz aufrechterhalten und der Motor wird mit Strom versorgt, ohne dass ein weiteres Drücken des Handtasters EIN notwendig ist. Die Einschaltinformation ist **gespeichert**. Das Schütz hält sich selbst in erregtem Zustand; man spricht von Selbsthaltung.

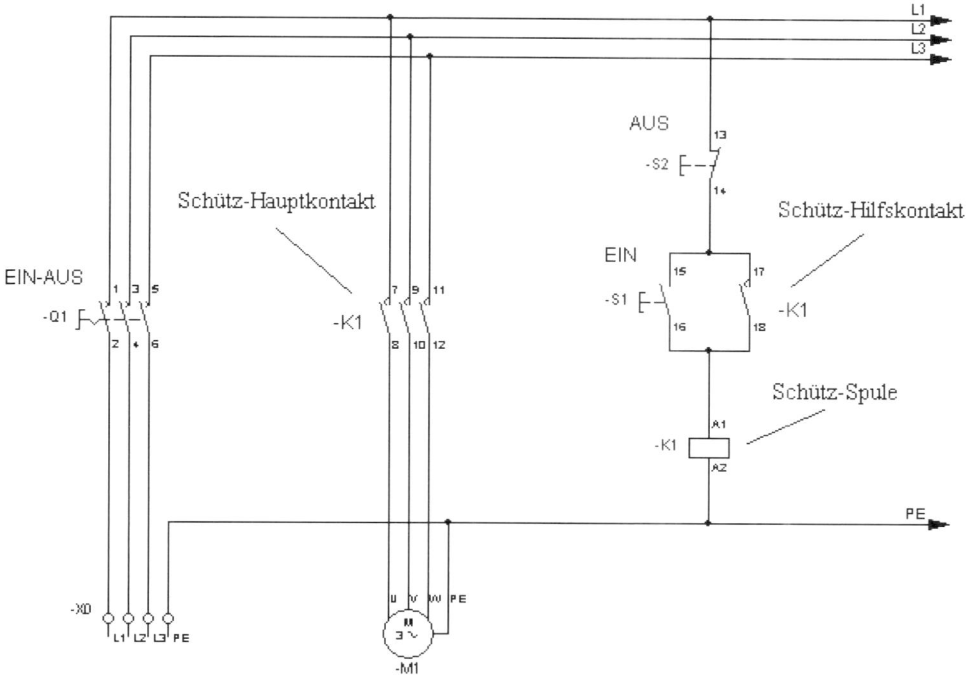

Abbildung 4.3-7: Motorsteuerung mit Selbsthaltung

Beim Abschalten des Motors muss der Steuerstromfluss im Schütz unterbrochen werden. Dazu wird ein Handtaster mit Öffnerfunktion in Serie zu der Selbsthalteschaltung benötigt. Die kurzfristige Betätigung des Öffners unterbricht den Stromfluss durch das Motorschütz; die gespeicherte Information geht verloren. Der Speicher wird zurückgesetzt.

Damit liegt ein Automat bzw. eine sequentielle Steuerung vor, da die Steuerung den Zustandswert des Motorschützes K1 zurückkoppelt. Der Steuerungsausgang (Motor EIN/AUS) ist vom inneren Zustand der Steuerung abhängig.

Diesen Umstand bringt die Wahrheitstabelle folgendermaßen zum Ausdruck:

EIN	AUS	K1
0	0	Vorheriges K1
1	0	1
0	1	0
1	1	0

Tabelle 4.3-3: Wahrheitstabelle der Selbsthaltefunktion

Bis auf den ersten Fall, dass beide Taster EIN und AUS nicht gedrückt sind, liegt Eindeutigkeit zwischen den Eingängen und dem Ausgang vor. Im ersten Fall nimmt der Ausgang den letzten Zustand der Steuerung an, welcher durch Speicherung festgehalten ist.

In der Logikschaltung mit den Grundfunktionen der Schaltalgebra muss die Rückkopplung des aktuell gespeicherten Zustands des Schaltnetzes auftauchen. Die Selbsthaltelogik lässt sich auf einfache Weise mit einer Disjunktion und Konjunktion aufstellen. Die einfache Zustandsspeicherung der Schaltung in Abbildung 4.3-8 besitzt die Wahrheitstabelle der Tabelle 4.3-3.

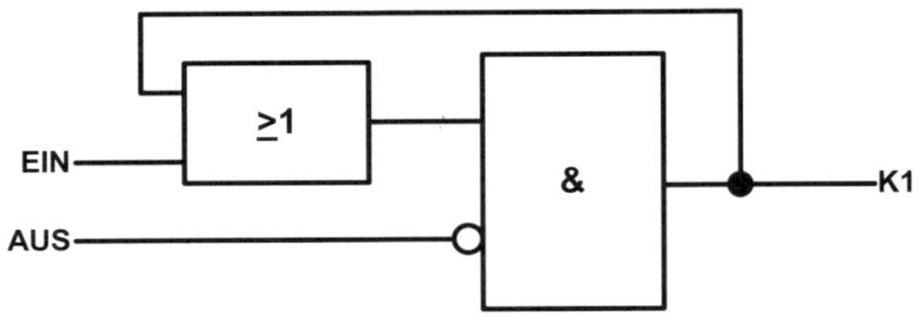

Abbildung 4.3-8: Logikschaltung für Selbsthaltefunktion

Für diese Art von Logikfunktionen hat man eine zusätzliche Bezeichnung eingeführt:

Definition: Flipflop-Schaltung

Speicherschaltungen mit zwei festen Ausgangszuständen, die nicht nur vom Zustand der Eingangssignale abhängen sondern auch vom Ausgang der Schaltung, bezeichnet man als **Flipflop-Schaltungen** (bistabile Kippstufen).

Die oben aufgeführte Schaltung stellt den Grundtyp von Flipflop-Schaltungen dar. Sie wird RS-Flipflop genannt (**R**eset-**S**et-Flipflop).

4.3.2.1 RS-Flipflop

Bei einem **RS-Speicherelement** (RS-Flipflop) nimmt der Ausgang Q den Signalzustand **1** an, wenn der Setzeingang S kurzzeitig ein **1**-Signal führt. Der **1**-Zustand am Ausgang Q wird solange gespeichert, bis an den Eingang R ein **1**-Signal angelegt wird.

Wird sowohl am S-Eingang wie am R-Eingang ein Signal mit dem Wert **1** angelegt, kann das Ausgangssignal Q unbestimmt sein. Bei einem **dominierend setzenden** RS-Flipflop nimmt Q jedoch den Wert **1** an, während bei dem **dominierend rücksetzenden** RS-Speicherelement der Ausgang Q = 0 wird.

Die Anfangsbelegung des Ausgangs Q eines RS-Flipflops beim Betriebsbeginn (im Fall S = R = 0) hängt vom technischen Aufbau ab. Plant man einen definierten Ausgangszustand Q = 0 bei einer Steuerung ein, kennzeichnet man diese Anfangsbedingung im Symbol.

Die Abbildung 4.3-9 illustriert das Symbol eines solchen RS-Flipflops. Der Ausgang nimmt beim Betriebsbeginn unter den Bedingungen S = R = 0 den Wert Q = 0 an, der invertierte Ausgang dagegen den Zustand $\overline{Q}$ = 1, was durch dessen Schwärzung gekennzeichnet ist. In der Wahrheitstabelle wird die Speicherfunktion durch Q* im Fall S = R = 0 angezeigt; es wird der letzte Ausgangszustand Q beibehalten.

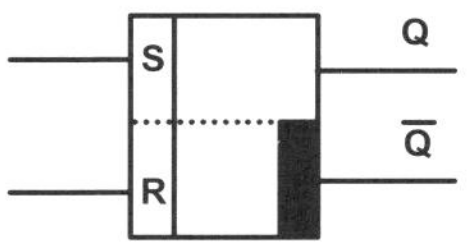

RS-Flipflop

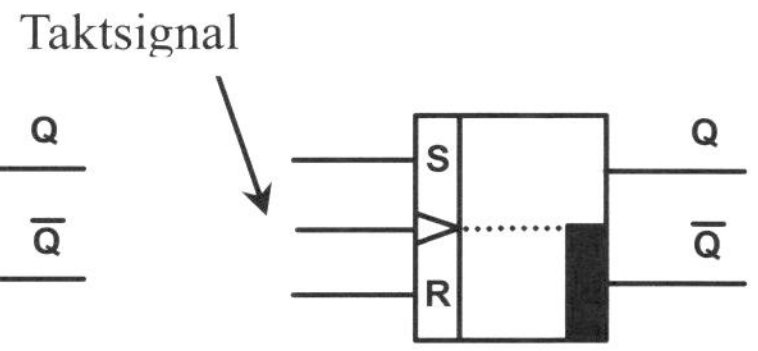

Getaktetes RS-Flipflop

S	R	Q
0	0	Q*
1	0	1
0	1	0
1	1	0

Wahrheitstabelle

Abbildung 4.3-9: Symbol und Schalttabelle RS-Flipflop

Als Erweiterung der Flipflop-Schaltungen gelten getaktete Flipflop-Schaltungen, bei denen zusätzlich zu den bekannten Eingangssignalen ein Takteingang angelegt werden kann. Die Taktung bewirkt, dass die Ausgangssignale Q bzw. $\overline{Q}$ genau synchron zum angelegten Takt übernommen werden.

Mit der Synchronisierung werden in Schaltnetzen und Schaltwerken unerwünschte Signalzustände verhindert, die durch Signalverzögerungen realer Bauteile bei logischen Verknüpfungen erzeugt werden. Solche unerwünschten Zustände in realen Schaltungen werden Hazards (engl. hazard = Gefahr) genannt.

Der Zeitpunkt der Synchronisation drückt sich bei getakteten Flipflops in den Schaltzeichen der Symbole aus:

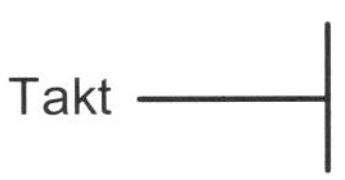

Eingänge werden bei Takt = 1 wirksam

Eingänge werden beim Taktübergang 0 → 1 wirksam

Eingänge werden beim Taktübergang 1 → 0 wirksam

4.3.2.2 JK-Flipflop

Bei einem **JK-Flipflop** nimmt der Ausgang Q den Signalzustand **1** an, wenn der Eingang J kurzzeitig ein **1**-Signal führt. Der **1**-Zustand am Ausgang Q wird solange gespeichert, bis an den Eingang K ein **1**-Signal angelegt wird.

Wird an beiden Eingängen J und K ein **1**-Signal angelegt, negiert sich der seitherige Ausgangswert zu $\overline{Q}*$.

Das JK-Flipflop stellt eine Erweiterung des RS-Flipflops dar; es findet als universelle bistabile Kippschaltung Verwendung. Von ihm existieren ungetaktete und getaktete Ausführungsformen:

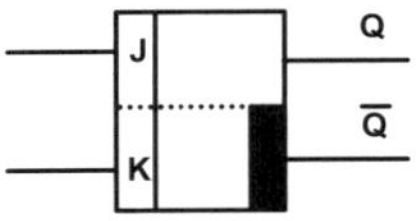

JK-Flipflop

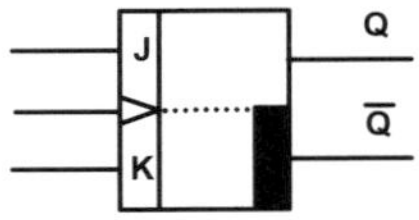

Getaktetes JK-Flipflop

J	K	Q
0	0	Q*
1	0	1
0	1	0
1	1	$\overline{Q}$*

Wahrheitstabelle

Abbildung 4.3-10: Symbol und Schalttabelle JK-Flipflop

4.3.2.3 D-Flipflop

Bei einem **D-Flipflop** nimmt der Ausgang Q den Signalzustand des D-Eingangs zum Zeitpunkt der Taktung an.

Das D-Flipflop (Daten-Flipflop) ist eine getaktete bistabile Kippschaltung. Die zeitliche Abfolge ihrer Schaltvorgänge in sequentiellen Steuerungen stellt man in **Schaltfolge-Diagrammen** dar:

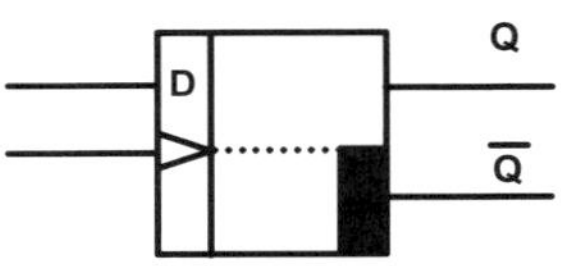

Symbol

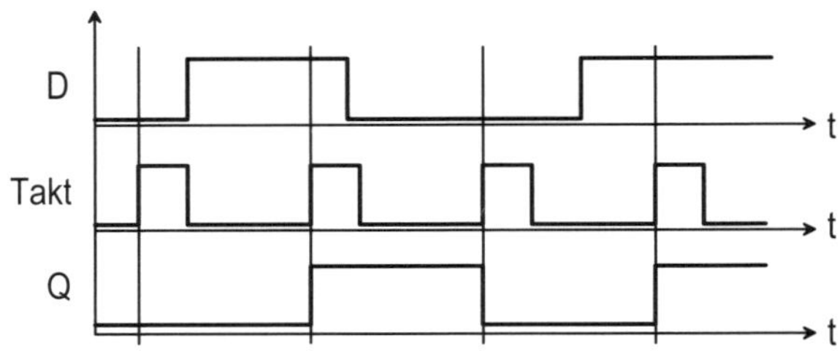

Schaltfolgediagramm

Abbildung 4.3-11: Symbol und Schaltfolgediagramm D-Flipflop

Dieses Flipflop besitzt die Fähigkeit, den Zustand am Eingang D solange zu speichern, bis das nächste Taktsignal auftaucht. Man bezeichnet diese Eigenschaft als Merkfunktion bzw. das Bauteil als **Merker**.

Für Ablaufsteuerungen sind Flipflop-Schaltungen sehr bedeutend. Eine Anwendung solcher Speicherelemente zeigt die nachfolgende einfache Schaltung mit einem D-Flipflop. Durch die Rückkopplung des $\overline{Q}$ -Ausgangs auf den D-Eingang erreicht man die Verdopplung der Periodendauer eines Taktsignals bzw. dessen Frequenzhalbierung.

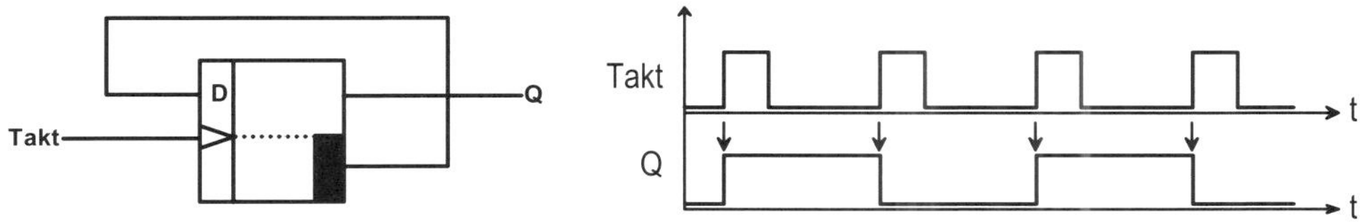

Schaltung Schaltfolgediagramm

Abbildung 4.3-12: Frequenzhalbierung von Taktsignalen mit der D-Flipflop-Schaltung

4.3.3 Zeitfunktionen

Zeitglieder haben in der Steuerungstechnik die Aufgabe, auf ein Startsignal am Eingang ein Ausgangssignal mit einer definierten Zeitabhängigkeit zu generieren. So sind z. B. für die Steuerung einer Ampel Zeitfunktionen für die Dauer der verschiedenen Ampelphasen notwendig. Denkt man an eine Waschmaschine, so weiß man, dass die Tür nach dem Schleudervorgang aus Sicherheitsgründen erst nach einer bestimmten Zeit geöffnet werden darf. Muss man bei einer Anlagen-Steuerung das Blinken einer Warnlampe als Antwort auf eine Gefahrensituation realisieren, tut man sich schwer, ohne vorgegebene Zeitglieder die Steuerung mit den angegeben Grundfunktionen aufzubauen.

Impuls – SI

Bei einem Zustandswechsel von **0** nach **1** am Startereingang (1⎍) wird der Ausgang für die Zeit TW (Zeitdauer) eingeschaltet (auf den Wert **1** gesetzt). Bei Rücksetzen des Eingangs vor der Zeit TW wird der Ausgang ebenfalls zurückgenommen. Ansonsten kann der Ausgang Q durch das Aktivieren des Reset-Eingangs R auf **0** zurückgesetzt werden.

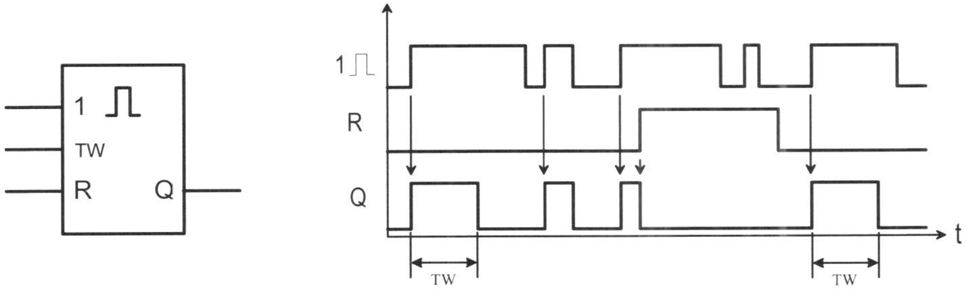

Symbol Schaltfolgediagramm

Abbildung 4.3-13: Symbol und Schaltfolgediagramm Zeitimpuls SI

Das Symbol für den Impuls SI mit seinen Signalen ist durch die Darstellung in Abbildung 4.3-13 gegeben. Neben dem Signaleingang (1⎍) benötigt er eine Zeitkonstante TW für seine Dauer. Über den Reset-Eingang kann der Zeitimpuls sofort abgebrochen werden.

Zur Verdeutlichung der Wirkungsweise ist im Schaltfolgediagramm die Reaktion des Ausgangszustands Q des SI angegeben. Die Zeitkonstante TW ergibt die maximale Dauer der Impulse.

Die Impulsfunktion kommt u. a. in der Maschinentechnik zur Anwendung. Die Zweihandverriegelung verlangt bei Maschinen, dass die Bedienperson innerhalb einer vorgegebenen Zeitdauer zwei Tastschalter betätigt, wobei die Taster in ausreichendem Abstand voneinander entfernt sind. Die Maschine führt den Arbeitsgang nicht aus, wenn einer oder beide Tastschalter dauernd betätigt sind. Die Tasterbetätigungen dürfen während des Arbeitsvorgangs ebenfalls nicht unterbrochen werden. Die Maschine führt den Arbeitshub auch nicht aus, falls einer der beiden Taster von der Bedienperson zu spät bzw. außerhalb der vorgegebenen Zeitdauer betätigt wird.

Verlängerter Impuls – SV (Monoflop)

> Bei einem Zustandswechsel von **0** nach **1** am Startereingang (1⎍V) wird der Ausgang Q für die Zeit TW eingeschaltet. Der Ausgang Q bleibt unabhängig von der zeitlichen Länge dieses Eingangs gesetzt. Beginnt während der vorgegeben Zeitdauer ein erneutes Startsignal, startet die Zeitnahme aufs Neue, so dass sich der Ausgang Q verlängert. Das vorzeitige Rücksetzen von Q kann mit einem **1**-Signal am Reset-Eingang erreicht werden.

Die nachfolgende Abbildung zeigt das Symbol des verlängerten Impulses SV mit seinen Ein- und Ausgängen. Zusätzlich zum Eingang (1⎍V) benötigt der verlängerte Impuls die Zeitkonstante TW für seine konstante Dauer. Über den Reset-Eingang kann der Zeitimpuls sofort abgebrochen werden.

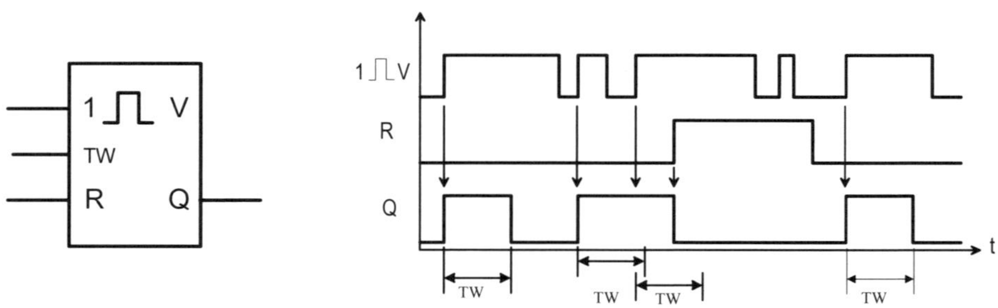

Symbol Schaltfolgediagramm

Abbildung 4.3-14: Symbol und Schaltfolgediagramm Verlängerter Impuls SV

Im Schaltfolgediagramm erkennt man die Wirkungsweise der SV-Funktion auf die Aktionen der Signaleingänge. Auch hier legt die Zeitkonstante TW die Impulsdauer fest.

Eine andere Bezeichnung dieser Funktion stammt aus der Elektronik. Dort besitzen Monoflops diese Verhaltensweise. Man kann mit ihnen u. a. über einen gesteuerten Zeitraum zeitlich konstante Taktsignale mit festgelegtem Impuls-Pausen-Verhältnis erzeugen.

Die beiden vorgestellten Zeitfunktionen reichen als Grundfunktionen zur Gestaltung definierter Impulsverhalten in der Steuerungstechnik aus. Es sind für Steuerungen jedoch immer wieder Verzögerungen und Verlängerungen von Signalzuständen notwendig. Aus diesem Grund findet man die beiden nächsten Zeitglieder **Einschaltverzögerung** und **Ausschaltverzögerung** im Funktionsumfang von Steuerungssystemen vor.

Einschaltverzögerung – SE

Bei einem Zustandswechsel von **0** nach **1** am Startereingang (T ⊢⊣ 0) der **Einschaltverzögerung** wird der Ausgang Q nach der Zeitspanne TW eingeschaltet. Erst nach Ablauf der Zeitdauer TW erscheint am Ausgang der Impuls, sofern das Eingangssignal noch anliegt. Der Ausgang wird verzögert eingeschaltet. Der Ausgang Q kann jederzeit durch das Setzen des Reset-Eingangs R auf **0** gesetzt werden.

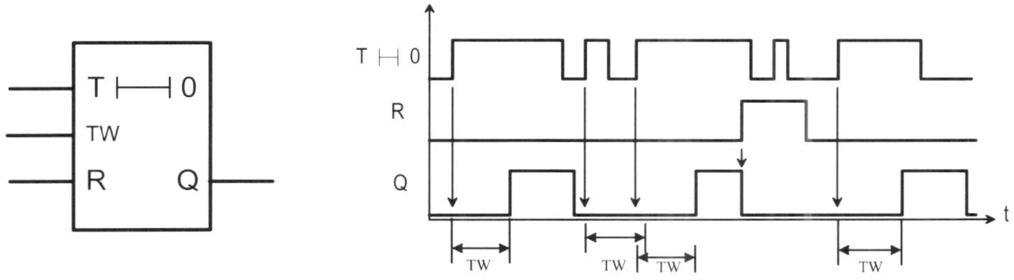

Symbol Schaltfolgediagramm

Abbildung 4.3-15: Symbol und Schaltfolgediagramm Einschaltverzögerung SE

Das Symbol und die Arbeitsweise der Einschaltverzögerung finden sich in der obigen Abbildung. Als Anwendung kommt sie u. a. bei der verzögerten Aktivierung der Ampellichter einer Fußgängerampel auf freier Strecke zum Einsatz.

Ausschaltverzögerung – SA

Bei einem Zustandswechsel von **0** nach **1** am Startereingang (T ⊢⊣ 0) der **Ausschaltverzögerung** wird der Ausgang Q auf **1** gesetzt. Wechselt dieser Eingang wieder von **1** nach **0**, beginnt die Zeit TW zu laufen. Erst nach Ablauf der Zeitdauer nimmt der Ausgang den Signalzustand **0** an. Der **Ausgang wird verzögert abgeschaltet.** Ansonsten kann der Ausgang Q durch das Setzen des Reset-Eingangs R auf **0** gesetzt werden.

Das Symbol und die Wirkungsweise für die Ausschaltverzögerung mit seinen Signalen sind in folgender Abbildung dargestellt:

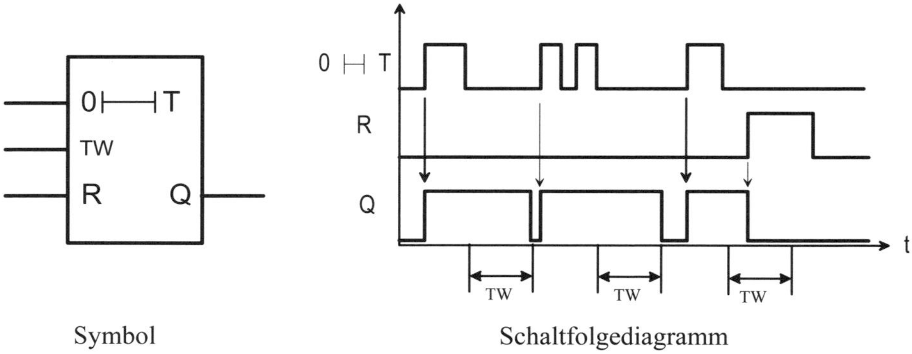

Abbildung 4.3-16: Symbol und Schaltfolgediagramm Ausschaltverzögerung SA

Das aus Sicherheitsgründen notwendige verzögerte Öffnen der Waschmaschinentür lässt sich u. a. mit einer solchen Funktion einfach realisieren.

4.3.4 Entwurfsmethoden für Schaltnetze

Die einfachste Methode zur Ermittlung der logischen Verknüpfungen für kombinatorische Steuerungen ist die Erstellung einer Wahrheitstabelle. Sie besitzt alle Informationen der Schaltfunktion.

Aus einer komplexen Wahrheitstabelle ist die Schaltfunktion jedoch meistens nicht direkt erkennbar. Man benötigt dazu Entwurfsmethoden, um nicht nur die Wahrheitstabelle aufzustellen, sondern auch mit einem minimalen Aufwand funktionstüchtige Schaltungen abzuleiten.

Dazu existieren zwei Entwurfsmethoden: die Aufstellung entweder der konjunktiven oder der disjunktiven Normalform:

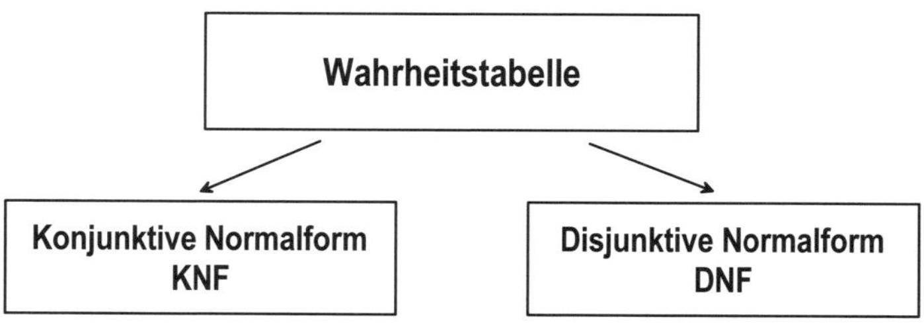

Für zu konzipierende Schaltnetze (kombinatorische Steuerungen) werden bei beiden Verfahren **vollständige Funktionstabellen** (Wahrheitstabellen) erstellt.

Die n Eingangsvariablen eines Netzes ergeben 2^n Eingangskombinationen mit je einem Ausgangszustand:

Eingangsvariable				Ausgang
E_n	...	E_2	E_1	Ausgang
0	...	0	0	0/1
0	...	0	1	0/1
0	...	1	0	0/1
0	...	1	1	0/1
...	...	...	...	...
1	...	0	0	0/1
1	...	0	1	0/1
1	...	1	0	0/1
1	...	1	1	0/1

Günstig bei der Erstellung der Funktionstabelle ist die Eintragung der Eingangsvariablen in aufsteigender Nummerierung von rechts nach links. Mit Wahrheitstabellen bis zu sechs logischen Eingangsvariablen kann noch gut in dieser Form umgegangen werden. Treten bei einem Schaltnetz mehr als sechs Variable auf, kommen meist nur ganz bestimmte Eingangskombinationen mit Relevanz zum Tragen. Nur diese werden dann in eine **verkürzte Funktionstabelle** eingetragen.

Die Tabelle erlaubt nun die Schaltfunktion $A = f(\underline{E})$ auf zwei unterschiedliche Arten zu bestimmen:

Konjunktive Normalform (KNF)[1]

Die konjunktive Normalform gewinnt man aus der Wahrheitstabelle durch die UND-Verknüpfung aller ODER-verknüpften Schaltfunktionen, die mit den Eingangsvariablen unter Berücksichtigung ihres Signalzustands aufgestellt werden und die gestellte Aufgabe nicht lösen, d. h. $A = 0$ ist. Bei Signalzustand **0** wird die Eingangsvariable **nicht negiert** und bei Signalzustand **1 negiert** verknüpft.

Disjunktive Normalform (DNF)[1]

Die disjunktive Normalform erhält man aus den Zeilen der Wahrheitstabelle, in denen die Ausgangsvariable den Wert **1** besitzt. In diesen Zeilen werden die Eingangsvariablen entsprechend ihrem Signalzustand UND-verknüpft. Bei Signalzustand **0** wird die Eingangsvariable **negiert** und bei Signalzustand **1 nicht negiert** verknüpft.

[1] Wir verstehen hier **vollständige** Normalformen, bei denen in den Min- bzw. Maxtermen **alle** auftretenden Eingangsvariablen vorkommen.

Die disjunktiv verknüpften Eingangsvariablen bezeichnet man als **Maxterme**; sie ergeben den Wert **0**.

Durch die konjunktive Verknüpfung der Maxterme erhält man die Schaltfunktion:

$$A = \text{Maxterm}_1 \wedge \cdots \wedge \text{Maxterm}_m .$$

Die konjunktiv verknüpften Eingangsvariablen bezeichnet man als **Minterme**; sie ergeben den Wert **1**.

Die Schaltfunktion gewinnt man durch disjunktive Verknüpfung aller Minterme:

$$A = \text{Minterm}_1 \vee \cdots \vee \text{Minterm}_m .$$

Die Aufstellung der disjunktiven Normalform ist i. Allg. üblicher, da sie sehr anschaulich alle Eingangsbedingungen widerspiegelt, für welche die Ausgangsvariable gleich **1** ist.

Die konjunktive Normalform (KNF) ist der disjunktiven Normalform (DNF) dann vorzuziehen, wenn die Ausgangsvariable A in der vollständigen Funktionstabelle mehr den Signalzustand **1** als den Wert **0** aufweist.

Als Anwendung dieser Entwurfsmethoden entwickeln wir die Schaltfunktionen für das nachfolgende Schaltnetz einer Motoransteuerung, welches von drei Schaltern bedient wird:

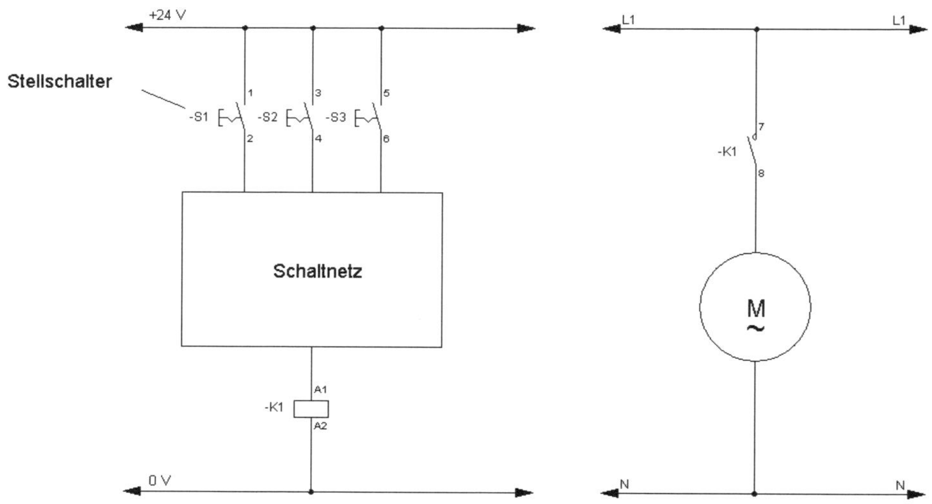

Abbildung 4.3-17: Schaltnetz für eine Motorsteuerung (Beispiel)

S3	S2	S1	K1
0	0	0	0
0	0	1	1
0	1	0	0
0	1	1	1
1	0	0	0
1	0	1	0
1	1	0	1
1	1	1	1

Schalttabelle: Motorsteuerung

Die nebenstehende Schalttabelle zeigt die Funktionsweise der Motorsteuerung. Immer dann, wenn K1 = 1 ist, wird der Motor eingeschaltet bzw. nicht abgestellt und umgekehrt.

Die Schalttabelle zeigt die Funktionsweise der Motorsteuerung. Immer dann, wenn K1 = 1 ist, wird der Motor eingeschaltet bzw. nicht abgestellt und umgekehrt.

Die einzelnen Schritte zur Berechnung der endgültigen Schaltfunktionen werden im Folgenden detailliert beschrieben:

1. Entwurfskriterium Schalttabelle:

S3	S2	S1	K1
0	0	0	0
0	0	1	1
0	1	0	0
0	1	1	1
1	0	0	0
1	0	1	0
1	1	0	1
1	1	1	1

Die Anzahl der Ausgangssignale mit Wert **0** und Wert **1** ist gleich groß. Deshalb ist zur Aufstellung der logischen Schaltfunktion keine Normalform bevorzugt zu verwenden. Es werden beide berechnet:

Konjunktive Normalform (KNF)

Maxterme:

1) $S1 \vee S2 \vee S3$
2) $S1 \vee \overline{S2} \vee S3$
3) $S1 \vee S2 \vee \overline{S3}$
4) $\overline{S1} \vee S2 \vee \overline{S3}$

Disjunktive Normalform (DNF)

Minterme:

1) $S1 \wedge \overline{S2} \wedge \overline{S3}$
2) $S1 \wedge S2 \wedge \overline{S3}$
3) $\overline{S1} \wedge S2 \wedge S3$
4) $S1 \wedge S2 \wedge S3$

Schaltfunktion:

$$K1 = (S1 \vee S2 \vee S3) \wedge (S1 \vee \overline{S2} \vee S3) \wedge \wedge (S1 \vee S2 \vee \overline{S3}) \wedge (\overline{S1} \vee S2 \vee \overline{S3})$$

Schaltfunktion:

$$K1 = (S1 \wedge \overline{S2} \wedge \overline{S3}) \vee (S1 \wedge S2 \wedge \overline{S3}) \vee \vee (\overline{S1} \wedge S2 \wedge S3) \vee (S1 \wedge S2 \wedge S3)$$

Beide Schaltfunktionen können redundante Funktionsanteile enthalten. Sie komplizieren und verteuern damit die technische Realisierung der Schaltfunktionen. Man ist deshalb bestrebt, die so gewonnenen Schaltfunktionen zu vereinfachen. Dazu verwendet man die Gesetze der Schaltalgebra aus Abschnitt 4.3.1.6.

2. Vereinfachung mit Hilfe der Schaltalgebra:

Kommutativgesetz:

$$K1 = (S1 \vee S3 \vee S2) \wedge (S1 \vee S3 \vee \overline{S2}) \wedge \wedge (S1 \vee S2 \vee \overline{S3}) \wedge (\overline{S1} \vee S2 \vee \overline{S3})$$

Distributivgesetz:

$$K1 = (S1 \vee S3) \wedge (S2 \vee \overline{S2}) \wedge (S1 \vee \overline{S1}) \wedge (S2 \vee \overline{S3})$$

Komplementgesetz:

$$K1 = [(S1 \vee S3) \wedge 1] \wedge [1 \wedge (S2 \vee \overline{S3})]$$

Endgültige Schaltfunktion:

$$K1 = (S1 \vee S3) \wedge (S2 \vee \overline{S3})$$

Kommutativgesetz:

$$K1 = (S1 \wedge \overline{S3} \wedge \overline{S2}) \vee (S1 \wedge \overline{S3} \wedge S2) \vee (\overline{S1} \wedge S2 \wedge S3) \vee (S1 \wedge S2 \wedge S3)$$

Distributivgesetz:

$$K1 = (S1 \wedge \overline{S3}) \wedge (\overline{S2} \vee S2) \vee (\overline{S1} \vee S1) \wedge (S2 \wedge S3)$$

Komplementgesetz:

$$K1 = [(S1 \wedge \overline{S3}) \wedge 1] \vee [1 \wedge (S2 \wedge S3)]$$

Endgültige Schaltfunktion:

$$K1 = (S1 \wedge \overline{S3}) \vee (S2 \wedge S3)$$

Das Ergebnis zeigt zwei minimierte Schaltfunktionen, welche beide die gestellte Aufgabe erfüllen. Sie können auf einfache Art durch Grundfunktionen dargestellt werden und besitzen keine überflüssigen Schaltelemente mehr.

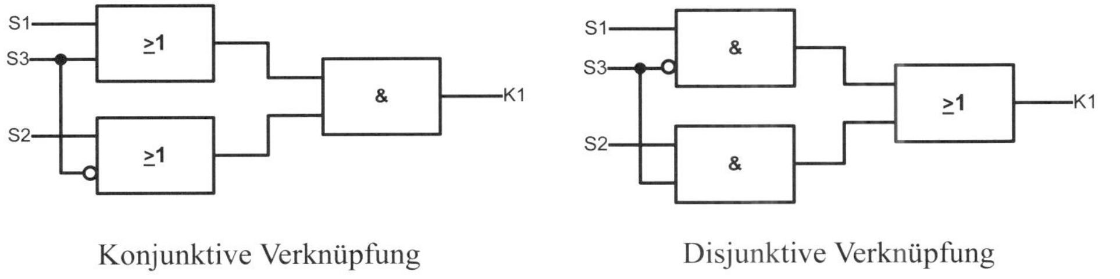

Abbildung 4.3-18: Schaltnetze für die Motorsteuerung (Beispiel)

Das Schaltnetz ist als kombinatorische Steuerung aufgebaut. Die Schalter müssen deshalb selbsthaltende Schließkontakte und keine kurzzeitig wirkenden Tastkontakte besitzen.

Der Ausgangspunkt zur Berechnung von Schaltfunktionen kombinatorischer Steuerungen sind Wahrheitstabellen oder Funktionstabellen. Aus ihnen können die disjunktiven oder konjunktiven Schaltfunktionen gewonnen werden. Diese müssen vereinfacht werden, um keine zu aufwendigen Schaltnetze zu erhalten und die Anzahl der technischen Bauteile bzw. Programmkomponenten zur Steuerungsrealisierung zu minimieren. Außerdem sollten redundante Anteile, die keinen eigenen Beitrag liefern, aus der Schaltfunktion entfernt werden. Die Rechenregeln der Booleschen Algebra stellen sich als sehr aufwendig für die Vereinfachung der Schaltfunktionen dar.

Diesem Umstand soll deshalb ein weiteres Aufstellungsverfahren Abhilfe schaffen:

Das **Karnaugh-Veitch-Diagramm** beschreibt eine graphische Methode, mit der logische Funktionen auf übersichtliche Art vereinfacht werden können.

Definition: Karnaugh-Veitch-Diagramm (KV-Diagramm)

Das **Karnaugh-Veitch-Diagramm** dient zur Darstellung von Schaltfunktionen von mehreren Eingangsvariablen zu einer Ausgangsvariablen durch 2-dimensionale Felder. Aus dem Diagramm kann durch Symmetriebetrachtungen die optimierte Schaltfunktion bestimmt werden.

Der graphische Aufbau der KV-Diagramme entsteht durch sukzessive Erweiterung der Feldelemente bei Hinzunahme weiterer Eingangsvariablen. Durch Hinzufügen einer weiteren Variablen wird das vorherige Diagramm durch Spiegelung verdoppelt. Die Spiegelachse wechselt zwischen horizontaler und vertikaler Richtung. Die Feldadressen werden gemäß der Adressenfolge der Originalelemente weitergeführt. Die Elementadressen der Karnaugh-Veitch-Felder korrespondieren zu den Platzierungen der einzelnen Schaltfunktionen in der Wahrheitstabelle.

In den nachfolgenden Karnaugh-Veitch-Diagrammen sind einige Korrespondenzen exemplarisch eingezeichnet. Die Adressierung benutzt das oktale Zahlensystem.

Tabelle 4.3-4: Karnaugh-Veitch-Diagramme unterschiedlicher Variablenanzahl

1 Variable

Karnaugh-Veitch-Diagramme

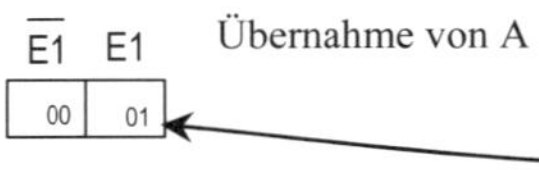

Wahrheitstabellen

Feld-Nr.	E1	A
00	0	0/1
01	1	0/1

2 Variablen

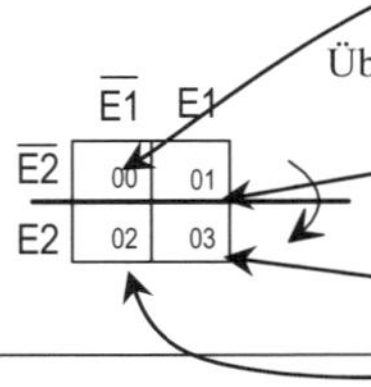

Feld-Nr.	E2	E1	A
00	0	0	0/1
01	0	1	0/1
02	1	0	0/1
03	1	1	0/1

3 Variablen

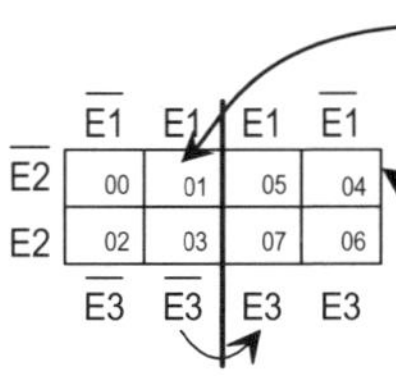

Feld-Nr.	E3	E2	E1	A
00	0	0	0	0/1
01	0	0	1	0/1
02	0	1	0	0/1
03	0	1	1	0/1
04	1	0	0	0/1
05	1	0	1	0/1
06	1	1	0	0/1
07	1	1	1	0/1

4 Variablen

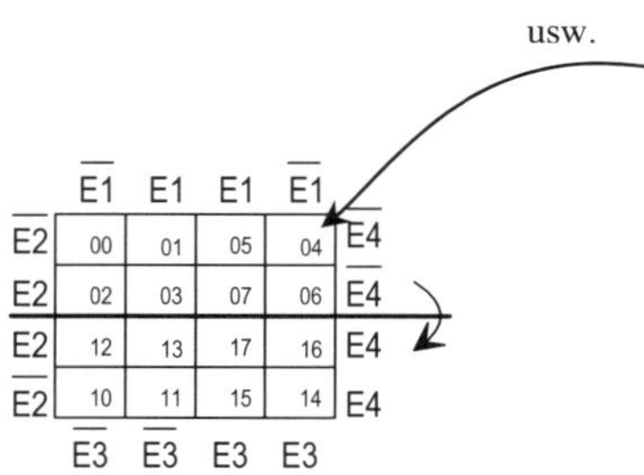

Feld-Nr.	E4	E3	E2	E1	A
00	0	0	0	0	0/1
01	0	0	0	1	0/1
02	0	0	1	0	0/1
03	0	0	1	1	0/1
04	0	1	0	0	0/1
05	0	1	0	1	0/1
06	0	1	1	0	0/1
07	0	1	1	1	0/1
10	1	0	0	0	0/1
11	1	0	0	1	0/1
12	1	0	1	0	0/1
...	...	...	...	...	...
17	1	1	1	1	0/1

	Karnaugh-Veitch-Diagramme	**Wahrheitstabellen**

5 Variablen

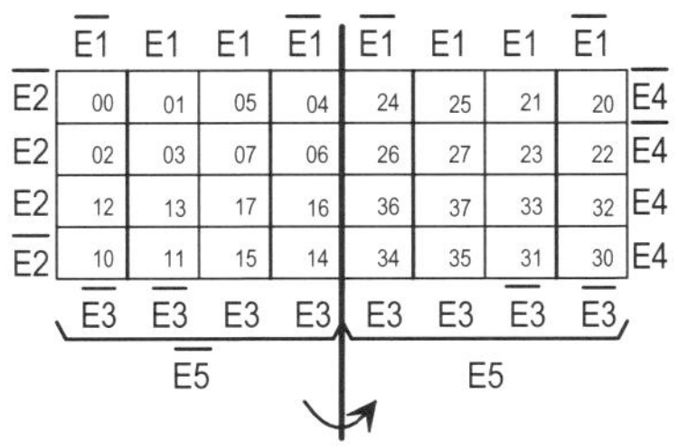

Feld-Nr.	E5	E4	E3	E2	E1	A
00	0	0	0	0	0	0/1
01	0	0	0	0	1	0/1
02	0	0	0	1	0	0/1
03	0	0	0	1	1	0/1
04	0	0	1	0	0	0/1
05	0	0	1	0	1	0/1
06	0	0	1	1	0	0/1
07	0	0	1	1	1	0/1
10	0	1	0	0	0	0/1
11	0	1	0	0	1	0/1
12	0	1	0	1	0	0/1
...	...	...	...	...	...	...
37	1	1	1	1	1	0/1

6 Variablen

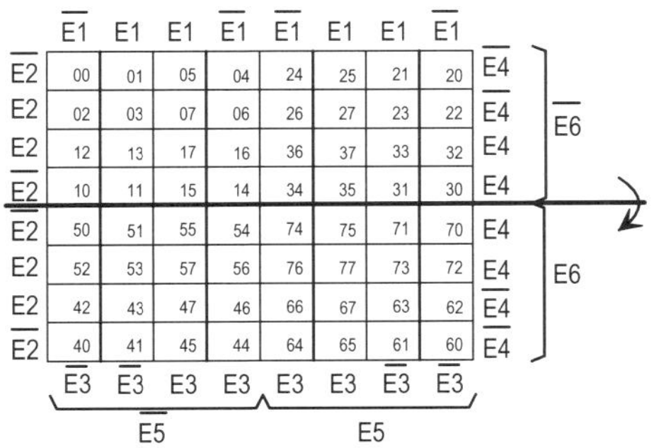

Feld-Nr.	E6	E5	E4	E3	E2	E1	A
00	0	0	0	0	0	0	0/1
01	0	0	0	0	0	1	0/1
02	0	0	0	0	1	0	0/1
03	0	0	0	0	1	1	0/1
04	0	0	0	1	0	0	0/1
05	0	0	0	1	0	1	0/1
06	0	0	0	1	1	0	0/1
07	0	0	0	1	1	1	0/1
10	0	0	1	0	0	0	0/1
11	0	0	1	0	0	1	0/1
12	0	0	1	0	1	0	0/1
...	...	...	...	...	...	...	...
77	1	1	1	1	1	1	0/1

Das Prinzip der Anordnung der logischen Variablen im KV-Diagramm besteht darin, dass sich die benachbarten Felder in jeder beliebigen Richtung jeweils um eine Variable unterscheiden. Diese Unterscheidung setzt sich auch von der letzten zur ersten Zeile bzw. Spalte fort.

In die Felder der Karnaugh-Veitch-Diagramme werden die Ausgangswerte der Schaltfunktionen eingetragen. Das KV-Diagramm beschreibt deshalb das Schaltnetz vollständig.

Anhand des vorigen Beispiels der Motoransteuerung mit drei Eingangsvariablen demonstrieren wir die Verwendung des KV-Diagramms zur Aufstellung der Schaltfunktion:

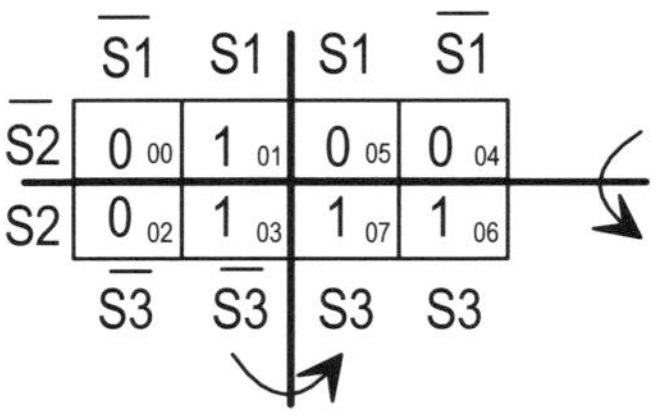

S3	S2	S1	K1
0	0	0	0
0	0	1	1
0	1	0	0
0	1	1	1
1	0	0	0
1	0	1	0
1	1	0	1
1	1	1	1

Abbildung 4.3-19: Karnaugh-Veitch-Diagramm für Motorsteuerung (Beispiel)

Aus den KV-Diagrammen lassen sich die bekannten disjunktiven und konjunktiven Normalformen herauslesen; sie zeigen jedoch zur Vereinfachung von Schaltfunktionen kein neues Entwurfsverfahren auf. Der Vorteil der KV-Diagramme liegt im leichten und direkt sichtbaren Auffinden von Termen, die sich in der Belegung einer einzigen Variablen unterscheiden, was zum KV-Entwurfsverfahren führt.

Karnaugh-Veitch-Entwurfsverfahren

Das Karnaugh-Veitch-Verfahren zur Aufstellung von Schaltfunktionen lässt sich in folgenden **Regeln** zusammenfassen:

1. Es werden alle zu Symmetrieachsen liegende Felder bzw. Blöcke mit dem Wert **1** bzw. **0** zusammengefasst und markiert. Die Blöcke dürfen sich überlappen.
2. Die Zahl der Felder in einem markierten Block muss eine Potenz von 2 sein.
3. Alle Eingangsvariablen, die innerhalb der Markierungen unverändert bleiben, ergeben für die Schaltfunktion **UND-** bzw. **ODER**-verknüpfte Terme. Die sich verändernden Variablen werden eliminiert.
4. Im Falle der **ODER**-Verknüpfungen müssen die auftretenden Variablen zusätzlich negiert werden.
5. Die reduzierte Schaltfunktion ist eine **disjunktive** bzw. **konjunktive** Verknüpfung der ausgewählten Terme aus Regel 3.
6. Alle nicht markierbaren übrigen Einzelfelder ergeben in der Schaltfunktion disjunktiv bzw. konjunktiv UND- bzw. ODER-verknüpfte Terme der entsprechenden auftretenden Variablen.

Dieses graphische Vereinfachungsverfahren besteht darin, die Felder des KV-Diagramms, welche mit dem Zustand 1 belegt sind, durch möglichst große Gebiete zu überdecken. Die Anzahl der markierten Felder bestimmt dann die Menge der logischen Variablen, die in der Schaltfunktion nicht mehr auftauchen:

Anzahl Felder	Anzahl entfallender Eingangsvariablen
2	1
4	2
8	3
16	4
2^n	N

Die Anwendung der angegebenen Regeln ergibt für das Beispiel „Motoransteuerung" folgende Schaltfunktionen für die disjunktive und konjunktive Verknüpfungsform:

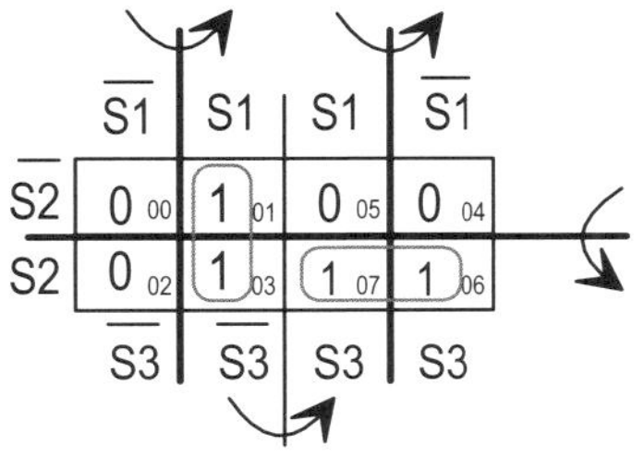

UND-Terme der markierten Felder:

1. $S1 \wedge \overline{S3}$ 2. $S2 \wedge S3$

<u>Schaltfunktion</u>: (DNF)

$$K1 = \left(S1 \wedge \overline{S3}\right) \vee \left(S2 \wedge S3\right)$$

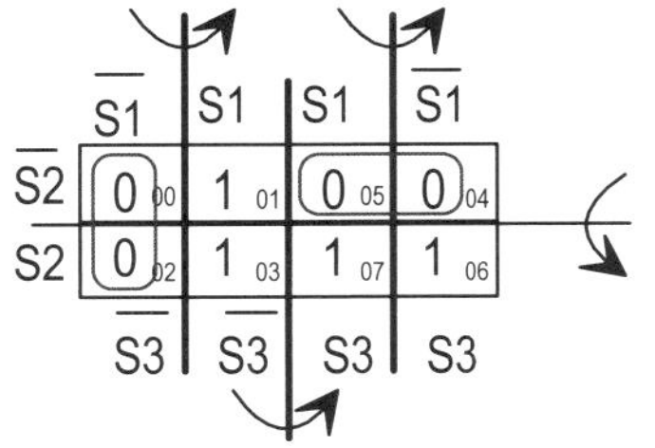

ODER-Terme der markierten Felder:

1. $S1 \vee S3$ 2. $S2 \vee \overline{S3}$

<u>Schaltfunktion</u>: (KNF)

$$K1 = \left(S1 \vee S3\right) \wedge \left(S2 \vee \overline{S3}\right)$$

Abbildung 4.3-20: Minimierung der Schaltfunktion mit KV-Diagramm (Beispiel)

Die Schaltfunktionen stimmen mit den durch algebraische Auswertung erhaltenen Ergebnissen für die disjunktive und konjunktive Normalform überein.

Bei der Zusammenfassung von 2^n Feldern zu Blöcken mit 0- bzw. 1-Zuständen nützt man die Spiegelachsen des KV-Diagramms aus. Die nachfolgende Abbildung 4.3-21 zeigt Beispiele solcher markierter Blöcke im KV-Diagramm. Man erkennt exemplarisch auch die Markierung von Feldern über die Diagrammbegrenzungen hinweg. Überlappungen markierter Blöcke führen bei der Aufstellung der Schaltfunktion zu redundanten Schalttermen. Es ist deshalb darauf zu achten, solche Überlappungen zu vermeiden. Um trotzdem alle Ein-/Ausgangsfunktionen zu berücksichtigen, verknüpft man die übrig bleibenden Einzelfelder mit den sie repräsentierenden Variablenkombinationen der jeweiligen Normalformen.

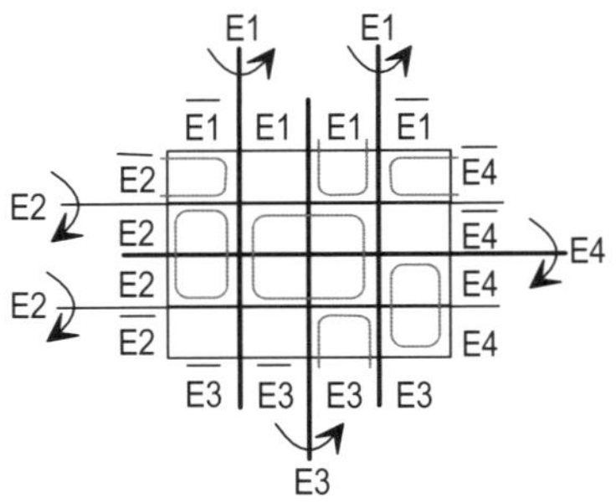

Abbildung 4.3-21:
Beispiele von Markierungen im KV-Diagramm mit eingezeichneten Symmetrieachsen

Achtung: Überlappungen sind zu vermeiden!

4.3.5 Entwurfsmethoden für Schaltwerke

Schaltwerke beinhalten Speicherfunktionen zur Lösung von Steuerungsaufgaben. Sie halten auftretende Signalzustände für eine bestimmte Zeit fest.

Bei der Verwendung von Druckschaltern muss das Beispiel der Motorsteuerung aus Abschnitt 4.3.4 so abgeändert werden, dass ein Schaltwerk zum Einsatz kommt. Die nachstehende Abbildung 4.3-22 zeigt diese Steuerung mit ihrer Schalttabelle.

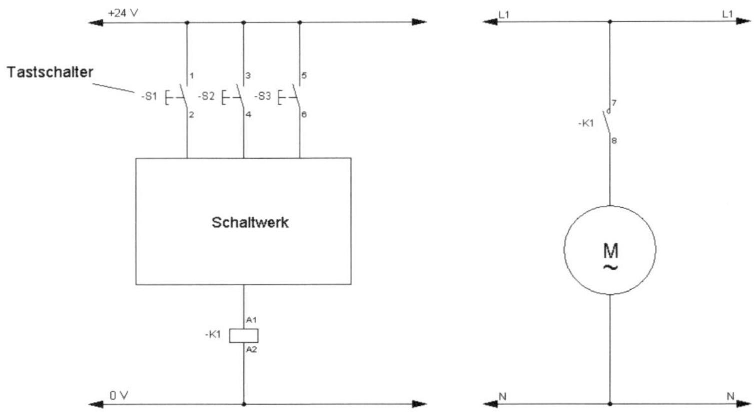

S3	S2	S1	K1
0	0	0	0
0	0	1	1
0	1	0	0
0	1	1	1
1	0	0	0
1	0	1	0
1	1	0	1
1	1	1	1

Schalttabelle

Abbildung 4.3-22: Schaltwerk für eine Motorsteuerung (Beispiel)

Die Schalttabelle beschreibt die notwendigen Schaltbedienungen, um den Motor ein- bzw. auszuschalten. Der Schaltzustand **1** der Eingangsseite S1 bis S3 markiert hier nur einen kurzzeitigen Tastimpuls. Das Schaltwerk hat die Aufgabe, daraufhin den Ausgangszustand **0** bzw. **1** solange zu halten, bis ein weiterer Tastimpuls auftritt.

Aus welchen Grundfunktionen muss dieses Schaltwerk aufgebaut werden?

Die in Abbildung 4.3-22 angegebene Zustandstabelle spiegelt nicht in vollem Ausmaß die Funktionalität der Motorsteuerung wider. Dies liegt am augenblicklich fehlenden Zustand der Steuerung. Sie kann deshalb zum Entwurf des Schaltwerks so nicht verwendet werden.

Um die vollständige Wahrheitstabelle anzugeben, erweitert man die Eingangsseite der Schalttabelle durch den vorhergehenden Ausgangszustand der Schaltung. Die zusätzliche Eingangsgröße geht aus der Ausgangsvariablen hervor. Im Beispiel unterscheiden wir diese Größen durch $K1_{vorher}$ bzw. $K1_{nachher}$. Die Schalttabelle schreibt sich daher unter der Bedingung, dass durch die Betätigung nur eines Schalters der laufende Motor wieder abgeschaltet wird:

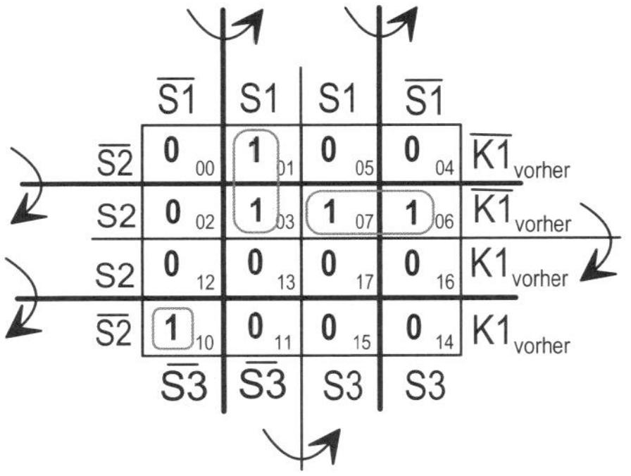

Feld-Nr.	$K1_{vorher}$	S3	S2	S1	$K1_{nachher}$
0	0	0	0	0	0
1	0	0	0	1	1
2	0	0	1	0	0
3	0	0	1	1	1
4	0	1	0	0	0
5	0	1	0	1	0
6	0	1	1	0	1
7	0	1	1	1	1
10	1	0	0	0	1
11	1	0	0	1	0
12	1	0	1	0	0
13	1	0	1	1	0
14	1	1	0	0	0
15	1	1	0	1	0
16	1	1	1	0	0
17	1	1	1	1	0

Tabelle 4.3-5: Schalttabelle und KV-Diagramm für das Schaltwerk Motorsteuerung (Beispiel)

Nach den Regeln liefert das Karnaugh-Veitch-Verfahren folgende Funktion für das Schaltwerk:

$$K1_{nachher} = (S1 \wedge \overline{S3} \wedge \overline{K1}_{vorher}) \vee (S2 \wedge S3 \wedge \overline{K1}_{vorher}) \vee (\overline{S1} \wedge \overline{S2} \wedge \overline{S3} \wedge K1_{vorher})\,.$$

Diese Schaltfunktion erfüllt die Bedingungen einer sequentiellen Steuerung, bei der die Ausgangsvariable vom inneren Zustand des Netzwerks abhängt. Mittels der Grundfunktionen kombinatorischer Steuerungen lässt sie sich in folgendes Schaltnetz übersetzen:

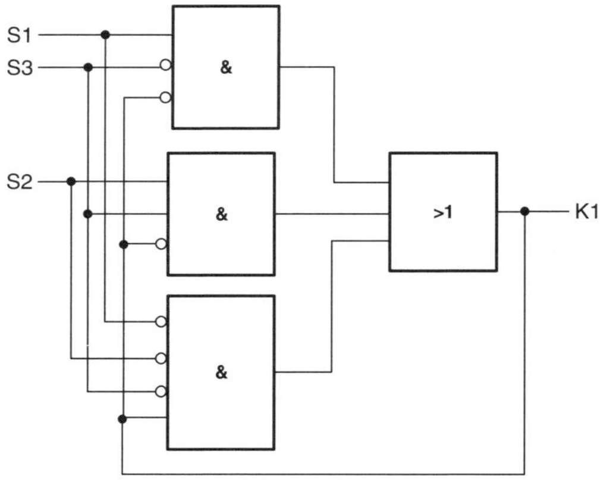

Abbildung 4.3-23: Sequentielle Schaltung für die Motorsteuerung (Beispiel)

Die Ausgangsvariablen $\underline{A}$ sequentieller Steuerungen sind von den Eingangsvariablen $\underline{E}$ und den inneren Zustandsvariablen Q abhängig:

$$\underline{A} = f(\underline{E}, Q). \tag{4.3-11}$$

Am Beispiel der Motorsteuerung ist $A = K1_{nachher}$, $Q = K1_{vorher}$ und $\underline{E} = (S1, S2, S3)$.

Der Wert des inneren Zustands Q kann mit dem der Ausgangsvariablen A übereinstimmen, so dass sich in der Wahrheitstabelle statt der Variablen Q die Variable A eintragen lässt.

Die Ausgangsvariable erscheint somit in der Funktionstabelle eines Schaltwerks doppelt, jedoch mit unterschiedlicher Bedeutung. Die Ausgangsvariable steht zum einen auf der Seite der Eingangsvariablen und entspricht dem Ausgangswert *vor Anlegen* der Eingangskombination $\underline{E}$. Zum anderen wird sie natürlich als Ausgangsgröße aufgeführt, wobei der Ausgangswert *nach Anlegen* der Eingangsgrößen $\underline{E}$ eingetragen wird:

Eingänge					Ausgang
A_v	E_n	...	E_2	E_1	A_n
0	0	...	0	0	0/1
0	0	...	0	1	0/1
0	0	...	1	0	0/1
0	0	...	1	1	0/1
...	...	...	...	...	...
1	1	...	0	0	0/1
1	1	...	0	1	0/1
1	1	...	1	0	0/1
1	1	...	1	1	0/1

Aus der resultierenden Schalttabelle können dann die Schaltfunktionen nach den Entwurfsverfahren für kombinatorische Steuerungen aufgestellt werden.

Besitzt ein Schaltwerk mehrere Ausgangsvariable, vergrößert sich die Wahrheitstabelle nach dem angegebenen Schema. Für die einzelnen Ausgangsvariablen werden die einzelnen Schaltfunktionen entsprechend den Entwurfsprinzipien DNF bzw. KNF oder nach dem KV-Verfahren abgeleitet.

Es ist natürlich jederzeit möglich, die mit dem KV-Verfahren bestimmten Schaltfunktionen und Schaltnetze mit Hilfe der Speicherfunktionen für sequentielle Steuerungen zu modifizieren. Am Beispiel der Motorsteuerung wird ein Schaltwerk mit einem RS-Flipflop als Speicherelement im nachfolgenden Schaltplan gezeigt:

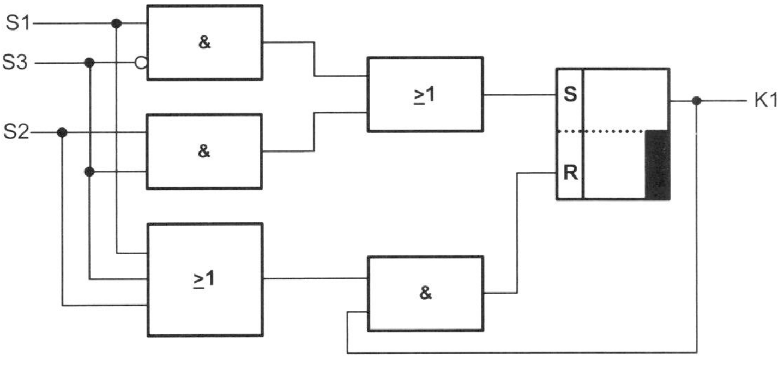

Abbildung 4.3-24: Schaltwerk für die Motorsteuerung mit RS-Flipflop (Beispiel)

Bei dessen Aufstellung wurde allein von der kombinatorischen Logik der Eingangsgrößen ausgegangen. Das Zurücknehmen des Schützes K1 über den Reset-Eingang wird dann ausgelöst, wenn einer der Tastschalter S1 bis S3 betätigt wird.

4.3.6 Beschreibungsformen für Steuerungen

In den vorhergehenden Abschnitten benutzten wir die Wahrheits- oder Funktionstabellen zur Definition von Grundfunktionen der Schaltalgebra. Für den Entwurf kombinatorischer und sequentieller Steuerungen übernahmen wir diese Beschreibungsform, um die Schaltfunktionen für Schaltnetze bzw. -werke abzuleiten. Damit ist angezeigt, dass dieses Beschreibungsmittel eine wichtige Bedeutung besitzt. Darüber hinaus gibt es weitere Beschreibungsformen, um die Funktionsweise von Schaltwerken zu beschreiben.

4.3.6.1 Schaltbelegungstabelle

In Wahrheitstabellen werden die logischen Ausgangsvariablen aller möglichen Kombinationen der Eingangsvariablen dargestellt. Sie beschreiben logische Funktionen.

Schaltbelegungstabellen sind zu diesen Wahrheitstabellen äquivalent. Mit ihnen werden die technischen Zusammenhänge zwischen den Ein- und Ausgangssignalen beschrieben, ohne dass sie auf zeitliche Zusammenhänge bzw. Abfolgen zwischen diesen Schaltwerkzuständen eingehen. Die folgende Schaltbelegungstabelle zeigt in allgemeiner Darstellung die Beziehungen zwischen n Eingangssignalen $\underline{E}$ und m Ausgangssignalen $\underline{A}$:

Eingangsvariablen				Ausgangsvariablen			
E_n	...	E_2	E_1	A_1	A_2	...	A_m
0	...	0	0	0	0	...	0
0	...	0	1	1	0	...	0
0	...	1	0	1	x	...	1
0	...	1	1	0	0	...	1
...	...	...	...	...	...	...	...
1	...	0	0	1	1	...	0
1	...	0	1	x	0	...	0
1	...	1	0	0	1	...	1
1	...	1	1	1	x	...	x

Tabelle 4.3-6: Schaltbelegungstabelle – exemplarisch –

Die Eingangsseite der Tabelle ist nach aufsteigender Wertigkeit der Eingänge sortiert. Zu jeder Eingangskombination existiert ein Ausgangszustand $\underline{A}$. Bei konkreten Steuerungen belegen die Ausgangssignale die logischen Werte **0**, **1** oder es spielt keine Rolle, welcher Ausgangswert auftritt. Im letzten Fall wird in die Schaltbelegungstabelle der Zustand **x** (unbestimmt) eingetragen.

4.3.6.2 Schaltfolgetabelle und Schaltfolgediagramm

Das kombinatorische Verhalten lässt sich mit den Schaltbelegungstabellen ausreichend darstellen. Mit diesen können allein die Abhängigkeiten der Ausgangsgrößen von den Kombinationen der Eingangsgrößen beschrieben werden. Das sequentielle Verhalten von Schaltwerken wird dagegen in Schaltfolgetabellen beschrieben:

Definition: Schaltfolgetabelle

Eine **Schaltfolgetabelle** stellt die Abhängigkeit der Ausgangssignale $\underline{A}$ von den Eingangssignalen $\underline{E}$ unter Berücksichtigung des erreichten Schrittes, Zustands oder Takts dar.

Schritt bzw. Zustand	Eingangsvariablen				Ausgangsvariablen			
	E_n	...	E_2	E_1	A_1	A_2	...	A_m
0	0	0	0	0	0	0	0	0
1	0	0	0	1	0	1	0	1
2	0	1/0	0	0	1	x	0	1
3	1	0	1	1	1	0	x	1
...	...	...	...	...	...	...	...	...
k-3	1	1	0	0	0	0	1	1
k-2	1	0	0	0	1	x	1	1
k-1	0	0	0	0	0	0	1	1
k	0	0	0	1	0	0	0	1

Tabelle 4.3-7: Schaltfolgetabelle – exemplarisch –

Die Tabelle 4.3-7 gibt anhand eines exemplarischen Beispiels diese Darstellungsart wieder.

Die Ein- und Ausgangsvariablen einer sequentiellen Steuerung müssen gemäß dem Ablauf der zu steuernden Anlage schrittweise festzulegende Wertekombinationen annehmen. Die Schrittfolge beschreibt die technische Abfolge der Maschinenvorgänge.

Die Dauer eines Schritts kann zeit- oder prozessabhängig sein. Eingangsvariablen müssen nicht während des gesamten Schritts einen konstanten Wert annehmen; sie sind oft nur als kurzer Impuls zum Setzen nachfolgender RS-Flipflops vorhanden. Diese werden durch die **1/0**-Kombination in der Tabelle symbolisiert.

Kann eine Variable ohne steuerungstechnische Auswirkung beide Werte **0** oder **1** annehmen, wird das Symbol **x** zur Kennzeichnung in der Schaltfolgetabelle verwendet.

Die Schaltfolgetabelle Tabelle 4.3-8 unseres Generalbeispiels *Schleifmaschine* besitzt sieben Zustände bzw. Schritte. Der achte bzw. letzte Zustand ist dem Zustand 1 gleichzusetzen und kann als Ausgangszustand angesehen werden:

Zustand Schritt	Eingang					Ausgang	
	SL	SR	S3	S2	S1	K100	K200
1	0	0	0	0	0	0	0
2	0	0	0	0	1	0	0
3	0	0	1/0	0	1	1	0
4	0	1/0	0	0	1	0	1
5	1/0	0	0	0	1	1	0
6	0	1/0	0	0	1	0	1
7	0	0	0	1/0	1	0	0
8	0	0	0	0	0	0	0

Tabelle 4.3-8: Schaltfolgetabelle – Schleifmaschine –

Durch das Setzen des Schalters S1 wird die Maschine eingeschaltet (Zustand 2), wodurch interne logische Variablen gesetzt werden, ohne diese in der obigen Tabelle anzuzeigen. Ein kurzes Antippen des Schalters S3 (Schritt 3) setzt den Ausgang K100 solange auf den Zustand 1, bis der rechte Näherungsschalter SR anspricht. In Schritt 4 wird der Schleifschlitten nach links bewegt. Der linke Endschalter SL kehrt die Bearbeitungsrichtung in Schritt 5 wieder um. Durch das kurze Betätigen des Schalters S2 wird der Pendelvorgang beendet und durch das Rücksetzen von S1 kehrt man in den Ausgangszustand zurück.

Eine graphische Darstellungsform der Schaltfolgetabellen sind die Schaltfolgediagramme (oder Ablaufdiagramme) der nachfolgenden Abbildung:

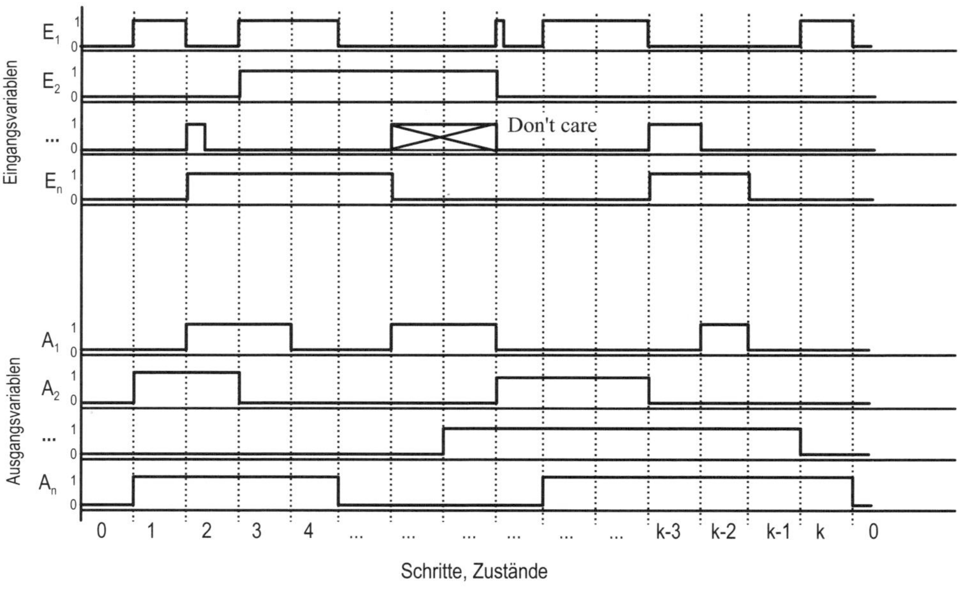

Abbildung 4.3-25: Schaltfolgediagramm – Allgemein (Ablaufdiagramm)

Von dieser Darstellungsart existieren in der Fachliteratur und in Programmsystemen zur Entwicklung von Steuerungen leicht modifizierte Formen. So wird in diesen z. B. der Wert **1** einer Variablen durch einen „schwarzen" Balken dargestellt. Ihre allgemeine Beschreibung lässt sich in folgender Definition angeben:

Definition: Schaltfolgediagramm

Die funktionelle Darstellung der Ein- und Ausgangsvariablen einer sequentiellen Schaltung über Steuerungsschritte bzw. -zustände oder über der Zeit bezeichnet man als **Schaltfolgediagramm** bzw. **Ablaufdiagramm**.

Sie sind ein leicht verständliches Hilfsmittel, die Funktionalität von Schaltwerken darzustellen und für das beteiligte Fachpersonal durchsichtig zu gestalten. Man sieht auf einen Blick die Aufeinanderfolge der Schaltsequenzen und deren Ein-/Ausgangsvariablen-Kombinationen. Etwas verschleiert erkennt man dagegen nur die Ursache der Schrittwechsel.

Das Schaltfolgediagramm der Schleifmaschinensteuerung zeigt Abbildung 4.3-26.
Es verdeutlicht, dass das Pendeln der Ausgangsvariablen K100 und K200 (Motor rechts und links) durch die Eingangsvariablen SR und SL verursacht wird, welche als Impulse kurzzeitig wirksam sind. Das Drücken des Ein-Schalters S3 legt den Beginn dieses Vorgangs fest; der Schaltvorgang S2 beendet dagegen die Pendelautomation.

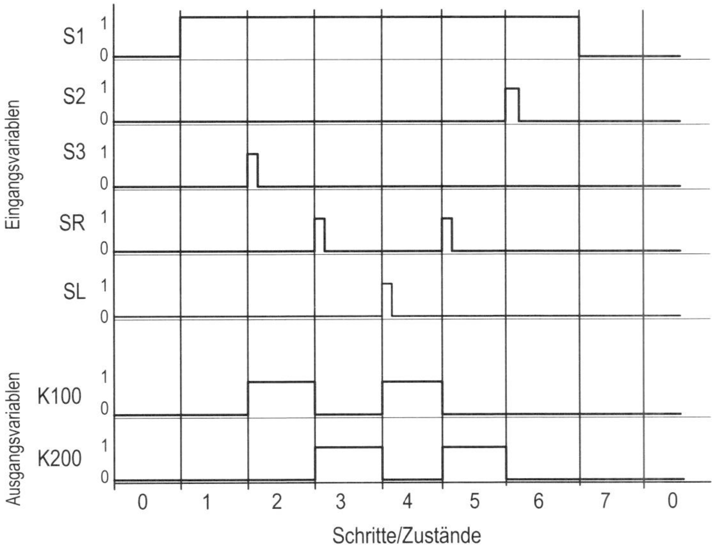

Abbildung 4.3-26: Schaltfolgediagramm – Schleifmaschine –

4.3.6.3 Kontaktplan

Die Steuerungstechnik ist von ihren Ursprüngen her eng mit der Elektrotechnik verknüpft. Elektrische Steuerungen bestehen i. Allg. aus elektrischen Schaltkontakten, mit denen z. B. Motoren als Stellglieder für die Vorschubantriebe von Werkzeugmaschinen ein- und ausgeschaltet werden.

Man spricht in diesem Zusammenhang von **elektrischen Kontaktsteuerungen**, bei denen Bauelemente wie verschiedene Schaltgeräte (Kontaktschalter, Taster, Relais, Schütze usw.), Steckvorrichtungen und Leitungsverbindungen vorzufinden sind.

Auf der anderen Seite findet man **kontaktlose** oder **elektronische Steuerungen**, welche aus Halbleiterbauteilen aufgebaut sind.

In der Elektrotechnik sind Schaltpläne die natürlichen Darstellungen von elektrischen Aufbauten. Für die elektrischen Bauteile sind genormte Symbole vereinbart, um einen überall lesbaren Schaltplan einer Anlage vorzufinden.

In nachfolgender Abbildung 4.3-27 sind einige wenige Symbole für elektrische Schaltpläne dargestellt:

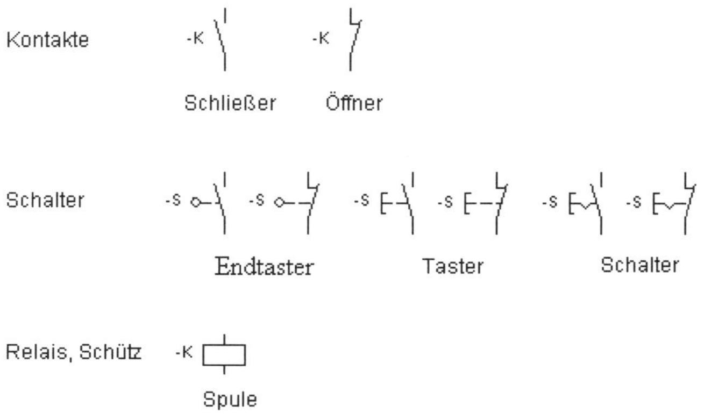

Abbildung 4.3-27: Symbole Schaltkontakte – Auszug –

Die elektrischen Schaltgeräte werden grundsätzlich im nichtbetätigten Zustand dargestellt.

Bei Schaltkontakten unterscheidet man zwischen **Schließern**, die bei Betätigung des Schalters Stromkreise schließen und **Öffnern** mit umgekehrtem Verhalten. Die Art der Schalterbetätigung legt die Schaltkontakte fest. Es gibt davon Taster, Endschalter, Stellschalter und andere Tasterkontakte.

Schütze besitzen ähnliche Kontaktanordnungen wie Taster. Die Bedienung geschieht jedoch elektromagnetisch. Bei Stromdurchfluss der Schützspule wird ein Anker angezogen und die Kontakte schließen bzw. öffnen sich. Bei den Kontakten unterscheidet man Hauptkontakte zum Schalten von Verbrauchern (Motoren) und Hilfskontakte zum Steuern von Kontrolleinrichtungen.

Ein **Relais** erfüllt dieselben Aufgaben wie ein Schütz mit nur einem Hilfskontakt. Es dient als fernbetätigter Tastschalter.

Mit Relais und Schütz kann man Schaltsignale von einem Stromkreis auf einen anderen übertragen, ohne dass die Stromkreise elektrisch miteinander verbunden sind.

Elektrische Kontaktsteuerungen werden in Stromlaufplänen dargestellt.

Definition: Stromlaufplan

Durch **Stromlaufpläne** werden elektrische Kontaktsteuerungen dargestellt, bei denen genormte Kennzeichnungen und Darstellungen der Schaltgeräte nach DIN 40713 verwendet werden.

Mit Stromlaufplänen lassen sich die Funktionen einer Steuerung beschreiben; sie dienen jedoch vorrangig zur graphischen Darstellung der Struktur von verdrahtungsprogrammierten elektrischen Steuerungen.

Man unterscheidet zwischen Stromlaufplänen in **zusammenhängender** und **aufgelöster** Darstellung.

Die **Stromlaufpläne in zusammenhängender Darstellung** geben gesamte Kontaktsteuerungen in allen Einzelheiten vollständig wieder. Sie werden nur für sehr einfache Steuerungen verwendet, da sie sonst sehr schnell unübersichtlich werden.

Bei **Stromlaufplänen in aufgelöster Form** erhält jedes elektrische Schaltgerät und Betriebsmittel, welche nebeneinander gezeichnet und fortlaufend nummeriert sind, einen senkrechten Stromweg. Bei dieser Darstellungsart entkoppelt man die gerätetechnische Zusammengehörigkeit von Spulen und Schaltkontakten der Schaltgeräte. Unterschiedliche Stromkreise werden häufig in getrennten Stromlaufplänen dargestellt. Der Zusammenhang von Kontakten und Spulen der Schaltgeräte wird durch gleiche Bezeichnungen (Buchstaben) verdeutlicht.

In den beiden nachfolgenden Stromlaufplänen der Abbildung 4.3-28 und Abbildung 4.3-29 ist die elektrische Kontaktsteuerung der *Schleifmaschine* in aufgelöster Form angegeben.

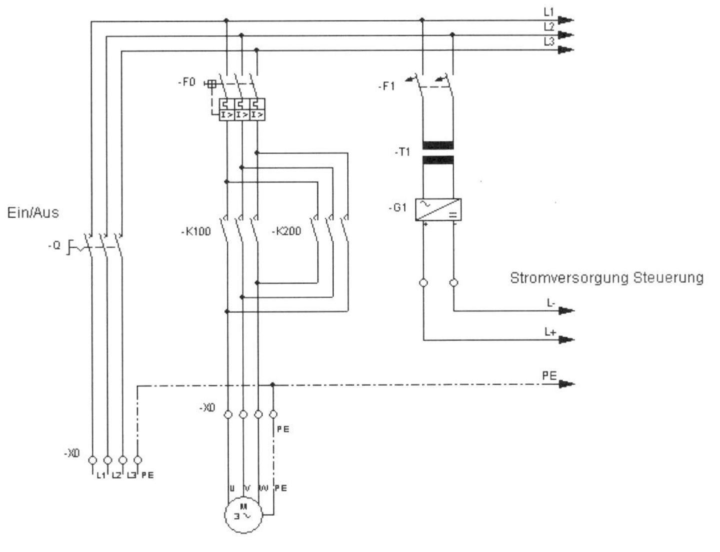

Abbildung 4.3-28: Stromlaufplan Schleifmaschine – Hauptstromkreis –

Der Hauptstromkreis enthält die Hauptkontakte für den links und rechts drehenden Motor, den Gesamtschalter Ein/Aus und die Stromversorgung für den Steuerkreis und diverse sicherheitsrelevante Einzelteile.

Der Steuerstromkreis setzt sich aus der Pendelautomatik und der eigentlichen Motoransteuerung für Rechts- und Linkslauf zusammen.

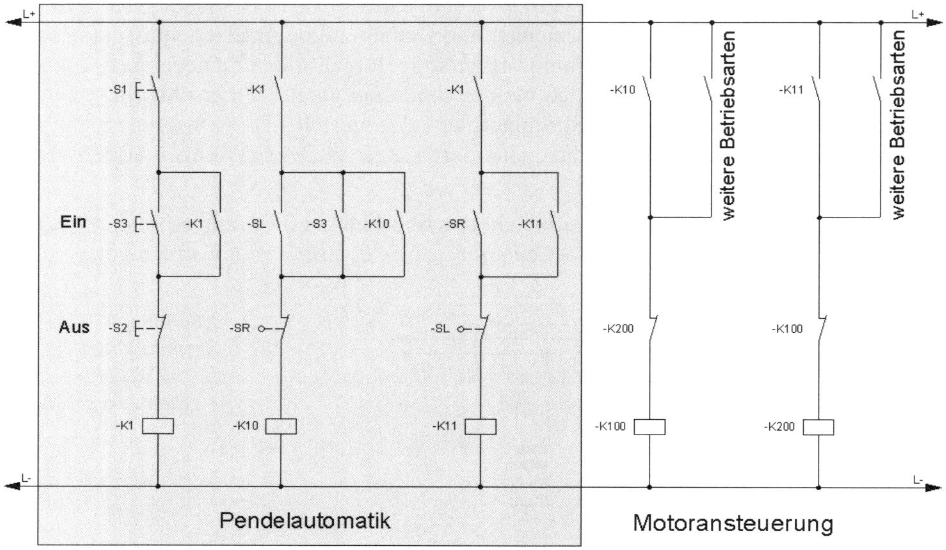

Abbildung 4.3-29: Stromlaufplan Schleifmaschine –Steuerung-

Die Hauptkontakte der Schütze K100 und K200 stellen die wichtige Kopplung zwischen beiden Plänen dar. Die Kennbuchstaben der elektrischen Geräte sind ebenfalls nach DIN 40713 genormt. Sie werden mit einer nachstehenden fortlaufenden Zahl gekennzeichnet.

Der einrastende Schalter S1 dient zum grundsätzlichen Ein- und Ausschalten der Automatik. Mit dem Taster S3 wird die Relaisspule K1 unter Strom gesetzt; der Hilfskontakt dieses Relais K1 wirkt dann selbsthaltend. Erst die kurze Öffnung des Tasters S2 unterbricht diesen Stromfluss.

Im Weiteren dienen die zusätzlichen Kontakte von K1 zur Realisierung der Pendelbewegungen zwischen den Endschaltern SR und SL auf eben diese selbsthaltende bzw. speichernde Art. In diesen Stromkreisen werden die weiteren Spulen K10 und K11 bedient, welche letztlich die Hauptkontakte der Motorschütze K100 und K200 ansteuern.

Die Stromlaufpläne zeigen sämtliche Details elektrischer Kontaktsteuerungen zusammen mit allen elektrischen Betriebsmitteln der Gesamtanlage. Sie dienen als Konstruktionspläne für das elektrotechnische Fachpersonal.

Zur Beschreibung der **logischen Funktionalität** einer Anlage reicht aber bereits die Darstellung der Kontaktverbindungen aus. Diese wird im Kontaktplan beschrieben:

Definition: Kontaktplan

In einem **Kontaktplan** werden nur die für die logischen Funktionen entscheidenden Kontakte und Verbindungen einer Steuerung in Strompfaden dargestellt, wozu die in Abbildung 4.3-30 dargestellten Symbole Verwendung finden (DIN 19239).

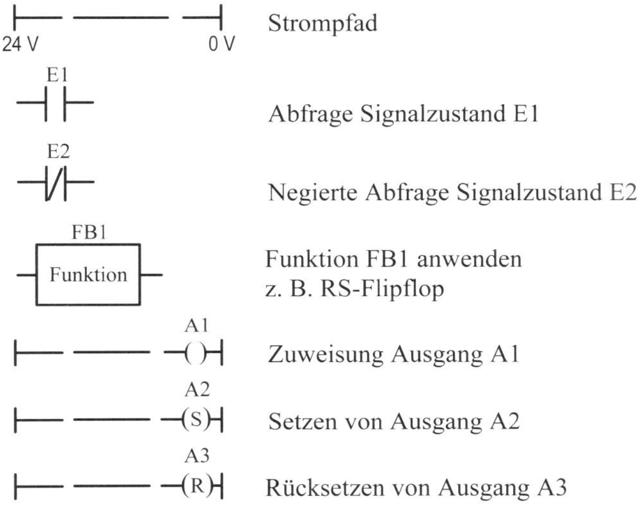

Abbildung 4.3-30: Symbole Kontaktplan

Der Kontaktplan ist dem Stromlaufplan sehr ähnlich. Im Gegensatz zu ihm sind die Stromschienen senkrecht angeordnet. Die linke Stromschiene ist dem Zustand **1** (oftmals 24 Volt) zugeordnet, die rechte dagegen dem logischen Wert **0** (0 Volt). Zwischen beiden Schienen bilden Strompfade mit Kontakten, Verzweigungen, Zusammenführungen und Spulen als aktive Elemente ein Kontaktnetzwerk, das Steuerungsprogramm.

Der Kontaktplan verwendet im Wesentlichen drei Symbole:

a) Schließer: Eingangssignal E1 = 1(0) wirkt als 1(0)-Signal im Strompfad.

b) Öffner: Das Eingangssignal wird invertiert.

c) Setzausgänge: Ein 1(0)-Zustand im Signalpfad gibt das Ausgangssignal A1 = 1(0) nach außen weiter.

Durch die parallel oder in Serie angeordneten Kontakte ergibt sich eine recht übersichtliche Darstellung der Steuerung. Die Kontaktpläne sind deshalb das adäquate Beschreibungsmittel für verbindungsprogrammierte Steuerungen. Die Stromlaufpläne lassen sich wegen ihrer abstrahierten Elemente sehr einfach in Steuerungsprogramme speicherprogrammierbarer Steuerungen umsetzen.

Zur Realisierung von Steuerungsprogrammen mit komplexeren Funktionen (Zeitfunktionen, Zählfunktionen u. a.) können in die Kontaktpläne Funktionsblöcke in Rechteckform eingefügt werden.

Der sequentielle Ablauf einer Steuerung lässt sich leider nicht aus dem Kontaktplan erkennen, selbst wenn man die Kontaktpläne durch Funktionsblöcke erweitert.

Als Beispiel eines Kontaktplans zeigt die nachfolgende Abbildung 4.3-31 das Steuerungsprogramm der *Schleifmaschine*. Seine Funktionsbeschreibung lässt sich aus den Erläuterungen zum Stromlaufplan der Abbildung 4.3-29 entnehmen. Die Bezeichnungen entsprechen den Relais- und Schützbezeichnungen in diesem Stromlaufplan.

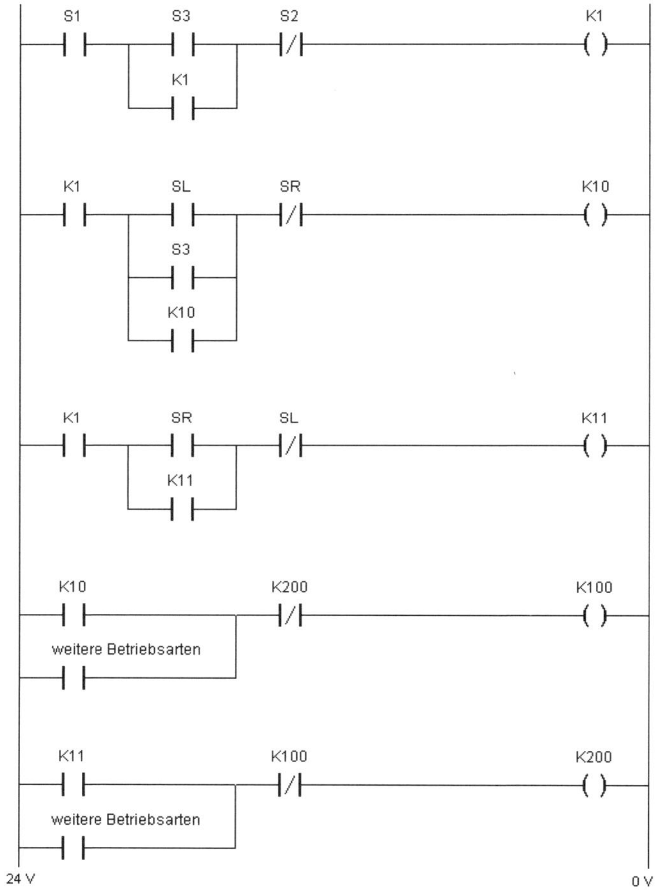

Abbildung 4.3-31: Kontaktplan – Schleifmaschine –

Für die Grundfunktionen der kombinatorischen und sequentiellen Steuerungen existieren keine gesonderten Kontaktplan-Symbole. Für kombinatorische Steuerungen müssen diese aus Reihen- und Parallelverknüpfungen mit Schließern und Öffnern realisiert werden, für speichernde Funktionen der sequentiellen Steuerungen dienen Setzausgänge als Eingangssignale von Kontaktelementen.

4.3.6.4 Logik- oder zustandsorientierter Funktionsplan

Wie dargelegt, sind Kontaktpläne von Stromlaufplänen abgeleitet, welche wiederum das natürliche Handwerkzeug von Elektrotechnikern darstellen. Elektroniker dagegen zeichnen ihre Schaltungen in Funktionsplänen mit komplexen elektronischen bzw. mikroelektronischen Bauteilen, aus denen wiederum die Logik- bzw. Funktionspläne für Steuerungen entwickelt wurden:

Definition: Logik- oder Funktionsplan (zustandsorientiert)

Der **Logik- oder Funktionsplan (zustandsorientiert)** ist die bildliche Darstellung einer Steuerung mittels Blocksymbolen (nach DIN 40900 und DIN 19239), welche komplexe logische Funktionen darstellen. Die Symbole werden durch Wirkungslinien mit oder ohne Negation untereinander verbunden.

Die Logikpläne haben ihren Ursprung in der digitalen Schaltungstechnik. Die Blocksymbole verkörpern Black-Box-Einheiten, deren Innenleben nicht weiter interessiert, wogegen deren logische Ein-/Ausgangsbeziehungen für die Steuerung bekannt sein müssen.

Die Symbole der Grundfunktionen für Schaltnetze (Abschnitt 4.3.1) und -werke (Abschnitt 4.3.2) stellen solche Einheiten dar. Die Logikpläne sind von links nach rechts aufgebaut: die logischen Eingangsvariablen werden gemäß der Steuerungsaufgabe zu logischen Ausgangsvariablen verknüpft. Sie stellen auf leicht verständliche Art und Weise die Funktionalität der Steuerung dar.

Der nachfolgende Logikplan der *Schleifmaschinen*-Steuerung verdeutlicht die Übersichtlichkeit dieser Darstellungsart, so dass eine weitere Vertiefung entbehrlich ist.

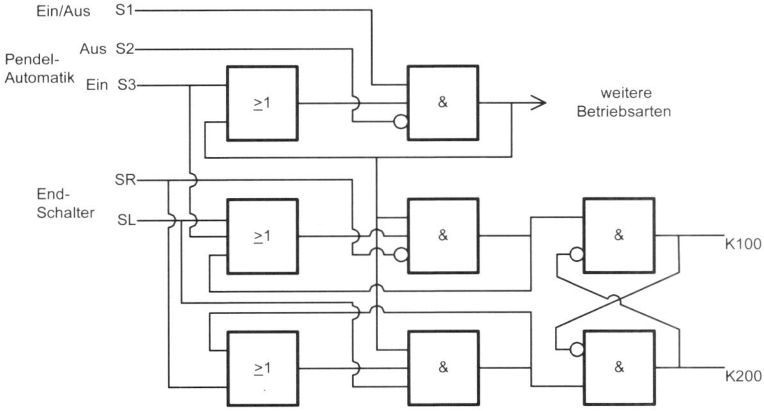

Abbildung 4.3-32: Logikplan[1]
– Schleifmaschine –

[1] Für Logikpläne existieren unterschiedliche Darstellungen von sich kreuzenden und verbundenen bzw. unverbundenen Wirkungslinien. Oft werden sich kreuzende und verbundene Linien durch einen schwarz ausgefüllten Kreis dargestellt, wogegen sich nichtkontaktierende Linien einfach kreuzen. Da dieses Diagramm computergestützt gezeichnet wurde, ist hier eine andere Symbolik gewählt, welche selbsterklärend ist.

Die Ausgangssignale K100 und K200 verriegeln sich gegenseitig, so dass der Motor nicht gleichzeitig rechts- und linksdrehend angesteuert werden kann. Die beiden oberen Funktionsbausteine ODER und UND verarbeiten die externen Schaltersignale. Die beiden unteren Funktionsreihen fungieren als Speicherelemente (RS-Flipflops) mit entsprechender Umschaltlogik zwischen Rechts- und Linkslauf.

4.3.6.5 Funktionsplan oder Ablaufplan

Auch für Ablaufsteuerungen wurde eine ihr entsprechende Darstellungsart entwickelt, wobei dem schrittweisen Ablauf Rechnung getragen wird:

Definition: Ablauforientierter Funktionsplan oder Ablaufplan

Im **ablauforientierten Funktionsplan** oder **Ablaufplan** nach DIN 40719 werden Steuerungsschritte durch zeitlich nacheinander auszuführende Schrittsymbole beschrieben, welche erst durch zu erfüllende Weiterschaltbedingungen bearbeitet werden. Die Struktur der Schrittkette entspricht dem schrittweisen Ablauf der Steuerung. Die Schrittsymbole werden untereinander dargestellt. Jedes Schrittsymbol beschreibt einen Zustand des Steuerungssystems.

Eine Schrittkette setzt sich aus vier Grundelementen zusammen, den Schritten, den zugehörigen Weiterschaltbedingungen, den auszuführenden Befehlen und den Verzweigungen bzw. den Zusammenführungen.

Das nachfolgende Schrittsymbol[1] der Abbildung 4.3-33 kennzeichnet einen Schritt im zu beschreibenden Ablauf:

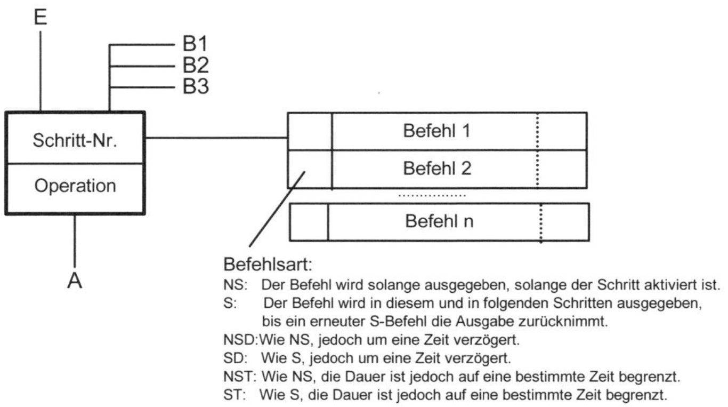

Abbildung 4.3-33: Schrittsymbol Ablaufsteuerung

Das obere Feld enthält die Schrittnummer, das untere einen Text zum ausführenden Schritt. Die Eingangswirkungslinie E kommt vom vorhergehenden Schritt, während die Ausgangs-

[1] Es gibt eine Fülle von Erweiterungen für dieses Schrittsymbol, um zusätzliche Funktionen und Bedingungen in Schrittketten darzustellen. Sie können der Norm DIN 40719 entnommen werden. Für eine Einführung in die Steuerungstechnik beschränken wir uns auf die vorgestellte Symbolik.

linie A zum nächsten Schritt führt. Die Wirkungslinien B_i symbolisieren Weiterschaltbedingungen.

Schaltet der vorangehende Schritt seinen Ausgang auf den Wert **1** (Wirkungslinie E) und sind die Weiterschaltbedingungen ebenfalls im Zustand **1**, wird der neue Schritt aktiv und der vorhergehende inaktiv. Die Steuerung bleibt solange in diesem Zustand (Schritt), bis die Weiterschaltbedingungen des nächsten Schritts erfüllt sind. Die Ablaufschritte können zeit- oder prozessgeführt sein.

Die nach rechts abgehende Wirkungslinie führt zu den **Aktionen** des jeweiligen Schritts. Sie beschreiben die Auswirkungen auf den zu steuernden Prozess.

Die **Aktionssymbole** bestehen aus maximal 3 Feldern:

Das erste Feld enthält die Angabe der Befehlsart. Man unterscheidet im Wesentlichen zwischen speichernden (S) und nichtspeichernden (NS) Befehlen. Darüber hinaus gibt es weitere Arten wie verzögernde (D) und zeitlich begrenzte (T) Befehlsausführung. Die nichtspeichernde Befehlsart (NS) wird in Schrittketten am häufigsten verwendet und ist am einfachsten zu handhaben. Bei selbsterklärenden Aktionen gibt man der Einfachheit wegen dieses Feld oft nicht an.

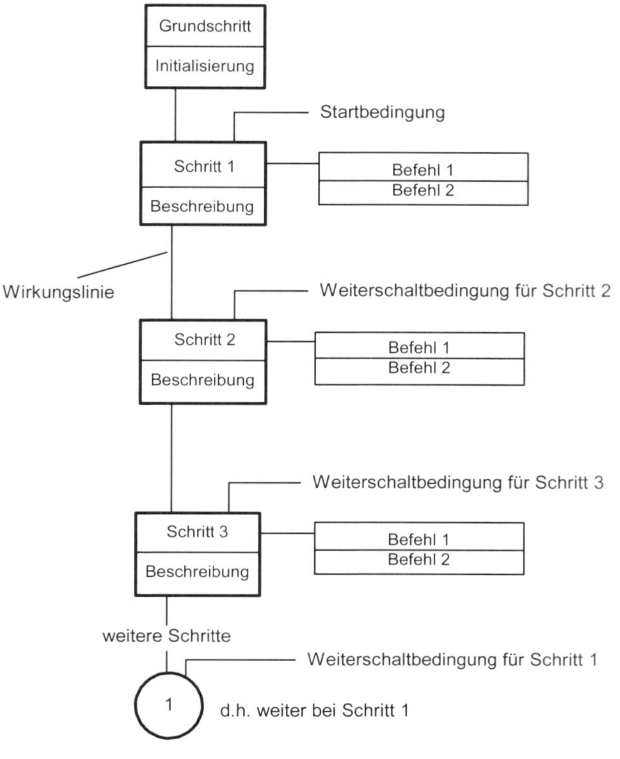

Abbildung 4.3-34: Funktionsplan (ablauforientiert)

Das zweite Aktionsfeld enthält die auszuführenden Befehle und/oder die zugehörigen Operanden wie Ausgänge, Merker, Zeiten usw., die mit diesem Schritt den Wert **1** erhalten sollen.

Das dritte Feld steht optional für die Befehlsnummerierung zur Verfügung.

Der Funktionsplan setzt sich aus entsprechend vielen Schrittsymbolen zusammen. Der Grundschritt wird beim Einschalten der Steuerung immer eingenommen; dabei werden Initialisierungen bzw. Rücksetzungen von logischen Variablen und Merkern vorgenommen. Der Funktionsplan in Abbildung 4.3-34 verdeutlicht diese Darstellungsart.

Aus Übersichtlichkeit erfolgt die Verarbeitung der Schrittkette immer von oben nach unten. Rücksprünge zu bereits vorhandenen Schritten werden nicht als Wirkungslinien eingezeichnet. Stattdessen wird ein **rundes Schrittsymbol** mit einer an anderer Stelle bereits definierten Schrittnummer gezeichnet, zu dem mit den Weiterschaltbedingungen verzweigt werden soll.

Im obigen Funktionsplan wird ein rundes Schrittsymbol für den Rücksprung zu Schritt 1 (Anfang) in der Ablaufkette verwendet.

Mit diesen Symbolen sind so nur lineare Steuerungsprogramme und keine Verzweigungen darstellbar. Bei einem Funktionsplan mit linearer Ablaufstruktur gibt es in jedem Zustand nur einen Weiterschaltbedingungssatz. Sollen Ablaufpläne mit verzweigten Weiterschaltbedingungen und mehreren möglichen bzw. gleichzeitig zu durchlaufenden Folgeschritten dargestellt werden, benötigt man weitere Verzweigungssymbole.

Es existieren dazu die ODER- und die UND-Verzweigung mit den in nachfolgender Abbildung dargestellten Symbolen:

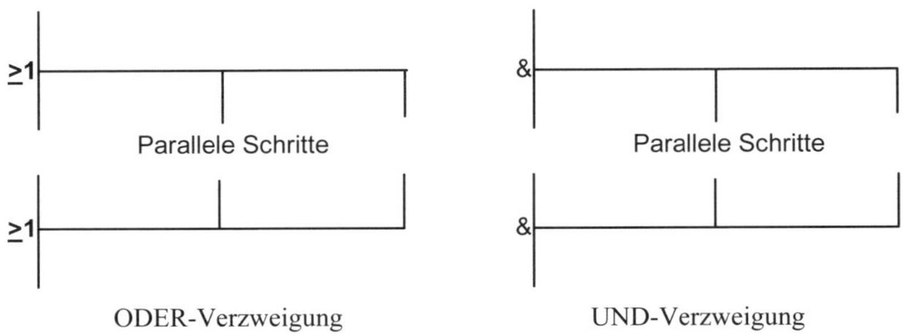

Abbildung 4.3-35: Verzweigungen bei Ablaufketten

ODER-Verzweigung

Die Ablaufkette mit einer **ODER-Verzweigung** gabelt sich in zwei oder mehrere Zweige, welche wiederum aus nacheinander zu durchlaufenden Schritten bestehen.

Von diesen Zweigen darf jedoch nur einer durchlaufen werden.

Die parallelen Anfangsschritte müssen gegenseitig verriegelt sein, um zu verhindern, dass bei gleichen Weiterschaltbedingungen mehrere Schritte bearbeitet werden können.

Die Zusammenführung der Zweige erfolgt über eine **ODER-Verknüpfung**. Der nachfolgende Schritt wird aktiviert, wenn einer der letzten Parallelschritte den **1**-Zustand meldet und die eigenen Weiterschaltbedingungen erfüllt sind.

UND-Verzweigung

Die Ablaufkette mit einer **UND-Verzweigung** gabelt sich in zwei oder mehrere Zweige, welche wiederum aus nacheinander zu durchlaufenden Schritten bestehen.

Alle Zweige werden in diesem Fall gleichzeitig durchlaufen.

Die Zusammenführung der verzweigten Ablaufketten geschieht mit einer **UND-Verknüpfung**. Der nachfolgende Schritt wird erst dann aktiviert, wenn alle Parallelschritte den Wert **1** anzeigen und die eigenen Weiterschaltbedingungen gesetzt sind.

Mit Hilfe der zustands- bzw. ablauforientierten Funktionspläne und den vorliegenden Symbolen lassen sich beliebig komplexe Automatisierungsaufgaben in übersichtlicher Form darstellen.

Ohne die vollständige Beschreibungsnorm zu verwenden, lässt sich die Automatisierung

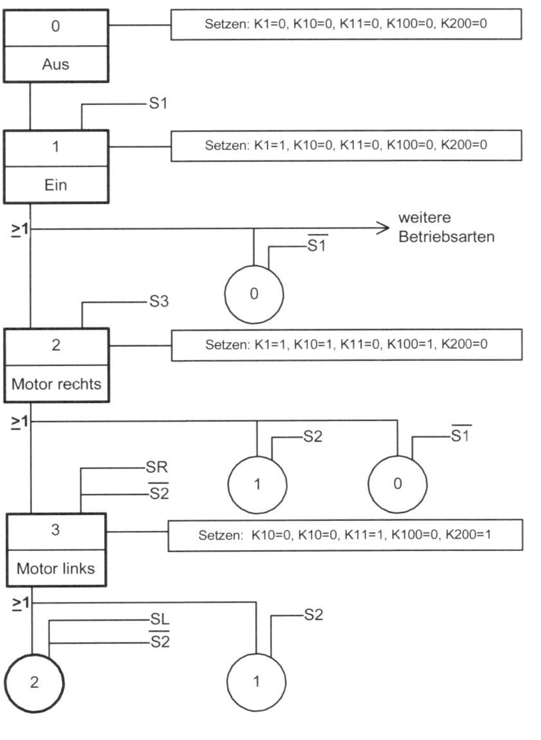

Abbildung 4.3-36: Funktionsplan – Schleifmaschine –

der *Schleifmaschine* durch den Funktionsplan in Abbildung 4.3-36 beschreiben.

Bei der Schleifmaschinensteuerung gibt es insgesamt vier Zustände: Aus, Ein, Motor rechts- und linksdrehend. Die Weiterschaltbedingungen sind direkt aus den Schalterzuständen abgeleitet. In den Aktionssymbolen werden den logischen Variablen die notwendigen Schaltwerte zugewiesen; sie können mit den seitherigen Darstellungen verglichen werden.

4.3.6.6 Zustands- oder Automatengraph

Wie bereits am Namen abzulesen ist, dient diese Darstellungsart zur Beschreibung der Funktion von Automaten bzw. Schaltwerken.

Ein Automat bzw. Schaltwerk wird durch die Anzahl seiner inneren Zustände und die möglichen Übergänge zwischen diesen Zuständen charakterisiert. Man verwendet dazu häufig Zustands- oder Automatengraphen:

Definition: Zustands- oder Automatengraph

In einem **Zustands- bzw. Automatengraphen** werden die inneren Zustände durch Knoten (Kreise mit Kennzeichnungen) und die Übergangsmöglichkeiten als **Transitionen** bezeichnet; sie werden zwischen den Zuständen durch gerichtete Kanten (Pfeile) dargestellt. Die Bedingungen für einen Zustandswechsel werden an den gerichteten Kanten notiert.

Die Knoten repräsentieren die Zustände und die Ausgangsfunktion. Die Kanten verbinden die Knoten und stellen die Überführungsfunktionen dar. Zu jedem Pfeil gehört eine bestimmte Belegung der Eingangsvariablen der Steuerung. Führt der Pfeil zu einem anderen

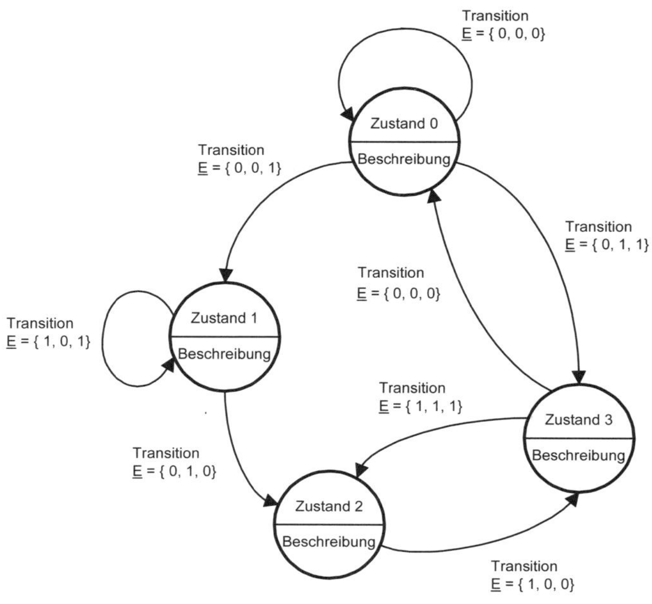

Abbildung 4.3-37: Automatengraph Allgemeines Beispiel

Zustand, findet ein Übergang durch diese Eingangskombination statt. Der Pfeil kann auch zu demselben Zustand zurückführen; das Schaltwerk bleibt dann in seinem alten Zustand.

Zustände einer sequentiellen Steuerung werden durch Speicherelemente (Merker) realisiert. Das Setzen eines Speichers entspricht deshalb einem Pfeil zu diesem Zustand. Ein Pfeil, der den Zustand verlässt, entspricht dem Rücksetzen des Speicherelements.

Im Automatengraph der Abbildung 4.3-37 ist ein exemplarisches Schaltwerk mit allen Facetten beschrieben. Bei diesem Schaltwerk existieren vier Zustände. Diese werden ähnlich wie die Schrittsymbole der Funktionspläne durch zwei Felder gekennzeichnet, einem Namensfeld und einem Beschreibungsfeld.

Die Übergangsbedingungen sind in dieser Darstellung vollständig durch den Eingangsvariablen-Vektor $\underline{E}$ angegeben. Oftmals werden nur die einzelnen Variablenbelegungen an dieser Stelle angegeben, welche die Transitionen auslösen.

Zur Vereinfachung der Zustandsgraphen können die Pfeile für das Verharren in einem Zustand weggelassen werden. Der Automatengraph zeigt dann nur noch die Bedingungen für Zustandswechsel an.

Für die *Schleifmaschine* ist nachfolgend der Automatengraph mit seinen vier Zuständen angegeben. Wenn die Maschine ausgeschaltet ist, befindet sich die Steuerung im Zustand 0. Erst das Setzen des Schalters S1 macht die Maschine für die Pendelautomatik betriebsbereit. Das Pendeln wird durch das Setzen von S3 in Gang gesetzt; das Setzen von S2 schaltet den Pendelvorgang wieder aus. Die Endschalter verursachen die Transitionen zwischen den Zuständen 2 und 3, dem Pendeln des Tisches.

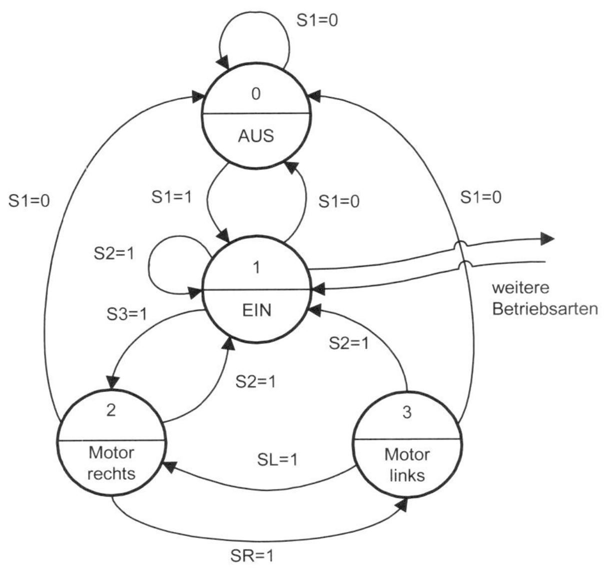

Abbildung 4.3-38: Automatengraph – Schleifmaschine –

Der Automatengraph macht die Struktur von Schaltwerken anschaulich sichtbar. So werden sehr schnell so genannte **persistente** Zustände erkannt, welche zwar erreicht aber nicht wieder verlassen werden können. Auch **isolierte** Zustände, die weder zu erreichen noch zu verlassen sind, können auf einen Blick entdeckt werden.

4.3.6.7 Programmablaufplan

Steuerungsprogramme können natürlich wie sonstige Datenverarbeitungsprogramme durch Flusspläne bzw. Ablaufpläne dargestellt werden. Sie sind für Einsteiger in die Steuerungstechnik sicher die vertrauteste Art. Man nennt sie hier Programmablaufpläne (PAPs):

Definition: Programmablaufplan (PAP)

Der **Programmablaufplan** beschreibt durch Sinnbilder und Ablauflinien den Ablauf oder die Reihenfolge von Operationen, die zur Lösung der Steuerungsaufgabe notwendig sind.

Der Programmablaufplan nach DIN 66001 stellt zur Darstellung der logischen Ablaufstruktur die in nachfolgender Tabelle beschriebenen Sinnbilder zur Verfügung:

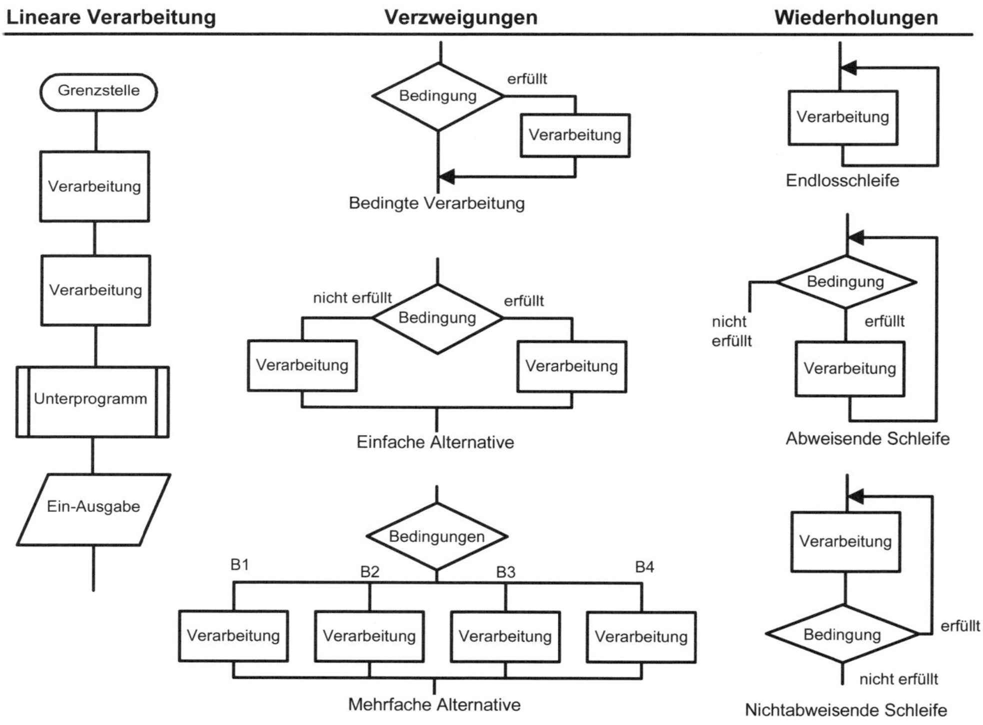

Abbildung 4.3-39: Elemente des Programmablaufplans (DIN 66001, DIN 66262)

Es stehen weitere Symbole zur Verfügung. Man kommt jedoch mit den hier angegebenen aus, denn die Einzelsymbole *Verarbeitung* bzw. *Operation* (Rechteck) und *Bedingungsabfrage* (Raute) reichen meistens aus.

Das Rechteck kann allgemeine Operationen sowie Ein- und Ausgaben symbolisieren, obwohl für die Ein- und Ausgabe von Werten nach Norm das Parallelogramm bereitgestellt wird. In das Rechteck werden alle logischen Variablen eingetragen, welche ihren Wert ändern.

Die Raute ist das Symbol für eine Programmverzweigung; mit ihr können Entscheidungen dargestellt werden.

Eine lineare Verarbeitungskette wird mit Hilfe der Basissymbole einfach durch Hintereinanderschaltung von Verarbeitungen durch Verbinden mit Ablauflinien erreicht (Sequenz). Mit dem abgerundeten Rechteck (Grenzstelle) kennzeichnet man eine markante Stelle im Programm, der man einen dem Programmteil entsprechenden Namen gibt.

Nach Abbildung 4.3-39 sind die unterschiedlichen Verzweigungen und die Programmschleifen (Wiederholungen) mit Hilfe von Bedingungsabfragen (Auswahl) zu gestalten. Für die Auswahl existieren keine gesonderten Symbole.

Soll in einem Programm ein anderes Programm (Funktion, Unterprogramm) aufgerufen werden, verwendet man das Rechtecksymbol mit doppelten Seitenstrichen und Unterprogrammbezeichnung.

Programmablaufpläne lassen auf einfache graphische Art die Vollständigkeit und Widerspruchsfreiheit von Steuerprogrammen erkennen. In ihnen kommt vorwiegend der zeitliche Ablauf von Steuerungen zur Geltung; sie sind für kombinatorische und sequentielle Steuerungen verwendbar.

Wegen ihrer Herkunft aus der allgemeinen Informationstechnik werden Programmablaufpläne zur Darstellung von Steuerungen dann verwendet, wenn man speicherprogrammierbare Steuerungen für aufwendigere Automatisierungshardware entwickelt. Diese Pläne können sehr einfach auf unterschiedliche Prozessoren übersetzt werden, da sie von den Programmiersprachen unabhängig sind.

Der Programmablaufplan der Abbildung 4.3-40 zeigt exemplarisch die Steuerung der *Schleifmaschine.*

Die verschiedenen Zustände der Maschine kommen hier nur versteckt zum Ausdruck. Man erkennt sie durch die „leeren“ Programmschleifen. Die Steuerung hält sich in diesen Wiederholungen solange auf, bis eine Änderung der Prozessvariablen eintritt.

Ansonsten erweist sich der Programmablaufplan selbsterklärend.

Aus der Fülle der Beschreibungsmethoden für Steuerungen ist letztendlich diejenige auszuwählen, welche zur Lösung der Steuerungsaufgabe am geeignetsten erscheint und vom Entwickler am besten beherrscht wird. Heutige Steuerungssysteme bieten viele dieser Methoden rechnerunterstützt an. Es ist sogar möglich, zwischen ihnen umzuschalten, so dass eine erste Auswahl zu Beginn eines Steuerungsprojekts nicht in eine Sackgasse führen muss.

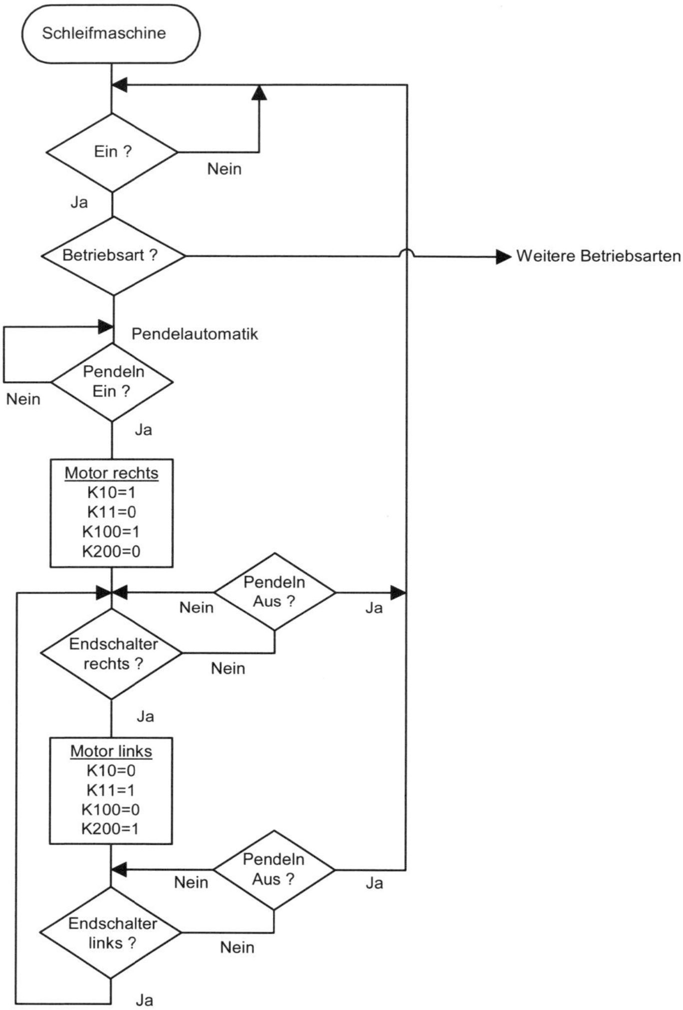

Abbildung 4.3-40:
Programmablaufplan
– Schleifmaschine –

← Zustand: AUS

← Zustand: EIN

← Zustand: Motor rechts

← Zustand: Motor links

Bearbeitung der Lernaufgabe

Die Funktionstabelle der Presse schreibt sich mit den Ein- und Ausgangsvariablen:

Betriebsmittel	**Variable**	**Logische Zuordnung**
EIN-Schalter	S0	Eingeschaltet S0 = 1
Handtaster links	S1	Gedrückt S1 = 1
Handtaster rechts	S2	Gedrückt S2 = 1
Fußschalter	S3	Gedrückt S3 = 1
Schutzgitter	S4	Geschlossen S4 = 1
Sensor	S5	Stanzgut vorhanden S5 = 1
Schützschalter	K1	Zylinder aktiv K1=1

Die Betriebsbedingungen der Aufgabenstellung lauten in reduzierter Form:

Feld-Nr.	S5	S4	S3	S2	S1	S0	K1	
47	1	0	0	1	1	1	1	Beide Handtaster
63	1	1	0	0	1	1	1	Linker Handtaster und Schutzgitter
65	1	1	0	1	0	1	1	Rechter Handtaster und Schutzgitter
71	1	1	1	0	0	1	1	Fußschalter und Schutzgitter
sonst	x	x	x	x	x	x	0	Nicht erlaubt

Die disjunktive Normalform der Schaltfunktion gewinnt man mit Hilfe der in der Wahrheitstabelle ausgewiesenen Minterme:

$$K1 = (S0 \wedge S1 \wedge S2 \wedge \overline{S3} \wedge \overline{S4} \wedge S5) \vee (S0 \wedge S1 \wedge \overline{S2} \wedge \overline{S3} \wedge S4 \wedge S5)$$
$$\vee (S0 \wedge \overline{S1} \wedge S2 \wedge \overline{S3} \wedge S4 \wedge S5) \vee (S0 \wedge \overline{S1} \wedge \overline{S2} \wedge S3 \wedge S4 \wedge S5)$$

Da keine zusammenhängenden Blöcke im Karnaugh-Veitch-Diagramm existieren, gibt es mit dem KV-Verfahren keine Möglichkeit, die Schaltfunktion für K1 zu reduzieren:

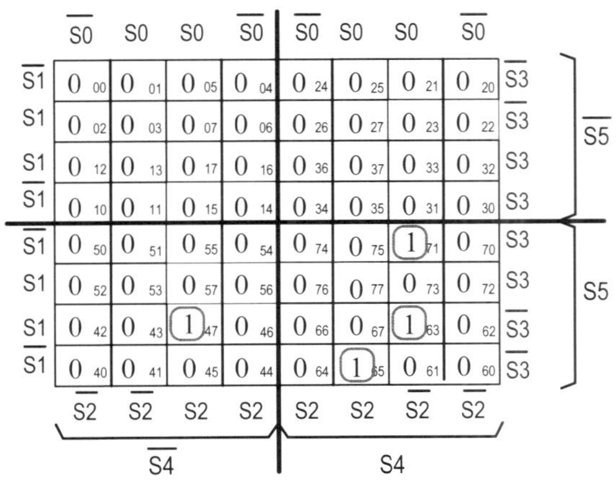

Die vier Minterme im KV-Diagramm ergeben dieselbe Schaltfunktion. Ihre Vereinfachung kann nur mit den Theoremen der Schaltalgebra erzielt werden. Die Verwendung des Distributiv- und Komplementgesetzes reduziert die obige DNF-Form nach einigen Umformungsschritten auf:

$$K1 = (S0 \wedge S5) \wedge \left[\left(S1 \wedge \overline{S3} \right) \wedge (S2 \nLeftrightarrow S4) \vee \left(\overline{S1} \wedge S4 \right) \wedge (S2 \nLeftrightarrow S3) \right].$$

In dieser Schaltfunktion tauchen alle logischen Eingangsvariablen auf. Trotzdem lässt sich der Logikplan für die Pressensteuerung in kompakter Form darstellen:

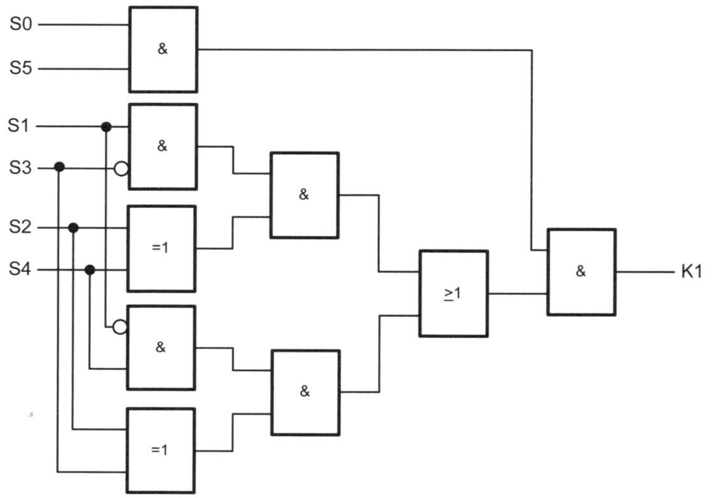

Die Aufgabenstellung der Lernaufgabe wird durch eine kombinatorische Steuerung gelöst. Geringfügige Abänderungen der Sicherheitsbedingungen reichen aus, um eine sequentielle Steuerung bzw. ein Schaltwerk notwendig zu machen. Solche sind u. a.:

1) Die Presse kann nur dann in Gang gesetzt werden, wenn die Bedienperson die Schalter S1 und S2 innerhalb einer zehntel Sekunde betätigt. Beide Schalter sind in ausreichendem Abstand voneinander entfernt.
2) Die Presse führt den Stanzvorgang nicht aus, wenn einer der beiden Taster dauernd betätigt wird (Festkleben mit Klebeband).

Es ist dem Leser vorbehalten, diese Sicherungsbedingungen in das obige Schaltnetz mit einzuarbeiten.

Fragen zur Selbstkontrolle

Frage 4.3-1: Was beschreiben Wahrheitstabellen?

Frage 4.3-2: Wozu werden Schaltfunktionen benötigt?

Frage 4.3-3: Welche Grundfunktionen existieren für Schaltnetze, welche für Schaltwerke?

Frage 4.3-4: Welche Grundfunktionen besitzen die höchste Priorität?

Frage 4.3-5: Was sind Ein- und Ausschaltverzögerungen? Wozu werden sie gebraucht?

Frage 4.3-6: Welche Grundelemente gibt es für den Kontaktplan?

Frage 4.3-7: Was versteht man unter der Minimierung von Schaltfunktionen?

Frage 4.3-8: Welche Kontaktarten existieren für den Kontaktplan?

Frage 4.3-9: Mit welchen Methoden kann man Schaltfunktionen minimieren?

Frage 4.3-10: Wozu werden Flipflop-Schaltungen in der Steuerungstechnik benötigt?

Frage 4.3-11: Warum verwendet man zum Aufbau von Schaltwerken gerne getaktete bipolare Schaltungen?

Frage 4.3-12: Zeichnen Sie den Kontaktplan für eine UND- ODER- und Exklusiv-ODER-Verknüpfung!

Frage 4.3-13: Welche Vorteile besitzen Logikpläne vor Stromlaufplänen?

Frage 4.3-14: Wozu dienen Zeitfunktionen in der Steuerungstechnik?

Frage 4.3-15: Zu welcher Art von Entwurfsverfahren zählt man das KV-Verfahren?

Frage 4.3-16: Kann das Karnaugh-Veitch-Verfahren ebenfalls zum Entwurf von sequentiellen Steuerungen verwendet werden und warum?

Frage 4.3-17: Welche Eigenschaft der Schaltfunktion bringen die markierten Blöcke beim KV-Entwurfsverfahren zum Ausdruck?

Frage 4.3-18: Erklären Sie das taktgesteuerte JK-Flipflop!

Frage 4.3-19: Wozu werden Schaltfunktionen benötigt?

Frage 4.3-20: Zeichnen Sie den Automatengraph eines RS-Flipflops!

Frage 4.3-21: Entwerfen Sie den Kontaktplan für ein D-Flipflop!

Frage 4.3-22: Was wird in Schaltbelegungstabellen dargestellt?

Frage 4.3-23: Welche Grundfunktionen besitzen die höchste Priorität?

Frage 4.3-24: Worin liegen die Vorteile von taktgesteuerten Grundfunktionen der Steuerungstechnik?

Frage 4.3-25: Was sind Transitionen?

Frage 4.3-26: Mit welchen Hilfsmitteln lassen sich Ablaufsteuerungen übersichtlich darstellen?

Frage 4.3-27: Wozu dient das Karnaugh-Veitch-Verfahren?

Frage 4.3-28: Wozu können Speicherfunktionen bei Ablaufsteuerungen eingesetzt werden?

Frage 4.3-29: Beschreiben Sie die Vorgehensweise zur Aufstellung der konjunktiven Normalform (KNF)!

Frage 4.3-30: Was versteht man unter Verriegelung?

4.4 Speicherprogrammierbare Steuerungen – SPS

Lernziele

Um bei Produktionsmaschinen und -anlagen Flexibilität zu gewährleisten, müssen Steuerungssysteme hohe Anforderungen erfüllen. Von ihnen werden flexible Verwendungsmöglichkeiten bei steigendem Automatisierungsgrad der Fertigungsprozesse und eine niedrige Einstiegsschwelle für das Fachpersonal gefordert.

Diese Anforderungen sollen Speicherprogrammierbare Steuerungen (SPS) erfüllen. Sie wurden auf Anregung der Automobilindustrie Ende der sechziger Jahre in den USA entwickelt. Die damals aufkommende Computer-Technologie stellte die notwendige Technik bereit. Es wurden spezielle Programmiersprachen mit graphischen Darstellungen für Steuerungen entwickelt. Die rechnergestützte Hardware wurde ebenfalls auf die Eigenheiten von Schaltnetzen und -werken zugeschnitten.

Dieser Abschnitt über SPS hat zum Ziel, einen Überblick über die Hard- und Softwaretechnik der Speicherprogrammierbaren Steuerungen zu bieten, ohne auf alle Aspekte und Feinheiten moderner Systeme vertieft einzugehen.

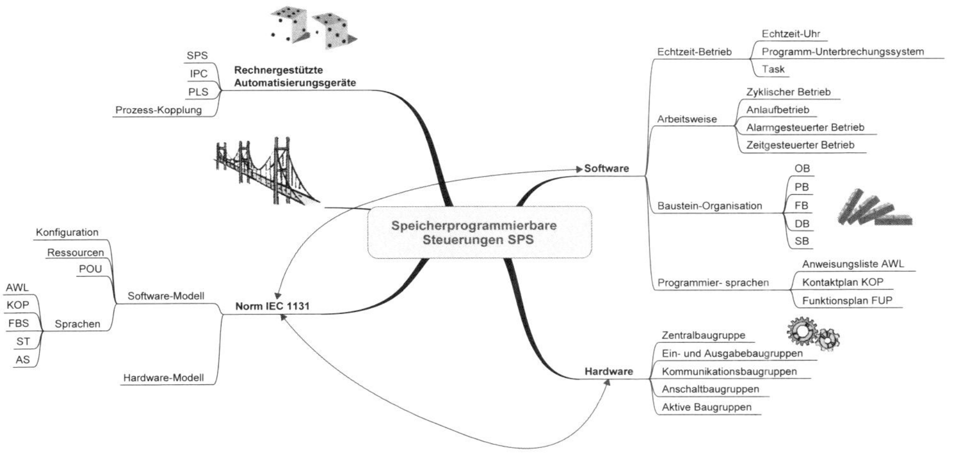

Lernaufgabe

Bei der Ausbildung zum Automatisierungsingenieur wird immer wieder die Aufgabe gestellt, eine Aufzugsteuerung für Speicherprogrammierbare Steuerungen zu erstellen. Diese Aufgabe kann in ähnlicher Form jederzeit zu den Entwicklungstätigkeiten eines Ingenieurs gehören und der Studierende ist in der Lage, sich ohne viel Vorwissen in diese Aufgabenstellung hinein zu denken.

Abbildung 4.4-1: Anlagenschema Aufzugsystem

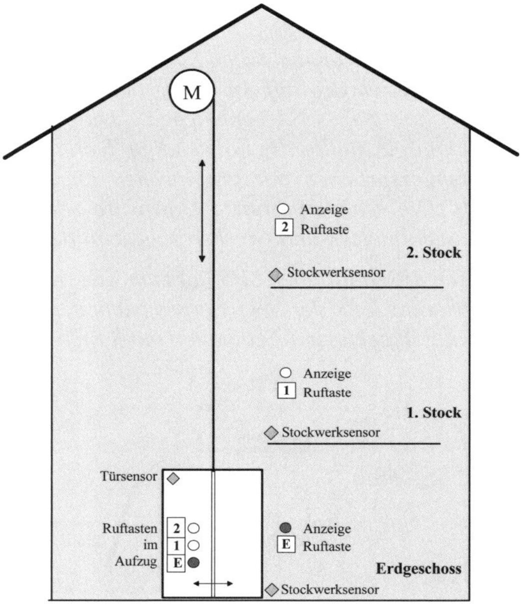

Um die Aufzugsteuerung nicht zu komplex zu gestalten, werden reduzierte Anforderungen an die Aufzugsfunktion formuliert. Wir beschränken uns auf den Teil der Steuerungsaufgabe, der das Heranholen des Aufzugs in das jeweilige Stockwerk beschreibt.

Auf jedem Stockwerk und in der Aufzugkabine befinden sich Ruftasten und Anzeigelampen. Im Aufzug sieht der Benutzer, auf welcher Ebene er sich gerade befindet; außerhalb der Kabine erkennt er, ob sich der Aufzug trotz geschlossener Türe auf seinem Stockwerk befindet. Das Drücken der Ruftaste bewirkt das Öffnen der Tür. Der Benutzer kann einsteigen. Sonst muss die Aufzugkabine vorher das Stockwerk anfahren. Durch Stockwerksensoren erkennt die Aufzugsteuerung den genauen Kabinenort. Auf welchem Stockwerk sie sich gerade befindet bzw. von und zu welcher Ebene sie sich gerade bewegt, muss sich die Steuerung selbst merken.

Die Aufgabenstellung ist, das Programm für die Aufzugsteuerung zu entwickeln. Eine Visualisierung des Aufzugs auf dem Monitor kann helfen, die Richtigkeit der Aufzugsteuerung bereits während der Programmentwicklung zu verifizieren. Mit komfortablen Softwarepaketen zur Programmierung von Prozessleitsystemen stehen solche Entwicklungsumgebungen zur Verfügung.

4.4.1 Rechnergestützte Automatisierungsgeräte

Die Fortschritte in der Automatisierungstechnik sind sehr eng mit der Entwicklung der allgemeinen Rechnertechnik verbunden.

Für die Steuerungstechnik ist diese Feststellung leicht nachzuvollziehen, da wir es bei einer großen Anzahl von Steuerungen mit binären bzw. digitalen Größen zu tun haben, welche über logische Grundfunktionen miteinander verknüpft werden müssen. Ein Rechenwerk mit entsprechendem Befehlssatz bietet diese Möglichkeit.

In der konventionellen Regelungstechnik für analoge Größen tut man sich mit dieser Aussage schon schwerer. Dort können analoge elektronische Schaltungen die Regelungsaufgabe optimaler ausführen, da sie die Signale schneller verarbeiten und wegen ihrer Einzelaufgabe keine Fehler produzieren, also sicher sind. Der Algorithmus für eine PID-Regelung benötigt für die Addition, Multiplikation sowie die Integration und Differentiation mehrere Befehle und damit Verarbeitungszeit. Computergestützte Regler besitzen deshalb eine eingeschränkte Reaktionsfähigkeit auf Prozessveränderungen. Durch die Steigerung der Arbeitsgeschwindigkeit von Prozessoren spielen rechnergestützte Automatisierungsgeräte in der Regelungstechnik eine immer bedeutendere Rolle.

Rechnergestützte Automatisierungsgeräte können quasi gleichzeitig mehrere Steuerungs- bzw. Regelungsvorgänge bearbeiten und sind darüber hinaus in der Lage, wesentlich komplizierter Verarbeitungsalgorithmen zu bewältigen, die mit konventionellen Steuerungs- und Regelungskomponenten nicht machbar sind.

Dazu dient die moderne Prozessdatenverarbeitung (PDV) mit ihren Prozessrechnern.

Prozessdatenverarbeitung

Die Prozessrechner sind spezielle Rechner. Die Speicherprogrammierbaren Steuerungen sind Mitglied dieser Rechnerfamilie.

Prozessrechner haben andere Aufgaben zu erfüllen als EDV-Anlagen, die sonst für wissenschaftlich-technische Zwecke zum Einsatz kommen. Neben den von allen Datenverarbeitungsanlagen zu erfüllenden Aufgaben, können zwei Merkmale den Prozessrechnern zugeordnet werden:

1. **Prozesskopplung**

   Einerseits benötigt das rechnergestützte Automatisierungsgerät aus dem Prozess kontinuierlich Messwerte der relevanten physikalischen Größen sowie Zustandsinformationen über die technischen Apparaturen. Andererseits muss es Sollwerte an die Stelleinrichtungen des Prozesses übermitteln. Der Prozessrechner ist also direkt mit den zu automatisierenden Prozessen zu koppeln. Dazu sind geeignete elektronische Ein- und Ausgabebaugruppen notwendig.

2. **Echtzeitbetrieb**

   Datenverarbeitungsanlagen arbeiten üblicherweise im Stapelbetrieb[1]. Alle DV-Aufgaben werden der Reihe nach abgearbeitet. Zwischen der Aufgabe und der Aufgabenerledigung gibt es keine unmittelbare zeitliche Bindung.

   Bei **PDV-Anlagen** existiert dagegen eine direkte zeitliche Kopplung zwischen der Aufgabenbearbeitung und dem angebundenen technischen Prozess. Die PDV-Anlage muss ihre Aufgaben in „Echtzeit“ erledigen, d. h. zeitlich mit dem Prozess Schritt halten. Der Prozessrechner darf keine Informationen über den technischen Vorgang verpassen; er muss stets auf der Höhe der Zeit sein.

   Rechnergestützte Automatisierungsgeräte benötigen deshalb die gerätetechnische Besonderheit

   - einer Echtzeit-Uhr und
   - eines Programm-Unterbrechungssystems.

Die **Prozesskopplung** realisiert sich mit Hilfe von Dateneingabeeinheiten für die Messwert- und Zustandserfassung, sowie für die Steuerwertausgabe mit Datenausgabeeinheiten[2].

Für **binäre Steuerungen** sind Digital-I/O-Einheiten erforderlich. Solche liegen als bit-, byte- oder wortverarbeitende Einheiten (1/8/16-Bitverarbeitung) vor.

Für **digitale Steuerungen** werden statische bzw. dynamische Informationen des Prozesses benötigt, welche aus den kontinuierlich-analogen Größen der Prozessumgebung gewonnen werden müssen. Sie können mit Analog-Digital-Umsetzern (A/D-Umsetzer) analoger Größen direkt als absolute Digitalwerte codierter Messaufnehmer bzw. über Impulssignale inkrementaler Messverfahren erfasst werden. Die Prozessausgabe erfolgt über Digital-Analog-Wandler (D/A-Wandler), als längenmodulierte Impulsausgaben bzw. über Impulsfolgen. Die Anbindung dieser elektrischen Signale an unterschiedlichste Prozessgrößen geschieht mit entsprechenden Anpass-Schaltungen, welche hier nicht Gegenstand weiterer Erörterung sind.

Der **Echtzeitbetrieb** (real time processing) verlangt die zeitbezogene Bearbeitung von Prozessaufgaben. Hier geben externe, an den Rechner angeschlossene Anlagen und Ma-

---

1 Im Stapelbetrieb werden die DV-Programme nacheinander und einzeln abgearbeitet.

2 Die Technik elektronischer Ein-/Ausgabeeinheiten für PDV-Anlagen wird hier nicht behandelt. Näheres findet man u. a. in [13], [14] und [15].

schinen den Ton an. Dabei darf die externe Unterbrechung im „Innern" des Rechners nichts durcheinander bringen.

Dies wird durch ein Programm-Unterbrechungssystem garantiert. Es hat zu gewährleisten, dass die Prozessaufgaben bearbeitet werden, auch wenn zu stochastisch verteilten Zeitpunkten, Anforderungen für andere Anwenderprogramme eintreffen und ausgeführt werden müssen. Die Anforderungen stammen vorwiegend von binären Prozesssignalen. Die eintreffenden Signale werden als Unterbrechungs- oder Interrupt-Signale bezeichnet.

Für den Echtzeitbetrieb muss eine geeignete Software- bzw. Betriebssystemstruktur vorhanden sein.

Der Arbeitsablauf innerhalb eines Rechnersystems wird durch Programme festgelegt. Die Gesamtheit dieser Anweisungen, welche nach bestimmten Vorschriften codiert sein müssen, bezeichnet man als **Software**.

Prozessrechner werden mit Prozesssoftware zum „Leben erweckt". Diese Aussage scheint recht trivial zu sein, da jeder beliebige Rechner nur dann funktionsfähig ist, wenn Software als Betriebsmittel vorhanden ist. Die Prozesssoftware unterscheidet sich jedoch erheblich von konventioneller Software.

Deshalb sollte sich bereits das **Betriebssystem** für einen Prozessrechner in gewissen Aspekten von dem der üblichen Datenverarbeitung unterscheiden.

Ein Betriebssystem verwaltet die Betriebsmittel und steuert den Rechner, damit Anwenderaufgaben gelöst werden. Es bildet neben den Systemunterstützungsprogrammen wie Übersetzer, Kommando-Interpreter und Laufzeitsystem den wesentlichen Teil der Systemsoftware.

Das Betriebssystem überwacht den gesamten Rechenablauf, ist den Anwendungsprogrammen übergeordnet und belegt einen Teil des Arbeitsspeichers. Es ist das „primäre" Programm im Rechner, das dafür sorgt, dass sich der Rechner nach Einschalten dem Anwender meldet und bereit ist für dessen Kommandoeingabe.

Das Betriebssystem erfüllt im Allgemeinen folgende Aufgaben:

- Als erstes steht dem Bedienpersonal ein Kommando-Interpreter zur Eingabe von Befehlen zur Verfügung.
- Es lädt die Anwendungsprogramme von den Massenspeichermedien in den Arbeitsspeicher.
- Die Verwaltung der Programme im Arbeitsspeicher und deren sequentiellen Ablauf übernimmt dessen Laufzeitsystem.
- Die Kommunikation zwischen den Peripheriegeräten wie Tastatur, Drucker, Bildschirm usw. regelt das I/O-System.
- Es zeigt die Fehlermeldungen während der Programmverarbeitung an.

Insgesamt kontrolliert ein herkömmliches Betriebssystem alle Ressourcen. Ein externes Gerät muss deshalb erst eine Anfrage an das Betriebssystem stellen. Dieses beantwortet prinzipiell die Anfrage nach der Erledigung aller vorher in Auftrag gegebenen Arbeiten.

Zur Ankopplung eines Rechners an einen Prozess sind darüber hinaus weitere Anforderungen zu stellen.

Der Prozessrechner muss unmittelbar, ohne wenn und aber, auf Anforderungen des Prozesses reagieren. Dazu muss das Betriebssystem ausgelegt sein, will man es als Betriebsmittel auch für die Datenerfassung, -verarbeitung und -ausgabe einsetzen. Ein solches kann durch folgende Definitionen beschrieben werden:

Definition: Echtzeitbetrieb

Ein Rechensystem arbeitet im **Echtzeitbetrieb**, wenn es auf die **gleichzeitig** auftretenden Prozesssignale **rechtzeitig**, im Sinne von Erfassen und Ausgeben, reagieren kann.

und

Definition: Echtzeitbetriebssystem

Ein Betriebssystem, das ein Rechnersystem in die Lage versetzt, im Echtzeitbetrieb zu operieren, heißt **Echtzeitbetriebssystem**.

Die zusätzlichen Funktionen eines Echtzeitbetriebssystems können auf folgende Weise zusammengefasst werden:

- Das System muss in der Lage sein, innerhalb eines **definierten Zeitintervalls** auf ein äußeres Ereignis **immer** zu reagieren. Dazu muss es alle anderen Aufgaben unterbrechen können, das Ereignis durch eine Softwareroutine kurz bearbeiten und danach die unterbrochenen Tätigkeiten wieder aufnehmen.
- Das Echtzeitsystem hat auch bei mehreren fast gleichzeitig auftretenden externen Unterbrechungen eine konsistente und **prioritätsgesteuerte Abarbeitung** zu gewährleisten.
- Die ordnungsgemäße **parallele Verarbeitung** mehrerer Aufgaben muss im Echtzeitbetrieb mit einem Prozessrechner ebenfalls möglich sein.

Für die Bearbeitung von Aufgaben durch einen Rechner, die nebeneinander her ausgeführt werden, findet ein neuer Begriff Anwendung:

Definition: Task

Die parallel ablaufenden Rechenprozesse zur Bearbeitung von DV-Aufgaben werden als **Tasks** bezeichnet.

Um den Echtzeitbetrieb eines rechnergestützten Automatisierungsgeräts zu gewährleisten, werden die Automatisierungsaufgaben in unterschiedliche Tasks aufgeteilt. Jede Task besitzt eine ihrer Aufgabe zugeordnete Priorität. Das **Programm-Unterbrechungssystem** bearbeitet bei Eintreffen externer Anforderungen (Interrupts) die Tasks nach ihren Prioritäten; eine laufende Task mit niederer Priorität wird unterbrochen und die angeforderte Task mit höherer Priorität bearbeitet. In Abbildung 4.1-6 wird die Funktionsweise des Programm-Unterbrechungssystems für eine Task mit höherer Priorität gezeigt. Das Echtzeitbetriebssystem unterbricht die laufende Task und speichert deren aktuellen Zustand (Programmzeiger, Prozessorregister, u. a.) an sicherer Stelle ab; danach wird die angeforderte Task ausgeführt (context switch). Nach Beendigung kann das Betriebssystem durch Zurückspeichern der ursprünglichen Zustandsinformationen die unterbrochene Task weiterführen.

Abbildung 4.4-2: Programm-Unterbrechung

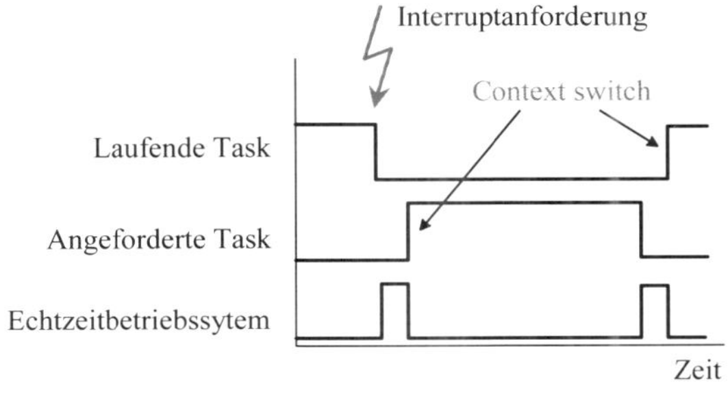

Für Aufgaben, die entweder zu einem bestimmten Zeitpunkt gestartet oder zyklisch nach definierten Zeitintervallen ausgeführt werden müssen, benötigen Prozessrechner eine **Echtzeituhr RTC** (realtime clock). Dazu existieren elektronische Bausteine (counter timer circuits), welche in heutigen Rechnersystemen meist obligatorisch vorhanden sind.

Die bisherigen Ausführungen über rechnergestützte Automatisierungssysteme lassen sich in einer ersten Übersicht durch folgendes Schema ausdrücken:

Abbildung 4.4-3: PDV-System

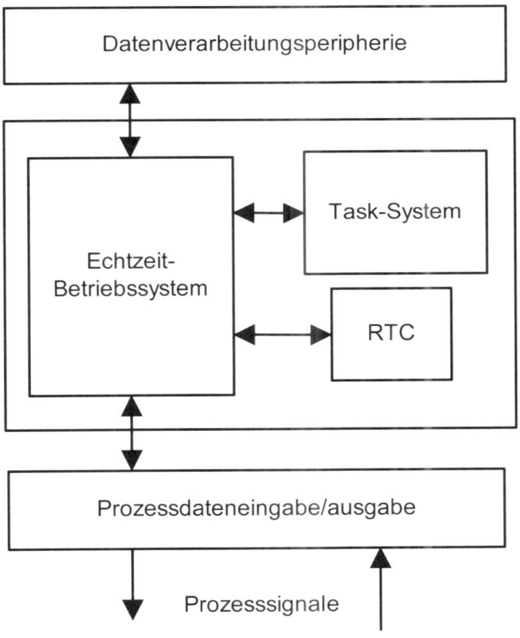

Anwendungsentwickler können auf drei Geräteformen zur Bearbeitung der unterschiedlichen Ausprägungen von Automatisierungsaufgaben zurückgreifen. Sie sind in nachfolgender Darstellung aufgeführt:

Abbildung 4.4-4: Einteilung rechnergestützter Automatisierungsgeräte

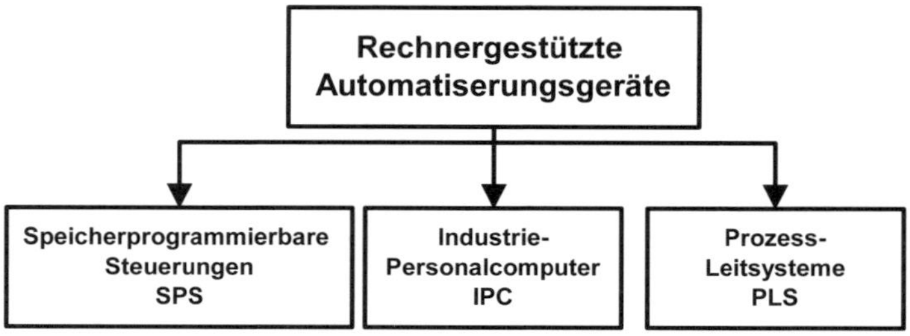

Für die Steuerungstechnik stehen dem Namen nach Speicherprogrammierbare Steuerungen (SPS) zur Verfügung; die weiterführenden Geräte IPC (Industrie-Personalcomputer) und PLS (Prozess-Leitsystem) können ebenfalls mit steuerungstechnischen Aufgaben betraut werden. Im nachfolgenden sollen die charakteristischen Merkmale dieser Geräteklassen gegeneinander abgegrenzt werden:

	SPS	**IPC**	**PLS**
Aufbau	SPSen sind speziell für die Steuerungstechnik konzipierte Rechnersysteme mit einer breiten Palette an Ein-/Ausgabebaugruppen.	IPC sind üblicherweise Personalcomputer (PC) mit industrietauglichem elektrischem und mechanischem Aufbau. Die Prozesskopplung wird über Ein-/Ausgabebaugruppen der standardisierten Rechnerbusschnittstellen abgewickelt.	PLS sind i. Allg. dezentralisierte und hierarchisch aufgebaute Rechnersysteme. Ein PLS kann mit SPS- und/oder IPC-Systemen aufgebaut werden.
Verwendung	SPSen werden speziell für Steuerungsaufgaben verwendet. Zusatzbaugruppen können auch Regelungsaufgaben erfüllen.	Mit IPC werden Steuerungs- und Regelungsaufgaben bearbeitet. Daneben dienen sie oft auch zur Visualisierung der automatisierten Prozesse.	Mit einem PLS werden komplexe Maschinen und Anlagen geführt, gesteuert, geregelt und überwacht.
Programmierung	Mit Fachsprachen: AWL, KOP, FUP, ST, AS. Zur Programmentwicklung werden Programmentwicklungsrechner (z. B. PCs) benötigt.	Standardisierte Hochsprachen wie C/C++, Pascal, Java u. a. für Anwendungsprogramme. Es stehen komfortable Programmsysteme für Automatisierungsaufgaben zur Verfügung.	Komfortable Softwaresysteme für die Prozessleittechnik erlauben die einfache Konfigurierung der Programme für die Prozesskontrolle.
Funktionalität	ansteigend →		
Leistungsfähigkeit	ansteigend →		

Die aufgeführten Automatisierungssysteme unterscheiden sich im Wesentlichen in ihrer Komplexität, d. h. in ihrer Funktionalität und Leistungsfähigkeit und dem Verwendungszweck.

Für viele Automatisierungsaufgaben werden die Speicherprogrammierbaren Steuerungen aus Kostengründen verwendet. Deren Aufbau und Programmierung soll nun im Mittelpunkt stehen.

4.4.2 Hardware-Aufbau einer SPS

Der Aufbau von Speicherprogrammierbaren Steuerungen besteht aus den Funktionsbaugruppen der Informationstechnik. Darüber hinaus sind zusätzlich spezielle Einrichtungen vorhanden, mit denen kombinatorische und sequentielle Steuerungen verwirklicht werden können. Der interne elektronische Aufbau einer SPS lässt sich durch die Darstellung der Abbildung 4.4-5 erläutern:

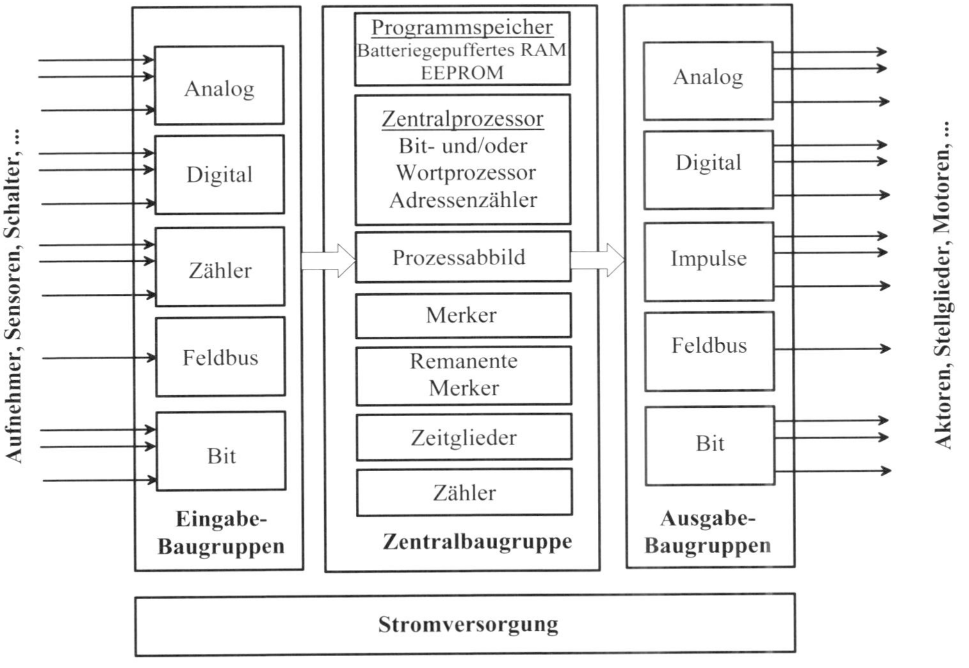

Abbildung 4.4-5: Prinzipieller SPS-Aufbau

Kernstück jeder SPS ist die **Zentralbaugruppe** mit dem Zentralprozessor, der Rechen- und Steuerwerk sowie Adressenzähler enthält, dem Programmspeicher (meistens als EEPROM – Electrically Erasable and Programmable Read Only Memory – ausgelegt), dem Prozessabbild als Schreib-Lesespeicher, von Merker-Speichern und Zeit- und Zählgliedern.

Im **Programmspeicher** ist das Steuerungsprogramm des Anwenders gespeichert. In ihm sind die Programmanweisungen zur Verknüpfung der Eingangssignale und zur Speicherung der Ergebnisse in das Prozessabbild und sonstigen Zwischenspeichern, den Merkern, nacheinander abgelegt. Um die Flexibilität von Speicherprogrammierbaren Steuerungen zu erhöhen, muss der Speicher als Schreib-Lese-Speicher (RAM – Random Access Memory) ausgelegt sein. Die RAM-Bausteine sind über Batterien (Akkus) gepuffert, um bei Stromausfall die Programminformationen nicht zu verlieren. Elektrisch löschbare und wieder programmierbare Nur-Lese-Speicher können die batteriegepufferten RAM-Bausteine ersetzen.

Der **Zentralprozessor** kann aus bit- und wortverarbeitenden Prozessoren bestehen. Die Bitprozessoren dienen vorwiegend zur Verknüpfung binärer Signale, wie sie z. B. für Schalter, Relais, Schütze benötigt werden. Die Wortprozessoren werden für komplexere Aufgaben eingesetzt; sie verarbeiten digitale Werte evtl. unterschiedlicher Wortbreite, welche von den Ein- und Ausgangsbaugruppen bereitgestellt bzw. über diese an den Prozess ausgegeben werden. Heute werden oft in vielen speicherprogrammierbaren Steuerungen Bit- und Wortprozessoren gleichzeitig eingebaut; mit ihnen kann eine höhere Verarbeitungsgeschwindigkeit erzielt werden. Sie arbeiten parallel und tauschen ihre Berechnungsergebnisse aus. Das Betriebssystem sorgt für einen ordnungsgemäßen Ablauf.

Die Ein- und Ausgangsinformationen der Prozessgrößen werden immer im so genannten Prozessabbild abgelegt. Es kann folgendermaßen beschrieben werden:

Definition: Prozessabbild

Das **Prozessabbild** ist ein Speicherbereich, in dem sich die SPS die Signalinformationen der Ein- und Ausgangsbaugruppen zwischenspeichert. Die Informationen spiegeln die beteiligten Prozessgrößen getreu wider.

Die Informationen im Prozessabbild werden jeweils am Ende eines Programmzyklus dem aktuellen Programm- und Prozesszustand angepasst. Während der Bearbeitung des Programmzyklus bleiben sie unverändert. Dadurch wird erreicht, dass bei mehrfacher Abfrage einer Information, stets derselbe Signalzustand bei der Bearbeitung während eines Programmzyklus zugrunde gelegt wird, selbst wenn sich der aktuelle Zustand dieser Prozessgröße geändert hat Das Programm wird so innerhalb eines Zyklus mit konsistenten Prozessinformationen ausgeführt.

Die **Merker** sind Speicherelemente, in denen sich der Zentralprozessor Zwischenergebnisse, Signalzustände oder Informationen sichert, die für logische Verknüpfungen benötigt werden. Sie sind Einbit-Speicherplätze, welche nicht nach außen geführt sind. Ihnen können Ergebnisse von Abfragen oder logischen Berechnungen zugewiesen werden; sie können in Abhängigkeit von Bedingungen gesetzt (1) oder rückgesetzt (0) werden. In vielen SPS-Geräten gibt es flüchtige und nichtflüchtige (remanente) Merker. Remanente Merker verlieren ihre Zustandsinformation bei Spannungsausfall nicht, während bei nichtremanenten Merkern die Information zurückgesetzt (0) wird.

Zeitglieder und Zähler sind ebenfalls Speicher, in denen sich der Zentralprozessor (CPU) Zahlenwerte zwischenspeichert. Diese Zahlenwerte dienen zusammen mit interruptgesteuerten Routinen zur Generierung von Zeitfunktionen, wie z. B. für Monoflops.

Die **Stromversorgung** erzeugt aus der Eingangsspannung (in der Regel 220 V~) geregelte und getrennte Spannungen von +5V, ±15V und/oder +24V für die interne Strom- und Spannungsversorgung der Baugruppen. Die an eine SPS angeschlossenen externen Systeme, wie Sensoren, Schalter, Aktoren, Stellglieder und Motoren, benötigen eigene Stromversorgungen.

Die Prozessankopplung übernehmen diverse Eingabe- bzw. Ausgabebaugruppen (E/A-Baugruppen).

Die **Eingabebaugruppen** bereiten alle externen Signale der Geber zur internen Weiterverarbeitung auf. Die Digital-, Bit- und Zählereingänge arbeiten meistens mit dem Industriestandard von +24V. Ein offener oder mit 0V belegter Eingang generiert den Zustandswert **0**. Die Spannung von +24V wird auf den logischen Wert **1** abgebildet. Die Baugruppen vertragen Toleranzen nach dem Schema der Abbildung 4.4-6. Bei den meisten Digital-Eingabeeinheiten wird der Signalzustand auf ihrer Frontseite durch Leuchtdioden angezeigt; mit ihnen liegt eine angenehme Kontrollmöglichkeit während der Programmentwicklung vor. Die hohen Spannungspegel werden intern auf übliche Spannungen der Digitalelektronik transformiert (TTL-Pegel).

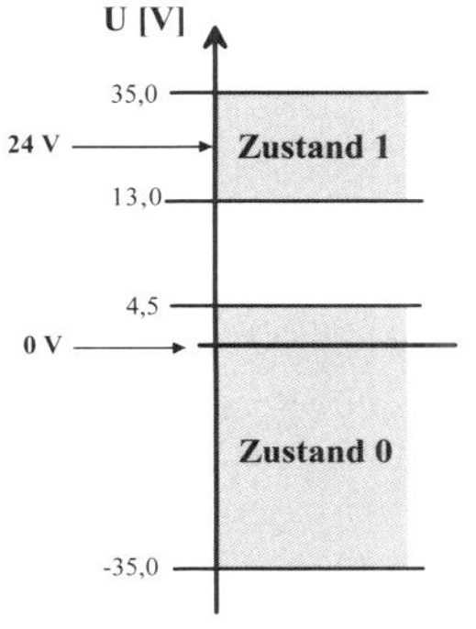

Abbildung 4.4-6: Spannungstoleranzen für Digitalsignale

Die weiteren Eingabebaugruppen besitzen ihre eigenen Signalkonditionen. Für die prozessgrößenproportionale Analogeingabe werden entweder Spannungen von ±10V oder Ströme zwischen 4 und 20 mA verwendet.

Die **Ausgabeeinheiten** stellen bei konfektionierten Speicherprogrammierbaren Steuerungen Relais- und Transistorausgänge zur Verfügung. Darüber hinaus gibt es eine breite Palette von Ausgabebaugruppen für modular zusammenstellbare SPSen. Deren Signaltypen und -pegel entsprechen denen der Eingabebaugruppen.

Speicherprogrammierbare Steuerungen werden heute nicht nur zum Steuern von Prozessen eingesetzt; durch die Verwendung analoger E/A-Baugruppen sind sie auch in der Lage, klassische Regelungsaufgaben zu übernehmen. In einer Einfachausführung bearbeitet der Zentralprozessor den Regelungsalgorithmus. **Aktive Baugruppen** mit eigenem Prozessor können komplexe Aufgaben übernehmen, so z. B. schnelle Antriebs- und Lageregelungen. Diese Art von Baugruppen wird als „intelligente" Peripherie-Baugruppe (IP) bezeichnet. Mit ihr wird eine SPS zu einem Mehrprozessor-System zur Steuerung komplexer Prozesse.

Zur Vernetzung und zum Anschluss weiterer Geräte an die SPS sind **Anschalt- und Kommunikationsbaugruppen** erforderlich. Anschaltbaugruppen dienen zur Verbindung von Programmiergeräten mit der SPS oder es können weitere E/A-Geräte an die SPS angehängt werden. Mit den Anschaltbaugruppen werden so genannte Punkt-zu-Punkt-Verbindungen realisiert. Mit Kommunikationsbaugruppen lassen sich dagegen Busverbindungen aufbauen, d. h. es können mehrere Geräte, auch weitere SPSen, zu einem Netzwerk zusammengeschlossen werden.

Feldbussysteme haben die Aufgabe, Sensoren, Aktoren und weitere Feldgeräte mit übergeordneten Stationen wie z. B. Prozessleitrechnern oder SPS zu verbinden. Bei einem Bussystem sind alle diese Geräte an einer Leitung angeschlossen und einzeln adressierbar, so dass sich die Datenströme auf dem Bus nicht vermischen.

Für umfangreiche Steuerungen wird ein modulartiger Aufbau von SPSen angestrebt. Er erlaubt eine anwendungsspezifische Konfigurierung der Steuerung, bei der alle für die Aufgabe benötigten SPS-Komponenten zusammengestellt werden. Für eine einfachste Version benötigt man

- den Baugruppenträger bzw. einen Rahmen mit Rechnerbus,
- eine Stromversorgung,
- die Zentralbaugruppe und
- mindestens eine Ein- und Ausgabebaugruppe.

Die Abbildung 4.4-7 zeigt den prinzipiellen Aufbau modularer Speicherprogrammierbarer Steuerungen. Das Modularitätsprinzip lässt jeglichen Freiraum, die jeweilige SPS an den Umfang der Steuerungsaufgabe anzupassen. In der Rechnertechnik findet es bei fast allen Rechnerarten Anwendung. Bei der Einführung Speicherprogrammierbarer Steuerungen ist es zum Prinzip erhoben worden.

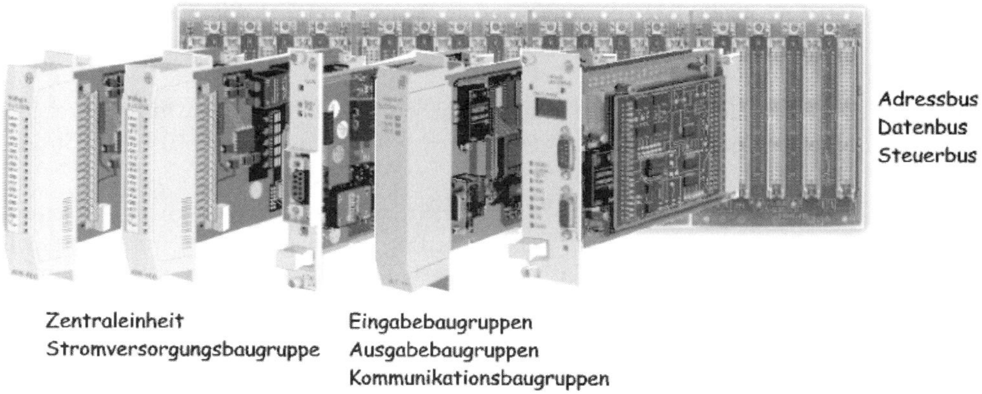

Abbildung 4.4-7: Modularer SPS-Aufbau

Der modulare Aufbau einer SPS erlaubt eine langfristige Aufgabenerfüllung, auch wenn über die Zeit weitere Anforderungen an den Prozess bzgl. der Anzahl der Prozessvariablen oder der Prozessgeschwindigkeit gestellt werden.

Für kleine Steuerungsaufgaben mit weniger als 8 Ein- und 8 Ausgängen stehen SPS-Geräte in Kompaktbauweise zur Verfügung. Gegenüber dem Modulaufbau sind sie eine kostengünstige und wirtschaftliche Alternative, aber auch gegenüber verbindungsprogrammierten Steuerungen wie Relais- und Schützsteuerungen.

Abbildung 4.4-8:
Kompakt-SPS
Quelle: Siemens AG

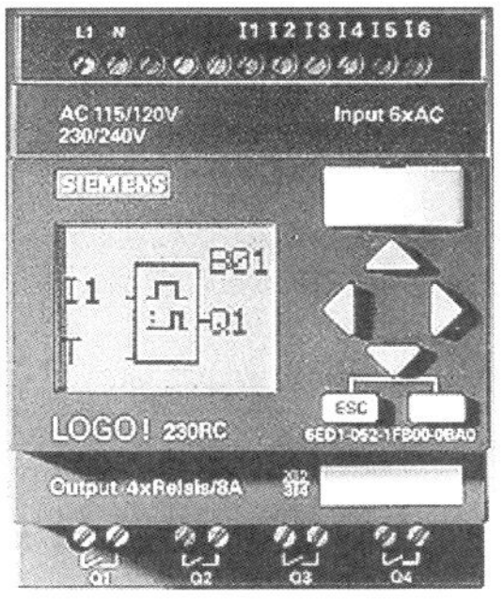

Als Beispielgerät einer Kompaktsteuerung besitzt die nebenstehende SPS sechs digitale Eingänge und vier schaltende Ausgänge.

Bei Speicherprogrammierbaren Steuerungen aller Typen ist die Zuverlässigkeit der Hard- und Software eine wichtige Forderung.

Sie lässt sich bzgl. des Hardware-Aufbaus durch

a) das definierte Verhalten bei Stromausfall mit automatischem Wiederanlauf,
b) den Schutz der gespeicherten Daten und Programme und
c) die Trennung zwischen Potentialen der SPS-E/A-Baugruppen und der Prozesshardware

beschreiben. Die Software muss ihren Teil zusätzlich beisteuern.

4.4.3 Software-Aufbau einer SPS

Die Programmierung Speicherprogrammierbarer Steuerungen (SPS) wird heute vorwiegend mit Programmiergeräten auf der Basis von PC-Geräten durchgeführt. Mit Hilfe komfortabler Entwicklungswerkzeuge lassen sich dort die SPS-Programme erstellen und auch austesten, bevor sie auf die SPS übertragen und gestartet werden. Die SPS ist über die E/A-Baugruppen mit dem Prozess verbunden. Die SPS-Arbeitskette stellt sich deshalb folgendermaßen dar:

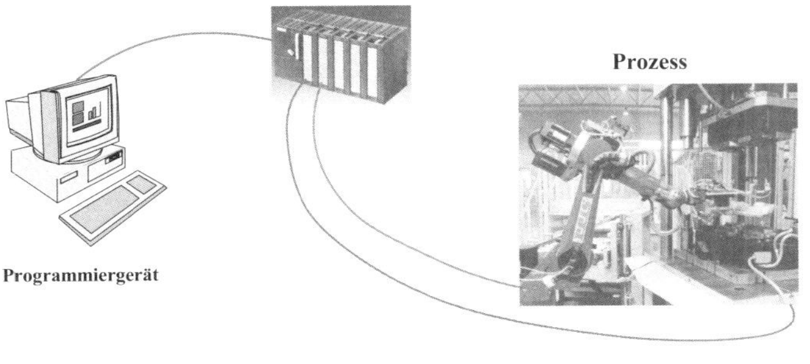

Abbildung 4.4-9:
SPS-Kette

In Abbildung 4.4-9 ist ein Labor-PC als Programmiergerät dargestellt. Auf ihm lässt sich eine Vielzahl von SPS-Funktionen für verschiedenste Prozessaufgaben in Bibliotheken ablegen. Die Erstentwicklung der SPS-Programme wird im Labor ausgeführt. Mit dem Einsatz von Laptops oder Notebooks als Programmiergeräte wird der Automatisierungsingenieur in die Lage versetzt, Umprogrammierungen und Erweiterungen, sowie Überprüfungen der SPS-Programme vor Ort im Feldbereich zusammen mit dem Originalprozess durchzuführen. Dabei muss er auf die im Labor gewohnte komfortable Programmierumgebung nicht mehr verzichten.

Das herstellerspezifische Betriebssystem macht aus einem universellen Mikroprozessor-System die beschriebene Zentralbaugruppe einer Speicherprogrammierbaren Steuerung. Die Firmware – eine in einem Nur-Lese-Speicher abgelegte Software – kann vom Anwender nicht verändert werden. Diese Basis-Software besitzt drei Aufgaben:

a) die Kommunikation mit dem Programmiergerät,
b) die Steuerung des Datenaustauschs zwischen Ein- bzw. Ausgabebaugruppen und Prozessabbild und
c) die Verarbeitung des Steuerungsprogramms durch verschiedene Betriebsarten.

4.4.3.1 Permanent zyklischer Betrieb

Speicherprogrammierbare Steuerungen führen in erster Linie Verknüpfungen nach den Regeln der Schaltalgebra aus. Die Art und Weise, in der die Daten zu verarbeiten sind, ist durch die Anweisungen des Steuerungsprogramms festgelegt.

Bei der Programmverarbeitung durch die Zentraleinheit werden über den Adresszähler die Adressen der Speicherzeilen mit dem Steuerungsprogramm angewählt und ausgeführt. Danach wird der Adresszähler um eine Adresseinheit erhöht und der nächste Steuerbefehl ausgeführt. Mit Sonderoperationen (z. B. Sprungbefehlen) können auch andere Adressen angewählt werden.

Am Programmende beginnt die Bearbeitung von vorne, so dass man von einer zyklischen Programmbearbeitung spricht, wie sie in Abbildung 4.4-10 dargestellt ist.

Beim Einschalten der Betriebsspannung wird der Prozessor in die Grundstellung gebracht und die Programmbearbeitung beginnt bei der Adresse 0, nachdem die Signalzustände der Eingangsvariablen der Eingabebaugruppen in das Prozessabbild (PAE) übertragen wurden. In der Darstellung wird der Befehl U E0.0 ausgeführt, was bedeutet, dass der Zustand der Prozessvariablen 0 von Eingabebaugruppe 0 erfragt und konjunktiv verknüpft werden soll. Die zweite Anweisung UN E1.2 legt den zweiten Operanden der Konjunktion fest. Es ist der Zustand der Bitvariablen 2 der Eingabebaugruppe 1, welcher vorher negiert wird. Das Ergebnis wird dem Bit 0 des Merkers 1 zugewiesen, usw.

Der Programmzyklus wird mit der Anweisung 16 (Befehl BE) beendet. Anschließend werden die Ausgabevariablen des Prozessabbilds (PAA) an die Ausgabebaugruppen übertragen; die reale Beeinflussung des Prozesses findet an dieser Stelle statt. Umgekehrt werden die Zustände der beteiligten Eingangsvariablen im Prozessabbild (PAE) abgelegt.

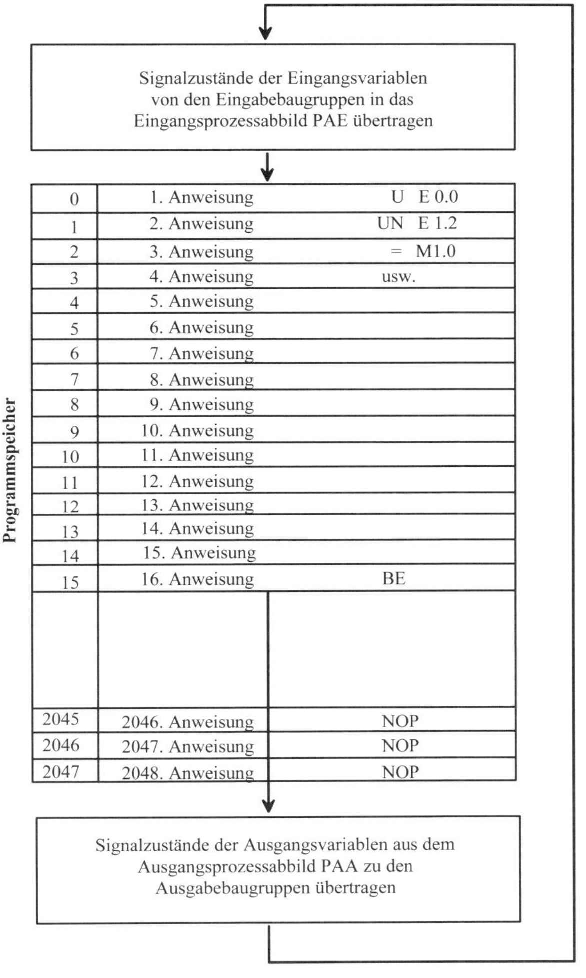

Abbildung 4.4-10: Permanenter zyklischer Betrieb einer SPS

Während eines Programmzyklus werden die Werte des Prozessabbilds verwendet. Die Anweisungen im Programm arbeiten nicht mit den tatsächlichen Zuständen des Prozesses; der Programmzyklus beginnt von neuem.

Für die Zyklusverarbeitung gibt es unterschiedliche Arten.

In der Regel besitzt ein SPS-Programm weniger Anweisungen als Programmspeicherzeilen zur Verfügung stehen. Die restlichen Zeilen können mit der Anweisung NOP (No Operation) aufgefüllt werden. Das Programm arbeitet dann den gesamten Programmspeicher ab und beginnt wieder bei der Adresse Null[1]. Für die Programmbearbeitung benötigt der Zentralprozessor eine konstante Zykluszeit, welche sich aus der Länge des Programmspeichers multipliziert mit der mittleren Befehlsausführungszeit berechnet.

Das Programmfragment der Abbildung 4.4-10 zeigt dagegen eine variable Zykluszeit. Am Ende eines kleineren Programms wird mit der Anweisung BE (**B**austein **E**nde) direkt zum Speicherbeginn gesprungen[1]. Damit hängt die Zykluszeit von der Anzahl der benötigten Steuerungsbefehle ab.

Während der Programmbearbeitung können die tatsächlichen Signalzustände des Prozesses nicht erfasst bzw. gesetzt werden. Auf das Prozessabbild greift allein das Betriebssystem zu. Während eines Programmzyklus liegen somit konsistente Zustandswerte vor, was erheblich zur Zuverlässigkeit von SPS-Programmen beiträgt. Dieses Sicherheitssystem verlängert jedoch die Reaktionszeit auf ein Prozessereignis.

---

[1] Die Bearbeitung des Prozessabbilds ist immer Bestandteil des Arbeitszyklus.

Wie die Abbildung 4.4-11 zeigt, hängt die Reaktionszeit nicht nur von den Zykluszeiten des Steuerprogramms, sondern auch vom Zeitpunkt des Ereignisses innerhalb eines Zyklus ab. Es wird erst mit dem nachfolgenden Einlesen des PAE vom SPS-Programm erkannt und bearbeitet. Umgekehrt wird die Programmreaktion auf dieses Ereignis erst nach dem Zyklus durch Ausgeben des PAA im Prozess wirksam.

Die Reaktionszeit beträgt deshalb im schlechtesten Fall:

$$T_{Reaktion} \approx 2 \cdot T_{Maxzyklus} \,. \qquad (4.4\text{-}1)$$

Bei dieser Abschätzung kommt die Zeit des längsten Programmzyklus in Frage. Dieser wird gerade dann erreicht, wenn der Prozess in eine kritische Phase eintritt. In solchen Fällen muss ein zusätzliches Abfragen und Überprüfen von Prozessinformationen durchgeführt werden, was nur durch die Bearbeitung zusätzlicher Softwarefunktionen erreicht wird.

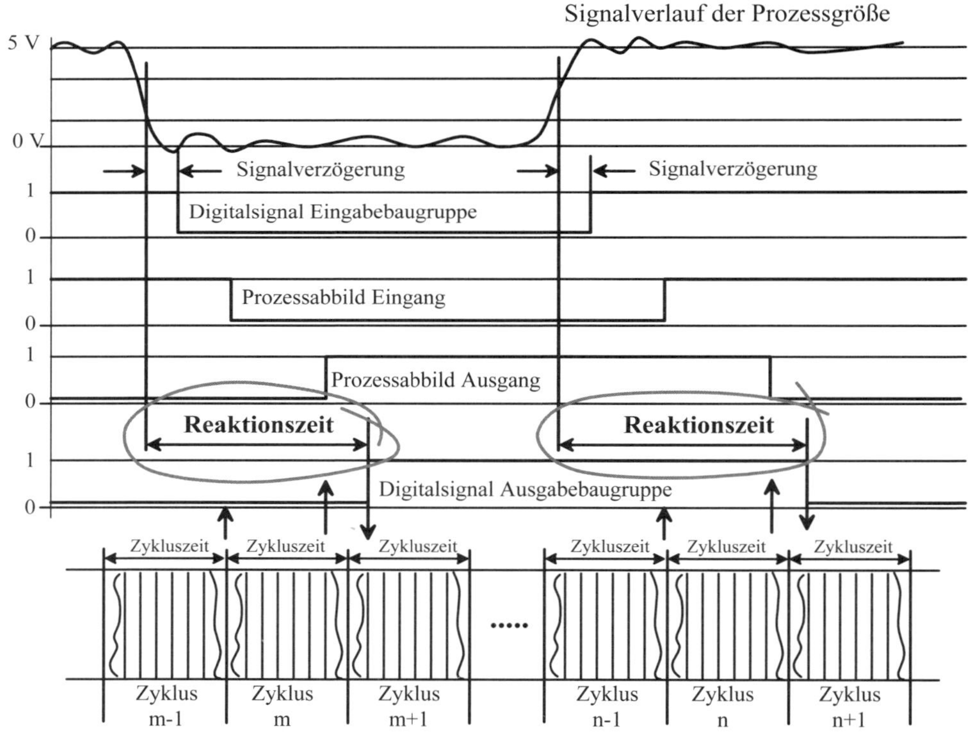

Abbildung 4.4-11: Zur Reaktionszeit einer SPS

Das Betriebssystem eines Rechners stellt die Schnittstelle zum Anwender dar. Dieser hat die Aufgabe, sein Problem mit einer Programmiersprache in ein Anwenderprogramm zu fassen. Für Speicherprogrammierbare Steuerungen werden dazu Fachsprachen bereitgestellt, welche den spezifischen Aufgabenstellungen der Steuerungstechnik Rechnung tragen. Sie sollen den heutigen Anforderungen eines wohlstrukturierten Programmaufbaus entsprechen. Die strukturierte Softwareentwicklung der bekannten Universalsprachen dient als Vorbild für die SPS-Programmierung.

Die Anwendersoftware einer SPS ist äquivalent zu ihrem Hardware-Aufbau in Programmteile untergliedert. Sie werden als **Bausteine** bezeichnet und beinhalten funktionell unabhängige Programme. Sie stellen die Schnittstelle zwischen Hersteller-Betriebssystem der SPS und der Anwendung dar und bieten eine überschaubare Struktur für die Anwenderprogramm-Entwicklung (software engineering).

Diese Bausteine können in fünf Kategorien eingeteilt werden:

- **Organisationsbausteine (OB)** bilden die direkte Schnittstelle zwischen dem Betriebssystem und dem Anwenderprogramm; sie besitzen eine Steuerfunktion für SPS-Programme. Mit ihrer Hilfe können Programme gezielt für
  - den definierten Anlauf des Prozessors,
  - die zyklische oder zeitlich getaktete Ausführung,
  - die Bearbeitung von Fehlern,
  - die Reaktion auf Prozess- und Kommunikationsalarme und
  - die zeitgerechte Bearbeitung von Aufträgen

  in die Lage versetzt werden. Die Organisationsbausteine enthalten wiederum wesentliche Funktionen und Sprunganweisungen zu anderen Bausteinen.
- **Programmbausteine** (PB) sind zur Programmierung funktionell abgeschlossener Programmteile geeignet, welche nicht parametrisiert zu werden brauchen. Es sind Codebausteine mit „Gedächtnis", welche ihre Datenparameter speichern und bei erneutem Aufruf wieder parat stellen. Sie dienen zur Strukturierung des Anwenderprogramms in technologisch zusammengehörende Steuerungsanweisungen. Aus ihnen heraus können weitere Programmbausteine oder auch Funktionsbausteine aufgerufen werden.
- **Funktionsbausteine** (FB) sind im Gegensatz zu Programmbausteinen zur Programmierung von Funktionen mit Parameterübergabe geeignet. Sie besitzen damit kein „Gedächtnis“ und werden zur Programmierung häufig wiederkehrender und komplexer Funktionen verwendet. Bei jedem Aufruf werden sie mit aktuell neuen Parametern versorgt, mit denen entsprechende Steuerfunktionen ablaufen. Funktionsbausteine können deshalb in einem SPS-Programm beliebig oft eingesetzt werden.

Die SPS-Hersteller stellen eine Fülle von Funktionen für immer wiederkehrende Steuerungsaufgaben in einem Teil des Programmspeichers zur Verfügung. Dazu zählen u. a.:

- Funktionen zur Programmkontrolle,
- Arithmetische Funktionen,
- Zeit-, Uhr- und Betriebsstundenfunktionen,
- Frequenz- und Zählfunktionen,
- Programme für die Systemdiagnose,
- Funktionen für die Aktualisierung des Prozessabbilds,
- Regelalgorithmen und
- Kommunikationsfunktionen mit externen Geräten.

Die Funktionsbausteine werden in Baustein-Bibliotheken angeboten. Neben einer Standard-Bibliothek stellen Hersteller darüber hinaus eigene Baustein-Bibliotheken zur Verfügung.

- **Datenbausteine** (DB) bieten Platz zur nichtremanenten Zwischenspeicherung von Berechnungsergebnissen. Sie enthalten konstante und variable Daten unterschiedlichen Typs. Mit Ladebefehlen kann aus den Programm- und Funktionsbausteinen auf die Daten zugegriffen werden.
- **Schrittbausteine** (SB) eignen sich speziell zur Programmierung von Ablaufsteuerungen. Solche Bausteine enthalten die einzelnen Schrittketten mit Schrittanweisungen und Weiterschaltbedingungen. Hersteller bieten zur Erstellung dieser Bausteinart besondere Entwicklungswerkzeuge an.

Das Betriebssystem der SPS ruft bei Betriebsbeginn meistens den **Organisationsbaustein OB1** auf, der seinerseits die Aktivierung weiterer Bausteine einleitet. Aus ihm heraus werden weitere Programmbausteine angestoßen. Mit dem Erreichen der Ende-Markierung BE des Bausteins OB1 ist der Programmzyklus beendet. Will man definierte Zustände vor dem zyklischen Betrieb schaffen, kann man weitere Organisationsbausteine dazu verwenden, um gezielte Aktionen bei einem manuellen oder automatischen Neustart ausführen zu lassen. Die Abbildung 4.4-12 zeigt diese Möglichkeiten auf.

Vom Anwender können Anlauf-Organisationsbausteine zur Verfügung gestellt werden, welche zu Beginn des SPS-Betriebs einmalig ausgeführt werden. Mit ihnen können z. B. Prozessgrößen gezielt eingestellt werden. Den zyklischen Betrieb organisiert das Betriebssystem über den Baustein OB1 selbst. Im Beispiel ruft der Baustein OB1 den Programmbaustein PB1 und PB2 auf. Im Programmteil PB1 wird allein auf den Datenbaustein DB1 zugegriffen, während in PB2 die Funktionen des Funktionsbausteins FB20 und FB21 an verschiedenen Stellen ausgeführt werden. Diese wiederum benutzen Daten des Bausteins DB20.

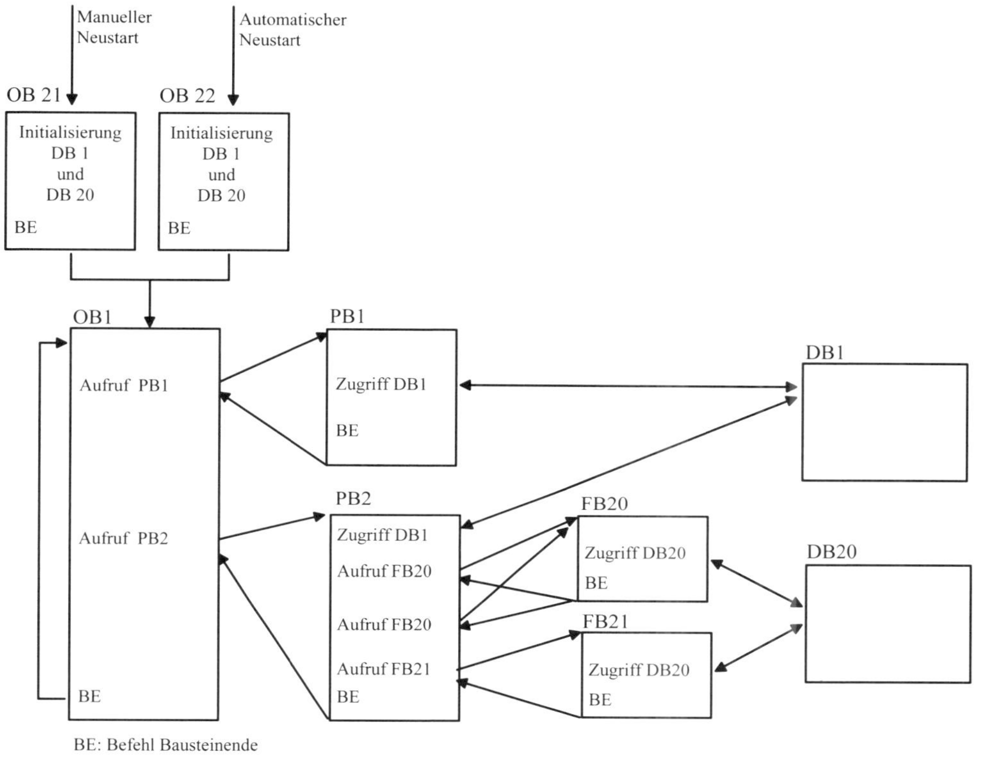

Abbildung 4.4-12: Aufbau eines SPS-Programmsystems mit Bausteinen

4.4.3.2 Zusätzliche Betriebsarten

Gibt es in einer Steuerungsaufgabe Ereignisse, die extrem schnelle Reaktionen erfordern und durch die zyklische Bearbeitung im OB1 nicht sichergestellt werden können, muss eine ereignisgesteuerte Bearbeitung erfolgen. Dazu existiert bei Speicherprogrammierbaren Steuerungen der alarmgesteuerte Betrieb.

Alarmgesteuerter Betrieb

Entsprechend den Darlegungen zu rechnergestützten Automatisierungssystemen in Abschnitt 4.4.1, besitzen SPSen ebenfalls Programm-Unterbrechungssysteme. Spezielle Eingabebaugruppen (sog. Baugruppen mit Alarmbearbeitung) können Interruptsignale des Prozessors auslösen. Diese führen zur vorrangigen Bearbeitung von Alarm-OBs (oftmals OB2 bis OB9); der permanent zyklische Betrieb wird für diese Zeit unterbrochen. Durch die Alarm-Bausteine werden die zeitkritischen Aufgaben der Prozesssteuerung bearbeitet; anschließend wird die unterbrochene Bearbeitung des OB1 an der alten Stelle weitergeführt.

Muss eine Steuerung zu bestimmten Zeitpunkten gewisse Aufgaben erledigen, steht eine weitere Betriebsart zur Verfügung.

Zeitgesteuerter Betrieb

Die Anweisungen im Organisationsbaustein OB1 werden sukzessive zyklisch ausgeführt. Er ist ungeeignet für die Bearbeitung von Aufgaben, welche zu regelmäßigen Zeitpunkten erledigt werden müssen. Nur durch aufwendige Datenvergleiche könnten u. a. die Zeitabstände für diese Aufgaben innerhalb des permanent zyklischen Betriebs bestimmt werden; die Folge ist eine unnötige Belastung der CPU.

Eleganter löst eine SPS diese Anforderung mit dem zeitgesteuerten Betrieb, wozu wiederum Sonder-Organisationsbausteine (meist OB10 - OB18) für programmierte Teilfunktionen bereitstehen. Sie werden im Abstand fest definierter Zeitintervalle (10 ms bis 5 s) automatisch vom Betriebssystem aufgerufen.

Anlauf-Betrieb

Die Hauptbetriebsart einer SPS ist der permanent zyklische Betrieb. Die weiteren Betriebsarten, alarm- und zeitgesteuerter Betrieb, stellen sich nicht als **alternative** Form der Aufgabenbearbeitung durch die SPS dar. Sie sind Ergänzungen, mit welchen während des Dauerbetriebs die beschriebenen Aufgaben gezielt bearbeitet werden können. Der **Anlauf-Betrieb** einer SPS ist bereits in Abbildung 4.4-12 dargestellt. Dieser dient zur Schaffung definierter Anfangszustände von Ausgabesignalen und auch zur Initialisierung von Datenbausteinen.

4.4.4 SPS-Programmiersprachen

Die Programmierer von Speicherprogrammierbaren Steuerungen brauchen keine ausgewiesenen Fachleute der Datenverarbeitung sein; ihre fachliche Herkunft ist vorwiegend dem Bereich der Elektrotechnik, des Maschinenbaus und der Feinwerktechnik zuzuordnen, wenn sie nicht speziell in der Automatisierungstechnik ausgebildet wurden.

Für Rechner existiert eine Vielzahl von Programmiersprachen. Die Speicherprogrammierbare Steuerung ist ein spezieller Rechnertypus. SPS-Programme sollen sich einfach erstellen lassen.

Deshalb haben sich Fachsprachen für die SPS-Programmierung durchgesetzt. Sie sind leicht erlernbar und lehnen sich an die Beschreibungsformen kombinatorischer und sequentieller Steuerungen an.

Die SPS-Programmiertechnik hat sich von vier unterschiedlichen Ansätzen her entwickelt. Ein Ausgangspunkt war die maschinennahe Programmierung von Mikroprozessoren mit Hilfe von Assemblersprachen. Daraus entwickelte sich die Normsprache **Anweisungsliste**, die den Assemblersprachen ähnlich ist. Auf der anderen Seite übernahmen die Elektrotechniker ihre bekannten Stromlaufpläne für verdrahtete Schaltungen und die Elektroniker ihre digitalen Schaltpläne mit den Symbolen zur anschaulichen Programmierung der „neuen Steuerungen“. Aus ihnen heraus entwickelten sich der **Kontaktplan** und der **Funktionsplan**. Die Softwarespezialisten standen diesem Ansinnen nicht nach und erschufen die

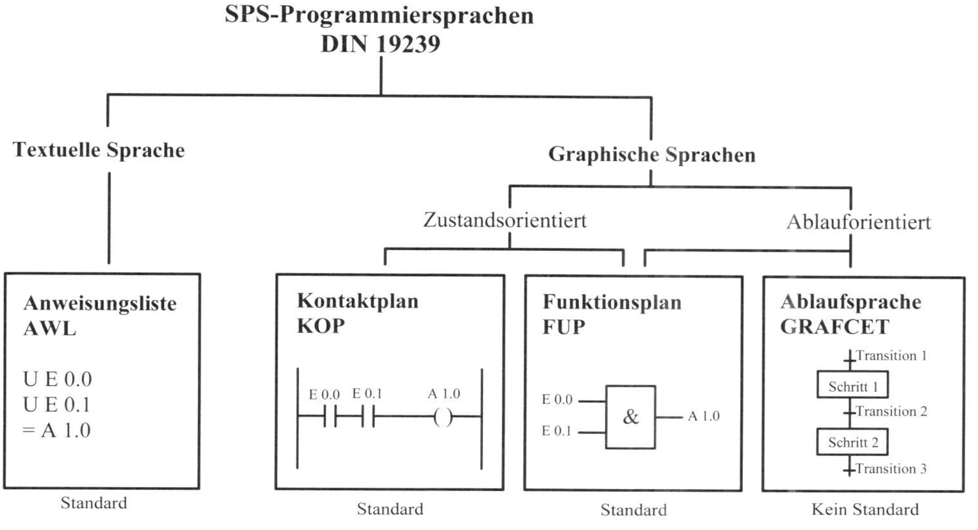

Abbildung 4.4-13: „Alte" SPS-Programmiersprachen

Sprachform des **Strukturierten Textes**, welche zu heutigen problemorientierten Hochsprachen äquivalent ist. Die Ablaufsprache für Ablaufsteuerungen kommt als neuere Sprache hinzu, welche teilweise auf bekannte Sprachelemente zurückgreift.

Ähnlich wie bei anderen Programmiersprachentechniken, haben sich Dialekte bei den aufgelisteten Sprachen herausgebildet, obwohl Normen (DIN 40719, DIN 19239, VDI 2880, IEC 848, ICS-3-304) für die verschiedenen Sprachformen geschaffen wurden. Die Zeit wurde deshalb für einen neuen Standard reif, welcher unter dem Namen IEC-Standard 1131 zusammengefasst ist. Er wird im nachfolgenden Kapitel dargestellt.

Vorher werden aber die Grundzüge der drei Standardsprachen erläutert, welche sich an die bekannten Beschreibungsformen für Steuerungen anlehnen.

4.4.4.1 Kontaktplan (KOP)

Beim **Kontaktplan** wird das SPS-Programm als Verkettung von Schalt- und Relaiskontakten dargestellt. Er entspricht dem bekannten **Kontaktplan** für Steuerungen, dessen Herkunft der Stromlaufplan aus der Elektrotechnik ist.

Als Beispiel eines Kontaktplans stellen wir die Funktion eines dominierend rücksetzenden RS-Flipflops dar:

Abbildung 4.4-14: KOP RS-Flipflop

Der Ausgang wird durch die Schließung des Kontakts E1.0 (≡ Set) dauerhaft gesetzt. Erst das Öffnen des Kontakts E2.0 (≡ Reset) setzt den Ausgang A1.0 zurück. Die Rückkopplung des Ausgangs A1.0 als ODER-Funktion ist im KOP jederzeit erlaubt.

Die Symbole des KOP sind dieselben wie die des Kontaktplans für Steuerungen. Sie sind in Abbildung 4.3-30 dargestellt. Im KOP werden sie mit Namen versehen, welche die Operanden der Steuerungsfunktionen angeben. Nach der Norm werden für sie folgende Kennzeichen und Parameter verwendet:

Tabelle 4.4-1: Kennzeichnung von Symbolen des KOP

Kennzeichen von Operanden:		
E	Eingangssignal	Zugriff auf das Prozessabbild der Eingänge
A	Ausgangssignal	Zugriff auf das Prozessabbild der Ausgänge
M	Merker	Dienen zur Speicherung von Zwischenergebnissen
T	Zeitglied	Zur Realisierung von Zeitfunktionen
Z	Zähler	Zur Realisierung von Zählfunktionen
K	Konstante	Zahlenwerte und Textzeichen
P	Peripherie	Direkter Zugriff auf die Baugruppen
DB, PB, FB, OB	Bausteine	Zugriff auf die Bausteine einer SPS

Zusatzkennzeichen:		
B	Byte	Der Operand setzt sich aus 8 Bit (1 Byte) zusammen
W	Wort	2 Byte (16 Bit)
D	Doppelwort	4 Byte (32 Bit)
A	Analog	Der Operand ist ein Analogwert
Keine Angabe:	Es wird ein Bit adressiert	

Parameter:		
n.m	Byte-Adresse	n ≡ Nummer des Byte
	Bit-Adresse	m ≡ Nummer des Bit (optionale Angabe)

Beispiel:	
AP 3.0	Ausgangssignal ist das Binärsignal 0 der Baugruppe 3

In der Regel besitzen die Baugruppen jeweils acht Signalinformationen. Diese werden als ein Byte zusammengefasst. Die sonstigen Daten der Datenbausteine und des Prozessabbilds besitzen dieselbe Struktur.

Reichen bei der Programmierung die angegebenen Kontakte (Schließer und Öffner) nicht aus, stehen Funktionsblöcke zur Verfügung. Neben den Grundfunktionen für Schaltwerke gibt es Zeit- und Zählfunktionen. Weitere Funktionen werden meist vom SPS-Hersteller zusätzlich zur Verfügung gestellt.

Die Reihenfolge der Programmbearbeitung im Kontaktplan wird Strompfad für Strompfad von oben nach unten ausgeführt. Deshalb sind keine Sprünge zu anderen Programmstellen, sprich Strompfaden, möglich. Eine an Bedingungen geknüpfte Programmausführung ist nur mühsam programmtechnisch zu realisieren.

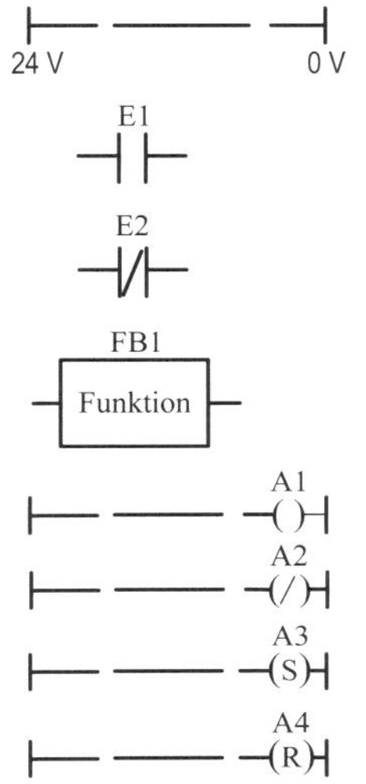

Strompfad

Abfrage Signalzustand E1

Negierte Abfrage Signalzustand E2

Funktion FB1 anwenden
z. B. RS-Flipflop

Zuweisung Ausgang A1

Negierte Zuweisung Ausgang A2

Setzen von Ausgang A3

Rücksetzen von Ausgang A4

Abbildung 4.4-15: Symbole Kontaktplan

Trotzdem ist die Programmiersprache **Kontaktplan** für SPSen aus Gründen ihrer Anschaulichkeit vollständig in die neue Norm IEC 1131 übernommen. Dort sind neue Kontakt- und Spulenelemente und Erweiterungen hinzugefügt, welche die beschriebenen Nachteile beheben.

4.4.4.2 Anweisungsliste (AWL)

Die **Anweisungsliste** ist eine assemblerähnliche (vereinheitlichte) Programmiersprache. Sie bietet dem Programmierer zur Formulierung der Anwenderprogramme die vielfältigsten Möglichkeiten. Er unterliegt keinen Einschränkungen, wie sie beim graphischen Kontaktplan vorhanden sind.

Bei der AWL werden die logischen Gleichungen der Schaltalgebra zeilenweise formuliert. Sie besteht aus einer Folge von Anweisungen mit ihren Operanden.

Das nebenstehende Beispiel zeigt die Anweisungsliste für das RS-Flipflop. Es entspricht dem KOP-Beispiel der Abbildung 4.4-14 und besagt:

```
L    E1.0
O    A1.0
UN   E2.0
=    A1.0
```

Programm 4.4-1: AWL SR-Flipflop

Lade das Eingangssignal E1.0 und verknüpfe es disjunktiv mit dem Ausgangssignal A1.0;

danach verschalte das Ergebnis mit dem invertierten Eingangssignal E2.0 und weise das Ergebnis dem Ausgangssignal A1.0 zu. Die Anzahl der Operanden ist für die Grundfunktionen der Schaltalgebra nicht beschränkt; sie werden Zeile für Zeile angehängt.

Jede Steueranweisung setzt sich aus der Operation mit ihrem Operandenteil zusammen. In einfachster Form sieht ein SPS-Befehl folgendermaßen aus:

	Steuerungsanweisung		
	Operator	Operand	
		Operandenkennzeichen	Parameter
Beispiel:	UN	E	1.0

Zur Bearbeitung logischer Variablen und zur Programmorganisation existieren nach DIN 19239 die Anweisungen der Tabelle 4.4-2. Die Operandenkennzeichnung richtet sich nach den Angaben des Kontaktplans aus Abschnitt 4.4.4.1.

Jeder Anweisungszeile kann eine Marke (mit abschließendem Doppelpunkt) vorangestellt sein. Von jeder Stelle aus kann das Steuerprogramm seine Ausführung durch die Anwendung der Sprungbefehle an diesen Programmstellen fortführen.

Die SPS bearbeitet jeden Befehl einer Zeile derart, dass sein Operationsergebnis (Verknüpfungsergebnis) als Binärwert in einem prozessorinternen Bit-Register gespeichert wird. Am Beispiel des Programm 4.4-1 lässt sich dieses Verhalten zeigen:

Die erste Zeile des Flipflop-Programms (L E1.0) speichert den Binärwert des Signals E1.0. Die zweite Anweisung (O A1.0) fragt zuerst den Ausgang A1.0 ab und verknüpft dieses Resultat mit dem vorher gespeicherten Signalwert E1.0. Das Verknüpfungsergebnis wird dann am Ende der Anweisung erneut im Bitregister gespeichert. Anschließend führt die SPS die weiteren Befehle nach demselben Schema aus.

Wie bei allen maschinennahen Programmiersprachen kann der Programmablauf leider nur eingeschränkt wohlstrukturiert gestaltet werden. Bei Speicherprogrammierbaren Steuerungen müssen dazu Sprungbefehle zu internen Programmanweisungen und Bausteinen verwendet werden. Mit diesen lässt sich eine strukturierte Programmiertechnik in Maßen realisieren. Die nachfolgenden Anweisungen dienen dieser Verbesserung:

Anweisung		**Aktion**
SPA	FB 10	Unbedingter Sprung zum Funktionsbaustein FB 10. Der Aufruf des FB 10 wird immer ausgeführt.
SPB	PB 20	Bedingter Sprung zum Programmbaustein PB 20. Der Sprung wird ausgeführt, wenn das vorherige Verknüpfungsergebnis wahr ist.
A	DB 10	Aufrufen bzw. Aktivieren des Datenbausteins DB 10. Der Datenbaustein bleibt bis zum Aufruf eines anderen aktiv. Mit dem Befehl **L DW 5** wird das Datenwort 5 des aktiven DB in den Prozessor geladen.

Tabelle 4.4-2: SPS-Befehle[1]

Befehlsmnemonik	**Operation**
U	UND (Konjunktion)
UN	UND NICHT (Konjunktion mit Negation)
O	ODER (Disjunktion)
ON	ODER NICHT (Disjunktion mit Negation)
S	Setzen eines Speichers
R	Zurücksetzen eines Speichers
ZV	Vorwärts zählen
ZR	Rückwärts zählen
SI, SV SE, SS, SA	Zeitfunktionen: Impuls, verlängerter Impuls, Einschaltverzögerung, speichernde Einschaltverzögerung, Ausschaltverzögerung
ADD, +F	Addieren
SUB, -F	Subtrahieren
MUL, ·F	Multiplizieren
DIV, :F	Dividieren
GR, GRG, >F, >=F	Vergleichen: Größer, Größer gleich
GL, =F	Vergleichen: Gleich
KL, KLG, <F, <=F	Vergleichen: Kleiner, Kleiner gleich
=	Zuweisung
NOP	Keine Operation
L, T	Laden, Transferieren eines Operanden
( )	Öffnen und Schließen eines Verknüpfungszweiges
A	Aktivieren eines Datenbausteins
SP	Absoluter Sprung zu anderer Programmstelle
SPB	Bedingter Sprung zu anderer Programmstelle
BA	Unbedingter Aufruf eines Bausteins
BAB	Bedingter Aufruf eines Bausteins
BE (BEB, BEA)	Baustein Ende (bedingt, absolut)
PE	Programm Ende

In der „neuen“ DIN IEC 1131 wurde die Programmiersprache in Form der Anweisungsliste mit dem Unterschied beibehalten, dass dort angelsächsische Abkürzungen für die Befehlsmnemonik verwendet werden; auch wurde der Befehlsumfang erweitert.

Es hat immer wieder Versuche gegeben, eine höhere Programmiersprache für die Programmierung der SPSen bereitzustellen. Insbesondere wurde danach gefragt, ob sich die Sprachen C oder Pascal dafür eignen. Die Festlegung der Sprache ST (Strukturierter Text) ist das Ergebnis dieser Bemühungen. Sie wurde im Rahmen des Standards DIN IEC 1131 neu festgeschrieben. Jedoch überwiegt heute noch die maschinennahe Programmierung in Form der AWL.

4.4.4.3 Funktionsplan (FUP)

Die Programmierart in Form des **Funktionsplans** lehnt sich weitgehend an die gleichnamige Beschreibungsform zur Darstellung von Schaltnetzen und -werken an (Logikplan und Funktionsplan).

Der Funktionsplan setzt sich aus Funktionsblöcken

[1] Die angegebenen Befehle sind ein Auszug aus der DIN 19239 und aus der verbreiteten SPS-Sprache STEP5 (Fa. Siemens AG)

zusammen, die über Wirkungslinien mit bzw. ohne Negationen untereinander verknüpft sind. Jede logische Verknüpfung wird durch einen Funktionsblock mit entsprechendem Symbol dargestellt. Die Symbole werden in den Normen DIN 19236, DIN 40700 und DIN 40900 beschrieben. Dabei unterscheidet man zwischen Symbolen für Verknüpfungssteuerungen und Ablaufsteuerungen.

Der FUP stellt eine Beziehung zwischen den Eingangs- und Ausgangssignalen der SPS her. Für Verknüpfungssteuerungen wird der Signalfluss im Plan von links nach rechts dargestellt. So gestaltet sich der Funktionsplan für das RS-Flipflop mit Hilfe der bekannten Grundfunktionen folgendermaßen:

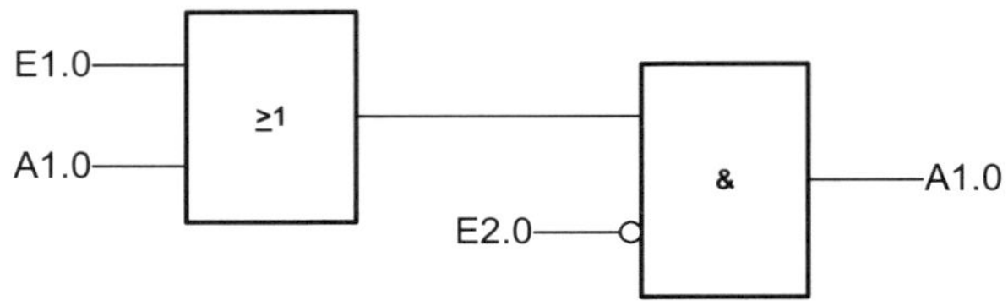

Abbildung 4.4-16: FUP RS-Flipflop

Der Funktionsplan ist für Ingenieure, die dem Fachgebiet der Automatisierungstechnik nicht direkt zugeordnet werden können, ein leicht verständliches Hilfsmittel der Programmdarstellung. Er dient auch zwischen Anwendern, Herstellern und Entwicklern von Steuerungen als gutes Verständigungsmittel.

Die wichtigsten FUP-Symbole sind in nachfolgender Abbildung aufgelistet. Sie bilden die Grundlage des zustandsorientierten Funktionsplans (Logikplans).

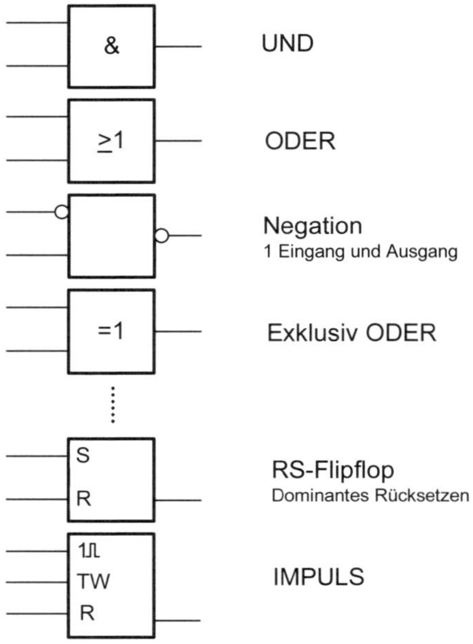

Abbildung 4.4-17: Symbole Funktionsplan (Auswahl)

Der Funktionsplan erlaubt, wie der Kontaktplan, keine Programmsprünge und konditionierte Unterprogrammbearbeitung. Trotzdem wird er sehr häufig zur Realisierung von Steuerungen benutzt.

Für Ablaufsteuerungen verwendet er zusätzlich die Symbole der Schrittketten, wie sie in Abschnitt 4.3.6 graphisch angegeben und definiert sind. Ein einzelner Steuerungszustand wird durch das Schrittsymbol der Abbildung 4.4-18 beschrieben. Es kennzeichnet die Weiterschaltbedingungen und die für diesen Schritt notwendigen Steuerungsanweisungen.

Die Struktur der Ablaufkette wird aus seriell bzw. parallel angeordneten Schrittsymbolen aufgebaut. Dazu sind zwei unterschiedliche Darstellungsformen in Umlauf. In diesem Lehrbuch wird vorwiegend die Ausprägung nach DIN 40719 verwendet. Zusätzlich ist die Norm nach IEC-SC65A zu erwähnen, deren Symbolik exemplarisch in Abbildung 4.4-13 für die Ablaufsprache AS zu sehen ist.

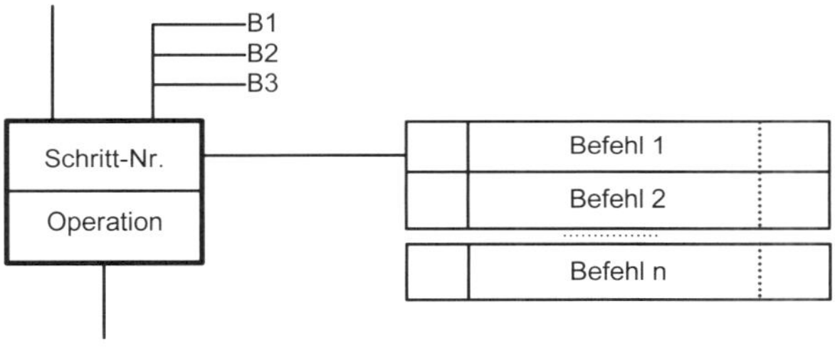

Abbildung 4.4-18: Schrittsymbol Funktionsplan

Die Darstellung der einzelnen Schritte bedient sich der Programmiersprachen FUP mit Funktionsblöcken, KOP oder AWL. Zur Programmierung von Ablaufsteuerungen mit Entwicklungssystemen hat sich bislang noch keine einheitliche Form herausgebildet. Als eine der ersten Programmierumgebungen kann das französische Softwareprodukt GRAFCET (Fa. Telemecanique) genannt werden. Als weiteres ist das Paket GRAPH 5 zur Programmierung der weit verbreiteten Steuerungssysteme SIMATIC S5/S7 (Fa. Siemens) zu erwähnen.

Es sei auch angemerkt, dass sich die Programmiersprache FUP in der neuen Norm DIN IEC 1131 wieder findet. Dort wird sie als **Funktionsbausteinsprache** (FBS) bezeichnet und ist so erweitert, dass mit ihr eine Programmiersprache auf heutigem Stand der Technik vorliegt.

Der Entwickler von Speicherprogrammierbaren Steuerungen hat letztlich selbst zu entscheiden, mit welcher Sprachform er seine Aufgaben lösen möchte. Jede der dargelegten Programmierarten hat ihre Vor- und Nachteile. Die graphischen Sprachen besitzen den Vorteil, dass sie von vielen leicht verstanden werden. Sie stellen deshalb die Steuerungsstruktur für Nichtfachleute sehr verständlich dar, so dass bei Gesprächen zwischen unterschiedlich ausgebildeten Personengruppen ein ausreichendes Verständnis über den Steuerungsvorgang erzielt werden kann. Der Funktionsplan genießt vor dem Kontaktplan die größere Beliebtheit.

Die Anweisungsliste scheint als textorientierte und maschinennahe Programmiersprache an Bedeutung zu verlieren. Die Hochsprache ST kann an deren Stelle treten. Für SPS-Experten ist sie jedoch weiterhin die Programmierform, da in ihr gezielt und sehr kompakt die Steuerungsaufgaben gelöst werden können. Mit ihr können komplexe Funktionen und Funktionsbausteine am einfachsten angesprochen werden. Der Programmierer muss allerdings mit der Anweisungsliste umgehen können.

4.4.5 SPS-Standard EN 61131 (IEC 1131)[1]

Die Anforderungen an die Automatisierungstechnik steigen stetig. Zur Produktionsoptimierung müssen immer komplexere Anlagen und Maschinen automatisiert werden, wozu viele einzelne Steuerungen allein nicht mehr in der Lage sind. Jede einzelne SPS übernimmt für sich die Kontrolle über einen Maschinen- bzw. Anlagenteil. Im Verbund müssen sie jedoch nach Vorgaben zusammenwirken können. In den Anfangsjahren der rechnergestützten Automatisierungstechnik hat ein Rechner alle anfallenden Prozesssignale zentral gesammelt und verarbeitet. Mit dezentral organisierten autarken Systemen lassen sich umfangreichere Steuerungsaufgaben lösen. Diese müssen untereinander und mit übergeordneten Rechnern gekoppelt sein. Es entsteht ein Prozessleitsystem mit seinen Hierarchieebenen. Die Abbildung 4.4-19 stellt ein solches Prozessleitsystem mit seinen Schichten dar.

Die Aufgaben der Steuerungs- und Regelungstechnik lokalisieren sich auf den beiden untersten Ebenen, der Aktor/Sensorebene (auch als Feldebene bezeichnet) und der Steuerungsebene. Dort tauchen u. a. auch die Speicherprogrammierbaren Steuerungen auf. Die

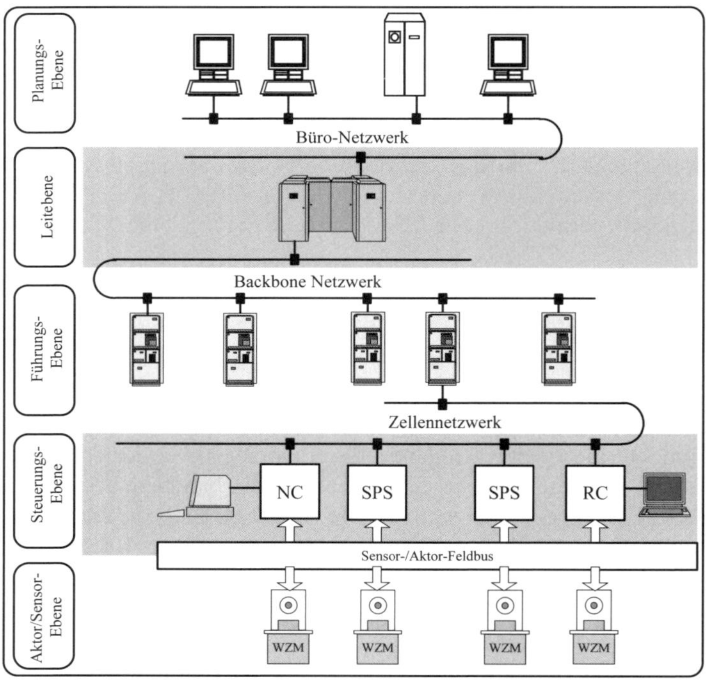

Abbildung 4.4-19: Prozessleitebenen

[1] Die Abkürzung **EN** steht für **E**uropäische **N**orm, **IEC** für **I**nternational **E**lectronical **C**ommission.

numerischen Steuerungen (NC) fallen unter dieselbe Gerätekategorie; sie besitzen nur andere Aufgabenstellungen.

Die Steuerungen sind über Schnittstellen (z. B. Sensor/Aktor-Feldbusse) mit den Maschinen und Anlagen verbunden, an denen die Messwertaufnehmer (Sensoren) und Stellglieder bzw. Stellantriebe (Aktoren) angebracht sind.

Für diese Verwendung benötigen heutige SPS-Geräte entsprechende Schnittstellen auf Hard- und Softwarebasis. Der modulare Hardwareaufbau einer SPS stellt dazu Kommunikationsbaugruppen für die gängigsten Netzwerke und Feldbussysteme zur Verfügung.

Nach den bisherigen SPS-Standards werden seitens der Software keine Kommunikationsfunktionen für die Programmierung von Steuerungen aufgeführt, welche im Verbund arbeiten. Der Programmierer von Steuerungsverbund-Systemen muss mit Hilfe dort vorhandener Sprachelemente die Kommunikation zwischen SPS-Einheiten selbst gestalten; evtl. werden vom Hersteller entsprechende Programme (Funktionsbausteine) zur Verfügung gestellt. Der Informationsaustausch zwischen unterschiedlichen SPS-Fabrikaten verlangt meistens einen zusätzlichen Programmieraufwand.

Ein neuer SPS-Standard muss sich diesem Problem stellen und Festlegungen zum Daten- und Programmaustausch zwischen Steuerungssystemen treffen. Die Unterschiede zwischen dezentralen Prozessleitsystemen und Speicherprogrammierbaren Steuerungen werden immer mehr gradueller und nicht prinzipieller Art sein. In solchen Strukturen wird man Prozessrechner, SPS, Personal-Computer und NC-Systeme gleichberechtigt nebeneinander vorfinden. Die SPS hat dabei die maschinennahe Echtzeitverarbeitung zu erfüllen.

Ein weiterer Grund für eine neue Norm liegt in der Tatsache, dass die heutigen SPS-Sprachen nicht einheitlich, sondern oft nur auf einem Gerätetyp eines Herstellers ablauffähig sind. Hinzu kommt, dass bis dato nur die maschinennahe Programmiersprache AWL existiert, mit welcher meist ein hoher Programmieraufwand verbunden ist. Dringend notwendig erscheint die Bereitstellung einer problemorientierten SPS-Sprache, ähnlich den Hochsprachen C bzw. Pascal. In solchen können viele Probleme wesentlich schneller gelöste werden. Die heutige Entwicklung zur objektorientierten Programmiersprache hin sollte nicht unerwähnt bleiben.

Der neue Standard EN 61131 möchte eine Lösung für diese Einschränkungen anbieten. Die Bezeichnung IEC 1131 ist in Fachkreisen die gebräuchlichere.

In der **Norm EN 61131 (IEC 1131)** ist der bisher umfassendste Versuch unternommen, die Technologie der Speicherprogrammierbaren Steuerungen mit all ihren Komponenten (Hard- und Software) zu definieren und zu standardisieren. Dazu wird in mehreren Normteilen die Gesamtpalette beschrieben, um Antworten auf die dargelegte Problematik zu geben:

Teil 1: Allgemeine Informationen (General Information)

Der erste Teil EN 16131-1 (IEC 1131-1) besitzt den Standard „Internationaler Standard“ (IS). Darin werden das technische Umfeld beschrieben und dessen Begrifflichkeiten definiert. Darüber hinaus werden Verbindungen zu benachbarten Standards aufgezeigt.

Teil 2: Ausrüstungen und Testanordnungen (Equipment and Test Requirements)

Als Voraussetzung der Softwarestandardisierung für SPSen wird in diesem Teil der Norm ein allgemeines Hardware-Modell einer SPS angegeben, auf welches später noch eingegangen wird. Darüber hinaus werden hier die mechanischen und elektrischen Anforderungen an die Steuergeräte beschrieben und die Methodik zum Test der SPSen. Der Teil EN 61131-2 besitzt den Status „Internationaler Standard".

Teil 3: Programmiersprachen (Programming Languages)

Die „alten" und „neuen" Programmiersprachen für Speicherprogrammierbare Steuerungen sind Inhalt dieses Standardisierungsteils. Auch dieser ist vorerst mit dem Status „Internationaler Standard" abgeschlossen. Aus diesem Teil werden nachfolgend wichtige Informationen dargestellt.

Teil 4: Anwenderrichtlinien (User Guidelines)

Dieser Teil der Norm beschäftigt sich mit praktischen Fragen der Systemauswahl, der Installation und der Inbetriebnahme und Wartung von SPSen. Seine inhaltliche Bearbeitung ist noch nicht abgeschlossen.

Teil 5: Kommunikation (Messaging Services)

Zur Kommunikation zwischen SPSen beschreibt Teil 5 die Grundlagen eines Modells und dessen Kommunikationsfunktionen. Dabei wird auf das OSI-Referenzmodell der offenen Kommunikation (ISO 7498) und des MMS-Standards (Manufacturing Message Specification) für verteilte Automatisierungssysteme (ISO 9506) zurückgegriffen. Die endgültige Version dieses Standards ist noch nicht verabschiedet.

In den weiteren Abschnitten werden die grundlegenden Informationen in kompakter Form aufgezeigt. Diese Kapitel zeigen die wichtigsten Neuerungen der SPS-Programmierung auf.

4.4.5.1 Hardwaremodell einer SPS

Die Zusammensetzung der SPS-Hardware richtet sich letztlich nach ihrem Verwendungszweck. In verteilten Automatisierungssystemen wird ihr voller Funktionsumfang durch den neuen Standard beschrieben. Die Abbildung 4.4-20 stellt den Hardwareaufwand zur Erfüllung aller Funktionen dar:

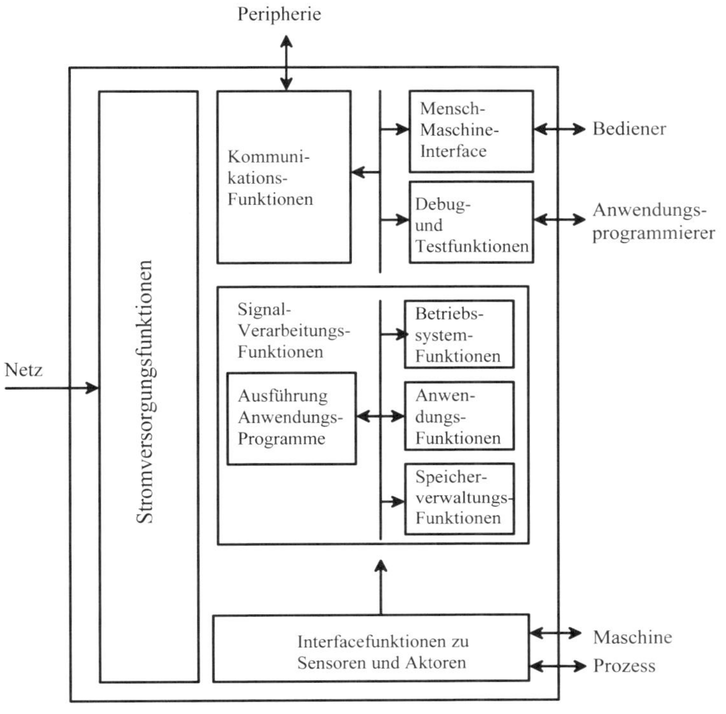

Abbildung 4.4-20: SPS-Hardware-Modell nach IEC 1131

Das neue SPS-Modell ist im Gegensatz zum seitherigen SPS-Aufbau nach Funktionsgruppen geordnet. Selbstverständlich findet man eine weitgehende Übereinstimmung beider Aufbauten; im neuen Modell erkennt man aber deutlich dessen Erweiterungen zur Verbesserung der Kommunikationsfähigkeit mit anderen Automatisierungsgeräten und zum Bediener bzw. Programmierer.

Den Kern einer SPS bildet auch hier die Einheit „Signalverarbeitungsfunktionen" mit Prozessor, verschiedenen Speicherarten und Ein/Ausgabebaugruppen. Das Echtzeitbetriebssystem und notwendige Anwendungsfunktionen gehören als Firmware zum Bestand der Hardware.

Für die Vielzahl ihrer Einsatzmöglichkeiten wird eine entsprechende Menge an Stromversorgungsfunktionen benötigt.

Die ersten Speicherprogrammierbaren Steuerungen waren sich selbst überlassene Geräte. Deren Programme wurden auf Programmentwicklungssystemen erstellt und getestet, anschließend steuerten sie Maschinen und Anlagen. Es gab während des Betriebs keine Eingriffsmöglichkeit zum Zweck der Überwachung sowie für Programm- bzw. Parameterveränderungen. Nun möchte man Anwendern diese Bedienmöglichkeiten eröffnen. Der neue Standard definiert dazu die notwendigen Schnittstellen.

Schließlich sind noch die Kommunikationsfunktionen zu anderen Automatisierungsgeräten zu nennen, welche die besagten Verbundsteuerungen heutiger Maschinen und Anlagen realisieren sollen. Seither gab und gibt es dafür die nach und nach aufkommenden Kommunikations- und Anschaltbaugruppen für die jeweiligen Netz- und Bussysteme. Jede dieser Einheiten besitzt ihr eigenes Übertragungsprotokoll. Das neue SPS-Modell versucht eine Vereinheitlichung auf diesem Sektor auch zwischen verschiedensten Automatisierungskomponenten zu erzeugen.

4.4.5.2 Softwaremodell einer SPS

Die gängigste Technik zur Programmierung von SPS-Software ist die Erstellung von Bausteinen. Sie ist auf den ersten Blick mit der Unterprogrammtechnik heutiger Hochsprachen vergleichbar. Beim zweiten Hinsehen erkennt man aber, dass die bisherige Bausteintechnik keine lokalen Variablen zulässt. Die Daten sind in diesem Konzept nicht in den einzelnen Bausteinen geschützt, sondern auf sie kann aus jedem Programmteil heraus zugegriffen werden. Es liegt in der Verantwortung des Programmierers, wie er seine Datenorganisation gestaltet, so dass sein Programm übersichtlich und leicht nachvollziehbar wird.

Dagegen bieten heutige Programmiersprachen lokale und globale Variablen an. Bei immer umfangreicher werdender Software können Daten in Programmmodulen geschützt werden. Die darüber hinausgehende objektorientierte Gestaltung der Module bringt den weiteren Vorteil, dass definierte Modulschnittstellen die Klarheit und Zuverlässigkeit von Programmen erhöhen.

Die Bandbreite zukünftig denkbarer Zusammensetzungen von Steuerungssystemen aus leistungsfähigen Prozessoren, welche in einem dezentral organisierten Automatisierungssystem ihre Aufgaben erledigen müssen, verlangt deshalb nach weiteren Organisationsformen in der Programmgestaltung.

Das Softwaremodell und die Programmiersprachen der IEC 1131 sind für einen weiten Bereich verteilter Automatisierungssysteme verwendbar. Mit ihnen können alle Arten von intelligenten Geräten, wie SPS, Kompakt-SPS, Industrie-PC (IPC), Sensoren und Aktoren, programmiert werden. Diese Geräte müssen nur über ein Kommunikationssystem vernetzt sein.

Das neue Softwaremodell bietet somit eine Sicht auf das Ganze.

Mit seinen neuen Sprachelementen lässt sich eine komplette SPS beschreiben. Dabei unterscheidet man zwischen der Organisations- und der Programmebene des Modells. Zum besseren Verständnis sei dieses Modell durch Abbildung 4.4-21 dargestellt. Sie zeigt die Organisationsform einer Automatisierungsaufgabe.

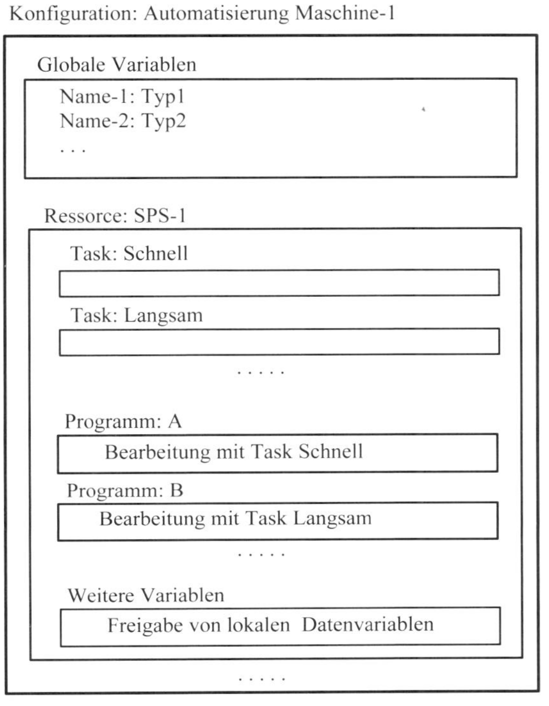

Abbildung 4.4-21: Software-Modell nach IEC 1131: Konfigurations-Organisationseinheit KOE

Im Modell beschreibt die Konfiguration mit ihren Ressourcen die grundlegende Struktur eines Automatisierungssystems in Hard- und Software. In der Norm heißt es:

Definition: Konfiguration

Ein Automatisierungssystem setzt sich aus einer oder mehreren **Konfigurationen** (configuration) zusammen, die miteinander kommunizieren können. Sie bestehen wiederum aus einer oder mehreren Ressourcen und der Definition gemeinsamer Datenbereiche.

Eine Konfiguration kann dieser Beschreibung gemäß einem SPS-Gerät zugeordnet werden. Die Konfigurationen (sprich SPSen) können miteinander über ein Netzwerk kommunizieren. Ein SPS-Gerät kann neben dem Hauptprozessor weitere CPU's besitzen. Zusammen bilden sie die Ressourcen einer Konfiguration:

Definition: Ressource

Eine **Ressource** (resource) besteht aus Programmen, denen wiederum Tasks zugeordnet sein können.

Die Ressourcen einer Konfiguration kann man sich als Prozessorbaugruppen vorstellen. Entsprechend der Anzahl solcher CPU-Baugruppen in einem SPS-Gerät fällt ihre Anzahl in einer Konfiguration aus. Zusammen bilden die Konfiguration und die Ressourcen eine **Konfigurations-Organisations-Einheit** (KOE).

Die Tasks kontrollieren die Bearbeitung der Programme. Sie lassen die verschiedenen DV-Programme quasi gleichzeitig vom Prozessor ausführen. Ihnen können Zeitverhalten und Prioritäten mit auf den Weg gegeben werden. Die Tasks verkörpern die Eigenschaften eines modernen Echtzeitbetriebssystems.

Die in obiger Abbildung 4.4-21 angegebene Beispielkonfiguration wird mit Hilfe von Schlüsselwörtern der IEC 1131 in ein SPS-Programm gefasst. Es hat folgendes Aussehen:

```
CONFIGURATION Automatisierung_Maschine_1
    VAR_GLOBAL
        Name_1: Typ1;
        Name_2: Typ2;
        ...
    END_VAR
    RESOURCE SPS_1 ON PROC1
        TASK Schnell (interval := t#50ms, priority := 1);
        TASK Langsam (interval := t#500ms, priority := 2);
        ...
        PROGRAM A WITH Schnell : Programm-Organisationseinheit 1 (POE 1)
        (
            Absolute Adresszuweisungen an die Variablen der POE 1;
            z. B.:
            Eingangsvariablen       :=      % I1.0;
            Ausgangsvariable        =>      %Q2.0;
        )
        PROGRAM B WITH Langsam : Programm-Organisationseinheit 2 (POE 2)
        (
            Absolute Adresszuweisungen an die Variablen der POE 2;
        )
    END-RESOURCE
    ...
    VAR_ACCESS
            Freigabe von lokalen Variablen aus Programm-Organisationseinheiten
    END_VAR
END_CONFIGURATION
```

Die Programme werden mit Hilfe von Programmiersprachen beschrieben. Sichere und durchschaubare Programme sollen wohlstrukturiert sein. Die Struktur muss durch das Betriebssystem und die Programmiersprache ermöglicht werden. Der IEC 1131-Standard organisiert die Steuerungsprogramme in **Programm-Organisations-Einheiten**:

Definition: Programm-Organisationseinheit (POE)

Programm-Organisationseinheiten (program organization unit POU) können in einer SPS-Ressource Programme, Funktionsbausteine und Funktionen sein.

Will man eine Hierarchie unter diesen POEs ausmachen, stehen *Programme* (programs) auf oberster Stufe und rufen Funktionsbausteine und Funktionen auf. Sie selbst können nur von Ressourcen aktiviert werden. Sonst sind Programme den Funktionsbausteinen gleichzusetzen. Sie besitzen beliebig viele Eingangs-, Ausgangs- und interne Variablen. Ein Programm besteht, wie jede andere Programm-Organisationseinheit aus drei Teilen: dem Kopf, dem Deklarationsteil und dem Anweisungsteil. Die POE-Köpfe werden von Schlüsselworten eingeleitet. Für ein Programm gilt:

```
PROGRAM Programmname
    Deklarationen;
    Anweisungen;
END_PROGRAM
```

Die **Funktionsbausteine FBS** (function block FB) sind den Programmbausteinen (PB) der seitherigen Norm sehr ähnlich. Sie beschreiben Programm- und Datenstrukturen mit Gedächtnis. Daten bleiben von Aufruf zu Aufruf im Funktionsbaustein erhalten; mit ihnen werden z. B. Zähler oder Zeitglieder realisiert. Funktionsbausteine können andere Funktionsbausteine und Funktionen aufrufen. Ihre programmtechnische Realisierung kann eindrücklich am Beispiel des SR-Flipflops veranschaulicht werden:

SR-Flipflop

```
FUNCTION_BLOCK SR_FLIPFLOP
    VAR_INPUT  R, S: BOOL;  END_VAR          (Lokale Variable)
    VAR_OUTPUT  Q: BOOL;  END_VAR
    Q := S OR (NOT R OR S);                  (Anweisung)
END_FUNCTION_BLOCK
```

Der Ausgangszustand Q des SR-Flipflops bleibt von einem Aufruf zum anderen erhalten. Deshalb darf er in Anweisungen auch als Ausgang logisch verknüpft werden. Beim ersten Aufruf besitzt er den Wert **0**.

Von den Funktionsbausteinen unterscheiden sich die **Funktionen** (function FU). Sie beschreiben Unterprogramme, die beliebig viele Eingangsvariablen besitzen können, jedoch nur einen Ausgangswert zurückgeben. Sie können keine Daten speichern, besitzen deshalb auch kein Gedächtnis. Daraus ergeben sich zwei Einschränkungen:

(a) Funktionen dürfen keine Funktionsbausteine aufrufen und

(b) aus Funktionen heraus darf nicht auf globale Variable und auf Peripherieadressen zugegriffen werden.

Ihr allgemeines Aussehen kann durch folgende Definition angegeben werden:

```
FUNCTION Funktionsname: Typ
    VAR_INPUT Namen: Typen; END_VAR        (Lokale Eingabevariable)
    VAR Namen: Typen; END_VAR              (interne Variable)
    ... ;                                  (weitere Anweisungen)
    Funktionsname := ... ;                 (Wertübergabe)
END_FUNCTION
```

Die Funktionen entsprechen den Funktionsblöcken (FB) der seitherigen Norm. Der neue Standard schreibt gleichzeitig eine definierte Anzahl von Funktionen vor. Darunter sind Programme wie SIN, COS und SQRT zu finden. Als Funktionsblöcke gibt die Norm das Vorhandensein von SR- bzw. RS-Flipflops, Zählerbausteinen, Trigger und Zeitfunktionen vor. Insgesamt lässt sich die Struktur einer Programm-Organisationseinheit durch Abbildung 4.4-22 veranschaulichen.

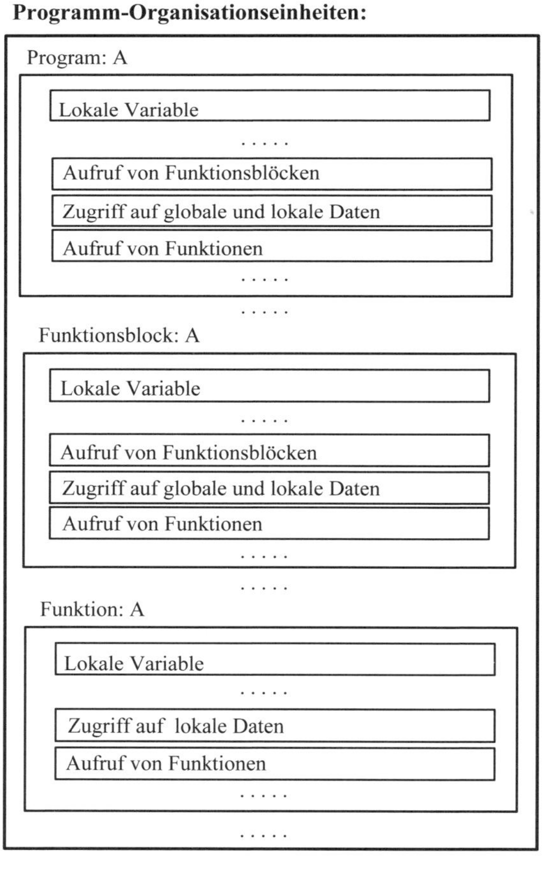

Abbildung 4.4-22: Software-Modell nach IEC 1131: Programm-Organisationseinheit POE

Das Variablenkonzept der IEC-Norm 1131 gilt ebenfalls als neu.

Jede in einem Steuerungsprogramm verwendete Dateneinheit muss als lokale oder globale Variable definiert sein. Ihre Definition besteht aus Namen und Datentyp. Sie müssen zu Beginn jeder Programm-Organisationseinheit festgelegt werden und gelten i. Allg. nur innerhalb dieser Einheit. Für den Programmierer sind die Adressen dieser Variablen irrelevant. Die Zuweisung eines Teils der Variablen an feste Peripherieadressen geschieht mit einer besonderen Anweisung. Als Beispiele typischer Variablendefinitionen können aufgeführt werden:

(a) VAR Endschalter_Links, Endschalter_Rechts: BOOL; END_VAR; (zwei Boolesche Variable)

(b) VAR Taster AT %I.5: BOOL; END_VAR (mit fester Adressierung)

(c) VAR Motor_Aus: BOOL := 1; END_VAR (mit Initialisierung)

(d) VAR RETAIN Lampe: BOOL; END_VAR (nichtflüchtige Variable)

In diesen Beispielen wurde allein der für Steuerungen wichtige binäre Datentyp BOOL verwendet. Darüber hinaus existieren ebenfalls die gängigsten Datentypen zur Deklaration von Variablen, welche man bei heutigen Hochsprachen vorfindet, so z. B. REAL, INT und TIME. Auch Feldvariablen und selbstdefinierte Datenstrukturen erlaubt der neue Standard.

4.4.5.3 Spracherweiterungen

Im Nachfolgenden werden die Erweiterungen der bekannten Sprachen AWL, KOP bzw. FUP behandelt und eine kurze Einführung in die neuen Programmiersprachen ST (Strukturierter Text) und AS (Ablaufsprache) gegeben. Sie sind in folgender Übersicht aufgelistet:

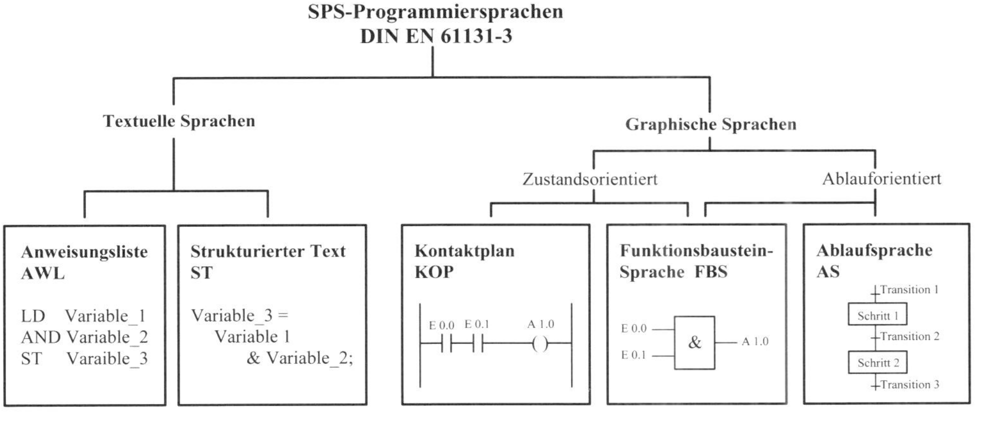

Abbildung 4.4-23: „Neue" SPS-Programmiersprachen

Anweisungsliste – AWL (Instruction List – IL)

Das Ziel der Neudefinition der Textsprache **Anweisungsliste AWL** ist, die vielen seitherigen AWL-Dialekte durch eine SPS-unabhängige Sprache zu ersetzen, so dass die Programme portierbar werden.

Der Programmkörper der Textsprache AWL besteht aus einer Liste von Anweisungen. Jede Anweisung beginnt in einer neuen Zeile. Die Anweisung setzt sich aus Operator und Operand zusammen. In der AWL sind auch Sprünge erlaubt. Das nachfolgende Programmbeispiel zeigt ihr Aussehen:

```
Markel:  LD    Variable-1   (* Variable-1 wird in den Akkumulator geladen *)
         AND   Variable-2   (* Konjunktion mit Variable-2 *)
         ST    Variable-3   (* Zurückspeichern in Variable-3 *)
         EQ    INT#10       (* Vergleich des Ergebnisses mit 10 *)
         JMPC  Markel       (* Konditionaler Sprung zur Marke 1 *)
```

Jede Anweisung kann mit einem Kommentar innerhalb der Klammerzeichen (* ... *) versehen werden. Insgesamt stehen folgende Operatoren zur Verfügung:

Tabelle 4.4-3: Operatoren der Anweisungsliste (nach [17])

Art	Operator	Modifizierer	Operandtyp	
Bitbefehle	LD	N	Alle	Laden eines Operanden
	ST	N	Alle	Speichern in einen Operanden
	S		Alle	Setzen einer logischen Variablen auf 1 (wahr)
	R		Alle	Rücksetzen einer logischen Variablen auf 0 (falsch)
	AND, &	N, (	BOOLE	Logisches UND
	OR	N, (	BOOLE	Logisches ODER
	XOR	N, (	BOOLE	Logisches Exklusiv-ODER
Arithmetikbefehle	ADD	(	Alle	Addition
	SUB	(	Alle	Subtraktion
	MUL	(	Alle	Multiplikation
	DIV	(	Alle	Division
Relationale Befehle	GT		Alle	Vergleich >
	GE		Alle	Vergleich ≧
	EQ		Alle	Vergleich =
	NE		Alle	Vergleich ≠
	LT		Alle	Vergleich ≦

Art	Operator	Modifizierer	Operandtyp	
Ablaufbefehle	JMP	C, N	Sprungmarke	Sprung nach Sprungmarke
	CAL	C, N	FB-Name	Aufruf eines FB
	RET	C, N	-	Rücksprung
	)		Alle	Verknüpfung internes Ergebnis und Klammerinhalt

Die Modifizierer der Operatoren besitzen folgende Bedeutung:

Modifizierer	Bedeutung	Beispiel
N	Negierung des Operanden	LDN Variable
C	Bedingte Ausführung eines Befehls (conditional) dann, wenn Bitergebnis WAHR ist.	JMPC SR_FLIPFLOP
CN	Bedingte Ausführung eines Befehls (conditional not) dann, wenn Bitergebnis FALSCH ist.	CALLCN SR_FLIPFLOP
(	Festlegung der Auswerterangfolge	AND(....)

Durch die generische Datendefinition in dieser neuen Norm verschwindet die Vielzahl von Operatoren für die arithmetischen Befehle. Insgesamt liegt eine kompakte Ansammlung

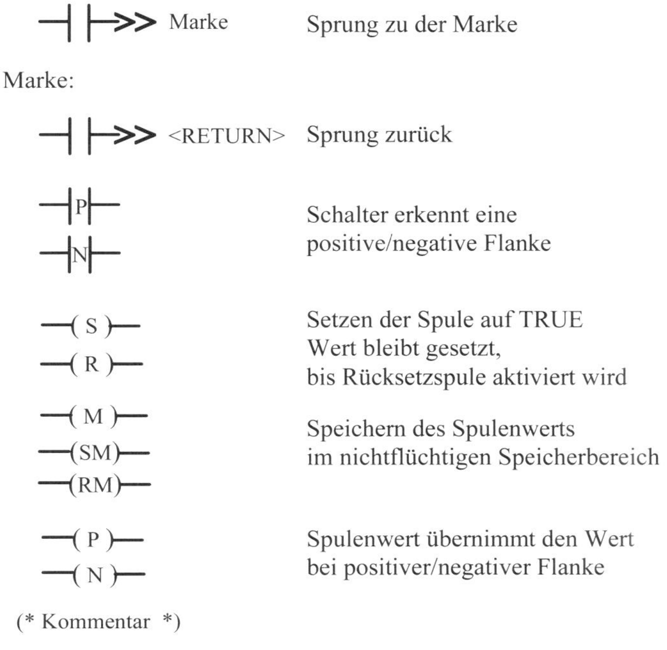

Abbildung 4.4-24: Zusätzliche Symbole Kontaktplan nach IEC 1131

von low-level Befehlen zur Programmierung von SPSen vor. Es bleibt zu hoffen, dass sich Hersteller von SPS-Systemen auf diese beschränken und keine eigenen hinzufügen.

Kontaktplan – KOP (Ladder Diagram – LD)

Zu den seitherigen KOP-Elementen in Abbildung 4.3-30 wurden weitere Befehle mit dem Ziel hinzugefügt, die seitherigen Nachteile dieser Programmierform zu reduzieren. Dazu zählt insbesondere die Möglichkeit, Sprünge im Kontaktplan formulieren zu können. Weitere Elemente behandeln die Flankenauswertung und Speicherfunktionen im gepufferten Speicherbereich der SPS. Die Auflistung der Abbildung 4.4-24 stellt die zusätzlichen Elemente zusammen.

Die Strompfade werden von oben nach unten verarbeitet. Mit der Sprunganweisung können nachfolgende und vorausgehende Netzwerke übersprungen bzw. wieder nach oben zurück verzweigt werden. Mit der <RETURN>-Anweisung kann der Programmablauf in der aufrufenden POE weitergeführt werden. Kommentare können nach demselben Muster wie bei der AWL im Programm untergebracht werden.

Funktionsbausteinsprache – FBS (Function Block Diagram – FBD)

Die Funktionsbausteinsprache erstellt ein SPS-Programm durch das Verbinden von Funktionsblöcken und Funktionsbausteinen mit Wirkungslinien. Die Linien können untereinander ebenfalls verknüpft sein. Ausgänge von Blöcken dürfen jedoch nicht miteinander verbunden werden.

Die Erweiterung der Sprache FUP zur Funktionsbausteinsprache FBS drückt sich in der Tatsache aus, dass nun auch Sprünge im Funktionsnetzwerk möglich werden. Dazu benötigt man, wie beim Kontaktplan, zusätzliche Symbole, welche in nachfolgendem Diagramm zusammengestellt sind:

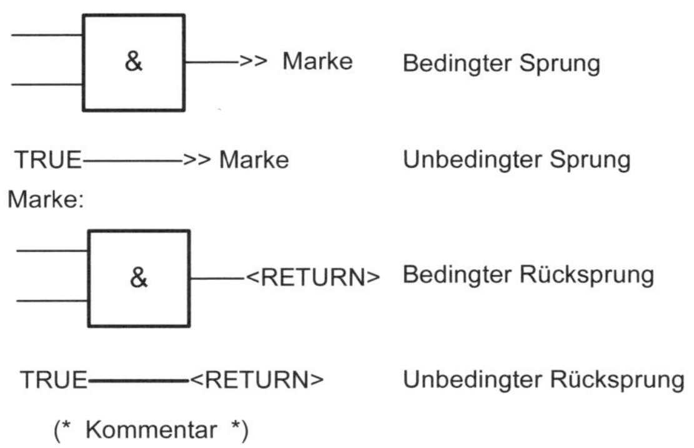

Abbildung 4.4-25: Zusätzliche Symbole Funktionsplan FBS nach IEC 1131

Nun können bedingte und unbedingte Sprünge und Rücksprünge in den Logikplan eingearbeitet werden. Kommentare sind ebenfalls erlaubt.

Namen an endenden Linien wirken wie Steckverbinder zu anderen Linien mit derselben Benennung. So lassen sich übersichtliche Logikpläne von komplexen Steuerungen erstellen.

Strukturierter Text – ST (Structured Text – ST)

Zur Programmierung Speicherprogrammierbarer Steuerungen gab es bisher keine höheren Programmiersprachen. Der Strukturierter Text ist eine Pascal ähnliche Programmiersprache. Sie ist für Anwender mit Programmiererfahrung leicht zu erlernen. Nachfolgend werden deshalb nur die Operatoren und Ablaufelemente des ST aufgelistet. Mit ihnen kann sich der Leser ein eigenes Bild von dieser Programmierform für SPSen machen:

Tabelle 4.4-4: Operatoren des Strukturierten Textes (nach [17])

Operator	Erklärung	Priorität	Bemerkungen
(*Ausdruck*)	Ausdruck-Klammer	1	Notwendig für die Reihenfolge der Bearbeitung von Ausdrücken
Funktionsname (*Argumente*)	Funktionsaufruf	2	Beispiel: sin(x, y)
**	Potenzierung	3	
-	Negation	4	Vorzeichen einer Variablen, Zahl: -x, -10
NOT	Komplement	4	
*	Multiplikation	5	
/	Division	5	
MOD	Modulo Division	5	Rest bei Integer-Division
+	Addition	6	
-	Subtraktion	6	x - y, x - 10
<, >, <=, >=	Vergleiche	7	
=, <>	Gleich, Ungleich	8	
&, AND	Logische Konjunktion	9	
XOR	Logische Antivalenz	10	
OR	Logische Disjunktion	11	
:=	Zuweisung		Wertübergabe an einen Links-Ausdruck

Jede vollständige ST-Anweisung muss mit einem Semikolon enden. Eine Anweisung setzt sich, wie bei anderen Programmiersprachen, aus Ausdrücken zusammen. Ein solcher bildet ein Konstrukt aus Operatoren und Operanden, welches nach Ausführung einen Wert liefert. Ein Beispiel zeigt eine solche Anweisung:

Licht := Schalter_1 & Schalter_2 & NOT Schalter_3;

Diese Anweisung erklärt sich von alleine. Man sieht, dass der Wert des rechten Ausdrucks nach der Bearbeitung der Variablen *Licht* mit dem Zuweisungsoperator := übergeben wird.

Die SPS-Datenverarbeitung dient dazu, die Aufgabenstellung einer Anlage oder Maschine mit Hilfe eines SPS-Programms zu lösen. Dazu muss ein Programmablauf festgelegt werden. Darunter ist die Reihenfolge der Programmschritte zur Gewinnung der Lösung zu verstehen. Eine Computersprache sollte geeignete Kontrollstrukturen zur Verfügung stellen, um eine effektive Formulierung der Aufgabe zu ermöglichen. Kontrollstrukturen steuern den Programmablauf. Dadurch erhält ein Programm eine gewisse eigene Intelligenz, die es in die Lage versetzt, Anweisungen in Abhängigkeit bestimmter Bedingungen durchzuführen oder sie in einer bestimmten Anzahl zu wiederholen. Der ST bietet dafür die folgenden Möglichkeiten:

Tabelle 4.4-5: Sprachelemente für den Programmablauf (nach [17])

Steuerelement	Verwendung (Beispiele ohne Bedeutung)
IF *Bedingung* THEN ... ELSEIF *Bedingung* THEN ... ELSE ... END_IF;	IF Schalter_1 <> 0 THEN Licht_1 := 1; ELSEIF Schalter_2 = 0 THEN Licht_2 := 0; ELSE Licht_1 := 0; Licht_2 := 0; END_IF;
CASE ... OF K1: ... K2: ... ELSE ... END_CASE;	CASE Zeichen OF 1: Licht_1 := 1; 2: Licht_2 := 1; ELSE Licht_1 := 0; Licht_2 := 0; END_CASE;
FOR ... TO ... BY ... DO ... END_FOR;	X := 0; FOR i := 1 TO 100 BY 2 DO X := X + i; END_FOR;

WHILE *Bedingung* DO
...
END_WHILE;
	X := 0;
	I := 1;
	WHILE i <= 100 DO
	X := X + i;
	i := i + 2;
	END_WHILE;

REPEAT
...
UNTIL *Bedingung*;
END_REPEAT;
	X := 0;
	I := 0;
	REPEAT
	X := X + i;
	i := i + 2;
	UNTIL i <= 100;
	END_REPEAT;

EXIT RETURN	Bei verschachtelter Bearbeitung von Ausdrücken wird die innerste Ebene verlassen. Vorzeitiges Verlassen eines Funktionsbausteins oder einer Funktion.

Bei der Programmierung von Schleifen muss sich der Anwender im Klaren sein, dass die SPS immer einen zyklischen Betrieb durchläuft. Deshalb sind keine Warteschleifen auf externe Ereignisse erlaubt. Mit programminternen Wiederholungen sollte somit sehr sparsam umgegangen werden.

Ablaufsprache – AS (Sequential Function Chart – SFC)

Die Ablaufsprache AS darf mit keiner der vier anderen SPS-Sprachen verglichen werden. Man kann sie als eine Sprache beschreiben, die den anderen Programmiersprachen übergeordnet ist. Sie ist eine Strukturierungssprache zur einfachen Beschreibung von Schrittketten bei Ablaufsteuerungen und hat ihren Ursprung in der Sprache GRAFCET (Fa. Telemecanique).

Mit AS können in die Programm-Organisationseinheiten (POE) Schritte und Transitionen von Ablaufsteuerungen integriert werden. Die Schrittaktionen und die Weiterschaltbedingungen selbst werden mit den übrigen vier Sprachformen AWL, KOP, FBS und ST formuliert.

AS-Programme bestehen aus Schritten, Transitionen und ihren Verbindungen untereinander. Jedem Schritt sind Aktionen zur Ausführung zugeordnet, falls der Schritt aktiviert ist.

Für die Schritte gilt:

(a) Jeder Schritt besitzt einen Namen und einen Schritt-Merker, welcher den Zustand **1** einnimmt, wenn der Schritt in Aktion ist.

(b) Mit dem Initialschritt startet jedes AS-Programm.

(c) Zwischen den Schritten sind Verbindungen nur über Transitionen möglich.

(d) Den Schritten sind ein oder mehrere Aktionsblöcke mit Anweisungen zugeordnet, die bei aktivem Schrittzustand ausgeführt werden. Jedem Aktionsblock ist ein Ausführungsattribut zugeordnet. Diese sind mit den Befehlsarten der Schrittsymbole der Beschreibungsform *Funktionsplan* bzw. *Ablaufplan* für Ablaufsteuerungen zu vergleichen (siehe Kapitel 4.3.6.5).

Tabelle 4.4-6: AS-Sprachelemente für die Schrittprogrammierung

Textuelle Darstellung

```
INITIAL_STEP Start:
        Init_Aktion;
END_STEP
TRANSITION FROM Start TO Schritt_1 :=TRUE;
END_TRANSITION
STEP Schritt_1:
        Aktion_1;
END_STEP
TRANSITION FROM Schritt_1 TO Schritt_2 :=Bedingung_1;
END_TRANSITION
STEP Schritt_2:
        Aktion_2;
END_STEP
TRANSITION FROM Schritt_2 TO Schritt_3 :=Bedingung_2;
END_TRANSITION
...

TRANSITION FROM Schritt_n TO Schritt_1 :=Bedingung_n;
END_TRANSITION

ACTION Init_Aktion:
        AWL-, ST-, FBS- oder KOP-Programm;
END_ACTION
ACTION Aktion_1:
        AWL-, ST-, FBS- oder KOP-Programm;
END_ACTION
...
```

Graphische Darstellung

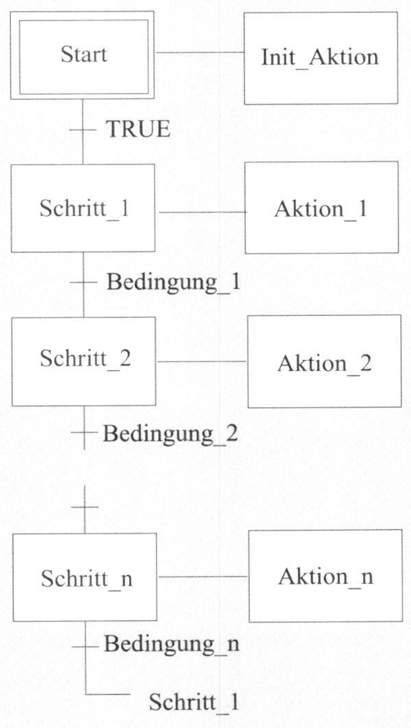

Tabelle 4.4-7: Ablaufsprache AS für Verzweigungen

Alternative Verzweigung	**Simultane Verzweigung**
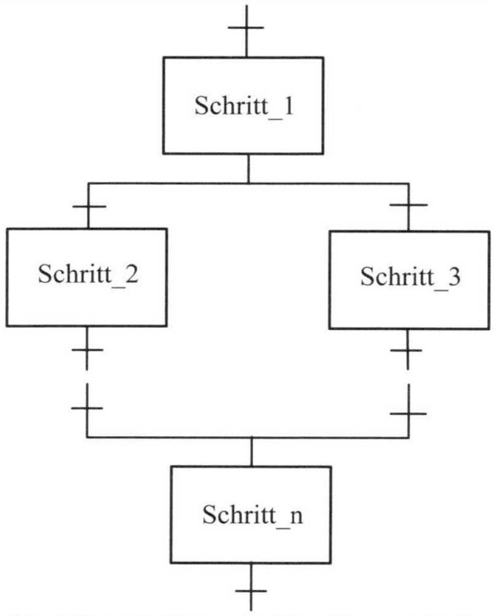	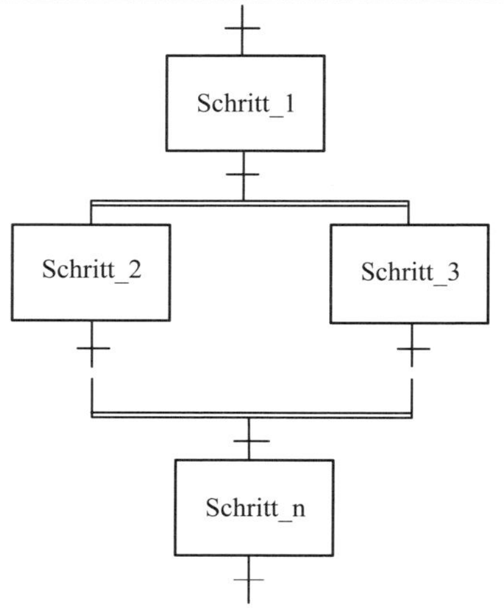
TRANSITION FROM Schritt_1 TO Schritt_2 := Bedingung; TRANSITION FROM Schritt_1 TO Schritt_3 := Bedingung; TRANSITION FROM Schritt_2... TO Schritt_n := Bedingung; TRANSITION FROM Schritt_3... TO Schritt_n := Bedingung;	TRANSITION FROM Schritt_1 TO (Schritt_2, Schritt_3) := Bedingung; TRANSITION FROM (Schritt_2... ; Schritt_3...) TO Schritt_n := Bedingung;

(e) Jedem Schritt kann eine Ein- und Ausgangsaktion zugeordnet werden, die nur einmalig beim ersten bzw. vor dem letzen Ausführen des Schritts ausgeführt wird.

Die AS-Sprache kennt eine textuelle und eine graphische Ausführungsform. Beide sind zueinander äquivalent. Die Tabelle 4.4-6 stellt beide Sprachformen gegenüber.

Die in der textuellen Variante angegebenen Schlüsselworte beschreiben eindeutig die Blöcke, Verbindungslinien und Transitionen der graphischen Darstellung. Dabei umfassen die Wortpaare

INIT_STEP	...	END_STEP
STEP	...	END_STEP
ACTION	...	END_ACTION

die Beschreibung der Schritte und Schrittaktionen.

Mit der AS-Syntax

TRANSITION FROM ... TO ... := Bedingung;

END_TRANSITION

legt man die Struktur der Schrittkette und die damit verknüpften Weiterschaltbedingungen fest. Mit dieser Anweisung können auch Verzweigungen bei Ablaufsteuerungen formuliert werden. Die Tabelle 4.4-7 stellt zwei solcher Verzweigungsmöglichkeiten mit ihren graphischen und textuellen Angaben dar. Bei der alternativen Verzweigung wird nur eine der parallel geschalteten Schrittketten durchlaufen, während im anderen Fall die Schrittketten simultan, also gleichzeitig, ausgeführt werden.

Die Transitionsbedingungen können in allen Programmiersprachen formuliert werden. Ihre Auswertung muss immer einen logischen Wert WAHR oder FALSCH ergeben.

Der SPS-Standard EN 61131-3 wurde im Jahre 1993 verabschiedet. Seit dieser Zeit laufen bei Herstellern von SPS-Programmiersystemen Entwicklungen, diesen Standard in Produkte umzusetzen. Der Standard schreibt nicht vor, dass alle Sprachen und Organisationselemente gleichzeitig in einem Entwicklungswerkzeug realisiert sein müssen.

Die ersten normgerechten Systeme sind inzwischen auf dem Markt. Es bleibt zu hoffen, dass mit ihnen die eingangs beschriebenen Zielvorgaben zur Entwicklung komplexer Steuerungssysteme im Anlagen- und Maschinenbau erreicht werden können.

4.4.5.4 Kommunikation zwischen Speicherprogrammierbaren Steuerungen

Für manche Aufgaben reichen einzelne Automatisierungssysteme nicht mehr aus. Man benötigt dann verteilte Automatisierungssysteme. Mehrere Speicherprogrammierbare Steuerungen müssen die Gesamtaufgabe erfüllen. Die einzelnen SPSen benötigen für ihre zugewiesene Teilaufgabe Prozessinformationen von anderen Geräten. Die Geräte sind über ein Netzwerk untereinander verbunden. Die SPS-Programme müssen über diesen Kommunikationspfad die notwendigen Informationen austauschen. Die Abbildung 4.4-26 deutet

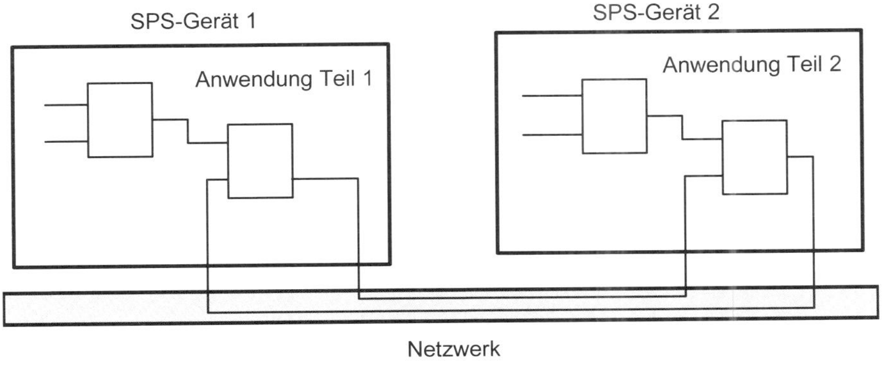

Abbildung 4.4-26: Kommunikation im verteilten Automatisierungssystem

eine solche Programm-Kommunikation an.

Wohlgemerkt, die geschilderte Darstellung verdeutlicht eine Wunschvorstellung, wie sich der Anwender die Programmierung verteilter Automatisierungssysteme auf graphische Art vorstellt. Der SPS-Standard EN 61131-5 beschreibt dazu notwendige Kommunikationsmodelle und Softwarestrukturen. Sie stellen die Grundlage des Standardisierungsvorhabens dar. Zu ihrem Verständnis sind umfangreiche Kenntnisse der Kommunikationstechniken zwischen rechnergestützten Systemen Voraussetzung, die zu vermitteln den Rahmen dieses Lehrbuchs bei weitem übersteigt.

Bearbeitung der Lernaufgabe

Das Steuerungsprogramm für das Aufzugsystem wird nachfolgend nicht in allen Feinheiten ausgearbeitet. Es wird auch nicht auf alle Belange einer optimalen Aufzugsteuerung eingegangen. Die Detailprogrammierung kann der Leser mit den aufgeführten SPS-Sprachen selbst weiterführen. Hier werden der prinzipielle Ablauf der Kabinenbewegungen und die „neue" Art ihrer Ablaufprogrammierung demonstriert.

Dazu legen wir zuerst die Prozessvariablen des Aufzugsystems fest:

Variablen	**Bedeutung**
E0, E1, E2	Signale der Stockwerksensoren. Befindet sich die Aufzugkabine auf einer Etage, oder trifft sie dort ein, wird der jeweilige Sensor aktiviert.
TE0, TE1, TE2	Ruftasten auf den Etagen
TK0, TK1, TK2	Ruftasten in der Kabine
LE0, LE1, LE2	Anzeigen auf den Stockwerken
LK0, LK1, LK2	Anzeigen in der Kabine
TSauf, TSzu	Türsensor Auf und Zu
A1, A2	Aufzug nach oben und unten (Ausgangsvariablen)
M0, M1, M2	Merker für Etagenanforderung

Wenn sich der Aufzug bewegt, kann auf eine Anforderung nicht sofort reagiert werden. Das Drücken der Ruftasten wird deshalb in den Merkern M0, M1 und M2 der jeweiligen Etage gespeichert. Diese Variablen besitzen direkten Bezug zur Ablaufsteuerung.

Im nächsten Entwicklungsschritt stellen wir das Aufzugsystem in einem Automatengraphen dar. Als Zustände übernehmen wir die fünf Bewegungszustände der Aufzugkabine, das Anhalten auf den drei Stockwerken und die beiden Bewegungsrichtungen aufwärts und abwärts. Die Initialisierung des Systems wird durch einen Startvorgang ausgeführt, der die Aufgabe hat, immer das Erdgeschoss anzufahren. Ist diese Position erreicht, gibt der Erdgeschoss-Sensor die Transition zum Haltezustand frei. Der Aufzug kann nun benutzt werden. Sein weiteres Verhalten erkennt man aus dem nachfolgenden Automatengraphen:

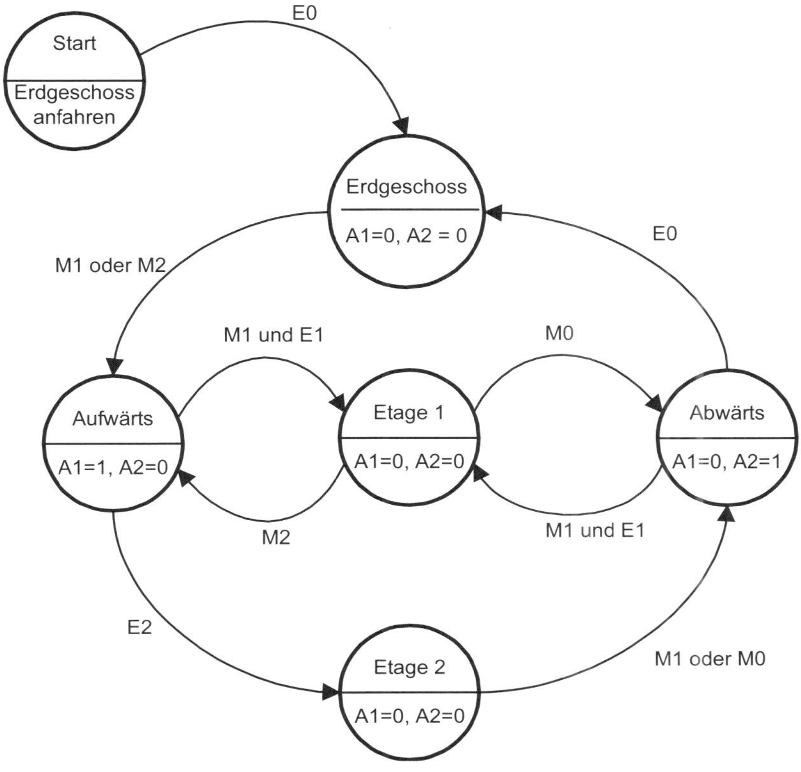

In den Zuständen sind neben den Bezeichnungen gleichzeitig die Ausgangsvariablen „Aufzug nach oben bzw. unten (A1 und A2)“ vermerkt. Diese steuern den Aufzugmotor. Das Aufzugverhalten kann aus diesem Graphen abgelesen werden. Beispielhaft sei ein Übergang erläutert:

Befindet sich der Aufzug im Erdgeschoss, kann nur ein Übergang in die Aufwärtsbewegung stattfinden. Dazu muss eine Anforderung durch die Ruftasten für das erste bzw. zweite Stockwerk eintreffen. Diese Anforderungen werden in den Merkern M1 bzw. M2 gespeichert. Das Aufzugsystem geht also dann in den Zustand *Aufwärts* über, wenn die Weiterschaltbedingung M1 oder M2 wahr ist. Dann wird die Ausgangsvariable A1 gesetzt; die Kabine bewegt sich nach oben.

Die anderen Übergänge wirken auf ähnliche Art.

Nun muss der Automatengraph in ein Programm übersetzt werden. SPS-Programm-Entwicklungssysteme bieten dazu die Programmiersprache AS an. Wie in diesem Kapitel ausgeführt, kann man sich der graphischen oder textuellen Variante von AS bedienen. Die nachfolgende Darstellung zeigt den Programmablaufplan der Aufzugsteuerung. Er ist eine direkte Übersetzung des obigen Automatengraphen.

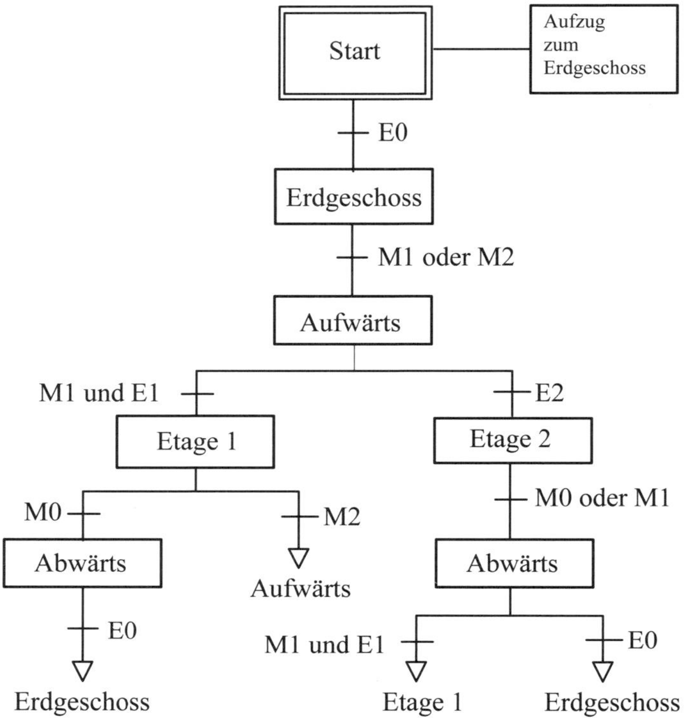

Die Darstellung der Ablaufsteuerung gestaltet sich als Ablaufplan undurchsichtiger. Die Fallentscheidungen müssen durch Verzweigungen von Schrittketten realisiert werden. Für das Beispiel werden Alternativverzweigungen benötigt. Eine Zusammenführung tritt nicht mehr auf. Je nach momentanem Zustand des Aufzugsystems, muss zu anderen Schritten gesprungen werden. Die Transitionsbedingungen können aus dem Zustandsgraphen direkt übernommen werden. Die Aktionen der verschiedenen Schritte sind als Aktionsblöcke einzuzeichnen. Für den Start-Schritt ist diese Aktion exemplarisch, ohne Programmcode, angegeben.

Normalerweise liegt nun ein SPS-Programm vor. Das Programmentwicklungssystem übernimmt alle weiteren Aufgaben. So kann es aus dem Ablaufplan auch den textuellen Programmcode der Ablaufsprache AS erzeugen, der folgendes Aussehen zeigen kann:

Programm 4.4-2: Aufzugsteuerung

```
PROGRAM Aufzugsteuerung

VAR_INPUT  E0, E1, E2, TSauf, TSzu, TE0, TE1, TE2, TK0, TK1, TK2  : BOOL;
VAR_OUPUT  A1, A2, LE0, LE2, LK0, LK1, LK2, Tauf; Tzu  : BOOL;
VAR  M0, M1, M2  : BOOL;
END_VAR

(* Schrittprogrammierung *)

INITIAL_STEP Start:
    Init_Action;
END_STEP

STEP 1stFloor:
    Action_1stFloor;
END_STEP

STEP 2ndFloor:
    Action_2ndFloor;
END_STEP

STEP 3rdFloor:
    Action_3rdFloor;
END_STEP

STEP Up:
    Action_Up;
END_STEP

STEP Down:
    Action_Down;
END_STEP

(* Festlegung der Ablaufstruktur und
   der Weiterschaltbedingungen *)

TRANSITION FROM Start TO 1stFloor := E0;
END_TRANSITION

TRANSITION FROM 1stFloor TO Up := M1
OR M2;
END_TRANSITION

TRANSITION FROM Up TO 2ndFloor := M1 &
E1;
END_TRANSITION

TRANSITION FROM Up TO 3rdFloor := E2;
END_TRANSITION

TRANSITION FROM 2ndFloor TO Down :=
M0;
END_TRANSITION

ACTION Action_1stFloor:
    A1 := 0;  A2 := 0;
    LE0 := 1; LE1 := 0; LE2 := 0;
    LK0 := 1; LK0 := 0; LK2 := 0;
    Türbedienung;
    u. a.
END_ACTION

ACTION Action_2ndFloor:
    Äquivalent zu Action_1stFloor;
END_ACTION

ACTION Action_2ndFloor:
    Äquivalent zu Action_1stFloor;
END_ACTION

ACTION Action_3rdFloor:
    Äquivalent zu Action_1stFloor;
END_ACTION

ACTION Action_Up:
    IF TSzu THEN
        A1 := 1;  A2 := 0;
        LE0 := 0; LE1 := 0; LE2 := 0;
        LK0 := 0; LK0 := 0; LK2 := 0;
        u. a.
    END_IF
END_ACTION

ACTION Action_Down:
    IF TSzu THEN
        A1 := 0;  A2 := 1;
        LE0 := 0; LE1 := 0; LE2 := 0;
        LK0 := 0; LK0 := 0; LK2 := 0;
        u. a.
    END_IF
END_ACTION

END_PROGRAM
```

Das Programm muss natürlich als POE in eine Konfiguration bzw. Ressource eingebettet werden. Die Programmierung der einzelnen Schrittaktionen ist nicht ausgeführt, sondern nur angedeutet.

Zuletzt sei noch auf die Art der Entwicklungstätigkeit solcher Aufgaben hingewiesen. Mit integrierten Entwicklungsumgebungen von SPS-Programmen und Prozessvisualisierungen lässt sich eine Umgebung schaffen, in der Steuerungsprogramme programmiert und auch getestet werden können. Für die Aufzugsteuerung zeigen wir eine solche. Die nachfolgende Abbildung stellt ein virtuelles Aufzugsystem dar. Die linke Bildseite verdeutlicht die Etagen mit den Ruftasten und zusätzlichen Anzeigeelementen zur besseren Programmkontrolle. Die andere Bildhälfte zeigt die Innenansicht der Aufzugkabine.

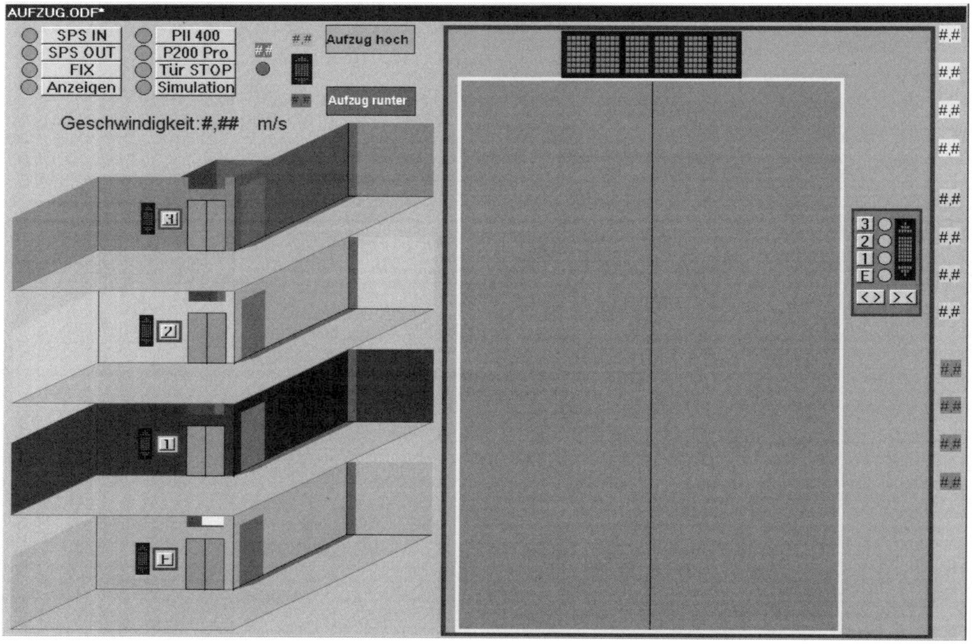

Etagendarstellung mit Ruftasten Aufzugkabine von Innen

Bei solchen Entwicklungsumgebungen lässt sich der Zustand jeder Prozessvariablen anzeigen.

Fragen zur Selbstkontrolle

Frage 4.4-1: Welche Eigenschaften zeichnen ein rechnergestütztes Automatisierungssystem aus?

Frage 4.4-2: Was ist ein Echtzeitbetriebssystem?

Frage 4.4-3: Wie kann ein Prozessor auf eine äußere Anforderung unmittelbar reagieren?

Frage 4.4-4: Welche Aufgaben hat eine Task?

Frage 4.4-5: Welche Speicherarten existieren in der Regel in einer Speicherprogrammierbaren Steuerung?

Frage 4.4-6: Mit welcher Technik wird erreicht, dass ein SPS-Programm konsistent auf Ein- und Ausgabegrößen zugreift, d. h. die richtigen Werte während des gesamten Programmzyklus zur Verfügung hat?

Frage 4.4-7: Welche Spannungspegel werden normalerweise bei Industrie-SPSen auf die Booleschen Zustände 0 und 1 abgebildet?

Frage 4.4-8: Welche Funktionen erfüllt ein Programmiergerät?

Frage 4.4-9: Nennen Sie die wichtigen Aufgaben eines SPS-Betriebssystems!

Frage 4.4-10: Über welche Betriebsarten verfügt eine SPS?

Frage 4.4-11: Erklären Sie den Unterschied zwischen Reaktions- und Zykluszeit bei einer SPS?

Frage 4.4-12: Welche Vorteile besitzt die Bausteintechnik für die SPS-Programmierung?

Frage 4.4-13: Welches ist der wichtigste Baustein in einem SPS-Programm?

Frage 4.4-14: Welche „ältere“ SPS-Programmiersprache besitzt die universellsten Befehlsmöglichkeiten?

Frage 4.4-15: Können Ablaufsteuerungen auch mit den Sprachen AWL, KOP bzw. FUP programmiert werden?

Frage 4.4-16: Warum wurde ein neuer Standard für Speicherprogrammierbare Steuerungen eingeführt?

Frage 4.4-17: Nennen Sie wesentliche Neuerungen der Norm EN 61131!

Frage 4.4-18: Gibt es bei der Strukturierung von SPS-Programmen mit dem „neuen“ Standard Änderungen gegenüber der Bausteintechnik der „alten“ Norm? Wenn ja, welche?

Frage 4.4-19: Was beschreibt eine Ressource in einem SPS-Programm mit der Norm EN 61131?

Frage 4.4-20: Welche der Strukturierungselemente der „älteren“ und „neueren“ Programmiertechnik können in etwa miteinander vergleichen werden?

Frage 4.4-21: Welche wesentlichen Erweiterungen wurden durch den Standard IEC 1131 bei SPS-Programmiersprachen eingeführt?

Frage 4.4-22: Ist die Sprache AS mit den anderen SPS-Programmiersprachen zu vergleichen?

Frage 4.4-23: Mit welcher Sprachanweisung von AS kann die Struktur eines Ablaufplans einer Ablaufsteuerung angegeben werden?
Wie lautet ihre Syntax?

4.5 Kommunikationssysteme für die Automation

Lernziele

Auch bei der Automation gilt: Allein richtet man wenig aus, gemeinsam erledigt man mehr!

Automatisierungsgeräte müssen bei komplexen Anlagen ihre Aufgaben im Verbund lösen. Dazu müssen sie untereinander Informationen austauschen können, sie müssen miteinander kommunizieren. So wie sich in der Sozialgesellschaft unterschiedliche Kommunikationswege zu ihrem weitgehend reibungsfreien Funktionieren etabliert haben, sind bei der Technik der Automatisierung ebenfalls effektive Nachrichtensysteme Voraussetzung. Die an die jeweiligen technischen Einrichtungen gestellten Anforderungen müssen von den Kommunikationssystemen erfüllbar sein.

Dieser Abschnitt bringt Ordnung in die Vielfalt der Kommunikationssysteme. Im Vordergrund stehen dabei die für die Automatisierungstechnik wichtigen Feldbussysteme. Vorerst ist es jedoch notwendig, die Grundbegriffe und Verfahren der allgemeinen Nachrichtenübertragungstechnik zu verstehen.

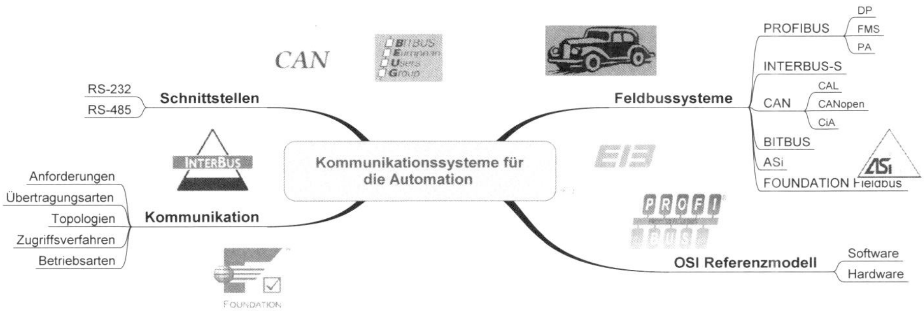

Lernaufgabe

Jedermann hat irgendwo heutige Fertigungsanlagen gesehen, wie sie in nebenstehendem Bild zu sehen sind. Die Automobilindustrie praktiziert seit langer Zeit aus Kostengründen diese Art. Eine solche Montageanlage setzt sich aus vielen Sensoren, Aktoren und Rechnersystemen zusammen. Zusammen bilden diese Komponenten ein komplexes Automatisierungssystem mit verteilten Systemen, die im Zusam-

Abbildung 4.5-1: Karosseriemontage

menspiel ihre Aufgabe erfüllen. Dazu ist eine Kommunikation zwischen den Einheiten unausweichlich. Dazu ist zu gewährleisten, dass die Übertragung der Prozessdaten den geforderten Echtzeitbedingungen genügt.

In nachfolgender Abbildung sind Komponenten für die Automatisierung aufgelistet. Eine SPS soll das Herz dieses Systems bilden. Die anderen Einheiten seien Geräte, die so genannte Busschnittstellen besitzen. Die Typen der Geräte können aktiver Natur wie Roboter, Antrieb mit Antriebsregler u. a. sein. Andere verhalten sich passiv und übermitteln nur Prozessgrößen. Anzeigen helfen dem Bedienpersonal, die Anlage zu überblicken.

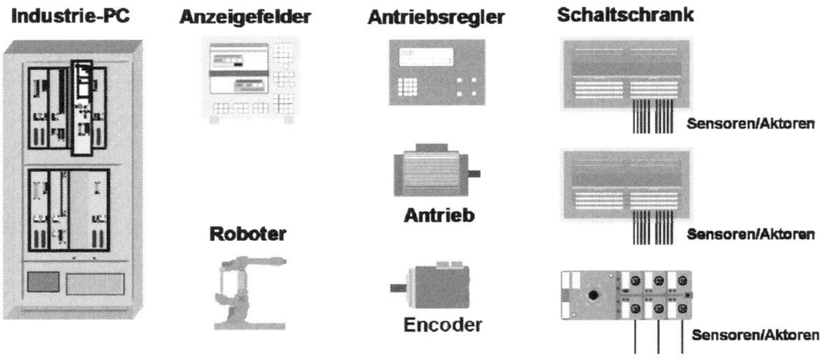

Abbildung 4.5-2: Anlagenkomponenten

Die Aufgabenstellung besteht nun darin, einen entsprechenden Kommunikationsverbund zu erstellen und dessen Eigenschaften zu beschreiben, so dass die Belange der Anlage in Bezug auf deren Aufgabenstellung erfüllt werden. Insbesondere muss die Zuverlässigkeit der Anlage im Vordergrund stehen.

Zu Beginn der 1990er-Jahre etablierten sich die **S**peicher**p**rogrammierbaren **S**teuerungen. Es waren „Rack"-basierende Geräte. Die Prozesssignale wurden parallel, oft in dicken Kabelsträngen, an die Ein- und Ausgabebaugruppen herangeführt. Diesen Kabelbündeln wurde zu Beginn der 90er Jahre der Kampf angesagt. Es entwickelten sich Kommunikationssysteme für die Automatisierung.

4.5.1 Grundlagen der Kommunikationstechnik

An der Kommunikation von Informationen müssen mindestens zwei Partner beteiligt sein, und dennoch ist nicht gewährleistet, dass die Kommunikation im richtigen Sinn abläuft. Zwischen Menschen findet immer eine Kommunikation statt. Dass diese nicht immer optimal abläuft, verdeutlich die nachfolgende Darstellung eines Gesprächs unter Kollegen, denn die zwischenmenschliche Kommunikation ist eine sehr vielschichtige Angelegenheit. Nicht nur die verbale Kommunikation spielt eine Rolle. Auch die nonverbalen Faktoren tragen zur Übermittlung von Informationen bei. Insgesamt gilt für sie: Es ist nicht nur wichtig, was man sagt, sondern auch wie man es sagt.

Abbildung 4.5-3: Zwischenmenschliche Kommunikation

Kann man aus diesen einleitenden Worten auch Schlüsse auf die technische Kommunikation zwischen Automatisierungsgeräten schließen?

Versuchen wir es:

Zwischen den Teilnehmern des Gesprächs werden Informationen über direkte und indirekte Signale ausgetauscht. In der Wirklichkeit werden die Gedanken über Gefühle, den Gesichtsausdruck und die Körperhaltung ausgetauscht und nicht über die „Gedankenblasen" wie im Bild. Zugegeben, diese Art von Kommunikation ist etwas schwierig zu beschreiben, die verbale Kommunikation ist einfacher darzustellen.

Wie man aber sieht, liegt im Beispiel eine Punkt-zu-Punkt-Kommunikation vor. Genauso gut könnte auch eine Mehrpunktkommunikation dargestellt werden. Der Chef teilt seinen Mitarbeitern wichtige Informationen mit. Dazu verwendet er die Worte, die über seine Stimmbänder zu Druckschwankungen der Luft moduliert und von allen Zuhörern über das Gehör aufgenommen werden.

Wir sehen, es existieren selbst im Alltag verschiedene Arten von Kommunikation über verschiedene Wege mit unterschiedlichen Eigenschaften.

In diesem Beispiel besagt die Kommunikation den Austausch von Worten, Wissen, Anordnungen bzw. auch Gefühlen. An der Kommunikation sind mehrere Dinge bzw. Personen beteiligt: der Kommunikator, die Nachricht, das Vermittlungsmedium, der Rezipient und die Wirkung.

Primär dient die Kommunikation dazu, Botschaften (Informationen bzw. Nachrichten) von einem Sender über ein Medium zu einem Empfänger zu transportieren, um eine Wirkung zu erzielen.

In der Technik müssen Wirkungen bei anderen Geräten und Einrichtungen genau auf diese Weise erzielt werden, damit technische Anlagen ihre Aufgaben erfüllen.

Feldbussysteme haben die Aufgabe, Sensoren, Aktoren und weitere Feldgeräte mit übergeordneten Stationen wie z. B. Prozessleitrechnern oder SPS zu verbinden.

Insbesondere in Prozessanlagen mit rechnergestützten Automatisierungsgeräten müssen die Prozessinformationen von den Sensoren und an die Aktoren übermittelt werden. Dazu können unterschiedliche Kommunikationskonzepte verfolgt werden.

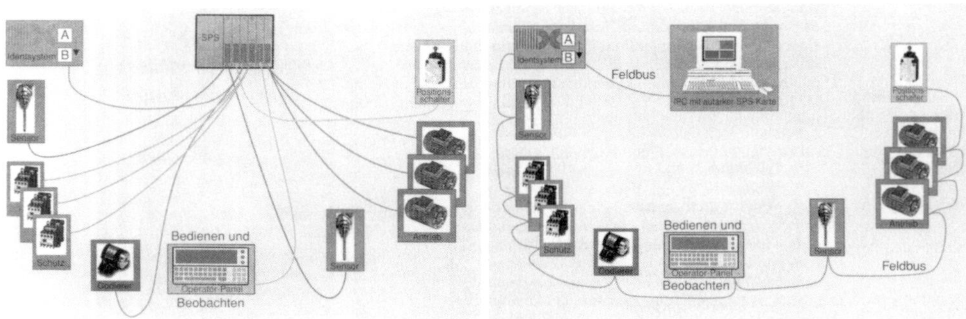

Abbildung 4.5-4: Kommunikation in der Automation[1]

Einerseits kann der Prozessrechner mit jeder einzelnen Einheit separat über Leitungen verbunden sein, so wie es im linken Teil der Abbildung 4.5-4 dargestellt ist. Andererseits ist es auch denkbar, über eine einzige Leitung mit allen angeschlossenen Geräten zu kommunizieren. Jede dieser Techniken weist Vor- und Nachteile auf. Diese einordnen zu können und die richtige Wahl zu treffen, ist Aufgabe des Ingenieurs.

Für die technische Kommunikation benötigt der Entwickler solcher Anlagen entsprechende Nachrichtenübermittlungseinrichtungen mit definierten Eigenschaften. Dazu sind zuallererst die technischen Begriffe zu klären. Beginnen wir mit der Kommunikation

Sie beschreibt Informationen, die sich im Raum bewegen. Die Definition für die Kommunikation lautet:

Definition: Kommunikation

Die **Kommunikation** sind Prozesse für den Transfer bzw. Austausch von Informationen mittels *Zeichen* bzw. *Symbolen* zwischen beteiligten Partnern.

An jedem Kommunikationsprozess nehmen mindestens ein Sender und ein Empfänger teil. Der Sender sendet eine Nachricht über einen Kanal bzw. ein Medium ab.

Definition: Nachricht

Die **Nachricht** ist eine Mitteilung einer oder mehrerer Informationen durch Signale.

Der Kanal verbindet Sender und Empfänger. Die Nachricht ist die Gesamtmenge der übertragenen Information, die als Summe der Informationsgehalte der gesendeten Zeichen bzw. Symbole angesehen werden kann. Die Information wird als physikalische Basisgröße gesehen, die nicht aus dem SI-System ableitbar ist. Sie ist eine innere Größe eines Objekts.

[1] Aus „ Der Feldbus in der Prozessautomatisierung" Fa. PHOENIX CONTACT

„Nachrichten" sind mittels *Zeichen* bzw. *Symbolen* codierte Informationen zur Übertragung über das Kommunikationssystem. Im Fall der Automatisierung werden als Informationen die Werte von Prozessgrößen, Betriebszustände u. a. angesehen.

Die Erscheinungsform des *Zeichens/Symbols* sind Signale, die von Kanälen übertragen werden.

Definition: Nachrichtensignal

Nachrichtensignale sind physikalische Größen, die Inhalte von Nachrichten repräsentieren, wobei die Zuordnung zwischen der physikalischen Größe und der Nachricht eindeutig definiert sein muss.

Das Nachrichtensignal besteht somit aus Elementen einer Menge physikalischer Sachverhalte mit festen Bedeutungen. Signale sind durch von der Nachricht abhängige Merkmale in Form von Signalparametern charakterisiert. Entsprechend dem Vorrat zulässiger Werte der Signalparameter und dem zeitlichen Auftreten von Wertänderungen unterscheidet man analoge (Analogsignal) und digitale Signale (Digitalsignal).

Als Realisierungen von Nachrichtensignalen sind vor allem elektrische Spannungen bzw. Ströme, elektromagnetische Felder und optische Größen zu nennen. Dazu sind Einrichtungen bzw. Medien erforderlich, welche die Signale transportieren können:

Definition: Übertragungskanal

Der **Übertragungs-** oder auch **Nachrichtenkanal** ist ein einseitig gerichteter Übertragungspfad, der als Teil eines Nachrichtenübertragungssystems an seinem Eingang Nachrichten bzw. Nachrichtensignale aufnimmt und an seinem Ende entsprechende Nachrichten/Nachrichtensignale abgibt.

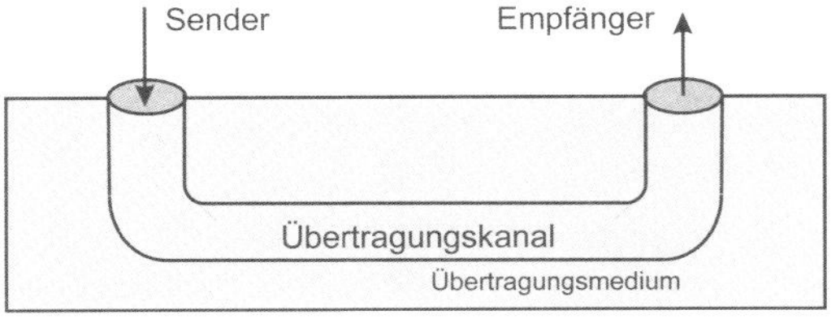

Abbildung 4.5-5: Übertragungskanal

Als Kanal im informationstheoretischen Sinne (auch Informationskanal oder Übertragungsweg) bezeichnet man ein Gerät beziehungsweise eine Vorrichtung, das zum Übermitteln von Informationen über räumliche oder zeitliche Distanz geeignet ist.

Kanäle dieser Definition lassen sich nach einer ganzen Reihe von Kriterien unterscheiden, beispielsweise

- nach ihrer Verwendung: Telefonkanal, Datenkanal, Videokanal, Steuerkanal, usw.
- nach ihrer physikalischen Übertragungscharakteristik: Analogkanal, Digitalkanal, ...

- nach dem benutzten Übertragungsmedium: Kabelkanal, Funkkanal, optischer Kanal, ...
- nach ihren zu Grunde liegenden Funktionsprinzipien: Zeitkanal, logischer Kanal, Trägerfrequenzkanal, ...

Die nachfolgende Darstellung versinnbildlicht die jedermann bekannte Kommunikation zweier Gesprächspartner über einen Telefonkanal. Als Übertragungskanal werden Kupferleitungen zur Übermittlung von Telefongesprächen verwendet. Im einfachsten Fall wird das gesprochene Wort mittels eines Mikrofons in Spannungsschwankungen umgewandelt, die unmittelbar über das Medium (Kupferkabel) übertragen werden. Der Spannungsverlauf erfährt dabei Modifikationen durch äußere Einflüsse, bevor er wieder in Druckschwankungen der Luft über einen Lautsprecher hörbar gemacht wird. In heutigen Telefonnetzen werden andere Modulationsverfahren benutzt, um die Möglichkeiten der verwendeten Leitungen für das gleichzeitige Übertragen vieler Gespräche besser auszunutzen.

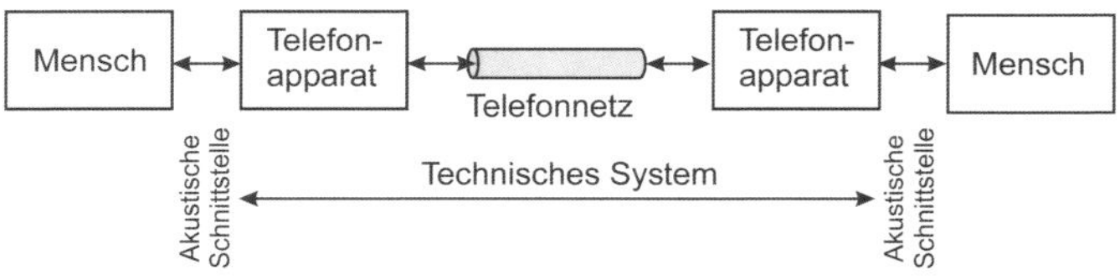

Abbildung 4.5-6: Klassisches Übertragungssystem Telefon

Wie jedermann weiß, kann beim Telefonieren jederzeit gesprochen und ebenfalls mitgehört werden. Kommunikationssysteme arbeiten unter speziellen Betriebsarten:

Vollduplex-Betriebsart (Gegenbetrieb)

Beim Vollduplex-Betrieb erfolgt die Signalübertragung gleichzeitig in beide Richtungen

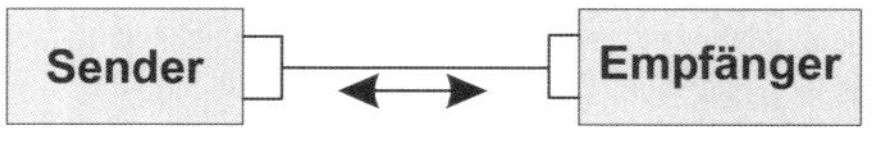

Abbildung 4.5-7: Vollduplex-Betrieb

Bei der Rechnerkommunikation über die so genannte RS232-Schnittstelle zu peripheren Geräten wird diese Betriebsart ebenfalls eingesetzt. Dabei besteht oft nur ein schmaler Rückwärtskanal für Übertragungsquittungen.

Halbduplex-Betriebsart (Wechselbetrieb)

Der Nachrichtenaustausch beim Halbduplex-Betrieb erfolgt bidirektional alternierend, d. h. zeitlich nacheinander.

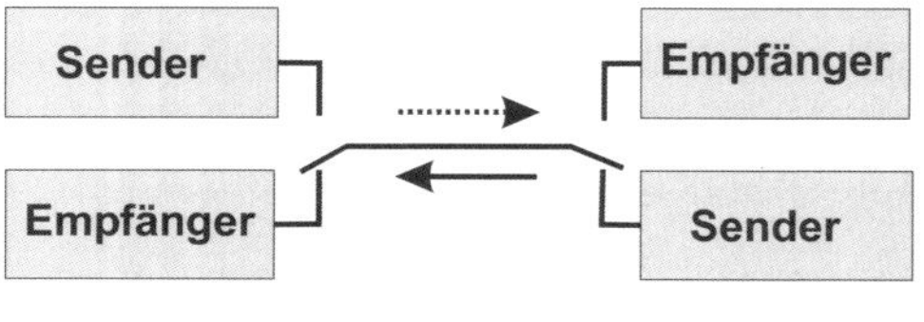

Abbildung 4.5-8: Halbduplex-Betrieb

Bei Sprechfunk in Noteinsätzen (Feuerwehr) ist diese Betriebsart anzutreffen. Jede Unterhaltung unter Menschen sollte von dieser Art sein. Auch das Internet zur weltweiten Vernetzung von Rechnern bedient sich dieser Halbduplex-Betriebsart.

Simplex-Betriebsart (Richtungsbetrieb)

Die Nachrichten werden beim Simplex-Betrieb nur in eine Richtung gesendet.

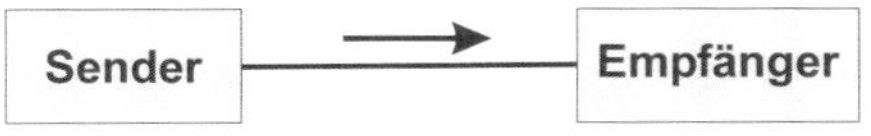

Abbildung 4.5-9: Simplex-Betrieb

Das jedermann bekannte Beispiel ist die Rundfunkübertragung. In der Prozesstechnik werden Daten ebenfalls nur von Messwertaufnehmern hin zum Datenerfassrechner übertragen. Offensichtlich dient diese Betriebsart zur schnellen Nachrichten- bzw. Datenkommunikation.

Datengeschwindigkeit

Über jeden Übertragungskanal können Nachrichten höchstens mit einer maximalen Geschwindigkeit gesendet werden. Diese maximale Geschwindigkeit wird durch den Kanal kennzeichnende physikalische Eigenschaften zusammen mit den dabei auftretenden Störmöglichkeiten bestimmt.

Nehmen wir das Medium Kabel als Vertreter eines Übertragungskanals für elektrische Signale, wie zwei Vertreter in folgender Abbildung dargestellt sind:

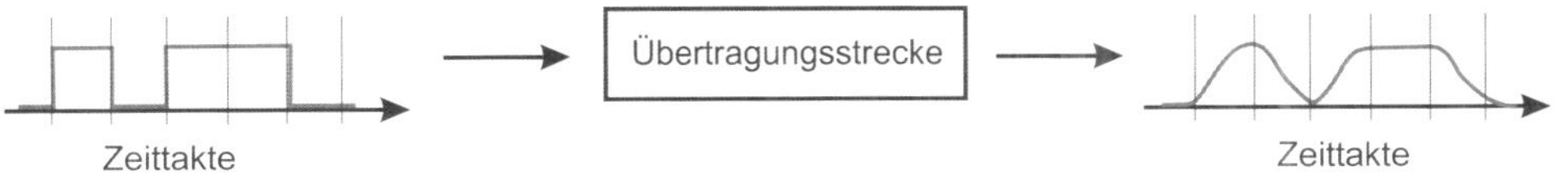

Abbildung 4.5-10: Leitungen als Übertragungskanal

Kabel besitzen durch die Speicherwirkungen ihrer Kabelkapazität und -induktivität eine Tiefpasswirkung, so dass rechteckförmige Signalimpulse amplitudenmäßig „verschmiert" und gedämpft werden. Der Übertragungskanal besitzt eine ihm eigentümliche Kanalbandbreite B. Deren Verlauf wird durch den Frequenzgang FG(jω) des Übertragungssystems beschrieben (siehe Kapitel 2.3):

Definition: Bandbreite

Die Bandbreite B eines Übertragungskanals ist die Differenz zwischen der maximal möglichen Frequenz und der minimal möglichen Frequenz eines Nachrichtensignals. Sie wird in Hertz (Hz) angegeben.

Weitere geschwindigkeitsbegrenzende Eigenschaften realer Übertragungskanäle neben der Bandbreite sind, ohne auf sie näher einzugehen:

- Reflexionen an Kabelenden und -übergängen,
- die Dispersion, als die frequenzabhängige Wellenausbreitung,
- das Übersprechen der Signale zwischen benachbarten Leitungen und
- elektromagnetische Einkopplungen, die sich z. B. als „Glitch" bemerkbar machen.

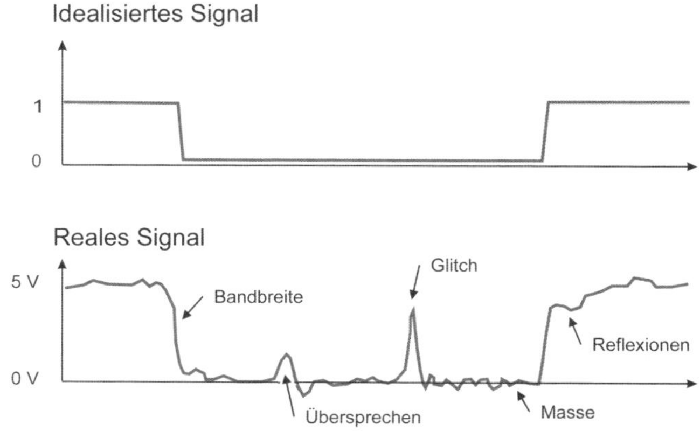

Abbildung 4.5-11: Signalverzerrungen bei der Übertragung

Gleichzeitig können Übertragungsstörungen durch z. B. Rauschen, 50-Hz-Netzbrummen u. a. Einflüsse als stochastische Überlagerungen des Nachrichtensignals auftreten. Wie die nachfolgende Abbildung zeigt, können dadurch Fehler bei den empfangenen Daten auftreten:

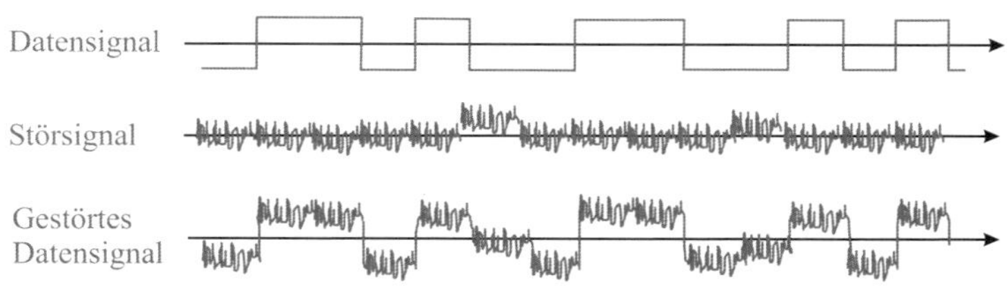

Abbildung 4.5-12: Signalverzerrungen bei der Übertragung

Das Verhältnis von Signal- zu Rauschamplitude beschreibt die Qualität eines Kommunikationspfades:

Definition: Signal-Rausch-Verhältnis SNR

Das **Signal-Rausch-Verhältnis** (auch **Signal-Rausch-Abstand**, abgekürzt **SNR** oder **S/N** vom Englischen „signal to noise ratio") ist ein Maß für die Qualität eines aus einer Quelle stammenden Nutzsignals, das durch ein Rauschsignal überlagert wird. Es ist als Verhältnis der verfügbaren Leistung des Nutzsignals der Signalquelle zur verfügbaren Rauschleistung der gleichen Signalquelle definiert. Das Signal-Rausch-Verhältnis wird als absolute Zahl oder logarithmisch in Dezibel (dB) angegeben.

Um die Information sicher aus dem Signal extrahieren zu können, muss sich das Nutzsignal deutlich vom Untergrundrauschen abheben. Je größer das Signal-Rausch-Verhältnis ist, desto weniger wird das Nutzsignal von störender Rauschleistung überlagert. Daher versucht man, in technischen Anwendungen ein möglichst großes SNR zu erreichen.

Mit den Störungen geht letztlich eine Begrenzung der Übertragungsgeschwindigkeit der Nachrichtensignale über den Kanal einher, wofür man den folgenden Begriff einführt:

Definition: Kanalkapazität

Die **Kanalkapazität C** ist der maximal mögliche noch störungsfrei zu übertragende Informationsfluss, angegeben in Bit/s.

Die Kanalkapazität C für einen beliebigen analogen Kanal ist abhängig von der Bandbreite und dem Signal-Rausch-Verhältnis S/N, deren Amplituden eine Gaußverteilung aufweisen:

$$C = B \cdot \log_2 \left(1 + S/N\right) \qquad (4.5\text{-}1)$$

Dieser von Shannon abgeleitete Zusammenhang gilt exakt, wenn die Nutz- und Störsignale eine Gauß'sche Amplitudendichteverteilung zusammen mit einer „weißen" Leistungsdichte innerhalb der Bandbreite des Übertragungskanals aufweisen. Die Kanalkapazität des analogen Kanals wächst bei Verbesserung des Signal-Rausch-Verhältnisses logarithmisch. Für die Telefonleitung wurde eine Bandbreite von 3000 Hz definiert. Bei 30 dB Störabständen ergibt sich eine theoretische Kanalkapazität von 30 KBit/s.

Charakteristisch für zeitdiskrete Signale ist die Existenz eines minimalen Zeitintervalls T_{min} zwischen aufeinander folgenden – möglichen – Änderungen der Signalkoordinate (Schrittdauer, kurz: Schritt als Signal definierter Dauer).

Ein digitales Nachrichtensignal besitzt i. Allg. eine feste Schrittdauer T (Schritttakt):

Definition: Schritt

Ein **Schritt** ist ein Signal von definierter Dauer, dem eindeutig ein Wertebereich des Signalparameters unter endlich vielen vereinbarten Wertebereichen zugeordnet ist.

Nach DIN 44302 ist die Schrittgeschwindigkeit der Kehrwert der kürzesten nominalen Zeitspanne, der Schrittdauer, zwischen aufeinander folgenden signifikanten Zeitpunkten eines modulierten Signals. Wird die Zeitspanne in Sekunden ausgedrückt, so ist die Maßeinheit das Baud (nach Jean-Maurice-Émile Baudot, frz. Ingenieur, 1845-1903):

Definition: Schrittgeschwindigkeit v_s

Die **Schrittgeschwindigkeit v_s** (angegeben in **Baud**) gibt an, wie viele Signaländerungen pro Sekunde durch einen Kanal übertragen werden können.

Die Geschwindigkeit der über einen Kanal übertragenen Nachrichtendaten legt die Datenrate fest:

Definition: Datenübertragungsrate

Mit **Datenübertragungsrate D** (auch **Datenrate**, **Übertragungsrate**) bezeichnet man die Menge der Daten, die innerhalb einer Zeiteinheit übertragen werden. Sie ist abhängig von der Geschwindigkeit, mit der die Daten auf der Übertragungsstrecke unterwegs sind.

Die Datenrate wird durch Zählen von Dateneinheiten pro Zeiteinheit gemessen. Die meisten elektronischen Daten liegen in digitaler Form vor. Die kleinste elektronische Dateneinheit ist das Bit. Demnach ist die häufigste Form der Datenrate die Bitrate. Die Einheit der Bitrate ist bit/s oder bps. Übliche Vorsilben sind Kilo für tausend, Mega für eine Million und Giga für eine Milliarde Bits.

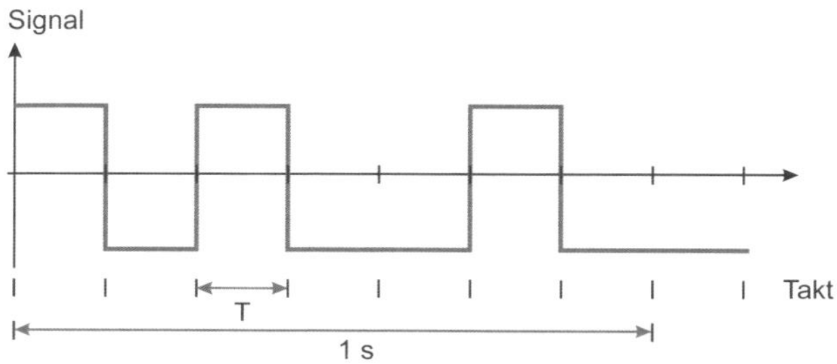

Abbildung 4.5-13: Datenrate bei einem Binärsignal

Die Schrittgeschwindigkeit bestimmt das belegte Frequenzband und ist i. Allg. niedriger als die Übertragungsgeschwindigkeit. Die Schrittgeschwindigkeit gibt also an, wie viele Signalschritte maximal in einer Sekunde über einen Kanal übertragen werden. Der Wertebereich der Signale kann dabei unterschiedlich sein, je nachdem, welche Wertigkeit das Signal hat: zweiwertig (binär), dreiwertig (ternär) vierwertig (quaternär), usw. Dieser Wertebereich variiert nach Maßgabe der je Signal zu übertragenden Zeichen und kann durch eine oder mehrere festgelegte physikalische Parameter wie Strom, Spannung, Frequenz oder Phasenlage realisiert werden. Wird beispielsweise ein Signal mittels vier Signalstufen moduliert, so beträgt die Schrittgeschwindigkeit ein Viertel der Übertragungsgeschwindigkeit.

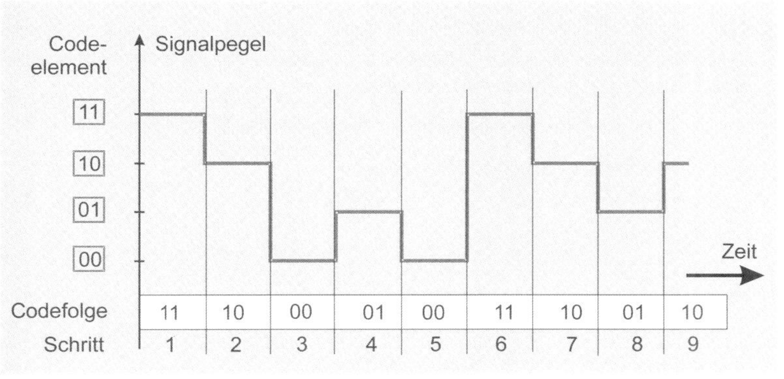

Abbildung 4.5-14: Doppelte Datenrate gegenüber der Schrittgeschwindigkeit bei einem Quaternärsignal

Zu Ehren von Jean-Maurice-Émile Baudot wurde noch die folgende Übertragungsrate eingeführt:

Definition: Baudrate

Die **Baudrate** ist ein Maß, welches die Schrittgeschwindigkeit bei der Datenübertragung beschreibt. Die Baudrate wird oft auch als Symbolrate, Schrittgeschwindigkeit oder Symbolgeschwindigkeit bezeichnet.

Die Baudrate beschreibt die Anzahl der Signalcodes, die pro Sekunde übertragen werden können. Jeder Signalcode entspricht einer definierten messbaren Signaländerung im physischen Übertragungsmedium. Gemessen wird die Anzahl der Symbole in bit/s, die Einheit der Baudrate heißt **Baud**, abgekürzt **Bd**.

Die Baudrate wird häufig verwechselt mit der Bit- oder Datenrate, gemessen in bit/s bzw. bps. Diese Messzahlen sind nur identisch, wenn je Schritt ein Symbol übertragen wird, das genau ein Bit kodiert. Bei vielen Modulationen werden je Symbol mehrere Bits übertragen. Wie nach Abbildung 4.5-14 kann der Amplitudenwert in mehrere Teile geteilt werden. Bei vier unterscheidbaren Teilwerten werden dann je Schritt zwei Bit übertragen.

Bei Codierungstechniken, bei denen nur zwei verschiedene Zustände verwendet werden, sind die Begriffe „Baudrate“ und „Datenrate“ identisch, weshalb die beiden Begriffe auch gerne verwechselt werden. Bei Übertragungstechniken mit mehreren Zuständen ist dagegen die Übertragungsrate D ein Mehrfaches der Schrittgeschwindigkeit:

$$D = v_s \cdot \log_2(n) \qquad (4.5\text{-}2)$$

H. Nyquist gibt die maximale Datenrate D_{max} in einem störungsfreien Kanal folgendermaßen an:

$$D_{max} = 2 \cdot C \cdot \log_2(n) \ [\text{bit/s}] \qquad (4.5\text{-}3)$$

Am Beispiels des Telefonnetzes mit C = 3 kHz bei zwei Zuständen gilt:

- Theoretisch: maximale Datenrate D_{max} = 6.000 Bit/s
- Praktisch: Schon ab 1.200 Bit/s werden Codierungen mit mehreren Zuständen verwendet, da nie ein störungsfreier Kanal vorliegt

Mithilfe des Abtasttheorems von Shannon lässt sich dieser theoretische Wert zeigen.

Typische Übertragungsraten von Übertragungsmedien sind:

Tabelle 4.5-1: Typische Datenraten

Medium	**Datenrate**
Zweidrahtleitung	10 ... 100 MBit/s
Koaxleitung	20 ... 200 MBit/s
Glasfaserleitung	bis 100 GBit/s
Funkverbindung	kleiner 1 MBit/s

Leitungscodierung

Die Nachrichten werden über die Kanäle übertragen. Schließen wir Funkkanäle aus, so werden Leitungen zur Kommunikation zwischen Kommunikationsteilnehmern verwendet. Prozessdaten besitzen analogen und digitalen Charakter. Für die Verarbeitung in rechnergestützten Automatisierungsgeräten werden auch analoge Prozessgrößen mit Hilfe von A/D-Wandlern[1] digitalisiert. Die gewandelten und binär codierten Daten setzen sich i. Allg. aus mehreren Bits zusammen.

Zur Übertragung kann man nun parallele Datenkanäle verwenden, so wie es Abbildung 4.5-15 darstellt. Pro Schritt wird ein Byte, ein Wort, ein Langwort übertragen. Die Datenrate ist somit gleich der Datenbreite multipliziert mit der Schrittgeschwindigkeit. Zusammen mit den Datenbits muss das Taktsignal mit übertragen werden, um die Rückgewinnung der Daten zu gewährleisten.

Man sieht aber, dass mit dieser Technik ein großer Verdrahtungsaufwand einhergeht. Ist eine bidirektionale Kommunikation gefordert, verdoppelt sich die Anzahl der Leitungen. In der Darstellung wird die Möglichkeit gezeigt, die gesendeten Nachrichten von mehreren Empfängern übernehmen zu lassen, also ein erster Hinweis auf einen Nachrichtenbus.

[1] Siehe Kapitel 5 in Weichert, Wülker: Messtechnik und Messdatenerfassung [36] in derselben Buchreihe und [13], [14] sowie [15].

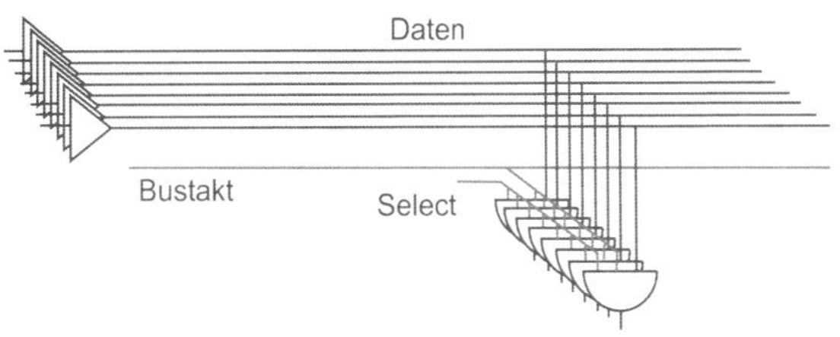

Byte-Übertragung mit Bustakt

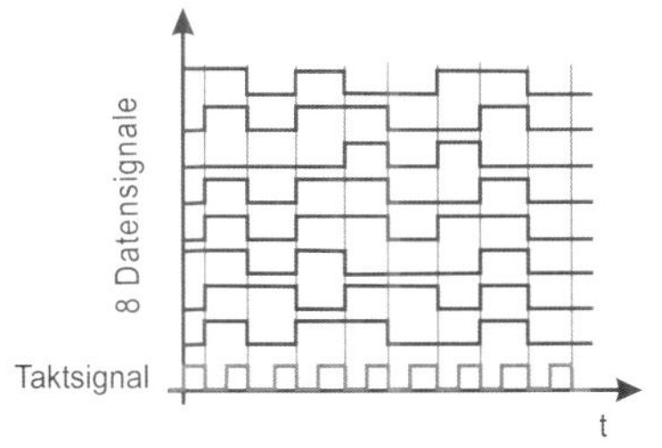

Zeitdiagramm

Abbildung 4.5-15: Parallele Datenübertragung

Der Verkabelungsaufwand kann durch den Einsatz nur einer Leitung bei „serieller" Codierung der Prozessdaten nach folgender Abbildung vereinfacht werden:

Übertragung ohne Bustakt

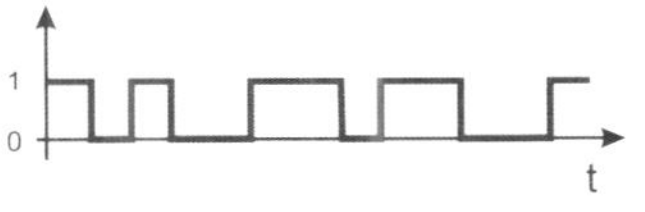

Zeitdiagramm

Abbildung 4.5-16: Serielle Datenübertragung

Die Codeelemente werden mit einer vorgegebenen Schrittgeschwindigkeit vom Sender zum Empfänger geschickt. Um auf Empfängerseite die Information zurück zu gewinnen, muss das Signal im gleichen Takt und in gleicher Taktlage abgetastet werden. Im Prinzip könnte der Takt auch über eine separate Leitung zum Empfänger geführt werden; es gibt aber auch selbst synchronisierende Codes, bei denen das Taktsignal beim Empfänger aus den empfangenen Nutzsignalen zurück gewonnen werden kann. Dazu ist es notwendig, dass genügend viele 0/1-Übergänge im Signal vorhanden sind.

Eine dem Übertragungsmedium und den -anforderungen angepasste Leitungskodierung muss bei serieller Datenübertragung dazu verwendet werden, die sichere Rückgewinnung des Bittakts und damit der Daten zu gewährleisten.

Definition: Leitungscodierung

Der **Leitungscode** bzw. **-kode** legt bei der digitalen Kommunikation fest, wie ein Signal auf der physikalischen Ebene übertragen wird. Dabei werden bestimmte Pegelfolgen, etwa Lichtintensitäten auf Glasfasern oder Spannungen oder Ströme auf elektrischen Leitungen, binären Bitsequenzen im Datenstrom zugeordnet.

Mittels Leitungscodierung werden eine Taktrückgewinnung sowie eine Fehlererkennung möglich, zusätzlich kann auch der Gleichspannungsanteil[1] unterdrückt werden. Bei manchen Kodierungen wird die erforderliche Leitungsbandbreite verringert, Übertragungsstrecken können also besser ausgenutzt werden.

Der einfachste Leitungscode ist der **NRZ** (Non-Return-to-Zero), bei dem die Bitwerte 0 und 1 als Wert direkt während des Schritts übertragen werden. Sein Nachteil ist, dass bei langen 0- oder 1-Serien, kein Signalwechsel ausgelöst wird. Daher müssen Sender und Empfänger genau taktsynchron arbeiten oder der Takt muss mit einer weiteren Leitung mit übertragen werden. Ausprägungen von diesem sind: NRZ-L, NRZ-I und NRZ-S. Bei ihnen wechselt der Pegel, wenn eine 1 bei der Invers- oder eine 0 bei der Space-Kodierung im Signalstrom auftritt.

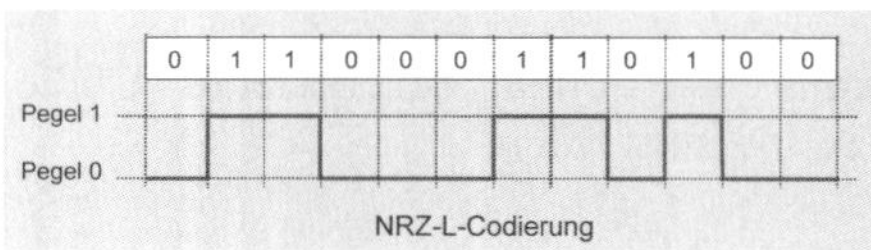

Non Return to Zero-Level

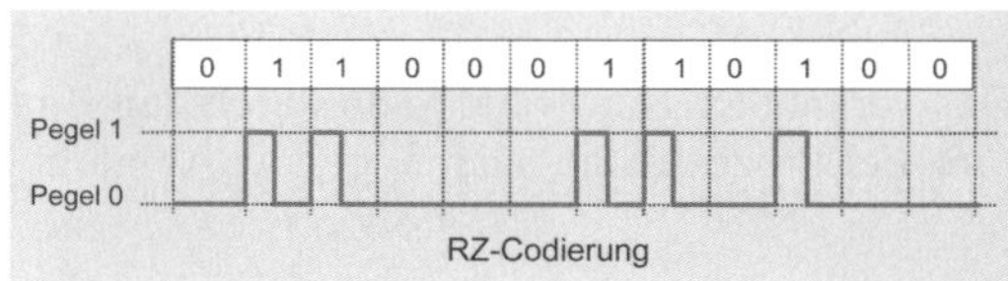

Return to Zero

Abbildung 4.5-17: Serielle Datenübertragung

Die **RZ-** oder **Return-to-Zero**-Codierung ist eine Weiterentwicklung. Bei dieser Kodierung ist es möglich, den Takt aus dem Signal zurück zu gewinnen. Um bei langen 0-Serien nicht das gleiche Problem wie bei der **NRZ**-Codierung zu haben, wird oft nach n Wiederholungen einer 0 eine 1 eingestreut; dies nennt man „Bit-Stuffing". Der Nachteil ist, dass für die Pegelwechsel bei der 1 eine doppelt so hohe Bandbreite nötig ist. Beide Codes sind nicht gleichstromfrei und eignen sich nicht für die Taktrückgewinnung.

Der **Manchester**-Code codiert die Bits in die Flanken des Signals. Eine fallende Flanke bedeutet z. B. eine Eins, eine steigende Flanke eine Null. Auch bei der **Differential Manchester**-Codierung gibt es einen Übergang in der Bitmitte. Eine Null ergibt einen Polaritätswechsel am Schrittanfang, eine Eins bedeutet keinen Polaritätswechsel an dieser Stelle. Je nach Anfangspegel ergeben sich zwei mögliche, zueinander inverse Signalfolgen.

Bei den Manchester-Codes gibt es mindestens eine Flanke pro Bit. Man kann auf ein Takt-Signal verzichten. Daher bezeichnet man den Manchester-Code als selbstsynchronisierend. Außerdem ist der Manchester-Code gleichstromfrei. Die Taktrate ist doppelt so hoch wie die Schrittgeschwindigkeit. Daher ist eine höhere Bandbreite für diese Leitungskodierung erforderlich.

[1] Durch Gleichspannungs- bzw. Gleichstromfreiheit wird gewährleistet, dass keine elektrische Energie vom Sender zum Empfänger transportiert wird.

Manchester-Code

Differential Manchester-Code

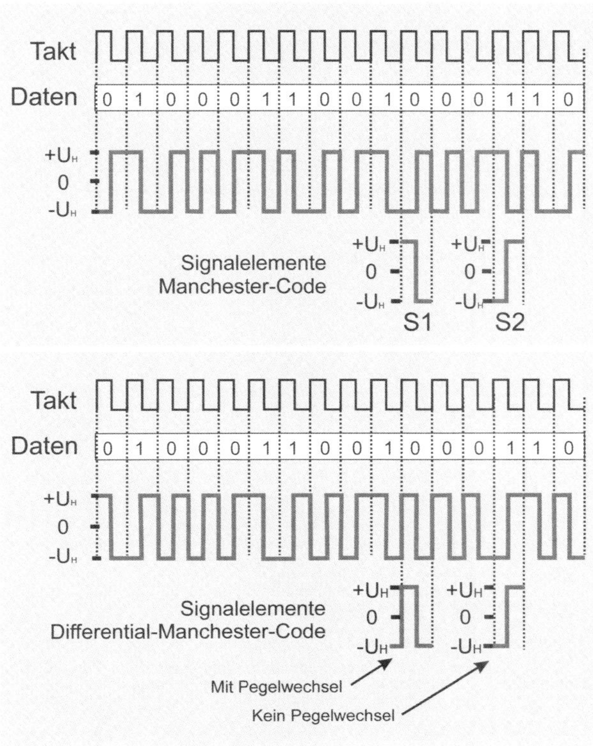

Abbildung 4.5-18: Manchester-Codes

Es können auch mehrwertige Leitungscodes in Betracht gezogen werden.

Der **AMI**-Code (**A**lternate **M**ark **I**nversion) ist ein ternärer Code zur Übertragung von Daten. Ternär bedeutet, dass bei diesem Code drei Signalwerte (-U_H, 0, + U_H) benutzt werden, um die zwei Zustände eines Bits zu codieren. Eine logische **0** wird dabei als physikalische **0** übertragen, eine **1** abwechselnd durch +U_H oder -U_H. Dadurch wird eine Gleichstromkomponente vermieden.

Wenn eine logische **1** durch denselben Zustand wie die vorherige **1** übertragen wird, spricht man von einer Coderegelverletzung. Durch gezielte Coderegelverletzungen können bei einer rahmenbasierten Übertragung verschiedene Rahmen getrennt werden.

Da bei langen Null-Folgen keine Taktrückgewinnung möglich ist, werden zwei aufeinander folgende Nullen durch eine **0** und eine umgekehrte **1** kodiert.

Dieser Code ist gleichstromfrei, enthält aber bei langen Nullfolgen kein Taktsignal.

Der HDB-Code (high density bipolar code der n-ten Ordnung) ist eine Weiterentwicklung der AMI-Codierung und geht aus dem einfachen Bipolarverfahren hervor. Die Codierung erfolgt nach der AMI-Codierung. Bei dieser Codierung wird eine binäre 0 durch den Null-Pegel repräsentiert. Eine binäre 1 wird durch einen alternierenden Puls dargestellt, wobei die erste 1 einen negativen Impuls darstellt. Um die Übertragung langer Nullfolgen zu vermeiden, was die Taktrückgewinnung erschwert, wird bei der Übertragung von mehr als n aufeinander folgenden Nullen eine besondere Bitkombination eingefügt. Beim HDB3-Verfahren (n = 3) wird beispielsweise nach drei Nullen eine 1/-1-Kombination hinzugefügt. Diese Kombination kann nicht mit einer 1 verwechselt werden, da der Puls nicht alterniert (V-Zustand, Violation). Wird zwischen zwei V-Zuständen eine gerade Anzahl von binären 1 übertragen, dann wird die erste 0 mit einem Puls dargestellt. Dieser Zustand entspricht einem A-Zustand, einer AMI-konformen Regelverletzung. Der Empfänger muss immer n Bit einlesen, um die richtige Decodierung vornehmen zu können.

AMI-Code

HDB$_n$-Codes

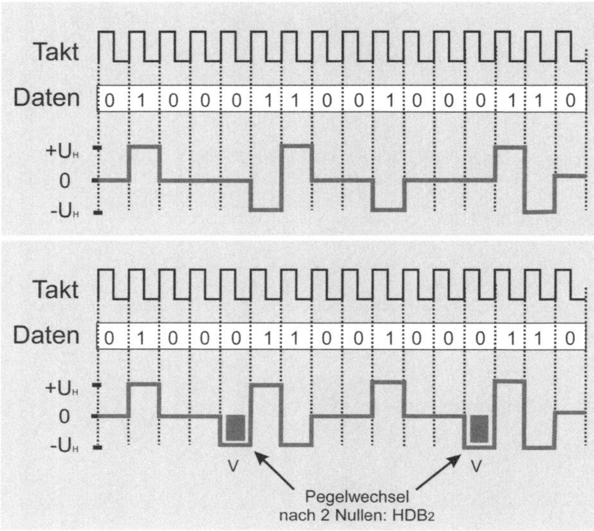

Abbildung 4.5-19: Weitere Codes

Bei der HDB$_n$-Leitungscodierung werden die Gleichstromfreiheit und die Taktrückgewinnung gesichert.

Eine Möglichkeit zur Sicherstellung der Taktrückgewinnung ist das Verwenden so genannter Verwürfler, die nichts anderes tun, als häufige Flankenwechsel im seriellen Bitstrom zu generieren. Das Bit-Stopfen hat denselben Effekt; der Sender fügt nach n Einsen eine Null ein (oder umgekehrt).

Die Taktrückgewinnung sichert noch nicht die Wiedergewinnung der Nachrichtendaten. Der Empfänger muss wissen, zu welchen Zeitpunkten er die Kennwerte der übertragenen Nachrichten abtasten muss, d. h. die Signalerkennung muss synchron zur Signalgenerierung erfolgen.

Asynchrone Verfahren

Bei der asynchronen Datenübertragung wird der Gleichlauf zwischen Sender und Empfänger nur für die Dauer eines Zeichens hergestellt und aufrechterhalten. Das Verfahren wird auch Start-Stopp-Verfahren genannt.

Start- und Stoppbits werden bei der asynchronen seriellen Datenübertragung verwendet, um dem Empfänger eine Synchronisation auf jedes übertragene Zeichen zu ermöglichen.

Die Start- und Stoppbits haben dabei immer dieselben, aber voneinander unterschiedlichen logischen Pegel. Das oder die Startbits werden vor dem zu übertragenden Datenwort gesendet, die Stoppbits danach. Üblicherweise werden 1 Startbit und 1, 1,5, oder 2 Stoppbits benutzt, in neueren Übertragungsprotokollen meistens 1 Stoppbit. Findet keine kontinuierliche Datenübertragung statt, werden in den Pausen Stoppbits übertragen bzw. der logische Pegel des Stoppbits behalten.

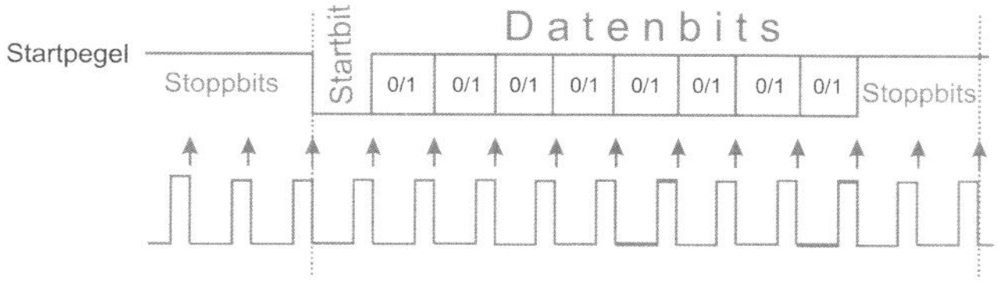

Abbildung 4.5-20: Asynchrone Übertragung

Der Übergang vom Stoppbit zum Startbit triggert im Empfänger einen Timer, der nun den Empfang der einzelnen Datenbits steuert, die in festen, durch die Übertragungsrate bestimmten Abständen folgen. Dazu ist es erforderlich, dass Sender und Empfänger das gleiche Übertragungsprotokoll und die gleiche Geschwindigkeit benutzen. Während einer Folge von Bits zwischen Start- und Stoppbit (typischerweise 1 Byte) liegen die Binärzeichen in einem festen Zeitraster und es besteht Synchronismus zwischen Sender und Empfänger. Die aufeinander folgenden Bytes stehen in keinem festen Zeitraster zueinander (daher „asynchron"), was insgesamt die Leistungsfähigkeit dieses Verfahrens begrenzt.

Synchrone Verfahren

Die synchrone Übertragungstechnik garantiert über eine längere Zeit den Gleichlauf zwischen Sender und Empfänger. Dieses geschieht entweder durch hochgenaue Uhren oder durch Synchronisierung. Darunter versteht man die Möglichkeit, dass einer der beiden Kommunikationspartner dem anderen mitteilt, wann das nächste Zeichen (bzw. Bit) zu senden ist. Dieses kann entweder über eine eigene Taktleitung geschehen oder durch Rückgewinnung des Takts aus dem Signalwert.

Da Sender und Empfänger über eine längere Zeit synchron laufen, kann wesentlich mehr Information ohne Resynchronisation übertragen werden als beim asynchronen Verfahren. Diese Information besteht entweder aus einem oder mehreren Zeichen (zeichensynchron) oder aus beliebig vielen Bits (bitsynchron). Im ersten Falle beträgt die Anzahl der übertragenen Bits stets ein Vielfaches der Bitzahl eines Zeichens; im zweiten Falle ist diese beliebig, wenn auch in beiden Fällen üblicherweise durch eine maximale Länge beschränkt.

Die synchronen Übertragungsprozeduren teilen die zu übertragende Nachricht in Blöcke oder Übertragungsblöcke (transmission blocks) auf. Ein Block kann in der Regel jederzeit gesendet werden, also unabhängig vom Anfang oder Ende des letzten übertragenen Blocks (und damit asynchron!). Er wird durch bestimmte Steuerzeichen eingeleitet, die z.B. im ASCII-Code festgelegt sind; dort werden sie Kontrollzeichen (control character) genannt.

Zur Übertragung werden zunächst einige (2 bis 8) SYN-Zeichen gesendet. Der Empfänger kann diese verwenden, um sich intern zu synchronisieren. Der Blockanfang wird durch ein STX-Zeichen (Start-of-Text) markiert; danach wird die eigentliche Nutzinformation übermittelt. Am Ende der Nutzinformation wird ein ETX-Zeichen (End-of-Text) gesendet; dann folgen in der Regel zwei oder vier Prüfbytes zur Fehlersicherung BCC (Block Check Character).

Denkt man nun an die Übertragung dieser Informationen über das Übertragungsmedium, ist es nahe liegend, die Information bitweise in elektrische Signale umzuwandeln und in das Medium einzuspeisen. Solange auf diese Art die von nur einem Sender ausgehenden Informationen auf die Leitung geschickt werden, spricht man von einer Basisbandübertragung.

Basisbandübertragung

Bei der Basisbandübertragung werden die Daten entweder in ihrer ursprünglichen Form (die Stationen sind direkt galvanisch verbunden) oder nach Umwandlung in besondere gleichstromfreie Signalformen übertragen.

Die Leitung wird demnach nur durch einen Übertragungskanal genutzt werden. Das Leitungssignal beansprucht bei diesem Verfahren die gesamte Bandbreite des Leiters und lässt, anders als bei modulierten Signalen, nur einen Nachrichtenstrom (Kanal) zu. Will man mehrere unabhängige Kanäle übertragen, müssen diese zeitlich hintereinander verschachtelt werden, was als Zeitmultiplex bezeichnet wird (TDM Time Division Multiplexing).

Die häufigsten in der Automation verwendeten Kommunikationstechniken arbeiten mit der Basisbandübertragung. Sie dienen vorwiegend der Übertragung digital vorliegender Daten und sind leicht handhabbar sowie erweiterbar, besitzen aber eine beschränkte Leistungsfähigkeit und nutzen die Leitungskapazität schlecht aus. Auf Kupferkabel besitzen sie eine Reichweite von bis zu 1,5 km.

Wie man nun Signale über Leitungen sendet, kann auf zwei prinzipiell unterschiedliche Arten vorgenommen werden:

Unsymmetrische Datenübertragung

Das Funktionsprinzip der unsymmetrischen Datenübertragung bedeutet, dass die Pegel der Datensignale auf den Leitungen beider Übertragungsrichtungen jeweils gegen Masse gesetzt werden. Bei binären Datensignalen wird der logische Zustand durch die Spannung des Datenleiters gegenüber der gemeinsamen Masseleitung bestimmt, wie nachfolgend zum Ausdruck kommt:

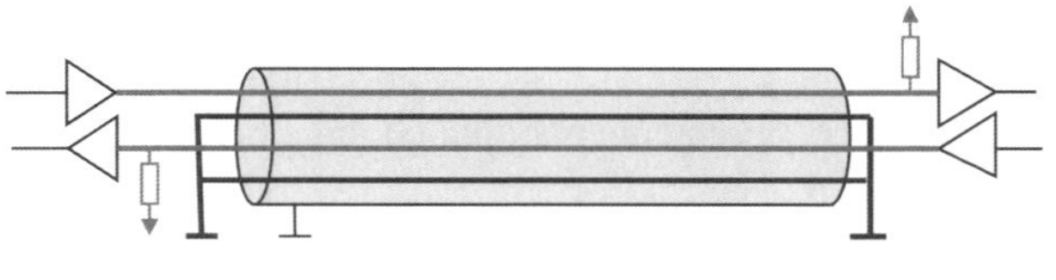

Abbildung 4.5-21: Unsymmetrische Übertragung

Die Eigenschaften der unsymmetrischen Signalübertragung sind:

- Störungen auf der Masseleitung wirken sich direkt auf das Empfangssignal aus.
- Eine Potentialdifferenz zwischen der Masse beim Sender und jener beim Empfänger führt zu teilweise sehr hohen Ausgleichsströmen, die über den Ohmschen Widerstand der Datenleitung direkt zu Fehlsignalen führen können.

- Elektromagnetische Felder können massive Störspitzen auf die Datenleitung induzieren.

Diese Eigenschaften machen die Art von Datenkommunikation ungeeignet für längere Strecken. Sie wird daher fast nur noch im Nahbereich für reine Punkt-Punkt-Verbindung eingesetzt (PC-Umgebung). Die bekannte COM-Schnittstelle (RS 232) bei Personalcomputern arbeitet nach diesem Prinzip.

Eine Verbesserung der unsymmetrischen Datenübertragung erreicht man durch die Verwendung von Koaxialkabeln. Hier ist die signalführende Leitung hermetisch abgeschirmt. Der Schirm wird auf beiden Seiten der Übertragungseinrichtung mit den Massen von Endeinrichtungen (Sender und Empfänger) verbunden:

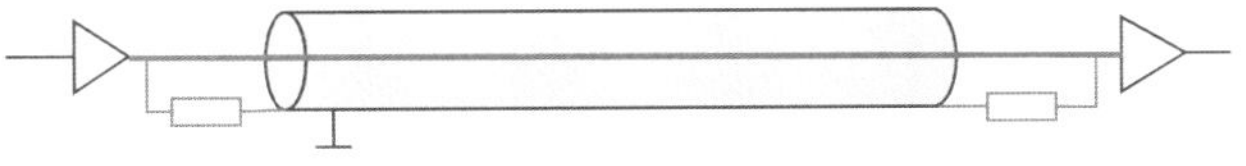

Abbildung 4.5-22: Unsymmetrische Übertragung mit Koaxialkabeln

Die beidseitige Anbindung an die Bezugsmasse erzeugt einen wirksamen Schutz gegen alle Störfelder. Der magnetisch induzierte Strom kann voll über den Schirm fließen und auch die elektrischen Felder liefern nur noch Stromanteile im Schirm selbst.

Der Kabelschirm hat leider auch einige Nachteile. Er stellt eine relativ starke kapazitive Belastung der Signalleitungen gegen die Bezugsmasse dar. Geschirmte Kabel sind wesentlich teurer als ungeschirmte und die Montage ist wesentlich aufwändiger. Falls keine saubere Anbindung des Schirmes an die Bezugsmasse gewährleistet ist, geht die Abschirmwirkung von Störungen zurück. Verdrillte Leitungen zeigen dieselbe Wirkung, wenn zusätzlich noch die differentielle Datenübertragung Anwendung findet.

Symmetrische Datenübertragung (differentielle Übertragung)

Bei dieser Signalübertragung werden zwei Leiter pro Datenleitung geführt. Maßgebend für den logischen Zustand ist die Differenzspannung zwischen den beiden Leitungen.

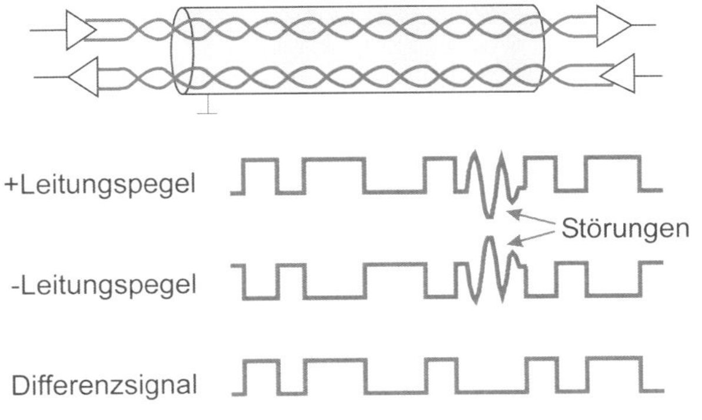

Abbildung 4.5-23: Symmetrische Übertragung mit Signaleigenschaften

Die Signalverarbeitung ist so ausgelegt, dass die eine Leitung das Inverse der anderen darstellt. Eine gemeinsame Bezugsleitung verhindert lediglich unzulässig hohe Spannungsunterschiede zwischen den kommunizierenden Geräten, sie hat aber keine datentechnische Bedeutung. Störungen auf der Bezugsleitung wirken gleichermaßen auf beide Datenleitungen, so dass diese auf das Differenzsignal keinen Einfluss mehr haben.

Die wichtigsten Eigenschaften der symmetrischen Datenübertragung sind:

- Störungen auf der Masseleitung wirken sich nicht auf das Datensignal aus.
- Elektromagnetische Felder beeinflussen das Signal kaum, da sie als Gleichtaktsignale eliminiert werden.

Die in der Prozessdatenverarbeitung häufig eingesetzte RS-485-Schnittstelle arbeitet nach diesem Übertragungsprinzip.

Die meisten Medien können jedoch viel mehr. Am einfachsten stellt man sich einen Lichtleiter vor, der die Informationsbits als Lichtsignale überträgt. Es ist dabei kein Problem, mehrere Signale gleichzeitig mit verschiedenfarbigen Lichtquellen durchzuführen. Auf der Empfängerseite können die unterschiedlichen Bitströme ganz einfach mit Farbfiltern wieder auseinander sortiert werden. Es liegt eine Breitbandübertragung vor.

Breitbandübertragung

Übertragungssysteme, in denen mehrere voneinander unabhängige Trägersignale in ein einziges Kabel eingespeist werden müssen, verlangen eine Breitbandübertragung. Mit der Breitbandtechnik ist es möglich, dass mehrere Nachrichtensignale in einem einzigen Kabel gleichzeitig existent sein können, ohne dass sich die unterschiedlichen Signale behindern oder stören, denn die Signale werden auf unterschiedlichen Frequenzen übertragen. So wird z. B. Kabelfernsehen per Breitband übertragen. Die im Medium verfügbare Bandbreite wird in Frequenzbänder aufgeteilt, von denen jedes für die Übertragung eines unabhängigen Informationsstroms benutzt werden kann.

Diese Technik bezeichnet man als Frequenz-Multiplexverfahren (FDM Frequency Division Multiplexing).

Für die Übertragung müssen die Nachrichtensignale auf den Träger aufmoduliert werden. Dies geschieht senderseitig durch den Modulator, dem empfängerseitig zur Rückgewinnung der Nutzinformation ein Demodulator gegenübersteht (Modulator und Demodulator zusammen sind ein Modem).

Entsprechend dem verwendeten Medium werden die Nachrichten in besser zu übertragende Signale umgeformt, sodass Störungen des Übertragungskanals weniger Einfluss haben (Verbesserung SNR) und eine Erhöhung der Datenübertragungsrate durch Mehrfachausnutzung erreicht wird. Konsequenterweise müssen die ankommenden Nachrichten vorher wieder rückgeformt werden. Man spricht von:

- Modulation: Änderung von Signalparametern eines Trägersignals durch ein modulierendes Signal und
- Demodulation: Rückgewinnung des modulierenden Signals aus dem modulierten Trägersignal.

Werden Nachrichtensignale ohne Modulation über den Übertragungskanal gesendet, was oft bei elektrischen Leitungen vorkommt, liegt eine Basisbandübertragung vor.

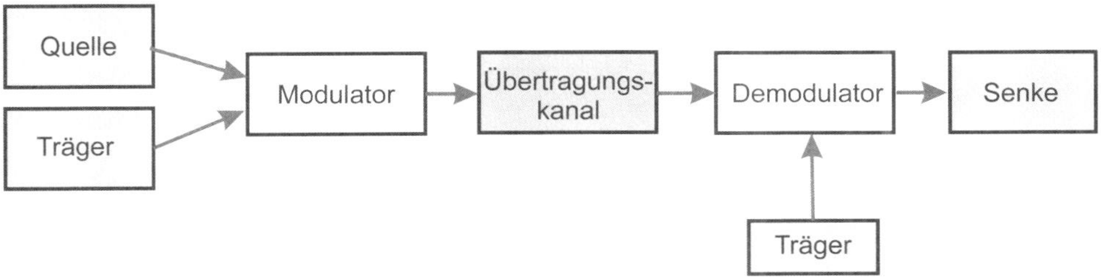

Abbildung 4.5-24: Modulation

Als Trägersignale werden typisch Sinussignale und auch pulsförmige Signale verwendet. Im ersten Fall können Amplitude, Frequenz und die Phase beeinflusst werden, bei den „rechteckigen" Pulssignalen noch zusätzlich die Pulsdauer. Die wichtigsten Modulationsarten sind in Tabelle 4.5-2 zusammengestellt:

In Abbildung 4.5-3 sind drei Modulationsarten für digitale Signale dargestellt. Ansonsten wird auf Lehrbücher über Signalübertragung wie [34] und [35] verwiesen.

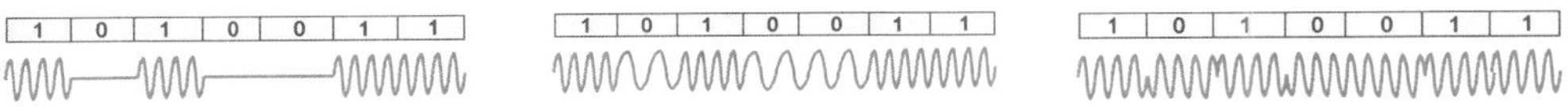

Abbildung 4.5-25: Prinzipielle Modulationsarten

Tabelle 4.5-2: Modulationsarten

	Sinussignal	Pulssignal
Analoges Modulationssignal	Amplitudenmodulation AM Frequenzmodulation FM Phasenmodulation PM Quadraturamplitudenmodulation QAM[1]	Pulsamplitudenmodulation PAM Pulsfrequenzmodulation PFM Pulsphasenmodulation PPM Pulsdauermodulation PDM
Digitales Modulationssignal	Amplitudentastung ASK[2] Frequenztastung FSK[1] Phasentastung PSK[1] Quadraturphasentastung (Quadraturamplitudentastung) QAM[3]	Pulscodemodulation PCM

[1] Überlagerung zweier amplitudenmodulierter Trägersignale, die 90° phasenverschoben sind.

[2] ASK steht für „**a**mplitude **s**hift **k**eying". Entsprechendes gilt für die weiteren Abkürzungen.

[3] Mischung aus Phasen- und Amplitudentastung bzw. -modulation mit evtl. mehreren Phasendifferenzen und Amplitudenwerten.

Kanalcodierung

Die Kanalcodierung hat die Aufgabe, binäre Daten vor der Übertragung auf einem Übertragungsmedium anzupassen. Zweck der Kanalcodierung ist z. B. das Hinzufügen von Redundanzen zur Fehlerkorrektur. Die so codierten Nachrichtensignale werden dann der Leitungscodierung entsprechend Abbildung 4.5-26 übergeben.

Definition: Kanalcodierung

Die Kanalcodierung hat die Aufgabe, unter Berücksichtigung logischer und struktureller Aspekte eine sichere Nachrichtenübertragung zu ermöglichen. Der logische Aspekt beinhaltet Maßnahmen zur Übertragungssicherung von Informationseinheiten mittels Zusatzinformation (Kontrollinformation), der strukturelle Aspekt beinhaltet Maßnahmen zur Herstellung des Synchronismus der Quelle-Senke-Beziehung.

Insofern lässt sich die Kanalcodierung folgendermaßen beschreiben:

Die Aufgabe der Kanalcodierung besteht in einer optimalen Anpassung der zu übertragenden, u. U. quellencodierten Signale an die Eigenschaften des Übertragungskanals. Dazu gehören unter anderem gezielte Veränderungen von Signalparametern und Maßnahmen zur Sicherung gegen Übertragungsfehler durch zusätzliche Redundanz. Im Einzelnen sind bei der Auswahl eines Übertragungscodes unter anderem folgende Aufgaben zu erfüllen bzw. Teilaspekte zu berücksichtigen:

- Wahl der Schrittgeschwindigkeit abhängig vom Übertragungsmedium (z. B. Leitung, Glasfaser, Luft), von der zur Verfügung stehenden Bandbreite oder von der geforderten Störresistenz
- Wahl eines von den Forderungen an die Übertragungssicherheit und der Fehlerstatistik des Übertragungskanals abhängigen optimalen Codes zur Fehlererkennung bzw. -korrektur mit minimaler Redundanzerhöhung
- Wahl eines Übertragungscodes mit Minimierung der Übertragungsleistung, d. h. Nutzung eines Leistungsdichtespektrums ohne Gleichstromanteil mit Verschiebung des Leitungs-Leistungsdichtespektrums nach höheren Frequenzen
- Verwendung eines Leitungscodes mit hohem Taktgehalt, um im Sinne einer sicheren Nachrichtenübertragung die Synchronisation von Sender und Empfänger zu ermöglichen.

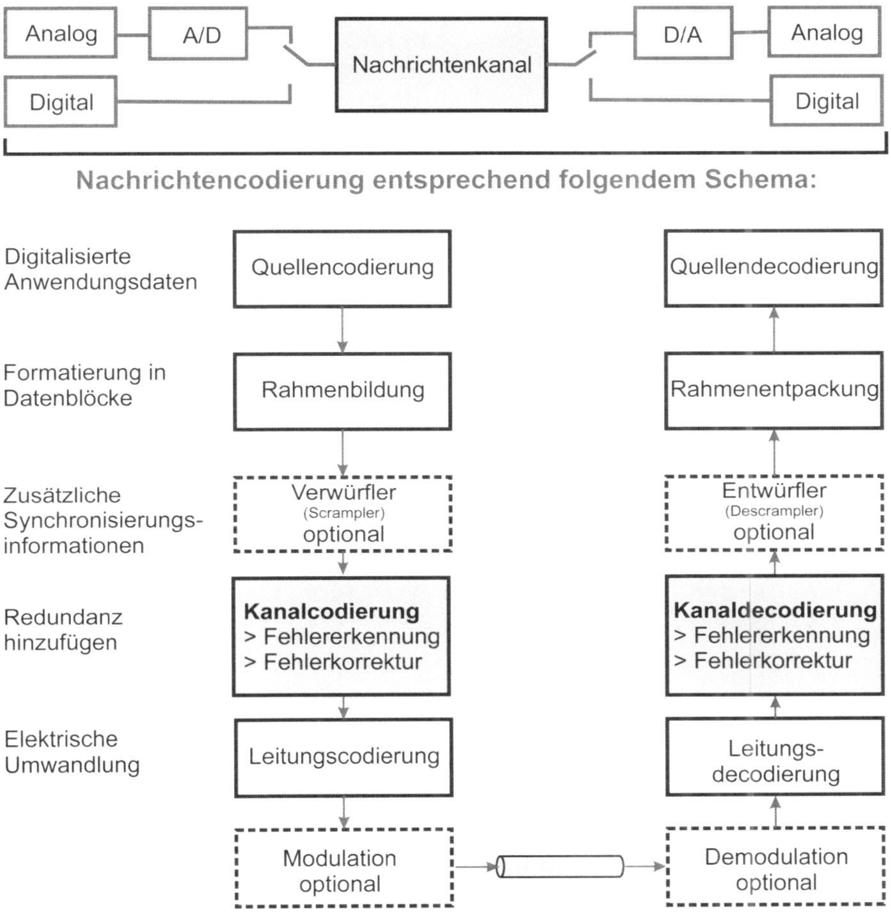

Abbildung 4.5-26: Zusammenspiel der Nachrichtencodierung

Das Ziel der Kanalkodierung ist, die Nachrichten so umzucodieren, dass nach der Übertragung und Rückgewinnung der Daten die Bitfehlerrate minimal ist. Als ein Bitfehler wird ein Fehler in einem einzelnen Bit bezeichnet. Statt einer 1 ist dieses Bit eine 0 oder umgekehrt und:

Definition: Bitfehlerrate

Die **Bitfehlerrate** (abgekürzt BER bit error rate) ist ein Maß für die Qualität der Übertragung auf digitalen Übertragungsstrecken. Die Bitfehlerrate ist der Quotient aus der Anzahl fehlerhaft übertragener oder gespeicherter Bits (Bitfehler) zu der Anzahl insgesamt übertragener oder gespeicherter Bits.

Sie wird auch als Bitfehlerquote oder Bitfehlerhäufigkeit (BFH) bezeichnet.

Eine Bitfehlerrate von $5 \cdot 10^{-6}$ bedeutet, dass von 1 Million übertragener oder gespeicherter Bits durchschnittlich 5 Bits falsch sein können.

Die Umcodierung muss so erfolgen, dass der Empfänger in einem Bitmuster der Länge n eine gewisse Anzahl von Bitfehlern erkennen und evtl. auch korrigieren kann. Dies geschieht durch das Einfügen von **Redundanz** in das Übertragungssignal. Der Kanalcodierer erzeugt aus einem Bitstrom der Länge k einen neuen Strom der Länge n durch das Hinzufügen von k redundanten Bits. Das bedeutet:

- Eine Nachricht muss zum Senden in Blöcke fester Maximallänge zerlegt werden
- Eine Blocksynchronisation ist erforderlich, um auf Empfängerseite die ursprüngliche Blockstruktur erkennbar zu machen
- Die Aufgabe der Fehlersicherung (Übertragungssicherung) ist das
  - **Erkennen** von Fehlern und das
  - **Korrigieren** von Fehlern.

Die Verfahren der Fehlersicherung vermindern die Fehlerwahrscheinlichkeit; sie bringen sie nicht auf Null.

Die einfachste Art ist die Fehlererkennung durch **Paritätsprüfung**. Zu jedem Datenblock wird ein Prüfbit hinzugefügt, so dass die Anzahl aller Einsen gerade bzw. ungerade wird. Man spricht dann von gerader bzw. ungerader Parität. Die Ein-Bit-Parität kann jede ungerade Anzahl verfälschter Bits (insbesondere Ein-Bit-Fehler) erkennen. Aber es können keine 2-Bit-Fehler erkannt werden.

Eine Verbesserung ergeben **fehlerkorrigierende Codes** (error correcting codes). Sie wurden zuerst von Hamming untersucht, weshalb sie den Namen Hamming-Codes tragen. Zu deren Beschreibung wird folgender Begriff benötigt:

Definition: Hamming-Abstand zweier Codewörter

Der Hamming-Abstand zweier Codewörter ist die Anzahl an Stellen, an denen die Codewörter unterschiedliche Bits haben.

Als Beispiel dienen die Codeworte 10110011 und 11010010. Deren Hamming-Abstand beträgt dann 3, da 3 Bits unterschiedlich sind. Natürlich liegen Nachrichtenübertragungssystemen Nachrichten mit größeren Anzahlen von Bits vor. Diese Nachrichten bilden, in der Informationstheorie gesprochen, ein Alphabet. Untersucht man alle Codewörter solcher Alphabete auf ihren Hamming-Abstand, verwendet man folgende Bezeichnung:

Definition: Hamming-Abstand eines Alphabets oder **Hamming-Distanz**

Der Hamming-Abstand eines Alphabets (Hamming-Distanz) ist der minimale Hamming-Abstand zweier unterschiedlicher Wörter des Alphabets.

Richard Wesley Hamming (* 11. Februar 1915 in Chicago, Illinois; † 7. Januar 1998 in Monterey, Kalifornien) konnte zeigen:

Um 1-Bit-Fehler zu korrigieren, benötigt man ein Alphabet mit Hamming-Distanz 2.
Etwas allgemeiner ausgedrückt, gilt:
Um n-Bit-Fehler zu korrigieren, benötigt man eine Hamming-Distanz 2·n oder größer.
Es sind bei einer Hamming-Distanz von d aber immer d – 1 Bitfehler erkennbar.

Der Nachteil aller dieser Codierungen ist natürlich, dass die Bandbreite des Übertragungskanals die geforderten Datenraten „verkraften" muss. Damit einher geht zusätzlich eine Verschlechterung des Signal-Rausch-Verhältnisses und somit eine Beschränkung der Kanalkapazität.

Eine weitere Möglichkeit der Kanalcodierung ist, dass fehlerhaft erkannte Daten vom Empfänger erneut angefragt und nochmals gesendet werden (ARQ-Verfahren: Automatic repeat request). Diese Verfahren werden insbesondere zur Übertragung von Wirtschaftsdaten verwendet, die eine „fast" absolute Sicherheit verlangen. Deren Echtzeit-Verfügbarkeit im Sinne der Prozessdatenverarbeitung ist nicht notwendig.

Weitere Verfahren, wie z. B. zyklische Codierverfahren und Faltungscodierung können hier nicht dargestellt werden.

4.5.2 Schnittstellen

Für den Zusammenschluss von Automatisierungsgeräten sind definierte Schnittstellen erforderlich. Solche Geräte sind Speicherprogrammierbare Steuerungen mit ihren Anschaltbaugruppen selbst, aber auch Sensoren und Aktoren zu den Prozessen. Die Vielfalt definierter Schnittstellen im Umfeld der Rechnertechnik und auch der Automatisierungstechnik ist immens. In dieser Darstellung sei der Beschränkung wegen nur auf grundlegende Begriffe und die allerwichtigsten Schnittstellen im Umfeld der Automatisierung eingegangen.

Zuallererst sei aber der Begriff Schnittstelle vorangestellt:

Definition: Schnittstelle

Eine **Schnittstelle** ist eine Vorrichtung zum Zweck des Informationsaustauschs mit anderen informationsverarbeitenden Systemen.

Eine Schnittstelle wird durch eine Menge von Regeln beschrieben. Zugleich umfasst sie Vereinbarungen, so genannte Protokolle über die Art und Weise, wie Informationen ausgetauscht werden. Sinn und Zweck dieser Spezifikationen bzw. Normierungen ist, dass unterschiedliche Geräte unterschiedlicher Hersteller miteinander verbunden werden können. Am Beispiel des allgegenwärtigen Personalcomputers ist dieser Zweck leicht einzusehen. Der Anwender kann Geräte mit den in Abbildung 4.5-27 gezeigten Schnittstellen von beliebigen Herstellern erwerben und betreiben.

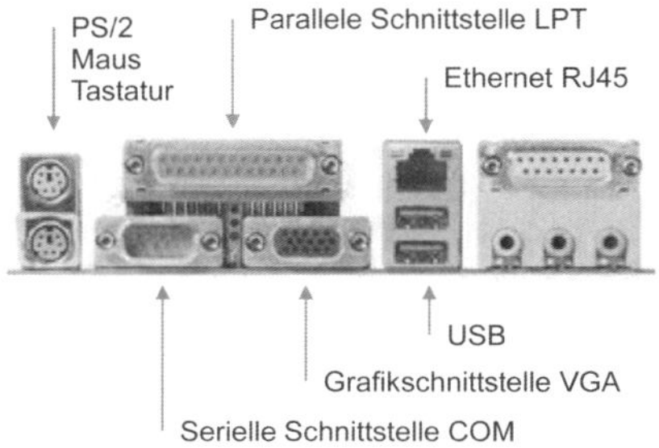

Abbildung 4.5-27: Wichtige Schnittstellen eines PC

"Handgreiflich" wird primär die mechanische Auslegung jeder Schnittstelle, die man auch als Hardwareschnittstelle bezeichnet.

Hardwareschnittstellen

Die Hardware-Schnittstelle wird beschrieben durch die Eigenschaft der Übertragungsstrecke (Kabel, Stecker usw.) und durch die Art und Bedeutung der auf den Leitungen übertragenen Signale.

In der Computertechnik sind Hardwareschnittstellen weit verbreitet. Man unterscheidet zwischen parallelen und seriellen Schnittstellen, je nachdem, ob mehrere Bits gleichzeitig übertragen werden können (siehe: Parallele Datenübertragung). Im Kontext von Peripheriegeräten für Computer ist mit paralleler Schnittstelle im Allgemeinen der IEEE 1284-Anschluss gemeint, der meist für den Drucker verwendet wird; als serielle Schnittstelle bezeichnet man in diesem Zusammenhang die veraltete EIA-232-Schnittstelle.

Hardwareschnittstellen definieren auch die Gesamtheit der Festlegungen für die Eigenschaften der Schnittstellenleitungen und ausgetauschten Signale (physikalische Schnittstelle) sowie die Bedeutung der Signale (logische Schnittstelle):

Software-Protokoll

Das **Software-Protokoll** beinhaltet Regeln und Vereinbarungen, die den Informationsfluss in einem Kommunikationssystem steuern. Protokolle sind die Grundlage für einen reibungslosen Austausch von Daten. Der Begriff Protokoll wird in der Datenübertragung häufig als Kurzform für Übertragungsprotokoll verwendet.

Das **Software-Protokoll** beinhaltet die Signale und die Informationen (Datentelegramme), die über die Schnittstelle mit anderen Teilnehmern ausgetauscht werden. Es beschreibt die Steuerung des Datenflusses. Das Protokoll muss erkennen, welche Fehlererkennungsmethode bei der Übertragung angewandt und wie festgestellt wird, wann ein Gerät den Transfer der Daten anfängt und wann dieser beendet ist.

Insgesamt beschreibt eine Schnittstellendefinition folgende Eigenschaften:

- Mechanische Eigenschaften: Steckerart, Steckerbelegung
- Elektrische Eigenschaften: Signalpegel (Strom, Spannung), Frequenzen
- Funktionelle Eigenschaften: (Leitungs-)Code, d.h. Bedeutung der Signale, Protokoll, d. h. die Abfolge der Signale

Seit dem Beginn der Rechnertechnik haben sich Standards von Schnittstellen zum Anschluss von Peripheriegeräten an Rechner herausgebildet. Einer dieser „älteren“ Standards ist die serielle Schnittstelle, die fast jeder PC als COM-Schnittstelle aufweist, die aber langsam von der seriellen USB-Schnittstelle verdrängt wird. Die serielle Schnittstelle des PC wird vorwiegend zur Steuerung von Plottern, Modems und Druckern eingesetzt.

Auch Messwerterfassungssysteme in der Automation verwenden diese Schnittstelle zur Kommunikation mit dem PC. Die Bezeichnung RS-232 (genauer RS-232-C, bzw. Neufassung RS-232-D) ist die amerikanische Normbezeichnung der seriellen Schnittstelle. Die Bezeichnung **V.24** ist eine Abkürzung der französischen und auch international festgelegten Norm, die aber seltener verwendet wird. Im Prinzip sind jedoch beide Normen identisch.

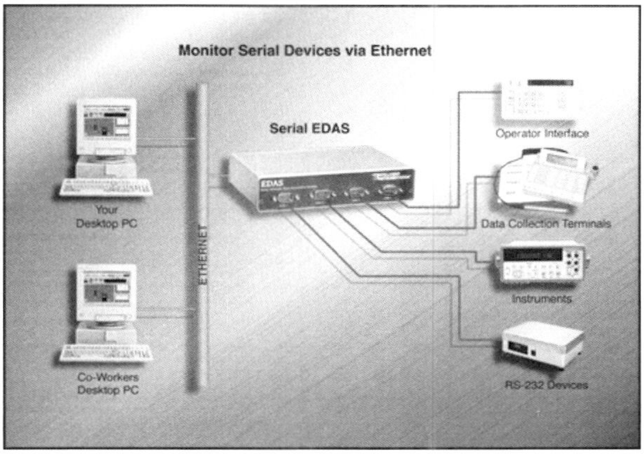

Abbildung 4.5-28: RS-232 in der Messtechnik[1]

RS-232-Schnittstelle (EIA-232)

Die EIA-232-Schnittstelle (ehemals RS-232, 1969 von der EIA als Recommended Standard 232 eingeführt) ist eine Spannungsschnittstelle, d. h. die verschiedenen Spannungspegel stellen die Information dar. Sie entspricht einer V.24/V.28/ISO-2110-Schnittstelle hinsichtlich Signalsemantik, Elektrik und Steckerbelegung.

Eine EIA-232-Verbindung stellt eine serielle Datenübertragung dar, d.h. die Bits werden hintereinander auf einer Leitung übertragen. Die RS-232-Schnittstelle wird hauptsächlich im Asynchronbetrieb verwendet, nach dem Standard ist aber auch eine synchrone Datenübertragung möglich.

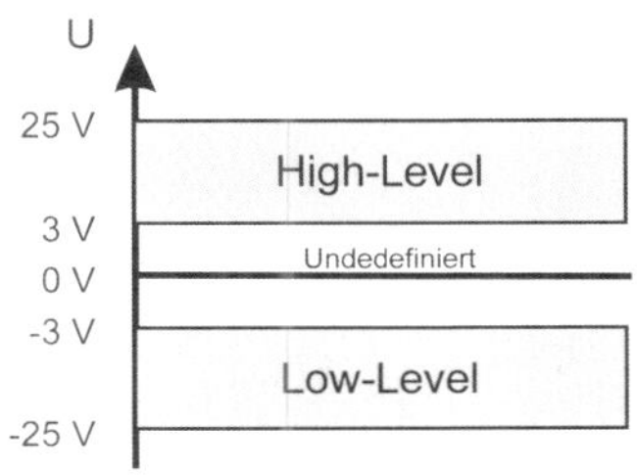

Abbildung 4.5-29: Signalpegel

Die elektrische Spezifikation der Schnittstelle beschreibt eine unsymmetrische Datenübertragung, weshalb zur Erhöhung der Störsicherheit die Spannungspegel erhöhte Werte erfordern. Der Spannungsbereich für die logische Eins geht von –3 Volt bis –15 Volt und die logische Null wird durch Spannungen zwischen +3 und +15 Volt abgebildet. Die Abbildung der logischen Null als positive Spannung und der logischen Eins als negative Spannung nennt man negative Logik.

[1] Siehe Intelligent Instrumentation Inc.

Da die Spannung mit der Länge einer Leitung wegen des größer werdenden elektrischen Widerstandes immer kleiner wird, ist die Leitungslänge begrenzt auf ca. 25-100 m je nach Kabel- und Steckverbinder.

Als Steckverbindung wurden nach der ursprünglichen Norm 25-polige Stecker und Buchsen (Sub-D) benutzt. Da viele der 25 Leitungen reine Drucker- bzw. Terminal-Steuerleitungen aus der elektromechanischen Ära sind, die für die meisten Verbindungen mit moderneren Peripheriegeräten nicht benötigt werden, haben sich heute 9-polige Sub-D-Stecker und Buchsen etabliert, die beim ersten IBM-PC ursprünglich als reine Notlösung zum Platzsparen eingeführt wurden.

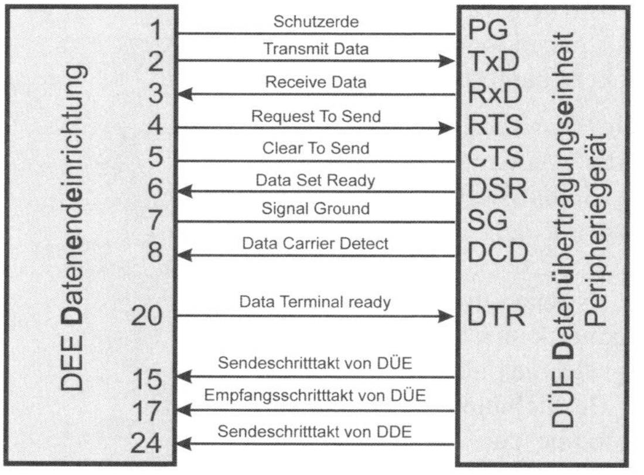

Abbildung 4.5-30:
V.24 Verbindungsschema[1]

Die wichtigsten Signalleitungen, ihre Bezeichnungen und Bedeutungen für 25-polige und 9-polige Anschlüsse sind in Tabelle 4.5-3 beschrieben.

Da es bei asynchronem Betrieb keine Taktleitung gibt, die die Übertragung synchronisiert, muss auf beiden Seiten der Übertragungs-Strecke dieselbe Übertragungsgeschwindigkeit (in Baud) eingestellt sein, damit die Übertragung funktioniert. Pro übertragenem Datensatz (Byte) wird die Übertragung mittels des Startbits eingeleitet. Serielle Übertragungen funktionieren grundsätzlich aber auch ohne Startbit. Darauf folgen 5 bis 8 Datenbits (Nutzdaten) mit dem niederwertigsten Bit (LSB) zuerst, wahlweise ein Parity-Bit und schließlich ein oder zwei Stoppbits.

Da alle diese Variationen in den Standards nicht festgelegt sind, müssen bei beiden Geräten, die an der Kommunikation beteiligt sind, die Parameter gleich eingestellt sein, bevor eine erfolgreiche Kommunikation zu Stande kommen kann.

Heutzutage hat sich für diese Einstellungen ein „üblicher Standard" herauskristallisiert, der von vielen Geräten benutzt wird: 8 Datenbits, kein Parity, 1 Stoppbit, was oft als 8N1 abgekürzt wird. Die Baudrate variiert stark, je nach Qualität der Leitung und des Geräts. Häufig wird mit 9600 bit/s oder 115200 bit/s übertragen.

---

[1] Taktleitungen werden nur für den Synchronbetrieb benötigt. DEE – **D**aten**e**nd**e**inrichtung, DÜE – **D**aten**ü**bertragungs**e**inrichtung

Tabelle 4.5-3: RS-232-Signale und Steckerbelegung

Abkürzung	Name	Beschreibung	Pin-Nr. 25-pol.	Pin-Nr. 9-pol.	I/O
	Common Ground	Gemeinsame Abschirmmasse (nicht Datenmasse)	Pin 1	-	-
TxD	Transmit Data	Leitung für ausgehende (gesendete) Daten	Pin 2	Pin 3	O
RxD	Receive Data	Leitung für den Empfang von Daten	Pin 3	Pin 2	I
RTS	Request to Send	"Sendewunsch“ (wenn diese Leitung auf logisch Eins steht, möchte das Gerät Daten senden	Pin 4	Pin 7	O
CTS	Clear to Send	Wenn diese Leitung auf logisch Eins steht, kann das Gerät Daten entgegennehmen	Pin 5	Pin 8	I
DSR	Data Set Ready	Ein angeschlossenes Gerät signalisiert dem Computer, dass es einsatzbereit ist, wenn eine logische Eins auf dieser Leitung anliegt.	Pin 6	Pin 6	I
GND	Ground	Signalmasse. Die Signalspannungen werden gegen diese Leitung gemessen.	Pin 7	Pin 5	-
DCD	Data Carrier Detect	Ein Gerät signalisiert dem Computer, dass es Daten auf der Leitung erkennt.	Pin 8	Pin 1	I
DTR	Data Terminal Ready	Über diese Leitung kann ein Gerät eingeschaltet oder zurückgesetzt werden. (Üblicherweise schaltet ein Gerät, z.B. Modem, diese Leitung auf DSR durch, wenn es einsatzbereit ist.)	Pin 20	Pin 4	O
RI	Ring Indicator	Zeigt an, dass ein Anruf ankommt (besonders bei Modems)	Pin 22	Pin 9	I

Bei der V.24-Schnittstelle können unterschiedliche Handshake-Verfahren zwischen den beiden Kommunikationspartnern verwendet werden:

Definition: Handshake-Verfahren

Ein **Handshake-Verfahren** ist eine Methode, wie sich zwei an einer Datenübertragung beteiligte Teilnehmer nach jedem Übertragungsvorgang durch unmittelbare Quittungssignale synchronisieren.

Die Datenendeinrichtung versorgt das Modem mit so genannten Handshake-Signalen. Der Sender signalisiert, wenn er neue Daten senden möchte und der Empfänger, wenn er neue verarbeiten kann. Je nachdem, ob das über Leitungen oder Zeichen signalisiert wird, spricht man von Hardware-Handshake oder Software-Handshake.

Software-Handshake

Der **XON-XOFF-Handshake** erfolgt durch die Zeichen XON und XOFF (ASCII-Zeichen 19 bzw. 17). Es erfolgt eine Datenanforderung der Empfangsstation durch den XON-Code. Sie schaltet auf Datenempfang, der Sender sendet die Daten. Die Datenübertragung wird durch XOFF-Code gestoppt, was zu einer Unterbrechung bis zum nächsten XON-Zeichen führt. Für diese Übertragungstechnik sind drei Leitungen der RS-232-Schnittstelle nötig.

Das **ETX-ACK-Protokoll** benötigt die weitere Steuerleitung DTR, durch die der Empfänger seine Bereitschaft durch einen High-Pegel signalisiert und zusätzlich den ACK-Code (ASCII 6) übermittelt. Daraufhin überträgt der Sender die Daten und schließt sie mit dem ETX-Code (ASCII 3) ab. Die Übertragungsprozedur beginnt aufs Neue. Dieses Protokoll ist für die Übertragung von Datenpaketen bestimmter Länge gedacht.

Hardware-Handshake

Beim Hardware-Handshake wird die Kontrolle der Datenübertragung durch die Hardware der Schnittstelle (Schnittstellenbaustein) selbst vorgenommen. Dazu werden die zusätzlichen Leitungspaare RTS/CTS, DSR/DTR und die Leitung DCD verwendet. Deren Bedeutung findet man in Tabelle 4.5-3 beschrieben.

Wie man leicht nachvollziehen kann, ist der Hardware-Handshake gegenüber dem Software-Handshake schneller, da keine Zeichen übertragen werden müssen.

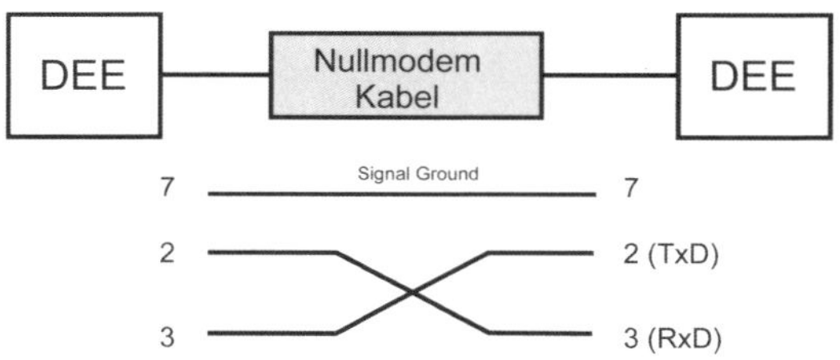

Abbildung 4.5-31: Nullmodem

Im Sonderfall der Verbindung zweier Datenendeinrichtungen (Rechner) müssen die „hörenden“ mit den „sprechenden“ Leitungen verbunden werden, d.h. TxD muss mit RxD und CTS mit RTS verbunden werden. Dazu benötigt man so genannte Nullmodem-Kabel.

EIA-485-Schnittstelle

Die EIA-485-Schnittstelle (ehemals RS-485) wurde für die serielle Hochgeschwindigkeits-Datenübertragung über große Entfernungen entwickelt und findet im industriellen Umfeld Verbreitung. Die EIA-485-Schnittstelle ist eine so genannte differentielle Spannungsschnittstelle (im Gegensatz zur massebezogenen EIA-232), die in der Automation von vielen Datenendgeräten benutzt wird. Die EIA-485-Schnittstelle benutzt lediglich ein Adernpaar und wird halbduplex betrieben. Die Verbindung ist mehrpunktfähig, d. h. es können bis zu 32 Teilnehmer angeschlossen werden.

Die Leitungen dieser Schnittstelle werden im Gegentakt betrieben. Die Zuordnung Differenzspannung zu logischem Zustand ist wie folgt definiert:

- $A - B < -0{,}3V$ entspricht dem Zustand 1
- $A - B > +0{,}3V$ entspricht dem Zustand 0

Die invertierte Leitung wird in der Regel durch den Index „A“ oder „-“ gekennzeichnet, während die nicht invertierte Leitung mit „B“ oder „+“ bezeichnet wird. Der Empfänger wertet die Differenz zwischen beiden Leitungen aus, so dass Gleichtakt-Störungen auf der Übertragungsleitung zu keiner Verfälschung des Nutzsignals führen.

Der Vorteil der 2-Draht-Technik liegt u. a. in der Multimaster-Fähigkeit: Jeder Teilnehmer kann prinzipiell mit jedem anderen Teilnehmer Daten austauschen. Der RS-485-Bus kann sowohl als 2-Draht- als auch als 4-Draht-System aufgebaut werden (mit Handshake oder ohne). Die ISO-Norm 8482 sieht eine maximale Kabellänge von 500 m vor. Dank moderner, symmetrischer Leitungstreiber und kapazitäts- bzw. dämpfungsarmer twisted-pair-Kabel, kann die Entfernung zwischen zwei Endgeräten wesentlich erhöht werden: RS-485 unterstützt heutzutage somit Kabellängen von bis zu 1,2 km und Datenübertragungsraten bis zu 1 MBit/s. Aufgrund der großen Übertragungslänge von über 1 km kann zwischen der Betriebserde des Daten-Senders und des Empfängers eine große Potentialdifferenz auftreten. Damit Potentialdifferenzen keinen Einfluss auf die Schaltungen bzw. Endgeräte ausüben können, ist laut DIN-Norm 66348 eine galvanische Trennung der Schnittstelle vom Rest der Schaltung (z. B. durch schnelle Optokoppler) zwingend vorgeschrieben. Eine einheitliche Belegung der Anschlussverkabelung existiert nicht. Als Steckverbindung werden 9-polige Stecker und Buchsen (Sub-D) benutzt. Leider ist die Steckerbelegung nicht einheitlich.

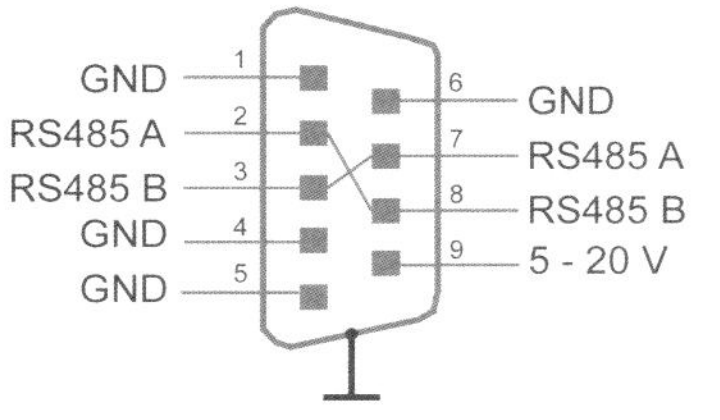

Abbildung 4.5-32: Signalbelegung

Die RS-485-Schnittstelle besitzt gegenüber der RS-232 die Eigenschaften, dass mehrere Teilnehmer an den Schnittstellenleitungen angeschlossen sein und im Halbduplex-Betrieb Daten übermitteln können. Sie besitzt somit Fähigkeiten eines Bussystems.

Innerhalb des RS-485-Bussystems sind in der Regel mehr als zwei Geräte über gemeinsame Datenleitungen miteinander verbunden, so dass mittels eines übergeordneten Protokolls sichergestellt sein muss, dass zu einem Zeitpunkt nur ein einziges Gerät seine Daten auf den Bus legt. Dieses Protokoll regelt die Adressierung der Geräte, überwacht die Korrektheit der empfangenen Daten, den zeitlichen Ablauf der Datenübertragung und sorgt durch die explizite Anforderung der Daten für die Steuerung des Datenflusses.

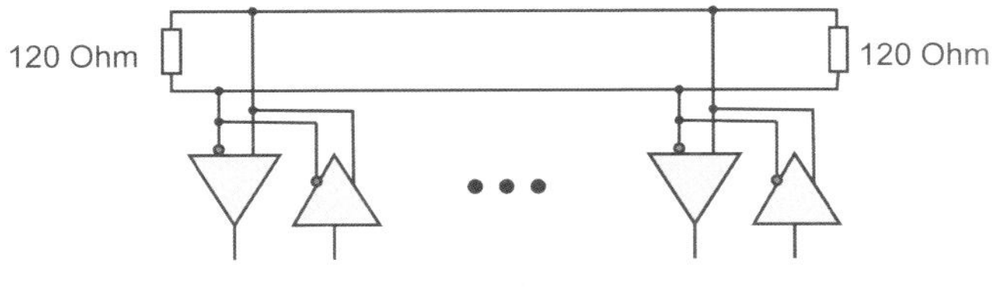

Abbildung 4.5-33: Ankopplung von RS-485-Geräten

Die RS-485-Leitungen werden, wie es bei einem Bussystem notwendig ist „arbitriert“. Es wird sichergestellt, dass nur ein Sender Daten auf die Leitungen absendet. Dies kann durch spezielle Tristate-Schaltungen gewährleistet werden. Das Prinzip ist in obiger Abbildung angedeutet.

4.5.3 Bussysteme

Die Kommunikation zwischen vielen Teilnehmern von Datenendeinrichtungen in der Automation kann, wie anfangs dieses Kapitels dargestellt, am besten durch Kommunikationssysteme mit wenigen Übertragungsleitungen bzw. Kanälen (am günstigsten mit nur einem Kabel) organisiert werden. Sie bietet zusätzlich den Vorteil, allen Teilnehmern auch gleichzeitig Informationen zukommen zu lassen (Broadcast). Dies leisten Bussysteme:

Definition: Bus

Ein **Bus** ist ein Übertragungssystem, bei dem mehrere Teilnehmer auf eine oder mehrere gemeinsame Leitungen zugreifen.

Der Datenaustausch zwischen den Komponenten erfolgt im Multiplex-Betrieb, d. h. die Daten werden zwischen den Teilnehmern zeitlich hintereinander ausgetauscht.

Der Aufbau von Bussystemen lässt sich, wie andere Kommunikationseinrichtungen, auf folgende zwei prinzipielle Arten denken:

- Parallele Busse,
- Serielle Busse.

Parallele Bussysteme teilt man in Daten-, Adress- und Steuerbus auf. Wie die Bezeichnungen ausdrücken, übernehmen sie die spezifischen Aufgaben:

- Der Datenbus übermittelt die eigentlichen Daten.
- Die Aufgabe des Adressbus ist es, die Teilnehmer anzuwählen, mit denen ein Datenaustausch vorgenommen werden soll.
- Der Steuerbus organisiert und stellt diesen Datenverkehr sicher, d. h. er fordert den Bus an und stellt das Handshake-Verfahren bereit.

Zu einem Bussystem zählen auch noch Leitungen, die die Teilnehmer mit Strom versorgen und evtl. noch gemeinsame Takte zur Synchronisierung zur Verfügung stellen.

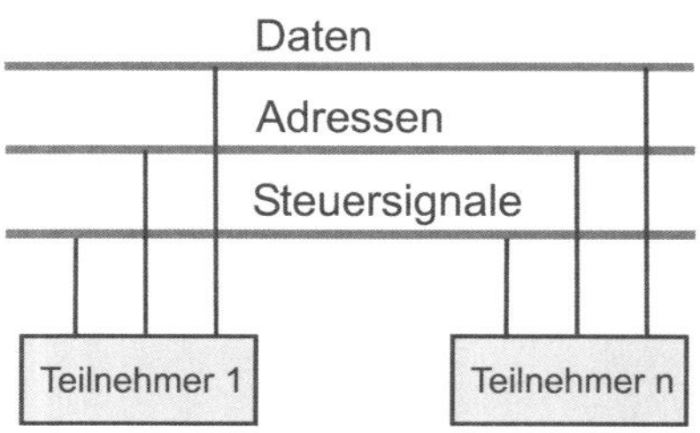

Abbildung 4.5-34: Parallele Bussysteme

Parallele Bussysteme werden überwiegend in Rechnersystemen eingesetzt. Sie werden als Systembusse bezeichnet. Sicherlich sind jedem Namen wie AT-Bus, PCI-Bus sowie VME-Bus geläufig.

In der Automation spielen aber serielle Bussysteme die tragende Rolle. Sie besitzen prinzipiell nur „eine" Busleitung, über die die Kommunikationsteilnehmer angeschlossen werden. Diese sind Ein- und Ausgabegeräte, die wiederum am Prozess angeschlossen sind, also vor Ort an den Anlagen und Maschinen. Aus diesem Grund bezeichnet man die Bussysteme als Peripheriebus oder Feldbus.

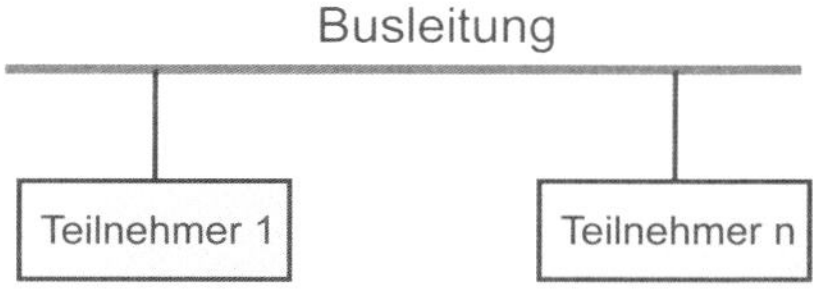

Abbildung 4.5-35: Serielle Bussysteme

Konsequenterweise verlangt die Beschränkung auf eine Busleitung die Bereitstellung eines Busprotokolls, das die Aufgaben des Daten-, Adress- und Steuerbus von Parallelbussen übernimmt. Diese Protokolle organisieren den Buszyklus, der aus Arbitrierung und Datenübertragung besteht.

Zuerst geht es um die Frage, wie der Zugriff auf nur ein gemeinsames Betriebsmittel organisiert ist, auf das im Prinzip gleichzeitig mehrere Benutzer zugreifen können. Zu einer Zeit darf nur genau einer schreiben, aber viele dürfen parallel die Daten auf dem Bus lesen. Die notwendige Schiedsrichterfunktion, die den Konfliktfall lösen muss, dass mehr als einer gleichzeitig schreibend auf den Bus zugreifen will, kann in Hard- oder Software realisiert werden. Die Realisierung in Software sind die Protokolle bei Nachrichtentransportsystemen.

Der Busarbiter ist eine Entscheidungslogik, die nach bestimmten Auswahlkriterien den Teilnehmern den Bus zuordnet. Der Arbiter bestimmt also, ob ein bestimmter Teilnehmer das Zugriffsrecht auf den Bus erhält oder nicht. Im positiven Fall erteilt er die Busfreigabe. Der Teilnehmer kann seine Nachrichten senden.

4.5.3.1 Buszugriffsverfahren

Das Zugriffsverfahren bildet das Hauptunterscheidungsmerkmal zwischen verschiedenen Buskommunikationstechniken. Es bestimmt die Art und Weise, wie ein Busteilnehmer physikalisch Zugriff aufs Kabel (Übertragungsmedium) hat. Ferner reguliert das Zugriffsverfahren die Reihenfolge bzw. die Ordnung, in der die Knoten Zugriff auf das Übertragungsmedium erhalten, damit jeder Knoten hinreichend Gelegenheit hat zu kommunizieren. Es hat wesentlichen Einfluss auf die zu erzielende Datenrate, die maximale Leitungslänge und die Echtzeitfähigkeit des Bussystems.

Buszugriffsverfahren können grundsätzlich unterschieden werden in Verfahren mit kontrolliertem (deterministischem) Buszugriff, sowie Verfahren mit unkontrolliertem (zufälligem) Buszugriff. Für Verfahren mit kontrolliertem Buszugriff unterscheidet man darüber hinaus, ob die Vergabe des Buszugriffsrechts durch eine zentrale Instanz oder dezentral durch Absprache zwischen den Teilnehmern erfolgt. Bei der Verwendung kontrollierter Verfahren ist der Sender vor Beginn der Übertragung eindeutig bestimmt. Die Buszuteilung kann zentral vergeben werden, es liegt ein Master/Slave-Verfahren vor. Im Fall der dezentralen Vergabe spricht man von Token-Passing-Verfahren. Bei beiden Arten lässt sich aber definiert eine maximale Zeitdauer zwischen dem Absenden und dem Empfang von Daten für beliebige Kommunikationsteilnehmer angeben, so dass man von Echtzeitfähigkeit im Sinne von Abschnitt 4.3 sprechen kann.

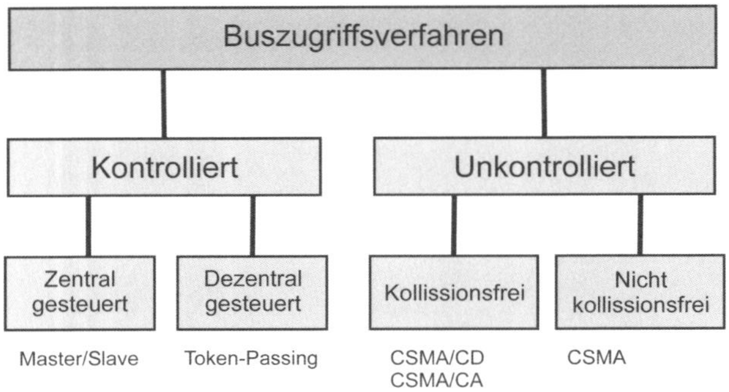

Abbildung 4.5-36: Systematik von Buszugriffsverfahren

Bei Verfahren mit unkontrolliertem Buszugriff können die Teilnehmer den Bus belegen, sobald dieser frei ist. Man unterscheidet zwischen Verfahren mit Kollision und Verfahren ohne Kollision. Wichtig dabei ist, dass das Medium nicht gerade besetzt ist. Im Fall einer Belegung muss die Übertragung auf einen späteren Zeitpunkt verlegt werden. Somit gibt es keine Möglichkeit mehr, eine maximale Zeitdauer anzugeben, bis eine Nachricht beim Empfänger ankommt. Diese Verfahren sind nicht echtzeitfähig.

Die wichtigsten Zugriffsverfahren sind nachfolgend kurz beschrieben:

Master/Slave-Verfahren (deterministisch, zentral gesteuert)

Der Master stellt die Verbindung zum ausgewählten Slave her. Dieser antwortet unmittelbar auf die Anforderung. In aller Regel scannt der Master alle Slave-Teilnehmer der Reihe nach durch (polling), so dass er immer ein aktuelles „Bild“ an Informationen zur Verfügung hat. Die Eigenschaften dieses Verfahrens sind:

- Die Slaves können einfach aufgebaut sein.
- Die Zeit, innerhalb der eine bestimmte Nachricht übertragen wird, ist bestimmbar, d. h. das System ist echtzeitfähig.
- Eine Prioritätssteuerung lässt sich durch öfteres Pollen bestimmter Slaves realisieren.
- Der Ausfall des Masters blockiert das gesamte System.
- Die Übertragung von Slave zu Slave ist umständlich, da die Kommunikation immer über den Master abgewickelt werden muss.

- Die Reaktionszeit[1] bei der Übermittlung von Nachrichten zwischen Teilnehmern ist mindestens doppelt so hoch wie die reine Buszykluszeit[2].

Token-Passing-Verfahren (deterministisch, dezentral gesteuert)

Bei Systemen mit dem Token-Passing-Verfahren besitzen alle Busteilnehmer die Berechtigung, den Bus zu steuern. Das Zugriffsrecht wird mittels einer speziellen Nachricht, des so genannten **Token** reihum weitergegeben. Nach Abschluss der Nachrichtenübermittlung wird das Token an den nächsten Teilnehmer weitergegeben. Die Zeitdauer des Token-Besitzes ist limitiert, so dass kalkulierbare Übermittlungszeiten vorhanden sind. Jeder dieser Teilnehmer kann wiederum Master einer Master/Slave-Konfiguration sein.

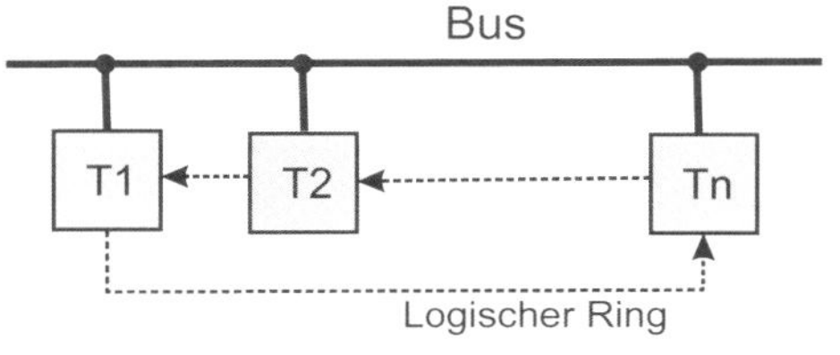

Abbildung 4.5-37: Token-Passing

In der obigen Abbildung ist ein logischer Ring dargestellt, obwohl ein klassischer Linienbus hardwaremäßig realisiert ist. Das Token wird der Reihe nach entsprechend absteigender Adresse von Teilnehmer zu Teilnehmer weitergereicht. Das Spiel beginnt von vorne.

Was sind nun die Eigenschaften dieses hierarchisch neutraleren Systems?

Als Vor- und Nachteile können aufgezählt werden:

- Die Teilnehmer können direkt miteinander kommunizieren.
- Der Teilnehmer der gerade nichts zu tun hat, kann seine Zeitscheibe einem anderen Teilnehmer zur Verfügung stellen.
- Wird ein Master defekt, kann das erkannt werden und er wird vom Token-Besitz ausgeschlossen. Das restliche System ist weiter betriebsfähig.
- Die maximale Token-Umlaufzeit ist bestimmbar, weshalb die Echtzeitfähigkeit gegeben ist.
- Die Busverwaltung stellt sich als komplex dar.
- Die Token-Umlaufzeit erhöht sich mit steigender Teilnehmerzahl.
- Wird eine neue Station angeschlossen oder eine vorhandene weggenommen, muss das gesamte Bussystem neu konfiguriert werden.

[1] Die Reaktionszeit ist die Zeitspanne, die zwischen der Befehlsausgabe bis zur Bestätigung der Aktion vergeht.

[2] Als Buszykluszeit gilt die Zeitdauer zur vollständigen Übermittlung eines Datenpakets (vom ersten bis zum letzten Bit) über das Bussystem von einem Teilnehmer zu einem anderen.

Carrier Sense Multiple Access Verfahren (CSMA)

Möchte bei diesen CSMA-Verfahren ein Teilnehmer senden, wartet er bis der Bus frei ist und beginnt dann zu senden. Versuchen das mehrere Teilnehmer gleichzeitig, kommt es zu einer Kollision am Bus. Durch Mitlesen der eigenen Nachricht wird die Kollision erkannt. Je nach Reaktion darauf ergeben sich unterschiedliche Verfahren:

CSMA/CD-Verfahren – Collision Detection (zufällig, nicht kollisionsfrei)

Die Datenübertragung wird sofort abgebrochen und der Bus freigegeben. Nach einer zufälligen Zeit startet ein neuer Versuch. Bei der Bürokommunikation wird dieses Verfahren unter der Bezeichnung Ethernet eingesetzt. Seine Eigenschaften sind:

- Das Verfahren ist für sehr viele Teilnehmer geeignet, da eine Übertragung nur bei Bedarf stattfindet.
- Ein weiterer Teilnehmer kann hinzugefügt oder entfernt werden, ohne dass der Bus rekonfiguriert werden muss.
- Es besitzt wenig Effizienz im Hochlastbetrieb, da viele Datentelegramme abgebrochen werden müssen.
- Es liegt keine Echtzeitfähigkeit vor.

CSMA-Verfahren mit Zeitsteuerung (zufällig, nicht kollisionsfrei)

Hier beginnt ein Teilnehmer nach Freiwerden des Busses erst nach einer von der momentanen Busbelastung und einer vom Zufall abhängigen Zeit zu senden. Ebenso ist es möglich, Prioritäten zu vergeben, die unterschiedliche Wartezeiten generieren. Es gibt eine Variante mit und ohne CD. Wird ohne Kollisionserkennung gearbeitet, wartet der Sender eine bestimmte Zeit auf eine Antwort des angesprochenen Teilnehmers. Wird diese nicht korrekt empfangen, wird eine Kollision angenommen und ein neuer Versuch gestartet. Dadurch erreicht man:

- Eine Verbesserung der Echtzeitfähigkeit.
- Die Erhöhung des Datendurchsatzes bei hoher Busbelastung.

CSMA/CA-Verfahren – Collision Avoidance (zufällig, kollisionsfrei)

Hierbei liegt eine modifizierte RS-485-Schnittstelle mit einem dominanten (logisch 0) und einem rezessiven (logisch 1) Zustand vor. Jede Nachricht beginnt mit einem dominanten Startbit und anschließender Adressinformation. Diese kennzeichnet nicht einen Busteilnehmer, sondern das zu übertragende Objekt (z. B. spezielle Prozessgröße). Senden zwei oder mehrere Teilnehmer gleichzeitig, setzen sich die dominanten Zustände durch und die unterlegenen Sender ziehen sich zurück.

Die Adresse stellt somit gleichzeitig eine Priorität dar. Als Ergebnis lassen sich folgende Eigenschaften aufzählen:

- Die Echtzeitfähigkeit ist für hochrangige Nachrichten gegeben.
- Es sind viele Busteilnehmer möglich.

- Ein Teilnehmer kann hinzugefügt oder entfernt werden, ohne dass der Bus neu konfiguriert werden muss.
- Die maximale Übertragungsrate hängt sehr stark von der räumlichen Ausdehnung des Busses ab (Laufzeit).

4.5.3.2 Bustopologien

Unter einer Bustopologie versteht man die Verbindungsstruktur zwischen den Teilnehmern eines Kommunikationsnetzes, also die Anordnung von Busstationen und Kabeln. Sie bestimmen die einzusetzende Hardware sowie die Zugriffsmethoden. Diese wiederum hat Einfluss auf das Medium (z. B. das Kabel), auf die Übertragungsgeschwindigkeit und den Durchsatz der Daten. Die im Folgenden beschriebenen Topologien beziehen sich auf Netzwerke, die bei der Automation eingesetzt werden.

Linienbus-Topologie

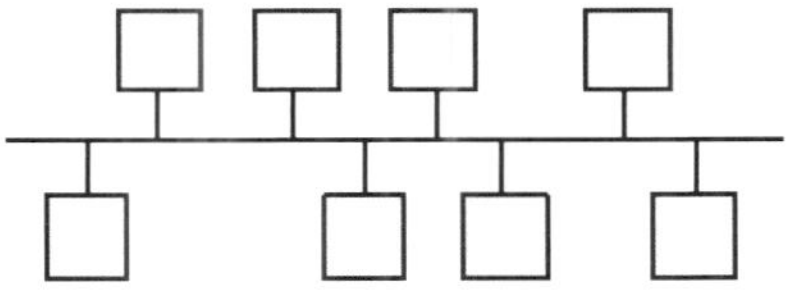

Abbildung 4.5-38: Linienbus-Topologie

Die Linienbus-Topologie besteht aus mehreren Stationen, die hintereinander oder nebeneinander in Reihe angeordnet sind. Die Stationen sind über eine gemeinsame Leitung miteinander verbunden. Um Störungen auf der Leitung zu verhindern und die physikalischen Bedingungen zu verbessern, werden die beiden Kabelenden mit einem Abschlusswiderstand versehen. Der Ausfall des Netzes kann nur durch die Trennung des Kabels erfolgen. Eine zentrale Netzwerkkomponente, die die Abläufe auf dem Bus regelt, gibt es nicht. Die Intelligenz sitzt in den Stationen. Ein Zugriffsverfahren ist verantwortlich, an dessen Regeln sich alle Stationen halten. Den Nachrichten werden die Adressen der Empfänger und des Senders vorausgeschickt. Die Stationen, die nicht als Empfänger adressiert sind, ignorieren die Daten. Die Station, die adressiert ist, liest die Daten und schickt eine Bestätigung an den Sender.

Diese Bustopologie ist die mit Abstand am häufigsten anzutreffende Feldbusstruktur bei der Automatisierung. Es liegt eine einfache Teilnehmerankopplung vor, eine Erweiterung ist einfach zu realisieren und der Ausfall eines Teilnehmers hat keine Rückwirkung auf die übrigen Teilnehmer. Als Nachteile sind die endliche Buslänge und damit begrenzte Teilnehmeranzahl zu nennen. Die Vergabe von Teilnehmeridentifikationen ist unabdingbar.

Ring-Topologie

Die Ring-Topologie ist durch eine geschlossene Kette von gerichteten Punkt-zu-Punkt-Verbindungen gekennzeichnet. Das bedeutet, dass an jeder Station ein Kabel ankommt und ein Kabel abgeht.

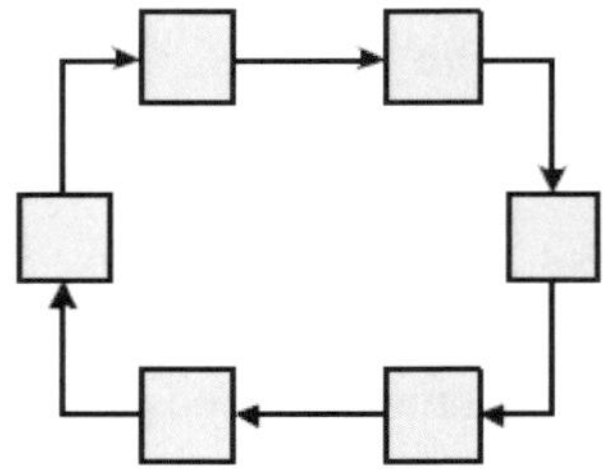

Abbildung 4.5-39: Ring-Topologie

Im Ring befindet sich keinerlei aktive Netzwerk-Komponente. Die Steuerung und den Zugriff auf das Übertragungsmedium regelt ein Protokoll, an das sich alle Stationen halten. Wird die Kabelverbindung an einer Stelle unterbrochen fällt das Netzwerk aus.

Die Vorteile der Ring-Topologie sind die Realisierbarkeit ausgedehnter Netzwerke und eine einfache Teilnehmeridentifizierung. Als Nachteile sind die Betriebsunterbrechung bei Eingliederung eines neuen Teilnehmers und der Ausfall des Gesamtsystems bei Ausfall eines Teilnehmers zu nennen.

Stern-Topologie

Bei der Stern-Topologie sind alle Teilnehmer über Punkt-zu-Punkt-Verbindungen mit einem zentralen Teilnehmer verbunden. Jede Station ist über eine eigene physikalische Leitung an die zentrale Station angebunden. Es gibt zwei Möglichkeiten, die Zentralstation zu realisieren.

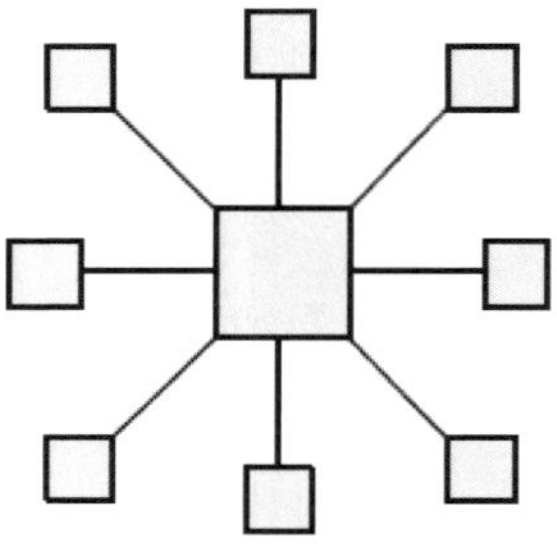

Abbildung 4.5-40: Stern-Topologie

Die einfachste Art ist, einen Sternkoppler (Hub) zu verwenden, der nur die Nachrichtenpakete vom Absender zum richtigen Empfänger weiterleitet. Dabei müssen sich die einzelnen Stationen selbst über ein Protokoll miteinander verständigen. Die Zentrale übernimmt allein die Verteilfunktion. Die Datenpakete werden nur entgegengenommen und an das Ziel weitergeleitet.

Eine intelligente Zentralstation kann zum anderen den vollständigen Kommunikationsprozess mit Zugriffssteuerung, Übertragungsprotokoll und Prioritätsvergabe übernehmen.

Die Vorteile dieser Topologie sind die Verbindung von jedem Teilnehmer zu allen anderen und die einfache Erweiterbarkeit. Als Nachteile zählen, dass bei Ausfall des zentralen Teilnehmers keine Kommunikation mehr möglich ist und die notwendig hohe Schnittstellenanzahl der Zentralstelle.

Baum-Topologie

Eine Baum-Topologie liegt vor, wenn über aktive oder passive Verzweigungselemente beliebige Verzweigungen möglich sind. Die Baum-Topologie stellt eine erweiterte Stern-Topologie dar. Größere Netze nehmen eine solche Struktur an, vor allem wenn mehrere Topologien miteinander kombiniert werden. Meist bildet ein übergeordnetes Netzwerk-Element den Ausgangspunkt einer weiteren Topologie. Von dort bildet sich ein Stamm mit vielen Verästelungen und Verzweigungen.

Die Vorteile sind vor allem die sehr gute Anpassung an die örtlichen Anforderungen und damit der minimale Verkabelungs- und Installationsaufwand. Bei Einsatz aktiver Verzweigungselemente sind deren Kosten nachteilig. Durch Kommunikationsverbindungen zwischen den Wurzeln mehrerer Baumstrukturen können größere Netzwerktopologien gebildet werden. Die Verbindung solcher Teilnetze zu größeren Netzen erfolgt über Brücken (bridges). Diese Art der Topologie führt unweigerlich auf hierarchische Strukturen der Kommunikation. Bedingt durch die Konzentration der anfallenden Datenmengen zur Baumwurzel ist der Einsatz unterschiedlicher Kommunikationstechnologien innerhalb des Netzes notwendig. Bei Ausfall einzelner Rechner können ganze Netzwerksegmente ausfallen. Als Vorteile gelten, dass die Baumtopologie strukturell sehr leicht erweitert werden kann und eine einfachere Integration neuer, auch andersartiger Kommunikationskomponenten durchführbar ist.

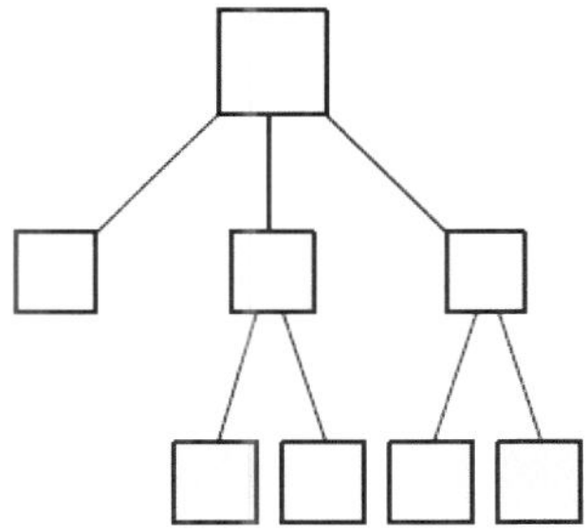

Abbildung 4.5-41: Baum-Topologie

Vermaschte Topologie

Das einfachste Vorgehen bei der Aufstellung einer Topologie ist es, jedes Gerät mit jedem anderen zu verbinden. Dies führt zu einer vollständig vermaschten Topologie. In dieser Topologie ist kein Zwischenknoten an der Kommunikation zwischen zwei beliebigen Teilnehmern beteiligt.

Diese Struktur kann jedoch nur in seltenen Fällen realisiert werden, denn die Komplexität des Netzes steigt proportional zum Quadrat der Anzahl der zu verbindenden Teilnehmer. Bei großen Netzwerken wäre dies nicht nur aus Kostengründen unmöglich, sondern ebenso aufgrund der schwierigen Verwaltung. Trotz dieser Nachteile ist die Maschentopologie die ausfallsicherste Netzwerktopologie, weil bei Ausfall eines Rechners kein weiterer Teilnehmer in Mitleidenschaft gezogen wird. Die vermaschte Topologie ist ein dezentrales Netzwerk, das keinen verbindlichen Strukturen unterliegen muss. Allerdings sind alle Netzwerk-Stationen irgendwie miteinander verbunden. Die Struktur des dezentralen Netzwerkes entspricht einem Chaos von verschiedensten Systemen und Übertragungsstrecken. Insbesondere bei Weitverkehrsnetzen (WAN) treten vermaschte Strukturen auf (z. B. Internet). Teilweise ergeben sich dabei redundante Leitungswege, die auch bei Unterbrechung eines Wegs den Datentransport sicherstellen.

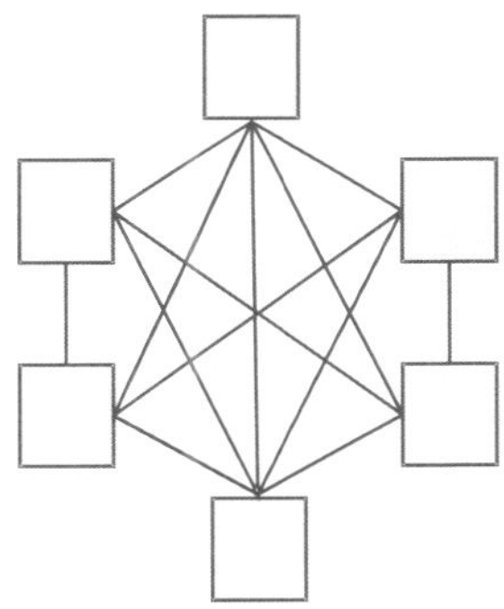

Abbildung 4.5-42: Vermaschte Topologie

4.5.4 OSI-Referenzmodell

Die Darstellung von Kommunikationssystemen für die Automation wäre nicht vollständig, würde man nicht die allgemeine Darstellung jeglicher technischen Kommunikation durch das OSI-Referenzmodell beschreiben. In vielen einschlägigen Fachbüchern findet man darüber detaillierte Darstellungen. Auch für die letztlich benötigten Übertragungssysteme in der Automation lässt sich dieses Modell anwenden. In den vorangegangenen Abschnitten wurde stillschweigend nach dieser Modellvorstellung vorgegangen. Es beschreibt auf sehr allgemeine Art den Aufbau jeglicher Kommunikation, die uns auch in der Steuerungstechnik interessiert. Es wird aber nur auf sehr allgemeiner Art erläutert, um später bei Feldbussystemen darauf verweisen zu können.

Das **OSI-Modell** (***O****pen* ***S****ystems* ***I****nterconnection Reference Model*) ist ein offenes Schichtenmodell, das seit den 70er Jahren entwickelt und standardisiert wurde. Es teilt die verschiedenen Problembereiche der Kommunikation in sieben Schichten auf, die aufeinander aufsetzen. Weitere Bezeichnungen für das Modell sind *ISO/OSI-Modell*, *OSI-Referenzmodell*, *OSI-Schichtenmodell* oder *7-Schichten-Modell*. Durch folgende Abbildung wird der Nachrichtenfluss in einem Kommunikationssystem symbolisiert:

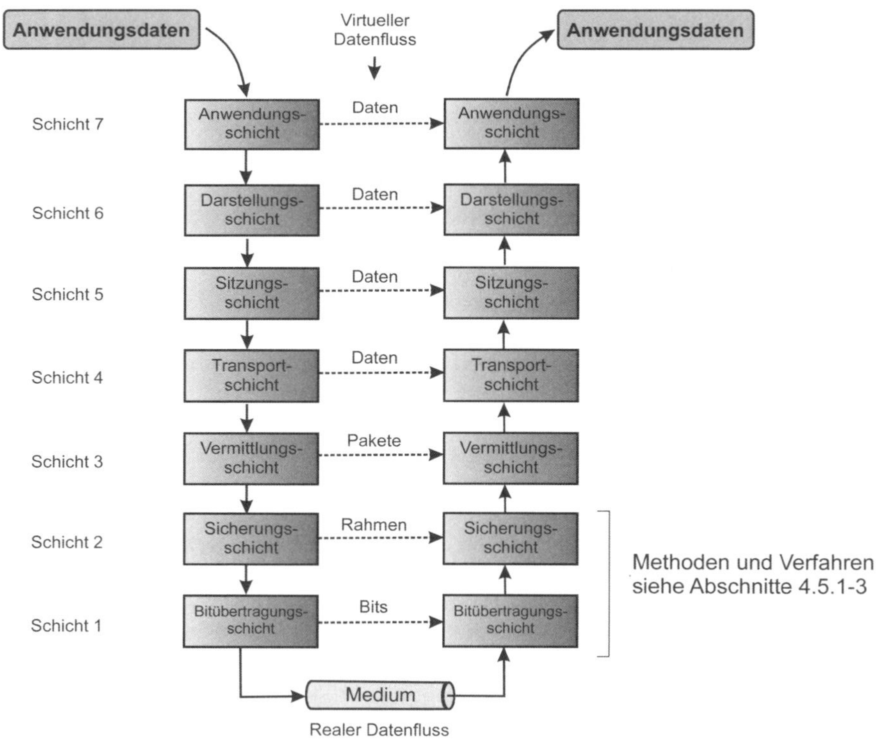

Abbildung 4.5-43: 7-Schichten-Modell

Ein Kommunikationsnetzwerk stellt seinen Benutzern Dienste bereit. Im einfachsten Fall überträgt es Daten von A nach B. Hierzu muss jedoch tatsächlich eine Vielzahl von Aufgaben bewältigt werden. Die Probleme, die dabei gelöst werden müssen, reichen von Fragen der elektronischen Übertragung der Signale über eine geregelte Reihenfolge in der Kommunikation bis hin zu abstrakteren Aufgaben, die sich innerhalb der kommunizierenden Anwendungen ergeben.

Im OSI-Modell nimmt der Abstraktionsgrad der Funktionen von Schicht zu Schicht zu. Die Daten werden von einer Schicht zur nächsten weitergereicht, d. h. die Kommunikation erfolgt in vertikaler Richtung. Auf der Senderseite läuft die Kommunikation von oben nach unten und auf der Empfängerseite von unten nach oben.

Das Modell besteht aus sieben Schichten (*layer*). Für jede Schicht sind die Dienste und Funktionen definiert, die auf ihr erfüllt werden sollen. Da jedoch keine Standards vorhanden sind, die diese Dienste und Funktionen verwirklichen, kann dies durch unterschiedliche Protokolle erfüllt werden, je nachdem für welche Anwendungen die Kommunikationsaufgabe dienen soll.

Innerhalb des Schichtenmodells ist eine Zweiteilung festzustellen. Die Schichten 1 bis 4 beschreiben die sichere Datenübertragung zwischen den Datenendgeräten. Dagegen legen die oberen Schichten 5 bis 7 das Zusammenwirken der Kommunikation mit den Anwenderprogrammen fest.

Die kurze Beschreibung der Schichten geht nach dem Top-Down-Prinzip vor und beginnt deshalb mit Schicht 7 des OSI-Referenzmodells:

Anwendungsschicht – Schicht 7 *(application layer)*

Die Anwendungsschicht stellt den Anwendungen eine Vielzahl an Funktionalitäten zur Verfügung (z. B. Datenübertragung, E-Mail, Virtual Terminal (remote login), usw.). Bei der Prozessdatenverarbeitung sind hier Funktionen definiert, die Applikationen unabhängig vom jeweiligen Kommunikationssystem machen. Ein Beispiel ist **MAP**, das Manufacturing Automation Protocol. Ein weiteres Protokoll ist **MMS**, das für Manufacturing Message Specification steht. Für den Feldbusbereich ist **FMS** (Fieldbus Message Specification) zu nennen. Diese Protokolle spezifizieren zu übertragende Objekte im Sinn der objektorientierten Arbeitsweise.

Darstellungsschicht – Schicht 6 (*presentation layer*)

Die Darstellungsschicht standardisiert die Datenstrukturen und ermöglicht somit den semantisch korrekten Datenaustausch zwischen unterschiedlichen Systemen (u. a. Kodierung, Kompression, Kryptographie).

Sitzungsschicht – Schicht 5 *(session layer)*

Um Zusammenbrüche der Sitzung und ähnliche Probleme zu beheben, stellt die Sitzungsschicht Dienste für einen organisierten und synchronisierten Datenaustausch zur Verfügung. Zu diesem Zweck werden so genannte Token eingeführt.

Transportschicht – Schicht 4 *(transport layer)*

Die Transportschicht ist die unterste Schicht, die eine vollständige Ende-zu-Ende-Kommunikation (zwischen Sender und Empfänger) zur Verfügung stellt, d.h. für alle Schichten oberhalb der Netzwerkschicht ist die darunter liegende Netzwerktopologie transparent. Zu den Aufgaben der Transportschicht zählen die Segmentierung von Datenpaketen und die Stauvermeidung.

Vermittlungs- bzw. Netzwerkschicht – Schicht 3 *(network layer)*

Die Netzwerkschicht sorgt für die Weitervermittlung von Datenpaketen. Da nicht immer eine direkte Kommunikation zwischen Absender und Ziel möglich ist, müssen Pakete weitergeleitet werden. Weitervermittelte Pakete gelangen nicht in die höheren Schichten, sondern werden mit einem neuen Zwischenziel versehen und an den nächsten Host gesendet. Zu den Aufgaben der Netzwerkschicht zählen der Aufbau und die Aktualisierung von Routingtabellen, sowie die Flusskontrolle.

Sicherungsschicht – Schicht 2 *(data link layer)*

Aufgabe der Sicherungsschicht ist es, eine sichere (d.h. fehlerfreie) Verbindung zu gewährleisten und den Zugriff auf das Übertragungsmedium zu regeln. Daher teilt man die Schicht in zwei Subschichten auf: die LLC-Schicht (*logical link control*) und die Mediumzugriffsschicht (*medium access control layer, MAC-Layer*). Die Aufgaben der LLC-Schicht sind das Aufteilen des Bitdatenstromes in Datenrahmen (*frames*) und das Hinzufügen von Prüfsummen sowie das Verwalten von Quittungen und die Flusskontrolle. Die Mediumzugriffsschicht regelt konkurrierende Zugriffe mehrerer Stationen auf ein gemeinsames Übertragungsmedium und behandelt ggf. aufgetretene Kollisionen.

Bitübertragungsschicht – Schicht 1 *(physical layer)*

Die physikalische Schicht ist für die eigentliche Bitübertragung der Daten zuständig. Hierzu ist eine Standardisierung der Netzwerk-Leitungen und -Anschlüsse sowie ihrer physikalischen Eigenschaften nötig. Die gemeinsame Nutzung eines Übertragungsmediums kann auf dieser Schicht durch ein Multiplexing erfolgen.

Das OSI-Referenzmodell wird oft herangezogen, wenn es um das Design von Netzwerkprotokollen und die theoretische Betrachtung geht. Zusammen mit diesem Modell sind Netzwerkprotokolle entwickelt worden, die jedoch heute kaum eine Bedeutung besitzen. In der Praxis wird hauptsächlich die Familie der TCP/IP-Protokolle eingesetzt. Da das TCP/IP-Referenzmodell sehr speziell auf den Zusammenschluss von Netzen zugeschnitten ist, bietet das OSI-Referenzmodell einen umfassenderen Ansatz für die Betrachtung von Netzwerkprotokollen.

Die heutige Automatisierungstechnik verlangt die Verknüpfung der verschiedensten Prozessgeräte. Alle zusammen sollen gemeinsam ein System bilden und die Aufgaben der Regelung bzw. Steuerung des Prozesses übernehmen. Verwendet man Prozessgeräte eines Herstellers, lässt sich dieses Ziel wahrscheinlich erreichen. Ein solches herstellerspezifisches System nennt man geschlossenes System. Heute ist aber die Verbindung von Geräten unterschiedlicher Hersteller unumgänglich. Voraussetzung dafür ist, dass sich alle an die

Normen und Richtlinien halten, so dass die Prozessgeräte kompatibel zueinander sind und alle zusammen ein offenes System bilden.

Anwendungs-orientierte Schichten	Schicht 7	Anwendung	Einheitlicher Zugriff auf die Informationsübertragung
	Schicht 6	Darstellung	Anpassung der Datenformate
	Schicht 5	Sitzungsaufbau	Virtuelle Verbindung der Kommunikationspartner
Transportorientierte Schichten	Schicht 4	Transport	Umsetzung von Namen, Netzwerkadressen, Teilnehmerverbindungen
	Schicht 3	Vermittlung	Einrichtung des Netzwerkpfads
	Schicht 2	Sicherung	Prüfsummenbildung, Aufbau der Datenpakete, Zugriffssteuerung
	Schicht 1	Bitübertragung	Erzeugen der elektrischen Signale

Abbildung 4.5-44: OSI-Modell Schichtaktivitäten

4.5.5 Feldbussysteme

Heutige Automatisierungssysteme sind komplexe Datenverarbeitungsanlagen in industrieller Umgebung. Sie sind durch hierarchisch angeordnete Verarbeitungs- und Bussysteme gekennzeichnet. In solchen Anlagen realisieren lokale SPSen Teilfunktionen des Gesamtsystems. Jede SPS überwacht eine große Anzahl von Sensoren und steuert funktionsspezifische Aktoren, die vor Ort die Maschinen kontrollieren. Übergeordnete Rechnersysteme übernehmen die Steuerung von Maschinengruppen, die einem Fertigungsabschnitt zugeordnet sind. Von Leitständen aus werden wiederum die Zellenrechner beauftragt, nach vorgegebenen Arbeitsplänen zu arbeiten. Alle diese Rechnersysteme müssen untereinander verbunden sein. Dazu benötigt man Kommunikationssysteme zwischen diesen Einheiten, die jeweils spezifische Eigenschaften erfüllen müssen. Die nachfolgende Abbildung verdeutlicht diese Vernetzung durch eine Kommunikationspyramide, deren Kommunikationssysteme im Maschinenumfeld durch Feldbusse und im Zentralbereich durch LANs (local area network) entsprechend dem sicher jedermann bekannten Ethernet zum Anschluss von

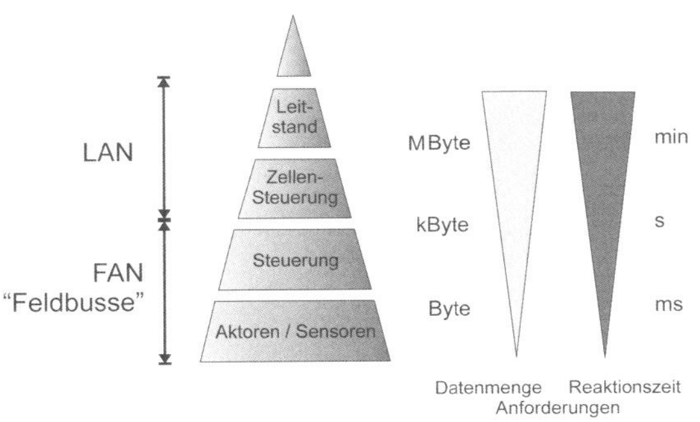

Abbildung 4.5-45: Kommunikationspyramide

PCs an das World Wide Web realisiert werden. Die Anforderungen an verarbeitbarer Datenmenge und geforderten Reaktionszeiten sind ebenfalls angemerkt.

Die Anzahl der Geräte und damit der Verbindungen zwischen den Geräten ist im Rumpf der Pyramide am größten. Viele Sensoren und Aktuatoren müssen über Kabel an die Steuerungen angeschlossen sein. Als Signale handelt es sich meist um rein digitale Signale, also solche, die lediglich zwei Schaltzustände „Ein" oder „Aus" kennen. Natürlich müssen auch analoge Signale, beispielsweise für Temperaturerfassung oder veränderliche Motordrehzahlen, verarbeitet werden. Bei „älteren" Lösungen muss man davon ausgehen, dass zu jedem angeschlossenen Element (Sensor oder Aktor) mindestens zwei Leitungen führen. Dadurch entsteht bereits bei mittleren Anlagen ein recht großer Verdrahtungsaufwand, wie Abbildung 4.5-46 zeigt.

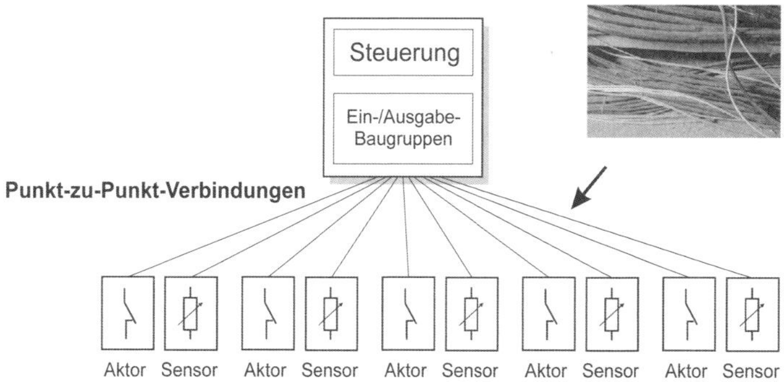

Abbildung 4.5-46: Parallele Verdrahtung vor Ort Bild: Siemens AG

Die parallele Verkabelung stößt in vielen Fällen heute an ihre Grenzen. Auch die Informationsführung analoger Signale bereitet Schwierigkeiten, da sie störanfälliger sind. Deren Digitalisierung muss zusätzlich die Steuerung übernehmen.

Die heutigen Automatisierungssysteme sind durch hierarchisch angeordnete Verarbeitungs- und Bussysteme gekennzeichnet. Dabei spielen serielle Busse vor allem in der Ebene unterhalb der Echtzeitrechner die zentrale Rolle. Mit ihnen reduziert sich der Verkabelungsaufwand erheblich. Weitere Vorteile sind: Leichte Erweiterbarkeit, geringer Installationsaufwand sowie geringere Kosten. Die nachfolgende Abbildung veranschaulicht einen solchen Aufbau.

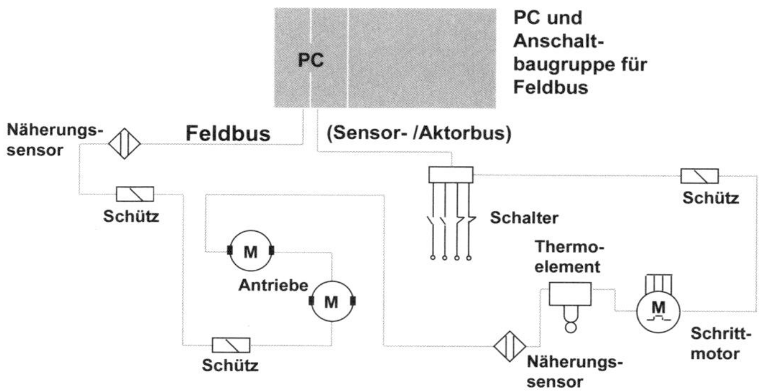

Abbildung 4.5-47: Serielle Verdrahtung Bild: PHOENIX CONTACT

Die in Anlagen eingesetzten seriellen Bussysteme bezeichnet man als Feldbusse:

Definition: Feldbus

Ein **Feldbus** ist ein System zur seriellen Informationsübertragung zwischen Geräten der Automatisierungstechnik im prozessnahen Feldbereich.

Die elementare Aufgabe jedes Feldbussystems ist der Austausch von Informationen innerhalb eines Produktions- und Fertigungsprozesses über wenige Kabeladern. Primär müssen digitale Zustände, wie z. B. Schalter, Initiatoren, Kontakte, Relais und Lampen erfasst und übertragen werden. Genauso häufig fallen analoge Ein- und Ausgaben bei der Erfassung von Messgrößen wie Temperatur und Druck oder andere Regelgrößen an. Neben der Erfassung physikalischer Ein- und Ausgangsgrößen muss ein Feldbus die Möglichkeit zum Datenaustausch mit intelligenten Steuergeräten wie Speicherprogrammierbaren Steuerungen, CNC-Maschinen oder BDE-Terminals, bieten.

Als Steuerungssysteme stehen heute leistungsfähige Mini- und Mikrocomputer zur Verfügung. Als Kommunikationssystem zwischen den verschiedenen Digitalsystemen dienen Feldbusse, die zum Datenaustausch im „Feld“ vor Ort dienen. Aus dieser Tatsache heraus werden an Feldbusse folgende Anforderungen gestellt:

- Geringer Verkabelungsaufwand
- Bidirektionaler Informationsfluss
- An-/Abkoppeln von Geräten ohne Auswirkung auf die anderen Geräte
- Ausfall von Geräten ohne Funktionsbeeinträchtigung für die restlichen Einheiten
- Störungssicher (evtl. durch Zweidrahtleitung)
- Deterministisches Zeitverhalten
- Evtl. Versorgungsspannung für Geräte über den Bus.

Daraus lassen sich bei der Auswahl geeigneter Feldbussysteme für gezielte Aufgaben folgende Beurteilungskriterien ableiten:

- Dauer von Reaktionszeiten von Daten zwischen den Geräten
- Sicherheit der Datenübertragung
- Verfügbarkeit von geeigneten Diagnosemöglichkeiten
- Vorhandensein von Test- und Inbetriebnahmehilfen
- Offenheit des Feldbusses für weitere Geräte
- Zukunftssicherheit durch die Unterstützung vieler Hersteller von Geräten
- Anzahl verfügbarer Komponenten.

Die wichtigste Forderung an ein Feldbussystem ist seine Fähigkeit zur Ankopplung an die verschiedenen Komponenten eines komplexen Produktionsprozesses.

Das OSI-Referenzmodell der Kommunikation beschreibt sehr allgemein jegliche Datenkommunikation. Einfachere Kommunikationssysteme besitzen den Vorteil, dass mit ihnen höhere Datenraten erzielt werden können. Solche einfacheren Kommunikationssysteme benötigen nicht alle Funktionalitäten des OSI-Modells. Es kann auch leere Schichten enthalten. Für die Kommunikation in der Automatisierungstechnik sind z. B. das Routing (Wegsuche) durch ein Netz oder der Aufbau von Verbindungen über mehrere Teilnetze hinweg nicht notwendig.

Aus diesem Grunde sind für die Datenkommunikation im Automatisierungsbereich und insbesondere im Feldbereich lediglich drei Schichten (Bitübertragungsschicht, Sicherungsschicht, Anwendungsschicht) relevant:

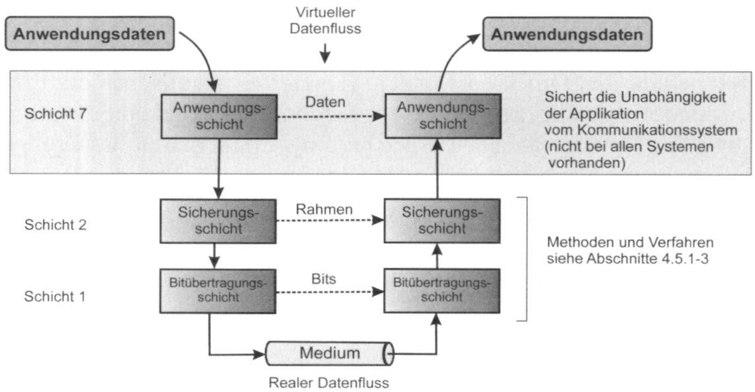

Abbildung 4.5-48: OSI-Modell für Feldbussysteme

Diese Reduktion der Protokolle auf den tatsächlich erforderlichen Funktionsumfang erhöht die Effizienz eines Protokolls, erleichtert damit die Erfüllung höherer Echtzeitanforderung und ist somit vor allem für Feldbussysteme wichtig. Selbst das Weglassen der Anwendungsschicht dient diesem Ziel. So sind nur bei höherwertigen bzw. komplexeren Feldbussystemen alle drei Schichten realisiert. Diese weisen konsequenterweise divergierende Eigenschaften und Applikationsfunktionalitäten auf. Eine Klassifizierung vorhandener Bussysteme zeigt folgende Darstellung:

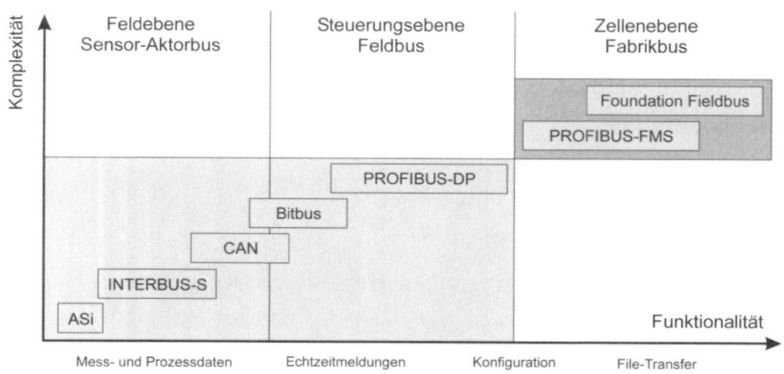

Abbildung 4.5-49: Klassifizierung Feldbussysteme

Diese Abbildung zeigt nicht alle Bussysteme. Sie zeigt allein ihre Mächtigkeit, d. h. die Komplexität bzgl. deren Funktionalität auf. Bei der Feld- und der Steuerungsebene werden nur die beiden ersten Schichten des Referenzmodells verwendet. Dadurch kann eine gewisse Echtzeitfähigkeit bei diesen Bussystemen angenommen werden. Diese lässt sich jedoch für das obere rechte Viertel nicht mehr annehmen. Dort existieren die Vorteile der Kommunikationssystemunabhängigkeit der vorhandenen Dienste.

In Tabelle 4.5-4 findet man eine Übersicht über eingesetzte Bussysteme mit ihren Hauptanwendungsgebieten.

Tabelle 4.5-4: Bussysteme und ihre Anwendung

Bussysteme	**Anwendungsgebiete**	**Hersteller**
ASi	Aktor-Sensor-Bus auf unterster Ebene für die Fertigungsautomatisierung	Siemens Peperl & Fuchs u. a.
INTERBUS-S	Fertigungsautomatisierung	Phoenix-Contact
CAN	Fahrzeugtechnik immer mehr in der Messtechnik	Bosch
BITBUS	Produktion und Fertigung	Intel
PROFIBUS-DP	Fertigungsautomatisierung	Siemens
PROFIBUS-PA	Prozessautomatisierung	Siemens
EIB	Heim- und Gebäudeautomatisierung	Siemens
LON	Gebäudetechnik, Energiemanagement	Echolon
PROFIBUS-FMS	Fertigungsautomatisierung	Siemens
Industrial Ethernet	Produktion und Büro	Siemens

Nachfolgend werden die Eigenschaften und Ausprägungen einiger der wichtigen Bussysteme detaillierter dargestellt.

4.5.5.1 ASi (Aktor Sensor interface)

ASi ist ein Feldbussystem, das zur Vernetzung binärer Sensoren und Aktoren mit einer übergeordneten Steuerung konzipiert ist. Diese übergeordnete Steuerung kann z.B. eine speicherprogrammierbare Steuerung (SPS), eine numerische Steuerung (NC), ein Mikroprozessrechner oder auch ein Industrie-Personal-Computer (IPC) sein.

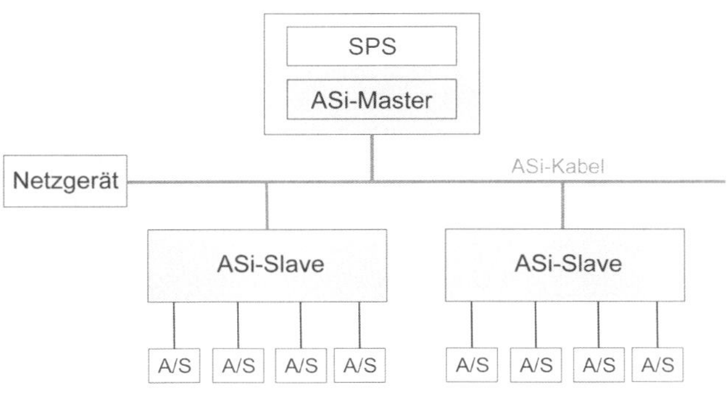

Abbildung 4.5-50: ASi-Konfiguration

ASi zielt damit auf die unterste Feldbusebene, in der sich bis dato noch keine technisch und wirtschaftlich befriedigende Alternative zum Kabelbaum durchgesetzt hat. ASi will die bisherige Parallelverdrahtung, bei der jeder einzelne Sensor und Aktor (S/A) über eine separate Leitung an die Ein- und Ausgabekarte der Steuerung angeschlossen werden müsste, durch eine einzige ASi-Leitung ersetzen, auf der Energie und Information gleichzeitig übertragen werden.

Verbindendes Element ist das ASi-Kabel, ein ungeschirmtes Zweileiter-Flachbandkabel, das die S/A-Elemente gleichzeitig mit Daten und Energie versorgt. Durch die geometrische Form des Kabels kann es nur seitenrichtig gepolt eingelegt werden.

Aufgrund des Spannungsabfalls auf der Leitung ist die Gesamtleitungslänge auf 100 m beschränkt. Pro Slave ist eine Stromentnahme aus der ASi-Leitung von bis zu 100 mA erlaubt, der Gesamtstrom vom Netzgerät in die ASi-Leitung ist auf 2 A begrenzt. Falls ein Aktuator höhere Leistungen benötigt, ist eine Zusatzeinspeisung vor Ort möglich. Des Weiteren ist die Netztopologie frei wählbar, d.h. Stern-, Baum- und Liniennetze sind möglich.

Als Buszugriffsverfahren wurde beim ASi der Master-Slave-Zugriff mit zyklischem Polling gewählt. Der Master sendet ein Telegramm, das eine bestimmte Slave-Adresse enthält, und der mit dieser Adresse angesprochene Slave antwortet innerhalb der dafür vorgesehenen Zeit. Es dürfen zu einem Zeitpunkt immer nur der Master und einer von maximal 31 Slaves an der Datenkommunikation beteiligt sein.

Für ASi wurde ein neues Bitübertragungsverfahren entwickelt, die Alternierende Puls Modulation (APM), ein Verfahren zur seriellen Übertragung im Basisband, dessen Funktionsweise anhand nachfolgender Abbildung erläutert wird:

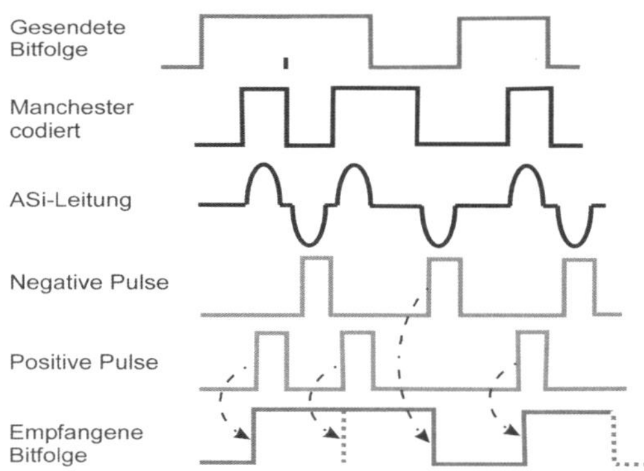

Abbildung 4.5-51: ASi-Basisbandübertragung

Die Sende-Bitfolge wird zunächst in eine Bitfolge umcodiert, die bei jeder Änderung des Sendesignals eine Phasenumtastung vornimmt (Bitfolge wird Manchester codiert). Dies ist nötig, um die Gleichstromfreiheit des Nachrichtensignals zu erreichen, das ja der Energieversorgung der S/A überlagert werden soll. Daraus wird dann ein Sendestrom erzeugt, der in Verbindung mit einer im System nur einmal vorhandenen Induktivität durch Differentiation den gewünschten Signalspannungspegel auf der ASi-Leitung erzeugt. Die ursprüngliche Bitfolge wird durch zwei Komparatoren und eine wenig aufwendige Logikschaltung wieder hergestellt.

Die APM-codierte ASi-Nachricht muss folgenden Regeln entsprechen:

- Startbit: Der 1. Impuls eines jeden ASI-Telegramms muss ein negativer Impuls sein

- Alternation: Zwei aufeinander folgende Impulse müssen unterschiedliche Polarität aufweisen
- Impulspause: Zwischen zwei Impulsen innerhalb eines Telegramms darf maximal eine Impulslänge Ruhe herrschen
- Informationsgehalt: In der zweiten Bithälfte muss stets ein Impuls liegen
- Paritätsprüfung: Die Summe aller im Codewort enthaltenen 1-Bits (pos. Impulse in der zweiten Bithälfte) muss eine gerade Zahl ergeben
- Endebit: Der letzte Impuls eines gültigen Codewortes muss ein positiver Impuls sein
- Aufruflänge: Nach dem Endebit des Masteraufrufes darf kein Impuls mehr übertragen werden

ASi bietet als Feldbus auf der untersten Ebene zwischen Sensoren/Aktoren und den SPSen folgende Eigenschaften:

- Es liegt ein Master-Slave-Prinzip mit bis zu 31 Slaves an einer Leitung vor
- Bis zu 4 Eingänge, 4 Ausgänge und zusätzlich 4 Parameterbits pro Slave möglich
- Es gibt bis zu 248 binäre Ein- und Ausgänge im Gesamtnetz
- Analoge E/A sind möglich
- Ungeschirmtes 2-Draht-Kabel für Information und Energie auf einer Leitung
- 100 m Leitungslänge (300 m mit Repeater/Extender), dabei ist kein Abschlusswiderstand nötig
- Zykluszeit ist kleiner als 5 ms, sie reicht für SPS-Steuerungen in aller Regel aus
- Es gibt eine hochwirksame Fehlersicherung
- Mittels des Modulkonzeptes ist das Netz einfach und schnell zu installieren

ASi stellt eine gute Lösung für die busförmige Verdrahtung einfacher Sensoren und Aktoren dar. Andere Feldbusse sind für dieses Einsatzgebiet bereits überdimensioniert und damit zu teuer und weisen oft nicht die geforderten Echtzeitbedingungen für den prozessnahen Einsatz auf.

4.5.5.2 INTERBUS-S

Der als schneller Sensor-Aktor-Bus von der Firma PHOENIX CONTACT konzipierte **INTERBUS-S** hat eine hohe Verbreitung vor allem in der Fertigungsautomatisierung der Automobilindustrie gefunden. Er ist der Klassiker (Entwicklung seit 1983) unter den Feldbussystemen und in **DIN 19258** (1995) und europaweit in **Norm EN 50254** (1997) standardisiert.

Das Zielsegment des INTERBUS ist die Automatisierungs- sowie untere Feldebene, also die industrielle Automation. Das Bussystem wurde gezielt als Zuträger für eine übergeordnete Steuereinheit (SPS) konzipiert. Bevor es den INTERBUS gab, waren in diesem Arbeitsbereich keine wirklich brauchbaren Systeme verfügbar. Der Schaltschrank mit der klassischen Kabelbaumverdrahtung dominierte uneingeschränkt. An diesem Punkt setzte die Philosophie des INTERBUS-S an. Er soll der SPS die Datenerfassung mit der angeschlossenen Prozessperipherie abnehmen und dieser ein fertiges Prozessabbild pro Zykluszeit zur Verfügung stellen. Um dieses ehrgeizige Ziel zu erreichen, wurde für den INTERBUS eine sehr effiziente Abfragestrategie, das Summenrahmenprotokoll, entwickelt. Dieses macht den INTERBUS durch eine sehr hohe Protokolleffizienz echtzeitfähig.

Die Topologie von INTERBUS-S

Das Datenübertragungssystem basiert auf einem zyklischen Austausch von Daten zwischen einer Mastereinheit und verteilten Peripheriegeräten. Der INTERBUS arbeitet mit einem Master/Slave-Zugriffsverfahren, wobei der Busmaster die Kopplung an das übergeordnete Automatisierungsgerät erledigt. Der INTERBUS stellt sich als echter physikalischer Ring dar, wobei das Buskabel beim Master beginnt und bei jedem angeschlossenen Busteilnehmer vorbeigeht bis es wieder beim Master endet.

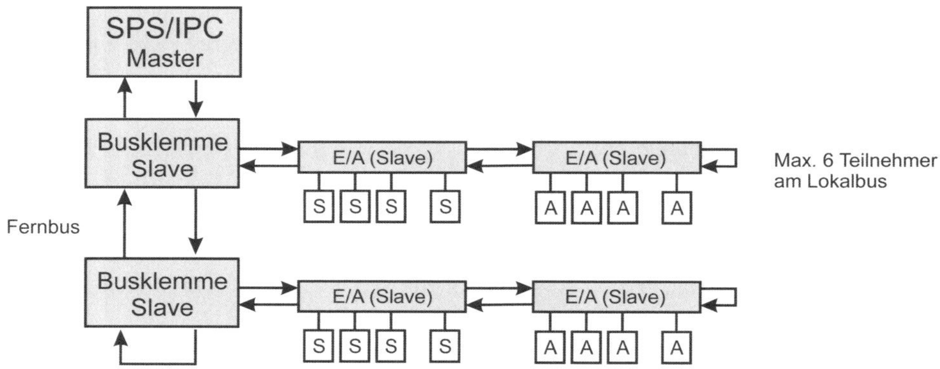

Abbildung 4.5-52: INTERBUS-S Feldbus

Beim INTERBUS sind im Prinzip zwei Bussysteme miteinander kombiniert. Die eigentliche Ringstruktur wird als **Fernbus** bezeichnet. Er dient dazu, einzelne Teilbereiche auf einfache Art und Weise miteinander zu koppeln. Gemeint sind damit etwa untereinander vernetzte Gerätegruppen oder voneinander weit entfernte Anlageteile. Innerhalb der einzelnen Gerätegruppen verwendet man den **Lokalbus**, der dort auf begrenztem Raum seine Aufgabe erfüllt. Die Verzweigung vom Fern- zu Lokalbussen erfolgt an Buskopplern. Trotz dieser Unterscheidung in zwei Bussegmente, bleibt das Gesamtsystem immer noch ein einziger physikalischer Ring. Trotzdem lässt sich mit dem INTERBUS so etwas Ähnliches wie eine Baum-Topologie realisieren, wie es in Abbildung 4.5-53 angedeutet ist.

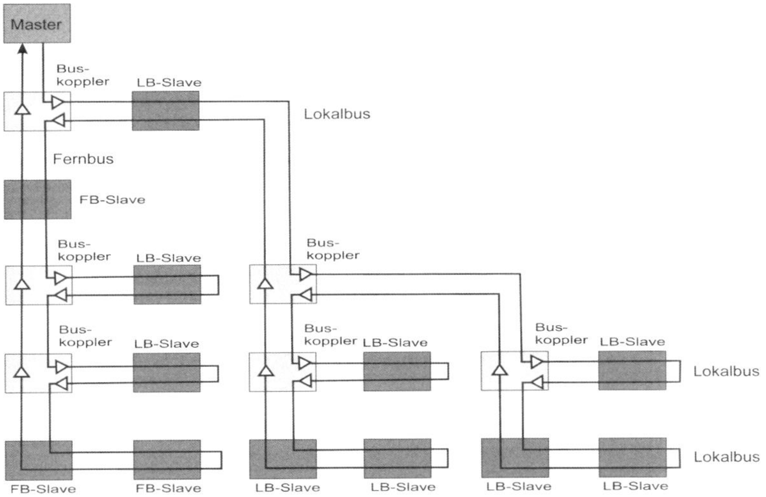

Abbildung 4.5-53: INTERBUS-Topologie Ringstruktur Baumstruktur

Die Schicht 1 des INTERBUS-S (physical layer)

Für den Fernbus wird die RS485-Schnittstelle verwendet. Die Übertragungsrate beträgt 500 kBit/s. Die Leitung besteht aus 5 Adern, die paarweise verdrillt sind. Der Ring wird mit einem einzigen Kabel realisiert. Dies bedeutet, dass Leitungen für beide Übertragungsrichtungen in einem Kabel untergebracht sind. Für schwierige Umgebungen existieren u. a. auch Lichtwellenleiter. Die Kapazität des Fernbus beträgt 256 Teilnehmer bei einem maximalen Abstand von 400 m.

Am Lokalbus können maximal 8 Teilnehmer angeschlossen werden. Dessen Länge beschränkt sich auf maximal 10 m, so dass hierzu der Spannungspegel der Digitaltechnik (TTL) über 4 Adernpaare verwendet werden kann. Die Datenübertragungsrate beträgt 300 kBit/s. Die INTERBUS-Spezifikation schreibt eine galvanische Trennung der Teilnehmer vor, so dass jeder Teilnehmer seine eigene Stromversorgung benötigt.

Die Buskoppler verbinden die beiden Busarten miteinander. Sie sorgen für die Signalumsetzung, was damit auch den Einsatz unterschiedlicher Übertragungsmedien ermöglicht. Außerdem versorgen sie die E/A-Module mit einer Betriebsspannung für die Buslogik.

Die Schicht 2 des INTERBUS-S (data link layer)

Aus der Bustopologie folgt ein spezielles Busprotokoll, das **Summenrahmenprotokoll**. Die Informationen müssen wegen der globalen Ringstruktur das gesamte Netz durchlaufen. Man kann sich das Summenrahmenprotokoll als ein langes, über den gesamten Bus verteiltes Schieberegister vorstellen, weshalb man beim INTERBUS-S vom **Ringschieberegisterverfahren** spricht.

Beim Ringschiebeverfahren werden mit einem Schiebezyklus gleichzeitig alle über das Netz verteilten Ein- bzw. Ausgänge gelesen bzw. geschrieben. Dies bedeutet, dass der Datenaustausch zwischen der zentralen Steuerung und der verteilten Peripherie mit einem einzigen langen Telegramm (Summenrahmen) vorgenommen wird. Zur Sicherung wird am

Ende des Summenrahmens das Loop-Back-Wort angehängt, das zur Sicherung der Datenintegrität dient.

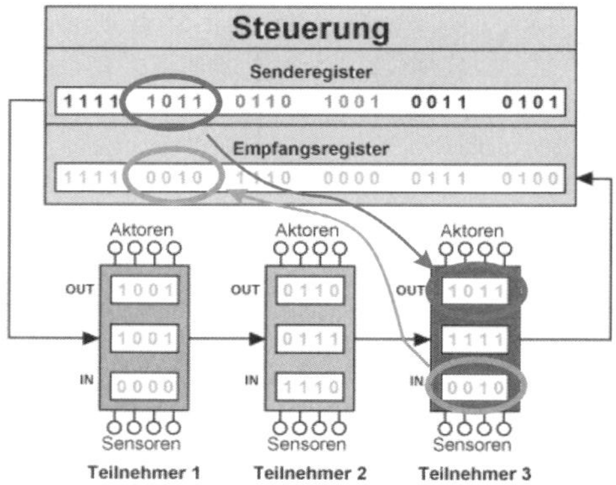

Abbildung 4.5-54:
Prinzip Summenrahmenprotokoll INTERBUS-S (Bild PHOENIX CONTACT[1])

Das Summenrahmenprotokoll basiert letztlich darauf, dass der Master und jedes Gerät wissen, wer wann wie viel Daten übermittelt. Diese Kenntnis wird mit Hilfe des Identifikationszyklus erfragt. Immer dann, wenn ein Problem auftaucht, etwa bei einem Anlagenstart oder wenn z. B. das Loop-Back-Wort zum falschen Zeitpunkt erscheint, leitet der Master einen Identifikationszyklus ein. Jedes angeschlossene Gerät übermittelt dabei seine Identifikation zum Master. Diese ist bei allen Geräten genau 16 Bit lang. Sobald das Loop-Back-Wort wieder beim Master ankommt, kann dieser die Anzahl angeschlossener Geräte berechnen. Die Identifikationsinformation gibt ihm Aufschluss darüber, wie viel Daten jeder Knoten künftig senden wird und welcher Art das Gerät ist.

Um sicher zu sein, dass alle Daten tatsächlich korrekt übermittelt werden, nimmt man noch eine zusätzliche Kontrolle der Datenintegrität vor. Dazu verwendet man als Kanalcodierung die Technik Cyclic Redundancy Check (CRC). Der CRC-Akkumulator bildet die Checksumme über die von seinem Nachbarn empfangenen Daten. Gleichzeitig bildet er mit dem CRC-Generator die Prüfsumme über den selbst gesandten Bitstrom. Nach jedem Datentransfer folgt ein Zyklus, bei dem jedes Gerät seinem Nachbarn die Prüfsumme des CRC-Generators zustellt. Damit kann jeder Teilnehmer kontrollieren, ob die Übertragung zu seinem Nachbarn korrekt erfolgte. Sollte ein CRC-Fehler erkannt worden sein, kann jeder Teilnehmer dies über eine eigene zusätzliche Signalleitung an seinen Nachbarn melden.

Diese Datensicherungstechnik ist sehr effizient. Als Ballast sind im ganzen Protokoll lediglich das Loop-Back-Wort, der CRC-Zyklus und pro Telegramm auch noch eine kurze Statusmeldung vorgesehen. Sonst werden zwischen dem Loop-Back-Wort und dem CRC-Zyklus nur reine Nutzdaten übermittelt. Die Dateneffizienz (Verhältnis von Nutzdaten zu gesamthaft übermittelten Daten) wird beim INTERBUS umso besser, je größer das Netzwerk ist; es werden über 70% Effizienz erreicht. Dies bedeutet, dass die gleiche, effektive Datenrate bereits mit wesentlich geringerer Datenrate realisiert werden kann. Bei einer Datenrate von 500 kBit/s können 1000 Bit innerhalb von ca. 3,5 ms ein- und ausgelesen werden.

Nachteilig wirken sich die großen Blocklängen (z. B. > 1024 Bit bei 32 Knoten mit je 32 I/O-Punkten) dadurch aus, dass die Blockfehlerwahrscheinlichkeit mit der Blocklänge

---

[1] http://www2.phoenixcontact.com/ib1001/index.htm

anwächst. In stark gestörter Umgebung wären kürzere Blocklängen günstiger bzw. der Einsatz von LWL-Übertragungsstrecken erforderlich.

Die Schicht 7 des INTERBUS-S (application layer)

Neben dem zyklischen Datenaustausch von Prozessdaten ermöglicht INTERBUS-S auch die Übertragung von Parametersätzen auf einzelne Netzteilnehmer (azyklischer Parameterkanal). Die zu übertragenden längeren Datensätze werden in 16-Bit-Worte zerlegt und zyklusweise Wort für Wort auf den adressierten Netzteilnehmer übertragen. Hieraus resultieren relativ niedrige effektive Übertragungsraten, die aber in vielen Anwendungsfällen noch akzeptabel sind. Für die Übertragung von Parameterdaten wurde ein besonderes Übertragungsprotokoll (Peripherals Communication Protocol PCS) definiert. Die hierzu in PMS (Peripherals Message Specification) definierten Objekte und Dienste entsprechen einer Untermenge der für PROFIBUS-FMS spezifizierten Objekte und Dienste.

Für spezifische Anwendungen der Fertigungsautomatisierung existieren zahlreiche Geräteprofile, so z. B. für Servoantriebe, Frequenzumrichter, Winkelcodierer, Bedien- und Anzeigegeräte, Roboter, Sensoren und Aktoren.

Zusammenfassend lassen sich die Eigenschaften des INTERBUS-S so charakterisieren:

- Er ist sehr einfach bezüglich seiner Inbetriebnahme, da eine automatische Identifikation der Geräte stattfindet.
- Das einfache Summenrahmenprotokoll gewährleistet bereits bei niedrigen Übertragungsraten einen hohen Datendurchsatz, den andere Systeme nicht oder nur mit enormen Bitraten erreichen können.
- Der INTERBUS hat eine starke Marktstellung.
- Die Ringstruktur verlangt einen relativ hohen Verdrahtungsaufwand.
- Wird der Ring unterbrochen, so sind alle daran angeschlossenen Geräte „abgehängt“. Das Fernbus-Lokalbus-Konzept fängt diesen Nachteil etwas auf.

4.5.5.3 CAN (Controller Area Network)

Der CAN-Bus wurde für die Anwendung im Automobilbau geplant. Deshalb wurde beim CAN auf niedrige Kosten und auf eine hohe Störsicherheit Wert gelegt. CAN hat in der Zwischenzeit auch in der allgemeinen Automatisierungstechnik Fuß gefasst.

Neben dem Einsatz als interner Bus in mobilen Systemen überwiegen dabei Anwendungen für die maschinen- oder anlageninterne Kommunikation. Das von BOSCH spezifizierte Protokoll beschreibt lediglich die Schichten 1 und 2 des OSI-Referenzmodells. Deshalb ist es nicht verwunderlich, dass auf Grund der zahlreichen Einsatzmöglichkeiten eine Vielfalt von ergänzenden Protokollen für die unterschiedlichsten Anwendungsbereiche entstanden ist. Für die Anwendung in der Automatisierungstechnik kommt im europäischen Raum jedoch vor allem dem auf **CAL** basierenden **CANopen** sowie im amerikanischen und asiatischen Raum dem **DeviceNet**-Protokoll eine überragende Bedeutung zu. Die geschichtliche Entwicklung von CAN verlief nach folgendem Zeitabriss:

1983 Die Robert Bosch GmbH startet das CAN-Projekt.

1985 Die CAN-Spezifikation wird definiert und eine Entwicklungslizenz geht an Intel.

1986 es wird ein Normierungsantrag für CAN bei ISO gestellt.

1987 Erste CAN-Chip sind verfügbar.

1991 Ein erstes Fahrzeug von Mercedes wird mit CAN ausgerüstet (5 Knoten). Das Bordnetz arbeitet mit einer Übertragungsrate von 500 kBit/s.

1992 Gründung der Nutzerorganisation CiA (CAN in Automation)

1994 Definition einer offenen Anwendungsschicht durch die CiA; sie wird CAL (CAN Application Layer) genannt.

Die Schicht 1 des CAN (physical layer)

Der CAN-Feldbus kommuniziert i. Allg. über eine paarweise verdrillte Zweidrahtleitung mit optionalem Schirm. Die Busleitung muss als **Linienbus** ausgelegt und mit je einem Abschlusswiderstand von 124 Ω (120 Ω) versehen sein. Oft wird zusätzlich ein gemeinsamer Null-Leiter mitgeführt (ISO 1189).

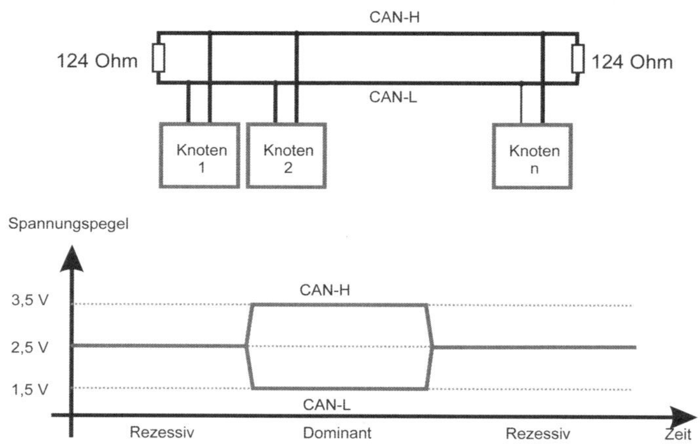

Abbildung 4.5-55: CAN-Feldbus mit Spannungspegel

Der Buszugriff erfolgt nach dem CSMA/CA-Verfahren. CAN hat das herkömmliche CSMA-Verfahren so realisiert, dass im Falle einer Kollision die höher eingestufte Nachricht trotzdem ans Ziel gelangt. Zerstörerische Kollisionen werden so vermieden. CAN verwendet dazu eine unterschiedliche Gewichtung der beiden Werte 0 und 1; man nennt das ein **dominantes** und ein **rezessives** Bit. Das dominante Bit ist in der Lage, das rezessive zu überschreiben, d. h. bei CAN ist die 0 stärker als die 1.

Realisiert wird dies mit Treiberbausteinen, die eine „Open-Collector"-Charakteristik aufweisen. Sendet beispielsweise eine Station eine 0 und eine andere möchte gleichzeitig eine 1 senden, so setzt sich die 0 durch. Weil beide Sender gleichzeitig auch den Busverkehr mithören, stellt derjenige, der die 1 senden wollte, fest, dass seine 1 nicht angenommen wurde und zieht sich vom Bus zurück. Er versucht seine Meldung zu einem späteren Zeitpunkt erneut zu senden.

Das CAN-Protokoll basiert nicht auf einem Datenaustausch durch Empfängeradressierung, sondern erfolgt durch Kennzeichnung einer übertragenen Nachricht über eine Nachrichtenkennung (Nachrichten-Identifier). Alle Netzknoten prüfen anhand der Kennung einer empfangenen Nachricht, ob diese für sie relevant ist. Nachrichten können daher von beliebig vielen Teilnehmern übernommen werden (Multicasting bzw. Broadcasting). Über eine Nachrichtenfilterung können sich Teilnehmer von der Übernahme nicht interessierender Nachrichten entlasten.

Das Busprotokoll beinhaltet zuerst den Nachrichten-Identifier. Niederwertige Nachrichten-Identifier besitzen durch die größere Anzahl dominanter Bits eine hohe Priorität bzgl. des Buszugriffs. Besonders wichtige Nachrichten können damit unabhängig von der augenblicklichen Busbelastung den Zugang zum Bus mit kurzer Latenzzeit erlangen. Diese Eigenschaft stellt auch in Ausnahmesituationen (z. B. bei länger andauernden Störeinwirkungen) sicher, dass besonders wichtige Nachrichten bevorzugt übertragen werden, um auch in Phasen eingeschränkter Transportkapazität die Funktion eines Systems sicherzustellen. Eine derartige Behandlung von Überlastsituationen ist in anderen Buskonzepten nicht denkbar.

Als Anschlussstecker wird in der Automation ein 9-poliger D-Sub-Stecker mit folgender Anschlussbelegung verwendet:

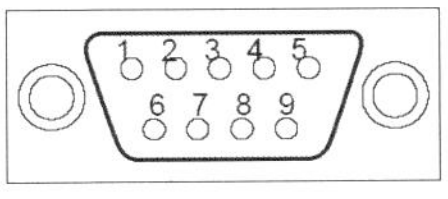

1	-
2	CAN-Low
3	CAN-Ground
4	
5	CAN-Abschirmung
6	System-Ground
7	CAN-High
8	-
9	CAN-V

Abbildung 4.5-56: CAN-Bus Anschlussstecker

Das Konzept der beschriebenen Bit-Arbitrierung hat allerdings auch einen Nachteil. Damit das Verfahren funktioniert, müssen zwangsläufig alle Knoten an demselben Leitungssegment angeschlossen sein. Mit CAN ist es folglich nicht möglich, den Bus zu segmentieren und/oder auf mehreren verschiedenen physikalischen Medien zu betreiben!

Nur über Repeater oder Router sind baumartige Topologien und hierarchische Netzstrukturen möglich. Die Anzahl der Teilnehmer pro Netz ist nicht durch das Protokoll begrenzt, sondern abhängig von der Leistungsfähigkeit der eingesetzten Treiberbausteine. Repeater ermöglichen darüber hinaus eine Erweiterung der Anzahl von Netzknoten. Die bei einer bestimmten Datenrate maximal mögliche Netzausdehnung ist im Wesentlichen durch die erforderliche Signallaufzeit auf dem Busmedium begrenzt. Bei 1 MBit/s ist z. B. eine Netzausdehnung von 40 m, bei 80 KBit/s eine Netzausdehnung von 1000 m möglich. Als „Faustformel" zur Bestimmung der maximalen Bitrate bzw. der maximalen Buslänge dient die nachfolgende Beziehung:

$$\text{Bitrate [kBit/s]} \cdot \text{Buslänge [m]} < 40\,000$$

Die Vergabe des Buszugriffsrechts erfolgt nicht durch eine übergeordnete Steuereinheit (Busmaster). Vielmehr kann jeder Teilnehmer gleichberechtigt mit dem Senden einer Nachricht beginnen und damit direkt mit jedem anderen Teilnehmer kommunizieren. Nachrichten werden auch nur dann gesendet, wenn die jeweiligen Sender es ereignisgesteuert veranlassen. Die Busbelastung ist deshalb gegenüber Master-Slave-Prinzipien wesentlich weniger belastet.

Die Schicht 2 des CAN (data link layer)

Ein CAN-Nachrichtenblock besitzt folgendes Aussehen:

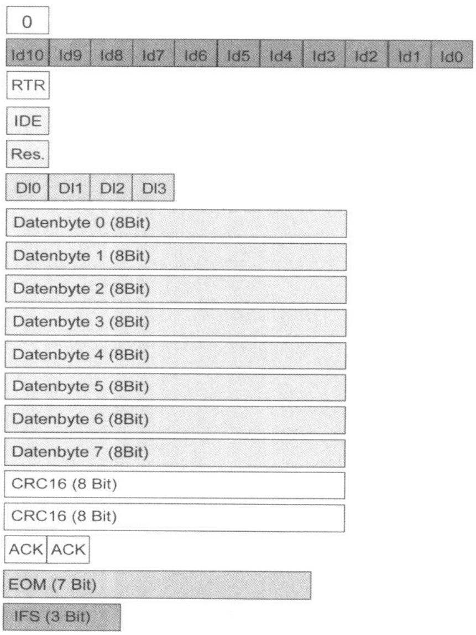

Das Identifier-Feld identifiziert den Nachrichtenblock für seine Empfänger.

RTR steuert den Datenfluss. Ist es dominant 0, so enthält das Telegramm selbst Daten (Write to Memory); ist es dagegen rezessiv auf 1, so repräsentiert das Telegramm die Aufforderung, Daten zu senden (Read from Memory). Das RTR-Bit ist das letzte im Arbitrierungsfeld. Bis zu dieser Stelle wird der Bitstrom auf Überschreibung durch einen anderen Knoten überwacht.

IDE unterscheidet zwischen dem „alten“ CAN 2.0A mit 11 Bit Identifier und dem neuen CAN 2.0B mit 29 Bit Identifier.

Die vier DLx-Bit geben die Anzahl der Datenbytes in der Meldung an. Zulässig sind 0 … 8.

CRC16: CAN verwendet einen Cyclic Redundancy Check (CRC16) zur Datensicherung, welcher eine Hammingdistanz von 6 gewährleistet.

ACK: Der Sender übermittelt nach dem CRC zwei rezessive ACK-Bit und erwartet, dass diese von den Empfängern dominant überschrieben werden. Stellt der Sender fest, dass seine rezessiven 1-Bits nicht überschrieben wurden, weiß er, dass ein Fehler aufgetreten ist.

EOM: Den Abschluss bildet eine End of Message-Sequenz mit 7 rezessiven Bits. Es wird so die Bit-Stuff-Regel verletzt. Normalerweise müsste nach 5 gleichen Bit ein komplementäres Stuff-Bit eingefügt werden. Allen Empfängern wird deshalb bewusst gemacht, dass die momentane Nachrichtenübertragung beendet ist.

Inter Frame Space: 3 Bitzeiten stehen den Controllern zur Verfügung, die Daten abzuspeichern und zu verarbeiten. Nach Ablauf dieser Wartezeit kann die nächste Meldung gesendet werden.

Abbildung 4.5-57: CAN-Nachrichtenblock

Die Länge einer CAN-Nachricht ist auf 8 Byte begrenzt. Mit dieser Datenlänge können die im Kfz-Bereich und im unteren Feldbereich anfallenden Informationen in den meisten Fällen mit einer CAN-Nachricht übertragen werden. Bei solchen Anwendungen besteht die Anforderung in der Realisierung einer möglichst hohen Nachrichtenrate bei kurzer Nachrichtenlänge. Nur in Ausnahmefällen ist die Übertragung längerer Datenblöcke über mehrere CAN-Nachrichten erforderlich. Höhere CAN-basierende Protokolle wie CAL/CANopen oder DeviceNet stellen dafür geeignete Dienste für eine segmentierte Übertragung zur Verfügung.

Die Begrenzung der Nachrichtenlänge auf wenige Byte besitzt den Vorteil kurzer Latenzzeiten für den Buszugang hochpriorer Nachrichten. Für ein CAN-Netzwerk mit 8 Byte Nachrichten beträgt die maximale Latenzzeit für die höchstwichtige Nachricht 130 Bits.

Besondere Bedeutung kommt einer möglichst kurzen Nachrichtenlänge auch dann zu, wenn die Übertragung in stark gestörter Umgebung stattfindet, da die Wahrscheinlichkeit für das Einfangen einer Störung proportional mit der Blocklänge zunimmt. Die kurze Nachrichtenlänge des CAN-Protokolls ermöglicht somit eine funktionsfähige Datenübertragung auch noch unter sehr schwierigem elektromagnetischem Umfeld und ist noch einsetzbar, wenn Busprotokolle mit längeren Blocklängen nicht mehr bzw. nur durch den Einsatz von störsicheren Busmedien (z. B. LWL-Kabel) funktionsfähig sind.

Abschließend sei noch zu CAN-Feldbussen bemerkt, dass sich inzwischen drei Standards in der Praxis ergeben haben, die durch entsprechende Controller realisiert sind:

Basic-CAN: Controller nach diesem Standard sind bezüglich des Hardwareaufwands minimal. Der nachgeschaltete Mikroprozessor muss die Nachrichten vom CAN selbst filtern.

Full-CAN: Controller nach dieser Bauart verfügen über mehrere unabhängige Nachrichtenpuffer. Zu jedem kann ein eigener Identifier festgesetzt werden. Die Nachrichtenfilterung wird durch den CAN-Controller selbst erledigt.

Extended-CAN: Extended-CAN vereinigt die beiden ersten Standards. Zudem ist es möglich, die Breite des Identifiers von 11 auf 29 zu erhöhen.

4.5.5.4 BITBUS

Der BITBUS wurde 1984 von der Firma INTEL als Bussystem zur Vernetzung von Mikroprozessoren auf den Markt gebracht und 1990 unter IEEE 1118 standardisiert. Er entwickelte sich im Laufe der Zeit zu einem Industriestandard für die untere und mittlere Feldebene der Automation zu einem offenen Feldbus, wie es Abbildung 4.5-58 verdeutlicht:

Typischerweise wird der BITBUS zur Verbindung intelligenter Systeme eingesetzt bzw. findet seinen Einsatz dort, wo Steuerungsaufgaben auf die einzelnen Slaves aufgeteilt werden können.

Die Schicht 1 des BITBUS (physical layer)

Die Bus-Topologie ist linienförmig bzw. über Repeater/Splitter[1] baumförmig. Die Übertragungsgeschwindigkeit beträgt 375 kBit/s bei bis zu 300 m oder 62,5 kBit/s bei bis zu 1200 m Bussegmentlänge. Mit zehn Repeatern erreicht man eine maximale Busausdehnung von 13,2 km (10 Repeater entspricht 11 Segmenten à 1200 m bei 62,5 kBit/s). Als Leitungscodierung verwendet der BITBUS Non-Return-to-Zero-Insert mit Bit-Stuffung nach 5 Bit (NRZ-I). Als Betriebsart kann die synchrone oder asynchrone Übertragung gewählt werden.

---

[1] Ein Splitter ist ein Gerät zur Trennung von Datensignalen.

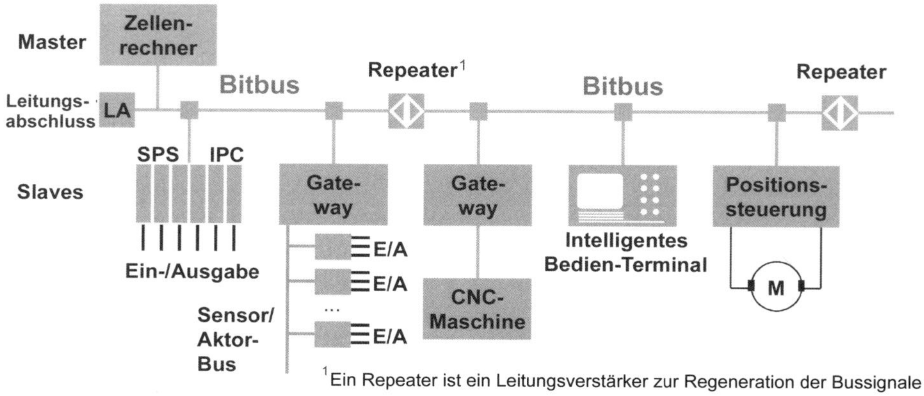

Abbildung 4.5-58: BITBUS-Anwendung (nach [39])

Die Datenübertragung bedient sich der Norm RS-485. Die BITBUS-Übertragungsleitung besteht je nach Ausbau aus bis zu drei paarig verdrillten Signalleitungen. Es existieren auch spezielle Lösungen zur Datenübertragung über alternative Übertragungsmedien, wie z. B. Lichtwellenleiter, Infrarotlicht oder Funkübertragung. Pro Bussegment sind maximal 32 Teilnehmer möglich. Es wird der gängige 9-polige Sub-D-Stecker verwendet.

Die Schicht 2 des BITBUS (data link layer)

Das Buszugriffsverfahren arbeitet nach dem Prinzip Single-Master-Multiple-Slave. Der BITBUS ist meldungsorientiert, d. h. der Master erwartet auf jede zu einem Slave geschickte Meldung eine Antwortmeldung (Ausnahme: Multicast-/Broadcast-Meldungen). Der Leitrechner hat die Master-Funktion und kann als einziger Knoten von sich aus die einzelnen Slaves ansprechen. Slaves dürfen nur dann senden, wenn sie vom Master dazu aufgefordert werden. Die Slaves werden also gepollt. Eine direkte Kommunikation zwischen den Slaves ist nur über den Master möglich.

Eine BITBUS-Nachricht ist eine Standard-SDLC[1]-Nachricht, die die BITBUS-Nachricht als SDLC-Datenfeld einschließt. SDLC ist ein von IBM definiertes bitsynchrones Protokoll, das überall dort eingesetzt wird, wo Datenintegrität wichtig ist (Ethernet, ISDN). Der Rahmen für die Sicherungsschicht ist in Abbildung 4.5-59 beschrieben.

Die Schicht 7 des BITBUS (application layer)

Jedes Gerät, das an einen BITBUS angeschlossen werden kann, verfügt über einen eigenen Prozessor, der die gesamte Kommunikation steuert und die Möglichkeit bietet, individuelle Anwendungsprogramme abzuarbeiten. Zusätzlich ist im ROM auf jedem Modul das Echtzeit Multitasking-Betriebssystem iDCX-51 integriert. Dadurch wird die dezentrale Programmierung mehrerer gleichzeitig laufender Anwendungsprogramme (Tasks) ermöglicht. Das Betriebssystem stellt beim klassischen BITBUS 8 Tasks und beim IEEE-1118-Standard

---

[1] Synchronous Data Link Control, eine synchrone Übertragungstechnik.

Der äußere SDLC-Rahmen wird vom SDLC-Controller ausgefüllt. Aufgabe des Anwenders ist es, die BITBUS-Nachricht (den Doppelrahmen in unserem Schema) zu füllen:

- Nachrichtenlänge: Länge ist das Datenfeld + 7
- Die Vermittlungsflags sind:
  - MT unterscheidet Anfragen von Antworten.
  - SE (source extension) zeigt an, dass nicht der Netzwerkprozessor die Nachrichtenquelle ist, sondern der Prozessor dahinter, der ihn kontrolliert.
  - DE (destination extension) vermittelt die Nachricht an den Prozessor hinter der empfangenden Netzwerkkarte.
  - TR (Transmit/Receive) ist das Sende- bzw. Empfangsflag (0 Senden).
- Zieladresse benennt den adressierten Teilnehmer.
- Quelltask/Zieltask nennen die Tasknummern (0..15) der sendenden bzw. der empfangenden Tasks innerhalb der Teilnehmer.
- Befehl/Antwort ist das Codefeld für die Aktion, die mit den Daten vorgenommen werden soll bzw. der Antwort-/Fehlercode (wichtig für RAC).
- Das Datenfeld hat eine variable Länge zwischen 0 und 248 Byte.

Die CRC16-Bytes und die Endflags sind nicht Teil der BITBUS-Nachricht, sondern werden von der SDLC-Controller-Hardware hinzugefügt.

Abbildung 4.5-59: BITBUS-Nachrichtenblock

32 Tasks bereit. Die Tasks laufen nach Prioritäts- und Ereigniskriterien unter Optimierung der verfügbaren Rechenzeit ab. Die optionale Slave-Extension, ein zweiter Mikroprozessor, auf dem die Applikationssoftware läuft, ermöglicht die Implementierung größerer Steuerungsaufgaben. Die RAC-Commands (Remote Access Control Commands) stellen einen Satz von Funktionen zur einheitlichen Kommunikation aller BITBUS-Teilnehmer bereit. Multitasking-Mode und Slave-Extension bilden die Grundlage verteilter Steuerungen mit dem BITBUS. Kleinere Steuerungsaufgaben können direkt auf dem BITBUS-Prozessor, gleichzeitig mit der BITBUS-Protokollabhandlung, ausgeführt werden.

4.5.5.5 PROFIBUS

Der PROFIBUS geht auf ein in den Jahren 1987 bis 1990 vom BMFT (Bundesministerium für Forschung und Technologie) gefördertes Verbundprojekt zwischen Hochschulinstitutionen und Firmen der Automatisierungstechnik zurück. Entwickelt wurde er ursprünglich von SIEMENS. Der Name PROFIBUS steht für **Process Field Bus**. Ziel dieses Vorhabens war die Spezifikation und Entwicklung eines offenen Kommunikationssystems für den Einsatz im gesamten Feldbereich.

Hinter dem Namen PROFIBUS stehen drei eigenständige Teilbusse, der **PROFIBUS-FMS** (Fieldbus Message-Specification), der **PROFIBUS-DP** (Dezentrale Peripherie) und ganz neu der **PROFIBUS-PA** (Process automation). Diese Variante erweitert die Funktionalität von PROFIBUS-DP vor allem auf den Einsatz in der Verfahrenstechnik. Besonders ausgeprägt ist der PROFIBUS-DP in der Feld- und Sensor-Aktor-Ebene.

Selbstverständlich funktionieren die drei Teilbusse problemlos miteinander (Abbildung 4.5-60); jedes System kann auch für sich allein eingesetzt werden. Bezüglich der Verbreitung am Markt steht klar der PROFIBUS an der Spitze. Die Spezifikationen des PROFI-

BUS sind offen gelegt und in DIN 19245 bzw. der europäischen Norm EN 50170 beschrieben. Der PROFIBUS ist im Industriebereich der Hauptkonkurrent des INTERBUS-S.

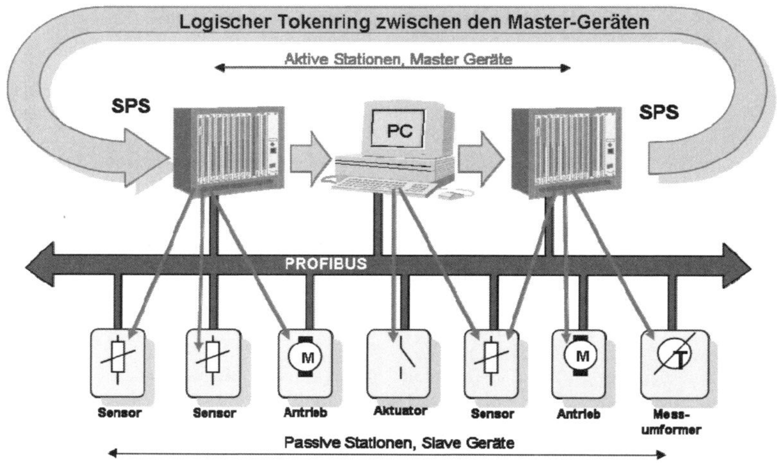

Abbildung 4.5-60: POFIBUS-FMS/DP-Konfiguration (Bild Fa. Siemens AG)

PROFIBUS-FMS

Das Dreischichtenmodell der PROFIBUS-FMS-Architektur entspricht dem OSI-Referenzmodell mit den Schichten 1, 2 und 7, die Feldbussysteme auszeichnen.

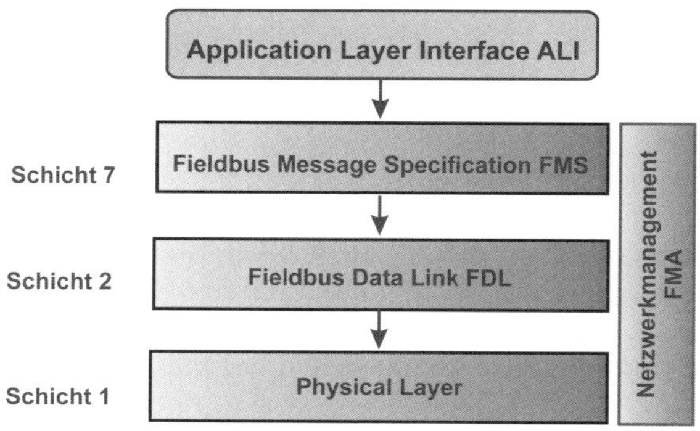

Abbildung 4.5-61: PROFIBUS-FMS Architektur

Die Schicht 7 des PROFIBUS-FMS (application layer)

Die PROFIBUS-Schicht 7 (Field Message Specification FMS) stellt alle für die Datenkommunikation zwischen Steuereinheiten im Bereich der Produktions- und Prozessleitebene erforderlichen Leistungsmerkmale zur Verfügung. Die Fieldbus Message Specification definiert für Anwenderprogramme Kommunikationsobjekte (Messdaten, Programmcode), Dienste (Lesen, Schreiben) und Beziehungen wie Client/Server, Multicast oder Broadcast.

In gezielten Vereinbarungen zwischen Anbietern gleicher bzw. ähnlicher Geräte wurden spezielle Applikationsschnittstellen (Application Layer Interface ALI) definiert, die auch als Profile für Gerätegruppen genannt werden.

Über die Kommunikationsobjekte (Simple Variable, Array, Record, Domain (Datenbereich) oder Event (Ereignismeldung), Variable List, Programm Invocation) werden strukturierte Informationen zwischen den Busteilnehmern ausgetauscht. Objekte besitzen Eigenschaften, wie einen Datentyp oder ein Zugriffsrecht. Für jeden Objekttyp sind bestimmte zulässige Kommunikationsdienste definiert. Der PROFIBUS-FMS stellt über die Anwendungsschicht vielfältige Kommunikationsdienste für den Zugriff eines Anwenderprogramms auf Kommunikationsobjekte (Anwendungsdienste) sowie verschiedene Verwaltungsfunktionen (Verwaltungsdienste) und Netzwerkmanagementdienste (Managementdienste) bereit. Da von einem PROFIBUS-Gerät nicht alle Dienstgruppen unterstützt werden müssen, unterrichten sich die Partner beim Aufbau einer Verbindung über die unterstützten Dienste.

Die Schicht 2 des PROFIBUS-FMS (data link layer)

Über die PROFIBUS-Schicht 2 (FDL, Fieldbus Data Link) erfolgt neben der Steuerung des Buszugriffs auch die Steuerung der Datenübertragung. Der PROFIBUS verwendet ein deterministisches Buszugriffsverfahren, wobei der Buszugriff durch aktive Teilnehmer (Master) nach dem Prinzip des Token-Passing erfolgt. Passive Teilnehmer haben kein Buszugriffsrecht und werden durch die aktiven Teilnehmer nach dem Master-Slave-Prinzip angesprochen. Slave-Teilnehmer können deshalb nur empfangene Nachrichten quittieren oder auf Anforderungen durch Master-Teilnehmer antworten.

Die FDL beinhaltet drei azyklische Datenübertragungsdienste für den gelegentlichen Datenaustausch zwischen Teilnehmern. Dies sind das Senden von Daten mit Quittung durch Empfänger (SDA, Send Data with Acknowledge) und ohne Quittung durch Empfänger (SDN, Send Data with no Acknowledge), sowie das Senden mit gleichzeitiger Anforderung von Daten und Rückantwort vom Empfänger (SRD, Send and Request Data). Für den Anschluss einfacher Sensoren und Aktoren dient vor allem der zyklische CSRD-Dienst (Cyclic Send and Request Data). Über diesen Dienst kann ein zyklischer Datenaustausch zwischen einem Master und einem Slave eingerichtet werden.

Die Schicht 1 des PROFIBUS-FMS (physical layer)

Physikalisch realisiert wird der PROFIBUS über eine linienförmige Topologie mit bis zu 32 Teilnehmern pro Bussegment. Über Repeater[1] können Linien miteinander verbunden werden, wobei höchstens drei Repeater zwischen zwei Teilnehmern zulässig sind. Insgesamt sind damit maximal 124 Teilnehmer in einem PROFIBUS-Netzwerk zu betreiben. Durch Repeater[1] kann die Buslänge bis auf 10 km ausgedehnt werden.

In der Standardausführung basiert der PROFIBUS-FMS auf einer RS-485-Verbindung mit NRZ-Übertragung. Sie benutzt eine geschirmte Zweidrahtleitung und ermöglicht Baudraten zwischen 9600 Bit/s bei einer Reichweite von 1200 m und 12 MBit/s bei einer maximalen Buslänge von 100 m in festgelegten Stufen. Übertragungskomponenten für Lichtwellenleiter sind ebenfalls verfügbar. Diese ermöglichen den Einsatz des PROFIBUS auch in Berei-

[1] Leitungsverstärker

chen mit hohen elektromagnetischen Störungen oder bei großen Distanzen. Die Synchronisation folgt der RS232-Spezifikation.

Die hohe Funktionalität und Flexibilität von PROFIBUS-FMS ist verbunden mit einem sehr umfangreichen Protokoll- und Implementierungsaufwand. Deshalb wird der PROFIBUS-FMS heute fast ausschließlich im Bereich der Prozessleitebene, d. h. für den Austausch größerer Datenmengen zwischen Steuergeräten, eingesetzt. Für die Übertragung überwiegend kurzer, häufiger Nachrichten ist PROFIBUS-FMS wegen dessen geringer Protokolleffizienz und großer Reaktionszeiten nicht geeignet. Dazu dienen die weiteren PROFIBUS-Spezifikationen.

PROFIBUS-DP

Für Anwendungen im unteren Feldbereich wirkt sich die hohe Funktionalität und Flexibilität von PROFIBUS-FMS mit dem damit verbundenen, entsprechend hohen Protokolloverhead vor allem bei zeitkritischen Anwendungen nachteilig aus. In besonderem Maße gilt dies für die Übertragung von kurzen Nachrichten. Aus diesem Grunde wurde für Anwendungen, bei denen die universellen Eigenschaften der FMS-Dienste nicht benötigt werden und stattdessen kurze Reaktionszeiten erforderlich sind, der PROFIBUS-DP (DP Dezentrale Peripherie) spezifiziert. Der PROFIBUS-DP verzichtet vollständig auf die Applikationsschicht 7 von PROFIBUS-FMS und spezifiziert statt dessen eine Art standardisierte Schicht-2-Anwendung, basierend auf Buszugriffsverfahren und Übertragungsdiensten der PROFIBUS-FDL.

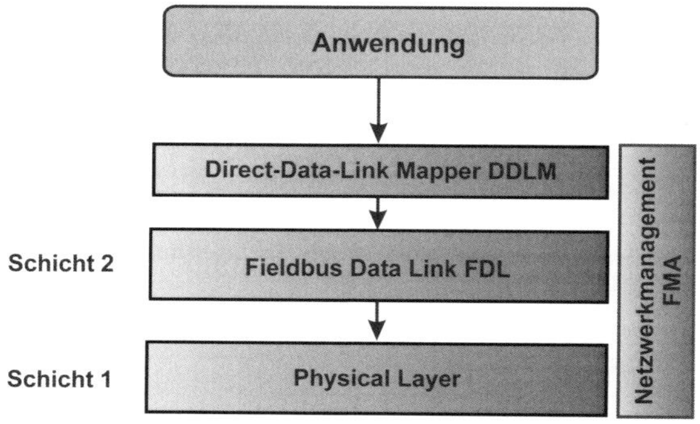

Abbildung 4.5-62: PROFIBUS-DP Architektur

Die zusätzlichen Festlegungen wurden für die speziellen Anforderungen im Bereich der dezentralen Peripherie ergänzt (Synchronisationsfunktionen, Gerätediagnose, Geräteparametrierung, Geräteüberwachung usw.). Über eine standardisierte Anwenderschnittstelle in Form einer Daten- und Funktionsschnittstelle kann ein steuernder Anwendungsprozess auf den PROFIBUS-DP-Protokollstack zugreifen. Die Abbildung dieser Schnittstelle auf die von der FDL-Schicht bereitgestellten Dienste SRD und SDN übernimmt der Direct Data Link Mapper (DDLM). Die obige Abbildung zeigt die Architektur des PROFIBUS-DP.

Die Schicht 2 des PROFIBUS-DP (data link layer)

Der PROFIBUS-DP basiert auf demselben hybriden Buszugriffsprotokoll wie PROFIBUS-FMS, bestehend aus einem Token-Passing zwischen den aktiven Teilnehmern sowie einem Master-Slave-Verfahren zwischen einem aktiven Teilnehmer und zugeordneten passiven Teilnehmern (Slaves). Prinzipiell sind daher auch bei PROFIBUS-DP Multimaster-Systeme realisierbar. Wegen der damit verbundenen Erhöhung der Buszykluszeit werden DP-Systeme üblicherweise jedoch mit jeweils nur einem aktiven Teilnehmer pro Bussegment eingesetzt, so dass tatsächlich einfache Master-Slave-Systeme vorliegen. Zusätzlich sind weitere Master mit mehr Funktionalität für den Einsatz als Projektierungs- und Diagnosegeräte spezifiziert. Die Master teilen sich das Buszugriffsrecht dann durch Token-Passing. In Abbildung 4.5-60 ist die Organisation des Datenaustausches für ein PROFIBUS-DP-System mit mehreren Busmasters an einem Bussegment dargestellt.

Der Busmaster übernimmt neben der Steuerung des zyklischen Austausches der Nutzdaten auch die Erfassung von Slave-Diagnosedaten, die Parametrierung und Konfiguration von DP-Slaves, die Übertragung von Synchronisations-Kommandos sowie die Überwachung der Kommunikationsfähigkeit der zugeordneten Slaves.

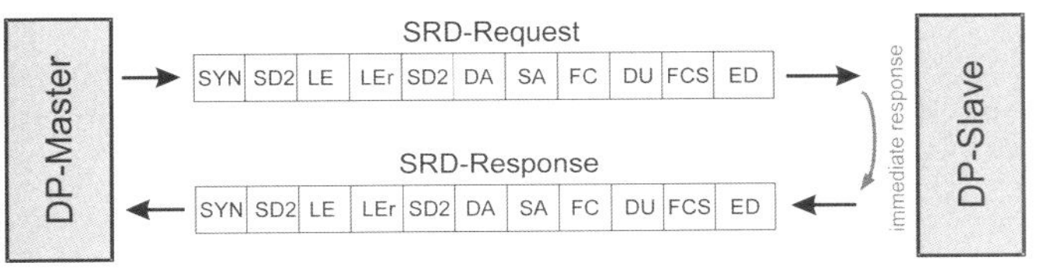

Abbildung 4.5-63: PROFIBUS-DP SRD-Dienst

SYN Synchronisation Time
SD2 Start Delimiter 2
LE Length
LEr repeated Length
DA Destination Address
SA Source Address
FC Function Code
DU Data Unit
FCS Frame Check Sequence
ED End Delimiter

Der eigentliche Nutzdatenaustausch zwischen Master und zugeordneten Slaves basiert im Wesentlichen auf dem SRD-Dienst („Send and Request Data"). Der Busmaster kann hierbei innerhalb eines einzigen Nachrichtenzyklus mit dem Anforderungstelegramm Daten an einen Slave senden und mit dem Antworttelegramm von der Slave-FDL bereitgestellte Daten abholen. Diese werden durch die FDL des Slaves in Form einer „immediate response" bereitgestellt. Voraussetzung hierfür ist eine zyklische Aktualisierung dieser Daten durch die Slave-Anwendung. Der Aufbau der Datenrahmen der FDL ist ebenfalls im oberen Diagramm dargestellt.

Um besonders wichtige Nachrichten bevorzugt übertragen zu können, werden im PROFIBUS-Konzept zwei Prioritätsstufen für die Daten unterschieden. Der normale Datenverkehr wird niederprior abgewickelt. Kommt es zu besonderen Ereignissen, dann können Alarmdaten mit hoher Priorität versehen werden. Diese hochprioren Daten überspringen die Warteschlangen der normalen Nachrichten und gelangen deshalb schneller an den Empfänger.

Auf Grund des noch relativ großen Protokolloverheads ist auch der PROFIBUS-DP für den Datenaustausch von wenigen Bytes nicht besonders geeignet. Will man dennoch kurze Zykluszeiten über den PROFIBUS-DP an angeschlossene SPS-Peripheriegeräte realisieren, so muss man mit einer entsprechend hohen Datenrate übertragen. Mit einer Datenrate von

12 MBit/s kann mit dem PROFIBUS-DP der Datenaustausch von 1024 Bit über 32 Netzknoten mit einer Zykluszeit von weniger als 2 ms realisiert werden.

Auf Grund seiner zyklischen Arbeitsweise ist das Hauptanwendungsgebiet von PROFIBUS-DP der schnelle zyklische Datenaustausch zwischen zentralen Automatisierungseinrichtungen (SPSen) und einfachen Peripheriegeräten (Slaves).

Die Schicht 1 des PROFIBUS-DP (physical layer)

Der PROFIBUS-DP benutzt die gleiche Übertragungstechnik wie PROFIBUS-FMS. Über Optical-Link-Module sind auch optische Netze in Linien-, Ring- oder Sterntopologie mit einer Gesamtausdehnung bis zu 90 km denkbar. Hierbei kann der Abstand zwischen zwei Teilnehmern bis zu 15 km betragen.

Der PROFIBUS-DP ist heute das in der Produktionsautomatisierung am weitesten verbreitete Feldbuskonzept, nicht zuletzt auf Grund der weiten Verbreitung der Siemens SPS-Familien, welche den Betrieb dezentraler Peripheriegeräte auf der Basis von PROFIBUS-DP unterstützen. Da man feststellen musste, dass ein ausschließlich zyklischer Datenaustausch für manche Anwendungsbereiche nicht ausreichend war, wurde eine Erweiterung der ursprünglichen Funktionalität um azyklische Dienste mit wahlfreier Adressierung von Datenbereichen spezifiziert. Bei Unterstützung dieser Option ist auch die Parametrierung von Geräten im laufenden Betrieb möglich. Weitere Erweiterungen des Protokolls zielen auf den Einsatz von PROFIBUS-DP in sicherheitsrelevanten Anwendungen sowie für schnelle Antriebssysteme in der elektrischen Antriebstechnik ab.

Die positiven Eigenschaften des PROFIBUS-Konzepts lassen sich folgendermaßen zusammenfassen:

- Mehr als 1000 Firmen arbeiten weltweit mit der Profibusspezifikation. Entsprechend vielfältig sind die verfügbaren Produkte. Durch die Normierung und die Überwachung der Produkte durch die Profibus-Nutzerorganisation ist gewährleistet, dass die verschiedenen Produkte untereinander kompatibel sind.
- Die Kommunikation wird mit herkömmlichen Bausteinen für serielle Schnittstellen (UART) realisiert. Jedes Gerät, das über eine serielle Schnittstelle mit RS-485-Hardware verfügt, ist potentiell PROFIBUS-fähig.
- Das PROFIBUS-Konzept deckt alle im Automatisierungsbereich wichtigen Ebenen ab.

Die weitere PROFIBUS-Variante **PROFIBUS-PA** berücksichtigt die speziellen Anforderungen der Prozessautomatisierung. Die PA-Kommunikation baut auf den Diensten von PROFIBUS-DP auf und wird als Teilsystem eines übergeordneten DP-Kommunikationssystems verwirklicht. Im Gegensatz zu den Automatisierungsanwendungen in der Fertigungstechnik, die kurze Zykluszeiten von wenigen Millisekunden erfordern, stehen bei der Prozessautomation folgende Merkmale im Vordergrund:

- Sicherheit des Übertragungsverfahrens,
- Speisung der Feldgeräte über das Buskabel,
- Zuverlässigkeit bei der Datenübertragung und

- Standardisierung der Gerätefunktionen.

Neben der Bitübertragungstechnik nach RS-485 des PROFIBUS-DP kann hier auch eine synchrone Übertragung nach IEC 61158-2 gewählt werden, die eine höhere Datensicherheit bei geringeren Datenraten gewährleistet.

4.5.5.6 Foundation Fieldbus

Die Spezifikation des FOUNDATION Fieldbus begann 1993 mit dem Zusammenschluss der Konsortien Interoperable Systems Project (ISP) und WorldFIP zur **Fieldbus Foundation**. Beide Firmen hatten sich zum Ziel gesetzt, die zunächst auf die Steuerungstechnik ausgerichteten Feldbusse PROFIBUS bzw. FIP für die Verwendung in der Prozessautomatisierung zu erweitern. Als OSI-Referenzmodell wird ebenfalls ein abgespecktes Schichtenmodell verwendet:

Die Schicht 1 des FOUNDATION Fieldbus (physical layer)

Der FOUNDATION Fieldbus benutzt die Übertragungsphysik nach IEC1158-2 mit einer Übertragungsrate von 31,25 kBit/s (H1). Die Übertragung wird direkt über 4-20 mA-Leitungen inklusive Versorgungsspannung betrieben. Das Nutzsignal ist mit einem ±10 mA-Signal strommoduliert. Über die Abschlusswiderstände der Leitung resultiert so ein Spannungssignal von ca. 1 V_{pp}. Die Speisespannung darf zwischen 9 V und 32 V liegen. Bei der 31,25 kBit/s-Übertragung sind Stichleitungen zulässig. Dabei sind folgende Einschränkungen zu beachten:

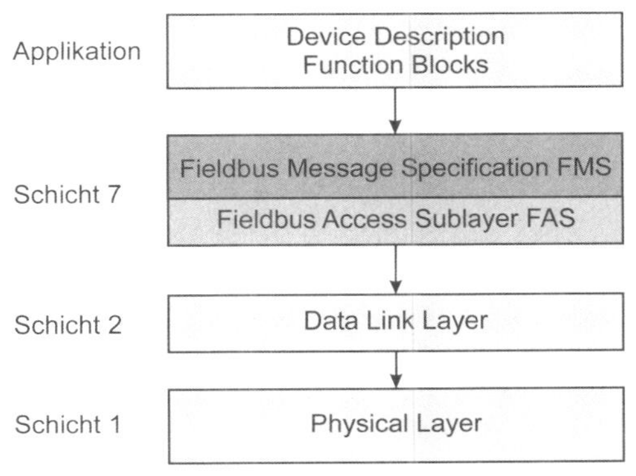

Abbildung 4.5-64: OSI-Modell des FOUNDATION Fieldbus

- Die gesamte Kabellänge darf 1900 m nicht übersteigen.
- Die Stichleitungen dürfen maximal 120 m lang werden. Sind an einem Seitenast mehrere Knoten angeschlossen, so reduziert sich die maximale Länge der Stichleitung um 30 m pro Gerät.
- Der Hauptstrang ist mit einem RC-Glied abzuschließen.

Die Übertragung erfolgt mittels der gleichspannungsfreien Manchestercodierung.

Als Erweiterung existiert eine schnellere Variante (H2), die eine Datenrate von 1 MBit/s und 2,5 MBit/s zur schnellen Kommunikation auf der Automatisierungsebene zulässt.

Die Stromsignale betragen hier ±60 mA, was bei einer Gesamtlast von ca. 75 Ω zu 9 V_{pp}-Pegeln führt. Die Speisung wird als sinusförmiges 16 kHz-Stromsignal übertragen, auf welches das 1 MBit/s-Datensignal moduliert wird. Dadurch können die angeschlossenen Teilnehmer sowohl Energie als auch Daten über einen einfachen Transformator beziehen.

Eine strikte galvanische Trennung, ohne mechanische Kontakte ist somit möglich. In der Praxis werden Daten und Speisung oft getrennt geführt, obwohl der Standard die kombinierte Übertragung zulässt.

Die Kabellänge reduziert sich bei dieser schnellen Variante auf 750 m (1 MBit) bzw. 500 m (2,5 MBit) und max. 32 angeschlossene Teilnehmer. Stichleitungen sind bei den schnellen Verbindungen nicht mehr zulässig.

Die Schicht 2 des FOUNDATION Fieldbus (data link layer)

Der FOUNDATION Fieldbus verwendet als Data Link Layer eine zentrale Überwachungsstation, die den Buszugriff regelt. Man nennt sie den Link Active Scheduler (LAS), der die Aufgabe der Verwaltung der Zeitschlitze hat, die den einzelnen Teilnehmern zur Verfügung gestellt werden.

Das Steuerwerk LAS gibt das Buszugriffsrecht (Token) zur Datenübertragung an die Teilnehmer, die dann gezielt Daten mit Quittung an einen anderen Knoten oder per Broadcast an mehrere übertragen. Der Link Master Scheduler unterhält dazu eine Liste aller Zeitintervalle und Geräte, die zyklisch Daten übertragen müssen. Wenn es Zeit für die Übertragung einer Dateneinheit aus einem speziellen Gerät ist, sendet LAS diesem eine Meldung (CD). Falls ein Knoten die ihm zugeordnete CD-Meldung erhält, sendet er seine Daten in Form einer Broadcast-Meldung an alle Teilnehmer. Man kennt diese Vorgehensweise unter dem Begriff Publisher/Subscriber-Verfahren. Jedes Gerät muss selbst wissen, welche Daten es benötigt.

Zwischen den zeitlich fixierten Meldungen ist es den Teilnehmern erlaubt, nicht-zyklische Meldungen auszutauschen. Die azyklischen Daten dienen u. a. zur Parametrierung und Überwachung des Systems. Dazu meldet sich der einzelne Knoten bei LAS an und fordert sie auf, ihm eine Zeit zur azyklischen Datenübertragung zuzuweisen.

Die Schicht 7 des FOUNDATION Fieldbus (application layer)

Die Schichten Fieldbus Access Sublayer (FAS) und Fieldbus Message Specification (FMS) bilden die Schnittstelle zwischen der Sicherungsschicht und der Applikation. Für den Anwender sind die von FAS und FMS zur Verfügung gestellten Dienste nicht sichtbar. Dennoch hängen der Leitungsumfang und die Funktionalität des Kommunikationssystems ganz entscheidend von diesen Diensten ab.

Die Dienste von FAS bauen virtuelle Kommunikationsbeziehungen (VCR Virtual Communication Relationship) auf, über die die übergeordnete FMS-Schicht ihre Aufgaben abwickelt. Die VCR beschreiben verschiedene Typen von Kommunikationsabläufen und ermöglichen eine schnelle, verkürzte Abwicklung der zugehörigen Aktivitäten.

FMS ermöglicht den Datenaustausch zwischen verschiedenen Busteilnehmern über vordefinierte Standard-Telegramme. Die Daten, welche ein Gerät versendet, sind in einer speziellen Struktur definiert. Man nennt diese Struktur die Objektbeschreibung (Object Description); die Gesamtheit aller Objekte in einem Gerät ist im Objektverzeichnis (Object Dictionary) zusammengefasst. Der Zugriff auf die einzelnen Objekte erfolgt sowohl über Indizes, als auch über Namen.

Jeder FOUNDATION Fieldbus Teilnehmer wird durch eine Gerätebeschreibung (Device Description DD) beschrieben. Sie ist eine Gerätebeschreibung, die dem Automatisierungssystem alle Information liefert, die für eine umfassende Kommunikation zum Betrieb des Geräts nötig sind. Sämtliche Funktionen und Daten des Geräts werden drei verschiedenen Blocktypen zugeordnet. Die Zuordnung erfolgt anhand des jeweiligen Aufgabenbereiches. Abhängig von der Funktionalität eines Gerätes wird es beschrieben durch einen Geräteblock (Gerätecharakterisierung), einen oder mehrere Funktionsblöcke (seine Funktionalität) sowie eventuell mehrere Übertragungsblöcke (zur Modifizierung der Daten).

Somit kann jedes Gerät automatisch in die Konfiguration des Automatisierungssystems herstellerunabhängig integriert werden. Feldbusgeräte werden so leicht austauschbar.

Die Entwicklung geht weiter.

Zurzeit spezifiziert die Fieldbus Foundation eine High Speed Ethernet Version (HSE) des FOUNDATION Fieldbus, wobei die Standard-Ethernetprotokolle (wie TCP/IP) Verwendung finden. Gelingt dies, so können alle kommerziell verfügbaren Ethernetkomponenten bei der Automation verwendet werden. Eine Kopplung an H1- und H2-Segmente erfolgt über Bridges. Mit High Speed Ethernet bietet der FOUNDATION Fieldbus auch auf Ethernet eine Lösung mit einer durchgängigen Kommunikation bis zu den H1-Feldgeräten an.

Bearbeitung der Lernaufgabe

Wird einem Ingenieur die Aufgabe gestellt, ein etwas komplexeres Automatisierungssystem zu gestalten, muss er systematisch eine Lösung suchen.

In einem ersten Schritt sollte er sich klar werden, welcher Anwendungsbereich vorliegt. Dazu lässt sich unterscheiden, ob die Anlage als Fertigungsautomatisierung, Prozessautomatisierung im industriellen Umfeld oder gar als im Kraftfahrzeug ausgelegt werden muss. Die Ebenen der Vernetzung der beteiligten Komponenten verlangen unterschiedliche Auslegungen bei ihren Kommunikationseigenschaften.

Die Anforderungen der Leitebene sind, einen Prozess zu leiten und zu führen (PLS). Demzufolge steht die Datenpräsentation im Vordergrund. Der Bediener muss sich im Gesamtprozess zurechtfinden. Die Anlage hat größere Datenmengen zu verarbeiten, ihre Reaktionszeit kann sich in Grenzen halten.

Auf der Steuerungsebene werden intelligente Geräte (SPS, IPC) miteinander vernetzt, die gezielte Aufgaben zu erledigen haben. Diese Systeme tauschen i. Allg. reine Nutzdaten untereinander aus. Die zu bewältigenden Datenmengen fallen kleiner aus, dafür werden höhere Anforderungen an das Zeitverhalten gestellt.

Die Anforderungen an das Zeitverhalten der Sensor-Aktor-Ebene sind am kritischsten. Sie sind möglichst ohne Zeitverzug zu erfassen und weiterzuleiten, so dass kleine Zykluszeiten resultieren.

Konzentriert man sich bei der Entwicklung der Automatisierungsanlage auf die Auslegung der Kommunikation, können folgende Bewertungskriterien eine Rolle spielen:

1) Leitungslänge und -art
   Es ist insbesondere auf Störeinflüsse zu achten.
2) Bustopologie
   Die Größe der Anlage bestimmt maßgebend die Busstruktur. Dabei ist auch zu beachten, ob im Laufe der Zeit eine Veränderung bzw. Weiterentwicklung der Anlage geplant ist.
3) Reaktions-, Zykluszeit und Datendurchsatz
   Der vom Automatisierungssystem zu kontrollierende Prozess bestimmt letztlich die Anforderungen an die Schnelligkeit der Datenkommunikation. Dabei spielt die Größe der Anlage (Anzahl Teilnehmer) eine wichtige Rolle. Natürlich muss der Datendurchsatz bzw. die Reaktionszeit über das Bussystem mit den notwendigen Zykluszeiten harmonisieren.
4) Realisierte OSI-Schichten
   Bei der Verwendung höherer Schichten des OSI-Referenzmodells handelt man sich eine Verlangsamung der Systemzeiten ein.

Mit diesen einfachen Auswahlkriterien kann die gestellte Aufgabe z. B. mit einer ringförmigen Bustopologie gelöst werden. In nachfolgender Abbildung übernimmt der INTERBUS-S mit seinem Summenrahmenprotokoll die Kommunikation zwischen allen beteiligten Geräten. Am Fernbus werden die Hauptgeräte platziert, von dem dann örtlich begrenzte Systemgruppen mit dezidierten Aufgaben über den Lokalbus versorgt werden.

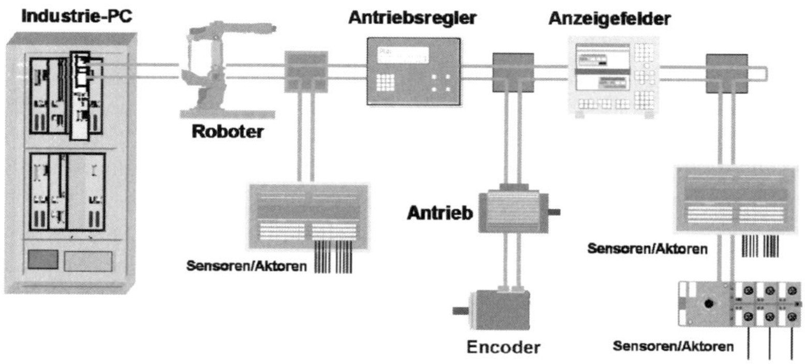

Abbildung 4.5-65: Automatisierungssystem mit Feldbus (INTERBUS-S)

Die Übertragungszeiten der Nachrichten lassen sich für die einzelnen Feldbussysteme in aller Regel kalkulieren. Im Fall des INTERBUS-S kann folgende Formel angegeben werden:

$$t_{IB} = [13 \cdot (6+N)] \cdot t_{Bit} + t_{Software} + 2 \cdot t_{Kabel} \tag{4.5-4}$$

mit:

N	Anzahl der Nutzdatenbytes
t_{Bit}	2 µs bei 500 kBit
$t_{Software}$	Softwarebearbeitungszeit, ca. 200 µs
t_{Kabel}	Laufzeit auf dem Übertragungsmedium (Kupfer: 16 µs · Kabellänge [km])

Nehmen wir als Datenmenge 200 Bytes und sei die Kabellänge 500 m, so resultiert eine Übertragungszeit von ca. 5,8 ms. Üblicherweise fallen die Zykluszeiten von Speicherprogrammierbaren Steuerungen länger aus, so dass das Kommunikationssystem keinen Flaschenhals darstellt.

Fragen zur Selbstkontrolle

Frage 4.5-1: Beschreiben Sie die Aufgabe von Kommunikationssystemen in Automatisierungsanlagen!

Frage 4.5-2: Was ist ein Nachrichtensignal?

Frage 4.5-3: Beschreiben Sie Beispiele von Übertragungskanälen und geben Sie ihre Eigenschaften an!

Frage 4.5-4: Welche Betriebsarten von Kommunikation finden bei technischen Systemen Anwendung?

Frage 4.5-5: Was beschreibt die Bandbreite eines Übertragungskanals und was wird durch sie festgelegt?

Frage 4.5-6: Was ist die Baudrate?
Entspricht die Baudrate der Schrittgeschwindigkeit bei der Datenübertragung?

Frage 4.5-7: Was versteht man unter Leitungscodierung?

Frage 4.5-8: Welche Eigenschaften hat eine NRZ-Codierung?

Frage 4.5-9: Was versteht man unter synchroner bzw. asynchroner Datenübertragung?

Frage 4.5-10: Was ist der Unterschied zwischen Basisband- und Breitbandübertragung?

Frage 4.5-11: Welche Vorteile besitzt die symmetrische Zweidrahtübertragung?

Frage 4.5-12: Welche Modulationsarten kennen Sie?

Frage 4.5-13: Wozu setzt man die Kanalcodierung ein?

Frage 4.5-14: Was beschreibt die Hamming-Distanz?

Frage 4.5-15: Welche Vor- und Nachteile besitzen Hamming-Codes?

Frage 4.5-16: Was beschreibt das Softwareprotokoll einer Schnittstelle?

Frage 4.5-17: Welche Vorteile besitzt die RS-485- gegenüber der RS-232-Schnittstelle?

Frage 4.5-18: Was versteht man unter einem Bus und was unter einem Feldbus?

Frage 4.5-19: Beschreiben Sie das Token-Passing-Buszugriffsverfahren!

Frage 4.5-20: Was bezweckt man mit dem OSI-Referenzmodell der Kommunikation?

Frage 4.5-21: Welche Eigenschaften sollte ein Feldbussystem besitzen?

Frage 4.5-22: Welche Schichten des OSI-Referenzmodells sind bei Feldbussen i. Allg. ausgeprägt?

Frage 4.5-23: Beschreiben Sie das Summendatenrahmenprotokoll des INTERBUS-S!

Frage 4.5-24: Wofür wird ASi eingesetzt?

Frage 4.5-25: Welche Topologie besitzt der INTERBUS-S?

Frage 4.5-26: Welches Zugriffsverfahren benützt der CAN-Feldbus?

Frage 4.5-27: Wie funktioniert die Schicht 1 des BITBUS?

Frage 4.5-28: Was sind die Vorteile der Applikationsschicht beim BITBUS?

Frage 4.5-29: Wie kann der PROFIBUS-FMS von seiner Mächtigkeit her in die Reihe der Feldbusse einsortiert werden und warum?

Frage 4.5-30: Welche wichtigsten Ausprägungen existieren vom PROFIBUS?

Frage 4.5-31: Erläutern Sie die Technik der zyklischen Datenerfassung beim PROFIBUS-DP!

Frage 4.5-32: Wie wird der Zugriff von Teilnehmern auf den FOUNDATION Fieldbus organisiert?

5 Anhang

In diesem Anhang sind Eigenschaften und Gesetzmäßigkeiten zusammengestellt, die zur mathematischen Darstellung und Berechnung von Signalen und Systemen notwendig sind. Sie sind weitgehend tabellarisch aufgeführt, ohne dass sie tiefer begründet bzw. ihre Richtigkeit nachgewiesen wird.

5.A Der Dirac-Impuls $\delta(t)$

In der Systemtheorie (und in vielen anderen Gebieten der Technik und Physik) spielt die Impulsfunktion $\delta(t)$ eine sehr wichtige Rolle. Dabei handelt es sich nicht um eine Funktion im üblichen Sinn, sondern um eine sog. **verallgemeinerte Funktion** oder **Distribution**.

Die Dirac-Funktion wird nach der anschließenden Abbildung aus dem realen Rechteckimpuls $\Delta(t)$ durch einen Grenzübergang gewonnen:

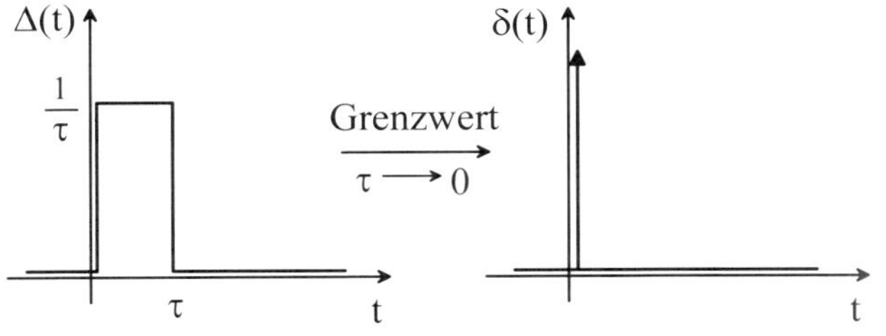

Abbildung 5.A-1: Dirac-Impuls

Die Fläche unter dem Impuls $\Delta(t)$ hat den Wert 1. Diese Flächenbedingung ist für alle Werte von $\tau > 0$ erfüllt.

Macht man nun den Übergang $\tau \to 0$, so ergeben sich große mathematische Schwierigkeiten, da im Grenzfall $\tau = 0$ eine Funktion vorliegen würde, die folgende Eigenschaften hätte:

1. sie ist 0 bei allen Werten $t \neq 0$,
2. sie ist unendlich bei $t = 0$ und
3. die Fläche unter der Kurve ist 1.

Eine Funktion mit solchen Eigenschaften kann im Rahmen der klassischen Analysis nicht behandelt werden. Sie wird deshalb durch das Integral

$$\lim_{\tau\to 0}\int_{-\infty}^{\infty}\Delta(t)\,dt=\int_{-\infty}^{\infty}\delta(t)\,dt=1\,. \qquad (5.A\text{-}1)$$

definiert; man verwendet jedoch für das Rechnen den in dieser Gleichung verwendeten Grenzübergang der Funktion $\Delta(t)$.

Bei den Auswertungen in der System- und Signaltheorie und der Regelungstechnik verwenden wir die nachfolgenden mathematischen Gesetzmäßigkeiten des Dirac-Impulses:

Tabelle 5.A-1: Gesetzmäßigkeiten der „Dirac-Funktion"

$\delta(t)=\delta(-t)$	Gerade Funktion	(5.A-2)
$\delta(t-t_0)$	Nadelimpuls bei $t = t_0$	(5.A-3)
$f(t)\cdot\delta(t-t_0)=f(t_0)\cdot\delta(t-t_0)$	Vertauschung	(5.A-4)
$\int_{-\infty}^{\infty}\delta(t)\,dt=1$	Normierung	(5.A-5)
$\int_{-\infty}^{\infty}f(t)\cdot\delta(t-t_0)=f(t_0)$	Ausblendung	(5.A-6)
$\delta(t)=\frac{1}{2\pi}\int_{-\infty}^{\infty}1\cdot e^{j\cdot\omega\cdot t}\,d\omega$	Fourier-Darstellung	(5.A-7)

5.B Fourier- und Laplace-Transformation

Zur mathematischen Berechnung von Frequenzspektren, Frequenzgängen, Bildfunktionen und Übertragungsfunktionen von Signalen und Systemen werden die Gesetzmäßigkeiten der Fourier- und Laplace-Transformation benötigt. Diese sind in der Tabelle 5.B-1 zusammengestellt. Der Vollständigkeit wegen werden aber zuerst deren mathematische Definitionen angegeben:

Definition: Fourier-Transformierte

Die **Fourier-Transformierte** eines Signals x(t) wird durch

$$\mathcal{F}\{x(t)\}=X(j\omega)=\int_{-\infty}^{\infty}x(t)\cdot e^{-j\cdot\omega\cdot t}dt\,. \qquad (5.B\text{-}1)$$

gegeben.

Zwischen den Signaldarstellungen im Zeit- und Frequenzbereich besteht durch die Definitionsgleichung eine eindeutige Korrespondenz. Diese wird, falls möglich, durch die Schreibweise mit Klein- und Großbuchstaben ausgedrückt:

$$x(t) \multimap X(j\omega)\,. \tag{5.B-2}$$

Zusätzlich weisen die unabhängigen Argumente t und jω der Funktionen x() und X() auf den jeweiligen Darstellungsbereich hin.

Den Übergang zurück zum Zeitbereich liefert die inverse Transformation. Sie lautet:

Definition: Inverse Fourier-Transformation

Die **Fourier-Rücktransformation**

$$x(t) = \frac{1}{2\pi}\int_{-\infty}^{\infty} X(j\omega)\cdot e^{j\omega\cdot t}d\omega\,. \tag{5.B-3}$$

stellt die umkehrbar eindeutige Beziehung zum Zeitbereich eines Signals her.

Die Benutzung einer komplexen Frequenz s ermöglicht eine konsistente Beschreibung von Signalen und Systemen, für welche man die Bezeichnung einführt:

Definition: Komplexe Frequenz

Komplexe Frequenzen werden durch die Variable

$$s \equiv \sigma + j\cdot\omega \tag{5.B-4}$$

definiert.

Definition: Bildbereich

Die Ebene der komplexen Frequenzen s spannt den **Bildbereich** auf.

Die Transformation eines Signals vom Zeitbereich in den Bildbereich vermittelt die Laplace-Transformation, die auf Signale im positiven Zeitbereich beschränkt ist:

Definition: Laplace-Transformation

Ist x(t) ein Signal mit der Eigenschaft $x(t) = 0$ für $t < 0$, so lautet die einseitige **Laplace-Transformierte**[1]:

$$X(s) = \mathcal{L}\{x(t)\} = \int_{0-}^{\infty} x(t)\cdot e^{-s\cdot t}\,dt\,. \tag{5.B-5}$$

Mathematisch muss das angegebene Integral existieren. Dies bedeutet, dass die Signale x(t)

[1] Der Integrationsbereich kann auf die gesamte Zeitachse (-∞ bis +∞) ausgedehnt werden. In diesem Fall spricht man von der zweiseitigen Laplace-Transformation. Mit ihr können alle Signalarten eingeschlossen werden.

nicht stärker als eine Exponentialfunktion anwachsen dürfen. Unter dieser Voraussetzung konvergiert das Laplace-Integral in einem geeigneten Bereich der Bildebene, im sogenannten Konvergenzbereich:

Definition: Konvergenzbereich

Den Wertebereich von s, für den die Laplace-Transformierte ausgewertet werden kann, bezeichnet man als den **Konvergenzbereich** der Laplace-Transformation.

Liegt die Bildfunktion eines Signals vor, kann mit der inversen Transformation in den Zeitbereich gewechselt werden:

Definition: Inverse Laplace-Transformation

Die **inverse Laplace-Transformation** wird durch das komplexe Integral

$$x(t) = \mathcal{F}^{-1}\{X(s)\} = \frac{1}{2\pi \cdot j} \int_{c-j\cdot\infty}^{c+j\cdot\infty} X(s) \cdot e^{+s\cdot t}\, ds \qquad (5.B\text{-}6)$$

gegeben. Bei der Integration ist darauf zu achten, dass der Integrationsweg im Konvergenzbereich liegt. Man erreicht dies dadurch, dass alle singulären Punkte (Unendlichkeitsstellen) von X(s) im linken Halbraum bzgl. der Konstanten c zu liegen kommen.

Die Korrespondenz zwischen dem Zeit- und Bilddarstellungsbereich wird, wie im Fall der Fourier-Transformation, durch die Symbolik

$$x(t) \multimap X(s) \qquad (5.B\text{-}7)$$

ausgedrückt. Der Bezug zum „konventionellen" Frequenzbereich ist zusätzlich gegeben.

Als weitere Definition, die zur Beschreibung von Systemen benötigt wird, nennen wir die Faltung zweier Funktionen. Sie wird, wie in Kapitel 2 gezeigt, dazu verwendet, das Ausgangssignal aus dem Eingangssignal und der Gewichtsfunktion eines Systems zu berechnen:

Definition: Faltung

Eine **Faltung** zweier Funktionen bzw. Signale f_1 und f_2 wird durch

$$f_1(t) * f_2(t) \equiv \int_{-\infty}^{\infty} f_1(\tau) \cdot f_2(t-\tau)\, d\tau \qquad (5.B\text{-}8)$$

definiert. Man spricht auch vom Faltungs- oder Duhamel-Integral.

In nachfolgender Tabelle sind alle für dieses Lehrbuch wichtigen Gesetzmäßigkeiten der Fourier- und Laplace-Transformation zusammengestellt:

Tabelle 5.B-1: Gesetzmäßigkeiten der Frequenztransformationen

	Fourier-Transformation	**Laplace-Transformation (gültig für t > 0)**	
Linearität	$\mathcal{F}\{k_1 \cdot u(t) + k_1 \cdot v(t)\} = $ $= k_1 \cdot U(j\omega) + k_2 \cdot V(j\omega)$	$\mathcal{L}\{k_1 \cdot u(t) + k_1 \cdot v(t)\} = $ $= k_1 \cdot U(s) + k_2 \cdot V(s)$	(5.B-2)
Zeit-verschiebung	$\mathcal{F}\{u(t-t_0)\} = e^{-j\omega \cdot t_0} \cdot U(j\omega)$	$\mathcal{L}\{u(t-t_0)\} = e^{-s \cdot t_0} \cdot U(s)$	(5.B-3)
Frequenz-verschiebung	$\mathcal{F}\{e^{-j\omega_0 \cdot t} \cdot u(t)\} = U(j(\omega + \omega_0))$	$\mathcal{L}\{e^{-s_0 \cdot t} \cdot u(t)\} = U(s + s_0)$	(5.B-4)
Ähnlichkeit	$\mathcal{F}\{u(a \cdot t)\} = \frac{1}{\lvert a \rvert} \cdot U\left(\frac{j\omega}{a}\right)$	$\mathcal{L}\{u(a \cdot t)\} = \frac{1}{a} \cdot U\left(\frac{s}{a}\right)$	(5.B-5)
Differentiation	$\mathcal{F}\left\{\frac{d^n}{dt^n} u(t)\right\} = (j\omega)^n \cdot U(j\omega)$ für $n = 1, 2, 3, \cdots$ Für 1. Zeitableitung gilt: $\mathcal{F}\{\dot{u}(t)\} = j\omega \cdot U(j\omega) - u(t=0)$	$\mathcal{L}\left\{\frac{d^n}{dt^n} u(t)\right\} = $ $= s^n \cdot U(s) - \sum_{k=0}^{n-1} s^{n-k-1} \cdot \frac{d^{k)}}{dt^k} u(t)\Big\rvert_{t=0}$ für $n = 1, 2, 3, \cdots$ Für 1. Zeitableitung gilt: $\mathcal{L}\{\dot{u}(t)\} = s \cdot U(s) - u(t=0)$	(5.B-6)
Integration	$FT\left\{\int_{-\infty}^{t} f(\tau)\, d\tau\right\} = \frac{1}{j\omega} \cdot U(j\omega) + $ $+ \pi \cdot U(0) \cdot \delta(\omega)$	$\mathcal{L}\left\{\int_{0}^{t} u(\tau)\, d\tau\right\} = \frac{1}{s} \cdot U(s)$ gültig für $u(t \le 0) = 0$	(5.B-7)
Faltung	$\mathcal{F}\{u(t) * v(t)\} = U(j\omega) \cdot V(j\omega)$	$\mathcal{L}\{u(t) * v(t)\} = U(s) \cdot V(s)$	(5.B-8)
Grenzwerte		$\lim_{t \to +0} u(t) = \lim_{s \to \infty}\{s \cdot U(s)\}$ $\lim_{t \to \infty} u(t) = \lim_{s \to 0}\{s \cdot U(s)\}$	(5.B-9)

5.C *Korrespondenztabelle von Laplace-Transformationen*[1]

Nr.	Zeitfunktion x(t) (Originalfunktion)	Laplace-Transformierte X(s) (Bildfunktion)
1	Nadel-Impuls: $\delta(t)$	1
2	Verschobener Nadelimpuls: $\delta(t-T)$	$e^{-T\cdot s}$
3	Sprungsignal: $\varepsilon(t)$	$1/s$
4	Rampensignal: $\rho(t)=\varepsilon(t)\cdot t$	$1/s^2$
5	$\varepsilon(t)\cdot\frac{t^n}{n!}\quad n=0,1,2,...$	$\frac{1}{s^{n+1}}$
6	Rechteckimpuls: $\varepsilon(t)-\varepsilon(t-T)$	$\frac{1-e^{-T\cdot s}}{s}$
7	$\varepsilon(t)\cdot e^{-\alpha\cdot t}$	$\frac{1}{s+\alpha}$
8	$\varepsilon(t)\cdot\frac{t^n}{n!}\cdot e^{-\alpha\cdot t}\quad n=0,1,2,...$	$\frac{1}{(s+\alpha)^{n+1}}$
9	$\varepsilon(t)\cdot\left(1-e^{-\alpha\cdot t}\right)$	$\frac{\alpha}{s(s+\alpha)}$
10	$\varepsilon(t)\cdot\sin(\omega_0 t)$	$\frac{\omega_0}{s^2+\omega_0{}^2}$
11	$\varepsilon(t)\cdot\cos(\omega_0 t)$	$\frac{s}{s^2+\omega_0{}^2}$
12	$\varepsilon(t)\cdot\left(1-(1+\alpha\cdot t)e^{-\alpha\cdot t}\right)$	$\frac{\alpha^2}{s(s+\alpha)^2}$
13	$\varepsilon(t)\cdot\left(1+\frac{\beta\cdot e^{-\alpha\cdot t}-\alpha\cdot e^{-\beta\cdot t}}{\alpha-\beta}\right)$	$\frac{\alpha\cdot\beta}{s(s+\alpha)(s+\beta)}$
14	$\varepsilon(t)\cdot\left(e^{-\alpha\cdot t}\sin(\omega_0 t)\right)$	$\frac{\omega_0}{(s+\alpha)^2+\omega_0{}^2}$
15	$\varepsilon(t)\cdot\left(e^{-\alpha\cdot t}\cos(\omega_0 t)\right)$	$\frac{s+\alpha}{(s+\alpha)^2+\omega_0{}^2}$
16	$\varepsilon(t)\cdot t\cdot\sin(\omega_0 t)$	$\frac{2s\cdot\omega_0}{\left(s^2+\omega_0{}^2\right)^2}$
17	$\varepsilon(t)\cdot t\cdot\cos(\omega_0 t)$	$\frac{s^2-\omega_0{}^2}{\left(s^2+\omega_0{}^2\right)^2}$

[1] Weitere Korrespondenzen befinden sich in allen mathematischen Nachschlagwerken. Speziell wird auf das *Taschenbuch der Regelungstechnik, L. Wendt, Verlag Harri Deutsch* verwiesen.

5.D *Partialbruchzerlegung*

Die Korrespondenztabelle für Laplace-Transformierte in Anhang 5.C schließt beide Transformationsrichtungen zwischen Zeit- und Bildbereich ein. Viele Signale können mittels Parameteradaption beidseitig anhand der Tabelle transformiert werden. Insbesondere findet man in der Tabelle Anhang 5.C die wichtigen Grundfunktionen.

Bei der Berechnung von Zeitsignalen aus Bildfunktionen treten jedoch immer wieder gebrochen rationale Funktionen höheren Grades auf. Diese sind i. Allg. in Korrespondenztabellen nicht aufgelistet. Sie können aber mit Hilfe der Partialbruchzerlegung auf Grundfunktionen zurückgeführt werden, so dass einer Rücktransformation in den Zeitbereich mit Hilfe der Tabelle Anhang 5.C nichts im Wege steht.

Geht man von der gebrochen rationalen Funktion

$$U(s) = \frac{b_0 + b_1 \cdot s + \cdots + b_m \cdot s^m}{a_0 + a_1 \cdot s + \cdots + a_n \cdot s^n} \qquad \text{mit: } m \le n \tag{5.D-1}$$

im Bildbereich aus, sind für die Anwendung der Partialbruchzerlegung zuerst ihre Polstellen zu berechnen. Die Bildfunktion lässt sich mit diesen auf folgende Art darstellen:

$$U(s) = \frac{1}{a_n} \frac{b_0 + b_1 \cdot s + \cdots + b_m \cdot s^m}{(s - s_{P1}) \cdot \ldots \cdot (s - s_{Pn})}. \tag{5.D-2}$$

Der weitere Lösungsweg der Partialbruchzerlegung hängt von der Art der Polstellen ab. Man muss zwischen zwei Fällen unterscheiden:

- Die Polstellen sind nur einfach vorhanden.
- Es treten mehrfache Polstellen auf.

Im ersten Fall lässt sich die Bildfunktion durch eine Summe von Partialbrüchen der Form

$$U(s) = \frac{b_m}{a_n} + \frac{C_1}{(s - s_{P1})} + \cdots + \frac{C_n}{(s - s_{Pn})} \tag{5.D-3}$$

mit den Koeffizienten

$$C_i = \left\{ (s - s_{Pi}) \cdot U(s) \right\} \Big|_{s = s_{Pi}} \qquad (1 \le i \le n) \tag{5.D-4}$$

schreiben.

Liegen mehrfache Polstellen vor, muss bei der Aufstellung der Partialbrüche die entsprechende Anzahl Ableitungen nach dem Differential „ds" bei der Berechnung der Koeffizienten berücksichtigt werden. Existieren für die Bildfunktion U(s) insgesamt n' (n' < n) verschiedene Polstellen s_{Pi}, die jeweils k_i-fach vorhanden sind, schreibt sich ihre Partialbruchform auf folgende Art:

$$U(s) = \frac{b_m}{a_n} + \sum_{i=1}^{n'} \left\{ \sum_{k=1}^{k_i} \frac{C_{i,k}}{s - s_{Pi}} \right\} \tag{5.D-5}$$

mit den Koeffizienten:

$$C_{i,k} = \frac{1}{(k_i - k)!} \cdot \frac{d^{k_i - k}}{ds^{k_i - k}} \left\{ (s - s_{Pi})^{k_i} \cdot U(s) \right\} \Big|_{s = s_{Pi}} \quad (1 \le i \le n' \text{ und } 1 \le k \le k_i.) \tag{5.D-6}$$

Die Partialbrüche sind als Grundfunktionen in der Korrespondenztabelle Anhang 5.C enthalten. Die Zeitfunktionen für die beiden Fälle (5.D-3) und (5.D-5) schreiben sich:

- Einfache Polstellen:

$$U(s) \multimap u(t) = \frac{b_m}{a_n} \delta(t) + C_1 \cdot e^{s_{P1} \cdot t} + \cdots + C_n \cdot e^{s_{Pn} \cdot t}. \tag{5.D-7}$$

- Mehrfache Polstellen:

$$U(s) \multimap u(t) = \frac{b_m}{a_n} \delta(t) + \sum_{i=1}^{n'} \left\{ \sum_{k=1}^{k_i} C_{i,k} \frac{t^{k-1}}{(k-1)!} \cdot e^{s_{Pi} \cdot t} \right\}. \tag{5.D-8}$$

Die Koeffizienten C_i bzw. $C_{i,k}$ sind mit Hilfe der Gleichungen (5.D-4) und (5.D-6) zu berechnen.

6 Literaturangaben

[1] *Erven Joachim/Schwägerl Dietrich*: Mathematik für Ingenieure, Oldenbourg, 2002

[2] *Mildenberger Otto*: System- und Signaltheorie, Vieweg, 1989

[3] *Wolf Dietrich*: Signaltheorie, Springer, 1999

[4] *Unbehauen Rolf*: Systemtheorie, Oldenbourg, 1969

[5] *Lutz Holger, Wendt Wolfgang*: Taschenbuch der Regelungstechnik, Harri Deutsch, 1998

[6] *Föllinger Otto*: Regelungstechnik, Hüthig, 1985

[7] *Leonhard Wolfgang*: Einführung in die Regelungstechnik, Vieweg, 1982

[8] *Lunze Jan*: Regelungstechnik, Springer, 2001

[9] *Unbehauen Heinz*: Regelungstechnik I, Vieweg, 1986

[10] *Merz Ludwig/Jascheck Hilmar*: Grundkurs der Regelungstechnik, Oldenbourg, 2003

[11] *Schneider Wolfgang*: Regelungstechnik für Maschinenbauer, Vieweg, 2002

[12] *Brouër Berend*: Regelungstechnik für Maschinenbauer, B. G. Teubner, 1998

[13] *Schumny Harald (Hrsg.)*: Meßtechnik mit dem Personal Computer, Springer, 1993

[14] *Schrüfer Elmar*: Elektrische Meßtechnik, Hanser, 2004

[15] *Schwetlick Horst*: PC-Messtechnik, Vieweg, 1997

[16] *Grötsch Eberhard.*: SPS Speicherprogrammierbare Steuerungen vom Relaisersatz bis zum CIM-Verbund, Oldenbourg, 1991

[17] *Neumann Peter/Grötsch Eberhard E./Lubkoll Christoph*: SPS-Standard: IEC-1131, Oldenbourg, 2000

[18] *Brouër Berend*: Steuerungstechnik für Maschinenbauer, B. G. Teubner, 1998

[19] *Schmid Dieter (Hrsg.)*: Automatisierungstechnik in der Fertigung, Europa Lehrmittel, 2001

[20] *Nist Gottfried (Hrsg.)*: Steuern und Regeln, Europa Lehrmittel, 1994

[21] *Roddeck Werner*: Einführung in die Mechatronik, B. G. Teubner, 2002

[22] *Kapers Walter/Küfner Hans-J.*: Messen Steuern Regeln, Vieweg, 1984

[23] *Olsson Gustaf/Piani Gaianguido*: Steuern, Regeln, Automatisieren, Hanser, 1993

[24] *Stein Günter/Bettenhäuser Werner/Schulze Heike*: Automatisierungstechnik in der Maschinentechnik, Hanser, 2000

[25] *Thrun Werner/Stern Michael*: Steuerungstechnik im Maschinenbau, Vieweg, 2002

[26] *Reinhardt Helmut*: Automatisierungstechnik, Springer, 1996

[27] *Wellenreuther Günter/Zastrow Dieter*: Steuerungstechnik mit SPS, Vieweg, 1998

[28] *Bode Helmut*: Matlab in der Regelungstechnik, B. G. Teubner, 1998

[29] *Gevatter Hans-Jürgen (Hrsg.)*: Handbuch der Meß- und Automatisierungstechnik, Springer, 1999

[30] *Isermann Rolf:* Mechatronische Systeme, Springer, 2002

[31] *Krätzig Joachim*: Speicherprogrammierbare Steuerungen, Hanser, 1992

[32] *Mayr Otto*: Zur Frühgeschichte der technischen Regelungen, Oldenbourg,1996

[33] *Appleton and Company*: A History of the Growth of the Steam-Engine, 1878

[34] *Ohm Jens-Rainer, Lüke Hans Dieter*: Signalübertragung, Springer, 2004, 9. Auflage

[35] *Vogel Peter*: Signaltheorie und Kodierung, Springer, 1999

[36] *Weichert Norbert, Wülker Michael*: Messtechnik und Messdatenverarbeitung, Oldenbourg, 2000

[37] *Etschberger Konrad*: Controller Area Network – Grundlagen, Protokolle, Bausteine, Anwendungen, Hanser

[38] *Gruhler Gerhard*: Einführende Darstellung und detaillierter Vergleich von Feldbussystemen, Steinbeis Transferzentrum für Automatisierung

[39] *Phoenix Contact (Hrsg.)*: Grundkurs Sensor/Aktor-Feldbustechnik, Vogel Verlag, 1998, 2. Auflage

[40] *Lawrenz Wolfhard (Hrsg.)*: CAN Controller Area Network – Grundlagen und Praxis, Hüthig Verlag, 2000, 4. Auflage

[41] *Scherff Birgit, Haese Erwin, Wenzek Hagen R.*: Feldbussysteme in der Praxis, Springer Verlag, 1999, 4. Auflage

7 Stichwortverzeichnis

O

P

Q

R

T

U

V

W

Z